Meßtechnik für Funkingenieure

Von

Prof. Dipl.-Ing. Dr. techn.
Friedrich Benz
Graz

Mit 399 Textabbildungen und 13 Zahlentafeln

Springer-Verlag Wien GmbH
1952

ISBN 978-3-7091-2414-7 ISBN 978-3-7091-2413-0 (eBook)
DOI 10.1007/978-3-7091-2413-0

Ursprünglich erschienen bei Springer-Verlag in Vienna 1952.
Softcover reprint of the hardcover 1st edition 1952

Vorwort

Auf kaum einem anderen Gebiet der Technik ist die Entwicklung mehr durch die experimentelle Forschung vorangetrieben worden als gerade in der Funktechnik. Daraus ergibt sich ein gesteigerter Bedarf an meßtechnischen Anleitungen und systematischer Beschreibung durchgeführter Messungen. Demgegenüber steht nur eine geringe Zahl von deutschen und fremdsprachigen Lehrbüchern zur Verfügung.

Das vorliegende Buch versucht die entstandene Lücke zu schließen. Es wendet sich in erster Linie an den in der Praxis stehenden Ingenieur, dem es das Rüstzeug für seine Laboratoriums- und Entwicklungstätigkeit in die Hand gibt. Weiter richtet es sich auch an die Studierenden der Hochfrequenztechnik, denen es als Lehrbehelf dienen soll. Aber auch der ernste Amateur und Bastler, der seine Arbeit als Mittel zum Erkennen physikalischer Vorgänge betrachtet, wird in diesem Buch manche Anregungen finden. Das Buch soll dem Leser eine Einführung in das große Gebiet der Funkmeßtechnik sein, ihm eine Übersicht über die grundsätzlichen Meßmethoden geben und an Hand zahlreicher Literaturhinweise den Weg für ein tieferes Eindringen in die Materie weisen.

Auf Grund einer langjährigen Tätigkeit auf dem Gebiet der Funkmeßtechnik als Leiter der staatlichen Versuchsanstalt für Radiotechnik in Wien glaube ich berechtigt zu sein, über dieses Gebiet auch aus eigener Erfahrung zusammenfassend berichten zu dürfen.

Bei dem großen Kreis von Interessenten und der Verschiedenheit ihrer Interessen bezüglich der Auswahl des Stoffes einerseits und bei dem großen Umfang der zu verarbeitenden Literatur anderseits, von der die in den Fußnoten angeführten Arbeiten nur eine kleine Auswahl darstellen, mußte eine sehr sorgfältige Abgrenzung und eine im allgemeinen ziemlich knappe Ausdrucksweise gewählt werden. Deshalb mußte auch auf eine Ableitung der verwendeten Formeln fast überall verzichtet werden. Nur so war es möglich, eine so große Zahl von Meßeinrichtungen und Meßmethoden zu beschreiben, aber auch eine Übersicht über die wichtigeren Untersuchungsmethoden zu geben. Geräte, die für den Funktechniker von besonders großer Wichtigkeit sind, sind so ausführlich als möglich beschrieben worden, und zwar so, daß auf Grund der gemachten Angaben und einiger praktischer Erfahrungen auch ihr Selbstbau darnach gelingen dürfte. Die zur Untersuchung der verschiedenen Bestandteile und Geräte der Funktechnik gemachten Prüfvorschläge sind zum größten Teil den für die Prüfungen an der Versuchsanstalt für Radiotechnik ausgearbeiteten Normen entnommen. Nur zum Teil stammen sie auch aus den in anderen Ländern, insbesondere in den USA (I. R. E. Standards) üblichen, soweit eben solche dort bereits bestehen.

Das Buch setzt die Kenntnis der Grundlagen der Elektrotechnik und Funktechnik voraus, letztere etwa in dem Umfang, wie er durch das im gleichen Verlag erschienene Buch des Verfassers „Einführung in die Funktechnik" gegeben ist. An Vorkenntnissen auf dem Gebiete der Mathematik werden nur die Grundlagen der höheren Mathematik gefordert. Vorausgesetzt wird auch die Kenntnis des Rechnens mit komplexen Zahlen in der Elektrotechnik, in dem Umfang, wie sie etwa in dem erwähnten Buch „Einführung in die Funktechnik" dargelegt werden.

Ich hoffe, daß das Buch seiner oben umrissenen Bestimmung entsprechen wird und wünsche, daß es dem Leser ein treuer Helfer und Ratgeber für seinen vielseitigen Aufgabenkreis werden möge.

Graz, im Januar 1952

Der Verfasser

Inhaltsverzeichnis

Dritter Abschnitt

Meßverfahren

Vierter Abschnitt

Untersuchungsmethoden

Fünfter Abschnitt

Messungen und Untersuchungen bei Mikrowellen

Zusammenstellung der wichtigsten Bezeichnungen

Symbol	Benennung	Verwendete Einheit	Anmerkung
A	Fläche	cm^2	
B, $\mathfrak{B}$	Magnetische Induktion	Vs/cm^2	Fraktur: Vektor
c	Lichtgeschwindigkeit	cm/s	
C	Kapazität	F (Farad)	
D	Durchgriff	dimensionslos	
E, $\mathfrak{E}$	Elektrische Feldstärke	V/cm, mV/m	Fraktur: Vektor
f	Frequenz	1/s	
F	Kraft	Ws/cm = 100 N	
H, $\mathfrak{H}$	Magnetische Feldstärke	A/cm	Fraktur: Vektor
J, $\mathfrak{J}$	Stromstärke	A	Fraktur: Zeiger
l	Länge	cm	
L	Selbstinduktion	H (Henry)	
M	Gegeninduktivität	H	
N, P[1]	Leistung	W	
Q	Ladung	C (As)	
Q	Spulengüte	dimensionslos	
R, $\mathfrak{R}$	Widerstand	Ohm	Fraktur: Zeiger
S	Steilheit	mA/V	
t	Zeit	s	
U, $\mathfrak{U}$	Spannung	V	Fraktur: Zeiger
V	Verstärkungsfaktor	dimensionslos	
W	Arbeit	Ws	
Z, $\mathfrak{Z}$	Wellenwiderstand	Ohm	Fraktur: Zeiger
ε	Dielektrizitätskonstante	F/cm	
ε_r	Relative Dielektrizitätskonstante	dimensionslos	
μ	Permeabilität	H/cm	
μ_r	Relative Permeabilität	dimensionslos	
ϱ	Resonanzüberhöhung	dimensionslos	
ϱ	Spezifischer Widerstand	Ohm · cm	
σ	Spezifischer Leitwert	1/(Ohm · cm)	
Φ	Kraftfluß	Vs	
ω	Kreisfrequenz	1/s	

[1] Die neue Bezeichnung P wurde erst bei Drucklegung eingeführt, weshalb stellenweise auch die derzeit noch übliche Bezeichnung N aufscheint.

Einleitung

Der im folgenden behandelte Stoff ist in fünf Abschnitte unterteilt. Der erste Abschnitt bringt eine kurze Einführung in die allgemeinen Probleme der Meßtechnik, der zweite behandelt die Stromquellen und Hilfsgeräte, der dritte die Meßverfahren, der vierte die Untersuchungen auf dem Gebiete der Funktechnik; der fünfte Abschnitt hingegen bespricht die Meßtechnik der ultrakurzen Wellen.

In dem Abschnitt über Meßverfahren sind alle Einrichtungen und Verfahren zusammengestellt, die eine bestimmte meßtechnische Aufgabe zu erfüllen haben, so z. B. die Messung von Spannungen, Strömen, Widerständen usw.

In dem Abschnitt über Untersuchungsmethoden sind dagegen die verschiedenen Methoden beschrieben, nach denen ein bestimmtes Gerät oder ein bestimmter Stoff zu untersuchen ist. So wird beispielsweise bei der Untersuchung einer Elektronenröhre eine ganze Reihe von Messungen durchzuführen sein, die hier beschrieben werden, da sie nicht unter die üblichen Meßverfahren der Hochfrequenztechnik fallen, so beispielsweise die Messung der Steilheit, des Gasdruckes usw. Ihre Kenntnis und gesammelte Darstellung der Untersuchungsaufgaben ist für den Funkingenieur von großer Wichtigkeit.

Das Gebiet der Funkmeßtechnik umfaßt Messungen aus der Gleichstrom-Niederfrequenz- und Hochfrequenzmeßtechnik. Es müssen ebensogut sehr große, wie auch sehr kleine Ströme und Spannungen, diese aber auch bei großen wie auch kleinen Frequenzen gemessen werden können. Die dabei verlangte Meßgenauigkeit ist oft eine beträchtliche. Dies führt zu einer Mannigfaltigkeit der erforderlichen Meßmethoden, wie sie kaum in einem zweiten Gebiet der Meßtechnik gefunden wird.

Der besondere Weg, den die Entwicklung der Meßtechnik der Ultrakurzwellen gegangen ist, der zu oft ganz anders gearteten Meßmethoden und Meßgeräten geführt hat, ließ es zweckmäßig erscheinen, dieses Gebiet in einem eigenen Abschnitt zu behandeln.

Den Formelnummern sind die Nummern des betreffenden Abschnittes vorangestellt. Die auf die betreffenden Seiten bezugnehmenden Literaturstellen sind in Fußnoten angeführt, um ein zeitraubendes Nachschlagen zu vermeiden. Die Abkürzung „Einfg. ...“ bezieht sich dabei auf die vierte Auflage des Buches „Einführung in die Funktechnik“ des Verfassers[1].

[1] Benz, F.: Einführung in die Funktechnik. Verstärkung, Empfang, Sendung. Vierte, stark vermehrte Auflage. Mit 705 Textabbildungen. XX, 736 Seiten. Wien: Springer-Verlag. 1950.

Erster Abschnitt

Allgemeines über Messungen

I. Allgemeine Übersicht über die verschiedenen Meßmethoden

A. Direkte Messungen

Bei der direkten Messung wird der zu messende Wert an einem Gerät unmittelbar abgelesen. Das Gerät (Meßinstrument) zeigt einen Ausschlag, der im unmittelbaren Zusammenhang mit der zu messenden Größe steht (direkte Ausschlagsmethode). Die Skala des Instrumentes kann entweder direkt unmittelbar in Einheiten des zu messenden Wertes geteilt sein, die „Anzeige" ergibt dann sofort oder aber erst unter Berücksichtigung einer Korrekturkurve oder einer Tabelle den „wahren Wert", oder die Instrumentenskala erhält eine beliebige, meist gleichmäßige Teilung und der wahre Wert wird einer Eichkurve entnommen.

B. Indirekte Messungen

Bei diesen wird der zu messende Wert nicht direkt abgelesen, sondern erst auf Grund einer bestimmten Meßmethode ermittelt. Es gibt Ausschlags- und Vergleichsmethoden.

1. Ausschlagsmethode

Der zu messende Wert wird oft aus Ausschlägen von mehreren Meßgeräten erhalten. Es kann, beispielsweise, die Größe eines Widerstandes aus einer Strom- und einer Spannungsmessung bestimmt werden. Die dabei erzielte Genauigkeit ist aber geringer als jene des ungenauesten verwendeten Meßinstrumentes.

2. Vergleichsmethode

Es wird die zu messende Größe durch Vergleich mit einer anderen, genau bekannten (*Eichnormal*) ermittelt. Dies kann durch eine Ausschlags- oder eine Nullmethode geschehen.

a) Ausschlagsmethode. Bei einem bestimmten Ausschlag eines Meßgerätes, meist ist dies der Maximalausschlag, ist der unbekannte Meßwert gleich der bekannten Meßgröße. Die Methode ist nur dann genau, wenn eine kleine Änderung der Meßgröße gegenüber dem Meßwert eine große Änderung des Ausschlages zur Folge hat. Im Falle des Maximalausschlages ist es also erwünscht, ein „scharfes" Maximum zu erreichen, so bei der Frequenzmessung mit Hilfe von Resonanzfrequenzmessern. Da die

Maximumkurven aber zumeist gerade im Scheitelpunkt flach verlaufen, ist es selbstverständlich genauer, das Maximum durch zwei Ausschlagswerte, s. Abb. 1, Punkt A und B, entsprechend den Ausschlägen α_1 und α_2, zu ermitteln, die an den beiden steil ansteigenden Kurventeilen gelegen sind und denen gleich große Werte (J) entsprechen. Die genaue Lage des Maximums ergibt sich dann zu $\frac{1}{2}(\alpha_1 + \alpha_2)$, sofern die Kurve, wie es in der Regel der Fall ist, in der Umgebung ihres Maximums als symmetrisch angesehen werden kann.

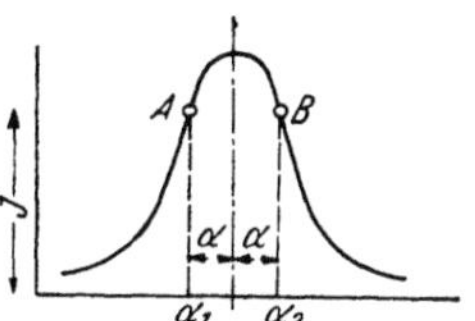

Abb. 1. Ermittlung des Maximums einer Kurve

b) Nullmethode. Bei dieser wird ein Anzeigegerät dazu benützt, um festzustellen, daß zwischen zwei Punkten eines Meßsystems keine Spannungsdifferenz besteht. Die Meßgenauigkeit ist im wesentlichen von der Schaltung und der Empfindlichkeit des Anzeigegerätes abhängig.

Zu unterscheiden sind zwei Arten von Nullmethoden: Die Brückenmethode und die Kompensationsmethode.

Bei der *Brückenmethode* werden zwischen zwei parallel liegenden Widerstandsgebilden Punkte gesucht, zwischen denen kein Spannungsunterschied besteht. Diese ausgezeichneten Punkte ermöglichen Rückschlüsse auf die Größe von Widerständen, Spannungen, Strömen usw. Beispiele hiefür sind die bekannte Meßbrücke, der Ringübertrager und der Differentialtransformator.

Bei der *Kompensationsmethode* erzeugt eine Spannungsquelle an einem Widerstand einen Spannungsabfall, der so groß ist wie die Leerlaufspannung einer zweiten Spannungsquelle, so daß diese, die ebenfalls an den Widerstand angeschlossen ist, weder an ihn Strom abgibt noch von ihm aufnimmt; ihr Strom wird durch den Spannungsabfall der ersten Stromquelle „*kompensiert*". Ein in den Kreis der zweiten Stromquelle geschaltetes, hochempfindliches Galvanometer (Nullinstrument) zeigt dann keinen Ausschlag.

Die Empfindlichkeit der Nullmethoden ist deshalb so hoch, weil überaus empfindliche Meßgeräte verwendet werden können. Je empfindlicher sie sind, desto genauer läßt sich der Nullausschlag ermitteln. Die Meßgenauigkeit der Nullmethoden ist unabhängig von der Genauigkeit der Eichung der Meßgeräte und nur abhängig von der Größe der zur Eichung verwendeten Vergleichsnormale.

II. Einheiten in der Elektrotechnik

Die elektrischen Einheiten können auf die in der Technik üblichen mechanischen Einheiten, Meter (m), Kilogramm (kg) und Sekunden (s) zurückgeführt werden. Als Verbindungsglied zwischen den elektrischen und mechanischen Einheiten tritt als viertes „*Urmaß*" des elektrischen Maßsystems noch die Permeabilität des leeren Raumes μ_0 hinzu[1].

[1] Beschluß der intern. Komm. f. Maß u. Gewicht (Okt. 1936).

Es sind folgende gesetzliche elektrische Maßeinheiten vorgeschlagen worden, die als „*absolute Einheiten*" bezeichnet werden sollen[1].

1. *Elektrische Stromstärke.* Die Einheit ist das Ampere (A). Es ist der Strom, der durch zwei geradlinige dünne, unendlich lange Leiter, die in einer Entfernung von 1 m parallel zueinander im leeren Raum angeordnet sind, unveränderlich fließend bewirken würde, daß diese beiden Leiter aufeinander eine Kraft von $2 \cdot 10^{-7}$ Newton (N) je Meter Länge ausüben. $1\,N = 1\,kg \cdot m/s^2$.

2. *Elektrizitätsmenge.* Die Einheit ist die Amperesekunde (As), die auch als Coulomb (C) bezeichnet wird. Sie ist die Elektrizitätsmenge, die bei einem unveränderlichen Strom von 1 A in 1 s durch den Leitungsquerschnitt fließt.

3. *Elektrische Spannung* (Potentialdifferenz, Elektromotorische Kraft). Die Einheit ist das Volt (V). Es ist die Spannung, die zwischen den Enden eines homogenen, von dem unveränderlichen Strom von 1 A durchflossenen Leiters besteht, wenn in ihm die Leistung von 1 Watt umgesetzt wird ($1\,V = 1\,W/A$). Ein Watt ist definiert durch: $1\,W = 1\,N \cdot m/s$.

4. *Elektrischer Widerstand.* Die Einheit ist das Ohm (Ω). Es ist der Widerstand eines von elektromotorischen Kräften freien Leiters, in dem eine an seine Enden angelegte unveränderliche Spannung von 1 V einen Strom von 1 A hervorruft ($1\,\Omega = 1\,V/A$).

5. *Induktivität.* Die Einheit ist das Henry (H). Es ist die Induktivität eines geschlossenen Strompfades, in dem eine elektrische Spannung von 1 Volt induziert wird, wenn der in ihm fließende Strom sich gleichförmig in 1 s um 1 A ändert ($1\,H = 1\,V \cdot s/A$).

6. *Kapazität.* Die Einheit ist das Farad (F). Diese Kapazität hat ein Kondensator, der durch die Elektrizitätsmenge von 1 As auf die elektrische Spannung von 1 V aufgeladen wird ($1\,F = 1\,As/V$).

7. *Frequenz.* Die Einheit ist das Hertz (Hz); das ist die Frequenz eines Schwingungsvorganges mit einer Vollschwingung (Periode) in der Sekunde, ein $Hz = 1/s$.

Da in der Elektrotechnik auch wesentlich größere und kleinere Einheiten verwendet werden müssen, wurde folgendes festgesetzt:

Vielfache und Teile nach Tausenderpotenzen der Einheiten werden durch Vorsetzen einer Vorsilbe zu der Bezeichnung der Einheit gebildet. Es bedeuten:

Zahlentafel 1. *Einheitsgrößen*

Bezeichnung	Größe
Tera (T)	10^{12}-fache der Einheit
Giga (G)	10^{9}-fache „ „
Mega (M)	10^{6}-fache „ „
Kilo (k)	10^{3}-fache „ „
Milli (m)	10^{-3}-fache „ „
Mikro (μ)	10^{-6}-fache „ „
Nano (n)	10^{-9}-fache „ „
Pico (p)	10^{-12}-fache „ „

[1] Österr. Normenausschuß: Z. Ing. u. Arch. V. **92**, 148 (1947).

Entgegen den oben angeführten gesetzlich festgelegten Größen waren die elektrischen Einheiten bisher wie folgt definiert (*Internationale Einheiten*):

1. Das internationale *Ohm* ist die Einheit des elektrischen Widerstandes und wird dargestellt durch den Widerstand einer Quecksilbersäule von 0^0 C, deren Länge bei 1 mm^2 Querschnitt 106,3 cm und deren Masse 14,4521 g beträgt.

2. Das internationale *Ampere* wird dargestellt durch einen unveränderlichen elektrischen Strom, der beim Durchgang durch eine wässerige Lösung von Silbernitrat in einer Sekunde 0,001 118 g Silber niederschlägt.

3. Das internationale *Volt* wird dargestellt durch die elektromotorische Kraft, die in einem Leiter, dessen Widerstand ein Ohm beträgt, einen elektrischen Strom von 1 A erzeugt.

Der Unterschied zwischen den absoluten Einheiten und den bisher zugrundegelegten internationalen ist jedoch nur gering. Es ist z. B.

1 intern. Ohm = 1,000 49 absol. Ohm.
1 intern. Volt = 1,000 34 absol. Volt.

III. Normale

Die internationalen Einheiten dienen auch weiterhin der Einfachheit halber unter Berücksichtigung der oben angeführten Korrektionswerte als Grundlage zu den Meßnormalen.

Als Gebrauchsnormale finden indes zumeist folgende Normale Verwendung: das Normalelement als Spannungsnormal, ein Drahtwiderstand als Widerstandsnormal, ein Luftkondensator als Kapazitätsnormal, eine Drahtspule, ohne Eisenkern, als Selbstinduktionsnormal, zwei ebensolche Spulen als Normal der gegenseitigen Induktivität und Stimmgabeln, Quarze, Topfkreise und Hohlrohrresonatoren als Frequenznormale.

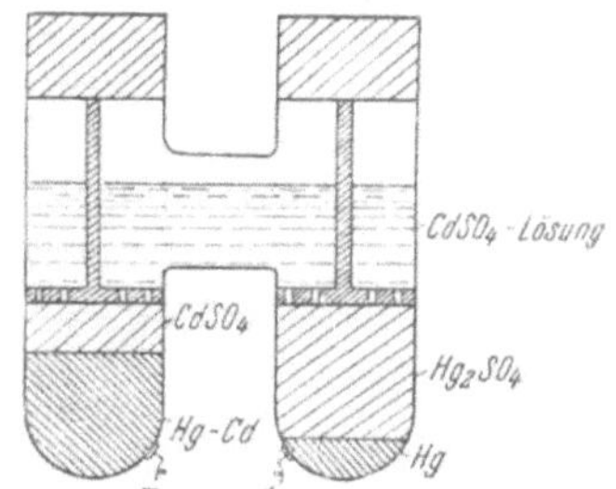

Abb. 2. Weston-Normalelement

Das *Normalelement.* Abb. 2 zeigt den Aufbau des heute allein üblichen Weston-Normalelementes. Die elektromotorische Kraft beträgt bei 20^0 C 1,0183 Volt. Der positive Pol besteht aus Quecksilber und einer Quecksilbersulfatpaste (Hg_2SO_4), als Elektrolyt dient eine gesättigte Lösung von Kadmiumsulfat ($CdSO_4$). Die negative Elektrode besteht aus Kadmiumamalgam und metallischem Kadmium. Das Glasgefäß hat eine H-Form. Das Element ist luftdicht abgeschlossen, bei kleiner Temperaturabweichung kann mit einer Abnahme der Spannung um $4 \cdot 10^{-5}$ Volt je ^{0}C Temperaturerhöhung, bzw. Spannungszunahme bei Temperaturerniedrigung gerechnet werden.

Die übrigen Gebrauchsnormale werden an späterer Stelle besprochen.

IV. Empfindlichkeit und Genauigkeit

A. Empfindlichkeit

Unter der Empfindlichkeit ε eines Meßgerätes wird das Verhältnis von Zeigerablenkung in mm oder Skalenteilen (Skt) zur Einheit der zu messenden Größe verstanden[1].

$$\varepsilon = \frac{\text{mm Zeigerablenkung}}{\text{Einheit der zu messenden Größe}}. \qquad (1, 1)$$

Der Reziprokwert $1/\varepsilon$ wird als Konstante des Instrumentes bezeichnet.

Bei nichtlinearer Abhängigkeit des Ausschlages von der Meßgröße richtet sich die Empfindlichkeit nach der Ausschlagsgröße. Als spezifische Empfindlichkeit bezeichnet man das Verhältnis von Ausschlagsänderung zu Änderung der Meßgröße.

$$\varepsilon_{spez} = \frac{\text{Ausschlag}}{\text{Meßgröße}}. \qquad (1, 2)$$

Bei Spannungs- und Strommeßgeräten unterscheidet man auch zwischen Spannungs-, Strom- und Leistungsempfindlichkeit.

B. Genauigkeit

Die Genauigkeit einer Meßeinrichtung (Meßinstrument, Normal) ist gekennzeichnet durch ihren zugelassenen Fehler (*Fehlergrenze*) oder (*Toleranz*). Sie kann bei Meßgeräten in Skalenteilen (Skt.), soll aber in der Regel in Prozenten angegeben werden und stellt dann das Verhältnis der Fehlergrenze nach oben und unten zum angegebenen Wert (bzw. bei direkt zeigenden Meßgeräten meist zum Endausschlag) dar. Ist die relative Fehlergrenze z. B. $\pm 0{,}1\%$ und der angegebene Wert 1 V, so bedeutet dies eine absolute Fehlergrenze von $\pm 0{,}001$ Volt, das heißt der Meßwert liegt zwischen 0,999 und 1,001 V.

Unter der *Korrektur* K eines Meßinstrumentes ist jener Wert zu verstehen, der zum abgelesenen Wert, der sogenannten Anzeige A (Sollwert), addiert werden muß, um den wahren Wert (Istwert) zu erhalten; daher ist

$$W = A + K. \qquad (1, 3)$$

Der *Fehler* F in Prozenten ist demnach die vom Endausschlag E zu berechnende negative Korrektur

$$F\,(\%) = -\frac{K}{E} \cdot 100. \qquad (1, 4)$$

Die Korrekturen und auch die Fehler eines Instrumentes faßt man in Form von Kurven (Korrekturkurven, Fehlerkurven) oder Tabellen zusammen. Eichkurven und Eichtabellen hingegen geben den Zusammenhang zwischen dem tatsächlichen Eichwert und dem angezeigten (Anzeige) oder eingestellten Wert der Meßanordnung in Skalenteilen oder Graden an.

---

[1] Keinath, G.: ATM, J 022—1 (1932).

Nach den üblichen Regeln für Meßgeräte unterscheidet man bezüglich der Empfindlichkeit folgende Klassen[1]:

Zahlentafel 2. *Klassenzeichen für Instrumente*

Klassenzeichen	Fehlergrenze	Bezeichnung
0,2	± 0,2%	Feinmeßgeräte
0,5	± 0,5%	
1,0	± 1,0%	Betriebsmeßgeräte
1,5	± 1,5%	
2,5	± 2,5%	

Das Klassenzeichen gibt die zulässige Fehlergrenze unter Bezugnahme auf folgende Einflüsse an:

1. *Temperaturänderung* um ± 10° C gegenüber der Bezugstemperatur (meist 20° C).
2. *Frequenzänderung* um ± 10% gegenüber der Nennfrequenz; ist diese nicht angegeben, so zwischen 15 und 60 Hz.
3. *Spannungsänderung* von ± 20% bei Leistungsmessern und Meßgeräten ohne Richtkraft.
4. *Phasenverschiebungsänderung* um 90° (von Wirkleistung auf Blindleistung bei Leitungsmessern).
5. *Abweichung* von der *Gebrauchslage* um ± 5%.
6. *Einschaltung* meist während *zwei Stunden*.

Für auswechselbare Vor- und Nebenwiderstände für Meßgeräte sind folgende Klassenzeichen festgelegt:

Zahlentafel 3. *Klassenzeichen für Vor- und Nebenwiderstände*

Klassenzeichen	Fehlergrenze
0,1	± 0,1%
0,2	± 0,2%
0,5	± 0,5%

Zu den angeführten Fehlern kommen noch die Ablesungsfehler des Ablesenden hinzu. Sie können durch wiederholte Messungen im allgemeinen beliebig verkleinert werden.

[1] ETZ **59**, 481, 1209 (1938); ETZ **60**, 117 (1939).

Nr.	Bezeichnung	Zeichen
1	Drehspulinstrument	
2	Drehspul-Quotientenmesser	
3	Dreheisenmeßgerät	
4	Dreheisen-Quotientenmesser	
5	Elektrodynamisches Meßgerät	
6	Eisengeschlossenes elektrodynamisches Meßgerät	
7	Elektrodynamischer Quotientenmesser	
8	Eisengeschlossener elektrodynamischer Quotientenmesser	
9	Induktionsmeßgerät	
10	Induktions-Quotientenmesser	
11	Hitzdrahtinstrument	
12	Elektrostatisches Meßgerät	
13	Vibrationsinstrument	
14	Thermoumformer (auch Thermoinstrument)	
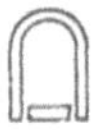 15	Thermoinstrument (Thermoumformer m. Drehspulmeßgerät)	
 16	Isolierter Thermoumformer (auch Thermoinstrument)	
 17	Gleichrichterinstrument (Trockengleichrichter mit Drehspulinstrument)	
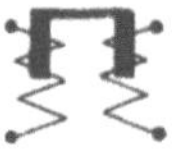 18	Eisenschirm für Meßgerät	
19	Gleichstromzeichen	
20	Wechselstromzeichen	
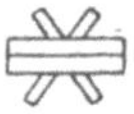 21	Gleich- und Wechselstrom	
 22	Senkrechte Gebrauchslage	
 23	Waagrechte Gebrauchslage	
 24	Schräge Gebrauchslage	
 25	Schräge Gebrauchslage mit Winkelangabe	 60°
26	Nulleinstellung	
 27	Prüfspannungszeichen; Zahlen geben Werte in kV an	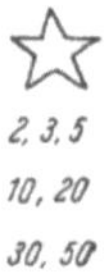 2, 3, 5 / 10, 20 / 30, 50

Abb. 3. Schaltzeichen für Meßgeräte[1].

[1] ETZ **59**, S 481, 1211 (1938). — ETZ **60**, S 117 (1939).

Die Klassenzeichen sollen auf den Meßgeräten vermerkt sein. Überdies soll das Meßgerät noch ein Zeichen enthalten, das seine Arbeitsweise bezeichnet. Die Sinnbilder sind in Abb. 3 eingezeichnet. Weiter soll die Größe der Prüfspannung gegeben sein, sie wird durch eine neben einem Stern gesetzte Zahl, die die Prüfspannung in kV angibt, angezeigt. Ist keine Zahl angegeben, so bedeutet ein schwarzer Stern: Prüfspannung 500 V, ein roter 2000 V, ein grüner 5000 V. In Abb. 3 sind auch Zeichen für die etwa bestimmte Gebrauchslage und Stromart dargestellt.

Sieht man von den Ablesungsfehlern ab, so bleiben nur noch Fehler übrig, die durch die Ungenauigkeiten der Meßeinrichtungen selbst bedingt sind. Für sie gelten folgende Gesetze:

Als *wahrscheinlichster Wert* X_w wird das arithmetische Mittel aus den einzelnen Messungen mit den Meßwerten $X_1, X_2 \ldots$ angegeben. Es ist also

$$X_w = \frac{1}{n} \sum_{i=1}^{n} X_i. \qquad (1, 5)$$

Der *mittlere Fehler* F_m ist gegeben durch[1]

$$F_m = \sqrt{\frac{\Sigma (\Delta a)^2}{n-1}}, \qquad (1, 6)$$

wenn $\Sigma (\Delta a)^2$ die Summe der Quadrate der Abweichungen der Einzelmessungen vom arithmetischen Mittel ist. Das Meßergebnis wird dann meist wie folgt angeschrieben:

$$X_w \pm F_m \qquad \text{oder} \qquad X_w (1 + 100\, F_m/X_w\,\%).$$

Mit Hilfe der Gaußschen Fehlerfunktion läßt sich die Berechnung des mittleren Fehlers vereinfachen. Es ist

$$F_m = \frac{\Sigma (\Delta a)}{n} \sqrt{\frac{\pi}{2}} = F_d \sqrt{\frac{\pi}{2}}. \qquad (1, 7)$$

Dabei ist Δa die Abweichung einer Einzelmessung gegenüber dem oben definierten wahrscheinlichsten Wert X_w. Demnach ist $F_d = \Sigma (\Delta a)/n$ der lineare Mittelwert aller Abweichungen und wird als *durchschnittlicher Fehler* F_d bezeichnet. Seine Bestimmung ist einfacher. Doch ist natürlich das Ergebnis von Gl. (1, 7) wesentlich ungenauer als das von Gl. (1, 6) und sollte nur zur Kontrolle verwendet werden. Denn die Übereinstimmung der Berechnung von Gl. (1, 6) und Gl. (1, 7) bei großem n kann als Beweis für das Vorhandensein einer Gaußschen Verteilung und Vermeidung anderer nicht zufälliger, das heißt durch bestimmte Mängel der Messung verursachte Fehler dienen.

Wird das Meßergebnis aus mehreren Teilablesungen erhalten, so erhöht sich der mittlere Fehler.

Nach dem Fehlerfortpflanzungsgesetz findet man für ein Gesamtergebnis, das sich aus einer *Summenbildung* der Einzelablesungen ergibt (z. B. Gesamtspannung aus mehreren Spannungsabfällen in Reihe ge-

[1] Baule, B.: Die Mathematik des Naturforschers und Ingenieurs, Bd. 2, S. 5 (1947).

schalteter Widerstände), wenn $X_{w\,ges}$ den wahrscheinlichen Gesamtwert, $F_{m\,ges}$ dessen mittleren Fehler und X_{w1}, X_{w2}, bzw. F_{m1}, F_{m2} usw. die betreffenden wahrscheinlichsten Werte, bzw. mittleren Fehler bedeuten,

$$X_{w\,ges} \pm F_{m\,ges} = X_{w1} + X_{w2} + \cdots \pm \sqrt{F_{m1}^2 + F_{m2}^2 + \cdots} \qquad (1,\ 8)$$

Dagegen erhält man bei *Produktbildung* von zwei Einzelablesungen (z. B. Leistung aus Strom und Spannung)

$$X_{w\,ges} \cdot \left(1 + \frac{F_{m\,ges}}{X_{w\,ges}}\right) = X_{w1}\,X_{w2}\left[1 \pm \sqrt{\left(\frac{F_{m1}}{X_{w1}}\right)^2 + \left(\frac{F_{m2}}{X_{w2}}\right)^2}\right]. \qquad (1,\ 9)$$

Weiter findet man für die *Quotientenbildung* von zwei Einzelablesungen (z. B. Widerstand aus Spannungs- und Strommessung)

$$X_{w\,ges}\left(1 + \frac{F_{m\,ges}}{X_{w\,ges}}\right) = \frac{X_{w1}}{X_{w2}}\left[1 \pm \sqrt{\left(\frac{F_{m1}}{X_{w1}}\right)^2 + \left(\frac{F_{m2}}{X_{w2}}\right)^2}\right]. \qquad (1,\ 10)$$

Zweiter Abschnitt

Stromquellen, Meß- und Hilfsgeräte

I. Gleichspannungsquellen

Als Gleichspannungsquellen kommen Primärelemente, Akkumulatoren, elektrische Maschinen, Gleichrichter und Zerhackergeräte mit Wiedergleichrichtung in Betracht.

Wichtige Gesichtspunkte für die Wahl der Spannungsquelle sind vor allem Konstanz der Spannung, das heißt Vermeidung von Spannungsschwankungen durch Änderung der Spannung des Stromerzeugers und infolge von Belastungsschwankungen, aber auch Beseitigung etwaiger Wechselspannungskomponenten der Stromquellen.

Primärelemente sind nur für Meßeinrichtungen geeignet, bei denen auf Konstanz der Spannung während längerer Zeit kein Wert gelegt wird. Sowohl durch die Belastung aber auch ohne eine solche verringert sich die elektromotorische Kraft und erhöht sich der innere Widerstand im Laufe der Zeit.

Akkumulatoren haben innerhalb eines großen Teiles der Belastungszeit ziemlich konstante Spannung und geringen inneren Widerstand. Dies gilt allerdings mehr für Bleiakkumulatoren als für Stahlakkumulatoren.

Primärelemente und Akkumulatoren haben den Vorteil, keine störenden Wechselspannungskomponenten aufzuweisen (wenn man von den geringfügigen Rauschspannungen absieht).

Zur Erzeugung beliebiger Spannungen, bis etwa 10.000 Volt, werden in der Praxis auch elektrische *Gleichstrommaschinen* verwendet. Die Spannung kann durch Regelvorrichtungen konstant gehalten werden. Elektrische Maschinen enthalten jedoch Wechselspannungen, die durch Siebglieder und Entstörungsmittel beseitigt werden können.

Zur *Gleichrichtung* bei geringeren Stromstärken verwendet man Hochvakuumgleichrichter, für höhere Stromstärken gasgefüllte Röhren. In Gleichrichteranlagen für größere Stromstärken und auch hohe Spannungen findet man vielfach Quecksilberdampfgleichrichter. Für Meßgeräte wird wegen seiner einfachen Verwendbarkeit zumeist der Trockengleichrichter vorgezogen. Es sind Selen- und Kupferoxydulgleichrichter üblich. Die maximal zulässige Stromstärke hängt von der Größe der Plattenfläche und die größte Sperrspannung von der Anzahl der hintereinander geschalteten Gleichrichterzellen ab.

Die gewöhnlich in der Empfängertechnik benützten Netzanschlußgeräte besitzen nach dem Gleichrichter einen Ladekondensator, durch den die Wechselstromkomponente verringert und die Spannung erhöht, aber belastungsabhängig wird. Soll jedoch der Gleichrichter eine belastungsunabhängige konstante Spannung geben, so verwendet man statt des Ladekondensators eine Drossel. Es ist dann allerdings eine höhere Wechselspannung erforderlich. Abb. 4 zeigt die Schaltung eines Netzgerätes für

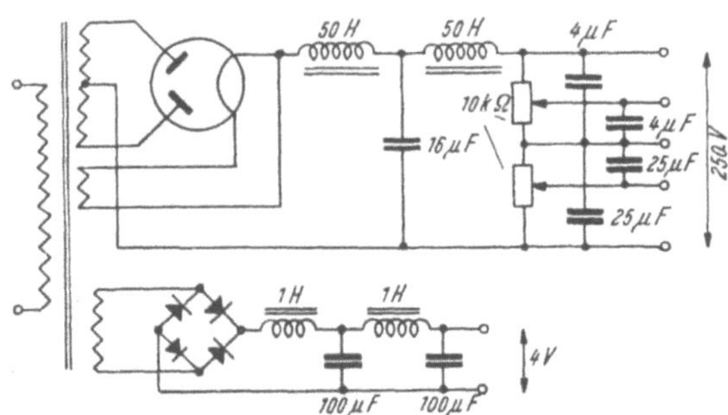

Abb. 4. Wechselstrom-Netzanschlußgerät

Meßzwecke in Vollweggleichrichterschaltung. Die Anodenspannung ist mit Hilfe eines Potentiometers regelbar bis maximal 250 Volt und wird mit Hilfe eines Hochvakuumgleichrichters erzeugt. Außerdem liefert ein Trockengleichrichter in Grätz-Schaltung eine Gleichspannung von 4 V.

Zur Erzeugung hoher Gleichspannung verwendet man oft, wenn man eine niedrigere Wechselspannung zur Verfügung hat und sich einen Transformator ersparen will, die bekannte Greinacher-Schaltung. Abb. 5 zeigt eine Zweiröhrenschaltung. Bei einer Netzspannung von 220 V Wechselspannung erhält man somit rund 600 V Gleichspannung. Infolge der Ladekondensatoren von je 16 μF nimmt die Spannung schon bei geringer Belastung stark ab.

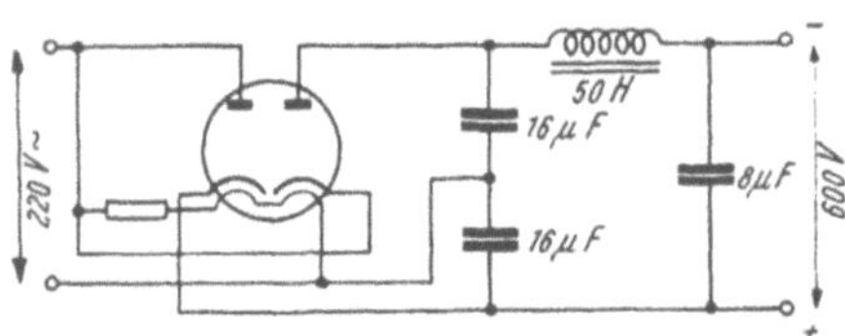

Abb. 5. Greinacher-Schaltung

Zur Umwandlung niedriger Gleichspannung in höhere wird vielfach der Zerhacker verwendet. Auch er zeigt eine starke Belastungsabhängigkeit und wird daher nur für tragbare kleine Geräte verwendet. Der Zerhacker dient zur Umwandlung von Gleichspannung in Wechselspannung, die dann hinauftransformiert und sodann gleichgerichtet wird, wozu vielfach ein im Zerhacker selbst befindliches zweites Kontaktzungenpaar dient.

II. Niederfrequente Wechselspannungsquellen[1]

A. Erzeugung sinusförmiger Wechselspannungen

Zur Speisung der meisten Meßgeräte wird das Wechselstromnetz benützt. Unmittelbar als Meßstrom wird es jedoch seiner geringen Frequenz

[1] Tamm, R. u. U. Hennecke: Hochfrequenztechn. u. Elektroak. **47** 133 (1936).

wegen nur selten verwendet. Die zu Meßzwecken gebrauchten Niederfrequenzen liegen meist zwischen 50 und 10 000 Hz. Zu ihrer Erzeugung dienen elektrische Maschinen, Summer, Zerhacker, Glimmlampen und Schallplatten, insbesondere aber Röhrengeneratoren.

1. Elektrische Maschinen

Es sind Maschinen mit großer Polzahl p erforderlich; die erhaltene Frequenz f ist gegeben durch

$$f = \frac{n\,p}{120}, \tag{2, 1}$$

wobei n die Zahl der Umdrehungen pro Minute ist. Maschinen größerer Leistung sind ähnlich der Hochfrequenzmaschine von Alexanderson, s. IV dieses Abschnittes.

Bei der Frankeschen Maschine[1] rotiert ein Polrad mit etwa 40 Polen. Es sind zwei etwas gegeneinander verdrehbare Statoren vorhanden, die die Einstellung einer beliebigen gegenseitigen Phasenverschiebung gestatten. Die Leistung beträgt einige Watt, der Frequenzbereich etwa 300 bis 2000 Hz.

Für Meßzwecke und geringe Leistung werden einfachere Maschinen verwendet. Ein solcher Generator (sogenanntes *Tonrad*) besteht, wie Abb. 6 zeigt, aus einem Zahnrad aus lamelliertem Eisen und einem Gleichstrommagnet M, der durch eine Batterie gespeist wird. In einem bestimmten Augenblick, z. B. in der in Abb. 6 gezeigten Stellung, ist der magnetische Widerstand des Kraftlinienkreises ein Minimum. Stehen den Magnetpolen jedoch gerade Lücken des Zahnrades gegenüber, so erreicht er einen Höchstwert. Durch die Drehung des Zahnrades wird daher in den Wicklungen I und II (die eine ist hochohmig, die andere niederohmig) eine Wechselspannung induziert, deren Frequenz gegeben ist durch

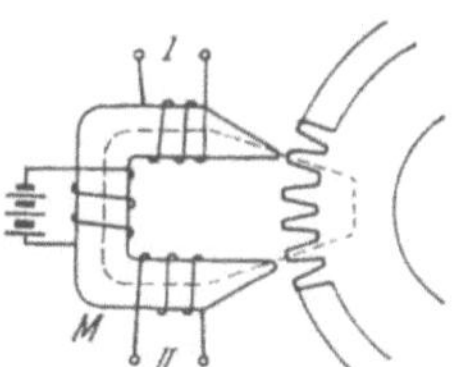

Abb. 6. Frankesche Maschine

$$f = \frac{n\,z}{60}. \tag{2, 2}$$

z ist die Anzahl der Zähne. Das Tonrad eignet sich zur Erzeugung sinusförmiger Spannungen von Frequenzen zwischen 450 und 5000 Hz mit einer Leistung von 1 bis 3 Watt.

2. Summer und Zerhacker

Der Magnetsummer arbeitet nach dem Prinzip der elektrischen Klingel, indem ein Anker von dem Magnetfeld einer stromdurchflossenen Spule angezogen wird und dadurch den Magnetstromkreis unterbricht, worauf der Anker durch seine Federkraft zurückbewegt wird usw. Im Gegensatz

[1] Franke, A.: ETZ **12**, 447 (1891). — Wien, M.: Wied. Ann. **66**, 871 (1898).

zur elektrischen Klingel ist jedoch der Anker durch eine schwingende Feder gebildet, deren Eigenschwingung, mit der ungefähr die Unterbrechung erfolgt, die Frequenz bestimmt, sie liegt bei einigen hundert Hz. Mit dieser Frequenz erfolgt die Unterbrechung des Batteriestromes. Durch Wahl der Federspannung und ihrer Abmessungen können meist Frequenzwerte bis etwa 1500 Hz erhalten werden. Der Verbraucher kann direkt in den Hauptstromkreis gelegt oder über einen Transformator angeschlossen werden. Gelegentlich wird die Magnetwicklung selbst als Transformator ausgeführt. Der Klirrfaktor ist groß.

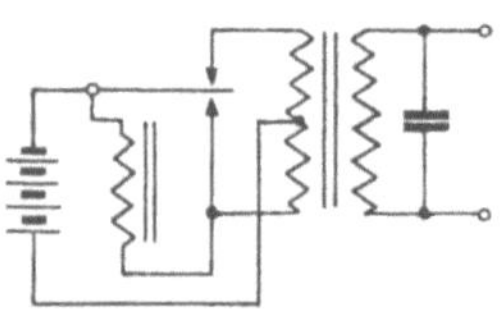

Abb. 7. Zerhackergerät zur Wechselspannungserzeugung

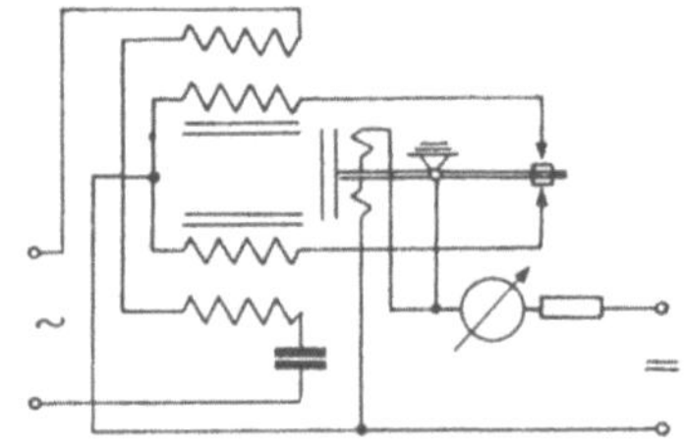

Abb. 8. Pendelumformer

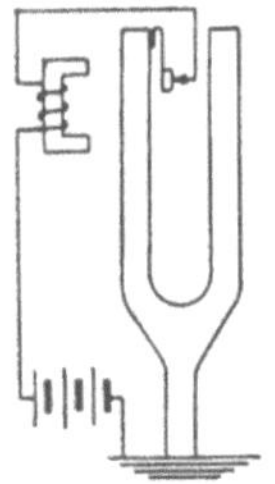

Abb. 9. Stimmgabelsummer

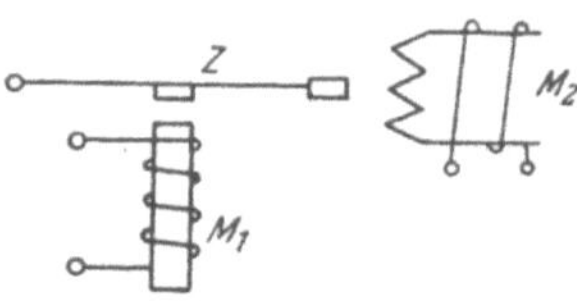

Abb. 10. Zungen-Frequenztransformator

Eine Verbesserung des Wirkungsgrades der Gleichstrom-Wechselstrom-Umformung erreicht man, wenn die schwingende Zunge beiderseitig zur Kontaktgebung verwendet wird. Der Transformator erhält dann durch die in Abb. 7 gezeigte Schaltung statt eines unterbrochenen Gleichstromes einen Wechselstrom. Ein derartiges Gerät wird *Zerhacker* (Vibrator) genannt. An der Sekundärseite des Transformators kann bei Verwendung von Kondensatoren eine weniger stark verzerrte Wechselspannung entnommen werden.

Diese Geräte werden auch für Tonfrequenzen von einigen hundert Hz und für Leistungen von einigen hundert Watt gebaut. Sie erreichen einen Wirkungsgrad von bis zu 80 Prozent. Die Schaltung eines „Pendelumformers" zeigt Abb. 8. Der Schwinganker wird durch das Gleichstromfeld magnetisiert. Ein veränderbarer Widerstand gestattet die Regelung der erhaltenen Wechselspannung.

Will man mit einfachen Mitteln eine bestimmte möglichst konstante Frequenz erhalten, so ersetzt man die Zunge des Summers oder Zerhackers durch eine Stimmgabel, man erhält dann den *Stimmgabelsummer* (s. Abb. 9), oder durch eine schwingende Metallsaite (*Saitensummer*). Letzterer ergibt geringere Frequenzkonstanz, läßt sich aber durch Spannungsänderung der Saite innerhalb gewisser Grenzen abstimmen.

Die schwingende Zunge eignet sich auch als einfacher *Frequenztransformator*[1], wie dies Abb. 10 zeigt. Ein vom Wechselstrom durchflossener Magnet M_1 bringt die Zunge Z zum Schwingen, wodurch ein Anker vor dem gezahnten Magnet M_2 vorbeibewegt wird. Dadurch wird der magnetische Widerstand geändert und in der Wicklung eine Wechselspannung höherer Frequenz erzeugt. Die induzierte Spannung kann durch Resonanzkreise sinusförmig gemacht werden. Man erhält so zwei in bestimmtem, konstantem Frequenzverhältnis zueinander stehende Wechselspannungen. Man benützt diese Anordnung mit Vorteil an Kathodenstrahlröhren, um stehende Bilder von Sinusschwingungen zu erhalten, indem die an M_2 auftretende Wechselspannung zur Zeitablenkung verwendet wird.

3. Röhrengeneratoren

Am besten eignet sich zur Erzeugung tonfrequenter Schwingungen die Elektronenröhre. Bei Einröhrenschaltungen wird meist die ***induktive Rückkopplung*** oder ***Dreipunktschaltung*** (s. Abb. 11) verwendet. Der Schwingkreis wird durch eine Spule mit Eisenkern und einen Abstimmkondensator von mehreren tausend pF gebildet. Meist wird nur eine Frequenz erzeugt, oder aber einige fest einstellbare, was durch Umschalten der Kapazitäten erreicht wird. Die erzeugte Frequenz ist ziemlich stark von der Anodenspannung abhängig, da eine Anodenspannungserhöhung meist auch eine Frequenzerhöhung bedingt. Eine Frequenzstabilisierung erreicht man durch Einschalten eines hochohmigen Widerstandes (etwa 10 bis 50 kΩ) in die Rückkopplungszuleitung zur Anode.

Auch eine Erzeugung von Schwingungen ohne Abstimmkreise, sogenannte *Relaxationsschwingungen* sind mit einer Mehrgitterröhre möglich. Die Frequenz ist regelbar, die Kurvenform jedoch meist verzerrt.

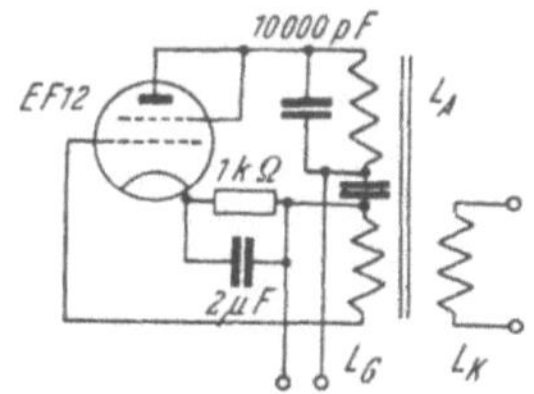

Abb. 11. Tonfrequenzgenerator mit induktiver Rückkopplung

Großer Beliebtheit erfreuen sich in neuerer Zeit Tonfrequenzgeneratoren ohne Schwingkreise in Ein- oder Mehrröhrenschaltung. Die Schwingung entsteht dadurch, daß ein Teil der Ausgangsspannung dem Eingang wieder phasenrichtig zugeführt wird (*Phasenschiebergenerator*). Hiezu kann z. B., wenn Gegenphasigkeit von Ein- und Ausgang erforderlich ist, die in Abb. 12 gezeigte Kette dienen[2]. An ihren Eingang wird ein Teil der Ausgangsspannung

[1] Bernhardt, M. J.: Toute la Radio C. Nr. 3, 21 (1947).

[2] Delaup, R. S.: Electronics **14** (1941). — Bucher, K.: TFT **31**, 307 (1942). — Fleming, L.: Electronics **19**, 97 (1946).

eines Verstärkers gelegt, an ihren Ausgang der Verstärkereingang angeschlossen. Es erregt sich eine Frequenz von

$$f = \frac{1}{2\pi\sqrt{6}\,C\,R}. \tag{2, 3}$$

Wegen der starken Dämpfung der Kette ist mindestens eine 29-fache Verstärkung zur Aufrechterhaltung der Schwingungen erforderlich. Sollen sinusförmige Wechselspannungen erhalten werden, so ist eine Amplitudenbegrenzung notwendig, z. B. durch eine Regelröhre.

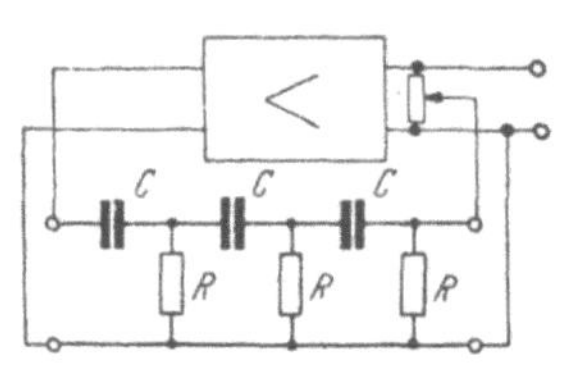

Abb. 12. Phasenschiebergenerator mit Kondensatorkette

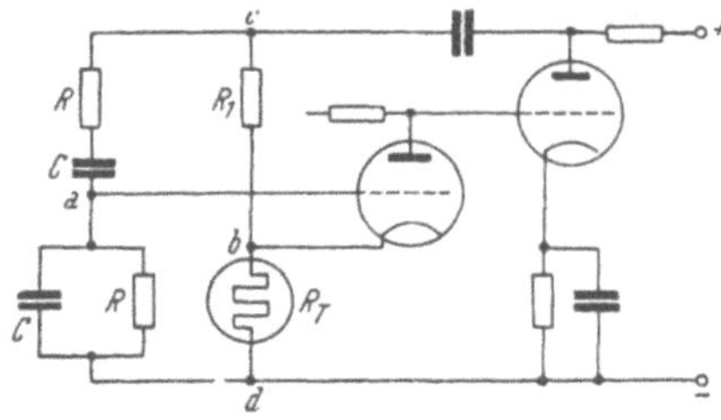

Abb. 13. Phasenschiebergenerator in Brückenschaltung

Zur Tonfrequenzerzeugung konstanter Spannungen empfiehlt sich die Verwendung eines *brückenstabilisierten Phasenschiebergenerators*[1]. Abb. 13 zeigt das Prinzip einer solchen Schaltung. Der wichtigste Bestandteil der Anordnung ist eine Brücke, an die Ein- und Ausgang eines zweistufigen Verstärkers angeschlossen sind. Die Eingangsspannung wird zwischen den Punkten a und b abgenommen, die Ausgangsspannung an die Punkte c und d angeschlossen. Da zwischen Ein- und Ausgang nahezu Phasengleichheit besteht, darf auch in der Brücke keine Phasendrehung zustandekommen. Dies führt zu einer Schwingungsfrequenz von

$$f = \frac{1}{2\pi R C}. \tag{2, 4}$$

Der Widerstand R_T ist ein temperaturabhängiger Widerstand. Er erhöht sich bei Zunahme der Schwingungsamplitude, wodurch die Eingangsspannung des Verstärkers verringert wird. Dies führt zur Stabilisierung der Schwingungsamplituden. Die Größe R_1 bestimmt die Höhe der Rückkopplung. Stets ist bei der Schaltung der Abb. 13 $R_1 > 2\,R_T$. Die Frequenz kann bei manchen Ausführungen in Dekaden eingestellt werden.

4. Der Stimmgabeloszillator[2]

Die Schwingung einer Stimmgabel ist unter der Voraussetzung konstanter Raumtemperatur sehr frequenzkonstant. Sie kann daher im

[1] Zaiser, W.: ENT **19**, 228 (1942). — Bucher, K.: TFT **31**, 307 (1942). — Ginzton, E. L. u. M. L. Hollingworth: Proc. I.R.E. **29**, 43 (1941). — Edwards, C. M.: Proc. I.R.E. **39**, 277 (1951).

[2] Eccles, W.H. u. N. Jordan: Electrician **82**, 704 (1919). — Dye, D. W.: Proc. Roy. Soc. Lond. **103**, 241 (1923). — Horton, J. W., N. H. Ricker u. W. A. Marrison: Trans. A.I.E.E. **42**, 730 (1923). — Watanabe, W.: Jahrb. d. drahtl. T. **32**, 116 (1928). — Marrison, W. A.: Proc. I.R.E. **20** 1715 (1930).

Stimmgabeloszillator zur Erzeugung sehr konstanter Tonfrequenzen verwendet werden. Die Frequenz des Oszillators ist bestimmt durch: 1. die Eigenfrequenz der Gabel. Diese ist wieder von Luftdruck und Temperatur abhängig. [Den kleinsten Temperaturkoeffizienten hat Elinvar (36 Ni, 12 Cr). Er liegt in der Größe von 10^{-5} je ^{0}C [1].] 2. die Magnetisierung der Anregungssysteme (großer Abstand ist zweckmäßig) und 3. durch die Röhre, ihre Betriebsspannungen und die Eigenfrequenz der elektrischen Kreise.

Die Wirkungsweise des Stimmgabeloszillators ist aus Abb. 14 zu entnehmen. Jede Zinke ist mit dem vormagnetisierten Elektromagnet *M* gekoppelt. Die Wicklung der einen Spule ist mit dem Eingang, die der anderen mit dem Ausgang des ein- bis dreistufigen Verstärkers verbunden. Die Stimmgabel stellt das Kopplungsglied zwischen Ein- und Ausgang des Verstärkers dar. Zur Erzielung einer größeren Frequenzkonstanz befindet sich die Stimmgabel meist in einem Thermostaten. Wird die Temperatur auf etwa 0,1^0 C konstant gehalten, so beträgt die relative Frequenzabweichung des Stimmgabeloszillators $\pm$ 10^{-6}. Es werden Geräte für Frequenzen von etwa 100 bis 5000 Hz erzeugt.

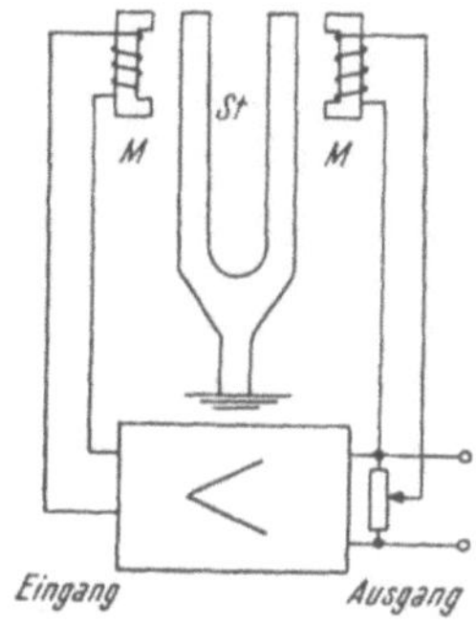

Abb. 14. Stimmgabeloszillator

Die Selbstherstellung eines Stimmgabeloszillators ist einfach. Als Magnetsystem eignet sich je ein elektromagnetisches Kopfhörersystem, als Verstärker genügt meist ein zweistufiger Widerstandsverstärker.

5. Der Magnetostriktionsoszillator[2]

Die Ein- und Ausgangsinduktivität eines Röhrenoszillators ist (ähnlich wie beim Stimmgabeloszillator) durch einen Stab ferromagnetischen Materials gekoppelt, das jedoch auch Magnetostriktionseigenschaft besitze. Der Magnetostriktionseffekt bewirkt longitudinale Eigenschwingungen. Der Stab ist vormagnetisiert. Durch Zusammensetzung aus Stoffen mit entgegengesetzten Temperaturkoeffizienten kann die Temperaturabhängigkeit der Frequenz nieder gehalten werden.

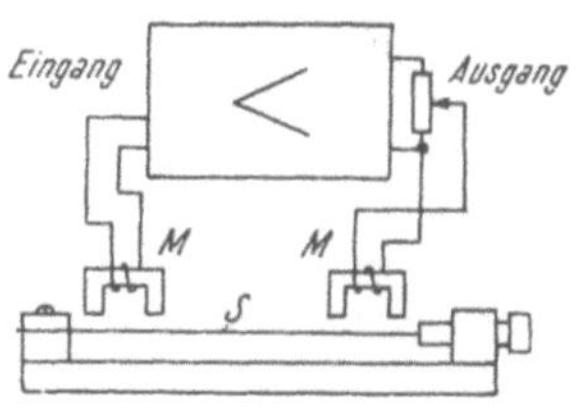

Abb. 15. Saitenoszillator

6. Der Saitenoszillator

Da auch eine schwingende Metallsaite ein ziemlich konstantes Frequenznormal ist, kann sie wie Abb. 15 zeigt, in der gleichen Weise wie die Stimm-

[1] Kohlrausch, F.: Praktische Physik II, 237 (1943).

[2] Pierce, G. W.: Proc. Am. Acad. **63**, 1 (1928); Proc. I.R.E. **17**, 42 (1929). — Freimann.: Jahrb. d. drahtl. Tel. **34**, 219 (1929).

gabel mit Hilfe eines meist zweistufigen Verstärkers zur Selbsterregung und Erzeugung frequenzkonstanter Schwingungen gebracht werden. Ein- und Ausgang sind ebenfalls an ein mit Spulen versehenes permanentes Magnetsystem angeschlossen, auch hier genügen meist zwei Kopfhörersysteme. Der Saitenoszillator besitzt noch den Vorteil, daß die erzeugte Schwingungsfrequenz durch Ändern der Saitenspannung vergrößert und verkleinert werden kann. Er erzeugt ebenso wie der Stimmgabeloszillator sinusförmige Schwingungen.

7. Der Quarzoszillator

Auch das Quarzkristall läßt sich in Platten- oder Stabform als Frequenznormal verwenden und kann daher ähnlich wie die Stimmgabel oder die Saite unter Verwendung eines Verstärkers zur Schwingungserzeugung dienen. Zumeist benützt man jedoch das Quarz zur Erzeugung hochfrequenter Schwingungen, s. IV dieses Abschnittes. Durch Frequenzteilung kann jedoch auch eine Umwandlung in Niederfrequenz erreicht werden, so z. B. in der Quarzuhr.

8. Der Schwebungsgenerator

Beim Schwebungsgenerator wird eine mittels zweier Hochfrequenzschwingungserzeuger erhaltene Schwebung durch Demodulation in eine Tonfrequenz umgewandelt. Der eine der beiden Hochfrequenzgeneratoren erzeugt eine konstante Frequenz, der andere hingegen eine mit Hilfe eines Drehkondensators veränderbare. Dadurch entsteht eine veränderliche Schwebungsfrequenz. Die Kapazitätsänderung ist so gewählt, daß beim Durchdrehen des Drehkondensators die Schwebungsfrequenz und damit die erhaltene Tonfrequenz von etwa 5 Hz bis 10 000 Hz verändert werden kann. Die Kopplung der beiden Generatoren ist zur Vermeidung von Mitnahmeerscheinungen sehr lose. Die Demodulation der Schwebung geschieht mit Hilfe einer eigenen Röhre. Sehr häufig wird auch die Erzeugung einer Oszillatorspannung und die Demodulation in einer Mischhexode vorgenommen. Um eine genügend große Tonfrequenzspannung zu erhalten, wird die Tonfrequenz noch in einer oder zwei Verstärkerstufen auf die nötigen Spannungen gebracht. Die erzielten Schwingungen sind ziemlich oberwellenfrei.

Abb. 16 zeigt die Schaltung eines nach den oben beschriebenen Gesichtspunkten gebauten Schwebungsgenerators. Um eine gleichbleibende Tonfrequenz zu erhalten, ist es notwendig, die Betriebsspannung möglichst konstant zu halten. Dies geschieht z. B., wie in III dieses Abschnittes beschrieben, mit Hilfe von Stabilisatorröhren. Je eine Hochfrequenzpentode EF 12 dient zur Schwingungserzeugung. Zur Mischung wird eine ECH 11 verwendet. Die in ihr erzeugte Tonfrequenzspannung wird in einer weiteren Verstärkerstufe mit Hilfe einer EL 11 verstärkt. Sie wird mit verschiedenen Ausgangswiderständen aus einem Transformator entnommen. Die Größen der zu verwendenden Einzelteile sind aus nebenstehender Stückliste zu entnehmen.

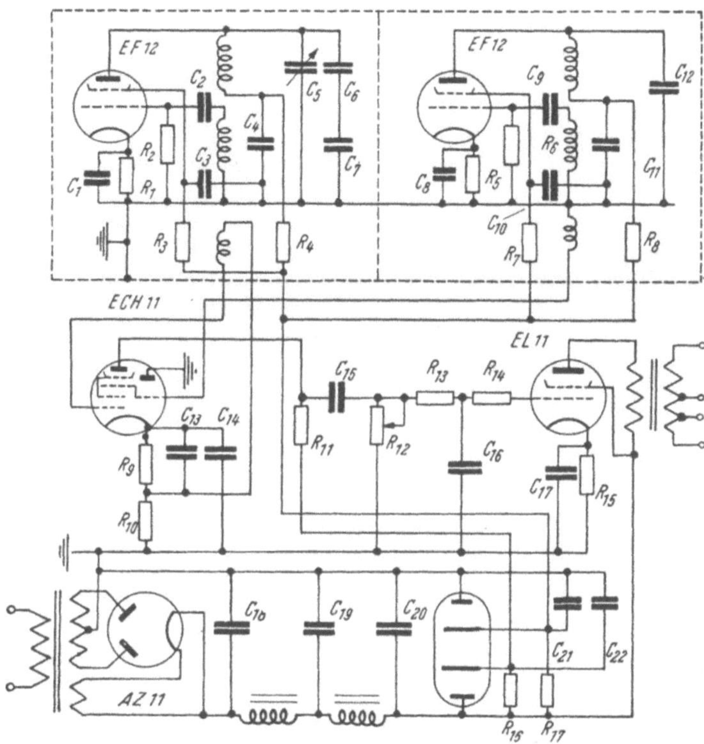

Abb. 16. Schwebungssummer. *EF* 12 (links) Oszillator veränderbarer Frequenz, *EF* 12 (rechts) Oszillator fester Frequenz, *ECH* 11 Mischstufe, *EL* 11 Niederfrequenzverstärkerstufe.

Zahlentafel 4. *Stückliste zum Schwebungssummer* (Abb. 16)

Widerstände		Widerstände		Kondensatoren		Kondensatoren		Kondensatoren	
R_1	1 kOhm	R_{10}	1 kOhm	C_1	50 000 pF	C_9	200 pF	C_{17}	50 μF
R_2	1 MOhm	R_{11}	20 kOhm	C_2	200 pF	C_{10}	10 000 pF	C_{18}	16 μF
R_3	1 MOhm	R_{12}	0,5 MOhm	C_3	10 000 pF	C_{11}	10 000 pF	C_{19}	16 μF
R_4	0,3 MOhm	R_{13}	20 kOhm	C_4	10 000 pF	C_{12}	150 pF	C_{20}	16 μF
R_5	0,9 kOhm	R_{14}	1 kOhm	C_5	. . . 100 pF	C_{13}	50 000 pF	C_{21}	0,5 μF
R_6	1 MOhm	R_{15}	250 Ohm	C_6	100 pF	C_{14}	25 μF	C_{22}	0,5 μF
R_7	1 MOhm	R_{16}	0,1 MOhm	C_7	500 pF	C_{15}	10 000 pF		
R_8	0,1 MOhm	R_{17}	0,1 MOhm	C_8	50 000 pF	C_{16}	100 pF		
R_9	250 Ohm								

Über genaue Schaltangaben zum Bau von Schwebungssummern s. Limann und Lennartz[1].

Für viele Zwecke ist es wünschenswert, den Schwebungssummer mit einer schwachen Frequenzmodulation auszustatten (*Wobbelung*), insbesondere zur elektroakustischen Raumuntersuchung. Es sind meist nur sehr geringe Modulationsfrequenzen von etwa 5 bis 10 Hz erforderlich, die z. B. durch rotierende oder schwingende Kondensatorplatten erzeugt werden können. Eine Wobbelfrequenz von 50 Hz erhält man in einfacher Weise mit Hilfe einer schwingenden Zunge, die durch einen vom Netzstrom durchflossenen vormagnetisierten Elektromagnet erzeugt wird und eine Kondensatorplatte oder eine kurzgeschlossene Windung in der Nähe einer Hochfrequenzspule bewegt[2]. In neuerer Zeit werden jedoch die bei der Frequenzmodulation üblichen Blindleistungsröhren bevorzugt.

Der Schwebungssummer kann auch zur Erzeugung von Heultönen verwendet werden, wenn der die unveränderliche Frequenz erzeugende Oszillator frequenzmoduliert wird. Es kann dies z. B. durch einen zum Abstimmkondensator parallelgeschalteten veränderbaren Kondensator geschehen.

9. Frequenzschallplatten

Es gibt Schallplatten für bestimmte konstante Frequenzen und solche für stetig sich ändernde (gleitende Töne). Sie führen teils reine Töne, teils sogenannte *Heultöne* Letztere sind Schwingungen, deren Frequenzhöhe sich um etwa $\pm$ 50 Hz ändert, und zwar mit einer Modulationsfrequenz von 5 Hz. Die Platten liefern die gewünschten Frequenzen nur bei einer bestimmten Umdrehungszahl (meist 80 U/min). Sie wird am einfachsten mit Hilfe einer *stroboskopischen Scheibe* und Wechselstromglimmlampe kontrolliert. Man kann sie sich leicht herstellen, indem man eine Scheibe mit einer gleichmäßigen Teilung von schwarzen und weißen radialen Streifen versieht. Sie scheint dann, wenn sie mit einer Wechselstromglimmlampe beleuchtet ist, bei einer bestimmten Drehzahl zu stehen. Diese ist auf der Scheibe vermerkt. Bei einer Frequenz von 50 Hz sind für eine Drehzahl von 80 U/min 75, für 78 U/min 77, für 82 U/min 73, für 100 U/min 60 usw. schwarze radiale Streifen anzuordnen.

Bei Frequenzplatten wird in der Regel Frequenzgetreuheit der Schallwiedergabe verlangt, das heißt bei allen Frequenzen soll von der Elektroschalldose stets die gleiche Spannung geliefert werden. Dies wird dann erreicht, wenn beim Abspielen der Platte die seitliche Nadelgeschwindigkeit (sie ist dem Produkt aus Frequenz mal Amplitude proportional) stets die gleiche ist. Mit zunehmender Frequenz nimmt daher die für konstante elektrische Spannung erforderliche Amplitude der Schwingungsaufzeichnung proportional ab.

Die Frequenzgetreuheit läßt sich bei Frequenzschallplatten in einfacher Weise aus der Breite des spiegelnden Reflexes bei Beleuchtung

[1] Limann, O.: Prüffeldmeßtechnik; 3. Aufl., S. 215 (1947). — Lennartz, H.: Praktische Meßgeräte für Hoch- und Niederfrequenz S. 77 (1941).

[2] Bernhardt, M. J.: Toute la Radio, Cah. 3, 21 (1947).

mittels künstlichen Lichts abschätzen. Die Schallplatte ist frequenzgetreu, wenn die Breite des Reflexes bei allen Frequenzen die gleiche ist, denn dann ist die Steilheit der aufgezeichneten Sinuskurven und damit die seitliche Nadelgeschwindigkeit bei allen Frequenzen die gleiche.

10. Photoelektrischer Tongenerator[1]

Eine koaxial kreisförmig mit Öffnungen versehene undurchsichtige oder Schwärzungen aufweisende durchsichtige Scheibe wird von einer Lichtquelle durch einen radialen Spalt beleuchtet. Hinter der Scheibe befindet sich eine Photozelle, die so angeordnet ist, daß sie bei Rotation der Scheibe kurze Lichtimpulse in konstanter Folge erhält. Sie wird wegen ihrer Ähnlichkeit mit einer Sirene auch *Lichtsirene* genannt. Die Photozelle verwandelt die sie treffenden Lichtimpulse in Stromimpulse. Wegen der quadratischen Empfindlichkeit der Photozelle erhalten die Öffnungen oder Schwärzungen die Form von aneinander anstoßenden Sinushalbschwingungen längs eines Kreisumfanges.

11. Erzeugung sinusförmiger Wechselspannungen sehr niederer Frequenz

Zur Erzeugung sinusförmiger Spannungen sehr niederer Frequenz werden vielfach *Schwebungsgeneratoren* verwendet (s. Pkt. 8). Indes beobachtet man aber bei diesen insbesondere bei Frequenzen unter 1 Hz das Auftreten von Mitnahmeerscheinungen zwischen den beiden die Schwebung erzeugenden Hochfrequenzen (der stärkere Oszillator nimmt die Frequenz des schwächeren mit). Hiedurch treten starke Verzerrungen auf. Sie lassen sich auch bei gut entkoppelten Oszillatoren kaum vermeiden.

Es wurde daher vorgeschlagen, die gewünschte niedrige Frequenz mit Hilfe eines *Multivibrators* (s. II B dieses Abschn.) zu erzeugen. Eine Eccles-Jordan-Kippschaltungsstufe (s. Abb. 17) verstärkt sodann die Amplitude und halbiert die Frequenz. Ein Entzerrer verwandelt sodann die Rechteckkurve in eine Sinusschwingung. Ein nach diesen Gesichtspunkten ausgeführtes Gerät erzeugt Frequenzen von 0,2 bis 100 Hz[2]. Die Frequenzänderung erfolgt durch Änderung der Zeitkonstanten des Multivibrators.

12. Der Mikrophonsummer[3]

Er besteht im Prinzip aus einem Telephon, dessen Schwingungen ein Mikrophon beeinflussen. Die Telephon-Mikrophoneinrichtung arbeitet als Verstärker, das heißt die vom Mikrophon abgegebene Wechselspannung ist größer als die dem Telephon zugeführte. Verbindet man den Mikrophonausgang über einen Transformator oder ein Potentiometer mit dem Telephon, so entsteht daher bei richtigem Leitungsanschluß ein Selbstschwingen. Durch mechanische Resonanzkreise lassen sich bestimmte

[1] Lyman, J. u. E. Greenle: Electronics **19**, H. 9, S. 93 (1946).
[2] Shepard, W. G.: Electronics **23**, H. 10, S. 116 (1950).
[3] Rein, H. u. K. Wirtz: Radiotelegraphisches Praktikum. S. 11 (1922).

konstante Tonfrequenzen erreichen. Es sind Ausführungen von Dolezalek[1] und Larsen[2] bekannt. Die Frequenzabweichungen des Mikrophonsummers von Larsen liegen bei $\pm$ 0,2%.

B. Erzeugung verzerrter Schwingungen[3]

Für manche Messungen ist die Erzeugung verzerrter Schwingungen notwendig. So ist z. B. als *Kippspannung* für Kathodenstrahloszillographen eine *sägezahnförmige* Spannung erforderlich. Für andere Zwecke wieder wird die Erregung kurzer Spannungsstöße von angenähert rechteckiger Form (*Impulse*) in regelmäßiger Folge verlangt.

1. Erzeugung mäanderförmiger Spannungen

Hiezu eignet sich vor allem der *Multivibrator*[4] (s. Abb. 25). Seine Schaltung gleicht der eines Widerstandsverstärkers (*RC*-Verstärker), bei dem ein Teil der Ausgangsspannung mit Hilfe einer Kapazität wieder auf den Eingang zurückgeführt wird. Bestimmend für die sich erregende Frequenz sind insbesondere die Zeitkonstanten ($T = R \cdot C$) der *RC*-Glieder, welche die Anode der Vorröhre mit dem Gitter der nächsten Röhre verbinden.

Eine annähernd rechteckförmige (genauer trapezförmige) Spannungskurve erreicht man auch durch sehr starke Amplitudenbegrenzung sinusförmiger Spannungen.

Zur Erhöhung der Amplituden rechteckförmiger Spannungen eignet sich eine von Eccles und Jordan[5] angegebene Schaltauslöseeinrichtung (s. Abb. 17). Eines der beiden Steuergitter ist stets negativ geladen. Wird z. B. dem Gitter der ersten Röhre ein positiver Spannungsstoß zugeführt, so verringert sich plötzlich der Widerstand der Röhre, die Anode erhält daher ein sehr niederes positives Potential und das Gitter der nächsten Röhre zufolge der Spannungsteilung durch R_2 und R_3 ein sehr hohes negatives Potential. Wegen des nun groß gewordenen Röhrenwiderstandes wird aber das Potential der Anode positiv und dadurch das Gitter der ersten Röhre ebenfalls noch stärker positiv. Dieser Zustand bleibt aufrecht bis z. B. ein von außen dem

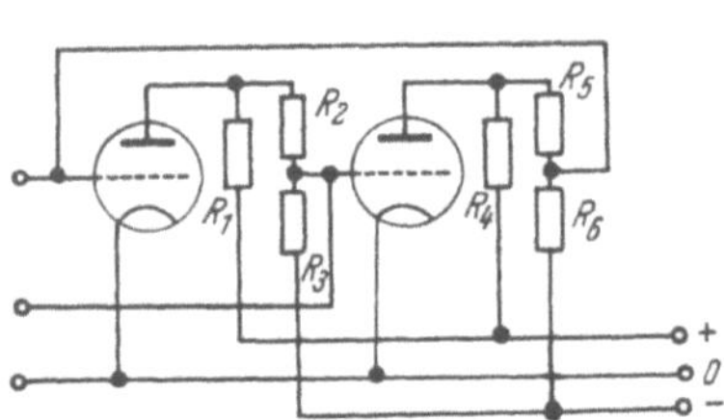

Abb. 17. Eccles-Jordan-Schaltung. R_1, R_4 = 100 kOhm, R_2, R_5 = 200 ... 300 kOhm, R_3, R_6 = 100 kOhm

[1] Dolezalek, F.: Z. Instrkde. **23**, 240 (1903).
[2] Larsen, A.: ETZ **32**, 284 (1911).
[3] Richter, H.: El. Kippschwingungserzeugung 1940.
[4] Abraham, H. u. E. Bloch: Ann. Phys. **12**, 237 (1919). — Einfg. S. 552.
[5] Eccles, W. H. u. F. W. Jordan: Rad. Rev. **1**, 143 (1919).

Gitter der zweiten Röhre zugeführter positiver Ladungsstoß das ganze System wieder zum Kippen bringt.

Die Schaltung ist dabei zufolge der großen Verstärkung und Rückführung einer hohen Rückkopplungsspannung auf das Gitter der ersten Röhre überaus empfindlich. Sie eignet sich dadurch nicht nur zur Verstärkung von Rechteckspannungen sondern auch zur Frequenzteilung auf die Hälfte (der Steuerspannung), wenn die Steuerspannung über je einen kleinen Kondensator beiden Gittern gleichphasig zugeführt wird. Ist z. B. das Gitter der ersten Röhre positiv und daher das der zweiten negativ, so wird die positive Halbwelle der äußeren Wechselspannung eine positive Aufladung des zweiten Gitters hervorrufen und damit einen Kippvorgang im Röhrensystem auslösen. Die negative Halbwelle der äußeren Spannung löst dagegen einen solchen nicht aus. Sie reicht nicht aus, um die positive Gitterladung zu beseitigen. Erst wenn nun wieder beide Gitter über die Kondensatoren einen positiven Ladungsstoß erhalten, wird nun das erste Gitter wieder positiv aufgeladen und damit neuerdings ein einmaliger Kippvorgang ausgelöst.

Die Eccles-Jordan-Schaltung eignet sich weiter zur Betätigung von Relais und als Zähleinrichtung für Schaltvorgänge. Durch mehrfache Frequenzteilung können die Halbwellen von Schwingungsvorgängen gezählt und so auch Frequenzen gemessen werden.

2. Erzeugung einer Sägezahnspannung (Kippspannung)

Am einfachsten erhält man eine Wechselspannung von ungefähr sägezahnförmigem Verlauf mit Hilfe einer Glimmlampe. Die Schaltung eines Glimmlampensummers zeigt Abb. 18. Sie arbeitet in der Weise, daß eine Batterie U_0 über einen Widerstand R an eine Glimmlampe Gl angeschlossen ist, zu der ein Kondensator C parallel liegt. Zunächst wird der Kondensator so lange aufgeladen, bis die Zündspannung der Glimmlampe erreicht ist. Von diesem Augenblick an entlädt er sich nun über die Glimmlampe, da der Widerstand R nicht genügt, um ihren Strombedarf zu decken. Die Entladung dauert bis zu Erreichen der Glimmlampen-Löschspannung, bei der die Glimmlampe wieder einen sehr großen Widerstand aufweist. Hierauf lädt sich der Kondensator neuerdings bis zur Zündspannung auf usw. Die Amplitude der Wechselspannung ist angenähert gleich

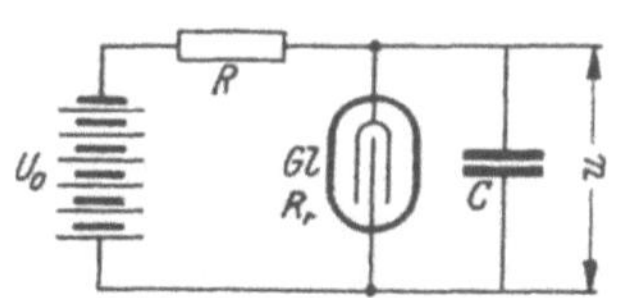

Abb. 18. Glimmlampensummer

$$U_{max} = (U_z - U_L)/2, \tag{2, 5}$$

dabei ist U_z die Zünd- und U_L die Löschspannung.

Die Ladungs- und Entladungskurven haben die Form von kurzen Stücken von Exponentialkurven, die gesamte Wechselspannung also sägezahnartigen Verlauf. Für die Frequenz des Glimmlampenoszillators findet man mit geringfügigen Vernachlässigungen

$$f = \frac{1}{C\,R}\,\frac{U_0 - U_z}{U_z - U_L}. \qquad (2,\ 6)$$

Dabei ist U_0 die Batteriespannung. Man erhält die Frequenz f in Hz, wenn C in Farad und R in Ohm eingesetzt wird.

Gelegentlich verwendet man an Stelle von R auch eine Diode. Man erhält dann eine Ladungskurve, die der gewünschten Sägezahnkurve wesentlich näher kommt. Die Frequenz kann durch Regelung des Sättigungsstromes, durch Heizregelung oder durch Kapazitätsänderung eingestellt werden. Besser noch ist es, eine Triode oder Mehrgitterröhre zu verwenden und deren Strom durch Gitterspannungsänderung zu beeinflussen. Für die erregte Frequenz gilt dann

$$f = \frac{J}{(U_Z - U_L)\,C}. \qquad (2,\ 7)$$

J ist die Ladestromstärke der Röhre.

Bessere Kippspannungen erhält man mit Hilfe von Röhren. Eine Schaltung mit einer gasgefüllten Röhre zeigt Abb. 19. Der eigentliche Kippspannungsgenerator wird durch die gasgefüllte Röhre *GR* gebildet. Die Röhre *LR* dient als Laderöhre. Der Anodenstrom fließt von der Gleichspannungsquelle über die Röhre *LR* und einen Widerstand von 1 kΩ zur Triode *GR*. Diese zündet, wenn das Gitter gegenüber der Kathode positiv aufgeladen ist. Dann entlädt sich der zu ihr parallel liegende Kondensator C_1 bis zum Erreichen der Löschspannung. Nun wird er über *LR* neuerdings aufgeladen. Eine Zündung setzt wieder ein, sobald das Gitter neuerdings positiv aufgeladen wird. Man erhält Frequenzen von wenigen Hz bis zu einigen 10 000 Hz. Die Frequenz f läßt sich wieder nach Gl. (2, 7) berechnen. Sie kann auch in gewissen Grenzen durch eine außen angelegte Synchronisierungsspannung beeinflußt werden.

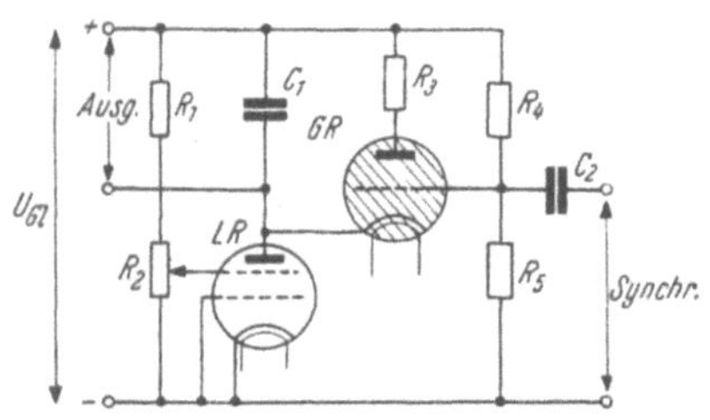

Abb. 19. Kippgerät mit gasgefüllter Triode. R_1, R_2 = 100 kOhm, R_3 = 1 kOhm, R_4 = 50 kOhm, R_5 = 50 kOhm, C_1 = 100 ... 100 000 pF, C_2 = 1 μF

Zur Erzeugung von Kippspannungen eignen sich auch Hochvakuumröhren. Abb. 20 zeigt eine von Turner angegebene gebräuchliche Schaltung[1]. Die Röhre *EF* 11 dient als Laderöhre. Durch sie wird der Kondensator C_1 aufgeladen. Damit steigt die Spannung an ihm. Parallel liegt die Röhre *EL* 12. Ihre Gittervorspannung ergibt sich durch eine Spannungsteilung, bedingt durch die Reihenschaltung des Widerstandes R_5 mit der Röhre *EL* 11 und durch die Größe der Spannung an C_1. Die Gitterspannung von *EL* 12 sei zunächst negativ, so daß keine Entladung auftritt. Durch die Erhöhung der Spannung an C_1 wird die negative

[1] Turner, L. B.: Rad. Rev. 1922, 317.

Ladung immer kleiner, so daß sich schließlich der Widerstand der Röhre *EL* 12 bei Erreichen positiver Gitterspannung plötzlich vermindert. Dadurch erhält aber das Gitter der Röhre *EL* 11 einen negativen Spannungsstoß, der eine Widerstandserhöhung in ihr verursacht und damit das Potential ihrer Anode weiter vergrößert, so daß der Widerstand von *EL* 12 noch stärker absinkt. Der Kondensator C_1 wird dadurch rasch entladen.

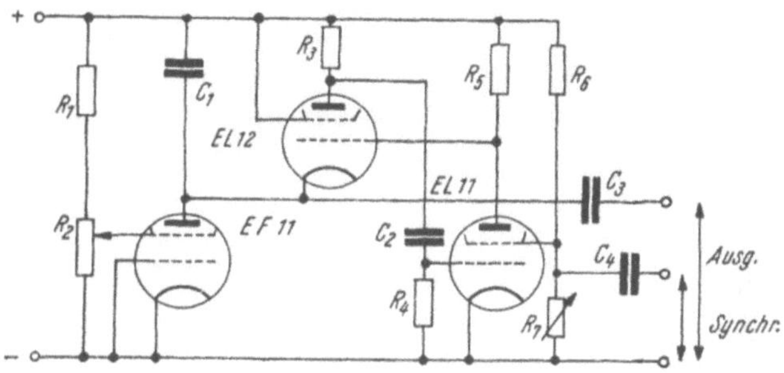

Abb. 20. Kippgerät mit Vakuumröhren. R_1, R_2 = 100 kOhm, R_3 = 1 kOhm, R_4 = 20 kOhm, R_5 = 25 kOhm, R_6, R_7 = 100 kOhm, C_1 = 200...500 000 pF, C_2 = 10 000 pF, C_3, C_4 = 0,1 μF

Im Augenblick der Beendigung der Entladung erhält das Gitter der Röhre *EL* 11 einen positiven Spannungsstoß, der nun mit der Spannungsverringerung an C_1 bewirkt, daß die Röhre *EL* 12 wieder ein hoher Widerstand wird, worauf der Aufladevorgang mit Hilfe der Laderöhre *EL* 11 wieder einsetzt. Der an ihr auftretende Spannungsabfall wird über einen Kondensator C_3 dem Verbraucher, eventuell noch unter Vorschaltung einer Verstärkerstufe übertragen. Die Kippfrequenz, das ist die Häufigkeit der Wiederholung des Kippvorganges in der Sekunde, wird hauptsächlich durch die Größe von C_1, nämlich durch die Schnelligkeit des Ladevorganges bestimmt. Sie ergibt sich wieder aus Gl. (2, 7). Im allgemeinen verwendet man eine Anzahl von Stufen mit etwa 200 bis 500 000 pF. Die Feinregelung erfolgt durch Veränderung der Potentiometerspannung R_2. Man kann Kippfrequenzen von einigen wenigen Hz bis etwa 100 kHz erreichen. Der Ladevorgang soll aber langsam gegenüber dem Entladevorgang vor sich gehen; deshalb ist die größtmögliche erreichbare Frequenz vor allem durch letzteren bestimmt. Er liegt meist in der Größenordnung von wenigen μs.

Die Kippspannung kann innerhalb gewisser Grenzen auch durch eine an die Schaltung von außen aufgedrückte Synchronisationsspannung beeinflußt werden. Im allgemeinen eignet sich hierzu die Hilfsröhre (*EL* 11) am besten. Wie Abb. 20 zeigt, wird die Synchronisationsspannung an das Schirmgitter dieser Röhre aufgedrückt. Bei schwachen Synchronisationsspannungen ist die Zwischenschaltung einer Verstärkerröhre notwendig. Es ist auch vorgeschlagen worden, die Synchronisationsspannung in die

Verbindungsleitung des Gitters der Entladeröhre *EL* 12 mit der Anode der Hilfsröhre *EL* 11 zu legen[1].

Anleitungen zum Selbstbau von Kippspannungsgeneratoren finden sich unter anderem bei Lennartz[2].

Kippschwingungen werden auch in einfacher Weise mit Hilfe des *Sperrschwingers* erzeugt. Es ist dies eine Schaltung, ähnlich dem Audion mit sehr fester Rückkopplung. Die erhaltenen Schwingungen haben indes nur angenähert sägezahnförmigen Verlauf[3].

Eine Schaltung zur Kippschwingungserzeugung mit einer Dreigitterröhre wird erstmalig von van der Pol beschrieben[4]; sie ist in Abb. 21 dargestellt. Die Wirkungsweise entspricht der der Negadynschaltung[5].

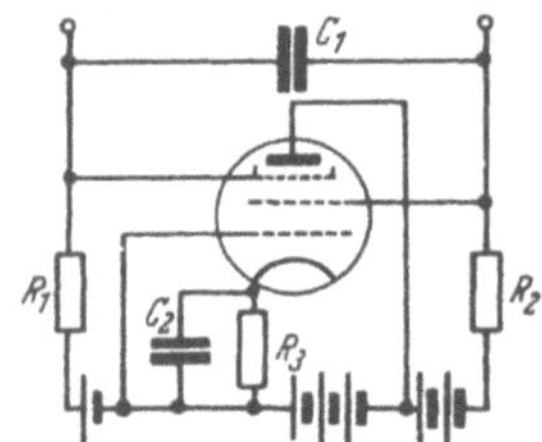

Abb. 21. Kippgenerator mit Dreigitterröhre

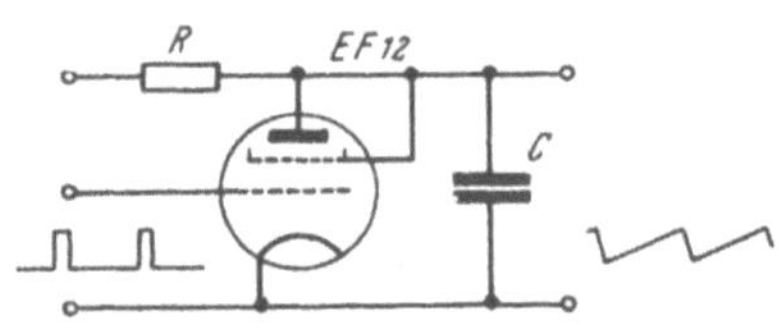

Abb. 22. Kippspannung aus Impulsen R = 100 kOhm, C = 10 000 pF

Kippspannungen können auch aus Rechteckimpulsen erzeugt werden. Hiezu eignet sich z. B. die in Abb. 22 gezeigte Schaltung. Im Augenblick positiver Gitterspannung ist der Widerstand der Röhre klein und der Kondensator C entlädt sich über diese. Während der Impulspause wird sie dann über einen Widerstand R wieder aufgeladen. Die der Abb. 22 beigefügten Daten gelten für eine Kippfrequenz von einigen hundert Hz. Die Impulse können mit Hilfe eines Multivibrators erzeugt werden.

Ein Großteil von Kippspannungsgeneratoren kann durch eine Fremdspannung synchronisiert werden, dies gilt insbesondere für Geräte, die mit gasgefüllten Röhren betrieben werden (s. z. B. Abb. 19). Wie eine solche Synchronisierung durch eine äußere sinusförmige Spannung vor sich geht, soll im folgenden gezeigt werden. Die Kippfrequenz wird, vor allem durch den Ladungsvorgang des Kondensators über die Laderöhre, der einfachheitshalber als geradlinig angenommen ist, bestimmt. Seine Dauer ist abgesehen von der Größe von Kapazität und Widerstand durch die Differenz aus Zünd- und Löschspannung $U_z - U_L$ bestimmt. Wird nun eine äußere Synchronisierungsspannung angelegt, so erhöht oder erniedrigt sich die

[1] Hartog, H. den u. F. A. Muller: Wireless Engr. **24**, 287 (1947).

[2] Lennartz, H.: Praktische Meßgeräte für Hoch- und Niederfrequenztechn. S. 134 (1941).

[3] Mulert, T. und R. Urtel: TFT **28**, 257 (1939).

[4] Pol, B. van der: Phil Mag. **2**, 978 (1926) — Ulbricht: Hochfrequenztechn. u. Elektroak. **39**, 130 (1932).

[5] Herold, E. W.: Proc. I.R.E. **23**, 1201 (1935).

zum Einsatz der Zündung erforderliche Spannung je nach Größe und Richtung der Synchronisierungsspannung. Setzt, wie in Abb. 23 (einfach ausgezogene Sägezahnlinie) gezeigt, die Zündung gerade immer im Augenblick ein, als die Synchronisierungsspannung null ist, so ergibt sich keine Verkürzung oder Verlängerung der Ladezeit. Setzt dagegen die Zündung zu einer Zeit ein, in der die Synchronisierungsspannung die Zündspannung unterstützt, so würde die Zündung bereits früher auftreten. Es kann daher

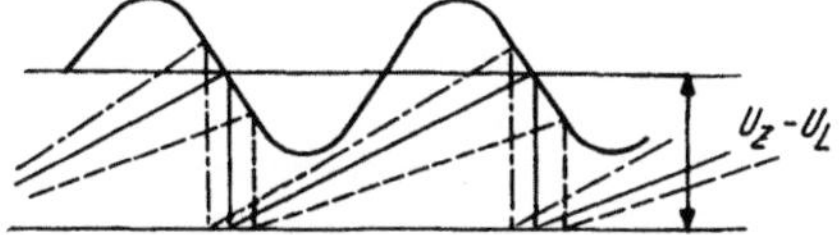

Abb. 23. Synchronisierung einer Kippspannung

Abb. 24. Kippspannung aus der doppelten Synchronisierungsfrequenz

der Ladungsvorgang langsamer vor sich gehen und führt trotzdem zu der gleichen Kippfrequenz, wie dies in Abb. 23 (gestrichelte Sägezahnlinie) gezeigt ist. Umgekehrt wird bei einer rascheren Ladung, das heißt steileren Ladungskurve trotzdem die gleiche Kippfrequenz erhalten, weil nun eine höhere Ladespannung erforderlich ist, s. Abb. 23 (strichpunktierte Sägezahnlinie). Jede Synchronisierungsfrequenz hat einen gewissen „Mitnahmebereich". Er ist vor allem von der Größe der Synchronisierungsamplitude abhängig. An seinen Grenzen tritt vielfach eine unregelmäßige Kippschwingung auf. Der Synchronismus wird verbessert, wenn die Spannung der Sägezahnspitzen die Größe des konstanten Ladestromes bestimmt[1].

Es ist unschwer einzusehen, daß zur Synchronisierung auch eine Frequenz verwendet werden kann, die ein ganzzahliges Vielfaches der Kippfrequenz beträgt, s. Abb. 24. Auch in diesem Fall wird eine synchronisierende Wirkung erhalten. Die Synchronisierungsfrequenz kann bis zu zwanzigmal größer als die Kippfrequenz sein. Mit zunehmendem Frequenzverhältnis nimmt jedoch der Mitnahmebereich immer mehr ab. Das Kippgerät kann daher auch zur Frequenzteilung dienen (s. IV dieses Abschnittes).

3. Impulserzeugung[2]

Das Verhältnis von Impulsdauer zur Impulsfolge wird als Tastverhältnis m_T bezeichnet. Vielfach dient die Impulserzeugung zur Herstellung breiter Frequenzspektren. Hiezu verwendet man Impulsfolgen mit kleinem Tastverhältnis. Man erhält als niederste Frequenz die Impulsfolgefrequenz und überdies ganzzahlige Vielfache dieser Frequenz. Im allgemeinen sind die Impulse selbst jedoch nicht rechteckförmig sondern abgerundet (glockenförmig). Die höchste Frequenz, die man erhält, ist dann annähernd das $1/m_1$-fache der Impulsfolgefrequenz f_0

$$f_{max} \approx f_0/m_T. \qquad (2, 8)$$

[1] Hartog, H. den u. F. A. Muller: Wireless Engr. **24**, 287 (1947).

[2] Lenihan, J. M. A.: Electronic Engg. März 1944. — Einfg. S. 582.

Impulse können mit den verschiedensten Mitteln erzeugt werden, und zwar 1. mittels *Multivibrator*[1], 2. mittels *Thyratron*[2], 3. mittels *Pendelrückkopplung* und *Sperrschwinger*[3], 4. durch Verzerrung einer sinusförmigen Schwingung, und zwar durch Abschneiden der oberen Spitzen[4] oder durch Vollweggleichrichtung und Abschneiden der dabei auftretenden scharfen unteren Spitzen[5] und 5. durch gedämpfte Schwingungen.

Für Zwecke der Meßtechnik ist vor allem der Multivibrator von Interesse. Abb. 25 zeigt die prinzipielle Schaltung. Nimmt man am Gitter der ersten Röhre z. B. einen positiven Ladungsstoß an, so erhält man an der Anode einen negativen, ebenso am Gitter der zweiten Röhre und an der Anode einen positiven Stoß, der wieder auf das Gitter der ersten Röhre übertragen wird. Man erhält also eine Rückkopplung und damit ein Selbstschwingen, das allerdings wegen der überaus festen Rückkopplung stoßartig vor sich geht und somit das Zustandekommen einer rechteckförmigen Schwingungsamplitude zwischen Anode und Kathode jeder Röhre erklären läßt. (Genauer besehen liegen die Dinge zwar etwas verwickelter, doch kann darauf hier nicht eingegangen werden[6].)

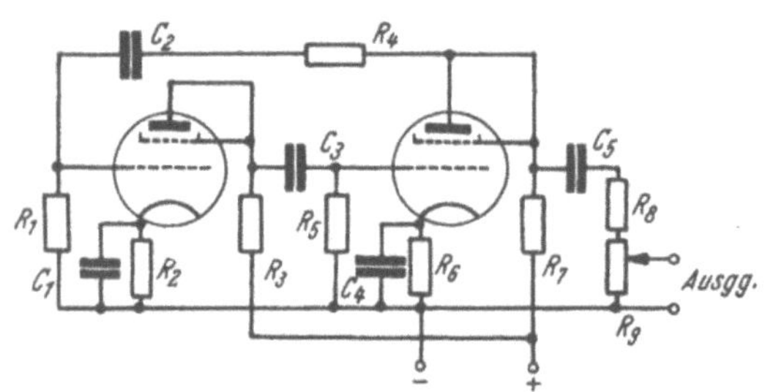

Abb. 25. Multivibrator zur Impulserzeugung. Frequenzänderung durch Änderung von R_1, R_5, C_2 und C_3; R_2, R_6 = Kathodenwiderstand.

Für die sich erregende Frequenz gilt annähernd

$$f = a \frac{1}{R_{g1} C_{g1} + R_{g2} C_{g2}}. \tag{2, 9}$$

Dabei ist a ein Faktor, der zwischen 1 und 0,5 liegt, R_{g1} der Gitterwiderstand der ersten Röhre (R_1 in Abb. 25), C_{g1} ihr Gitterkondensator (C_2), R_{g2} der Gitterwiderstand der zweiten Röhre (R_5) und C_{g2} ihr Gitterkondensator (C_3) ist.

Sind die Zeitkonstanten der beiden Kreise gleich, also

$$R_{g1} C_{g2} = R_{g2} C_{g2}, \tag{2, 10}$$

[1] Abraham, H. u. E. Bloch: Ann. Phys. **12**, 237 (1919) — Vechiachi, B. F.: Alta Frequenza IX, 745 (1940) — Theile, R. u. R. Filipowsky: FTM 1942, 33.

[2] Lenihan, J. M. A. Electronic Engg., März 1944.

[3] Appleton, E. V., R. A. Watson, Watt u. J. F. Herd: Proc. Roy. Soc A. 11, 672 (1926) — Appleton, E. V. u. G. Builder: Proc. Phys. Soc. 44, 76 (1932).

[4] Builder, G.: Jour I.E.E. **73**, 419 (1933).

[5] Sashoff, S. P. u. W. K. Roberts: Electronics Sept. 1940 S. 40.

[6] Einfg. S. 553.

dann ergeben sich symmetrische Impulse, das heißt die Impulsdauer ist gleich der Impulspause. (Verwendung für Elektronenschalter, s. X dieses Abschn.) Anderenfalls erhält man unsymmetrische Impulse. Das Tastverhältnis ist mit einiger Genauigkeit bestimmt durch

$$\tau = \frac{R_{g1} C_{g1}}{R_{g2} C_{g2}} . \qquad (2, 11)$$

Die in Abb. 25 gezeigte Multivibratorschaltung kann sowohl zur Erzeugung symmetrischer wie auch unsymmetrischer Impulse verwendet werden. Die Widerstands- und Kapazitätswerte können aus Zahlentafel 5 entnommen werden.

Zahlentafel 5. *Stückliste für Multivibrator* (Abb. 25)

Bezeichnung		symm. Imp.	uns. Imp.	Bezeichnung		symm. Imp.	uns. Imp.
Wider-	R_1	1 MOhm	1 MOhm	Wider-	R_8	100 kOhm	100 kOhm
stand	R_2	2 kOhm	2 kOhm	stand	R_9	100 kOhm	100 kOhm
	R_3	50 kOhm	50 kOhm	Kapa-	C_1	25 μF	25 μF
	R_4	—	0,25 MOhm	zität	C_2	1000 pF	0,1 μF
	R_5	1 MOhm	1 MOhm		C_3	1000 pF	1000 pF
	R_6	2 kOhm	2 kOhm		C_4	25 μF	25 μF
	R_7	50 kOhm	50 kOhm		C_5	0,1 μF	0,1 μF

Der Multivibrator kann auch mit Erfolg zur Frequenzteilung dienen.

4. Sprachersatzgeneratoren[1]

Als Sprachersatzgenerator wird vielfach der Schnarrsummer verwendet. Es ist dies ein Magnetsummer mit niedriger Eigenschwingung, etwa 150 Hz, dessen Oberwellen, insbesondere bei etwa 1000 Hz durch Schwingkreise besonders angehoben werden.

Als Sprachgeneratoren sind auch die sogenannten Murmelplatten anzusehen. Dies sind Schallplatten, die durch gleichzeitiges Besprechen seitens mehrerer Personen verschiedener Stimmhöhen entstanden sind.

III. Mittel zur Konstanthaltung elektrischer Spannungen

Eine Konstanthaltung der Spannungen ist bei den meisten Meßanordnungen, von denen genaue Meßergebnisse erwartet werden, notwendig. Dabei soll sich die Spannung, die der Verbraucher erhält, weder ändern, wenn die Netzspannung schwankt, noch wenn sich die Belastung erhöht oder erniedrigt.

Geringe Schwierigkeiten bereitet die Beseitigung rascher Spannungsschwankungen, denn diese sind als überlagerte Wechselspannungen zu betrachten und können durch entsprechende Siebeinrichtungen oder „Ent-

[1] Tamm, R. u. U. Hennecke: Hochfrequenztechn. u. Elektroak. **47**, 183 (1936).

störmaßnahmen" verhältnismäßig leicht beseitigt werden. Größeren Aufwand erfordert aber die Konstanthaltung der Spannung bei langsamen Schwankungen. Sie ist Gegenstand der folgenden Ausführungen, die die Möglichkeiten selbsttätiger Regeleinrichtungen (Glättungs- oder Stabilisationseinrichtungen) kleinerer Anlagen zum Gegenstand haben.

Für die Verringerung der Netzspannungsschwankungen durch eine Glättungseinrichtung ist kennzeichnend der *„Glättungsgrad"* für die *Netzschwankung* a_N:

$$a_N = \frac{\Delta U_1}{\Delta U_2} = \frac{\text{Netzspannungsänderung}}{\text{Spannungsänderung nach der Glättung}}, \qquad (2, 12)$$

wobei der Belastungswiderstand als konstant angenommen ist.

Wird mit ΔU_1 die Spannungsänderung des Netzes infolge Belastungsänderung (das heißt Widerstandsänderung des Außenwiderstandes) ohne Glättung und ΔU_2 die unter Verwendung der Glättungseinrichtung bezeichnet, so ist der *„Glättungsgrad"* für *Belastungsänderung* a_B

$$a_B = \frac{\Delta U_1}{\Delta U_2}. \qquad (2, 13)$$

1. Thermische Verfahren

Zur Spannungsregelung benützt man vielfach temperaturabhängige Widerstände. Meist wird ein Eisen-Wasserstoffwiderstand verwendet[1]. Es ist dies ein Eisendraht in einer Wasserstoffatmosphäre. Sein Widerstand erhöht sich mit zunehmender Temperatur. Hiedurch übernimmt er den größten Teil des Spannungszuwachses, wenn er mit einem Verbraucher in Reihe geschaltet ist. Abb. 26 zeigt die Strom-Spannungskennlinie eines Eisen-Wasserstoffwiderstandes. Man sieht, daß innerhalb eines gewissen Spannungsbereiches (50 bis 130 Volt) der Strom konstant bleibt. Dies ist der für die Regelung geeignete Bereich, innerhalb dessen durch den Verbraucher unabhängig von Spannungsschwankungen der gleiche Strom fließt und daher an ihm auch der gleiche Spannungsabfall auftritt. Der Eisen-Wasserstoffwiderstand regelt also auf konstanten Strom und eignet sich somit zur Unterdrückung langsamer Spannungsschwankungen, dagegen nicht zur Spannungsregelung bei Belastungsschwankungen. Eisenwasserstoffwiderstände werden für Ströme von 0,1 bis 20 A und bis 300 V gebaut.

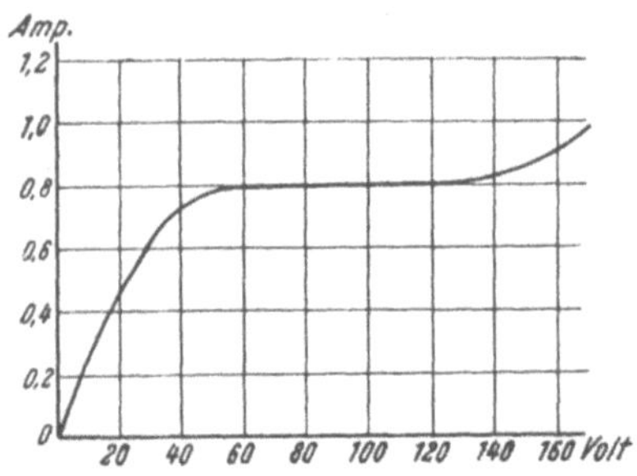

Abb. 26. Strom-Spannungskennlinie eines Eisenwasserstoffwiderstandes

[1] Keinath, G.: Techn. d. Meßgeräte I, 456 (1928).

Sie werden insbesondere als Vorschaltwiderstände zur Konstanthaltung des Heizstromes von Elektronenröhren verwendet. Im Augenblick des Einschaltens ist jedoch der Eisenwiderstand noch kalt und die Heizfäden der Röhre, die meist eine geringere Wärmeträgheit aufweisen, könnten dadurch überlastet werden. Die Einstelldauer des Eisen-Wasserstoffwiderstandes beträgt etwa 0,5 bis 1 s. Um die Wirkung der Wärmeträgheit zu verhindern, wird meist dem Eisen-Wasserstoffwiderstand ein weiterer Widerstand mit hohem positivem Temperaturkoeffizienten aber geringer Wärmeträgheit vorgeschaltet. Er fängt den Einschaltstromstoß auf. Hiezu dient meist ein Widerstand aus Urandioxyd (sogenannter Urdox-Widerstand)[1]. Vielfach sind beide Widerstände in einem Glaskolben zusammengebaut.

Auch gewöhnliche Metalldrahtlampen lassen sich zur selbsttätigen Spannungs-, bzw. Stromregelung verwenden. Die Metallfadenlampe zeigt eine ähnliche Strom-Spannungskennlinie wie der Eisen-Wasserstoffwiderstand, sie verläuft jedoch nie völlig parallel zur X-Achse. Soll eine einwandfreie Regelung erreicht werden, so muß dieser kleine Spannungsabfall durch eine entsprechende Gegenspannung kompensiert werden. Es eignet sich z. B. die in Abb. 27 gezeigte Differentialschaltung[2]. Der konstante Widerstand R ist größer als der Widerstand der Glühlampe bei normaler Spannungsabgabe. Um eine von Netzspannung und Belastung möglichst unabhängige Ausgangsspannung zu erhalten, wird R veränderbar gemacht und die günstigste Größe durch den Versuch eingestellt.

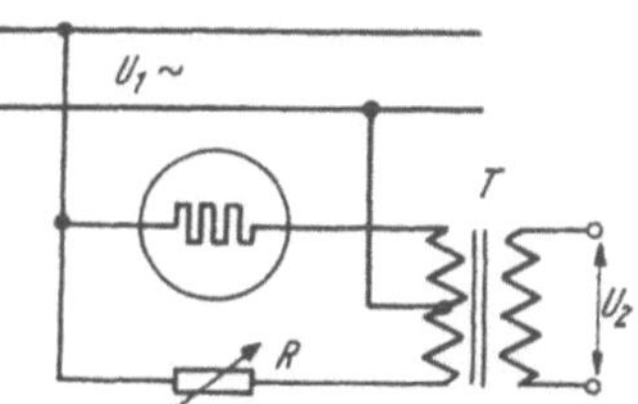

Abb. 27. Spannungsstabilisation mittels gewöhnlicher Metalldrahtlampe

Eine ähnliche Wirkung kann durch eine Brückenschaltung erzielt werden, wobei zwei temperaturabhängige und zwei temperaturunabhängige Widerstände verwendet werden. Stromquelle und Belastung liegen in je einer Brückendiagonale[3]. Die Schaltung kann für Gleich- und Wechselstrom benützt werden.

Zur Spannungsregelung eignen sich auch Halbleiter mit negativem Temperaturkoeffizienten[4]. Durch Zusammenschalten mit einem Widerstand von positivem Temperaturkoeffizienten kann innerhalb eines gewissen Bereiches eine horizontale Strom-Spannungscharakteristik (wie beim Eisen-Wasserstoffwiderstand) oder sonst eine geeignete Regelkennlinie erzielt werden.

---

[1] Meyer, W.: Z. techn. Phys. **14**, 126 (1933). — Kleinschmidt, W.: Z. techn. Phys. **15**, 385 (1934).

[2] Geyger, W.: Arch. Elektrot. **28**, 270 (1934).

[3] Spencer, J.: Instruments, Mai 1933, S. 93.

[4] Verwey, E. J., P. W. Haaymann u. F. C. Romeyn: Philips Techn. Rdsch. **9**, 239 (1947).

2. Der Kohledruckregler[1]

Zur Konstanthaltung meist niedriger Spannungen bei Netzspannungs- wie Belastungsänderungen wird heute vielfach der Kohledruckregler verwendet. In ihm wird die große Druckempfindlichkeit des Übergangswiderstandes zwischen Kohleelektroden ausgenützt. Abb. 28 zeigt die prinzipielle Wirkungsweise. Eine Magnetspule M liegt parallel zum Verbraucher. Je nach Größe des an ihm auftretenden Spannungsabfalles wird ein Anker A mehr oder weniger stark angezogen. Auf einer federnden Membrane F befindet sich eine Anzahl von Kohlescheibchen übereinander unter einem bestimmten Druck. Sie sind vom Hauptstrom durchflossen. Bei Spannungserhöhung am Verbraucher wird der Druck vermindert und der Widerstand erhöht sich, so daß die Spannung wieder abnimmt.

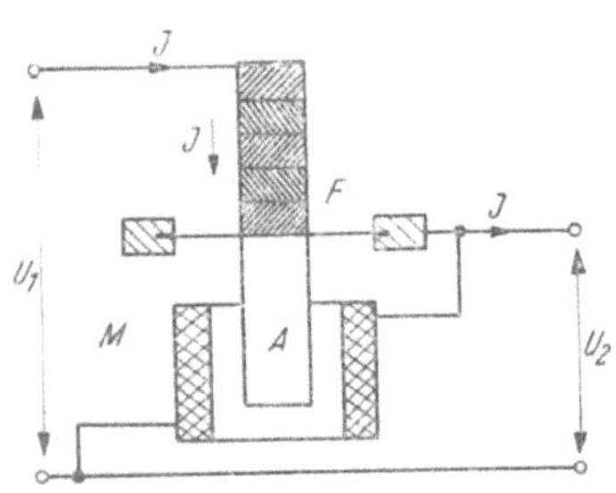

Abb. 28. Kohledruckregler

Der Kohledruckregler kann sowohl zur Regelung von Gleichspannungen wie Wechselspannungen verwendet werden. Im allgemeinen erreicht man eine Konstanthaltung der Verbraucherspannung auf etwa 0,5%, und zwar sowohl bei Netzspannungs- wie auch Belastungsschwankungen. Bei Wechselspannungsregelung empfiehlt es sich, den Magnet über einen Gleichrichter durch die Verbraucherspannung zu speisen.

3. Stabilisierung durch gesättigte Drosseln[2]

Eine Einrichtung zur Stabilisierung von Wechselspannungen mit Hilfe gesättigter Drosseln erhält man, wenn man mit dem Verbraucher in Reihe die Parallelschaltung aus einer Drossel L und einem Kondensator C legt. Bei Erhöhung des durch sie fließenden Stromes verringert sich die Induktivität der Drossel und dadurch nähert sich die Resonanzfrequenz des Schwingungskreises der Betriebsfrequenz, wodurch sein Scheinwiderstand steigt. Man erreicht keine vollkommene Regelung der Spannungs- und Belastungsschwankungen.

4. Magnetische Spannungsgleichhalter

Bei diesen wird die Tatsache benützt, daß an einem gesättigten Transformator die Sekundärspannung mit wachsender Primärspannung nur wenig ansteigt. Auch diese Zunahme kann kompensiert werden, wenn die Spannung eines nicht gesättigten Transformators in richtiger Größe gegengeschaltet wird. Abb. 29*a* zeigt die prinzipielle Schaltung Ein Transformator ist stark gesättigt (U_1), der andere zeigt eine große Streuung (U_2).

[1] Grob, H.: ETZ **51**, 1717 (1930).

[2] Way, K. J.: Electronics **10** (1937). — Television Franc. H. 11, 15 (1946).

Schaltet man die beiden Sekundärwicklungen gegeneinander, so erhält man als Gesamtspannung bei richtiger Dimensionierung der Spannung U_2 innerhalb eines bestimmten Bereiches eine konstante Spannung $U_1 - U_2$, wie aus Abb. 29 *b* zu entnehmen ist[1]. Es läßt sich indes auch eine gemeinsame Primärwicklung verwenden, s. Abb. 30. Ebenso werden auch Spartransformatorschaltungen vorgesehen[2].

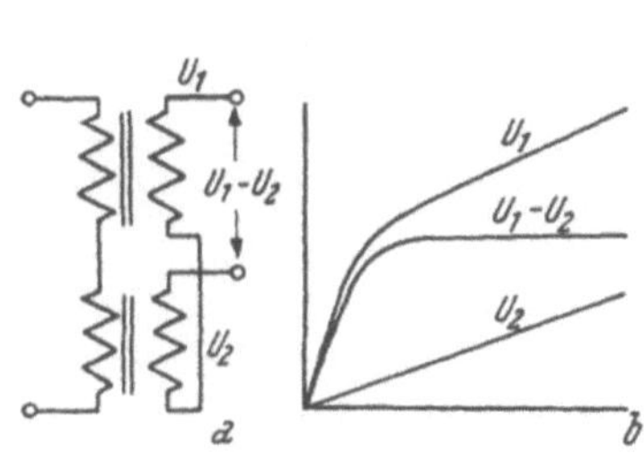

Abb. 29. Prinzip des magnetischen Spannungsgleichhalters. *a* Schaltung *b* Kennlinien der beiden Sekundärspannungen und der Differenzspannung

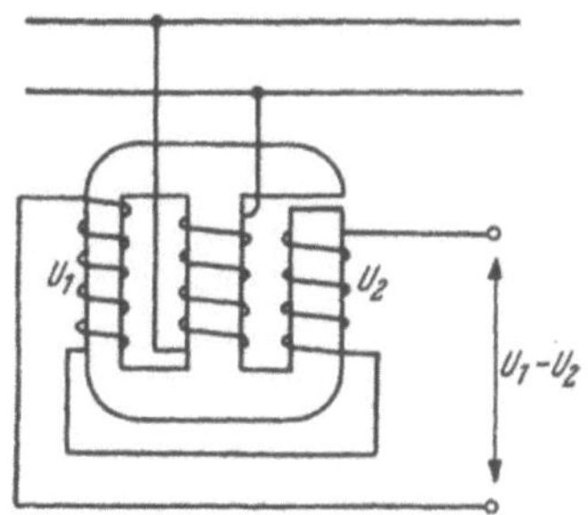

Abb. 30. Magnetischer Spannungsgleichhalter mit dreischenkeligem Transformator

Der Wirkungsgrad praktisch ausgeführter Geräte liegt in der Größenordnung von 80%. Der Glättungsgrad für Spannungsschwankungen der Netzspannung beträgt im Regelbereich, der meist etwa 15% erreicht, rund 15, in besonderen Fällen 100. Der Glättungsgrad für Belastungsschwankungen liegt in der Größenordnung von 100 zwischen Leerlauf und Vollast.

Verhältnismäßig groß ist jedoch der Frequenzeinfluß. Eine Frequenzänderung von 1% verursacht eine Spannungsänderung von etwa 1,5%. Er kann jedoch durch Vorschaltung eines Schwingkreises, aber auch durch Parallelschaltung eines Kondensators zu U_1 in erträglichen Grenzen gehalten werden (6% Frequenzänderung ergeben z. B. 1,5% Spannungsänderung). Ein besonderer Vorteil ist die nahezu trägheitslose Regelung.

5. Glimmspannungsstabilisator[3]

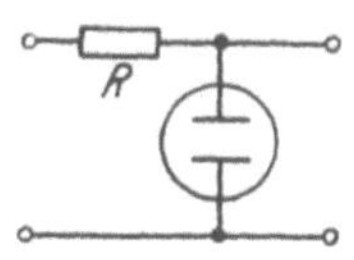

Abb. 31. Glimmspannungsstabilisator

Der Widerstand einer Glimmlampe zeigt nach Erreichen der Zündspannung einen mit zunehmender Spannung stark abnehmenden Widerstand. Aus diesem Grunde läßt sie sich in der in Abb. 31 gezeigten Schaltung zur Gleichspannungsstabilisierung bei Netzspannungs- und Belastungsschwankungen verwenden. Um eine gute Stabilisation zu erhalten, soll der Belastungsstrom nicht größer sein als das Dreifache des Glimmlampenstromes.

[1] Keinath, G.: ETZ **50** (1929). — Geyger, W.: ATM J 062—7, 8, 9 (1934).

[2] Bedell, Fr. u. J. Kuhn: J. Lpt. Soc. Amer. **8**, 20 (1932).

[3] Körös, L. u. R. Seidelbach: Arch. Elektrot. **26**, 539 (1932); Hochfrequenztechnik u. Elektroak. **40**, 9 (1932).

Der Glättungsgrad für Spannungsschwankungen ist vor allem durch das Verhältnis

$$a_N = \frac{R}{R_{iR}} \tag{2, 14}$$

bestimmt. Hiebei ist R der Vorschaltwiderstand und $R_{iR} = \Delta U/\Delta J$ der innere Widerstand der Glimmröhre für Spannungsänderungen. Es läßt sich ein Glättungsgrad von 100 und mehr erreichen.

Der Glättungsgrad für Belastungsschwankungen ist bestimmt durch

$$a_B = \frac{R_a}{R_{iR}}, \tag{2, 15}$$

wobei R_a der Widerstand des Verbrauchers ist.

Eine Verbesserung der Glättung kann erzielt werden, wenn R ein Eisenwasserstoffwiderstand ist.

Ein Nachteil der Glimmspannungsstabilisatoren ist der, daß die zu stabilisierende Spannung nicht verändert werden kann. Um mit einer Röhre eine möglichst große Anzahl von stabilisierten Spannungen zu erhalten, wird beim Glimmspannungsteiler diese durch Zwischenelektroden unterteilt. Durch Gegenschaltung mehrerer Stabilisatoren oder Glimmspannungsteiler für verschiedene Spannungen kann eine gewisse Auswahl stabilisierter Spannungen erzielt werden. In den Vereinigten Staaten von Amerika ist deshalb eine größere Zahl von Röhrentypen für verschiedene Spannungen gebaut worden[1].

Eine besondere Stabilisation wird erreicht, wenn zu der stabilisierten Spannung noch eine kleine amplitudenabhängige Gegenspannung geschaltet wird, wodurch restliche Spannungsschwankungen kompensiert werden können, s. Abb. 32. Der Abgriff von R_2 wird so geändert, daß beste Stabilisation erreicht wird.

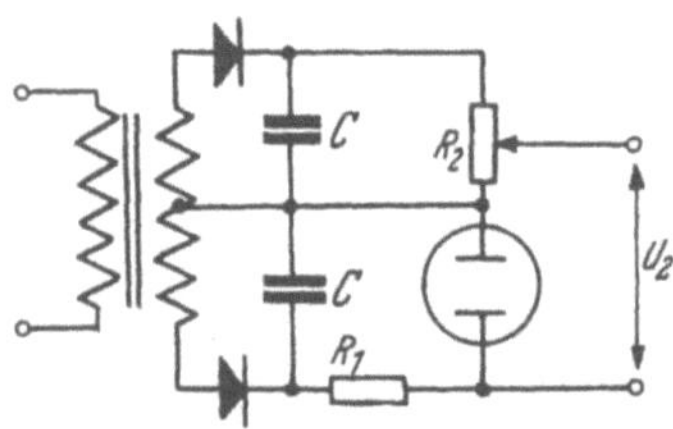

Abb. 32. Glimmspannungsstabilisator mit Restspannungskompensation

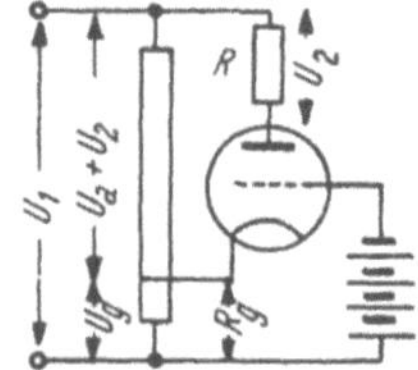

Abb. 33. Stabilisation mittels einer Elektronenröhre

Ein Nachteil der meisten Stabilisatorröhren ist, daß ihre Stabilisationsspannung oft zeitlich schwankt, oft um 10 bis 15%. Durch Verwendung von Molybdänschichten am Glaskolben konnte die Inkonstanz kleiner als 1 V gemacht werden[2].

---

[1] Mentzer, R.: Electronics 19, H. 9, S. 132 (1946).

[2] Jurrianse, T.: Philips Techn. Rdsch. 8, 273 (1946).

6. Spannungsstabilisation mittels Röhren

Auch Trioden können zur Stabilisation von Gleichspannungen herangezogen werden. Abb. 33 zeigt eine Stabilisationsschaltung mit einer Röhre; R ist der Verbraucher. Die Eingangsspannung U_1 wird zur Erzeugung von Anoden- und Gitterspannung benützt. Nimmt U_1 zu, so steigt auch die negative Gitterspannung U_g. Die Spannung an R bleibt konstant, wenn

$$U_g = D \cdot U_a, \tag{2, 16}$$

was durch Einstellung der Widerstandsanzapfung erreicht wird. Die Schaltung eignet sich jedoch nicht auch zur Stabilisierung der Belastungsschwankungen.

Eine bessere Stabilisierung erreicht man mit zwei Röhren, s. Abb. 34. Die Röhre *EF* 11 erhält eine konstante Gittervorspannung mit Hilfe der Glimmlampe *Gl*. Sie kann aber noch innerhalb gewisser Grenzen durch das parallel zum Ausgang liegende Potentiometer geregelt werden. Die Röhre stellt einen Nebenschlußwiderstand dar, der mit zunehmender Anodenspannung abnimmt. Die Röhre *AD* 1 ist dagegen ein Vorwiderstand für diesen Regler, der aber selbst noch seine Größe ändert, da er mit zunehmendem Anodenstrom der *EF* 11 eine größere negative Gittervorspannung erhält. In diesem Fall verringert auch er die Ausgangsspannung und hilft so bei der Regelung mit. Die Schaltung regelt vor allem bei Netzspannungsschwankungen, bis zu einem gewissen Grad aber auch bei Belastungsschwankungen. Der Glättungsgrad für Spannungsschwankungen kann beliebig hoch gemacht werden. Seine Größe ist lediglich eine Frage der Genauigkeit der Einstellung und der Konstanz der Betriebsdaten. Man erreicht etwa $a_N = 1000$.

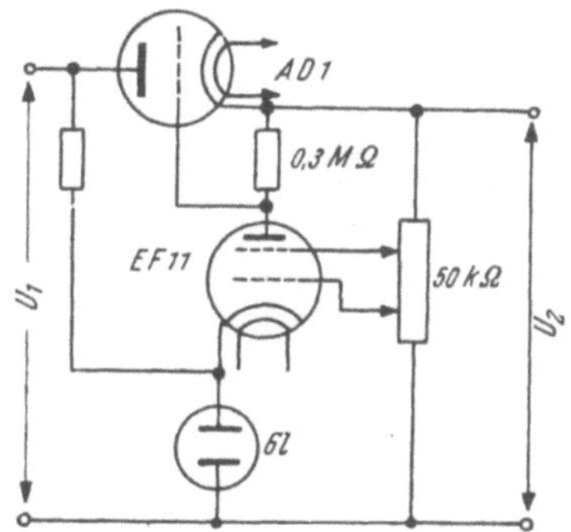

Abb. 34. Stabilisation mittels zweier Elektronenröhren

Es werden auch Schaltungen mit drei und mehr Röhren angegeben[1].

7. Begrenzerschaltungen

Zur Stabilisation von Wechselspannungen können auch sogenannte Begrenzerschaltungen verwendet werden. Bekannt sind der negativ vorgespannte Gleichrichter, der meist in Vollweggleichrichterschaltung parallel zum Verbraucher liegt und eine Art Audionschaltung bei der mit zunehmender Gitterspannung der Gitterstrom steigt; die Wechselspannungsspitzen werden in beiden Fällen abgeschnitten.

[1] Electronique Nr. 16, 41 (1947).

IV. Hochfrequente Spannungsquellen

1. Allgemeine Übersicht

Von den zahlreichen Möglichkeiten, hochfrequente Schwingungen zu erzeugen, ist in der Meßtechnik wohl nur der Röhrengenerator und in seltenen Fällen, wenn es sich um eine Prüfung mit einfachsten Mitteln handelt, auch der Summer in Verwendung.

Bei der Schwingungserzeugung mittels Röhren wird vor allem auf möglichst genaue Einstellung der Frequenz, die geeicht sein soll, auf Einstellung einer bestimmten konstanten Spannung, meist mit geringem Oberwellengehalt, auf Modulierbarkeit und auf großen Frequenzbereich Wert gelegt.

Gewöhnlich wird der Frequenzbereich mit Hilfe eines Stufenschalters in kleinere Bereiche unterteilt, die dann mit Hilfe eines Drehkondensators eine Einstellung jeder beliebigen Frequenz innerhalb des Bereiches möglich machen.

Soll ein Frequenzgebiet f_0 bis f_n in n Teilgebiete zerlegt werden, so daß die kleinste Frequenz eines jeden Teilgebietes, z. B. f_k und die größte, f_{k+1}, stets den gleichen Verhältniswert ergeben, also

$$\frac{f_0}{f_1} = \frac{f_1}{f_2} = \ldots = \frac{f_k}{f_{k+1}} = \ldots = \frac{f_{n-1}}{f_n},$$

so ist die dafür erforderliche Bedingung

$$\sqrt[n]{\frac{f_n}{f_0}} = \frac{f_k}{f_{k+1}}. \qquad (2, 17)$$

Das Verhältnis der größten zur kleinsten Frequenz eines Teilgebietes ist gleich der n-ten Wurzel aus dem Quotienten von größter zu kleinster Frequenz des Gesamtgebietes.

Hochfrequente Spannungsquellen werden insbesondere zur Prüfung von Empfängern verwendet, sie dienen meist als sogenannte Prüfsender (Signalgeneratoren). Bei der Prüfung von Empfängern für amplitudenmodulierte Schwingungen ist die Möglichkeit einer Amplitudenmodulation notwendig; zur Aufnahme der Frequenzkurve wird überdies noch eine Frequenzmodulation mit einem Hub von bis zu 50 kHz und einer Modulationsfrequenz von wenigen Hz vorgesehen. Zur Prüfung von Empfängern für Frequenz- und für Impulsmodulation sind natürlich frequenz-, bzw. impulsmodulierte Sender in Benützung.

In vielen Fällen wünscht man ein breites Frequenzspektrum, meist mit bestimmten Oberwellen oder ein über das ganze Frequenzband gleichmäßig verteiltes Frequenzspektrum, ein sogenanntes *Rauschspektrum*; letzteres dient insbesondere zur Stör- und Empfindlichkeitsmessung von Empfängern.

2. Der Summergenerator

Dieses, von Eichhorn[1] angegebene einfache Gerät benützt einen Summer als Spannungsquelle. Die an der Unterbrechungsstelle auftretenden Spannungsstöße dienen zur Erregung eines hochfrequenten Schwingungskreises. Die Unterbrechungsfolge beträgt rund 500 Hz. Es können Frequenzen von etwa 100 kHz bis einige hundert MHz erzeugt werden. Die mit gewöhnlichen Summern erzeugte Leistung beträgt nur etwa 50 mW. Die Frequenzbandbreite ist, da es sich um die Erzeugung einer Folge gedämpfter Schwingungen handelt, groß, die mittlere Frequenz ist durch die Schwingkreisabstimmung festgelegt. Der Summergenerator findet insbesondere bei älteren Wellenmessern Verwendung. Mit größeren Unterbrechern kann man Hochfrequenzleistungen von mehreren Watt erzeugen.

3. Hochfrequenzmaschinen[2]

Die ersten Hochfrequenzmaschinen wurden von Tesla[3] konstruiert. Brauchbare Generatoren größerer Leistung haben Alexanderson[4] und Goldschmidt[5] gebaut. Sie besitzen ein rotierendes Polrad mit hundert und mehr Polpaaren. Im Stator, der eine entsprechend große Spulenzahl aufweist, wird die Hochfrequenzspannung induziert. Beim Generator von Goldschmidt wird eine Harmonische der Maschine als Hochfrequenzspannung entnommen.

4. Der Röhrengenerator

Zur hochfrequenten Spannungserzeugung eignet sich vor allem die Elektronenröhre in Dreipunktschaltung[6]. Es können mit gewöhnlichen (quasistationären) Schwingkreisen Frequenzen bis zu etwa 100 MHz erzeugt werden. Frequenzen über 100 MHz erhält man mit Hilfe kapazitiver Dreipunktschaltung und Lecherleitungen, bzw. konzentrischen Rohrleitern. Mit Spezialröhren (Scheibenröhren) können Frequenzen bis zu etwa 3000 MHz erhalten werden[7].

Für Meßzwecke wünscht man konstante, insbesondere belastungsunabhängige Anordnungen zu verwenden. Man verringert die bei Einrohrschaltungen nicht gänzlich vermeidbare Belastungsabhängigkeit durch lose und phasenreine Rückkopplung und möglichst lose Kopplung mit der Last[8]. Eine Verbesserung erhält man auch durch zusätzliche Anordnung von Kapazitäten und Induktivitäten im Gitter- und Anodenkreis des

[1] Eichhorn, G.: Jahrb. d. drahtl. Tel. **9**, 206 (1914); ETZ **35**, 1001 (1914).
[2] Einfg. S. 532.
[3] Tesla, N.: USA Pat. 447 920, 447 921 (1891).
[4] Alexanderson, E.: Proc. I. R. E. **28**, 665 (1909).
[5] Goldschmidt, R.: ETZ **32**, 54 (1911).
[6] Hartley, R. V. L.: USA Pat. 1 256 763 (1915).
[7] Devjatkov, N. D., E. N. Danicev, V. K. Chachlov: Jzv. Elektr. **9**, 56 (1940).
[8] Barkhausen, H.: Lehrb. d. Elektronenröhren, 3. Bd., 4. Aufl., S. 55 (1943).

Oszillators.[1] Eine wesentliche Besserung wird auch durch Verwendung eines elektronengekoppelten Oszillators erzielt[2].

Will man jedoch die Belastungsabhängigkeit vollkommen beseitigen, so ist die Verwendung fremdgesteuerter Oszillatoren notwendig. Der meist in Dreipunktschaltung angeordnete Oszillator dient dann nur zur Schwingungserzeugung und ist durch die folgende Hochfrequenzverstärkerstufe nur geringfügig belastet. Nötigenfalls werden zwischen ihr und dem Ausgang noch eine oder mehrere weitere Verstärkerstufen angeordnet. Vielfach dienen die Verstärkerstufen auch zur Frequenzvervielfachung.

Ein einfacher Prüfsender mit einer Röhre und Ohmschem Spannungsteiler ist in Abb. 294 gezeigt, s. vierter Abschn., X.

Wichtig ist auch die zeitliche Konstanz der erzeugten Schwingungen. Hiezu sind folgende Maßnahmen zu empfehlen:

1. Geringe Erwärmung der Hochfrequenzkreise einschließlich der Röhre.
2. Verwendung von Röhren mit hohem Innenwiderstand.
3. Lose Kopplung des Belastungskreises.
4. Geringer Gitterstrom, z. B. durch Verwendung eines hochohmigen Gitterableitwiderstandes und loser Rückkopplung.
5. Phasenreine Rückkopplung, etwa mit Hilfe zusätzlicher Schaltmittel[3].
6. Geringe Schwingkreisdämpfung.
7. Stabilisation der Betriebsspannungen.

Über Erzeugung sehr kurzer Wellen s. fünfter Abschn., I, A.

5. Der Quarzoszillator

Zur Erzeugung sehr frequenzkonstanter Schwingungen verwendet man den Quarzoszillator[4]. Abb. 35 zeigt eine Schaltung, bei der das Quarzkristall zwischen Gitter und Anode einer Dreipolröhre geschaltet ist. Der Oszillator schwingt mit einer Frequenz, die etwas unterhalb der Resonanzfrequenz des Quarzes gelegen ist. Er stellt dann einen induktiven, der im Anodenkreis befindliche Schwingkreis dagegen einen kapazitiven Widerstand dar[5] (Dreipunktschaltung). Quarze werden für Frequenzen von einigen hundert kHz bis etwa 10 MHz gebaut. Höhere Frequenzen können durch Frequenzvervielfachung oder aber mit Hilfe von Turmalinkristallen erhalten werden, mit letzteren etwa $3 \cdot 10^7$ Hz (ohne Frequenzvervielfachung). Die Resonanzkurve des Quarzkristalls ist sehr scharf. Durch eine besondere Schnittrichtung bei der Herstellung des Kristall-

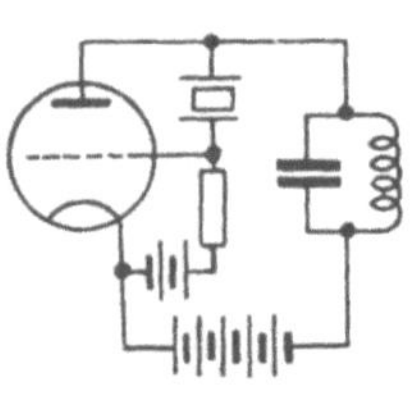

Abb. 35. Pierce-Oszillator

[1] Terman, F. E.: Radio Engineers Handbook S. 487 (1943).

[2] Dow, J. B.: Proc. I.R.E. **19**, 2095 (1931).

[3] Einfg. S. 547.

[4] Pierce, G. W.: USA Pat. 1 789 496 (1924) — Proc. Am. Ac. Soc. Art. and Sci. **59**, 81 (1923).

[5] Einfg. S. 548.

scheibchens (*AT*-Schnitt, unter 35^0 zur *X*-Achse geneigt) erzielt man eine außerordentlich geringe Temperaturabhängigkeit der Frequenz[1]. Bringt man überdies das Kristall noch in einem Thermostaten unter und hält die Betriebsdaten weitestgehend konstant, so kann man die Frequenzabweichungen auf etwa $\pm 2 \cdot 10^{-9}$ der eingestellten Frequenz begrenzen. Quarzoszillatoren arbeiten auf einer bestimmten festen Welle. Durch Änderung der Halterungskapazität gelingt nur eine geringfügige Frequenzänderung.

Um den Einfluß der Belastung gering zu halten, empfiehlt sich die Verwendung eines elektronengekoppelten Oszillators (Tri-tet-Oszillator)[2]. In der Regel dient der Quarzoszillator nur als Steuersender, auf den eine meist mehrstufige Hochfrequenzverstärkung folgt, vielfach unter Anwendung einer Frequenzvervielfachung.

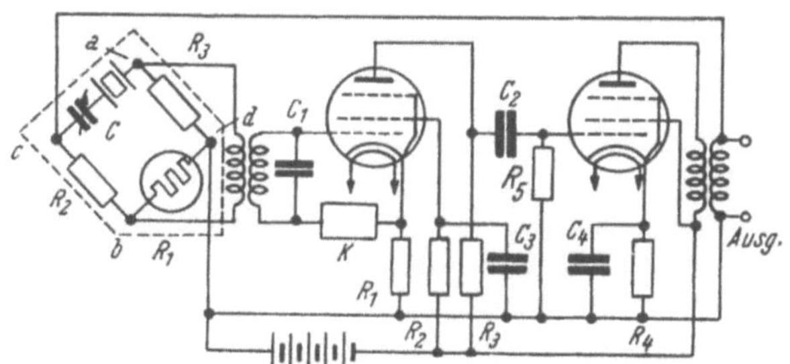

Abb. 36. Brückenstabilisierter Oszillator nach Meacham

Eine besonders hohe Frequenzkonstanz erreicht man durch die brückenstabilisierte Schaltung von Meacham[3]. Mit ihr kann die erzeugte Frequenz mit einer Toleranz von $\pm 6 \cdot 10^{-10}$ konstant gehalten werden. Abb. 36 zeigt die grundsätzliche Schaltung unter Verwendung von zwei Verstärkerstufen. Das Quarzkristall stellt einen Zweig einer Brückenanordnung dar. Es ist im Resonanzfall ein Ohmscher Widerstand. Die übrigen Widerstände der Brückenanordnung werden durch die Ohmschen Widerstände R_2 und R_3 sowie durch den temperaturabhängigen Drahtwiderstand R_1 gebildet. Ist R_1 klein, so zeigt die Spannung zwischen den Punkten *a b* die gleiche Phasenlage wie die zwischen *d* und *c*. Da der Zweiröhrenwiderstandsverstärker eine Phasenverschiebung von 360^0 verursacht, entsteht in diesem Fall eine Rückkopplung. Durch die in R_1 auftretende Hochfrequenzspannung erwärmt sich der Widerstand und erhöht somit seinen Wert. Dadurch verringert sich die Rückkopplung. Dies führt zu einer Begrenzung der Schwingungsweite auf einen bestimmten konstanten Wert. Zur genauen Einstellung der Phasendrehung des Verstärkers dient ein Phasenkompensationsglied *K*. Die Frequenz des Oszil-

[1] Lack, F. R., G. W. Willard, I. E. Fair: Bell Syst. Tech. Jour. **13**, 453 (1934).

[2] The Radio-Amateurs Handbook 20. Aufl., S. 60 (1943).

[3] Meacham, L. A.: Proc. I. R. E. **26**, 1278 (1938); Bell. Syst. Tech. Jour. **17**, 574 (1938).

lators kann durch einen Drehkondensator *C* innerhalb geringer Grenzen verändert werden.

Die große Frequenzkonstanz ist nicht allein auf die amplitudenbegrenzende Wirkung der Brückenanordnung zurückzuführen, sondern auch insbesondere darauf, daß bei Verstimmung gegenüber der Resonanzfrequenz das Quarz eine Phasendrehung verursacht, wodurch die Rückkopplungswirkung stark vermindert wird. Während nämlich die Widerstandsgröße in der Nähe der Resonanzfrequenz eine verhältnismäßig geringe Änderung erfährt, zeigt die Phasenkurve dort einen steilen Verlauf.

Das Quarzkristall kann auch durch einen gewöhnlichen Schwingkreis ersetzt werden, ohne die prinzipielle Wirkungsweise der Anordnung zu ändern. Wegen der etwa 100mal so großen Dämpfung eines Schwingkreises ist allerdings die Frequenzkonstanz entsprechend geringer.

Schließlich läßt sich auch eine ähnliche Brücke aus Kapazität und Induktivität, bzw. aus Zusammenschaltung von Kapazitäten und Widerständen, herstellen. Man erhält den Phasenschiebergenerator, s. II, dieses Abschn.

Neben dem Quarzoszillator (Quarzuhr) findet in neuerer Zeit auch der *Atomoszillator* (Atomuhr) als Frequenznormalgenerator immer weitere Verwendung. Bei ihm wird das überaus schmale Absorptionsspektrum von Ammoniak zur Konstanthaltung der elektrischen Welle eines cm-Oszillators verwendet[1]. Nach entsprechender Frequenzteilung können auch längere Wellen erzeugt werden.

6. Frequenzvervielfachung und Frequenztransformation

Eine *Frequenzvervielfachung* erreicht man, indem von einer verzerrten Schwingung Oberwellen ausgesiebt werden und diese verstärkt werden. Um große Oberwellenamplituden zu bekommen, wird ein besonderes Verzerrungsglied benützt. Hiezu dienen vor allem nichtlineare Widerstände. Solche werden durch übersättigte Drosseln oder Transformatoren[2], durch Gleichrichter[3] und vor allem durch Verstärkerröhren gebildet. Eine quadratische Kennlinie erzeugt beispielsweise eine zweite Harmonische, die geknickte Kennlinie auch weitere Oberwellen.

Man verwendet heute vor allem negativ vorgespannte Verstärkerröhren in *C*-Schaltung. Es lassen sich auch die hundertste und noch höhere Harmonische nachweisen. Mit zunehmender Ordnungszahl der Harmonischen nimmt jedoch der Wirkungsgrad ab. Man begnügt sich daher im allgemeinen mit der zweiten und dritten Harmonischen und verwendet lieber eine größere Anzahl aufeinanderfolgender Vervielfacherstufen, wenn ein großer Wirkungsgrad gefordert wird. Bei einer Verdopplerstufe rechnet man im allgemeinen mit einem Wirkungsgrad von 70%.

Zur Frequenzverdopplung benützt man auch Zweiröhrenschaltungen, bei denen der Eingang im Gegentakt geschaltet ist, die doppelte Frequenz

---

[1] Hershberger, W. D. u. L. C. Norton: RCA-Rev. **9**, 38 (1948).
[2] Osnos, M.: Jahrb. d. drahtl. T. **13**, 289 (1918).
[3] Zenneck, J.: Wied. Ann. **69**, 858 (1899).

jedoch im Gleichtakt im Ausgang abgenommen wird (Gegentakt-Gleichtakt- oder Push-push-Schaltung). Soll dagegen eine Frequenzverdreifachung erreicht werden, so wird die Eingangsspannung wieder im Gegentakt angeschlossen, die Ausgangsspannung aber ebenfalls im Gegentakt abgenommen (Gegentakt-Gegentakt oder Push-pull-Schaltung). Die Anordnung arbeitet als C-Verstärker.

Man kann diese Zweiröhrenschaltungen auch zur Frequenzvervielfachung verwenden. Allgemein erhält man mit Hilfe der Gegentakt-Gleichtaktschaltung die $2 \cdot n$-fache und mit der Gegentakt-Gegentakt-schaltung die $(2 \cdot n + 1)$-fache Grundfrequenz.

Im Gegensatz zur Frequenzvervielfachung dient die *Frequenztransformation* zur Umformung einer bestimmten Frequenz in eine andere, in nicht ganzzahligem Schwingungszahlverhältnis stehende. Man bedient sich dazu des Schwebungsprinzips. Danach ist bei multiplikativer Mischung der beiden Frequenzen ω_1 und ω_2 mit den Amplituden A und B:

$$A \sin \omega_1 t \, B \sin \omega_2 t = \frac{A \cdot B}{2} \cos (\omega_1 - \omega_2) t - \frac{A \cdot B}{2} \cos (\omega_1 + \omega_2) t. \qquad (2,\ 18)$$

Es sei ω_1 die Eingangsfrequenz. Um diese z. B. auf den Wert $\omega_1 + \omega_2$ zu bringen, erzeugt man eine Frequenz ω_2 und gibt beide Spannungen auf einen (nichtlinearen) Widerstand von beispielsweise quadratischer Kennlinie, etwa an einen Gleichrichter oder an eine Mischröhre. Man erhält nun die gewünschte Frequenz $\omega_1 + \omega_2$, aber auch $\omega_1 - \omega_2$; letztere kann in der Regel leicht ausgesiebt werden. Man kann auch eine mehrfache Überlagerung vorsehen.

Die Bedeutung der Frequenzvervielfachung und -teilung zur genauen Einstellung einer bestimmten gewünschten Frequenz mit Hilfe einer geeichten Frequenz soll an folgendem Beispiel gezeigt werden[1]. Zur Verfügung steht eine von einer Quarzuhr erzeugte Normalfrequenz von z. B. 100 kHz. Diese soll dazu dienen, eine Frequenz von 592 kHz zu erzeugen, um die Welle eines Rundfunksenders zu kontrollieren. Durch Frequenzvervielfachung wird aus der 100 kHz-Frequenz eine solche von 600 kHz erzeugt. Dann wird durch Frequenzteilung aus der 100 kHz-Frequenz eine solche von 1 kHz gewonnen. Diese wird wieder durch Frequenzvervielfachung in 8 kHz umgewandelt. Sie wird sodann der 600 kHz-Frequenz überlagert und nach Gl. (2, 18) die gewünschte Frequenz von 592 kHz gewonnen. Ein solches Verfahren gestattet nun die Kontrolle der zu vergleichenden Frequenz mit derselben Genauigkeit mit der die Frequenz von 100 kHz erzeugt wurde.

Einen stufenweise genau einstellbaren Hochfrequenzoszillator mit großem Frequenzbereich erhält man, indem man mit Hilfe eines Verzerrers zahlreiche Oberwellen eines niederfrequenten Oszillators erzeugt und sie sodann aussiebt und verstärkt. Abb. 37 zeigt den prinzipiellen Aufbau. Ein Quarzoszillator Q gibt eine genau kalibrierte Frequenz f_0. Er erregt einen Multivibrator MV mit der $1/m$-fachen Frequenz. Der abstimmbare Verstärker V_1 verstärkt die n-te Oberwelle. Er ist aber nicht

[1] Wurmb, A.: Radio Rdsch. 3, 16 (1948).

genügend trennscharf, um auch die benachbarten Oberwellen zu unterdrücken. Dies zu erreichen wird eine zweifache Überlagerung mit einer bestimmten von einem Oszillator O erzeugten einstellbaren Frequenz $(n/m)\,f_0 + f_z$ vorgenommen[1]. Die mit Hilfe einer Mischstufe M_1 erhaltene Zwischenfrequenz f_z wird verstärkt und durch eine zweite Mischstufe M_2 durch neuerliche Überlagerung mit O wieder unabhängig von der Genauigkeit der Einstellung des Oszillators O in die gleiche Frequenz $(n/m)\,f_0$ rückverwandelt und schließlich nach nochmaliger Verstärkung auf konstante sinusförmige Amplitude gebracht. Die zur Trennung der benachbarten Frequenzen erforderliche Zwischenfrequenzverstärkerbandbreite des Verstärkers ZV ist wesentlich geringer als die eines Hochfrequenzverstärkers und kann mit ein bis zwei Stufen bereits erreicht werden.

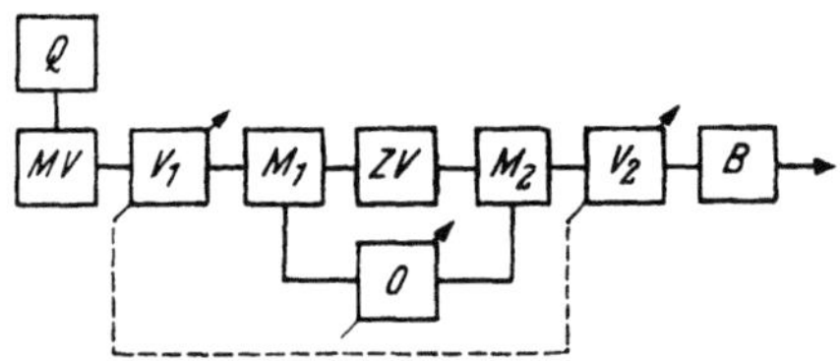

Abb. 37. Prinzipielle Anordnung eines geeichten stufenweise abstimmbaren Oszillators. Q = Quarzoszillator (f_0), MV = Multivibrator (f_0/m), V_1 = Oberwellenverstärker $(n \cdot f_0/m)$, M_1, M_2 = Mischstufen, O = veränderbarer Hilfsoszillator (f_2), ZV = Zwischenfrequenzverstärker $(f_z = n \cdot f_0/m - f_2)$, V_2 = Hochfrequenzverstärker $(n \cdot f_0/m)$, B = Amplitudenbegrenzer und Oberwellensieb

Ein nach diesen Gesichtspunkten ausgeführtes Gerät wird von Papenfus[2] beschrieben. Mit einem Quarzoszillator für 100 kHz und einer 10-fachen Frequenzteilung können im Ausgang 200 Frequenzstufen zu je 10 kHz hergestellt werden. Es wird dort überdies noch eine selbsttätige Frequenzscharfeinstellung des Hilfsoszillators vorgesehen.

7. Breitbandoszillatoren und Rauschspannungsgeneratoren

Zur Erzeugung breiter Frequenzbänder eignet sich eine Rechtecksimpulsfolge. Man erhält als Grundfrequenz die Impulsfolgefrequenz f_1 und Schwingungen der 2-, 3- usw. fachen Frequenz mit abnehmender Amplitude bei steigender Ordnungszahl. Die Amplitude nimmt dabei umso langsamer ab, je kleiner das Tastverhältnis m_T ist[3]. Nimmt man als Frequenzbandbreite f_B jene Frequenz an, bei der die erste Nullstelle (die Amplitude nimmt bei Erreichen einer bestimmten Ordnungszahl der Frequenz auf Null ab, um dann wieder anzusteigen usw.) erreicht ist, so ist

$$f_B = \frac{f_1}{m_T}. \qquad (2, 19)$$

[1] Doelz, M. L.: U.S.A.-Pat. 2 445 664.
[2] Papenfus, E. W.: Electronics 23, H. 12, S. 108 (1950).
[3] Einfg. S. 12.

Will man ein Frequenzband erhalten, dessen Amplituden sich von einer mittleren Frequenz aus über ein gewisses Gebiet nach höheren und niedereren Frequenzen gleichmäßig erstrecken, so genügt es hiezu, die Mittelfrequenz in Form rechteckförmiger Impulse zu tasten (modulieren). Nimmt man die Bandbreite wie oben an, so ist sie $2 f_B$, wobei f_B wieder durch Gl. (2, 19) gegeben ist. Man erhält eine größte Frequenz $f_T + f_B$ und eine kleinste $f_T - f_B$, f_T ist die Trägerfrequenz.

Eine für Meßzwecke vielfach sehr erwünschte Form des Frequenzspektrums, wird erhalten, wenn man eine stark verzerrte Trägerschwingung mit einer ebenfalls stark verzerrten, zehnmal kleineren Frequenz moduliert, z. B. 1 MHz mit 100 kHz. Die Modulationsfrequenz besteht z. B. wieder aus Rechtecksimpulsen, die in dem angenommenen Beispiel eine Impulsfolgefrequenz von 100 kHz aufweisen. Man erhält dann das in Abb. 38 gezeigte Frequenzspektrum. Sind Träger- und Modulationsfrequenz genügend genau eingestellt, so eignet sich ein derartiges Frequenzspektrum sehr gut zur Eichung von Frequenzmessern, indem jede Frequenz einen Eichpunkt bekannter Frequenz ergibt.

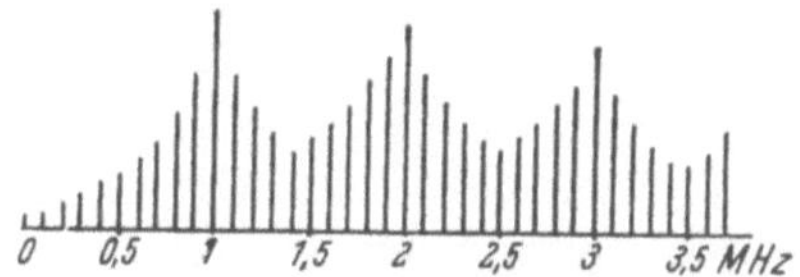

Abb. 38. Frequenzspektrum einer mit Rechteckimpulsen von 100 kHz modulierten verzerrten Hochfrequenz von 1 MHz

Ein kontinuierliches, sich über alle Frequenzen gleichmäßig erstreckendes Frequenzspektrum heißt *Rauschspektrum*, auch wenn es weit oberhalb der hörbaren Frequenzen gelegen ist. Im Hörbarkeitsbereich allerdings macht es sich z. B. im Kopfhörer oder Lautsprecher als Rauschen bemerkbar.

Als Rauschgeneratoren für kleine Leistungen verwendet man Dioden. Die von ihnen erzeugten Rauschspannungen stammen von der Ungleichmäßigkeit, mit der die Elektronen die Kathode verlassen. Sie ist durch den *Schroteffekt*[1] und bei niederen Frequenzen vorwiegend durch den *Funkeleffekt* verursacht[2]. Der durch den Schroteffekt bedingte Rauschstrom beträgt bei Sättigung

$$i_K{}^2 = 3{,}18 \cdot 10^{-19} J_s \Delta f. \tag{2, 20}$$

Hiebei bedeutet J_s den Sättigungsstrom in Ampere und Δf den Frequenzbereich, innerhalb dessen der Rauscheffekt zur Wirkung kommt (Bandbreite des Aufnahmegerätes) in Hz.

Durch Änderung der Heizspannung wird J_s, das leicht mit Hilfe eines Milliamperemeters gemessen werden kann, geändert. Die Rauschspannung verteilt sich völlig gleichmäßig über das gesamte Gebiet der Hochfrequenz bis in den cm-Wellenbereich, soweit nicht die Elektronenlaufzeit darauf von Einfluß ist[3]. Die Rauschspannungen lassen sich verstärken. Man kann sie auch zur Modulation von Hochfrequenzgeneratoren verwenden.

[1] Schottky, W.: Ann. Phys. **57**, 541 (1918).
[2] Johnson, J. B.: Phys. Rev. **26**, 71 (1925).
[3] Fraser, D. B.: Wireless Engr. **26**, 129 (1949).

Voraussetzung für die Gültigkeit von Gl. (2, 20) ist, daß stets Sättigung vorliegt. Es eignen sich vor allem Wolframröhren. Bei hohen Frequenzen muß die Wirkung der Röhrenkapazität durch Parallelschalten einer Induktivität beseitigt werden. Die Zuleitungsinduktivitäten müssen möglichst klein gehalten werden. Es ist zu empfehlen, die Röhre unmittelbar in ein koaxiales Kabel einzubauen und sie mit einem seinem Wellenwiderstand gleichenden Widerstand am Kabelanfang zu belasten.

Ein breites, nahezu kontinuierliches Frequenzspektrum kann auch durch stark gedämpfte Schwingungen mittels Hochfrequenzfunken erhalten werden.

8. Frequenzteilerschaltungen[1]

Als Frequenzteilung wird die Umwandlung einer bestimmten Frequenz in eine $1/n$-fache bezeichnet, wobei n eine ganze Zahl ist.

Zur Frequenzteilung eignet sich vor allem der Kippspannungsgenerator, indem die zu teilende Frequenz als Synchronisierungsspannung verwendet wird (s. II, B dieses Abschn.).

Auch manche synchronisierbare Impulsgeneratoren können zur Frequenzteilung dienen, so kann z. B. der Multivibrator (s. Abb. 25) durch Frequenzen gesteuert werden, die ein Mehrfaches der sich erregenden Frequenz betragen.

Die Synchronisierungsspannung wird beispielsweise mit der Anodengleichspannung in Reihe geschaltet. Erhalten beide Anoden die Synchronisierungsfrequenz mit gleicher Phase, so wird eine geradzahlige, bei Gegenphase eine ungeradzahlige Frequenzteilung bevorzugt, wird sie nur der Anode einer Röhre zugeführt, so tritt keine Bevorzugung auf.

Zur Frequenzhalbierung eignet sich der „Röhrenkippschalter[2]. Man kann ihn z. B. zur Halbierung der bestehenden Impulszahl verwenden, wenn die beiden Gitterkreise infolge einer Verzögerungseinrichtung nicht gleichphasig zum Ansprechen gebracht werden. Durch den ersten Impuls wird dann ein Schaltvorgang eingeleitet, während derselbe beim zweiten Impuls wieder aufgehoben wird, beim dritten Impuls setzt er wieder ein usw.

Die beschriebenen Anordnungen zeigen indes den Nachteil, daß die von ihnen erzeugten Frequenzen nicht sehr stabil sind, das heißt kleinen Phasen- und Amplitudenschwankungen unterworfen sind, wie es eben bei Kippvorgängen üblich ist. Will man diesen Nachteil vermeiden, so sind Schaltungen mit Schwingkreisen zu bevorzugen.

Abb. 39 zeigt eine solche Anordnung[3]. Sie besteht aus einer Anzahl von rückgekoppelten Hochfrequenzverstärkern. Die Rückkopplung ist gerade bis an die Grenze der Selbsterregung getrieben. Der Anodenkreis jeder Stufe ist auf die in ihr gewünschte Frequenz, die ein $1/n$-faches oder

---

[1] Koga, I.: Proc. I.R.E. **15**, 669 (1927) — Fortescue, R. L.: J. Inst. El. Engr. **84**, 693 (1939).

[2] Abraham, H. u. E. Bloch: Ann. Phys. **12**, 237 (1919).

[3] Großkowsky, J.: Proc. I.R.E. **18**, 1960 (1930).

m/n-faches (m und n sind ganze Zahlen) der Vorstufe beträgt, abgestimmt. Es ist empfehlenswert verhältnismäßig große Selbstinduktionen und geringe Kapazitäten zu verwenden. Man drückt jeweils dem Gitter der

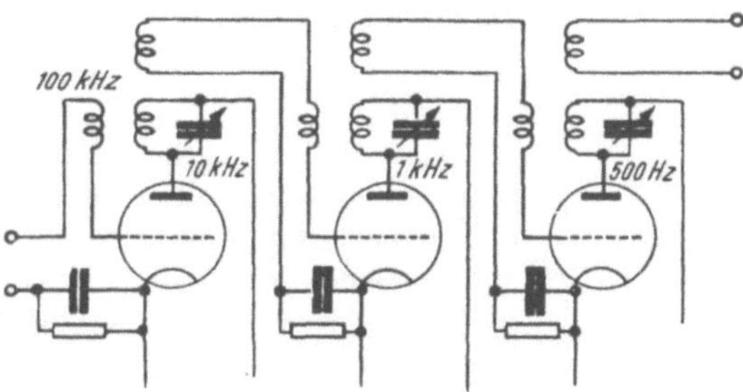

Abb. 39. Frequenzteilerschaltung

nächsten Röhre die tieferfrequente Schwingung auf. Der Mitnahmebereich ist klein, etwa 1,5%. Um ihn zu vergrößern, sind hohe Gittervorspannungen notwendig, die meist durch *RC*-Glieder erzeugt werden.

9. Prüfsender

Ein Prüfsender hat die Aufgabe, Hochfrequenzspannungen zu erzeugen, deren Frequenz und Spannung einstellbar ist. Zur Prüfung von Rundfunkempfängern ist ein Frequenzbereich von etwa 100 kHz bis 20 MHz notwendig, wobei mitunter einzelne Frequenzgebiete entfallen können. Die Ausgangsspannung ist meist von 1 μV bis 100 mV stetig einstellbar und geeicht. Vielfach ist ein Modulationsgerät mit einer Frequenz von 400 oder 800 Hz eingebaut.

Zur Schwingungserzeugung verwendet man in der Regel Röhrenoszillatoren in bekannter Rückkopplungsschaltung mit induktiver Rückkopplung oder Dreipunktschaltung. Will man einen sehr großen Frequenzbereich erzielen, so zeigt sich der Nachteil, daß die Schwingungsamplitude von der Frequenzeinstellung abhängig ist. Dieser Übelstand kann durch Verwendung eines Schwebungsmeßsenders vermieden werden, indem die Hochfrequenz als Differenzfrequenz einer festen und einer veränderlichen wesentlich höheren Frequenz erzeugt wird. Die Frequenz des Schwebungsmeßsenders kann mit ziemlich großer Konstanz erzeugt werden und der Klirrfaktor nieder gehalten werden. Ein ausgeführtes Gerät[1] zeigt einen Frequenzbereich von 10 kHz bis 5 MHz bei einem Frequenzgang der Ausgangsspannung von $\pm$ 15%.

Die Ausgangsspannung eines Prüfsenders wird mit Hilfe eines Hochfrequenzinstrumentes auf einen bestimmten Wert eingestellt. Durch einen geeichten Spannungsteiler kann dann jede gewünschte Spannung abgegriffen werden. Der Spannungsteiler ist die empfindlichste Einrichtung des Gerätes. Er ermöglicht es in der Regel, die Ausgangsspannung auf ein

[1] Nitsche, H. u. H. Reich: Hochfrequenztechn. u. Elektroak. 58, 1 (1941).

Hunderttausendstel ihres Wertes zu verringern. Daher muß er gegen kapazitive Streufelder auf das sorgfältigste abgeschirmt werden.

Es sind Spannungsteiler unter Verwendung von Ohmschen Widerständen, von Kondensatoren und Hohlrohrleitern üblich. Seltener werden Spannungsteiler mit induktiver Kopplung gebaut.

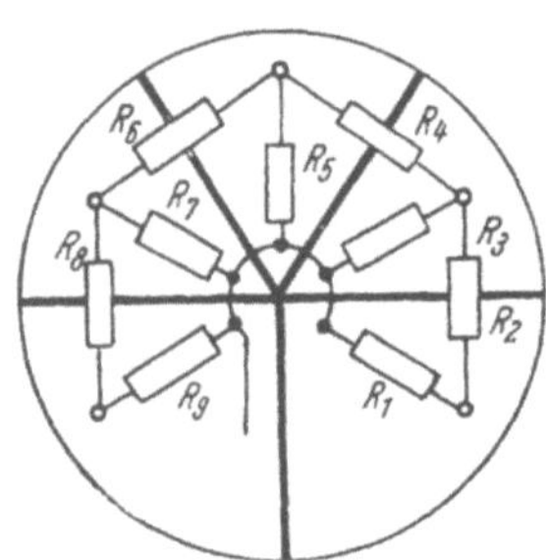

Abb. 40. Abgeschirmter Spannungsteiler für Meßsender. R_1, R_9 = 11 Ohm, R_2, R_4, R_6, R_8 = 99 Ohm, R_3, R_5, R_7 = 12,3 Ohm

Abb. 40 zeigt die Anordnung eines Ohmschen Spannungsteilers, der eine Verringerung der Ausgangsspannung in vier Stufen auf den zehntausendsten Teil gestattet[1]. Der Sender ist dabei stets mit 10 Ohm belastet. Jede Stufe muß sorgfältig abgeschirmt sein.

Die Ohmsche Spannungsteilung läßt sich auch bei Meterwellen vorsehen[2]. Als Ohmsche Widerstände werden Haardrähte verwendet, sie werden möglichst kapazitätsfrei angeordnet.

Den gleichen Aufbau zeigt im wesentlichen auch ein kapazitiver Spannungsteiler. Die Feinregelung erfolgt meist mit Hilfe eines Drehkondensators. Nachteil der kapazitiven Regelung ist die Frequenzabhängigkeit des Ausgangswiderstandes.

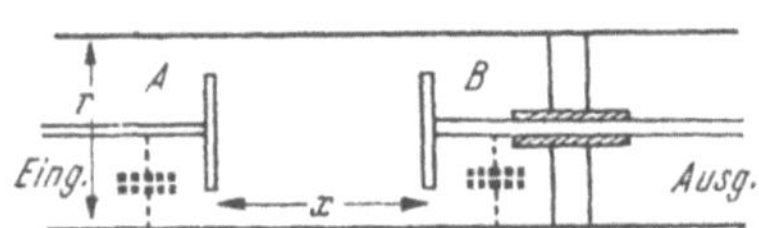

Abb. 41. Hohlrohrleiter als kapazitiver Spannungsteiler

Eine einfache Lösung des Spannungsteilerproblems erreicht man durch die in Abb. 41 gezeigte Anordnung in Form eines Hohlrohrleiters[3]. Hat das Rohr kreisförmigen Querschnitt mit dem Halbmesser r, so erhält man mit zunehmendem Abstand x in Richtung der Rohrachse eine exponentielle Abnahme der Spannung zwischen der Elektrode B und dem Rohrmantel nach der Gleichung

$$U = U_0 e^{-\gamma x}, \quad \text{wobei} \quad \gamma = \sqrt{\left(\frac{2{,}4}{r}\right)^2 - \left(\frac{6{,}28}{\lambda}\right)^2}. \tag{2, 21}$$

Gl. (2, 21) geht dabei von der Annahme aus, daß der Elektrodendurchmesser von A und B im Vergleich zum Rohrdurchmesser klein ist und $\lambda \gg r$.

Abb. 42 zeigt eine Schaltung eines Prüfsenders. Die Triode (I) ist als Oszillator in Dreipunktschaltung geschaltet. Die Hexode (II) dient als Mischröhre zur Modulation. Die Modulationsspannung U_M wird dem Bremsgitter über Drosseln, die die Abstrahlung der Hochfrequenz verhindern, zugeführt. Die modulierte Hochfrequenz tritt am Anoden-

[1] Terman, F. E.: Measurements in Radio-Engineering S. 223 (1935).
[2] Rohde, L.: ATM 42—2 (1937).
[3] Brandt, L.: Telefunkenztg. 15, 30 (1935).

schwingkreis (L_4, C_8) auf. Sie wird mit Hilfe der gekoppelten Induktivität L_5 über einen Widerstand R_4 dem Spannungsteiler zugeführt. Die Eichung der Ausgangsspannung erfolgt mit Hilfe des Meßgerätes J, das über Drosseln an einen Thermoumformer angeschlossen ist. Es mißt den über den Widerstand R_4 des Spannungsteilers fließenden Hochfrequenzstrom.

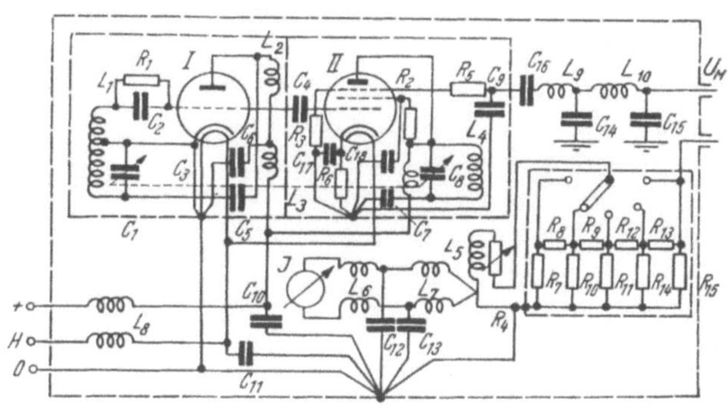

Abb. 42. Prüfsender

Stückliste zum Prüfsender:

L_1	0,01 ... 100 mH	C_3	1000 pF	C_{15}	200 pF
L_2	10 mH	C_4	2 pF	C_{16}	0,1 μF
L_3	100 mH	C_5	50 000 pF	C_{17}	50 000 pF
L_4	0,01 ... 100 mH	C_6	50 000 pF	C_{18}	50 000 pF
L_5	0,005 ... 20 mH	C_7	50 000 pF	R_1	0,5 Megohm
L_6	100 mH	C_8	300 pF	R_2	10 kOhm
L_7	100 mH	C_9	200 pF	R_3	10 kOhm
L_8	100 mH	C_{10}	50 000 pF	R_4	10 Ohm
L_9	100 mH	C_{11}	50 000 pF	R_5	10 kOhm
L_{10}	100 mH	C_{12}	50 000 pF	R_6	Kathodenwiderstand
C_1	300 pF	C_{13}	50 000 pF	R_7 bis R_{15}	vgl. Abb. 40
C_2	100 pF	C_{14}	200 pF.		

Er kann durch Veränderung von R_4 auf einen bestimmten Wert eingestellt werden. Die Anoden- und Heizspannung wird dem Gerät über eine Drossel L_8 zugeführt. Oszillator, Mischstufe und Spannungsteiler sind getrennt geschirmt. Sämtliche Erdungen, bzw. Gehäuseverbindungen sind in den Abschirmkäfigen an einem Punkt zusammengeführt.

Für Ultrakurzwellen werden Prüfsender hergestellt, die mit konzentrischen Rohrleitungen oder Paralleldrahtleitungen abgestimmt werden. Als Spannungsteiler finden zumeist Rohrleiter Verwendung. Die Geräte können in der Regel frequenz- und impulsmoduliert werden (vgl. fünfter Abschn., I, A)[1].

Im allgemeinen erhalten Prüfsender Leistungen von wenigen mW bis einigen Watt. Es besteht aber keine Schwierigkeit mittels weiterer Verstärkerstufen die Leistung beliebig zu erhöhen. Es empfiehlt sich aber

[1] Haeff, A. v., T. E. **Hanley** u. C. B. Smith: Proc. I.R.E. **35**, 1137 (1947).

Breitbandverstärkung[1], um eine von der Frequenzeinstellung möglichst unabhängige Leistung zu erzielen und die sonst mühsame Bedienung zu vereinfachen.

10. Modulation

Bei Prüfsendern zur Prüfung amplitudenmodulierter Schwingungen wird die Möglichkeit einer Amplitudenmodulation gefordert. Von den vielen Modulationsschaltungen, die hiefür in Frage kommen, wird im allgemeinen die Gittermodulation, in der Regel als Bremsgittermodulation bevorzugt (s. Abb. 43). Der Steuersender selbst darf jedoch nicht moduliert werden, sondern nur eine von ihm gesteuerte Verstärkerstufe. Abb. 43 zeigt das Prinzip der Bremsgittermodulation. Die Modulationsspannung U_M wird unmittelbar an das Bremsgitter gelegt, während das Steuergitter die Hochfrequenzspannung U_{St} erhält.

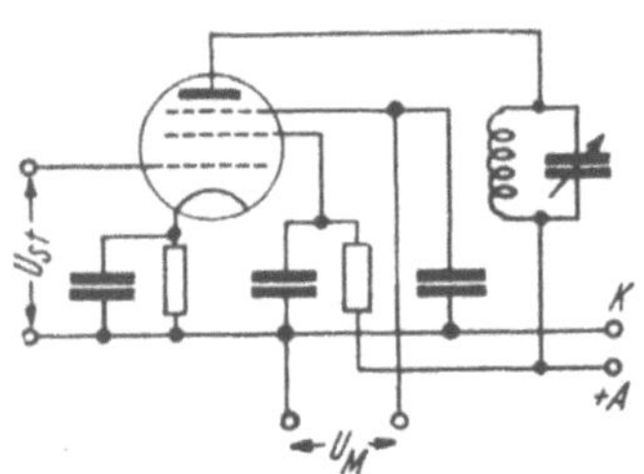

Abb. 43. Bremsgittermodulation

Zur Frequenzmodulation dienen vor allem Blindleistungsröhren. Eine Pentode, die als veränderlicher kapazitiver oder induktiver Widerstand geschaltet ist, liegt parallel zum Abstimmkreis des Steuersenders. Diese Modulationsart gestattet einen großen Hub und große Modulationsfrequenzen zu erreichen.

Es ist heute vielfach üblich, die Frequenzkurve von Empfängern mit Hilfe frequenzmodulierter Prüfsender zu untersuchen. Hiefür genügt eine Modulationsfrequenz von wenigen Hz. Es ist dann nicht notwendig, hiezu eine eigene Blindleistungsröhre zu verwenden. Als veränderbare Kapazität wird in diesem Fall oft nur ein Kondensator mit rotierender oder vibrierender Kondensatorplatte verwendet. Ebenso kann auch eine veränderbare Induktivität verwendet werden. Hiezu eignet sich z. B. eine schwingende, kurzgeschlossene Drahtschleife, die im Rhythmus ihrer Schwingungen mehr oder weniger stark mit der Abstimmspule des Oszillators gekoppelt ist[2]. Ist der Ohmsche Widerstand der Schleife klein gegenüber ihrem induktiven, was bei Kupferdraht von einigen zehntel Millimeter Stärke bei Hochfrequenz stets der Fall ist, so erhält man eine Frequenzmodulation ohne störende Amplitudenmodulation. Es ist am einfachsten, den schwingenden Leiter durch das Wechselmagnetfeld mit Hilfe des Netzwechselstromes zu betreiben.

In ähnlicher Weise läßt sich eine Frequenzmodulation geringer Frequenz (Wobbelung) auch durch einen in der Nähe einer Spule vibrierenden Eisenkern oder exzentrisch rotierenden Eisenscheibe erreichen, die so angeordnet sind, daß die Induktivität in ständigem Wechsel zu- oder abnimmt.

Zur Impulsmodulation eignet sich die Gitter- und Anodenmodulation bei Speisung durch einen entsprechenden Impulsgenerator.

---

1 Nitsche, H.: Hochfrequenztechn. u. Elektroak. **59**, 138 (1942).

2 Bernhardt, M. J.: Toute la Radio, Cah. Nr. 3, S. 21 (1947).

V. Widerstände, Kapazitäten und Induktivitäten

A. Widerstände

1. Ohmsche Widerstände für Meßzwecke

An die bei Wechselstrom, insbesondere Hochfrequenz, zu verwendenden Widerstände werden folgende Anforderungen gestellt:

1. Zeitliche Konstanz,
2. Konstanz bei Belastung,
3. kleiner Temperaturkoeffizient,
4. kleine Eigenkapazität und Kapazität gegen Erde,
5. kleine Selbstinduktion (kleine Zeitkonstante),
6. niedrige Thermokraft gegen Kupfer,
7. geringes magnetisches Streufeld.

Für niedrige Widerstandswerte werden hauptsächlich Drahtwiderstände verwendet, für höhere Widerstandswerte, insbesondere oberhalb 10 kOhm, sind auch andere Widerstandsstoffe in Gebrauch. Sie zeigen jedoch geringere Konstanz bei Belastung. Die früher häufig verwendeten Silitstäbe scheiden wegen der großen Abhängigkeit des Widerstandswertes von der angelegten Spannung aus.

Hochohmige Widerstände erhält man auch, wenn auf einem Isolierkörper, z. B. einem Glasstab oder Keramikstab, eine dünne Metallschicht aufgespritzt wird. Zur Erzielung größerer Widerstandswerte wird die leitende Schicht auch wendelförmig aufgetragen. Zum Schutz vor Feuchtigkeit und mechanischer Abnützung wird der Widerstand vielfach mit einer Lackschicht überzogen. Die Widerstände haben geringe Induktivität und Kapazität, sind aber empfindlich gegen Überlastung.

An Stelle der Metallschichten werden daher heute vielfach Lackschichten verwendet. Infolge des höheren spezifischen Widerstandes des kohlehältigen Lackes erhält man größere Schichtstärken und dadurch höhere Belastbarkeit, auch der Skineffekt ist geringer und der Hochfrequenzwiderstand weicht nur wenig von dem Gleichstromwiderstand ab.

In Verwendung sind auch sogenannte *Karbowidwiderstände*, bei denen eine dünne Schicht von Glanzkohle (etwa 10^{-4} mm) auf Porzellan aufgebrannt ist. Es werden Widerstände von 20 Ohm bis 100 Megohm erzeugt. Die Belastbarkeit ist etwa 0,2 bis 0,3 W/cm^2 [1]. Der Temperaturkoeffizient liegt bei $-0{,}5\%$ je 10^0 C. Infolge der Kapazität zwischen den Kohlekörnern beobachtet man eine Widerstandsabnahme mit zunehmender Frequenz[2].

Sehr hohe Widerstände, bis etwa 10^{13} Ohm erhält man durch Niederschläge von Platin oder Gold auf Quarzstäben[3].

Für Versuchszwecke kann man hochohmige Widerstände durch Bleistiftstriche selbst herstellen.

---

[1] Hartmann, C. A. u. H. Dossmann: Z. techn. Phys. **9**, 434 (1928).
[2] Puckle, O. S.: Wireless Engr. **12**, 303 (1935).
[3] Krüger, F.: Z. techn. Phys. **10**, 495 (1929).

Gelegentlich werden auch Flüssigkeitswiderstände empfohlen. Eine Lösung aus 121,1 g Mannit, 41,2 g Borsäure und 0,06 g Chlorkalium in 1 l Wasser hat ein Leitvermögen von etwa 0,001 (bezogen auf 1 cm und 1 cm²) und weist nur geringe zeitliche Änderungen des Widerstandes auf[1]. Flüssigkeitswiderstände sind indes wegen der hohen Dielektrizitätskonstante bei Frequenzen über 100 kHz nicht zu verwenden.

Für genaue Messungen sind in der Regel Drahtwiderstände in Gebrauch. Am besten eignet sich Manganin (84% Cu, 4% Ni, 12% Mn). Der Temperaturkoeffizient beträgt etwa 10^{-5} je °C. Die Thermokraft gegen Kupfer ist sehr gering, nämlich nur 10^{-6} V je °C. Um eine große zeitliche Konstanz des Widerstandswertes zu erhalten, werden die Drähte durch Erwärmen auf 90 bis 100° C künstlich gealtert. Der spezifische Widerstand beträgt etwa 48 μOhm je cm bei 20° C. Einen wesentlich höheren spezifischen Widerstand, nämlich etwa 108 μOhm je cm bei 20° C, hat Chromnickel. Auch läßt sich dieser Werkstoff zu wesentlich dünneren Drähten ziehen (z. B. 0,01 mm). Er eignet sich daher besonders für hochohmige Widerstände. Allerdings zeigt sich ein wesentlich höherer Temperaturkoeffizient ($2 \cdot 10^{-4}$ je °C).

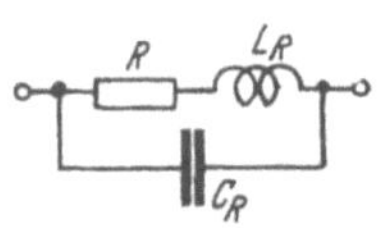

Abb. 44. Ersatzschaltung für einen Ohmschen Widerstand

Jede Widerstandswicklung zeigt neben dem Ohmschen Widerstand R noch die Reihenschaltung eines induktiven L_R; dazu parallel liegt die Wicklungskapazität C_R. Die Ersatzschaltung zeigt Abb. 44. Daraus ergibt sich ein Phasenwinkel φ, gegeben durch

$$\operatorname{tg}\varphi = \omega\left(\frac{L_R}{R} - R\,C_R - \frac{\omega^2 L_R^2\, C_R}{R}\right). \tag{2, 22}$$

Vielfach wird an Stelle des Phasenwinkels auch die Zeitkonstante $\tau = \operatorname{tg}\varphi/\omega$ angegeben. Innerhalb eines gewissen Frequenzgebietes $\omega \ll L_R/R$ und $\omega \ll 1/\sqrt{L_R\,C_R}$ ist τ frequenzunabhängig:

$$\tau = \frac{L_R}{R} - R\,C_R. \tag{2, 23}$$

Meist liegt τ unter 100 bis 1000 ns. Der Scheinwiderstand ist unter geringer Vernachlässigung gegeben durch

$$|\mathfrak{R}_S| = R\sqrt{1 + \omega^2\tau^2}. \tag{2, 24}$$

Präzisionswiderstände sind zur genauen Definition ihrer Zeitkonstante metallisch abzuschirmen.

Durch geeignete Wahl von L_R und C_R kann bei nicht zu großer Frequenz der Phasenwinkel φ sehr klein gehalten werden. Wenn $\varphi = 0$ sein soll, erhält man aus Gl. (2, 22)

$$R = \sqrt{\frac{L_R}{C_R}}\sqrt{1 - \omega^2 L_R\,C_R}. \tag{2, 25}$$

---

[1] Rein, H. u. K. Wirtz: Radiotelegraphisches Praktikum S. 65 (1922).

Solange $\omega^2 \ll 1/L_R C_R$ ist die Bedingung für $\varphi = 0$.

$$R = \sqrt{\frac{L_R}{C_R}}. \tag{2, 26}$$

Für Gleichstrom und niederfrequenten Wechselstrom verwendet man in der Regel die bekannte bifilare Wicklung (s. Abb. 45 *a*), bei der die Induktivität so gut wie gänzlich beseitigt ist. Sie ist jedoch infolge der großen Kapazität für Hochfrequenz unbrauchbar, eine Verbesserung erreicht man durch Hintereinanderschalten zahlreicher Spulen. Hüter[1] schlägt vor, zur Verringerung der Zeitkonstante an die bifilare Wicklung einige Unifilarwicklungen anzuschließen.

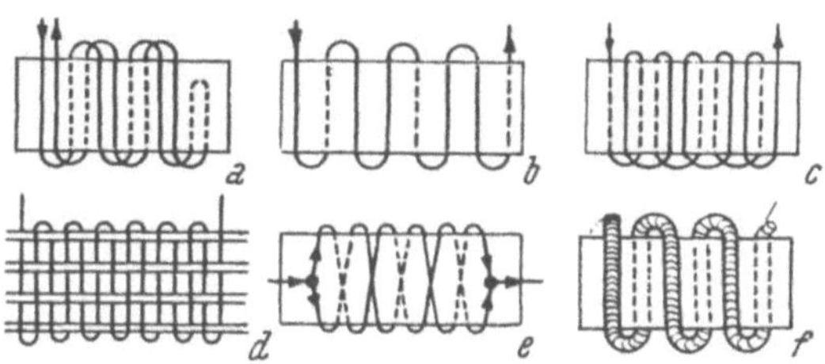

Abb. 45. Widerstandswicklungen kleiner Zeitkonstante. *a* bifilare Wicklung, *b* Flachwicklung, *c* Zickzack-Flachwicklung, *d* Widerstandsgewebe, *e* Ruhstrat-Kreuzwicklung, *f* Kordelwicklung

Bei der Chaperon-Wicklung[2] wird eine mehrlagige Spule verwendet, bei der nach jeder Lage der Windungssinn geändert wird. Auch diese Wicklung eignet sich nicht für Hochfrequenz.

Für größere Widerstandswerte sind im allgemeinen Drahtwicklungen vorherrschend. Zu empfehlen ist die einfache einlagige Wicklung auf flachem Wickelkörper (s. Abb. 45 *b*), z. B. einem Glimmerstreifen. Vielfach wird auch ein wiederholter Wechsel der Wicklungsrichtung vorgesehen. Dies führt zu einer Zickzackwicklung, s. Abb. 45 *c*, die auch nach Hahnemann[3] auf einem zylindrischen oder quadratischen Wickelkörper angeordnet werden kann. In neuerer Zeit werden auch Widerstandsgewebe (ähnlich den der Heizgitter für elektrische Öfen) benützt, s. Abb. 45 *d*. Es können aber auch besondere Webarten verwendet werden[4], z. B. auch mehrlagige Gewebe. Bei Verwendung von Manganindraht sind solche für Frequenzen bis zu etwa 10^5 Ohm gebaut worden, mit Chromnickeldraht-Geweben sind Hochohmwiderstände von mehreren hundert kOhm und bei Frequenzen bis zu 5 MHz im Gebrauch. Allerdings sind bei Frequenzen oberhalb 300 kHz in der Regel Korrekturen erforderlich. Bei der *Kreuzwicklung* nach Ruhstrat sind zwei in entgegengesetztem Sinn auf den gleichen Spulenkörper übereinander gewickelte Drähte parallelgeschaltet, s. Abb. 45 *e*.

[1] Hüter, W.: Ann. Phys. **40**, 381 (1913).
[2] Chaperon, G.: Comptes rend. Acad. Sci. Paris **108**, 799 (1889).
[3] Hahnemann, W.: Jahrb. d. drahtl. T. **2**, 312 (1909).
[4] Behr, L. u. R. E. Tarpley: USA Pat. 1 972 720. — Proc. I.R.E. **20**, 1101 (1932).

Hochohmige Widerstände mit geringen Phasenwinkeln erhält man auch durch *kordelförmige* Anordnung des Widerstandsdrahtes auf einer Asbest- oder Seidenseele mit einem Durchmesser von 1 bis 2 mm. s. Abb. 45 *f*.

Eine völlige Beseitigung des induktiven Widerstandes ist bei keiner Wicklungsart möglich, denn bereits der einfache gerade Draht zeigt einen induktiven Widerstand, doch ist er wenigstens bei kurzen Drahtstücken und nicht allzuhohen Frequenzen meist zu vernachlässigen. Wien[1] schlägt daher die Verwendung kurzer Drahtstücke als Hochfrequenzwiderstände vor. Ihr Hochfrequenzwiderstand läßt sich leicht berechnen. Gegenüber dem Gleichstromwiderstand ergibt sich infolge des Skineffektes eine Widerstandserhöhung. Es ist[2]

$$R_w = R_{Gl} \frac{d\pi}{20} \sqrt{\frac{f\,10^{-5}}{\varrho}}\,. \qquad (2,\ 27)$$

$$R_w = 0{,}632 \cdot 10^{-3} \frac{l}{d} \sqrt{\varrho f}\,\Omega.$$

Dabei ist R_{Gl} der Gleichstromwiderstand, d der Drahtdurchmesser in mm, f die Frequenz in Hz, l die Länge in m und ϱ der spezifische Widerstand in Ωm/mm². Bei gewickelten Leitern tritt noch ein zusätzlicher Stromverteilungseffekt auf, der eine weitere Widerstandserhöhung bedingt[3]. Die Induktivität gerader Leiter läßt sich ebenfalls berechnen. Es ist

$$L = 2\,l \left(\ln \frac{4\,l}{d} - 1\right) \text{nH}. \qquad (2,\ 28)$$

Hiebei bedeutet l die Länge in cm, d den Drahtdurchmesser in cm.

Für manche Zwecke der Hochfrequenztechnik werden auch Glühlampen als Meßwiderstände verwendet. Es ist die Kenntnis der Spannungsabhängigkeit der Widerstandswerte erforderlich. Die Eichung erfolgt meist mit Gleichstrom, die Messung der Spannung bei Hochfrequenz oft durch Vergleich der Leuchtkraft bei Gleich- und Wechselstrom.

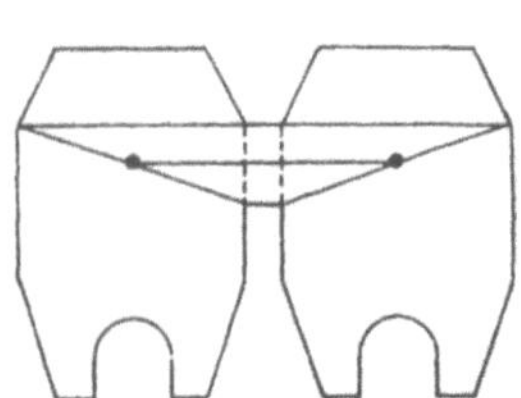

Abb. 46. Hochfrequenzdrahtwiderstand

Eine praktische Ausführung eines einfachen geraden Drahtwiderstandes zeigt Abb. 46. Der Draht ist über eine sehr dünne Glimmerplatte geführt, die auf starken Metallplättchen aufliegt. Hiedurch wird eine wesentliche Verringerung der Induktivität erreicht, dagegen steigt die Kapazität, doch spielt diese bei geringen Widerstandswerten meist nur eine untergeordnete Rolle. Ein weiterer Vorteil dieser Anordnung ist eine erhöhte Wärmeableitung durch das Metall, so daß auch bei dünnen Drähten eine größere Leistungsaufnahme möglich ist. Es werden Widerstände

[1] Wien, M.: Z. Hochfrequenzt. **37**, 169 (1931).
[2] Zenneck, J.: Ann. Phys. **11**, 1135 (1903).
[3] Benz, F.: E. u. M. **67**, 336 (1950).

für 5 bis einige 100 Ohm gebaut. Sie sind verwendbar bis Frequenzen von 10 MHz [1].

Als Lastwiderstände zur Messung an Sendern und Antennen dienen bei kleinen Leistungen meist Widerstände mit Flachwicklung und großen metallischen Kühlflächen, bei größeren Leistungen jedoch Widerstände mit Wasserkühlung[2]. Die Leistungsabgabe läßt sich dabei aus der erwärmten Wassermenge bestimmen. Besonders zweckmäßig ist eine Ausführung als konzentrische Rohrleitung.

2. Veränderliche Widerstände

In der *Niederfrequenztechnik* werden Stöpsel- und Dekadenwiderstände verwendet, bei denen für niedrige Werte *bifilare* Wicklungen und für hohe Werte Chaperon-Wicklungen, vielfach auf schmalen rechteckförmigen Wickelkörpern angebracht werden. Die Zeitkonstante liegt meist in der Größe von $10 \cdot 10^{-9}$ bis $100 \cdot 10^{-9}$ s.

Der gewöhnliche Stöpsel- und Dekadenwiderstand wird in der Hochfrequenztechnik nur mit geringem Erfolg angewendet. Auch ein Ersatz der Wicklung durch eine für Hochfrequenz geeignete genügt nicht, da

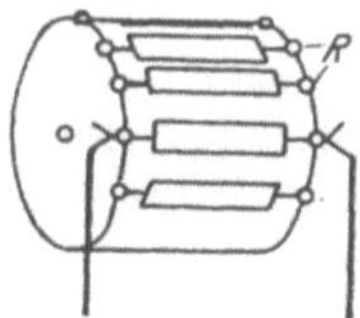

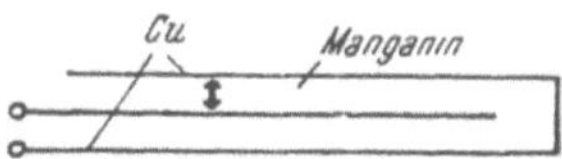

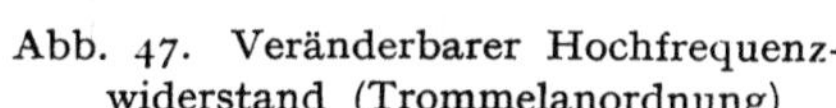

Abb. 47. Veränderbarer Hochfrequenzwiderstand (Trommelanordnung)

Abb. 48. Schleifdrahtwiderstand mit konstanter Blindkomponente

durch die Leitungsführung eine beträchtliche Induktivität verursacht wird. Ein besonderer Nachteil ist noch, daß diese mit der Widerstandseinstellung sich ändert. Es wird daher empfohlen z. B. Kurbelwiderstände zu bauen, bei denen durch Drehen des Schaltkontaktes in dem Maß als die Widerstandswerte abgeschaltet werden, eine entsprechende Induktivität zugeschaltet wird und umgekehrt. Noch besser ist es, wie dies Abb. 47 andeutet, die Widerstände einer Dekade auf einer Trommel anzuordnen und die Widerstandsgröße durch Drehen derselben zu verändern; die einzelnen Widerstandsdekaden sind abgeschirmt.

Auch bei stetig veränderbaren Widerständen ist ein möglichst geringer Anteil an Blindwiderstandskomponenten angestrebt. Es gilt daher für die Wicklungen das oben Angegebene. Soweit ein Blindwiderstandsanteil nicht vermieden werden kann, ist es erstrebenswert, diesen auch bei Veränderung der Widerstandsgröße möglichst konstant zu halten. Dazu werden vielfach veränderbare Widerstände so ausgeführt, daß die Blindwiderstandsabnahme bei Abschalten des Ohmschen durch gleichzeitiges Zuschalten eines gleich großen Blindwiderstandes wettgemacht wird. Abb. 48 zeigt, wie dies beispielsweise bei einem Schleifdraht in einfacher Weise möglich ist.

---

[1] Sinclair, D. B.: Gen. Rad. Exp. **13**, 6 (1939).

[2] Brown, G. H. u. J. W. Conklin: Electronics **14**, 24 (1941).

Die in der Rundfunktechnik üblichen Potentiometer zeigen im allgemeinen nur geringe Frequenzkonstanz. Niederohmige Potentiometer (bis einige kOhm) weisen meist nacheilende Phasenwinkel in der Größenordnung von einigen Minuten, hochohmige (50 bis 1000 kOhm) haben dagegen infolge der Kapazität zwischen den Enden einen voreilenden Phasenwinkel in der Größe von etwa 20 Minuten[1].

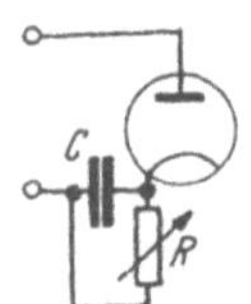

Abb. 49. Diode als veränderbarer Wechselstromwiderstand

Als brauchbare veränderliche Widerstände für hohe Frequenzen können auch Dioden verwendet werden. Der Widerstandswert läßt sich durch Einstellen des Gleichstrombelastungswiderstandes verändern. Dies kann z. B., wie Abb. 49 zeigt, mit Hilfe eines veränderlichen Kathodenwiderstandes geschehen. Soferne, wie üblich, der innere Röhrenwiderstand klein gegenüber R ist ($R_i < 0{,}1\,R$), ist der Hochfrequenzwiderstand der Röhre zwischen den Anschlußklemmen

$$R_w = \frac{R}{2}\,{}^{2}. \qquad (2,\ 29)$$

Erst bei Frequenzen von mehreren MHz weisen die Dioden neben dem Ohmschen Widerstand auch einen nennenswerten Blindwiderstand auf. Er ist auf die Kapazität der Röhre, die Induktivität der Zuleitungen und die Elektronenlaufzeit zurückzuführen. Spannungsabhängig ist meist nur die Röhrenkapazität und auch diese nur in geringem Maße.

3. Widerstandsnormale

Widerstandsnormale werden in der Regel nur für niedere Frequenzen gebaut. Sie werden meist aus Manganindraht oder Blech hergestellt. Bei genauen Messungen werden die Widerstände zur Verringerung des Temperaturfehlers in ein Petroleumbad konstanter Temperatur eingebracht. Die Normale sind dann meist bis zu 10 Watt belastbar. Die Genauigkeit (Toleranz) erreicht $10^{-3}\%$.

Hochfrequenzwiderstände werden in der Regel durch Vergleich mit diesen bei Niederfrequenz geeicht.

B. Kondensatoren

1. Berechnung der Kapazität

Die technische Einheit der Kapazität ist das *Farad*. Ein Kondensator hat diese Kapazität, wenn er durch eine Ladung mit einem Coulomb eine Spannungserhöhung von 1 Volt erfährt. In der Praxis wird eine wesentlich kleinere Kapazitätseinheit, das Mikrofarad (1 μF) und das Pikofarad

---

[1] Terman, F. E.: Rad. Engrs. Handbook S. 41 (1943).

[2] Einfg. S. 381.

($1\,pF = 1\,\mu\mu F = 10^{-6}\,\mu F = 10^{-12}\,F$) verwendet. Ein Plattenkondensator hat eine Kapazität von

$$C = \varepsilon_0 \frac{\varepsilon_r A}{d} + C_R. \qquad (2,\ 30)$$

Hiebei bedeutet $\varepsilon_0 = 0{,}088\,59 \cdot 10^{-12}$ F/cm eine Konstante, ε_r die (relative) Dielektrizitätskonstante, A die Fläche (cm²), d den Plattenabstand (cm) und C_R die Randkapazität, für die eine exakte Berechnung, jedoch nicht in allen Fällen möglich ist.

Eine strenge Berechnung der Kapazität ist nur beim Schutzringkondensator und beim Schutzzylinderkondensator möglich. Der Schutzringkondensator besteht (s. Abb. 50) aus einer kreisförmigen Kondensatorplatte A, der gegenüber auf der gleichen Achse eine zweite kleinere Platte B angeordnet ist. Sie ist im gleichen Abstand a von der Platte A von einer ringförmigen Platte C mit schmalem Spalt umgeben. B und C sind auf gleiche Potentiale geladen. Für die Kapazität C_{AB} erhält man[1]

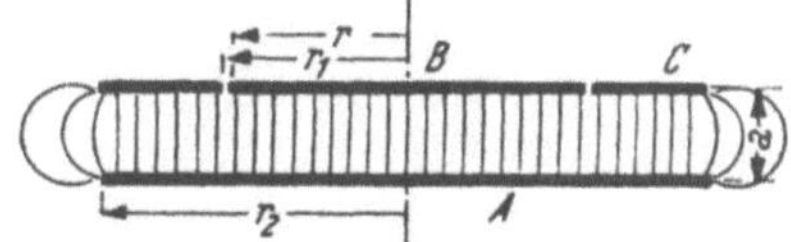

Abb. 50. Schutzringkondensator

$$C_{AB} = \varepsilon \cdot \left[\frac{(r + r_1)^2 \pi}{4a} - 2\,(r + r_1)\,(x \operatorname{tg} x + \ln \cos x)\right]$$
$$x = \operatorname{arc\,tg} \frac{r_1 - r}{2a}. \qquad (2,\ 31)$$

Bei diesem Kondensator tritt die Randkapazität zwischen den Platten A und C auf und geht daher nicht in die Rechnung mit ein.

Ersetzt man die kreisförmige Anordnung durch eine zylindrische, so erhält man den Schutzzylinderkondensator, bei dem bei der Berechnung ebenfalls die Randkapazität entfällt. Auch beim Zylinderkondensator ohne Schutzring ist eine Berechnung von Kapazitätsänderungen möglich [s. Gl. (2, 36) und (2, 37)].

2. Feste Kondensatoren

Für Hochfrequenz werden Kondensatoren mit Papierdielektrikum und elektrolytische Kondensatoren wegen ihrer zu großen Verluste nicht verwendet. Für kleine Kapazitäten, etwa unter 1000 pF, benützt man zu Meßzwecken meist Kondensatoren mit Luftdielektrikum. Sie zeichnen sich durch große Konstanz und Frequenzunabhängigkeit der Kapazität aus. Die dielektrischen Verluste sind lediglich durch das Distanzierungsmaterial bedingt.

Bei Kondensatoren größerer Kapazitätswerte verwendet man feste Dielektrika. Für Meßzwecke sind Kondensatoren mit Glimmerdielektrikum, keramischem oder Glasdielektrikum in Verwendung.

---

[1] Kirchhoff, G.: Ges. Abh. 117 (1882).

Glimmerkondensatoren werden für Kapazitätswerte bis zu mehreren μF gebaut. Der Verlustwinkel liegt fast über das gesamte Frequenzgebiet bis 10^7 Hz bei $\operatorname{tg} \delta = 2 \cdot 10^{-4}$. Der Temperaturkoeffizient erreicht bei Kondensatoren mit aufgespritzten Metallbelegungen nur etwa $1 \cdot 10^{-5}$ je ^{0}C.

Für Kondensatoren mit keramischem Dielektrikum werden vorwiegend Titandioxyd enthaltende Werkstoffe verwendet. Der Verlustfaktor liegt dann oft in der Größenordnung von $2 \cdot 10^{-5}$. Auch der Temperaturkoeffizient ist sehr nieder, z. B. 10^{-4} je ^{0}C [1]. Der Verlustfaktor zeigt eine geringe Zunahme mit der Temperatur.

Für Meßzwecke eignen sich bei niedrigen Frequenzen auch Kondensatoren mit Glasdielektrikum. Sie zeichnen sich durch hohe Durchschlagsfestigkeit aus, der Verlustfaktor beträgt etwa $\operatorname{tg} \delta = 10^{-3}$. Kapazität und Verlustwinkel sind in geringem Maße von Spannung und Frequenz abhängig, doch ist die Temperaturabhängigkeit gering[2].

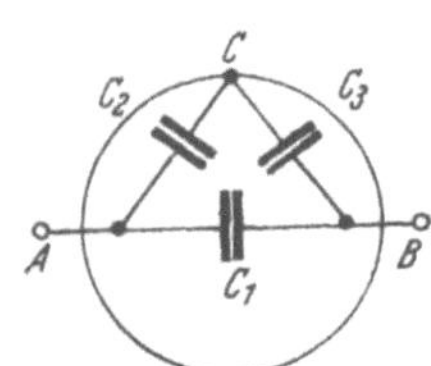

Abb. 51. Ersatzschaltung für abgeschirmten Kondensator

Eine genaue Kapazitätsmessung, besonders bei kleinen Kapazitätswerten, ist nur mit Hilfe abgeschirmter Kondensatoren möglich. Die Schaltung eines solchen Kondensators zeigt Abb. 51. Die Kapazität C_1 befindet sich in einem metallischen Abschirmkasten. Dadurch entstehen zusätzliche Kapazitäten zwischen dem Gehäuse und dem Anschlußpunkt A wie auch B. Die Kapazität zwischen den Klemmen A und B setzt sich dann aus der Parallelschaltung von C_1 zur Reihenschaltung von C_2 und C_3 zusammen. Es ist

$$C_{AB} = C_1 + \frac{C_2 C_3}{C_2 + C_3}. \qquad (2, 32)$$

Sind jedoch die Kapazitäten C_{AB}, C_{AC} und C_{BC} bekannt, so lassen sich die Teilkapazitäten C_1, C_2 und C_3 wie folgt berechnen. Es ist

$$\begin{aligned} C_1 &= \frac{2u}{uv + uw + vw}, \\ C_2 &= \frac{2w}{uv + uw + vw}, \\ C_3 &= \frac{2v}{uv + uw + vw}. \end{aligned} \qquad (2, 33)$$

Dabei ist

$$\begin{aligned} u &= \frac{1}{C_{BC}} + \frac{1}{C_{AC}} - \frac{1}{C_{AB}}, \\ v &= \frac{1}{C_{AB}} + \frac{1}{C_{AC}} - \frac{1}{C_{BC}}, \\ w &= \frac{1}{C_{AB}} + \frac{1}{C_{BC}} - \frac{1}{C_{AC}}. \end{aligned} \qquad (2, 34)$$

[1] Handreck, H.: ATM, Z, 136—1 (1936).

[2] Hentschel, E.: Arch. Elektrot. 15, 140 (1925).

Meist wird jedoch eine der beiden Klemmen mit dem Gehäuse verbunden, z. B. A mit C, dann ist

$$C_{AB} = C_1 + C_3. \tag{2, 35}$$

Durch Abschirmung wird erreicht, daß die Kapazität des Kondensators durch in der Nähe befindliche Leiter nicht beeinflußt wird. Es wird empfohlen, auch die Zuleitung über eine konzentrische Rohrleitung oder abgeschirmte Doppelleitung zu führen.

Durch Abschirmung ist es auch möglich, Kapazitäten sehr geringer Größe herzustellen. Wie Abb. 52 zeigt, geschieht dies z. B. dadurch, daß die Elektroden A und B durch eine mit einer kleinen Öffnung versehene Abschirmelektrode C voneinander getrennt sind. Die Kapazität C_1 (Abb. 51) ist dann klein gegenüber den Kapazitäten C_2, bzw. C_3 gegen das Gehäuse. Durch Vergrößern der Entfernung AB, insbesondere aber durch Verkleinern der Öffnung lassen sich beliebig niedrige Kapazitätswerte für C_1 herstellen. Über ihre Messung s. dritter Abschn., VIII.

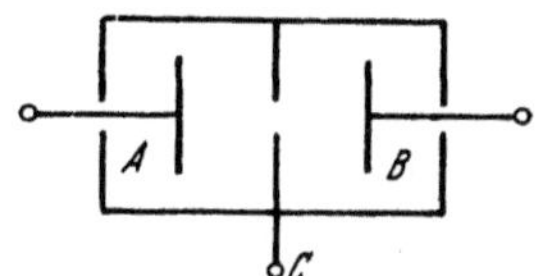

Abb. 52. Kleine Kapazität mittels abgeschirmten Kondensators

Die Spannungsfestigkeit von Luftkondensatoren kann durch Erhöhung des Luftdruckes gesteigert werden[1]. Es werden sogenannte ***Preßgaskondensatoren*** gebaut. Als Gasfüllung verwendet man in der Regel Stickstoff, seltener Kohlenoxyd mit einem Druck von rund 20 atm. Die Durchschlagsfestigkeit erhöht sich dadurch etwa auf das Vier- bis Fünffache. Der Verlustwinkel kann bei sorgfältiger Füllung in der Größe von $\operatorname{tg} \delta = 10^{-6}$ gehalten werden. Die Kapazitäten liegen meist unter 10 000 pF. Die Kondensatoren werden für Spannungen bis etwa 1 MV gebaut[2]. Es sind aber auch *Vakuumkondensatoren* üblich[3]. Der Gasdruck ist so nieder, daß keine Ionisation auftritt. Die Elektroden sind zweckmäßigerweise aus Tantal, das die Eigenschaft hat, Gas zu absorbieren.

3. Veränderliche Kapazitäten

Für Meßzwecke wird vielfach als veränderliche Kapazität der Drehkondensator mit Kreisplatten verwendet. Seine Kapazität steigt fast linear mit dem Drehwinkel an. Es werden Kondensatoren für Endkapazitäten von 50 bis 2000 pF gebaut.

Ein veränderbarer Plattenkondensator hoher Präzision mit achsialer Kapazitätsänderung wird von Rohde und Süß beschrieben[4]. Er dient vor allem als Normalkondensator bei der Bestimmung dielektrischer Verluste.

Zur Erzeugung besonders kleiner Kapazitätsänderungen dient der *Differentialkondensator*. Er ist aus zwei parallelen oder in Reihe geschal-

---

[1] Electronics **12**, 16 (1939).
[2] Raske, W.: ATM, Z 131—4 (1939). — Warnecke, H.: ATM Z 131—5 (1948).
[3] Griffiths, H. A. H. : Wireless World **53**, 23 (1947).
[4] Rohde, L. u. H. Süß: Feinmechanik u. Präzision **44**, 129 (1936).

teten Kondensatoren so zusammengesetzt, daß durch die Drehung der beweglichen Platte sich die Kapazität des einen Kondensators nahezu in dem Maß erhöht, als die des anderen abnimmt.

Ein in der Hochfrequenzmeßtechnik häufig gebrauchter Kondensator ist der Zylinderkondensator. Abb. 53 zeigt seine Wirkungsweise. Die Kapazität beträgt

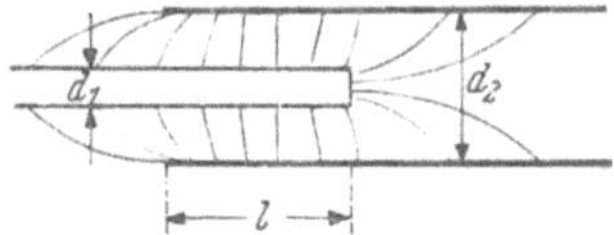

Abb. 53. Zylinderkondensator

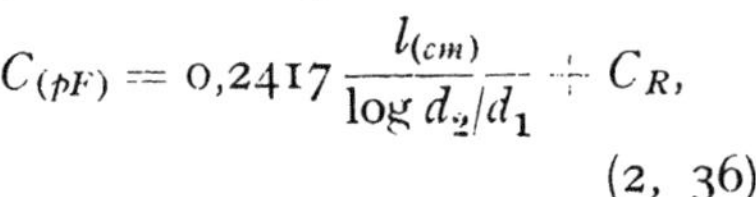

$$C_{(pF)} = 0{,}2417 \frac{l_{(cm)}}{\log d_2/d_1} + C_R, \tag{2, 36}$$

wobei C_R die Randkapazität bedeutet. Sie ist zwar nicht in einfacher Weise berechenbar, doch läßt sich der Kondensator so bauen, daß beim Eintauchen oder Herausziehen des Innenleiters über eine gewisse Strecke die Randkapazität des Kondensators praktisch nicht geändert wird. Die Kapazitätsänderung ist gegeben durch

$$C_2 - C_1 = 0{,}2417 \frac{l_1 - l_2}{\log d_2/d_1}. \tag{2, 37}$$

l ist' die Eintauchtiefe des Innenleiters im Rohr in cm. Die Kapazitätsänderung läßt sich somit mit ziemlich großer Genauigkeit berechnen.

Abb. 54. Normalluftkondensator (Werkphoto: Polland)

Große veränderliche Kapazitäten werden zumeist mit festen Kondensatoren mit Glimmerdielektrikum und Dekadenanordnung oder als Stöpselkondensatoren gebaut[1]. Die Zuleitungen sollen in geringem Abstand voneinander angeordnet und aus starken Leitern verfertigt werden. Dadurch wird die Zuleitungsinduktivität sehr klein.

4. Kapazitätsnormale

Als Normalkondensatoren werden vor allem Luftkondensatoren mit Quarzdistanzierung verwendet[2], s. Abb. 54. Die Kapazität ist auf etwa $2 \cdot 10^{-4}$ und 0,2 pF konstant. Der Verlustwinkel ist kleiner als 10^{-5}. Der Isolationswiderstand beträgt 10^{13} bis 10^{15} Ohm. Der Temperaturkoeffizient liegt in der Größenordnung von 10^{-5} je °C. Die Induktivität der Zuleitungen erreicht

[1] Curtis, H. L.: Bull. Bur. Stand. **6**, 431 (1910). — Giebe, E. u. G. Zickner: Arch.-Elektrot. **11**, 109 (1922).

[2] Schering, H. u. H. Schmidt: Z. Instrkde. **32**, 253 (1912). — Giebe, E. u. G. Zickner: Z. Instrkde. **53**, 1, 49,97 (1933).

20 bis $40 \cdot 10^{-9}$ H. Die maximal zulässige Spannung ist rund 1000 Volt. Durch Anordnen auf Untersätzen kann auch die Zuleitungskapazität definiert werden[1]. Die Kapazitätsnormale der *PTR* werden auch als Drehkondensatoren ausgeführt. Eine exakte Kapazitätsmessung mit den genannten Normalien ist nur unter Verwendung einer abgeschirmten Zuleitung und der für ihren Anschluß gebauten Untersätzen möglich.

Auch der Schutzringkondensator wird vielfach als Kapazitätsnormal ausgeführt[2]. Er kann auch als Normal für sehr kleine Kapazitäten dienen[3].

Mitunter wird auch der Zylinderkondensator als Kapazitätsnormal verwendet, und zwar als Schutzzylinderkondensator für feste Kapazitäten und in gewöhnlicher Ausführung als Kondensator veränderlicher Kapazität.

Normale außerordentlich kleiner Kapazitäten erhält man durch abgeschirmte Kapazität (s. dritter Abschn., VIII). (S. Abb. 52.) Es werden Normale für Kapazitäten bis herab zu 10^{-4} F hergestellt.

Als Normale für größere Kapazitäten dienen meist Glimmerkondensatoren (mehrere μF).

C. Spulen

1. Berechnung

Die Einheit der Induktivität ist ein Henry (1 H). Eine Spule hat die Induktivität von 1 H, wenn in einem Leiter sich die Stromstärke in einer Sekunde um ein Ampere ändert und dadurch eine Selbstinduktionsspannung von 1 Volt erzeugt wird. $1\,\text{H} = 10^3$ mH (Millihenry) $= 10^6\,\mu$H (Mikrohenry) $= 10^9$ nH (Nanohenry).

Die Berechnung von Spulen ist nur mit beschränkter Genauigkeit möglich. Für die Zylinderspule gilt

$$L = w^2 D X \,\text{nH}. \qquad (2,\ 38)$$

X ist ein Faktor, der von den Spulenabmessungen (Länge l, Durchmesser D und Wickelhöhe) abhängt[4]. Für einlagige Zylinderspulen ist X angenähert

$$X = \frac{9{,}87}{l/D + 0{,}45}\,\text{nH/cm}. \qquad (2,\ 39)$$

Die theoretischen Formeln, die für gleichmäßig vom Strom durchflossene Zylinder abgeleitet sind, sind bei Hochfrequenz einer Korrektur zu unterwerfen, die durch den Skineffekt und Stromverteilungseffekt erforderlich ist[5].

Für dichtgewickelte Toroidspulen gilt unter obigen Einschränkungen

$$L = \frac{\mu_0 q w^2}{2\pi r}; \qquad \mu_0 = 4\pi\, 10^{-9}\,\text{H/cm}. \qquad (2,\ 40)$$

r = Toroidhalbmesser, q = Wickelquerschnitt.

[1] Giebe, E. u. E. Alberti: Z. f. techn. Phys. **6**, 92 (1925).

[2] Rosa, E. B. u. N. E. Dorsey: Bull. Bur. Stand. **3**, 512 (1907).

[3] Hoffmann, G.: Phys. Z. **15**, 360 (1914).

[4] Benz, F.: E. u. M. **66**, 7 (1949).

[5] Benz, F.: E. u. M. **66**, 7 (1949).

Mit größerer Genauigkeit kann auch die Induktivität von einfachen Leiterschleifen berechnet werden. Die Induktivität eines Kreises ist, wenn der Kreisdurchmesser D groß ist gegen den Drahtdurchmesser d, bei Niederfrequenz (NF), bzw. Hochfrequenz (HF)

$$NF: \; L = \frac{\mu_0}{2} D \left(\ln \frac{D}{d} + 0{,}33 \right), \qquad HF: \; L = \frac{\mu_0}{2} D \left(\ln \frac{D}{d} + 0{,}079 \right). \tag{2, 41}$$

Für die Quadratform gilt, wenn die Kantenlänge a groß ist, gegenüber dem Drahtdurchmesser d

$$NF: \; L = \frac{2\mu_0}{\pi} a \left(\ln \frac{2a}{d} - 0{,}52 \right), \qquad HF: \; L = \frac{2\mu_0}{\pi} a \left(\ln \frac{2a}{d} - 0{,}77 \right) \tag{2, 42}$$

derartige Spulen werden für niedrige Frequenzen auch als Normale verwendet.

Spulen zeigen im allgemeinen wesentlich größeren Verlustwinkel als Kondensatoren. Die Tangente des Verlustwinkels wird auch als Dämpfung d bezeichnet. Ihr reziproker Wert wird auch Spulengüte Q genannt.

$$\operatorname{tg} \delta = d = 1/Q. \tag{2, 43}$$

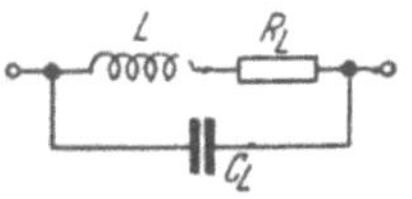

Abb. 55. Ersatzschaltung für eine Spule

Außerdem tritt zwischen den Windungen eine Kapazität auf. Abb. 55 zeigt das Ersatzschaltbild einer Spule. Man erhält daraus für den Gesamtscheinwiderstand

$$\begin{aligned} \mathfrak{R} &= R_L' + j\omega L' = \frac{R}{A} + j\omega \frac{L}{A} \left[1 - \omega^2 L C \left(1 + \frac{R^2}{\omega^2 L^2} \right) \right], \\ A &= (1 - \omega^2 L C)^2 + \frac{R^2}{\omega^2 L^2} (\omega^2 L C)^2, \end{aligned} \tag{2, 44}$$

sowohl L als R_L erfahren durch die Spulenkapazität C_L eine Erhöhung. Aber auch der Verlustwinkel und somit die wirksame Spulengüte wird hiedurch geändert. Es ist

$$Q' = \frac{\omega L'}{R_L'} = \frac{\omega L}{R} \left[1 - \omega^2 L C \left(1 + \frac{R^2}{\omega^2 L^2} \right) \right]. \tag{2, 45}$$

Um bei allen Messungen eine einheitliche Definition des Begriffes Spulengüte zu erhalten, soll indes nicht Q', sondern Q (die Spulengüte ohne Berücksichtigung der Spulenkapazität) den Messungen zugrundegelegt werden[1].

Mit geringer Vernachlässigung wegen $1 \gg \omega^2 L C$, $\omega L \gg R$ ist nach Gl. (2, 44)

$$L' = L \frac{1}{(1 - \omega^2 L C)}; \qquad R_L' = R_L \frac{1}{(1 - \omega^2 L C)^2} \tag{2, 46}$$

[1] Opitz, G.: ATM Z. 124—2 (1940).

und somit

$$Q' = Q\,(1 - \omega^2 L\,C). \tag{2, 47}$$

Für die Berechnung der Spulenkapazität sind zahlreiche Näherungsformeln angegeben worden[1]. Sie ist proportional dem Spulendurchmesser und steigt etwas mit der Spulenlänge, ist aber von der Windungszahl im wesentlichen unabhängig, wenn die Wicklung nicht zu dicht ist[2]. In grober Annäherung kann die Kapazität (in pF) von einlagigen Zylinderspulen gleich dem 0,3-fachen Spulendurchmesser gesetzt werden[3].

2. Feste Spulen

Spulen, die zu Meßzwecken benützt werden, sollen folgenden Bedingungen genügen[4]:

1. Die Wicklungsform soll so gewählt werden, daß die bestimmte Selbstinduktion mit minimaler Drahtlänge erreicht wird.
2. Es ist möglichst geringer Ohmscher Widerstand und möglichst geringe Widerstandserhöhung bei Wechselstrom gewünscht.
3. Die Spulenkapazität soll klein und die Spule zur Vermeidung von Fremdeinfluß abgeschirmt sein.
4. Die dielektrischen Verluste sollen möglichst gering sein.
5. Der Isolationswiderstand soll sehr hoch sein.
6. Der Induktivitätswert soll eine möglichst große zeitliche Konstanz und geringen Temperaturkoeffizienten aufweisen.
7. Der Induktivitätswert hat weitestgehend frequenzunabhängig zu sein.
8. Die Induktivität soll auf einen runden Wert abgeglichen sein.

Kleine Induktivitätswerte werden meist mit einlagigen Zylinderspulen hergestellt. Für Frequenzen bis etwa 1 MHz empfiehlt sich die Verwendung von Hochfrequenzlitze zur Verringerung der Skineffektverluste. Bei größeren Frequenzen ist Blankdraht oder Kupferband vorzuziehen. Der Skineffekt hat zur Folge, daß der Strom nur an der Drahtoberfläche fließt. Dadurch erhöht sich der Widerstand bei hohen Frequenzen gegenüber dem bei Gleichstrom. Dazu kommt noch die Wirkung des Stromverteilungseffektes. Die Stromlinien konzentrieren sich vorwiegend an der Stelle größter magnetischer Feldstärke, also auf der Innenseite der Spule[5]. Die geringste Widerstandserhöhung gegenüber Gleichstrom erhält man bei Bandspulen aus dünner Metallfolie (oder auf Keramik eingebrannter Metallschicht), deren breite Seite des Bandes parallel zur Spulenachse verläuft.

Beträchtliche dielektrische Verluste können entstehen, wenn bei hohen Frequenzen (über 1 MHz) emailisolierter oder umsponnener Draht verwendet wird. Auch Spulenträger aus Hartpapier sind ungeeignet, wenn die Wicklung auf demselben allseits aufliegt. Empfehlenswert sind keramische

---

[1] Einfg. S. 109.

[2] Howe, G. W.: Jour. I.E.E. **60**, 63 (1922).

[3] Kenney, H.: The Rad. Engrs. Handb. S. 84 (1941).

[4] Zickner, G.: ATM Z 121—2 (1935).

[5] Einfg. S. 148.

Spulenkörper. Besonders bei kurzen Wellen muß auf das Kleinhalten der dielektrischen Verluste größter Wert gelegt werden. Um eine genügende mechanische Festigkeit zu erhalten, wird der Draht auf den mit Rillen versehenen Spulenkörper unter Zug aufgewickelt. Der Temperaturkoeffizient der Spule ist dann nur durch die Wärmeausdehnung des Wickelkörpers bestimmt. Es werden keramische Materialien mit kleinen Temperaturkoeffizienten verwendet[1]. Durch Wärmeausdehnung erhöht sich sowohl der Durchmesser wie auch die Länge. Die Zunahme des ersteren steigert, die des letzteren vermindert die Selbstinduktion, doch überwiegt die Wirkung der Durchmessererhöhung. Es ist daher vorgeschlagen worden, Spulen auf Isolierkörper aufzubauen, die durch besondere Maßnahmen bei Temperaturerhöhung eine größere Längenausdehnung als Durchmessererhöhung aufweisen[2]. Durch Verwendung bandförmiger Leiter geringer Dicke, die auf den keramischen Körper aufgebrannt sind, erhält man sehr konstante Werte[3].

Um exakte Werte zu erhalten, insbesondere um die Beeinflussung der Spulenkapazität durch in der Nähe befindliche Leiter zu vermeiden, ist eine Abschirmung der Spulen notwendig. Sie erfolgt durch nahtlose, gut verschweißte oder verlötete Kupferzylinder. Die Dämpfungserhöhung durch eine einwandfreie Abschirmung liegt in der Größenordnung von 10%.

Spulen größerer Induktivität müssen mehrlagig gewickelt werden. Kapazitätsarme Wicklungen erhält man durch Stufenwicklung oder durch mehrfach unterteilte, gewöhnlich gewickelte mehrlagige Spulen. Da die Spulen meist nur für niedrige Frequenzen verwendet werden, nimmt man in der Regel Litzendraht.

Spulen mit Eisenkern, auch Hochfrequenzeisen, werden wegen der Inkonstanz und insbesondere der Spannungsabhängigkeit des Induktivitätswertes im allgemeinen nicht geeicht. Es sind eisenfreie Induktivitäten bis zu 1 H in Verwendung. Trotz großer Abmessungen treten allerdings bei Werten von 1 H und mehr Widerstände von mehreren hundert Ohm auf.

3. Veränderliche Induktivitäten[4]

Stetig veränderliche Induktivitäten werden im allgemeinen nur in Form von *Variometern* gebaut, das sind zwei gegeneinander verdrehbare oder verschiebbare Spulen, die so verändert werden können, daß die magnetischen Felder einander mehr oder weniger ergänzen oder einander entgegenwirken. Es ist demnach eine Änderung zwischen L_{max} und L_{min} möglich:

$$L_{max} = L_1 + L_2 + 2\,M, \qquad L_{min} = L_1 + L_2 - 2\,M; \qquad (2,\ 48)$$

M ist die gemeinsame Induktivität.

---

[1] Seeley, S. W. u. E. H. Anderson: RCA-Rev. **5**, 77 (1940).

[2] Griffiths, W. H. F.: Wireless Engr. **19**, 8 (1942).

[3] Rohde, L.: Z. techn. Phys. **15**, 613 (1934).

[4] Zickner, G.: ATM Z 123—1 (1935).

Vor allem sind *Flachspulen-* oder *Nierenvariometer* (Abb. 56) und *Kugelvariometer* (Abb. 57) üblich. Bei einem guten Kugelvariometer ist $L_{max}/L_{min} = 8$ bis 10 möglich.

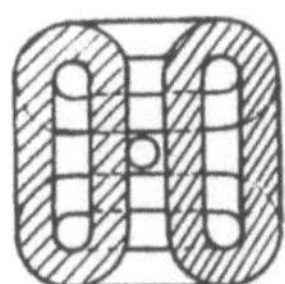

Abb. 56. Flachspulenvariometer

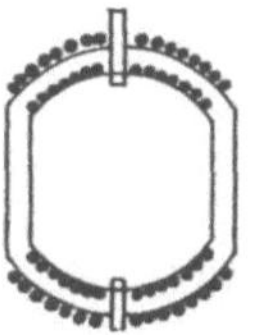

Abb. 57. Kugelvariometer

Selbstinduktionsdekaden sind von der Firma Rohde und Schwarz hergestellt worden, und zwar in Größen von 0,01 bis 100 mH. Die Genauigkeit beträgt 1%, die Spulengüte liegt über 100, der Temperaturkoeffizient ist kleiner als 0,001/°C.

4. Gegeninduktivitäten

Die Einheit der Gegeninduktivität ist dann vorhanden, wenn eine Stromänderung in der Primärwicklung von 1 A in einer Sekunde in der Sekundärwicklung eine Spannung von 1 Volt induziert.

Eine exakte Berechnung von Gegeninduktivitäten ist nur für einfache Leitergebilde möglich[1], so z. B. für zwei koaxiale gleich große Kreise in parallelen Ebenen mit dem Durchmesser D und der Entfernung a, wenn der Schleifendurchmesser groß gegen den Drahtdurchmesser ist.

$$M = \frac{\mu}{2} D \left(\ln \frac{4D}{a} - 2 \right) \tag{2, 49}$$

An Gegeninduktivitäten sind außer den bei den Induktivitäten angegebenen noch folgende Forderungen gestellt[2].

1. Das Verhältnis der Gegeninduktivität zur Selbstinduktion soll groß sein.
2. Die Kapazität zwischen den Wicklungen und die dielektrischen Verluste müssen gering sein.
3. Der Isolationswiderstand zwischen den Wicklungen soll groß sein.
4. Primär- und Sekundärspule sollen nicht gegeneinander verschiebbar sein.

Feste Gegeninduktivitäten sind in der Form bifilar gewickelter Spulen üblich. Eine Spule wird aus zwei stets nebeneinander geführten Drähten gewickelt, von den so entstandenen zwei Wicklungen ist die eine Primär-, die andere Sekundärwicklung. Meist ist $M = 0{,}01$ H.

Als Gegeninduktivitätsnormale werden auch nebeneinander oder übereinander befindliche Zylinderspulen verwendet. Als veränderliche Gegeninduktivitäten werden meist Variometer benützt.

---

[1] Rosa, E. B. u. F. W. Grover: Bur. Stand Sci. Pap. 169 — Grover, F. W.: Bur. Stand. Sci. Pap. 320 u. 498.

[2] Zickner, G.: ATM Z 121—2 (1935).

5. Induktivitäts- und Gegeninduktivitätsnormale

Induktivitätsnormale großer Genauigkeit sind unter anderem von der Physikalisch-Technischen Reichsanstalt und dem Bureau of Standards hergestellt worden[1]. Als Wicklungsträger ist ein Marmorkern mit Rillen verwendet, auf den ein Kupferdraht von 0,5 mm Stärke unter Zug aufgewickelt ist. Die Berechnung des Normals erfolgte nach einer Formel von Lorenz[2] unter Berücksichtigung einer Korrektur von Rosa[3].

Selbstinduktionsnormale werden auch aus keramischen Ringkernen hergestellt, auf die die Windungen eingebrannt oder galvanisch aufgebracht wurden[4].

Ein Gegeninduktivitätsnormal wurde von Campbell entwickelt[5]. Es besteht aus übereinander gewickelten Spulen auf verschiedenen Marmorkernen. Die Berechnung seiner Gegeninduktivität erfolgt nach Jones[6].

D. Veränderbare Blindwiderstände

Für Meßzwecke werden mitunter auch veränderbare Blindwiderstände benötigt, so z. B. zur Aufnahme der Frequenzkurve von Schwingungskreisen oder Verstärkern. Hiezu eignen sich am besten Röhrenkreise. So läßt sich die gewöhnliche Pentode als veränderbare Induktivität oder Kapazität schalten[7]. Durch zusätzliche Schaltmittel gelingt es die Verlustkomponente gering zu halten[8]. In neuerer Zeit werden auch Mehrröhrenschaltungen als veränderbare verlustarme Blindwiderstände verwendet[9].

VI. Meßverstärker

1. Allgemeines

Verstärker werden in der Funkmeßtechnik viel gebraucht. Von einem guten Gerät verlangt man, abgesehen von zeitlicher Konstanz, amplituden- und frequenzgetreue Verstärkung über ein bestimmtes Frequenzband. Bei vielen Verstärkern, insbesondere solchen, die für Aufzeichnungen auf Kathodenstrahlröhren dienen, wird auch form- und phasengetreue Wiedergabe verlangt. Meßverstärker sollen auch eine möglichst konstante, von der Belastung und den Betriebsspannungen unabhängige Verstärkung aufweisen.

---

[1] Grüneisen, E. u. E. Giebe: Wissch. Abh. PTR 5, 1 (1921). — Ann. Phys. 63, 179 (1920). — Coffin, J. G.: Bull. Bur. Stand 2, 1 (1906).

[2] Lorenz, L.: Wied. Ann. 7, 168 (1879).

[3] Rosa, E. B.: Bull. Bur. Stand. 161 (1906).

[4] Rohde, L.: Z. techn. Phys. 15, 613 (1934). — Schwarz, H.: ATM Z 124—1 (1936).

[5] Campbell, A.: Proc. Roy. Soc. Lond. 79, 428 (1907).

[6] Jones, J. V. : Proc. Roy. Soc. Lond. 63, 192 (1898).

[7] Heegner, K.: DRP 627 754. — Einfg. S. 263.

[8] Reich, H.: Theory and Application of Elektron Tubes, 1944.

[9] van Scojoc, J. N. u. J. L. Murphy: Electronics 22, H. 1, S. 118 (1949).

Als Verstärkung wird das Spannungsverhältnis zwischen Ausgang und Eingang bezeichnet. Der Ausgang wird in der Regel mit einem bestimmten Widerstand, meist 600 Ohm belastet. Die Verstärkung wird oft auch in Dezibel (db) angegeben. Es ist die Verstärkung in db

$$V_{db} = 20 \cdot \log \left(\frac{U_2}{U_1}\right) = 10 \log \left(\frac{N_2}{N_1}\right). \quad (2, 50)$$

Das db ist aber auch oft ein Maß für die Leistung selbst. Der Leistungspegel von Null db ist vorhanden, wenn eine Leistung von 1 mW abgegeben wird. Bei der üblichen Belastung von 600 Ohm ergibt dies eine Ausgangsspannung von 0,77 Volt. Eine Ausgangsleistung von 10 db beträgt 10 mW (2,45 Volt), 20 db 100 mW (7,7 V) usw.

Meßverstärker dienen zur Verstärkung von Niederfrequenz- oder Hochfrequenzspannungen, seltener Gleichspannungen. Je nach der gewünschten zu verstärkenden Bandbreite unterscheidet man zwischen *selektiven* und *Breitband-Verstärkern.*

2. Wechselspannungsverstärker

Soll ein möglichst breites Frequenzband verstärkt werden, so vrewendet man meist Widerstandsverstärker. Als Bandbreite des Verstärkers wird jenes Frequenzgebiet bezeichnet, innerhalb dessen bei konstanter Eingangsspannung die Ausgangsspannung nicht unter das $1/\sqrt{2}$-fache sinkt. Bei einem gewöhnlichen Widerstandsverstärker (s. Abb. 58) liegt die untere Frequenzgrenze f_{min} bei

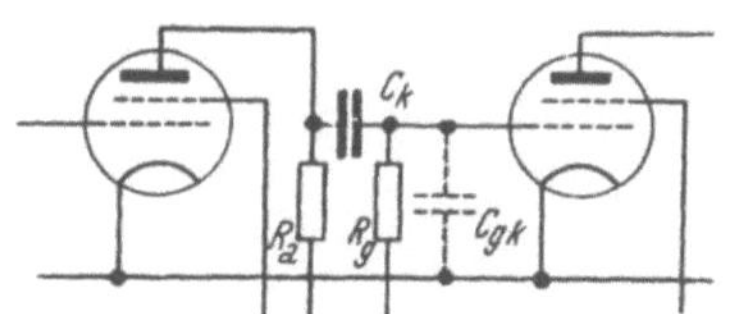

Abb. 58. Widerstandsverstärker

$$f_{min} = \frac{1}{2\pi R_g C_k}. \quad (2, 51)$$

Hierbei bedeutet R_g den Gitterableitwiderstand und C_k die Kopplungskapazität; die obere Grenzfrequenz f_{max} hingegen bestimmt sich aus

$$f_{max} = \frac{1}{2\pi R_p (C_{gk} + C_a)}; \qquad R_p = \frac{R_a R_i}{R_a + R_i}. \quad (2, 52)$$

Dabei ist C_{gk} die Gitterkathodenkapazität, R_a der äußere Widerstand im Anodenkreis und R_i der innere Widerstand der Röhre.

Es bedeutet keine großen Schwierigkeiten, f_{min} sehr klein zu machen.

Beispiel: Es sei $C_k = 0{,}1\ \mu$F und $R_g = 1$ Megohm. Dann ist $f_{min} = 1{,}6$ Hz, ein Wert, der in der Regel genügen dürfte. Zur Verstärkung noch kleinerer Frequenzen werden meist Gleichspannungsverstärker gebaut.

Um die obere Grenzfrequenz recht hoch zu machen, ist R_a möglichst klein zu wählen. Es läßt sich dann setzen: $R_p = R_a$. Dadurch sinkt aber die Verstärkung V. Ist der innere Widerstand R_i groß gegenüber dem äußeren, so gilt

$$V = S R_a. \quad (2, 53)$$

Beispiel: $R_a = 5$ kOhm, $S = 2$ mA/V, $C_{gk} + C_a = 20$ pF, dann ist $V = 10$ und $f_{max} = 1{,}6 \cdot 10^6$ Hz. Eine weitere Steigerung ließe sich nur auf Kosten der Verstärkung erreichen. Bei einer oberen Grenzfrequenz von 16 MHz würde die Stufe überhaupt nicht mehr verstärken.

Es läßt sich aber durch besondere Schaltmaßnahmen auch ohne Verstärkungsverringerung die obere Grenzfrequenz etwas erhöhen. Wie Abb. 59 zeigt, geschieht dies beispielsweise durch Reihenschaltung einer kleinen Induktivität L mit dem Widerstand R_a. Durch diese Maßnahme steigt der Scheinwiderstand im Anodenkreis und damit die Verstärkung. Die amplitudenanhebende Wirkung ist am größten bei der durch L und C_{gk} bedingten Resonanzfrequenz. Man legt sie am besten mit der $\sqrt{2}$-fachen oberen Grenzfrequenz fest. Es ergibt sich dann für die gewünschte Induktivität L

$$L = \frac{1}{2} C_{gk} R_a^2. \tag{2, 54}$$

Eine Verbesserung der Frequenzkurve erreicht man auch durch Gegenkopplung, womit man vor allem ebenfalls die obere Grenzfrequenz erhöhen kann. Eine einfache Gegenkopplungsschaltung zeigt Abb. 60.

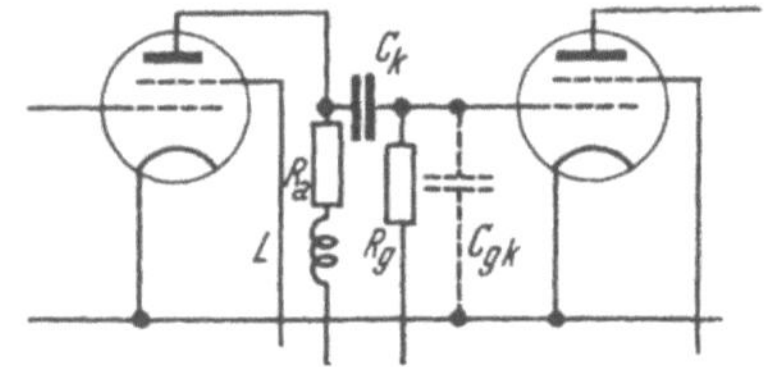

Abb. 59. Erweiterung des Frequenzgebietes durch Drossel

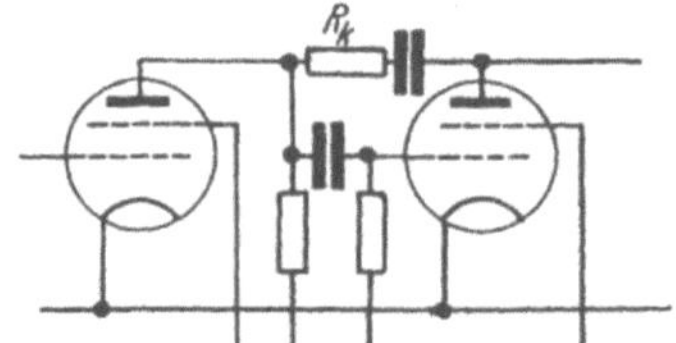

Abb. 60. Erweiterung des Frequenzbereiches durch Gegenkopplung

Es wird mitunter auch eine frequenzabhängige Gegenkopplung vorgeschlagen. Eine solche wird z. B. erhalten, wenn man in der Schaltung mit dem Gegenkopplungswiderstand R_k eine Induktivität in Reihe schaltet; dann wird der Gegenkopplungsfaktor bei hohen Frequenzen verringert und daher bei diesen Frequenzen eine größere Verstärkung erzielt.

Innerhalb der Bandbreite des Widerstandsverstärkers tritt nahezu phasenreine Verstärkung auf. Lediglich in der Nähe der oberen, bzw. unteren Grenzfrequenz erhält man geringfügige Phasenverzerrungen.

Sollen bestimmte Frequenzbänder geringerer Breite verstärkt werden, so werden an Stelle des Widerstandsverstärkers abgestimmte Verstärker verwendet; als solche kommen für Hochfrequenz *Resonanzverstärker*, *Bandfilterverstärker* und *Verstimmungsfilterverstärker*[1] in Betracht. Auch zur Verstärkung höherer Frequenzen, z. B. oberhalb 5 MHz, sind abgestimmte Verstärker notwendig.

Zur *selektiven Verstärkung* von Niederfrequenzen eignen sich abgestimmte Resonanzverstärker wegen der großen Schwingkreisdämpfung

[1] Einfg. S. 404.

weniger. Man verwendet daher zumeist Widerstandsverstärker mit selektiver Gegenkopplung. Hiezu eignet sich besonders das Doppel-T-Filter[1]. Abb. 61 zeigt eine Zweiröhrenschaltung, bei der die erste Röhre in

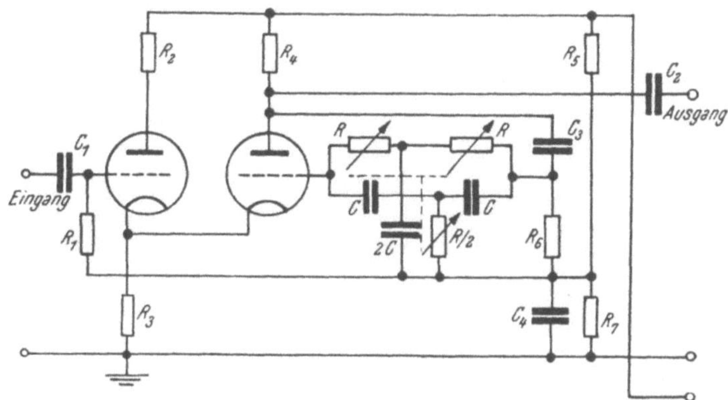

Abb. 61. Selektiver Niederfrequenzverstärker. R_1 = 1 Megohm, R_2 = 50 kOhm, R_3 = einige kOhm, R_4 = 50 kOhm, R_5 = 300 kOhm, R_6 = 1 Megohm, R_7 = 50 kOhm, C_1 = 0,1 μF, C_2 = 0,05 μF, C_3 = 0,25 μF, C_4 = 2 μF, R = 200 kOhm... 1 Megohm

Kathodenkopplung geschaltet ist und die zweite Röhre das genannte Filter zur Gegenkopplung zwischen Gitter und Anode enthält[2]. Bei der Frequenz

$$f = \frac{1}{2\pi R C} \tag{2, 55}$$

tritt keine Gegenkopplung auf und man erhält eine Verstärkung. Bei allen übrigen Frequenzen ist die Gegenkopplung so groß, daß sich keine Verstärkung ergibt.

Statt des Doppel-T-Filters wird zum gleichen Zweck vielfach auch die Wien-Brücke verwendet[3].

3. Gleichspannungsverstärker

Zur Gleichspannungsverstärkung eignet sich die in Abb. 62 gezeigte Schaltung. Sie hat jedoch den Nachteil, daß kleine Änderungen der Netzspannung große Schwankungen in der Verstärkung verursachen können.

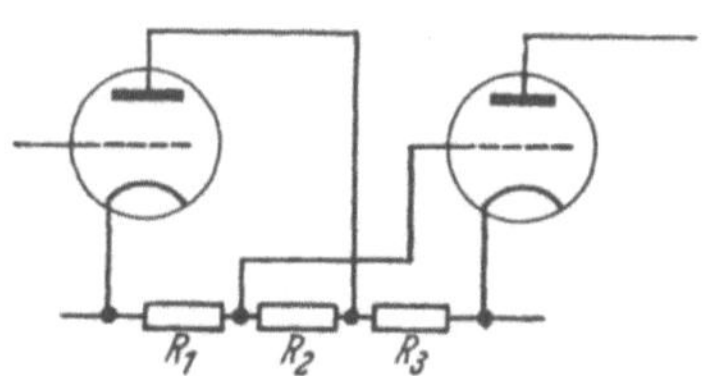

Abb. 62. Gleichstromverstärker, direkte Kopplung

Es wird daher vielfach empfohlen, die Gleichspannung in eine Wechselspannung umzuformen, diese zu verstärken und schließlich wieder gleichzurichten.

[1] Scott, H. H.: Proc. I.R.E. **26**, 226 (1938). — Tuttle, W. N.: Proc. I.R.E. **28**, 23 (1940).

[2] Sowerby, Mc. G.: Wireless World **56**, 223 (1950).

[3] Einfg. S. 49.

Zur Umwandlung der Gleichspannung in Wechselstrom kann ein mechanischer Unterbrecher dienen, doch macht sich die Unregelmäßigkeit der Unterbrechungen und der Kontaktgebung bei kleinen Spannungen sehr störend bemerkbar. Besser ist ein Gerät, das keinen mechanischen Unterbrecher aufweist. Eine brauchbare Lösung wurde von Dorsman vorgeschlagen[1]. Ein mechanischer Unterbrecher unter Verwendung einer Topfspule, die von einem Magnet bewegt wird, verursacht im Rhythmus ihrer Schwingungen eine Veränderung der Kapazität eines Kondensators, s. Abb. 63 *a*. Dieser Kondensator *C* wird über den Widerstand *R* von der zu messenden Gleichspannung aufgeladen, s. Abb. 63 *b*. Durch die Bewegung und der dadurch verursachten Kapazitätsänderungen wird aber der Gleichspannung eine Wechselspannung, die dieser proportional ist, überlagert. Sie wird dann dem Verstärker zugeführt.

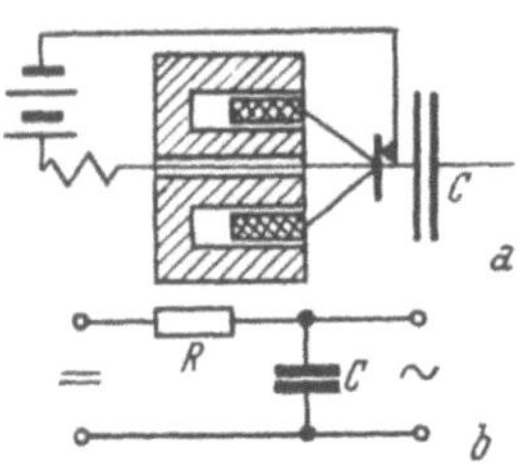

Abb. 63. Schwingkondensator. *a* Aufbau, *b* Ersatzschaltung

Durch Gegenkopplung des Verstärkers erreicht man eine große Konstanz des Verstärkungsfaktors und einen sehr hohen wirksamen Eingangswiderstand[2].

Auch *magnetische Verstärker* eignen sich zur Gleichstromverstärkung. Durch Gegenkopplung kann der innere Widerstand in weiten Grenzen geändert werden. Mit Hilfe besonderer Anordnungen gelingt es auch die Verstärkung weitgehend von der Speisespannung unabhängig zu machen[3].

VII. Spannungsteiler, Eichleiter und Leitungen

1. Spannungsteiler

Zur Herstellung bestimmter Spannungsverhältnisse werden vielfach Spannungsteiler verwendet. Üblich sind vor allem geeichte Ohmsche Spannungsteiler (Potentiometer). Diese ergeben jedoch bei hohen Frequenzen Meßfehler, die bei niedrigen Widerstandswerten hauptsächlich auf die Eigeninduktivität, bei hohen auf die Eigenkapazität zurückzuführen sind. Die günstigsten Widerstandswerte, bei denen die Frequenzfehler ein Minimum sind, liegen durchschnittlich bei 50 bis 500 Ohm. In einer Stufe soll demnach auch keine wesentlich größere Spannungsteilung als 1 : 10 vorgesehen werden.

---

[1] Dorsman, C.: Philips Techn. Rdsch. **7**, 24 (1942) — Schintlmeister, J.: Die Elektronenröhre als physikalisches Meßgerät, 4. Aufl. S. 72 (1945).

[2] Hengel, J. Van u. W. J. Oosterkamp: Philips T.R. **10**, 339 (1949).

[3] Hochrainer, H.: E. u. M. **68**, 293 (1951).

2. Eichleitungen[1]

Eichleitungen sind Spannungsteiler, die bei gleichbleibenden Eingangs- und Ausgangswiderständen regelbare Spannungsteilung gestatten. Sie werden zumeist wie Abb. 64 zeigt, als mehrteilige T-Schaltung aufgebaut. Für die Dimensionierung der Widerstände gilt, wenn mit

$$\ddot{u} = \frac{U_n}{U_{n+1}}$$

das Spannungsverhältnis am n-ten zum $(n + 1)$-ten Glied bezeichnet wird und Z der gewünschte Wellenwiderstand der Eichleitung ist, für die Querwiderstände R_q und die Längswiderstände R_l:

$$R_q = \frac{Z}{2}\,\frac{\ddot{u}+1}{\ddot{u}-1} \quad \text{und} \quad R_l = \frac{Z}{2}\,\frac{\ddot{u}^2-1}{\ddot{u}}. \qquad (2,\ 56)\ (2,\ 57)$$

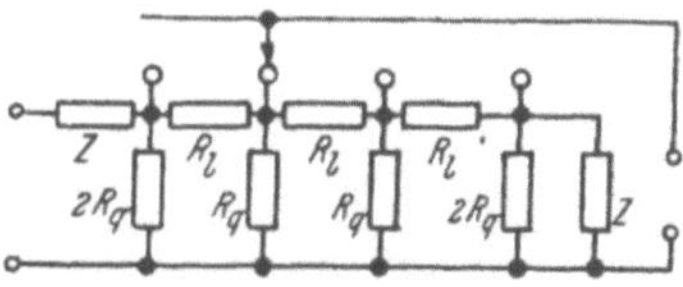

Abb. 64. Regelbare Eichleitung

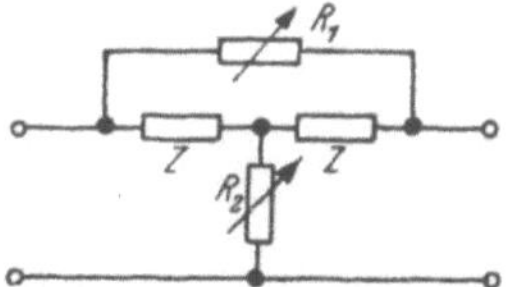

Abb. 65. Überbrücktes T-Glied

Für kleine Spannungsteilverhältnisse, z. B. zum Abgriff der zwischen den meist $\ddot{u} = 10$ gewählten Spannungsverhältnissen nach Abb. 64 eignet sich die in Abb. 65 gezeigte Spannungsteilung mit überbrücktem T-Glied. Man findet

$$R_1 = Z\,(\ddot{u} - 1),$$

$$R_2 = \frac{Z}{(\ddot{u} - 1)} \qquad (2,\ 58)$$

und daher

$$R_1 \cdot R_2 = Z^2. \qquad (2,\ 59)$$

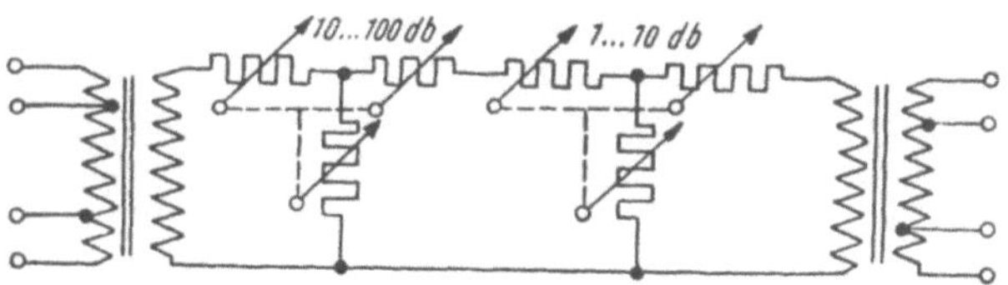

Abb. 66. Veränderbare Eichleitung

Zur Anpassung an andere Ein- und Ausgangswiderstände ist der Abschluß mit anzapfbaren Transformatoren zweckmäßig, s. Abb. 66.

---

[1] Nitzsche, H.: ATM Z 136—6 (1949).

Eine stetig regelbare Eichleitung erhält man, wie Abb. 67 andeutet, mit Hilfe eines Schichtpotentiometers. Der untere Rand der starken schlecht leitenden Schicht S ist metallisiert. Die Regelung erfolgt logarithmisch. Wichtig ist bei hohen Frequenzen und großem $\ddot{u}$ vorzügliche kapazitive Abschirmung, s. Abb. 40.

Bei Frequenzen über 100 MHz werden Ohmsche Eichleiter meist als konzentrische Rohrleiter ausgeführt.

Als Spannungsteiler eignen sich weiter Kondensatoren, die in gleicher Weise wie die Widerstände im Ohmschen Spannungsteiler angeordnet sind. Gelegentlich benützt man auch kapazitive Spannungsteiler unter Verwendung abgeschirmter Kapazitäten, am häufigsten in der in Abb. 41 gezeigten Ausführung als Hohlrohrleiter.

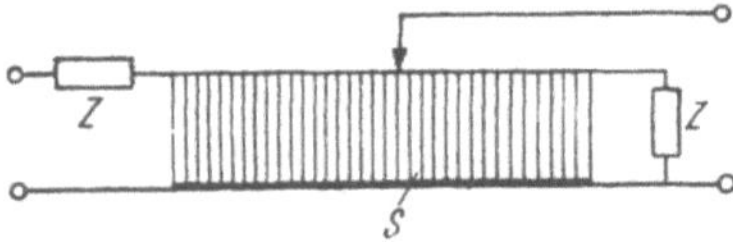

Abb. 67. Schichtpotentiometer als ständig veränderbare Eichleitung

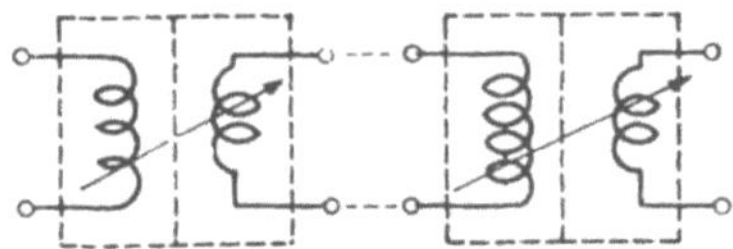

Abb. 68. Induktiver Spannungsteiler

Nicht selten werden auch induktive Spannungsteiler verwendet. Ihr Vorteil ist die Möglichkeit einer guten elektrostatischen Abschirmung. Die Spannungsänderung erzielt man durch Veränderung der Kopplung. Dazu eignet sich insbesondere das Variometer. Es können aber auch unveränderlich gekoppelte Spulen verwendet werden, wenn sie Anzapfungen oder Kurzschlußwindungen mit veränderbarer Kopplung besitzen.

Abb. 68 zeigt die Anordnung eines induktiven Spannungsteilers bestehend aus zwei abgeschirmten Variometern. Auch die gekoppelten Spulen sind gegeneinander kapazitiv abgeschirmt.

3. Leitungen

Zur Weiterführung von Hochfrequenzleistung werden Doppelleitungen verwendet. Zur Hintanhaltung von Strahlungsverlusten und Strahlungsstörungen müssen diese abgeschirmt sein. Es werden für symmetrischen Anschluß Paralleldrahtleitungen im zylindrischen Schirmmantel und für unsymmetrischen Anschluß koaxiale Kabel verwendet.

Die Schirmwirkung abgeschirmter Leitungen ist durch den Koppelwiderstand, das ist das Verhältnis der im Innenleiter induzierten Spannung zu dem auf der Außenseite des Außenleiters fließenden Strom gekennzeichnet, vgl. vierter Abschn., XIII.

Für manche Zwecke werden Kabel mit sehr hohem Wellenwiderstand gefordert. Man erhält solche, indem der Innenleiter eines koaxialen Kabels wendelförmig auf einem koaxialen zylindrischen Isolierkörper aufgewickelt wird[1].

---

[1] Kallmann, H. E.: Proc. I.R.E. **34**, 646 (1946).

Diese Kabel dienen auch als „Verzögerungsleitungen“ für Hochfrequenz. Der gewickelte Innenleiter erhält zur Erhöhung der Kapazität achsiale Metallfolien. Solche Kabel zeigen indes trotz Abschluß mit dem Wellenwiderstand Reflexionen an den Enden, weil dort die Kopplung mit weiteren Windungen fehlt. Abhilfe wird durch Eisenkerne und Verringerung der Kapazität am Ende geschaffen.

VIII. Erzeugung phasenverschobener Hochfrequenzspannungen

Für viele Meßzwecke ist es notwendig, phasenverschobene Spannungen zu erzeugen. Im allgemeinen wird gewünscht den Phasenwinkel zwischen 0 und 180⁰ stetig verändern zu können, wobei auch die erzeugte phasenverschobene Spannung stets gleichbleiben soll. Ihre Amplitude soll im allgemeinen gleich der sie erzeugenden sein.

a) In einfacher Weise würde man wohl eine stetig veränderbare phasenverschobene Wechselspannung durch Hintereinanderschalten von Widerstand und Kondensatoren erhalten, wobei die phasenverschobene Spannung am Kondensator abgegriffen wird und der Widerstand veränderlich ist. Doch würde eine solche Schaltung unseren oben gestellten Bedingungen nicht entsprechen. Man erhielte mit ihr nur einen Phasenbereich von 0 bis 90⁰, außerdem würde sich das Amplitudenverhältnis mit dem Phasenwinkel ändern.

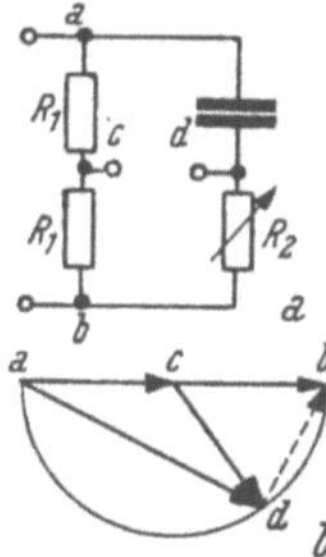

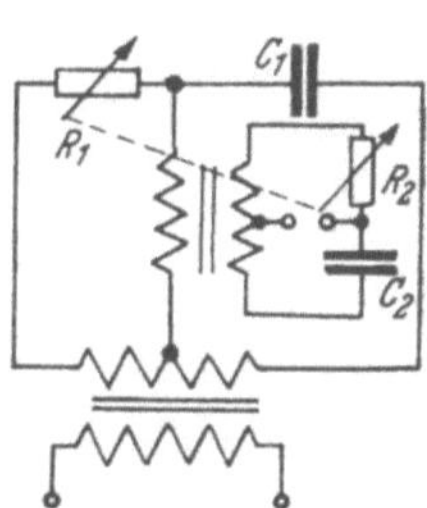

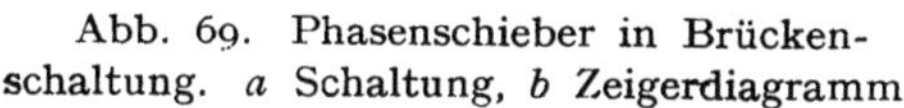
Abb. 69. Phasenschieber in Brückenschaltung. *a* Schaltung, *b* Zeigerdiagramm

Abb. 70. Phasenschieber zur Phaseneinstellung von 0⁰ bis 360⁰

b) Eine einfache Schaltanordnung, die die oben gestellten Bedingungen erfüllt, zeigt Abb. 69. Die Eingangsspannung wird an die Punkte a und b gelegt, die phasenverschobene Spannung an den Punkten c und d abgenommen. Die Wirkungsweise ist am besten aus dem Zeigerdiagramm ersichtlich. Durch Verändern des Widerstandes R_2 beschreibt der Punkt d einen Halbkreis. Er liegt im Falle $R_2 = 0$ bei b und im Falle $R_2 = \infty$ bei a. Die Spannung zwischen c und d hat jedoch stets die gleiche Größe. Voraussetzung ist, daß der innere Widerstand der Last zwischen c und d groß ist zu dem bei der Brücke verwendeten. Dies ist z. B. der Fall, wenn zwischen Last und Phasenschieber eine Verstärkerstufe gelegt wird. Die

Spannung zwischen c und d ist gleich der an R_1 liegenden und hat, was für viele Messungen wertvoll ist, mit ihr einen gemeinsamen Punkt.

Die Schaltung gestattet, wie Abb. 69 *b* zeigt, eine beliebige Einstellung einer Phasenverschiebung zwischen 0^0 und 180^0. Durch zweimalige Anwendung des gleichen Prinzips mit Hilfe eines Transformators (s. Abb. 70)[1], kann eine Veränderung von 0^0 bis 360^0 vorgenommen werden.

c) Gut geeignet zur Erzeugung phasenverschobener Spannungen ist auch die in Abb. 71 gezeigte *Phasenbrücke.* Die beiden Widerstände R sind stetig veränderlich und werden durch gemeinsamen Antrieb gleichzeitig betätigt. Die Eingangsspannung zwischen a und b und die phasenverschobene Spannung zwischen c und d sind wieder unter der Voraussetzung hochohmiger Belastung einander gleich. Es läßt sich jede Phasenverschiebung von 0 bis 180^0 erzeugen, wie aus dem Zeigerdiagramm zu entnehmen ist.

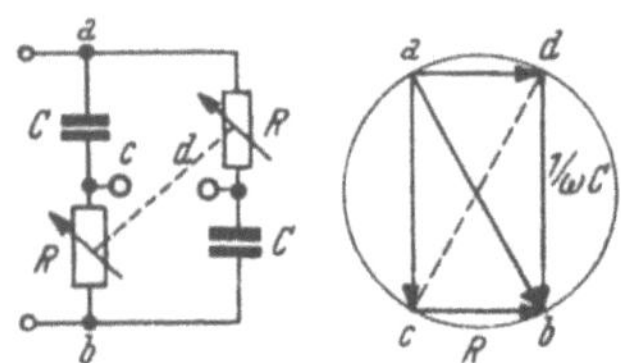

Abb. 71. Phasenbrücke

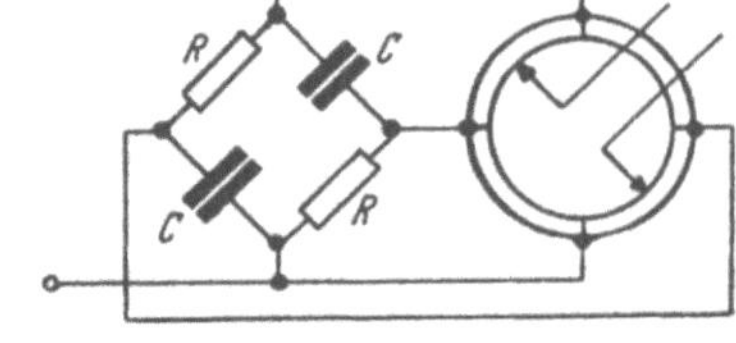

Abb. 72. Phasenbrücke mit Drehpotentiometer

Eine gleichmäßig veränderbare phasenverschobene Spannung erhält man auch, wenn man die beiden gegeneinander um 90^0 phasenverschobenen Spannungen einer Phasenbrücke, wie Abb. 72 zeigt, mit einem Potentiometer besonderer Bauart verbindet.

Besser ist es die beiden phasenverschobenen Spannungen über einen Verstärker dem Potentiometer zuzuführen, da dann die Phasenbrücke nicht belastet ist. Bei exakter Ausführung gelingt es eine dem Drehwinkel proportionale Phasenverschiebung mit Phasenfehlern von nur wenigen Prozent zu erreichen[2].

Es ist indes oft wünschenswert, daß die beiden phasenverschobenen Spannungen einen gemeinsamen Punkt haben. Es empfiehlt sich dann die in Abb. 73 gezeigte Schaltung zu verwenden. Die Betriebsspannung wird zwischen den Punkten A und D angeschlossen, die phasenverschobenen Spannungen zwischen den Punkten EB und ED abgenommen. Die Spannungen wachsen allerdings mit abnehmendem Phasenwinkel, sind jedoch gleich groß. Die Phasenverschiebung kann durch Drehen der beiden auf einer Achse montierten regelbaren Widerstände im Bereich von 0 bis 180^0 verändert werden.

d) Zur Erzielung einer veränderlichen Phasenverschiebung bei Hochfrequenz wird vielfach auch der Resonanztransformator[3] verwendet. Es ist

---

[1] Spitzer, C. F.: Electronics **23**, H. 12, S. 222 (1950).
[2] Wintle, M. F.: Wireless Engr. **28**, 197 (1951).
[3] Einfg. S. 60.

dies ein Transformator, der sekundärseitig durch Parallelschalten eines Kondensators auf Resonanz abgestimmt werden kann und zur Erzielung einer größeren Resonanzschärfe meist lose Kopplung aufweist. Im Resonanzfall erhält man eine gegenüber der Primärspannung um 90° phasenverschobene Sekundärspannung. Bei Verstimmung gegenüber Resonanz läßt sich der Phasenwinkel erhöhen, bzw. erniedrigen. Bei größeren Verstimmungen zeigt sich aber eine bedeutende Abnahme der Sekundärspannung gegenüber dem Resonanzfall.

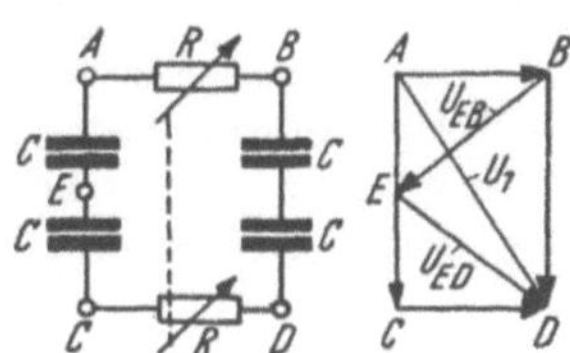

Abb. 73. Phasenschieber mit gemeinsamem Punkt

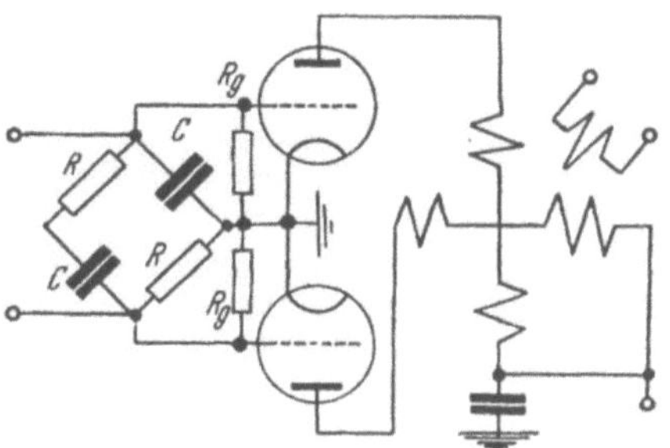

Abb. 74. Phasenschieber mit Drehtransformator

e) Eine stetig veränderbare Phasenverschiebung läßt sich auch mit Hilfe des Drehtransformators erzielen, wenn die beiden Spulen von Strömen durchflossen sind, die um 90° gegeneinander phasenverschoben sind. Die Ausführung des Drehtransformators gleicht der des bekannten Goniometers. Zwei übereinander gewickelte Spulen stehen zueinander senkrecht. In ihnen befindet sich eine dritte Spule drehbar angeordnet, und zwar so, daß sie stetig veränderlich, einmal von den Kraftlinien der einen und nach einer Drehung um 90° von den der anderen völlig entkoppelt ist. Der Drehwinkel gibt zugleich den Phasenwinkel an. Abb. 74 zeigt eine solche Anordnung unter Vorschaltung einer Verstärkerstufe.

Drehtransformatoren, jedoch mit eisengeschlossenen Kreisen, werden insbesondere auch zur einstellbaren Phasenverschiebung für niederfrequente Spannungen gebaut. Es wird Drehstrom oder Einphasenwechselstrom bei Erzeugung einer Kunstphase (90° Phasenverschiebung) als Spannungsquelle verwendet.

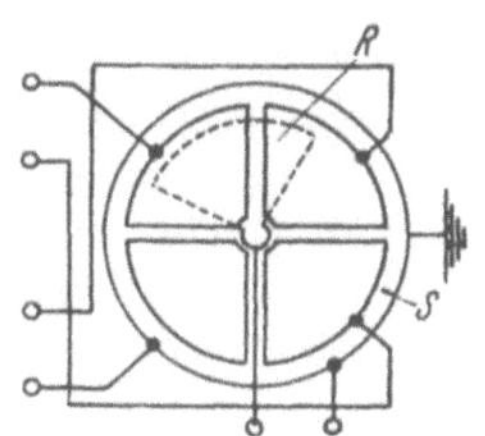

Abb. 75. Kapazitiver Phasenschieber

An Stelle des Drehtransformators kann auch ein System von vier Kondensatoren treten, wenn sie, wie Abb. 75 zeigt, angeordnet sind. Eine Rotorplatte gestattet die Abnahme einer ihrer Lage entsprechend phasenverschobenen Spannung. Der eine Pol ist der Rotor *R*, der zweite eine geerdete mit allen vier Kondensatorplatten gleichmäßig kapazitiv gekoppelte scheibenförmige Platte *S*.

f) Einen einfachen veränderbaren Phasenschieber, insbesondere für kurze Wellen, erhält man durch eine *künstliche Leitung*, die beiderseits mit ihrem Wellenwiderstand abgeschlossen ist. Die Spannungsquelle wird an den Eingang angeschlossen und die Ausgangsspannung, wie Abb. 76 zeigt, mittels eines verschiebbaren Abgriffes abgenommen. Die gewünschte Phasenverschiebung entsteht infolge der Laufzeit der elektrischen Welle.

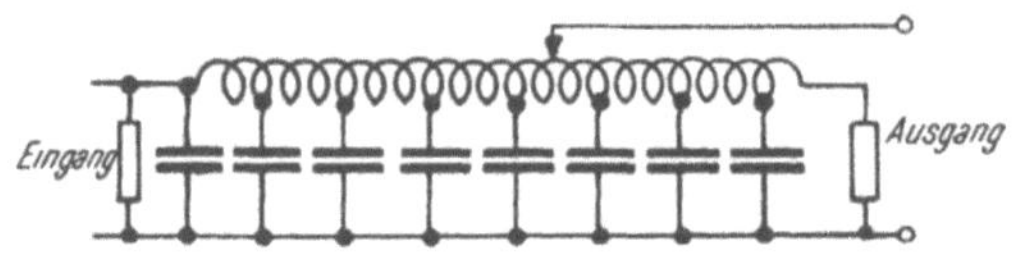

Abb. 76. Künstliche Leitung als Phasenschieber

Die Größe der erreichbaren Phasenverschiebung hängt somit von der Länge des Kettenleiters und des Phasenwinkels seiner Glieder ab[1]. Er kann nur für Frequenzen verwendet werden, die weit unter der Grenzfrequenz liegen.

Ein Nachteil der meisten Phasenschieberschaltungen ist, daß sich der Phasenwinkel durch Belastung ändert. Durch Anschalten einer nachfolgenden Verstärkerstufe wird dieser Übelstand vermieden, denn die Elektronenröhre stellt eine genügend kleine und konstante Belastung dar, s. Abb. 74. Die phasenverschobenen Spannungen werden nach getrennter Verstärkung einem Drehtransformator zugeführt.

IX. Direkt zeigende Meßinstrumente

Im folgenden wird ein Überblick über die in der Gleich- und Wechselstrom- sowie Hochfrequenzmeßtechnik hauptsächlich in Verwendung kommenden direkt zeigenden Meßinstrumente gegeben. Über Einzelheiten ist jedoch in der betreffenden Spezialliteratur nachzulesen[2].

Der Wirkungsweise nach ist zwischen folgenden Meßprinzipien zu unterscheiden:

1. Meßgeräte nach dem Drehspulprinzip,
2. Meßgeräte nach dem Drehmagnetprinzip,
3. Meßgeräte nach dem Dreheisenprinzip,
4. Meßgeräte nach dem elektrodynamischen Prinzip,
5. Meßgeräte nach dem Induktionsprinzip,
6. Elektrostatische Meßgeräte,
7. Hitzdrahtinstrumente,
8. Meßgeräte mit Thermoumformer,
9. Meßgeräte mit Gleichrichter.

---

[1] Über Berechnung des Phasenwinkels der künstlichen Leitung s. Einfg. S. 78.

[2] Linker, B. A.: Elektrotechnische Meßkunde (1922). — Gruhn, K.: Elektrotechn. Meßinstrumente (1922). — Keinath, G.: Die Technik el. Meßgeräte, 3. Aufl. (1928). — Schwerdtfeger, W.: Elektr. Meßtechn. I u. II (1941, 1939). — Langbein, R. u. G. Werkmeister: Elektr. Meßgeräte (1943). — Palm, A.: Elektrische Meßgeräte und Meßeinrichtungen, 3. Aufl. (1948). — Pflier, M.: Elektrische Meßgeräte und Meßverfahren (1951).

1. Meßgeräte nach dem Drehspulprinzip

Bei diesen Meßgeräten befindet sich der vom Meßstrom durchflossene Leiter im Feld eines (meist permanenten) Magneten. Er kann als Spule, Schleife oder einfacher Draht ausgebildet sein. Bei Gleichstrom entsteht eine Drehung oder Ablenkung, bei Wechselstrom geringerer Frequenz ein Vibrieren (Vibrationsgalvanometer).

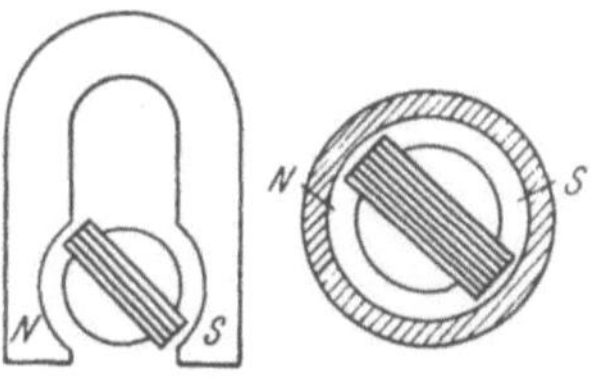

Abb. 77. Drehspulsysteme. *a* Außenpolmagnettype, *b* Kernmagnettype

Bei den meisten heute üblichen Drehspul-Meßgeräten umgibt der permanente Magnet in Hufeisenform das Spulensystem (*Außenpoltype*, s. Abb. 77). Die Verbesserungen in der Erzeugung von Magneten gestatten nunmehr auch die Herstellung von sogenannten *Kernmagnetsystemen*[1], bei denen der Magnet Zylinderform erhält und innerhalb der Spule angeordnet ist. Der Kraftlinienfluß wird durch Hohlzylinder aus Eisen geschlossen. Die Kernmagnetausführung zeigt vor allem den Vorteil ein geringes Streufeld aufzuweisen und jeglichen Fremdfeldfluß zu vermeiden (s. Abb. 77).

a) *Drehspulinstrumente.* Sie dienen zur Messung von Gleichspannungen und Gleichströmen. Der Skalenverlauf ist nahezu linear[2]. Die Einstellung auf einen bestimmten Endwert geschieht meist mit Hilfe eines geeichten Vor- und Nebenwiderstandes und eines magnetischen Nebenschlusses, der auch zur Beseitigung des Wärmeeinflusses temperaturabhängig gemacht werden kann[3].

Zeigerinstrumente. Gewöhnlich werden zur Messung direkt zeigende Instrumente verwendet. Sie haben meist einen Skalenumfang von 70 bis 90°. Durch besondere Formgebung des Meßsystems ist es jedoch auch gelungen, ihn bis auf 270° zu erweitern[4]. Die empfindlichsten Voltmeter haben einen inneren Widerstand von 1 000 bis 10 000 Ohm/V. Der kleinste erreichbare Endausschlag gewöhnlicher niederohmiger Systeme beträgt einige mV. Empfindliche Strommesser zeigen bereits bei einigen μA Endausschlag.

In der Praxis werden die Drehspulinstrumente oft als Vielfach-Meßinstrumente verwendet. Das Instrument selbst ist auf einen bestimmten inneren Widerstand und bestimmte Strom- und Spannungsempfindlichkeit abgeglichen. Die Meßbereicherweiterung erfolgt mit Hilfe von Vor- und Nebenwiderständen. So zeigt z. B. das „Mavometer" einen inneren Widerstand von 50 Ohm und einen Vollausschlag von 100 mV, bzw. 2 mA. Die Erweiterung der Meßbereiche ist bis über 1000 Volt durch Vorwiderstände und mehrere hundert Ampere durch Nebenwiderstände möglich.

---

[1] Merz, L.: ATM J 721, 9 (1948).
[2] Kafka, H.: Wiss. Veröff. Siemens **3**, 144 (1927).
[3] Kinnard u. Faus: J. Am. Inst. El. Eng. **49** 343 (1930).
[4] Richter, B.: Z.V.D.I. **93**, 22 (1951).

Spiegelgalvanometer. Eine größere Empfindlichkeit wird erreicht, wenn man an Stelle der Spitzenlagerung der Drehspule eine Bandaufhängung vorsieht und das Zeigersystem durch einen Spiegel ersetzt. Bei Beleuchtung des Spiegels durch eine punkt- oder strichförmige Lichtquelle läßt sich der Skalenausschlag als Leuchtstreifen auf einem Schirm beobachten. Man erhält so Empfindlichkeiten von 10^{12} mm/A (10^{-12} A je mm der Skalenteilung in 1 m Abstand).

Bei den *Lichtmarkengeräten* wird Skala, Optik und Lampe in einem Gerät zusammengebaut, meist ist Bandaufhängung vorgesehen.

Galvanometer mit großem Trägheitsmoment dienen zur ballistischen Messung, sie werden als *ballistische Galvanometer* bezeichnet[1].

Drehspulgalvanometer werden auch als *Differentialgalvanometer* geschaltet. Es sind zwei völlig gleichartige Wicklungen vorhanden, in denen die zu messenden Ströme in entgegengesetzter Richtung fließen. Der Ausschlag ist bei Gleichheit der Ströme Null.

Für manche Zwecke werden zwei zueinander senkrecht stehende Drehspulen mit getrennten Stromzuführungen verwendet. Ein solches Meßgerät wird als *Kreuzspulenmeßgerät* bezeichnet.

b) Beim *Saitengalvanometer*[2] befindet sich im Magnetfeld nur ein vom Strom durchflossener Leiter geringerer Stärke, meist ein Wollastondraht mit einem Durchmesser von wenigen μ. Durch den Strom erfolgt eine Ablenkung, die mit dem Mikroskop beobachtet wird.

c) Beim *Drehspulen-Vibrationsgalvanometer* wird die scheinbare Verbreiterung des vom Wechselstrom durchflossenen schwingenden Leiters ebenfalls durch ein Mikroskop beobachtet. Das Gerät wurde zuerst von Campbell[3] in der Form eines Spulengalvanometers vorgeschlagen. Ein *Schleifen-Vibrationsgalvanometer* wurde von Duddel[4] sowie Schering und Schmidt[5] entwickelt. Es ist für Resonanzfrequenzen von einigen hundert bis tausend Hz ausgeführt.

d) Beim *Schleifengalvanometer*[6] ist eine Leiterschleife aus dünnem Draht mit wenig ausgeprägter Eigenschwingung im magnetischen Gleichfeld. Auf der Schleife ist ein Spiegel aufgekittet. Die Ablenkung des Lichtstrahles ist dem Strom proportional. Beim *Schleifenoszillograph* beobachtet man an einem, mit dem Wechselstrom synchron rotierenden Spiegel den Verlauf der Strom-, bzw. Spannungskurve s. X. dieses Abschnittes.

e) Drehspulenmeßgeräte werden in Verbindung mit Gleichrichtern und Thermoumformern auch zur Wechselstrommessung verwendet (s. 8 und 9).

---

1 Roth, H.: ATM 727—1 (1933).

2 Einthoven, W.: Ann. Phys. **12**, 1059 (1903).

3 Campbell, A.: Proc. Phys. Roy. Soc. **20**, 626 (1907). — Forster, R.: ETZ **35**, 146 (1914).

4 Duddel, W.: Phil. Mag. **18**, 168 (1909), Proc. Phys. Soc. **21**, 774 (1909).

5 Schering, H. u. H. Schmidt: Arch. Elektrot. **1**, 254 (1913).

6 Mechau, R.: Phys. Z. **24**. 242 (1923).

2. Meßgeräte nach dem Drehmagnetprinzip

Im Gegensatz zum Drehspulsystem ist bei diesen Meßgeräten die vom Meßstrom durchflossene Spule fest und das als Nadel geformte Magnetsystem beweglich. Ältere Ausführungen sind die bekannte *Tangentenbussole* und der mit astatischem Nadelsystem versehene *Multiplikator*. In der Praxis werden die Meßgeräte heute nur als kleine Tascheninstrumente für Gleichstrom gebaut.

Für Wechselstromnullmessungen ist das Meßprinzip als *Nadelvibrationsgalvanometer*[1] für Frequenzen bis zu einigen hundert Hz in Verwendung. Es entstehen Torsionsschwingungen einer Saite. Die Empfindlichkeit beträgt bei Spiegelablesung bis 10^9 mm/A.

3. Meßgeräte nach dem Dreheisenprinzip

Es sind Meßgeräte, die für Gleich- und Wechselstrom verwendbar sind. Beim *Rundspulmeßgerät* befinden sich im Innern der vom Meßstrom durchflossenen Spule zwei Weicheisenblättchen, die gleichartig magnetisch werden und einander daher abstoßen. Eines ist beweglich und betätigt das Zeigersystem. Beim *Flachspulmeßgerät* wird ein bewegliches Weicheisenblättchen durch den in der Spule fließenden Meßstrom mehr oder weniger stark in diese hineingezogen. Die wirksamen Drehmomente beider Instrumente lassen sich berechnen[2]. Der Ausschlag ist im wesentlichen dem Quadrat des zu messenden Stromes proportional.

Die Meßgeräte sind für Frequenzen bis 1000 Hz in Verwendung. Infolge des induktiven Widerstandes können Neben- und Vorwiderstände nur bei niederen Frequenzen angeschlossen werden. Als Strommesser werden sie für Bereiche von etwa 100 mA bis einige hundert Ampere Vollausschlag, als Spannungsmesser für 5 V bis mehrere tausend V gebaut. Die hohen Spannungswerte mißt man allerdings nur unter Benützung von Vorwiderständen oder Spannungswandlern.

4. Meßgeräte nach dem elektrodynamischen Prinzip[3]

Sie haben mindestens eine feststehende und eine bewegliche Spule. Beide sind vom Meßstrom durchflossen. Es gibt eisenlose und eisengeschlossene Meßwerke[4]. Letztere besitzen größeres Drehmoment und besseren Schutz gegen Fremdfelder, haben aber geringere Genauigkeit. Die Geräte werden als Strom, -Spannungs- und Leistungsmesser gebaut. Der Einfluß fremder magnetischer Felder ist bedeutend, weshalb die Systeme vielfach magnetisch abgeschirmt werden. (Bei abgeschirmten Geräten kann der Fremdfeldeinfluß auf weniger als 2 Promille je Gauß

---

[1] Schering, H. u. H. Schmidt: Z. Instrkde. **38**, 1 (1918), **39**, 140 (1919).

[2] Drysdale u. Jolley: El. Meas. Instr. Bd. 1, S. 276 (1924).

[3] Keinath, G.: Die Technik el. Meßgeräte (1921).

[4] Behn-Eschenburg Jahrb. d. Schweiz. Elektrot. Ver. **8**, 43 (1897). — Dolivo-Dobrowolsky, M.: ETZ **33**, 1924 (1912); **34**, 113 (1913). — Zwierina, O.: E. u. M. **53**, H. 50 (1935).

herabgedrückt werden. Bei nicht abgeschirmten Geräten erzielt man eine Besserung durch astatische Meßwerke.) Die Meßgeräte können mit einer Toleranz von 0,1% gebaut werden.

Bei *Strommessern* für kleine Stromstärken, etwa unter 1 A, werden die feste und die bewegliche Spule in Reihe geschaltet. Bei großen Stromstärken erhält letztere einen Nebenschluß. Es werden Strommesser für 30 mA bis 10 A Vollausschlag erzeugt; bei größeren Stromstärken werden in der Regel Stromwandler benützt. Die größte Frequenz liegt meist bei 1000 Hz. Sie ist durch den hohen induktiven Widerstand, der beträchtliche Spannungsabfälle verursacht, begrenzt. Dennoch zeigt das Meßgerät richtig. Durch Reihenschalten von bestimmten Kapazitäten für verschiedene Frequenzbereiche läßt sich die Grenzfrequenz bedeutend erhöhen. Ein Meßfehler tritt erst bei Frequenzen auf, bei denen der Nebenschluß der Wicklungskapazität eine Rolle spielt. Der Meßfehler Δ ist gegeben durch

$$\Delta = \omega^2 L_s C_s, \qquad (2,\ 60)$$

wenn L_s die Induktivität und C_s die Kapazität der Wicklung ist.

Bei *Spannungsmessern* werden beide Spulen hintereinandergeschaltet. Es werden Geräte für einige V bis mehrere tausend V erzeugt. Der Stromverbrauch für die kleinen Spannungsbereiche ist hoch, er liegt meist bei 100 mA. Die Meßgeräte erhalten einen Vorschaltwiderstand R_v. Der Meßfehler ist um so kleiner, je größer der Vorschaltwiderstand im Vergleich zum induktiven Widerstand ωL_s ist. Es ist annähernd

$$\Delta = \frac{1}{2} \frac{\omega^2 L_s^2}{R_v^2}. \qquad (2,\ 61)$$

Er nimmt somit bei einem bestimmten Meßwerk mit zunehmendem Meßbereich ab. Bei kleinem Meßbereich (unter 15 V) erreicht man nur wenige hundert Hz, bei 150 V bereits etwa 5 kHz. Durch Parallelschalten eines Kondensators zum Vorwiderstand kann der Fehler verkleinert werden[1].

Bei *Leistungsmessern* fließt ein der Spannung proportionaler Strom durch die drehbare, der Meßstrom selbst durch die feste Spule. Der kleinste Strombereich liegt bei etwa 0,1 A, der kleinste Spannungsbereich bei etwa 0,5 V.

Das elektrodynamische Meßgerät kann auch als *Kreuzspulgerät* ausgeführt werden[2].

Beim *Induktionsdynamometer* wirkt das Wechselfeld auf eine kurzgeschlossene bewegliche Leiterschleife[3].

Elektrodynamische Meßgeräte finden auch Anwendung als Phasenwinkelmesser, Quotientenmesser, Frequenzmesser sowie Kapazitätsmesser.

---

1 Rohde, L., K. Küpfmüller u. A. Kraus: ATM J 741—11.

2 Skirl, W.: Meßgeräte u. Schaltungen für Wechselstrom-Leistungsmessung (1923).

3 Papalexi, N.: Ann. Phys. **14**, 756 (1904). — Keinath, G.: ETZ **37**, 271 (1916).

5. Meßgeräte nach dem Induktionsprinzip[1]

Zu ihnen gehören alle Meßgeräte, bei denen der Meßstrom, der durch eine Spule fließt, in einem anderen Leiterkreis einen Strom induziert, so daß ein Drehmoment zustande kommt, das dem Zeigersystem übertragen wird. In Verwendung stehen vor allem zwei Typen: Bei der *Scheibentype* wirkt das räumlich und zeitlich um 90^0 phasenverschobene Feld zweier Spulen als Drehfeld auf eine Aluminiumscheibe[2]. Bei der *Zylindertype* wird in gleicher Weise auf einem Aluminiumzylinder ein Drehmoment erzeugt[3]. Die Geräte können als Spannungs-, Strom- und Leistungsmesser für Wechselstrom verwendet werden.

Das Drehmoment bestimmt sich zu

$$M = \text{konst.}\, J_1 \cdot J_2 \sin \varphi. \tag{2, 62}$$

J_1, bzw. J_2 sind die Stromstärken in den beiden Spulen und φ ist der Phasenwinkel beider Ströme.

Das Drehmoment ist indes frequenzabhängig, denn die im Wirbelstromkörper induzierte Spannung ist proportional der Frequenz. Bei niederen Frequenzen stellt der Leiter einen rein Ohmschen Widerstand dar. Mit zunehmender Frequenz steigt aber die induktive Komponente. Da das Drehmoment proportional dem Quadrat des Stromes ist, nimmt das Drehmoment zunächst etwa proportional dem Quadrat der Frequenz zu, mit weiter ansteigender Frequenz wird der Anstieg aber immer geringer, bei sehr hohen Frequenzen ist das Drehmoment nahezu frequenzunabhängig.

Die Meßgeräte sind jedoch ihrer geringen Empfindlichkeit wegen verhältnismäßig wenig in Verwendung.

Über ein Gerät für sehr hohe Frequenzen s. fünfter Abschn., I.

6. Elektrostatische Meßgeräte[4]

Sie bestehen aus mindestens einer festen und einer beweglichen Elektrode, zwischen denen infolge elektrischer Ladungen Kräfte wirksam werden. Hiedurch ändert sich entweder der Abstand zwischen den Elektroden oder (wie beim Multizellularvoltmeter) die wirksame Fläche zwischen den Elektroden. In jedem Fall erhöht sich mit zunehmendem Ausschlag die Kapazität.

Die meisten Typen eignen sich für Gleich- und Wechselspannungsmessungen, insbesondere auch für Hochfrequenz. Es wird nur Blindstrom verbraucht. Im folgenden seien nur die wichtigsten Typen angeführt.

a) Absolutes Elektrometer. Das Elektrostatische Meßprinzip eignet sich zur absoluten Spannungsmessung. Es zeigt die Bauart eines Schutzringkondensators, s. Abb. 50. Zwischen der Platte A und B tritt die Kraft

$$F = \frac{\varepsilon\, A\, U^2}{8\, a^2} \tag{2, 63}$$

auf. F ist die Kraft, A die Plattenfläche, a der Abstand, ε die Dielektri-

---

[1] Bubert, J.: ATM J 751—1 (1949).

[2] Benischke, G.: ETZ **20**, 82 (1899).

[3] ETZ **22**, 657 (1901).

[4] Palm, A.: ATM J 762—1 (1935).

zitätskonstante (für Luft $\varepsilon = 0{,}0859 \cdot 10^{-12}$ AsV^{-1}cm^{-1}). Die Kraft wird mit Hilfe einer Wägung bestimmt.

b) Quadrantenelektrometer[1]**.** Eine lemniskatenähnlich geformte Nadel befindet sich in einer durch Schlitze in vier Quadranten geteilten zylindrischen Dose. Die Nadel ist durch Aufhängen mittels eines überaus dünnen Drahtes (Wollastondraht von 7 bis 3 μ) um ihre Achse horizontal drehbar gelagert. Sie trägt einen Spiegel zur Ablesung des Ausschlages. Abb. 78 *c* zeigt die prinzipielle Wirkungsweise. Die Empfindlichkeit des Instrumentes ist groß[2]. Sie erreicht 10^4 mm/V, die Kapazität beträgt 20 bis 80 pF. Der Ausschlag α berechnet sich zu[3]

$$\alpha = a\,(U_1 - U_2)\left[U_N - \frac{1}{2}(U_1 + U_2)\right]. \qquad (2,\ 64)$$

Hierbei sind U_N die Nadelspannung, U_1 und U_2 die Spannungen des Quadrantensystems, und a eine Konstante, die der Direktionskraft verkehrt proportional ist.

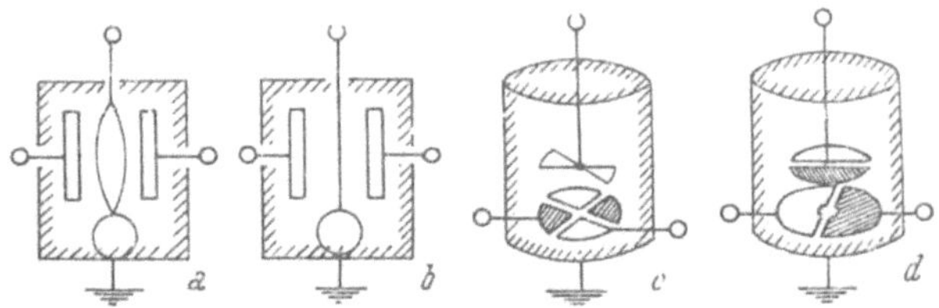

Abb. 78. Elektrostatische Meßgeräte. *a* Zweifadenelektrometer, *b* Einfadenelektrometer, *c* Quadrantenelektrometer, (geschlitzte Dose durch vier Kreissektoren angedeutet) *d* Binantenelektrometer

c) Binantenelektrometer[4]**.** Bei diesem befindet sich eine zweiteilige Nadel in einem zweiteiligen zylindrischen metallischen Gehäuse (s. Abb. 78 *d*); die Empfindlichkeit beträgt einige 1000 mm/V. Das Binantenelektrometer wird für mittlere Spannungen auch als Zeigerinstrument gebaut[5].

d) Wulfsches Zweifadenelektrometer (s. Abb. 78 *a*)[6]. Zwei platinierte oder versilberte Quarzfäden, die oben und unten miteinander verbunden sind, sind oben zu einer Elektrode geführt und unten an einem Quarzbügel federnd befestigt. Umgeben wird er von einer Zylinderelektrode. Die zu messende Spannung liegt zwischen dieser und den Quarzfäden. Dadurch werden sie auseinandergebogen. Die Beobachtung erfolgt mittels Mikroskop. Der Ausschlag ist proportional der Spannung, es sind Spannungen von 0,1 Volt bereits ablesbar.

---

[1] Orlich, E.: ETZ **30**, 435 (1909); Z. Instrkde. **23**, 97 (1903). —Dolezalek, F.: Z. Instrkde **21**, 345 (1901). — Ann. Phys. **26**, 312 (1908).

[2] Mully, C.: Phys. Z. **8**, 246, 527 (1907). — **10**, 251 (1909). — **26**, 352 (1925).

[3] Maxwell, J. C.: Lehrb. d. El. u. d. Magn. Bd. 1, S. 347 (1883).

[4] Dolezalek, F.: Ann. Phys. **26**, 312 (1908).

[5] Dolezalek, F.: Z. f. Instrkde. 1906, S. 292.

[6] Wulf, T.: Phys. Z. **8**, 246, 527 (1907) —**10**, 251 (1909) — **26**, 352 (1925).

e) Wulfsches Einfadenelektrometer (s. Abb. 78 *b*)[1]. Es ist ein platinierter oder versilberter Quarzfaden von der Elektrode zum Quarzbügel geführt. Zu beiden Seiten befinden sich je eine Metallelektrode, zwischen denen die Meßspannung liegt. Die Bewegung des Fadens zwischen den beiden Elektroden wird ebenfalls durch das Mikroskop beobachtet. Man erreicht einen Ausschlag von 1 mm bei einigen mV. Die Kapazität zwischen den beiden Elektroden beträgt wenige pF. Die Empfindlichkeit kann durch Einstellung und Ladung der Hilfselektroden geändert werden[2].

f) Elektrostatische Zeigerinstrumente. Solche dienen insbesondere zur Messung hoher Spannungen[3]. Meist ist eine rechteckförmige bewegliche Aluminiumplatte einer ebensolchen festen Platte gegenüber gelegen. Es werden Geräte für einige kV bis einige hundert kV gebaut. Zur weiteren Erhöhung des Meßbereiches werden meist Kondensatoren in Reihe geschaltet[4]. Es können Spannungen bei Frequenzen bis 10^7 Hz gemessen werden. Es ist $R_i > 10^{11}\,\Omega$. Zur Messung mittlerer Spannungen verwendet man das Multizellularvoltmeter, s. Abb. 79. Zur Erhöhung der Spannungsempfindlichkeit wird die Kapazität des Meßgerätes durch eine dem Drehkondensator ähnliche Form erhöht. Durch Begrenzungslinien der Platten von der Form einer hyperbolischen Spirale gelingt eine nahezu geradlinige Skalenteilung[5].

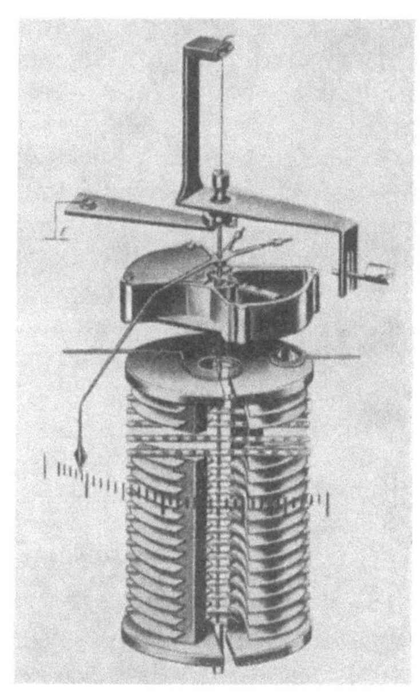

Abb. 79. Multizellularvoltmeter (Hartmann u. Braun)

Ein Laboratoriumsmeßgerät zur Messung niedriger Spannungen wurde von Hartmann und Braun hergestellt. Es ist ein Lichtzeigerinstrument für 20 Volt Endausschlag und einer Kapazität von 10 pF. Es ist für Frequenzen bis 10^8 Hz brauchbar.

Zum Nachweis elektrischer Spannungen zwischen 70 bis 800 V wurde ein nach dem Halbleitereffekt von Johnson und Rahbeck arbeitendes Taschenelektroskop gebaut[6].

---

[1] Wulf, T.: Phys. Z. 8, 246, 527, 780 (1907); **10**, 152, 251 (1909); **15**, 250 (1914).

[2] Lutz: Phys. Z. **24**, 166 (1923). — Kohlrausch, F.: Praktische Physik II, 135 (1943).

[3] Palm, A.: ETZ **22**, 873, 904 (1891).

[4] Palm, A.: Z. Fernmeldet. **2**, 20 (1921); Z. techn. Phys. **15**, 117 (1934).

[5] Palm, A.: Z. Fernmeldet. **2**, 201 (1921).

[6] Bercovitz, H.: Der Radio Amateur, Bln. 1925 H. 18.

7. Hitzdrahtinstrumente

Bei diesen verursacht der durch einen Leiter, dem sogenannten Hitzdraht fließende Strom eine Längenausdehnung, die durch ein Hebelsystem einem Zeiger übertragen wird. Der Ausschlag ist proportional dem Quadrat des Stromes. Es kann aber auch durch einen besonderen Übertragungsmechanismus — allerdings auf Kosten der Empfindlichkeit — eine lineare Skalenteilung ab 1/10 des Vollausschlages erreicht werden[1]. Die Toleranz der Hitzdrahtinstrumente kann bis auf 1% gebracht werden. Ein großer Nachteil ist die Empfindlichkeit gegen Überlastung. Die Geräte werden insbesondere als Strommesser, aber auch als Spannungsmesser und Leistungsmesser gebaut. Als Hitzdraht findet im allgemeinen Platin-Iridium Verwendung.

Strommesser werden für Meßbereiche von 50 mA bis einige 100 A gebaut[2], und zwar für Stromstärken bis etwa 0,5 A mit einfachem Hitzdraht oder -band, für größere Stromstärken werden mehrere Hitzbänder parallelgeschaltet, die in der Form eines Zylindermantels angeordnet sind (*Trommelausführung*). Der Meßbereich kann auch durch Stromwandler erhöht werden[3]. Hitzdrahtstrommesser können im allgemeinen bis zu Frequenzen von 10^5 Hz verwendet werden, solche für niedrige Stromstärken sogar bei noch höheren. Der Leistungsverbrauch ist bei kleineren Bereichen rund 1 Watt.

Spannungsmesser sind für 3 V bis einige tausend V in Verwendung. Die höheren Spannungsbereiche erfordern Vorschaltwiderstände, deshalb ist auch die obere Frequenzgrenze niedriger als bei Strommessung, etwa 10^4 bis 10^5 Hz.

Ein Hitzdrahtleistungsmesser wurde von Bauch und Stechel konstruiert[4], s. dritter Abschnitt, IV.

8. Meßgeräte mit Thermoumformer[5]

Der Thermoumformer besteht aus einem Heizdraht, der von dem zu messenden Strom durchflossen wird; dieser heizt ein Thermoelement, dessen Spannung von einem Drehspulinstrument gemessen wird. Die große Empfindlichkeit der Drehspulmeßgeräte bedingt, daß trotz der großen Verluste, die die Thermoumformung verursacht, die Empfindlichkeit die der Hitzdrahtinstrumente wesentlich übersteigt.

Verschiedene Arten von Thermoumformern zeigt Abb. 80. Die älteste Ausführungsform ist die des *Thermokreuzes*, s. Abb. 80 *a*. Der Wechselstrom fließt über die Berührungsstelle zweier verschiedener Drähte. Es werden Platin-Platinrhodium und Eisen-Konstantan verwendet. Die Thermokreuze dienen in der Regel nur zur Umformung niedriger Ströme

---

[1] Keinath, G.: Die Techn. el. Meßger. 3. Aufl. Bd. 1, S. 223 (1928).

[2] Hartmann-Kempf R.: ETZ **31**, 269 (1910); ETZ **32**, 1134 (1911).

[3] Lindemann, R.: Z. Instrkde. **35**, 143 (1915); Jb. d. drahtl. T. **11**, 62 (1917).

[4] Bauch, R.: ETZ **24**, 530 (1903).

[5] Schäfer, A.: Z. Instrkde **25**, 133 (1905) — Brandes, H.: Phys. Z. **6**, 503 (1905). — Voege, ETZ **27**, 467 (1906) — Bercovitz, D.: ETZ **46**, 848 (1925).

(unter 100 mA). Größere Empfindlichkeit wird erreicht, wenn das Thermokreuz sich im Vakuum oder einem mit etwa 0,1 mm Wasserstoff gefüllten Glasgefäß befindet.

Neuere Thermoumformer bestehen aus einem Heizfaden aus Konstantan, der in der Mitte von der Schweißstelle eines Thermoelementes aus Eisen-Konstantan berührt wird. In letzter Zeit werden auch Thermoumformer hergestellt, bei denen Heizdraht und Thermoelement durch eine kleine Glasperle elektrisch isoliert verbunden sind. Hiedurch werden die Anzeigefehler verringert, die dadurch entstehen, daß bei hohen Frequenzen auf kapazitivem Wege Ströme über das Meßsystem zum Heizdraht fließen. Die Trennung zwischen Heizdraht und Thermoelement muß daher über eine möglichst kleine Kapazität erfolgen, wozu eben die Glasperle dient. Bei hohen Frequenzen treten auch Anzeigefehler infolge des Skineffektes auf.

Abb. 80. Thermoumformer. *a* Thermokreuz, *b* Thermoumformer mit direkter Heizung, *c* Thermoumformer mit Glasperle

Der Ausschlag ist dem Quadrat des Stromes proportional. Der Eigenverbrauch liegt bei 10^{-6} bis 10^{-3} Watt, bei größeren Stromstärken höher. Die Instrumente erreichen eine Toleranz von 1,5%.

Es werden Strommesser für Meßbereiche von 1 mA bis 100 mA mit Vakuumthermoelementen hergestellt, für Werte bis 10 A mit Luftthermoelementen. Die größte Meßfrequenz liegt bei Stromwerten von etwa 40 mA [1]. Bei größeren Stromstärken nimmt sie zufolge des Skineffektes und bei kleineren zufolge der Nebenschlußkapazität ab.

Zur Erweiterung des Meßbereiches werden vielfach Stromwandler verwendet. Es können Meßbereiche bis zu mehreren hundert Ampere mit einem Frequenzbereich von 10^3 bis etwa 10^7 Hz [2] erzielt werden.

Spannungsmesser werden für Spannungen bis herunter zu ungefähr 1 V mit 1000 Ohm/V und hinauf bis etwa 1000 V gebaut. Es sind dann Vorwiderstände notwendig, wofür meist Kohlewiderstände verwendet werden. Die obere Frequenzgrenze liegt bei etwa 10^5 Hz. Sie ist durch das Auftreten der Leitungsinduktivität und eines kapazitiven Nebenschlusses beim Widerstandsdraht, insbesondere aber beim Vorschaltwiderstand bedingt, vgl. zweiter Abschn. V, A, 1.

Thermische Meßgeräte werden auch in Brückenschaltung unter Ausnützung der Temperaturabhängigkeit von Widerständen (Bolometer) gebaut, s. dritter Abschn., II und III.

---

[1] Wechsung, H.: ETZ **72**, 255 (1951).
[2] ETZ **71**, 221 (1950).

9. Gleichrichterinstrumente[1]

Der zu messende Wechselstrom wird durch Gleichrichtung mit Hilfe eines Trockengleichrichters in Gleichstrom umgewandelt. Die Meßgeräte dienen zur Strom-, wie Spannungsmessung. Der Eigenverbrauch liegt meist unter 1 mW.

Die Meßgeräte zeigen eine geringe Temperaturabhängigkeit, die aber bei Spannungsmessern durch Reihenschaltung und bei Strommessern durch Parallelschalten eines Ohmschen Widerstandes verringert werden kann[2].

Der Frequenzbereich ist in der Regel mit 10 000 Hz begrenzt. Die Frequenzabhängigkeit ist insbesondere auf die Kapazität der Sperrschicht zurückzuführen[3]. Man verwendet, um sie gering zu halten, Gleichrichter mit großer Flächenbeanspruchung (rund 50 mA/cm^2). Durch Kunstschaltungen ist versucht worden, den Frequenzbereich zu erweitern. Die Genauigkeit beträgt etwa 1,5%. Da die Gleichrichterkennlinie nicht genau quadratische Form besitzt, entstehen Fehler durch Verzerrung der Kurvenform infolge Oberwellengehalt des zu messenden Stromes.

Für den Gleichrichter gibt es verschiedene Schaltungen[4]. In der Regel wird Zweiweggleichrichtung von der Form der Grätz-Schaltung bevorzugt. Zwei nebeneinanderliegende Gleichrichter können zweckmäßigerweise auch durch Widerstände ersetzt werden.

Es werden Strommesser für 0,1 mA bis 10 A gebaut. Die Meßbereich-Erweiterung geschieht bei kleineren Stromstärken durch Nebenwiderstände zu den Meßinstrumenten.

Spannungsmesser sind in Verwendung für Spannungen von 0,1 bis 1000 V. Zur Meßbereicherweiterung werden im allgemeinen Vorwiderstände verwendet. Mit abnehmender Stromstärke steigt der Wechselstromwiderstand des Gleichrichters. Deshalb und wegen der Kennlinienkrümmung ist im unteren Bereich kleiner Spannungswerte die Skala meist nicht linear.

Die Meßgeräte dienen hauptsächlich zur Messung technischer und tonfrequenter Wechselströme und Spannungen. Sie sind meist als Vielfachmeßgeräte gebaut und benützen das gleiche Instrument zur Spannungs-, wie Strommessung. Viele Meßgeräte gestatten auch unter Ausschaltung des Gleichrichters und Verwendung entsprechender Zusatzwiderstände die Messung von Gleichspannungen mit der gleichen oder einer anderen Skala.

10. Meßgeräte für besondere Zwecke

a) Quotientenmesser. Will man das Verhältnis von zwei Strömen durch ein Meßgerät anzeigen, so eignet sich dazu ein Instrument mit zwei Wick-

[1] Geffcken, H.: ATM J 82—1 (1936). — Walcher, T.: Das Trockengleichrichter-Vielfachmeßgerät, Wien: Springer-Verlag. 1950.

[2] Feldtkeller, R.: TFT **19**, 333 (1930).

[3] Horman, E.: Z. techn. Phys. **12**, 222 (1931) — Cremer, L.: Arch. Elektrot. **26**, 75 (1932) — Kaden, H.: ENT **9**, 175 (1932).

[4] Wolman, W. u. H. Kaden: Z. techn. Phys. **12**, 470 (1931).

lungen, deren Drehmomente einander entgegenwirken. Das Drehmoment der einen Wicklung sei proportional dem Ausschlag α

$$M_1 = \text{konst.}_1 \, J_1 \, \alpha; \tag{2, 65}$$

das der anderen ebenfalls, jedoch im umgekehrten Sinn:

$$M_2 = \text{konst.}_2 \, J_2 \, (\alpha_{max} - \alpha). \tag{2, 66}$$

Das Instrument hat keine Richtkraft, daher stellt es sich in jene Lage, bei der $M_1 - M_2 = 0$. Daraus erhält man bei Gleichheit der beiden Konstanten

$$\frac{J_1}{J_2} = \frac{\alpha_{max}}{\alpha} - 1. \tag{2, 67}$$

Man erhält somit einen einfachen Zusammenhang zwischen dem Ausschlag und dem Quotienten der beiden Ströme.

Man kann, wie Abb. 81 zeigt, zwei Dreheisensysteme hiezu verwenden. Ebenso eignet sich das

Abb. 81. Dreheisenquotientenmesser

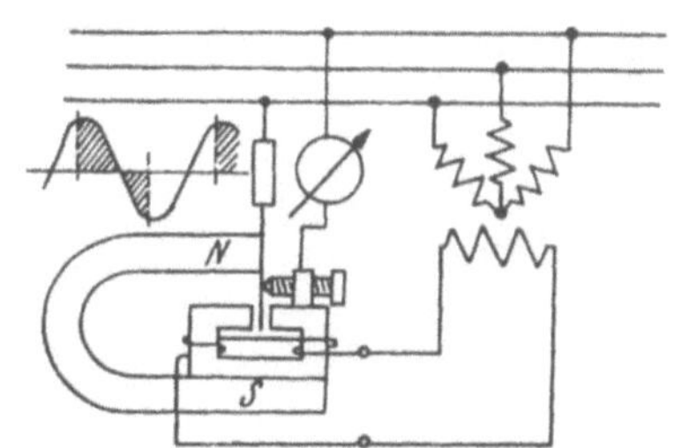

Abb. 82. Schwingkontaktgleichrichter

Kreuzspulinstrument in Drehspul- oder elektrodynamischer Ausführung. Auch das Induktionsinstrument kann hiezu benützt werden. Der Quotientenmesser läßt sich insbesonders als direkt zeigendes Ohmmeter verwenden.

b) Schwinggleichrichter[1]. Die mechanischen Gleichrichter sind heute so weit vervollkommnet, daß sie sich auch zu Meßzwecken eignen. Wird ein solcher Schwinggleichrichter von der zu untersuchenden Spannungsquelle gesteuert, so kann ein der Spannung proportionaler Gleichstrom von einem Drehspulinstrument angezeigt werden. Der Stromflußwinkel[2] ist im allgemeinen gleich einer Halbperiode, die Größe des Instrumentenausschlages hängt daher sehr von der Phasenlage der Kontaktgebung ab. Es ist

$$J_{Gl} = \frac{\sqrt{2}}{\pi} J_{eff} \cos\varphi. \tag{2, 68}$$

Meist erhält daher der Schwingkontaktgleichrichter eine einstellbare Phasenregeleinrichtung; die Schaltung und Wirkungsweise ist aus dem Prinzipschema der Abb. 82 ersichtlich. Die Einstellung der Phasenlage erfolgt hier mit Hilfe eines Drehtransformators. Der zu untersuchende Wechselstrom kann, wie dies Abb. 82 andeutet, in beliebiger Phasenlage unterbrochen werden.

---

[1] Pfannenmüller, H.: ATM Z 540—1 (1932). — Koppelmann, F.: E. u. M. **68**, 27 (1951).

[2] Einfg. S. 13.

X. Schreibende Meßgeräte

1. Der Tintenschreiber

Die Meßvorgänge werden mit Hilfe eines Zeigers, an dessen Ende eine Tintenfeder befestigt ist, auf einem sich langsam bewegenden Papierstreifen aufgezeichnet. Der Papierstreifen hat bei den älteren Geräten ein, entsprechend der Zeigerbewegung, gekrümmtes Koordinatensystem. Moderne Geräte gestatten jedoch mit Hilfe eines besonderen Mechanismus die Aufzeichnung auf geradlinigen Koordinaten[1].

Als Meßwerke werden Drehspul- und elektrodynamische Systeme verwendet. Es werden Spannungen, Ströme und Leistungen registriert. Ein Zeigersystem gestattet auch gleichzeitig eine Skalenablesung. Die Empfindlichkeit ist wesentlich geringer als die von Zeigerinstrumenten. Der Stromverbrauch von Voltmetern liegt in der Größenordnung von 10 bis 20 mA bei Vollausschlag.

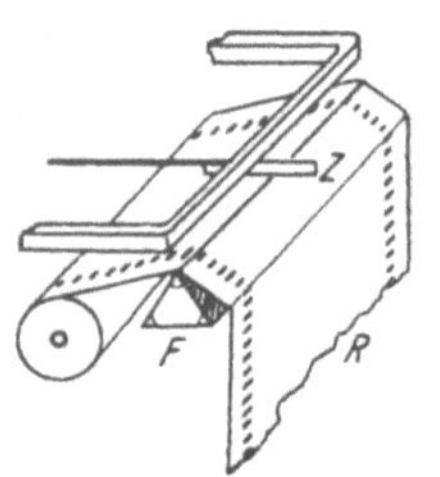

Abb. 83. Fallbügelschreiber

2. Der Fallbügelschreiber

Im Gegensatz zum Tintenschreiber ist das Zeigersystem *Z* (s. Abb. 83) frei beweglich, nur von Zeit zu Zeit, etwa alle Minuten oder öfter, wird es für einen Augenblick durch einen herabfallenden Bügel auf den vorbeibewegten, stark durchscheinenden Registrierstreifen *R* herabgedrückt; dieser ist über die Schreibkante geführt. Zwischen ihr und dem Papierstreifen ist ein Farbband *F* gespannt, das das Papier an der Stelle des Auftreffens der Schneide färbt. Das Farbband kann mehrfärbig sein und immer zwischen zwei Meßvorgängen durch Drehen eine andere Farbe auf die Kante führen. Es sind drei- bis sechsfärbige Farbbänder in Verwendung, die selbsttätig umgeschaltet werden, so daß sechs Meßvorgänge aufgezeichnet werden können. Die Bewegung des Registrierstreifens ist so langsam, daß die Meßpunkte sich zu einer Linie zusammenschließen.

3. Der Schleifenoszillograph[2]

Dieser arbeitet nach dem Drehspulprinzip. Eine vom Meßstrom durchflossene Schleife befindet sich in einem konstanten Magnetfeld. Sie trägt einen kleinen, von einem Lichtstrahl getroffenen Spiegel. Die Meßschleifen haben verschiedene Empfindlichkeiten und Eigenschwingungen, sie liegen zwischen 100 und 1000 mm/A und etwa 2000 bis 6000 Hz. Durch Öldämpfung versucht man die Frequenzkurve möglichst flach zu gestalten.

Die größte Eigenfrequenz von Oszillographenschleifen konnte bis auf 20 000 Hz [3] gesteigert werden. Doch läßt sich auch diese Schleife nur bis

---

1 Skirl, W.: Elektrische Messungen S. 409 (1928).

2 Blondel, C. R.: Acad. Sci. Paris 1893.

3 Curtis, A. S.: Bell. Syst. T.J. **12**, 76 (1933) — ATM V 365—2 (1933).

etwa 10 000 Hz verwenden. Durch Parallelschalten eines auf die Eigenfrequenz der Schleife abgestimmten elektrischen Reihenresonanzkreises konnte noch eine kleine Erweiterung des Frequenzbereiches erreicht werden[1].

Wichtig ist auch die Phasenlage der Oberwellen. Eine gute Wiedergabe von Einschwingvorgängen ist nur bei großer Dämpfung möglich.

Zur gleichzeitigen Aufzeichnung mehrerer Schwingungsvorgänge sind Oszillographen mit mehreren Meßschleifen (bis zu sechs) in Verwendung.

Die Aufzeichnung der Schwingungsvorgänge erfolgt mit Hilfe eines photographischen Filmes oder lichtempfindlichen Papieres, das sich mit gleichbleibender Geschwindigkeit vorbeibewegt. Eine unmittelbare Betrachtung der Schwingungsaufzeichnungen ist jedoch auch mit Hilfe eines Schwenkspiegels, Polygonspiegels oder einer archimedischen Spirale möglich[2].

4. Der Kathodenstrahloszillograph

Der Kathodenstrahloszillograph wird heute in der Regel dem Schleifenoszillographen vorgezogen. Er zeichnet sich durch größere Empfindlichkeit, die durch Anordnung von Verstärkern nahezu beliebig gesteigert werden kann, insbesondere aber durch seinen wesentlich größeren Frequenzbereich aus.

a) Die Kathodenstrahlröhre[3]. Sie wurde von Braun erstmalig beschrieben[4]. Moderne Kathodenstrahlröhren haben eine indirekt geheizte Kathode und meist zwei zueinander senkrecht stehende Ablenkplattensysteme. Seltener findet man magnetische Strahlablenkung.

Die Empfindlichkeit der elektrostatischen Ablenkung nimmt mit zunehmender Anodenspannung ab. Man rechnet bei 1000 Volt Anodenspannung mit etwa 0,1 mm je Volt Ablenkplattenspannung. Dagegen steigt die Schirmhelligkeit mit der Anodenspannung. Die Plattenströme liegen bei evakuierten Röhren in der Größe von 10^{-6} A. Es sind Ableitwiderstände von höchstens etwa 5 Megohm erforderlich.

Bei gasgefüllten Röhren lassen sich geringere Anodenspannungen verwenden und daher größere Ablenkempfindlichkeiten erzielen (etwa 1 mm je Volt) als bei Vakuumröhren, doch treten größere Plattenströme, und zwar in der Größe von etwa 10^{-4} A auf, die Ableitwiderstände müssen etwa 50 kOhm betragen.

Man findet für die Ablenkempfindlichkeit A_0 bei niederen Frequenzen:

$$A_0 = \frac{l_s l_p}{2\, d U_a}, \tag{2, 69}$$

wenn l_s der Abstand Mitte der Ablenkplatten zu Schirm und l_p die Länge der Ablenkplatten in Richtung der Elektronenbahn, d den Plattenabstand und U_a die Anodenspannung bedeuten.

---

[1] Irwin, J. T.: Oscillographs Lond. S. 91 (1925). — Brit. Pat. 111 885 (1916).
[2] Hornauer, W.: Z. f. Elektrot. 1905, 449.
[3] Einfg. S. 274.
[4] Braun, F.: Wied. Ann. Phys. **60**, 552 (1897).

Die Einwirkung des elektrischen Feldes auf den Elektronenstrahl ist an sich praktisch trägheitslos, doch entsteht ein Frequenzfehler bei hohen Frequenzen infolge der Laufzeit der Elektronen innerhalb der Ablenkplatten, sobald die Wellenlänge bis in die Größe der Plattenlänge gesunken ist. Man findet für die Empfindlichkeit bei der Frequenz ω [1]

$$A_\omega = A_0 \frac{\sin \alpha/2}{\alpha/2}; \qquad \alpha = 1{,}67 \cdot 10^{-8}\, \omega \frac{l_p}{\sqrt{U_a}}, \tag{2, 70}$$

wobei α der Laufzeitwinkel ist. Er ergibt sich aus der Frequenz ω, aus der Plattenlänge l_p in cm und der Anodenspannung U_a in Volt.

Unter Berücksichtigung von Gl. (2, 70) kann die Kathodenstrahlröhre bis in das Gebiet von dm-Wellen auch als Spannungsmeßgerät benützt werden. Bei einer Spezialröhre für 50 kV mit optischer Vergrößerung des Schirmbildes betrug die Verringerung der Ablenkempfindlichkeit bei 3000 MHz nur 4%, bei 10 000 MHz 40% [2].

Aus dem gleichen Grunde erhält man auch eine Phasenverschiebung zwischen der Einwirkung der beiden Plattensysteme. Es ist

$$\varphi = 1{,}67 \cdot 10^{-8}\, \omega \frac{l_d}{\sqrt{U_a}}, \tag{2, 71}$$

wenn l_d der Abstand der Mitte der beiden Plattensysteme ist. Der Phasenfehler läßt sich durch die in Abb. 84 gezeigte Anordnung des einen Ablenksystems symmetrisch zu beiden Seiten des zweiten beseitigen.

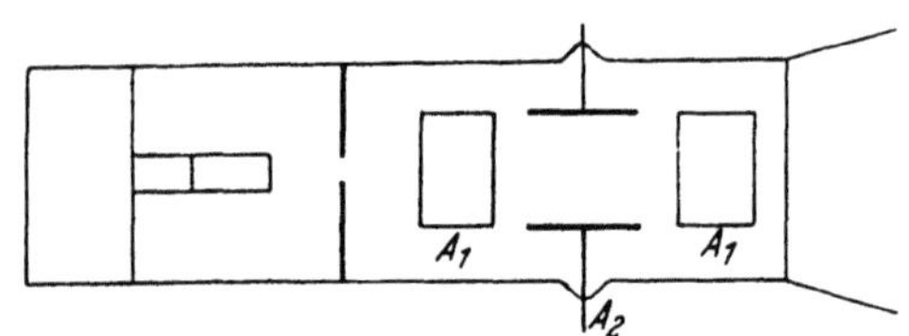

Abb. 84. Beseitigung des Phasenfehlers durch Doppelablenksystem

Zur Aufzeichnung von Frequenzen über 1000 MHz kann auch der *Wanderwellenröhren-Oszillograph* verwendet werden (s. fünfter Abschn., I,G).

Gasgefüllte Kathodenstrahlröhren zeigen bei kleinen Plattenspannungen eine geringere Empfindlichkeit (Nullpunktsanomalie)[3]. Sie ist auf eine Raumladung der Ionen zurückzuführen und hängt vom Füllgas ab, zeigt aber auch eine gewisse Frequenzabhängigkeit. Außerdem erhält man bei hohen Frequenzen eine Unschärfe der Aufzeichnung. Es empfiehlt sich Füllung mit leichtem Gas (Wasserstoff). Die brauchbare Wiedergabe reicht dann bis etwa 3 MHz [4].

Farbe und Nachleuchtezeit werden durch die Wahl des Schirmmaterials beeinflußt[5]. Es können verschiedene Schirmfarben erzeugt werden, für Meßzwecke werden im allgemeinen kurze Nachleuchtezeiten gewünscht.

---

[1] Hollmann, H. E.: Hochfrequenztechn. u. Elektroak. **40**, 97 (1932).

[2] Lee, G. M.: Electronics **19**, H. 2., S. 196 (1946).

[3] Bedell, F. u. J. Kuhn: Phys. Rev. **36**, 993 (1930).

[4] Ardenne, M. v.: Hochfrequenztechn. u. Elektroak. **39**, 20 (1932).

[5] Schleede, A.: Z. angew. Chemie **48**, 276 (1935). — Schleede, A. u. B. Bartels: Telefunken Hausmitt. **20**, 100 (1939).

Bevorzugt wird in der Regel Blau oder ein kurz nachleuchtendes Grün, das man durch eine ZnS-Cu-Ni-Schicht erhält[1].

In neuerer Zeit werden auch Kathodenstrahlröhren mit Zweischichten-Schirmen hergestellt[2], die z. B. bei weißer Leuchtfarbe eine kurze Nachleuchtezeit und bei grünlich gelber Farbe eine lange Nachleuchtezeit aufweisen. Durch Verwendung von Leuchtfiltern kann die eine oder die andere Aufzeichnung verdeckt werden.

Die Helligkeit der Aufzeichnung ist durch die Anodenspannung und den Elektronenstrom bedingt. Sie bestimmt auch die Schreibgeschwindigkeit für einmalige Vorgänge. Man erhält meist mehrere km/s, Spezialröhren erreichen bis zu 20 000 km/s [3].

Besonders große Schreibgeschwindigkeiten lassen sich mit dem Mikrooszillographen[4] erzielen (etwa 100-fach), dessen Elektroden besonders kleine Abmessungen aufweisen. Die Amplituden werden in der Regel auf einem photographischen Film aufgezeichnet. Ein weiterer Vorteil ist Verringerung der Laufzeitwirkung. Er eignet sich daher auch zur Aufzeichnung von sehr kurzen Wellen. Die kleinen Abmessungen ermöglichen die Unterbringung eines Vielfachsystems bei einer Kathode; von Ardenne wird ein 6-fach Mikroelektronenoszillograph angegeben[5].

Um mehrere Schwingungsvorgänge gleichzeitig beobachten zu können, werden auch Doppel-[6] und Mehrfachoszillographenröhren[7] gebaut. Sie enthalten zwei bis vier Kathoden und ebenso viele Paare von Ablenkplattensystemen. Mit Hilfe eines Elektronenschalters gelingt jedoch auch die Darstellung von zwei Schwingungsvorgängen mit einem System. Beides kann kombiniert werden. Mit einer Zweistrahlröhre können dann vier Vorgänge aufgezeichnet werden[8].

Die Konzentration des Kathodenstrahles erreicht man bei gasgefüllten Röhren durch das Gas selbst. Die erhaltenen Stoßelektronen bilden eine Art negative Raumladung um den primären Kathodenstrahl, die diesen wie ein Schlauch einhüllen[9].

Bei Vakuumröhren erfolgt die Konzentration des Kathodenstrahles vorwiegend durch den Wehneltzylinder und durch Linsensysteme.

Für die Aufzeichnung elektrischer Schwingungen stehen folgende Möglichkeiten zur Verfügung:

a) Sinusoidalspannungsablenkung. Während die zu untersuchende Schwingung an das sogenannte Meßplattensystem gelegt wird, erhält das Zeitablenkungs-Plattenpaar eine sinusförmige Wechselspannung, deren

[1] Krüger, F. A.: Philips techn. Rdsch. **9**, 217 (1947).

[2] Electronics **23**, H. 11, S. 232 (1950).

[3] Wireless World **55**, 182 (1949).

[4] Ardenne, M. v.: Hochfrequenztechn. u. Elektroak. **54**, 181 (1939).

[5] Ardenne, M. v.: Hochfrequenztechn. u. Elektroak. **58**, 156 (1941).

[6] Ardenne, M. v.: ATM J 834—17 (1936). — Hallpike, C. S.: J. Sci. Instr. **13**, 92 (1936).

[7] Knoll, M.: ETZ **53**, 1101 (1932). — Ardenne, M. v.: ATM J. 834—18 (1937). — Kasai, K. u. I. Satoh: Arch. Elektrot. **31**, 551 (1937).

[8] Klein, E.: D. Elektron in W. u. T. **5**, 66 (1951).

[9] Brüche, E.: Forschung u. Technik S. 30 (1930).

Frequenz gleich der Grundwelle der zu untersuchenden Schwingung ist oder einen ganzzahligen Bruchteil derselben beträgt. Man erhält dann Lissajous-Figuren, aus denen sich das Frequenzverhältnis und bis zu einem gewissen Grad auch die Oberwelligkeit der zu untersuchenden Schwingung bestimmen läßt.

β) Zeitproportionale Ablenkung. An das Zeitablenkungsplattenpaar wird eine Spannung von sägezahnförmigem zeitlichen Verlauf, eine sogenannte Kippspannung gelegt. Dadurch erhält man eine zeitproportionale Ablenkung, die, wenn die Kippfrequenz gleich der zu messenden Frequenz ist oder einen ganzzahligen Bruchteil derselben ausmacht, eine direkte Betrachtung des Schwingungsverlaufes gestattet. Sie kann eine Frequenz bis zu etwa 100 MHz aufweisen. Größere Ablenkfrequenzen bedingen eine unregelmäßige Synchronisierung (keine stehenden Bilder).

Die Schaltung eines Kippgerätes mit gasgefüllten Röhren ist in Abb. 19 gezeigt.

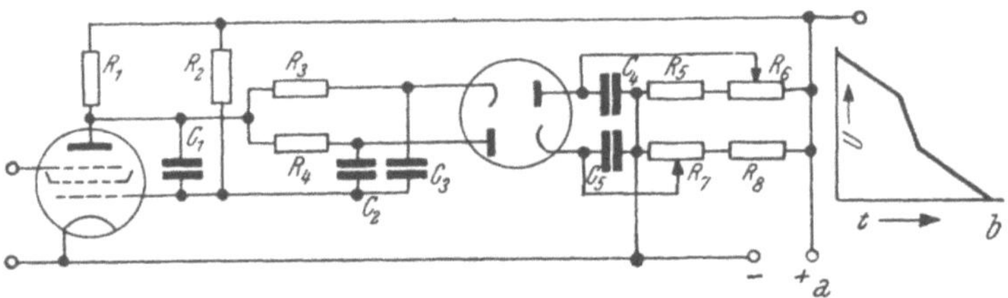

Abb. 85. Zeitbasiskompression. *a* Schaltung, $R_1 = 50$ kOhm, $R_2 = 3$ Megohm, R_3, $R_4 = 100$ kOhm, C_1 und C_2 durch Ablenkgeschwindigkeit bestimmt, $R_5 + R_6 = R_7 + R_8 = 100$ kOhm, C_4, $C_5 = 5\,\mu$F, *b* zeitlicher Spannungsverlauf

In manchen Fällen ist es erwünscht, die Ablenkgeschwindigkeit an einer bestimmten Stelle der Zeitablenkung zu erhöhen. Man erhält dann eine Vergrößerung der Kathodenstrahlaufzeichnung in horizontaler Achsenrichtung, z. B. zur besseren Darstellung von Impulsen. Abb. 85 zeigt eine solche „*Zeitbasiskompressorschaltung*"[1].

Sie stellt im wesentlichen den sogenannten *Miller-Integrator*[2] dar. An den Eingangskreis wird eine von einem *Multivibrator* erzeugte Rechteckspannung gelegt. Diese wird durch den Miller-Integrator in eine Sägezahnspannung verwandelt, wobei für die Geschwindigkeit des Ladungsausgleiches im wesentlichen R_2 und C_1 maßgebend sind. Ihre Wirkung wird aber durch die beiden Diodenkreise beeinflußt, wodurch der in Abb. 85 gezeigte zeitliche Spannungsverlauf zustande kommt.

In entsprechender Weise können auch *Expanderschaltungen* hergestellt werden.

Zur Darstellung sehr schneller einmaliger Vorgänge eignet sich auch eine Aufzeichnung, für die drei Ablenksysteme erforderlich sind[3]. Eines

[1] Mackay, D. M.: Electronic Engrg. **22**, 284 (1950).

[2] Briggs, H.: Electronic Engrg. **20**, 243 (1948).

[3] Dufour, A.: Compt. Rend. **158**, 1330 (1914). — McEachron, K. B. u. E. I. Wade: Trans. A.I.E.E. **44**, 832 (1925).

davon kann z. B. durch eine außen angebrachte Spule erhalten werden, so daß gewöhnliche Kathodenstrahlröhren verwendet werden können. Dieses Ablenksystem bewirkt beispielsweise einen Kippvorgang in vertikaler Richtung. Das Horizontal-Ablenksystem erhält eine Wechselspannung mit einem ganzzahligen Vielfachen der Kippfrequenz. Man erhält dann eine dem Fernsehen ähnliche zeilenförmige Aufzeichnung mit nicht zu kleinem Zeilenabstand durch den Kathodenstrahl. Die zu untersuchende Wechselspannung wird nun dem Vertikalsystem der Kathodenstrahlröhre zugeführt und ergibt bei sehr kurzer Dauer einen dieser Zickzackbewegung an irgend einer Stelle überlagerten Schwingungszug. Seine Lage bestimmt sich aus dem Zeitpunkt des Schwingungseinsatzes. Die Art der Darstellung gestattet die Beobachtung mehrerer Schwingungszüge auf der Kathodenstrahlröhre.

γ) *Kreisaufzeichnung mit Intensitätssteuerung.* Für manche Zwecke, wie Frequenz- und Phasenvergleich, wünscht man eine Intensitätssteuerung eines gleichmäßig umlaufenden Kathodenstrahles. Man erreicht dies dadurch, daß man an die beiden Ablenkplattensysteme zwei gleich große um 90^0 phasenverschobene Wechselspannungen anlegt, so daß der Kathodenstrahl am Schirm eine Kreisbahn durchläuft. Die zu untersuchende Schwingung wird zur Intensitätssteuerung des Kathodenstrahles verwendet; dazu eignet sich der Wehnelt-Zylinder[1] oder eine Steuerung mittels Lochscheibe[2].

δ) *Kreisaufzeichnung mit Amplitudensteuerung.* Will man die Schwingungen auf der Kreisbahn aufzeichnen, so kann dies mit einem eigenen Rohr mit Polarkoordinatenablenkung geschehen (s. Abb. 86). Der Kathodenstrahl wird bei diesem durch die zwei Plattensysteme oder durch magnetische Ablenkung in eine Kreisbahn gezwungen. Zur Amplitudensteuerung dient eine Anordnung von zwei konzentrischen Kegelmantelflächen (M_1, M_2), zwischen denen der Kathodenstrahl bei seiner Kreisaufzeichnung läuft[3]. Besonders, wenn die Frequenz der zu untersuchenden Schwingung wesentlich größer als die Umlauffrequenz des Kathodenstrahles ist, erhält man deutlich erkennbare Schwingungsaufzeichnungen. Sie eignen sich besonders für Schwingungsvorgänge in nicht periodischer Folge oder Impulse.

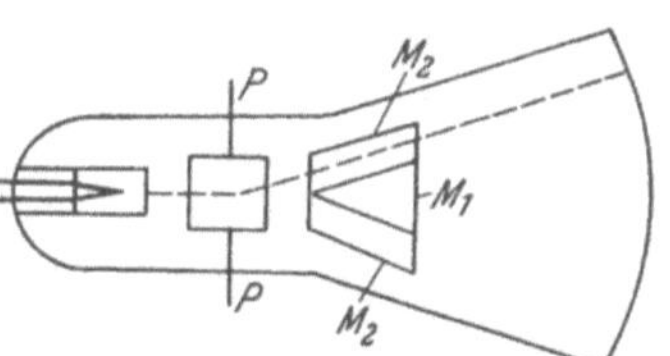

Abb. 86. Kathodenstrahlröhre mit Kreisablenkung

ε) *Zeitmarken.* Die Zeitablenkung kann nicht in Zeiteinheiten geeicht sein, dennoch ist es in vielen Fällen erwünscht, auch den genauen Zeitablauf der Oszillographenaufzeichnung zu kennen. Dies kann durch Anbringen bestimmter Zeitmarken geschehen[4]. Sie werden in einfacher

[1] Westphal, W.: Verh. dtsch. Phys. Ges. **10**, 405 (1908).
[2] Jones, L. T. u. H. G. Tosker: J. Opt. Soc. Am. **9**, 471 (1924).
[3] Ardenne, M. v.: Z. f. techn. Phys. **17**, H. 12 (1936).
[4] Electronics **23**, H. 11, S. 217 (1950).

Weise mit Hilfe einer Zusatzspannung von Impulsform mit einer mittleren Impulsdauer von ein Drittel einer Periode und einer Spitzenspannung von etwa 30 Volt erzeugt. Die geeichte Frequenz richtet sich nach der Ablenkfrequenz s. Abb. 87.

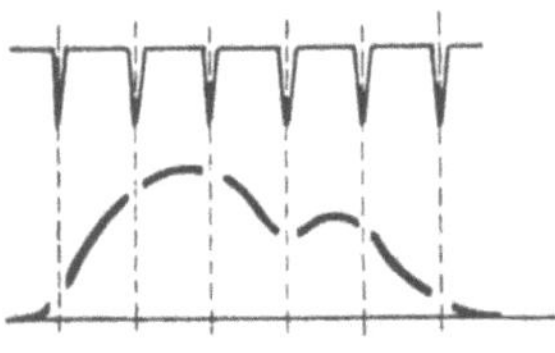

Abb. 87. Zeitmarken im Kathodenstrahloszillogramm

ζ) *Bestimmung des Umlaufsinnes.* Bei der Aufzeichnung periodischer Vorgänge mit der Kathodenstrahlröhre wird es oft als unangenehm empfunden, daß die Richtung der Schreibbewegung im allgemeinen nicht verfolgt werden kann. Man kann diesen Nachteil beheben, indem die Wehnelt-Elektrode eine Impulssteuerung erhält, z. B. mit Hilfe eines Glimmlampenkippgerätes[1]. Ist die Impulsfrequenz etwas kleiner als die Ablenkfrequenz (oder ein Vielfaches derselben), so wandern die durch die Impulse bedingten Zeitmarken in der Richtung der Schreibbewegung.

η) *Kurvenaufzeichnung nach der Methode der Integralkurvendarstellung*[2]. Die zu untersuchende Wechselspannung wird an die Reihenschaltung eines Ohmschen Widerstandes R mit einem Kondensator C angelegt. Der Spannungsabfall an R wird dem einen Ablenksystem, der an C dem anderen Ablenksystem einer Kathodenstrahlröhre zugeführt. Zufolge der Gleichung

$$u = i\,R + \frac{1}{C}\int i\,dt \tag{2, 27}$$

erhält man auf der Kathodenstrahlröhre auf dem an C angeschlossenen System eine Spannung proportional dem *Integral* des zeitlichen Verlaufes der an R auftretenden Spannung.

Vorteilhaft dürfte es im allgemeinen sein den kapazitiven Widerstand groß gegen den Ohmschen zu machen, denn dann erhält man an ersterem nahezu genau den zeitlichen Verlauf der Originalkurve, dagegen am Widerstand den ihres *Differentialquotienten.* Dadurch werden die Oberwellen besonders stark hervorgehoben.

Bei periodischen Funktionen erhält man geschlossene, stabile Kurven, die leicht photographisch festgehalten werden können. So ergeben z. B. Sinuskurven bei dieser Darstellung Ellipsen, deren Hauptachsen in den Plattenachsenrichtungen gelegen sind. Das Vorhandensein von Oberwellen macht sich durch starke Verzerrungen der Ellipsenform bemerkbar.

Aber auch bei nicht regelmäßig periodischen Funktionen, z. B. frequenzmodulierten Schwingungen oder Impulsen, erhält man geschlossene Kurven. Bei der Darstellung gedämpfter Schwingungen ergeben sich spiralenförmige Aufzeichnungen.

---

[1] Hollmann, H. E. u. W. Saroga: Hochfrequenztechn. u. Elektroak. **41**, 53 (1933).

[2] Perrier, F.: Revue Générale de l'Electricité, **59**, H. 8 (1950).

Die Integraldarstellung (bzw. Differentialdarstellung) gibt in vielen Fällen ein besseres Bild des Kurvenverlaufes als z. B. die zeitproportionale Aufzeichnung. Der tatsächliche Kurvenverlauf läßt sich aus ihr leicht ermitteln. Es wird empfohlen, durch eine einfache Umschaltung (vom Widerstand auf ein Kippgerät) die zu untersuchende Kurve sowohl durch eine zeitproportionale als auch eine Differentialdarstellung wiederzugeben.

Ersetzt man den Widerstand durch eine Induktivität, so erhält man an Stelle des ersten den zweiten Differentialquotienten, dessen Darstellung ebenfalls in manchen Fällen von Interesse sein dürfte.

ϑ) *Spiralförmige Zeitablenkung*[1]. Man erhält eine spiralförmige Zeitablenkung, indem man den beiden Plattensystemen zwei um 90^0 gegeneinander phasenverschobene gedämpfte Hochfrequenzspannungen zuführt. Die gedämpfte Schwingung wird z. B. durch einen Schwingkreis C_1, L_1 erzeugt, der von einem Impulsgenerator J (s. Abb. 88) zu gedämpften Schwingungen angeregt wird. Die Dämpfung läßt sich durch Verändern des Widerstandes R_1 verändern. Zur Erzeugung der Phasenverschiebung dient eine Reihenschaltung von R_2 und C_2.

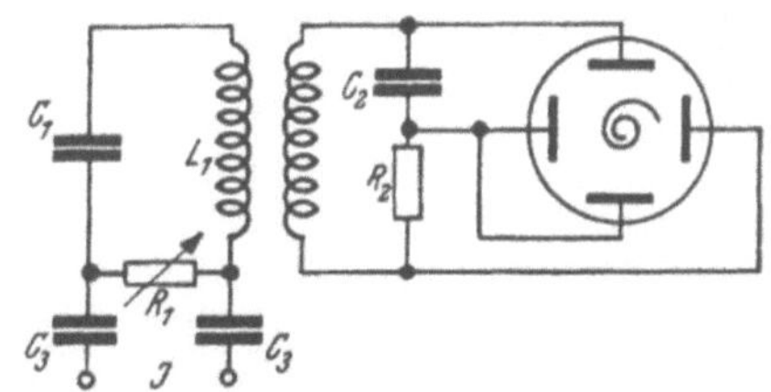

Abb. 88. Schaltung zur Erzeugung einer spiralförmigen Zeitablenkung. $C_1 = 0{,}05\ \mu F$, $C_2 = 0{,}002\ \mu F$, C_3 = einige pF. $L_1 = 0{,}5$ H, $R_1 = 0 \ldots 100$ kOhm, $R_2 = 200$ kOhm

Die spiralförmige Zeitablenkung eignet sich vor allem zur Aufzeichnung von Entladungsvorgängen sehr kurzer Zeitdauer. Man kann die zu untersuchende Spannung an eines der beiden Plattenpaare legen, erhält allerdings Aufzeichnungen, die meist nicht senkrecht zur Spirale stehen und entsprechend verkürzt erscheinen. Radiale Aufzeichnungen erzielt man dagegen mit der in Abb. 86 gezeigten Kathodenstrahlröhre mit Radialablenkung (Polarkoordinatenschreiber) und zwei zueinander senkrechten Ablenksystemen.

In Abb. 89 sind die angeführten Darstellungsarten für sinusförmige Schwingungen der dreifachen Ablenkfrequenz aufgezeichnet.

Abb. 89. Aufzeichnung einer Sinusschwingung mit der dreifachen Frequenz der Ablenkschwingung, *a* bei sinusförmiger Horizontalablenkung, *b* bei zeitproportionaler Horizontalablenkung, *c* mit Kreisaufzeichnung und Intensitätssteuerung, *d* mit Kreisaufzeichnung und Radialablenkung (Polarkoordinatendarstellung)

[1] Rawcliff, G. H.: Wireless Engr. **26**, 242 (1949).

b) Schaltung und Stromquellen. Abb. 90 zeigt die Schaltung der Spannungsanschlüsse einer Kathodenstrahlröhre. Da die Röhren meist indirekt geheizt sind, genügt es, die Heizspannung über einen Transformator aus dem Netz zu entnehmen. Als Anodenspannungsquelle dient eine Gleichspannung, die zumeist durch Einweggleichrichtung gewonnen wird. Bei hohen Spannungswerten empfiehlt sich mitunter die Greinacher-Schaltung. An der Elektronenlinse liegt eine etwas niedrigere einstellbare Spannung und zur Elektronenkonzentration mit Hilfe des Wehnelt-Zylinders ist eine negative Hilfsspannung notwendig. Alle diese Spannungen können, wie Abb. 90 zeigt, aus dem gleichen Einweggleichrichter entnommen werden.

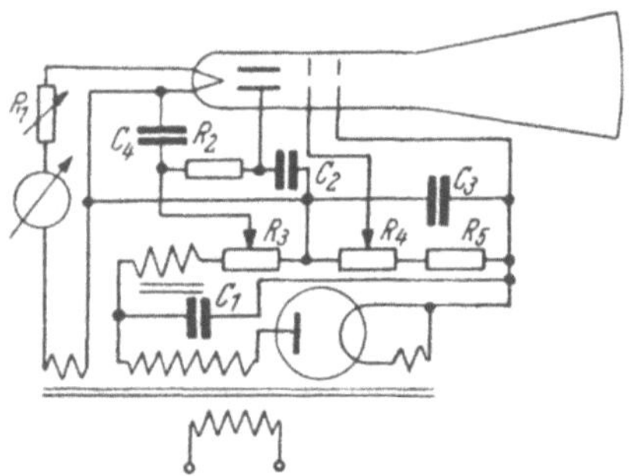

Abb. 90. Spannungsanschluß einer Kathodenstrahlröhre. $C_1 = 4\,\mu$F, $C_2 = 4\,\mu$F, $C_3 = 4\,\mu$F, $C_4 = 0{,}5\,\mu$F, $R_1 = 0 \ldots 100$ Ohm, $R_2 = 0{,}5$ Megohm, $R_3 = 5$ kOhm, $R_4 = 200$ kOhm, $R_5 = 500$ kOhm

c) Hilfsgeräte. Zur Durchführung einwandfreier oszillographischer Aufnahmen dienen folgende Hilfsgeräte:

1. Ein *Sinusoidalspannungsgerät.* Es wird wie der Name sagt, zur Erzeugung sinusförmiger Spannungen benötigt, z. B. zur sinusförmigen Zeitablenkung. Es soll eine veränderbare Frequenz und Amplitude mit geringem Oberwellengehalt aufweisen.

2. Ein *Phasenschieber.* Er dient insbesondere zur Herstellung der erforderlichen 90^0-igen Phasenverschiebung, wenn Kreisablenkung gefordert wird.

3. Ein *Kippgerät.* Es dient zur Sichtbarmachung der Schwingungen mit Hilfe der zeitproportionalen Ablenkung. Die Kippspannung kann durch folgende Anordnungen gewonnen werden:

α) Zur Erzeugung von Kippspannungen sehr niedriger Frequenz dient ein rotierender Potentiometerabgriff. Ein solches Gerät wurde bereits 1899 von Zenneck vorgeschlagen[1].

β) Kippspannungen können mit Hilfe von Funkenstrecken[2] oder Glimmlampen[3] und Kondensatorentladung erzeugt werden.

γ) Insbesonders verwendet man Elektronenröhren mit und ohne Gasfüllung zur Kippspannungserzeugung. Sie arbeiten nicht nur genauer, sondern zeigen auch den Vorteil der Steuerbarkeit[4] durch eine bestimmte Steuerfrequenz, vor allem aber auch durch die zu untersuchende Frequenz selbst. Es genügt dazu, daß über eine Kapazität von wenigen pF ein Teil

---

[1] Zenneck, J.: Ann. Phys. **69**, 898 (1899).
[2] Mandelstam, L.: Jb. d. drahtl. T. **1**, 124 (1908).
[3] Kipping, N. V.: Proc. Roy. Soc. **37**, 265 (1924).
[4] Hudec, E.: Arch. Elektrot. **12**, 459 (1929).

dieser Spannung an das Kippgerät gelegt wird. Die Kippfrequenz wird zunächst bis auf einen Wert in der Nähe eines bestimmten Bruchteiles der Frequenz der zu untersuchenden Schwingung von Hand aus eingestellt, worauf die Kippfrequenz sich selbsttätig synchronisiert. Kippspannungen von ausreichender Linearität werden heute bereits mit einer Frequenz bis zu 1 MHz hergestellt. Die meisten Oszillographen verwenden indes maximale Kippspannungsfrequenzen von nur wenigen 100 kHz.

Eine ausführliche Abhandlung über Kippgeräte wurde von *Richter*[1] gegeben.

δ) Eine annähernd zeitproportionale Aufzeichnung erhält man auch mit sinusförmiger Zeitablenkung in der Nähe des Nulldurchganges[2].

4. Ein *Verstärker.* Fast jeder Kathodenstrahloszillograph ist mit einem solchen ausgerüstet. Die meisten Verstärker sind in der Lage, innerhalb eines Frequenzbereiches von 10 Hz bis 100 kHz amplituden-, frequenz- und phasengetreu zu verstärken.

Vielfach findet man indes auch Oszillographenverstärker mit größerem Frequenzbereich. Die höchste Frequenz, für die sich noch mit gewöhnlichen Röhren Verstärker mit genügender Bandbreite herstellen lassen, liegt bei etwa 10 MHz.

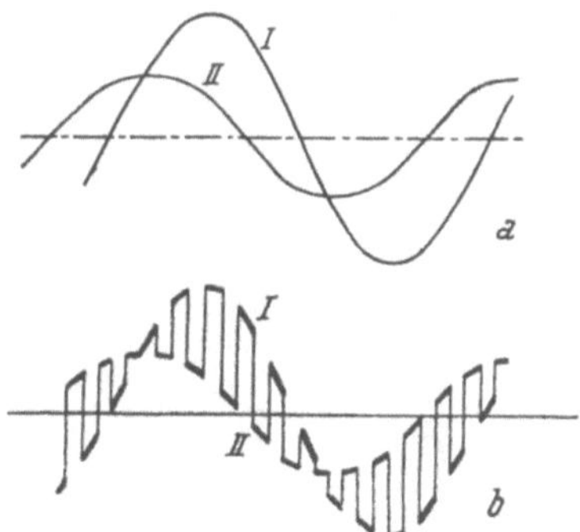

Abb. 91. Darstellung von zwei Schwingungskurven durch Elektronenschalter. *a* Verlauf der Kurven, *b* Kathodenstrahlaufzeichnung

5. Ein *Elektronenschalter.* Er dient zur gleichzeitigen Aufzeichnung von zwei Schwingungsvorgängen mit einem Kathodenstrahlsystem. Dies wird erreicht, indem in raschem Wechsel die Kathodenstrahlröhre an die zwei zu untersuchenden Spannungen gelegt wird. Abb. 91 zeigt die Darstellung von zwei verschiedenen Schwingungen mit Hilfe einer solchen Einrichtung. Die Umtastfrequenz soll mindestens zehnmal so groß sein wie die zu untersuchende größte Frequenz. In Abb. 91 *b* beträgt sie das zwölffache.

Abb. 92 zeigt seine Schaltung. Die Umtastfrequenz wird mit Hilfe eines Multivibrators erzeugt, der die beiden Schaltrohre, die gleichzeitig verstärken, steuert. Die Umtastfrequenz muß in keinem bestimmten Schwingungsverhältnis zur Meßfrequenz stehen. Durch die Zerhackung ist auch eine Verstärkung von Gleichspannungen unmittelbar vor der Kathodenstrahlröhre möglich.

---

[1] Richter, H.: Elektrische Kippschwingungen, Wesen und Technik. Leipzig, 1940.

[2] Zenneck, J.: Phys. Z. **14**, 226 (1913).

Die Anwendungsgebiete der Kathodenstrahlröhre in der Meßtechnik sind sehr zahlreich. Sie wird benützt,

α) bei Messungen ohne Zeitablenkung,
1. zur Spannungs- und Strommessung,
2. zur Messung der Phasenverschiebung,
3. zur Messung der Impedanz,
4. zur Verstärkungsmessung,
5. zum Frequenzvergleich,
6. zur Verzerrungsmessung,
7. zur Untersuchung der Modulation.

β) bei Messungen mit Zeitablenkung,
1. zur Messung der Verzerrung der Schwingungskurve,
2. zur Aufnahme von Frequenz- und Resonanzkurven,
3. zur Aufnahme von Kennlinien.

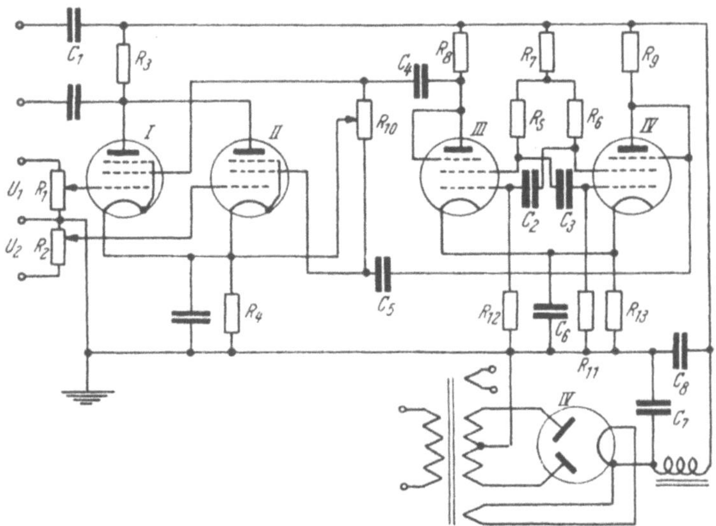

Abb. 92. Schaltbild eines Elektronenschalters. Röhre *I* und *II*: EL 3, Röhre *III* und *IV*: EF 6, Röhre *V*: AZ 11. R_1, R_2 = 50 kOhm, R_3 = 20 kOhm, R_4 = 500 Ohm, R_5, R_6 = 20 kOhm, R_7 = 100 kOhm, R_8, R_9 = 20 kOhm, R_{10} = 200 kOhm, R_{11}, R_{12} = 1 Megohm, R_{13} = 800 Ohm. C_1 = 0,5 μF, C_2, C_3 = 25 pF, C_4, C_5 = 0,1 μF, C_6 = 50 μF, C_7, C_8 = 16 μF

d) Beschreibung eines ausgeführten Kathodenstrahloszillographen[1]. Abb. 93 zeigt die prinzipielle Schaltung eines Elektronenstrahloszillographen. Der Netzkreis gestattet die Einstellung der Bildhelligkeit durch Verändern der Wehnelt-Zylinderspannung und der Einstellung der Bildschärfe durch Variieren der Linsenspannung. Zur Erzeugung der Kippfrequenz dient eine gasgefüllte Kippröhre mit einer Vakuumröhre als

[1] Klein, P. E.: Meßtechn. H. 10, S. 3. (1940).

Laderöhre. Die Kippfrequenz wird in Grobstufen durch Kapazitätsänderung eingestellt, die Feinregelung bewirkt ein mit der Laderöhre in Reihe geschalteter Ohmscher Widerstand. Die Kippfrequenz läßt sich zwischen 5 Hz und 120 kHz regeln. Sie ist an das Zeitablenkplattensystem angeschlossen. Bildbreite und Punktlage können mit Hilfe von Potentiometern geregelt werden. Die Kippspannung wird über den Schalter G von der aufzuzeichnenden Frequenz synchronisiert, doch ist auch eine Fremdsynchronisierung möglich. Die Kippspannung kann durch Anbringen eines Steckers in die Buchse X_2 abgeschaltet werden. Der Verstärker dient zur Erhöhung der Meßspannung, wenn diese an die Buchse Y_3 angeschlossen wird. Soll der Verstärker nicht benützt werden, so wird die zu untersuchende Schwingung an die Buchse Y_1 angeschlossen; der Verstärker kann dann auch zur Verstärkung einer Synchronisierungsspannung herangezogen werden. Die vom Kippgenerator gelieferte Spannung wird über die Klemmen X_2 und einen Kondensator von 2 μF an das Horizontalablenksystem der Kathodenstrahlröhre gelegt. Die Punktlage wird mit Hilfe eines Widerstandes von 1 Megohm eingeregelt. Auch die Bildbreite läßt sich mit Hilfe eines Potentiometers einstellen.

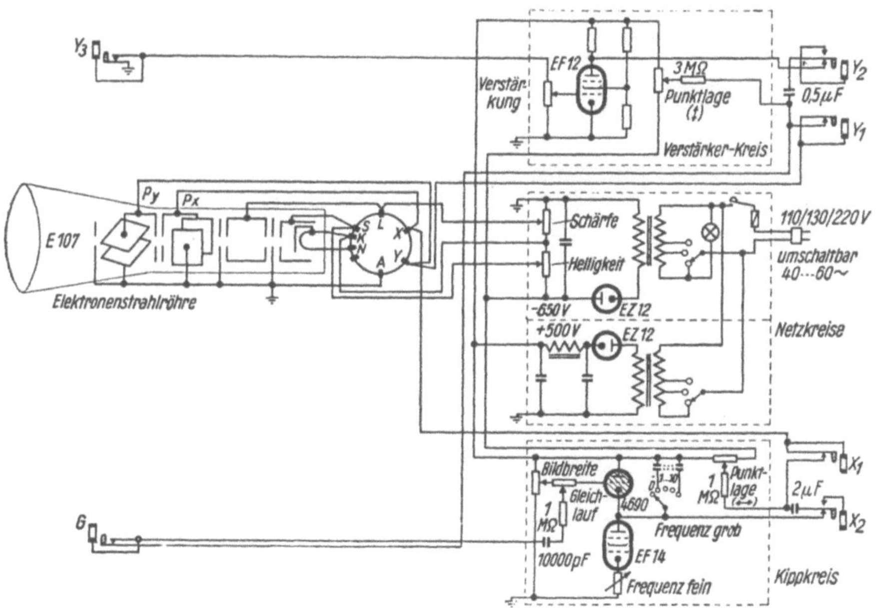

Abb. 93. Prinzipschaltung eines Elektronenstrahloszillographen (Siemens)

Eine äußere Horizontalablenkspannung wird entweder an die Buchsen X_1 oder X_2 angeschlossen. Bei Anschluß an X_1 liegt die äußere Spannung direkt am Plattensystem, bei Anschluß an X_2 besteht noch die Möglichkeit der Regelung der Bildlage.

Die Meßspannung wird an das Vertikalsystem angeschlossen. Wird sie an die Buchse Y_1 gelegt, so wird sie direkt an das Vertikal-Plattensystem gelegt, bei Anschluß an die Buchse Y_2 besteht ebenfalls noch die Möglichkeit der Regelung der Punktlage. Will man einen Verstärker, gebildet durch die Röhre *EF* 12 vorschalten, so wird die Meßspannung mit der Buchse Y_3 verbunden. Die Empfindlichkeitsregelung erfolgt dann durch Drehen eines Potentiometers.

e) Der stroboskopische Oszillograph. Eine Schaltanordnung zur Darstellung von periodischen Schwingungen bis 70 MHz mittels gewöhnlicher Oszillographenröhren wurde von Janssen[1] gegeben. Das Prinzipschema

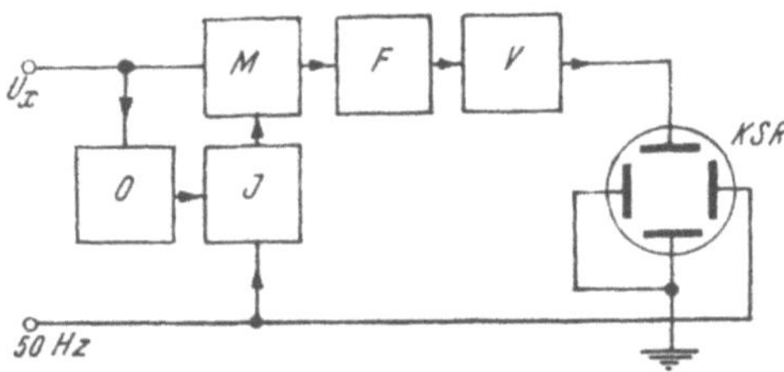

Abb. 94. Prinzipschaltung des stroboskopischen Oszillographen. U_x = zu untersuchende Spannung, 50 Hz = Netzwechselspannung, O = Oszillator, M = Mischstufe, J = Impulsgerät, F = Filter, V = Verstärker, *KSR* = Kathodenstrahlröhre

ist in Abb. 94 gezeigt. Die zu untersuchende Spannung sei U_x und habe die Frequenz f_1. Sie wird einer Mischstufe M zugeführt und überdies zur Synchronisierung eines Oszillators O verwendet. Dieser erzeugt eine Frequenz $f_i = f_1/n$, wobei n eine ganze Zahl ist und sich so einstellt, daß f_i stets in der Größenordnung von 100 kHz liegt. Der Oszillator steuert einen Impulsgenerator J, dessen Impulse eine möglichst kurze Dauer (etwa 10^{-8} s) und annähernd Sinusquadratform aufweisen. Der Impulsgenerator ist weiter durch die Netzfrequenz phasenmoduliert[2]. Im Mischrohr wird die Spannung U_x nur immer während der kurzen Dauer der Impulse verstärkt und eine dem Augenblickswert von U_x proportionale Spannung an das Filter F weitergegeben. Wäre der Impulsgenerator nicht moduliert, so würde wegen $f_1 = n \cdot f_i$ die Eingangsspannung durch den Impuls immer in der selben Phasenlage abgetastet und daher eine konstante Impulsamplitude erhalten werden.

Wird der Impuls aber phasenmoduliert, so wird je nach augenblicklicher Phasenlage des Impulses die Schwingungskurve der Reihe nach an verschiedenen Stellen abgetastet, wie dies in Abb. 95 für $n = 2$ gezeigt ist. Impuls 3 ist z. B. mit dem Höchstwert der zu untersuchenden Schwingung in Phase, die anderen zeigen demgegenüber eine wechselnde Abweichung. Die Verbindungslinie der Impulsspitzen ergibt dann eine zeitlich gedehnte

[1] Janssen, J. M. L.: Philips Techn. Rdsch. **12**, 52 (1950). — Janssen, J. M. L. u. A. J. Michels: Philips Techn. Rdsch. **12**, 73 (1950).

[2] Einfg. S. 170.

Abbildung der zu untersuchenden Schwingung und gleicht demnach der Wirkungsweise der Joubertschen Scheibe oder eines Stroboskopes. Es ist dabei gleichgültig in welchem Rhythmus abgetastet, bzw. phasenmoduliert wird. Führt man jene Spannung, die zur Phasenmodulation dient, als Zeitablenkspannung ein, so erhält man in jedem Falle ein getreues Abbild der zu untersuchenden Schwingung auf der Kathodenstrahlröhre. Ist die Modulationsfrequenz nieder, so erhält man eine große Anzahl von Punkten. Man verwendet daher zweckmäßigerweise hiezu unmittelbar die Netzfrequenz. Die Kurve wird sowohl beim Hin- wie auch beim Rücklauf in gleicher Weise dargestellt. Man kann daher auch mit Hilfe einer Schalteinrichtung gleichzeitig zwei Schwingungen (eine beim Hin- und eine beim Rücklauf) untersuchen.

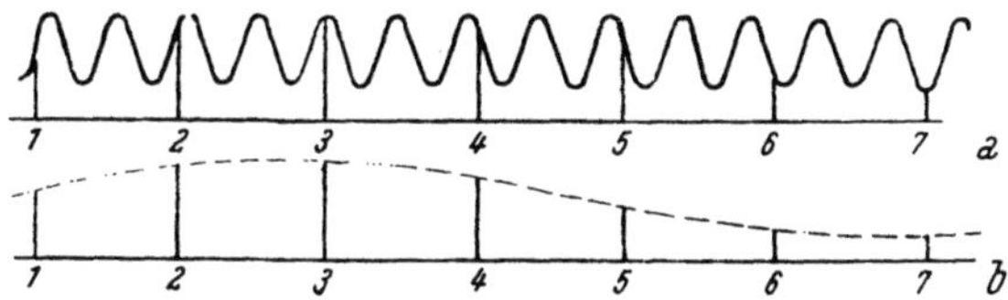

Abb. 95. Wirkungsweise des stroboskopischen Oszillographen. *a* zu untersuchende Wechselspannung, *b* wiedergegebene Wechselspannung

Ein Filter F sperrt alle Frequenzen außerhalb der Impulsmodulationsfrequenz, während sie im Verstärker V, der nur einen Frequenzbereich von 0 bis 50 kHz aufweisen muß, genügend verstärkt werden.

Die größte darstellbare Frequenz ist durch die Impulsdauer T gegeben. Sie ist

$$f_{max} = \frac{1}{2\,T}. \qquad (2,\ 73)$$

Die kleinste Frequenz bestimmt sich aus der Impulsfolgefrequenz f_i, sie ist wegen der Schwierigkeit bei $n < 2$ zu synchronisieren,

$$f_{min} = 2\,f_i. \qquad (2,\ 74)$$

Die Größe des Phasenhubes Φ bedingt die Größe des Stückes der abgetasteten Schwingung. Ist er z. B. $\Phi = \pi$, so wird gerade eine Periode aufgezeichnet. Es können somit auch beliebig kurze Schwingungsstücke dargestellt werden, wobei die Zeitbasis aber immer gleich groß bleibt.

5. Der Glimmlichtoszillograph[1]

Es wird eine Glimmlampe verwendet, deren eine Elektrode (Kathode) aus einem geraden achsialen Draht in der zylindrischen Entladungsröhre besteht. Die Kathode ist meist nur teilweise vom Glimmlicht bedeckt. Die Glimmlichtbedeckung ist proportional der Stromstärke. Es schwankt daher ihre Länge je nach ihrer Größe. Wird an die Glimmlampe eine

[1] Gehrcke, G.: Verh. D. Phys. Ges. **7**, 63 (1905). — Z. Instrkde. **25**, 33, 278 (1905). — Engelhardt, V. u. G. Gehrcke: Z. techn. Phys. **6**, 153 (1925); **7**, 146 (1926).

Gleichspannung angeschlossen, die so groß ist, daß eine etwa fünfzigprozentige Glimmlichtbedeckung erhalten wird, und ihr eine Wechselspannung überlagert, so erhält man am rotierenden Spiegel das Bild der Wechselspannungskurve. Das Gerät ist für Frequenzen bis etwa 100 kHz verwendbar.

Neuere Ausführungen haben zwei parallele Drähte oder Bleche in Richtung der Rohrachse und benötigen eine geringere Wechselspannung. Der Stromverbrauch beträgt einige mA. Bei vorgeschaltetem Verstärker ist auch die Aufzeichnung schwacher Ströme möglich.

6. Der piezoelektrische Oszillograph[1]

Zwei Quarzplättchen sind in spitzem Winkel nebeneinander gelagert und so geschaltet, daß sie Longitudinalbewegungen in entgegengesetztem Sinne ausführen. Dadurch erfährt ein Spiegel Torsionsschwingungen, die wie beim Schleifenoszillographen ausgewertet werden. Das gesamte System befindet sich zur Dämpfung in Rizinusöl. Die Empfindlichkeit ist etwa $5 \cdot 10^{-3}$ mm/V, die Eigenfrequenz liegt bei 10 000 bis 15 000 Hz.

7. Der elektrostatische Oszillograph

Von H. u. S. Koto[2] wird ein elektrostatischer Oszillograph angegeben, bei dem Metallfolien durch elektrostatische Anziehung bewegt werden. Zum Betrieb genügen Spannungen von 300 V.

8. Der Koordinatenschreiber

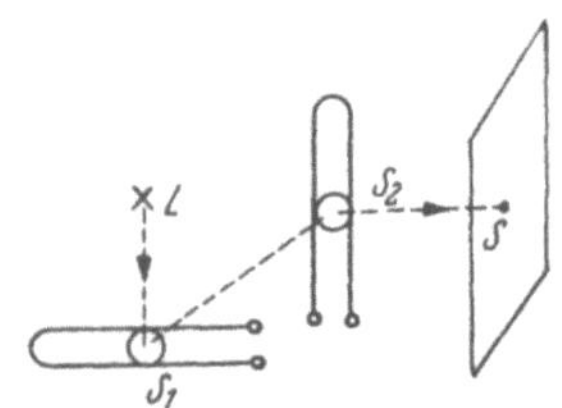

Abb. 96. Koordinatenschreiber

Dieses Gerät hat die Aufgabe, zwei zeitabhängige Stromwerte gleichzeitig auf zwei Koordinaten einer Ebene aufzuzeichnen.

In einfacher Weise gelingt dies mit Hilfe von zwei Schleifenoszillographensystemen auf zwei zueinander senkrecht stehenden Ebenen. Abb. 96 zeigt die prinzipielle Anordnung. Die punktförmige Lichtquelle L beleuchtet den Spiegel S_1 der ersten Meßschleife. Von hier gelangt der Lichtstrahl über den zweiten Spiegel S_2, der von der zweiten Meßschleife bewegt wird, zum Schirm S, woselbst die Kurve aufgezeichnet erscheint.

Für eine Ausführung von Siemens gelten folgende Daten[3]:

Empfindlichkeit für beide Systeme	$2{,}5 \cdot 10^4$ mm/A,
Meßwerkwiderstand jedes Systems	15 Ohm,
Grenzwiderstand jedes Systems	100 Ohm.

Der Koordinatenschreiber wird vorwiegend zur Aufnahme von Kennlinien, z. B. zur Aufnahme von Strom-Spannungskurven gebraucht. Der Kennlinienverlauf kann photographisch aufgezeichnet werden.

[1] Wood, A. B.: Phil. Mag. **50**, 631 (1926). — Philippoff, V. v.: ETZ **53**, 405 (1932).
[2] Koto, H. u. S.: Proc. Phys. Soc. London **26**, 16 (1913).
[3] ATM J 036 (1934).

Als Koordinatenschreiber kann auch die Kathodenstrahlröhre verwendet werden.

9. Der Vektorschreiber[1]

Dieses Gerät ist dem Koordinatenschreiber ähnlich. Es dient jedoch zur Aufzeichnung von Wechselstromvorgängen. Die beiden Meßwerke sind in der Regel elektrodynamische Systeme, die so geschaltet sind, daß das eine Wirk-, das andere dagegen Blindstrom mißt. Der so zustandekommende Lichtpunkt auf dem Schirm kennzeichnet somit einen Vektor (Zeiger) und läßt sowohl dessen Betrag wie auch sein Argument erkennen. Man kann daher den Vektorschreiber insbesonders dazu benützen, Ortskurven aufzunehmen. Mit Hilfe lichtempfindlichen Papiers können die aufgezeichneten Kurven festgehalten werden. Man findet Vektorschreiber gelegentlich als Tintenschreiber ausgeführt[2].

Es werden auch Vektorschreiber mit Kreuzzeigerinstrumenten gebaut[3].

10. Der Pegelschreiber[4]

Der Pegelschreiber dient dazu, einen Meßwert in Abhängigkeit von einer bestimmten zeitlich sich ändernden Größe aufzuzeichnen. Meist wird er zur Darstellung von Frequenzkurven benützt. Das Gerät besteht dann, wie Abb. 97 zeigt, aus einem Tongenerator, einem Verstärker mit Anzeige der Eingangsspannung und einem Schreibgerät, das den Verlauf der Ausgangsspannung in zeitlicher Abhängigkeit aufzeichnet. Zur Aufnahme von Frequenzkurven ist es zweckmäßig, Tongenerator und Schreibgerät bezüglich Frequenzskala miteinander mechanisch zu koppeln.

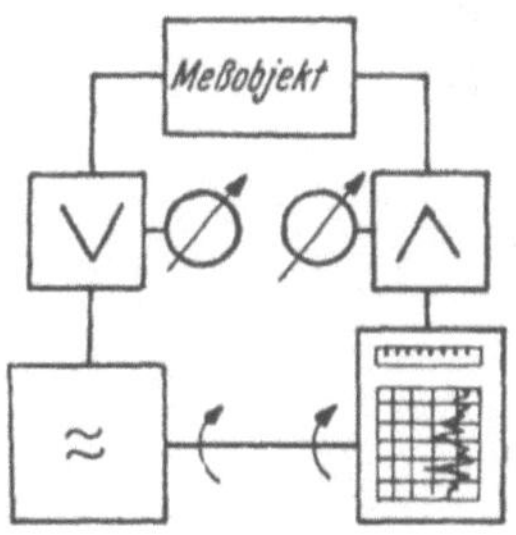

Abb. 97. Pegelschreiber

Ein von Neumann angegebenes Schreibgerät (*Dämpfungsschreiber*) mit Verstärker ist in Abb. 98 gezeigt[5]. Die zu messende tonfrequente Wechselspannung wird an das Potentiometer P gelegt. Sie wird in einem zweistufigen Widerstandsverstärker verstärkt, sodann mittels Richtverstärker demoduliert und zwei Steuerröhren zugeführt. Diese arbeiten so, daß bei Erhöhung des Anodenstromes im Richtverstärker das erste Steuerrohr einen geringeren, das zweite einen größeren Anodenstrom führt. Verringert sich jedoch der Anodenstrom im Richtverstärker, so erhöht sich der Anodenstrom des ersten und verringert sich der des zweiten Steuerrohres. Dadurch wird im ersteren Fall die Spule S_2 die Zinke der Gabel G anziehen. Sie berührt dadurch die von einem Motor angetriebene

[1] Krondl, M.: Mitt. S. E. V. **28**, 26 (1937). — ATM J 036—4 (1937).
[2] Geyger, W.: Arch. Elektr. **29**, 842 (1935).
[3] Kafka, H.: E. u. M. **42**, 332 (1924).
[4] Fenyö, L. u. H. Hoffmann: TFT **20**, 205 (1931). — Hoffmann, H. u. H. G. Thilo: Veröff. Geb. Nachrichtent. **6**, 165 (1936).
[5] Siemens, Meßeinrichtungen für die Fernmeldetechnik S. 98 (1940).

Scheibe, die nun die Gabel G und den Schreibstift St nach links bewegt. Dadurch wird auch gleichzeitig das Potentiometer P so verstellt, daß sich die dem Verstärker zugeführte Eingangsspannung verringert, wodurch sich schließlich wieder Gleichgewicht der Wirkung der beiden Steuerstufen einstellt. Der Widerstandsverlauf des Potentiometers ist so gewählt, daß eine logarithmische Anzeige erreicht wird.

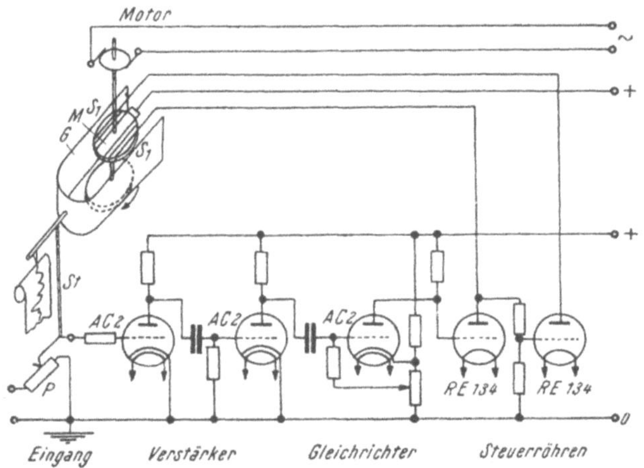

Abb. 98. Dämpfungsschreiber (Neumann). M = Magnetwicklung, G = Gabel, St = Schreibstift, P = Potentiometer (nach Siemens)

Das Gerät dient zwar vorwiegend zur Anzeige des zeitlichen Verlaufes von tonfrequenten Spannungen, kann aber auch als Regelgerät verwendet werden. Der Frequenzbereich ist 30 bis 20 000 Hz, der Meßbereich 0 bis 75 db, der Eingangswiderstand 30 kOhm. Die Meßunsicherheit beträgt etwa 2%.

XI. Das Röhrenvoltmeter

Das Röhrenvoltmeter ist als besonders empfindlicher Spannungsmesser für Wechselspannungen, seltener auch für Gleichspannungen in Verwendung. Für erstere eignen sich die meisten in der Verstärkertechnik verwendeten Röhren. In der Regel haben Wechselstromvoltmeter einen Frequenzbereich von 50 Hz bis mehrere MHz. Man kann sie daher auch mit Niederfrequenz oder technischem Wechselstrom eichen.

1. Das Diodenvoltmeter

Es wird eine Diode zur Gleichrichtung verwendet. Meist ist nur Halbweggleichrichtung vorgesehen. Üblich sind die in Abb. 99 gezeigten Schaltungen. In a ist der Gleichrichter mit der Belastung in Reihe geschaltet. Bei nicht zu großer Wechselspannung ist der Meßinstrumentenstrom gegeben durch

$$J_{Gl} = \frac{U_w \sqrt{2}}{R}, \qquad (2, 75)$$

wenn der Belastungswiderstand R groß gegen den inneren Widerstand des Instrumentes ist. Dann stellt das Instrument einen Wechselstromwiderstand R_w dar[1],

$$R_w = \frac{R}{2}. \qquad (2, 76)$$

In der Schaltung der Abb. 99 *a* ist der Gleichstromkreis über die Wechselspannungsquelle geschlossen. Sie arbeitet daher nur dann richtig, wenn die Wechselspannungsquelle einen kleinen Gleichstromwiderstand hat. Diesen Nachteil vermeidet man mit der Schaltung der Abb. 99 *b*. Auch für sie gilt Gl. (2, 75). Dagegen ist der Wechselstromwiderstand kleiner, nämlich

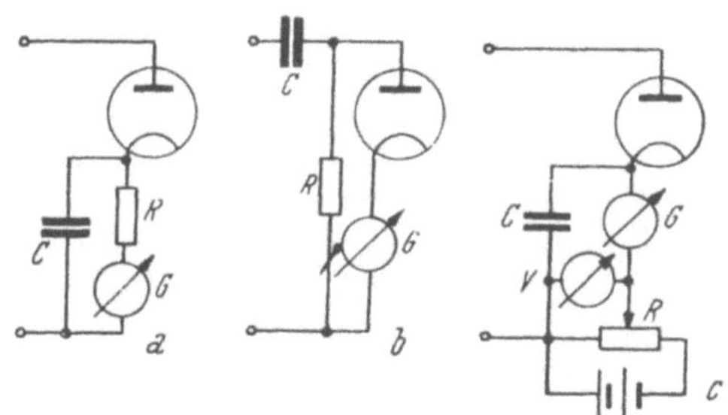

Abb. 99. Diodenvoltmeterschaltungen. *a* Ausschlagsmethode ($C = 0{,}01 \ldots 1\ \mu$F), *b* Schaltung für Wechselspannungsquellen mit hohem inneren Gleichstromwiderstand ($C = 0{,}01 \ldots 1\ \mu$F, $R = 100$ kOhm), *c* Nullmethode: G = Galvanometer, V = Voltmeter, R = Potentiometer (100 kOhm), $C = 0{,}01 \ldots 1\ \mu$F

$$R_w = \frac{R}{3}. \qquad (2, 77)$$

Will man die Wechselspannungsquelle möglichst wenig belasten, so verwendet man die Schaltung der Abb. 99 *c*. Bei ihr wird der Gleichstrom durch eine Gegenspannung kompensiert. Sie wird von einer Batterie, deren Spannung mindestens das 1,5-fache der Wechselspannung beträgt, einem Potentiometer zugeführt. Von diesem aus wird eine so große Spannung abgenommen, daß das Galvanometer G keinen Ausschlag oder wieder den gleichen niedrigen Ausschlag wie vor Anlegen der Wechselspannung zeigt. Die Spannung am Voltmeter ist dann gleich dem Höchstwert der zu messenden Wechselspannung. In diesem Falle wird die Wechselspannungsquelle mit einem nahezu unendlich großen Ohmschen Widerstand belastet.

Voraussetzung für die Verwendbarkeit der Schaltung der Abb. 99 *c* ist wie in Abb. 99 *a*, daß die Wechselspannungsquelle einen kleinen inneren Gleichstromwiderstand hat. Ist dies nicht der Fall, so läßt sie sich aber auch entsprechend Abb. 99 *b* abändern.

Die Empfindlichkeit der Diodenvoltmeter hängt wesentlich von den verwendeten Meßinstrumenten ab. Meist werden Geräte bis herab für einige zehntel Volt gebaut. Der Frequenzbereich ist durch die Röhrenkapazität, die Induktivität der Zuleitungen und den Laufzeiteffekt der Röhre begrenzt. Im allgemeinen sind Diodenvoltmeter im Bereich von

[1] Einfg. S. 381.

50 Hz bis 100 MHz frequenzunabhängig. Für höhere Frequenzen ist eine besondere Eichung notwendig. Die oberste Frequenz, bei der gemessen werden kann, liegt in der Nähe der Resonanzfrequenz der Diode. Bei Spezialröhren hat sie die Größenordnung von etwa 2000 MHz.

In den Schaltungen der Abb. 99 wird das Diodenvoltmeter zur Spitzenspannungsmessung verwendet. Unter Weglassung des Kondensators C ist der Ausschlag des Meßinstrumentes bei geradlinig geknickter Kennlinie, sogenannter *linearer Gleichrichtung*, proportional dem Mittelwert des Wechselstromes. Der Gleichstrom ist dann

$$J_{Gl} = U_w \frac{1}{R} \frac{\sqrt{2}}{\pi}. \qquad (2, 78)$$

Der Belastungswiderstand für Wechselstrom ist

$$R_w = 2\,R, \qquad (2, 79)$$

wenn der Gleichstrombelastungswiderstand R groß gegen den inneren Röhrenwiderstand ist.

Der Berechnung des Gleichstromes werden aber auch quadratische und bei sehr kleinen Strömen, wenn noch im Anlaufstromgebiet gearbeitet wird, auch logarithmische Kennlinien zugrunde gelegt.

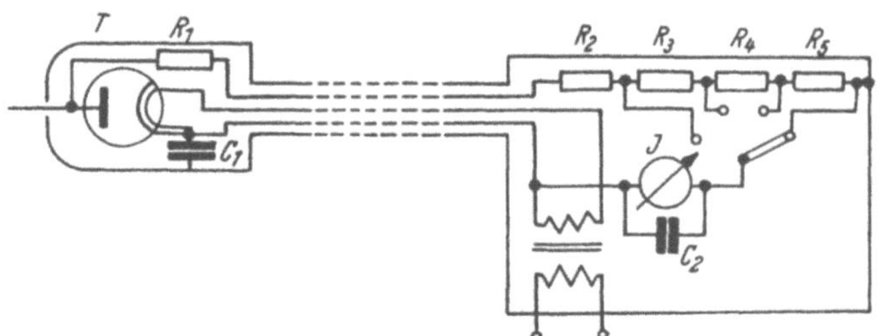

Abb. 100. Taströhrenvoltmeter

Um die Zuleitungen möglichst klein zu halten, und um Meßfehler zu vermeiden, werden die Diodenvoltmeter vielfach als Taströhrenvoltmeter gebaut. Abb. 100 zeigt die Schaltung eines solchen Gerätes. Die Diode ist in dem Tastkörper T untergebracht. Die zu messende Spannung liegt zwischen der aus dem Gehäuse herausragenden Spitze und dem Gehäuse selbst. Als Gleichrichterröhre wird z. B. eine SA 100 verwendet. Als Meßinstrument J dient ein Mikroamperemeter mit 50 μA Vollausschlag. Das Meßgerät hat vier Bereiche, 3 V, 6 V, 30 V, 300 V. Die Berechnung der Vorwiderstände, die zur Empfindlichkeitsverringerung notwendig sind, erfolgt auf Grund Gl. (2, 75). $R_1 + R_2$ hat einen Widerstand von einigen kΩ. Seine Größe bestimmt sich aus dem Gleichstromwiderstand der Röhre und dem inneren Widerstand des Instrumentes und ist durch den Versuch zu bestimmen.

Die Diodenvoltmeter eignen sich insbesonders auch zur Messung hoher Spannungen. Es sind Geräte für Spannungen bis 50 kV für Frequenzen von 50 kHz bis 30 MHz in Verwendung[1]. Die Grenze der direkt meßbaren Spannung ist durch die Durchschlagsfestigkeit der Röhre gegeben.

Will man noch höhere Spannungen messen, so verwendet man eine kapazitive Spannungsteilung. Abb. 101 zeigt die Schaltung eines solchen Gerätes[2]. Der vorgeschaltete Kondensator C_1 bewirkt, daß das Meßgerät auch eine untere Grenzfrequenz aufweist; sie liegt um so tiefer, je größer er ist, doch ist der Kapazitätserhöhung dadurch eine Grenze gezogen, daß bei sehr hohen Frequenzen der Blindstrom zu groß wird. Meist liegt C_1 in der Größenordnung von 10 bis 50 pF. Der Frequenzbereich umfaßt etwa 10^4 bis 10^7 Hz. Die Eichung des Gerätes kann beispielsweise durch Messen des Stromes mit dem Photoamperemeter erfolgen.

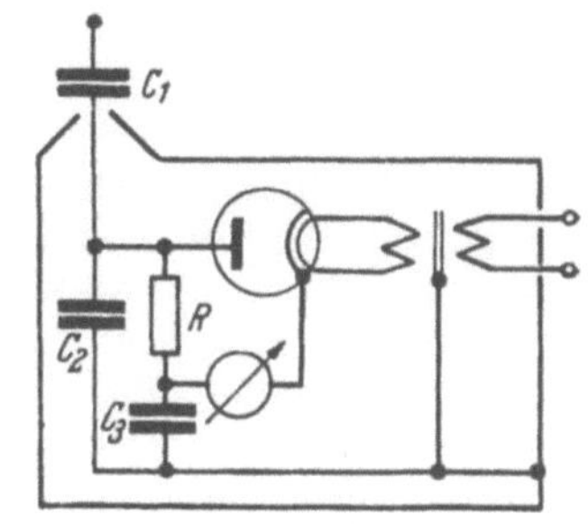

Abb. 101. Hochspannungsröhrenvoltmeter

Zur Spannungsmessung bei sehr hohen Frequenzen verwendet man Dioden mit sehr kleinem Anoden-Kathodenwiderstand, möglichst kleiner Zuleitungsinduktivität und Röhrenkapazität. Theoretische Untersuchungen wurden von Megaw[3] und Fortescue[4] gemacht.

Für den durch Röhrenkapazität und Zuleitungsinduktivität verursachten Fehler erhält man

$$F = 100 \frac{(\lambda_r/\lambda)^2}{1 - (\lambda_r/\lambda)^2} \%, \qquad (2, 80)$$

wenn λ_r die Resonanzwelle und λ die Betriebswelle bedeuten. Über die Bestimmung von λ_r s. vierter Abschn., VII, B.

Für den Laufzeitfehler findet man

$$F = 6{,}8 \cdot 10^{-7} f l \frac{1}{\sqrt{U_{max}}} \%, \qquad (2, 81)$$

wobei f = Frequenz in Hz, l = Elektrodenabstand in mm, U_{max} = Spitzenspannung in Volt. Infolge der endlichen Elektronenaustrittsgeschwindigkeit ist indes der Fehler F etwas geringer.

Eichelröhren eignen sich noch für Frequenzen bis etwa 10^9 Hz [5]. Um besonders geringe Laufzeitwerte zu erhalten, wurde von Ardenne[6] eine Diode mit veränderbarem Elektrodenabstand hergestellt. Er läßt sich bis auf etwa 5 bis $10 \cdot 10^{-3}$ mm verringern.

---

[1] Schlegelmilch, W.: Phys. Z. **34**, 497 (1933).
[2] Rohde, L.: ATM J 83—1 (1937).
[3] Megaw, E. C. S.: Wireless Engr. **15**, 63, 135, 201 (1936).
[4] Fortescue, C. L.: J. Instr. El. Engr. **77**, Nr. 465 (1935).
[5] Scroggie, M. G.: Rad. Lab. Handbook, 4. Aufl., S. 439 (1948).
[6] Ardenne, M. v.: Hochfrequenztechn. u. Elektroak. **48**, 117 (1936).

In neuerer Zeit werden auch *Kristalldioden* (Kristalldetektoren) zur Gleichrichtung benützt. Bei hohen Frequenzen verwendet man meist Germaniumdetektoren. Tastdiodengleichrichter für Frequenzen von 100 MHz und darüber sind in letzter Zeit erzeugt worden[1].

2. Das Verstärkerröhrenvoltmeter

Es kann in verschiedenen Schaltungen verwendet werden; bevorzugt wird die Richtverstärkerschaltung, seltener wird die Audionschaltung benützt.

a) Richtverstärkerschaltung. Es gibt folgende Möglichkeiten der Arbeitsweise: Legt man den Arbeitspunkt in den Punkt stärkster Kennlinienkrümmung, so erhält man die größte Empfindlichkeit. Sie liegt in der Regel bei 0,01 Volt (A-Betrieb). Von einem B-Betrieb spricht man, wenn die von den Wechselspannungsspitzen ausgesteuerte Stromstärke vielmals größer ist als der im Arbeitspunkt fließende Ruhestrom[2]. Dementsprechend steuert bei C-Betrieb nur ein kleiner Teil der Wechselspannungsspitze den Anodenstrom aus. (Dies ist z. B. in der Schaltung der Abb. 102 *d* der Fall.)

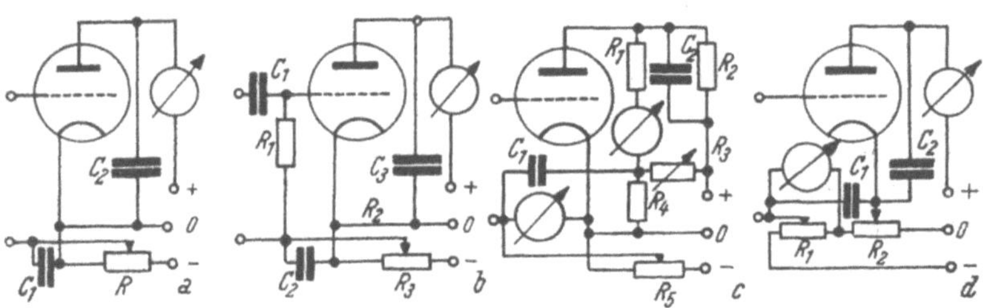

Abb. 102. Richtverstärkerröhrenvoltmeter. *a* Ausschlagsmethode ($R = 20$ kOhm, $C_1 = 50\,000$ pF, $C_2 = 0{,}1\,\mu$F), *b* Schaltung für Wechselspannungsquellen mit hohem inneren Gleichstromwiderstand ($R_1 = 100$ kOhm, $R_2 = 20$ kOhm, $C_1 = 50\,000$ pF, $C_2 = 0{,}1\,\mu$F, $C_3 = 0{,}1\,\mu$F), *c* Kompensation des Anodengleichstromes ($R_1 = 1 \ldots 10$ kOhm, $C_1, C_2 = 0{,}1\,\mu$F), *d* Nullmethode ($R_1, R_2 = 20$ kOhm, $C_1, C_2 = 0{,}1\,\mu$F)

Abb. 102 gibt eine Übersicht über die wichtigsten verwendeten Schaltungen.

Bei der in Abb. 102 *a* gezeigten Schaltung arbeitet die Röhre als einfacher Richtverstärker. Der Arbeitspunkt wird durch eine hohe negative Gittervorspannung in den gekrümmten Teil der Kennlinie verlegt, so daß der Anodenruhestrom sehr gering ist[3]. Durch die auftretende Gitterwechselspannung wird der Anodenstrom erhöht. Sein Zuwachs ist ein Maß für die unbekannte Gitterwechselspannung. Das Gerät wird in der Regel empirisch geeicht. Angenähert ist

$$J_{Gl} = S\, U_w \frac{\sqrt{2}}{\pi}. \tag{2, 82}$$

[1] Wireless World **53**, 436 (1947).

[2] Engbert, W.: ATM J. 8 335—2 (1936).

[3] Heising, R. A.: USA Pat. 1 232 919.

Voraussetzung für ein einwandfreies Arbeiten der Schaltung ist, daß die zu messende Wechselspannung einen endlichen inneren Gleichstromwiderstand aufweist. Ist dies nicht der Fall, so muß das Gitter mit der Gittervorspannung über einen Ohmschen Widerstand verbunden werden. Dem Wechselspannungsanschluß ist dann ein Kondensator C vorgeschaltet, s. Abb. 102 *b*.

Liegt der Arbeitspunkt im Kennlinienknick, so nimmt die Röhre, auch wenn keine Wechselspannung gemessen wird, etwas Anodenstrom auf. Dieser konstante Ausschlag ist vielfach unerwünscht und auch der Verwendung von Instrumenten mit hoher Empfindlichkeit hinderlich. Man kann den Anodenruhestrom kompensieren. Dies zeigt Abb. 102 *c*. Die Einstellung des Nullpunktes erfolgt durch Veränderung des Widerstandes R_4. Die Gittervorspannung ist dabei konstant eingestellt, so daß der Arbeitspunkt auf den gewünschten Teil der Kennlinie zu liegen kommt.

Bei der in Abb. 102 *d* gezeigten sogenannten Nullmethode wird die Erhöhung des Gleichstromes, verursacht durch die zu messende Wechselspannung, durch Änderung der Gittervorspannung wieder aufgehoben. Der Unterschied in der Gittervorspannung wird mit Hilfe eines Voltmeters abgelesen. Es zeigt den Höchstwert der Wechselspannung an, kann aber auch in Effektivwerten geeicht werden. Immer wird wieder auf den gleichen Ausschlag des Anodenstrominstrumentes eingestellt.

Verstärkerröhrenvoltmeter sind nur für Messungen von Frequenzen bis zu etwa 100 MHz geeignet. Sie sind empfindlicher als die Diodenvoltmeter.

Abb. 103 zeigt die Schaltung eines Richtverstärkerröhrenvoltmeters mit Ausschlagsmethode. Die Gittervorspannung wird mit Hilfe eines Kathodenwiderstandes eingestellt. Seine Änderung gestattet die Einstellung verschiedener Meßbereiche, er ermöglicht außerdem eine bessere Konstanz bei Netzspannungsschwankungen. Heiz- und Anodenspannung können direkt aus dem Wechselstromnetz entnommen werden.

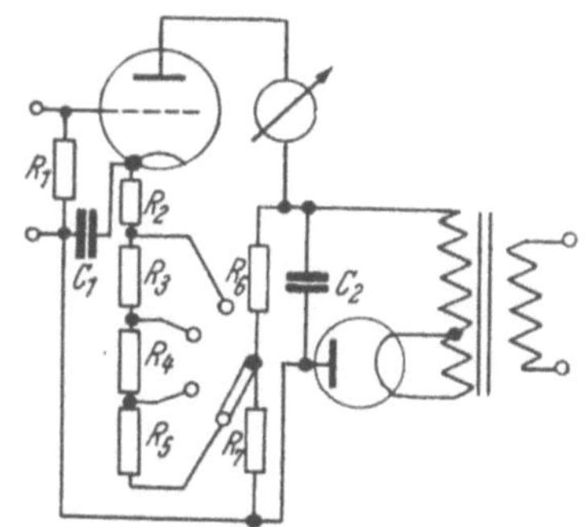

Abb. 103. Röhrenvoltmeter, Ausschlagsmethode, vier Meßbereiche

Die Röhrenvoltmeter sind empfindlich gegen Netzspannungsschwankungen. Man kann diesen Nachteil verringern, indem man eine Brückenanordnung mit zwei gleichartigen Röhren vorsieht. Das Galvanometer kann so angeordnet werden, daß im wechselspannungsfreien Zustand der Ausschlag gleich Null wird[1], s. Abb. 104. Die Nullpunktseinstellung erfolgt durch Regelung der Gittervorspannungen.

[1] Brentano, J.: Nature, Lond. **108**, 532 (1931).

Die Wirkungsweise der verschiedenen Brückenschaltungen von Röhrenvoltmetern wurde von Popper und White[1] untersucht.

Eine geringe Empfindlichkeit gegen Anodenspannungsänderungen zeigt auch die in Abb. 105 gezeigte Schaltung[2]. Sie gleicht der zur Ermittlung des Durchgriffes einer Röhre üblichen (Abb. 268), bei der im Falle $R/R' = D$ und $U_x = 0$ der Anodenstrom verschwindet.

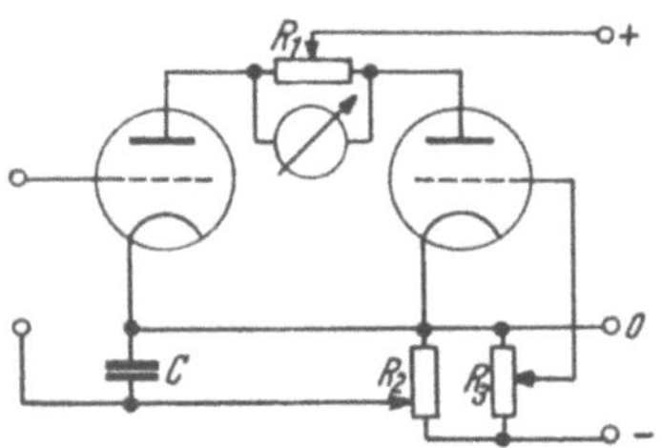

Abb. 104. Röhrenvoltmeter mit Anodenstromkompensation durch zweite Röhre

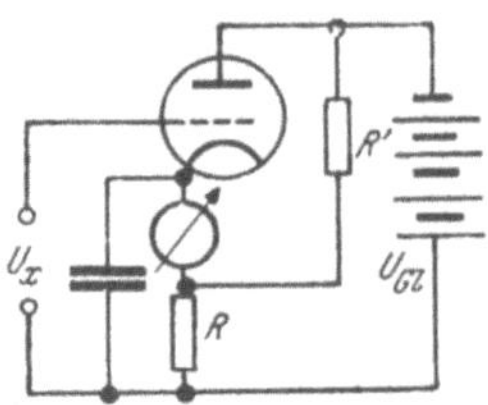

Abb. 105. Röhrenvoltmeter, Ausschlagsmethode. Verringerte Empfindlichkeit gegen Anodenspannungsschwankungen

Die Rechnung ergibt bei linearer Kennlinie für die Schaltung der Abb. 105

$$J = S \left[U_x - R\,J - (R - D\,R') \frac{U_{Gl} - R\,J}{R + R'} \right], \tag{2, 83}$$

wobei S = Steilheit, D = Durchgriff, U_{Gl} = Anodengleichspannung und U_x = unbekannte Spannung ist. Man erkennt, daß im Falle

$$R' = \frac{R}{D} \tag{2, 84}$$

die Schaltung von Anodenspannungsänderungen unabhängig ist. Man erhält dann

$$J = U_x \frac{S}{1 + S\,R}. \tag{2, 85}$$

Die Empfindlichkeit ist bei großer Steilheit S und kleinem Widerstand R nur um weniges geringer als bei Abwesenheit von R. Auch bei dieser Schaltung können die Meßbereiche durch Einschalten verschiedener Größen für R (und R') geändert werden.

Das Richtverstärker-Röhrenvoltmeter hat den Vorteil eines hohen Eingangswiderstandes. Er ist bei niedrigen Frequenzen ein reiner Blindwiderstand, bestimmt durch die Röhrenkapazität. Er beträgt, wenn der äußere Widerstand R_a klein gegen den inneren Widerstand R_i ist,

[1] Popper, P. u. G. White: Wireless Engr. **25**, 377 (1948).

[2] Scroggie, S.: Wireless World **55**, 402 (1949).

$$\mathfrak{R}_e = -j \frac{1}{\omega\,(C_{gk} + C_{ga})}. \qquad (2,\ 86)$$

Hiebei ist C_{gk} die Gitter-Kathoden-, C_{ga} die Gitter-Anodenkapazität.

Bei höheren Frequenzen bewirken Zuleitungsinduktivität und Elektronenlaufzeit einen zusätzlichen induktiven und Ohmschen Widerstand R_e, der zum Eingangskreis parallelgeschaltet zu denken ist. Es ist

$$\frac{1}{R_e} = \omega^2 L_e C_{gk} S + \frac{S}{a\,\lambda^2}\ \text{[1]}. \qquad (2,\ 87)$$

Hiebei ist L_e die Zuleitungsinduktivität, S die Steilheit (in A/V), λ die Wellenlänge in m und a ein Faktor, der in der Größenordnung von 0,5 bis 1,4 liegt.

b) Das Audion-Röhrenvoltmeter[2]. Wie beim Audion wird eine Verstärkerröhre verwendet, die ohne Gittervorspannung betrieben, einen Gitterableitwiderstand und einen Gitterkondensator erhält. Die an das Gitter gelegte Wechselspannung bewirkt wie beim Audion eine Verringerung des Anodenstromes. Es ist

$$J_a = U_{gw} \sqrt{2}\, S. \qquad (2,\ 88)$$

Den Anodenruhestrom kann man ebenso wie beim Richtverstärker kompensieren. Das Audionröhrenvoltmeter ist insbesondere bei kleinen Spannungen empfindlicher als der Richtverstärker, da der Arbeitspunkt im steilen Teil der Kennlinie gelegen ist, dagegen ist der Aussteuerbereich wesentlich geringer.

c) Röhrenvoltmeter für Gleichspannung. Abb. 106 zeigt ein solches Gerät[3]. Die Gleichspannung wird über ein Potentiometer an das Gitter der Verstärkerröhre gelegt. Es ist ein Richtverstärkerröhrenvoltmeter und erhält die erforderliche Gittervorspannung mit Hilfe eines Kathodenwiderstandes. Der Anodenruhestrom wird kompensiert. Hiezu kann auch eine zweite gleichartige Röhre dienen, s. Abb. 107. Die Kompensation wird dadurch auch weniger von der Betriebsspannung abhängig[4].

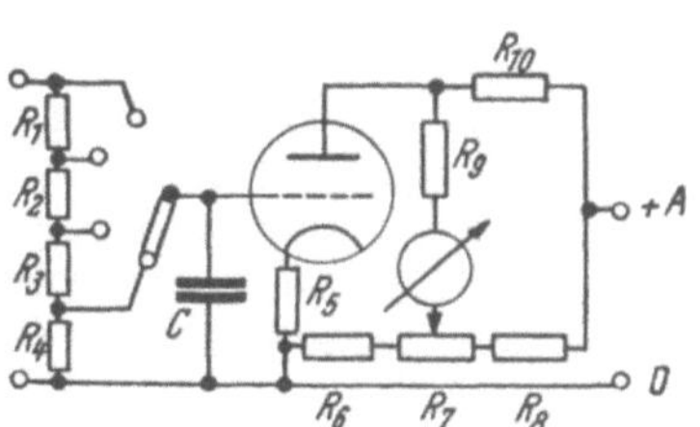

Abb. 106. Gleichspannungsröhrenvoltmeter

Zur Messung sehr kleiner Spannungen benützt man besondere „Elektrometerröhren"[5]. Sie haben

---

[1] Einfg. S. 228.

[2] Moullin, E. B.: Wireless World **10**, 1 (1922). — Möller, H.: Z. Fernmeldet. **5**, 96 (1924).

[3] Television Franc. Nr. 12, 17 (1946).

[4] Harnwell, G. P. u. S. N. van Vorhes: Rev. Sci. Instr. **5**, 244 (1934).

[5] Schintlmeister, J.: Die Elektronenröhre als phys. Meßinstr. 4. Aufl. S. 24 (1945).

einen hohen Gitterwiderstand, er beträgt etwa 10^{-12} bis 10^{-13} Ohm gegenüber 10^{-9} Ohm bei normalen Röhren. Erreicht wird dies durch sorgfältige Gitterisolation und kleine Anodenspannung. Die Verwendung dünner Gitterdrähte bewirkt weiter, daß auch der Ionenstrom niedrig ist. Die meisten Elektrometerröhren sind Tetroden in Raumladegitterschaltung. Die Anodenspannung überschreitet selten die Höhe von 6 Volt. Man kann Gleichspannungen bis zu 10^{-5} V herab messen. Die Anzeige ist von der Anodenspannung abhängig. Dieser Nachteil läßt sich wieder durch eine Kompensationsröhre verringern[1]. Gleichspannungs-

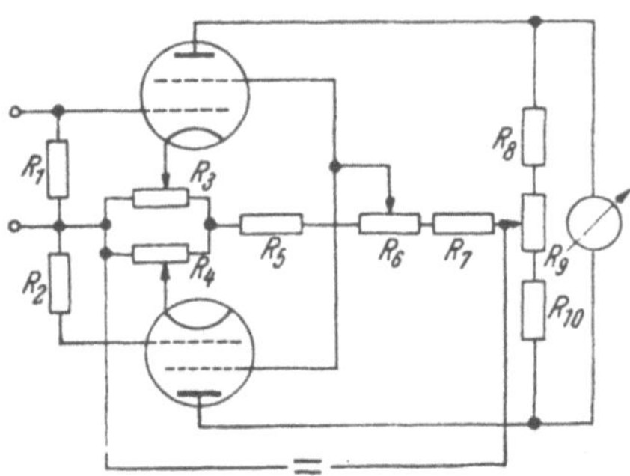

Abb. 107. Gleichspannungsröhrenvoltmeter mit Kompensation durch Röhre. R_1, R_2 = 2 Megohm, R_3, R_4 = 200 Ohm, R_5 = 2 kOhm, R_6 = 10 kOhm, R_7 = 5 kOhm, R_8, R_{10} = 30 kOhm, R_9 = 3 kOhm

röhrenvoltmeter dienen auch zur Gleichstrommessung. Die Empfindlichkeit kann so weit gesteigert werden, daß Ströme von 10^{-16} A gemessen werden können, s. dritter Abschn., III.

Es sind zwei Schaltungstypen zu unterscheiden[2]:

α) Das Gitter ist über einen hochohmigen Widerstand an die Gittervorspannungsquelle angeschlossen. Der zu messende Gleichstrom durchfließt den genannten Widerstand und erzeugt dort einen Spannungsabfall, der die Gittervorspannung und damit auch den Anodenstrom ändert, der ein Maß für die Größe der Meßspannung ist.

β) Die Röhre arbeitet ohne äußeren Eingangswiderstand, das Gitter liegt also völlig frei. Es stellt sich auf Grund seiner Isolationswiderstände im Ruhezustand auf ein bestimmtes Potential ein. Die zu messende Spannung wird nun an das Gitter gelegt und lädt es gegen die anderen Elektroden auf. Hiedurch ändert sich der Anodenstrom, der somit ein Maß für die Gitterspannung ist[3].

---

1 Keinath, G.: ATM V 373—2 (1940).

2 Kleen, W. u. W. Graffunder: ATM J 8 334—2.

3 Macdonald, P. A. u. E. M. Campbell: **6**, 211 (1935).

Von Kerkhof[1] wird die in Abb. 108 gezeigte Schaltung zur Gleichspannungsmessung vorgeschlagen. Zwei Hexoden sind in einem Hochfrequenzkreis als Widerstände geschaltet. Die Hochfrequenzspannung wird den beiden Schirmgittern zugeführt. Liegt zwischen den Klemmen *a* und *b* keine Gleichspannung, so ist die Brückenschaltung abgeglichen. Es tritt dann zwischen den Klemmen *c* und *d* auch keine Hochfrequenzspannung auf. Wird aber zwischen *a* und *b* eine Gleichspannung angeschlossen, so wird das Gleichgewicht der Brücke gestört und man erhält zwischen *c* und *d* eine Wechselspannung, die auch weiter verstärkt werden kann, wodurch die Empfindlichkeit der Meßanordnung erhöht werden kann. Eine verbesserte Schaltung wird von Boucke und Lennartz angegeben[2]. Es wird z. B. eine Spannung von 30 mV auf 70 V verstärkt. Bei einer Hochfrequenz von 200 kHz arbeitet der Verstärker bis 600 Hz frequenzgetreu.

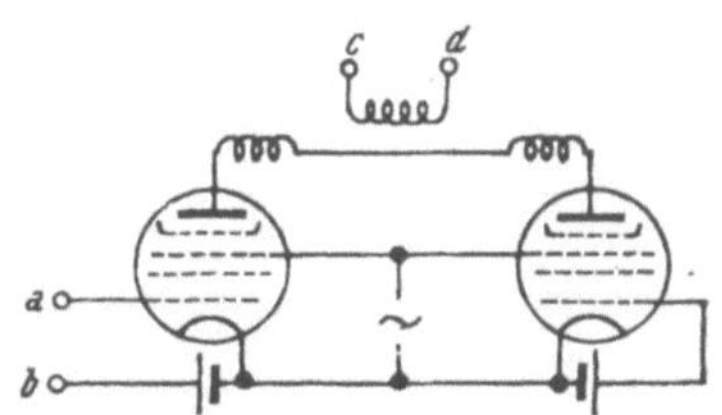

Abb. 108. Gleichspannungsröhrenvoltmeter nach Kerkhof

3. Mehrröhrenvoltmeter

a) Breitbandröhrenvoltmeter. Die zu messende Spannung wird mehrstufig verstärkt. Es werden in der Regel zwei bis fünf Stufen Widerstandsverstärkung verwendet. An die letzte Stufe schließt sich der Meßgleichrichter mit dem Meßgerät an. Es gibt Geräte, die bereits bei wenigen μV Vollausschlag zeigen. Üblich sind Frequenzbereiche von 30 Hz bis einige hundert kHz[3]. Wichtig ist, die Betriebsspannungen konstant zu halten, zweckmäßig ist es auch, eine kräftige Gegenkopplung zu verwenden, wodurch der Einfluß der Netzspannungsschwankungen und Röhrendatenänderung geringer wird.

b) Selektive Röhrenvoltmeter. Für bestimmte Zwecke der Meßtechnik sind auch Röhrenvoltmeter mit bestimmter, meist schmaler Frequenzbandbreite in Gebrauch. Es werden hiezu Widerstandsverstärker mit Siebgliedern oder abgestimmte Verstärker, aber auch Überlagerungsempfänger verwendet. So arbeitet beispielsweise ein ausgeführtes Gerät für 20 bis 500 kHz mit einer Zwischenfrequenz von 1500 kHz (Oszillator 1000 bis 1480 kHz) und erreicht einen Meßbereich von 77 μV bis 77 V (— 80 bis + 40 db an 600 Ohm)[4].

---

[1] Kerkhof, F.: Z. techn. Phys. **23**, 267 (1942).

[2] Boucke, H. u. H. Lennartz: Funk und Ton **4**, 161 (1950).

[3] Siemens, Meßeinrichtungen der Fernmeldetechnik, S. 120 (1940).

[4] Byrne, P.: Electronics **21**, H. 12, S. 104 (1948).

c) Logarithmische Röhrenvoltmeter. Für viele Zwecke der Meßtechnik, insbesonders der Elektroakustik und Verstärkertechnik empfiehlt sich die Verwendung von logarithmischen Röhrenvoltmetern. Bei ihnen ist die Anzeige proportional dem Logarithmus der angelegten Spannung, so daß das Meßinstrument in Np oder db geeicht werden kann. Die logarithmische Empfindlichkeit läßt sich mit Hilfe von Regelröhren und einer der automatischen Lautstärkeregelung entsprechenden Rückführung eines Teiles der gleichgerichteten Ausgangsspannung auf die Gittervorspannung der Regelröhren erzielen[1]. Man kann die Regelspannung selbst als Meßspannung benützen. Eine Ausführung verwendet zwei Röhren *AF* 3 und erhält einen Bereich von 70 db[2]. Es kann aber auch die zu messende Wechselspannung zuerst gleichgerichtet und dann die erhaltene Gleichspannung mit Hilfe von Regelröhren verstärkt werden[3]. Vorteil dieser Anordnung ist die Möglichkeit eines großen Frequenzbereiches. Sofern die Eingangsspannung klein ist, kann auch die Anlaufstromkennlinie einer Röhre, die in einem weiten Gebiet logarithmisch ansteigt, zur Erzeugung einer logarithmischen Abhängigkeit zwischen Eingang und Ausgang herangezogen werden[4].

d) Gleichspannungsröhrenvoltmeter. Auch Gleichspannungen können mit Mehrröhrenvoltmetern gemessen werden, doch sind mehrstufige Gleichspannungsverstärker meist nur wenig stabil. Es ist daher zweckmäßig, die Gleichspannung in eine Wechselspannung umzuformen und diese zu verstärken. Hiezu eignet sich vor allem der Schwingkondensator, s. Abb. 63. Die erhaltene Wechselspannung wird in einem mehrstufigen Widerstandsverstärker verstärkt und sodann wieder gleichgerichtet. Der so erhaltene Gleichstrom wird von einem Meßgerät angezeigt. Es kann an ihm die Eingangsspannung unmittelbar abgelesen werden.

Zur Verringerung der Abhängigkeit von Betriebsspannungsschwankungen wird eine kräftige Gleichstromgegenkopplung vorgeschlagen[5]. Sie hat überdies den Vorteil, daß die zwar an sich geringe Eingangsbelastung durch den Isolationswiderstand der angeschlossenen Kondensatoren noch weiter verringert wird, denn der zu messenden Eingangsspannung U_1 wirkt bei kräftiger Gegenkopplung eine nahezu gleich große Gegenkopplungsspannung U_2 entgegen. Dadurch liegt an dem Eingangswiderstand nur eine wirksame Spannung von $U_1 — U_2$. Demnach verringert sich der Belastungsstrom für die Eingangsspannung U_1 auf das $(U_1 — U_2)/U_1$-fache. Im umgekehrten Verhältnis erhöht sich der „wirksame" innere Widerstand, gleichzeitig verringert sich allerdings die Verstärkung zufolge der Gegenkopplung entsprechend.

---

1 Wheeler, H. A. u. V. E. Whitman: Proc. I.R.E. **23**, 610 (1935).
2 Holle, W. u. E. Lübcke: Hochfrequenztechn. u. Elektroak. **48**, 41 (1936).
3 Taylor, J. P.: Electronics **10**, H. 3, S. 24 (1937).
4 Heagher, R. E. u. E. R. Bentler: Rev. Sci. Instr. **10**, 336 (1939).
5 Hengel, J. van u. W. J. Oosterkamp: Philips Techn. Rdsch. **10**, 339 (1949).

Abb. 109 zeigt die Prinzipschaltung des Röhrenvoltmeters. Der Schwingkondensator ist durch C_1 dargestellt. Die Verstärkung wird durch die beiden Röhren *EF* 6 bewirkt. Zur Umwandlung der Wechselspannung in Gleichspannung dient ein phasenempfindlicher Gleichrichter (der dadurch auch die Richtung der Gleichspannung berücksichtigt). Das Meßgerät *M* mißt die Ausgangsspannung. Durch Umschaltung können die

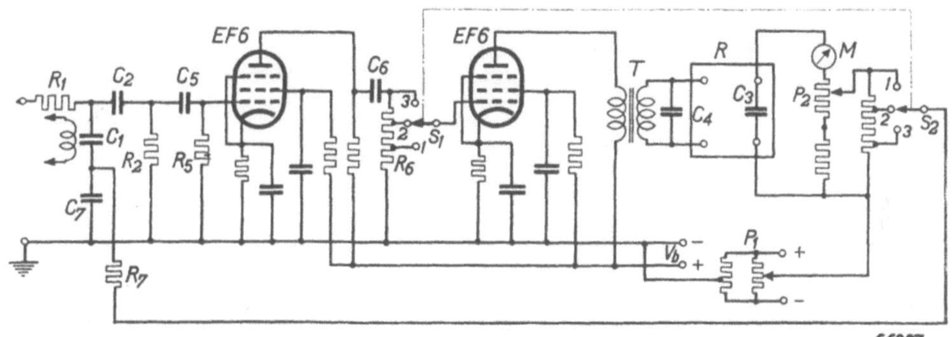

Abb. 109. Gleichspannungsröhrenvoltmeter mit Schwingkondensator nach Hengel u. Oosterkamp (Philips), C_1 = Schwingkondensator, S_1, S_2, P_1, P_2 Schalter und Potentiometer zur Empfindlichkeits- und Gegenkopplungsregelung, *R* phasenempfindlicher Gleichrichter, *M* Meßgerät, *T* Niederfrequenztransformator.

Empfindlichkeiten: Vollausschlag bei 1000 mV (1), 300 mV (2) und 100 mV (3) erzielt werden. Der (wirksame) Eingangswiderstand des Meßgerätes ist höher als 10^{15} Ohm.

Ein Röhrenvoltmeter mit direkter Gleichspannungsverstärkung und Kompensationsgegenspannung wurde von Clare angegeben[1].

Die meisten Mehrröhrenvoltmeter werden durch Anschluß einer geeichten Wechselspannungsquelle (einstellbare Spannungsteilung) geeicht.

4. Das umgekehrte Röhrenvoltmeter

Hohe Spannungen kann man messen, wenn man die zu messende Spannung zwischen Anode und Kathode einer Dreipolröhre legt. Die Meßmethode dient insbesonders zur Ermittlung hoher Gleichspannungen. Man schaltet diese so an, daß sie der Anodenspannung entgegenwirkt. Es wird die Abnahme des Gitterstromes gemessen[2]. Es läßt sich auch eine Nullmethode verwenden, bei der die Wicklung der zu messenden Spannung durch Änderung der Anodenspannung oder Gitterspannung aufgehoben wird.

[1] Clare, J. D.: Wireless Engr. 25, 231 (1948).

[2] Melzer, K.: ATM J 8 335—3.

5. Der Röhrenspannungszeiger

Will man nur das Vorhandensein einer Spannung nachweisen, ohne dieselbe zu messen (z. B. Feststellung der Resonanzlage), so bedient man

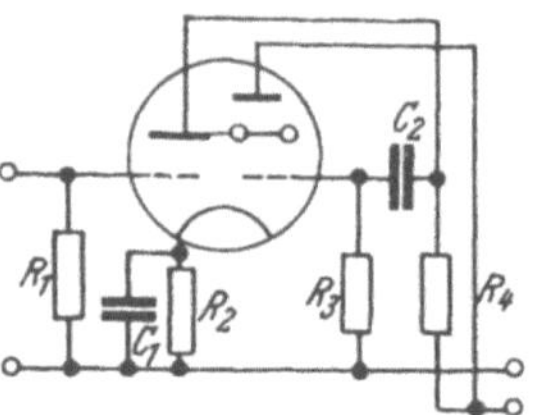

Abb. 110. Röhrenspannungszeiger

sich mit Vorteil einer Abstimmanzeigeröhre. Abb. 110 zeigt eine übliche Schaltung. Das Triodensystem dient zur Verstärkung der ankommenden Wechselspannung. Sie wird sodann über den Kondensator C_2 dem Gitter des Abstimmzeigersystems zugeführt. Dieses beeinflußt die Bündelung des Elektronenstromes zu der mit einer scheibenförmigen Leuchtschicht versehenen Anode. Die Größe des Leuchtwinkels auf der Leuchtscheibe der Röhre nimmt mit ansteigender Eingangsspannung zu.

Dritter Abschnitt

Meßverfahren

I. Allgemeine Bemerkungen

Messungen können im wesentlichen nach folgenden Gesichtspunkten vorgenommen werden:

1. *Direkte Anzeige.* Das Meßergebnis wird durch direktes Ablesen mit Hilfe eines oder mehrerer direkt anzeigender Meßgeräte entnommen (z. B. Bestimmung eines Widerstandes aus direkter Ablesung des Stromes und des Spannungsabfalles).

2. *Brückenmethode.* Es werden vier Widerstände R_1 bis R_4 zu einer Brücke zusammengeschaltet und so in ihrer Größe eingestellt, daß eine Brückendiagonale spannungslos wird (s. Abb. 111).

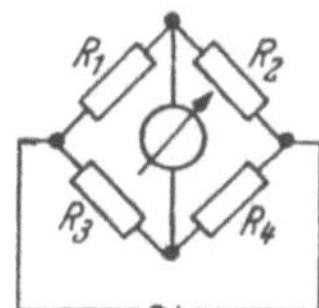

Abb. 111. Prinzip der Brückenschaltung

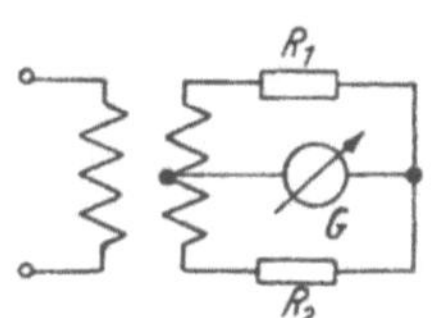

Abb. 112. Differentialübertrager

3. *Kompensationsmessung.* Es wird die Leerlaufspannung einer Spannungsquelle durch den Spannungsabfall einer gleichgroßen und phasengleichen Spannung aufgehoben, s. Abb. 113.

4. *Differenzspannungsmessung mit Hilfe des Differentialübertragers*[1]. Ein Übertrager erhält eine Anzapfung der Sekundärwicklung mit bestimmtem Spannungsverhältnis, in der Regel 1 : 1. Die beiden Transformatorenden sind über die Widerstände R_1 und R_2 mit der Anzapfung verbunden, die so groß gewählt sind, daß durch das Galvanometer G kein Strom fließt (s. Abb. 112). Der Differentialübertrager zeigt vielfache Verwendungsmöglichkeiten. Er kann leicht selbst hergestellt werden. Für Niederfrequenz wird er meist mit Ringeisenkern und mehrfach unterteilter Wicklung ausgeführt[2], für Hochfrequenz als Lufttransformator oder mit Hochfrequenzeisenkern.

---

[1] Hund, A.: Hochfrequenzmeßtechnik S. 98 (1922).

[2] Hausrath, H.: Untersuchung elektrischer Systeme usw. (1907).

5. *Vergleichsverfahren.* Man vergleicht die zu messende Größe mit einer bekannten, z. B.: Vergleich der Ausschläge zweier Meßinstrumente, der Lautstärken zweier Schallquellen, der Helligkeiten zweier Lichtquellen usw.

Beim *Substitutionsverfahren* wird die unbekannte Größe bei gleichbleibender Versuchsanordnung durch eine bekannte ersetzt.

6. *Besondere Verfahren.* a) *Verfahren der Selbsterregung (Pfeifpunktverfahren)*: Die Rückkopplung eines selbsterregungsfähigen Gebildes wird so hoch getrieben, daß gerade Schwingungen einsetzen, dann ist die entdämpfende Wirkung gleich der dämpfenden. Dieses Verfahren dient vor allem zur Widerstands- und Dämpfungsmessung.

b) *Verfahren der Frequenzanalyse:* Es besteht in einer Aussortierung der Oberwellen durch Resonanzkreise oder mittels eines Frequenzdurchdrehverfahrens (Suchton).

c) *Optische Verfahren* durch Beobachtung und Vergleich der Helligkeit.

d) *Akustische Verfahren* durch subjektiven Lautstärkevergleich.

II. Spannungsmessung

1. Messung von Gleichspannungen

a) Direkte Messung. Im allgemeinen werden, wenn nicht allzu große Genauigkeiten gefordert sind, direkte Messungen vorgezogen. In der Regel benützt man hierzu Drehspulmeßgeräte. Oft sind Spannungen an Stromquellen mit sehr hohem inneren Widerstand zu messen. Man verwendet dazu Drehspulinstrumente mit hohen inneren Widerständen (bis zu 50 000 Ohm/V). Genügt dies nicht, so benützt man elektrostatische Meßgeräte und Elektrometer, für kleine Spannungen auch Röhrenelektrometer und Röhrenvoltmeter.

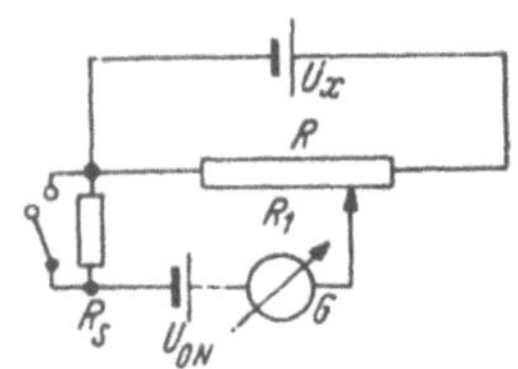

Abb. 113. Prinzip der Kompensationsmethode

b) Kompensationsverfahren. Zu genauen Messungen von Gleichspannungen, insbesondere auch zur Spannungsmessung an Stromquellen mit hohem inneren Widerstand benützt man vielfach das Kompensationsverfahren, das in seiner einfachsten Form in Abb. 113 dargestellt ist. Ein Normalelement wird über ein empfindliches Galvanometer G an einen Teil des Widerstandes R angeschlossen. Die zu messende Spannung U_x wird an den Gesamtwiderstand R gelegt. Der Anschlußpunkt der Spannung U_{0N} des Normalelementes wird so lange geändert, bis der Galvanometerausschlag völlig verschwindet. Dann ist

$$U_x = U_{0N} \frac{R}{R_1}, \tag{3, 1}$$

wobei U_{0N} die EMK des Normalelementes ist. Da dieses nicht belastet werden darf, ist dem Meßkreis ein Schutzwiderstand R_s vorgeschaltet, der erst dann kurzgeschlossen wird, wenn bereits eine gute Abgleichung erzielt worden ist.

Ist die Spannung U_x kleiner als U_{0N} oder soll die zu messende Spannung nicht belastet werden, so wird eine Hilfsbatterie U_H verwendet und mit Hilfe eines zweiten Widerstandsabgriffes auch die zu messende Spannung kompensiert. Es kann zur Kompensation von Normalelement und Meßspannung das gleiche Galvanometer verwendet werden, s. Abb. 114.

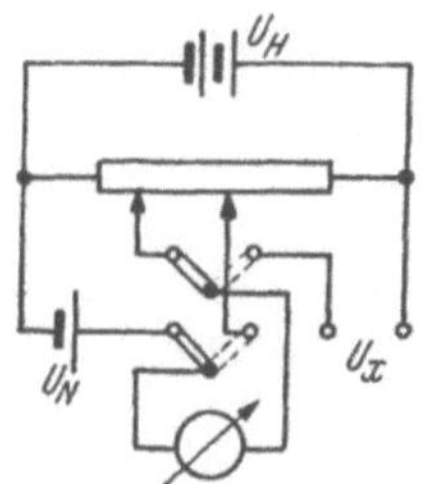

Abb. 114. Schaltung für zweifache Kompensation

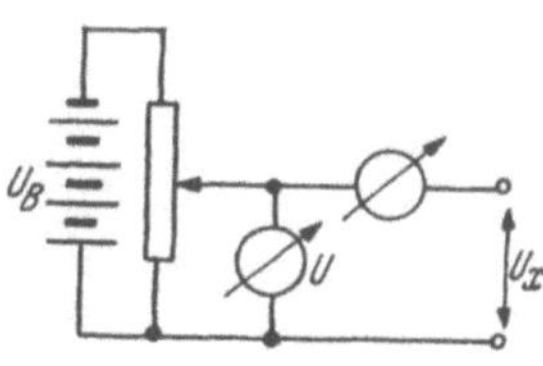

Abb. 115. Kompensationsmethode zur Spannungsmessung an hohen Widerständen

Zur Kompensationsmessung werden in der Regel eigene Kompensatoren benützt; sie enthalten meist Kurbelwiderstände mit besonderen Schaltanschlüssen zur Vereinfachung des Meßverfahrens. Die Genauigkeit der Messung ist durch die der verwendeten Widerstände bedingt. Die Toleranz liegt bei 0,01 bis 0,1% vom Sollwert.

Zur Messung der Gitterspannung von Röhren und zur Messung von Spannungsabfällen an Hochohmwiderständen an Empfangs- und Verstärkergeräten wird mit Vorteil die in Abb. 115 gezeigte Schaltung verwendet. Das Normalelement ist durch eine Batterie, deren Spannung U_B bekannt ist, ersetzt; die zu messende Spannung wird direkt an einem Voltmeter U abgelesen. Der Potentiometerabgriff wird so eingestellt, daß das Galvanometer keinen Ausschlag zeigt. Dann wird U_x nicht belastet.

c) Ballistische Messung. In einfacher Weise können Gleichspannungen an Spannungsquellen mit hohen inneren Widerständen durch eine ballistische Messung bestimmt werden. Ein Kondensator wird mit der zu messenden Spannung aufgeladen und dann nach Abschalten der Spannungsquelle über ein Galvanometer kurzgeschlossen. Der ballistische Ausschlag ist ein Maß für die Größe der Spannung. Das Instrument kann direkt in Volt geeicht sein. Vorteil der Meßmethode ist, daß am Ende der Aufladung des Kondensators die Spannungsquelle nicht mehr belastet und daher die EMK gemessen wird.

d) Messung hoher Gleichspannungen. Bei sehr hohen Spannungen empfiehlt sich an Stelle der Messung mit Drehspulinstrumenten und Vorwiderständen eine Spannungsteilung der Hochspannung mit Hilfe Ohmscher Spannungsteiler und Messung der Spannung an einem bekannten Teilungsverhältnis. Auch die oben beschriebene ballistische Messung kann nach Spannungsteilung angewendet werden.

e) Messung sehr kleiner Gleichspannungen. Hiefür eignet sich die Elektrometerröhre, s. zweiter Abschn., XI. Es wird auch empfohlen, die Gleichspannung durch Zerhacken in Wechselspannung umzuformen und diese zu verstärken oder direkt mit einem Wechselstromröhrenvoltmeter zu messen, s. zweiter Abschn., XI.

2. Messung von Niederfrequenzspannungen

a) Direkte Messungen. (Vgl. zweiter Abschn., IX.) Zu Spannungsmessungen bei technischem Wechselstrom werden vor allem Dreheisen- und elektrodynamische Instrumente verwendet. Bei Tonfrequenzen benützt man insbesonders Gleichrichtermeßgeräte. Hat die Spannungsquelle einen sehr hohen inneren Widerstand, so ist die Verwendung eines elektrostatischen Meßgerätes zu empfehlen. Ist auch große Empfindlichkeit gefordert, so wird zumeist das Röhrenvoltmeter genommen.

b) Vergleichsmessung. Die zu messende Spannung kann auch durch Vergleich mit einer bekannten bestimmt werden. Hiezu dient z. B. ein geeichter Spannungsteiler. Die von diesem abgezweigte Spannung wird so lange geändert, bis sie an einem nicht geeichten Indikator (z. B. Verstärker mit Ausgangsspannungsmesser) dieselbe Spannung gibt wie die zu messende. Das Spannungsverhältnis ist dann gleich dem Widerstandsverhältnis.

c) Kompensationsmethode[1]. Wie Gleichspannungen lassen sich auch Wechselspannungen durch eine Kompensationsmethode bestimmen. Es sind jedoch im Gegensatz zur Gleichspannungskompensation drei Bedingungen zu erfüllen:

1. Die beiden Spannungen müssen gleich groß sein.
2. Meß- und Kompensationsspannung müssen gleiche Frequenz haben. Man erreicht dies am einfachsten durch Verwendung der gleichen Wechselspannungsquelle.
3. Die beiden Spannungen müssen gegeneinander eine Phasenverschiebung von 180^0 aufweisen. Zur Erfüllung dieser Bedingung verwendet man Wechselstromquellen, die eine veränderbare Phaseneinstellung gestatten. Hiezu dient z. B. die Frankesche Maschine, bei der die Phasenverschiebung durch Verstellung des Stators erreicht wird oder ein Drehtransformator, wie er z. B. beim Wechselstromkompensator von Krukowsky vorgeschlagen wird[2]. Die veränderliche Phasenverschiebung kann auch durch regelbare Scheinwiderstände erzeugt werden, wie z. B. im *komplexen* Kompensator von Geyger[3].

An Stelle eines Galvanometers kann bei Messungen mit tonfrequenten Wechselspannungen auch ein Kopfhörer verwendet werden.

d) Messung hoher Spannungen mit Funkenstrecke. Man benützt elektrostatische Methoden, vor allem aber wird die Schlagweite von Kugel-

---

[1] Krönert, J.: Meßbrücken u. Kompensatoren Bd. 1 (1935).

[2] Krukowsky, W. v.: Vorgänge in der Scheibe eines Induktionszählers ... S. 66 (1920).

[3] Geyger, W.: ETZ. **55**, 833 (1924). Arch. Elektrot. **15**, 186 (1925), **17**, 213 (1926).

funkenstrecken zur Messung derselben herangezogen. Der Zusammenhang zwischen Funkenlänge, Kugeldurchmesser und Überschlagsspannung ist aus untenstehender Zahlentafel zu entnehmen[1]. Bei Hochfrequenz liegen die Funkenspannungen meist etwas niedriger, s. 3.

Zahlentafel 6. *Überschlagsspannung in kV (Scheitelwert) in Abhängigkeit von Schlagweite und Kugeldurchmesser bei 20⁰ C und 760 Torr.*

Schlagweite (cm)	Kugeldurchmesser								
	2	5	10	15	25	50	100	150	200
0,05	2,4	—	—	—	—	—	—	—	—
0,1	4,4	—	—	—	—	—	—	—	—
0,2	8,2	8,0	—	—	—	—	—	—	—
0,5	18	—	16,9	16,5	—	—	—	—	—
1,0	31,2	32	31,6	31,3	—	—	—	—	—
2,0	(46,2)	57,4	59,1	59,2	59	58	—	—	—
5,0	—	—	123	132	137	—	137	137	137
10,0	—	—	(177)	209	243	262	266	267	265
20,0	—	—	—	—	(363)	461	503	508	510

e) Elektrostatische Messung hoher Spannungen. Man bedient sich dazu zweier kugelförmiger[2] oder plattenförmiger Elektroden[3], an welche die zu messende Spannung angelegt wird und deren anziehende Kräfte gemessen werden.

f) Spannungsmessung mit Hilfe von Glimmröhren[4]. Auch die Zündspannung einer Glimmlampe ist in ziemlich weiten Grenzen von der Frequenz unabhängig und eignet sich daher ebenfalls zur Messung der Scheitelspannung. Unter Verwendung eines geeichten Potentiometers können auch beliebige oberhalb der Zündspannung gelegene Spannungen, unter Vorschaltung eines Transformators aber auch niedrigere Spannungen gemessen werden.

3. Messungen von Hochfrequenzspannungen

a) Elektrostatische Meßgeräte. (S. zweiter Abschn., IX.) Zur Messung kleiner Spannungen eignet sich das Fadenelektrometer[5]. Bei den gebräuchlichen Elektrometern ist der Meßfehler bei 10^8 Hz kleiner als 1 Prozent. Seine Ursache liegt vor allem in der Kapazität der Durchführung und dem Spannungsabfall längs des Fadens. Ein Zweifadenelektrometer

---

[1] ETZ **70**, 97, 117, 1 307, 1 323 (1939).
[2] Hueter, E.: ETZ **55**, 833 (1924).
[3] Frank, A.: Fortschr. d. Röntgent. **42**, 751 (1930).
[4] Palm, A.: Z. f. techn. Phys. **4**, 233 (1923); Jahrb. d. drahtl. T. **23**, 18 (1924) **26**, 13 (1925).
[5] Ulbricht, G.: Hochfrequenztechn. u. Elektroak. **42**, 21 (1933).

ähnlich dem Wulfschen[1] für Hochfrequenzspannungsmessung wird von Nissen[2] angegeben. Die Fäden bestehen aus dünnem Silberband von 0,003 mm Stärke, 0,14 mm Breite und 3 cm Länge. Sie sind durch nichtleitende Fäden verlängert. Der Fehler betrug bei $3{,}3 \cdot 10^8$ Hz 1 Prozent, der Meßbereich lag zwischen 10 und 100 Volt.

Von Hartmann und Braun wurde ein elektrostatisches Voltmeter für Frequenzen bis zu 10^7 Hz gebaut. Es hat eine Kapazität von rund 13 pF und einen Meßbereich von 2 bis 20 Volt bei Lichtzeigerablesung.

b) Thermische Meßgeräte. Seltener werden Thermovoltmeter verwendet. Sie müssen zur Erhöhung des Meßbereiches mit Vorwiderständen versehen sein, die in der Regel symmetrisch geschaltet werden. Die Meßgeräte sind abgeschirmt[3].

Infolge der unvermeidlichen Zuleitungsinduktivität wird bei diesen Instrumenten mit Ohmschem inneren Widerstand R_i die Anzeige mit zunehmender Frequenz kleiner. Es ist

$$U = U_J \sqrt{1 + (\omega L/R_i)^2}, \qquad (3,\ 2)$$

wobei L die Induktivität der Zuleitung, U_J die angezeigte und U die tatsächliche Spannung ist.

Dagegen ist bei Instrumenten mit kapazitivem innerem Widerstand (elektrostatische Instrumente und Röhrenvoltmeter) die vom Instrument angezeigte Spannung größer als die Spannung an den Klemmen. Es ist

$$U = U_J (1 - \omega^2 L C_J), \qquad (3,\ 3)$$

wobei L die Leitungsinduktivität und C_J die Meßinstrumentenkapazität bedeutet.

Auch die Erwärmung von Isolierstoffen, z. B. Glasperlen, durch dielektrische Verluste im Hochfrequenzfeld kann zur Spannungsmessung herangezogen werden[4]. In die Glasperle ist ein Thermoelement eingeschmolzen, dessen Thermostrom von einem Galvanometer gespeist wird. Zur Messung geringer Spannungen sind auch die Meßspannungsanschlüsse in geringem Abstand voneinander in die Perle eingeschmolzen. Dem Vorteil der Einfachheit und Kleinheit des Meßsystems steht der Nachteil der Frequenzabhängigkeit des Verlustfaktors und damit der Eichung gegenüber.

c) Röhrenvoltmeter. Besonders geeignet ist zur Spannungsmessung bei hohen Frequenzen das Röhrenvoltmeter als Diodenvoltmeter, aber auch das Verstärkerröhrenvoltmeter in Richtverstärker- wie auch Audionschaltung (s. zweiter Abschn., XI), letztere für Spannungen unter 0,2 Volt.

Bei großen Frequenzen macht sich jedoch die Röhrenkapazität und die Induktivität der Zuleitungen störend bemerkbar. Bei sehr hohen Frequenzen kommt noch ein Laufzeitfehler hinzu. Man verwendet daher

---

[1] Wulf, T.: Phys. Z. **8**, 246 u. 527 (1907); **26**, 352 (1925).

[2] Nissen, H. F.: Hochfrequenztechn. u. Elektroak. **42**, 24 (1933).

[3] Wilson, L. T.: J. Am. Inst. El. Eng. **42**, 446 (1924). — Jensen, A. G.: Phys. Rev. **26**, 118 (1925).

[4] Gundlach, F. W.: Hochfrequenztechn. u. Elektroak. **53**, 162 (1939); DRP 729 237 (1942).

Spezialdioden mit sehr kurzem Elektrodenabstand, geringer Elektrodenfläche und kurzen Zuleitungen.

Ein Diodenvoltmeter für sehr hohe Frequenzen wurde von Rohde beschrieben[1].

d) Gleichrichterinstrumente. Grundsätzlich läßt sich auch zur Hochfrequenzspannungsmessung ein Trockengleichrichter verwenden[2]. Um die Kapazität möglichst klein zu halten, wird die Berührungsfläche sehr klein gewählt. Am besten eignet sich Spitzengleichrichtung, das heißt der Gleichrichter lädt einen Kondensator auf, zu dem die Reihenschaltung eines Ohmschen Widerstandes mit dem Meßinstrument parallel liegt. Der Einfluß der zweiten Harmonischen kann z. B. durch eine Greinacher-Schaltung beseitigt werden.

e) Messung hoher Spannungen mit der Funkenstrecke. Sie eignet sich vor allem zur Messung von Spannungen über 10 kV. Oberhalb 25 kHz tritt eine Erniedrigung der Spannung ein[3], die bei 2 kHz etwa 15% ausmacht. Oberhalb 10 MHz tritt bei Spannungen über 20 kV eine Art Lichtbogen auf, der über seine eigene Kapazität gegen die Umgebung brennt[4].

f) Verwendung von Spannungswandlern. Zur Herabtransformation der hohen Spannungen benützt man für Frequenzen bis 500 kHz Transformatoren mit hochlegierten sehr dünnen Eisenblechen, bei höheren Frequenzen eisenlose Spannungswandler. Wichtig ist es, eine kapazitive Kopplung zwischen Primär- und Sekundärseite zu vermeiden.

g) Glimmröhre. Sie kann zur Spannungsmessung bei nicht allzu hohen Frequenzen verwendet werden, da ihre Zündspannung von der Frequenz in ziemlich weiten Grenzen unabhängig ist. Sie eignet sich somit als „Spannungsnormal". Bei hohen Frequenzen liegt jedoch die Zündspannung etwas niedriger.

In Verbindung mit einem geeichten Potentiometer können auch größere und kleinere Spannungen mit einer Röhre gemessen werden. Von Palm wird eine Meßeinrichtung für Spitzenspannungen bis 15 kV und Frequenzen bis 1 MHz beschrieben[5].

h) Photo-Voltmeter. Bei diesem Gerät wird eine Glühlampe vom Hochfrequenzstrom durchflossen und zum Leuchten gebracht. Eine Photozelle wird von ihren Lichtstrahlen getroffen und dadurch ein Meßinstrument zum Ausschlag gebracht. Wegen des exponentiellen Anstieges des Lichtstromes mit dem durchfließenden Lampenstrom ist die Anzeige meist recht genau, der Meßbereich jedoch gering. Um ihn zu erweitern, müssen verschiedene auswechselbare Lämpchen verwendet werden. In der Regel mißt man Spannungen zwischen 1 und 12 Volt. Die Eichung erfolgt mit Gleichstrom. Eine meist geringe Frequenzabhängigkeit besteht infolge des Skineffektes.

---

[1] Rohde, L.: Z. f. techn. Phys. **12**, 263 (1931).

[2] Tamm, R. u. F. Bath: Hochfrequenztechn. u. Elektroak. **46**, 6 (1935).

[3] Müller, H.: ATM V 339—2.

[4] Rohde, L. u. H. Schwarz: Z. f. Phys. **85**, 161 (1933).

[5] Palm, A.: Z. f. techn. Phys. **4**, 233, 258 (1938).

i) Spannungsmessung mit der Kerrzelle[1]. Dipolflüssigkeiten, z. B. Nitrobenzol, zeigen im elektrischen Feld die Erscheinung der Doppelbrechung für Licht (*Kerreffekt*). Füllt man nun einen Kondensator mit Nitrobenzol und schickt den Lichtstrahl zuerst durch die Kondensatorflüssigkeit und dann durch zwei gekreuzte Nicolsche Prismen, so tritt bei Anlegen einer Wechselspannung ein Lichtstrom hindurch. Er wird durch eine lichtempfindliche Zelle nachgewiesen. Der Kerreffekt arbeitet praktisch trägheitslos, weshalb das Gerät mit Niederfrequenz geeicht werden kann. Durch die Kapazität und den Verlustwinkel des Nitrobenzol entsteht ein Strom- und Leistungsverbrauch.

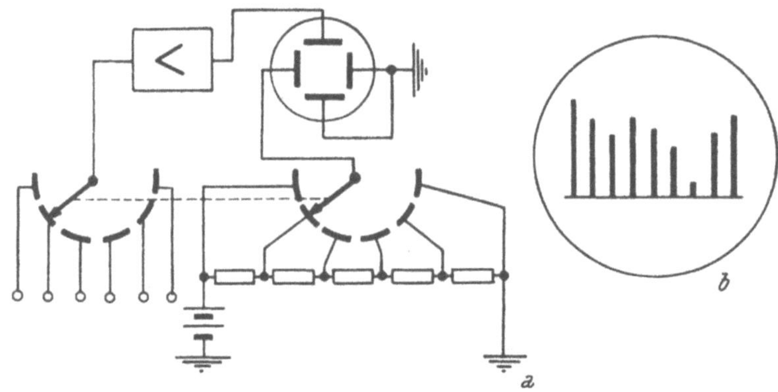

Abb. 116. Elektronenstrahl-Multiskop. *a* Prinzipschaltung. Ein rotierender Schalter tastet die zu messenden Spannungen ab, ein synchron laufender ändert die Horizontalablenkspannung. *b* Kathodenstrahlaufzeichnung

k) Die Kathodenstrahlröhre als Spannungsmesser. Bei hohen Frequenzen wird gelegentlich auch die Kathodenstrahlröhre zur Spannungsmessung verwendet. Die Spannung wird nur an ein Plattenpaar angeschlossen. Die Länge des erhaltenen Lichtstriches ist ein Maß für die Größe der Spannung. Die Empfindlichkeit neuerer Röhrentypen liegt bei etwa 1 mm/V. Es sind nur Hochvakuumröhren verwendbar.

Bei sehr hohen Frequenzen entsteht infolge der Verweilzeit der Kathodenstrahlen zwischen den Elektroden der Röhre ein Fehler von[2]

$$p = \frac{1040}{U_a}\left(\frac{2\pi l}{\lambda}\right)^2 \%, \qquad (3, 4)$$

wenn U_a = Anodenspannung in kV und l = Plattenlänge in Strahlrichtung ist.

Die Kathodenstrahlröhre eignet sich aber insbesondere auch zur gleichzeitigen Aufzeichnung von mehreren Spannungen. Sie werden mit Hilfe

---

[1] Pungs, L. u. H. Vogler: Phys. Z. **31**, 485 (1930). — Vogler, H.: ENT **8**, 197 (1931). — Hoyer, H.: Arch. Elektrot. **27**, 691 (1933). — Pungs, L.: Hochfrequenztechn. u. Elektroak. **41**, 151 (1933).

[2] Hollmann, H. E.: Hochfrequenztechn. u. Elektroak. **40**, 97 (1932).

eines genügend rasch rotierenden Wählers und eines Verstärkers dem Vertikalsystem einer Kathodenstrahlröhre zugeführt. Das Horizontalsystem erhält eine der Schalterstellung entsprechende Gleichspannung. Bei Verwendung eines synchron gesteuerten Impulsgebers erhält man schmale Impulsaufzeichnungen, die eine gleichzeitige Ablesung aller Spannungen der einzelnen Schalterstellungen gestattet. Das Prinzip einer solchen als *Elektronenstrahl-Multiskop* bezeichnete Anordnung zeigt Abb. 116. Die Einstellung der Horizontalablenkspannung geschieht mit Hilfe eines rotierenden Potentiometers.

4. Messung von Spitzenspannungen

Beim *Spitzenspannungsmesser*[1] wird über einen Gleichrichter eine Meßkapazität aufgeladen. Diese wird sodann mit Hilfe eines hohen Widerstandes entladen, z. B. eines Gitterableitwiderstandes eines Röhrenvoltmeters. Wenn die Zeitkonstante groß gegen die Impulsfolgedauer ist, dann lädt sich der Kondensator auf die Spitzenspannung auf, die mit dem Röhrenvoltmeter gemessen wird.

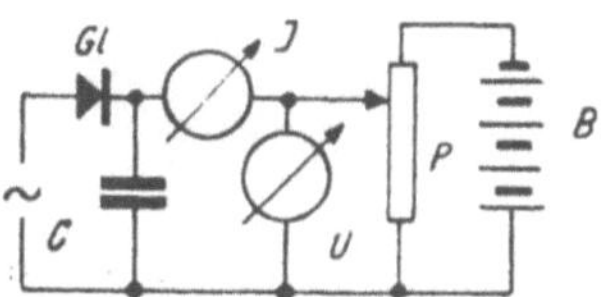

Abb. 117. Spitzenspannungsvoltmeter

Eine Messung der Spitzenspannung ist weiter mit Hilfe der in Abb. 117 gezeigten Schaltung möglich. Ein Gleichrichter lädt den Kondensator C auf. Eine Batterie B dient zur Kompensation der so an C entstandenen Gleichspannung. Die Kompensationsspannung wird mit Hilfe des Potentiometers P so eingestellt, daß das empfindliche Gleichstromgalvanometer J keinen Ausschlag zeigt. Die Spitzenspannung kann dann an dem Voltmeter U direkt abgelesen werden.

Kleine Spitzenspannungen können auch durch Kompensation der Gitterspannung einer Triode gemessen werden[2]. Die Röhre erhält eine so große negative Gittervorspannung, daß gerade kein Anodenstrom fließt (bzw. dieser einen sehr kleinen bestimmten Wert erreicht — Anlaufstrom). Wird nun eine Wechselspannung angelegt, so muß die negative Gittervorspannung um einen Betrag erhöht werden, der gleich der Spitzenspannung ist, damit wieder kein (bzw. derselbe kleine) Anodenstrom fließt.

Größere Spitzenspannungen können in der gleichen Weise gemessen werden, wenn die zu messende Spannung zwischen Anode und Kathode gelegt wird[3].

---

[1] Cassani, J.: Funkschau **10**, 99 (1947).

[2] Fromy, E.: Mesures en Radiotechnique, Paris, 1948.

[3] Hund, A.: High Frequency Measurements, 2. Aufl., S. 184 (1951).

5. Messung von Spannungsimpulsen

Hiezu eignen sich vor allem Kathodenstrahlröhren, nötigenfalls mit hoher Nachleuchtezeit. Die Impulsspannungen werden an das eine Ablenksystem gelegt und die Größe der Ablenkung gegenüber der Nullinie gemessen. Das zweite Plattensystem erhält keine Spannung oder eine Wechselspannung geringer Frequenz.

III. Messung von Strömen

A. Messung von Gleichströmen

1. Direkte Messungen

Für genaue Messungen werden Drehspulmeßgeräte verwendet. Mit Zeigerinstrumenten können noch Ströme von wenigen μA bis einige 100 A gemessen werden. Wünscht man sehr große Empfindlichkeiten, so verwendet man Spiegelgalvanometer, die noch Ströme von 10^{-10} A zu messen gestatten.

Wird nur eine geringe Meßgenauigkeit verlangt, so benützt man oft Dreheiseninstrumente, die sich zur Messung von Strömen von etwa 10 mA bis einige 100 Ampere ohne Nebenwiderstände eignen.

2. Kompensationsmethode

Wie Abb. 118 zeigt, wird der Strom der Spannungsquelle U über zwei hintereinandergeschaltete Widerstände R_1 und R_2 geführt. Der Spannungsabfall des genau geeichten Widerstandes R_1 kompensiert die EMK des Normalelementes U_{0N}, was durch Einstellen des Galvanometers G auf Null nachgewiesen wird. Der Strom bestimmt sich dann aus

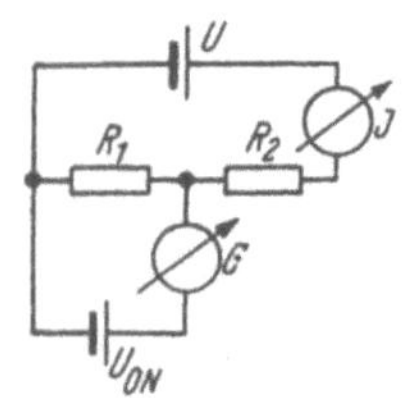

Abb. 118. Kompensationsmethode zur Strommessung

$$J = \frac{U_{0N}}{R_1}. \tag{3, 5}$$

Die Meßgenauigkeit ist durch die Genauigkeit des Widerstandes R_1 bestimmt. Man erreicht etwa 0,05% Meßunsicherheit.

Die Kompensationsmethode dient vor allem zur Eichung von Strommessern.

3. Strommessung durch Messung des Spannungsabfalles

Strommessungen können auch mit Spannungsmessern durchgeführt werden, wenn der Spannungsabfall an einem bekannten Widerstand gemessen wird. Der Meßinstrumentenwiderstand liegt parallel zum Meßwiderstand und muß mit einbezogen werden. Er kann aber auch durch eine Kompensationsmethode wie in Abb. 113 beseitigt werden. Werden elektrostatische Instrumente verwendet, so kann vom Eigenverbrauch abgesehen werden, man kann mit einem inneren Widerstand von 10^{12} Ohm und mehr rechnen. Abb. 119 zeigt die grundsätzliche Schaltung. Es wird der Strom durch R_x bestimmt, indem der Spannungsabfall an R_N gemessen wird.

Elektrometer eignen sich daher auch zur Messung sehr kleiner Ströme. Bei einer Meßempfindlichkeit von beispielsweise 10^4 Skt./V und einem Meßwiderstand von 10^9 Ohm lassen sich Ströme von 10^{-12} A messen.

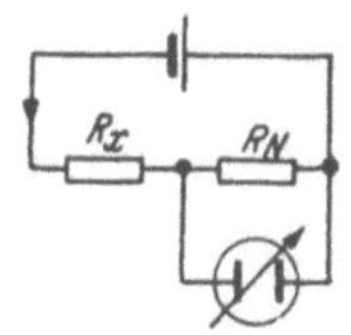

Abb. 119. Strommessung mittels Elektrometers

Zur Messung sehr kleiner Ströme eignet sich das Röhrenvoltmeter unter Verwendung von *Elektrometerröhren*. Das sind Röhren mit besonders geringem Gitterstrom. Der zu messende Strom wird über einen Widerstand geführt und erzeugt dort einen Ohmschen Spannungsabfall. Dieser wird mit der Elektrometerröhre in Verstärkerröhrenvoltmeterschaltung, meist mit Kompensation des Anodenruhestroms gemessen. Der innere Widerstand der Elektrometerröhre muß wenigstens um eine Größenordnung höher liegen als der Ohmsche Widerstand. Die ersten brauchbaren Elektrometerröhren wurden von Hausser, Jäger und Vahle gebaut[1]. Sie erreichten einen Gitterstrom von 10^{-11} A. Von den Firmen AEG und Osram wurden sodann Röhren mit 10^{-13} A [2] und von der General Electric[3] solche mit 10^{-15} A hergestellt. Der Widerstand zwischen Gitter und Kathode liegt in der Größe von 10^{16} Ohm.

Für die Stromempfindlichkeit findet man

$$J_x = \frac{J_a}{S \cdot R_g}, \qquad (3, 6)$$

wenn J_x der zu messende Strom, J_a die durch ihn hervorgerufene Anodenstromänderung, S die Steilheit und R_g den Gitterwiderstand bedeuten.

Bei $R_g = 10^{11}$ Ohm, $S = 0{,}025$ mA/V und einem kleinsten nachweisbaren Anodenstrom von 10^{-10} A findet man z. B.

$$J_x = 4 \cdot 10^{-17} \text{ A}.$$

Schaltungen zur Strommessung mittels Elektrometerröhren werden unter anderem von Schintlmeister angegeben[4].

4. Elektrometrische Methoden zur Messung besonders schwacher Ströme

Besonders schwache Ströme lassen sich messen, indem man die Aufladegeschwindigkeit einer kleinen Kapazität durch den zu messenden Strom bestimmt. Es ist

$$J = \frac{\Delta Q}{\Delta t} = \frac{C \Delta U}{\Delta t}. \qquad (3, 7)$$

[1] Hausser, K. W., R. Jäger u. W. Vahle: Wiss. Veröff. Siemens **2**, 325 (1925).

[2] Daene, H. u. W. Hubmann: AEG-Mitt., H. 10 (1937).

[3] Metcalf, G. F. u. B. J. Thompson: Phys. Rev. **36**, 1489 (1930). — Thompson, B. J.: Electronics **1**, 290 (1930).

[4] Schintlmeister, J.: Die Elektronenröhre als physikalisches Meßgerät, 4. Aufl., S. 79 (1945).

Voraussetzung für eine genaue Messung ist hoher Isolationswiderstand R_i des Kondensators. Ist er nicht vernachlässigbar hoch, so muß er in die Messung mit einbezogen werden. Er läßt sich am einfachsten aus der Geschwindigkeit der Selbstentladung bestimmen. Der Strom J ist dann um den Wert U/R_i größer. Zur Bestimmung von J wird die Zeit gemessen, innerhalb deren sich der Kondensator um den geringen Wert ΔU auflädt.

Wird eine sehr große Empfindlichkeit gefordert, so wird als Kondensator möglichst nur die Kapazität des Elektrometers verwendet. Bei einer Meßempfindlichkeit von 10^4 Skt/V und einer Gesamtkapazität von beispielsweise 10 pF können Ströme von 10^{-14} bis 10^{-15} A gemessen werden.

5. Voltametermethode

Nach dem Gesetz von Faraday ist die bei den Elektrolyten in der Zeiteinheit abgeschiedene Stoffmenge proportional der Stromstärke mal dem chemischen Äquivalentgewicht der abgeschiedenen Stoffmenge (Atomgewicht durch Wertigkeit). Somit läßt sich aus einer Zeit- und Gewichtsbestimmung die Stromstärke ermitteln. Obzwar sich zahlreiche Stoffe für diese Messung eignen, sind doch wenige Verfahren in Verwendung.

a) Das Silbervoltameter. Bei diesem wird aus einer Silbernitratlösung in Wasser Silber ausgefällt. Ein Strom von 1 A erzeugt in 1 s 1,118 mg Silber. Es ist bei Verwendung von destilliertem Wasser und 15- bis 20-prozentiger Silbernitratlösung, bei Vermeidung organischer Verunreinigungen und geringer Stromdichte die genaueste voltametrische Methode. Die Anode ist aus Silber, die Kathode ein Platintiegel.

b) Das Kupfervoltameter. Es verwendet eine Kupfersulfatlösung (etwa 20-prozentig) in Wasser. Es wird etwas Schwefelsäure zugesetzt, um die Leitfähigkeit zu erhöhen. Die Kathode ist meist, die Anode stets aus Kupfer. 1 A erzeugt in 1 s 0,3294 mg Kupfer.

c) Das Knallgasvoltameter. Es wird die Knallgasmenge, die durch den Stromdurchgang aus verdünnter Schwefelsäure (etwa 10- bis 20-prozentig) ausgeschieden wird, gemessen. Bei 0^0 C und 760 Torr erhält man 0,174 cm^3 Knallgas je As.

B. Messung von niederfrequenten Wechselströmen

1. Direkte Messungen

Zur direkten Messung werden in der Regel für technische Frequenzen Dreheisen- und elektrodynamische Meßgeräte verwendet, für Tonfrequenzen jedoch meist Gleichrichterinstrumente. Bei sehr niedrigen Stromstärken sind letztere wegen ihrer größeren Empfindlichkeit vorzuziehen. Es werden Meßgeräte bis herab zu 10 μA Vollausschlag erzeugt. Dreheisen- und elektrodynamische Instrumente gestatten eine direkte Anzeige von Strömen bis etwa 100 A.

Eine Erhöhung des Meßbereiches ist mit Hilfe eines Stromwandlers möglich. Er ist ein Transformator mit einem bestimmten bekannten Übersetzungsverhältnis. Die Primärwicklung ist meist nur ein einfacher Leiter.

Mit Stromwandler lassen sich noch Ströme bis zu etwa 2000 A messen. Der Anlege-Stromwandler ist ein Stromwandler mit zangenförmig schließbarem magnetischen Kreis, der dadurch die Strommessung an beliebiger Stelle der Leitung ermöglicht.

2. Kompensationsmethode

Die Kompensationsmethode kann entsprechend den in II, B dieses Abschnittes angegebenen Gesichtspunkten auch zur Messung von Wechselströmen herangezogen werden. Sie dient vorwiegend zur Eichung von Strommeßgeräten.

3. Messung durch Bestimmung des Spannungsabfalles an Widerständen

Die Messung erfolgt nach den gleichen Gesichtspunkten wie bei Gleichstrom. An Stelle eines Ohmschen Widerstandes kann auch ein Kondensator verwendet werden, insbesondere, wenn Instrumente mit kapazitivem inneren Widerstand zur Spannungsmessung benützt werden sollen.

Es können daher auch elektrostatische Meßgeräte zur Strommessung herangezogen werden, wobei allerdings berücksichtigt werden muß, daß sich ihre Kapazität mit dem Ausschlag ändert. Ein Elektrometer mit einer Empfindlichkeit von 10^4 Skt/V ermöglicht bei einer Kapazität von 10 pF die Messung von Strömen von 10^{-10} bis 10^{-12} A je nach Frequenz. Ähnliches gilt für die Messung mit Röhrenvoltmetern, die bequemer abzulesen sind und eine von der Spannung unabhängige Kapazität aufweisen.

C. Messung von hochfrequenten Wechselströmen

1. Allgemeines

Hiezu eignet sich das Hitzdrahtinstrument und das Drehspulinstrument mit Thermoumformer. Die empfindlichsten Thermoumformergeräte gestatten eine Messung von einigen 0,1 mA. Für große Stromstärken werden Hitzdrahtmeßgeräte bis zu etwa 50 A gebaut, Thermoinstrumente bis zu etwa 20 A.

Meßfehler entstehen vor allem infolge des Skineffektes, sie sind um so größer, je größer die zu messende Stromstärke und je kleiner die Wellenlänge ist. Man kann den Zusammenhang zwischen diesen Größen wie folgt abschätzen: Multiplikation des Meßbereiches (in Ampere) mit 4 ergibt die Wellenlänge in m, unterhalb der der Fehler etwa 5% übersteigt[1]. Es entsteht jedoch auch infolge des Skineffektes ein amplitudenabhängiger Meßfehler[2]. Weitere Fehler treten infolge des kapazitiven Nebenschlusses durch in der Nähe befindliche Leiter auf. Ihre Wirkung ist indes nur gering.

Der Meßbereich kann auch bei Hitzdraht- und Thermoinstrumenten durch Stromwandler erhöht werden[3]. Man verwendet einen ringförmigen

---

[1] Kruse, H. u. O. Zinke: ATM V 324—2 (1935).

[2] Fleischer, B.: Hochfrequenztechn. u. Elektroak. **60**, 44 (1942).

[3] Lindemann, K.: Jb. d. drahtl. Tel. **11**, 62 (1917). — Lachlan, M.: Jb. d. drahtl. Tel. **13**, 181 (1918).

Eisenkern mit einer einlagigen Sekundärwicklung. An Stelle der Primärwicklung wird der Leiter durch den Ring achsial durchgeführt. Für den Zusammenhang zwischen dem Primärstrom J_1 und dem Sekundärstrom J_2 findet man

$$J_1 = J_2 \frac{\sqrt{R_2^2 + \omega^2 L_2^2}}{\omega M}. \qquad (3, 8)$$

L_2 ist die Induktivität der Sekundärwicklung, M die gemeinsame Induktivität. Soweit der Sekundärwiderstand R_2 klein gegen ωL_2 ist, also bei hohen Frequenzen, ist der Wandler frequenzunabhängig. In diesem Fall findet man

$$J_1 \approx J_2 w_2. \qquad (3, 9)$$

w_2 ist die Zahl der Sekundärwindungen. Die Meßungenauigkeit der meisten Wandler liegt bei Frequenzen unter $3 \cdot 10^6$ Hz in der Größe von 1%. Es sind Spezialkonstruktionen für Frequenzen bis $3 \cdot 10^8$ Hz gemacht worden[1].

2. Thermische Verfahren

a) Thermoumformer. Bei den Thermomeßgeräten sind Thermokreuze oder Thermoumformer an ein Gleichstrominstrument angeschlossen. Indes können die Thermoelemente auch direkt in Drehspulgeräten eingebaut werden. Der Hochfrequenzstrom wird über das Thermoelement geleitet. Parallel zu demselben liegt auch das Drehspulinstrument, dem zur Verhinderung eines Kurzschlusses der Hochfrequenz Drosseln vorgeschaltet sind, s. Abb. 120. Eine solche Meßeinrichtung eignet sich gut zum Selbstbau.

Abb. 120. Hochfrequenzstrommessung mit einfachem Thermoelement

Als Thermoelement verwendet man, wenn hohe Empfindlichkeit gefordert wird, einen dünnen Konstantandraht (0,01 mm), der mit einem ebenso starken Eisen- oder Kupferdraht zusammengelötet ist. Die Lötstelle liegt, wie Abb. 120 zeigt, in der Mitte zwischen den Anschlußpunkten.

Besonders empfindliche Thermoelemente erhält man nach einem Vorschlag von Austin[2] mit Hilfe der Kombination Tellur-Konstantan. Man stellt ein solches Thermoelement wie folgt her: Zwei Kupferdrähte von etwa 2 mm Durchmesser werden in 4 mm Abstand durch ein Hartgummibrettchen durchgeführt, s. Abb. 121. Ein Platindraht von 0,6 bis 1 mm Stärke wird am Ende in einer Gebläseflamme weißglühend gemacht und mit einem Stückchen Tellur in Berührung gebracht. Das Tellur schmilzt nun an den Draht an. Man erwärmt den Draht nochmals, bis das Tellur

[1] Schwarz, H.: Z. Hochfrequenzt. **39**, 160 (1932).

[2] Austin, L. W.: Bull. Bur. Stand. **7**, 301 (1911); Phys. Z. **12**, 1226 (1911). — Angerer, E.: Techn. Kunstgriffe bei physik. Untersuchungen, 7. Aufl., S. 143 (1949).

Tröpfchenform eingenommen hat. Der Platindraht wird nun, wie Abb. 121 zeigt, an den einen Kupferdraht angelötet. An die Spitze des anderen Kupferdrahtes wird ein sehr dünner Konstantandraht von etwa 0,02 mm angelötet und so gebogen, daß er auf kürzestem Wege das Tellur berührt. Durch eine Funkenentladung wird dieser an das Tellur angeschmolzen. Tellur hat gegen Konstantan eine etwa zehnmal so große Thermokraft als Kupfer gegen Konstantan.

Über Hitzdraht- und Thermoinstrumente s. zweiter Abschn., IX.

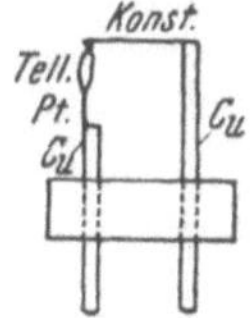

Abb. 121. Austinsches Thermoelement

Abb. 122. Hitzdrahtluftthermometer

b) Das Thermogalvanometer[1]. Bei diesem befindet sich eine drehbare Schleife in einem Magnetfeld eines permanenten Magneten. Ein in ihren Stromkreis eingebautes Thermoelement aus Wismut-Antimon wird von einem nicht beweglich angeordneten Heizfaden, der von einem Hochfrequenzstrom durchflossen ist, erwärmt. Das Thermoelement befindet sich auf der unteren Seite der vertikal hängenden Schleife dicht oberhalb des Heizfadens. Der erhaltene Gleichstrom erzeugt ein Drehmoment. Man erreicht etwa 10^{-6} A je Skalenteil in 1 m Abstand. Das Gerät ist bis etwa $3 \cdot 10^7$ Hz verwendbar.

Bewegung und Ablesung erfolgen wie beim Spiegelgalvanometer.

c) Hitzdrahtluftthermometer. Bei diesem Gerät wird die Ausdehnung der Luft infolge Erwärmung durch den Hochfrequenzstrom gemessen. Man erreicht eine Empfindlichkeit von etwa 10 μW [2]. Die Stärke des verwendeten Hitzdrahtes beträgt etwa 0,01 mm. Eine Verbesserung (Kompensation der Druck-Temperatureinflüsse) wurde von Scheibe[3] angegeben.

Man kann auch die Ausdehnung der Luft durch Erwärmung mit Hilfe eines zweiten völlig gleichartigen Hitzdrahtes, der von Gleichstrom durchflossen ist, kompensieren, s. Abb. 122. Ein zweites feines Kapillarröhrchen dient zum mittleren Druckausgleich, so daß sich nach Abschalten des Stromes bald wieder Nullausschlag einstellt. Das Hitzdrahtluftthermometer dient vor allem zur Eichung von Thermoumformern für Frequenzen bis zu etwa 1000 MHz[4].

---

[1] Duddel, W.: Phil. Mag. **8**, 91 (1904); Electrician **56**, 559 (1906); **61**, 94 (1907).

[2] Espinosa de los Monteros: Jahrb. d. drahtl. Tel. **1**, 383 (1908).

[3] Scheibe, A.: Z. Hochfrequenztechn. **25**, 12 (1925). — Schmitz: Z. Hochfr. **27**, 18 (1926).

[4] Strutt, M. J. O. u. K. S. Knol: Hochfrequenztechn. u. Elektroak. 187 (1939). — Strutt, M. J. O.: ATM V 324—4 (1941).

d) Saitenamperemeter[1]. Es wird die Verringerung der Resonanzfrequenz der mechanischen Resonanz eines dünnen Drahtes, der vom Hochfrequenzstrom durchflossen ist, gemessen. Man erreicht Empfindlichkeiten von etwa 10 μW.

e) Bolometer. Bei diesem Gerät wird die Widerstandsänderung eines Leiters, wenn er von dem zu messenden Strom durchflossen ist, zu seiner Messung verwendet. Man verwendet hiezu dünne Metalldrähte mit positivem Temperaturkoeffizienten, sogenannte *Baretter* oder Halbleiter mit hohem negativen Temperaturkoeffizienten, sogenannte *Thermistoren*[2].

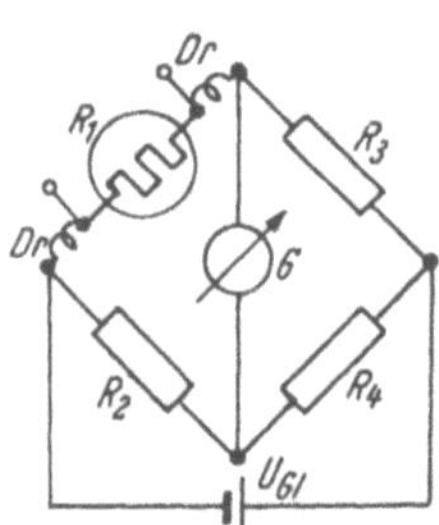

Abb. 123. Bolometeranordnung

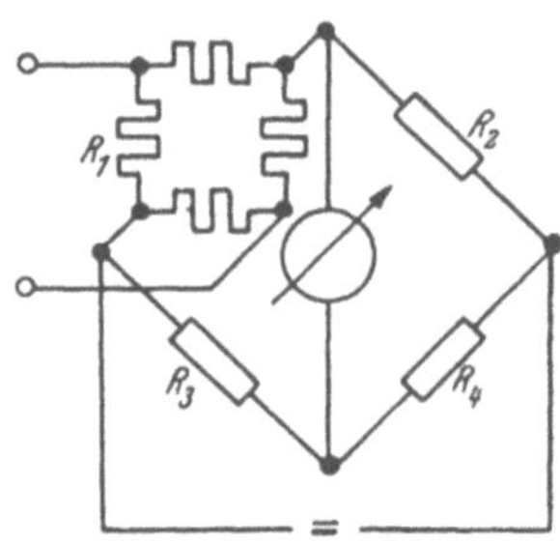

Abb. 124. Bolometeranordnung von temperaturabhängigen Widerständen R_1 in Brückenschaltung

Beim Baretter tritt bei bestimmten Temperaturen, meist kurz unter der Glühtemperatur, eine besonders starke Widerstandserhöhung mit zunehmender Temperatur auf. Um diese Temperatur einzustellen, benützt man eine Vorspeisung mit Gleichstrom oder auch Wechselstrom. In ähnlicher Weise zeigt auch der Thermistor bei einer bestimmten Vorspeisung größte Widerstandsabnahme mit zunehmender Temperatur.

Die temperaturabhängigen Widerstände werden zur Strom- und Leistungsmessung meist in Brückenschaltung, der sogenannten Bolometerschaltung, angeordnet, s. Abb. 123 [3]. An die eine Brückendiagonale ist die Gleichspannung U_{Gl} gelegt. Der temperaturabhängige Widerstand R_1 ist einer der vier Widerstände der Brücke, die für den bestimmten Gleichstrom abgeglichen ist.

Will man eine Beeinflussung der übrigen Widerstände durch den zu messenden Strom vermeiden, so empfiehlt es sich, wie Abb. 124 zeigt, den temperaturabhängigen Widerstand R_1 selbst aus vier gleichen Teilwiderständen in Brückenschaltung zusammenzusetzen[4]. Die Anordnung

---

[1] Schlesinger, K.: Z. Hochfrequenzt. **36**, 67 (1930).

[2] Becker, J. A., C. B. Green, G. L. Pearson: Bell S. T. J. **26**, 170 (1947). — Rosenberg, W.: El. Engrg. **19**, 185 (1947).

[3] Gati, B.: Z. Hochfrequenzt. **2**, 109 (1908). — Zöllich, H.: Phys. Z. **10**, 899 (1909). — Kempke, W.: Phys. Z. **11**, 331 (1900).

[4] Paalzow u. Rubens: Wied. Ann. **37**, 529 (1889).

kann in diesem Fall ohne Schwierigkeiten auch mit Gleichstrom geeicht werden.

Die Empfindlichkeit einer Bolometeranordnung ist gegeben durch

$$\frac{J_g}{\Delta P} = \frac{U \Delta R / \Delta P}{4 R (R + R_g)}. \qquad (3,\ 10)$$

$J_g/\Delta P$ wird als „*Brückenempfindlichkeit*" bezeichnet. ΔP ist jene Leistungsänderung, die die Widerstandsänderung ΔR verursacht. Man nennt $\Delta R/\Delta P$ die „*Detektorempfindlichkeit*". Die größte Leistung am Galvanometer erreicht man, wenn man den Galvanometerwiderstand R_g gleich R macht. Weiter erkennt man, daß die Bolometerempfindlichkeit mit zunehmender Vorspannung U steigt, vorausgesetzt ist allerdings, daß dabei nicht die Detektorempfindlichkeit abnimmt, die ja temperaturabhängig ist.

Beim Thermistor zeigt sich eine starke Abhängigkeit der Detektorempfindlichkeit von der Temperatur. Vielfach wird daher bei diesem eine selbsttätige Temperaturregelung mit Hilfe eines zweiten Temperaturregel-Thermistors vorgesehen.

Bei der in Abb. 123 gezeigten Bolometeranordnung wird die zu messende Hochfrequenz direkt an den temperaturabhängigen Widerstand gelegt. Die Drosseln *Dr* haben die Aufgabe, der Hochfrequenz den Weg über die übrigen Widerstände zu sperren. Das Bolometer kann mit Gleichstrom geeicht werden. Der Skineffekt ist bei genügend dünnem Draht ($1\ \mu$) bis zu Frequenzen von etwa 10 000 MHz vernachlässigbar. Bei Betrieb mit Wechselstrom oder Aufnahme amplituden-, bzw. impulsmodulierter Signale kann eine Verstärkung vorgesehen werden, auch Gleichspannungsverstärkung wird öfters verwendet, s. fünfter Abschn., II.

Man kann auch das Gleichgewicht der Brücke dadurch wiederherstellen, daß der Gleichstrom $J_{Gl\,0}$, der bei Fehlen einer Hochfrequenz das Brückengleichgewicht aufrecht erhält, nach Einschalten der Hochfrequenz auf einen Wert $J_{Gl\,1}$ reduziert wird, derart, daß wieder Brückengleichgewicht erhalten wird. Dann ist, wenn alle vier Brückenwiderstände (einschließlich des Bolometerwiderstandes) gleich R sind, die Hochfrequenzleistung

$$N_w = R\left[\left(\frac{J_{Gl\,0}}{2}\right)^2 - \left(\frac{J_{Gl\,1}}{2}\right)^2\right]$$

oder, wenn $J_{Gl\,0} + J_{Gl\,1} = 2\,J_{Gl}$ und $J_{Gl\,0} - J_{Gl\,1} = \Delta J_{Gl}$ gesetzt wird,

$$N_w = \frac{R}{2} J_{Gl} \Delta J_{Gl}. \qquad (3,\ 11)$$

Die Wechselstromleistung ist proportional der Änderung des Gleichstromes.

An Stelle einer Brückenanordnung findet man auch temperaturabhängige Widerstände in Kompensationsschaltung[1] und bei modulierter Hochfrequenz auch direkten Anschluß des Widerstandes über einen Transformator an den Verstärker.

[1] Wien, M.: Phys. Z. **31**, 793 (1930). — Maisch, J. u. M. Wien: Ann. Phys. **83**, 305 (1927).

f) Die Thermokreuzbrücke[1]. Zwei Thermokreuze werden mit zwei Ohmschen Widerständen, wie Abb. 125 zeigt, zu einer Brückenanordnung zusammengebaut. Die Gleichstromzweige der beiden Thermoelemente sind über eine Drosselspule einander gegengeschaltet und mit einem Galvanometer verbunden, dessen Ausschlag somit proportional der Differenz der beiden Thermospannungen ist. Wird an die beiden Brückendiagonalen je eine Hochfrequenzspannung der gleichen Frequenz gelegt, so ist der Ausschlag dem Produkt der von beiden Spannungsquellen abgegebenen Strömen proportional. Es ist

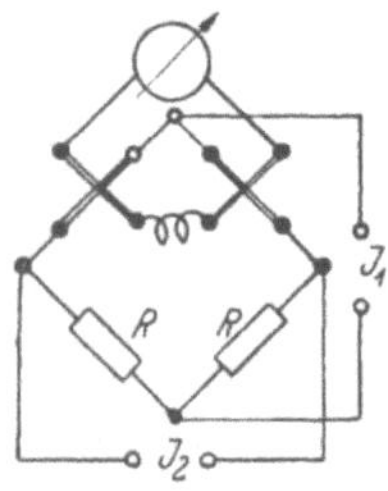

Abb. 125. Thermokreuzbrücke

$$\alpha = \text{konst.}\, J_1 J_2 \cos\varphi, \qquad (3, 12)$$

wenn φ der Phasenwinkel der beiden Hochfrequenzströme gegeneinander ist. Eine Strommessung wird in der Weise vorgenommen, daß ein Hilfshochfrequenzstrom J_1 konstanter Größe von der gleichen Stromquelle abgenommen wird, die auch den zu messenden Strom J_2 erzeugt. Die Anordnung zeigt gegenüber den übrigen thermischen Verfahren den Vorteil, daß der Meßinstrumentenausschlag dem Hochfrequenzstrom proportional ist und nicht mit seinem Quadrat ansteigt. Dadurch können auch kleine Ströme gut gemessen werden. Die Empfindlichkeit der Meßanordnung steigt mit der Größe des Hilfsstromes.

An Stelle von Thermokreuzen können auch Thermoumformer verwendet werden.

g) Photoamperemeter[2]. Wie beim Photovoltmeter wird die von einem Glühfaden ausgesendete Lichtmenge einer lichtempfindlichen Zelle zugeführt, deren Photostrom dann gemessen wird. Nachteil des Photoamperemeters ist sein verhältnismäßig großer Leistungsverbrauch. Der Spannungsabfall liegt in der Größenordnung von etwa 1 V. Das Gerät läßt sich zur Strommessung auch für sehr hohe Frequenzen (über 10^8 Hz) verwenden[3]. Eine Empfindlichkeitssteigerung erreicht man durch Gleichspannungsvorspeisung[4]. Die Photospannungen können auch verstärkt werden[5].

h) Verfahren mit optischer Doppelbrechung[6]. Ein Glasplättchen erhält einseitig einen dünnen Metallüberzug. Im Hochfrequenzfeld entstehen durch Erwärmung im Glas innere Spannungen, die eine optische Doppelbrechung verursachen. Mittels Nicolscher Prismen beobachtet man Hyperbelfiguren, aus deren Form auf die Größe des Stromes geschlossen werden kann. Das Verfahren ist stark frequenzabhängig und wegen seiner Umständlichkeit praktisch nicht in Verwendung.

[1] Hund, A.: Hochfrequenzmeßtechnik, S. 105 (1922).
[2] Kuntze, A.: Hochfrequenztechn. u. Elektroak. **52**, 85 (1938).
[3] Schwarz, H.: Hochfrequenztechn. u. Elektroak. **39**, 160 (1932). — Lämmchen: Hochfrequenztechn. u. Elektroak. **50**, 190 (1937).
[4] Wien, M.: Z. Phys. **31**, 793 (1931).
[5] Kuntze, A.: Hochfrequenztechn. u. Elektroak. **52**, 85 (1938).
[6] Straubel, H.: Hochfrequenztechn. u. Elektroak. **50**, 183 (1937).

i) Verfahren durch Messung der Elektronenemission. Bei diesem Verfahren wird der zu messende Hochfrequenzstrom dem Heizstrom einer Elektronenröhre überlagert und die hiedurch bedingte Erhöhung des Raumladungsstromes der Röhre gemessen. Um zu vermeiden, daß der Hochfrequenzstrom über die Anodenstromquelle kurzgeschlossen wird, wird ihr eine Drossel vorgeschaltet.

3. Dynamometer

Beim Wirbelstromgalvanometer[1] befindet sich eine kurzgeschlossene rechteckförmige Drahtschleife in einem Wechselstrommagnetfeld. Man erhält ein Drehmoment

$$D = \text{konst.} \frac{\omega M}{\sqrt{R^2 + \omega^2 L^2}} J^2 \cos \alpha. \qquad (3, 13\,\text{a})$$

M ist die gemeinsame Induktivität, L die Selbstinduktion, R der Widerstand der Drahtschleife, α der Drehwinkel und J der zu messende Primärstrom. Bei hohen Frequenzen ist $R^2 \ll \omega^2 L^2$, daher ist dann

$$D = \text{konst.} \frac{M}{L} J^2 \cdot \cos \alpha. \qquad (3, 13\,\text{b})$$

Ein direkt zeigendes Meßgerät für Frequenzen bis 10^8 Hz wurde von Schwarz beschrieben.

Die Spule oder Scheibe ist an einem dünnen Quarzfaden aufgehängt. Sie ist gegen die Feldrichtung um etwa 45^0 verdreht. Die Ablenkung von dieser Ruhelage wird mittels Spiegel und Fernrohr abgelesen.

Beim Dynamometer nach Moullin[2] stoßen sich zwei stromdurchflossene Leiter ab. Der Ausschlag wird durch ein Mikroskop beobachtet.

4. Messung durch Gleichrichter

Der zu messende Strom wird über einen nichtlinearen Widerstand geführt. Hiedurch wird ein Teil der Hochfrequenz in Gleichstrom umgeformt. Es werden meist Dioden verwendet. Für sehr kurze Wellen eignet sich am besten der Germanium-Detektor.

Die Meßgeräte werden vielfach mittels Transformator an den Meßstromkreis angekoppelt.

5. Indirekte Messungen

Ebenso wie bei Niederfrequenz läßt sich auch bei Hochfrequenz eine Strommessung durch Bestimmung des Spannungsabfalles an einem Widerstand oder Kondensator durchführen. Als Spannungsmesser werden meist Elektrometer oder Röhrenvoltmeter verwendet (s. III B dieses Abschn.).

---

[1] Mandelstamm, L. u. N. Papalexi: Ann. Phys. **33**, 490 (1910). — Schwarz, H: Hochfrequenztechn. u. Elektroak. **39**, 160 (1932). — Gundlach, F.: Hochfrequenztechn. u. Elektroak. **55**, 169 (1940).

[2] Moullin, E.: Proc. Roy. Soc. A **241**, 41 (1928); Jour. I.E.E. **58**, 544 (1930).

6. Erweiterung des Meßbereiches

a) *Stromwandler.* Sie lassen sich auch bei Hochfrequenz verwenden. Ein Stromwandler für Frequenzen bis 10^8 Hz wurde von Schwarz[1] angegeben. Der durch einen Leiter fließende Strom erzeugt in einer angekoppelten quadratförmigen Wicklung einen Sekundärstrom J_2. Es ist

$$J_2 = J_1 \frac{\omega M}{\sqrt{R^2 + \omega^2 L^2}}. \qquad (3, 14)$$

Die Wicklung ist durch einen Thermoumformer belastet.

b) Es kann auch ein kapazitiver Nebenschluß zur Stromteilung verwendet werden, wobei auch dem Thermoumformer ein Kondensator vorgeschaltet wird. Die Stromteilung ist frequenzunabhängig, so lange der Wechselstromwiderstand des vorgeschalteten Kondensators groß gegen den des Thermoheizdrahtes ist[2].

c) Ohmsche Nebenschlußwiderstände werden bei Hochfrequenz wegen ihrer Induktivität in der Regel nicht verwendet.

IV. Messung der Leistung und des Phasenwinkels

A. Allgemeines

Für sinusförmigen Strom ist die Leistung definiert durch

$$N = U J \cos\varphi \qquad \text{oder} \qquad N = J^2 R, \qquad (3, 15)$$

wenn φ der Phasenwinkel zwischen Strom und Spannung ist, bzw. R die Wirkkomponente des Wechselstromwiderstandes ist, an dem gemessen werden soll.

Bei oberwellenreichen Schwingungen oder einem Gemisch von mehreren Frequenzen mit beliebigem Frequenzverhältnis ist die Summe der Einzelleistungen der einzelnen Frequenzen zu bilden, also

$$N = U_1 J_1 \cos\varphi_1 + U_2 J_2 \cos\varphi_2 + U_3 J_3 \cos\varphi_3 + \ldots$$

oder

$$N = J_1^2 R_1 + J_2^2 R_2 + \ldots \qquad (3, 16)$$

In Gl. (3, 16) ist dabei angenommen, daß die Wirkkomponente des Widerstandes frequenzabhängig ist. Es ist daher bei jeder Teilleistung der betreffende Wert des Wirkwiderstandes einzusetzen.

Meist kann jedoch der Widerstand innerhalb der betrachteten Frequenzbandbreite als frequenzunabhängig angesehen werden, dann ist

$$N = R\,(J_1^2 + J_2^2 + \ldots). \qquad (3, 17)$$

Für nichtperiodische Schwingungsvorgänge, z. B. gedämpfte Schwingungen oder Impulse, ist die Leistung definiert durch

$$N = f_n R \int_0^{1/f_n} i^2\,dt, \qquad (3, 18)$$

[1] Schwarz, H.: Hochfrequenztechn. u. Elektroak. **39**, 160 (1932).

[2] Nyman, A.: Proc. I.R.E. **16**, 208 (1928).

wobei f_n die mittlere Impulsfolgefrequenz, bzw. die Frequenz der Funkenfolge ist.

In der Regel wird die Leistung gemessen, die an einen beliebigen Verbraucher abgegeben wird. Dazu ist die Bestimmung von zwei Meßgrößen notwendig; entweder $\mathfrak{U}$ und $\mathfrak{J}$ oder $\mathfrak{J}$ und R oder $\mathfrak{U}$ und R. Bei direkt zeigenden Meßgeräten sind Einrichtungen vorhanden, die diese zwei Meßgrößen gleichzeitig ermitteln, jedoch einen der Leistung proportionalen Ausschlag anzeigen.

Hiezu genügt, daß das Meßgerät im Mittel einen dem Produkt aus den Augenblickswerten des Stromes und der Spannung proportionalen Ausschlag zeigt. Denn integriert man das Produkt $u \cdot i$ über eine Periode und bildet man den Mittelwert, so erhält man die Leistung N. Es ist

$$N = \frac{1}{T} \int_0^T u\, i\, dt\,. \tag{3, 19}$$

Gl. (3, 18) ergibt sich wie folgt: Setzt man

$$u = U_{max} \sin(\omega t + \varphi) \qquad \text{und} \qquad i = J_{max} \sin \omega t,$$

so ist

$$N = \frac{1}{T} \int_0^T u\, i\, dt = \frac{U_{max} J_{max}}{T} \left(\cos\varphi \int_0^T \sin^2 \omega t\, dt + \sin\varphi \int_0^T \sin \omega t \cos \omega t\, dt \right) =$$

$$= \frac{U_{max} J_{max}}{2} \cos\varphi = U\, J \cos\varphi. \tag{3, 20}$$

Die Leistungsmessung durch eine derartige Produktbildung der Augenblickswerte $u \cdot i$ über eine Zeit von mehreren Perioden wird bei vielen Meßgeräten angewendet.

Soll dagegen jene Leistung bestimmt werden, die ein Generator abzugeben in der Lage ist, so empfiehlt sich die Verwendung bestimmter geeichter Widerstände. Die Leistungsmessung kann dann als Strom- oder Spannungsmessung allein durchgeführt werden. Hiezu dient insbesondere der bei Tonfrequenzen vielfach übliche Ausgangsleistungsmesser. Er eignet sich auch zur Modulationskontrolle bei Sendern. Es gibt geeichte Geräte mit einem inneren Widerstand von 7500 Ohm. Sie zeigen unter der Annahme der Belastung mit einer 600-Ohm-Leitung den Leistungspegel in db an[1].

B. Niederfrequente Messungen

1. Leistungs- und Phasenwinkelmessung mit dynamischen Meßgeräten

a) Elektrodynamischer Leistungsmesser. Der Ausschlag eines Dynamometers ist proportional dem Produkt aus dem Strom in der feststehenden und dem in der beweglichen Spule. Das Meßgerät wird so geschaltet, daß

---

[1] Affel, H. A., H. A. Chinn u. R. M. Morris: Electronics **12**, H. 2, S. 28 (1939); Proc. I. R. E. **28**, 1 (1940).

die feststehende Spule vom Strom, die bewegliche von der Spannung am Meßobjekt beeinflußt wird, s. Abb. 126.

Es gibt eisenlose, eisengeschirmte und eisengeschlossene Dynamometer, letztere können auch abgeschirmt sein.

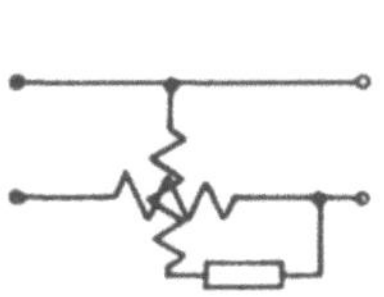

Abb. 126. Leistungsmessung mit elektrodynamischem Instrument

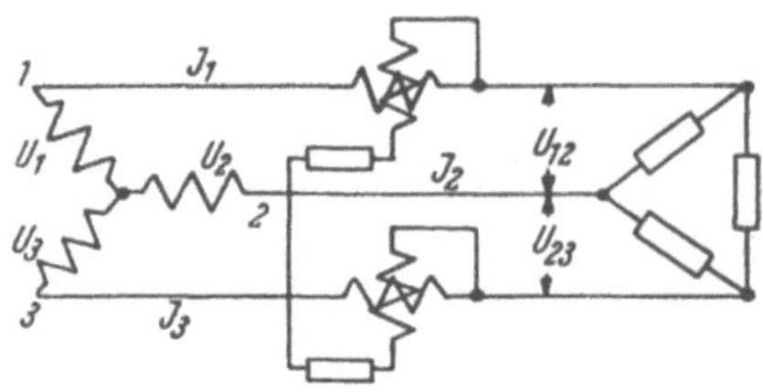

Abb. 127. Zweiwattmetermethode

Der Stromverbrauch der Spannungsspule liegt bei normalen spitzengelagerten Instrumenten bei 30 mA. Meßgeräte mit Bandaufhängung benötigen nur wenige mA. Sollen kleine Leistungen gemessen werden, so ist die Belastung durch die Spannungsspule meist zu hoch. Es wird daher zwischen Meßobjekt und Spannungsspule ein Verstärker (Wattmeterverstärker) gelegt[1].

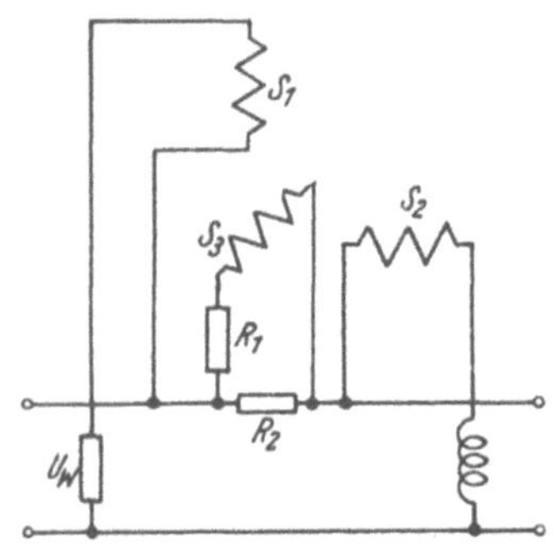

Abb. 128. Elektrodynamischer Phasenwinkelmesser

b) Drehstromleistungsmessung. Bei ungleicher Belastung der drei Phasen kann mit Hilfe von 3 Wattmetern die Leistung jeder Phase gemessen werden. Ist kein Nullpunkt herausgeführt, so kann ein künstlicher geschaffen werden. Bei gleichmäßiger Belastung jeder Phase genügt die Leistungsmessung an einer Phase.

Bevorzugt wird jedoch bei ungleichmäßiger Belastung der drei Phasen die *Zweiwattmetermethode*. Man benützt dazu die in Abb. 127 gezeigte Schaltung. Die Gesamtleistung bestimmt sich aus der Summe der von den beiden Wattmetern gezeigten Leistungen:

$$N_{ges} = U_{12} J_1 \cos\varphi_1 + U_{23} J_3 \cos\varphi_2. \qquad (3, 21)$$

Hiebei bedeutet U_{12} die Spannung zwischen den Leitungen 1 und 2 und φ_1 und φ_2 den Phasenwinkel zwischen U_{12} und J_1, bzw. U_{23} und J_3.

c) Elektrodynamischer Phasenwinkelmesser. Das elektrodynamische Meßprinzip eignet sich auch zur direkten Messung des Phasenwinkels. Das Meßgerät enthält zwei zueinander senkrecht stehende übereinander gewickelte feste Spulen S_1 und S_2 (s. Abb. 128) sowie eine in ihrem Inneren befindliche bewegliche Spule ohne Richtkraft. Die beiden festen Spulen erhalten zwei gegeneinander um 90^0 phasenverschobene Spannungen,

[1] Schäfer, O.: ATM V 3412—2 (1941).

indem die eine Spule einen mit der Spannung in Phase befindlichen Strom erhält, während die andere durch Vorschalten einer Induktivität einen dieser um 90^0 nacheilenden Strom führt. Die bewegliche Spule erhält einen mit dem Strom des Verbrauchers in Phase befindlichen Strom. Sie hat keine Richtkraft (wie z. B. das Kreuzspulinstrument) und stellt sich in die Richtung des resultierenden magnetischen Feldes. Dies läßt sich wie folgt zeigen: Die Summe der Drehmomente, die auf die bewegliche Spule einwirken, muß Null sein. Es ist also

$$0 = k_1 U J \cos\varphi \sin\alpha - k_2 U J \sin\varphi \cos\alpha,$$

wenn k_1 und k_2 Konstante sind und α der Winkel der Achse der Spule S_3 gegen die von S_1 ist. Demnach ist

$$\operatorname{tg}\alpha = \frac{k_2}{k_1}\operatorname{tg}\varphi, \tag{3, 22}$$

also für kleine Winkel, bzw. wenn $k_1 = k_2$

$$\alpha = \varphi.$$

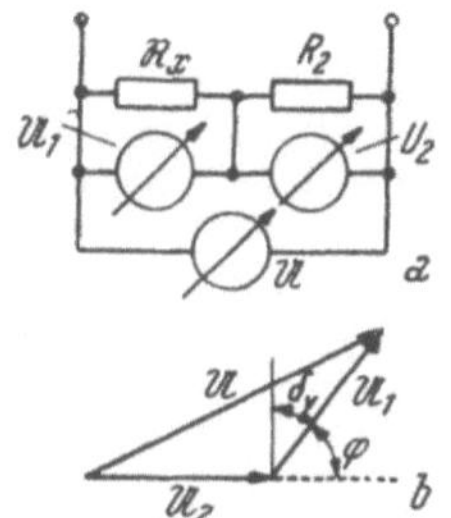

Abb. 129. Dreivoltmetermethode zur Phasenwinkelmessung

Abb. 130. Dreiamperemetermethode

2. Dreivoltmeter- und Dreiamperemetermethode

Man schaltet den Verbraucher $\mathfrak{R}_x$ mit einem Ohmschen Widerstand R_2 in Reihe und mißt die Spannungen U_1, U_2 und die Gesamtspannung U, s. Abb. 129. Die drei Spannungen werden nun als Zeiger in ein Diagramm gezeichnet. In diesem findet man den Phasenwinkel φ als Winkel zwischen U_1 und U_2. Mit Hilfe des Kosinussatzes erhält man

$$\cos\varphi = \frac{U^2 - U_1^2 - U_2^2}{2\,U_1\,U_2} \tag{3, 23}$$

und somit

$$N = U_1 J \cos\varphi = \frac{U_1\,U_2}{R_2}\cos\varphi = \frac{U^2 - U_1^2 - U_2^2}{2\,R_2}. \tag{3, 24}$$

Die Meßgenauigkeit wird beeinträchtigt durch den Nebenschluß der Voltmeter. Ihre Widerstände sollen hoch gegen die Widerstände $\mathfrak{R}_x$ und R_2 sein.

Bei der Dreiamperemetermethode wird zum Verbraucher ein Ohmscher Widerstand parallelgeschaltet und die drei Ströme J_1, J_2 und J gemessen, s. Abb. 130. Es ist

$$\cos\varphi = \frac{J^2 - J_1^2 - J_2^2}{2\,J_1 J_2} \quad \text{und} \quad N = \frac{J^2 - J_1^2 - J_2^2}{2} R_2. \qquad (3, 25)\ (3, 26)$$

Es kann auch an Stelle des Ohmschen Widerstandes R ein kapazitiver $1/\omega\, C$ verwendet werden. Dann ist[1]

$$N = \frac{2}{\omega\, C} \sqrt{S\,(S-J)\,(S-J_1)\,(S-J_2)} \qquad (3, 27)$$

und

$$\cos\varphi = 2\,\frac{\sqrt{S\,(S-J)\,(S-J_1)\,(S-J_2)}}{J_1 J_2}. \qquad (3, 28)$$

wobei $S = (J + J_1 + J_2)/2$.

3. Leistungsmessung mittels Kompensators

Zur Leistungsmessung kann auch der Wechselstromkompensator dienen. Man mißt Spannung und Strom sowie Phasenwinkel, woraus die Leistung erhalten wird.

4. Elektrostatische Leistungsmesser

Zur Leistungsmessung eignet sich auch das Elektrometer. Abb. 131 zeigt eine Schaltung mit einem Quadrantenelektrometer. Der Ausschlag eines Elektrometers bestimmt sich aus Gl. (2, 64). Wenn $U_2 = 0$, so erhält man daraus

$$\alpha = a\,U_1\,(U_N - U_1/2) \qquad (3, 29)$$

Bei Wechselstrom sind an Stelle der Werte U_N und U_1 die Momentanwerte u und u_1 zu setzen. Außerdem ist $u_1 = i\,R$. Der Ausschlag ist dann

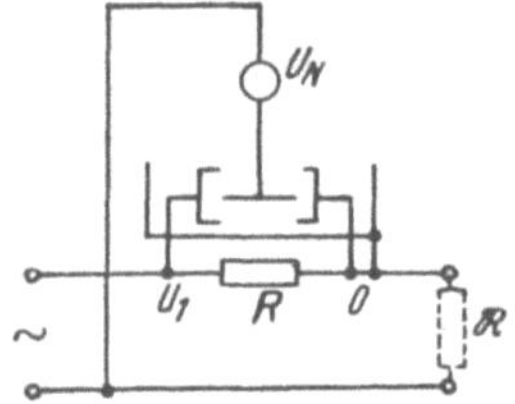

Abb. 131. Elektrostatischer Leistungsmesser

$$\alpha = \frac{a}{T}\,R \int_0^T \left(i\,u - i^2 \frac{R}{2}\right) dt. \qquad (3, 30)$$

Wenn $u = U_{max} \sin(\omega\, t + \varphi)$ und $i = J_{max} \sin \omega\, t$, so ist nach Integration

$$\alpha = a\,R \left(U\,J \cos\varphi - J^2 \frac{R}{2}\right). \qquad (3, 31)$$

Der Verbraucher muß einen so großen Scheinwiderstand haben, daß die Kapazität des Instrumentes (10 bis 50 pF) keine Fälschung des Resultates verursacht. Ebenso muß auch der Vergleichswiderstand R genügend groß sein. Schwierigkeiten ergeben sich meist erst bei hohen Frequenzen.

An Stelle des Quadrantenelektrometers wird vielfach auch das Binantenelektrometer zur Leistungsmessung verwendet.

Zur Leistungsmessung bei niederfrequentem Wechselstrom sind auch eine Anzahl von Meßmethoden geeignet, die im wesentlichen zur Leistungsmessung bei Hochfrequenz dienen, s. C.

[1] Terman, F. E.: Measurements in Radio Engineering, S. 32 (1935).

5. Leistungs- und Phasenwinkelmessung mittels Ringmodulators.

Die Schaltung des Ringmodulators zur Phasenwinkelmessung zeigt Abb. 132. Es soll zunächst angenommen werden, daß die vier Gleichrichter 1 bis 4 eine gleichartige Kennlinie aufweisen. Sie sei gegeben durch

$$i = a_0 + a_1 \cdot u + a_2 \cdot u^2. \tag{3, 32}$$

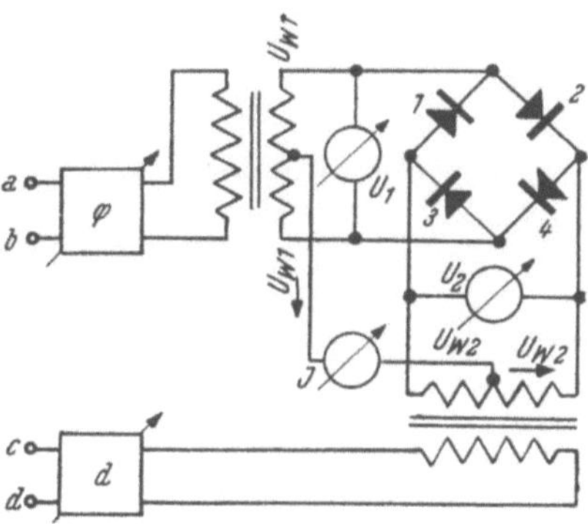

Abb. 132. Phasenwinkelmessung mittels Ringmodulators. φ = geeichter Phasenschieber, d = Dämpfungsglied, J = Nullinstrument

Die von den vier Gleichrichtern erzeugten Gleichströme J_1 bis J_4 fließen durch das Instrument J. Betrachtet man die Ströme in der Pfeilrichtung als positiv, so wird (Spannung $\mathfrak{U}_{w1}$ nach oben, $\mathfrak{U}_{w2}$ nach rechts positiv)

$$\begin{aligned}
\text{Gleichrichter } 1: \quad & J_1 = + a_0 + a_1 (-\mathfrak{U}_{w1} - \mathfrak{U}_{w2}) + a_2 (-\mathfrak{U}_{w1} - \mathfrak{U}_{w2})^2,\\
2: \quad & J_2 = - a_0 - a_1 (\mathfrak{U}_{w1} - \mathfrak{U}_{w2}) - a_2 (\mathfrak{U}_{w1} - \mathfrak{U}_{w2})^2,\\
3: \quad & J_3 = - a_0 - a_1 (-\mathfrak{U}_{w1} + \mathfrak{U}_{w2}) - a_2 (-\mathfrak{U}_{w1} + \mathfrak{U}_{w2})^2,\\
4: \quad & J_4 = + a_0 + a_1 (\mathfrak{U}_{w1} + \mathfrak{U}_{w2}) + a_2 (\mathfrak{U}_{w1} + \mathfrak{U}_{w2})^2.
\end{aligned}$$

Der Gesamtstrom ist daher

$$\begin{aligned}
J = J_1 + J_2 + J_3 + J_4 &= 8\, a_2 \mathfrak{U}_{w1} \cdot \mathfrak{U}_{w2} =\\
&= 8\, a_2 \mathfrak{U}_{w1} \sin(\omega t + \varphi_1) \cdot \mathfrak{U}_{w2} \sin(\omega t + \varphi_2).
\end{aligned} \tag{3, 33}$$

Daraus erhält man wegen $\sin\alpha \sin\beta = 1/2\,[\cos(\alpha - \beta) - \cos(\alpha + \beta)]$, da nur das Differenzglied einen Gleichstrom darstellt, im Gleichstrominstrument J

$$J = 4\, a_2\, U_{w1} \cdot U_{w2} \cos(\varphi_1 - \varphi_2). \tag{3, 34}$$

Gl. (3, 34) zeigt, daß sich der Ringmodulator unmittelbar zur Leistungsmessung eignet, wenn die eine Spannung $\mathfrak{U}_{w1}$ der Spannung am Verbraucher und die andere dem dort fließenden Strom proportional gemacht wird.

Zur Phasenwinkelmessung der an *a b* und *c d* angeschlossenen Spannungen eignet sich das Gerät wie Abb. 132 zeigt, wenn mit Hilfe eines geeichten Phasenschiebers φ zwischen den beiden Spannungen eine Phasenverschiebung von 90^0 hergestellt wird. In diesem Fall zeigt nach Gl. (3, 34) das Instrument J Nullausschlag. Die Nullstellung ist von dem Größenverhältnis der beiden Spannungen unabhängig, sofern die Gleichrichter genau die gleiche Kennlinie aufweisen. Dies ist auch die Voraussetzung für die Verwendbarkeit der Anordnung zur Leistungsmessung.

Eine Phasenwinkelmessung nach Abb. 132 ist indes noch möglich, auch wenn die Gleichrichter nicht völlig gleichartig sind. Bei einem praktisch ausgeführten Gerät betrug bei 10% Spannungsunterschied der Phasenwinkelfehler erst $0{,}1^0$ [1]. Die Toleranz des Meßergebnisses beträgt ebenfalls etwa $0{,}1^0$. Zur Einstellung der angenäherten Spannungsgleichheit dienen die veränderbare Dämpfung und die beiden Voltmeter U_1 und U_2.

C. Leistungsmessung bei Hochfrequenz

1. Leistungsmessung an bekannten Widerständen

Zur Prüfung der Leistungsabgabe hochfrequenter Generatoren bedient man sich Ohmscher Belastungswiderstände. Für kleinere Leistungen verwendet man Drahtwiderstände, für größere Kohle- und Wasserwiderstände. Ist der Widerstandswert bekannt, so genügt zur Leistungsbestimmung ein Amperemeter. Vielfach ist jedoch der Widerstand nicht bekannt und eine Gleichstrommessung führt wegen des Skineffektes zu ungenauen Ergebnissen. In diesem Fall sind folgende Meßmethoden zu empfehlen:

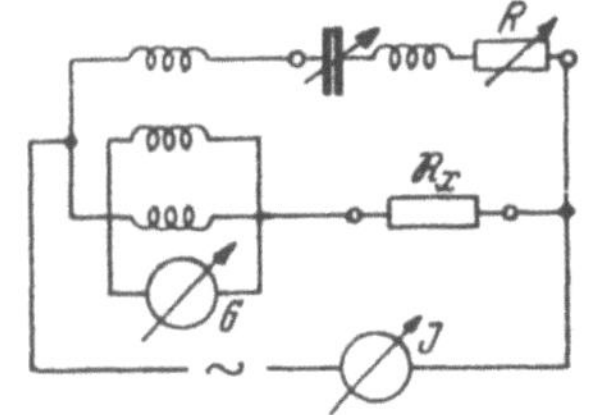

Abb. 133. Leistungsmessung mittels Differentialtransformators

a) Kalorimetrische Messung. Sie eignet sich vor allem bei größeren Leistungen unter Benützung des Durchflußkalorimeters. Ein zeitlich konstanter Wasserstrom bestimmter Temperatur kühlt den vom Hochfrequenzstrom durchflossenen Widerstand auf konstante Temperatur ab. Es wird die Temperatur des zufließenden und des abfließenden Wassers sowie die sekundliche Wassermenge gemessen.

b) Photowattmeter. Zur Bestimmung kleinerer Leistungen wird der von einem Glühlämpchen abgegebene Lichtstrom nach Art des Photoamperemeters (s. III dieses Abschnittes) gemessen. Die Gleichstromeichung des Widerstandswertes kann meist noch bei Frequenzen von einigen MHz als richtig angesehen werden.

c) Bolometer. Sehr kleine Leistungen am bekannten Widerstand können mit Hilfe des *Bolometers* gemessen werden. Auch das *Luftthermometer* eignet sich in der gleichen Weise zur Messung sehr kleiner Leistungen[2].

d) Differentialübertrager. Ist der Verbraucher ein beliebiger Scheinwiderstand, dann läßt sich die in ihm verbrauchte Leistung durch eine Vergleichsmethode bestimmen, z. B. mit Hilfe eines *Differentialübertragers*[3], s. Abb. 133. Es wird auf Nullausschlag des Galvanometers G eingestellt. Dann ist

---

[1] Kritz, J.: Electronics **23**, H. 10, S. 102 (1950).
[2] Scheibe, A.: Jahrb. d. drahtl. T. **25**, 12 (1925).
[3] Hund, A.: Hochfrequenzmeßtechnik, S. 153 (1922).

$$N = (J/2)^2 R, \tag{3, 35}$$

wenn J der Gesamtstrom und R die Ohmsche Komponente des Vergleichswiderstandes ist.

Will man jedoch den Leistungsverbrauch an einem beliebigen Widerstand direkt messen, so bedient man sich einer der nachfolgenden Meßmethoden:

2. Dreivoltmeter- und Dreiamperemetermethode

Diese Messungen können wie bei Niederfrequenz durchgeführt werden (s. Abb. 129 und 130), es ist jedoch besondere Aufmerksamkeit dem Einfluß der Induktivität der Zuleitungen und dem des Instrumentennebenschlusses zu widmen. Eine Verbesserung wurde von Hohage[1] angegeben, der Meß- und Vergleichswiderstand gleich groß macht und im Nebenschluß eine mittelpunktsangezapfte Induktivität legt, sie erleichtert die Messung des Phasenwinkels.

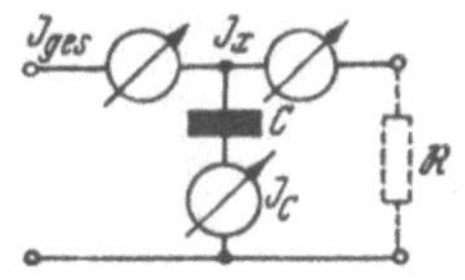

Abb. 134. Dreiamperemetermethode zur Leistungs- u. Phasenwinkelmessung bei Hochfrequenz

Statt des Ohmschen Vergleichswiderstandes kann auch ein kapazitiver verwendet werden, s. Abb. 134[2]. Benützt man zur Messung eine Dreiamperemetermethode, so ist dann

$$N = \frac{1}{2\omega C}\sqrt{(J_{ges}+J_c+J_x)(J_{ges}+J_c-J_x)(J_{ges}+J_x-J_c)(J_c+J_x-J_{ges})}. \tag{3, 36}$$

3. Dynamometrische Leistungsmessung

Sie wird nur bei größeren Leistungen verwendet. Die Empfindlichkeit ist gering, da wegen der Leitungsinduktivität nur wenig Windungen oder einfache Drähte verwendet werden dürfen. Ein Meßgerät wurde von Eastham angegeben[3].

4. Leistungsmessung mit dem Elektrometer

Das Elektrometer kann auch zur Leistungsmessung bei Hochfrequenz Verwendung finden. Wegen seiner größeren Kapazität eignet sich das Quadrantenelektrometer weniger. Eine Meßanordnung mit Binantenelektrometer wird von Mayer beschrieben[4].

5. Thermische Leistungsmesser

Sie eignen sich infolge ihrer quadratischen Empfindlichkeit besonders zur Leistungsmessung, da durch Gegenschaltung der Stromquadrate leicht das Produkt aus zwei Strömen gebildet werden kann. Es sind folgende Kombinationsmöglichkeiten gegeben[5]:

---

[1] Hohage, K.: Helios **25**, 193, 201 (1919).

[2] Honnell, P. M. u. E. B. Ferrell: Proc. I. R. E. **22**, 1181 (1934).

[3] Eastham, M.: Jahrb. d. drahtl. Tel. **11**, 266 (1916).

[4] Mayer, E.: Phys. Z. **14**, 394 (1913).

[5] Fischer, J.: ATM J 716—1 (1942).

$$(i_1 + i_2)^2 - (i_1 - i_2)^2 = 4\, i_1 \cdot i_2. \qquad (3, 37)$$

$$(i_1 + i_2)^2 - i_1^{\,2} - i_2^{\,2} = 2\, i_1 \cdot i_2. \qquad (3, 38)$$

$$i_1^{\,2} + i_2^{\,2} - (i_1 - i_2)^2 = 2\, i_1 \cdot i_2. \qquad (3, 39)$$

Der Strom i_1 ist beispielsweise der zu messenden Spannung proportional, der Strom i_2 dagegen dem zu messenden Strom.

Im allgemeinen wird eine Messung entsprechend Gl. (3, 37) vorgezogen, weil hiezu nur zwei Meßwerte, nämlich $i_1 + i_2$ und $i_1 - i_2$ aufgenommen werden, während bei den Meßmethoden nach Gl. (3, 38) und (3, 39) drei Meßwerte nötig sind.

Abb. 135 *a* zeigt das Prinzipschema einer Einrichtung mit zwei Meßwerten, die an den Widerständen R_1 und R_2 auftreten. U_1 ist die Eingangsspannung, U_2 die Spannung am Verbraucher $\mathfrak{R}$. Die Anzeige wird dadurch gefälscht, daß i_1 auch von der Spannung und i_2 auch vom Strom im Verbraucher beeinflußt werden. Durch zusätzliche Widerstände lassen sich die Strom- und Spannungsfehler vermeiden (s. Abb. 135 *a*)[1].

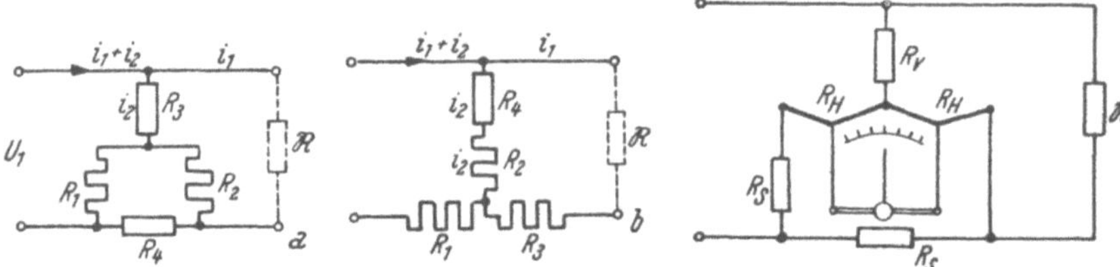

Abb. 135. Schaltungen thermischer Wattmeter — Abb. 136. Hitzdrahtwattmeter

Abb. 135 *b* zeigt eine Anordnung für drei Meßwerte gemäß Gl. (3, 38)[2].

a) Hitzdrahtwattmeter. Die Meßwerte ergeben sich auf Grund der Ausdehnung stromdurchflossener Hitzdrähte[3]. Das Meßgerät zeigt jedoch einen der Differenz der Ausdehnungen proportionalen Ausschlag, wie z. B. Abb. 136 zeigt. Eine Ausführung stammt von Bauch und Stechel[4]. Die Schaltung gleicht im wesentlichen der der Abb. 135. Der zusätzliche Widerstand R_s dient zur Vermeidung des Spannungsfehlers.

Es ist

$$\alpha = \text{konst.}\, \frac{2\, R_H\, R_S}{(2\, R_V + R_H)\,(R_H + R_S)} \left[u\, i + i^2 \frac{R_H\, R_S}{2\,(R_H + R_S)} \right]. \qquad (3, 40)$$

Die Anzeige weist demnach einen Stromfehler auf, der um so kleiner ist, je kleiner R_H und R_S gemacht werden können, je empfindlicher also die Meßeinrichtung ist.

b) Thermowattmeter. Man erhält eine wesentlich größere Empfindlichkeit, wenn man die Hitzdrähte der Abb. 136 durch Thermoumformer

---

[1] Bruckmann, W. L. u. W. J. Reichert: E. u. M. **48**, 4 (1930). — Bader, W.: Arch. Elektr. **29**, 809 (1935).

[2] Fischer, J.: Arch. Elektr. **33**, 242 (1939).

[3] Field, M. B.: Brit. Pat. 15 168 (1897). — ETZ **19**, 878 (1898).

[4] Bauch, R.: ETZ **24**, 530 (1903).

ersetzt. Die Gleichspannungen sind einander entgegengeschaltet. Abb. 137 zeigt eine Schaltung mit der von Bader angegebenen Anordnung zur Vermeidung des Strom- und Spannungsfehlers[1].

Zur Leistungsmessung kann auch die *Thermokreuzbrücke* (s. Abb. 125) dienen[2]. An das eine Klemmenpaar wird die Spannung, an das andere eine der Stromstärke proportionale Spannung gelegt und zwar eine der beiden Größen über einen Transformator.

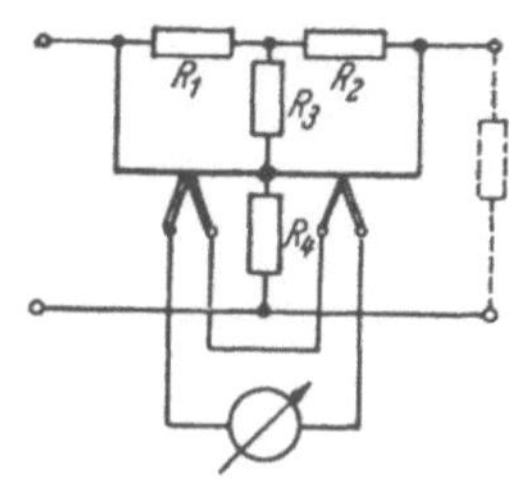

Abb. 137. Thermowattmeter

6. Das Röhrenwattmeter[3]

Abb. 138 zeigt die grundsätzliche Anordnung. Am Gitter der ersten Röhre liegt die Summenspannung $u_1 + u_2$ aus einem dem Strom proportionalen Spannungsabfall u_1 und dem der Spannung proportionalen Spannungsabfall u_2. Die zweite Röhre erhält hingegen die Differenzspannung $u_1 - u_2$. Jede Röhre zeigt eine quadratische Kennlinie. Somit ist entsprechend Gl. (3, 37) die Differenz der Anodenströme proportional dem Produkt der beiden Spannungen u_1 und u_2 und damit der Leistung $N = U\,J\cos\varphi$, vgl. Gl. (3, 20).

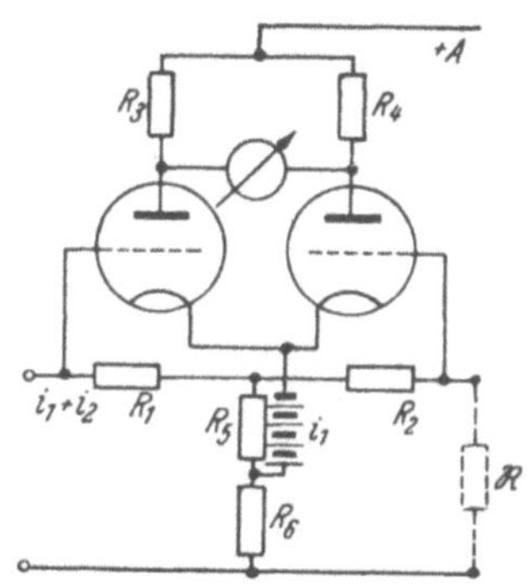

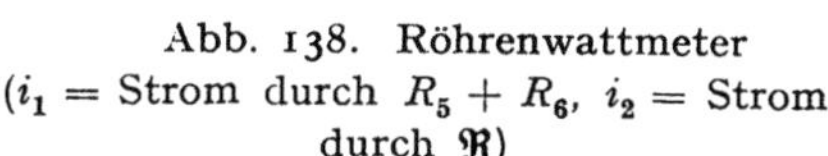
Abb. 138. Röhrenwattmeter (i_1 = Strom durch $R_5 + R_6$, i_2 = Strom durch $\mathfrak{R}$)

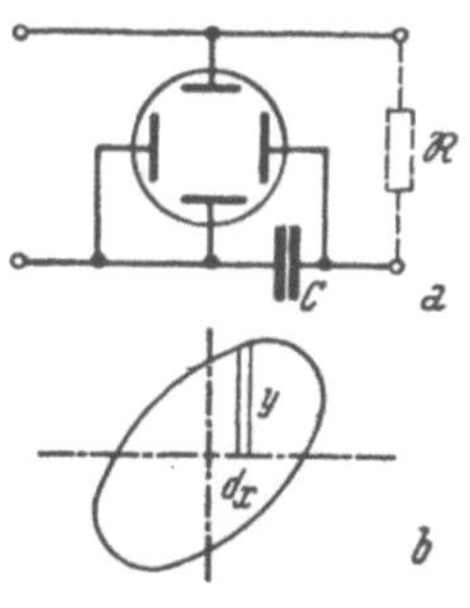

Abb. 139. Leistungsmessung mittels Kathodenstrahlröhre. *a* Prinzipschaltung, *b* Kathodenstrahlaufzeichnung

Da die Schaltung von Abb. 138 nicht genau Gl. (3, 57) entspricht tritt ein Anzeigefehler auf. Er läßt sich, wie oben gezeigt, durch zusätzliche Widerstände vermeiden. Schwierigkeiten bereitet jedoch die Auswahl von Röhren mit gleichartig verlaufender quadratischer Kennlinie.

[1] Bader, W.: Arch. Elektr. **29**, 809 (1935).

[2] Hund, A.: Hochfrequenzmeßtechnik, S. 152 (1922).

[3] Turner, H. M., F. T. Mc. Namara: Proc. I. R. E. **18**, 1743 (1930). — Pierce, J. R.: Proc. I. R. E. **24**, 577 (1936). — Wey, R. J.: Wireless Engr. **14**, 490 (1937).

7. Leistungsmessung mit Kathodenstrahlröhre[1]

Der Messung liegt die Schaltung der Abb. 139 zugrunde. Mit der Last ist der Kondensator C in Reihe geschaltet. Der Spannungsabfall am Kondensator wird dem einen Plattensystem, die Spannung am Verbraucher dem anderen zugeführt. Der Kathodenstrahl beschreibt dadurch eine Ellipse auf dem Schirm der Röhre. Die Fläche der Ellipse ist proportional der Leistung, wie sich leicht beweisen läßt:

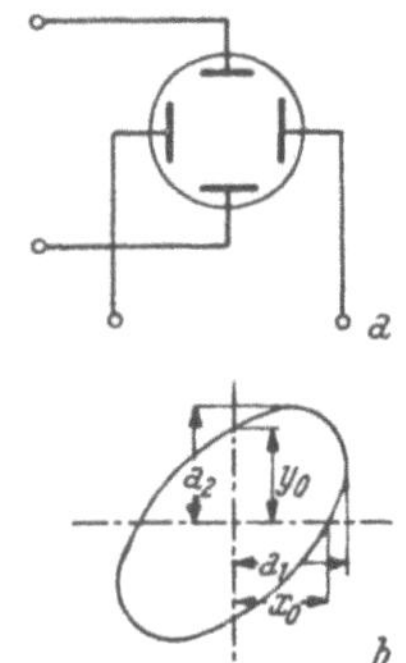

Abb. 140. Phasenwinkelmessung mittels Kathodenstrahlröhre

Im unendlich kleinen Flächenstück $dA = y\,dx$ ist

$$y = k_1 u, \tag{3, 41}$$

wenn u der Augenblickswert der Spannung am Verbraucher und k_1 eine Empfindlichkeitskonstante der Braunschen Röhre ist. Weiter ist

$$dx = k_2\,du_c = k_2 \frac{i}{C}\,dt.$$

Integriert man über eine Periode T, so ist

$$A = \frac{k_1 k_2}{C} \int_0^T u\,i\,dt. \tag{3, 42}$$

Nun ist der Ausdruck unter dem Integral die Arbeit während einer Periode, also ist die Leistung

$$P = \frac{1}{T} \int_0^T u\,i\,dt. \tag{3, 43}$$

Daher ist

$$P = \frac{A\,C}{k_1 k_2 T} = \frac{c}{k_1 k_2} \frac{A\,C}{\lambda}, \tag{3, 44}$$

wenn A die Fläche der Ellipse und $c = 3 \cdot 10^{10}$ cm/s ist.

D. Messung des Phasenwinkels[2]

1. Messung mit Hilfe der Kathodenstrahlröhre

Zur Phasenwinkelmessung eignet sich die Kompensationsmethode (s. V dieses Abschnittes), die Brückenmessungen (s. V dieses Abschnittes) und die Dreivoltmeter-, bzw. Dreiamperemetermethode, insbesondere aber die Kathodenstrahlröhre (s. Abb. 140).

---

[1] Ryan, H. J.: Trans. A. I. E. E. **30**, II, 1089 (1911). — Knoll, M. u. W. Kleen: ATM J 834—15 (1934). — Taylor, H.: Proc. I. R. E. **24**, 1342 (1936).

[2] Knoll, M. u. W. Kleen: ATM J 834—15 (1934). — Levy, M.: Electr. Comm. **18**, 206 (1940).

Man legt an das eine Plattenpaar die eine Spannung U_1 und erhält eine Ablenkung

$$x = a_1 \sin \omega t, \tag{3, 45}$$

wenn $a_1 = k_1 U_{1max}$. Ebenso erhält man an dem zweiten Plattensystem

$$y = a_2 \sin (\omega t + \varphi), \tag{3, 46}$$

wenn $a_2 = k_2 U_{2max}$. Es ergibt sich aus diesen beiden Gleichungen durch Eliminierung von ωt die Gleichung einer Ellipse

$$x^2 a_2^2 + y^2 a_1^2 - 2 x y a_1 a_2 \cos^2 \varphi = a_1^2 a_2^2 \sin^2 \varphi. \tag{3, 47}$$

Die Amplitude auf der X-Achse ist nach Gl. (3, 45) $x_{max} = a_1$ und auf der y-Achse nach Gl. (3, 46) $y_{max} = a_2$. Die Entfernung der Schnittpunkte auf dem Achsenkreuz ($x = 0$, bzw. $y = 0$) liegen nach Gl. (3, 47) in der Entfernung $x_0 = a_1 \sin \varphi$, bzw. $y_0 = a_2 \sin \varphi$ (s. Abb. 140). Daraus läßt sich leicht φ bestimmen[1]:

$$\sin \varphi = \frac{x_0}{a_1} = \frac{y_0}{a_2}. \tag{3, 48}$$

Die Aufzeichnung des Achsenkreuzes geschieht in der Weise, daß periodisch während kurzer Augenblicke nur die vertikale und dann wieder nur die horizontale Plattenspannung angeschlossen ist. Man bedient sich dazu am besten eines selbsttätigen Umschalters.

Macht man mit Hilfe eines Spannungsteilers bei gleicher Plattenempfindlichkeit die Ablenkung in der X- wie auch Y-Richtung gleich groß, so läßt sich der Phasenwinkel φ auch aus der Größe der leicht abzumessenden Achsen der Ellipse bestimmen. Es sei $2a$ die Länge der großen und $2b$ die der kleinen Achse. Dann ist

$$\cos^2 \varphi = \frac{a^2 - b^2}{a^2 + b^2}, \tag{3, 49}$$

Das Vorzeichen des Phasenwinkels kann jedoch nicht aus Gl. (3, 48) und Gl. (3, 49) entnommen werden. Bei Umkehrung der Phasenlage wird dieselbe Ellipse vom Kathodenstrahl in umgekehrter Richtung durchlaufen. Der Umlaufsinn kann durch sägezahnförmige Modulation der Spannung am Wehnelt-Zylinder ersichtlich gemacht werden. Die Abnahme der Strichstärke zeigt dann den Umlaufsinn.

Der Phasenwinkel φ läßt sich auch bei zeitproportionaler Auflösung bestimmen, indem man gewisse Zeitmarken, die durch die Vergleichsspannung erzeugt werden, aussendet. Sie können beispielsweise als Impulse (z. B. Spitzen einer Sinusspannung), dem Wehnelt-Zylinder oder der Anodenspannung aufgeprägt werden.

Werden beide Schwingungen, deren gegenseitige Phasenverschiebung φ gemessen werden soll, in zeitproportionaler Auflösung auf dem Schirm einer Kathodenstrahlröhre dargestellt, z. B. mit Hilfe eines Zweistrahl-Kathodenstrahloszillographen oder durch einen Elektronenschalter, so läßt sich φ aus der Größe des Abstandes h des Schnittpunktes von der Achse be-

[1] Zenneck, J.: Ann. Phys. **9**, 497 (1902).

stimmen, nachdem die beiden Schwingungsamplituden, z. B. mit Hilfe eines Potentiometers, gleich groß gemacht wurden, s. Abb. 141. Es ist dann

$$\varphi = 2 \operatorname{arc\,tg} \sqrt{\frac{U^2}{h^2} - 1}. \qquad (3, 50)$$

Noch anschaulicher läßt sich der Phasenwinkel zweier Wechselspannungen U_1 und U_2 darstellen, wenn die eine zur Kreisaufzeichnung (an beide Plattenpaare kommt die Spannung U_1, an ein Paar aber nach einer Phasenverschiebung von 90°) verwendet wird[1]. Die zweite Wechselspannung U_2 wird über eine Verstärkerröhre mit hoher negativer Vorspannung geführt und dadurch als Halbschwingung aufgezeichnet oder in eine Impulsfolge verwandelt. Sie wird nach Verstärkung an den Wehneltzylinder gelegt und erzeugt am Schirm eine Aufhellung oder Verdunkelung über einen Halbkreis, bzw. über ein bestimmtes kurzes Gebiet der Kreisaufzeichnung. Der Winkel, den die Verbindung mit dem Kreismittelpunkt gegenüber dem Achsensystem einschließt, ist der gesuchte Phasenwinkel.

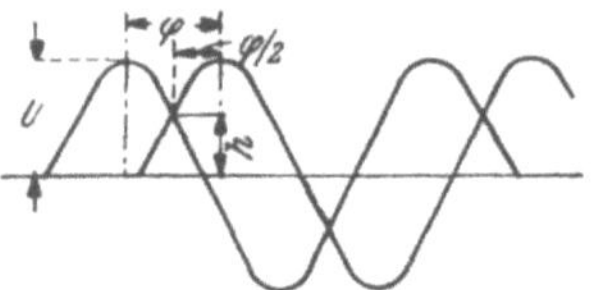

Abb. 141. Bestimmung des Phasenwinkels aus der Höhe des Schnittpunktes der Kathodenstrahlaufzeichnung zweier gleich großer Sinusspannungen

Die Anordnung eignet sich besonders auch zur Messung der Zeitdifferenz mehrerer als Impulsfolge dargestellter Wechselspannungen.

Verwendet man Röhren mit Polarkoordinatenaufzeichnung, so kann an Stelle der Helligkeitsaufzeichnung die wesentlich schärfere Darstellung in Form radialer Zacken treten. Die Röhren erhalten zumeist eine in Grad geteilte Skala am Schirm. Es können Winkel von 1° und weniger noch gut abgelesen werden.

Die Phasenverschiebung zweier Hochfrequenzen kann auch durch Frequenztransformation in eine gleich große Phasenverschiebung zweier niederfrequenter Wechselspannungen verwandelt werden. Zur Frequenzumformung genügt die Überlagerung beider Wechselspannungen mit einer dritten anderen Frequenz und darauffolgende Demodulation. Es kann dabei (wie beim Überlagerungsempfänger) auch bei verschiedenen Hochfrequenzen stets auf dieselbe niedrigere Frequenz transformiert werden[2].

2. Dreivoltmetermethode

Eine Dreivoltmetermethode (s. IV dieses Abschn.) gestattet die Bestimmung der Phasenverschiebung zwischen den beiden Spannungen U_1 und U_2 (s. Abb. 129). Jede der beiden Spannungen sowie auch die Resultierende U_s wird gemessen.

Wegen

$$U_s^2 = U_1^2 + U_2^2 + 2\, U_1\, U_2 \cos\varphi \qquad (3, 51)$$

[1] Nijenhuis, W.: Philips Techn. Rdsch. 5, 206 (1940).

[2] Law, R. R.: Rev. Sci. Instr. 4. 537 (1933).

erhält man

$$\cos\varphi = \frac{U_s^2 - U_1^2 - U_2^2}{2\,U_1\,U_2}. \tag{3, 52}$$

Macht man mittels Amplitudenbegrenzer[1] $U_1 = U_2$, so vereinfacht sich Gl. (3, 51) zu

$$U_s^2 = 2\,U_1^2\,(1 + \cos\varphi).$$

Daraus erhält man:

$$\cos\frac{\varphi}{2} = \frac{U_s}{2\,U_1}. \tag{3, 53}$$

Bei *Differenzspannungsbildung* findet man aus

$$U_d^2 = U_1^2 + U_2^2 - 2\,U_1\,U_2\cos\varphi, \tag{3, 54}$$

$$\cos\varphi = \frac{U_1^2 + U_2^2 - U_d^2}{2\,U_1\,U_2} \tag{3, 55}$$

und für $U_1 = U_2$:

$$U_d^2 = 2\,U_1^2\,(1 - \cos\varphi) \quad \text{oder} \quad \sin\frac{\varphi}{2} = \frac{U_d}{2\,U_1}. \tag{3, 56}$$

Bei einem nach diesem Prinzip ausgeführten Meßgerät wird zur Amplitudenbegrenzung je ein zweistufiger Röhrenverstärker verwendet, der die beiden Schwingungen in Rechteckimpulse verwandelt. Die Differenzspannung wird einem Hochfrequenzspannungsmesser zugeführt. Bei Phasengleichheit ist der Ausschlag Null.

3. Summen-Differenzmethode

Durch Subtraktion der Gl. (3, 54) von Gl. (3, 51) erhält man

$$\cos\varphi = \frac{U_s^2 - U_d^2}{4\,U_1\,U_2}, \tag{3, 57}$$

bzw. wenn $U_1 = U_2$

$$\cos\varphi = \frac{U_s^2 - U_d^2}{4\,U_1^2} = \frac{U_s^2 - U_d^2}{U_s^2 + U_d^2}. \tag{3, 58}$$

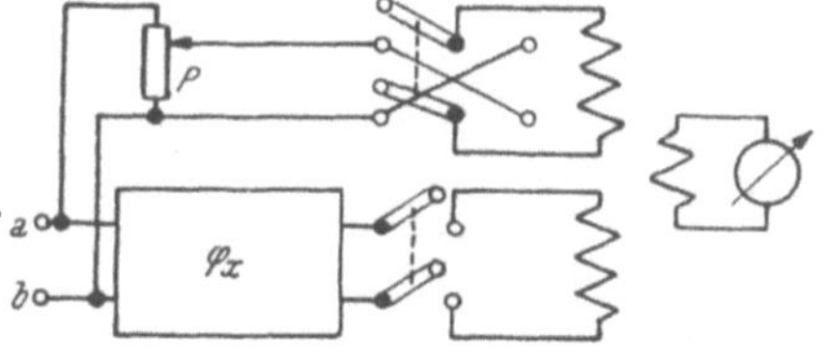

Abb. 142. Anordnung zur Phasenwinkelmessung nach der Summen-Differenzmethode

Abb. 142 zeigt eine gebräuchliche Anordnung. φ_x ist das Gerät, welches die zu messende Phasenverschiebung erzeugt. Die Gleichheit von U_1 und U_2 wird mit Hilfe des Potentiometers P erreicht.

Bei einem anderen Verfahren wird wie folgt vorgegangen[2]:

Die zwei phasenverschobenen Spannungen werden zunächst ebenfalls durch Amplitudenbegrenzung auf die gleiche Größe gebracht. Dann wird

[1] Einfg. S. 565.

[2] Macha, H.: Dissertation T. H. München, 1947.

sowohl ihre Summe wie auch Differenz gebildet. Man erhält das in Abb. 143 gezeigte Spannungsdiagramm. Die beiden Spannungen $\mathfrak{U}_1 + \mathfrak{U}_2$ und $\mathfrak{U}_1 - \mathfrak{U}_2$ stehen stets aufeinander senkrecht. Durch ein Phasenschieberglied wird die eine der beiden Spannungen um 90^0 gedreht, so daß sie nun phasengleich sind. Jede der beiden Spannungen wird dann an ein Plattensystem einer Kathodenstrahlröhre gebracht. Man erhält einen Strich, der gegen die eine Plattenachse mit dem Winkel $\varphi/2$ geneigt ist. Da es Schwierigkeiten bereitet, eine Phasenverschiebung von 90^0 bei beliebiger Frequenz zu erzeugen, wird eine Frequenztransformation auf eine konstante niedrigere Frequenz vorgenommen.

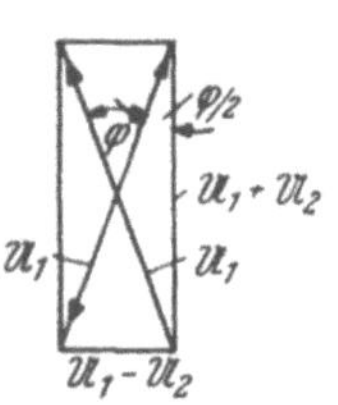

Abb. 143. Prinzip der Phasenmessung nach der Summen-Differenzmethode

Von Ruhrmann[1] wird die Summen-Differenzmethode mit Hilfe einer Phasenbrücke in gleicher Weise zur Sichtbarmachung auf der Kathodenstrahlröhre benützt.

4. Kompensationsmethode

Von der Eingangsspannung U_1 des zu untersuchenden Gerätes wird ein Teil abgezweigt. Dieser wird mit Hilfe des Potentiometers auf die Größe U_2 gebracht und ein daran angeschlossener geeichter Phasenschieber so eingestellt, daß die Summenspannung verschwindet.

5. Messung mittels Kerrzellen[2]

Der Lichtstrahl einer Lichtquelle gelangt über ein Nicolsches Prisma zu zwei hintereinanderliegenden Kerrzellen und sodann wieder durch ein Nicolsches Prisma. Die Achsen der beiden Kerrzellen bilden gegen die der beiden Prismen Winkel von 45^0 und stehen aufeinander senkrecht. Wenn die Spannung an der ersten Kerrzelle eine ebenso große Drehung der Polarisationsebene in der einen Richtung wie die andere in entgegengesetzter Richtung erzeugt, so ändert sich an der Helligkeit nichts, dies ist der Fall, wenn die beiden Spannungen an den Kerrzellen phasengleich sind. Tritt jedoch eine Phasenverschiebung auf, so wird die Helligkeit geändert. Sie wird mit einem Photometer, das in Phasenwinkeln geeicht ist, gemessen.

V. Messung von Widerständen und Scheinwiderständen

A. Messung von Gleichstromwiderständen

1. Strom-Spannungsmessung

In einfacher Weise ist eine Messung von Widerständen durch Ermittlung des durchfließenden Stromes und des Spannungsabfalles möglich. Infolge des inneren Widerstandes der Meßgeräte ergeben sich jedoch An-

[1] Ruhrmann, A.: ATM V 3631—3 (1951).

[2] Pungs, L. u. H. Hoyer: Z. techn. Phys. **14**, 485 (1933).

zeigefehler. Liegt das Voltmeter mit einem inneren Widerstand R_{iv} unmittelbar zu R_x parallel, so mißt das Amperemeter einen zu hohen Strom. Es ist

$$R_x = \frac{U\,R_{iv}/J}{R_{iv} - U/J}. \tag{3, 59}$$

U und J sind die von den Meßinstrumenten angezeigten Werte.

Der Fehler ist um so kleiner, je größer R_{iv} gegen U/J ist. Die Schaltung ist somit bei niedrigen Widerstandswerten zu empfehlen. Bei großen Widerständen wird das Amperemeter mit dem inneren Widerstand R_{ia} zu R_x in Reihe geschaltet und zu dieser Reihenschaltung das Voltmeter parallelgeschaltet. Es ist dann

$$R_x = \frac{U}{J} - R_{ia}. \tag{3, 60}$$

Der Fehler ist um so kleiner, je kleiner R_{ia} gegen U/J.

Die Genauigkeit der Strom-Spannungsmessung ist gering. Der Fehler der Messung bestimmt sich aus den Instrumentenfehlern nach (1, 10).

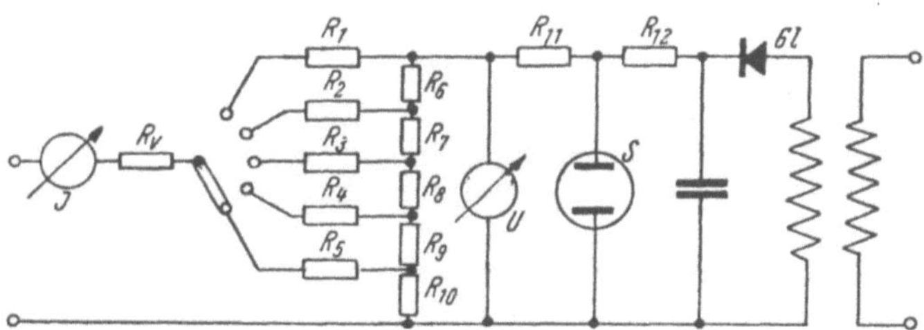

Abb. 144. Direkt zeigendes Ohmmeter. Meßinstrumentenempfindlichkeit: $J = 0{,}1$ mA, $R_1 = 1$ Megohm, $R_2 = 100$ kOhm, $R_3 = 9{,}9$ kOhm, $R_4 = 900$ Ohm, $R_6 = 9$ kOhm, $R_7 = 900$ Ohm, $R_8 = 90$ Ohm, $R_9 = 9$ Ohm, $R_{10} = 1$ Ohm, $R_{11} = 4$ kOhm, $R_{12} =$ zirka 1000 Ohm, $R_{instr} + R_v = 100\ \Omega$, $C = 32\ \mu$F, $U = 100$ V.

Zur Messung sehr hoher Widerstände verwendet man das Spiegelgalvanometer als Strommesser. Es lassen sich noch Widerstände von 10^9 Ohm messen. Benützt man dagegen das Röhrenelektrometer, so können je nach Spannung noch Widerstände der Größenordnung von 10^{12} bis 10^{18} Ohm bestimmt werden.

2. Direkt zeigende Widerstandsmesser

Bei bekannter konstanter Spannung genügt eine Strommessung. Das Meßinstrument kann dann direkt in Ohm geeicht werden. Derartige Meßgeräte werden als tragbare Ohmmeter mit eingebauter Batterie oder mit Kurbelinduktor ausgeführt, die Größe der Spannung wird mit dem gleichen Meßgerät kontrolliert.

Ein größeres Gerät ist in Abb. 144 gezeigt. Die Gleichspannung wird aus dem Netz über einen Gleichrichter *Gl* bezogen. Sie wird mit Hilfe einer Glimmstabilisatorröhre *S* für 140 Volt stabilisiert. Durch einen Vorwiderstand R_{11} wird sie sodann auf 100 Volt eingeregelt. Ein Spannungsteiler gestattet an den zu messenden Widerstand eine Spannung von

100, 10, 1, 0,1 und 0,01 Volt zu legen. Das Meßgerät hat eine Stromempfindlichkeit von 0,1 mA (Vollausschlag) und mit einem in Reihe geschalteten Vorwiderstand R_v zusammen einen inneren Widerstand von 100 Ohm. Die Vorwiderstände sind so gewählt, daß bei jeder Spannungsstufe, wenn der zu messende Widerstand R_x kurzgeschlossen ist, Vollausschlag zustande kommt. Es ist dann, wenn J_{max} den Strom bei Vollausschlag bedeutet.

$$U = J\,(R_v + R_x) = J_{max}\,R_v,$$

woraus man für den unbekannten Widerstand R_x erhält

$$R_x = R_v \left(\frac{J_{max}}{J} - 1\right). \qquad (3,\ 61)$$

Die Meßinstrumentenskala kann auf Grund der Gl. (3, 61) in Ohm geeicht werden. Ist z. B. $J = 0{,}5\,J_{max}$, so ist $R_x = R_v$, ist $J = 0{,}25\,J_{max}$, so ist $R_x = 3\,R_v$ usw. Die Vorwiderstände sind in der Schaltung der Abb. 144 so gewählt, daß folgende Meßbereiche erhalten werden: 1. : 10...1000 Ohm, 2. : 100...10 000 Ohm, 3. : 1...100 kOhm, 4. : 10...1000 kOhm, 5. : 0,1...10 MOhm.

Ebenso läßt sich auch der Widerstand durch eine Spannungsmessung bestimmen, wenn auf konstanten Strom eingestellt wird. Hiezu dient z. B. ein mit dem unbekannten Widerstand in Reihe geschalteter bekannter Widerstand. Der Strom wird so geändert, daß das an ihn angeschlossene Meßgerät einen bestimmten Eichwert zeigt. Es wird sodann an den unbekannten Widerstand gelegt. Der erhaltene Ausschlag gibt nun den Widerstandswert unmittelbar an. Während das Instrument an dem einen Widerstand liegt, wird die weggefallene Belastung durch einen Parallelwiderstand zum anderen ausgeglichen. Durch Ändern des Vergleichswiderstandes sind Meßbereiche von 10^{-4} bis 10^{8} Ohm möglich.

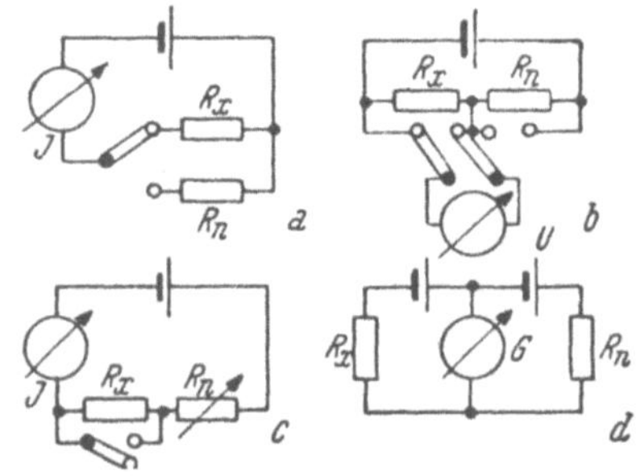

Abb. 145. Widerstandsmeßmethoden. *a* Stromvergleich, *b* Spannungsvergleich, *c* Substitutionsmethode, *d* Differentialschaltung

3. Widerstandsvergleich durch Strom- oder Spannungsmessung

Ein Widerstand kann durch Vergleich mit einem zweiten gemessen werden. Der unbekannte Widerstand wird z. B. durch einen bekannten veränderbaren ersetzt, der so lange geändert wird, bis in dem Kreis wieder der gleiche Strom fließt, s. Abb. 145 *a*. Es können auch Vergleichswiderstand und unbekannter Widerstand in Reihe geschaltet und die Spannungsabfälle verglichen werden (s. Abb. 145 *b*).

Bei der Substitutionsmethode (s. Abb. 145 *c*) wird ebenfalls der unbekannte Widerstand mit dem Vergleichswiderstand in Reihe geschaltet und zunächst der Strom bei Reihenschaltung von R_x und R_n gemessen und dann R_x kurzgeschlossen und R_n so weit erhöht, bis wieder der gleiche Ausschlag J erhalten wird.

Ein Vergleich zweier Widerstände ist auch mit der in Abb. 145 *d* gezeigten Differentialschaltung möglich. Erforderlich sind zwei Spannungsquellen gleicher Leerlaufspannung und gleichen inneren Widerstandes. Das Galvanometer G zeigt keinen Ausschlag, wenn beide Widerstände gleich sind. Die beiden gleich großen Spannungen werden am besten mit Hilfe eines Potentiometers hergestellt. Die Schaltung gleicht dann im wesentlichen der bekannten Brückenschaltung.

4. Messung mit dem Kompensator

Der Messung liegt die in Abb. 145 *b* gezeigte Schaltung zu Grunde. Die Spannungsabfälle an den beiden Widerständen werden jedoch durch Kompensation gemessen. Da die Kompensationsmethode eine Nullmethode ist, ist sie wesentlich genauer als die Ausschlagsmethode. Außerdem tritt kein Stromverbrauch, der das Meßergebnis fälschen könnte, auf. Die Genauigkeit ist etwa gleich der einer Meßbrücke. Die Fehlergrenze kann auf etwa 0,01% herabgedrückt werden.

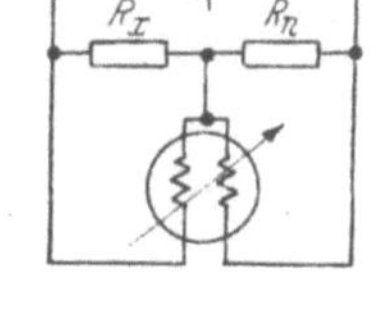

Abb. 146. Widerstandsmessung mittels Differentialgalvanometers

5. Messung mit dem Differentialgalvanometer

Ein Widerstandsvergleich ist auch mit dem in Abb. 146 gezeigten Differentialgalvanometer möglich. Es gestattet einen Vergleich der beiden Spannungsabfälle an R_x und R_n. Die Ströme fließen so, daß im Falle $R_x = R_n$ die Drehmomente einander entgegenwirken und daher kein Ausschlag zustandekommt. Als Nullmethode ist diese Messung wesentlich genauer als die erwähnten Ausschlagsmethoden. In gleicher Weise kann auch das Kreuzspulinstrument verwendet werden.

Zur Kontrolle der Messung ist es zweckmäßig, die Galvanometeranschlüsse mittels Umschalter zu vertauschen.

6. Widerstandsmeßbrücke

a) Wheatstonesche Meßbrücke, s. Abb. 111. Die Meßbrücke ist dann abgeglichen, das heißt das Galvanometer führt dann keinen Strom, wenn die Widerstandsbedingung

$$R_1 : R_2 = R_3 : R_4 \qquad (3, 62)$$

erfüllt ist. Die kleinste meßbare Widerstandsänderung des unbekannten Widerstandes $R_1 = R_x$ beträgt

$$\Delta R_{x\,min} = \frac{k}{U} R_x \left[R_x + R_2 + R_3 + R_4 + R_G \left(\frac{R_x}{R_3} + 2 + \frac{R_4}{R_2} \right) \right]. \qquad (3, 63)$$

k ist eine Stromkonstante, sie gibt die kleinste Stromstärke an, die noch angezeigt wird.

In Abb. 147 ist eine einfache Schleifdrahtmeßbrücke gezeigt. Sie dient zur Messung kleiner Widerstände. Sie hat vierMeßbereiche (1.: 1...100 Ohm, 2.: 10...1000 Ohm, 3.: 0,1...10 kOhm, 4.: 1...100 kOhm), die mit Hilfe des Umschalters S eingeschaltet werden können. Der Schleifdraht hat einen Widerstand von ungefähr 20 Ohm. Ihm sind an seinen Enden Widerstände von 0,1 Ohm (R_6 und R_7) vorgeschaltet, um Überlastungen zu vermeiden.

b) Die Thomsonbrücke[1], s. Abb. 148. Sie dient zur Messung niedriger Widerstände. Bei der Wheatstoneschen Brücke ergeben sich bei der Messung kleiner Widerstände Meßfehler infolge der unvermeidlichen Zuleitungswiderstände. Zwar können die Vergleichswiderstände R_3 und R_4 so groß gemacht werden, daß ihre Zuleitungswiderstände zu vernachlässigen sind, nicht jedoch der Widerstand der Verbindungsleitung von

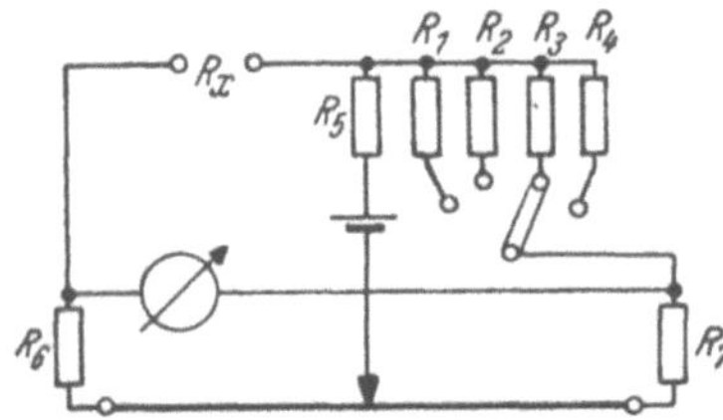

Abb. 147. Schleifdrahtmeßbrücke.
$R_1 = 10$ Ohm, $R_2 = 100$ Ohm, $R_3 = 1000$ Ohm,
$R_4 = 10\,000$ Ohm, $R_5 = 20$ Ohm,
$R_6 = R_7 = 0{,}1$ Ohm

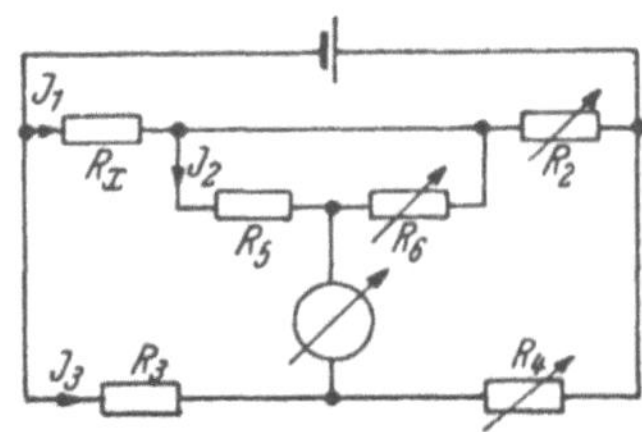

Abb. 148. Thomson-Brücke

R_x zu R_2, wenn ersterer sehr klein ist. Es entstehen so bei der Wheatstone-Brücke erhebliche Meßfehler. Legt man parallel zu dieser Verbindungsleitung die Reihenschaltung der Widerstände R_5 und R_6 und schließt deren Verbindungspunkt an das Galvanometer (statt den von R_x und R_2), so erhält man die Thomson-Brücke. Für sie gilt

$$J_1 R_x + J_2 R_5 = J_3 R_3 \quad \text{und} \quad J_1 R_2 + J_2 R_6 = J_3 R_4.$$

Daraus erhält man

$$J_1 R_x R_4 + J_2 R_5 R_4 = J_1 R_2 R_3 + J_2 R_3 R_6. \tag{3, 64}$$

Macht man

$$R_5 : R_6 = R_3 : R_4,$$

das heißt: gleicht man die Brücke zuerst bei Kurzschluß von R_x und R_2 ab, so erhält man dann aus Gl. (3, 64)

$$R_x = R_2 \frac{R_3}{R_4}. \tag{3, 65}$$

Man erhält somit nach Abgleich von R_3 und R_4 die Widerstandsbedingung der Wheatstoneschen Brücke.

[1] Thomson, J.: Phil. Mag. **24**, 149 (1862).

7. Messung sehr hoher Widerstände durch Kondensatorentladung

Es wird ein Kondensator mit Hilfe einer Gleichspannungsquelle aufgeladen. Parallel dazu liegt ein elektrostatisches Instrument oder Röhrenvoltmeter. Die Batterie wird nun abgeschaltet und der zu messende Widerstand angeschlossen. Durch die Entladung des Kondensators über den Widerstand sinkt die Spannung. Es ist

$$i\,R + \frac{1}{C}\int i\,dt = 0, \qquad u = i\,R.$$

Daraus erhält man für die Zeit, nach der die Spannung von dem Anfangswert u_0 auf den Wert u gesunken ist

$$t = R\,C \ln \frac{u_0}{u}. \tag{3, 66}$$

Es ist dabei angenommen, daß der innere Widerstand des Meßinstrumentes unendlich groß ist, ebenso der Isolationswiderstand des Kondensators. Sollen sehr hohe Widerstände gemessen werden, so werden Kondensatoren von nur wenigen hundert pF verwendet, eventuell auch nur die Kapazität des elektrostatischen Meßgerätes.

Ist C nicht bekannt, so wird R_x mit einem bekannten Hochohmwiderstand verglichen. Ist t_x die Entladezeit, wenn der unbekannte Widerstand an den Kondensator C gelegt ist und t_n die Entladezeit bei Anschluß des geeichten Vergleichswiderstandes, so ist bei Verwendung der gleichen Anfangsspannung u_0 und Entladung bis zur gleichen Endspannung u

$$R_x = R_n \frac{t_x}{t_n}. \tag{3, 67}$$

Man kann schließlich auch R_n dauernd angeschlossen lassen und einmal die Entladezeit t_n messen bis die Spannung u bei Anschluß von R_n allein erreicht ist und bis dieselbe Spannung erhalten wird, wenn beide Widerstände parallelgeschaltet sind, sie sei t_{xn}. Dann ist

$$R_x = \frac{R_n}{(t_n/t_{xn}{}^{-1})}. \tag{3, 67 a}$$

Diese Methode eignet sich insbesondere, wenn der innere Widerstand des Meßinstrumentes und des Kondensators nicht zu vernachlässigen ist. Er kann in den Vergleichswiderstand R_n miteinbezogen werden oder ihn überhaupt ersetzen.

Da sich bei der Entladung des Kondensators meist auch die Kapazität des Meßinstrumentes verkleinert, sollte die Entladezeit nicht größer gewählt werden als bis zur Entladung auf etwa 0,7 u_0.

8. Widerstandsmessung mit Hilfe von Elektronenröhren

Das Röhrenvoltmeter eignet sich auch zur Messung hochohmiger Widerstände. Es sind dafür eine Reihe von Meßmethoden angegeben worden[1]. Es wird z. B. der Spannungsabfall an dem unbekannten Widerstand gemessen. Dazu sind aber in der Regel Eichwiderstände notwendig, die die Größenordnung des zu messenden Widerstandes erreichen. Es ist jedoch schwierig, solche Widerstände mit genügender zeitlicher Konstanz herzustellen. Es sind daher Methoden vorzuziehen, bei denen diese Vergleichswiderstände wesentlich niedrigere Widerstandswerte aufweisen oder überhaupt vermieden werden.

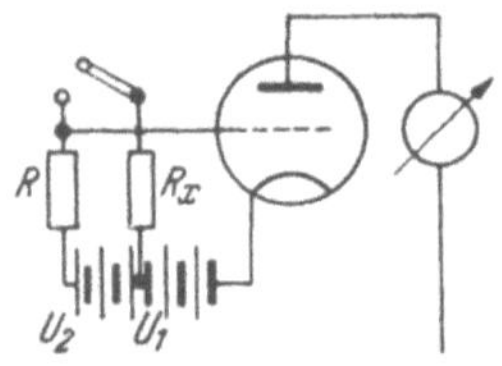

Abb. 149. Messung sehr hoher Widerstände mittels Verstärkerröhre

a) Messung durch Änderung der Gitterspannung. In Abb. 149[2] erhält eine Verstärkerröhre über einen Widerstand R eine negative Gittervorspannung U_2. Der zu messende Widerstand R_x verbindet das Gitter der Röhre mit einem weniger negativen Potential U_1. Dann ist, wenn U_x die Spannung am Gitter bei eingeschaltetem R_x ist,

$$(U_2 - U_1) : (U_2 - U_x) = (R + R_x) : R.$$

Daraus ergibt sich

$$R_x = R\left(\frac{U_2 - U_1}{U_x - U_2} - 1\right). \tag{3, 68}$$

Der Ausschlag des im Anodenkreis befindlichen Instrumentes ist von $U_x - U_2$ abhängig. Es kann direkt in Megohm geeicht werden. Durch Austausch von R sind verschiedene Meßbereiche erzielbar. R liegt in der Größenordnung von mehreren Megohm. Es können Widerstände von 10 bis 10^5 Megohm gemessen werden.

b) Widerstandsmessung mit Hilfe der Pendelrückkopplung. Ein Pendelrückkopplungsaudion[3] zeigt bekanntlich ein Einsetzen und Abklingen der Schwingungen in einem bei gleichbleibender Rückkopplung und Betriebsspannungen hauptsächlich durch die Größe des Gitterableitwiderstandes und des Gitterkondensators bestimmten Rhythmus. Ist der Gitterableitwiderstand der unbekannte Widerstand R_x, so kann seine Größe aus der Pendelfrequenz bestimmt werden. Geeicht wird das Gerät mit Hilfe bekannter Widerstände.

---

[1] Löwe, S. u. W. Kunze: Jahrb. d. drahtl. T. **25**, H. 3 (1928). — Jaeger u. Scheffer: Wiss. Veröff. Siemens IV, H. 1; Jahrb. d. drahtl. T. **18**, 38 (1921). — Rider, J. F.: Vacuum Tube Voltmeters. — Silberbauer, R.: Radiotechnik H. 7, 1948.

[2] Rider, J. F.: Vacuum Tube Voltmeters S. 128. — Schick, W.: ATM V 3513—4. — Spratt, H. G.: Wireless World **54**, 354 (1948).

[3] Einfg. S. 434, 452.

c) Das Mekapion[1], s. Abb. 150. Das Gitter der Röhre erhält eine positive Spannung. Dadurch wird das Relais *Rel 1* zum Ansprechen gebracht. Dies hat aber zur Folge, daß ein zweites Relais *Rel 2* eingeschaltet wird. Dadurch wird die bisher kurzgeschlossene Sekundärseite eines Transformators unterbrochen. Das Gitter der Röhre erhält nun einen negativen Induktionsspannungsstoß, so daß der Anodenstrom unterbrochen wird, worauf sich das Relais *Rel 1* öffnet. Die negative Gitterladung verschwindet erst allmählich über den Widerstand R_x. Sodann wird durch den wieder

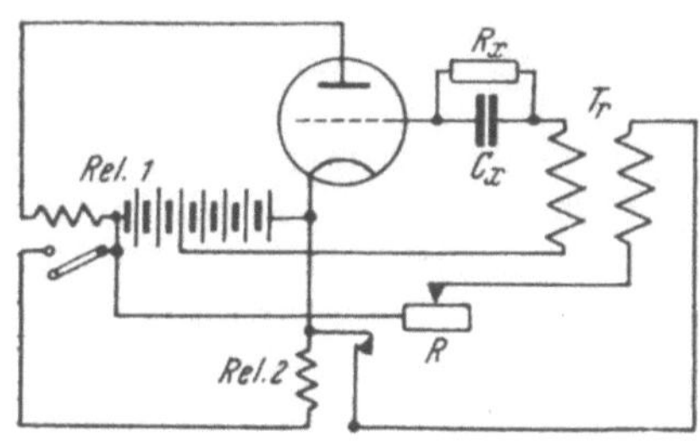

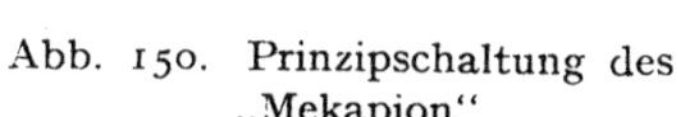
Abb. 150. Prinzipschaltung des „Mekapion"

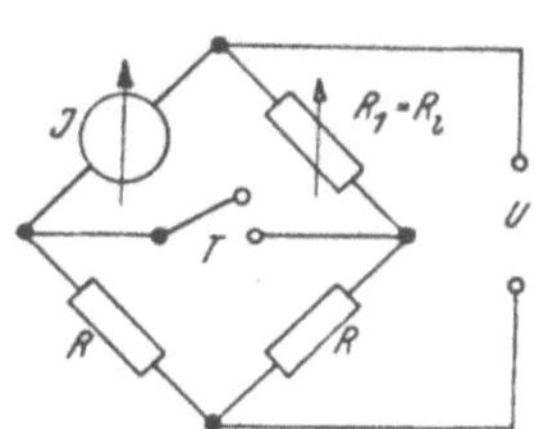

Abb. 151. Schaltung zur Messung des inneren Widerstandes eines Meßgerätes

einsetzenden Anodenstrom das Relais *Rel 1* wieder eingeschaltet und der beschriebene Vorgang wiederholt sich wieder. Man erhält somit zeitlich aufeinander folgende Schaltvorgänge. Ihre Häufigkeit ist durch die Größe von C_x, insbesonders aber auch von R_x bestimmt. Die Schaltvorgänge werden mit einer Schaltuhr gezählt. Dadurch eignet sich das Mekapion zur Messung von Widerständen, aber auch von Kapazitäten und Entladungsströmen (z. B. als Röntgendosismesser).

9. Messung des inneren Widerstandes von Meßgeräten

Bei der Messung des inneren Widerstandes von Meßgeräten wird oft die Änderung des Ausschlages des Meßgerätes bei der Messung als Störung empfunden. Eine einfache Meßmethode, die dies vermeidet, zeigt Abb. 151. Das Meßgerät J wird in einen Zweig einer Meßbrücke geschaltet. An Stelle des Galvanometers wird eine Taste T verwendet. Der Ausschlag des Meßgerätes ändert sich bei Schließen der Taste nicht, wenn der Widerstand R_1 gleich dem inneren Widerstand des Meßgerätes ist[2].

B. Messung von Wechselstromwiderständen

1. Die Wechselstrommeßbrücke

Ein Großteil der oben angegebenen Meßmethoden kann auch bei Wechselstrom angewendet werden. Von besonderem Interesse ist die Widerstandsmeßbrücke. Als Indikator wird vielfach der Kopfhörer verwendet.

[1] Strauß, S.: E. u. M. **44**, 348 (1926); **46**, 1083 (1928).
[2] Kallmann, H. E.: Electronics **22**, 142 (1949).

Zu empfehlen ist das Resonanztelephon, bei dem die Membran auf die Betriebsfrequenz abgestimmt werden kann[1]. Vielfach werden auch das Vibrationsgalvanometer, das Röhrenvoltmeter sowie Gleichrichterinstrumente und gelegentlich auch die Abstimmzeigerröhre als Indikator verwendet. Zur Empfindlichkeitserhöhung benützt man gelegentlich auch Verstärker. Wichtig ist möglichst geringe Kapazität gegen Erde, man erreicht dies durch Verbindung über kapazitätsarme Transformatoren.

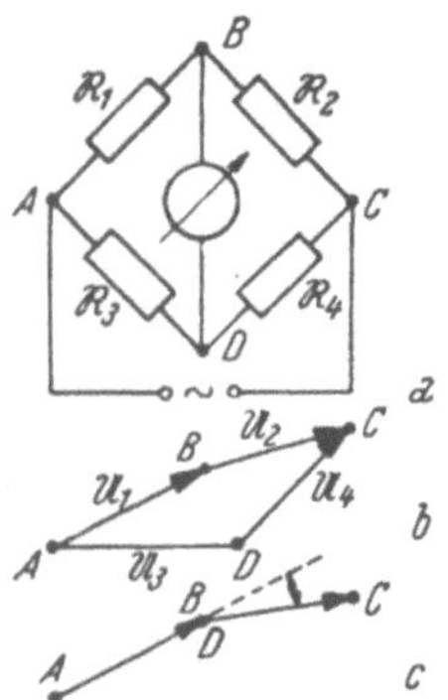

Abb. 152. Wechselstrommeßbrücke. *a* Schaltung, *b* Zeigerdiagramm im nicht abgeglichenen, *c* Zeigerdiagramm im abgeglichenen Zustand

Gelangen rein Ohmsche Widerstände zur Verwendung, so ist der Indikator stromlos, wenn die bekannte Widerstandsbedingung erfüllt ist. Haben die verwendeten Widerstände auch Blindkomponenten, so ist der Indikator nur dann stromlos, wenn die hintereinanderliegenden Widerstände $\mathfrak{R}_1$ und $\mathfrak{R}_2$, bzw. $\mathfrak{R}_3$ und $\mathfrak{R}_4$ nicht nur gleich groß sind, sondern auch die gleiche Phasenverschiebung gegeneinander aufweisen, s. Abb. 152. Anderenfalls ist zwischen den Punkten B und D eine Spannung U_{BD}, s. Abb. 152, wie groß auch immer die Widerstandswerte sein mögen. Der Indikator ist also nur dann stromlos, wenn die Brückenbedingung

$$\mathfrak{R}_1 : \mathfrak{R}_2 = \mathfrak{R}_3 : \mathfrak{R}_4 \tag{3, 69}$$

nicht nur dem Betrag nach, sondern auch der Phase nach erfüllt ist. Aus Gl. (3, 69) ergibt sich wegen $\mathfrak{R} = |R| e^{j\varphi}$

$$|R_1| e^{j\varphi_1} : |R_2| e^{j\varphi_2} = |R_3| e^{j\varphi_3} : |R_4| e^{j\varphi_4}. \tag{3, 70}$$

Hieraus erhält man die *Widerstandsbedingung*

$$|R_1| : |R_2| = |R_3| : |R_4| \tag{3, 71}$$

und die *Phasenbedingung*

$$\varphi_1 - \varphi_2 = \varphi_3 - \varphi_4. \tag{3, 72}$$

Das Abgleichen einer Wechselstrombrücke erfolgt schrittweise. An den Vergleichswiderständen werden daher zuerst die Größenwerte der Widerstände so lange geändert, bis ein Minimum am Indikator erreicht ist, dann erfolgt ein Abgleichen der Phasenlage, so daß das Minimum tiefer wird, sodann wieder ein weiteres Abgleichen der Widerstandswerte usw. Um ein scharfes Minimum zu erzielen, ist es notwendig, daß der Betriebswechselstrom möglichst oberwellenfrei ist. Bei frequenzabhängigen Widerständen verflacht sich sonst das Minimum. Bei nichtlinearen Widerständen (z. B. Eisenkernen) entstehen Oberwellen. In diesem Falle ist auch die Verwendung von resonanzscharfen Indikatoren zu empfehlen, z. B. Vibrationsgalvanometer oder vorgeschaltete Sieb-, bzw. Resonanzkreise.

[1] Seibt, G.: ETZ **41**, 625 (1920).

Die Meßbrücken können zur Wirk- und Scheinwiderstandsmessung verwendet werden. Es sind oft umschaltbare kapazitive oder induktive Widerstände angeordnet, so daß eine Messung kapazitiver wie induktiver Widerstände möglich ist.

In neuerer Zeit werden auch selbsttätig abgleichende Wechselstrombrücken gebaut[1]. Es sei z. B. (s. Abb. 153) der zu messende Widerstand R_1 mit der kleinen Blindwiderstandskomponente X_1 behaftet und der Vergleichswiderstand R_2 und X_2 veränderbar. Die beiden Widerstände R seien dagegen nicht veränderbar.

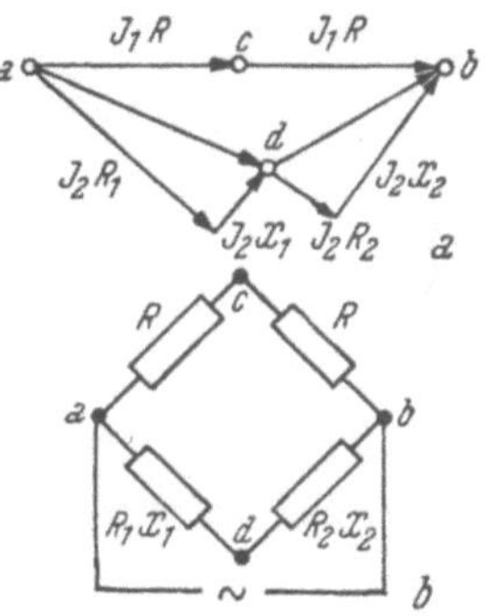

Abb. 153. Wechselstrombrücke mit Wirk- und Blindwiderständen in zwei nebeneinanderliegenden Zweigen. *a* Zeigerdiagramm, *b* Schaltung

Da die Brücke nicht abgeglichen ist, tritt eine Spannung zwischen den Punkten c und d auf, die gegenüber der an die Punkte a und b angelegten Spannung eine beliebige Phasenverschiebung aufweist. Die Spannung $c\,d$ betreibe nun einen Phasendiskriminator, der die Größe von X_2 so lange ändert, bis die *senkrecht* zu $a\ b$ liegende Komponente von $c\ d$ verschwindet. Dieselbe Spannung betreibe aber auch noch einen zweiten Phasendiskriminator, der die Größe von X_2 so lange ändert, bis auch die mit $a\,b$ gleiche Richtung aufweisende Komponente von $c\,d$ verschwindet. Die Brücke ist dann abgeglichen. Abb. 154 zeigt die Prinzipschaltung. Die Brückenspannung $c\,d$ wird einem Verstärker zugeführt und sodann an je einen Phasenschieber φ_1 und φ_2 angeschlossen. Je ein Phasendiskriminator D_1 und D_2 erzeugt die zur Einstellung der Blind- und Wirkkomponente erforderliche Regelspannung, die einem Servomotor S_1, bzw. S_2 zugeführt wird.

Es gibt eine große Anzahl weiterer Wechselstrombrücken, sie werden, soweit sie für Messungen von Interesse sind, im folgenden besprochen (s. Induktivitätsmessung, Kapazitätsmessung).

Nicht unerhebliche Fehler können durch Induktivitäten und gegenseitige Kopplungen der Zuleitungen entstehen. Es ist daher zu empfehlen, die Zuleitungsinduktivität durch Paralleldrahtführung klein zu halten. Eine besonders niedrige Zuleitungsinduktivität erhält man durch Parallelbandleitung. Es ist für kleine Induktivitäten näherungsweise

$$L = \frac{4\pi l\,(a + 0{,}67\,d)}{b}\ \text{nH}, \tag{3, 73}$$

wenn l die Leitungslänge, a der Leiterabstand, b die Leiterbreite und d die Leiterdicke in cm ist.

Bei vielen Messungen macht sich auch die Parallelkapazität der Spannungszuleitungen, insbesonders aber die Erdkapazität störend bemerkbar.

[1] Graham, J. F.: Electronics 24, H. 2, S. 110 (1951).

Sie läßt sich durch Stromzuführung über einen abgeschirmten Transformator verringern[1]. Der Transformator kann auch zur Symmetrierung der Erdkapazität dienen.

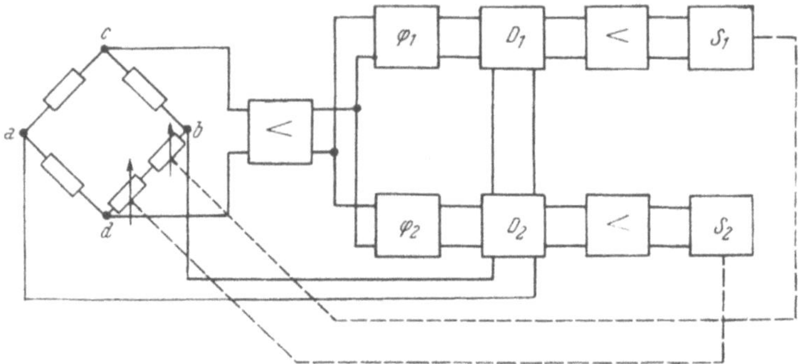

Abb. 154. Selbsttätig abgleichende Wechselstrombrücke. φ = Phasenschieber, D = Diskriminator, S = Servomotor, Wechselspannungsgenerator zwischen a und b.

Bei der Wagnerschen Doppelbrücke[2], s. Abb. 155, wird der durch schädliche Leitungskapazitäten verursachte Fehler mittels eines Hilfszweiges beseitigt. Der zu messende Widerstand sei z. B. $\mathfrak{R}_2$. Zunächst wird der untere Brückenteil, bestehend aus $\mathfrak{R}_3$, $\mathfrak{R}_4$, $\mathfrak{R}_5$ und $\mathfrak{R}_6$ abgeglichen. Der Punkt C ist geerdet. Zu den Widerständen $\mathfrak{R}_5$ und $\mathfrak{R}_6$ liegen die Kapazitäten C_5 und C_6 verursacht durch die Kapazität der Leitungen parallel. Die Brücke wird nun abgeglichen. Dadurch erhält auch der Punkt B Erdpotential, so daß die Kapazität C_b gegen Erde wirkungslos wird und daher keinen Fehler verursacht. Es kann nun die eigentliche Meßbrücke, bestehend aus $\mathfrak{R}_1$, $\mathfrak{R}_2$, $\mathfrak{R}_3$ und $\mathfrak{R}_4$ abgeglichen werden. Dann ist auch C_a wirkungslos, da auch A Erdpotential erhält.

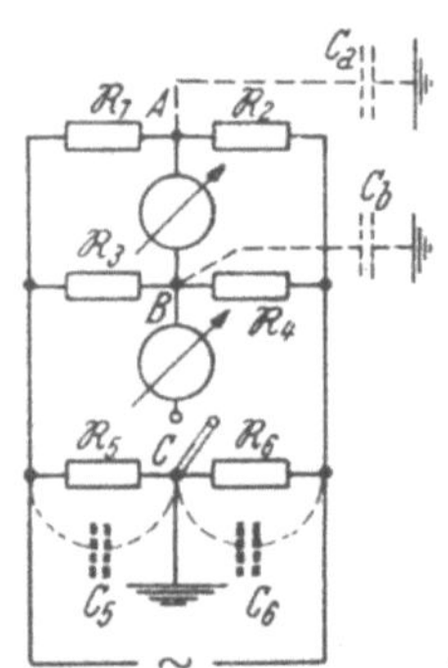

Abb. 155. Wagnersche Doppelbrücke

Für genaue Messungen eignen sich vor allem abgeschirmte Meßbrücken[3]. Sämtliche Widerstände sind abgeschirmt. Die Schirmung ist mit dem geerdeten Punkt, an den auch ein Pol der Spannungsquelle angeschlossen ist, verbunden. Die Kapazitäten addieren sich zu den Meßwerten, sind aber definiert und können in der Rechnung mitberücksichtigt werden. Geerdet wird meist der Stromzuführungspunkt, der gegenüber dem Indikatorkreis den kleineren Scheinwiderstand aufweist, bei gleichzeitiger Ver-

[1] Walcher, T.: E. u. M. **51**, H. 29 (1931).
[2] Wagner, K. W.: ETZ **32**, 1001 (1911).
[3] Campbell, G. A.: Electr. World **43**, 647 (1904). — Walcher, T.: ATM J 025—1 (1936).

wendung des oben beschriebenen Wagnerschen Hilfszweiges, jedoch dessen Erdungspunkt, s. z. B. Abb. 155.

Die abgeschirmten Meßbrücken eignen sich auch für Hochfrequenzmessungen. Von Küpfmüller[1] wird eine Brückenschaltung für Frequenzen bis 1,5 MHz, von Zimmermann[2] eine solche für Frequenzen bis 10 MHz verwendet. Die erzielte Toleranz betrug 1%.

Um mit einer Wheatstone-Brücke Widerstandsmessungen bei Frequenzen über 10 MHz durchführen zu können, muß eine besonders sorgfältige Abschirmung vorgesehen werden. Eine solche Brücke für Frequenzen über 100 MHz ist in Abb. 156 gezeigt[3]. Mit der Schleife S wird sie an den Oszillator abgeschirmt angekoppelt. An die konzentrischen Leitungen 1, bzw. 2 kommen der zu eichende, bzw. der Vergleichswiderstand. Der Indikator wird an G angeschlossen. Die Empfindlichkeit erhöht sich, wenn modulierte Hochfrequenz verwendet wird und dem Galvanometer ein Niederfrequenzverstärker vorgeschaltet wird. Eine etwa vorhandene Unsymmetrie wird gefunden und behoben, wenn der Vergleichswiderstand und der zu messende Widerstand vertauscht werden.

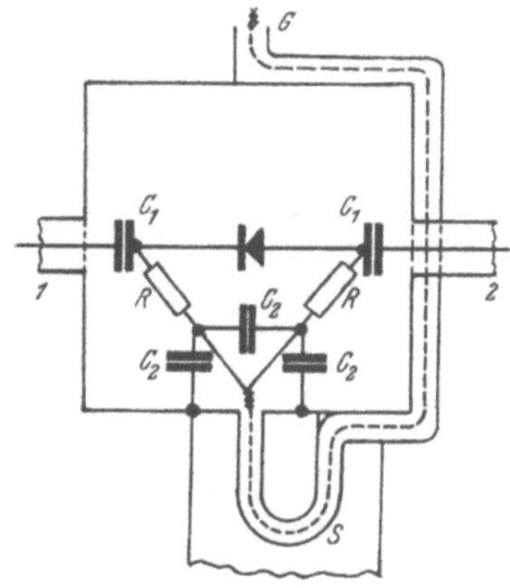

Abb. 156. Wheatstone-Brücke für Frequenzen über 100 MHz. G = Galvanometeranschluß, O = Oszillatorankopplung, C_1 = 1000 pF, C_2 = 500 pF, R_1, R_2 = 75 Ohm. *1* und *2* Anschluß des unbekannten und des Vergleichswiderstandes

2. Messung mit dem Differentialtransformator[4]

Der Differentialtransformator eignet sich besonders zum Vergleich von Widerständen. Abb. 157 zeigt seine Schaltung. Ist $R_x = R_n$, so zeigt der Indikator keinen Ausschlag. Ist eine Blindkomponente vorhanden, so muß auch diese durch eine gleich große im Vergleichswiderstand ausgeglichen werden. Für Messungen bei Hochfrequenz eignet sich insbesondere eine Ausführung als Ringtransformator[5]. Es werden mit dem Differentialtransformator Messungen bei Frequenzen bis 100 MHz gemacht[6].

Will man den zu messenden Scheinwiderstand symmetrisch anschließen, so verwendet man zwei Differentialtransformatoren in der in Abb. 158

[1] Küpfmüller, K.: ENT **2**, 263 (1925). — Ferguson, J. G.: J. Amer. I. E. E. **48**, 517 (1929).

[2] Zimmermann, K.: Hochfrequenztechn. u. Elektroak. **56**, 33 (1940).

[3] King, D. D.: Proc. I. R. E. **38**, 37 (1950).

[4] Hund, A.: Jahrb. d. drahtl. Tel. **13**, H. 6 (1918).

[5] Hausrath, H.: Unters. el. Systeme, Bln. 1907.

[6] Kirke, M. J.: J. I. E. E. **92**, I, Nr. 49 (1945).

gezeigten Anordnung[1]. Die beiden Transformatoren sind völlig gleichartig und haben beide Mittelpunktsanzapfung. Das Meßgerät zeigt nur dann Nullausschlag, wenn der Vergleichswiderstand $\mathfrak{R}_n$ dem zu messenden Widerstand $\mathfrak{R}_x$ in Größe und Phase gleicht. Die Genauigkeit der Anordnung, die man als *Differentialbrücke* bezeichnet, ist nur von der des Vergleichswiderstandes abhängig.

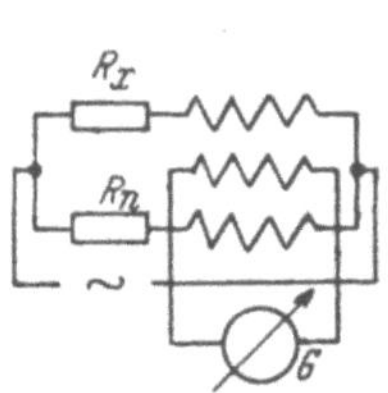

Abb. 157. Widerstandsmessung mittels Differentialtransformators

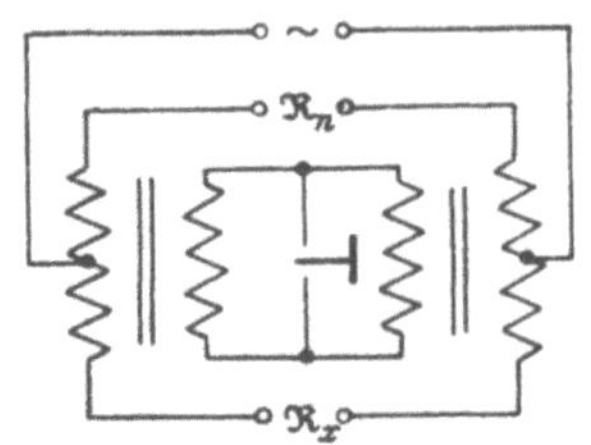

Abb. 158. Scheinwiderstandsmessung mit zwei Differentialtransformatoren

C. Messung von Hochfrequenzwiderständen

Eine Anzahl der oben beschriebenen Meßanordnungen ist auch für Hochfrequenz verwendbar. Im folgenden sollen nur einige für Hochfrequenz besonders geeignete Meßmethoden besprochen werden.

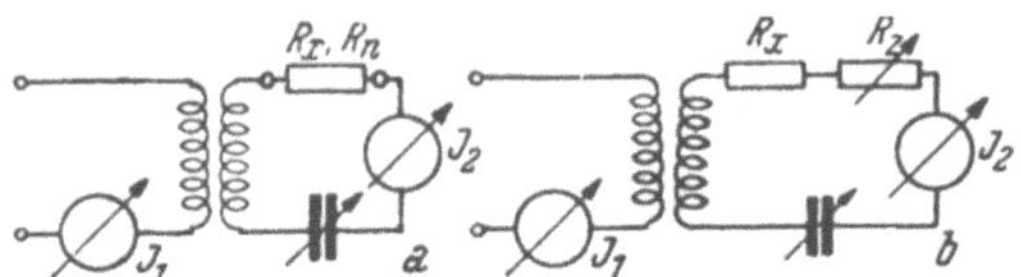

Abb. 159. Widerstandsmessung mit Resonanzkreis. *a* Substitutionsmethode, *b* Methode des Zusatzwiderstandes

1. Messungen im Resonanzkreis

Da bei hohen Frequenzen durch die Induktivität der Zuleitungen Meßfehler entstehen können, empfiehlt es sich, den zu messenden Widerstand in einen Resonanzkreis zu schalten. Bei Einstellung auf Resonanz wird der induktive Widerstand als ein Teil des Schwingkreises durch die Schwingkreiskapazität aufgehoben. Es sind folgende Meßmethoden üblich:

a) Substitutionsmethode, s. Abb. 159*a*. Der Widerstand wird in den Schwingkreis geschaltet und auf Resonanz abgestimmt. Dann zeigt das Instrument J_2 größten Ausschlag. Es werde der Strom J_2 gemessen. Nun wird an Stelle des zu messenden Widerstandes ein bekannter veränderlicher Hochfrequenzwiderstand angeschlossen. Es wird wieder auf Resonanz abgestimmt und der Widerstand so lange geändert, bis der gleiche

[1] Siemens: Meßeinrichtungen für die Fernmeldetechnik, S. 54, 58 (1940).

Strom J_2 erhalten wird. Dann ist $R_x = R_n$. Es ist darauf zu achten, daß die Primärspannung und die Kopplung zwischen Primär- und Sekundärwicklung gleich groß bleiben. Hohe Widerstände werden anstatt in Reihe mit L und C parallelgeschaltet. Ein Parallelwiderstand R_p entspricht einem Reihenwiderstand im Schwingkreis von

$$R_r = \frac{L}{C\,R_p}. \tag{3, 74}$$

Ist der zu messende Widerstand für die Reihenschaltung zu groß und für die Parallelschaltung zum Resonanzkreis zu nieder, so daß keine genügend scharfe Resonanzkurve erhalten würde, so ist die Zuschaltung eines Kondensators C zum unbekannten Widerstand R_x zu empfehlen. Liegt er parallel zum Resonanzkreis, so wird C reihengeschaltet, liegt R_x in Reihe, so wird C parallelgeschaltet.

Dabei entspricht eine Reihenschaltung des Wirkwiderstandes R_R mit dem Blindwiderstand X_R einer Parallelschaltung von R_p zu X_p, wenn[1]

$$R_p = \frac{R_R^2 + X_R^2}{R_R}, \qquad X_p = \frac{R_R^2 + X_R^2}{X_R} \tag{3, 75}$$

und

$$R_R = \frac{R_p\,X_p^2}{R_p^2 + X_p^2}, \qquad X_R = \frac{R_p^2\,X_p}{R_p^2 + X_p^2}. \tag{3, 76}$$

Ist z. B. in Gl. (3, 76) $R_p = 10\,X_p$, so entspricht dies einem Reihenwiderstand $R_R = R_p/100$ (genauer $R_R = R_p/101$), der leicht durch einen gleich großen Vergleichswiderstand substituiert werden kann.

Bei hohen Frequenzen ist es schwierig frequenzunabhängige Ohmsche Widerstände zu finden. Man verwendet daher mit bekannten veränderbaren Widerständen gleichstromseitig belastete Dioden (s. zweiter Abschn., V). Eine geeignete Schaltungsanordnung zeigt Abb. 160 [2]. Der zu messende Widerstand R_x liegt parallel zum Schwingkreis. Die Spannung wird mit einem Röhrenvoltmeter unter Verwendung der Diode D_1 und des Meßinstrumentes J gemessen. Die Heizung der Diode D_2 ist zunächst noch abgeschaltet. Nun wird der unbekannte Widerstand entfernt, die Diode D_2 in Betrieb genommen und ihre Belastung R_2 so lange geändert, bis das Instrument wieder den gleichen Ausschlag zeigt. Es ist dann

$$R_x = \frac{R_2}{2}. \tag{3, 77}$$

Die Hochfrequenzbelastung durch das Röhrenvoltmeter kann auch aus ihrem Ohmschen Belastungswiderstand gefunden werden.

---

[1] Einfg. S. 37.

[2] Rohde, L. u. H. Schwarz: Hochfrequenztechn. u. Elektroak. **50**, 98 (1937).

b) Methode des Zusatzwiderstandes[1], s. Abb. 159 *b*. Ist die Kopplung zwischen Primär- und Sekundärseite des den Schwingkreis speisenden Transformators sehr lose, so wird der Primärstrom nicht durch die sekundäre Belastung beeinflußt. Es ist bei Resonanz[2]

$$J_1 = \frac{U_1}{j\,\omega\,L_1} \tag{3, 78}$$

und

$$J_2 = \frac{j\,U_1\,k\,ü}{R_2}. \tag{3, 79}$$

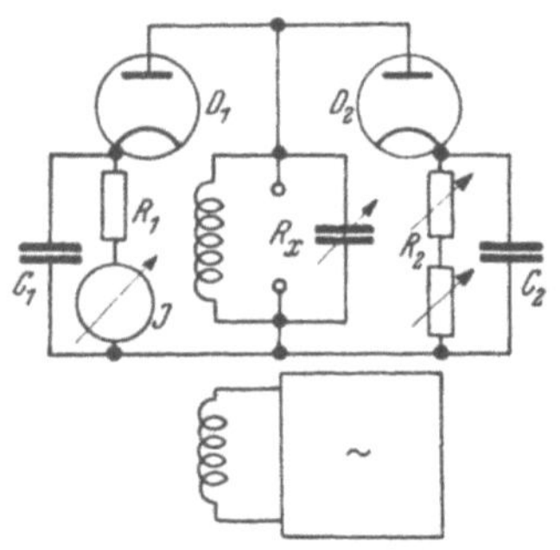

Abb. 160. Substitutionsmethode zur Widerstandsmessung bei Hochfrequenz. C_1, C_2 = 10 000 pF, R_1 = 2 Megohm, R_2 = 10 kOhm bis 1 Megohm

Hiebei bedeutet J_1 den Primär-, J_2 den Sekundärstrom, U_1 die Primärspannung, L_1 die Primärinduktivität, $ü$ das Übersetzungsverhältnis, k die Kopplung und R_2 den gesamten sekundären Ohmschen Widerstand. Nach Gl. (3, 79) ist somit der Sekundärstrom dem Sekundärwiderstand verkehrt proportional. Man mißt zuerst den Schwingkreisstrom J_2' unter Einschaltung des unbekannten Widerstandes R_x, worauf dann der bekannte Widerstand R_{z1} mit diesem in Reihe geschaltet wird, wodurch sich der Schwingkreisstrom J_2'' ergibt. Sodann ersetzt man diesen durch einen zweiten Zusatzwiderstand R_{z2} und erhält den Strom J_2'''. Es gelten folgende Gleichungen

$$\begin{aligned} J_2' : J_2'' &= (R_{z1} + R_x + R_d) : (R_x + R_d) \\ \text{und}\quad J_2' : J_2''' &= (R_{z2} + R_x + R_d) : (R_x + R_d). \end{aligned} \tag{3, 80}$$

Aus diesen beiden Gleichungen können der unbekannte Widerstand R_x und der ebenfalls unbekannte Dämpfungswiderstand R_d des Schwingkreises, verursacht durch die Verluste der Spule, bestimmt werden. Ist der Schwingkreisdämpfungswiderstand bereits bekannt, so genügt die Messung mit einem Zusatzwiderstand. Die Genauigkeit erhöht sich indessen durch mehrere Messungen.

Nach einem Vorschlag von Pauli[3] wird das Verhältnis J_1/J_2, das bei verschiedenen Zusatzwiderständen R_z gemessen wurde, in Abhängigkeit von letzteren graphisch aufgetragen. Nach Gl. (3, 78) und Gl. (3, 79) erhält man

$$\left|\frac{J_1}{J_2}\right| = \frac{R_z + R_x + R_d}{k\,ü\,\omega\,L_1}. \tag{3, 81}$$

Der Zusammenhang zwischen den beiden Veränderlichen J_1/J_2 und R_z ist somit durch eine Gerade gegeben, s. Abb. 161. Der Schnittpunkt mit der

[1] Lindemann, K.: Verh. D. Phys. Ges. **11**, 28 (1909).

[2] Einfg. S. 51.

[3] Pauli: Z. Phys. **5**, 376 (1921); **6**, 118 (1921).

Abszisse ergibt die Größe von $R_x + R_d$. Ist R_d nicht bekannt, so kann es in der gleichen Weise bestimmt werden. Die beiden Geraden schneiden die X-Achse in einem gegenseitigen Abstand von der Größe R_x.

c) Methode der Resonanzkurvenaufnahme. Es wird bei loser Kopplung zwischen Primär- und Sekundärkreis die Abhängigkeit des Schwingkreisstromes von der Frequenz aufgenommen. Es genügt indes die Aufnahme von zwei Punkten gleicher Stromstärke und die Bestimmung des Frequenzabstandes Δf, s. Abb. 162. Statt der Bestimmung des Frequenzabstandes kann auch die Kapazitätsänderung ΔC ermittelt werden.

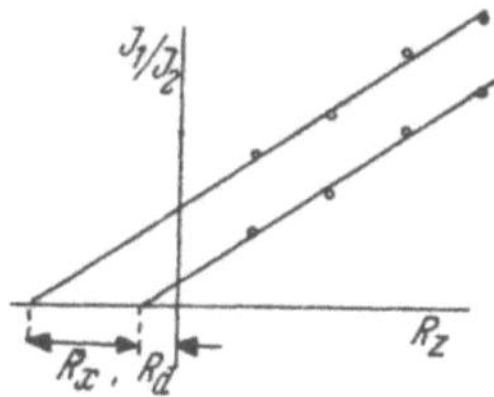

Abb. 161. Diagramm zur Bestimmung von R_x nach Pauli

Abb. 162. Widerstandsmessung durch Aufnahme der Resonanzkurve

Man mißt meist beim 0,71-fachen Wert des Resonanzstromes oder beim 0,5-fachen. Es ist

$$J = 0{,}71\, J_{res}: \quad R_{res} = \frac{1}{2\pi \Delta f C_0} \approx \frac{1}{\pi \Delta C f_0} = \frac{318\,000}{f_0\,(\mathrm{MHz})\, \Delta C\,(\mathrm{pF})}. \tag{3, 82}$$

$$J = 0{,}5\, J_{res}: \quad R_{res} = \frac{\sqrt{3}}{2\pi \Delta f C_0} \approx \frac{\sqrt{3}}{\pi \Delta C f_0} = \frac{550\,000}{f_0\,(\mathrm{MHz})\, \Delta C\,(\mathrm{pF})}. \tag{3, 83}$$

R_{res} ist der Resonanzwiderstand des Schwingkreises, also der von ihm dargestellte Parallelwiderstand. Die Umrechnung in einen Reihenwiderstand erfolgt nach Gl. (3, 76). C_0 ist die Kapazität des Schwingkreises bei Resonanzabstimmung.

Man mißt zunächst den Resonanzwiderstand R_{res} des Schwingkreises und schaltet nun den unbekannten R_x parallel. Es ist dann

$$R_x = \frac{R_p R_{res}}{R_{res} - R_p}, \tag{3, 84}$$

wenn R_p der bei der Parallelschaltung von R_x gemessene Resonanzwiderstand ist.

Aus Gl. (3, 82), bzw. (3, 83) und (3, 84) folgt

$$R_x = R_{res} \frac{1}{\frac{\Delta f_2}{\Delta f_1} - 1} = R_{res} \frac{1}{\frac{\Delta C_2}{\Delta C_1} - 1}. \tag{3, 85}$$

Δf_2, bzw. ΔC_2 ist der in Abb. 162 gezeigte Abstand $A\,B$, bzw. $A'B'$ bei Parallelschalten von R_x, Δf_1, bzw. ΔC_1 dagegen ohne Parallelwiderstand R_x.

Kleine zu messende Widerstände werden mit dem Kondensator C in Reihe geschaltet. Hiefür gilt

$$R_x = R_r\left(\frac{\Delta f_2}{\Delta f_1} - 1\right) = R_r\left(\frac{\Delta C_2}{\Delta C_1} - 1\right) \qquad (3, 86)$$

(Δf_2 mit, Δf_1 ohne R_x).

Die Messung wird einfach, wenn stets der gleiche Schwingkreis mit einmal geeichtem Paralleldämpfungswiderstand R_p, bzw. Reihendämpfungswiderstand R_r benützt wird.

Die Formeln (3, 84) bis (3, 86) setzen voraus, daß die Frequenzänderung Δf klein gegen f_0 ist, etwa $\Delta f \leqq 0{,}1 f_0$.

2. Kalorimetrische Messungen

Die Erwärmung eines Kalorimeters kann bei bekanntem Strom zur Messung des Widerstandes dienen[1].

Beim Differentialkalorimeter wird die Temperaturerhöhung mit der eines gleichartigen von einem bekannten Gleichstrom durchflossenen verglichen[2].

Ein anderes Verfahren mißt den Strom und die Temperaturerhöhung mit Hilfe eines angelegten Thermoelementes[3]. Die Eichung erfolgt mit Gleichstrom.

3. Widerstandsmessung mit dem Dynatron[4]

Eine Dynatronschaltung[5] schwingt, wenn der Widerstand der fallenden Kennlinie R_i kleiner ist als R_x des Schwingkreises. Der Einsatz der Schwingungen erfolgt sobald $R_x = R_i$. Den inneren Widerstand R_i der fallenden Kennlinie mißt man, indem man den Kreis kurzschließt und die zu einer bestimmten Anodenspannungsänderung gehörende Anodenstromänderung ermittelt. Das Dynatron ist verwendbar bis zu Frequenzen von etwa 15 MHz. Abb. 163 zeigt die Prinzipschaltung des Dynatrons zur Widerstandsmessung.

Der negative Widerstand des Dynatrons läßt sich auch durch eine niederfrequente Messung bestimmen[6]. Man schaltet in den Ausgang an Stelle eines Schwingkreises einen veränderbaren Ohmschen Widerstand R. Die Parallelschaltung des negativen Dynatronwiderstandes $-R_x$ zu R ergibt dann einen Gesamtwiderstand

$$R_{ges} = \frac{-R_x R}{R - R_x}. \qquad (3, 87)$$

---

1 Preuner, G. u. L. Pungs: Verh. deutsch. Phys. Ges. **21**, 594 (1919).
2 Austin, L. W.: Jahrb. d. drahtl. Tel. **8**, 159 (1914).
3 Benz, F.: Hochfrequenztechn. u. Elektroak. **36**, 2 (1930).
4 Frühauf, H.: Z. Hochfrequenztechn. **37**, 229 (1931).
5 Einfg. S. 556.
6 Terman, F. E.: Electronics **6**, H. 12, S. 340 (1933).

Im Falle $R_x = R$ wird $R_{ges} = \infty$. Dieser Wert läßt sich leicht einstellen, wenn man das Dynatron mit dem parallelgeschalteten Widerstand R über einen Kopfhörer an einen Tonfrequenzgenerator anschließt. Im Falle der Ton im Kopfhörer verschwindet, ist $R_x = R$.

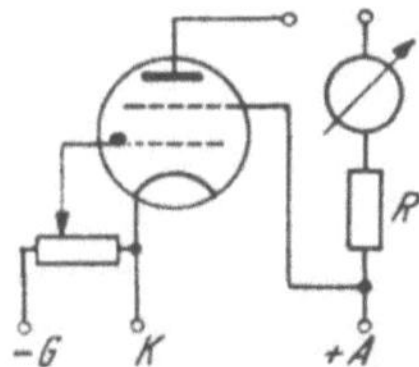

Abb. 163. Widerstandsmessung mittels Dynatrons

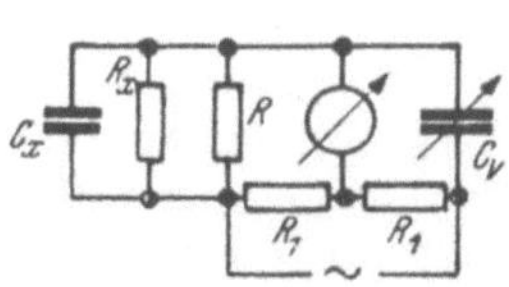

Abb. 164. Messung eines negativen Widerstandes mittels Dynatrons bei Vorhandensein einer störenden Kapazität

Vielfach liegt zu dem unbekannten negativen Widerstand R_x noch eine störende Kapazität parallel. Um ihre Wirkung zu beseitigen, wird die in Abb. 164 gezeigte Brückenschaltung empfohlen[1]. Zunächst wird der Galvanometerausschlag durch Einstellen von R auf ein Minimum gebracht, das heißt es wird $R_{ges} = \infty$. Dann wird $C_v = C_x$ gemacht. Der Galvanometerausschlag verschwindet dann.

D. Scheinwiderstandsmessung bei Hochfrequenz[2, 3]

In neuerer Zeit werden vielfach Meßgeräte benützt, die neben den Ohmschen Widerständen auch induktive und kapazitive Blindkomponenten zu messen gestatten.

Bei Hochfrequenz eignet sich vor allem die Resonanzmethode. Das Meßgerät enthält einen Oszillator, mit dem ein abstimmbarer Resonanzkreis gekoppelt ist. Der zu untersuchende Scheinwiderstand wird zu diesem parallelgeschaltet und durch Verändern des Drehkondensators wird wieder Resonanz hergestellt. Man mißt nun die Spannung des Parallelresonanzkreises mit einem Röhrenvoltmeter. Sodann wird der Scheinwiderstand abgeschaltet und neuerdings durch Verändern des Drehkondensators Resonanz eingestellt. Hierauf wird ein veränderlicher Ohmscher Widerstand parallelgeschaltet, dessen Größe so eingeregelt wird, daß sich am Röhrenvoltmeter wieder der gleiche Ausschlag ergibt. Als veränderbarer Scheinwiderstand eignet sich eine mit Ohmschem Widerstand gleichstromseitig belastete Diode.

Der Scheinwiderstand R_x ist gleich der Parallelschaltung aus Ohmschem Widerstand $\mathfrak{R}_x$ und der Kapazitätsdifferenz $C_1 - C_2$.

$$\frac{1}{\mathfrak{R}_x} = \frac{1}{R} \pm j\omega (C_1 - C_2). \qquad (3, 88)$$

[1] Fromy, E.: Mesures en Radiotechnique (1948).

[2] Rohde, L. u. H. Schwarz: Hochfrequenztechn. u. Elektroak. 50, 98 (1937); DRP 702 334 (1937).

[3] Rohde, L. u. G. Opitz: Hochfrequenztechn. u. Elektroak. 54, 116 (1939).

Die Meßmethode ist insbesondere für kurze Wellen bis herab zu dm-Wellen geeignet. Sie läßt sich auch bei hohen Spannungen verwenden. Röhrenvoltmeter und Belastungskreis werden zweckmäßigerweise durch Spulenanzapfung oder Vorschalten eines Kondensators nur an einen Teil der Gesamtspannung gelegt[1].

In neuester Zeit werden auch zur hochfrequenten Messung von Scheinwiderständen bis zu Frequenzen von etwa 300 MHz in steigendem Maße Meßbrücken verwendet (s. Abb. 156). Da die Einstellung der Ohmschen Widerstände gewöhnlich infolge Längenänderung mit einer Blindwiderstandsänderung verknüpft ist, werden bei einer Scheinwiderstandsmeßbrücke für Frequenzen von 10 bis 250 MHz Thermistoren (s. fünfter Abschn., I, F) verwendet[2]. Die Widerstandsänderung erfolgt dann lediglich durch Gleichstromüberlagerung. Der Widerstandswert wird mittels eingebauter Hilfsbrücke ermittelt.

VI. Messung von Induktivität und Spulenverlusten

Eine Spule ist in der Regel nicht eine reine Induktivität, sie hat vielmehr auch einen Ohmschen Widerstand, der bei Wechselstrom durch Wirbelstrom und Skineffekt erhöht ist, bei Eisenkernen kommen noch deren Verluste hinzu. Man denkt sich daher mit dem induktiven einen Ohmschen Widerstand in Reihe geschaltet, R_L in Abb. 55. Der Verlustwinkel ist definiert durch $\operatorname{tg} \delta_v = R_L/\omega L = 1/Q$; Q wird als Spulengüte bezeichnet. Bei hohen Frequenzen ist auch noch der durch die Spulenkapazität C_L verursachte Nebenschluß zu berücksichtigen. Man erhält durch deren Wirkung nach zweitem Abschnitt, V, eine scheinbare Verminderung der Spulengüte auf

$$Q' = Q\,(1 - \omega^2 L\, C_L). \qquad (3,\ 89)$$

Obzwar bei vielen Messungen die scheinbaren Werte erhalten werden, ist es der Einheitlichkeit wegen doch zweckmäßig, die Meßergebnisse auf die Werte L, R_L und Q zu beziehen[3], vgl. zweiter Abschn., V, C.

A. Messungen bei Niederfrequenz

1. Strom-Spannungsmessung

Die Selbstinduktion läßt sich bei bekannter Frequenz aus einer Messung von Strom und Spannung bestimmen. Es ist

$$L = \frac{1}{\omega} \sqrt{\frac{U_w^2}{J_w^2} - R^2}. \qquad (3,\ 90)$$

Der Ohmsche Widerstand R kann durch eine Gleichstrommessung ermittelt werden.

[1] Rohde, L. u. G. Wedemeyer: ETZ **61**, 577 (1940).
[2] Wireless Engr. **26**, 170 (1949).
[3] Opitz, G.: ATM Z 124—2 (1940).

2. Volt-, Ampere- und Wattmetermethode[1]

Induktivität und Verlustwiderstand einer Spule lassen sich aus einer Strom-, Spannungs- und Leistungsmessung bestimmen.

Es ist

$$L = \frac{U}{\omega J}\sqrt{1 - \frac{N^2}{U^2 J^2}}, \qquad R_L = \frac{N}{J^2}. \tag{3, 91}$$

Voraussetzung für die Richtigkeit der Messung ist sinusförmiger Strom.

3. Dreivoltmetermethode

Ist in der durch Abb. 129 dargestellten Schaltung der unbekannte Widerstand gleich der der gesuchten Induktivität mit dem Verlustwinkel δ_v, so ist

$$L = \frac{R_2}{U_2}\frac{1}{\omega}\sqrt{U_1^2 - \left(\frac{U^2 - U_1^2 - U_2^2}{2\,U_2}\right)^2}, \tag{3, 92}$$

$$\operatorname{tg}\delta_v = \frac{U^2 - U_1^2 - U_2^2}{\sqrt{4\,U_1^2\,U_2^2 - (U^2 - U_1^2 - U_2^2)^2}}. \tag{3, 93}$$

In der in IV dieses Abschnittes beschriebenen Weise läßt sich auch eine Dreiamperemetermethode verwenden.

4. Vergleich mit kapazitivem Widerstand

In den Stromkreis der Induktivität ist ein Meßinstrument geschaltet. An ihre Stelle wird nun eine veränderliche Kapazität geschaltet und deren Größe so lange geändert, bis wieder der gleiche Strom fließt. Dann ist

$$L = \frac{1}{\omega^2 C}. \tag{3, 94}$$

Einfacher ist es, den Kondensator zur Spule parallelzuschalten und seine Kapazität so lange zu verändern, bis wieder der gleiche Ausschlag erhalten wird[2]. Es ist dann

$$L = \frac{1}{2\,\omega^2 C}. \tag{3, 95}$$

5. Vergleich mit bekannter Induktivität

Der Strom der unbekannten Induktivität wird mit dem durch eine bekannte veränderbare Induktivität fließenden verglichen.

6. Brückenmessungen

Ist ein Widerstand der in Abb. 152 gezeigten Wechselstrombrücke, z. B. R_1 ein induktiver, so sind im wesentlichen nach den in V dieses Abschnittes angegebenen Brückenbedingungen nur folgende Brückenschaltungen möglich:

---

[1] Wright, C. A. u. F. T. Bowditch: Proc. I. R. E. **16**, 373 (1928).

[2] Turner, H. M.: Proc. I. R. E. **15**, 1559 (1927).

Zahlentafel 7. *Einfache Wechselstrombrücken*

	R_1	R_2	R_3	R_4	Bezeichnung
1	$j\,\omega\,L_x + R_x$	$j\,\omega\,L_2 + R_2$	R_3	R_4	Maxwell-Brücke
2	$j\,\omega\,L_x + R_x$	$j\,\omega\,L_2 + R_2$	$j\,\omega\,L_3 + R_3$	$j\,\omega\,L_4 + R_4$	Wheatstone-Brücke
3	$j\,\omega\,L_x + R_x$	R_2	$j\,\omega\,L_3 + R_3$	R_4	Maxwell-Brücke
4	$j\,\omega\,L_x + R_x$	R_2	R_3	$-j/\omega\,C_4 + R_4$	Maxwell-Wien- oder Hay-Brücke[1]

Die Schaltung 2 mit vier Induktivitäten wird im allgemeinen nicht verwendet, da es schwer ist, Induktivitäten in genügendem Bereich veränderlich und mit konstantem Verlustwinkel auszuführen. Schaltung 1 und 3 sind einander praktisch gleich. Es sollen daher die Schaltungen 1 und 4 näher besprochen werden.

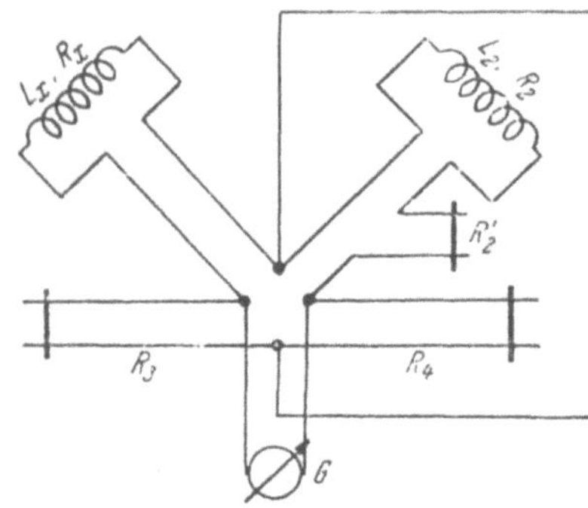

Abb. 165. Induktivitätsmeßbrücke

a) Maxwellbrücke[2]. Zur genauen Messung insbesondere kleinerer Induktivitäten ist es notwendig, die Zuleitungen zu den Induktivitäten und zu den Ohmschen Widerständen induktionsarm auszuführen. Dies erreicht man vor allem durch Paralleldrahtführung mit geringem Abstand, s. Abb. 165. Die Vergleichswiderstände R_3 und R_4 können selbst als Paralleldrahtsysteme ausgeführt sein. Der Verlustwiderstand R_x der zu messenden Induktivität verursacht eine Phasenverschiebung gegenüber der Vergleichsinduktivität L_2. Durch Reihenschaltung eines Zusatzwiderstandes R_2' zu L_2 erhält auch der erste Brückenzweig den gleichen Phasenwinkel. Die Widerstände R_3 und R_4 sollen als phasenrein angenommen werden. Dann ist nach Gl. (3, 69) Brückengleichgewicht, wenn

$$(R_x + j\,\omega\,L_x) : (R_2 + R_2' + j\,\omega\,L_2) = R_3 : R_4. \qquad (3,\ 96)$$

Daraus ergibt sich durch Trennen der reellen und imaginären Glieder

$$L_x = L_2 \frac{R_3}{R_4}; \qquad R_x = (R_2 + R_2') \frac{R_3}{R_4}. \qquad (3,\ 97)$$

Ist der Verlustwinkel des Vergleichswiderstandes größer als der des unbekannten, so wird L_x und L_2 vertauscht. Der Meßbereich läßt sich er-

[1] Hay, C. E.: Electr. Rev. Lond. **67**, 965 (1910).

[2] Maxwell, J. C.: A Treatise on El. and Magnetism (1873) — Giebe, E.: Z. Instrkde. **31**, 7 (1911).

weitern, wenn mit L_x eine bekannte Kapazität C in Reihe geschaltet wird. Es ist dann

$$L_x = L_2 \frac{R_4}{R_3} + \frac{1}{\omega^2 C}. \qquad (3, 98)$$

b) Maxwell-Wien-Brücke (s. Abb. 166). Bei ihr wird der unbekannte induktive Widerstand mit einem kapazitiven verglichen. Es ist

$$(j\omega L_x + R_x) : R_2 = R_3 : \left(\frac{1}{j\omega C_4 + (1/R_4)}\right), \qquad (3, 99)$$

wenn der Widerstand R_4 zu C_4 parallelgeschaltet ist.

Aus Gl. (3, 99) ergibt sich

$$L_x = R_2 R_3 C_4 \quad \text{und} \quad R_x = \frac{R_2 R_3}{R_4}. \qquad (3, 100)$$

Bei der Hay-Brücke ist R_4 mit C_4 in Reihe geschaltet.

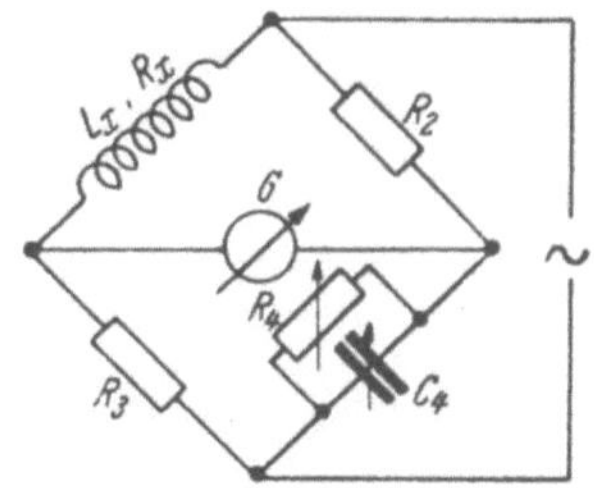

Abb. 166. Maxwell-Wien-Brücke zur Induktivitätsmessung

c) Brückenschaltung nach Owen[1], s. Abb. 167. Die Gleichgewichtsbedingungen lauten

$$L_x = R_2 R_3 C_4 \quad \text{und} \quad R_x = R_3 \frac{C_4}{C_2} - R_1. \qquad (3, 101)$$

Im allgemeinen sind C_2 und C_4 konstante Werte, so daß die Einstellung der Brücke durch Verändern von R_1 und R_2 erfolgt.

d) Die Resonanzbrücke[2]. Schaltet man im ersten Brückenzweig mit der zu messenden Induktivität eine Kapazität C in Reihe, so daß $\omega L_x = 1/\omega C$, so bleibt als resultierender Widerstand nur der Verlustwiderstand R_x übrig. Die übrigen Widerstände R_2 bis R_4 sind rein Ohmsche. Die Messung wird in der Weise durchgeführt, daß bei kurzgeschlossenem C zunächst mit Gleichstrom abgeglichen wird. Dann ist

$$R_x = \frac{R_2 R_3}{R_4}. \qquad (3, 102)$$

Sodann wird C eingeschaltet und verändert, bis Resonanz erreicht ist und das Meßgerät bei Wechselstrom keinen Ausschlag zeigt. Dann ist

$$L_x = \frac{1}{\omega^2 C} \quad \text{und} \quad \operatorname{tg} \delta_v = \frac{\omega C R_2 R_3}{R_4}. \qquad (3, 103)$$

e) Die Andersonbrücke[3]. Die meisten Wechselstrombrücken zeigen den Nachteil, daß ein gleichzeitiges Abgleichen von Widerstand und Phase erforderlich ist. Die Anderson-Brücke teilt mit der oben besprochenen

---

[1] Owen, D.: Proc. Phys. Soc. London **27**, 39 (1914).

[2] Grüneisen, E. u. E. Giebe: Z. Instrkde. **30**, 147 (1910); **31**, 152 (1911).

[3] Anderson, A.: Phil. Mag. **31**, 329 (1891). — Krönert, J.: ATM J 921—1 (1931).

Resonanzbrücke den Vorteil, daß die Gleichstrom- und Wechselstromabgleichung nacheinander vorgenommen werden kann. Diese Möglichkeit ergibt sich durch das Vorhandensein von sechs Veränderlichen. Die prinzipielle Schaltung ist in Abb. 168 gezeigt.

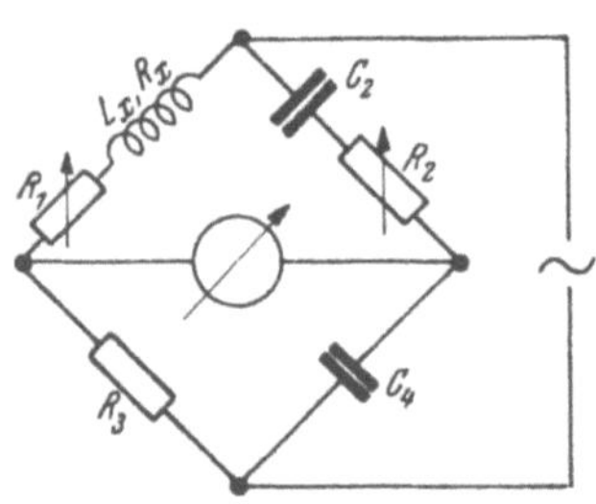

Abb. 167. Induktivitätsmeßbrücke von Owen

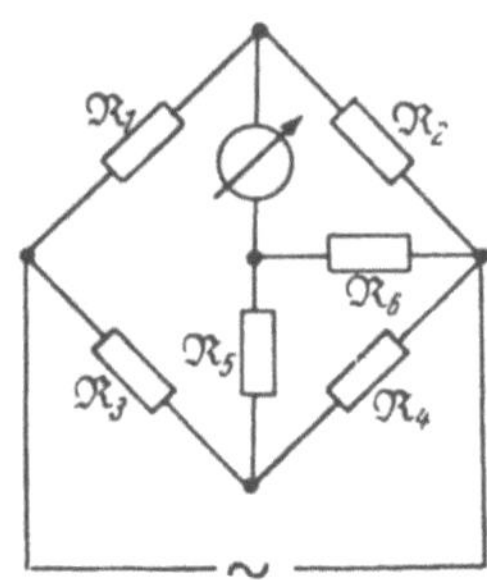

Abb. 168. Anderson-Brücke

Die Gleichgewichtsbedingung für die Brücke errechnet sich zu

$$\mathfrak{R}_6 (\mathfrak{R}_1 \mathfrak{R}_4 - \mathfrak{R}_2 \mathfrak{R}_3) = \mathfrak{R}_2 (\mathfrak{R}_3 \mathfrak{R}_4 + \mathfrak{R}_3 \mathfrak{R}_5 + \mathfrak{R}_4 \mathfrak{R}_5). \qquad (3,104)$$

Die Brücke eignet sich zur Messung der unbekannten Induktivität L_x, wenn $\mathfrak{R}_1$ der unbekannte induktive Widerstand

$$\mathfrak{R}_1 = j \omega L_x + R_x \quad \text{und} \quad \mathfrak{R}_6 = -j \frac{1}{\omega C_6} \qquad (3,105)$$

ein kapazitiver Widerstand ist.

Die übrigen Widerstände sind rein Ohmsche. Somit ergibt sich aus Gl. (3, 104) durch Trennen der reellen und imaginären Glieder

$$R_x = \frac{R_2 R_3}{R_4} \quad \text{und} \quad L_x = \frac{R_2 C_6}{R_4} (R_3 R_4 + R_3 R_5 + R_4 R_5). \qquad (3,106)$$

Zuerst erfolgt ein Abgleichen mit Gleichstrom, z. B. durch Verändern von R_2, dann mit Wechselstrom durch Verändern von C_6 (oder R_5), wodurch die Gleichstromabgleichung nicht beeinflußt wird.

7. Messung mit dem Differentialtransformator

Man schaltet in den einen Zweig des Differentialtransformators (s. Abb. 157) den unbekannten induktiven Widerstand, in den anderen eine Vergleichsinduktivität mit Ohmschem Widerstand. Letztere werden abgeglichen bis das Galvanometer keinen Ausschlag zeigt. Es ist dann

$$R_x = R_n. \quad L_x = L_n. \qquad (3,107)$$

Bei der Resonanzmethode wird mit dem unbekannten induktiven Widerstand im ersten Zweig ein veränderlicher Kondensator C_n in Reihe geschaltet und so lange verändert, bis ein Minimum des Galvanometerausschlages erreicht ist. Der Nullabgleich wird dann durch Verändern des Ohmschen Widerstandes R_n im zweiten Zweig erreicht. Es ist

$$L_x = \frac{1}{\omega^2 C_n} \quad \text{und} \quad R_x = R_n. \tag{3, 108}$$

Bei Berücksichtigung der Spulenkapazität (s. zweiter Abschn., V) erreicht man eine Genauigkeit von 1% [1].

8. Kompensationsmessung

Abb. 169 zeigt eine von Witting[2] vorgeschlagene Kompensationsschaltung, die sich insbesondere zur Messung von kleinen Spulenverlusten eignet. Der induktive Spannungsabfall an der unbekannten Induktivität L_x

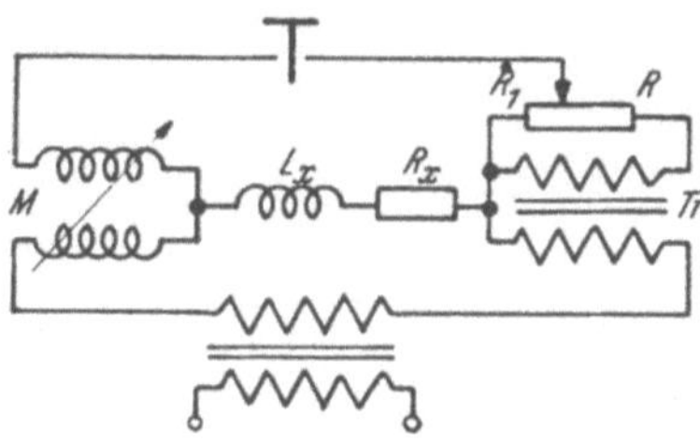

Abb. 169. Kompensationsmethode zur Messung von L_x und R_x.

wird durch eine veränderliche Gegeninduktivität M kompensiert, ihr Ohmscher Spannungsabfall durch eine Teilspannung $J \cdot R_1$ am Potentiometer, die mit Hilfe des Transformators Tr mit dem Übersetzungsverhältnis ($ü = 1$) gewonnen wird. Es ist

$$M = L_x \quad \text{und} \quad R_x = R_1. \tag{3, 109}$$

Es können noch Dämpfungswiderstände bis herunter auf 10^{-3} Ohm gemessen werden[3].

B. Messungen bei Hochfrequenz

1. Substitutionsmethode

Bei Hochfrequenz ist es empfehlenswert, die zu messende Selbstinduktion in einen Schwingkreis zu schalten, der auf Resonanz abgestimmt ist. Die dadurch erzielte Verstimmung wird durch Verringerung der veränderlichen Kapazität wieder beseitigt. Es ist eine Reihen-, wie auch Parallelschaltung möglich, s. Abb. 170. Die Änderung des kapazitiven Widerstandes ist gleich dem des induktiven.

Bei der Reihenschaltung wird zuerst bei kurzgeschlossenem L_x der Strom gemessen und dann nach Öffnung des Kurzschlusses die Kapazität so lange verringert, bis wieder der gleiche Strom fließt.

Bei der Parallelschaltung wird erst bei abgeschaltetem L_x gemessen und dann nach Parallelschalten die Kapazität C so lange erhöht, bis wieder der gleiche Strom fließt.

---

[1] Notterbeck, H. u. A. Weis: Hochfrequenztechn. u. Elektroak. **47**, 100 (1936).
[2] Witting: Z. techn. Phys. **15**, 669 (1934).
[3] Keller, R.: AEG Mitt. 1936, H. 2, S. 2.

2. Resonanzmethode

Man kann auch die zu messende Induktivität allein mit einem bekannten kapazitiven Widerstand zu einem Schwingkreis zusammenschalten und die Eigenfrequenz des Kreises messen. Es ist

$$L_x = \frac{1}{4\pi^2 f^2 C} = \frac{\lambda^2}{4\pi^2 c^2 C}. \qquad (3, 110)$$

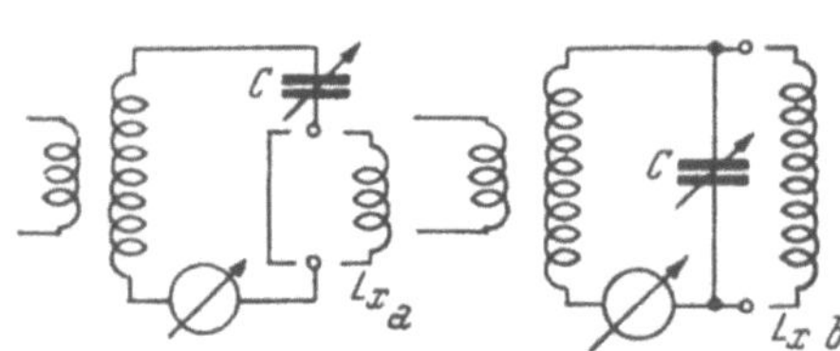

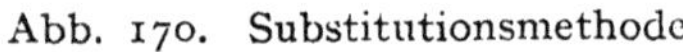

Abb. 170. Substitutionsmethode

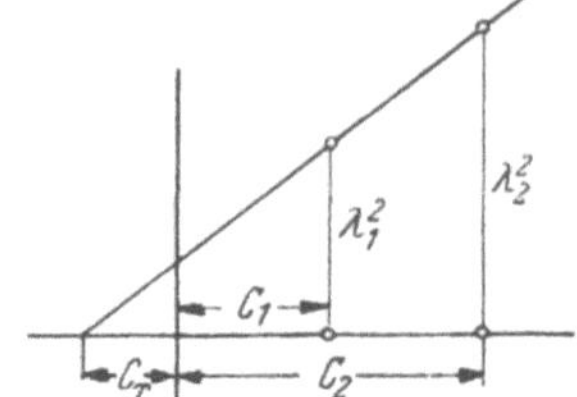

Abb. 171. Konstruktive Ermittlung der Spulenkapazität $C_L = C_x$ nach Pauli

Bei großen Frequenzen verursacht im allgemeinen die Spulenkapazität C_L eine Fälschung des Meßergebnisses. Mit Hilfe von zwei Messungen mit den bekannten Kapazitäten C_1 und C_2 kann L_x und C_L bestimmt werden. Es ist

$$\lambda_1 = 2\pi c \sqrt{L_x (C_L + C_1)} \quad \text{und} \quad \lambda_2 = 2\pi c \sqrt{L_x (C_L + C_2)}. \qquad (3, 111)$$

Hieraus erhält man

$$L_x = \frac{1}{4\pi^2 c^2} \frac{\lambda_2^2 - \lambda_1^2}{C_2 - C_1}, \qquad C_L = \frac{\lambda_2^2 C_1 - \lambda_1^2 C_2}{\lambda_1^2 - \lambda_2^2}. \qquad (3, 112)$$

Die Spulenkapazität C_L läßt sich auch durch eine einfache Konstruktion nach Abb. 171 als Abschnitt einer Geraden auf der Abszisse finden, wenn man in Richtung der X-Achse die Kapazitäten C_1 und C_2 und in Richtung der Y-Achse die Quadrate der Wellenlänge aufträgt. Die Genauigkeit wird erhöht, wenn mehr als zwei Meßpunkte bestimmt werden, die sämtlich auf der Geraden liegen müssen.

Als Meßfrequenz verwendet man zweckmäßigerweise Grund- und Oberwelle eines Oszillators oder die m-te und n-te Harmonische eines Oszillators.

Zeigt die Spule eine Frequenzabhängigkeit ihrer Induktivität vor allem infolge der Oberflächenverdrängung und des Stromverteilungseffektes[1], so ist eine größere Anzahl von Meßpunkten aufzunehmen. An Stelle der in Abb. 171 gezeigten Geraden erhält man eine schwach gekrümmte Kurve, die bei niederen Kapazitätswerten flacher, bei größeren

[1] Einfg. S. 147.

steiler verläuft. Um die unbekannte Spulenkapazität zu finden, sind die Meßpunkte möglichst bei kleinen Kapazitätswerten aufzunehmen und die Kurve ist bis zum Schnitt mit der Abszisse zu verlängern.

3. Dämpfungswiderstands- und Gütefaktormessung von Spulen

a) Messung mit Resonanzkreis[1]. Zu der Spule mit der Spulenkapazität C_L wird der Kondensator C parallelgeschaltet. Die Spannung, bzw. der Strom des Schwingkreises wird nach Einstellung auf Resonanz gemessen. Hierauf wird der Kreis verstimmt. Ist die Verstimmung Δf und die Resonanzfrequenz f_{res}, so ist

$$Q = \frac{f_{res}}{2\Delta f}\sqrt{\frac{U_{res}^2}{U^2} - 1}. \tag{3, 113}$$

Hierbei ist U_{res} die Schwingkreisspannung bei Resonanz und U die Spannung bei Verstimmung um Δf. Der Schwingkreis muß mit dem Oszillator sehr lose gekoppelt sein.

Wird die Verstimmung so groß gewählt, daß die Spannung auf das $1/\sqrt{2}$-fache der Resonanzspannung sinkt, so ist

$$Q = \frac{f_{res}}{2\Delta f}. \tag{3, 114}$$

Dabei ist allerdings darauf zu achten, daß die Verstimmung nicht so groß sein darf, daß sich Q ändert.

Ist der Verlustfaktor $\operatorname{tg}\delta_v$ des Kondensators nicht vernachlässigbar, so verringert sich die Spulengüte vom gemessenen Wert Q für den Schwingkreis auf

$$Q_{Spule} = \frac{Q}{1 - Q\operatorname{tg}\delta_v}. \tag{3, 115}$$

b) Methode des Zusatzwiderstandes[2]. Man stellt die Spule mit Hilfe eines Abstimmkondensators C auf Resonanz ein. Dann schaltet man einen Ohmschen Widerstand R_n mit der Spule in Reihe. Bei loser Kopplung zwischen Primär- und Sekundärkreis erhält man dann für den unbekannten Dämpfungswiderstand

$$R_x = R_n \frac{J_1}{J_0 - J_1}, \tag{3, 116}$$

wenn J_1 der Schwingkreisstrom mit und J_0 ohne Zusatzwiderstand ist.

Durch die Spulenkapazität C_L entsteht jedoch ein Meßfehler. Man findet für den wahren Dämpfungswiderstand R_x nach zweitem Abschnitt, V

$$R_x = R_x'\left(1 - \frac{C_L}{C}\right)^2, \tag{3, 117}$$

wenn R_x' der erhaltene Meßwert für den Dämpfungswiderstand ist.

---

[1] Bjerknes, V.: Ann. Phys. **44**, 74 (1891); **55**, 121 (1895).

[2] Lindemann, R.: Verh. Phys. Ges. **11**, 27 (1909).

Man kann auch R_n so groß machen, daß der Schwingkreisstrom oder die Spulenspannung nach Einschaltung auf die Hälfte absinkt. Es ist dann $R_x = R_n$.

Es läßt sich aber auch mit dem Parallelresonanzkreis, gebildet aus Spule und Abstimmkondensator, ein gleich großer Widerstand parallelschalten, wodurch ebenfalls die Spannung am Resonanzkreis auf die Hälfte absinkt[1].

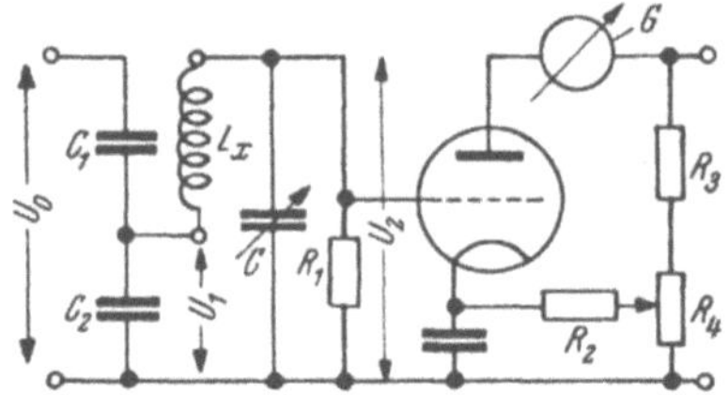

Abb. 172. Gütefaktormesser für Spulen. $C_1 = 100$ pF, $C_2 = 10\,000$ pF, $C_3 = 1\,\mu$F, $R_1 = 10$ bis 20 Megohm, $R_2 = 100$ kOhm, $R_3 = 20$ kOhm, $R_4' = 1$ kOhm, $L_x' =$ zu messende Spule

Benützt man zur Messung an Stelle eines Parallelresonanzkreises einen Reihenresonanzkreis, dann läßt sich die Spulengüte aus zwei Spannungsmessungen bestimmen[2]. Es ist, s. Abb. 172,

$$U_1 = J\left(R_d + j\,\omega L - j\,\frac{1}{\omega C}\right) = J\,R_d, \quad U_2 = J\,\omega L.$$

Daher ist

$$\frac{U_2}{U_1} = \frac{\omega L}{R_d} = Q, \tag{3, 118}$$

wenn R_d der Dämpfungswiderstand der Spule ist.

Abb. 172 zeigt eine praktische Ausführung der Meßschaltung. Da U_1 klein gegen die Spannung U_2 bei Resonanz ist, wird diese mit Hilfe einer Spannungsteilung aus $U_0 = 100\,U_1$ erzeugt. Die Spannung U_2 wird mit Hilfe eines Röhrenvoltmeters gemessen. Bei konstant eingestellter Spannung U_0 kann das Galvanometer unmittelbar in Werten für Q geeicht sein. Solche Geräte werden zur Messung der Güte von Spulen und Kondensatoren vielfach verwendet[3]. Sie können überdies auch zur Induktivitäts- und Kapazitätsmessung dienen.

c) Messung mit dem Differentialtransformator und der Differentialbrücke[4]. Der Hochfrequenz-Differentialtransformator eignet sich in der

[1] Opitz, G.: ATM Z 124—2 (1940).

[2] Zinke, O.: Hochfrequenztechn. u. Elektroak. **47**, 196 (1936). — Riepka, H. C.: ETZ **57**, 219 (1936).

[3] Opitz, G.: Hochfrequenztechn. u. Elektroak. **53**, 27 (1939). — Limann, O.: Prüffeldmeßtechnik S. 182 (1943).

[4] Shackleton, W. J.: Trans. A. I. E. E. **45**, 1266 (1926). — Ferguson, J.: Trans. A. I. E. E. **48**, 1286 (1929). — Behr, L. u. A. J. Williams: Proc. I. R. E. **20**, 969 (1932).

in *B* beschriebenen Resonanzschaltung bis zu Frequenzen von einigen 100 kHz auch zur Messung der Spulengüte. Vorzuziehen ist jedoch die Schaltung als Differentialbrücke, s. Abb. 173. Durch Abgleichen von *C* und *R* bestimmt sich die Induktivität L_x und der Dämpfungswiderstand R_x zu

$$L_x = \frac{1}{\omega^2 C}; \qquad R_x = R. \qquad (3, 119)$$

Somit ist

$$Q = 1/(\omega R C). \qquad (3, 120)$$

Durch die Eigenkapazität der Spule verringert sich Q gemäß Gl. (3, 89). Sorgfältige Abschirmung ist wichtig. Es können Messungen bis zu 10^6 Hz vorgenommen werden.

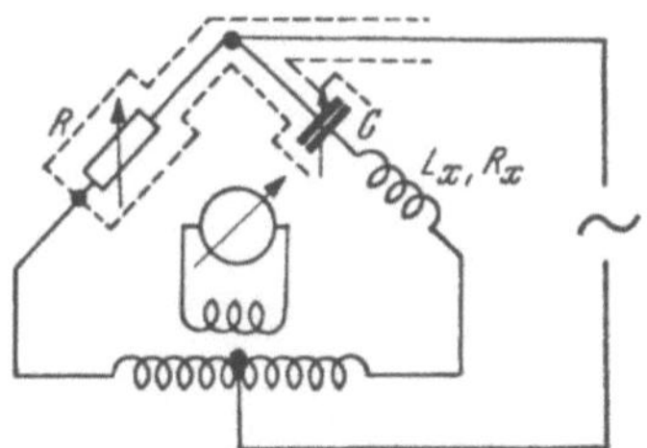

Abb. 173. Differentialbrücke zur Messung des Gütefaktors

d) Kalorimetrische Messungen. Die in V dieses Abschnittes besprochenen Widerstandsmessungen bei Hochfrequenz können auch zur Bestimmung des Gütefaktors von Spulen verwendet werden. Man bestimmt die bei Durchfließen eines Hochfrequenzstromes in der Spule auftretende Erwärmung mittels eines Kalorimeters[1]. Es ist dann die Spulengüte

$$Q = \frac{J^2 \omega L}{N_v}, \quad \text{wobei} \quad N_v = \frac{W \vartheta}{0{,}239\, t}. \qquad (3, 121)$$

Hierbei ist W die Wassermenge in g, ϑ die Temperaturerhöhung in ^{0}C und t die Zeit in Sekunden.

Die Erwärmung der Spule kann auch mittels eines Thermoelementes bestimmt werden. Es wird dann zur Ermittlung der Verlustleistung ein Gleichstrom durch die Spule geschickt, der so groß ist, daß das Thermoelement wieder dieselbe Thermospannung abgibt[2]. Es ist dann

$$Q = \frac{J_w^2 \omega L}{J_{Gl}^2 R_{Gl}}. \qquad (3, 122)$$

Hierbei ist J_{Gl} der Gleichstrom, R_{Gl} der Gleichstromwiderstand, J_w der Wechselstrom und L die Selbstinduktion der zu messenden Spule. Um zu vermeiden, daß das Thermoelement durch einen kapazitiven Nebenschluß zusätzlich erwärmt wird, soll es möglichst Nullpotential aufweisen und die Messung (ebenso wie die Eichung) kurz nach Abschalten des Spulenstromes vorgenommen werden. Die Methode ist mit einer Genauigkeit von 3 bis 5% bis zu einer Frequenz von 100 MHz besonders zur Messung an dämpfungsarmen Induktivitäten geeignet[3].

---

[1] Preuner, G. u. L. Pungs: Verh. D. Phys. Ges. **21**, 594 (1919); Jb. d. drahtl. T. u. T. **15**, 469 (1920). — Lehrl, L.: Arch. f. Elektrot. **12**, 443 (1923). — Gönningen, H.: ETZ **55**, 190 (1934).

[2] Benz, F.: Hochfrequenztechn. u. Elektroak. **36**, 2 (1930).

[3] Schwarz, H.: ATM V 3447—1 (1936).

e) Messung mit dem Dynatron[1]. Auch das in V dieses Abschnittes beschriebene Verfahren zur Messung von Hochfrequenzwiderständen mit dem Dynatron eignet sich zur Messung der Spulengüte. Ist der Verlustwinkel des Kondensators zu vernachlässigen, so erhält man

$$Q = 2\pi f R_{res} C, \tag{3, 123}$$

wobei R_{res} der gemessene Resonanzwiderstand des Schwingkreises, f die Frequenz und C die Schwingkreiskapazität ist.

Zur Messung der Induktivität und Verluste eignet sich auch die in V dieses Abschnittes beschriebene Scheinwiderstandsmessung.

C. Messung der Induktivität von Eisenkernspulen

Die Selbstinduktion von Spulen mit geschlossenen, insbesondere lamellierten Eisenkernen ist von der Größe des Wechselstromes, aber auch von der Gleichstromvormagnetisierung abhängig. Die Selbstinduktion wird im allgemeinen mit zunehmender Wechsel-, wie auch Gleichstrommagnetisierung kleiner.

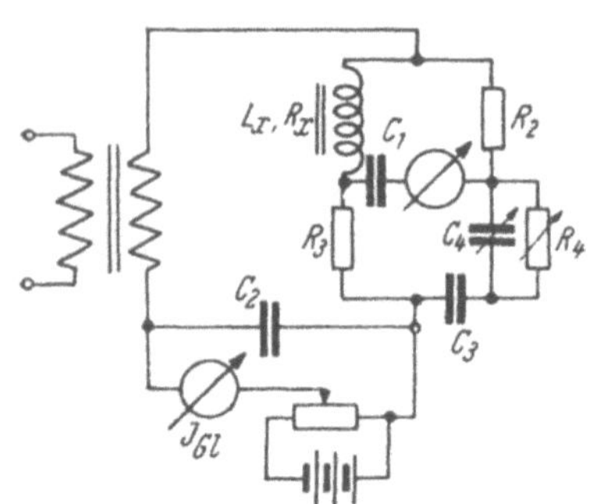

Abb. 174. Meßbrücke zur Induktivitätsmessung bei Gleichstromvormagnetisierung

In der Regel werden eine Strom-, Spannungs-, bzw. Dreivoltmetermethode (s. Abb. 129)[2] oder eine Brückenmethode zur Messung benützt[3]. Es müssen getrennte Kreise für Gleichstrom und Wechselstrom geschaffen werden. Abb. 174 zeigt eine Brückenschaltung unter Verwendung der Maxwell-Wien-Brücke nach Landon. Zur Trennung der Gleichstrom- und Wechselstromwege ist vor das Galvanometer ein Kondensator C_1 geschaltet, das Gleichstrominstrument, das die Messung der Gleichstromvormagnetisierung gestattet sowie die Gleichstromquelle sind durch den Kondensator C_2 überbrückt.

D. Messung der Induktivität von Kondensatoren

Sie erfolgt meist durch ein Resonanzverfahren. Man schaltet zum Kondensator eine bekannte Induktivität L_1 parallel und mißt die Resonanzfrequenz f_1. Ändert man die Induktivität auf den Wert L_2, so

[1] Hull, A. W.: Proc. I. R. E. **6**, 5 (1918). — Frühauf, H.: Hochfrequenztechn. u. Elektroak. **37**, 229 (1931).

[2] Wright, C. A. u. F. T. Bowditch: Proc. I. R. E. **16**, 373 (1928). — Turner, H. M.: Proc. I. R. E. **17**, 1822 (1929). — Ebinger, A.: Z. techn. Phys. **11**, 221 (1930).

[3] Landon, V. D.: Proc. I. R. E. **16**, 1771 (1928). — Koehler, G.: Proc. I. R. E. **16**, 1742 (1928). — Katzmann, J.: QST **15**, 30 (1928). — Goldschmidt, R.: Z. techn. Phys. **11**, 8 (1930). — Gürtler, R.: Hochfrequenztechn. u. Elektroak. **39**, 2 (1932).

ändert sich die Resonanzfrequenz auf den Wert f_2. Die unbekannte Kondensatorinduktivität L_c ist dann gegeben durch

$$L_c = \frac{L_1 f_1^2 - L_2 f_2^2}{f_2^2 - f_1^2}. \tag{3, 124}$$

VII. Messung der gegenseitigen Induktion und der Kopplung

Zwei miteinander gekoppelte Spulen stellen einen Transformator mit den Selbstinduktionen L_1 und L_2 und der gemeinsamen Induktivität M dar. Es werden folgende Definitionen zugrundegelegt[1]:

Als Kopplung k bezeichnet man das Verhältnis der sekundär wirksamen Kraftlinienzahl zur gesamten primär erzeugten. Das Übersetzungsverhältnis $ü$ ist das Verhältnis der Wurzel aus der Sekundärinduktivität zu der Primärinduktivität. Weiter ist die gegenseitige oder gemeinsame Induktion (Gegeninduktivität) gegeben durch

$$M = k\sqrt{L_1 L_2} = k\,ü\,L_1 = \frac{k}{ü} L_2. \tag{3, 125}$$

Als Gesamtstreufaktor σ_{ges} (der Primär- oder Sekundärwicklung) bezeichnet man

$$\sigma_{ges} = 1 - k^2. \tag{3, 126}$$

Die Streuinduktivitäten ergeben sich aus

$$L_{1\sigma\,ges} = L_1\,\sigma_{ges}; \qquad L_{2\,\sigma\,ges} = L_2\,\sigma_{ges}. \tag{3, 126 a}$$

1. Messung von k, ü und M durch Leerlauf- und Kurzschlußversuch

Legt man an einen Transformator die Primärspannung U_1, so ist bei Leerlauf

$$U_2 = k\,ü\,U_1.$$

Legt man umgekehrt an die Sekundärseite eine Spannung U_2', so erhält man an der Primärseite eine Spannung

$$U_1' = \frac{k}{ü} U_2'.$$

Somit ist

$$ü = \sqrt{\frac{U_2 U_2'}{U_1 U_1'}}, \qquad k = \sqrt{\frac{U_2 U_1'}{U_1 U_2'}}. \tag{3, 127}$$

Durch Messungen von L_1, z. B. durch Strom-Spannungsmessung, oder L_2 läßt sich auch M, σ_{ges} und $L_{1\sigma\,ges}$ sowie $L_{2\sigma\,ges}$ bestimmen.

Im kurzgeschlossenen Transformator ist

$$U_1 = j\,J_1\,\omega\,L_1\,(1 - k^2) = j\,J_1\,\omega\,L_{1\sigma\,ges}.$$

Es ist demnach

$$k = \left|\sqrt{1 - (\mathfrak{R}_{1k}/\mathfrak{R}_{1l})}\right|, \tag{3, 128}$$

[1] Einfg. S. 51.

bzw.

$$M = \left| \frac{1}{\omega} \sqrt{(\mathfrak{R}_{1l} - \mathfrak{R}_{1k})\,\mathfrak{R}_{2l}} \right|, \tag{3, 129}$$

wenn $\mathfrak{R}_{1l}$ der Widerstand an den Primärklemmen bei offener Sekundärseite, $\mathfrak{R}_{1k}$ der Widerstand an den Primärklemmen bei kurzgeschlossener Sekundärseite und $\mathfrak{R}_{2l}$ der Widerstand an den Sekundärklemmen bei offener Primärseite ist. Die Messung der Widerstände $\mathfrak{R}_{1l}$, $\mathfrak{R}_{1k}$ und $\mathfrak{R}_{2l}$ erfolgt z. B. mit der Meßbrücke.

Somit läßt sich mit Hilfe einer Strom-Spannungsmessung beim kurzgeschlossenen Transformator die Streuinduktivität und die Kopplung bestimmen. Voraussetzung für die Richtigkeit der Meßergebnisse ist vernachlässigbarer Ohmscher Widerstand bei Kurzschluß.

Ist dieser jedoch nicht zu vernachlässigen, so wird mit Hilfe einer Messung der Leistungsaufnahme N_k bei sekundärem Kurzschluß, der Primärspannung U_k und der Stromstärke J_k der Phasenwinkel φ und daraus $L_{1\sigma}$ bestimmt. Es ist

$$\cos\varphi = \frac{N_k}{U_k\, J_k}, \qquad L_{1\sigma} = \frac{U_k \sin\varphi}{J_k\,\omega}. \tag{3, 130}$$

2. Messung der gegenseitigen Induktion durch Induktivitätsmessung

Die gegenseitige Induktion kann mit Hilfe von zwei Induktivitätsmessungen bestimmt werden. Man schaltet Primär- und Sekundärwicklung hintereinander und vertauscht sodann die Anschlüsse der Sekundärwicklung. Man erhält dann die Induktivitätswerte

$$L_{ges\,1} = L_1 + L_2 + 2\,M, \qquad \text{bzw.} \qquad L_{ges\,2} = L_1 + L_2 - 2\,M. \tag{3, 131}$$

Daraus erhält man

$$M = \frac{L_{ges\,1} - L_{ges\,2}}{4}. \tag{3, 132}$$

Die Messung der beiden Induktivitäten kann durch eine Strom-Spannungsmessung erfolgen oder mit Hilfe einer Meßbrücke, eines Differentialtransformators oder durch Wellenmessung. Die Induktivitäten L_1 und L_2 der beiden Wicklungen sollen nicht allzu verschieden sein.

3. Messung mit Hilfe des ballistischen Galvanometers

Die Meßanordnung ist in Abb. 175 gezeigt. Durch die Primärwicklung des Transformators fließt der bekannte Gleichstrom J. Er wird nun plötzlich mit Hilfe des Schalters S unterbrochen. Dadurch entsteht in der Sekundärwicklung eine Induktionsspannung, die über ihren Ohmschen Widerstand R_2 (einschließlich Sekundärwicklung und Meßgerät) einen Stromimpuls zur Folge hat. Der ballistische Ausschlag ist proportional der gegenseitigen Induktion M_x. Es ist

$$M_x = \frac{\alpha\, R_2\, c_B}{J_1}. \tag{3, 133}$$

Dabei ist a der ballistische Ausschlag des Galvanometers, c_B die ballistische Galvanometerkonstante und J_1 der konstante Primärstrom vor der Unterbrechung.

4. Messung durch Vergleich mit Normalen der gegenseitigen Induktion

a) *mit ballistischem Galvanometer.* Die gegenseitige Induktion läßt sich auch mit Hilfe des ballistischen Galvanometers messen, wenn die ballistische Konstante c_B nicht bekannt ist, jedoch ein Normal bestimmter gegenseitiger Induktion vorhanden ist. Es ist, wenn nach Abb. 175 einmal mit der unbekannten und dann mit der bekannten gegenseitigen Induktion gemessen wird

$$M_x = M \frac{a_x R_{2x} J_{1n}}{a_n R_{2n} J_{1x}} \qquad (3,\ 134)$$

und a_x der Galvanometerausschlag bei unbekannter gegenseitiger Induktion, R_{2x} die Summe der Sekundärwiderstände im Galvanometerkreis und J_{1x} der Primärstrom bei unbekannter gegenseitiger Induktion ist. Die Werte a_n, R_{2n} und J_{1n} betreffen die entsprechenden Werte bei der Vergleichsinduktivität.

b) *mittels Gegenschaltung.* Steht ein veränderliches Normal zur Verfügung, so läßt sich die Gegeninduktivität mit Hilfe der in Abb. 176 gezeigten Schaltung durch primäre Reihenschaltung und sekundäre Gegenschaltung bestimmen. Die geeichte Gegeninduktivität wird so lange verändert, bis der Galvanometerausschlag verschwindet. Dann ist

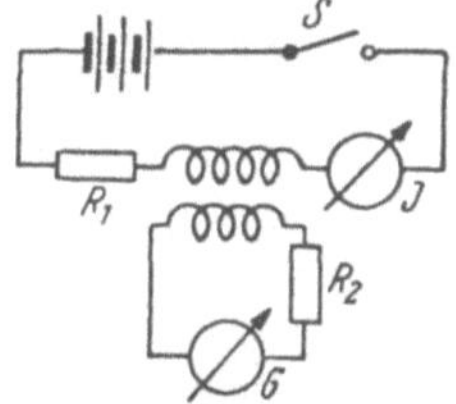

Abb. 175. Messung der Gegeninduktivität mit ballistischem Galvanometer

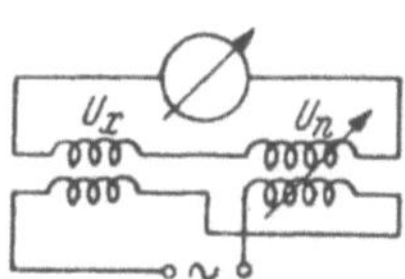

Abb. 176. Messung der Gegeninduktivität durch Gegenschaltung

$$U_n - U_x = 0 = j J_1 \omega M_n - j J_1 \omega M_x, \qquad (3,\ 135)$$

daher ist

$$M_x = M_n. \qquad (3,\ 136)$$

Durch Wicklungskapazitäten können jedoch Fehler, und durch Verluste kann eine Verflachung des Minimums eintreten.

Steht nur eine unveränderliche gegenseitige Induktion zur Verfügung, so kann zur größeren gegenseitigen Induktion, eine veränderbare Induktivität L_1' zur primärseitigen Induktivität L_1 parallelgeschaltet werden. Wird sie z. B. zu M_n parallelgeschaltet, so ist

$$M_x = M_n \frac{L_1'}{L_1 + L_1'}. \qquad (3,\ 137)$$

5. Messung der gegenseitigen Induktion und Kopplung mittels Meßbrücke

a) *mittels Meßbrücke von Maxwell und Wien*[1], s. Abb. 177 *a*. Die Brückengleichungen lauten

$$J_1 (j \omega L_1 + R_1) - (J_1 + J_2) j \omega M = J_2 R_2 \qquad (3, 138)$$

und

$$J_1 R_3 = J_2 R_4. \qquad (3, 139)$$

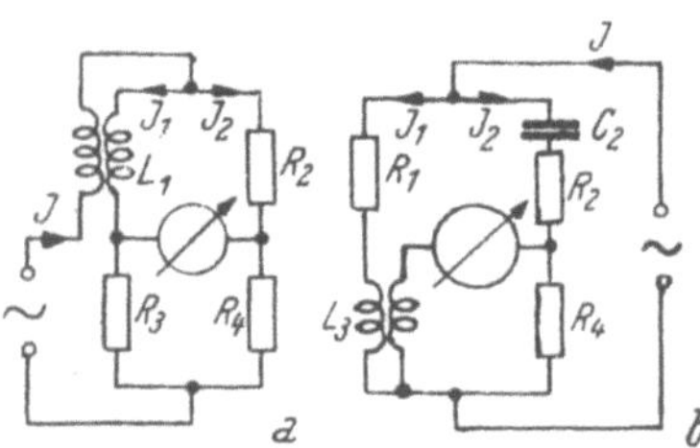

Abb. 177. Meßbrücke zur Messung der Gegeninduktivität. *a* Maxwell-Brücke, *b* Carey-Foster-Brücke

Aus diesen beiden Gleichungen erhält man durch Einsetzen und Trennen der reellen und imaginären Komponenten die beiden Bedingungen

$$L_1 = M \left(1 + \frac{R_3}{R_4}\right) \quad \text{und} \quad R_1 = \frac{R_2 R_3}{R_4}. \qquad (3, 140)$$

b) *mittels Brücke von Carey-Foster*[2], s. Abb. 177 *b*. Bei dieser Schaltung ergeben sich folgende Gleichungen

$$j J_1 \omega M = J_2 R_4 \qquad (3, 141)$$

und

$$J_1 (R_1 + j \omega L_3 + R_3) = J_2 \left(R_2 + R_4 - j \frac{1}{\omega C_2}\right). \qquad (3, 142)$$

Durch Trennung der reellen und imaginären Größen erhält man folgende Brückenbedingungen

$$M = R_4 C_2 (R_1 + R_3), \qquad M = \frac{L_3 R_4}{R_2 + R_4} \qquad (3, 143)$$

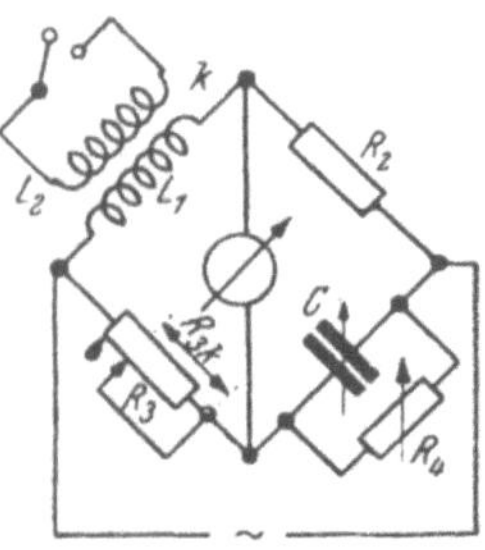

Abb. 178. Maxwell-Wien-Brücke zur Messung von *L* und *k*

R_3 ist der Ohmsche Widerstand der Induktivität L_3.

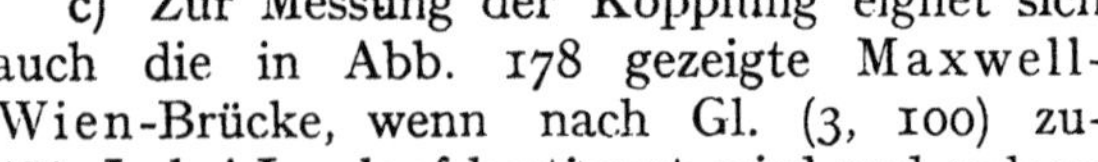

Beide Meßmethoden haben den Nachteil, daß infolge der zweifachen Brückenbedingung nur ein allmähliches Abgleichen möglich ist.

c) Zur Messung der Kopplung eignet sich auch die in Abb. 178 gezeigte Maxwell-Wien-Brücke, wenn nach Gl. (3, 100) zunächst die Primärinduktivität L_1 bei Leerlauf bestimmt wird und sodann die Sekundärwicklung kurzgeschlossen wird.

Die Messung kann daher zweckmäßigerweise so vorgenommen werden, daß zunächst bei ganz eingeschaltetem R_3 die Brücke durch Einstellen von C_4 abgeglichen wird. Es ist dann

[1] Maxwell, J. C.: A Treatise on Electr. and Magnetism **2**, 168 (1873). — Wien, M.: Ann. Phys. **44**, 689 (1891).

[2] Carey-Foster, O.: Proc. Phys. Soc. **8**, 137 (1887).

$$L_1 = R_2 R_3 C_4 \quad \text{und} \quad R_1 = R_2 R_3 / R_4. \tag{3, 144}$$

Nun wird die Sekundärwicklung kurzgeschlossen und die Brücke durch Kurzschließen eines Teiles des Widerstandes von R_3 abgeglichen. Ist R_{3k} das kurzgeschlossene Widerstandsstück, so ist

$$k = \sqrt{\frac{R_{3k}}{R_3}}. \tag{3, 145}$$

Der Abgriff an R_3 ermöglicht eine Teilung anzubringen, aus der k unmittelbar in Prozenten abgelesen werden kann[1].

6. Messung mittels Gegenschaltung eines kapazitiven Widerstandes

Es liegt der Messung die in Abb. 179 gezeigte Schaltung zugrunde[2]. Durch Verändern von C läßt sich die Spannung am Galvanometer auf ein Minimum einstellen. Somit ist

$$0 = j J_1 \omega M - j J_1 \frac{1}{\omega C}, \tag{3, 146}$$

also

$$M = \frac{1}{\omega^2 C}. \tag{3, 147}$$

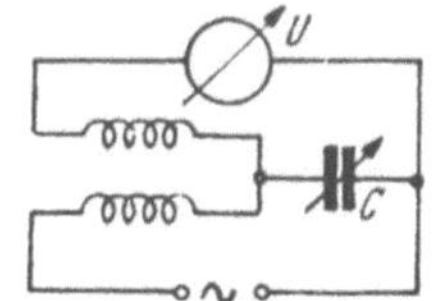

Abb. 179. Messung der Gegeninduktivität mittels veränderbarer Kapazität

Voraussetzung für ein scharfes Minimum ist geringer Verlustwiderstand.

7. Messung mit Hilfe von Kopplungsschwingungskreisen

Der Abstand Δf der beiden Kopplungsmaxima von der Resonanzfrequenz f beträgt bei zwei Schwingungskreisen mit gleicher Kapazität und Induktivität[3]

$$\frac{2\Delta f}{f} = \sqrt{k^2 - \frac{d_1^2 + d_2^2}{2}}. \tag{3, 148}$$

Dabei ist d_1 die Dämpfung des ersten und d_2 die des zweiten Kreises. Bei festen Kopplungen und geringen Dämpfungen erhält man

$$\frac{2\Delta f}{f} = k. \tag{3, 149}$$

Diese Methode wird besonders bei Hochfrequenz verwendet.

---

1 Sheridan, V. A.: Electronics **22**, H. 8, S. 146 (1949).
2 Campbell, G. A.: Phil. Mag. **15**, 106 (1908).
3 Einfg. S. 67.

VIII. Messung der Kapazität und dielektrischen Verluste

A. Allgemeines

Die Kapazität C eines Kondensators ist definiert durch die bei einer bestimmten Spannung U in ihm gebundene Ladung Q. Es ist

$$C = \frac{Q}{U}. \qquad (3, 150)$$

Schickt man durch den Kondensator einen Wechselstrom von der Frequenz ω, so ergibt sich ein Wechselstromwiderstand

$$|\mathfrak{R}_c| = \frac{1}{\omega C}. \qquad (3, 151)$$

Die Kapazität C läßt sich somit aus dem Wechselstromwiderstand bestimmen. Die so gemessene Kapazität ist jedoch nicht immer gleich der durch Gl. (3, 150) definierten Gleichstromkapazität. Die Ursache dafür ist die dielektrische Nachwirkung des Dielektrikums[1]: Zwischen der „Gleichstrom-" und der „Wechselstromkapazität" ist oft ein erheblicher Unterschied. Die Verschiedenheit zwischen der Kapazität bei Nieder- und Hochfrequenz ist jedoch im allgemeinen nur gering. Meist wird die Wechselstromkapazität bestimmt.

Die bei der Umelektrisierung des Dielektrikums auftretenden sogenannten dielektrischen Verluste denkt man sich durch die Reihenschaltung eines Ohmschen Widerstandes R_c ersetzt. Der Verlustwinkel ist bestimmt durch

$$\operatorname{tg} \delta_v = R_c \, \omega \, C. \qquad (3, 152)$$

B. Messungen bei Gleichspannungen

1. Messung mit dem ballistischen Galvanometer[2]

a) Absolute Messung. Die Spannung am Kondensator sei U. Demnach ist die Ladung $Q = C\,U$. Bei der Entladung des Kondensators ergibt sich am Galvanometer ein Ausschlag

$$\alpha = \frac{C\,U}{c_b}. \qquad (3, 153)$$

c_b ist die ballistische Konstante des Galvanometers, α sein Ausschlag. Aus Gl. (3, 150) läßt sich C bestimmen.

b) Vergleichsmessung. Die beschriebene Messung ist nur möglich, wenn die ballistische Konstante bekannt ist. Ist dies nicht der Fall, so hilft man sich durch Vergleich mit einem zweiten Kondensator. Sind die beiden ballistischen Ausschläge gleich groß, so sind auch die Kapazitäten gleich groß. Sind die Ausschläge jedoch verschieden, z. B. α_n bei Entladung des bekannten und α_x bei Entladung des unbekannten Kondensators, so ist

---

[1] Einfg. S. 84.

[2] Siemens: Pogg. Ann. **102**, 66 (1857).

$$C_x = C_n \frac{a_x}{a_n}. \qquad (3,\ 154)$$

Die beiden Kondensatoren sind mit der gleichen Spannung geladen.

2. Messung durch Gegenschaltung eines bekannten Kondensators[1]

Die ballistische Messung kann durch eine Nullmethode ersetzt werden. Der Vergleichskondensator wird gleichzeitig mit dem zu messenden aufgeladen und entladen. Die beiden Entladungsströme werden im entgegengesetzten Sinn über ein Differential-Galvanometer geschickt. Ist die veränderliche geeichte Vergleichskapazität gleich der unbekannten, so tritt kein Ausschlag auf, wenn gleiche Spannungen verwendet wurden.

3. Kapazitätsmessung durch wiederholte Ladung und Entladung[2]

Die „Wechselstromkapazität" kann nach Maxwell und Thomson auch durch eine periodische Ladung und Entladung mit Gleichspannung gemessen werden. Die Umschaltung erfolgt mittels Relais oder Entladeröhren. Gemessen wird nur der Lade- oder Entladestrom durch ein Gleichstrominstrument. Sein innerer Widerstand muß klein sein, damit eine völlige Entladung möglich ist. Es sind auch direkt zeigende Meßgeräte in Verwendung[3].

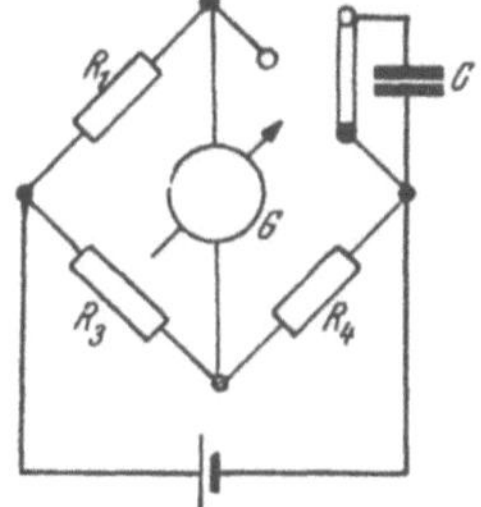

Abb. 180. Kapazitätsmessung durch periodische Ladung und Entladung eines Kondensators

Wird ein Kondensator mit der Spannung U in der Sekunde n-mal entladen, so erhält man die Stromstärke $I = n\,C\,U$ und er entspricht dann einem Ohmschen Widerstand $R = 1/(n\,C)$. Schaltet man den Kondensator, wie Abb. 180 [4] zeigt, in eine Brückenschaltung, so ergibt sich Brückengleichgewicht bei

$$C = \frac{1}{n} \frac{R_3}{R_1 R_4}. \qquad (3,\ 155)$$

Es kann auch die Zeit gemessen werden, die zur Entladung eines Kondensators über einen Ohmschen Widerstand von einer Spannung bis auf eine bestimmte zweite Spannung benötigt wird. Die Zeitmessung erfolgt zweckmäßigerweise durch eine elektronische Zähleinrichtung, die mit einem quarzgesteuerten Oszillator genau bekannter Frequenz geeicht wird[5].

---

[1] Clay: Z. Phys. **78**, 250 (1932).

[2] Thomson, J. J.: Trans. Roy. Soc. Lond. **174**, 707 (1884). — Rosa, E. B. u. F. W. Grover: Bull. Bur. Stand. **1**, 176 (1905). — Giebe, E.: Z. Instrkde. **29**, 205, 269, 311 (1909).

[3] Bumann, H. u. J. Pfaffenberger: AEG-Mitt. **2**, 386 (1937). — Hermann, P. K.: ATM V 3532—5 (1940).

[4] Thomson, J.: Phil. Trans. **174**, 707 (1883). — Rosa, E. B. u. F. W. Grover: Bull. Bur. Stand. **1**, 172 (1905). — Giebe, E.: Z. Instrkde. **29**, 269 (1909).

[5] Baker, G. D.: Electronics Engrg. **22**, 20 (1950).

C. Messung der Kapazität und dielektrischen Verluste bei Niederfrequenz

1. Kapazitätsmessung durch Strom- und Spannungsmessung

a) Strom-Spannungsmessung. Ist die Frequenz bekannt, so kann die Kapazität eines Kondensators durch eine Strom-Spannungsmessung bestimmt werden. Bei konstant gehaltener Spannung genügt eine Strommessung allein. Auf diesem Prinzip beruhen einige direkt zeigende Kapazitätsmesser.

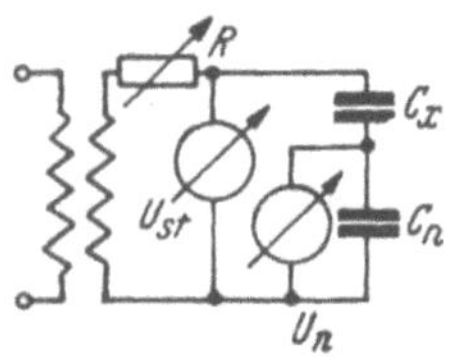

Abb. 181. Direkt zeigender Kapazitätsmesser, Zweivoltmetermethode

b) Dreivoltmetermethode. Die in V und VI dieses Abschnittes bereits besprochene Dreivoltmetermethode eignet sich auch zur Kapazitätsmessung und Bestimmung des Verlustwinkels δ_v. An Stelle eines Ohmschen Vergleichswiderstandes kann auch ein Kondensator C_n verwendet werden. Es ist dann

$$C_x = C_n \frac{2\,U_n^2}{U_{ges}^2 - U_n^2 - U_x^2}. \qquad (3,\ 156)$$

Dabei ist U_n die Spannung an dem mit der unbekannten Kapazität in Reihe geschalteten Vergleichskondensator C_n, U_x die Spannung am unbekannten Kondensator und U_{ges} die Gesamtspannung an der Reihenschaltung der beiden. Weiter ist

$$\operatorname{tg} \delta_v = \frac{\sqrt{4\,U_n^2\,U_x^2 - (U_{ges}^2 - U_n^2 - U_x^2)^2}}{U_{ges}^2 - U_n^2 - U_x^2}. \qquad (3,\ 157)$$

c) Zweivoltmetermethode. Ist der Verlustwinkel vernachlässigbar klein, so ist die Messung von U_{ges} nicht notwendig. Es genügt vielmehr die Spannung U_x und U_n allein zu messen. Es ist

$$C_x = C_n \frac{U_n}{U_x}. \qquad (3,\ 158)$$

Nach dem Prinzip der Zweivoltmetermethode werden vielfach direkt zeigende Kapazitätsmesser gebaut, s. Abb. 181. Die Netzspannung wird mit Hilfe des Potentiometers oder einer Regeleinrichtung konstant gehalten. Parallel zur Vergleichskapazität C_n liegt das Voltmeter, das die Spannung U_n zeigt. Sein Ausschlag steigt mit der Kapazität C_x. Das Meßgerät ist meist direkt in Kapazitätseinheiten geeicht. Zur Vergrößerung des Meßbereiches erhält die Vergleichskapazität C_n veränderbare Werte.

2. Messung mittels Differentialtransformators

In die beiden Zweige des Differentialtransformators werden die unbekannte Kapazität C_x und die Vergleichskapazität C_n geschaltet. Das Meßgerät zeigt keinen Ausschlag, wenn $C_x = C_n$. Ist jedoch C_x mit Verlusten behaftet, so ist ein Nullausschlag nur zu erreichen, wenn mit C_n auch ein

Ohmscher Widerstand in Reihe geschaltet ist. Ist die Spannung in den beiden Transformatorhälften gleich, so ist für Verschwinden des Ausschlages

$$C_x = C_n \quad \text{und} \quad \operatorname{tg} \delta = R_n \omega C_n. \tag{3, 159}$$

Als Meßgerät kann ein Schwingkontaktgleichrichter verwendet werden[1].

3. Elektrodynamische Meßmethoden[2]

Es werden Dynamometer in besonderer Schaltung verwendet. Die meisten Ausführungen haben einen konstanten Hilfsstrom gemeinsam, der durch die feste Spule eines Dynamometers fließt. Die drehbare Spule erhält zwei Wicklungen und ist z. B. als Kreuzspule ausgeführt[3]. An die eine Wicklung ist nur die unbekannte Kapazität C_x, an die andere eine Vergleichskapazität C_n angeschlossen. Infolge der in ihnen induzierten Ströme entsteht ein resultierendes Drehmoment. Man erhält einen Ausschlag, der nur durch C_x und nicht durch die Frequenz oder Spannung bestimmt ist.

Es sind Meßbereiche von 100 pF bis 100 μF üblich.

Zur Bestimmung der dielektrischen Verluste eignet sich das Wattmeter[4]. Der Strom des Kondensators fließt durch die feste Spule. Die bewegliche Spule erhält eine Spannung, die der Netzspannung proportional ist. Die Induktivität der Spulen bedingt eine Fälschung. Man beseitigt sie, indem man zu einem Teil des Vorwiderstandes der Spannungsspule einen Kondensator parallelschaltet, dabei ist es einfacher, den Abgriff zu verändern als einen variablen Kondensator zu verwenden[5].

Der Ausschlagsmethode wird vielfach eine Nullmethode vorgezogen. Man schaltet z. B. in den Kreis der beweglichen (Spannungs-)Spule eine veränderbare Induktivität L, die so groß gewählt wird, daß der Ausschlag des Wattmeters verschwindet[6]. Man findet für den Verlustwiderstand

$$R_C = \frac{L_s + L}{(R_s + R)\, C} - R_i, \tag{3, 160}$$

wenn L_s die Induktivität der Spannungsspule des Widerstandes und R_s ihr Ohmscher Widerstand ist. R_i ist der innere Widerstand der festen Stromspule. Ihre Induktivität kann vernachlässigt werden. C ist die Kapazität des zu untersuchenden Kondensators und R der Vorwiderstand zur Spannungsspule.

Es läßt sich aber auch der Ausschlag durch eine zweite feste Wicklung, die von einem phasenverschobenen Strom durchflossen ist, auf Null bringen[7].

---

[1] Elias: Wied. Ann. **35**, 828 (1888); **44**, 654 (1891). — Trowbridge: Phys. Rev. **20**, 65 (1905).

[2] Blamberg: Arch. Elektrot. **17**, 281 (1926). — Walcher, T.: E. u. M. **52**, 360 (1934).

[3] ATM V 3532—2 (1931).

[4] Keinath, G.: ATM J 741—2 (1932); ATM V 3418—3 (1935).

[5] Shanklin, G. B.: Gen. electr. Rev. **19**, 842 (1916).

[6] Täuber-Gretler, A.: Bull. Schweiz. El. V. **18**, 543 (1927); **19**, 395 (1928).

[7] Rosa, E. B.: Bur. of Stand. **1**, 383 (1905).

4. Wechselstrombrücken

Vor allem dient zur Kapazitäts- und Verlustwinkelmessung die Wechselstrommeßbrücke. Bei verlustfreien Kondensatoren läßt sich eine Anordnung von vier Kondensatoren oder zwei Kondensatoren und zwei Widerständen treffen.

a) Einfache Kapazitätsmeßbrücke. Abb. 182 zeigt eine einfache Kapazitäts- und Widerstandsmeßbrücke mit umschaltbarem Vergleichskondensator für einen Meßbereich von 10 pF bis 10 μF und 10 Ω bis 10 MΩ. Als Indikator dient eine Abstimmröhre. Die Brücke wird aus dem Wechselstromnetz gespeist.

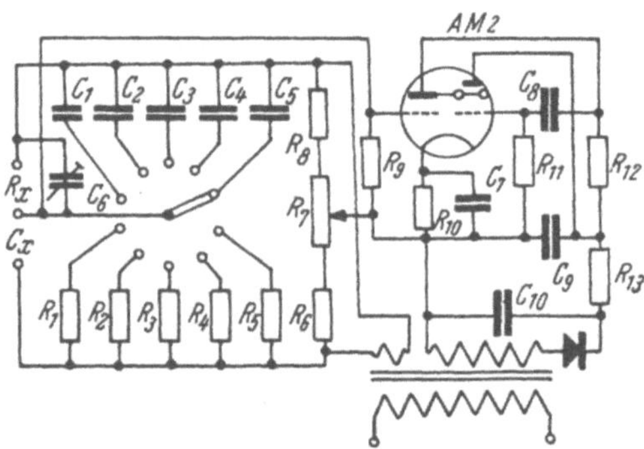

Abb. 182. Einfache Kapazitäts- und Widerstandsmeßbrücke

C_1	= 90 pF	C_9	= 16 μF	R_6	= 500 Ohm
C_2	= 1000 pF	C_{10}	= 16 μF	R_7	= 5 kOhm
C_3	= 0,01 μF			R_8	= 500 Ohm
C_4	= 0,1 μF	R_1	= 100 Ohm	R_9	= 1 Megohm
C_5	= 1 μF	R_2	= 1 kOhm	R_{10}	= 1 kOhm
C_6	= 0...10 pF	R_3	= 10 kOhm	R_{11}	= 1 Megohm
C_7	= 25 μF	R_4	= 100 kOhm	R_{12}	= 0,5 Megohm
C_8	= 0,1 μF	R_5	= 1 Megohm	R_{13}	= 10 kOhm

b) Wiensche Brücke, s. Abb. 183 *a*. Bei ihr wird die durch die Kondensatorverluste bedingte Phasenverschiebung mit Hilfe eines mit dem Vergleichskondensator C_2 in Reihe liegenden Ohmschen Widerstandes eingestellt. Es ist

$$C_x = C_2 \frac{R_4}{R_3} \quad \text{und} \quad R_x = R_2 \frac{R_3}{R_4}. \qquad (3, 161)$$

Somit erhält man

$$\operatorname{tg} \delta = R_2 \omega C_2. \qquad (3, 162)$$

Die Kapazitäten lassen sich mit einer Toleranz von etwa 10^{-5} bestimmen[1]. Bei sorgfältiger Abschirmung und geringer Leitungsinduktivität, z. B. durch Verwendung von Bandleitungen gelingt auch eine Verlustwinkelmessung mit einer Toleranz von 10^{-6} [2].

[1] Ferguson, J. G. u. B. W. Bartlett: Bell Syst. Tech. J. **7**, 420 (1928).
[2] Koehler, W. L. u. C. G. Koops: Philips Res. Rep. **1**, 419 (1945—46).

c) Schering-Brücke[1], s. Abb. 183 *b*. Bei dieser Brücke wird der Phasenabgleich durch Parallelschalten eines Kondensators C_4 zu dem Ohmschen Widerstand R_4 erreicht. Es ist

$$C_x = C_2 \frac{R_4}{R_3} \quad \text{und} \quad R_x = R_3 \frac{C_4}{C_2}. \qquad (3, 163)$$

Die Brücke eignet sich besonders auch zur Messung des Verlustwinkels[2]. Es ist

$$\operatorname{tg} \delta_v = \frac{1}{\omega C_4 R_4}. \qquad (3, 164)$$

d) Wagnersche Hilfsbrücke[3]. Um den Einfluß der Erdkapazität zu vermeiden, ist die Einführung eines Wagnerschen Hilfszweiges zu empfehlen. Zuerst wird die Hilfsbrücke abgeglichen, sodann die eigentliche Brücke (s. V dieses Abschnittes).

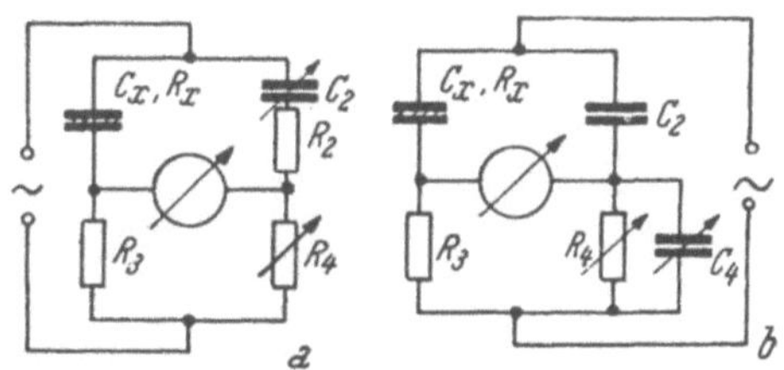

Abb. 183. Kapazitätsmeßbrücke. *a* Wien-Brücke, *b* Schering-Brücke

Zur Kapazitätsmessung ist es unerläßlich, sämtliche verwendeten Brückenwiderstände abzuschirmen und die Abschirmgehäuse zu erden. Denn nur dann sind die Messungen von äußeren Einflüssen (Handkapazität und dergleichen) frei. Andererseits entstehen aber dadurch beträchtliche Nebenschlußkapazitäten gegen Erde, die die Einführung des Wagnerschen Hilfszweiges wünschenswert erscheinen lassen. Nach Abgleichen des Wagner-Brückenzweiges haben alle diese Kapazitäten keinen Einfluß mehr auf den Meßvorgang.

Wir betrachten zu diesem Zweck die in Abb. 184 gezeigte Schering-Brücke mit Wagner-Hilfszweig. An die Klemmen C_x wird die zu messende unbekannte Kapazität geschaltet. Im Zweig 23 befindet sich der Normalkondensator C_N und ein Normalwiderstand R_N. Die Zweige 14 und 34 enthalten die Vergleichswiderstände R_1 und R_2, deren Phasenwinkel durch die dort parallelgeschalteten Drehkondensatoren C_1 und C_2 abgeglichen werden. Der Wagner-Brückenzweig ist durch die zwischen 15 und 35 gelegenen Widerstände gegeben. Der Kopfhörer liegt zwischen

[1] Schering, H.: Z. Instrkde. **40**, 124 (1920). — Schering, H. u. L. Burmester: Z. Instrkde. **44**, 98 (1924).

[2] Giebe, E. u. G. Zickner: Arch. Elektrot. **11**, 109 (1922).

[3] Wagner, K. W. u. A. Wertheimer: Phys. Z. **13**, 368 (1912). — Wagner, K. W.: ETZ **32**, 1001 (1911).

den Punkten 24. Nach Abgleichen von Hilfs- und Hauptbrücke zeigen die Punkte 2 und 4 das gleiche Potential wie 5. Demnach ergeben sämtliche Abschirmungen nur Nebenschlußkapazitäten zu 15 und 35, gehen also in die Abgleichung der Hilfsbrücke ein oder zu 25 und 45, liegen also innerhalb von Punkten gleichen Potentials.

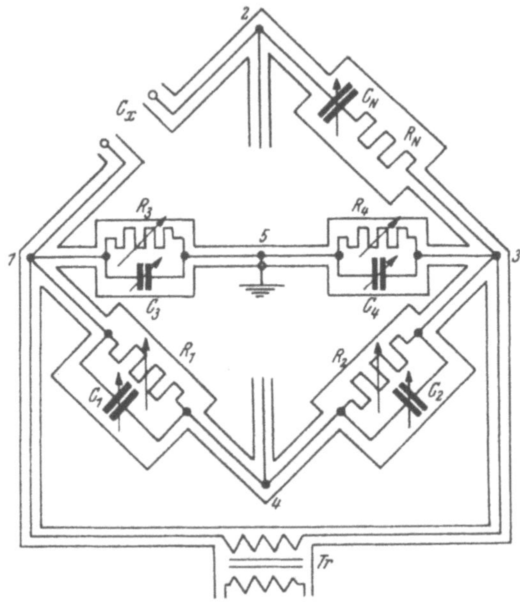

Abb. 184. Abgeschirmte Kapazitätsmeßbrücke mit Wagnerschem Hilfszweig

Bei sorgfältiger Ausführung läßt sich eine Fehlergrenze von etwa 10^{-6} erreichen. Die Meßbrücke eignet sich auch zur Messung des Verlustwinkels mit einer Fehlergrenze von etwa 10^{-7} bei Verwendung einer zweiten Hilfsbrücke quer zum Wagner-Hilfszweig[1]

e) Anderson-Brücke. Diese Brückenanordnung eignet sich vor allem zur Kapazitätsmessung. Ihre Schaltung zeigt Abb. 168. Die unbekannte Kapazität C_x wird zu dem Ohmschen Widerstand R_2 parallelgeschaltet. Es ist also

$$\mathfrak{R}_2 = \frac{R_2}{1 + j\,\omega\, C_x R_2}. \tag{3, 165}$$

$\mathfrak{R}_6$ ist ein kapazitiver Widerstand $\mathfrak{R}_6 = 1/(j\,\omega\, C_6)$. Dies in Gl. (3, 104) eingesetzt, ergibt folgende Nullbedingungen.

$$R_1 R_4 = R_2 R_3 \tag{3, 166}$$

[1] Koops, C. G.: Philips Techn. Rdsch. 5, 307 (1940).

und

$$C_x = \frac{C_6}{R_1 R_4} [R_5 (R_3 + R_4) + R_3 R_4]. \tag{3, 167}$$

Man gleicht die Brücke zuerst mit Gleichstrom ab.

Es ist zweckmäßig, die Widerstände $R_1 = R_2$ und $R_3 = R_4$ zu machen. Dann ist die erste Brückenbedingung erfüllt und es vereinfacht sich überdies Gl. (3, 167) zu

$$C_x = \frac{C_6}{R_1} (2 R_5 + R_3). \tag{3, 168}$$

Das Abgleichen erfolgt am besten durch Verändern von C_6 oder R_5, da dann die erste Brückenbedingung unverändert erfüllt bleibt.

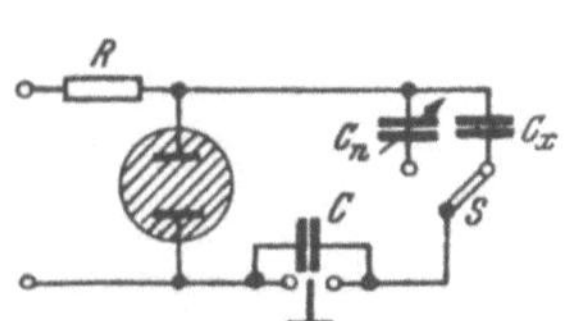

Abb. 185. Kapazitätsmessung mittels Glimmoszillators.

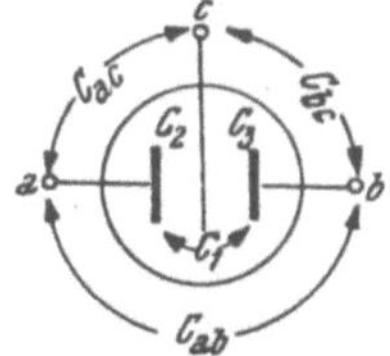

Abb. 186. Abgeschirmte Kapazität

Bei der beschriebenen Brückenmethode kann anstatt die unbekannte Kapazität C_x mit bekannten zu vergleichen auch nach Abgleich der Brücke diese durch eine bekannte Kapazität C_n ersetzt werden, die verändert wird, bis neuerdings Abgleich erzielt ist.

Weiter eignen sich zur Kapazitätsmessung die Maxwell-Wien-Brücke (s. Abb. 166) sowie die Resonanzbrücke (vgl. VI dieses Abschnittes). Sie gestatten auch die Bestimmung des Verlustwiderstandes.

5. Messung mit dem Glimmoszillator[1]

Die Frequenz eines Glimmoszillators wird durch Kapazität und Widerstand bestimmt. Seine Schaltung zeigt Abb. 185. Bei Einschalten der unbekannten Kapazität C_x erhält man daher eine ganz bestimmte Schwingungsfrequenz. Man ersetzt nun C_x durch die veränderliche Kapazität C_n, die so lange verändert wird, bis wieder der gleiche Ton vom Oszillator erzeugt wird. Der Vergleich der beiden Frequenzen erfolgt bei Abhören mittels Kopfhörers durch Betätigungen des Schalters S. Das menschliche Ohr ist bei rascher Umschaltung sehr empfindlich gegen kleine Frequenzunterschiede. Das Gerät ist zur Messung von Kapazitäten von wenigen pF bis einigen tausend pF geeignet, durch Verwendung von Zusatzkondensatoren kann der Meßbereich noch etwas erweitert werden. Der Widerstand R erhält je nach Glimmlampe einige 100 kOhm. Die Kapazität C beträgt etwa 5000 pF. Man betreibt die Glimmlampe mit ihrer Betriebsspannung. Es eignen sich nur Lampen ohne eingebauten Widerstand.

[1] Geffcken, H. u. H. Richter: Z. techn. Phys. **5**, 511 (1924).

6. Messung abgeschirmter Kapazitäten

a) Messung aus den Teilkapazitäten. An einem abgeschirmten Kondensator können dreierlei Kapazitäten gemessen werden: die Kapazität C_{ab} zwischen den Elektroden a und b (s. Abb. 186), C_{ac} zwischen a und c und C_{bc} zwischen b und c. Sie setzen sich aber aus den Teilkapazitäten C_1, C_2 und C_3 zusammen. So erhält man z. B. C_{ab} als Reihenschaltung der Kapazität C_2 und C_3, zu der die Kapazität C_1 parallel liegt. C_1 wird nur durch die um die Abschirmelektrode c herumgehenden Kraftlinien bestimmt. Man kann sie aus C_{ab}, C_{ac} und C_{bc} berechnen (s. zweiter Abschn., V, B). Doch ist die Rechnung wenig genau, wenn, wie gewöhnlich, C_1 klein gegen C_2 und C_3 ist.

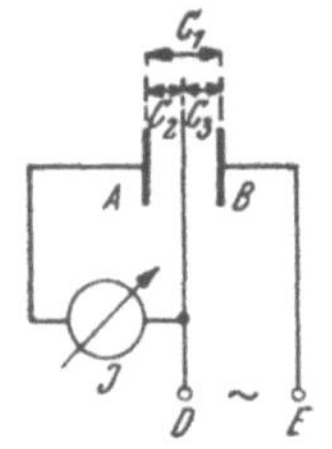

Abb. 187. Messung abgeschirmter Kapazitäten durch Strommessung

b) Strom-Spannungsmessung. Die abgeschirmte Kapazität C_1 ist in Abb. 187 durch die Kraftlinien, die A mit B verbinden, ohne die Abschirmelektrode D zu berühren, gebildet. Verbindet man A mit D und legt eine Wechselspannung zwischen D und E, so ist der Strom über die abgeschirmte Kapazität der vom Instrument J angezeigte, da zwischen den Punkten A und D ja keine Spannungsdifferenz vorhanden ist.

c) Messung gekapselter Kapazitäten. Ist der Kondensator in einem metallischen Gehäuse untergebracht, das nicht mit einem der Kapazitätsanschlüsse verbunden ist, so treten ebenfalls drei Kapazitäten auf: C_{12}, C_{10} und C_{20}.

Die Kapazität C_{12} wird, wie Abb. 188 zeigt, gemessen, indem der Erdungspunkt O mit der Brückenerde verbunden wird. Die Kapazität C_{10} wird wirkungslos, weil sie parallel zum Indikator liegt. Die Kapazität C_{20} liegt parallel zu R_4. Der dadurch entstehende Phasenwinkel wird durch Einstellen von R_1 und C_1 oder durch Reihenschaltung eines Widerstandes zu C_{12} ausgeglichen. Er ist aber bei Ermittlung des Verlustwinkels von C_{12} zu berücksichtigen. Es soll $R_4 \ll 1/\omega C_{20}$ sein.

7. Messung an Elektrolytkondensatoren

Die Messung an Elektrolytkondensatoren muß unter den Betriebsbedingungen vorgenommen werden, das heißt an den Kondensatoren muß die geforderte Betriebsgleichspannung liegen. Ihr überlagert ist die zur Messung verwendete Wechselspannung, meist 50 Hz. Es eignen sich die meisten besprochenen Meßmethoden, üblich sind vor allem die Strom-Spannungsmethode und Brückenmethode. Zur Trennung von Gleich- und Wechselspannung am Anzeigegerät dient meist ein Kondensator oder Drosseln.

a) Strom-Spannungsmessung, s. Abb. 189. Mit der Gleichspannungsquelle sind Drosseln in Reihe geschaltet. Der Gleichstrom wird mit Hilfe eines Gleichstrominstrumentes J_{Gl} gemessen. Mit der Wechselspannungsquelle ist ein Kondensator C von mehreren μF in Reihe geschaltet, der einen Kurzschluß der Gleichspannungsquelle verhindert.

b) Messung mit der Wien-Brücke oder Schering-Brücke. Es lassen sich die in den Abb. 183 gezeigten Schaltungen verwenden, wenn mit der Wechselspannungsquelle eine entsprechende Gleichspannung (die meisten Elektrolytkondensatoren werden bei 450 Volt geprüft) in Reihe geschaltet wird. Dem Meßgerät wird wieder ein Kondensator vorgeschaltet.

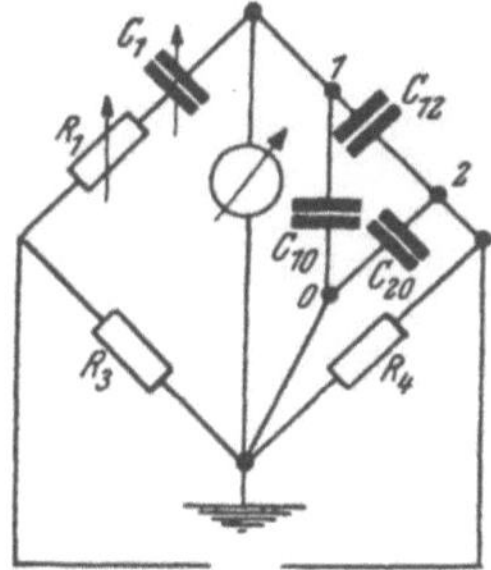

Abb. 188. Messung abgeschirmter Kapazitäten mittels Brücke

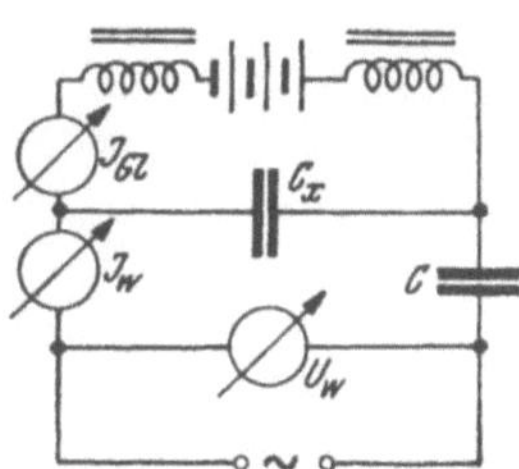

Abb. 189. Messung der Kapazität eines Elektrolytkondensators

D. Hochfrequente Meßmethoden

In vielen Fällen ist es notwendig, die Kapazität und insbesonders die dielektrischen Verluste bei Hochfrequenz zu messen. Dazu eignet sich vor allem die Hochfrequenzmeßbrücke[1], der Differentialtransformator und Substitutionsmethoden, die bereits in C beschrieben wurden. Außerdem ist noch die Messung im Schwingkreis zu empfehlen.

1. Kapazitätsmessung durch Frequenzmessung

Die zu messende Kapazität wird mit einer Induktivität zu einem Schwingkreis zusammengeschaltet. Ein Oszillator erzeugt eine veränderbare Frequenz und wird so lange abgestimmt, bis mit der Eigenfrequenz des genannten Schwingkreises Resonanz eintritt. Der Nachweis der Resonanz erfolgt mit Hilfe eines lose angekoppelten Indikatorkreises. Es ist

$$C = \frac{\lambda^2}{4\pi^2 c^2 L}. \qquad (3, 169)$$

In C ist die Spulenkapazität mit enthalten. Sie kann durch mehrere Messungen mit bekannten Kapazitäten bestimmt werden. Die Abhängigkeit zwischen dem Quadrat der Wellenlänge und der Kapazität ist eine lineare. Man trägt auf der Abszisse die Kapazitätswerte und auf der Ordinate die Wellenlängen auf, dadurch läßt sich die Spulenkapazität eliminieren. Der Abstand des Schnittpunktes der Geraden mit der X-Achse links vom Koordinatenursprung gibt die Spulenkapazität an[2] (vgl. Abb. 171).

---

[1] Küpfmüller, K.: ENT **2**, 263 (1928).

[2] Rietz, W.: Ann. d. Phys. **41**, 543 (1913); Jahrb. d. drahtl. Tel. **10**, 305 (1916).

2. Verlustwinkelmessung bei Hochfrequenz

a) Schwingkreismethode. Der Kondensator wird mit einer Induktivität zu einem Schwingkreis zusammengebaut. Es fließt im Resonanzfall der Wechselstrom J_2'. Sodann wird der Kondensator durch einen verlustlosen ersetzt, der auf die gleiche Kapazität eingestellt wird. Es fließt nun der Strom J_2''. Dann ist bei loser Kopplung mit dem Primärkreis

$$R_c = (R_L + R_{instr}) \frac{J_2'' - J_2'}{J_2'}. \tag{3, 170}$$

Hierbei ist R_L der Dämpfungswiderstand der Spule und R_{instr} der des Instrumentes.

An Stelle des Stromes kann auch die Spannung am Schwingkreis gemessen werden.

Zur Bestimmung des Verlustwinkels $\operatorname{tg} \delta_v$ eignet sich auch die in VI dieses Abschnittes beschriebene Gütefaktormessung[1]. Man bestimmt zunächst die Kreisgüte Q_1 bei Verwendung einer möglichst verlustarmen Spule und verlustarmen veränderbaren Kondensators C_v. Dann schaltet man den unbekannten Kondensator C_x zu diesem parallel, wobei seine Kapazität zur Resonanzeinstellung auf den Wert $C_v - C_x$ verringert wird und erhält die Kreisgüte Q_2. Dann ist

$$\operatorname{tg} \delta_v = \frac{C_v}{C_x} \left(\frac{1}{Q_2} - \frac{1}{Q_1} \right). \tag{3, 171}$$

b) Methode der Halbwertsbreite. Der Dämpfungswiderstand kann auch durch die Messung der Halbwertsbreite mit und ohne verlustbehafteten Kondensator bestimmt werden (vgl. die entsprechende Methode der Induktivitätsmessung)[2].

c) Methode des Zusatzwiderstandes[3]. Man ersetzt den zu messenden Kondensator durch einen verlustfreien, mit dem man einen Widerstand in Reihe schaltet, der so groß ist, daß wieder der gleiche Schwingstrom erhalten wird. Es werden Verlustwinkel bis zu Frequenzen von $5 \cdot 10^8$ Hz gemessen[4].

Ist der verwendete Zusatzwiderstand nicht veränderbar, so kann der Verlustwiderstand aus drei Spannungsmessungen bestimmt werden. Man mißt die Spannung U_1 am Schwingkreis, bei Resonanz, wenn der verlustbehaftete Kondensator durch einen verlustlosen gleicher Kapazität ersetzt ist. Dann mißt man die Spannung U_2 bei Einschalten des verlustbehafteten Kondensators und schließlich die Spannung U_3, wenn dieser durch die Reihenschaltung des verlustlosen Kondensators mit einem Ohmschen Widerstand R_n ersetzt ist. Man erhält dann für den Verlustwiderstand

---

[1] Opitz, G.: Hochfrequenztechn. u. Elektroak. **53**, 27 (1939).

[2] Agricola, A.: Hochfrequenztechn. u. Elektroak. **51**, 77 (1938). — Rohde, L. u. H. Schwarz: Hochfrequenztechn. u. Elektroak. **50**, 98 (1937).

[3] Rohde, L. u. H. Schwarz: Hochfrequenztechn. u. Elektroak. **43**, 156 (1934).

[4] Rohde, L.: Z. f. techn. Phys. **16**, 637 (1935).

$$R_C = R_n \frac{U_1/U_2 - 1}{U_1/U_3 - 1}. \qquad (3, 172)$$

d) Messung mit der Hochfrequenzmeßbrücke. Die oberste Frequenzgrenze, bei der die Hochfrequenzmeßbrücke noch zur Messung verwendet werden kann, liegt bei etwa 3 MHz. Es ist beste Abschirmung erforderlich. Der Aufwand an Geräten ist erheblich.

e) Thermische Messungen. Bei sehr hohen Frequenzen ist die Bestimmung des Verlustwinkels durch eine kalorimetrische Messung zu empfehlen. Es ist

$$\operatorname{tg} \delta = \frac{P\,\omega\,C}{J^2}; \qquad P = 4{,}17\,G\,\frac{(\vartheta_2 - \vartheta_1)}{t} \qquad (3, 173)$$

wobei P die Leistung in W ist. Man erhält sie aus der Temperaturzunahme $\vartheta_2 - \vartheta_1$ der Wassermenge G in g innerhalb der Zeit t.

Zur Messung der Kapazität und dielektrischen Verluste eignet sich auch die in V dieses Abschnittes beschriebene Scheinwiderstandsmessung.

3. Messung sehr kleiner Kapazitäten

Kleine Kapazitäten können durch eine Resonanzmethode im Hochfrequenzschwingkreis gemessen werden. Die zu untersuchende Kapazität verstimmt einen Resonanzkreis, zu dessen Nachstimmung ein Drehkondensator betätigt wird, seine Kapazitätsänderung gibt die Größe der zu messenden Kapazität unmittelbar an. Das Gerät eignet sich auch zur Messung von abgeschirmten Kapazitäten (Durchgriffskapazität). Es können Kapazitäten von $3 \cdot 10^{-4}$ bis 30 pF bei einer Erdkapazität von 0 bis 60 pF gemessen werden.

Die Genauigkeit der Messung hängt von der Genauigkeit der Resonanzeinstellung ab. Man kann sie wesentlich erhöhen, wenn man, statt die maximale Amplitude zu suchen, den Phasenwinkel des Schwingkreises mit dem eines Ohmschen Widerstandes vergleicht, indem man beispielsweise einen Ohmschen Widerstand mit dem zu untersuchenden Schwingkreis in Reihe schaltet und die beiden Spannungsabfälle an die beiden Ablenksysteme einer Kathodenstrahlröhre legt, s. vierter Abschn., VI, oder etwa die in Abb. 257 gezeigte Anordnung benützt.

Zur Messung sehr kleiner Kapazitäten eignet sich eine Schwebungsmethode. Zwei Oszillatoren erzeugen eine bestimmte Frequenz. Die unbekannte Kapazität wird als Parallelkapazität zu einem der beiden Schwingkreise geschaltet. Es wird die Differenzfrequenz (Schwebungsfrequenz) gemessen. Es ist

$$C_x = C_1 \left(\frac{f_2^2}{f_1^2} - 1 \right), \qquad f_2 = f_1 + f_s, \qquad (3, 174)$$

wenn zwei gleiche Schwingkreise mit den Kapazitäten C_1 verwendet werden. f_2 ist die Frequenz ohne, f_1 mit dem unbekannten Kondensator. Sie unterscheidet sich von f_1 um die Schwebungsfrequenz f_s. Bei geringem Unterschied zwischen f_2 und f_1 ist

$$C_x = C_1 \frac{2 f_s}{f_1}. \qquad (3, 175)$$

Es lassen sich noch Kapazitäten von etwa 10^{-5} pF messen[1].

Liegt die unbekannte Kapazität C_x zu dem festen Kondensator C_1 parallel, so kann auch so gemessen werden, daß zum Kondensator C_2 des anderen Oszillators eine so große veränderliche Kapazität C parallelgeschaltet wird, daß die Schwebung verschwindet. Man kann $C_2 = C_1$ machen, besser ist es jedoch C_2 größer als C_1 zu wählen. Es ist

$$C_x = C \frac{C_1}{C_2}. \qquad (3, 176)$$

Die Methode eignet sich zur Messung von Kapazitätsänderungen z. B. infolge Temperaturänderung oder zur Messung der Dielektrizitätskonstante von Gasen.

Nach einem Verfahren von Seibt[2] werden die beiden Schwingkreise von demselben Oszillator gespeist und mit einem Indikator so gekoppelt, daß sie einander entgegenwirken. Sind beide Kapazitäten gleich, so ist Nullausschlag.

Sehr kleine Kapazitäten können auch durch Bestimmung des Einsatzpunktes einer Quarzoszillatorschwingung gemessen werden[3]. Der Oszillator ist in der von Cady[4] und Pierce[5] angegebenen Schaltung angeordnet. Im Anodenkreis befindet sich ein auf die Quarzwelle abgestimmter Schwingkreis. Dieser wird durch Verringern seiner geeichten Kapazität C_n so lange verstimmt, bis gerade die Schwingungen abreissen. Nun wird der zu messende Kondensator C_x parallelgeschaltet und C_n wieder bis zum Abreißpunkt verkleinert. Die Kapazitätsänderung C_n ist dann gleich der unbekannten Kapazität C_x. Größere Empfindlichkeit erreicht man durch Eichung der Abhängigkeit des Anodenstromes von der Kapazität. Es können Kapazitätswerte bis 10^{-5} pF gemessen werden.

IX. Magnetische Messungen

Die magnetische Feldstärke H wird in A/cm und in Oersted (Oe) gemessen, 1 A/cm = 1,256 Oe. Die Einheit der Induktion B sind die Voltsekunde pro cm² (Vs/cm²) und das Gauß (G); 1 Vs/cm² = 10^8 G. Zwischen der magnetischen Feldstärke und der Induktion besteht die Beziehung

$$B = H \mu, \qquad \mu = \mu_0 \mu_r, \qquad (3, 177)$$

wobei μ_0 eine Konstante, $\mu_0 = 1{,}256 \cdot 10^{-8}$ Vs/A · cm ist. μ_r wird „relative" Permeabilität genannt.

---

[1] Rohde, L.: ATM 136—3 (1938).

[2] Seibt, G.: Z. f. Schwachstromt. **5**, 649 (1911); Jahrb. d. drahtl. Tel. **5**, 407 (1912).

[3] Schmidt, T. W.: Hochfrequenztechn. u. Elektroak. **41**, 96 (1933).

[4] Cady, W. G.: Proc. I. R. E. **10**, 83 (1922); **18**, 1247, 2136 (1930).

[5] Pierce, G. W.: Proc. Am. Ac. **59**, 81 (1923) — Einfg. S. 548.

A. Erzeugung magnetischer Felder

Im Innern eines Toroides, das in w Windungen vom Strom J durchflossen ist, ist die magnetische Feldstärke

$$H = \frac{J\,w}{l} \tag{3, 178}$$

wirksam, wobei l die Länge des magnetischen Kraftlinienweges (Ringachse) ist.

Enthält der ringförmige magnetische Kreis einen Eisenkern, der bis auf einen schwachen senkrecht zur Ringachse liegenden Spalt der Breite b geschlossen ist, so ist die magnetische Feldstärke wieder durch Gl. (3, 178) mit meist genügender Genauigkeit bestimmt, wenn an Stelle l die Spaltbreite b gesetzt wird.

Zur Erzeugung starker Felder sind große Stromstärken erforderlich. Solche erhält man mit elektrischen Spezialmaschinen, wie sie z. B. zur Magnetisierung von Magneten verwendet werden (mehrere 100 Ampere). Sehr kurz dauernde außerordentlich große Stromstärken erhält man auch durch Kondensatorentladung, z. B. 10^5 A [1].

B. Messung der Feldstärke

Zur Bestimmung der Feldstärke kann man sich zahlreicher Meßmethoden bedienen. Es sollen hier nur die bekanntesten beschrieben werden.

1. Elektrodynamische Meßmethoden

Ein stromdurchflossener Leiter befindet sich in dem zu untersuchenden Magnetfeld. Er erfährt die Kraftwirkung

$$F = H\,J\,l\,\mu_0. \tag{3, 179}$$

Hierbei ist F die Kraft, J die Stromstärke und l die Länge des Leiters im Magnetfeld.

Je nach Anordnung des stromdurchflossenen Leiters ist zu unterscheiden:

a) *Messung mit geradlinigem Leiter.* Die Methode ist vor allem bei schmalen Luftspalten geeignet. Gemessen wird in der Regel die Durchbiegung, die der Leiter unter dem Einfluß des Magnetfeldes erfährt. Er wird vorher im bekannten Magnetfeld geeicht.

b) Zur *Messung der Feldstärke im Luftspalt eines Topfmagneten* für dynamische Lautsprecher wird dem Leiter die Form einer Zylinderspule gegeben. Die Messung der Kraft F kann mit Hilfe einer Stromwaage erfolgen. Es kann auch die Schwingspule selbst verwendet werden. Es wird eine so große Kraftwirkung vorgesehen, daß die Schwingspule wieder ihre ursprüngliche Lage erhält.

---

[1] Wall, T. F.: Nature **113**, 569 (1924); **114**, 898 (1924).

c) An Stelle eines einfachen Leiters kann auch eine *bifilare Schleife* oder *Drehspule* verwendet werden. Man bedient sich somit im wesentlichen des im Köpsel-Apparat verwendeten Meßverfahrens[1] (s. D).

Zur Messung schwacher Feldstärken ist Spiegelablesung zu empfehlen. Es läßt sich Lichtquelle, Spule und Schirm in einem Meßgefäß unterbringen[2].

Eine weitere Empfindlichkeitssteigerung bei Messung konstanter Feldstärken erreicht man mit Hilfe einer ballistischen Methode[3]. Die Spule eines ballistischen Spiegelgalvanometers mit Bandaufhängung befindet sich im Vakuum und dem zu untersuchenden Magnetfeld. Sie erhält jedoch nur Stromimpulse entsprechend ihrer Schwingungsdauer. Den Synchronismus zwischen Eigenschwingungsfrequenz und Impulsfolge kann man folgendermaßen herstellen: Der Lichtstrahl einer konstanten Lichtquelle trifft auf den Spiegel der Meßeinrichtung und wird von dort in der Ruhelage auf eine Photozelle geworfen. Diese erzeugt nun einen Strom, der verstärkt wird und ein Relais betätigt. Dadurch wird der Strom der Drehspule eingeschaltet, wodurch eine Ablenkung infolge des Magnetfeldes zustande kommt. Somit wird der Photozellenstrom unterbrochen und das Relais abgeschaltet. Der Lichtstrahl bewegt sich wieder zurück und schaltet bei Durchlaufen der Ruhestellung wieder das Relais ein, das gleichzeitig einen Stromwendekontakt betätigt, so daß nun der Spulenstrom in umgekehrter Richtung fließt usw. Es treten somit dauernd Impulse auf, die eine immer größere Schwingungsamplitude der Drehspule bewirken. Die so erzielten ballistischen Ausschläge sind etwa 100-mal so groß als der Dauerausschlag wäre.

2. Induktive Methode

Bei dieser Meßmethode wird eine vom Magnetfeld im bewegten Leiter induzierte Spannung gemessen. Es ist

$$U = H \mu_0 l v, \qquad (3, 180)$$

wobei U die Spannung, H die magnetische Feldstärke, l die Länge und v die Geschwindigkeit des bewegten Leiters bedeutet.

a) Beim *Erdinduktor* rotiert eine Leiterschleife, bzw. Spule im Magnetfeld der Erde. Die induzierte Spannung ist ein Maß für die Feldstärke.

Für die ohne Kommutation rotierende Schleife gilt

$$H = \frac{\sqrt{2}\, U_{eff}}{\mu_0 q w \omega}. \qquad (3, 181)$$

b) *Rotiert eine Metallscheibe in einem Magnetfeld,* wobei die Rotationsachse mit der Richtung des Magnetfeldes zusammenfällt, so erhält man zwischen Achse und Außenseite eine der Feldstärke proportionale Spannung (Prinzip der Unipolarmaschine)[4].

[1] Köpsel, A.: Verh. Phys. Ges. **9**, 115 (1890); ETZ **15**, 214 (1894). — Lehfeldt, R. A.: Phil. Mag. **33**, 78 (1892).

[2] Jones, H. S.: Rev. Sci. Instr. **5**, 213 (1934).

[3] Ellwood, W. B.: Rev. Sci. Instr. **5**, 300 (1934).

[4] Betteridge, G.: Electrician **78**, 213 (1916).

c) Bei der *ballistischen Methode* wird ein Leiter im konstanten Magnetfeld bewegt und der ballistische Ausschlag gemessen. Der erhaltene Ausschlag ist proportional dem Kraftfluß und somit auch der Feldstärke[1].

Die ballistische Methode eignet sich auch zur Messung der *Streuung* eines Magneten[2]. Als „Streufaktor" wird das Verhältnis der Differenz zwischen dem Fluß in der neutralen Zone (*1*) des Magneten und seinem Luftspalt zum Fluß im Luftspalt bezeichnet (s. Abb. 190). Ersterer wird mit Hilfe einer Spule, die den Magnet möglichst eng umschließt, gemessen. Sie wird entlang des Magneten geführt und durch den Luftspalt in ein feldfreies Gebiet gebracht. Die dafür benötigte Zeit muß klein gegen die Schwingungsdauer des ballistischen Galvanometers sein. Man kann die Messung auch abschnittsweise durchführen, z. B. erst von *1* nach *2* usw. und die Galvanometerausschläge addieren. Den Fluß durch den Luftspalt bestimmt man aus der zu messenden Induktion.

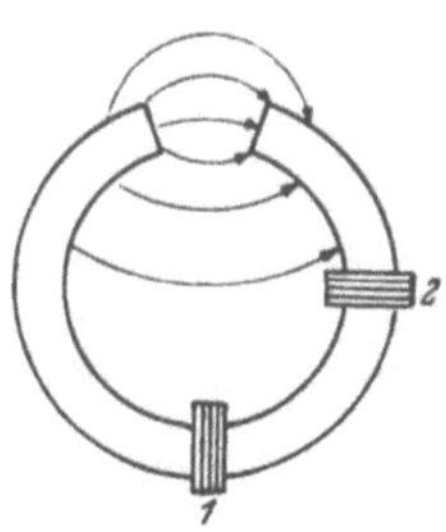

Abb. 190. Messung der Streuung eines Magneten

d) Beim *Schwingspulenverfahren* (Vibrationsmagnetometer)[3] schwingt ein Leiter, bzw. eine Seite einer Rechteckschleife in dem zu messenden magnetischen Gleichfeld. Hat der Leiter die Länge l im Magnetfeld, so ist

$$U = \frac{2\pi}{\sqrt{2}} \mu_0 f s l (H - H_a) = 5{,}58 \cdot 10^{-8} f s l (H - H_a) \text{ Volt}, \qquad (3,\ 182)$$

wenn f = Frequenz (in Hz), s = Schwingweite (in cm), H = die zu untersuchende Feldstärke, die den Innenleiter umgibt (in A/cm) und H_a die Stärke des äußeren Streufeldes ist, das den Außenleiter schneidet.

e) Bei *Wechselfeldern* kann die Feldstärke durch eine Spannungsmessung an einer nicht bewegten Leiterschleife bestimmt werden.

3. Messung mittels Wismutspirale[4]

Wismut zeigt die Eigenschaft, daß der Widerstand dieses Metalles mit wachsender Feldstärke zunimmt. Die Widerstandsänderung ist jedoch temperaturabhängig. Man erhält den Widerstandswert R, wenn der Ohmsche Widerstand R_0 bei °C und bei $H = 0$ mit den in untenstehender Zahlentafel angegebenen Werten k vervielfacht wird. Es ist

$$R = k\, R_0. \qquad (3,\ 183)$$

Für k findet man nach Henderson[5] (B in Gauß):

---

[1] Gumlich, E.: Leitfaden d. magnet. Meßgeräte S. 69 (1918).

[2] Sixtus, K.: ATM V 393—3 (1948).

[3] Grosskowsky, J.: J. Sci. Instr. **14**, 335 (1937). — Neumann, H.: ATM J 63—1 (1935).

[4] Lenard, P. u. J. L. Howard: ETZ **9**, 340 (1888).

[5] Henderson: Wied. Ann. **53**, 912 (1894).

Zahlentafel 8

k	0	2 000	4 000	6 000	8 000	10 000	12 000	15 000	20 000	25 000	30 000
$t = 0^0$	1	1,064	1,18	1,32	1,46	1,59	1,73	1,96	2,3		
$t = 18^0$	1,07	1,56	1,22	1,33	1,45	1,57	1,69	1,92	2,24	2,56	2,89

Die Prüfeinrichtung besteht aus einer meist flachen Spirale mit isolierten Windungen aus reinstem Wismutdraht, der in der Nähe der Schmelztemperatur gepreßt wurde. Sie sind bifilar gewickelt. Bei der Messung werden sie senkrecht zu den Kraftlinien gestellt, so daß die Feldstärke auch in schmalen Spalten ermittelt werden kann.

Eine Verbesserung der Meßmethode stellt die Wismutmeßbrücke dar[1].

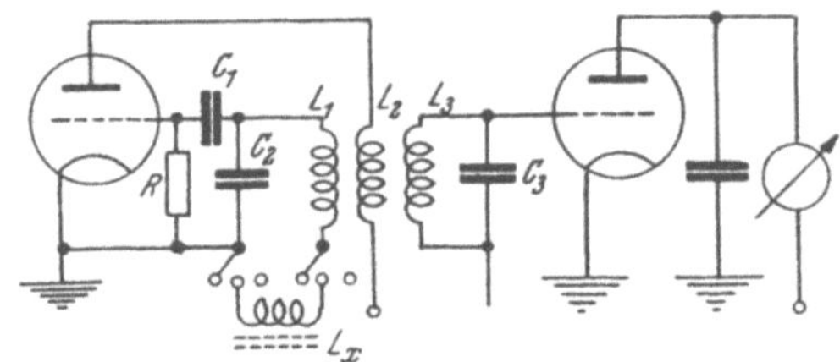

Abb. 191. Messung magnetischer Gleichfelder mit Hochfrequenzeisenkernspule. $R = 100$ kOhm, $C_1 = 500$ pF, $C_2 = 1000$ pF, $C_3 = 1000$ pF, $C_4 = 5000$ pF

4. Messung durch Änderung der Permeabilität ferromagnetischer Körper

Die Änderung der Permeabilität eines Eisenkernes bei Änderung der Vormagnetisierung kann zur Messung der Feldstärke magnetischer Gleichfelder herangezogen werden[2]. Die Spule kann beispielsweise als Induktivität eines selbsterregten Schwingkreises geschaltet sein. Durch Änderung der Feldstärke ändert sich die Induktivität und damit die vom Oszillator erzeugte Frequenz. Der Oszillator ist mit einem zweiten Schwingkreis gekoppelt. Die an ihm auftretende Hochfrequenzspannung ist durch die gegenseitige Verstimmung der beiden Kreise bestimmt und wird mit Hilfe eines Röhrenvoltmeters angezeigt, s. Abb. 191. Das Galvanometer G kann unmittelbar in Gauß geeicht werden. Eine Ausführung von Rohde und Schwarz zeigt drei Meßbereiche, und zwar 100...3000, 2000...14 000, 9000...30 000 G.

5. Messung mittels Kathodenstrahlröhre[3]

Die Kathodenstrahlröhre eignet sich auch zur Messung der magnetischen Feldstärke. Die Ablenkung des Kathodenstrahles ist der magnetischen Feldstärke proportional. Es ist[4]

[1] Smith, G. S.: El. Engng. 1937, S. 441.
[2] Boucke, H.: ATM V 391—1 (1937).
[3] Knoll, M. u. W. Kleen: ATM V 391—3 (1938).
[4] Einfg. S. 275.

$$y = 0{,}373\, l\, l_m \frac{H}{\sqrt{U}}, \qquad (3, 184)$$

wobei y die Kathodenstrahlablenkung in cm, l die Entfernung Magnetfeldmitte bis Schirm in cm, l_m die axiale Breite des Magnetfeldes in cm, H die Feldstärke in A/cm und U die Anodenspannung in Volt ist.

6. Messung mittels Magnetrons[1]

Befindet sich eine Diode mit zylindrischer Anode und konzentrischem Heizfaden in einem axialen Magnetfeld, so werden die Elektronen in eine Zykloidenbahn gedrängt. Bei genügend großer magnetischer Feldstärke erhält man eine Elektronenbahn, bei der die Elektronen wieder zum Heizfaden zurückkehren ohne die Anode zu treffen. Es tritt daher mit zunehmender Feldstärke von einem gewissen Punkt an plötzlich eine starke Anodenstromabnahme auf, wie Abb. 192 zeigt.

Bei Einstellung des Arbeitspunktes auf diesen steilen Teil eignet sich die Röhre zur Messung geringer Feldstärkenänderungen.

Erhöht man die Anodenspannung U, so nimmt auch die magnetische Feldstärke zu, bei der der geschilderte steile Kennlinienabfall auftritt. Der Zusammenhang ist gegeben durch

$$H = 5{,}38 \frac{\sqrt{U}}{r}. \qquad (3, 185)$$

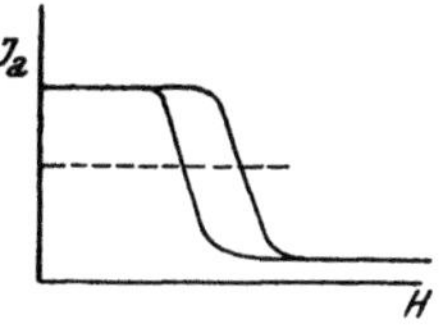

Abb. 192. Magnetronkennlinie

Man erhält die magnetische Feldstärke H in A/cm und die Anodenspannung in Volt, wenn der Zylinderhalbmesser in cm eingesetzt wird.

Die Messung wird in der Weise vorgenommen, daß immer der gleiche Anodenstrom (gestrichelte Gerade in Abb. 192) eingestellt wird[2]. Die Eichung der Röhre erfolgt am besten mit Hilfe bekannter Feldstärken, Gl. (3, 185) dient wegen ihrer geringen Genauigkeit nur als Anhaltspunkt.

v. Ardenne[3] bringt längs eines schmalen axialen Streifens an der Innenseite der Anode eine Fluoreszenzschicht an. Diese kommt zum Aufleuchten, wenn die Elektronen die Anode treffen. Die hiezu erforderliche Spannung wird gemessen. Es können Feldstärken von 200 bis 1000 A/cm mit einer Toleranz von 1% ermittelt werden.

Man kann aber auch einen Widerstand in den Anodenkreis einer gewöhnlichen Magnetfeldröhre schalten und das Magnetfeld aus dem Anodenstrom oder aus dem Spannungsabfall an R_a bestimmen.

7. Weitere Meßmethoden für Gleichstromfeldstärken

a) Aus dem *Halleffekt.* Liegt eine ebene Metallplatte von der Dicke d senkrecht zum magnetischen Kraftfeld und wird von einem Strom J durchflossen, so entsteht eine elektrische Spannung senkrecht zu den Stromlinien und zum Magnetfeld. Es ist

[1] Einfg. S. 242.

[2] Hull, A. W.: Phys. Rev. **18**, 31 (1921).

[3] Ardenne, M. v.: Hochfrequenztechn. u. Elektroak. **47**, 44 (1936).

$$H = \frac{U\,d}{k\,J}, \quad k = \text{Materialkonstante.} \tag{3, 186}$$

Besonders geeignet ist reines Germanium. Ein praktisch ausgeführtes Gerät gestattet in drei Meßbereichen (durch Umschalten der Stromstärke) die Feldstärkenmessung innerhalb von 0 bis 24 000 Gauß[1]. Wegen der Kleinheit der Meßplättchen eignet sich das Gerät insbesondere zur Messung von Feldstärken im Luftspalt.

b) Weiter kann man die Feldstärke aus der *Steighöhe magnetischer Flüssigkeiten im Magnetfeld* bestimmen.

c) Auch die *Drehung der Polarisationsebene im magnetischen Feld* kann zur Feldstärkenmessung herangezogen werden.

8. Messung bei Hochfrequenz

Einige der geschilderten Meßmethoden eignen sich, da sie praktisch trägheitslos arbeiten, auch zur Messung hochfrequenter Felder, so die Messung mit Hilfe der Kathodenstrahlröhre und des Magnetrons.

Weiter kann auch die Kraftwirkung des magnetischen Wechselfeldes auf eine kurzgeschlossene Leiterschleife zur Bestimmung der Wechselfeldstärke herangezogen werden. Die Kraft, bzw. das Drehmoment ist gegeben durch

$$M = \frac{H_w^2\,\mu_0^2\,q^2\,\omega}{\sqrt{\omega^2 L^2 + R^2}} \cos\alpha. \tag{3, 187}$$

Man erkennt, daß das Drehmoment bei großen Frequenzen fast frequenzunabhängig ist.

Die Messung der Feldstärke kann auch zur Bestimmung der Induktion dienen. Besonders im Luftspalt ist der Zusammenhang durch die einfache Beziehung $B = \mu_0 H$ ($\mu_0 = 1{,}256 \cdot 10^{-8}$ V s A^{-1} cm^{-1}) gegeben. Ebenso läßt sich der Kraftfluß durch Multiplikation mit dem Feldquerschnitt bestimmen,

$$\Phi = B\,q. \tag{3, 188}$$

C. Messung der magnetischen Spannung[2]

Als magnetische Spannung oder magnetomotorische Kraft bezeichnet man das Linienintegral

$$\int_a^b H\,dl$$

der Feldstärke zwischen den Punkten a und b in der Feldrichtung. Sie wird in Amperewindungen (AW) oder in Oersted · cm ($= 10/4\pi$ AW) gemessen; 10 AW = 1 Gilbert.

---

[1] Jupe, J. H.: Electronics **23**, H. 10, S. 182 (1950); Wireless World **56**, 415 (1950).

[2] Rogowski, W. u. W. Steinhaus: Arch. Elektrot. **1**, 141 (1912). — Rogowski, W.: Arch. Elektrot. **1**, 511 (1913).

Die Messung erfolgt am besten mit Hilfe einer biegsamen Spule konstanten Querschnitts, die mit w Windungen gleichmäßig bewickelt ist. Die Windungsenden liegen in der Spulenmitte. Man verlegt die Spule so, daß ihre Achse einer Kraftlinie folgt, so daß bei homogenen Feldern der Kraftfluß in ihrem Innern gleichmäßig verläuft.

Man mißt den Ausschlag α, der beim Abschalten oder Umpolen des Magnetfeldes entsteht. Er ist proportional der magnetischen Spannung. Es ist

$$\alpha = k \int H \, dl. \tag{3, 189}$$

Die Konstante k bestimmt man indem man den Spannungsmesser zu einem geschlossenen magnetischen Kreis zusammenbiegt und um eine Spule mit w Windungen legt. Ist der in ihr fließende Strom J, so ergibt sich k aus dem ballistischen Ausschlag α_0, der bei Abschalten oder Umpolen des Stromes entsteht:

$$k = \frac{\alpha_0}{w J}. \tag{3, 190}$$

Ist eine magnetische Wechselspannung vorhanden, so wird die Spule an ein Voltmeter angeschlossen, dessen Ausschlag ebenfalls wie oben gezeigt geeicht werden kann.

Der magnetische Spannungsmesser kann insbesonders auch zur Messung der magnetischen Feldstärke und des magnetischen Widerstandes (Verhältnis der magnetischen Spannung zum magnetischen Kraftfluß) verwendet werden[1].

D. Messung der magnetischen Induktion und Aufnahme der Magnetisierungskurve ferromagnetischer Stoffe

1. Messung der Induktion und Aufnahme der Magnetisierungskurve (Hysteresisschleife)

Zur Messung der Induktion im Luftspalt ferromagnetischer Stoffe können die in B beschriebenen Meßmethoden verwendet werden.

Beim *magnetischen Flußmesser*[2] wird ähnlich wie beim magnetischen Spannungsmesser der eine Spule durchsetzende magnetische Fluß um einen bestimmten Betrag geändert. Man erhält dann die Spannung

$$U = w \frac{d\Phi}{dt}$$

und daraus in einem Kriechgalvanometer (Drehspulinstrument ohne mechanische Richtkraft) einen Ausschlag proportional dem Kraftfluß zufolge der Beziehung

$$\int U \, dt = w\Phi.$$

---

[1] Neumann, H.: ATM J 64—1 (1934).

[2] Toeller, H.: Helios **41**, 429 (1935).

Aus der bekannten Windungszahl und dem bekannten Querschnitt läßt sich die Induktion bestimmen.

Man kann die Flußänderung dadurch erzeugen, daß der Magnetstab mehr oder weniger tief in die Spule hineingeschoben, bzw. herausgezogen wird oder mit Hilfe einer Magnetisierungswicklung seine Vormagnetisierung geändert wird.

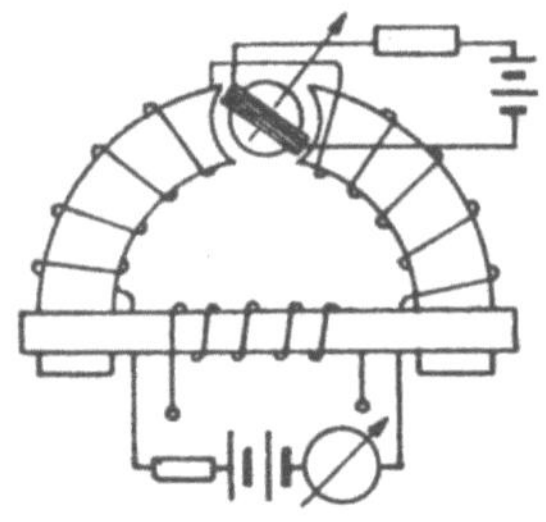

Abb. 193. Prinzip des Köpsel-Apparates

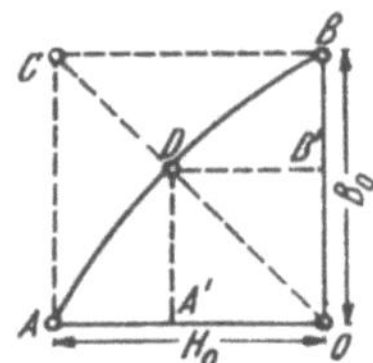

Abb. 194. Ermittlung der Güteziffer BH_{max}

Beim Köpsel-*Apparat*[1] (s. Abb. 193) wird das zu untersuchende Probestück in ein Joch aus Weicheisen gespannt. In dem Luftspalt ist eine von Gleichstrom durchflossene Drehspule angeordnet. Ihr Ausschlag ist der Induktion im Probekörper proportional. Das Gerät eignet sich zur Aufnahme der Magnetisierungskurve ferromagnetischer Stoffe. Es dient aber auch zur Bestimmung der Remanenz (Induktion ohne äußeres Feld) und Koerzitivkraft (das zur Beseitigung der Remanenz erforderliche Feld). Nach dem Prinzip des Köpsel-Apparates arbeitet auch der Magnetstahlprüfer von Hartmann und Braun[2].

a) *Messungen an Magnetstählen.* Als Güteziffer BH_{max} wird der Flächeninhalt des größten in das Kurvenstück AB der Magnetisierungskennlinie (s. Abb. 194) mit den Koordinatenachsen einschreibbaren Rechtecks bezeichnet. Dabei ist B_0 die Remanenz und H_0 die Koerzitivkraft. In vielen Fällen kann die Güteziffer in der Weise ermittelt werden, daß der Punkt C des umgeschriebenen Rechteckes mit dem Koordinatenursprung O verbunden wird. Der Schnittpunkt mit der Kurve gibt dann annähernd den Eckpunkt D des die Güteziffer darstellenden Rechteckes $OB'DA'$.

Zur Bestimmung der Güteziffer ist die Aufnahme der Hysteresisschleife notwendig.

Hiezu eignet sich die *Jochmethode,* die gegenüber der Messung mit dem Köpsel-Apparat den Vorteil größerer Genauigkeit zeigt. Das zu untersuchende Blech wird in einen Ring so eingespannt, daß der magnetische Widerstand sich praktisch auf den Versuchskörper allein konzentriert. Er erhält zwei Wicklungen, die eine wird von einem Gleichstrom durchflossen, an die andere ist ein ballistisches Galvanometer an-

---

1 Köpsel, A.: Verh. Phys. Ges. **9**, 115 (1890); ETZ **15**, 214 (1894).

2 Helios **36**, 1223 (1930).

geschlossen. Man nimmt die Hysteresiskurve auf, indem man H um bestimmte kleine Werte ändert und die dabei auftretende Änderung von B bestimmt. H ergibt sich aus der Primärstromstärke, B aus dem ballistischen Ausschlag des Galvanometers. Das Galvanometer kann mit Hilfe einer bekannten Gegeninduktivität geeicht werden.

Vielfach begnügt man sich bei der Untersuchung von Magneten und Magnetstählen mit der Bestimmung von Koerzitivkraft und Remanenz.

Zur Prüfung der *Remanenz* kann man sich einer ballistischen Methode bedienen. Beim Remanenzprüfer von Neumann[1] wird der zu prüfende Stahl in ein Joch gespannt und nach Abschalten einer bestimmten Magnetisierung ein im magnetischen Kreis befindlicher bewickelter lamellierter Eisenkern rasch entfernt. An seine Wicklung ist ein ballistisches Galvanometer angeschlossen, dessen Ausschlag ein Maß für die Remanenz ist.

Ein dem Remanenzprüfer ähnliches Gerät zur Messung der Remanenz von Topfmagneten wurde von Steinort angegeben[2].

Die Messung der *Koerzitivkraft* erfolgt durch Kompensation des Magnetfeldes der zu prüfenden Probe. Sie wird hiezu in eine lange Spule gebracht, deren Feld so lange gesteigert wird, bis eine ballistische Messung der Feldstärke im Innern der Spule keinen Ausschlag ergibt.

b) *Messungen an Blechen.* Bei Wechselstrom interessiert im allgemeinen der Verlauf der Hysteresisschleife weniger. Man begnügt sich dann mit der Untersuchung des Zusammenhanges zwischen dem jeweiligen Höchstwert der Feldstärke H_{max} und dem der Induktion B_{max}. Er ist durch die sogenannte *Kommutierungskurve,* die an Stelle der Hysteresiskurve tritt, und als Verbindungslinie ihrer Umkehrpunkte anzusehen ist, gegeben. Ist das magnetische Material neben einer Wechselmagnetisierung auch einer Gleichstromvormagnetisierung ausgesetzt, so erhält man andere Zusammenhänge zwischen der Induktionsänderung ΔB und der Feldstärkenänderung ΔH. Man bezeichnet

$$\frac{\Delta B}{\Delta H} = \mu_{rev} \tag{3, 191}$$

als *reversible Permeabilität* μ_{rev}[3].

Die Induktion eines Bleches sowie die reversible Permeabilität kann mittels des Epstein-Apparates[4] gemessen werden. Bei diesem wird aus vier Bündeln mit quadratischem Querschnitt (30 × 30 mm) und 50 cm Länge ein quadratförmiger Eisenkern hergestellt, über dessen vier Schenkeln sich je eine Spule bekannter Windungszahl, z. B. 140 Windungen, befindet. Aus dem Wechselstromwiderstand erhält man die Versuchsinduktivität L bei bestimmter Wechselstrom- und nötigenfalls auch Gleichstromvormagnetisierung. Hieraus erhält man die reversible Permeabilität μ_{rev} zu

---

[1] Neumann, H.: ATM V 956, V 957, V 391.
[2] Steinort, E.: Radiotechnik **25**, 255 (1949).
[3] Orlich, E.: Anleitungen zum Arbeiten im elektrot. Lab. Bd. 2, S. 160 (1931).
[4] Epstein, J.: ETZ **21**, 303 (1900); **32**, 334, 1314 (1911).

$$\mu_{rev} = \frac{L\, l_E}{\mu_0\, w^2\, q_E}. \qquad (3,\ 192)$$

Es bedeutet: q_E Eisenquerschnitt, l_E mittlere Kraftlinienweglänge, w Windungszahl.

Die Messung der Permeabilität von Übertragerkernen kann auch durch eine Strom- und Spannungsmessung vorgenommen werden[1]. Der Kern erhält zwei Wicklungen, die eine dient zur Einstellung der gewünschten Feldstärke

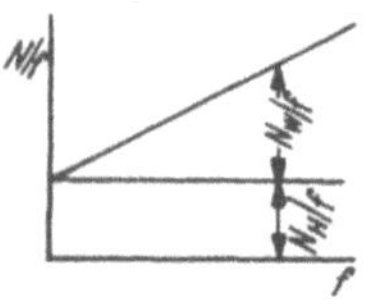

Abb. 195. Trennung der Eisenverluste

$$H = \frac{J\,w}{l_E} \qquad (3,\ 193)$$

(l_E = Kraftlinienweglänge), an der anderen wird die Induktion durch eine Spannungsmessung mittels Röhrenvoltmeters ermittelt. Es ist

$$B_{max} = \frac{\sqrt{2}\, U}{\omega\, w\, q_E} = \frac{0{,}225}{f\, w\, q_E}\, U. \qquad (3,\ 194)$$

Die Eisenverluste werden meist mit Hilfe eines Wattmeters bestimmt. Sie können dabei durch Messung bei verschiedenen Frequenzen in Wirbelstrom- und Hysteresisverluste getrennt werden. Dies kann z. B. wie Abb. 195 zeigt, dadurch geschehen, daß die einzelnen Meßwerte in ein Diagramm eingetragen werden, dessen Abszissenmaßstab die Frequenz und Ordinatenmaßstab die durch die Frequenz dividierten Verluste darstellen. Denn die Wirbelstromverluste steigen mit dem Quadrat der Frequenz, die Hysteresisverluste dagegen linear mit der Frequenz an. Es ist

$$N = k_1\, B^{1,6} f + k_2\, B^2 f^2. \qquad (3,\ 195)$$

Bei der Untersuchung von Blechen benützt man dabei in der Regel wieder den Epstein-Apparat. Man mißt die Leistungsaufnahme meist bei einer Induktion von B = 10 000 Gauß (10^{-4} Vs/cm²) und 15 000 Gauß. Die Induktion ermittelt man am besten durch eine Spannungsmessung der Wechselspannung der Sekundärwicklung nach Gl. (3, 194).

Erfolgt die Messung der Leistungsaufnahme durch ein an die Primärseite angeschlossenes Wattmeter, so werden die Kupferverluste mitgemessen. Es ist daher besser, den Strompfad des Wattmeters in die Primärwicklung und den Spannungspfad an die Sekundärwicklung zu legen. Dann ist

$$N_E = N_{mess} \frac{w_1}{w_2} - \frac{U_2^{\,2}}{R_{instr}}. \qquad (3,\ 196)$$

Dabei bedeutet N_E den Eisenverlust, N_{mess} die gemessene Leistung, w_2 die sekundäre, w_1 die primäre Windungszahl, U_2 die Spannung an der Sekundärwicklung und R_{instr} den Widerstand des Spannungspfades im Wattmeter.

---

[1] Bidlingmaier, M.: Veröff. Nachrichtent. Siemens **13**, 17 (1939).

2. Aufnahme der Wechselstrom-Hysteresisschleife

Die Hysteresisschleife kann aus der Kurvenform des Magnetisierungsstromes und der Induktion bestimmt werden[1]. Der Magnetisierungsstrom J wird aus dem Spannungsabfall am Widerstand R (s. Abb. 196) erhalten. An den Klemmen einer Sekundärwicklung, die auf den zu untersuchenden eisengeschlossenen magnetischen Kreis (z. B. Epstein-Apparat) aufgebracht ist, erhält man eine Spannung, welche proportional dem Differentialquotienten aus B ist. Es ist

$$u_B = \text{konst.} \frac{dB}{dt}. \tag{3, 197}$$

Um den zeitlichen Verlauf von B zu ermitteln, ist somit eine Integration des zeitlichen Verlaufes von dB/dt notwendig. Sie kann auf graphischem Wege oder durch eine Integrationsschaltung, z. B. mit Hilfe von Verstärkerröhren erfolgen[2]. Bei sinusförmigem Verlauf der Sekundärspannung ist auch der von B ein sinusförmiger, jedoch mit einer Phasennacheilung von 90^0. Abb. 197 zeigt, wie mit Hilfe der J-Kurve und der so ermittelten B-Kurve die Magnetisierungskurve bestimmt werden kann.

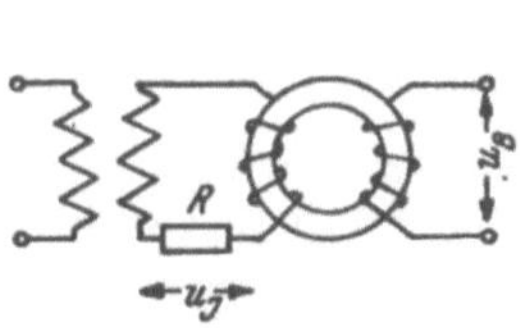

Abb. 196. Anordnung zur Ermittlung der Hysteresiskurve

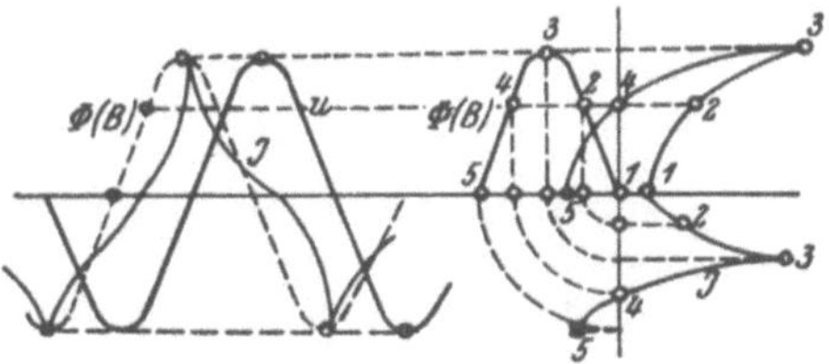

Abb. 197. Konstruktion der Hysteresisschleife

Legt man die Spannung u_B an die Spannungswicklung und schaltet an Stelle von R in Abb. 196 die Stromwicklung eines Wattmeters, so erhält man einen den Eisenverlusten proportionalen Ausschlag.

Zur unmittelbaren Aufnahme der Hysteresiskurve eignet sich insbesondere der Koordinatenschreiber.

Auch mit Hilfe einer Kathodenstrahlröhre lassen sich die Hysteresiskurven sichtbar machen[3]. Das eine Plattenpaar erhält die dem Magnetisierungsstrom proportionale Spannung als Spannungsabfall am Widerstand R_1, der in der Regel noch verstärkt wird und das andere eine durch Integration des Spannungsverlaufes u_B der Induktion proportionale Spannung. Das Integrationsglied, s. Abb. 198, besteht aus einem Widerstand R_2 und einem Kondensator C_2, sowie einer Verstärkerstufe. Die Integration erfolgt mit Hilfe dieser Anordnung nach folgendem Gedankengang:

---

[1] Thal, W.: ATM V 951—2 (1935).

[2] Krüger, K. u. H. Plendl: Arch. Elektrot. **17**, 416 (1926). — Einfg. S. 676.

[3] Fassbender, H. u. E. Hupka: Phys. Z. **13**, 559 (1912).

Es sei $R_2 \gg 1/\omega C_2$, dann ist die Spannung am Kondensator

$$u_{C2} = \frac{1}{C_2}\int i_2\,dt, \qquad i_2 = -\frac{d\Phi}{dt}\frac{w_2}{R_2}. \qquad (3, 198)$$

Daher ist

$$u_{C2} = -\frac{w_2}{R_2 C_2}\Phi. \qquad (3, 199)$$

Die zur Aufzeichnung der Hysteresisschleife erforderliche Phasenlage (Gleichgewicht der Grundwelle der Spannungen an beiden Plattensystemen) kann statt durch Reihenschaltung von R und C auch durch Verwendung anderer Phasenschieber erreicht werden, z. B. durch die in Abb. 69 angedeutete Schaltung, wobei an Stelle der beiden R_1 auch ein mittelpunktsangezapfter Transformator verwendet werden kann.

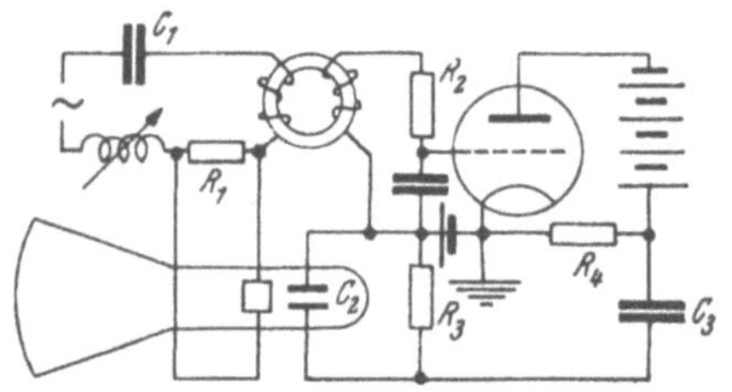

Abb. 198. Aufnahme der Magnetisierungskennlinie mit dem Kathodenstrahloszillographen

Aus der Fläche der Hysteresisschleife können die Eisenverluste unmittelbar durch Abmessung der Fläche bestimmt werden, wenn vorher eine Eichung der Ablenkmaßstäbe vorgenommen wurde.

Ein nach diesem Prinzip gebautes „*Ferrometer*" wird von Klein[1] beschrieben. Zur Erhöhung der Empfindlichkeit werden sowohl die der Feldstärke H wie auch die der Induktion B proportionalen Spannungen mit Röhrenverstärkern einer Grenzfrequenz von 50 kHz verstärkt. Das Gerät eignet sich zur Aufnahme von Hysteresiskurven bei Tonfrequenz.

3. Hochfrequente Messungen

Infolge des Skineffektes sind die bei hohen Frequenzen auftretenden Eisenverluste geringer als nach Gl. (3, 195) zu erwarten wäre. Da nur die Oberfläche des Eisens wirksam ist, hat man die gemessenen Verlustwerte erst auf den gesamten Eisenquerschnitt zu beziehen[2].

Die Hochfrequenzpermeabilität und auch die Induktion werden am besten aus Induktivitätsmessungen ermittelt. Zur Aufnahme der Magnetisierungskurve, bzw. Hysteresisschleife eignet sich besonders die oben angeführte Schaltung mit Kathodenstrahlröhre.

Die Eisenverluste erhält man durch eine hochfrequente Dämpfungs-, bzw. Widerstandsmessung, s. V dieses Abschnittes. Die Trennung der Verluste erreicht man durch Auftragen der Frequenzabhängigkeit auf doppelt logarithmischem Papier. Aus der Steilheit der Kurve läßt sich insbesondere der Anteil an Wirbelstrom- und Skineffektverlusten ermitteln[3].

---

[1] Klein, P. E.: ATM J 8345 — 5 (1951).

[2] Einfg. S. 128.

[3] Benz, F.: Hochfrequenztechn. u. Elektroak. **36**, 41 (1930).

Eine Methode zur Messung der Permeabilität bei sehr hohen Frequenzen wurde von Schwarz[1] angegeben. Die Messung wurde an dünnen Eisendrähten (0,1 mm), die als Heizdraht eines Thermoumformers verwendet wurden, vorgenommen. Man erhält die gleiche Thermospannung bei einem Hochfrequenzstrom J_1 wie bei einem Gleichstrom J_2. Die Messung von J_1 erfolgt mittels Photoamperemeters. Es ist[2]

$$\mu_r = 10^5 \frac{\left[\left(\frac{J_2}{J_1}\right)^4 - \frac{1}{2}\left(\frac{J_2}{J_1}\right)^2 + \frac{1}{16}\right]\varrho}{r^2 \pi^2 f}. \qquad (3, 200)$$

Dabei ist ϱ der spezifische Widerstand des Eisens in Ohm · mm²/m.

Die Messung ergab, daß μ_r innerhalb eines großen Frequenzbereiches frequenzunabhängig ist. Die Messungen erfolgen bei Frequenzen von 15 bis 150 MHz. Dagegen nimmt die Permeabilität mit zunehmender Feldstärke zu.

Bei hohen Frequenzen läßt sich die Permeabilität eines Drahtes aus der geänderten Fortpflanzungsgeschwindigkeit der elektrischen Welle längs des Drahtes bestimmen[3]. Die Hochfrequenz f wird z. B. über eine Doppelleitung geführt und die Wellenlänge λ mit der im freien Raum ($\lambda_0 = c/f$) verglichen. Es ist

$$\mu_1 \mu_0 = \alpha^2 \left(\frac{\mu_0\, 4\, c\, r \ln (d/r)}{\varrho}\right)^2 \frac{\varrho}{f} \qquad (3, 201)$$

und

$$\alpha^2 = \pi^2 \left(\frac{1}{\lambda^2} - \frac{1}{\lambda_0^2}\right), \qquad (3, 202)$$

wobei μ_1 die gesuchte Permeabilität, $\mu_0 = 1{,}256 \cdot 10^{-8}$ H/cm, $c = 3 \cdot 10^{10}$ cm/s, r den Drahthalbmesser, d den Drahtachsenabstand und ϱ den spezifischen Widerstand ($\Omega \cdot$ cm) bedeutet.

X. Frequenzmessung

Die Frequenz gibt die Anzahl der Perioden eines Schwingungsvorganges in der Sekunde an. Man kann deshalb die Frequenzmessung auf eine Zeitmessung zurückführen. Frequenzmessungen können heute mit der gleichen Genauigkeit wie Zeitmessungen durchgeführt werden.

Statt der Frequenz f elektrischer Schwingungen wird vielfach auch die Wellenlänge im luftleeren Raum angegeben. Zwischen beiden besteht die Beziehung

$$\lambda = \frac{c}{f}, \qquad (3, 203)$$

wobei c die Fortpflanzungsgeschwindigkeit der elektrischen Welle ist.

---

[1] Schwarz, H.: Hochfrequenztechn. u. Elektroak. **39**, 169 (1932). — Möhring, D.: Hochfrequenztechn. u. Elektroak. **53**, 196 (1939).

[2] Einfg. S. 27.

[3] Hartshorn, L.: Rep. Progr. Phys. London **6**, 378 (1939).

Sie ist nach den neuesten Messungen mit dem Geodimeter von Bergstrand[1] für Vakuum

$$c = (2{,}997\,931 \pm 0{,}000\,002) \cdot 10^{10}\,\mathrm{cm/s}.$$

Einen ähnlichen Wert ($2{,}997\,92 \pm 0{,}000\,09$) fand Essen[2] mittels Hohlraumresonatoren. Gegenüber früheren Messungen von Michelson[3], Birge[4], Dorsey[5], Jones[6] und Mendoza[7], die einen mittleren Wert von $c = 2{,}997\,76 \cdot 10^{10}$ cm/s fanden, liegt dieser Wert höher als nach den dort angegebenen Toleranzen zu erwarten gewesen wäre. Es kann jedoch zufolge der Übereinstimmung der neuen Meßergebnisse nicht mehr an ihrer Richtigkeit gezweifelt werden.

Die relative Dielektrizitätskonstante der Luft beträgt $\varepsilon_r = 1{,}000\,694$ bei 1 Atm und 0^0 C. Daraus ergibt sich für die Fortpflanzungsgeschwindigkeit in Luft

$$c = (2{,}996\,87 \pm 0{,}000\,04) \cdot 10^{10}\,\mathrm{cm/s}.$$

Eine Frequenzmessung kann daher auch als Wellenlängenmessung angesehen werden. Die Wellenlänge jedoch unmittelbar genau zu messen bereitet Schwierigkeiten. Man erhält sie nur als stehende Welle im Raum oder längs Leitungen. Diese Meßmethode wird vorwiegend bei kurzen und ultrakurzen Wellen verwendet.

Von einem Frequenzmesser wird verlangt, daß die Messung durch folgende Umstände nicht beeinflußt wird[8]:

1. Oberwellengehalt bis zu 10%,
2. Spannungsschwankungen bis zu 20%,
3. Temperaturänderungen bis zu 20^0 C,
4. mechanische Erschütterungen,
5. Luftdruckschwankungen.

A. Frequenznormale

Als Frequenznormale dienen in der Funkmeßtechnik für hohe Frequenzen hauptsächlich Quarznormale in Thermostaten und mit geringem Temperaturkoeffizienten (*GT*-Schnitt)[9]. Sie werden vor allem in Verbindung mit Röhrengeneratoren zur Erzeugung sehr konstanter Schwingungen verwendet[10]. Üblich sind insbesondere die Schaltungen von Cady[11] und Pierce[12]. Eine sehr große Frequenzkonstanz wird auch mit dem

---

1 Bergstrand, E.: Arkiv för Fysik **2**, 119 (1950); **3**, 479 (1951).
2 Essen, L. u. A. C. Gordon-Smith: Proc. Roy. Soc. **194** A, 348 (1948).
3 Michelson, A.: Astrophys. J. **65**, 1 (1927).
4 Birge, R. T.: Rep. on Progr. of Phys. **8**, 92 (1941).
5 Dorsey, N. E.: Trans. Am. Phil. Soc. I, **90**, 31 (1943).
6 Jones, E. E.: Jour. I.E.E. III, **94**, 399 (1947); **96**, 447 (1949).
7 Mendoza, E. B.: Jour. I.E.E. III, **94**, 396 (1947).
8 Keinath, G.: ATM V 3612—1 (1931).
9 Mason, W. P.: Proc. I. R. E. **28**, 220 (1920).
10 Einfg. S. 548.
11 Cady, W. G.: Proc. I. R. E. **10**, 83 (1922); **16**, 521 (1928); **18**, 2136 (1930).
12 Pierce, G. W.: Proc. Am. Ac. Sci. **59**, 81 (1923).

brückenstabilisierten Oszillator von Meacham[1] erzielt (s. zweiter Abschn., IV).

Vielfach wird das Quarz auch als Resonator verwendet[2], da es infolge seiner geringen mechanischen Dämpfung als sehr resonanzscharfer Schwingkreis anzusehen ist. Am häufigsten wird es in Form der sogenannten *Leuchtresonatoren* verwendet[3]. Bei Normalen größerer Genauigkeit ist das Quarzkristall als längsschwingender Stab in einem mit verdünntem Neongas (zirka 10 mm Hg) gefüllten Glasgefäß untergebracht. Durch die Schwingungen des Quarzes entstehen bei Resonanz an der Quarzoberfläche so hohe Spannungen, daß es an den Stellen größter Amplituden von einem Glimmlicht eingehüllt ist. Der Temperaturkoeffizient liegt zwischen $1 \cdot 10^{-5}$ und $3 \cdot 10^{-6}$ je °C[4]. Leuchtquarzresonatoren werden für Frequenzen von 10 kHz bis 4 MHz hergestellt. Die Dämpfung des Quarzes ist besonders gering, wenn es in seinen Schwingungsknoten auf Spitzen gelagert ist, s. Abb. 199[5]. Die Toleranz der Eichung kann bis auf etwa 10^{-6} gebracht werden. Von Einfluß auf die Resonanzwelle ist auch der Temperaturkoeffizient der Kapazität des Quarzes, etwa 10^{-4} je °C[4].

Abb. 199. Leuchtquarzresonator. Q = Quarz, H = Halterung

Für Niederfrequenzen werden insbesondere Stimmgabeln als Normale verwendet. Sie können als Resonatoren oder in Verbindung mit Röhren als Schwingungserzeuger dienen. Die gewünschte Frequenz kann mit einer Toleranz von etwa 10^{-4} bis 10^{-6} erhalten werden.

Für sehr hohe Frequenzen werden als Normale Lecher-Drähte, bzw. konzentrische Rohrleiter und Topfkreise oder Hohlrohrkreise verwendet.

Als genaues Frequenznormal dient zumeist die Quarzuhr, s. X, C dieses Abschnittes und die Atomuhr[6], s. fünfter Abschn., VI.

Genaue Frequenznormale sollen eine Toleranz von weniger als 10^{-8} haben[7].

Auch die genauesten Frequenznormale zeigen kurzzeitige Frequenzänderungen bei Erschütterungen und Spannungsänderungen, aber auch länger dauernde infolge Alterungserscheinungen, und zwar etwa bis zu $2 \cdot 10^{-9}$ je Tag für Quarz im *GT*-Schnitt. Ihre Messung ist durch die nunmehr nachgewiesene Unregelmäßigkeit der Erddrehung erschwert. Es konnte festgestellt werden, daß im vergangenen halben Jahrhundert

[1] Meacham, L. A.: Proc. I. R. E. **26**, 1278 (1938).

[2] Cady, W. G.: Proc. I. R. E. **10**, 83 (1922). — Dye, D. W.: Proc. Phys. Soc. **38**, 399 (1926).

[3] Giebe, E. u. A. Scheibe: Z. Phys. **33**, 335 (1925); **46**, 607 (1928); Hochfrequenztechn. u. Elektroak. **35**, 165 (1930); **41**, 83 (1933).

[4] Bechmann, R.: Hochfrequenzt. **44**, 145 (1928); Hochfrequenztechn. u. Elektroak. **59**, 97 (1942); **61**, 1 (1943); AEÜ **5**, 89 (1951).

[5] Scheibe, A.: Piezoelektr. d. Quarzes, 1938.

[6] Hershberger, W. D. u. L. E. Norton: R. C. A. Rev. **9**, 38 (1948).

[7] Shaull, M.: Proc. I. R. E. **38**, 6 (1950).

Tageslängenänderungen von 4 bis 5 ms, und zwar in völlig unregelmäßigen Intervallen wiederholt aufgetreten sind. Ihr Nachweis gelang durch gleichzeitiges Registrieren mittels verschiedener Quarzuhren an verschiedenen Orten. Die Ursache der Unregelmäßigkeit der Erddrehung wird auf Schwankungen der Pole zurückgeführt.

Die Eichung von Normalgeneratoren erfolgt durch Frequenzvergleich mit anderen Generatoren, insbesondere aber auch mit Hilfe von Normalsendungen.

Als Frequenznormale sind auch die von verschiedenen Sendern ausgestrahlten Normalwellen anzusehen. So wird beispielsweise in USA eine Normalwelle von 5 MHz moduliert mit 440 Hz ununterbrochen ausgesendet. Die Genauigkeit beider Frequenzen ist gegeben durch eine Toleranz von $2 \cdot 10^{-8}$ sowohl für Träger wie für Modulation[1]. Der Deutschlandsender sendete zeitweise einen Modulationston von 1000 Hz und 440 Hz mit einer Toleranz von 10^{-8} [2].

Das zu eichende Normal wird auf eine geringe Schwebungsfrequenz eingestellt und die Zahl der Schwebungen gezählt oder auch die Phasenverschiebungsänderung über eine bestimmte Zeit, z. B. oft Minuten, sogar Stunden gemessen. Am besten ist es überhaupt den Verlauf der Schwebungen aufzuzeichnen.

Beim Vergleich der Normalfrequenzsendungen treten Fehler infolge des Ausbreitungsweges auf. Steigt beispielsweise die Heavisideschicht, so nimmt infolge des Dopplereffektes die Empfangsfrequenz ab und umgekehrt bei Sinken der Schicht zu. Es wurden bei Dämmerung Fehler von 2 bis $3 \cdot 10^{-8}$ gemessen. Bei Überseeempfang wurden Fehler von 2 bis $7 \cdot 10^{-8}$ bei 15 MHz beobachtet[3].

Weiter kann das zu eichende Normal durch Zeitvergleich mit Zeitsignalen geeicht werden. Da bei der Ausbreitung der elektrischen Welle Laufzeitänderungen auftreten, ist der Frequenzvergleich oft über Tage auszudehnen.

B. Frequenzmessungen bei Niederfrequenz

1. Absolute Frequenzmessung

Bei der absoluten Frequenzmessung wird die Frequenz mit einem Zeitnormal verglichen. Der relative Uhrfehler ist über längere Zeit gemessen im Mittel bei Quarzuhren etwa 10^{-9} bis 10^{-8}, bei Pendeluhren 10^{-7} [4]. Die zu messende Schwingung wird in der Regel photographisch registriert und sodann die Zahl der Schwingungen während des Zeitraumes der Messung ermittelt.

---

[1] The Radio Handbook 10. Aufl. S. 495 (1946).

[2] Scheibe, A.: Hochfrequenztechn. u. Elektroak. **53**, 145 (1939).

[3] Griffiths, H. V.: Wireless Engr. **24**, 182 (1947).

[4] Scheibe, A. u. A. Adelsberger: Phys. Z. **33**, 835 (1932).

Die zu messende Frequenz kann auch zum Antrieb eines Synchronmotors verwendet werden. Ist die Amplitude hiezu zu klein, so wird eine Verstärkung vorgesehen.

Eine wesentliche Verringerung der zum Antrieb erforderlichen Leistung der Wechselstromquelle erreicht man auch, wenn die Reibungsverluste des Synchronmotors durch einen eigenen Antriebsmotor aufgehoben werden. Die Meßstromquelle hat dann nur mehr die synchronisierende Kraft zu liefern. Voraussetzung für eine genaue Frequenzmessung ist die Konstanz der erzeugten Frequenz innerhalb der Beobachtungszeit. Die absoluten Frequenzmessungen können daher in der Regel nur bei Oszillatoren großer Konstanz und Genauigkeit vorgenommen werden, wie z. B. bei Quarz- und Stimmgabeloszillatoren.

Ist die Meßfrequenz zu groß, so werden Frequenzteilerschaltungen vorgesehen.

Das Zählen der Schwingungszahlen mit Hilfe photographischer Aufzeichnungen ist stets mühsam. Es kann ein *Schwingungszähler*[1] verwendet werden, der mit Hilfe von Elektronenröhren arbeitet und Dezimalteilung gestattet. Ein- und ausgeschaltet wird der Schwingungszähler durch genaue Zeitsignale, wie sie z. B. Sternwarten liefern.

Meist dient die absolute Frequenzmessung nur zur Eichung von Frequenznormalen bestimmter Frequenz. Soll jedoch damit eine vom Frequenznormal abweichende Frequenz gemessen werden, so wird folgendermaßen vorgegangen: Es wird eine Normalfrequenz erzeugt, die möglichst wenig von der zu messenden verschieden ist. Wie dies mit einer geringen Zahl von Eichfrequenzen unter Zuhilfenahme von Frequenzteilung und Frequenzvervielfachung geschieht, wird in C gezeigt. Beträgt die Differenz der beiden Frequenzen nur wenige Hz (z. B. weniger als 5 Hz), oder nur Bruchteile von 1 Hz, so ist es leicht möglich, die Differenzfrequenz durch Zählen zu bestimmen. In einfacher Weise geschieht dies z. B. mit Hilfe einer Kathodenstrahlröhre, indem man die beiden Spannungen an die beiden Plattensysteme der Röhre anlegt. Es treten dann im Rhythmus der Differenzfrequenz die gleichen Lissajous-Figuren auf. Man erhält aber auch Lissajous-Figuren, wenn das n-fache der unbekannten Frequenz f_x dem m-fachen der Normalfrequenz gleicht (m und n ganze Zahlen). Bei einer kleinen Frequenzabweichung Δf ist dann

$$n\,(f_x \pm \Delta f) = m\,f_n. \qquad (3, 204)$$

Δf wird durch Zählen über einen bestimmten Zeitraum ermittelt oder $f_x \pm \Delta f$ durch Modulation von f_x mit Δf erzeugt.

Man kann aber weiter noch eine Hilfsfrequenz f_h benützen[2], und zwar z. B. so, daß

$$n\,f_n = m\,f_h \quad \text{und} \quad p\,(f_h \pm \Delta f) = q\,f_x. \qquad (3, 205)$$

Man benützt zwei Kathodenstrahlröhren (oder eine umschaltbare). Der einen wird $n \cdot f_n$ und $m \cdot f_h$ zugeführt, der anderen $p \cdot f_h$ und $q \cdot f_x$.

[1] Wireless World **53**, 307 (1947).

[2] Rohde, L.: Normalfrequenz und Frequenzmessung, Fortschritte der Hochfrequenztechnik, Bd. 2, S. 242 (1943).

Weiter ist Δf jene Frequenz, um die man die Hilfsfrequenz, z. B. durch Modulation verstimmen muß, um auch an der zweiten Kathodenstrahlröhre ein stehendes Bild zu bekommen.

Kleine Frequenzen lassen sich auch mit Hilfe einer elektrischen Synchronuhr messen, die von Frequenzen zwischen 25 und 100 Hz direkt angetrieben werden kann.

2. Frequenzmessung durch Vergleich mit Oszillatoren

Steht ein frequenzgeeichter Oszillator veränderbarer Frequenz zur Verfügung, so kann die zu untersuchende Frequenz mit der des Oszillators verglichen werden. Als Oszillatoren lassen sich die im zweiten Abschnitt II angeführten Niederfrequenzoszillatoren verwenden, und zwar insbesondere Quarzoszillatoren (Fehler 10^{-8}), Stimmgabeln (Fehler etwa 10^{-6}), Schwebungsgeneratoren (Fehler etwa 10^{-4}), Rückkopplungsgeneratoren (Fehler etwa 10^{-3}). Weiter kann auch das synchronisierte Wechselstromnetz als Vergleichsfrequenz herangezogen werden[1].

Um möglichst große Frequenzbereiche zu erhalten, wird Frequenzteilung der Normalfrequenz, insbesondere aber auch Frequenzvervielfachung vorgeschlagen. Man erreicht sie durch Verzerrung der Vergleichsfrequenz, so z. B. indem man mit dem Normalgenerator einen Multivibrator synchronisiert oder die Normalfrequenz über ein nichtlineares Glied führt.

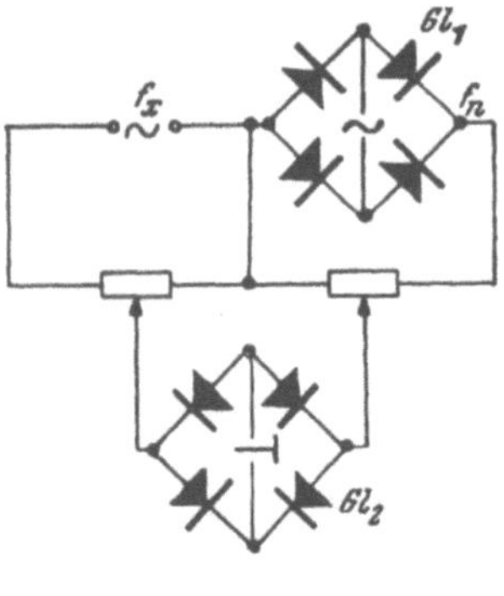

Abb. 200. Frequenzmeßgerät nach Astbury

Beim Vergleich der Meßfrequenz f_n mit der unbekannten Frequenz f_x ergibt sich, wenn beide eine Differenz von $\Delta f = |f_x - f_n|$ gegeneinander aufweisen, diese als Schwebungsfrequenz. Nach der Gleichrichtung erhält man einen Ton dieser Frequenz oder bei geringer Differenz ein Schwanken des Ausschlages an einem Gleichstrominstrument. Die Zahl der Schwebungen n in der Zeit t läßt sich zählen. Die Differenzfrequenz ist dann

$$\Delta f = \frac{n}{t} \tag{3, 206}$$

Die Differenzfrequenz kann auch mit Hilfe einer Frequenzmeßbrücke ermittelt werden.

Von Astbury[2] wird eine Frequenzmeßeinrichtung angegeben, die als Vergleichsfrequenz nur die Oberwellen des Wechselstromnetzes verwendet und daher wegen ihrer Einfachheit Beachtung verdient. Wie Abb. 200 zeigt, wird der 50 Hz-Wechselstrom über einen Gleichrichter in Grätz-Schaltung geleitet. Es entsteht nun eine Schwebung zwischen der zu messenden Frequenz f_x und einer Oberwelle der Vergleichsfrequenz f_n.

[1] Schmidt, K. H.: ATM V 3613—1 (1941).
[2] Astbury, N. F.: J. Sci. Instr. 14, 339 (1937).

Am Gleichrichter Gl_2 wird die Schwebung in einen hörbaren Ton umgewandelt. Die Schwebungen sind besonders ausgeprägt, wenn f_x einem geradzahligen Vielfachen von f_n zustrebt. Die Messungen lassen sich bis zur 50-ten Harmonischen von f_n leicht durchführen.

Stroboskopische Messungen[1]. Die zu untersuchende Frequenz wird einer Glimmlampe zugeführt. Ein weiterer Oszillator, dessen Frequenz bekannt und veränderbar ist, betreibt eine stroboskopische Scheibe oder Trommel. Sobald zwischen der Umdrehung der Scheibe und der Glimmfrequenz Synchronismus besteht, scheint die Scheibe zu ruhen. Die zu untersuchende Frequenz kann auch zum Antrieb der Scheibe verwendet werden. Es ist eine Eichung von Tonfrequenzerzeugern mit einer Fehlergrenze von etwa 0,01% möglich[2].

Bei einer Ausführung (strobotimer)[3] dient ein von einer Stimmgabel für 440 Hz gesteuerter Motor zum Antrieb mehrerer stroboskopischer Scheiben. Die Scheibenaufzeichnungen sind von Neonlampen beleuchtet, die in den Ausgang eines Verstärkers geschaltet sind. Das Frequenzgebiet umfaßt 32 bis 4070 Hz.

3. Frequenzmessung durch Vergleich mit Resonatoren

Die zu messende Frequenz wird einem Resonator zugeführt und erzeugt in ihm dann die größte Amplitude, wenn dieser auf Resonanz abgestimmt ist.

a) Elektrisch-mechanische Resonatoren. Sie finden in Form der *Zungenfrequenzmesser* Anwendung zur Messung geringer Tonfrequenzen (s. Abb. 201). Der Meßstrom fließt durch eine Spule, die dadurch ein magnetisches Wechselfeld erzeugt, in dem sich die einzelnen auf verschiedene Resonanzfrequenzen abgestimmten Zungen befinden. Dem Wechselfeld ist ein Gleichfeld überlagert, damit die Zungen nicht mit der doppelten Frequenz schwingen. Der Eigenverbrauch beträgt etwa 0,5 W. Es sind Ausführungen für 10 Hz und bis zu 1500 Hz in Verwendung. Bei der Bauart nach Hartmann-Kempf[4] wirkt das Magnetfeld auf jede Zunge, bei der Bauart nach Frahm[5] sind die Zungen durch einen gemeinsamen Steg miteinander verbunden und das Magnetfeld wirkt auf diesen.

Abb. 201. Prinzip des Zungenfrequenzmessers

Als Resonatoren für größere Frequenzen dienen Stimmgabeln. Sie können ähnlich wie die Zungenfrequenzmesser durch elektromagnetische Systeme, z. B. Kopfhörersysteme erregt werden (s. zweiter Abschn., II).

[1] Linckh u. Vieweg: Arch. Elektr. **15**, 509 (1926); **23**, 77 (1929). — Sturm, C. H.: ETZ **61**, 103 (1940).
[2] Keinath, G.: ATM V 3612—2 (1933).
[3] Wireless World **56**, 173 (1950).
[4] Hartmann-Kempf, R.: ETZ **25**, 44 (1904); Phys. Z. **2**, 1183 (1910).
[5] Lux, H.: ETZ **56**, 205 (1935).

b) Elektrische Resonatoren. Als solche dienen Schwingkreise. Wegen der großen Windungszahlen, die zur Erzielung der für Niederfrequenz erforderlichen hohen Induktivität notwendig sind, ist jedoch die Resonanzschärfe nur gering.

4. Frequenzmessung mit Hilfe frequenzabhängiger Widerstände

a) Strom-Spannungsmessung. Liegt an einem Kondensator eine konstante Spannung, so steigt der Strom mit zunehmender Frequenz linear an. Dieser Strom wird in einem Amperemeter gemessen, dessen Ausschlag somit proportional der Frequenz ist. Voraussetzung für richtige Anzeige ist geringer Oberwellengehalt der Meßfrequenz.

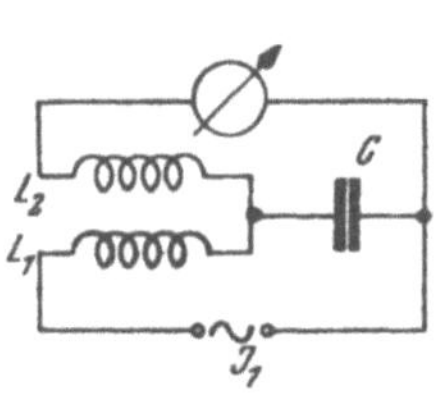

Abb. 202. Frequenzmessung durch Kompensation

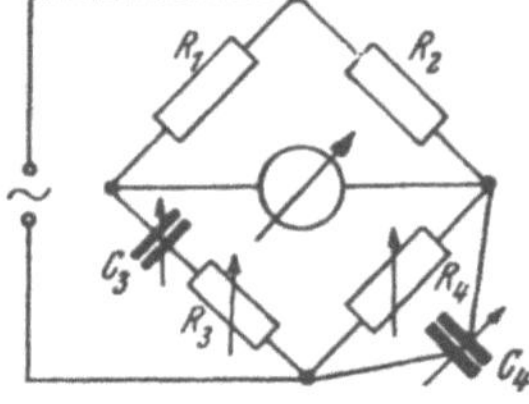

Abb. 203. Wien-Robinson-Brücke zur Frequenzmessung

b) Messung durch Kompensation. Von Campbell[1] wurde eine Meßmethode vorgeschlagen, die im Prinzip in Abb. 202 gezeigt ist. Zwei Spulen sind miteinander gekoppelt. Mit der Spule L_1 ist eine Kapazität C in Reihe geschaltet. Man verändert die Kapazität C oder die Kopplung zwischen den beiden Spulen so lange, bis der Ausschlag des Instrumentes verschwindet. Dies ist der Fall, wenn

$$\omega M J_1 = \frac{J_1}{\omega C}. \tag{3, 207}$$

Daraus folgt für die gemessene Frequenz

$$f = \frac{1}{2\pi\sqrt{MC}}. \tag{3, 208}$$

Sind M oder C verlustbehaftet, so kompensieren sich die Spannungen nicht vollständig. Man erhält kein scharfes Minimum. Von Campbell, Butterworth und Chiba sind jedoch Schaltungen angegeben worden, um diesen Fehler zu vermeiden[2].

c) Messung mittels Brückenschaltungen. α) *Wien-Robinsonbrücke*[3]. Ihre Schaltung ist in Abb. 203 gezeigt. Der Galvanometerausschlag verschwindet, wenn

---

[1] Campbell, A.: Proc. Phys. Soc. London **21**, 69 (1908).

[2] Campbell, A.: Proc. Phys. Soc. London **29**, 345 (1917). — Butterworth, S.: Proc. Phys. Soc. London **33**, 313 (1921). — Chiba, J.: J. Inst. El. E. Jap. Suppl. 405, 294 (1922).

[3] Wien, M.: Ann. Phys. u. Chem. **44**, 689 (1891). — Robinson, C.: Post Office E. E. J. **16**, 171 (1923). — Burkert, D.: Radiotechn. **27**, 171 (1951).

$$\frac{R_1}{R_2} - \frac{R_3}{R_4} - \frac{C_4}{C_3} = 0, \qquad \omega = \frac{1}{\sqrt{R_3 R_4 C_3 C_4}}. \tag{3, 209}$$

Im allgemeinen macht man $R_1 = 2 R_2$ und $C_3 = C_4$, dann ist

$$R_3 = R_4, \qquad \omega = \frac{1}{C_3 R_3}. \tag{3, 210}$$

Abgeglichen wird die Brücke durch Änderung der Widerstände R_3 und R_4. Der einfacheren Bedienung wegen wird dies durch Betätigung mit einer gemeinsamen Kurbel vorgenommen, was, da diese stets gleich groß sind, sehr einfach ist. Eine Grobeinstellung der Frequenz pflegt man durch Änderung der Kapazitäten C_3 und C_4 vorzunehmen. Praktische Ausführungen sind mit Dekaden versehen und erreichen dadurch eine leichte Frequenzeinstellung von z. B. 1 bis 100 000 Hz in Stufen zu 1 Hz, etwa durch Parallelschaltung von Widerständen. Die Toleranz liegt in der Größe von 0,1% [1].

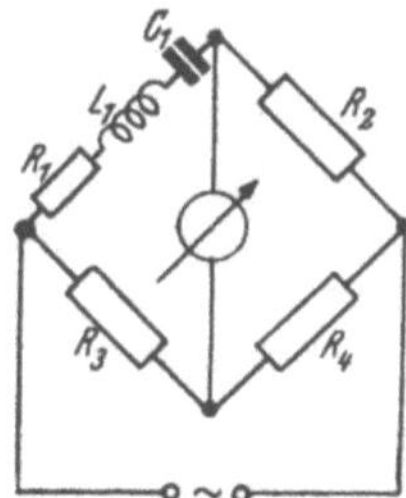

Abb. 204. Resonanzbrücke

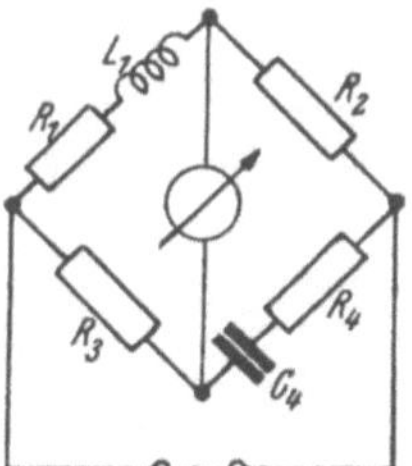

Abb. 205. Hay-Brücke

β) *Resonanzbrücke*[2], s. Abb. 204. Diese Brücke ist abgeglichen, wenn

$$R_1 : R_2 = R_3 : R_4 \quad \text{und} \quad \omega = \frac{1}{\sqrt{L C}}. \tag{3, 211}$$

R_1 ist der Dämpfungswiderstand des Reihenresonanzkreises, der insbesondere durch die Spule verursacht wird. Am einfachsten ist es, die drei Widerstände R_2, R_3 und R_4 gleich groß und gleich dem Dämpfungswiderstand R_1 zu machen. Mit der Brücke wird eine Genauigkeit der Frequenzmessung von 0,001% erreicht[3]. Eine Ausführung von Siemens[4] dient zur Frequenzmessung für einen Bereich von 30 Hz bis 200 kHz, und zwar mit Dekadeneinstellung in Frequenzstufen von 1 Hz. Das Gerät zeigt eine Toleranz von etwa 0,3%. Der Klirrfaktor der Meßfrequenz soll dabei nicht größer als 0,5% sein.

[1] Siemens: Meßeinrichtgn. f. d. Fernmeldet. S. 150 (1940).

[2] Grüneisen, E. u. E. Giebe: Z. Instrkde. **40**, 123 (1920). — Einfg. S. 50.

[3] Grüneisen, E. u. E. Giebe: Z. Instrkde. **30**, 147 (1910); **31**, 152 (1911). — Giebe, E. u. E. Alberti: Z. techn. Phys. **6**, 92 (1925).

[4] Siemens: Meßeinrichtgn. f. d. Fernmeldet. S. 150 (1940).

γ) Haybrücke[1], s. Abb. 205. Die Brückenbedingungen lauten:

$$R_1 R_4 + \frac{L_1}{C_4} = R_2 R_3 \quad \text{und} \quad \omega^2 = \frac{R_1}{R_4 L_1 C_4}. \tag{3, 212}$$

Die Genauigkeit der Brückenmessungen ist oft durch das Auftreten von Oberwellen begrenzt. Es ist daher meist und besonders bei Instrumentenanzeige zweckmäßig, dem Indikator Oberwellenfilter vorzuschalten.

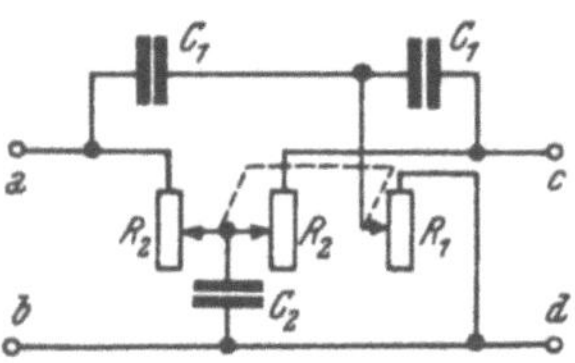

Abb. 206. Scott-Brücke

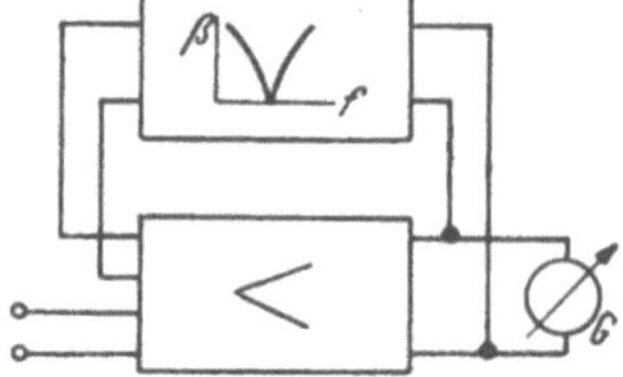

Abb. 207. Gegenkopplungs-Frequenzmesser

δ) Das Doppel-T-Filter (Scott-Brücke)[2]. Es ist eine Filteranordnung, die bei einer bestimmten Frequenz, wenn die Wechselspannungsquelle an den Punkten *a* und *b* angeschlossen ist, zwischen den Punkten *c* und *d* keine Spannung gibt, s. Abb. 206. Die Schärfe des Minimums ist groß. Voraussetzung des Verschwindens der Spannung zwischen *c* und *d* ist die Bedingung

$$\frac{R_1}{R_2} = \frac{1}{4} \frac{C_2}{C_1}. \tag{3, 213}$$

Läßt man C_1 und C_2, wie in Abb. 207 angedeutet, unverändert, so muß gleichzeitig R_1 und R_2 geändert werden. Die Spannung *c d* verschwindet bei der Frequenz

$$\omega^2 = \frac{2}{R_2^2 C_1 C_2}. \tag{3, 214}$$

Meist ist $R_2 = 2 R_1$ und daher $C_2 = 2 C_1$. Dann vereinfacht sich Gl. (3, 214) zu

$$\omega = \frac{1}{R_2 C_1}. \tag{3, 215}$$

Das Doppel-T-Filter läßt sich auch zur Gegenkopplung eines Verstärkers möglichst großer Frequenzgetreuheit benützen (s. zweiter Abschn., VI und Abb. 207). Man erhält so einen eichbaren Frequenzmesser, insbesondere für Niederfrequenz, da an der Stelle des Spannungsminimums des Filters, das geeicht ist, der größte Ausschlag im Galvano-

[1] Hay, C. E.: Electr. Rev. **67**, 965 (1910). — Soucy, C. I. u. B. de Bayley: Proc. I. R. E. **17**, 834 (1929).

[2] Scott, H.: Bell S. T. J. **13**, 1 (1934); Proc. I. R. E. **26**, 226 (1938). — Tuttle, W. N.: Proc. I. R. E. **28**, 23 (1940).

meter G erhalten wird. Statt des Doppel-T-Filters wird gelegentlich auch die Wien-Brücke zur Gegenkopplung verwendet.

ε) Weiter eignet sich auch zur Frequenzmessung als Minimumsmethode ein von Villard angegebenes Sperrfilter[1]. Die zu messende Frequenz wird einem Meßgerät über zwei parallel liegende Verstärker zugeführt (s. Abb. 208). Dem einen Verstärker ist ein Phasenschieber φ vorgeschaltet. Seine Phasenverschiebung ist frequenzabhängig. Die Größe der Verstärkung des zweiten Verstärkers ist regelbar. Bei einer bestimmten Frequenz, bei der die Ausgangsspannungen beider Verstärker zueinander in Gegenphase sind, läßt sich eine Kompensation der Ausgangsspannungen erreichen, so daß das im Ausgang befindliche Meßinstrument keinen Ausschlag zeigt.

5. Direkt zeigende Frequenzmesser

a) Stromspannungsmessung. Diese Methode wurde bereits unter 4 a beschrieben. Die Konstanthaltung der Spannung erfolgt durch Eisenwasserstoffwiderstände, Stabilisatoren, gesättigte Drosseln oder mit Hilfe eines magnetischen Spannungsgleichhalters.

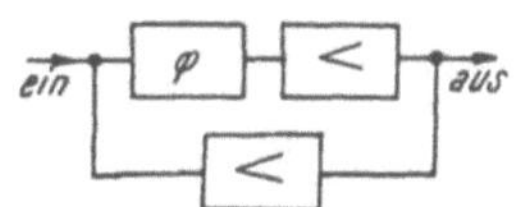

Abb. 208. Sperrfilter von Villard zur Frequenzmessung

b) Quotientenmessung mit Kreuzspulinstrument. Diese Geräte arbeiten meist nach dem Elektrodynamischen Prinzip[2]. Abb. 209 zeigt das Prinzip einer Ausführung mit zwei zueinander senkrecht stehenden festen Spulen und einer beweglichen. Es ist

$$\operatorname{tg} \alpha = \omega^2 L_1 C = \frac{\omega^2}{\omega_0{}^2}. \qquad (3, 216)$$

Der Ausschlag des Instrumentes ist innerhalb eines kleinen Bereiches um 45^0 der Frequenz proportional. Denn es ist für kleine Abweichungen $\Delta\,\alpha$

$$\operatorname{tg}\left(\frac{\pi}{4} \pm \Delta\,\alpha\right) \approx 1 \pm 2 \operatorname{tg} \Delta\,\alpha \approx 1 \pm 2\,\Delta\,\alpha \qquad (3, 217)$$

und, wenn $\omega = \omega_0 \pm \Delta\,\omega$ gesetzt wird, ist

$$\frac{\omega^2}{\omega_0{}^2} \approx 1 \pm 2\frac{\Delta\,\omega}{\omega_0}. \qquad (3, 218)$$

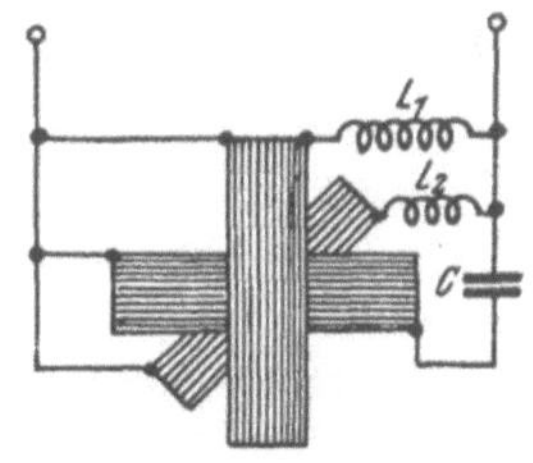

Abb. 209. Frequenzmessung mittels elektrodynamischen Quotientenmessers

Daraus erhält man

$$\Delta\,\alpha \approx \frac{\Delta\,\omega}{\omega_0}. \qquad (3, 219)$$

c) Quotientenmesser mit gegengeschalteten Meßwerken. Ein Quotientenmesser wird auch durch zwei gegengeschaltete Meßwerke gebildet, s. z. B. Abb. 81. Man kann der einen Spule einen Strom, dessen Größe von der

---

[1] Villard, O. G.: Electronics **23**, H. 7, S. 77 (1949).

[2] Gruhn, K.: ETZ **39**, 35 (1914). — Geyger, W.: ATM V 3612 — 3 (1935).

Frequenz nicht abhängig ist, zuführen, während der anderen ein Kondensator vorgeschaltet wird. Der Ausschlag ist dann innerhalb eines gewissen Bereiches der Frequenz proportional. Es lassen sich Weicheisen-, elektrodynamische[1] und auch *Ferraris*-Systeme[2] verwenden.

d) Zeigerfrequenzmesser nach Boekels[3]. Bei diesem Meßgerät ist mit der einen Spule ein Ohmscher, mit der anderen ein Reihenresonanzkreis in Serie geschaltet. Das Drehmoment wirkt auf eine exzentrisch gelagerte Aluminiumscheibe, die mit dem Zeigersystem verbunden ist. Das Gerät dient vor allem zur Messung technischer Frequenzen.

e) Tachometer-Frequenzmesser[4]. Die Niederfrequenz wird in zwei um 90° phasenverschobene Spannungen zerlegt, die zum Antrieb eines Synchronmotors dienen. Seine Umdrehungsgeschwindigkeit wird mittels Tachometers gemessen. Das Frequenzgebiet, innerhalb dessen gemessen werden kann, liegt zwischen 30 und 450 Hz. Bei großen Frequenzen wird eine Frequenzteilung vorgesehen. Der Meßfehler beträgt etwa 0,5%.

f) Messung mittels Stroboskops. Beim Stroboskop werden mit Hilfe einer Gasentladungsröhre Lichtblitze in rascher periodischer Folge erzeugt. Eine rotierende Scheibe erhält eine bestimmte Zahl gleichmäßig verteilter radialer Streifen. Wird sie von der Entladungsröhre beleuchtet, so scheint sie bei einem bestimmten ganzzahligen Verhältnis von Drehzahl zu Lichtimpulsfolgefrequenz zu stehen, bei um weniges größerer oder kleinerer Geschwindigkeit sich jedoch langsam nach der einen oder anderen Richtung zu drehen. Es ist

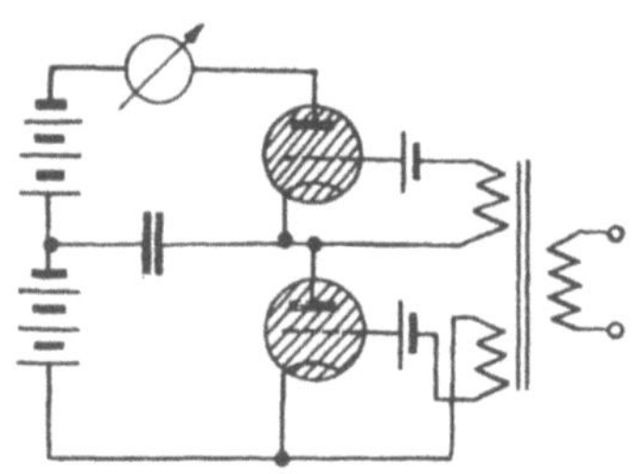

Abb. 210. Frequenzmessung durch periodische Kondensatorladung und -entladung

$$f = z \cdot \nu \cdot n, \qquad (3, 220)$$

wobei f die Frequenz der Lichtblitze an der Gasentladungsröhre (oder eine niedere Harmonische davon), z die Zahl der Streifen, ν die sekundliche Drehzahl der Scheibe und n eine ganze Zahl ist.

Es werden meist entweder Glimmlampen oder mit Neon gefüllte Thyratrons verwendet. Eine für stroboskopische Zwecke häufig benützte Gasentladungsröhre mit kalter Kathode ist das *Strobotron*[5]. Es hat einen Frequenzbereich von etwa 150 Hz.

Beleuchtet man den Motor der Scheibe mit schwankendem Licht einer bekannten Frequenz, so kann dadurch die Frequenz der dem Stroboskop

---

[1] Zwierina, O.: E. u. M. **53**, H. 50 (1935).

[2] May, K. H.: AEG-Mitt., 1932, S. 373.

[3] Boekels, H.: ETZ **56**, 205 (1935).

[4] Kasner, E.: Electronics **20**, H. 2, S. 121 (1947).

[5] Edgerton, H. E.: Electr. Engrg. **55**, 190 (1936). — Germeshausen, K.: Electronics **10**, H. 3, S. 18 (1937).

z. B. über einen Verstärker zugeführten Spannung gemessen werden. Umgekehrt kann bei geeichter Lichtimpulsfolgefrequenz die Frequenz der Spannung am Synchronmotor ermittelt werden.

g) Frequenzmesser durch Kondensator-Auf und -Entladung[1], s. Abb. 210. Während der einen Halbperiode wird durch einen Schaltvorgang immer ein Kondensator aufgeladen und während der anderen wieder entladen. Der Lade- oder Entladestrom wird an einem Gleichstrominstrument abgelesen. Er ist bei konstanter Spannung der Frequenz proportional. Für Frequenzen bis etwa 500 Hz können mechanische Relais zur Schaltung verwendet werden. Eine solche Anordnung ist insbesondere zur Messung sehr niederer Frequenzen geeignet[2]. Bei Auf- und Entladung in jeder Halbperiode erhält man:

$$f_x = \frac{J_{Gl}}{2\,C\,U_{Gl}}. \qquad (3,\ 221)$$

U_{Gl} ist die Batteriespannung, J_{Gl} der Instrumentenstrom.

Bei größeren Frequenzen benützt man meist gasgefüllte Elektronenröhren[3]. Abb. 210 zeigt eine übliche Schaltung.

Es werden auch Maßnahmen getroffen, um die Ladezeit zu verkürzen, z. B. durch Verwendung von Schirmgitterröhren. Die Meßgenauigkeit eines ausgeführten Gerätes beträgt 0,5%, der Meßbereich 10 Hz bis 100 kHz.

C. Frequenzmessung bei Hochfrequenz

1. Absolute Frequenzmessung

Auch bei Hochfrequenz wird die absolute Frequenzmessung auf eine Zeitmessung zurückgeführt. Hierzu dienen die Quarzuhren.

Bei der Quarzuhr der Physikalisch-Technischen Reichsanstalt (PTR) ist ein Quarzkristall mit Längsschwingungen bei einer Frequenz von 60 kHz in Verwendung[4]. Er schwingt bei einer Temperatur von 36° C, bei der der Temperaturkoeffizient praktisch Null ist. Der Kristall befindet sich im Vakuum und in einem Thermostaten, so daß sowohl der Einfluß von Druck- wie auch Temperaturschwankungen ausgeschaltet ist. Die von dem Quarzoszillator erzeugte Frequenz wird mit Hilfe von gesteuerten Kippgeräten geteilt[5], bis eine Frequenz von 250 Hz erreicht ist. Mit dieser wird ein Synchronmotor angetrieben. An ihn ist eine Synchronuhr angeschlossen, die ständig mit den astronomischen Zeitmessungen verglichen wird. Die Genauigkeit der Quarzuhr ist durch eine Toleranz von 10^{-9} gegeben.

---

[1] Case, N. P.: Proc. I. R. E. **18**, 1586 (1930).

[2] Zandra, W.: E. u. M. **66**, 12 (1949).

[3] Guarnaschelli, F. u. F. Vecchiacchi: Proc. I. R. E. **19**, 659 (1931). — Fecker, T.: ENT **13**, 205 (1936). — Wahl, H. A.: AEG-Mitt. 1938, H. 4, S. 2. — ATM 3612—8 (1938). — Reich, H. u. R. Ungvary: Rev. Sci. Instr. **19**, 43 (1948).

[4] Scheibe, A. u. W. Adelsberger: Phys. Z. **33**, 835 (1932); Z. Instrkde. **52**, H. 4 (1932); Hochfrequenztechn. u. Elektroak. **43**, 37 (1934).

[5] Einfg. S. 580.

Ein einfacheres Modell eines Normalfrequenzgenerators mit Quarzuhr wurde von Rohde und Schwarz gebaut[1]. Die Abweichungen von der Sollfrequenz betragen etwa $10^{-5}\%$ [2].

Abb. 211. Normalfrequenzgenerator (Quarzuhr). Rohde u. Schwarz

Abb. 211 zeigt eine Anlage bestehend aus zwei Normalfrequenzgeneratoren (1) und (3). Jedes Gerät besteht aus einer Quarzuhr (zweites Feld von oben) mit einer Normalfrequenz von 1 Hz, einer Nebenuhr mit 1 und 50 Hz (drittes Feld), einem Vervielfacher mit 1 und 10 kHz (viertes Feld) sowie weiteren Vervielfachern für 100 und 1000 kHz (fünftes Feld).

Das mittlere Gerät (2) dient zum Vergleich der Uhrenangaben mit einem Zeitzeichen. Der Zeitdifferenzmesser mißt den Zeitunterschied

[1] Rohde, L. u. R. Leonhardt: ENT **17**, 17 (1940). — Rohde, L.: Normalfrequenz und Frequenzmessung, in Fortschritte der Hochfrequenztechn. Bd. 2, S. 270 (1943).

[2] Dorberstein, H.: Z. Instrkde. **61**, 188 (1940).

zwischen dem Zeitzeichen und Zeitimpulsen der Synchronuhren mit einer Ungenauigkeit von höchstens 1 ms. Es ist auch die Möglichkeit einer selbsttätigen Nachregelung einer der Uhren nach dem Zeitzeichen vorgesehen. Die Differenzfrequenz der beiden Uhren kann auf einem Registrierstreifen (im Gerät 2) aufgezeichnet werden.

Mit Hilfe der Quarzuhr und entsprechender Vervielfachung und Teilung können nahezu beliebige Frequenzen gemessen werden. Bei einer Frequenzmeßeinrichtung mit der Quarzuhr von Rohde und Schwarz werden hiezu Vervielfacher und Teiler derart angeordnet, daß Frequenzen von 10 MHz, 1 MHz, 100 kHz, 10 kHz und 50 Hz erhalten werden. Diese Frequenzen werden über Verzerrer geführt, so daß ganzzahlige Oberwellen dieser Frequenzen entstehen. Man kann so ein Frequenzspektrum erzeugen, das sich zur Eichung von Wellenmessern gut eignet, da viele Meßpunkte erhalten werden.

Eine besonders hohe Frequenzkonstanz ergibt der Quarz in der brückenstabilisierten Schaltung von Meacham (s. zweiter Abschn., IV und Abb. 36).

Will man eine bestimmte Frequenz mit Hilfe eines Normalfrequenzsenders eichen, so empfiehlt es sich, einen Hilfsoszillator zu verwenden, der über einen kleinen Frequenzbereich geeicht ist, auf dem auch die unbekannte Frequenz f_x liegt. Die Frequenzkurve des Oszillators wird mit Hilfe bekannter Frequenzen des Normalgenerators geeicht.

Die Frequenz eines Senders kann auch durch wiederholtes Verringern der Differenzfrequenz gemessen werden[1]. Dies soll an einem Beispiel gezeigt werden: Die unbekannte Frequenz sei annähernd 888 kHz. Sie wird zunächst mit einer Normalfrequenz von 900 kHz überlagert. (Neunte Oberwelle von 100 kHz.) Die beiden Frequenzen werden über ein nichtlineares Glied geführt, so daß eine Differenzfrequenz von 12 kHz entsteht. Diese Frequenz wird mit 10 kHz überlagert und ebenfalls über ein nichtlineares Glied geführt. Man erhält dann eine Differenzfrequenz von ungefähr 2 kHz. Diese Frequenz kann entweder direkt mit Hilfe eines Tonfrequenzmessers oder durch Überlagerung mit Hilfe der 2 kHz Normalfrequenz oder eines 2 kHz Tongenerators bestimmt werden.

Kleine Frequenzdifferenzen werden am besten mit der Kathodenstrahlröhre, wie oben gezeigt, gemessen. Sind die Frequenzdifferenzen jedoch so gering, daß nur geringfügige Phasenwinkel innerhalb längerer Zeit zwischen der Meßfrequenz f_x und Normalfrequenz f_n auftreten, so empfiehlt sich ein Meßverfahren nach Wurmb[2]: Die Normalfrequenz von 1000 Hz wird von einer Quarzuhr oder mittels Empfängers aus Normalsendungen entnommen. Sie wird dem einen Plattensystem eines Kathodenstrahloszillographen zugeführt. Das andere Plattensystem erhält dieselbe Frequenz, jedoch nach einer Phasenverschiebung von 90 Grad. Dadurch entsteht eine Kreisaufzeichnung des Kathodenstrahles. Die Amplitude

---

[1] Rohde, L.: Normalfrequenz und Frequenzmessung, in Fortschritte der Hochfrequenztechn. Bd. 2, S. 242 (1943).

[2] Wurmb, A.: Radio-Rdsch. 2, 132 (1947).

der Normalfrequenz wird nun langsam vergrößert, bzw. verkleinert, so daß eine Schar konzentrischer Kreise entsteht. Nun wird aber die zu vergleichende Frequenz von ebenfalls 1000 Hz an das stark negativ vorgespannte Wehnelt-System der Kathodenstrahlröhre angeschlossen. Dadurch entsteht eine Helligkeitssteuerung des umlaufenden Kathodenstrahles, derart, daß nur kurze Striche aufgezeichnet werden. Laufen Meßfrequenz und Normalfrequenz völlig synchron, so treten von den konzentrischen Kreisen nur nebeneinanderliegende Striche auf, die somit eine schmale radiale bandförmige Aufzeichnung bilden, anderenfalls entstehen mehr oder weniger große Abweichungen (s. Abb. 303 *b*), aus denen leicht der Phasen- und damit auch Frequenzunterschied bestimmt werden kann.

2. Schwebungsmethode (Frequenzvergleich)[1]

Die Schwebungsmethode besteht darin, daß die zu messende Frequenz f_x mit einer bekannten von einem Oszillator geeichten veränderbaren Frequenz f_n überlagert wird. Die beiden Frequenzen geben zusammen eine Schwebung der Frequenz

$$f_s = f_x - f_n. \tag{3, 222}$$

Sind f_n und f_s bekannt, so kann daraus f_x bestimmt werden. Im allgemeinen versucht man indes die veränderliche Frequenz f_n so einzustellen, daß f_s verschwindet, dann ist $f_n = f_x$. Die Schwebungsfrequenz, bzw. ihr Verschwinden wird mit Hilfe eines sowohl an f_x wie auch an f_n angeschlossenen Demodulators bestimmt.

Hiezu eignet sich bei kleinen Schwingungsamplituden ein rückgekoppeltes Audion. Zunächst wird bei loser Rückkopplung f_n so verändert, daß ein Minimum an Schwebungsfrequenz im Kopfhörer erhalten wird. Zur weiteren Angleichung der Frequenz f_n des Vergleichsoszillators wird das Audion so weit rückgekoppelt, daß ein Selbstschwingen des Audions bei einer benachbarten Frequenz entsteht, wodurch im Kopfhörer ein Schwebungston (an- und abschwellender Ton) erhalten wird, dessen Amplitude nun im Rhythmus der wesentlich kleineren Differenzfrequenz $f_x - f_n$ schwankt. Es läßt sich dann f_n noch weiter verändern, so daß die Schwankungen nahezu verschwinden und $f_x - f_n$ nur wenige Zehntel bis Hundertstel Hz beträgt.

Es ist zweckmäßig an Stelle der Grundwelle des Oszillators eine Oberwelle zur Schwebungsbildung heranzuziehen. Dadurch ist es möglich, eine größere Anzahl von Eichpunkten von einer Eichfrequenz zu erhalten. Es genügt dann, wenn der diese Frequenz erzeugende Oszillator einen schmalen Frequenzbereich aufweist, er kann trotz seiner Veränderbarkeit genau geeicht sein. Bei der praktischen Durchführung der Messung lassen sich die hundertste und noch höhere Harmonische benützen. Um große

[1] Lindemann, R.: Verh. D. phys. Ges. **14**, 261 (1912). — Wien, M.: Jahrb. d. drahtl. Tel. **14**, 608 (1919). — Rohde, L. u. H. Schwarz: Hochfrequenztechn. u. Elektroak. **40**, 117 (1932). — Habermann, A.: Hochfrequenztechn. u. Elektroak. **46**, 120 (1935); ATM V 3614—3 (1939).

Oberwellenamplituden zu erhalten, wird vielfach hinter den Oszillator ein Verzerrungsglied (Gleichrichter oder vorgespannte Röhre) geschaltet.

Es ist daher üblich zur Messung höherer Frequenzen, z. B. über 1 MHz Oszillatoren mit niedrigeren Frequenzen, etwa 5 bis 50 kHz zu verwenden. Umgekehrt können jedoch niedrige Frequenzen mit Hilfe von Kurzwellenoszillatoren geeicht werden, indem nun Oberwellen der zu messenden Frequenz herangezogen werden.

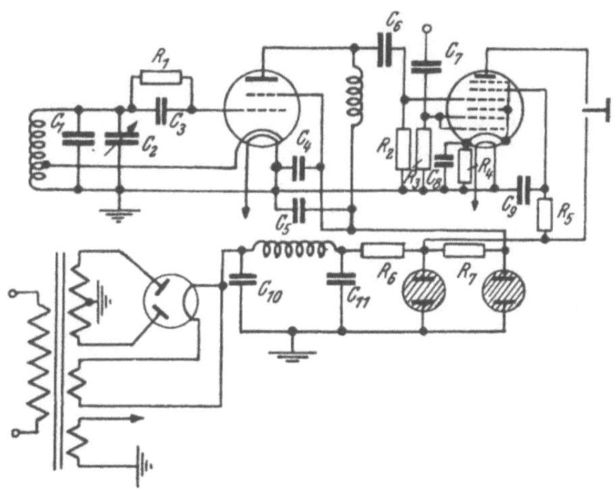

Abb. 212. Schwebungs-Frequenzmesser. $C_1 = 400$ pF, $C_2 = 100$ pF (max), $C_3 = 100$ pF, C_4, C_5, $C_9 = 10\,000$ pF, $C_6 = 2000$ pF, $C_7 = 1000$ pF, $C_8 = 25\,\mu$F, C_{10}, $C_{11} = 8\,\mu$F, R_1, $R_2 = 1$ Megohm, $R_3 = 20$ kOhm, $R_4 = 100\ldots500$ Ohm, $R_5 = 5\ldots10$ kOhm, R_6, $R_7 = 2500$ Ohm

Abb. 212 zeigt die Prinzipschaltung eines Schwebungsfrequenzmessers. Der Oszillator selbst ist in Dreipunktschaltung aufgebaut und durch Elektronenkopplung an das vierte Gitter der Mischröhre angeschlossen. Die zu messende Welle wird an das erste Gitter geführt. Die Schwebungsfrequenz wird an einem Kopfhörer erhalten. Ein zweigliedriger Stabilisator gestattet große Spannungskonstanz zu erzielen. Der Wellenmesser erreicht erst nach 5 bis 15 Minuten Betriebsdauer seine konstante Frequenz.

Um das Auszählen der Ordnung der Harmonischen zu erleichtern, ist es zweckmäßig, einen geeichten Hilfsoszillator mitzuverwenden, dessen Frequenz mit geringerer Genauigkeit als der Eichoszillator ausgestattet zu sein pflegt. Soll z. B. festgestellt werden, ob die zu messende Frequenz die 100-ste oder 101-te Harmonische des Eichoszillators ist, so wird der Hilfsoszillator beispielsweise auf die 10-te Harmonische des Eichoszillators eingestellt. Man erhält dann eine Schwebung zwischen Eichoszillator und Hilfsoszillator, die auf einen niedrigen Frequenzwert eingestellt wird. Ist die zu messende Frequenz die 100-ste Harmonische der Eichoszillatorschwingung, so erhält man auch eine Schwebung zwischen Hilfsoszillator und zu eichendem Oszillator der Frequenz $f_x = f_n/100$, bei der 101-ten Harmonischen tritt jedoch eine solche nicht auf.

Nicht allzu hohe Frequenzverhältnisse können mit Hilfe eines Kathodenstrahloszillographen unmittelbar festgestellt werden[1]. Legt man die Eichfrequenz f_n an das eine und die zu messende Frequenz f_x an das andere Plattensystem, so erhält man eine Lissajous-Figur[2], aus deren Zahl von Maxima und Minima das Frequenzverhältnis bestimmt werden kann (s. Abb. 213 *a* und *b*). Eine übersichtlichere Darstellung des Frequenzverhältnisses erhält man, wenn die niedrigere Frequenz zur Kreisaufzeichnung herangezogen wird. Dies kann mit besonderen Polarkoordinatenschreiberröhren[3] erreicht werden. Wird die Schwingung höherer Frequenz zur radialen Kathodenstrahlsteuerung benützt, so erhält man die in Abb. 213 *c* gezeigte Darstellung des Kathodenstrahles. Wird hingegen eine Intensitätssteuerung durch Anschluß an den Wehnelt-Zylinder vorgesehen, so ergibt sich die Aufzeichnung der Abb. 213 *d*, zu der auch gewöhnliche Kathodenstrahlröhren verwendet werden können.

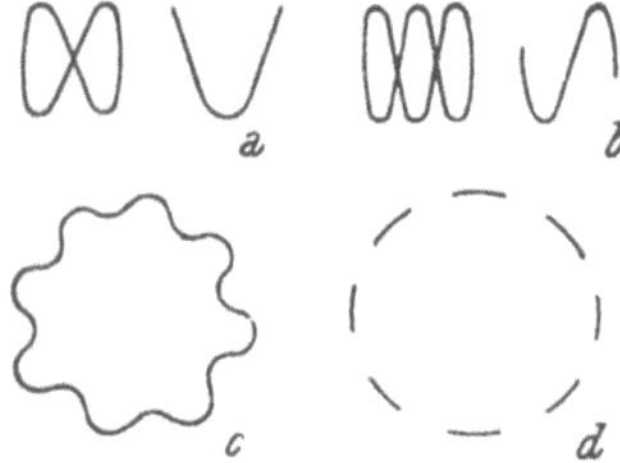

Abb. 213. Kathodenstrahlaufzeichnungen. *a* Lissajous-Figuren bei Frequenzverhältnis 1 : 2; *b* Frequenzverhältnis 1 : 3; *c* Polarkoordinatenaufzeichnung, Frequenzverhältnis 1 : 8; *d* Wehnelt-Steuerung, Frequenzverhältnis 1 : 8

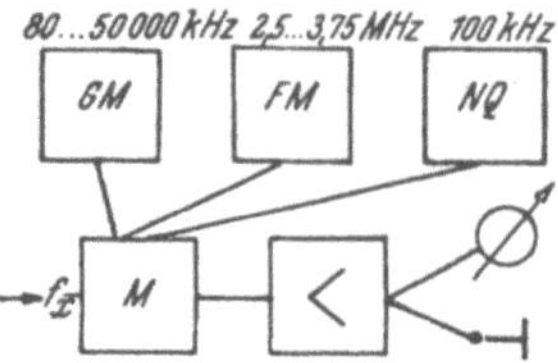

Abb. 214. Prinzipschaltung einer genauen Frequenzmessung nach Rohde. *GM* = Grobmesser, *FM* = Feinmesser, *NQ* = Normalquarz, *M* = Mischstufe

Eine große Genauigkeit erreicht man mittels der Schwebungsmethode, wenn man folgendermaßen vorgeht[4]: Man mißt zunächst die zu untersuchende Frequenz mit einem sogenannten Frequenz-Grobmesser, der den gesamten in Frage kommenden Frequenzbereich zu bestreichen gestattet. Dann überlagert man mit einem Frequenz-Feinmesser, der z. B. nur einen Frequenzbereich von 2500 bis 3750 kHz umfaßt, in einer beliebigen Oberwelle. Der Feinmesser hat eine Toleranz von $5 \cdot 10^{-5}$. Die Kontrolle der

[1] Rasmussen, F. J.: J. Am. I. E. E. 1927, S. 3; Trans. A. I. E. E. 46, 1256 (1936).
[2] Knoll, M. u. W. Kleen: ATM J 834—13 (1933).
[3] Knoll, M. u. W. Kleen: ATM J 834—14 (1933).
[4] Habermann, A.: ATM V 3614—5 (1939).

Feinmessung erfolgt mit einem Normalquarzgenerator (Quarzuhr) oder bei geringerer Genauigkeit durch Leuchtquarze[1]. Die grundsätzliche Anordnung zeigt Abb. 214.

3. Resonanzmethode[2]

Zur einfachen Frequenzmessung geringerer Genauigkeit dienen vielfach geeichte elektrische Schwingkreise. Sie werden an den Generator, dessen Frequenz gemessen werden soll, lose angekoppelt, um die Dämpfung gering zu halten. Ihre Abstimmung wird so lange verändert, bis Resonanz mit der Frequenz des zu messenden Oszillators hergestellt ist. Dies wird mit Hilfe eines Indikators festgestellt, der mit dem Frequenzmesser lose gekoppelt ist. In der Regel dient hiezu ein mit einem Detektor in Reihe geschaltetes empfindliches Gleichstromgalvanometer, s. Abb. 215 *a*. Zweckmäßigerweise läßt sich auch eine Abstimmröhre (magisches Auge) mit entsprechender vorhergehender Verstärkung verwenden[3].

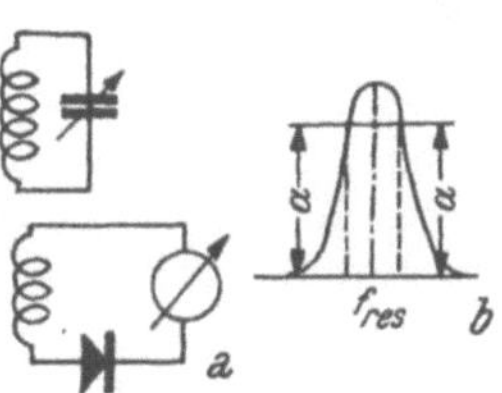

Abb. 215. Resonanzfrequenzmessung. *a* Schaltung, *b* Bestimmung des Resonanzpunktes

Wichtig ist eine möglichst verlustarme Ausführung des Schwingkreises. Die Spule ist aus starkem Kupferdraht freitragend auf einem keramischen Spulenkörper angeordnet. Nur bei niedrigeren Frequenzen verwendet man besser Hochfrequenzlitze. Bei mehrlagigen Wicklungen ist Unterteilung in nebeneinanderliegende Flachspulen zweckmäßig. Werden die Spulen auswechselbar ausgeführt, so läßt sich ein großer Frequenzbereich erzielen. Bei guten Ausführungen läßt sich die Abweichung von der Sollfrequenz kleiner als 1 Promille machen. Die Genauigkeit wird groß, wenn als Meßfrequenz jene angenommen wird, die in der Mitte zwischen zwei Meßwerten gleichen Ausschlages gelegen ist, s. Abb. 215 *b*.

Resonanzfrequenzmesser lassen sich bis zu Frequenzen von 1000 MHz bauen[4]. Zur Messung kurzer Wellen empfiehlt sich oft die Kombination eines Resonanzfrequenzmessers (als Grobmesser) mit einem Schwebungsmesser (als Feinmesser)[5].

Gelegentlich findet man auch Wellenmesser nach dem Resonanzprinzip in Verwendung, bei denen an den Schwingkreis keinerlei Indikator angekoppelt ist. Die Feststellung der Resonanz erfolgt vielmehr am Schwingungserzeuger, da bei Resonanz der stärkste Energieentzug erfolgt[6],

[1] Giebe, E. u. A. Scheibe: ENT **2**, 65 (1928). — Scheibe, A.: Jahrb. d. drahtl. Tel. **29**, 120 (1927).

[2] Dönitz, J.: ETZ **24**, 920 (1930). — Ferrié, G. u. J. Carpentier: La lumiere Electr. 427 (1910).

[3] Wilhelmy, H. J.: ATM V 3614—7 (1943).

[4] Rohde, L.: ENT **13**, 13 (1936).

[5] Rohde, L.: ATM V 3614—4 (1937).

[6] Alberti, E. u. G. Leithäuser: ETZ **44**, 1027 (1923).

was an einer Änderung des Anodengleichstromes oder des Gitterstromes der Schwingungserzeugerröhre leicht beobachtet werden kann. Diese Art der Messung wird als *Absorptionswellenmessung* bezeichnet.

Große Genauigkeit erreicht man, wenn man an Stelle eines Oszillators für veränderliche Frequenzen einen Generator mit einer genügenden Anzahl festliegender Oszillatorfrequenzen verwendet. Diese werden in der Regel aus einer niederen Eichfrequenz von beispielsweise 10 kHz unter Verwendung eines Verzerrers abgeleitet. Man erhält so eine genügende Anzahl ausreichend dicht beisammen liegender Frequenzeichpunkte für einen Bereich von etwa 1 bis 10 MHz (Abstand 10 kHz). Für andere Frequenzgebiete wird von anderen Eichfrequenzen ausgegangen, da einerseits der Abstand der Eichpunkte, andererseits aber auch die Ordnungszahl der Harmonischen nicht zu groß gewählt werden darf. Die Eichfrequenz wird zumeist durch Frequenzteilung aus einer Quarzoszillatorfrequenz gewonnen. Vielfach bedient man sich auch ausgesendeter Normalfrequenzen. Auch Rundfunksender können zur Erzeugung der Eichfrequenzen verwendet werden.

Die zu messende Frequenz liegt nun allerdings in der Regel zwischen zwei in oben beschriebener Weise festgelegten Eichpunkten, z. B. zwischen der n-ten Harmonischen $f_n = f \cdot n$ und der $(n + 1)$-ten Harmonischen $f_{n+1} = f\,(n + 1)$. Man benützt dann zweckmäßigerweise einen Hilfsoszillator, an dem man die beiden Punkte eicht. Es entspreche die Einstellung a_n der Frequenz f_n und die Einstellung a_{n+1} der Frequenz f_{n+1}. Bei geringer Entfernung der beiden Eichpunkte kann die dazwischenliegende unbekannte Frequenz f_x entsprechend der Frequenzmessereinstellung a_x interpoliert werden. Es ist dann

$$f_x = f\left(n + \frac{a_x - a_n}{a_{n+1} - a_n}\right). \tag{3, 223}$$

Genauer ist es indes die Frequenzdifferenz $f_x - f_n$, bzw. $f_{n+1} - f_x$ mittels einer Schwebungsmethode zu bestimmen, indem nach Demodulation die Differenzfrequenz unmittelbar mit einem Frequenzmesser ermittelt wird.

4. Direkt zeigende Frequenzmesser für Hochfrequenz

Direkt zeigende Frequenzmeßgeräte sind bei Hochfrequenz selten in Verwendung. Von Ferrié[1] wurde ein Hitzdrahtwellenmesser vorgeschlagen, der mit zwei Meßsystemen arbeitet. Das eine wird über einen Widerstand, das andere über eine Induktivität gespeist. Das System arbeitet nach dem Quotientenprinzip. Elektrodynamische Meßgeräte sind von Mandelstam und Papalexi[2], von Seibt[3] und von Scheller[4] angegeben worden.

---

[1] Ferrié, G.: La Lumiere Electr. **32**, 427 (1910); Jahrb. d. d. T. **5**, 106 (1911); ETZ **32**, 474 (1911).

[2] Mandelstam, L. u. N. Papalexi: Ann. Phys. **33**, 490 (1910); Jahrb. d. d. T. **4**, 605 (1911).

[3] Seibt, G.: Jahrb. d. d. T. **10**, 504 (1916).

[4] Scheller, O.: Jahrb. d. d. T. **10**, 507 (1916).

Von Mittelmann und Wahl[1] wurde später die in Abb. 216 gezeigte Anordnung mit elektrodynamischem Meßwerk angegeben. Die feste Spule *F* ist von der zu messenden Frequenz durchflossen, während die richtkraftlose drehbare Spule *D* parallel zu einem Kondensator *C* liegt. Die Spule *D* stellt sich so ein, daß durch sie kein Strom fließt, somit kein Drehmoment auftritt. Dies ist der Fall, wenn die in ihr induzierte Spannung gleich dem Spannungsabfall am Kondensator *C* ist.

Ersetzt man *C* durch eine Reihenschaltung aus der Kapazität *C* und einer Induktivität *L*, so läßt sich das Gerät zur Frequenzmessung innerhalb eines kleinen Frequenzbereiches in der Nähe der Resonanzfrequenz von *L* und *C* verwenden[2]. Es dient vorwiegend zur Kontrolle der Frequenzkonstanz von Schwingungserzeugern. Der Ausschlag des Meßgerätes ist von der Hochfrequenzamplitude weitgehend unabhängig.

Bei einem direkt zeigenden Frequenzmesser von Hirsch[3] wird ein Resonanzwellenmesser mit Drehkondensator, dessen bewegliches Plattensystem dauernd rotiert, verwendet. Mit seiner Achse gekuppelt ist ein kleines Neonröhrchen in radialer Richtung angebracht, das von der Wellenmesserspannung gespeist ist. An einer bestimmten Stelle, nämlich im Augenblick der Resonanz, leuchtet dasselbe auf. Eine Skala ist unmittelbar in Wellenlängeneinheiten geeicht.

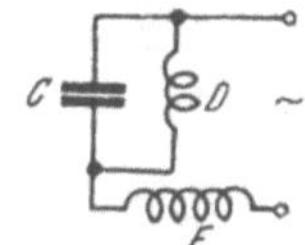

Abb. 216. Direkt zeigender Frequenzmesser für Hochfrequenz

Von Straubel[4] wird ein Wellenmesser beschrieben, bei dem ebenfalls ein umlaufender Drehkondensator verwendet wird. Dadurch entstehen Spannungsimpulse, deren Phase gegenüber der Anfangsstellung des Drehkondensators von der zu messenden Frequenz abhängt. Diese Impulse werden verstärkt. Außerdem erhält die mit hoher negativer Gittervorspannung versehene Röhre eine sägezahnförmige Gitterspannung, die mit Hilfe eines synchron rotierenden Potentiometers gewonnen wird. Nur während der positiven Impulse fließt ein Anodenstromimpuls, dessen Größe aber infolge der überlagerten sägezahnförmigen Spannung von der Phasenlage und somit Resonanzfrequenz bestimmt ist. Bei einem Wellenbereich von 28 bis 32 m erhält man eine Ungenauigkeit von nur 2 Promille, bei einem solchen von 30 bis 70 m von 2%.

5. Frequenzmessung durch Wellenlängenänderung

Da die unmittelbare Messung der Wellenlänge nur bei sehr kurzen Wellenlängen praktisch durchführbar ist, wird diese im fünften Abschnitt besprochen.

Es läßt sich jedoch ein Parallelleitersystem verwenden, bei dem die Leiter auf engem Raum aufgewickelt sind. Das Auftreten von stehenden Wellen und das Aufsuchen der Schwingungsknoten kann unter anderem mit Hilfe von Neonleuchtröhren erfolgen.

[1] Mittelmann, E. u. M. Wahl: Z. Hochfrequenzt. **37**, 187 (1931).
[2] Mittelmann, E. u. R. Mittelmann: Z. Hochfrequenzt. **37**, 191 (1931).
[3] Hirsch, R.: Jahrb. d. d. T. **4**, 250 (1911).
[4] Straubel, H.: Hochfrequenztechn. u. Elektroak. **54**, 94 (1939).

XI. Messung der Kurvenform und des Klirrfaktors

Eine periodische Schwingung beliebiger Kurvenform kann als Summe sinusförmiger Schwingungen mit ganzzahligem Schwingungsverhältnis (Harmonische) dargestellt werden[1]. Zur getreuen Wiedergabe dieser Schwingung ist jedoch die Kenntnis jeder einzelnen Amplitude der Oberwellen und ihrer gegenseitigen Phasenlage notwendig.

Ist der zeitliche Verlauf der Schwingung durch einen Oszillographen wiedergegeben, so lassen sich zwar grundsätzlich Amplitude und Phase der einzelnen Harmonischen daraus bestimmen, doch bereitet ihre Ermittlung einige Mühe.

Es wird daher meist ein Verfahren bevorzugt, das diese in spektraler Darstellung in richtiger Größe, jedoch ohne Kennzeichnung der gegenseitigen Phasenlage unmittelbar darstellt und meist als „*Klanganalyse*" bezeichnet wird.

Will man aber nur das Verhältnis des Gesamteffektivwertes der Oberwellen zur Grundwelle wissen, ohne die Größe der einzelnen Oberwellenamplituden zu bestimmen, so genügt eine einfache Meßung, die *Klirrfaktormessung*.

Bei Impulsen hingegen wird meist der gesamte Impulsverlauf untersucht.

1. Aufzeichnung der Kurvenform von Schwingungen

a) Punktweise Aufnahme (Kurzkontaktverfahren)[2]. Sie stellt das einfachste Verfahren zur Aufnahme der Kurvenform periodischer Schwingungsvorgänge niedriger Frequenz dar. Beim *Kontaktmacher* oder der „*Joubertschen Scheibe*"[3] wird ein Kontakt im Rhythmus des zu untersuchenden Wechselstromes augenblicksweise geschlossen. Man erhält dann immer den gleichen Spannungsimpuls. Der von einem Gleichstrominstrument angezeigte Mittelwert ist dem Augenblickswert bei der bestimmten Phasenlage proportional. Wird die Phasenlage der Kontaktmachung immer wieder geändert, so läßt sich der gesamte Verlauf der Wechselstromkurve punktweise aufnehmen.

An Stelle des rotierenden Kontaktmachers kann auch ein *Schwinggleichrichter*[4] Verwendung finden. Bei höheren Frequenzen treten an seine Stelle Röhren mit hohen negativen Vorspannungen, wodurch eine impulsförmige Aussteuerung möglich ist.

b) Oszillographen. Zur Aufzeichnung von Schwingungsvorgängen bis 10 000 Hz eignet sich der Schleifenoszillograph (s. zweiter Abschn., X) und der piezoelektrische Oszillograph. Sollen auch Schwingungen höherer Frequenz aufgezeichnet werden, so ist die Verwendung eines Kathoden-

---

[1] Einfg. S. 10.

[2] Orlich, E.: Aufnahme und Analyse von Wechselstromkurven 1906.

[3] Joubert, J.: J. de Physique **9**, 297 (1880); Compt. Rend. Acad. Sci. Paris **91**, 161 (1880).

[4] Pfannemüller, H.: ATM V 3621—1 (1934).

strahloszillographen erforderlich. Für Aufzeichnungen mit geringerer Genauigkeit eignet sich auch der Glimmlichtoszillograph. Auch der Koordinatenschreiber gestattet die Darstellung von allerdings langsamen periodischen Vorgängen.

c) Hilfsgeräte. Unter Verwendung von Verstärkern ist die Aufzeichnung von Schwingungsvorgängen sehr geringer Amplituden mit dem Kathodenstrahloszillographen möglich. Es werden regelbare Verstärker mit großem Frequenzbereich (z. B. 20 bis 50 000 Hz)[1] und phasenrichtiger Wiedergabe benötigt, s. zweiter Abschn., VI.

Zur gleichzeitigen Aufzeichnung mehrerer Vorgänge dienen sogenannte Schnellschalter. Sie ermöglichen eine periodische rasche Umschaltung von einem abzubildenden Vorgang zum anderen, s. zweiter Abschn., X. Für kleine Frequenzen, bis etwa 100 Hz, genügen hiefür die bekannten Schwinggleichrichter[2].

Abb. 217 zeigt eine solche Anordnung. Die Steuerspannungen $U_{st\,1}$ und $U_{st\,2}$ betätigen die Schwinggleichrichter Gl_1 und Gl_2. Dadurch werden die Meßspannungen U_1 oder U_2 jeweils an die Oszillographenschleife S angeschlossen.

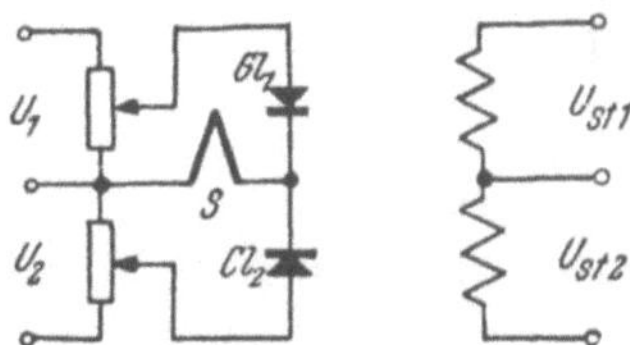

Abb. 217. Schnellschalter mit Schwinggleichrichter

An Stelle der Schwinggleichrichter können auch rotierende Schalter verwendet werden. Sie gestatten die Herstellung etwas größerer Schaltfrequenzen[3].

Sollen jedoch Vorgänge bei sehr hohen Frequenzen wiedergegeben werden, so kommen nur Elektronenschalter in Frage[4]. Hiefür eignen sich am besten Multivibratoren (s. zweiter Abschn., II).

2. Analyse von Schwingungen

a) Bestimmung der Oberwellen aus dem bekannten Schwingungsverlauf. Ist der Schwingungsverlauf bekannt, so können die Harmonischen durch Rechnung und durch Messung ermittelt werden.

α) Rechnerische Analyse von gezeichneten Schwingungszügen. Die Amplituden der einzelnen Harmonischen können bei bekannter Schwingungsfunktion durch Fourier-Reihenentwicklung ermittelt werden. Ist wie gewöhnlich die analytische Funktion, durch die dieselben dargestellt sind, nicht bekannt, so ist zur Ermittlung der Amplituden folgende Näherungslösung zu empfehlen, wenn der Funktionsverlauf graphisch dargestellt ist:

Das Intervall einer Periode, etwa vom ersten Nulldurchgang angefangen, wird in 24 gleiche Teile geteilt, so daß jedem Intervall ein 24-tel einer Periode entspricht (15^0), s. Abb. 218. Dadurch erhält man die Ordinatenwerte f_1 bis f_{24}. Diese Werte werden nun mit den in Zahlen-

[1] Limann, O.: Prüffeldmeßtechnik S. 111 (1943).
[2] Pfannemüller, H.: ATM V 365—8.
[3] Brown, C. B.: Electronics **6**, 170 (1933).
[4] Sewig, R.: Z. techn. Phys. **14**, 152 (1933).

Zahlentafel 9. *Rechnerische Analyse von Schwingungskurven*

	A_1	A_2	A_3	A_4	A_5	A_6	A_7	A_8	A_9	A_{10}
1	0,966	0,866	0,707	0,500	0,259	0,000	−0,259	−0,500	−0,707	−0,866
2	0,866	0,500	0,000	−0,500	−0,866	−1,000	−0,866	−0,500	0,000	0,500
3	0,707	0,000	−0,707	−1,000	−0,707	0,000	0,707	1,000	0,707	0,000
4	0,500	−0,500	−1,000	−0,500	0,500	1,000	0,500	−0,500	−1,000	−0,500
5	0,259	−0,866	−0,707	0,500	0,966	0,000	−0,966	−0,500	0,707	0,866
6	0,000	−1,000	0,000	1,000	0,000	−1,000	0,000	1,000	0,000	−1,000
7	−0,259	−0,866	0,707	0,500	−0,966	0,000	0,966	−0,500	−0,707	0,866
8	−0,500	−0,500	1,000	−0,500	−0,500	1,000	−0,500	−0,500	1,000	−0,500
9	−0,707	−0,000	0,707	−1,000	0,707	0,000	−0,707	1,000	−0,707	0,000
10	−0,866	0,500	0,000	−0,500	0,866	−1,000	0,866	−0,500	0,000	0,500
11	−0,966	0,866	−0,707	0,500	−0,259	0,000	0,259	−0,500	0,707	−0,866
12	−1,000	1,000	−1,000	1,000	−1,000	1,000	−1,000	1,000	−1,000	1,000
13	−0,966	0,866	−0,707	0,500	−0,259	0,000	0,259	−0,500	0,707	−0,866
14	−0,866	0,500	0,000	−0,500	0,866	−1,000	0,866	−0,500	0,000	0,500
15	−0,707	0,000	0,707	−1,000	0,707	0,000	−0,707	1,000	−0,707	0,000
16	−0,500	−0,500	1,000	−0,500	−0,500	1,000	−0,500	−0,500	1,000	−0,500
17	−0,259	−0,866	0,707	0,500	−0,966	0,000	0,966	−0,500	−0,707	0,866
18	0,000	−1,000	0,000	1,000	0,000	−1,000	0,000	1,000	0,000	−1,000
19	0,259	−0,866	−0,707	0,500	0,966	0,000	−0,966	−0,500	0,707	0,866
20	0,500	−0,500	−1,000	−0,500	0,500	1,000	0,500	−0,500	−1,000	−0,500
21	0,707	0,000	−0,707	−1,000	−0,707	0,000	0,707	1,000	0,707	0,000
22	0,866	0,500	0,000	−0,500	−0,866	−1,000	−0,866	−0,500	0,000	0,500
23	0,966	0,866	0,707	0,500	0,259	0,000	−0,259	−0,500	−0,707	−0,866
24	1,000	1,000	1,000	1,000	1,000	1,000	1,000	1,000	1,000	1,000

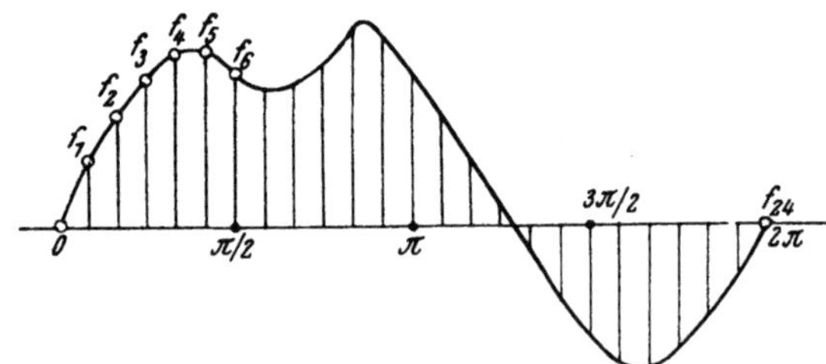

Abb. 218. Kurventeilung zur rechnerischen Analyse nach Zahlentafel 8 und 9

tafel 9 und 10 gegebenen Faktoren multipliziert. Durch Summenbildung der erhaltenen Werte erhält man die Koeffizienten A_1 und B_1, wenn man die erhaltene Summe durch zwölf dividiert. Es ist also

$$A_1 = (0{,}966\, f_1 + 0{,}866\, f_2 \ldots)/12 \qquad (3,\ 224)$$

$$B_1 = (0{,}259\, f_1 + 0{,}5\, f_2 + \ldots)/12.$$

Zahlentafel 10. *Rechnerische Analyse von Schwingungskurven*

	B_1	B_2	B_3	B_4	B_5	B_6	B_7	B_8	B_9	B_{10}
1	0,259	0,500	0,707	0,866	0,966	1,000	0,966	0,866	0,707	0,500
2	0,500	0,866	1,000	0,866	0,500	0,000	−0,500	−0,866	−1,000	−0,866
3	0,707	1,000	0,707	0,000	−0,707	−1,000	−0,707	0,000	0,707	1,000
4	0,866	0,866	0,000	−0,866	−0,866	0,000	0,866	0,866	0,000	−0,866
5	0,966	0,500	−0,707	−0,866	0,259	1,000	0,259	−0,866	−0,707	0,500
6	1,000	0,000	−1,000	0,000	1,000	0,000	−1,000	0,000	1,000	0,000
7	0,966	−0,500	−0,707	0,866	0,259	−1,000	0,259	0,866	−0,707	−0,500
8	0,866	−0,866	0,000	0,866	−0,866	0,000	0,866	−0,866	0,000	0,866
9	0,707	−1,000	0,707	0,000	−0,707	1,000	−0,707	0,000	0,707	−1,000
10	0,500	−0,866	1,000	−0,866	0,500	0,000	−0,500	0,866	−1,000	0,866
11	0,259	−0,500	0,707	−0,866	0,966	−1,000	0,966	−0,866	0,707	−0,500
12	0,000	0,000	0,000	0,000	0,000	0,000	0,000	0,000	0,000	0,000
13	−0,259	0,500	−0,707	0,866	−0,966	1,000	−0,966	0,866	−0,707	0,500
14	−0,500	0,866	−1,000	0,866	−0,500	0,000	0,500	−0,866	1,000	−0,866
15	−0,707	1,000	−0,707	0,000	0,707	−1,000	0,707	0,000	−0,707	1,000
16	−0,866	0,866	0,000	−0,866	0,866	0,000	−0,866	0,866	0,000	−0,866
17	−0,966	0,500	0,707	−0,866	−0,259	1,000	−0,259	−0,866	0,707	0,500
18	−1,000	0,000	1,000	0,000	−1,000	0,000	1,000	0,000	−1,000	0,000
19	−0,966	−0,500	0,707	0,866	−0,259	−1,000	−0,259	0,866	0,707	−0,500
20	−0,866	−0,866	0,000	0,866	0,866	0,000	−0,866	−0,866	0,000	0,866
21	−0,707	−1,000	−0,707	0,000	0,707	1,000	0,707	0,000	−0,707	−1,000
22	−0,500	−0,866	−1,000	−0,866	−0,500	0,000	0,500	0,866	1,000	0,866
23	−0,259	−0,500	−0,707	−0,866	−0,966	−1,000	−0,966	−0,866	−0,707	−0,500
24	0,000	0,000	0,000	0,000	0,000	0,000	0,000	0,000	0,000	0,000

In gleicher Weise erhält man auch die Koeffizienten A_2, B_2, A_k, B_k und es ist dann die Amplitude der ersten Harmonischen gegeben durch

$$C_1 = \sqrt{A_1^2 + B_1^2} \qquad (3, 225)$$

und der k-ten Harmonischen

$$C_k = \sqrt{A_k^2 + B_k^2}. \qquad (3, 226)$$

Zur Vereinfachung der etwas mühsamen Rechen- und Schreibarbeit sind vereinfachte Verfahren angegeben worden[1]. Neben der Zerlegung in zur Zeitachse vertikalen Streifen sind auch solche mit zu ihr parallelen Streifen üblich[2].

β) Experimentelle Analyse von aufgezeichneten Schwingungsbildern. Sofern sich die aufgenommene Schwingungskurve durch eine lichtempfindliche Zelle in Wechselstrom verwandeln läßt, kann eine der weiter unten

[1] Herrmann, L.: Pflügers Arch. f. d. ges. Phys. **47**, 45 (1890). — Zipperer, L.: Dinglers Polyt. J. 333, 201 (1918); Tafeln zur harmonischen Analyse periodischer Kurven (1922).

[2] Pichelmayer, K. u. L. v. Schrutka: ETZ **33**, 129 (1912). — Meurer, F.: ETZ **34**, 121 (1913).

beschriebenen Methoden der Klanganalyse Verwendung finden. Es läßt sich aber auch folgendes von Dietsch und Fricke[1] angegebene Verfahren zur Anwendung bringen:

Die zu untersuchende Kurve (eine Periode) wird auf einem durchsichtigen Film aufgezeichnet. Die Filmfläche ist dadurch in zwei Teile geteilt. Die eine der beiden Teilflächen wird nun geschwärzt. Der Film wird sodann auf eine durchsichtige Trommel aufgesetzt, deren Umfang gerade gleich einer aufgezeichneten Periode ist. Die Trommel ist von innen beleuchtet und rotiert mit einstellbarer Geschwindigkeit. Der Lichtstrahl gelangt über den Film durch eine spaltförmige ruhende Blende zu einer Photozelle. Die von ihr erzeugte Spannung wird verstärkt und über einen Tonfrequenzresonanzkreis für beispielsweise 50 Hz (z. B. schwingende Zunge mit elektromagnetischem Ein- und Auskoppelsystem) einem Galvanometer zugeführt. Man erhält den größten Ausschlag, wenn die sekundliche Drehzahl gleich 50 oder $50/n$ (n = ganze Zahl) ist, da dann Resonanz mit der Grundwelle oder einer Oberwelle vorliegt. Sie gibt somit die Ordnungszahl der Harmonischen an. Die Größe des dabei auftretenden Ausschlages ist bei linearer Wiedergabe proportional der Oberwellenamplitude.

Zur Analyse von Schwingungen mittels Kathodenstrahlröhre eignet sich auch die Integraldarstellung des Schwingungsverlaufes, s. zweiter Abschn., X, 4. Man erhält vielfach eine deutlichere Darstellung der Oberwellen als bei der Sinusoidaldarstellung.

b) Unmittelbare Schwingungsanalyse. Ist der Verlauf der Schwingungskurve nicht bekannt, so können aus dem Spannungsverlauf des Frequenzgemisches die Amplituden der einzelnen Harmonischen mit Hilfe eines Tonfrequenzspektrometers bestimmt werden[2]. Es wird dabei das Frequenzgemisch einem veränderlichen Schwingkreis oder einer Anzahl auf bestimmte Frequenzen fest abgestimmter Kreise zugeführt und die auftretenden Spannungen gemessen[3].

Ist U_{1n} die Spannung an der primären Ankopplungsspule, des Schwingungskreises bei der n-ten Harmonischen und U_{2n} ihre Spannung am Schwingkreis bei Resonanz, so ist[4]

$$U_{2n} = U_{1n} \frac{n \omega M}{R_n} \cdot \frac{L_2}{L_1} \cdot \qquad (3, 227)$$

Dabei ist ω die Grundfrequenz, M die gemeinsame Induktivität, L_1 die Primär-, L_2 die Sekundärinduktivität und R_n der Schwingkreiswiderstand bei der n-ten Harmonischen.

Man kann auch akustische Resonatoren verwenden, z. B. nach Helmholtz[5] gläserne Hohlkugeln, mit einer kleinen Öffnung. Für sie gilt als Resonanzfrequenz

---

[1] Dietsch, G. u. W. Fricke: ENT **9**, 341 (1932).

[2] Hueter, E.: ETZ **52**, 471 (1931).

[3] Lueder, H.: Wiss. Veröff. Siemens **9**, 167 (1930). — Curdy, R. G. Mc. u. P. W. Blye: Trans. A. I. E. E. **48**, 1167 (1929).

[4] Einfg. S. 61.

[5] Helmholtz, H. v.: Die Lehre von den Tonempfindungen, 6. Aufl. (1913).

$$f_{res} = \frac{c}{2\pi}\sqrt{\frac{3r}{2\pi R^3}}. \qquad (3, 228)$$

(c = Schallgeschwindigkeit, r = Radius der Öffnung, R Radius der Kugel.)

Ein einfacher Frequenzanalysator mit abgestimmten Resonanzkreisen ist in Abb. 219 gezeigt[1]. Die zu untersuchende tonfrequente Schwingung wird mittels eines Kathodenverstärkers verstärkt (*I*). Seine Ausgangsspannung wird dem Vertikalablenksystem eines Zweistrahlkathodenstrahloszillographen zugeführt. Zur Erhöhung der Resonanzschärfe wird parallel zum Resonanzkreis ein durch Dynatronschaltung[2] erzeugter

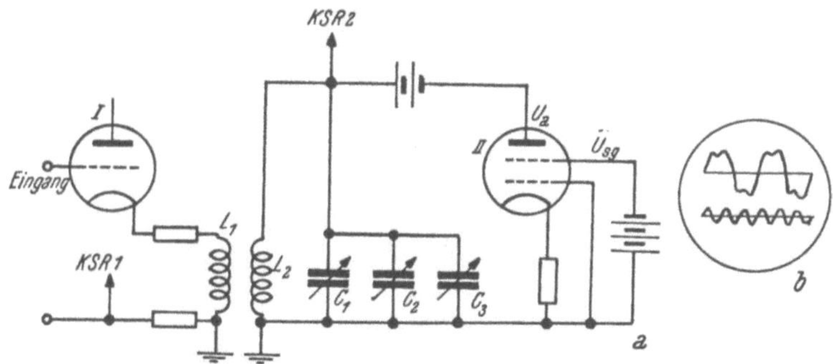

Abb. 219. Einfacher Frequenzanalysator mit Aufzeichnung der Harmonischen auf der Kathodenstrahlröhre. *a* Schaltung. $L_1 = 1$ H, $C_1 = 1{,}11\,\mu$F (veränderlich), $C_2 = 3000$ pF, $C_3 = 300$ pF, $R_c = 0 \ldots 100$ kOhm, $U_a = 50$ V, $U_{sg} = 120$ V. *b* Aufzeichnung auf der Kathodenstrahlröhre

negativer Widerstand geschaltet. Die Schwingkreisspannung wird dem anderen Ablenksystem als Vertikalspannung zugeführt. Die so aufgezeichneten Oberwellenamplituden sind in ihrer Größe von der jeweils eingestellten Resonanzschärfe des Schwingkreises abhängig. Man bestimmt sie, indem man die Frequenz f_{res} um den Betrag Δf durch Änderung der Abstimmkapazität C um einen solchen Betrag ΔC verstimmt, daß die Oberwellenamplitude, gemessen an der Kathodenstrahlröhre, auf das $1/\sqrt{2}$-fache abfällt. Es ist dann ($C \gg \Delta C$)

$$\varrho = \frac{f_{res}}{2\Delta f} = \frac{C}{\Delta C}\,^{3} \qquad (3, 229)$$

und man erhält für die Oberwellenspannung bei einer Eingangsspannung U_1 eine Ausgangsspannung U_2

$$U_2 = U_1 \frac{V_0}{R_i}\,\omega\, M\, \varrho. \qquad (3, 230)$$

[1] Tombs, D. M.: Wireless Engr. **27**, 197 (1950).

[2] Einfg. S. 556.

[3] Einfg. S. 43.

Der Verstärkungsfaktor der Röhre, V_0, ist dabei groß gegen 1 und ihr Innenwiderstand R_i groß gegen den Außenwiderstand angenommen. $M = k\sqrt{L_1 L_2}$ ist die gemeinsame Induktivität der beiden Spulen L_1 und L_2. Demnach nimmt U_2 bei konstant gehaltenem U_1, V_0, R_1, L_1, L_2, M und ϱ linear mit der Frequenz zu.

Zur Analyse des Frequenzspektrums eines ungedämpften Schwingungszuges eignet sich auch ein über das zu untersuchende Frequenzgebiet frequenzgetreu arbeitender Verstärker, der jedoch eine Gegenkopplung mit scharf einstellbarer Frequenzabhängigkeit aufweist, derart, daß bei Einstellen auf eine bestimmte Frequenz nur diese verstärkt wird. Es kann so das gesamte Frequenzgebiet von Hand aus durchgedreht werden. Als Gegenkopplungsglied eignet sich das Doppel-T-Glied. Das Gerät gleicht dann dem in Abb. 207 gezeigten Frequenzmesser, s. auch X dieses Abschnittes.

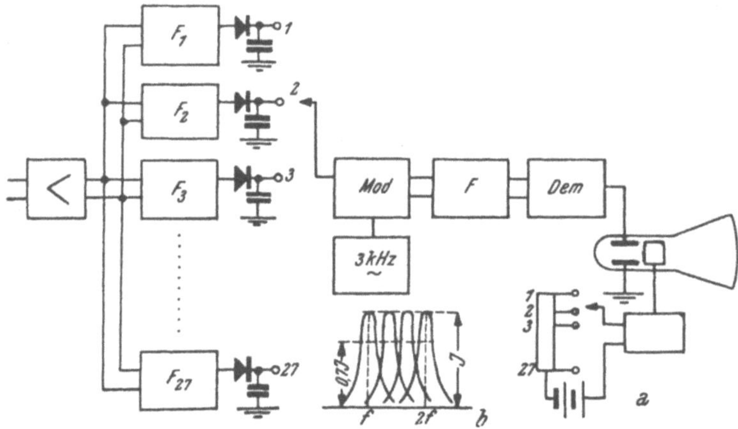

Abb. 220. Tonfrequenzspektrometer von Siemens u. Halske. *a* Schaltung, *F* = Filter, *Mod* = Modulator, *Dem* = Demodulator, 3 *kHz* = 3 kHz-Oszillator, *b* Filterkurven

Beim *Tonfrequenzspektrometer* von S. u. H.[1], s. Abb. 220, wird das zu untersuchende Spektrum einem Verstärker zugeführt. Die verstärkte Spannung gelangt sodann an 27 parallel liegende auf verschiedene Frequenzen abgestimmte Filter, die einen Frequenzbereich von 30 bis 18 000 Hz umfassen. Der Frequenzabstand zweier benachbarter Filter beträgt $^1/_3$ Oktave. Die Frequenzkurve ist so gewählt, daß der Schnittpunkt der einen Frequenzkurve mit der Nachbarkurve beim 0,7-fachen der Höchstamplitude gelegen ist. Liegt ein Ton gerade an der Grenze von zwei Filtern, dann erhält man doch wieder fast genau die gleiche Endspannung. Denn, fällt der Ton in den Resonanzpunkt eines Filters, so wird ein Nachbarfilter nur mehr mit einer Amplitude entsprechend dem 0,2-fachen des

---

[1] Freistedt, E. u. F. Bath: ATM V 3622—1 (1938).

Resonanzwertes ansprechen. Die größte Schwankung des Gesamteffektivwertes ist dann nur mehr 8%. Die Spannungen der einzelnen Filter werden auf mechanischem Wege mit einer Geschwindigkeit von etwa 20 1/sek abgetastet. Mit den erhaltenen Spannungen wird eine Trägerfrequenz von 3 kHz moduliert. Sie wird dann über ein Filter geführt und nach nochmaliger Verstärkung demoduliert und einem Ablenkplattensystem einer Kathodenstrahlröhre zugeführt. Das zweite Ablenkplattensystem erhält eine der jeweiligen Stellung der mechanischen Abtastung proportionale Spannung. Man erhält so die in Abb. 221 angedeutete Aufzeichnung.

Für die Geschwindigkeit der Analyse ist die Einschwingzeit τ der Filter maßgebend. Sie beträgt[1]

$$\tau = \frac{1}{\Delta f}. \qquad (3, 231)$$

Als Einschwingzeit wird dabei die Zeit angegeben, die benötigt wird, damit die Amplitude etwa das 0,8-fache des Endwertes erreicht. Δf ist die Frequenzbreite des Filters. Das tiefste Filter hat eine Einschwingzeit von etwa 0,1 s, es ermöglicht also etwa zehn photographische Aufnahmen in einer Sekunde.

Abb. 221. Darstellung des Tonfrequenzspektrums auf der Kathodenstrahlröhre

Das beschriebene Tonfrequenzspektrometer eignet sich somit vor allem zur Untersuchung rasch ablaufender Schwingungsvorgänge. Die Genauigkeit der Auflösung ist indes wegen der geringen Filterzahl nicht groß. Eine bessere Wiedergabe bei längerer Auflösezeit erhält man mit dem *Suchtonverfahren*[2].

Das Frequenzgemisch wird mit einer Oszillatorfrequenz, dem sogenannten *Suchton*, überlagert und beides über ein nicht lineares Glied geführt, dessen Kennlinie durch die Gleichung

$$i = a_0 + a_1 u + a_2 u^2 + \dots \qquad (3, 232)$$

gekennzeichnet ist. Da sich u aus $u_t = U_t \cdot \sin \omega_t t$ und $u_s = U_s \cdot \sin \omega_s t$ (Suchton) zusammensetzt, erhält man

$$i = a_0 + a_1 (u_t + u_s) + a_2 (u_t^2 + 2 u_t u_s + u_s^2) + \dots \qquad (3, 233)$$

Daraus ergibt sich außer den beiden Frequenzen ω_t und ω_s noch eine Summenfrequenz $\omega_s + \omega_t$ und eine Differenzfrequenz $\omega_s - \omega_t$, welche der Amplitude U_t des zu untersuchenden Tones proportional sind, sowie die Frequenzen $2\,\omega_t$ und $2\,\omega_s$ usw.

Liegt nun nach dem linearen Glied ein Filter für eine bestimmte feste Frequenz ω_F, so wird nur dann eine Spannung erhalten, wenn eine der Teilfrequenzen des zu untersuchenden Frequenzgemisches mit der veränderlichen Suchtonfrequenz einer Summen- oder Differenzfrequenz gleich der Filterfrequenz ω_F ergeben, also

[1] Küpfmüller, K.: ENT **1**, 141 (1924).

[2] Grützmacher, M.: ENT **4**, 533 (1927). — Meyer-Eppler, W.: AEÜ. **4**, 331 (1950).

$$\omega_s + \omega_t = \omega_F \quad \text{oder} \quad \omega_s - \omega_t = \omega_F. \tag{3, 234}$$

Je nach Einstellung der Filterfrequenz ist demnach ein *Differenz-* oder *Summentonverfahren* zu unterscheiden.

Beim Differenztonverfahren nach Grützmacher[1] wird der Differenzton mit etwa 50 Hz sehr niedrig gewählt. Zur Untersuchung eines Frequenzgemisches im Bereich von 0 bis 15 000 Hz dient ein Suchton, der von 0 bis 15 000 Hz verändert werden kann. Die ebenfalls entstehende Summenfrequenz $\omega_1 + \omega_2$ sowie die Frequenz $2\,\omega_s$ und $2\,\omega_t$ fallen im wesentlichen oberhalb der Filterfrequenzen.

Enthält aber das Frequenzgemisch mehrere Töne geringen Frequenzunterschiedes so treten im zweiten Klammerausdruck von Gl. (3, 233) außer dem gewünschten Glied $2\,a_2\,u_{t1}\,u_s$ noch ein Glied $2\,a_2\,u_{t1}\,u_{t2}$, also ein Kombinationston, der auch die Differenzfrequenz $\omega_{t1} - \omega_{t2}$ enthält und bei genügend kleiner Differenzfrequenz noch innerhalb der Durchlaßbreite des 50 Hz-Filters fällt. Dadurch können nun noch Frequenzspektren vorgetäuscht werden, die in Wirklichkeit nicht existieren.

Um dies zu vermeiden, empfiehlt es sich, eine Gegentaktüberlagerung vorzunehmen[2], das heißt den Suchton z. B. im Gleichtakt und das Frequenzgemisch im Gegentakt zuzuführen, die Differenzfrequenz aber im Gegentakt abzunehmen. Es ist dann

$$\begin{aligned} i = i_1 - i_2 &= a_1\,(u_s + u_{t1} + u_{t2}) + a_2\,(u_s + u_{t1} + u_{t2})^2 + \ldots \\ &\quad - a_1\,(u_s - u_{t1} - u_{t2}) - a_2\,(u_s - u_{t1} - u_{t2})^2 - \ldots \\ &= 2\,a_1\,(u_{t1} + u_{t2}) + 4\,a_2\,(u_s\,u_{t1} + u_s\,u_{t2}) + \ldots \end{aligned} \tag{3, 235}$$

Man erhält den Differenzton mit der Frequenz $\omega_{t1} - \omega_{t2}$ nicht mehr.

Die prinzipielle Ausführung des Suchtongerätes nach Grützmacher[3] zeigt Abb. 222. Die Darstellung des Frequenzspektrums erfolgt mittels Kathodenstrahlröhren. Suchoszillator und Zeitablenkung werden synchron betätigt, so daß eine laufende Aufzeichnung des Frequenzspektrums möglich ist.

Ein anderes einfaches Gerät benützt als Indikator ein Elektrodynamometer, an dessen feste Wicklung die zu untersuchende und an dessen bewegliche die Hilfsfrequenz angeschlossen ist[4]. Im Falle der Frequenzgleichheit von Suchton und zu untersuchender Frequenz erhält man einen Ausschlag, der ihrer Amplitude proportional ist, bei geringer Abweichung ein Pendeln des Zeigers. In ähnlicher Weise kann auch eine additive Überlagerung der beiden Frequenzen mit nachfolgender Demodulation durch quadratische Gleichrichtung und Anzeige mit Drehspulinstrument vorgesehen werden.

Bei den beschriebenen Verfahren erhält man die Differenzfrequenz zweimal im kurzen Frequenzabstand, nämlich, wenn $\omega_s = \omega_t - \omega_F$ und $\omega_s = \omega_t + \omega_F$. Dies führt zu einer unerwünschten Einsattelung in der

---

[1] Grützmacher, M.: ENT **4**, 533 (1927).

[2] Nicholson, M. G. u. W. M. Perkins: Proc. I. R. E. **20**, 734 (1932).

[3] Grützmacher, M.: ENT **4**, 553 (1927); Z. techn. Phys. **10**, 570 (1929); **14**, 450 (1933). — Curtis, A. S.: Bell Syst. Tech. J. **6**, 217 (1927).

[4] Suits, C. G.: Proc. I. R. E. **18**, 178 (1930).

Mitte der Aufzeichnung und zu einer Verschlechterung des Auflösungsvermögens. Dieser Nachteil wird vermieden, wenn die Filterfrequenz oberhalb des Hörbereiches, z. B. mit 15 000 Hz festgelegt wird. Man löst dann den Tonfrequenzbereich von Null bis 15 000 Hz auf, wenn die Suchtonfrequenz mit 15 000 bis 30 000 Hz festgelegt ist[1]. Auch hier ist zur Vermeidung der Wirkung störender Differenztonbildungen wie oben gezeigt, eine Gegentaktmodulation erforderlich.

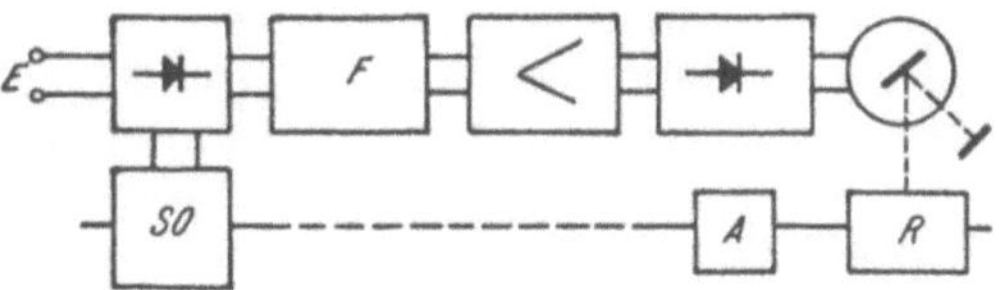

Abb. 222. Suchtonverfahren. SO = Suchtonoszillator, E = Eingang, F = Filter, A = Antrieb, R = Registriereinrichtung

Statt der Differenztonbildung kann auch eine Summenbildung vorgenommen werden. Ist das zu untersuchende Frequenzgemisch wieder mit 0 bis 15 000 Hz und der Suchton mit 15 000 bis 30 000 Hz festgelegt, so ergibt sich eine Filterfrequenz von 30 000 Hz. In diesem Falle erübrigt sich die Gegentaktschaltung, da die Summen- und Differenztöne des Spektrums unter 30 000 Hz liegen[2]. Um eine genügende Auflösungsschärfe zu erhalten, ist die Verwendung eines Quarzfilters zu empfehlen.

Man kann aber auch bei einer Filterfrequenz von 30 000 Hz das Differenztonverfahren anwenden, indem man den Suchton mit 30 000 bis 45 000 festlegt. Es ist dann nicht mehr die Verwendung eines rein sinusförmigen Suchtones (zur Vermeidung von Störfrequenzen $2\,\omega_s - \omega_t$) notwendig[3].

c) Frequenzanalyse bei Hochfrequenz. Zur Frequenzanalyse bei Hochfrequenz ist vor allem der Wellenmesser geeignet. Er wird mit der zu untersuchenden Stromquelle lose gekoppelt und der Schwingkreisstrom i_1 bei Resonanzeinstellung auf die Grundwelle und der Strom i_n bei Einstellung auf die n-te Oberwelle gemessen. Man findet für das Verhältnis der n-ten Oberwelle J_n des Stromes zur Grundwelle J_1 im Primärkreis:

$$\frac{J_n}{J_1} = \frac{R_n}{n\,R_1}\frac{i_n}{i_1}, \tag{3, 236}$$

wenn R_1, bzw. R_n der Dämpfungswiderstand des Wellenmessers bei der Grundwelle, bzw. n-ten Harmonischen ist.

Oft ist i_n sehr klein gegen i_1. Dann ist folgendes Meßverfahren zu empfehlen[4]: Der Wellenmesser wird auf die n-te Oberwelle eingestellt und so lose gekoppelt, daß gerade noch ein ausreichender Ausschlag i_n im

[1] Salinger, H.: ENT **6**, 293 (1929).

[2] Schoeps, K.: Hochfrequenztechn. u. Elektroak. **49**, 184 (1937).

[3] Schuck, O. H.: Proc. I. R. E. **22**, 1295 (1934). — Weymann, G.: Hochfrequenztechn. u. Elektroak. **49**, 181 (1937).

[4] Osnos, M.: Hochfrequenztechn. u. Elektroak. **40**, 121 (1932).

Indikator erhalten wird. Sodann wird die Wellenmesserabstimmung in die Nähe der Grundfrequenz gebracht, bis der Ausschlag wieder auf i_n gestiegen ist. Es ist dann

$$\frac{J_n}{J_1} = \frac{R_n}{n \frac{1}{\omega_1 C_1} \left(\frac{\omega_v^2}{\omega_1^2} - 1 \right)}, \qquad (3, 237)$$

wenn ω_1 die Grundfrequenz, ω_v die Frequenzeinstellung des Wellenmessers, die den gleichen Ausschlag wie bei der n-ten Harmonischen ergibt und C_1 die Abstimmkapazität bei der Grundwelle bedeutet.

Zur Analyse der von einem Sender ausgestrahlten Welle wird vielfach folgendes Verfahren verwendet. Die Sendeantenne wird mit einem Wellenmesser gekoppelt, der auf die zu messende Harmonische abgestimmt wird. An Stelle des Senders wird nun die bekannte Spannung eines geeichten Hilfsoszillators angeschlossen, die so groß gemacht wird, daß der Frequenzmesser den gleichen Ausschlag zeigt. Das Verfahren wird für alle Harmonischen wiederholt.

Auch das oben beschriebene Suchtonverfahren läßt sich für Hochfrequenzen entsprechend verwenden[1].

Ein Frequenzanalysator mit großem Frequenzbereich für kurze Wellen wurde von Apker unter anderem angegeben[2]. Ein Schwebungsoszillator einer mittleren Frequenz von 22 500 MHz wird mit Hilfe eines Sägezahnspannungsgenerators mit einem Hub von 1500 MHz frequenzmoduliert. Diese Frequenz wird mit der Eingangsfrequenz von 10 bis 3000 MHz überlagert. Die Summenfrequenz gelangt nur dann, wenn sie gerade 24 000 MHz beträgt, durch ein Filter (die Differenzfrequenz liegt stets unter 24 000 MHz und fällt daher aus). Man erhält so Impulse, deren Zeitpunkte in einer bestimmten Phasenlage zur Sägezahnspannung stehen. Sie werden durch Überlagerung mit 24 115 MHz in 115 MHz umgewandelt, verstärkt und dem einen Plattenpaar einer Kathodenstrahlröhre zugeführt, während das zweite Plattensystem die Sägezahnspannung erhält. Man bekommt so eine ähnliche Aufzeichnung wie beim Grützmacherschen Suchtonverfahren.

Zur Erzeugung der 21 000 bis 24 000 MHz dient ein wärmegesteuertes Klystron. Zur Aufnahme des Frequenzgemisches benützt man einen Empfänger großer Bandbreite[3].

3. Klirrfaktormessung

a) Einton-Klirrfaktormessung. Als Klirrfaktor wird das Verhältnis des Gesamteffektivwertes der Oberwellen zur Grundwelle bezeichnet[4]. Es ist daher

$$K = \frac{\sqrt{J_2^2 + J_3^2 + J_4^2 + \cdots}}{J_1}, \qquad (3, 238)$$

---

[1] Landreen, A. G.: Bell Syst. Tech. J. **6**, 230 (1927).

[2] Apker, L., J. Kahnke, E. Taft u. R. Watters: Proc. I. R. E. **35**, 1068 (1947).

[3] Kees, H.: Electronics **18**, 129 (1935).

[4] Küpfmüller, K.: VDE Fachber. 1926, S. 87.

wenn J_1 die Amplitude der Grundwelle, J_2 die der zweiten, J_3 die der dritten Harmonischen bedeutet usf. Gelegentlich findet man indes auch als Klirrfaktor das Verhältnis des Gesamteffektivwertes der Oberwellen zum Gesamteffektivwert aller Wechselamplituden, also

$$K' = \frac{\sqrt{J_2^2 + J_3^2 + J_4^2 + \dots}}{\sqrt{J_1^2 + J_2^2 + J_3^2 + \dots}} \tag{3, 239}$$

angegeben. Der Unterschied zwischen beiden durch diese Definitionen gegebenen Werten ist jedoch bei geringem Oberwellengehalt unwesentlich.

Zur Messung des Klirrfaktors benützt man vor allem die *Klirrfaktormeßbrücke* (Resonanzbrücke)[1] (s. Abb. 223). Sie ist so gebaut, daß im Resonanzfall alle vier Widerstände R gleich sind, also auch der Dämpfungswiderstand des Reihenresonanzkreises gleich R ist. Der Resonanzkreis wird nun auf die Grundwelle abgestimmt. Sind keine Oberwellen vorhanden, so zeigt das Galvanometer keinen Ausschlag. Anderenfalls entsteht im Galvanometer ein dem Klirrfaktor proportionaler Ausschlag, sofern das Meßgerät eine quadratische Empfindlichkeit besitzt und in Effektivwerten geeicht ist. Es kann daher bei konstanter bestimmter Eingangsspannung der Klirrfaktor unmittelbar in Prozenten geeicht sein oder wie z. B. bei der Ausführung von S. u. H.[2], s. Abb. 223, eine Umschaltung des Meßgerätes auf ein veränderbares Potentiometer vorgenommen werden. Die Potentiometereinstellung wird so lange verändert, bis der gleiche Ausschlag wie bei Minimumseinstellung der Brücke auftritt. Am Potentiometer kann der Klirrfaktor dann ebenfalls direkt in Prozenten abgelesen werden. Der Frequenzbereich des Meßgerätes umfaßt 25 bis 10 000 Hz und gestattet Klirrfaktoren von 0,01% bis 100% zu messen. Die Meßunsicherheit ist etwa 5%.

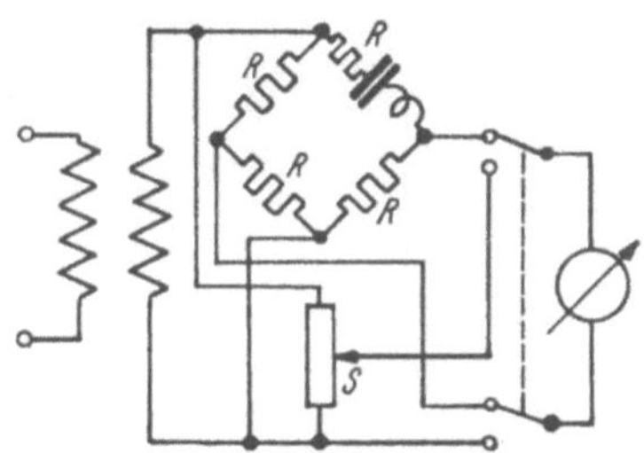

Abb. 223. Klirrfaktormeßbrücke (Siemens u. Halske)

Zur Klirrfaktormessung eignet sich auch die in Abb. 224 gezeigte T-Brücke. Bei einer bestimmten Frequenz, nämlich

$$f = \frac{1}{2\pi}\sqrt{\frac{2}{LC}} \tag{3, 240}$$

und einer bestimmten Größe von R, nämlich

$$R = \frac{L}{2 R_L C}, \tag{3, 241}$$

ist die Ausgangsspannung Null. Die Schärfe der Frequenzkurve ist so groß, daß bei völliger Unterdrückung der Grundschwingung f die zweite

[1] Hartmann, C. A.: ENT **5**, 345 (1928).

[2] Tamm, R.: Z. techn. Phys. **19**, 134 (1938).

Harmonische $2f$ nur um etwa 1 db verringert wird. Ein mit dieser Brücke ausgerüstetes Gerät[1] gestattet eine Klirrfaktormessung in einem Bereich von 50 bis 50 000 Hz. Die T-Brücke hat den Vorteil, daß Ein- und Ausgang einen gemeinsamen Erdungspunkt erhalten können.

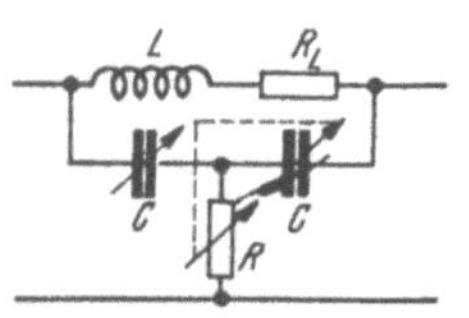

Abb. 224. T-Brücke zur Klirrfaktormessung

Statt dieser kann auch die Wien-Brücke, s. Abb. 203, zur Klirrfaktormessung dienen. Sie zeigt jedoch ein weniger scharfes Minimum.

An Stelle einer Meßbrücke kann auch sinngemäß ein Differentialtransformator (s. Abb. 112) verwendet werden, dessen eine Wicklungshälfte mit dem Reihenresonanzkreis und dessen andere mit dem Widerstand R belastet ist[2].

Zur Unterdrückung der Grundwelle eignet sich weiter auch das von Villard[3] angegebene Sperrfilter. Das Prinzipschema zeigt Abb. 208. Es besteht aus einem Phasenschieber φ, der eine frequenzabhängige Phasendrehung hervorruft. Hiezu eignen sich z. B. zwei Phasenbrückenglieder (s. Abb. 71) oder zwei CR-Glieder, verbunden durch Röhren. Bei einer bestimmten Frequenz sind dann bei einer gegebenen Einstellung der Verstärkung die beiden Ausgangsspannungen des oberen und unteren Zweiges gleich groß und entgegengesetzt, so daß keine Ausgangsspannung erhalten wird. Die Anordnung kann für einen kontinuierlich veränderbaren Frequenzbereich ausgeführt werden, wobei die einmal eingestellte Verstärkung nicht geändert werden braucht, da für eine Phasenverschiebung von 180^0 stets der Ohmsche Widerstand des Filters gleich dem kapazitiven sein muß. Das Gerät wurde für einen kontinuierlich regelbaren Frequenzbereich von 200 bis 10 000 Hz gebaut. Die Oberwellenunterdrückung ist etwa doppelt so groß wie jene der Wien-Brücke.

Ein anderes Klirrfaktormeßgerät arbeitet durch Kompensation der Grundwelle[4], s. Abb. 225. Es sei a das Meßobjekt. Der an ihm erhaltenen verzerrten Wechselspannung U_v wird die Grundwelle U_1 entgegengeschaltet. Sie wird mittels Potentiometers und Phasenschiebers b auf die erforderliche Amplitude und Phasenlage gebracht. Man stellt sie so ein, daß die Differenzspannung U_2 ein Minimum wird. U_2 gibt dann den Effektivwert der Oberwellenspannung und U_1 den der Grundwellenspannung an.

Verwendet man als Indikator eine Kathodenstrahlröhre, wobei als Zeitablenkung die Grundwelle verwendet wird, so kann man aus der Form der Lissajous-Figur zumeist die erhaltenen Oberwellen erkennen.

Zur Klirrfaktormessung bei Hochfrequenz eignet sich die Klirrfaktormeßbrücke im allgemeinen nicht, insbesondere weil meist einer der Hoch-

---

1 Freeland, R. R.: Electronics **22**, H. 1, S. 86 (1949).

2 Poleck, H.: ATM V 3621—4 (1938).

3 Villard, O. G. jr.: Electronics **22**, H. 7, S. 77 (1949).

4 Graffunder, W., W. Kleen u. W. Wehnert: Telefunkenröhre, H. 4, S. 142 (1934). — Schuhfried, F.: Hochfrequenztechn. u. Elektroak. **51**, 191 (1938).

frequenzanschlußpunkte geerdet sein muß, da sich anderenfalls meist störende Nebenschlußkapazitäten ergeben. Dagegen läßt sich die geschilderte Kompensationsmethode und T-Brücke besser verwenden. Schwierigkeiten bereitet die Verstärkung des geforderten breiten Frequenzbandes.

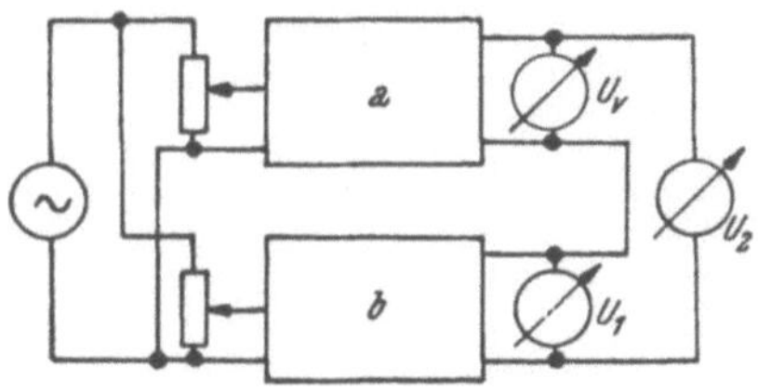

Abb. 225. Klirrfaktormessung durch Kompensation

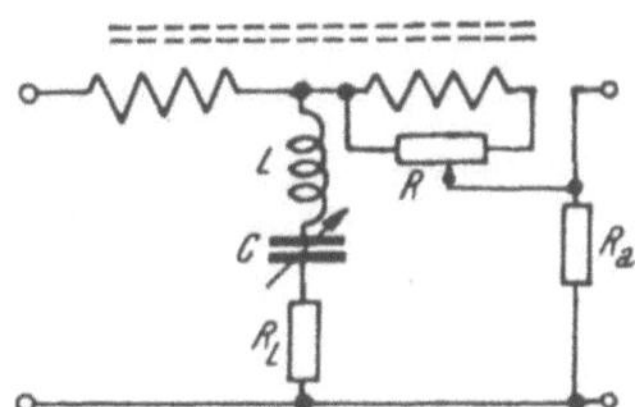

Abb. 226. Klirrfaktormesser für Hochfrequenz

Von Sudeck[1] wurde ein Klirrfaktormesser für Hochfrequenz angegeben, dessen Schaltung in Abb. 226 gezeigt ist. Das Gerät weist einen Reihenresonanzkreis auf, der auf die Grundwelle abgestimmt wird. Durch dessen Dämpfungswiderstand R_L tritt noch ein Ohmscher Spannungsabfall auf. Er wird durch den Transformator, der eine mit Hilfe des Potentiometers R einstellbare Gegenspannung erzeugt, kompensiert, so daß an dem äußeren Widerstand R_a lediglich Oberwellenspannungen auftreten. Diese werden einem Breitbandverstärker zugeführt, dessen Instrument unmittelbar in Prozenten des Klirrfaktors geeicht ist. Das Gerät weist einen Frequenzbereich von 700 bis 900 kHz auf und gestattet Klirrfaktoren von 0,05% bis 30% zu messen.

b) Zweitonklirrfaktormessung. Die meisten Schallquellen erzeugen gleichzeitig mehrere Töne mit nicht ganzzahligem Schwingungsverhältnis. Wenn sie über nicht lineare Glieder geführt werden, ergeben sich nicht nur Oberwellen der einzelnen Töne, sondern auch Kombinationsschwingungen (s. 2 b). Die einfache (Einton-)Klirrfaktormessung entspricht daher nicht ganz den Anforderungen der Praxis. Es wurde daher empfohlen, die Klirrfaktormessung auch mit zwei sinusförmigen Tönen vorzunehmen[2].

Es entstehen dann außer den Oberwellen

$$\sum_{n=2}^{\infty} h_n \quad \text{und} \quad \sum_{n=2}^{\infty} i_n$$

der Töne h_1 und i_1 der Frequenz f_1, bzw. f_2 auch Kombinationsschwingungen der Frequenz $f_1 - f_2$ (erster Differenzton), $2 f_1 - f_2$ und $2 f_2 - f_1$ (zweite Differenztöne) usw. Die höheren Differenztöne haben im allge-

[1] Sudeck, G.: ENT **15**, 205 (1938).

[2] Steimel, K.: Telefunkenröhre, H. 27, S. 7 (1943).

meinen nur untergeordnete Bedeutung[1]. Außer dem Klirrfaktor der beiden Töne treten also noch „*Differenztonfaktoren*" auf. Der Differenztonfaktor erster Ordnung k_n (Faktor der quadratischen Verzerrung) ist das Verhältnis des Effektivwertes des ersten Differenztones zur Summe der Effektivwerte der beiden Grundschwingungen h_1 und i_1 und der Differenztonfaktor zweiter Ordnung k_{12}, k_{21} [2] (Faktor der kubischen Verzerrungen) ist das Verhältnis der Summe der Effektivwerte der beiden zweiten Differenztöne[2] zur Summe der Effektivwerte der beiden Grundschwingungen.

Der „Zweitonklirrfaktor" ist definiert durch[3]

$$K_{II} = \sqrt{\frac{\sum\limits_{n=2}^{\infty} h_n^2 + \sum\limits_{n=2}^{\infty} i_n^2 + \sum\limits_{n,\,m=1}^{\infty} k_{n,m}^2}{\sum\limits_{n=1}^{\infty} h_n^2 + \sum\limits_{n=1}^{\infty} i_n^2 + \sum\limits_{n,\,m=1}^{\infty} k_{n,m}^2}}\,. \qquad (3,\ 242)$$

Man kann die Differenztonfaktoren durch Siebkreise für die betreffenden Differenztonfrequenzen messen[4]. Man erzeugt die zwei Schwingungsfrequenzen bestimmter konstanter Frequenzdifferenz $2\Delta f$ aber innerhalb des ganzen Tonspektrums veränderbarer Frequenz durch Modulation der Frequenz f mit Δf und Unterdrückung der Trägerwelle (z. B. mit Hilfe eines Ringmodulators).

Außer den Differenztönen erhält man auch die Summenfrequenzen $f_1 + f_2$ usw., sofern diese noch in das in Betracht kommende Tonfrequenzgebiet fallen. Ist eine der beiden Frequenzen klein, so ist die Vorstellung einer „*Zwischenmodulation*" berechtigt (denn es ist dann vorhanden: $f_1 - f_2$ und $f_1 + f_2$). Die Modulationsamplitude ist gleich der doppelten Differenztonamplitude[5].

Den Zweitonklirrfaktor kann man durch Kompensation der Grundwellen messen[6]. Dazu eignet sich z. B. eine Zweitonklirrfaktormeßbrücke. Die beiden sinusförmigen Wechselspannungen werden in gleicher Größe und mit gleichem inneren Widerstand in Reihe geschaltet an den Prüfling gelegt. Die Ausgangsspannung wird zunächst einer gewöhnlichen Klirrfaktormeßbrücke zugeführt, die auf eine der beiden Eingangsfrequenzen abgestimmt ist und somit die eine Grundfrequenz f_1 unterdrückt. Die Ausgangsspannung der Meßbrücke wird einer zweiten Klirrfaktormeßbrücke zugeführt, die auf die zweite Grundfrequenz f_2 abgestimmt wird und somit diese unterdrückt. Es verbleiben daher nur mehr die Ober-

---

[1] Janovsky, W.: ENT **6**, 421 (1929).
[2] CCIF 1937/38.
[3] Kleen, W.: Die Telefunkenröhre, H. 4, S. 142 (1934).
[4] Freystedt, E. u. W. Langsdorff: TFT **25**, 79 (1936).
[5] Einfg. S. 303.
[6] Faulhaber, H.: ENT **11**, 351 (1934).

wellen der Frequenzen f_1 und f_2 und die Differenztöne. Wichtig ist, daß die Frequenzdifferenz $f_1 - f_2$ so gewählt wird, daß sie außerhalb des Sperrbereiches der beiden Brücken fällt (ebenso auch die übrigen Oberwellen und Differenztöne).

Eine solche Meßeinrichtung zur Untersuchung von Ausgangsübertragern und Verstärkern wird von Kauffeldt beschrieben[1].

4. Messungen an Impulsen[2]

An Impulsen ist die Bestimmung folgender Größen von Interesse:

a) Messung der Impulsspitzenspannung. Man kann sie durch vorgespannte Detektoren oder durch Dioden messen[3]. Die Vorspannung macht man so groß, daß gerade die Grenze des Stromflußbeginnes erreicht wird. Sie ist dann etwa gleich der Spitzenspannung, s. II dieses Abschnittes und Abb. 117.

b) Messung des Tastverhältnisses τ[4]. Es läßt sich bei bekannter Impulsform aus dem Verhältnis von Spitzenspannung U_{sp} zu Mittelwert U_m bestimmen.

Es ist für Rechteckimpulse

$$\tau = \frac{U_m}{U_{sp}} \tag{3, 243}$$

und für Dreieckimpulse

$$\tau = \frac{2\,U_m}{U_{sp}}. \tag{3, 244}$$

Als Impulsdauer wird dabei eine Zeit nach untenstehender Definition angenommen.

c) Messung der Impulsdauer. Sie wird bei nicht rechteckförmigen Impulsen als die Impulsdauer bei halber Impulsspitzenspannung, seltener als die Impulsdauer zwischen den Punkten größter Flankensteilheit definiert.

Sie wird vor allem durch Oszillographieren mittels Kathodenstrahlröhre bestimmt. Bei den meist üblichen niederen Tastverhältnissen von rund 1/1000 würde indes eine Messung bei Verwendung der Impulsfolgefrequenz als Kippspannungsfrequenz sehr ungenaue Werte ergeben. Man nimmt daher ein bekanntes Vielfaches dieser Frequenz. Besser noch ist es aber, die Kippspannungsröhre selbst durch eine von den Impulsen gespeiste Schaltröhre bestimmter Schaltdauer zu betreiben[5].

Soll die Impulsdauer eines Rechteckimpulses von einem Meßgerät unmittelbar angezeigt werden, so benützt man dazu vielfach die in Abb. 227 gezeigte Anordnung, bei welcher der Impuls einen Kondensator C über

---

[1] Kauffeldt, A.: Die Telefunkenröhre, H. 29, S. 91 (1943).

[2] Buss, R. R., J. D. Noe, C. B. Clark u. H. E. Overacker: Receiver Output Circuits in „Very High Frequency Techniques", S. 977 (1947).

[3] Orlich, E.: Anleitungen zum Arbeiten im elektrot. Labor. 2. T., S. 210 (1929).

[4] Einfg. S. 12.

[5] Reich, H. J.: Theory and Applications of Electron Tubes. 2. Aufl., S. 368 (1944).

einen Widerstand R auflädt. Man erhält dann einen zackenförmigen Impuls, s. Abb. 227 *c*. Die Höhe der Spitze hängt von der Impulsdauer des Rechteckimpulses ab. Die Spitzenspannung, die mit dem Spitzenspannungsvoltmeter (s. Abb. 117) gemessen werden kann, ist demnach eine Funktion der Impulsdauer. Man findet[1]

$$t = C\,R \ln \frac{U_0}{U_0 - u}. \qquad (3,\ 245)$$

Schließlich läßt sich die Impulsdauer aus dem Frequenzspektrum der Impulsfolge bestimmen. Die Aufnahme erfolgt entweder in einfacher Weise durch Durchdrehen des Frequenzbereiches eines Empfängers[2] oder mittels Suchtones und Kathodenstrahlaufzeichnung.

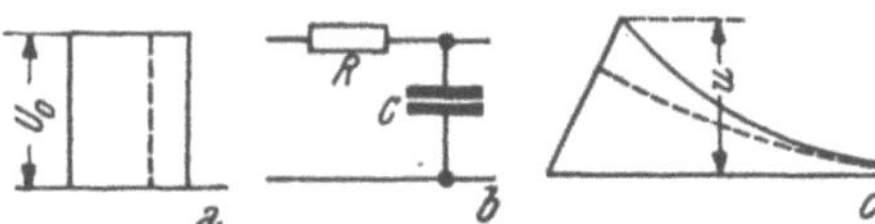

Abb. 227. Messung der Impulsdauer. *a* Rechteckimpuls, *b* RC-Glied, *c* Impulsform nach dem RC-Glied

d) Messung der Impulsfolgefrequenz. Die Impulsfolge wird an das Vertikalsystem einer Kathodenstrahlröhre gelegt, während an das Horizontalsystem eine sinusförmige Wechselspannung gelegt wird, die man so lange ändert, bis ein stehender Impuls entsteht. Die Bestimmung ist insofern nicht eindeutig, als ihre Frequenz auch ein Vielfaches der Impulsfolgefrequenz sein kann. Dies zu vermeiden, wird eine Kreis- oder Ellipsenaufzeichnung mit Überlagerung der Impulse auf dem Vertikalsystem vorgeschlagen[3].

5. Geräuschspannungsmessung

Will man von einem Tonfrequenzspektrum nur den Gesamteffektivwert messen, so verwendet man ein Röhrenvoltmeter mit bestimmter Frequenzempfindlichkeit. Im Ausgang befindet sich ein Meßgerät, das den Gesamteffektivwert der Eingangsspannung unmittelbar in V, bzw. mV oder in db, bzw. Phon angibt.

Die Frequenzkurven der meisten praktisch ausgeführten Geräte sind der Frequenzempfindlichkeit des menschlichen Ohres angepaßt, vielfach auch seiner Einstellzeit[4]. Die Anzeige erfolgt für kontinuierliche Geräusche in Effektivwerten.

Die Geräte dienen vor allem zur Untersuchung Störgeräusche erzeugender elektrischer Spannungsquellen, z. B. zur Untersuchung niederfrequenter Rauschspannungen und niederfrequenter Störspannungsquellen.

---

[1] Einfg. S. 111.

[2] Stansel, F. R.: Bell S. T. J. **20**, 331 (1941).

[3] Buss, R. R., J. D. Noe, C. B. Clark u. H. E. Overacker: Receiver Output Circuits in „Very High Frequency Techniques", S. 977 (1947).

[4] Sell, H.: Hochfrequenztechn. u. Elektroak. **48**, 34 (1936).

XII. Akustische Messungen

Ein Schallspektrum ist wie das entsprechende Wechselstromspektrum durch die Schallamplituden, deren Frequenzen und Phasenlagen gegeben. Zu ihrer Untersuchung eignen sich die in diesem Abschnitt, XI, beschriebenen Tonfrequenzanalysatoren. Ist nur die Größe der Schallamplitude gesucht, so genügt eine Schalldruck- oder eine Schallstärke-, bzw. Lautstärkemessung.

Der Schalldruck wird in dyn/cm² (μbar)[1], die Lautstärke in Phon gemessen. Der Schwellwert (Reizschwelle) des Ohres wird mit Null Phon gekennzeichnet. Er wurde auf Grund zahlreicher Messungen[2] mit 10^{-16} W/cm² ($2 \cdot 10^{-4}$ dyn/cm²) festgesetzt[3]. Eine Lautstärkeerhöhung um jeweils 1 Phon bedeutet eine Erhöhung der Leistung auf das $\sqrt[10]{10}$-fache, entsprechend der db-Skala.

1. Messung des Schalldruckes und der Schallstärke

a) Messung mit der Rayleighschen Scheibe. Zur absoluten Messung des Schalldruckes dient die Rayleighsche Scheibe[4]. Sie besteht aus einer kleinen Glimmerscheibe von etwa 50 μ Stärke, die an einem dünnen Glasfaden leicht drehbar aufgehängt ist. Treffen Schallschwingungen auf, so kommt ein Drehmoment M zustande, das die Scheibe senkrecht zur Fortpflanzungsrichtung der Schallwelle zu drehen sucht. Es ist

$$M = \frac{4}{3} v_0^2 \varrho r^3 \sin 2\alpha \; ^5. \qquad (3, 246)$$

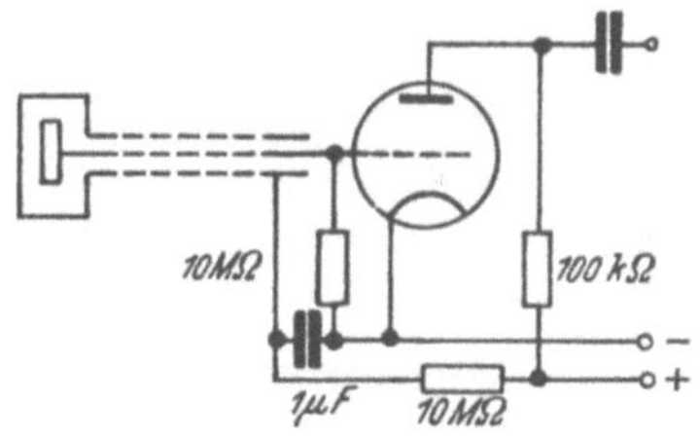

Abb. 228. Kondensatormikrophon mit Vorverstärker

Dabei ist r der Radius der Scheibe, ϱ die Dichte des Mediums, v_0 die Geschwindigkeit des schwingenden Luftteilchens und α der zwischen Scheibennormale und Schallfortpflanzungsrichtung eingeschlossene Winkel. Das größte Drehmoment erhält man demnach, wenn $\alpha = 45^0$.

Aus Gl. (3, 246) läßt sich mit Hilfe des gemessenen Drehmomentes die Geschwindigkeit v_0 bestimmen. Zwischen v_0 und dem Schalldruck gilt die Beziehung

$$p = 42{,}5\, v_0 \; \mu\text{bar}, \qquad (3, 247)$$

v_0 = mittlere Schallschnelle in cm/s.

---

[1] 1 bar = 10^5 N/m² laut gesetzl. Normung, s. z. B. Österr. Bundesgesetzbl. 152 vom 17. 8. 1950.

[2] Fletcher, H. u. W. A. Muson: J. A. S. A. **5**, 91 (1933).

[3] Internat. akust. Konf. Paris, 1937.

[4] Lord Rayleigh: Phil. Mag. **14**, 186 (1882).

[5] König, W.: Wied. Ann. **43**, 43 (1891).

b) Direkte Messung mit Mikrophonen. Sehr häufig wird das Kondensatormikrophon verwendet. Zumeist benützt man die in Abb. 228 gezeigte Schaltung nach Wente[1], seltener die von Riegger angegebene mit Hochfrequenzmodulation[2]. Wichtig ist frequenzgetreue Schallumwandlung innerhalb eines möglichst großen Frequenzbereiches. Die untere Frequenzgrenze f_u[3] wird durch die Zeitkonstante des Mikrophonkreises bestimmt. Es ist

$$f_u = \frac{1}{2\pi C_m \cdot R}. \tag{3, 248}$$

Hierbei bedeutet C_m die Kapazität des Mikrophons und R den Gitterableitwiderstand. C_m liegt gewöhnlich in der Größe von etwa 200 bis 300 pF. Der höchste zulässige Ableitwiderstand beträgt dann 10 bis 20 Megohm. Man erreicht daher eine untere Frequenzgrenze von etwa 30 Hz. Die obere Frequenzgrenze ist durch die Eigenresonanz des Kondensatormikrophons gegeben. Sie liegt bei Aluminiummembranen und Luftpolster bei 8000 bis 15 000 Hz.

Das Mikrophon ist durch eine Normalschallquelle bekannter Schallstärke geeicht. Ein Schalldruckmesser mit dreistufigem Verstärker ist von Siemens[4] entwickelt worden. Die Eichung des Verstärkers erfolgt durch Einstellung einer bestimmten Eigenschwingungsamplitude des Verstärkers mittels Rückkopplung. Ihre Größe wird an einem Meßinstrument abgelesen.

Das dynamische Mikrophon eignet sich ebenfalls, und zwar in der Form des Schwingspulenmikrophons[5] sowie des Bändchenmikrophons[6] zur direkten Schallmessung. Beide benötigen Transformatoren mit hohem Übersetzungsverhältnis.

c) Kompensationsmethode und Vergleichsmethode. Bei der Kompensationsmethode wird die vom Schall auf die Membran verursachte Kraft durch eine gleich große Gegenkraft aufgehoben. Letztere wird von einer Wechselspannungsquelle gleicher Frequenz über einen Phasenschieber gewonnen. Gerlach[7] benützt ein Bändchenmikrophon, dessen Schwingungen durch eine an das Bändchen gelegte Wechselspannung kompensiert werden. Das Verschwinden der Schwingungsamplitude wird durch einen an der Rückseite des Mikrophons mündenden Hörschlauch festgestellt. Die durch die Gegenspannung verursachte Kraft kann berechnet werden. Meyer[8] benützt ein Kondensatormikrophon mit Hochfrequenzmodulation. Die Gegenkraft wird auf elektrostatischem Wege erzeugt.

---

[1] Wente, E. C.: Phys. Rev. **10**, 39 (1917).
[2] Riegger, H.: Wiss. Veröff. Siemens III/2, 84 (1924). — Einfg. S. 366.
[3] Einfg. S. 308.
[4] Siemens: Meßeinrichtungen f. d. Fernmeldetechnik, S. 190 (1940).
[5] Wente, E. C. u. A. L. Thuras: J. Ac. Soc. Am. III, 44 (1931).
[6] Gerlach, E.: Phys. Z. **25**, 675 (1924).
[7] Gerlach, E.: Wiss. Veröff. Siemens III, 1, S. 189 (1923).
[8] Meyer, E.: ENT **4**, 86 (1927).

Weitere Verfahren sind von Tischner[1] und Geffcken[2] ausgearbeitet worden. Man kann die Kompensationsspannung auch auf eine Hilfselektrode, z. B. in Form eines vor der Kondensatormikrophon-Membran angeordneten Gitters anbringen[3].

Es läßt sich aber auch statt der Kompensationsmethode eine Vergleichsmethode anwenden: Nach Abschalten der Schallquelle wird die Wechselspannung an die Hilfselektrode gelegt und so eingeregelt, daß wieder die gleiche Mikrophonspannung erhalten wird.

Die Wechselkraft p_w ist in beiden Fällen bestimmt durch

$$p_w = k\, U_w \cdot U_{Gl}. \tag{3, 249}$$

Hierbei bedeutet U_{Gl} die Vorspannung der Membran, U_w ihre Wechselspannung und k eine Konstante. Diese ist bis 1500 Hz frequenzunabhängig und nimmt dann bis 10 000 Hz auf etwa ein Drittel ab.

Sie läßt sich durch eine Eichung mit konstantem Druck p_0, der an die Membran gelegt wird, ermitteln. Die durch ihn verursachte Membrandurchbiegung wird nun durch eine Gleichspannung U_{Gl} kompensiert, was aus dem Verschwinden der Kapazitätsänderung beim Kondensatormikrophon festgestellt werden kann. Es ist dann

$$k = \frac{p_0}{U_{Gl}^2}. \tag{3, 250}$$

Die im Schallfeld gemachten Schalldruckeichungen sind jedoch noch einer Korrektur zu unterziehen: Durch Beugung der Schallwellen um das Mikrophon erhöht sich der von ihm aufgenommene Schalldruck bei hohen Frequenzen bis auf etwa das Doppelte[4]. Auch durch die Gehäuseform entstehen Fehler infolge Resonanzerscheinungen[5], die eine weitere Zunahme der Empfindlichkeit bei hohen Frequenzen verursachen.

d) Druckkammereichung[6]. Vor der Mikrophonmembran befindet sich eine Kammer, in der ein bekannter Wechseldruck erzeugt wird. Man bedient sich in der Regel eines kleinen schwingenden Kolbens. Der von ihm erzeugte Wechseldruck p_w läßt sich wie folgt bestimmen:

$$p_w = \varkappa\, p_0\, s_w \frac{A}{V_0}. \tag{3, 251}$$

Hierbei ist p_0 der Atmosphärendruck, V_0 das Volumen der Druckkammer, s_w die Wechselamplitude des Kolbens, A die Kolbenfläche und $\varkappa$ das Verhältnis der spezifischen Wärme bei konstantem Druck zu dem bei konstantem Volumen (für Luft 1,41).

Die Druckkammereichmethode eignet sich vor allem bei niedrigen Frequenzen (etwa unter 200 Hz).

---

1 Tischner, H.: ENT **7**, 192 (1930).
2 Geffcken, H.: ENT **10**, 39 (1933).
3 Meyer, E.: ENT **4**, 86 (1927). — Grützmacher, M. u. E. Meyer: ENT **4**, 286 (1927).
4 Ballantine, S.: Jour. Ac. Soc. Am. **3**, 352 (1932).
5 Ballantine, S.: Proc. I. R. E. **18**, 1206 (1930).
6 Wente, E.-C.: Phys. Rev. **10**, 39 (1917); **19**, 498, 833 (1922).

Die Membrandurchbiegung kann aus der Kapazitätsänderung des Kondensatormikrophons bestimmt werden. Ist d der mittlere Elektrodenabstand, C_0 die mittlere Kapazität und ΔC die Kapazitätsänderung, so erhält man die Amplitude s aus

$$s \approx d \frac{\Delta C}{C_0}. \qquad (3, 252)$$

Die Messung der Kapazitätsänderung kann z. B. in der Weise vorgenommen werden, daß das Kondensatormikrophon durch einen mit Tonfrequenz und bekannter Kapazität sich ändernden Kondensator ersetzt wird. Hiezu eignet sich beispielsweise ein rotierender „Modulationskondensator"[1].

e) Geräuschmesser. Dies sind Lautstärkemeßgeräte, deren Frequenzempfindlichkeit der des menschlichen Ohres angepaßt ist. Dadurch können nicht nur einzelne Töne, sondern auch Frequenzgemische nach dem Lautstärkeeindruck, den sie in unserem Ohr verursachen, beurteilt werden.

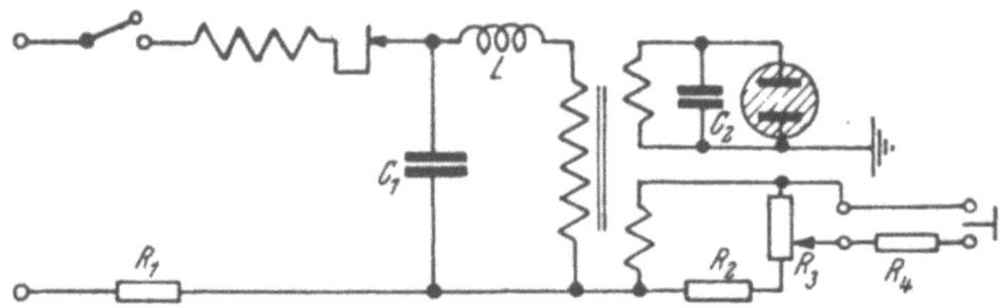

Abb. 229. Lautstärkemessung nach Barkhausen

α) *Der subjektive Geräuschmesser von Barkhausen*[2], s. Abb. 229. Bei diesem wird der zu messende Schall mit einem Normalton, dessen Lautstärke verändert werden kann, verglichen. Die von einem Summer erzeugte Wechselspannung wird mit Hilfe eines veränderlichen Widerstandes so eingeregelt, daß gerade die Zündspannung einer Glimmlampe erreicht wird. Die so festgelegte tonfrequente Wechselspannung gelangt nun über ein bereits in Phon geeichtes Potentiometer zu einem Kopfhörer. Man hört dann Normaltöne, deren Lautstärke durch die Potentiometerteilung bestimmt ist. Es sind 20 Stufen zu je 5 Phon vorhanden. Man vergleicht den Lautstärkeeindruck des Normaltones mit dem des zu untersuchenden Geräusches. Da das Ohr Lautstärkenverschiedenheiten mit großer Genauigkeit abschätzt, ist die Meßunsicherheit nur etwa 5 Phon.

β) *Objektive Geräuschmesser*[3]. Das zu messende Geräusch trifft auf ein Mikrophon, dessen Wechselspannung einem mehrstufigen Verstärker zugeführt wird. An seinem Ausgang befindet sich ein Meßgerät. Dieses ist in der Regel bereits in Phon geeicht. Zur Erweiterung des Meßbereiches ist ihm ein Potentiometer oder Widerstand vorgeschaltet. Der Meßbereich erstreckt sich gewöhnlich von 20 bis 120 Phon.

[1] Lange, W.: Hochfrequenztechn. u. Elektroak. **39**, 133 (1932).

[2] Barkhausen, H.: Z. techn. Phys. **7**, 599 (1926).

[3] Galt, R. H.: J. Ac. Am. I, S. 147 (1929); II, S. 31 (1930). — Bakos u. Kagan: Z. V. d. I. **76**, 145 (1932).

Die Eichung des Verstärkers erfolgt bei den meisten Geräten durch Einstellung auf Schwingungseinsatz. Die Verstärkung wird so groß gemacht, daß bei Einschalten der Rückkopplung, z. B. durch Drücken eines Knopfes, wodurch der Ausgang mit dem Eingang über einen Widerstand verbunden wird, ein Pfeifen gerade hörbar wird oder die selbsterregte Wechselspannung an einem Meßgerät einen bestimmten Ausschlag hervorruft.

Die Frequenzkurve des Verstärkers ist entsprechend den Bestimmungen des CCIF der Frequenzempfindlichkeit des Ohres unter Berücksichtigung der des Mikrophons nachgebildet. Manche Geräte gestatten auch die Nachbildung anderer Frequenzkurven, z. B. solche von Telephonleitungen zur Untersuchung der dort auftretenden Störspannungen.

Zur Eichung des an das Mikrophon angeschlossenen Gerätes dient vielfach eine Normalschallquelle, die sich in einem bestimmten Abstand vor dem Mikrophon befindet. Es eignet sich z. B. als Normalschallquelle ein Tonimpuls, der bei Abschalten eines Elektromagneten durch plötzliche Entspannung einer Feder oder Membran diese in ihrer tonfrequenten Eigenschwingung erregt und so im Ausgangsleistungsmesser des Verstärkers einen bestimmten ballistischen Ausschlag hervorruft.

γ) *Statistischer Geräuschspannungsmesser*[1]. Solange die Schallstärke eines Geräusches als zeitlich konstant angesehen werden kann, sind die bisher beschriebenen Geräte zur Lärmuntersuchung geeignet. Dies ist jedoch nicht der Fall, wenn der Lärm starken zeitlichen Schwankungen unterworfen ist, z. B. in Form von Impulsen auftritt.

Nach Steudel[2] zeigt das menschliche Ohr bereits etwa 0,5 ms nach dem Einschalten und noch bis zu 200 ms nach dem Abschalten eines Schalles eine Schallempfindung (Zeitkonstanten des Ohres). Der Lautstärkeeindruck für Impulse gleicher Größe erhöht sich bei 5 Impulsen je Sekunde um 5 Phon und bei 50 und mehr Impulsen je Sekunde um 10 Phon gegenüber dem durch einen einzelnen Impuls verursachten. Es wurde daher versucht, die Empfindlichkeit von Geräuschspannungsmessern durch Wahl der Zeitkonstanten diesen Bedingungen anzupassen.

So z. B. wird bei vielen Geräten, da das Ohr nach obigem etwa 0,2 s benötigt, um ein Geräusch voll aufzunehmen, der Meßeinrichtung eine solche Zeitcharakteristik gegeben, daß ein 0,2 s dauerndes Geräusch denselben Ausschlag erzeugt wie ein andauerndes, während kürzere Geräusche proportional der Zeitdauer schwächere Ausschläge hervorrufen[3].

Indes sind bisher noch keine Normen über den Belästigungsgrad von Geräuschen schwankender Größe geschaffen worden. Es erscheint daher zweckmäßig, sowohl die Größe, als auch die Häufigkeit der Geräuschamplituden zu registrieren.

Die Radio Corporation of America (RCA) hat ein Meßgerät entwickelt[4], das diese Messung gestattet. Es wird die Zeitdauer gemessen, innerhalb der

[1] Keinath, G.: ATM V 35—3 (1939).
[2] Steudel, U.: Hochfrequenztechn. u. Elektroak. **41**, 116 (1933).
[3] Barstow, J. M.: Bell. Lab. Rec. **15**, 252 (1937).
[4] Burill, C. M. u. E. T. Dickey: RMA Engr. **3**, 16 (1938).

die Spannungswerte eine gewisse Größe, die veränderlich eingestellt werden kann, überschreiten. Von besonderem Interesse sind jene Amplituden, die während 5%, 50% und 85% der Zeit überschritten werden. Abb. 230 zeigt den Zusammenhang zwischen Lautstärke und Häufigkeit, wie sie z. B. ein solches Gerät aufzeichnet.

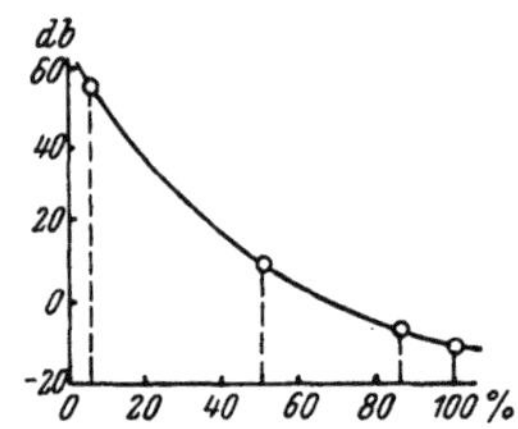

Abb. 230. Darstellung der Häufigkeit der Störspannungen

Die Messung wird mit einem Apparat durchgeführt, der eine veränderbare Spannungsbegrenzung aufweist.

2. Schallfrequenzmessung

a) Elektrische Messung. Die Schallschwingung wird einem Mikrophon zugeführt und die Frequenz der erhaltenen Wechselspannung gemessen.

b) Messung mittels akustischer Resonatoren. Zur Frequenzmessung kann der Helmholtzsche Resonator[1] und die Quinckesche Resonanzröhre[2] verwendet werden. Es ist dies eine Röhre mit verschiebbarem Kolben. Das Auftreten akustischer Resonanzen wird mit Hilfe eines Hörrohres oder Mikrophones festgestellt. Die Resonanzfrequenz ist

$$f = \frac{c}{2l}. \qquad (3, 253)$$

Hierbei ist c die Fortpflanzungsgeschwindigkeit der Schallwelle und l die Länge des geschlossenen Rohrstückes. Wird der Schall durch zwei Rohrleiter geteilt, so entsteht Interferenz und die Schallamplitude wird nach Vereinigung derselben ein Minimum, wenn sich ihre Längen um ein ungeradzahliges Vielfaches von $\lambda/2$ unterscheiden.

c) Vergleich mit anderen Tonerzeugern. Die zu untersuchende Schallfrequenz wird mit der von einem bekannten Tonfrequenzgenerator erzeugten Frequenz verglichen. Man stellt auf Minimum der Schwebungsfrequenz ein. Als Normal-Tonfrequenzquellen eignen sich besonders die Stimmgabel, die Lochsirene, die Normalschallplatte und elektrische Tongeneratoren.

Insbesondere lassen sich aber auch *elektrische Frequenzmeßmethoden* verwenden, s. X dieses Abschnittes.

3. Klanguntersuchung

Zur Untersuchung des Frequenzspektrums von Schallschwingungen dienen vor allem die in XI dieses Abschnittes beschriebenen Meßeinrichtungen zur Frequenzanalyse, wobei die Schallschwingungen durch ein frequenz-, amplituden- und formgetreu arbeitendes Mikrophon in elektrische Schwingungen umgewandelt werden.

In vielen Fällen, besonders zur Untersuchung des Höreindruckes von Kombinationsschwingungen eignet sich jedoch das umgekehrte Verfahren

[1] Helmholtz, H. v.: Die Lehre von den Tonempfindungen, 6. Aufl., 1913.

[2] Quincke, G.: Pogg. Ann. **128**, 177 (1866).

oft besser: Es werden mit Hilfe von Schallgeneratoren bestimmte Sinusschwingungen einstellbarer Frequenzen und Amplituden zu Kombinationsschwingungen zusammengesetzt und ihr subjektiver Schalleindruck verglichen. Geräte, die eine solche Untersuchung ermöglichen, wurden von Wagner[1] und Fletcher[2] angegeben. Sie eignen sich unter anderem zur künstlichen Nachbildung des Schalleindruckes von Musikgeräten, aber auch zur physiologischen Untersuchung des Ohres.

Die künstliche Zusammensetzung solcher Schwingungen unter veränderbarer Phasenverschiebung eignet sich auch zur Untersuchung der für die Verstärker- und Übertragungstechnik wichtigen Frage der Phasenempfindlichkeit des menschlichen Ohres[3].

4. Messung der Nachhallzeit

Als Nachhallzeit wird jene Zeit angegeben, nach der die von einer plötzlich abgeschalteten Schallquelle in einem Raum auftretende Schallstärke auf das 10^{-6}-fache gesunken ist[4].

a) Subjektive Messung. Es wird ein lauter Knall erzeugt, z. B. ein Pistolenschuß abgegeben, und mit der Stoppuhr die Zeit gemessen, nach der der Schall unhörbar geworden ist. Besser ist es, den Schall mit einem Lautsprecher zu erzeugen, dessen Schallstärke auf das 10^{6}-fache der des Schwellwertes eingestellt ist. Nachdem im Raum die volle Lautstärke erreicht ist, wird der Lautsprecher abgeschaltet und die Zeit gemessen, die bis zum Absinken auf den Schwellwert vergeht.

b) Objektive Messung. Nach Erreichen der vollen Lautstärke wird die Schallquelle abgeschaltet und gleichzeitig ein Mikrophon in Betrieb genommen und dessen Spannungsablauf untersucht. Nach einem Vorschlag von Meyer[5] wird mit Hilfe einer Synchronuhr selbsttätig die Zeit gemessen, die bis zum Erreichen der 10^{-6}-fachen Schallstärke vergeht.

Der Zeitablauf der Schallamplitude kann auch auf einem Registrierapparat abgelesen werden. Es wird empfohlen, diesem eine logarithmische Empfindlichkeit zu geben, so daß die Nachhallkurve die Form einer Geraden erhält. Es ist dann möglich, die durch Schallreflexionen bedingten Fehler auszuschalten, indem die erhaltene Kurve durch eine Gerade ersetzt wird, wie dies Abb. 231 gestrichelt zeigt. An Stelle der logarithmischen Empfindlichkeit kann auch eine logarithmische Zeitbasis zur geradlinigen Aufzeichnung der Nachhallkurve benützt werden.

Schließlich kann auch eine Meßeinrichtung verwendet werden, die den exponentiellen Verlauf der Nachhallkurve integriert. Der erhaltene Wert,

---

1 Wagner, K. W.: Abh. Nr. 3 d. Preuss. Akad. d. Wiss. 1936.

2 Fletcher, H.: Amer. Jour. Phys. **14**, 215 (1946).

3 Benz, F.: Das Elektron. H. 1, S. 20 (1948).

4 Sabine, W. C.: Collected Papers on Accoustics, 1923.

5 Meyer, E.: Z. techn. Phys. **7**, 253 (1930).

der der Nachhallzeit proportional ist, wird an einem Meßinstrument abgelesen. Bei dem Nachhallmeßgerät von Siemens und Halske wird hiezu (wegen seiner Wärmeträgheit) ein Thermokreuz benützt. Das Gerät eignet sich für Messungen von Nachhallzeiten von 0,2 bis 20 s.

Bei einem von Tak[1] vorgeschlagenen Meßgerät werden periodische Schallimpulse erzeugt. Die Mikrophonspannung wird im gleichen Rhythmus periodisch exponentiell verstärkt, so daß von einem angeschlossenen, mit synchroner Kippfrequenz gesteuerten Kathodenstrahloszillographen Rechteckimpulse aufgezeichnet erscheinen. Die durch Reflexionen im Raum entstehenden Schwankungen werden wie oben eliminiert. Es entfallen auch hier jene Fehler, die dadurch entstehen, daß neben den Eigenschwingungen des Tones auch benachbarte Frequenzen erregt werden, die mit diesem eine Schwebung ergeben.

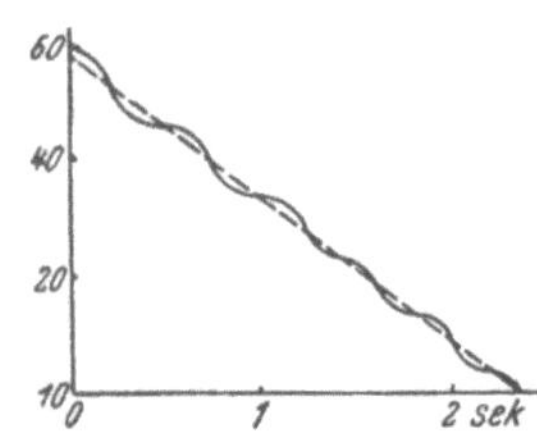

Abb. 231. Nachhallkurve bei logarithmischer Registrierung

Ein Gerät, das sich besonders zur Messung sehr kurzer Nachhallzeiten eignet, wird von Benz[2] angegeben. Die Schallquelle erzeugt amplitudenmodulierte Schwingungen. In dem an das Mikrophon angeschlossenen Verstärker erhält man bei Nachhall einen geringeren Modulationsgrad, dessen Größe gemessen wird. Die Nachhallmessung wird somit auf eine Modulationsgradmessung zurückgeführt. Aus dem Verhältnis des Modulationsgrades der Schallamplitude zum Modulationsgrad der elektrischen Spannung, erhält man, wenn die Modulationsfrequenz bekannt ist, unmittelbar die Nachhalldauer. Die Eigenschaft des Raumes, den Modulationsgrad zu verringern, kann mit der eines Siebgliedes, bestehend aus Ohmschem und kapazitivem Widerstand, verglichen werden. Darnach bestimmt sich die Nachhalldauer T zu

$$T = 2{,}2 \cdot \frac{1}{f} \sqrt{\frac{m_0^2}{m_1^2} - 1}. \qquad (3,\ 254)$$

Hierbei ist m_0 der Modulationsgrad des die Schallschwingung erzeugenden Wechselstromes und m_1 der am Modulationsgradmesser angezeigte, f ist die Modulationsfrequenz. Durch geeignete Wahl der Modulationsfrequenz gelingt es auch Nachhallzeiten von weniger als 0,1 s zu bestimmen. Es ist notwendig, den Mittelwert aus verschiedenen Messungen im Raum zu bilden.

---

[1] Tak, W.: Philips Techn. Rdsch. **8**, 82 (1946); **9**, 370 (1947/48).

[2] Benz, F.: Hochfrequenztechn. **48**, 98 (1936). — Saic, F. C.: E. u. M. **64**, 85 (1947).

XIII. Messung der elektrischen Feldstärke

Die Messung der Feldstärke erfolgt mit Hilfe einer Hoch- oder Rahmenantenne[1] und eines geeichten Empfängers. Bei Verwendung einer auf Resonanz abgestimmten Hochantenne erhält man die Feldstärke aus

$$|\mathfrak{E}| = \frac{J_A (R_s + R)}{h_w}. \qquad (3,255)$$

Es ist also die Kenntnis des Antennenstromes J_A, der effektiven Antennenhöhe h_w, des Strahlungswiderstandes R_s und des Nutzwiderstandes R notwendig. Für Rahmenantennen (Rahmenfläche senkrecht zur Fortpflanzungsrichtung der elektrischen Welle) gilt

$$|\mathfrak{E}| = \frac{J_A \cdot R \cdot \lambda}{2\pi w \cdot A}. \qquad (3,256)$$

Hierbei ist A die Rahmenfläche, R der Ohmsche Widerstand und w die Windungszahl. Da diese Größen bekannt sind, wird trotz des geringeren erhaltenen Antennenstromes die Rahmenantenne im allgemeinen zur Feldstärkenmessung vorgezogen.

Zu dem bekannten Widerstandswert R liegt allerdings der oft nicht vernachlässigbare Widerstand R_i des Rahmens in Reihe. Durch zwei Messungen, bei den äußeren Widerständen R_1, bzw. R_2, wobei der Strom J_1, bzw. J_2 erhalten wird, läßt sich der durch R_i verursachte Fehler eliminieren. Es ist dann

$$|\mathfrak{E}| = \frac{\lambda}{2\pi w A} \frac{R_1 - R_2}{\frac{1}{J_1} - \frac{1}{J_2}}. \qquad (3,257)$$

1. Messung großer Feldstärken

Bei sehr großer Feldstärke genügt eine Messung von J_A mit Hilfe eines Thermoinstrumentes. Geringere Feldstärken können gemessen werden, wenn an Stelle des Stromes die Rahmenspannung U_L gemessen wird. Es ist dann, wenn der Rahmen in Richtung zum Sender zeigt (maximale Rahmenspannung),

$$|\mathfrak{E}| = U_L \frac{R \cdot \lambda}{\omega L \cdot 2\pi w \cdot A}. \qquad (3,258)$$

Abb. 232 zeigt eine solche Schaltung unter Verwendung eines Röhrenvoltmeters mit Kompensationsspannung. Die Feldstärke wird an U_1 abgelesen, während das Galvanometer G nur zur Nulleinstellung dient. Die Kompensationsspannung U_1 ist gleich dem Maximalwert von U_L. Dieses Gerät gestattet Feldstärkenmessungen bis herab zu einigen mV/m durchzuführen.

---

[1] Braun, F.: Jahrb. d. drahtl. T. **4**, 152, 212 (1914). — Rausch v. Traubenberg, H.: Jahrb. d. drahtl. T. **14**, 569 (1919).

2. Messung kleiner Feldstärken

Die in Abb. 232 gezeigte Feldstärkenmeßeinrichtung läßt sich auch zur Messung kleiner Feldstärken verwenden, wenn das Röhrenvoltmeter durch ein empfindlicheres Meßgerät ersetzt wird. Wegen seiner Reizschwelle genügt ein Richtverstärker nicht mehr, es muß eine Audionschaltung[1] oder Hochfrequenzverstärkung verwendet werden. An Stelle des Röhrenvoltmeters tritt meist ein nach dem Überlagerungsprinzip gebauter Empfänger[2]. Seine Empfindlichkeit muß ständig nachkontrolliert werden. Man benützt dazu einen geeichten Hilfssender. Dieser erzeugt eine bestimmte bekannte Spannung. Die Empfindlichkeit des Empfängers wird mit Hilfe eines Spannungsteilers so lange verändert, bis an dem ausgangsseitig befindlichen Meßinstrument bei Anschluß des Hilfssenders derselbe Ausschlag wie bei Empfang auftritt. Der Spannungsteiler ist geeicht, so daß aus dem Spannungsverhältnis bei bekannter Hilfssenderspannung unmittelbar die Feldstärke gefunden wird[3]. Liegt der Oszillator am Eingang des Verstärkers, so ist die Umrechnung von seiner Spannung U auf die Feldstärke $\mathfrak{E}$ durch Gl. (3, 258) gegeben.

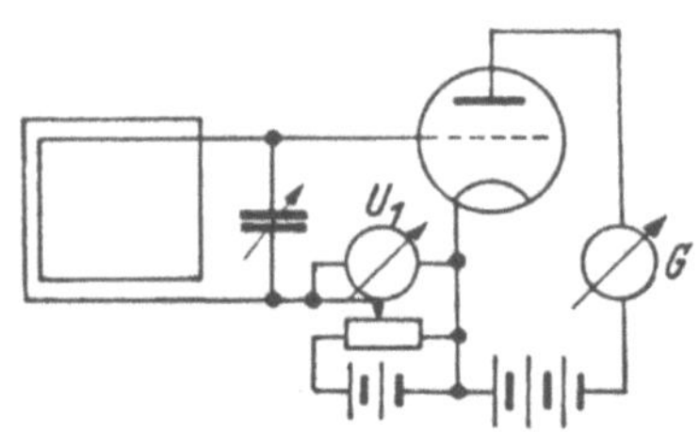

Abb. 232. Nahfeldstärkenmeßgerät

Es wird meist ein Meßbereich von etwa 1 μV bis einige mV verlangt. Es ist nicht leicht ein Röhrenvoltmeter zu bauen, das diesen Bereich ohne Übersteuerung der Röhren umfaßt. Diese Schwierigkeit wird vermieden, wenn eine selbsttätige Verstärkerregelung vorgesehen wird und die Regelspannung, die mit guter Annäherung dem Logarithmus der Eingangsspannung proportional ist, zur Messung der Feldstärke benützt wird[4]. Dadurch entfällt die Verwendung von Spannungsteilern im Verstärker, es wird aber auch ein geeichter Hilfssender vermieden. Es genügt zur Eichung den Verstärker mit einer Rückkopplung zu versehen und die Verstärkung so groß zu machen, daß ein Selbstschwingen bei einer bestimmten festgelegten Regelspannung auftritt.

Es kann aber auch der Hilfssender einen Spannungsteiler erhalten, der somit eine bekannte einstellbare Spannung an den Empfänger abgibt. Die Messung erfolgt dann mit einem nicht geeichten Empfänger. Die Hilfssenderspannung wird dann so groß gemacht, daß wieder der gleiche Ausschlag wie bei der Feldstärkenmessung erhalten wird. Bei einer Ausführung von Englund[5] arbeitet ein Hilfssender über den geeichten

[1] Bäumler, M.: ENT **1**, 160 (1924).
[2] Vallauri, G.: Electrician **86**, 249 (1921).
[3] Friis, H. T. u. E. Bruce: Proc. I. R. E. **14**, 507 (1926).
[4] Rohde, L.: Z. techn. Phys. **19**, 439 (1938).
[5] Englund, C. R.: Proc. I. R. E. **11**, 25 (1923). — Bown, R., C. R. Englund u. H. T. Friis: Proc. I. R. E. **11**, 115 (1923). — Jensen, A. F.: Proc. I. R. E. **14**, 333 (1926).

Spannungsteiler auf einen mit dem Rahmen in Reihe befindlichen Widerstand, dessen Stromstärke somit bekannt ist. Nach dieser Substitutionsmethode lassen sich Feldstärken bis herab zu etwa 1 μV/m messen. Sie wird wegen ihrer größeren Genauigkeit der vorerwähnten im allgemeinen vorgezogen, obwohl die einwandfreie abgeschirmte Spannungsteilung des Hilfssenders einen größeren Aufwand erfordert.

Zur Aufzeichnung der Feldstärkenabnahme mit zunehmender Entfernung werden Feldstärkenregistriergeräte gebaut[1]. Um große Feldstärkenschwankungen zu erfassen, werden diese Geräte meist mit logarithmisch geteilter Skala für Aufzeichnungen in db verwendet.

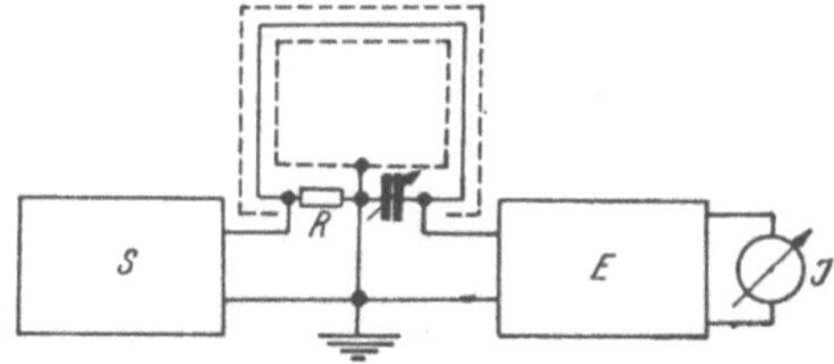

Abb. 233. Feldstärkenmeßgerät. S = geeichter Sender, E = Empfänger, R = Eichwiderstand

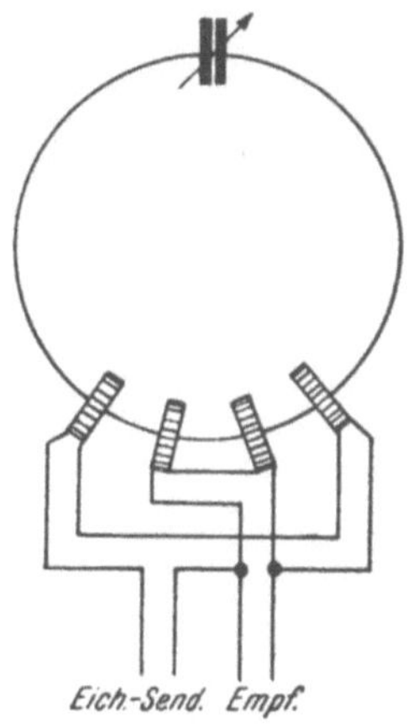

Abb. 234. Kurzwellen-Feldstärkenmesser

Abb. 233 zeigt den prinzipiellen Aufbau eines Feldstärkenmessers für kleine Feldstärken. Die ankommende Feldstärke erzeugt in dem Empfänger eine bestimmte Eingangsspannung, die nach Verstärkung und Gleichrichtung und mit Hilfe eines Spannungsteilers am Instrument J einen bestimmten Ausschlag erzielt. Nach Drehen des Rahmens bis zum Verschwinden des Empfanges wird der geeichte Sender S mit gleicher Frequenz eingeschaltet und eine so große Spannung an den Widerstand R gelegt, daß im Instrument J wieder der gleiche Ausschlag entsteht. Die Feldstärke $\mathfrak{E}$ bestimmt sich dann aus der bekannten Prüfsenderspannung U am Widerstand R zu

$$|\mathfrak{E}| = \frac{U \cdot \lambda}{2\pi w A}, \tag{3, 259}$$

wenn A die Rahmenfläche ist.

Die Rahmenantenne wird zur Verhinderung einer kapazitiven Antennenwirkung meist abgeschirmt. Die Abschirmung ist, um einen Kurzschluß der Windungen zu vermeiden, in der Mitte oben geschlitzt.

Rahmenantennen werden zur Feldstärkenmessung für Wellenlängen herab bis zu etwa 5 m verwendet. Bei sehr kurzen Wellen hat der Rahmen meist nur eine Windung. Resonanzabstimmung wird mit einem in Reihe geschalteten Drehkondensator erzielt. Eine symmetrische Ankopplung des Generators und des Empfängers kann durch je zwei die Rahmenwindung umfassende Toroide erzielt werden, s. Abb. 234.

[1] Robinson, G. D.: Proc. I. R. E. **19**, 247 (1931).

Bei kürzeren Wellen werden Dipolantennen verwendet. Auch an diese kann Empfänger und Generator in gleicher Weise angekoppelt werden.

3. Normalfeldstärkengenerator[1]

Insbesondere bei kurzen Wellen treten Fehler infolge Unsymmetrie und Rahmenkapazität auf[2]. Der Fehler kann oft 10% und mehr betragen. Die Feldstärkenberechnung ist nicht mehr genau. Es ist daher in vielen Fällen zweckmäßig, Normalfeldstärken-Generatoren zu verwenden. Dies sind Sender mit Antennen, deren Aufbau so gewählt wird, daß das von ihnen erzeugte Feld leicht berechnet werden kann. Zur Feldstärkenmessung wird die vom Generator erzeugte Feldstärke gleich der unbekannten Empfangsfeldstärke gemacht[3].

Häufig wird die in Abb. 235 *b* gezeigte Viertelwellenantenne mit breiter Kupferscheibe (an Stelle der Erdung) verwendet. Es wird der Antennenstrom am Fußpunkt gemessen, woraus man für die Feldstärke auf einer zur Antennenachse lotrechten Ebene erhält[4]:

$$E = \frac{Z_0}{2\pi} \cdot \frac{J}{r} = 60 \frac{J}{r}. \qquad (3, 260)$$

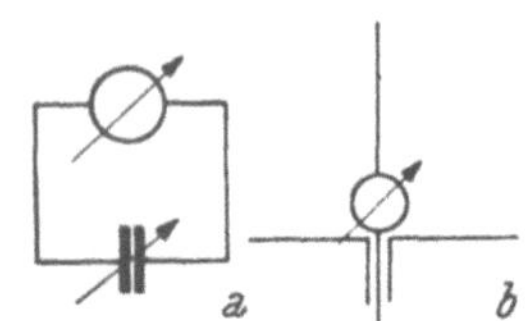

Abb. 235. Antennen für Normalfeldstärkengeneratoren. *a* Rahmenantenne, *b* Vertikalantenne

Hiebei ist J der Antennenstrom in A, r die Entfernung in m und E die Feldstärke in V/m; $Z_0 = 377\,\Omega$ ist eine Konstante.

Verwendet man die in Abb. 235 gezeigte Rahmenantenne, so läßt sich die Feldstärke E in der Hauptstrahlrichtung wie folgt bestimmen[5]:

$$E = \frac{Z_0\,\pi}{r} \cdot w \frac{A}{\lambda^2} J \cos\alpha. \qquad (3, 261)$$

Es bedeuten w die Windungszahl, A die Rahmenfläche, λ die Wellenlänge und α den Winkel, den die Richtung zum Meßgerät mit der Rahmenebene einschließt.

Der Einfluß des Erdbodens ist in Gl. (3, 259) und Gl. (3, 260) nicht berücksichtigt. Er darf besonders bei sehr kurzen Wellen nicht vernachlässigt werden[6].

Von Rohde[7] wird ein Normalfeldstärkengenerator mit Rahmenantenne beschrieben, der auch als Nahfeldstärkenmesser verwendet werden kann.

---

[1] McPetrie, J. S., J. A. Saxton: Jour. I. E. E. 88, III, S. 11 (1941). — Colebrook, F. M. u. A. C. Gordon-Smith: Jour. I. E. E. 88, III, 15 (1941).

[2] Taylor, P. B.: Proc. I. R. E. **25**, 1475 (1937).

[3] Shelleng, J. C., C. R. Burrows u. E. B. Ferrell: Proc. I. R. E. **31**, 427 (1933).

[4] Einfg. S. 125.

[5] Einfg. S. 638.

[6] Einfg. S. 630.

[7] Rohde, L.: Z. techn. Phys. **19**, 439 (1938).

4. Geräuschfeldstärkenmesser

Zur Messung der Feldstärke eines Störpegels oder des Antennenrauschens benützt man den Geräuschfeldstärkenmesser. Er gleicht im wesentlichen einem gewöhnlichen Feldstärkenmeßgerät. Zur Erzeugung eines bekannten Rauschspektrums wird jedoch an Stelle des Hilfssenders eine Rauschdiode verwendet. Die Rauschspannung wird durch Änderung des Heizstromes eingestellt (s. zweiter Abschn., IV)[1].

Das Messen von Geräuschfeldstärken macht jedoch Schwierigkeiten, wenn sie starken zeitlichen Schwankungen unterworfen sind, so z. B. die Messung der Feldstärke atmosphärischer Störungen. Man bedient sich zu ihrer Aufzeichnung in der Regel der Kathodenstrahlröhre[2], die auch gleichzeitig zur Feststellung der Einfallsrichtung benützt werden kann[3]. Um die Größe der Störwirkung zu untersuchen und zu vergleichen, wird wieder der in XII dieses Abschnittes beschriebene statistische Geräuschmesser herangezogen.

---

[1] Cosman, J. V.: Commun. **18**, 22 (1938). — Taylor, P. B.: Proc. I R. E. **22**, 191 (1934).

[2] Norinder, H.: Proc. I. R. E. **24**, 287 (1936).

[3] Wattson-Watt, R. A. u. J. F. Herd: Jour. I. E. E. **64**, 611 (1926). — Harper, A. E.: Proc. I. R. E. **17**, 1214 (1929).

Vierter Abschnitt

Untersuchungsmethoden

I. Untersuchung von Stromquellen

1. Untersuchung von Primärelementen

In vielen Rundfunkgeräten werden heute noch Primärelemente verwendet. Man verlangt von ihnen große Leistung und große Kapazität, bei geringem Gewicht, weiter geringen inneren Widerstand und geringe Spannungsabnahme mit Belastung und schließlich große Lagerfähigkeit.

Die Elektromotorische Kraft wird *offene Spannung*, die Klemmspannung auch *Arbeitsspannung* genannt.

Die Prüfung der Trockenbatterien, insbesondere der Taschenlampen- und Anodenbatterien unterliegt bestimmten Normen und Vorschriften[1]. Danach erfolgt die Messung der Arbeitsspannung der Batterien bei Belastung mit einem Widerstand von 5 Ohm je Zelle und zwar nach zwei Sekunden Einschaltedauer.

Die Entladung ist zumeist eine intermittierende. Sie erfolgt bei größeren Trockenbatterien wie bei Taschenlampenbatterien über einen Widerstand von 5 Ohm je Zelle. Bei ersteren bis zu einer Dauer von vier Stunden werktäglich, bei letzteren während zehn Minuten werktäglich. Anodenbatterien werden mit 5 mA während vier Stunden werktäglich belastet. Die Entladung gilt als beendet, wenn die Arbeitsspannung erstmalig die halbe Nennspannung erreicht hat. Bei Trockenbatterien beträgt die Nennspannung 1,5 Volt je Zelle. Dies gilt auch für Anodenbatterien[1].

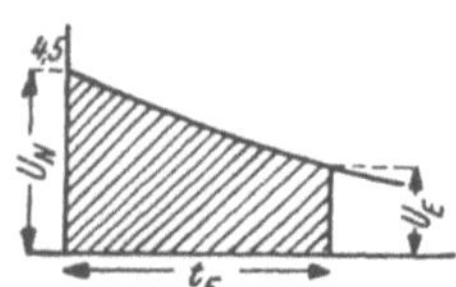

Abb. 236. Spannungsverlauf bei Entladung einer Batterie

Aus dieser Messung läßt sich die „Kapazität" der Batterie in Betriebsstunden unmittelbar und in Amperestunden durch Aufzeichnung der Entladekurve bestimmen. Der Flächeninhalt des schraffierten Flächenstückes (s. Abb. 236) ist der Kapazität Q proportional. Es ist

$$Q = \frac{1}{R_a} \int_0^t U\, dt. \tag{4, 1}$$

[1] ETZ **48**, 893, 1534 (1927); **49**, 112 (1928); **51**, 622, 1505 (1930); **56**, 137, 523 (1935). — VDE 0807 (1939). — ETZ **60**, 989, 1233, 1243 (1939).

Einfacher noch läßt sich die Kapazität der Batterie mit Hilfe eines Amperestundenzählers ermitteln.

Bei Anodenbatterien ergibt sich die Kapazität aus

$$Q = 0{,}005\, t_E. \tag{4, 2}$$

Man erhält Q in Amperestunden, wenn man die Entladezeit t_E in Stunden einsetzt.

Bei Taschenlampenbatterien ist bei der geschilderten Belastung eine Kapazität von etwa 1 Ast., bei Anodenbatterien eine solche von etwa 1,5 bis 2 Ast. zu erwarten.

Die Messung der offenen Spannung wird im allgemeinen mittels Kompensationsverfahren (s. dritter Abschn., II) gemessen. Die Messung der Arbeitsspannung geschieht mit Hilfe eines Voltmeters, dessen Widerstand mindestens 100 Ohm je Volt bei Taschenlampenbatterien und mindestens 500 Ohm je Volt bei Anodenbatterien beträgt.

Die Prüfung der Lagerfähigkeit der Batterien erfolgt in der Weise, daß die Leistungsmessung nach mehrmonatlichem Lagern im kühlen, trockenen Raum vorgenommen wird, und zwar bei größeren Trockenbatterien nach zwölfmonatlichem, bei Taschenlampenbatterien nach meist viermonatlichem und bei Anodenbatterien nach sechsmonatlichem Lagern. Bei Trocken- und Taschenlampenbatterien werden nach dieser Zeit im allgemeinen noch etwa 75 Prozent, bei Anodenbatterien 90 Prozent der Kapazität gefordert.

Von großem Interesse ist auch die Bestimmung des *inneren Widerstandes* R_i der Batterie. Hiefür werden zwei Methoden vorgeschlagen[1]:

1. *durch Messung des Spannungsabfalles* infolge Belastung mit dem äußeren Widerstand R_a. Es ist

$$R_i = \frac{U_0 - U}{U} R_a. \tag{4, 3}$$

Hiebei ist U_0 die offene Spannung, U die Arbeitsspannung. Diese Meßmethode gibt indes Werte, die von der Größe des äußeren Widerstandes abhängig sind. Es empfiehlt sich R_a etwa 15 Ohm je Zelle zu machen.

2. *durch Wechselstrommeßbrücke.* Der Vorteil dieser Meßmethode ist, daß das Element ohne Belastung gemessen werden kann. Es werden zumeist zwei Elemente gegengeschaltet und deren innerer Widerstand mit Hilfe einer Schleifdrahtmeßbrücke gemessen. Es sei jedoch bemerkt, daß der innere Widerstand auch eine kapazitive Komponente aufweist, weshalb in dem gegenüberliegenden Brückenzweig auch ein solcher eingeschaltet werden muß. In der Regel geschieht dies durch Parallelschalten eines veränderlichen Kondensators. Steht nur ein Element zur Messung zur Verfügung, so kann zur Vermeidung einer Gleichstrombelastung mit dem Element ein Kondensator (8 bis 16 μF) in Reihe geschaltet werden.

Man erhält für den inneren Widerstand R_i der Zelle einer Taschenlampenbatterie einen Wert von etwa 0,6 bis 1 Ohm und eine innere Kapazität von etwa 100 bis 200 μF [2].

---

[1] Drotschmann, C.: Helios, 1930, S. 78.

[2] Hübner, W.: ETZ **61**, 149 (1940).

Durch Messung des Scheinwiderstandes bei verschiedenen Frequenzen gelangt man zu dem in Abb. 237 gezeigten Ersatzschaltbild eines Galvanischen Elementes[1]. Hiebei ist C_1 die elektrostatische Kapazität, C_2 die Polarisationskapazität und C_3 die Kapazität der Zuleitungen.

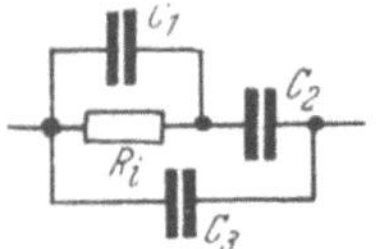

Abb. 237. Ersatzschaltung eines galvanischen Elementes

2. Untersuchung von Akkumulatoren

Die Prüfung von Akkumulatoren erstreckt sich vor allem auf die Bestimmung ihrer Kapazität. Sie wird durch einen Entladeversuch ermittelt. Der Akkumulator wird zunächst voll aufgeladen. Die Ladung ist beendet, wenn die Ladespannung bei *Bleiakkumulatoren* (bei normaler Ladestromstärke und richtiger Säuredichte) 2,7 Volt je Zelle erreicht hat. Sie ist durch eine heftige Gasentwicklung erkennbar. Die Entladung beginnt nach etwa einer Stunde mit der normalen Entladestromstärke. Die Entladung ist beendet, wenn eine Entladespannung von 1,8 Volt je Zelle erreicht ist. Aus Entladezeit mal Entladestromstärke erhält man die Kapazität (in ASt). Bei normalen tragbaren Batterien beträgt die Entladezeit zehn Stunden und die Kapazität kann auf 10 ASt je kg Zellengewicht geschätzt werden. Bei langsamer Entladung erhält man eine größere Kapazität. Die Messung der Entladespannung erfolgt jedoch stets bei der normalen Entladestromstärke.

Stahlakkumulatoren werden in gleicher Weise geprüft. Die Ladung ist bei Erreichen von 1,8 Volt und die Entladung bei Erreichen von 1,05 Volt beendet.

Aus dem Verhältnis der bei Entladung erhaltenen Elektrizitätsmenge zu der bei der Ladung zugeführten erhält man den *Amperestunden-Wirkungsgrad*, während das Verhältnis der abgegebenen zu den zugeführten Wattstunden den *Wattstundenwirkungsgrad* ergibt.

Von Interesse ist auch die Bestimmung des inneren Widerstandes, die nach den unter Punkt 1 beschriebenen Methoden erfolgen kann.

3. Untersuchung von Netzanschlußgeräten

Zu prüfen ist zunächst die Spannung, die das Gerät abgibt. Sie ist im unbelasteten Zustand ein Maximum und nimmt mit zunehmender Belastung ab, der Abfall ist besonders stark bei Geräten mit Ladekondensator. Es wird die Belastungsabhängigkeit der Spannung in einem Diagramm aufgezeichnet. Weiter ist zu messen der Wirkungsgrad. Man verwendet primärseitig ein Wattmeter, sekundärseitig belastet man mit veränderlichen Ohmschen Widerständen, an denen man Strom und Spannung mißt.

Von besonderem Interesse ist die Messung der Wechselstromkomponente der abgegebenen Gleichspannung. Sie ist belastungsabhängig und wird daher mindestens bei zwei Werten, und zwar bei Leerlauf und bei Normal-

[1] Drotschmann, C.: Funk und Ton **3**, 506 (1949).

last gemessen. Man bestimmt in der Regel nur die Welligkeitsspannung, das ist der Gesamteffektivwert aller der Gleichspannung überlagerten Wechselspannungen. Er wird einfach mit einem Wechselstrominstrument, dem ein genügend großer Kondensator vorgeschaltet ist, gemessen. Eine gleichzeitige Gleichspannungsmessung ermöglicht die Bestimmung des „Welligkeitsgrades".

Werden die Netzanschlußgeräte für Meßzwecke gebaut, so ist vor allem wichtig, daß die abgegebene Gleichspannung durch Netzspannungsschwankungen möglichst wenig beeinflußt wird.

Bei der Prüfung von Netzanschlußgeräten muß auch die Einhaltung der Sicherheitsvorschriften kontrolliert werden.

Sie müssen, soweit es sich um Starkstrom führende Teile handelt, den Sicherheitsvorschriften für Starkstromgeräte (unter 1000 Volt) genügen[1]. Es ist unter anderem ausreichender Schutz gegen jede Berührung vorzusehen und es darf keine unzulässige Erwärmung auftreten. Die Abtrennung vom Netz erfolgt durch Transformatoren oder Kondensatoren, die über ihre Isolation höchstens 1 mA hindurchlassen. Unmittelbare Gleichstromnetzanschlußgeräte, für Spannungen über 42 Volt, bei denen der Gleichstrom nach Siebung an das Rundfunkgerät weitergegeben wird, sind unzulässig. Zulässig sind dagegen Gleichstromnetzgeräte, bei denen der Gleichstrom in einen Wechselstrom umgeformt und dieser über einen Transformator dem Verbraucher weitergeführt wird. Dagegen sind Empfänger für unmittelbaren Gleichstromnetzanschluß (z. B. Allstromempfänger) gestattet, doch darf weder an den Buchsen des Lautsprechers noch der Erdung usw. die Netzspannung aufscheinen. Sie muß vielmehr wie oben angegeben abgeriegelt sein.

Wechselstromnetzanschlußgeräte können hergestellt werden, wenn sie ebenfalls die oben gestellten Bedingungen des Berührungsschutzes erfüllen.

Die Geräte werden einer Isolationsprüfung unterworfen, nachdem sie in geöffnetem Zustand während 24 Stunden bei 20° C in einem Raum mit achtzigprozentiger Luftfeuchtigkeit und weitere 24 Stunden in einem Raum von 15° bis 20° mit normaler Feuchtigkeit gelagert haben. Es muß dann der Isolationswiderstand aller der Berührung zugänglichen Metallteile gegen das Netz bei 1500 Volt Gleichspannung mindestens 2 Megohm sein. Bei Geräten mit Wechselstrom wird an den gleichen Stellen auch der hindurchgelassene Wechselstrom gemessen. Er darf nicht größer als 1 mA sein[2].

4. Untersuchung von Zerhackergeräten

Zerhackergeräte dienen zur Umwandlung von Gleichspannung in Wechselspannung oder in höhere Gleichspannung (Gleichspannungsumformer). Sie sind im wesentlichen den gleichen Prüfungen wie die obgenannten Netzanschlußgeräte zu unterwerfen.

---

[1] ETZ **49**, 1379, 1417 (1929); **50**, 541, 872, 1135, 1672 (1930).

[2] ETZ **53**, 924 (1932); **54**, 315, 640 (1933).

Gemessen wird außerdem die Gleichspannung, bei der der Zerhacker anspricht und die Konstanz der Ausgangsspannung. Zu empfehlen ist auch eine Untersuchung der erzeugten Störspannung (s. X, K dieses Abschnittes).

Wichtig für eine gute Arbeitsweise und große Lebensdauer eines Zerhackergerätes ist eine einwandfreie Kontaktgebung. Sie wird durch eine Kathodenstrahlröhre geprüft. Die erzeugte Wechselspannungskurve soll eine trapezförmige Gestalt aufweisen. Dies geschieht meist durch richtige Wahl der zu den Kontakten parallel liegenden Kondensatoren.

5. Untersuchung von Wechselspannungsquellen

Es werden untersucht: 1. Die Abhängigkeit der Spannung, der Leistung und des Wirkungsgrades von der Belastung. 2. Die Frequenzabhängigkeit von der Belastung sowie zeitliche Frequenzschwankungen. 3. Die Höhe des Oberwellengehaltes durch Klirrfaktormessung oder Untersuchung der Form der Wechselspannungskurve. Sie ist vielfach von der Belastung stark abhängig.

II. Untersuchung von Meßgeräten

1. Untersuchung des Meßwertes

Bei den direkt zeigenden Meßgeräten können Nacheichungen in Form einer sogenannten Korrekturkurve vorgenommen werden, s. erster Abschn., IV. Bei den indirekten Messungen wird eine Eichkurve aufgenommen, die den Zusammenhang zwischen dem Meßwert und dem abgelesenen Wert angibt.

Zur genauen Kontrolle von Gleichstrominstrumenten eignen sich vor allem Kompensationsmethoden, und zwar sowohl für Strom-, wie auch Spannungsmeßgeräte. Wechselstrominstrumente für niedere Frequenzen werden mit dem Wechselstromkompensator geeicht.

Hochfrequenzmeßgeräte prüft man vielfach auch mit Gleichstrom oder niederfrequentem Wechselstrom. Über den Gültigkeitsbereich der Eichung s. 3.

2. Untersuchung der Empfindlichkeit

Die Empfindlichkeit von Spannungsmeßgeräten wird in Skt./V oder für Vollausschlag angegeben, doch ist dabei auch ein hoher innerer Widerstand, der in Ohm/V angegeben wird, erwünscht. Bei elektrostatischen Instrumenten wird eine kleine Kapazität gefordert. Zur Messung des inneren Widerstandes eignet sich die Brückenmethode weniger, da das Meßinstrument überbelastet werden könnte. Man bevorzugt daher die Kompensationsmethode. Wird nur geringe Genauigkeit gefordert, so genügt auch die Reihenschaltung eines zweiten Widerstandes, der z. B. bei gleichbleibender Meßspannung so lange verändert wird, bis der Meßinstrumentenausschlag auf die Hälfte gesunken ist. Der vorgeschaltete Widerstand ist dann gleich dem inneren Widerstand des Instrumentes. Auch für die

Messung des kapazitiven inneren Widerstandes von elektrostatischen Instrumenten großer Empfindlichkeit, wie insbesondere auch von Röhrenvoltmetern ist die Wechselstrommeßbrücke wenigstens bei niederen Frequenzen wenig geeignet. Es ist daher auch hier die Kompensationsmethode vorzuziehen. In einfacher Weise kann auch wieder mit dem Meßgerät ein so großer Kondensator in Reihe geschaltet werden, daß die Spannung auf einen bestimmten Wert sinkt. Es sei jedoch bemerkt, daß Messungen bei verschiedenen Spannungswerten vorgenommen werden müssen, da die Kapazität vom Instrumentenausschlag abhängig ist.

3. Untersuchung der Frequenzabhängigkeit

Weicheisen- und elektrodynamische Instrumente zeigen große Frequenzabhängigkeit, weshalb sie sich nur für technische Frequenzen eignen. Zur Untersuchung empfiehlt sich eine Kompensationsmethode oder der Vergleich mit thermischen Instrumenten.

Die Frequenzabhängigkeit der Trockengleichrichterinstrumente ergibt sich infolge der parallel zu den Gleichrichtern liegenden Nebenschlußkapazitäten. Für die in Abb. 238 *a* gezeigte Schaltung kann daher zur Berechnung des Frequenzeinflusses die in Abb. 238 *b* dargestellte Ersatzschaltung angenommen werden[1]. Unter der Voraussetzung, daß die Kapazität C_i frequenzunabhängig sei (was indes nur annähernd zutrifft), kann die Empfindlichkeitsverringerung mit zunehmender Frequenz wie folgt berechnet werden:

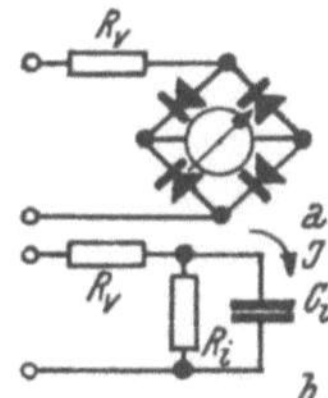

Abb. 238. Trockengleichrichterinstrument. *a* Grätzsche Schaltung, *b* Ersatzschaltung, R_i innerer Widerstand, C_i innere Kapazität des Gleichrichters

Wäre keine Kapazität vorhanden, so würde sich ein Strom ergeben

$$J_0 = \frac{U}{(R_v + R_i)}. \tag{4, 4}$$

Ist dagegen der Einfluß der Kapazität C_i nicht vernachlässigbar, aber immerhin der Ohmsche Widerstand R_i klein gegen den kapazitiven, so ist[2]

$$\mathfrak{R} = R_i - j\, R_i^2 \cdot \omega\, C_i \tag{4, 5}$$

und daher

$$\mathfrak{J} = \frac{U}{(R_v + R_i - j\, R_i^2\, \omega\, C_i)}. \tag{4, 6}$$

Aus Gl. (4, 4) und Gl. (4, 6) erhält man

$$\frac{J}{J_0} = \frac{1}{\sqrt{1 + \left(\frac{\omega\, C_i\, R_i}{1 + R_v/R_i}\right)^2}}, \tag{4, 7}$$

---

[1] Ploos van Amstel, J. A.: Philips techn. Rdsch. **9**, 267 (1947/48).

[2] Mayer, K.: Trockengleichrichter, S. 81, 258 (1938).

Der Meßfehler ist um so kleiner, je größer R_v gegen R_i ist. Der innere Widerstand R_i ist die Summe aus Meßinstrumenten- plus doppeltem Durchlaßwiderstand einer Gleichrichterzelle.

Man kann den Fehler klein halten, wenn man C_i durch Verkleinerung der Berührungsflächen erniedrigt. Dann steigt zwar auch R_i, aber nicht im gleichen Maß, weil man durch größere Aussteuerung in ein Gebiet größerer Gleichrichtersteilheit gelangt. Es wird daher empfohlen, Gleichrichterpatronen geringer Abmessungen zu verwenden[1]. Sie haben außerdem den Vorteil größerer Linearität der Kennlinie, sind allerdings leichter überlastbar.

Zur Untersuchung der Frequenzempfindlichkeit von Hochfrequenzinstrumenten eignen sich vor allem Kalorimetermessungen, an Widerständen mit hohem spezifischen Widerstand (geringer Skineffekt) das Luftthermometer und das Photoamperemeter (s. dritter Abschn., III).

Ohmsche Spannungsteiler eignen sich wegen ihrer Induktivität zur Erzielung frequenzunabhängiger Spannungsabfälle weniger. An ihrer Stelle werden daher kapazitive vorgezogen.

Zeigerinstrumente sollen im allgemeinen eine möglichst geringe Dämpfung aufweisen, dennoch aperiodische Einstellung zeigen. Bei thermischen Instrumenten läßt sich jedoch eine schleichende Einstellung nicht vermeiden. Für die Beurteilung der Güte des Meßinstrumentes ist die Einstelldauer manchmal von großem Interesse.

III. Untersuchung von Leitern und Isolatoren

1. Untersuchung von Leitungsmaterialien

Als Leitungsmaterialien werden in der Hochfrequenztechnik vorwiegend Kupferdraht, bei höheren Frequenzen auch Hochfrequenzlitze und Kupferrohr verwendet, bei sehr hohen Frequenzen wird dieses vielfach mit Silber- oder Goldüberzug versehen.

Die Untersuchungen erstrecken sich auf die Messung des Widerstandes, des spezifischen Widerstandes, des Temperaturkoeffizienten und der Frequenzabhängigkeit der Werte. Zur Messung eignen sich bei Gleichstrom und niederen Frequenzen die im dritten Abschnitt, V, angegebenen Meßmethoden. Bei hohen Frequenzen treten zusätzliche induktive Widerstände auf, die eine Messung mittels Resonanzverfahren notwendig machen. Auch Kalorimetermessungen sind zu empfehlen, insbesondere bei sehr hohen Frequenzen.

Bei der Messung des spezifischen Widerstandes ϱ muß die Form des zu messenden Widerstandes bekannt sein. Der zu untersuchende Draht oder Stab wird an den Enden eingeklemmt und an diese die Stromzuführung angeschlossen. Bei genauen Messungen wird der gesamte Probekörper in ein Petroleumbad gebracht, in dem sich ein Rührwerk und

[1] Horman, E.: Z. Techn. Phys. **12**, 222 (1931). — Cremer, L.: Arch. Elektrot. **26**, 75 (1932). — Kaden, H.: ENT **9**, 175 (1932).

Thermometer befindet. Bei Probekörpern mit geringem Widerstand mißt man den Widerstand jedoch nicht zwischen den Stromzuführungsklemmen, sondern zwischen zwei Schneiden, die innerhalb der Klemmen in einem bestimmten Abstand auf ihm angebracht sind. Man benützt am besten bei Gleichstrommessungen eine Brücken- oder Kompensationsmethode (s. dritter Abschn., V). Ist R der gemessene Widerstand, l die Länge zwischen den Schneiden (in cm) und q der Querschnitt des Probekörpers (in cm^2), so ist

$$\varrho = \frac{R \cdot q}{l}\,\text{Ohm} \cdot \text{cm}. \tag{4, 8}$$

Ist R_0 der Widerstand bei 0^0 C, so erhält man den Widerstand bei t^0 C aus

$$R_t = R_0\,(1 + a\,t). \tag{4, 9}$$

Hiebei ist a der Temperaturkoeffizient des Widerstandes. Er liegt bei den meisten Metallen zwischen 0,002 und 0,005 $1/{}^0$C.

Man bestimmt den Temperaturkoeffizienten aus zwei Widerstandsmessungen bei zwei verschiedenen Temperaturen. Es ist

$$a = \frac{R_{t2} - R_{t1}}{t_2\,R_{t1} - t_1\,R_{t2}}, \tag{4, 10}$$

wobei R_{t1} der Widerstand bei der Temperatur t_1 und R_{t2} der Widerstand bei der Temperatur t_2 ist.

Es sei jedoch bemerkt, daß der Widerstandsanstieg mit der Temperatur nur für kleine Temperaturintervalle linear ist. Soll er für einen größeren Temperaturbereich bestimmt werden, so sind mehrere Messungen nach Gl. (4, 10) vorzunehmen. Große Unregelmäßigkeiten entstehen in der Nähe der Glühtemperatur und in der Nähe des absoluten Nullpunktes (Supraleitfähigkeit).

2. Untersuchung von Elektrolyten

Bei Elektrolyten besteht die Stromleitung in einem Transport von Ionen. Dadurch entstehen Konzentrationsänderungen im Elektrolyten und Polarisationsspannungen an den Elektroden. Bei hohen Temperaturen werden auch die meisten Isolatoren (z. B. Glas oder Glimmer) zu Elektrolyten.

Es interessiert vor allem die Bestimmung des spezifischen Widerstandes. Man verwendet hiezu die Wheatstonesche Brücke mit Wechselstrom, womit die Wirkung der Polarisation ausgeschaltet wird[1]. Nur bei Elektrolyten mit sehr hohem spezifischen Widerstand kann man mit Gleichstrom bei kurzem Stromdurchgang messen. Um die Polarisation völlig zu beseitigen, müssen mindestens tonfrequente Wechselströme herangezogen werden. Außerdem ist die Verwendung großflächiger Elektroden zu empfehlen. Zur Messung dienen meist Glasgefäße besonderer Form[2]. Länge und Querschnitt des Stromweges sind dann bekannt. Man kann

[1] Wien, M.: Ann. Phys. **47**, 626 (1892); **58**, 37 (1896).

[2] Kohlrausch, F. und L. Holborn: Das Leitvermögen der Elektrolyte ..., 2. Aufl. (1916).

aber auch eine Eichung mit Normalflüssigkeiten vornehmen. Als solche benützt man z. B. 30-prozentige Schwefelsäure (spezifische Leitfähigkeit bei 18^0 C 0,7398 $\text{Ohm}^{-1} \cdot \text{cm}^{-1}$ [1]) oder gesättigte Kochsalzlösung (spezifische Leitfähigkeit bei 18^0 C 0,2161 $\text{Ohm}^{-1} \cdot \text{cm}^{-1}$ [1]).

Durch Messungen bei verschiedenen Temperaturen läßt sich auch der Temperaturkoeffizient des spezifischen Widerstandes bestimmen.

Elektrolyte zeigen indes auch eine *Dielektrizitätskonstante*. Ihre Größe ist für die Ausbreitung der elektrischen Welle längs der Erdoberfläche, aber auch zur Beurteilung der Eindringtiefe elektrischer Wellen, z. B. in biologischen Substanzen von großem Interesse.

Sie kann bei schlecht leitenden Elektrolyten (z. B. spezifische Leitfähigkeit kleiner als 10^{-4} $\text{Ohm}^{-1} \cdot \text{cm}^{-1}$) mit der Hochfrequenzmeßbrücke bestimmt werden[2]. Als Schwingungserzeuger verwendet man einen Röhrengenerator mit rund 10^6 Hz, als Indikator ein Röhrenvoltmeter. Die Brücke besteht aus vier Kondensatoren, wovon der eine der zu prüfende Elektrolyt ist, der gegenüberliegende Vergleichskondensator ist veränderlich. Zu ihm liegt im Nebenschluß ein veränderbarer Widerstand zum Phasenabgleich.

Bei größerer Leitfähigkeit oder geringer Dielektrizitätskonstante ist die Messung mit noch höheren Frequenzen notwendig. Da die Meßbrücke bei so hohen Frequenzen nicht fehlerfrei arbeitet, wird die Dielektrizitätskonstante aus der Wellenlänge stehender Wellen in Lecher-Leitungen gemessen[3]. Die Frequenz ist möglichst hoch zu wählen, damit die Einwirkung der Leitfähigkeit gering ist. Es soll sein

$$f \gg \frac{\sigma}{2\pi\varepsilon_0\varepsilon_r}. \tag{4, 11}$$

Hiebei ist f die Frequenz, σ die spezifische Leitfähigkeit $[1/(\Omega\text{cm})]$, ε_0 eine Konstante $0{,}088\,59 \cdot 10^{-12}$ Farad/cm und ε_r die gesuchte relative Dielektrizitätskonstante. Ist dies der Fall, so läßt sich die relative Dielektrizitätskonstante leicht berechnen. Es ist:

$$\varepsilon_r = \left(\frac{\lambda}{\lambda_1}\right)^2. \tag{4, 12}$$

Hiebei bedeutet λ die Wellenlänge außerhalb, λ_1 innerhalb des Elektrolyten. Die von einem Generator erzeugte dm- oder cm-Welle wird über eine Lecher-Leitung geführt. Sie wird auch in einem kurzen Stück durch das zu untersuchende Dielektrikum geleitet. Man mißt mit Hilfe einer Abtasteinrichtung den Abstand der Schwingungsknoten oder Bäuche. Sie haben einen Abstand von $\lambda_1/2$ im Elektrolyten und einen solchen von $\lambda/2$ außerhalb desselben. Über die Durchführung der Messung von stehen-

---

[1] d'Ans, J. u. E. Lax: Taschenbuch für Chemiker und Physiker, S. 1224 (1943).

[2] Nernst, W.: Wied. Ann. **60**, 600 (1897). — Joachim, J.: Ann. Phys. **60**, 570 (1919).

[3] Drude, P.: Ann. Phys. **54**, 352 (1895); **58**, 1 (1896); **61**, 465 (1897); **8**, 336 (1902).

den Wellen s. fünfter Abschn., V. Holborn[1] empfiehlt zur Bestimmung des Abstandes der Schwingungsbäuche die gesamte Lecher-Leitung in den zu untersuchenden Elektrolyten zu verlegen, an einer Stelle die beiden Drähte über einen Thermoumformer zu verbinden, dessen Gleichstromanschlüsse an ein empfindliches Galvanometer geführt sind und am Ende der Lecher-Leitung einen Kurzschlußbügel anzubringen. Verschiebt man diesen, so erhält man jeweils im Abstand von $\lambda_1/2$ Maximalausschläge im Galvanometer. Man erhält eine Toleranz von wenigen Promille.

Aus der Abnahme der elektrischen Feldstärke mit zunehmender Tiefe kann unter Verwendung einer verschiebbaren Sonde auch die Hochfrequenzleitfähigkeit des Elektrolyten bestimmt werden[2]. Sie kann aber auch aus dem Verlauf der stehenden Welle (Abnahme der Resonanzmaxima oder Knotenbreite) ermittelt werden[3].

3. Untersuchung fester Isolierstoffe

Gegenstand der Untersuchung können sein: der Isolationswiderstand, die Durchschlagsfestigkeit, die Prüfspannung, die Dielektrizitätskonstante, der Verlustwinkel und die Lichtbogenfestigkeit. Über die Durchführung der Messung sind Richtlinien ausgearbeitet worden[4].

a) Prüfbedingungen. Die Isolierstoffe werden bei normaler Raumtemperatur und normaler Feuchtigkeit oder bei erhöhter Temperatur und Feuchtigkeit geprüft. Die Untersuchung erfolgt meistens nach einer bestimmten Vorbehandlung, und zwar einer mechanischen, insbesondere durch Aufrauhen der Oberfläche, einer thermischen durch vorherige Erwärmung oder Abkühlung, weiter nach Feuchtigkeitseinwirkung, z. B. durch längeres Lagern in feuchten Räumen bei gewöhnlicher oder erhöhter Temperatur oder durch Lagerung in Wasser von Raumtemperatur und schließlich unter Umständen auch einer Einwirkung von Chemikalien. Hiebei kommt an Säuren vor allem eine Behandlung mit 25-prozentiger Schwefelsäure, an Alkalien eine Einwirkung von gesättigter Ammoniaklösung und an Salzlösungen eine Beanspruchung mit einer 10-prozentigen Kochsalzlösung in Frage. Die Dauer der Vorbehandlung kann sich von wenigen Stunden auf mehrere Wochen erstrecken.

b) Bestimmung des Isolationswiderstandes. Dieser setzt sich aus dem Oberflächenwiderstand und dem Durchgangswiderstand zusammen.

Der Oberflächenwiderstand wird gemessen bei 1000 Volt Gleichspannung zwischen zwei schneidenförmig aufgebrachten Elektroden oder zwei Graphitstrichen. Die Schneiden haben meist einen Abstand von 10 mm und eine Länge von 100 mm. Die Messung erfolgt mittels Gal-

---

[1] Holborn, F.: Z. f. Phys. **6**, 328 (1921). — Devoto, C.: Z. Elektrochem. **40**, 400 (1934).

[2] Pracher, A.: Hochfrequenztechn. u. Elektroak. **59**, 157 (1942).

[3] Drude, P.: Ann. Phys. **54**, 352 (1895).

[4] Nitsche, R. u. G. Pestorf: Prüfung und Bewertung elektrotechnischer Isolierstoffe, 1940. — ETZ **61**, 791 (1940).

vanometers 1 min nach Anlegen der Spannung. Abb. 239 zeigt die prinzipielle Prüfanordnung. Zum Schutz gegen Überlastung der Spannungsquelle bei eventuellem Überschlag wird ein Schutzwiderstand R_s von 10 kOhm mit dieser in Reihe geschaltet. Die Prüfung erfolgt zweckmäßigerweise an mehreren Stellen des Versuchskörpers.

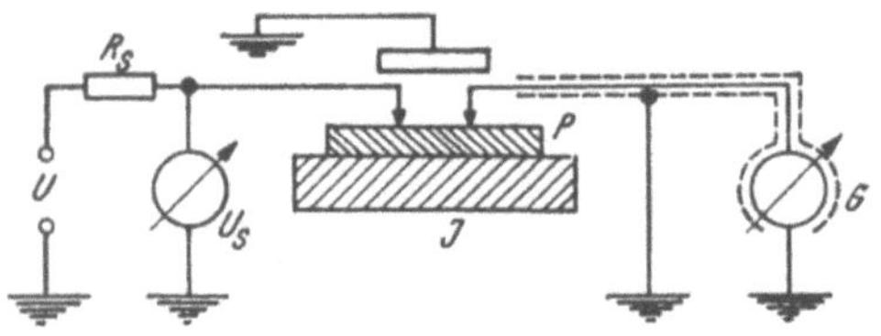

Abb. 239. Messung des Oberflächenwiderstandes. U Spannungsquelle, R_s Schutzwiderstand, U_s Voltmeter, P Prüfling, J Isolationsplatte, G Galvanometer

Abb. 240. Vermeidung des durch den Durchgangswiderstand bedingten Fehlers. J zu untersuchender Prüfling

Um eine Fälschung der Meßergebnisse durch den Durchgangswiderstand zu vermeiden, wird z. B., wie Abb. 240 zeigt, eine Elektrode in einer Vertiefung angebracht und das Galvanometer so geschaltet, daß nur der durch den Oberflächenwiderstand bedingte Strom gemessen wird[1].

Die Elektroden werden vielfach als Metallfolien auf das zu untersuchende Material aufgeklebt. Eine bessere Berührung erhält man durch Quecksilberkontakte, wie dies in Abb. 240 angedeutet ist.

Liegt der Oberflächenwiderstand in der Größenordnung von über 10^{12} Ohm, so ist die Messung mit Elektrometer zu empfehlen. Dies kann in der Weise geschehen, daß man mit dem zu prüfenden Isolierstoff einen Hochohmwiderstand bekannter Größe in Reihe schaltet, dessen Spannungsabfall gemessen wird[2] oder indem die Entladungszeit eines parallelgeschalteten Kondensators bestimmt wird (s. dritter Abschn., V)[3].

Die Messung des Widerstandes im Innern erfolgt nach Bohren von Löchern von meist 5 mm Durchmesser und etwa 15 mm Abstand, in die die Anschlüsse in Form von kegeligen Stöpseln eingesteckt werden. Bei harten Stoffen werden, um innigeren Kontakt zu erhalten, die Bohrungen mit Quecksilber ausgefüllt.

Die Messung des Widerstandes im Innern schließt gleichzeitig die Messung des Oberflächenwiderstandes mit ein. Der Durchgangswiderstand ist der Isolationswiderstand ohne den Anteil des Oberflächenwiderstandes. Die Messung erfolgt durch Anlegen großer, meist quadratischer Platten auf beiden Seiten des plattenförmigen Prüfkörpers. Der Anteil des Oberflächenwiderstandes wird durch Anbringen eines Schutzringes um die eine der beiden Belegungen ausgeschaltet (vgl. zweiter Abschn., V, und

---

[1] Golding, E. W.: Electrical Measurements and Measuring Instruments, S. 290 (1949).

[2] Klingelhöffer, H. u. N. Jasper: Kunststoffe **29**, 223 (1939).

[3] Renz: ETZ **48**, 539 (1927).

Abb. 50). Zur Prüfung eignen sich die für die Messung des Oberflächenwiderstandes angegebenen Meßmethoden. Die Messung erfolgt wie dort eine Minute nach Einschalten der Prüfspannung.

c) Bestimmung der Durchschlagsfestigkeit. Als Durchschlagsspannung wird der Effektivwert der Spannung bezeichnet, bei der der Durchschlag erfolgt. Zur Prüfung verwendet man sinusförmigen Wechselstrom, von 50 Hz, der allmählich gesteigert wird, so etwa, daß der Endwert nicht vor etwa 20 Sekunden erreicht wird. Als Durchschlagsfestigkeit wird das Verhältnis der Durchschlagsspannung zur geringsten zwischen den Elektroden gemessenen Dicke des Isolierstoffes bezeichnet. Die Durchschlagsfestigkeit wird bei kugelförmigen oder plattenförmigen Elektroden gemessen. Bei ersteren erhält man wegen der geringeren Berührungsfläche meist höhere Meßwerte.

Bei der Prüfung ist weiter zu unterscheiden zwischen Beanspruchung mit Momentanspannung, mit einer Spannung von der Dauer von 1 Minute, 5 Minuten und 30 Minuten. Die Spannung wird innerhalb 10 Sekunden auf den vollen Wert gesteigert.

Die Messung der Spannung erfolgt in der Regel mit elektrostatischen Meßgeräten. Besonders eignet sich jedoch hiezu auch die Kathodenstrahlröhre, da sie eine genaue Kontrolle des zeitlichen Spannungsverlaufes ermöglicht.

Die mit 50 per. Wechselstrom durchgeführten Messungen ergeben jedoch keinen genauen Anhaltspunkt für die Durchschlagsfestigkeit der Isolierstoffe bei Hochfrequenz. Sie ist wesentlich geringer bei Stoffen mit hohen dielektrischen Verlusten. Bei geschichteten Isolierstoffen mit verschiedenen Dielektrizitätskonstanten der einzelnen Schichten ist auch die Spannungsbeanspruchung derselben verschieden, was zu einer erhöhten Beanspruchung der Schicht mit der geringsten Dielektrizitätskonstante führt. Dementsprechend ist auch die Durchschlagsfestigkeit faseriger und inhomogener Isolierstoffe geringer. Weiter verursacht die Hochfrequenzspannung eine erhöhte mechanische Beanspruchung der Moleküle, was ebenfalls die Durchschlagsfestigkeit verkleinert.

Es ist daher bei Isolierstoffen für Hochfrequenz möglichst eine Prüfung mit der verwendeten Frequenz vorzunehmen. Die Erzeugung der Hochfrequenzspannungen beliebiger Höhe mit Hilfe von Teslatransformatoren bereitet keine Schwierigkeiten. Dagegen stellen bei hohen Frequenzen elektrostatische Instrumente auch bei kapazitiver Spannungsteilung oft eine zu große kapazitive Belastung dar. Man verwendet dann vielfach das „umgekehrte Röhrenvoltmeter“ (s. zweiter Abschn., XI) zur Durchschlagsspannungsmessung[1].

Man ist jedoch auch bemüht, die Durchschlagsfestigkeit von Isolierstoffen zu prüfen, ohne den Stoff infolge eines Durchschlages unbrauchbar zu machen. Hiezu eignet sich ein Ionisationsspannungsmeßgerät[2], das den Spannungswert mißt, bei dem der Ionisationsstrom aufzutreten beginnt oder eine Verlustwinkelmessung, s. 3 e.

[1] Hund, A.: E. u. M. **32**, 533 (1915).

[2] Wireless World **55**, 182 (1949).

d) Bestimmung der Dielektrizitätskonstante. Die Messung der Dielektrizitätskonstante erfolgt durch zwei Kapazitätsmessungen in einem Plattenkondensator. Man verwendet zwei kreisförmige ebene parallele Metallplatten und mißt die Kapazität zuerst in Luft und führt dann den zu untersuchenden Isolierstoff ein. Der Probekörper soll die Form einer Scheibe mit wesentlich größerem Durchmesser als der der Kondensatorplatten haben. Es ist dann

$$\varepsilon_r = \frac{C_d}{C_l}, \qquad (4, 13)$$

wobei C_d die Kapazität bei Einführen des Dielektrikums und C_l bei Luft bedeutet. Um Fehler durch Randstreuung zu vermeiden, wird die Anordnung eines Schutzrings empfohlen (s. zweiter Abschn., V, B). Bedeutende Meßfehler entstehen besonders bei Stoffen mit hohen Dielektrizitätskonstanten, wenn die Kondensatorplatten auf dem Dielektrikum nicht völlig aufliegen. Es ist daher zu empfehlen, dieses beiderseitig in der Größe der Platte mit Metallfolie zu bekleben. Noch besser ist die Verwendung von Quecksilberelektroden. Von Jones wird eine solche mit Schutzring angegeben[1].

Besonders bei großen Stärken des Probekörpers entstehen durch den Randeffekt oft beträchtliche Fehler. Sie werden durch Anordnung als Schutzringkondensator (s. Abb. 50) oder Schutzzylinderkondensator vermieden.

Sind von einem Probekörper nur ganz kleine Stücke vorhanden oder haben sie eine solche Form, daß ein Kondensator daraus nicht gebildet werden kann, so ist eine Messung unter Zuhilfenahme einer Dielektrikumsflüssigkeit möglich. Dies geschieht etwa folgendermaßen: Man gibt die Stücke in einen zur Messung flüssiger Dielektrika bestimmten Trog und mißt die Dielektrizitätskonstante vor und nach Einbringen des festen Dielektrikums. Erhöht oder erniedrigt sich die Dielektrizitätskonstante, so verändert man diese eventuell durch Mischen mit einer zweiten Dielektrikumsflüssigkeit so lange bis man die gleiche Kapazität mit oder ohne die festen Prüfkörper mißt. Ihre Dielektrizitätskonstante ist dann gleich der der Flüssigkeit.

Die Kapazitätsmessung erfolgt nach einem der im dritten Abschn., VIII angegebenen Verfahren.

e) Bestimmung des Verlustwinkels. Der durch den Isolationswiderstand bedingte Anteil des Verlustwinkels eines Dielektrikums ist im allgemeinen gering. Er läßt sich leicht berechnen. Es ist

$$\operatorname{tg}\delta = \frac{\omega\,\varepsilon_0\,\varepsilon_r}{\sigma} = 8{,}86\cdot 10^{-14}\frac{\omega\,\varepsilon_r}{\sigma}. \qquad (4, 14)$$

σ = Leitfähigkeit in 1/Ohm · cm, ε_r = relative Dielektrizitätskonstante.

Das Dielektrikum wird, wie oben beschrieben, zwischen zwei Kondensatorplatten gebracht und der Verlustwinkel nach einer der im dritten Abschn., VIII, beschriebenen Methoden gemessen. Am häufigsten be-

[1] Jones, T. J.: Jour. Inst. El. Engr. **74**, 185 (1934).

nützt man für mittlere Frequenzen die Schering-Brücke[1] oder Wien-Brücke mit Wagner-Hilfszweig[2]. Sollen die Verluste bei bestimmten Hochfrequenzen gemessen werden, so bedient man sich einer Resonanzmethode. Hiernach arbeiten die meisten praktisch ausgeführten Meßgeräte[3], so z. B. nach dem Substitutionsverfahren mittels Dämpfungsglied (s. dritter Abschn., VIII, D)[4]. Bei sehr kurzen Wellen wird vielfach auch ein kalorimetrisches Verfahren mit Erfolg verwendet[5] oder der Isolierstoff im koaxialen Kabel untersucht (s. fünfter Abschn., V).

Madelung[6] schlägt die Untersuchung der dielektrischen Verluste mit Kathodenstrahlröhre vor, wobei an das eine Plattensystem die Spannung des zu untersuchenden Dielektrikums und an das andere der Spannungsabfall eines verlustfreien in Reihe geschalteten Kondensators angeschlossen wird. Man erhält eine Art dielektrischer Hysteresiskurve.

Der Verlustwinkel des Dielektrikums ist frequenzabhängig. In der Regel beobachtet man eine Zunahme mit der Frequenz. Um genaue Werte zu erhalten, ist es wichtig, den Einfluß der Luftfeuchtigkeit hintanzuhalten. Es ist zweckmäßig, die Probe nach dem Trocknen durch einen Lack- oder Paraffinüberzug vor Feuchtigkeit zu schützen, dadurch verringern sich die Streuwerte bei den verschiedenen Messungen[7].

Die Untersuchung des Verlustwinkels von Isolierstoffen ist auch von großer Bedeutung für die Beurteilung ihrer Durchschlagsfestigkeit. Es ist nicht immer zweckmäßig, oft auch nicht möglich, die Durchschlagsspannung durch eine Durchschlagsprüfung zu bestimmen, da dadurch das Material für eine weitere Verwendung unbrauchbar wird. Es hat sich aber gezeigt, daß unmittelbar vor dem Auftreten eines Durchschlages der Verlustwinkel eines Dielektrikums stark ansteigt. Es ist daher von großem Interesse, die Spannungsabhängigkeit des Verlustwinkels von Isolierstoffen zu untersuchen und daraus Schlüsse auf die Brauchbarkeit des Stoffes für Isolationszwecke zu ziehen[8]. Ein gut beanspruchtes, aber dennoch sicheres Dielektrikum soll den Knick der Verlustfaktorkurve erst 20% bis 30% oberhalb der Betriebsspannung haben[9]. Auch der Einfluß der Temperatur ist dabei zu berücksichtigen.

f) Lichtbogenfestigkeit. Viele Isolierstoffe, insbesondere solche, die bei Schaltern Verwendung finden, dürfen bei Auftreten eines Lichtbogens nicht leitend werden. Dies zu untersuchen, setzt man auf die ebene zu prüfende Platte zwei Kohlenstäbe unter 90^0 gegeneinander und je 45^0 zur

[1] ETZ **52**, 1133 (1931); **61**, 1045 (1940).

[2] Sommerman, G. M. L.: Rev. Sci. Instr. **5**, 341 (1934).

[3] Rohde, L. u. W. Schlegelmilch: ETZ **54**, 581 (1933). — Rohde, L.: Hochfrequenztechn. u. Elektroak. **43**, 156 (1934). — ATM V 3447—3 (1936).

[4] Rohde, L. u. G. Wedemeyer: ETZ **61**, 577 (1940).

[5] Rogowsky, W. u. E. Rengier: Arch. Elektrot. **16**, 73 (1926).

[6] Madelung, E.: Phys. Z. **8**, 72 (1907).

[7] Schwarz, H.: ETZ **57**, 7 (1936).

[8] Halbach: Arch. Elektrot. **21**, 535 (1929). — Hill, C. F., T. R. Watts u. G. A. Burr: El. Engr. **53**, 176, 478, 618 (1934). — Nauk: ETZ **56**, 539 (1935).

[9] ATM V 339—12 (1934).

Platte auf und läßt einen Lichtbogen mit einer Spannung von 220 Volt unter Vorschaltung von 20 Ohm langsam auseinanderziehen. Die Prüfung wird in verschiedenen Stufen je nach Verwendungszweck des Isolierstoffes vorgenommen. Der Isolierstoff soll weder beschädigt noch leitend werden[1].

4. Untersuchung von flüssigen Isolierstoffen

Flüssige Isolierstoffe werden im allgemeinen bei normaler Temperatur geprüft. Die Untersuchung der Durchschlagsfestigkeit erfolgt mittels Kupferelektroden von bestimmter Kalottenform, bei verschiedenen Abständen, mindestens 1,5 mm und meist mit Wechselspannung langsam ansteigender Spannungsgröße[2].

Zur Messung der Dielektrizitätskonstante wird wie unter 3. beschrieben vorgegangen. Der Plattenkondensator wird jedoch in ein die Flüssigkeit enthaltendes Gefäß eingehängt. Zuerst wird die Kapazität ohne, dann mit der Dielektrikumsflüssigkeit gemessen. Die Dielektrizitätskonstante wird nach Gl. (4, 13) bestimmt. Ein Fehler durch die Randkapazität tritt nicht auf.

Die Dielektrizitätskonstante bei kurzen Wellen läßt sich auch aus der Wellenlänge stehender Wellen bestimmen (s. fünfter Abschn., V).

Auch zur Messung des Verlustfaktors wird ein Plattenkondensator verwendet. Wichtig ist die Vermeidung von Kanten. Zweckmäßig ist eine Schutzringanordnung zur Erzielung einer definierten Kapazität. Die Elektroden sind aus einem nicht katalysierenden Metall, z. B. Nickel[3].

Der Verlustfaktor von Ölen gibt einen besseren Anhaltspunkt für den Gehalt an Verunreinigungen als die Durchschlagsspannung. Die Messung dient daher auch zur Qualitätsbeurteilung von Transformatorölen[4].

Die Messung erfolgt meist mittels Schering-Brücke. Für höhere Frequenzen eignet sich vor allem ebenfalls die oben beschriebene Resonanzmethode (s. dritter Abschn., VIII).

5. Untersuchung von Gasen[5]

Die Untersuchung der Gase erstreckt sich auf Messung ihres Isolationswiderstandes, der Durchschlagsspannung, bzw. Zündspannung, der Dielektrizitätskonstante und des Verlustwinkels.

Die *Leitfähigkeit* eines Gases ist innerhalb der Zündspannung durch die Bewegung der freien Ionen bedingt. Sie nimmt mit zunehmendem Gasdruck ab. Daher ist die Messung von Isolationswiderständen trockener Gase bei höherem Druck praktisch undurchführbar.

Der *Isolationswiderstand* von Gasen bei niedrigen Drücken ist von dem Ionisationszustand außerordentlich abhängig. Besonders für die Unter-

---

[1] ETZ **60**, 1171 (1939); **61**, 457, 791 (1940).

[2] ETZ **54**, 359 (1933); **56**, 1135 (1935); **57**, 1219 (1936).

[3] Berberich, L. J.: El. Engr. **55**, 264 (1936).

[4] Bruckman, H. W. L.: Conf. Int. des Grand Res. Electr. Paris 108 (1937). — Keinath, G.: ATM V 942—4 (1938).

[5] Herweg: Z. Phys. **3**, 36 (1920). — Ebert: Z. Angew. Chem. **47**, 305 (1934).

suchung der Ausbreitung der elektrischen Welle in höheren Luftschichten ist eine Messung der Ionisation von besonderem Interesse.

Die *Ionenzahl* pro cm^3 läßt sich mit folgendem Meßgerät bestimmen: Es besteht aus einem geerdeten Rohr, in dessen Innerem ein länglicher Zylinder isoliert angeordnet ist. Er ist mit einem Elektrometer verbunden, dessen anderer Pol an das Gehäuse angeschlossen ist. Der isolierte Zylinder hat gegenüber dem Gehäuse eine Potentialdifferenz U_1. Es wird nun Luft mit sehr geringer Geschwindigkeit hindurchgeblasen, bis die Potentialdifferenz auf U_2 gesunken ist. Die Zahl der Ionen pro cm^3 ist gegeben durch

$$n = \frac{C \cdot (U_1 - U_2)}{1{,}6 \cdot 10^{-19} \cdot V}. \qquad (4,\ 15)$$

Hiebei ist C die Kapazität des Innenzylinders in F, U die Spannung in Volt und V die durchgesaugte Luftmenge in cm^3.

Die Messung der *Durchschlag-* und *Zündspannung* erfolgt in der oben beschriebenen Weise. Sie kann aber auch wie folgt bestimmt werden[1]:

Parallel zu einem Kondensator der Kapazität C liegt eine Funkenstrecke, die sich in dem zu untersuchenden Gas befindet. Der Kondensator lädt sich nun bis zur Zündspannung auf und entlädt sich über die Funkenstrecke. Die Dauer der Entladung ist außerordentlich kurz, so daß der Kurzschluß des Kondensators nur einen Bruchteil der Aufladezeit des Kondensators über einen meist hochohmigen Widerstand in Anspruch nimmt. Ist die Zahl der Überschläge in der Sekunde n und wird der Ladestrom des Kondensators mit einem Gleichstrominstrument gemessen, so ist

$$U_z = \frac{J_{Gl}}{n \cdot C}. \qquad (4,\ 16)$$

Die Messung der *Dielektrizitätskonstante* von Gasen macht gewisse Schwierigkeiten, da sie von 1 kaum verschieden ist. Es wird folgendes Verfahren vorgeschlagen: Es werden zwei Röhrensender verwendet, die nahezu die gleiche Frequenz erzeugen. Ihre Spannungen werden einer Mischröhre zugeführt und die Differenzfrequenz gemessen. Die Kapazität des einen der beiden Oszillatoren ist durch einen luftleergepumpten Kondensator gebildet. In diesen läßt man nun das zu untersuchende Gas einströmen und mißt die Änderung der Schwebungsfrequenz. Dann ist

$$\Delta\,\varepsilon_r = \varepsilon_r - 1 = \frac{2\,\Delta f}{f}\,\frac{C_0 + C_2}{C_2}. \qquad (4,\ 17)$$

Hiebei bedeuten Δf die Änderung der Schwebungsfrequenz, f die verwendete mittlere Hochfrequenz, C_2 die Kapazität des Behälters, in den das Gas eingeleitet wird, jedoch ohne Gas (durch das Gas erhöht sie sich um einen Betrag ΔC) und C_0 die übrigen Kapazitäten des Schwingkreises zu dem C_2 parallel liegt. Die Dielektrizitätskonstante kann auch im Hohlkreis aus der Änderung der Resonanzwelle bestimmt werden.[2]

---

[1] Vos, M.: Jahrb. d. drahtl. T. **7**, 307 (1913).

[2] Jour. Appl. Phys. **22**, 95 (1951).

Bei stark ionisierten Gasen erhält man eine Verringerung der Dielektrizitätskonstante. Sie kann durch die Änderung der Abstände der Schwingungsknoten bei stehenden Wellen in Lecher-Leitungen nachgewiesen werden.

Die Bestimmung der dielektrischen Verluste von Gasen ist wegen ihrer Kleinheit außer bei stark ionisierten Gasen nur schwer durchführbar.

IV. Untersuchung von Gleichrichtern

1. Untersuchung von Trockengleichrichtern

Für die Wirkungsweise der Trockengleichrichter ist vor allem der Verlauf der Kennlinie maßgebend. Bei hohen Frequenzen zeigt sich ein beträchtlicher Einfluß der Kapazität der Sperrschicht auf die Gleichrichterwirkung. An Stelle der statischen Kennlinie tritt die dynamische. Es sind daher folgende Messungen notwendig:

a) Aufnahme der statischen Kennlinie. Sie wird mit Gleichstrom vorgenommen, am einfachsten z. B. in der in Abb. 241 gezeigten Schaltung. Die Spannung wird an einem Potentiometer abgegriffen, Strom und Spannung in der Durchlaß- und Sperrichtung gemessen. Die Kennlinie ist bei verschiedenen Temperaturen aufzunehmen, um die Abhängigkeit von der Temperatur, die oft beträchtlich ist, festzustellen. Der Temperaturkoeffizient ist für die Durchlaß- und Sperrichtung negativ. Die Prüfung soll nur bis zu einer Temperatur von höchstens 100° C erfolgen.

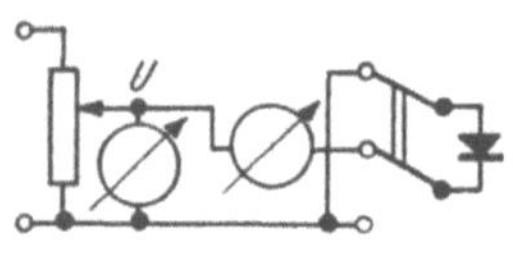

Abb. 241. Aufnahme der statischen Kennlinie eines Gleichrichters

Aus der statischen Kennlinie findet man die Sperrspannung. Sie soll bei Kupferoxydulgleichrichtern in der Größe von 5 bis 8 V, bei Selengleichrichtern 14 bis 18 V betragen. Die Kennlinienaufnahme darf, um den Gleichrichter nicht zu beschädigen, nicht bis zur Durchschlagspannung (bei Kupferoxydulgleichrichtern etwa 35 V, bei Selengleichrichtern etwa 22 bis 35 V) vorgenommen werden[1].

b) Aufnahme der dynamischen Kennlinie. Will man das Verhalten eines Gleichrichters bei hohen Frequenzen ermitteln, so ist die Aufnahme einer dynamischen Kennlinie notwendig. Sie gibt den Zusammenhang zwischen Strom und Spannung bei der Betriebsfrequenz an. Es eignet sich dazu der Kathodenstrahloszillograph, z. B. in der in Abb. 242 gezeigten Schaltung[2]. An den Gleichrichter *Gl* wird eine Teilspannung des Transformators über den Widerstand *R* gelegt. Es muß, um eine Scherung der Kennlinie zu vermeiden, *R* klein gegen den Durchlaßwiderstand des Gleichrichters sein. Um dennoch eine genügende Spannung an der Kathodenstrahlröhre zu erhalten, ist die Zwischenschaltung einer Ver-

---

[1] Siebert, E.: ETZ **60**, 1427 (1939).

[2] Ploos van Amstel, J. J. A.: Philips Techn. Rdsch. **9**, 267 (1947/48).

stärkerstufe notwendig. Die Aufzeichnung der Kennlinie erfolgt in Durchlaß- wie Sperrichtung im gleichen Maßstab. Um den Kennlinienverlauf in der Sperrichtung besonders deutlich zu zeigen, können besondere Schaltungen verwendet werden[1].

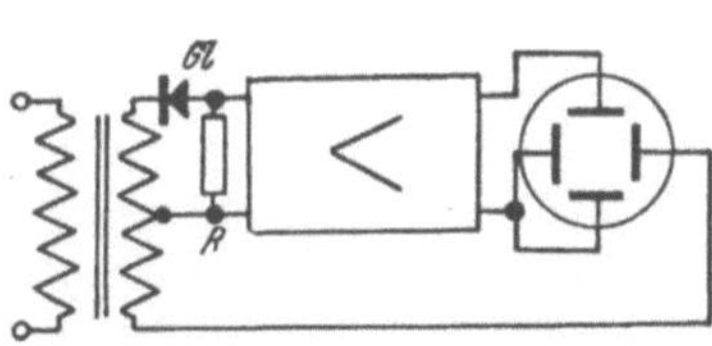

Abb. 242. Aufnahme der dynamischen Kennlinie eines Gleichrichters

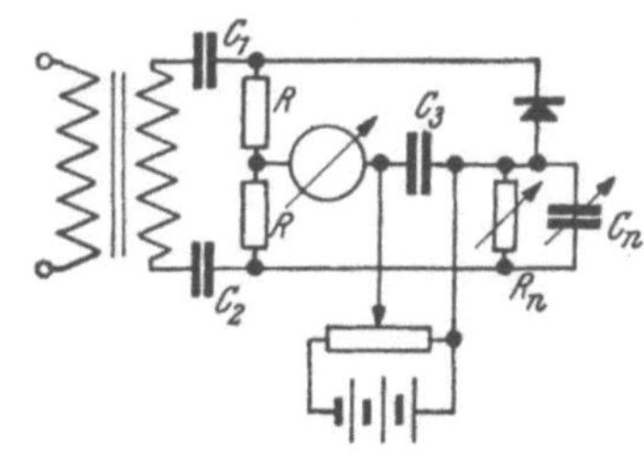

Abb. 243. Messung der Kapazität eines Gleichrichters

c) Die Messung der Kapazität von Gleichrichtern. Sie erfolgt am besten mittels Meßbrücke, wie Abb. 243 zeigt. Der Gleichrichter stellt die Parallelschaltung eines Ohmschen Widerstandes R_x und einer Kapazität C_x dar. Sind die beiden Vergleichswiderstände R einander gleich, so ist $R_x = R_n$ und $C_x = C_n$. Es zeigt sich, daß C_x mit Erhöhung der Spannung in der Sperrichtung abnimmt, was wohl auf eine Zunahme der Dicke der Sperrschicht zurückzuführen ist. Die Kondensatoren C_1 und C_2 vermeiden einen Kurzschluß der Gleichspannung an den Widerständen R. Ihr Widerstand, wie auch der Widerstand des Meßgerätes, soll klein sein. Um eine genügende Empfindlichkeit zu erreichen, wird das Meßgerät oft über einen Verstärker angeschlossen. Werden zwei gleichartige Gleichrichter mit entgegengesetzter Sperrichtung zusammengeschaltet, so kann die zu C_2 parallel liegende Kompensationsspannung vermieden werden.

d) Messung des Gleichstromes, der Leistung und des Wirkungsgrades. In vielen Fällen interessiert nur der Zusammenhang zwischen dem Wechselstrom und dem Gleichstrom durch die Gleichrichtung. Die Gleichstromleistung wird durch eine Strom-Spannungsmessung mit Drehspulinstrumenten an dem Belastungswiderstand gemessen. Bei der Bestimmung des Wirkungsgrades ist zwischen dem des Gleichrichters η_{Gl} und dem der Gleichrichtung η_{ges} zu unterscheiden.

Der Wirkungsgrad des Gleichrichters ist

$$\eta_{Gl} = \frac{N_2}{N_1}. \qquad (4, 18)$$

Dabei ist N_2 die aus dem Gleichrichter erhaltene Leistung einschließlich des Wechselstromanteiles. Der Wirkungsgrad der Gleichrichtung dagegen ist gegeben durch

$$\eta_{ges} = \frac{N_{Gl}}{N_1}. \qquad (4, 19)$$

Er hängt von der Art der Gleichrichtung (Ein- oder Mehrphasengleichrichtung) sowie der Belastung ab. N_{Gl} = abgegebene Gleichstromleistung.

[1] Ploos van Amstel, J. J. A.: Philips Techn. Rdsch. **9**, 267 (1947/48).

2. Untersuchung von Gleichrichtern für Demodulation

Außer den genannten Messungen dienen zur Untersuchung der Eignung zur Demodulation noch folgende:

a) Bestimmung des günstigsten Arbeitspunktes. Er kann aus der statisch gemessenen Kennlinie ermittelt werden. Sie sei gegeben durch die Gleichung

$$i = f(u). \tag{4, 20}$$

Die größte Gleichrichterwirkung tritt an der Stelle der größten Änderung der Steilheit auf. Diese findet man durch Bildung des zweiten Differentialquotienten d^2i/du^2, der, wie Abb. 244 zeigt, aus der Kennlinie auf graphischem Wege gewonnen werden kann.

Der günstigste Arbeitspunkt läßt sich aber auch durch Messung direkt ermitteln, indem der Gleichrichter neben einer intermittierenden kleinen Wechselspannung noch eine veränderbare Gleichspannung erhält, die so lange verändert wird, bis die größte Stromänderung bei Ein-, bzw. Abschalten der Wechselspannung auftritt.

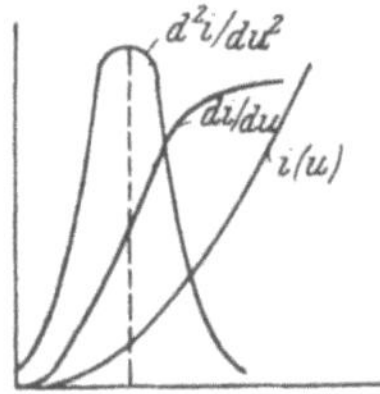

Abb. 244. $i(u)$-Kennlinie und ihre erste und zweite Ableitung

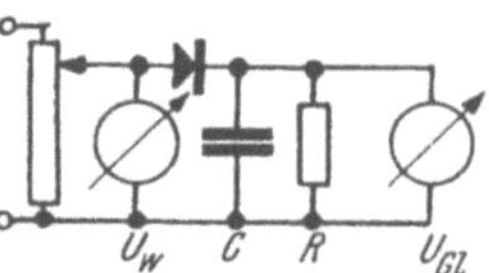

Abb. 245. Aufnahme der statischen Modulationskennlinie

b) Aufnahme der statischen Modulationskennlinie. Es wird die Abhängigkeit der am äußeren Widerstand R erhaltenen Gleichspannung U_{Gl} von der Hochfrequenzspannung U_w vor dem Gleichrichter gemessen. Zur Vermeidung nichtlinearer Verzerrung ist eine geradlinige Kennlinie innerhalb eines möglichst großen Bereiches gefordert. Die Meßschaltung zeigt Abb. 245.

c) Untersuchung der Frequenzabhängigkeit der Demodulationsschaltung. Hiezu eignet sich ebenfalls die in Abb. 245 gezeigte Schaltung. Es wird bei verschiedenen Hochfrequenzen die Abhängigkeit der Gleichspannung U_{Gl} von der Frequenz bei konstant gehaltener Hochfrequenzspannung U_w untersucht.

d) Aufnahme der Richtkennlinien. Die Richtkennlinie gibt den Zusammenhang zwischen der zum Durchfließen eines Gleichstromes J_{Gl} erforderlichen Gleichspannung U_{Gl} bei einer konstant gehaltenen Wechselspannung U_w an. Die Kennlinie für $U_w = 0$ fällt mit der statischen Kennlinie zusammen. Es werden mehrere Kennlinien für verschiedene Wechselspannungen U_w aufgenommen.

Zur Messung verwendet man in der Schaltung der Abb. 246[1] der Einfachheit halber 50-periodigen Wechselstrom. Die Widerstände R und R_1 müssen, damit die Spannungen U_{Gl} und U_w wirklich an der Röhre liegen, klein gegen den Innenwiderstand der Röhre sein.

Die in der Praxis wirksamen Steilheiten der Richtkennlinie sind allerdings oft noch geringer. Dies ist darauf zurückzuführen, daß der die Wechselspannung führende Schwingkreis als ein Generator mit einem hohen inneren Widerstand aufzufassen ist ($R_i = R_{res}$). Man erhält so eine Verflachung der Kennlinie annähernd im Verhältnis $R_w/(R_{res} + R_w)$, wobei R_w bei kleinem inneren Widerstand der Röhre gleich dem halben Lastwiderstand gesetzt werden kann[2].

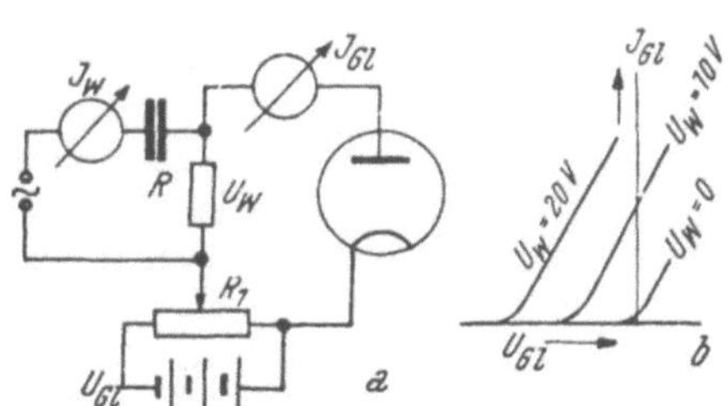

Abb. 246. Aufnahme der Richtkennlinien einer Diode. *a* Schaltung, *b* Richtkennlinien bei verschiedenen Wechselspannungen

e) Untersuchung von Mischgleichrichtern[3]. Die Güte von Mischgleichrichtern (Mischdetektoren) hängt vor allem vom Steilheitsverlauf der Kennlinie ab. Sie ist gegeben durch

$$i = k\,u^a, \quad a \text{ etwa } 2 \text{ bis } 3. \tag{4, 21}$$

Je höher der Potenzexponent a, desto geringer ist die „Konversionsdämpfung". Es empfiehlt sich also zur Ermittlung von a die Aufnahme der Kennlinie. Es genügt aber auch eine Messung des Gleichstromleitwertes beim Betriebsstrom

$$\frac{1}{R_{Gl}} = \frac{i}{u} = k \cdot u^{a-1} \tag{4, 22}$$

und eine Messung des Wechselstromleitwertes bei kleinen Wechselamplituden

$$\frac{1}{R_w} = \frac{di}{du} = k \cdot a \cdot u^{a-1}. \tag{4, 23}$$

Man findet a z. B. als Quotienten beider Werte

$$a = \frac{R_{Gl}}{R_w}. \tag{4, 24}$$

---

[1] Barkhausen, H.: Elektronenröhren IV, 4. Aufl., S. 25 (1943).

[2] Einfg. S. 393, Abb. 379 u. S. 381, Gl. (18).

[3] Torrey, H. C. u. C. A. Whitmer: Crystal Rectifiers, New York 1948. — Sturm, P. D.: Electronics **23**, H. 10 S. 97 (1950).

3. Untersuchung von Gleichrichterröhren mit Gasfüllung

Außer den oben angegebenen Messungen wird vor allem die Zündspannung in den beiden Stromrichtungen gemessen. Der Röhre ist ein entsprechender Schutzwiderstand vorzuschalten.

Die Belastungsprüfung der Ventile hat unter den normalen Betriebsbedingungen zu erfolgen. Bei Ventilen großer Leistung ist dies jedoch oft mit erheblichem Aufwand verbunden. Es wurden auch vereinfachte Meßverfahren vorgeschlagen. Sie müssen folgenden Bedingungen genügen[1]:

1. Der Strom, der in der Brennzeit fließt, muß in seinem Einsatz, zeitlichen Verlauf und Verlöschen dem Strom im praktischen Gebrauch gleichen.
2. Der zeitliche Verlauf der Prüfspannung soll dem der Sperrspannung im praktischen Betrieb ähnlich sein, sie soll kontinuierlich regelbar sein.
3. Der Verlauf der Ströme und Spannungen muß überwachbar und registrierbar sein. Störungen, insbesondere Durchschläge, sollen selbsttätig angezeigt werden.

V. Untersuchung von Bestandteilen von Funkgeräten

A. Untersuchung von Widerständen

Die Untersuchung der Widerstände erstreckt sich auf ihren Widerstandswert, auf ihre Belastbarkeit, Lebensdauer, Feuchtigkeitsfestigkeit und Rauschen. Widerstände für Meßzwecke müssen noch bezüglich ihrer Blindkomponente oder Zeitkonstante untersucht werden.

1. Prüfung der Lebensdauer, Belastbarkeit und Feuchtigkeitsfestigkeit

a) Lebensdauerprüfung. Der Widerstand wird bei einer Temperatur von 40° C geprüft. Er wird abwechselnd während 1½ Stunden voll belastet und während ½ Stunde abgeschaltet. Sein Widerstandswert wird dauernd kontrolliert. Der Widerstandswert soll sich nach 2000 Stunden um nicht mehr als 5% geändert haben. Die Prüfung kann bei Gleich- und Wechselstrom erfolgen.

b) Belastungsprüfung. Der Widerstand wird während 100 Stunden mit der 1½-fachen Nennleistung belastet, nachdem er auf eine Temperatur von 40° C gebracht wurde. Weiter wird der Widerstand einer kurzzeitigen Erhöhung der Spannung auf das Doppelte der Nennspannung ausgesetzt. Nach der Prüfung soll sich der Widerstandswert nicht mehr als um 10% geändert haben.

c) Feuchtigkeitsprüfung. Der Widerstand wird zunächst im trockenen Raum auf eine Temperatur von 40° C gebracht und dann während 300 Stunden einem feuchtigkeitsgesättigten Raum (90%) bei 40° C ausgesetzt. Nach 150-stündigem Trocknen bei 40° C wird der Widerstand bei normaler Zimmertemperatur geprüft. Es darf sich keine größere Widerstandsänderung als 10% ergeben haben.

[1] Marx, E.: ETZ **60**, 1119 (1939).

2. Untersuchung der Spannungsabhängigkeit des Widerstandswertes

Schichtwiderstände aus Glanzkohle, vor allem aber auch Silitstäbe zeigen mitunter eine sehr große Spannungsabhängigkeit ihres Widerstandswertes. Die Messung erstreckt sich vor allem auf die Bestimmung des Widerstandes bei der Nennbelastung.

3. Prüfung der Rauschanfälligkeit von Widerständen

Manche Schichtwiderstände und auch Silitstäbe, vor allem auch veränderliche Widerstände zeigen oft hohe Rauschspannungen. Sie sind auf Änderungen des Übergangswiderstandes bei Stromfluß zwischen den einzelnen leitenden Teilchen zurückzuführen und hängen in der Regel nicht mit dem Widerstandsrauschen, das auf die thermische Elektronenbewegung zurückzuführen ist, zusammen[1]. Das „*Strom-Widerstandsrauschen*" tritt zum Unterschied vom thermischen nur bei durchfließendem Strom auf und hängt von seiner Größe ab, es treten wesentlich höhere Rauschspannungen auf. Sie umfassen zwar ein breites Frequenzband, bei der Messung wird aber nur jener Teil herausgegriffen, der für die Störbeeinflussung in Frage kommt.

Wird der Widerstand bei Niederfrequenzverstärkern verwendet, so wird eine Spannungsmessung über das Niederfrequenzgebiet gemacht. Hiefür eignet sich die in Abb. 247 gezeigte Anordnung. Der zu untersuchende Widerstand R_x ist über einen gleich großen rauscharmen Widerstand R von einer Gleichspannungsquelle U_{Gl} so gespeist, daß der normale Betriebsstrom hindurchfließt. Ist dieser nicht bekannt, so wird vorgeschlagen mit einem Fünftel der Maximalleistung zu belasten[2]. Die Spannungsquelle ist zur Beseitigung von störenden Stromschwankungen gut gesiebt und durch einen Kondensator C überbrückt. Die Rauschspannung wird über einen Verstärker mit Tonfrequenzbandbreite an das Voltmeter U gelegt. Sodann wird der Verstärker an eine Wechselspannung U_w von 1000 Hz über ein veränderbares geeichtes Potentiometer angeschaltet. Dieses wird so eingestellt, daß das Voltmeter wieder den gleichen Ausschlag zeigt. Die am Potentiometer abgelesene Teilspannung ist der gesuchten Rauschspannung gleich.

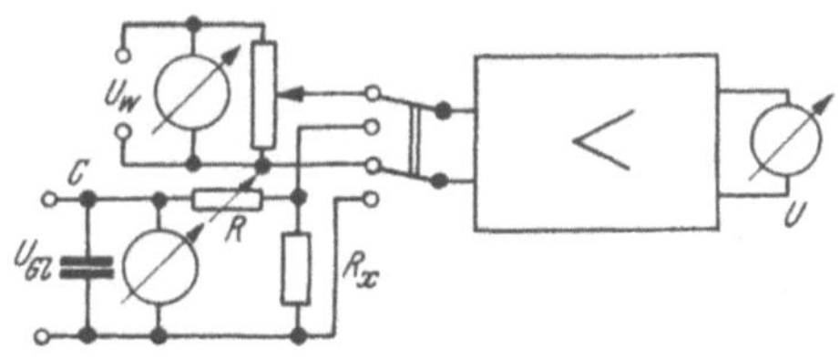

Abb. 247. Messung des Strom-Widerstandsrauschens

Eine größere Empfindlichkeit erhält man, wenn der zu untersuchende Widerstand mit dem Rauschwiderstand einer Diode verglichen wird[3], vgl. vierter Abschn., X, D.

---

[1] Einfg. S. 30.

[2] Wigand, R.: Prüfen und Messen, S. 88 (1943).

[3] Campbell, R. H. u. R. A. Chipman: Proc. I. R. E. **37**, 938 (1949).

Die so gemessene Rauschspannung soll bei 9 kHz Bandbreite 25 μV nicht übersteigen. Bei Verstärkern mit größerer Bandbreite ist naturgemäß eine höhere Rauschspannung zuzulassen.

Das Widerstandsrauschen kann auch bei Hochfrequenzverstärkung stören. Bei Durchfluß eines Hochfrequenzstromes und eines niederfrequenten Rauschstromes durch ein nichtlineares Glied tritt eine *Rauschmodulation* auf. Demnach sind auch die in Hochfrequenzverstärkern und Schwingungserzeugern verwendeten Widerstände nach ihrem Strom-Rauschen zu untersuchen.

4. Untersuchung der Frequenzabhängigkeit

Widerstände für Meßzwecke werden meist als Drahtwiderstände in verschiedenen induktivitäts- und kapazitätsarmen Wicklungen ausgeführt. Es läßt sich aber nicht verhindern, daß insbesondere gewickelte Widerstände bei hohen Frequenzen eine beträchtliche Frequenzabhängigkeit des Wirkwiderstandswertes und auch eine mit der Frequenz zunehmende Blindwiderstandskomponente aufweisen. Zur unvermeidlichen Induktivität des Leiters liegt noch die Kapazität der Wicklung parallel (s. Abb. 44).

Die Messung des Widerstandes erfolgt bei niederen Frequenzen vorwiegend mittels Brücke. Bei Hochfrequenz benützt man in der Regel ein Resonanzverfahren. Dabei werden kleine Widerstände in Reihe mit dem Schwingkreis, große jedoch parallel zu diesem geschaltet.

Von großem Interesse besonders bei der Konstruktion von gewickelten Widerständen ist die Bestimmung der Induktivität des Widerstandes und der Kapazität der Wicklung. Die Scheinwiderstandsmessung ergibt zwar nur den Wirk- und Blindwiderstandswert, doch kann aus der Frequenzabhängigkeit der beiden der Anteil der Kapazität und der Induktivität ermittelt werden. Nach Abb. 44 stellt der Widerstand einen Parallelresonanzkreis dar. Danach ist der Scheinwiderstand bei sehr kleinen Frequenzen, die von der Resonanzfrequenz weit abliegen, gegeben durch[1]

$$\Re = \frac{R}{1 + R^2 \omega^2 C^2} + j \frac{\omega L}{1 + R^2 \omega^2 C^2}. \qquad (4, 25)$$

Bei sehr kleinen Frequenzen erhält man somit eine Reihenschaltung eines Ohmschen mit einem induktiven Widerstand. Aus der durch diese Gleichung bedingten Abnahme der Ohmschen und Zunahme der induktiven Komponente kann die Kapazität des Widerstandes berechnet werden. Die bei der Bestimmung der Spulenkapazität übliche Methode unter Zuhilfenahme eines Hochfrequenzresonanzkreises versagt hier im allgemeinen wegen der großen Dämpfung, da R groß gegen ωL ist.

Mit größerer Genauigkeit läßt sich die Kapazität bei Frequenzen oberhalb der Resonanzfrequenz bestimmen. Dies ist vor allem bei gewickelten Widerständen mit großer Drahtlänge möglich. Der Widerstand bildet dann eine Reihenschaltung aus der Wicklungskapazität C mit ihrem

[1] Einfg. S. 38.

dielektrischen Verlustwiderstand R_v und einem kleinen durch den Widerstand R selbst gebildeten Anteil. Es ist

$$\Re_{ges} = -j\frac{1}{\omega C} + R\left(\frac{\omega_{res}}{\omega}\right)^4. \qquad (4, 26)$$

Selbstinduktion, Kapazität und Widerstand bedingen eine Zeitkonstante τ. Sie ist innerhalb eines großen Frequenzgebietes von der Frequenz unabhängig (s. zweiter Abschn., V, A). Ihre Messung erfolgt mit Hilfe der Wechselstrombrücke (s. dritter Abschn., V)[1]. Die Brückenzweige sind durch die vier Ohmschen Widerstände R_x, R_2, R_3 und R_4 gebildet. Die Vergleichswiderstände R_2 bis R_4 haben vernachlässigbar kleine Zeitkonstanten. Zu dem an den unbekannten Widerstand R_x anliegenden Widerstand R_2 liegt der Kondensator C_2 parallel. Er wird so lange verändert, bis die Brücke abgeglichen ist, also der Phasenwinkel von R_x gleich dem der Parallelschaltung ist. Die dazu erforderliche Kapazität sei C_{2x}. Nun wird R_x durch einen Widerstand R_n mit bekannter Zeitkonstante τ_n ersetzt und die Brücke neuerdings abgeglichen, was durch Verändern der Kapazität C_2 auf den Wert C_{2n} erfolgt. Es ist dann

$$\tau_x = \tau_n \frac{C_{2x}}{C_{2n}}, \text{ wenn } R_x = R_n. \qquad (4, 27)$$

Bei kleinen Widerständen wird eine Doppelbrücke ähnlich der Thomson-Brücke verwendet, um den Einfluß von L und C der Zuleitung zu beseitigen[2].

Der Nachweis, ob ein Widerstand eine Blindkomponente führt, kann in einfacher Weise erbracht werden, indem der zu untersuchende Widerstand mit einem rein Ohmschen Widerstand in Reihe geschaltet wird und die beiden Spannungsabfälle an die beiden Ablenksysteme einer Kathodenstrahlröhre geschaltet werden[3]. Bei phasenreinen Widerständen erhält man eine Gerade, anderenfalls Ellipsen.

5. Untersuchung temperaturabhängiger Widerstände

In der Hochfrequenztechnik werden für vielerlei Zwecke temperaturabhängige Widerstände gebraucht, so z. B. in Bolometerschaltungen zur Messung von Strömen und Leistungen bei sehr kurzen Wellen.

Neben dem Temperaturkoeffizienten interessiert vielfach auch die thermische Trägheit, die ein Maß für die Eignung zur Demodulation modulierter Hochfrequenz ist.

Es eignet sich hiezu eine Brückenschaltung[4] bestehend aus vier Ohmschen Widerständen, von denen einer der zu untersuchende ist. An die eine Brückendiagonale ist eine Wechselspannung geschaltet, die zwischen zwei bestimmten Werten dauernd umgetastet wird, an die andere wird ein Kathodenstrahloszillograph angeschlossen.

---

[1] Wagner, K. W.: ETZ **36**, 606, 621 (1915).

[2] Schering, H.: ETZ **38**, 421, 436 (1917).

[3] Olschbauer, H.: Die Kathodenstrahlröhre in Nieder- und Hochfrequenztechnik, S. 126 (1949).

[4] Cooper, W. H. B. u. R. A. Seymour: Wireless Engr. **24**, 298 (1947).

Bei jedesmaligem Umschalten, das durch die Kippröhre des Oszillographen synchronisiert sein kann, ergibt sich eine Verzögerung der Widerstandsänderung nach einer Funktion $e^{-\delta t}$, bzw. $1 - e^{-\delta t}$. Die Zeitkonstante $1/\delta$ läßt sich aus ihrem Verlauf leicht berechnen.

Schließt man an die Brücke eine modulierte Wechselspannung, so läßt sich z. B. bei gleichzeitiger Aufzeichnung der beiden Brückendiagonalspannungen auf einer Kathodenstrahlröhre auch Modulationsverflachung und -Phasenverschiebung untersuchen und daraus die Zeitkonstante bestimmen.

B. Untersuchung von Kondensatoren

Für die Prüfung von Kondensatoren sind in den meisten Staaten Vorschriften ausgearbeitet worden[1]. Sie umfassen die Kontrolle der Kapazität des Verlustwinkels, der Isolierfestigkeit, der Durchschlagsfestigkeit, des Isolationswiderstandes, des inneren Widerstandes und der Lebensdauer.

a) Prüfung der Isolationsfestigkeit. Man unterscheidet zwischen einer Betriebsspannung, einer Prüfspannung und der Durchschlagsspannung. Da die Spannungsquellen Spannungsschwankungen unterliegen können, aber auch die Isolationsfestigkeit eines Kondensators im Laufe der Zeit abnimmt, erfolgt die Prüfung des Kondensators mit einer wesentlich oberhalb der Betriebsspannung gelegenen Prüfspannung. Bei Kondensatoren der Rundfunkempfangstechnik ist sie im allgemeinen mit 1 bis 1,5 kV Gleich- oder Wechselspannung festgelegt. Kondensatoren für höhere Spannungen werden (Belag gegen Belag) bei Spannungen bis 5 kV mit der vierfachen Betriebsspannung, für Spannungen über 5 kV mit der zweifachen Betriebsspannung zuzüglich 10 kV geprüft. Die Prüfung erfolgt meist mit einer Dauer von 1 Minute. Die Spannung wird allmählich bis auf den Höchstwert erhöht (innerhalb etwa 10 sek). Mitunter wird erst nach längerem Lagern im feuchtigkeitsgesättigten Raum (90%) und nachfolgender Trocknung geprüft.

b) Messung der Durchschlagsspannung. Stichprobenprüfungen zur Feststellung der Durchschlagsspannung werden selten durchgeführt. Es wird dabei die dem Kondensator über einen Schutzwiderstand zugeführte Spannung allmählich gesteigert, bis sich das Auftreten eines Durchschlages durch plötzliche Stromzu- und Spannungsabnahme zeigt. Zur genauen zeitlichen Verfolgung der Vorgänge eignet sich am besten die Kathodenstrahlröhre. Das eine Plattenpaar erhält beispielsweise die allmählich gesteigerte Generatorspannung, das andere die Spannung am Kondensator.

c) Messung des inneren Widerstandes[2]. Bei Anwendungen, bei denen kurze Entladungszeiten gefordert sind (z. B. Funkenentladung, Impulstechnik), ist der innere Widerstand R_i des Kondensators von großem Einfluß auf die Wirkungsweise.

Die Bestimmung von R_i erfolgt aus der dem Kondensator zugeführten Arbeit W, die aus Spannung und Kapazität berechnet wird und aus der

---

[1] ETZ **50**, 34 (1929); **52**, 584, 943 (1931); **54**, 945 (1933); **55**, 1036 (1934).

[2] Melton, B. S.: Proc. I. R. E. **37**, 690 (1949).

bei der Entladung über einen Widerstand R_a abgegebenen Arbeit W_a, die durch eine ballistische Messung der Entladung ermittelt wird. Es ist

$$R_i = R_a \left(\frac{W}{W_a} - 1 \right). \tag{4, 28}$$

Es ist zweckmäßig R_i bei verschiedenen Werten W/W_a zu bestimmen.

d) Messung des Isolationswiderstandes. Hiezu dienen die im dritten Abschn., V, angegebenen Messungen. Bei Messungen an Kondensatoren mit geringerem Isolationswiderstand ($<$ 1000 Ohm · F) kann eine Strom-Spannungsmessung, bei Kondensatoren mit höherem Isolationswiderstand besser die Messung des exponentiellen Spannungsverlaufes vorgenommen werden. Eine oberflächliche Prüfung der Isolationsgüte eines Papierkondensators kann mit Hilfe eines Kurbelinduktor-Ohmmeters in einfacher Weise vorgenommen werden. Der Kondensator wird an den Kurbelinduktor angeschlossen und von diesem eine Gleichspannung von 220 Volt erzeugt. Das Meßinstrument darf dann bei der Isolationsprüfung keinen Ausschlag zeigen.

Bei Elektrolytkondensatoren ist mit einem Leckstrom von einigen hundertstel mA zu rechnen.

e) Die Messung der Kapazität und des Verlustwinkels erfolgt wie im dritten Abschn., VIII, beschrieben. Die Temperaturabhängigkeit wird, wenn sie sehr gering ist, nach einer Schwebungsmethode ermittelt (dritter Abschn., VIII, D)[1]. Es müssen noch Kapazitätsänderungen von 10^{-3} pF gemessen werden können[2].

Eine gute und einfache Beurteilung des Betriebszustandes von Kondensatoren ergibt sich durch ständige Überprüfung des Verlustwinkels. Nimmt er mit der Zeit oder der Betriebsspannung zu, so ist dies als ein Zeichen der Alterung und Abnahme der Durchschlagsfestigkeit anzusehen. Die Verlustwinkelmessung kann auch durch Wechselstromüberlagerung bei Gleichspannungen durchgeführt werden.

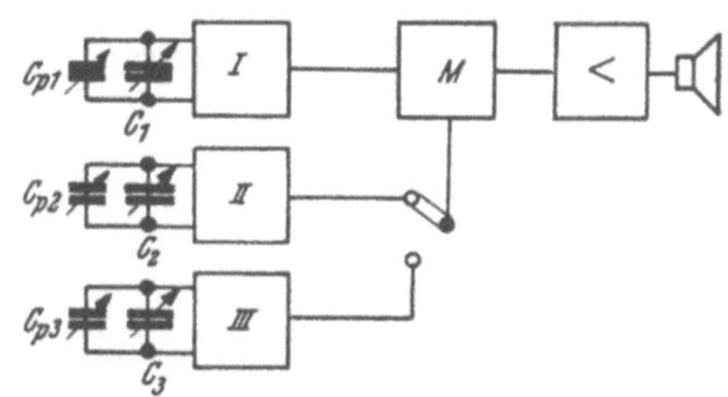

Abb. 248. Untersuchung des Gleichlaufes von Kondensatoren

f) Überprüfung des Gleichlaufes. Bei Mehrfachdrehkondensatoren ist oft der Gleichlauf zu überprüfen. Es eignet sich hiezu eine Schwebungsmethode, s. Abb. 248. Ein Oszillator *I* erzeugt unter Verwendung eines Kondensators C_1 eine veränderbare Frequenz. Ein gleichartiger Oszillator benützt den Kondensator C_2 und ein dritter den Kondensator C_3 des gleichlaufenden Systems. Infolge der Frequenzverschiedenheit entsteht im Mischrohr *M* eine Tonfrequenz, die nach Verstärkung dem Lautsprecher

[1] Thomas, H. A.: Jour. E. **79**, 297 (1936).
[2] Schick, W.: Wireless Engr. **21**, 65 (1944).

zugeführt wird. Die kleinen Parallelkondensatoren C_p werden nun so eingestellt, daß der Schwebungston verschwindet, die erforderliche Kapazitätsänderung ist die Abweichung vom Gleichlauf, sie kann unmittelbar an den geeichten Kondensatoren C_p abgelesen werden.

g) Lebensdauerprüfung. Um eine große Lebensdauer von Papierkondensatoren zu erzielen, muß die Betriebsspannung wesentlich unter der Prüfspannung gelegen sein. Das geforderte Verhältnis ist in den Sicherheitsvorschriften festgelegt, doch gibt weder dieses Verhältnis noch das Verhältnis von Betriebsspannung zu Durchschlagsspannung bei Typenprüfung einen befriedigenden Anhaltspunkt für die Lebensdauer.

Unmittelbare Lebensdauerprüfungen von Kondensatoren sind jedoch im allgemeinen wegen ihres großen Zeitbedarfes nicht durchführbar. Sie lassen sich jedoch wesentlich abkürzen, wenn sie bei einer höheren Temperatur durchgeführt werden. Auf Grund einer genügenden Anzahl von Messungen läßt sich dann ein Schluß auf die Lebensdauer bei normaler Temperatur treffen.

Die Messung eignet sich z. B. zur Prüfung von Kondensatorpapier, bei dem die Lebensdauer bei einer Erwärmung von 65^0 auf 130^0 C auf 1/50 bis 1/200 abnahm[1].

C. Untersuchung von Induktivitäten

1. Prüfung von Spulen ohne Eisenkern

Die Prüfung erstreckt sich vor allem auf die Größe der Induktivität und Verluste (s. dritter Abschn., VI) sowie deren Frequenzabhängigkeit. Diese ist vor allem durch die Spulenkapazität bedingt, s. Gl. (2, 44). Sie läßt sich am besten mit Hilfe der Resonanzmethode (s. dritter Abschn., VI, B) aus zwei Messungen ermitteln. Weniger genau ist die Messung der Spulenkapazität aus der *Eigenresonanz* der Spule. Die zu messende Spule wird dabei an einen Oszillator lose angekoppelt. Seine Frequenz wird so lange verändert, bis Resonanz erreicht ist. Es ist

$$C = 2{,}53 \cdot 10^{13}/(f^2 L), \qquad (4, 29)$$

wenn C die Spulenkapazität in pF, f die Frequenz in Hz und L die Selbstinduktion in mH bedeutet. Das Auftreten der Resonanz kann mit einem aperiodisch angekoppelten Indikator, aber auch aus der Änderung des Anodengleichstromes, der im Resonanzfall im allgemeinen ein Maximum oder besser aus dem Gittergleichstrom der Oszillatorröhre, der im Resonanzfall stets ein Maximum ist, bestimmt werden.

Die Eigenresonanz einer Spule kann in einfacher Weise auch mit Hilfe einer Kathodenstrahlröhre, wie in Abb. 249 gezeigt, bestimmt werden. Mit der zu untersuchenden Spule L_x wird ein Ohmscher Widerstand R in Reihe geschaltet. Die beiden Spannungsabfälle werden an die beiden Plattensysteme der Kathodenstrahlröhre angeschlossen. Normalerweise entsteht eine Ellipse als Aufzeichnung am Leuchtschirm. Ist jedoch die

---

[1] Sauer, H. A. u. D. A. McLean: Proc. I. R. E. **37**, 927 (1949).

Betriebsfrequenz gleich der Resonanzfrequenz der Spule, so erhält man als Aufzeichnung eine Gerade. Als Phasenmethode ist das Verfahren empfindlicher als die meist üblichen Widerstandswertmessungen.

Auch die in Abb. 257 gezeigte Anordnung kann zur Bestimmung der Resonanzfrequenz, besonders, wenn es sich um die Messung kleiner Induktivitäten oder bei kleinen Spannungen handelt, dienen.

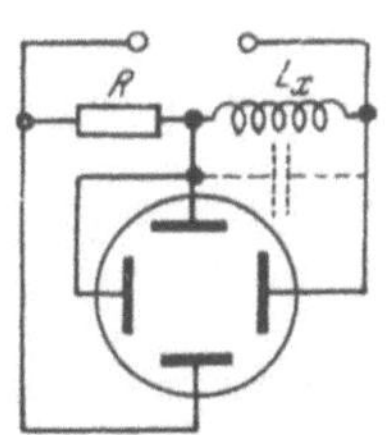

Abb. 249. Untersuchung der Eigenresonanz von Induktivitäten mittels Kathodenstrahlröhre

Zur Messung der Spulenkapazität eignet sich auch folgende Methode[1]: Man schaltet zur Spule einen Kondensator der Kapazität C_1 parallel, so daß Resonanz bei einer Generatorfrequenz f erhalten wird. Nun wird die Kapazität auf einen Wert C_2 verringert, der so gewählt wird, daß Resonanz mit der zweiten Harmonischen $(2f)$ des Generators erhalten wird. Es ergibt sich dann für die Spulenkapazität C_L wegen $C_1 + C_L = 4(C_2 + C_L)$

$$C_L = \frac{C_1 - 4C_2}{3}. \tag{4, 30}$$

Allgemein läßt sich mit Hilfe der Parallelkapazität C_m Resonanz mit der m-ten und mittels C_n mit der n-ten Oberwelle[2] erzielen. Es ist dann

$$C_L = \frac{m^2 C_m - n^2 C_n}{n^2 - m^2}. \tag{4, 31}$$

Für die Güte der Abschirmung von Spulen ist einerseits die Verringerung der Spulengüte maßgebend. Sie soll nicht größer als 10% sein. Sie wird nicht allein durch die Verluste im Abschirmtopf, sondern auch durch die Abnahme der Induktivität bestimmt. Andererseits soll die magnetische Abschirmung das Auftreten von magnetischen Streukraftlinien verhindern. Sie wird durch die Kopplung k zwischen einer den Abschirmtopf umgebenden Wicklung und der Spuleninduktivität gekennzeichnet. Der Kopplungsfaktor k ist von der Windungszahl der beiden Spulen unabhängig und ist gegeben durch

$$k = \frac{M}{\sqrt{L_1 \cdot L_2}}. \tag{4, 32}$$

Sie wird also auf eine Messung der Induktivitäten und Gegeninduktivität nach drittem Abschn., VI und VII, zurückgeführt. Besser noch ist es indessen die Kopplung unmittelbar nach Gl. (3, 127) mit Hilfe von zwei Leerlaufversuchen zu bestimmen. Die Messung der Verringerung der Induktivität und der Spulengüte durch die Abschirmung erfolgt durch Messung von L und Q mit und ohne Abschirmtopf.

---

[1] Batcher, R. R.: Proc. I. R. E. 9, 300 (1921).

[2] Agricola, A.: Hochfrequenztechn. u. Elektroak. 51, 77 (1938).

Bei Spulen für hohe Leistungen wird mitunter die Erwärmung nachzuprüfen sein. Sie kann mit dem Thermometer gemessen werden oder aber auch aus der Erhöhung des Gleichstromwiderstandes der Spule bestimmt werden.

2. Prüfung von Spulen mit Eisenkern bei Hochfrequenz

Von besonderem Interesse sind Induktivität und Verlustwinkel. Die Induktivität und demnach auch der Verlustwinkel sind von der Größe der Vormagnetisierung abhängig. Die Spule ist daher bei den Betriebsverhältnissen zu messen.

Von Interesse ist die Trennung der Kupfer- und Eisenverluste. Letztere zerfallen wieder in Nachwirkungs-, Hysterese- und Wirbelstromverluste. Die Trennung ist auf Grund der Frequenzabhängigkeit und Abhängigkeit von der Feldstärke möglich. Es ist bei Hochfrequenz

$$N_v = J^2 \omega^{1/2} \cdot k + \omega (n + h \cdot H) + \omega^2 \cdot w. \qquad (4, 33)$$

Hiebei bedeutet N_v = Verlustleistung, J = Hochfrequenzstrom, k = Konstante bedingt durch die Kupferverluste, n = Konstante bedingt durch die Nachwirkungsverluste, h = Konstante bedingt durch die Hysteresisverluste und w = Konstante bedingt durch die Wirbelstromverluste. Es ist zu empfehlen, die Verlustleistung in Abhängigkeit von der Frequenz bei gleichbleibendem Hochfrequenzstrom auf doppeltlogarithmischen Papier aufzutragen, wodurch eine Trennung der Verluste auf Grund der verschiedenen Steilheiten der Tangenten mit zunehmender Frequenz möglich wird[1].

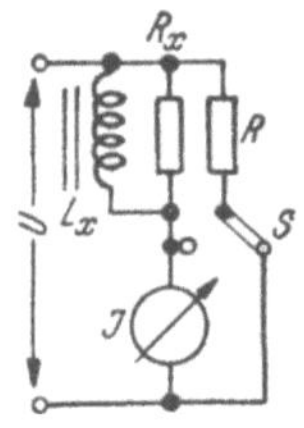

Abb. 250. Schaltung zur Messung der Spulenverluste

Zur Messung der Verluste eignen sich die im dritten Abschn., VI, angegebenen Methoden. Es genügt aber auch vielfach die in Abb. 250 gezeigte einfache Meßmethode[2]. Die Spule ist als eine Parallelschaltung der reinen Induktivität L_x mit dem Ohmschen Widerstand R_x aufzufassen. Es wird die Hochfrequenzspannung U angeschlossen und es fließt demnach der Hochfrequenzstrom J_1, wenn der Schalter, wie Abb. 250 zeigt, nach rechts gestellt ist. Bei Umschaltung erhöht sich der Strom auf J_2. Die Belastung der Spannungsquelle U ändert sich jedoch nicht und es bleibt daher U gleich.

Man erhält:

$$N_v = \frac{1}{2} \left[(J_2^2 - J_1^2) R - \frac{U^2}{R} \right], \qquad (4, 34)$$

wenn $N_v = U^2/R_x$ die Spulenverluste sind.

[1] Benz, F.: Hochfrequenztechn. **36**, 41 (1930).

[2] Cobine, J. D., J. R. Curry, C. J. Gallacher u. J. Ruthberg: Proc. I. R. E. **35**, 1060 (1947).

Zur Trennung der Kupferverluste (N_{Cu}) und der Eisenverluste (N_{Fe}) eignet sich auch eine Widerstandsmessung ohne Eisenkern oder, wenn dies nicht möglich ist, bei Spulen für niedere Frequenzen auch eine Gleichstromwiderstandsmessung. Man findet wegen

$$N_{Cu} = J^2 R \tag{4, 35}$$

für die Eisenverluste

$$N_{Fe} = N_v - J^2 \cdot R, \tag{4, 36}$$

wobei N_v die Gesamtverluste bei Wechselstrom sind. S. auch dritter Abschn., IX.

3. Prüfung von Eisendrosseln für Niederfrequenz

Insbesondere bei Eisendrosseln ohne Luftspalt ist die Induktivität stark abhängig von der Größe der Vormagnetisierung. Es ist daher stets unter den Betriebsbedingungen zu prüfen. Die Messung der Induktivität bei Gleichstromvormagnetisierung kann mittels Meßbrücke, z. B. wie Abb. 174 zeigt, vorgenommen werden. Für weniger genaue Messungen eignet sich zur Bestimmung des Gesamtscheinwiderstandes die Strom-Spannungsmethode.

Soll die Drossel hohen Spannungen, insbesondere Überspannungen ausgesetzt werden, so ist sie kurzzeitig mit einem Vielfachen der Nennspannung zu prüfen.

4. Spulenprüfgerät

Die Messung der Induktivität und der Verluste eignet sich auch zur Prüfung von Windungsschlüssen. Sind einzelne Windungen kurzgeschlossen, so verringert sich die Induktivität und erhöht sich der Verlustwinkel außerordentlich. Die Drossel wird nun auseinandergenommen. Sind mehrere Wicklungen vorhanden, so kann die schadhafte Wicklung leicht mit Hilfe des in Abb. 251 gezeigten Spulenprüfgerätes gefunden werden[1]. Die zu prüfende Wicklung L_x wird auf den einen Schenkel, eine Vergleichsspule L_n auf den anderen Schenkel aufgeschoben. Das Meßgerät bildet mit dem Potentiometer R und dem Meßinstrument J eine Wechselstrombrücke. Im Falle eines Windungsschlusses läßt sich die Brücke wegen des hohen Verlustwinkels des Prüflings nicht abgleichen. Als Vergleichsinduktivität soll eine Spule möglichst gleicher Windungszahl und Abmessungen genommen werden.

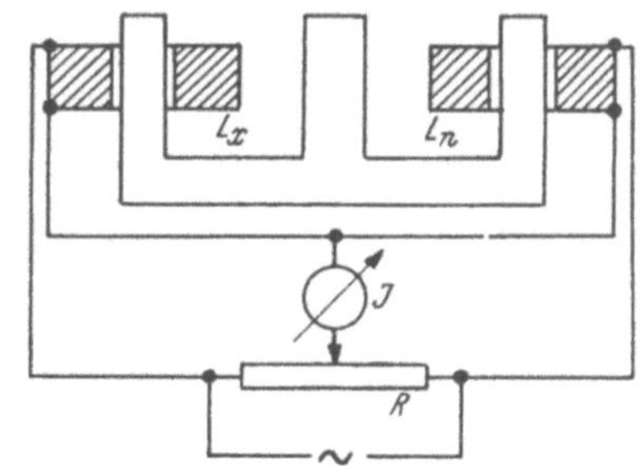

Abb. 251. Spulenprüfgerät mit gleichartiger Vergleichsspule

[1] Kniel, W.: E. u. M. 59, 174 (1941). — Poleck, H.: ATM V 3526—2 (1942).

Das Gerät kann auch zur Windungskontrolle dienen, wenn der mittlere Schenkel wechselstromerregt ist und die beiden Schenkel die zwei miteinander zu vergleichenden Spulen erhalten. Sie sind gegengeschaltet, ihre Differenzspannung wird einem Meßgerät zugeführt. Die eine Spule hat die richtige Windungszahl und ist Vergleichsspule. Hat der Prüfling die gleiche Windungszahl und keinen Windungsschluß, so ist das Meßinstrument stromlos.

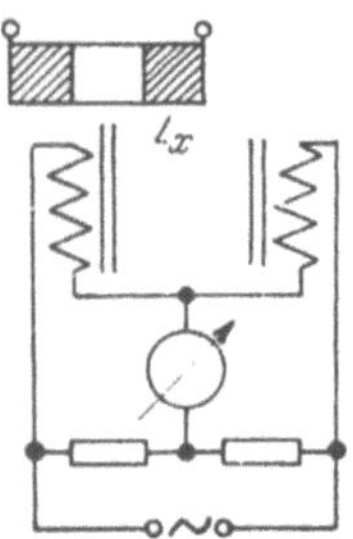

Abb. 252. Windungsschluß-Prüfgerät, Wirkungsweise durch Transformatorbelastung

Ein anderes Windungsschlußprüfgerät, das auch sehr schwache Windungsschlüsse anzuzeigen gestattet, ist in Abb. 252 dargestellt[1]. Es arbeitet ebenfalls in Brückenschaltung. Die zu prüfende Spule L_x wird auf einen der beiden Eisenkerne aufgesetzt und verstimmt im Falle des Kurzschlusses das Brückengleichgewicht.

Nähert man eine Spule mit Windungsschluß einem mit Audionkomplex ausgestattetem Oszillator, so nimmt der Anodengleichstrom zu, während er sich bei einer guten Spule nicht ändert. Diese Erscheinung kann ebenfalls zur Prüfung von Spulen verwendet werden[2].

Die *Wicklungsfolge* einer Spule mit mehreren Wicklungen, die übereinander oder nebeneinander angeordnet sind, insbesondere auch Schirmwicklungen, können durch eine Messung der Kapazität ermittelt werden. Die größte Kapazität ist jeweils zwischen zwei benachbarten Wicklungen vorhanden, woraus sich die Reihenfolge leicht bestimmen läßt.

D. Prüfung von Netztransformatoren

Die Untersuchung von Netztransformatoren erstreckt sich auf folgende Messungen:

a) Untersuchung der Sekundärspannung in Abhängigkeit von der Belastung. Die Messung wird bis etwa $1\frac{1}{2}$-facher Vollast vorgenommen.

b) Untersuchung der Leerstromaufnahme und Leerlaufleistung.

c) Bei größeren Geräten wird auch der Wirkungsgrad bei verschiedenen Belastungen, insbesondere aber bei der Nennleistung bestimmt.

Die Verluste der Transformatoren setzen sich aus den Kupferverlusten und den Eisenverlusten zusammen. Erstere lassen sich vor allem durch einen Kurzschlußversuch, letztere mit Hilfe eines Leerlaufversuches bestimmen[3].

d) Einhaltung der Sicherheitsvorschriften. Die Temperatur der Wicklungen soll danach die des umgebenden Raumes bei Baumwollisolation nicht um 50° C, bei Emailisolation nicht um 60° C übersteigen. Die Messung

---

[1] Beyerle, K. u. K. P. Schweimer: ATM V 373—4 (1942).

[2] Silberbauer, R.: Radiot. 1948, H. 4.

[3] La Cour, A.: Die Transformatoren, 3. Aufl., S. 472, 474 (1936).

erfolgt nach mehrstündigem Betrieb mit Vollast. Die Isolationsprüfung wird nach 24-stündigem Lagern im feuchtigkeitsgesättigten Raum (80%) von 20^0 C und nach 24-stündigem Trocknen im Raum normaler Temperatur geprüft. Der Isolationswiderstand zwischen der Primärwicklung einerseits und der Sekundärwicklung andererseits wird bei 1500 Volt Gleichspannung gemessen. Er muß mindestens 2 Megohm betragen[1]. Die Isolation wird bei 1500 Volt Wechselspannung nach der gleichen Vorbehandlung geprüft.

Bei abgeschirmten Netztransformatoren ist auch die Messung der abgeschirmten Kapazität der Netzwicklung gegen die übrigen Wicklungen vorzunehmen (vgl. dritter Abschn., VIII).

E. Untersuchung von Niederfrequenztransformatoren

Für die Wirkungsweise der Niederfrequenztransformatoren ist die Kenntnis folgender elektrischer Daten von großer Wichtigkeit: Induktivität von Primär- und Sekundärwicklung, Kapazität jeder Wicklung, Kapazität zwischen Primär- und Sekundärwicklung, Verlustwiderstand jeder Wicklung, gemeinsame Induktivität, bzw. Kopplung der beiden Wicklungen und Isolationswiderstand zwischen den Wicklungen.

Die Messung der Induktivität erfolgt bei den normalen Betriebsbedingungen, insbesondere bei der betriebsmäßigen Gleichstromvormagnetisierung. Zur Induktivitäts- und Verlustwiderstandsmessung eignet sich vor allem die Dreivoltmeter- und Brückenmethode. Insbesondere der Verlustwiderstand ist stark frequenzabhängig. Die Messung der Kapazität zwischen den Wicklungen geschieht durch Brückenmessung, die Ermittlung der Wicklungskapazität erfolgt am besten durch eine Resonanzmethode (s. dritter Abschn., VI). Die Messung der Kopplung k kann durch zwei Leerlaufmessungen vorgenommen werden (s. dritter Abschn., VII). Die Streuinduktivitäten L_σ bestimmen sich daraus nach

$$L_\sigma = L \cdot (1 - k^2). \qquad (4, 37)$$

Das Übersetzungsverhältnis kann aus zwei Leerlaufmessungen, s. Gl. (3, 127) oder aus der Messung der beiden Induktivitäten gewonnen werden:

$$\ddot{u}^2 = \frac{L_2}{L_1}. \qquad (4, 38)$$

Der Streufaktor, bzw. die Kopplung läßt sich auch aus den Induktivitäten L_1, L_2 und der gemeinsamen Induktivität M nach den Gleichungen

$$k = \frac{M}{\sqrt{L_1 L_2}} \quad \text{und} \quad \sigma = 1 - k^2 \;{}^{2} \qquad (4, 39)$$

berechnen. Die Größen L_1 und L_2 findet man aus Leerlaufscheinwiderstandsmessungen, M aus der Messung der Sekundärspannung und nach drittem Abschn., VII.

Ebenso eignet sich auch eine Leerlauf- und Kurzschlußmessung sowie eine Resonanzmessung.

---

[1] ETZ **53**, 924 (1932); **54**, 315, 640 (1933).

[2] Einfg. S. 51.

Letztere kann in der Weise vorgenommen werden, daß die Sekundärseite des Transformators mit einer Kapazität C belastet wird und sodann durch Aufnahme einer Resonanzkurve die sekundäre Parallelresonanz und sekundäre Streuresonanz bestimmt wird. Als Anzeigegerät für die Resonanzen verwendet man meist Röhrenvoltmeter. Die primärseitig anzuschließende Wechselspannungsquelle veränderbarer Frequenz muß über einen genügend großen Vorschaltwiderstand angeschlossen werden, da sich sonst die Resonanzen nicht ausbilden können. Es ist[1]

$$\frac{f_{\sigma\, res}}{f_{res}} = \sqrt{\frac{L_2}{L_{2\sigma}}}, \tag{4, 40}$$

wobei $f_{\sigma\, res}$ die Streuresonanzfrequenz, f_{res} die Parallelresonanzfrequenz, L_2 die Sekundärinduktivität und $L_{2\sigma}$ die sekundäre Streuinduktivität bedeutet.

Zur Bestimmung der Resonanz von Tonfrequenzübertragern ist folgendes Verfahren zu empfehlen: Primärseitig wird mit dem Übertrager ein Ohmscher Widerstand in Reihe geschaltet. Das eine Plattensystem einer Kathodenstrahlröhre wird an diesen, das andere an die Primärwicklung des zu untersuchenden Übertragers angeschlossen[2]. Im Resonanzfall erhält man als Schirmaufzeichnung eine Gerade, anderenfalls ellipsenähnliche Kurven. Die Methode ist als Phasenmessung empfindlicher als eine Spannungsmessung.

Im einzelnen ergeben sich noch für Spannungstransformatoren (Gittertransformatoren) und Leistungstransformatoren (Ausgangstransformatoren) folgende Messungen.

1. Untersuchung von Spannungsübertragern[3]

Die wichtigste Untersuchung ist die der Frequenzkurve des Transformators. Es wird die Abhängigkeit der Sekundärspannung U_2 von der Frequenz bei den normalen Betriebsbedingungen gemessen. Als Spannungsquelle dient im praktischen Betrieb eine Röhre. Sie schickt einen konstanten Gleichstrom über die Primärwicklung. Die Eingangswechselspannung ist über den inneren Widerstand der Röhre angeschlossen. Sekundärseitig ist der Transformator lediglich mit der Kapazität der nächsten Röhre belastet. Diese Belastungen sind daher der Messung zugrunde zu legen. Die Kapazität beträgt im allgemeinen 10 bis 50 pF. Es kann auch primärseitig von der Verwendung einer Röhre abgesehen werden, wenn, wie Abb. 253 zeigt, ein Tongenerator über einen Widerstand R_i gleich dem der im allgemeinen

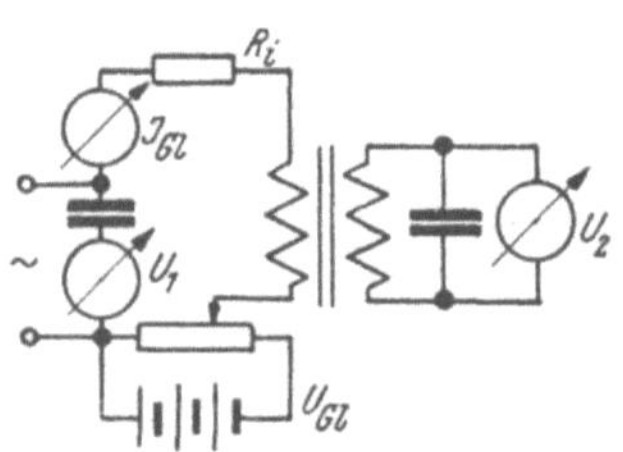

Abb. 253. Schaltung zur Untersuchung von Spannungsübertragern

[1] Einfg. S. 62 u. 318.
[2] Nowotny, W.: Hochfrequenztechn. u. Elektroak. **43**, 208 (1934).
[3] Benz, F.: E. u. M. **46**, Beilage: Die Radiotechn. S. 13 (1928).

verwendeten Verstärkerröhren vorgeschaltet wird. Die Gleichstromvormagnetisierung erfolgt durch eine damit in Reihe geschaltete Gleichspannungsquelle U_{Gl}. Der Widerstand R_i ist von 1000 bis 10 000 Ohm veränderbar. Die Frequenzkurve gibt den Verlauf des Betrages U_2/U_1 in Abhängigkeit von der Frequenz an. Die Messung der Vormagnetisierung erfolgt mittels des Gleichstrominstrumentes J_{Gl}. Die Spannung U_1 soll während der Messung möglichst konstant bleiben.

Wichtig ist auch eine möglichst amplitudengetreue Wiedergabe. Auch zu ihrer Prüfung kann die Schaltung der Abb. 253 herangezogen werden. Es wird bei bestimmten Frequenzen die Zunahme der Spannung U_2 mit ansteigender Spannung U_1 gemessen. Schließlich kann auch der Klirrfaktor des Transformators mit der gleichen Schaltung überprüft werden, indem an Stelle des Meßgerätes U_2 eine Klirrfaktormeßbrücke (s. dritter Abschn., XI) angeschlossen und seine Größe in Abhängigkeit der Primärspannung U_1 ermittelt wird.

2. Untersuchung von Leistungsübertragern

Die Aufnahme der Frequenzkurve erfolgt nach der in Abb. 253 angegebenen Schaltung. Der Transformator ist indes sekundärseitig durch einen Ohmschen Widerstand zu belasten. Seine Größe richtet sich nach dem Übersetzungsverhältnis und ist meist angegeben. Die Frequenzkurve zeigt wieder den Verlauf der Größe U_2/U_1 in Abhängigkeit von der Frequenz. In entsprechender Weise läßt sich die genannte Schaltung ebenfalls zur Aufnahme der Amplitudenkurve und der Klirrfaktorkurve benützen. Der Klirrfaktor wird jedoch nicht in Abhängigkeit von der Spannung U_1, sondern von der Ausgangsleistung $U_2{}^2/R$, wenn R der ausgangsseitige Belastungswiderstand ist, angegeben.

Bei großen Leistungen sind auch Erwärmungs- und Isolationsmessungen zu empfehlen.

3. Symmetriemessung

Bei Gegentakttransformatoren und sonstigen mittelpunktsangezapften Transformatoren ist häufig eine Kontrolle der Symmetrie notwendig. Hiezu dient die in Abb. 254 gezeigte Meßbrücke[1].

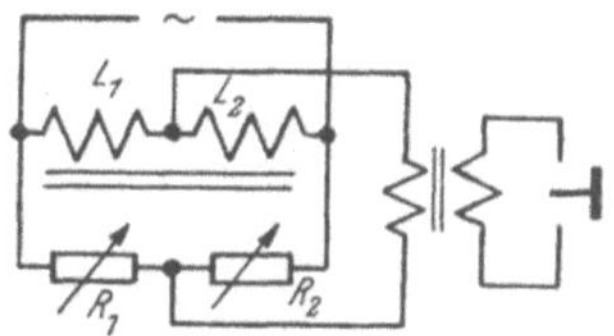

Abb. 254. Symmetriemessung an Transformatoren

Man findet als Brückenbedingung

$$\Delta L = L_1 - L_2 = L_{ges} \frac{R_1 - R_2}{R_1 + R_2} \tag{4, 41}$$

bei reinen Induktivitäten. $L_{ges} = L_1 + L_2 + 2\,M$ ist die Gesamtinduktivität der Transformatorwicklung.

[1] Moerder, C.: ATM V 370—3 (1948).

VI. Untersuchung von Schwingkreisen

A. Untersuchung von einfachen Schwingkreisen

a) Aufnahme der Resonanzkurve. Sie erfolgt bei loser Ankopplung eines Generators mit möglichst hohem inneren Widerstand und mit veränderbarer Frequenz. Zur Messung der Schwingkreisspannung dient in der Regel ein lose angekoppeltes Meßgerät mit hohem inneren Widerstand, z. B. ein Röhrenvoltmeter. Bei der Ankopplung ist darauf zu achten, daß die Hochfrequenzspannung nicht direkt vom Generator zum Meßgerät gelangt, wovon man sich durch völlige Verstimmung des Schwingkreises gegenüber dem Oszillatorkreis, z. B. durch Abschalten des Abstimmkondensators überzeugt.

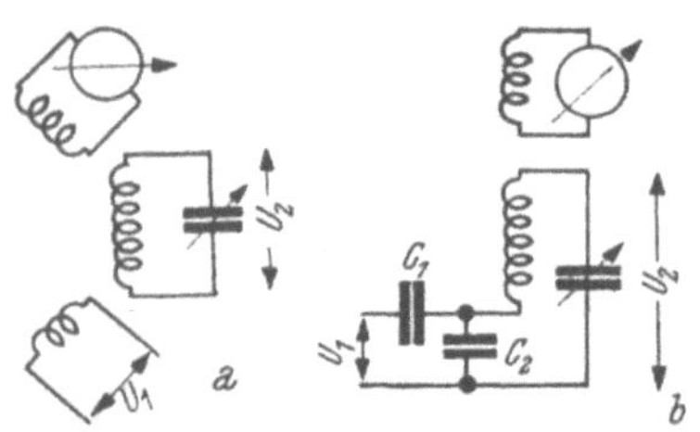

Abb. 255. Aufnahme der Resonanzkurve von Schwingkreisen. *a* induktive Kopplung, *b* kapazitive Kopplung der Wechselspannungsquelle

Die Resonanzkurvenaufnahme erfolgt punktweise, indem für jeden Frequenzwert das Verhältnis von Ausgangsspannung U_2 zu Erregungsspannung U_1 gemessen wird. Zwei hiefür geeignete Schaltungen zeigt Abb. 255. Bei der induktiven Ankopplung sind Einkopplungs- und Auskopplungskreis gegeneinander so gestellt, daß letzterer von den Erregerkraftlinien nicht getroffen wird. Bei der kapazitiven Kopplung beträgt die Kapazität C_1 nur wenige pF, C_2 einige nF.

Es lassen sich jedoch auch Resonanzkurven selbsttätig mittels Kathodenstrahlröhren aufzeichnen. Hiezu dienen sogenannte Resonanzkurvenschreiber. Bei diesen Geräten wird die Frequenz eines Oszillators selbsttätig mit einer bestimmten Frequenz, meist 10 bis 50 Hz geändert. Als Kippspannung wird eine mit der Frequenz proportional sich ändernde Spannung verwendet. Meist ist sinusförmige oder sägezahnförmige Kippspannung üblich. Bei älteren Geräten änderte man die Oszillatorfrequenz mittels eines rotierenden Drehkondensators. Auf gleicher Achse befand sich ein Potentiometer, dessen veränderliche Spannung als Kippspannung verwendet wurde[1]. Bei modernen Geräten bedient man sich Blindleistungsröhren, die wie etwa bei der automatischen Scharfabstimmung oder Frequenzmodulation[2] zur Frequenzbeeinflussung eines Oszillators dienen. Zu ihrer Steuerung wird meist die Kippspannung der Kathodenstrahlröhre verwendet[3]. Die frequenzmodulierte Wechselspannung wird dem Schwingkreis zugeführt und ergibt nach diesem eine amplitudenmodulierte, die zu der Frequenzkurvenaufzeichnung auf dem Schirm der Kathodenstrahlröhre führt. Abb. 256 zeigt die Schaltung eines einfachen Gerätes.

---

[1] Marx, E. u. F. Banneitz: Jahrb. d. drahtl. Tel. **6**, 146 (1912).
[2] Einfg. S. 472.
[3] Mayer, H. F.: Electronics **18**, H. 4, S. 39 (1940).

Es werden zwei Röhren UCH 4 verwendet. Die erste dient als Blindleistungsröhre zur Frequenzmodulation im Rhythmus der Kippspannung U_k. Das Triodensystem der zweiten Röhre arbeitet als Oszillator. Zu dessen Schwingkreis parallel liegt die Blindleistungsröhre, die als veränderlicher induktiver Widerstand arbeitet. Das Triodensystem steuert über den Kondensator C_4 den als Hochfrequenzverstärker verwendeten Hexoden-

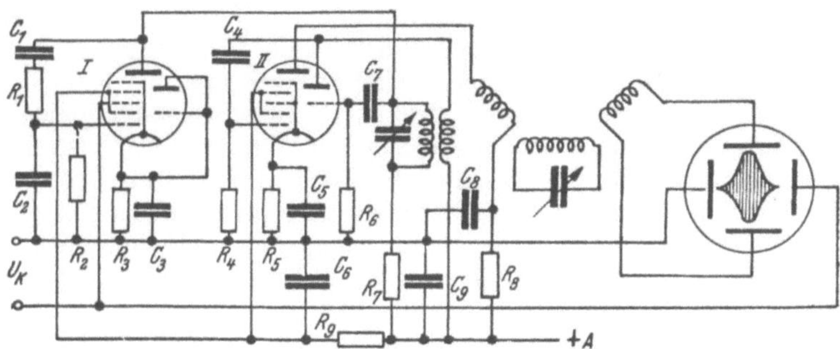

Abb. 256. Resonanzkurvenschreiber

teil. An seinen Anodenkreis ist der zu untersuchende Schwingkreis geschaltet. Für die Schaltung der Abb. 256 sind folgende Widerstands- und Kapazitätswerte zu empfehlen:

$R_1 =$ 10 kOhm,	$C_1 =$ 2000 pF,
$R_2 =$ 1 Megohm,	$C_2 =$ 100 pF,
$R_3 =$ 300 Ohm,	$C_3 =$ 0,1 μF,
$R_4 =$ 1 Megohm,	$C_4 =$ 50 pF,
$R_5 =$ 200 Ohm,	$C_5 =$ 0,1 μF,
$R_6 =$ 50 kOhm,	$C_6 =$ 0,1 μF,
$R_7 =$ 1 kOhm,	$C_7 =$ 50 pF,
$R_8 =$ 10 kOhm,	$C_8 =$ 0,1 μF.

Die Kippspannung soll etwa 50 Hz betragen. An ihrer Stelle kann auch unmittelbar die Netzspannung verwendet werden.

Die Trägermodulation mit Hilfe von Blindleistungsröhren erfordert einen gewissen Aufwand. Eine einfache Frequenzmodulation erhält man mit Hilfe einer durch eine schwingende Zunge angetriebenen Kurzschlußspule. Sie erzeugt durch ihre Bewegung eine Induktivitätsänderung einer Hochfrequenzspule (s. zweiter Abschn., IV)[1].

Wird die Hochfrequenz gleichgerichtet, so erhält man nur die Resonanzkurve, das heißt die obere Begrenzungslinie der auf der Kathodenstrahlröhre der Abb. 256 gezeigten Kurve. An Stelle einer Kathodenstrahlröhre kann auch ein Koordinatenschreiber (s. zweiter Abschn., X) verwendet werden.

---

[1] Bernhardt, M. J.: Toute la Radio, Cah. 3, S. 21 (1947).

Um die Halbwertsbreite zu bestimmen oder andere markante Frequenzpunkte festzulegen, können mit Hilfe sehr frequenzscharfer Schwingkreise, die ebenfalls von der frequenzmodulierten Oszillatorwelle gespeist werden, Frequenzeichpunkte auf der Kathodenstrahlröhre angebracht werden. Die Spannungen dieser Schwingkreise werden an das Vertikalablenksystem gebracht oder zur Helligkeitssteuerung verwendet[1].

b) Bestimmung der Resonanzfrequenz eines Schwingkreises. Sie erfolgt im allgemeinen durch Aufnahme der Resonanzkurve. Dieses Verfahren ist jedoch ungenau, da sie gerade im Resonanzpunkt horizontal verläuft. Man hilft sich allerdings meist so, daß man als Resonanzpunkt jene Frequenz annimmt, die in der Mitte zwischen zwei gleich großen etwas vom Resonanzpunkt abweichenden Werten liegt (s. Abb. 1). Genauer ist es jedoch, der Messung die Phasenkurve statt der Resonanzkurve zugrunde zu legen. Nach diesem Gesichtspunkt arbeitet das in Abb. 257 gezeigte Gerät[2]. Der zu untersuchende Schwingkreis wird von einem Hochfrequenzgenerator über zwei Widerstände R_1 und R_2 gespeist.

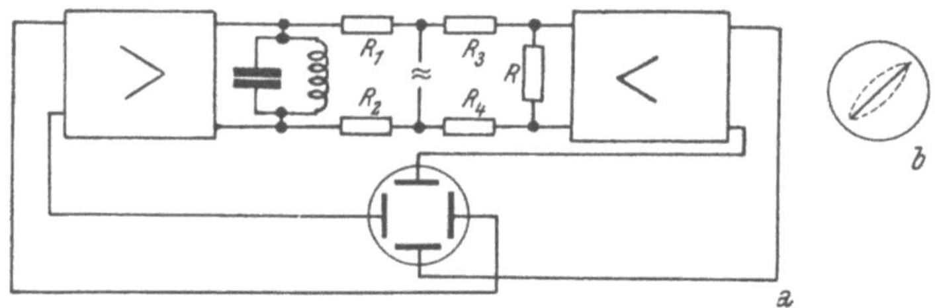

Abb. 257. Bestimmung der Resonanzfrequenz eines Schwingkreises durch Phasenvergleich mit einem Ohmschen Widerstand

Seine Spannung wird über einen Verstärker an das eine Plattensystem einer Kathodenstrahlröhre geführt. Die gleiche Hochfrequenz erhält in derselben Weise ein Vergleichswiderstand R, dessen Spannung über einen gleichartigen Verstärker dem zweiten Plattenpaar zugeführt wird. Sind die beiden Spannungen phasengleich, so entsteht auf der Kathodenstrahlröhre eine Gerade, anderenfalls erhält man eine Ellipse. Phasengleichheit tritt nur auf, wenn der Schwingkreis ein rein Ohmscher Widerstand ist, also im Resonanzfall. Der Widerstand R soll in der Größenordnung des Resonanzwiderstandes liegen, R_1 bis R_4 sollen größer sein.

Das Gerät läßt sich auch zum Vergleich der Resonanzfrequenzen zweier Schwingkreise verwenden, wenn R durch den Vergleichskreis ersetzt wird. Die Kreise müssen nicht den gleichen Resonanzwiderstand haben.

Die beschriebene Schaltung eignet sich auch zur Aufnahme der Phasenkurve von Schwingkreisen. Der Phasenwinkel läßt sich nach drittem Abschn., IV, D, bestimmen (s. Abb. 140).

---

[1] Duhn, J. v.: DRP 723 840 (1938); Referat: Hochfrequenztechn. u. Elektroak. 61, 63 (1943).

[2] Beyerle, K. u. K. P. Schweimer: ATM V 373—4 (1942).

c) Messung des Gütefaktors von Resonanzkreisen. Der Gütefaktor eines Resonanzkreises ist durch folgende Definitionen bestimmt[1]:

1. $$Q = \frac{\text{Blindleistung}}{\text{Wirkleistung}} = \frac{P_B}{P_w}. \tag{4, 42}$$

2. $$Q = \frac{\text{Blindwiderstand}}{\text{Wirkwiderstand}} = \frac{\omega L}{R_L + R_C}, \tag{4, 43}$$

wobei R_L der Dämpfungswiderstand der Spule und R_C der des Kondensators ist.

3. $$Q = \frac{\text{Blindleitwert}}{\text{Wirkleitwert}} = \frac{\omega C}{G_C + G_L}, \tag{4, 44}$$

wenn G_C und G_L die Wirkleitwerte von Kondensator und Spule sind.

4. $$Q = \text{Resonanzüberhöhung} = \frac{U_B}{U_R} = \frac{J_B}{J_R} = \frac{\omega L}{R} = \omega C \cdot R, \tag{4, 45}$$

wobei U_B, J_B die Blindkomponente und U_R, J_R die Wirkkomponente ist.

5. $$Q = \frac{f_0}{2\Delta f} = \frac{C_0}{\Delta C} = \frac{L_0}{\Delta L}, \tag{4, 46}$$

wenn Δf, ΔC, ΔL die erforderliche Frequenz-, Kapazitäts- oder Induktivitätsänderung ist, um eine Verringerung der Schwingkreisspannung oder des Schwingkreisstromes auf das $1/\sqrt{2}$-fache des Resonanzwertes zu erhalten. f_0 ist die Resonanzfrequenz, C_0 die Abstimmkapazität und L_0 die Abstimminduktivität bei der Resonanzfrequenz.

Als Dämpfung bezeichnet man den reziproken Wert des Gütefaktors

$$Q = \frac{1}{d} = \frac{1}{d_L + d_C}, \tag{4, 47}$$

wobei $d_L = \operatorname{tg} \delta_L$ die Dämpfung der Spule und $d_C = \operatorname{tg} \delta_C$ die Dämpfung (Verlustwinkel) des Kondensators ist.

Die angeführten Definitionen ermöglichen die Durchführung verschiedener Meßmethoden.

Man bestimmt Q vor allem durch Messung der Bandbreite $2\Delta f$ des Schwingkreises, indem man die Oszillatorfrequenz so weit verstimmt, bis ein lose an den Schwingkreis angekoppelter Indikatorkreis die $1/\sqrt{2}$-fache Spannung zeigt. Man kann aber ebenfalls nach Gl. (4, 46) durch Änderung von C um den Wert ΔC oder L um den Wert ΔL zwei Punkte mit der gleichen Spannungsabnahme erhalten.

Vor allem eignet sich aber auch die Messung der Resonanzüberhöhung nach Gl. (4, 45) zur Bestimmung von Q. Am einfachsten ist es, den Schwingkreis als Reihenresonanzkreis zu schalten und zu speisen. Es wird dann die Spannung U_{ges} an der Reihenschaltung von L und C und dann die Spannung U_L an der Induktivität L allein gemessen[2]. Da die Spannung

[1] Zinke, O.: Hochfrequenztechn. u. Elektroak. **47**, 196 (1936).

[2] Zinke, O.: Hochfrequenztechn. u. Elektroak. **47**, 196 (1936). — Hauke, R.: Das Elektron, 1949, S. 288.

U_{ges} bei den meisten Spulen 1/100 (oder noch weniger) der Spannung U_L ist, wird sie meist als Spannungsabfall an einem bekannten Ohmschen Widerstand mit bekanntem Hochfrequenzstrom eingestellt (s. Abb. 172), während U_L mit Hilfe eines Röhrenvoltmeters gemessen wird. Ist die erzeugte Frequenz gleich der Resonanzfrequenz des Schwingkreises, so ist

$$Q = \frac{U_L}{U_{ges}}. \qquad (4,\ 48)$$

Bei konstantem U_{ges} kann das Röhrenvoltmeter unmittelbar in Gütefaktoreinheiten geeicht sein. Es kann bei Frequenzen bis zu mehreren MHz gemessen werden.

Schließlich läßt sich der Gütefaktor eines Schwingkreises auch aus dem seiner Bestandteile gemäß Gl. (4, 47) bestimmen.

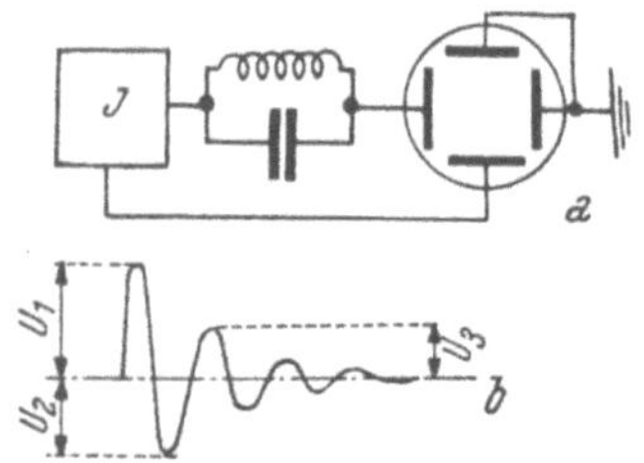

Abb. 258. Bestimmung der Güte von Resonanzkreisen durch Aufzeichnung des zeitlichen Schwingungsablaufes. *a* einpoliges Schaltschema. *b* zeitlicher Schwingungsablauf

Die Bestimmung der Güte von Resonanzkreisen kann auch bei großen Dämpfungen mit Hilfe einer Kathodenstrahlröhre vorgenommen werden[1]. Der zu untersuchende Schwingkreis wird durch einen Impulsgenerator J (s. Abb. 258) zu gedämpften Schwingungen erregt, deren Verlauf auf einer Kathodenstrahlröhre aufgezeichnet wird, wobei die Zeitablenkung durch den Impulsgenerator gesteuert wird.

Es ist dann

$$Q = \pi / \ln U_1/U_3. \qquad (4,\ 49)$$

d) Bestimmung des Resonanzwiderstandes von Schwingkreisen. Da der Resonanzwiderstand eines Parallelresonanzkreises meist hoch ist, macht seine Ermittlung aus einer Strom-Spannungsmessung Schwierigkeiten. Er läßt sich jedoch leicht durch eine Substitutionsmethode aus zwei Strommessungen bestimmen. Es wird zunächst der Strom durch den Resonanzkreis gemessen und dann dieser durch einen veränderlichen Ohmschen Widerstand ersetzt, dessen Größe so eingestellt wird, daß wieder der gleiche Strom von der Hochfrequenzspannungsquelle abgegeben wird.

Der Resonanzwiderstand läßt sich auch aus zwei Gütefaktormessungen bestimmen. Man mißt die Güte Q des Schwingkreises allein und schaltet dann einen Ohmschen Widerstand R parallel und erhält nun die Güte Q'. Dann ist

$$R_{res} = \left(\frac{Q}{Q'} - 1\right) R. \qquad (4,\ 50)$$

[1] Rockett, F.: Electronics **17**, H. 9 (1944); Electronics for Engineers S. 220 (1948).

Der Resonanzwiderstand eines Schwingkreises läßt sich auch mit Hilfe eines Dynatrons (s. dritter Abschn., V, C) bestimmen[1]. Man stellt die Gitterspannung des Dynatrons so ein, daß Schwingungen gerade einsetzen. Der negative Widerstand des Dynatrons läßt sich am einfachsten bei Niederfrequenz unmittelbar messen, s. dritter Abschn., V. Bei genügender Stabilität der Betriebsspannungen läßt sich der negative Widerstand des Dynatrons in Ohm als Funktion der Gittervorspannung darstellen[2]. Die Genauigkeit beträgt etwa 4%.

Weitere Meßmethoden s. dritter Abschn., V.

B. Untersuchung von Koppelschwingungskreisen

Auch die Aufnahme der Resonanzkurve von Koppelschwingungskreisen erfolgt in der oben beschriebenen Weise. Es kann dies ebensogut punktweise wie auch mit dem Resonanzkurvenschreiber erfolgen.

Die Kopplung der Kreise läßt sich aus zwei Leerlaufspannungsmessungen bestimmen (s. dritter Abschn., VII) oder, wenn beide Kreise auf die gleiche Frequenz f abgestimmt sind, aus den beiden Koppelfrequenzen f_1 und f_2. Es ist

$$k = \frac{f_1^2 - f_2^2}{f_1^2 + f_2^2}. \tag{4, 51}$$

Ein anderes Verfahren mißt die Kopplung k von Bandfiltern aus der Dämpfungserhöhung, die der gekoppelte Kreis im Primärkreis hervorruft[3]. Man findet

$$k^2 = k_{gr}^2 \left(\frac{Q_p^2}{Q_p'^2} - 1\right), \tag{4, 52}$$

wobei k_{gr} die Grenzkopplung, Q_p' die Schwingkreisgüte des Primärkreises bei Resonanzabstimmung und Q_p bei starker Verstimmung des Sekundärkreises ist.

Gl. (4, 52) gewinnt man leicht, wenn man berücksichtigt, daß der auf der Primärseite auftretende Resonanzwiderstand beim resonanzabgestimmten Sekundärkreis beträgt[4]:

$$R_{ges} = \frac{L}{C\,[R + k^2 L/(C \cdot R)]} = Q_p'^2 \cdot \mathrm{R}, \tag{4, 53}$$

während man bei stark verstimmtem Sekundärkreis erhält:

$$R_{res} = \frac{L}{C \cdot R} = Q_p^2 \cdot R. \tag{4, 54}$$

C. Untersuchung von Piezokristallen

Zur Untersuchung piezoelektrischer Kristalle wird vor allem die Resonanzkurve aufgenommen. Das Kristall kann als eine Reihenschaltung eines kapazitiven, induktiven und Ohmschen Widerstandes angesehen

[1] Jinuma, H.: Proc. I. R. E. **18**, 537 (1930).

[2] Peetz, A.: Hochfrequenztechn. u. Elektroak. **49**, 212 (1937).

[3] Feldman, S. G. u. M. Goldstein: Electronics **23**, 232 (1950).

[4] Einfg. S. 68, 69.

werden. Es empfiehlt sich vor allem diese elektrischen Ersatzgrößen zu bestimmen[1]. Die Halterungskapazität liegt zu der Reihenschaltung parallel. Der Dämpfungswiderstand wird nach dem Verfahren von Pauli (s. dritter Abschn., VI) bestimmt, die Induktivität durch Änderung der Resonanzfrequenz durch Parallelschalten von Induktivitäten gemessen und die Kapazität aus der gemessenen Induktivität und Resonanzfrequenz ermittelt.

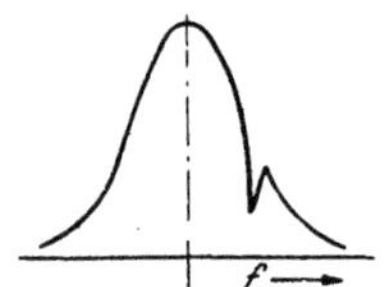

Abb. 259. Resonanzkurve eines Schwingungskreises mit Frequenzmarke durch Absorption eines Quarzresonators

Zur Bestimmung der Resonanzfrequenz wird der Quarzkristall als Oszillatorschwingkreis oder Absorptionskreis verwendet. Bei den meist üblichen Oszillatorschaltungen arbeitet der Kristall als Parallelresonanzkreis, und zwar meist etwas unterhalb der Resonanzfrequenz (induktiver Widerstand) der kapazitiven Rückkopplungsschaltung[2]. Die Parallelresonanz ergibt sich daher, daß zum Kristall die Halterungskapazität parallel liegt. Es gibt indes auch Schaltungen, bei denen eine Selbsterregung bei Reihenresonanz des Quarzes auftritt[3].

Als Absorptionskreis entzieht der z. B. zu einem Schwingkreis parallelgeschaltete Quarzkristall diesem im Resonanzfall Leistung. Es genügt oft auch eine lose Ankopplung. Der Leistungsentzug äußert sich bei Aufnahme der Schwingkreisresonanzkurve durch Einsattelung an der Stelle der Quarzresonanz[4], s. Abb. 259.

Schöner noch erhält man die Parallelresonanzkurve eines Quarzkristalls, wenn dieser mit drei Kondensatoren zusammen eine Kapazitätsmeßbrücke bildet. Die Brücke ist so eingestellt, daß bei Anschluß einer von der Quarzresonanz abweichenden Frequenz an die eine Brückendiagonale die andere spannungslos ist. Dort wird ein empfindliches Meßgerät mit hohem inneren Widerstand angeschlossen, auf dem dann der Verlauf der Resonanzkurve verfolgt werden kann[5].

Um die an einem Quarzkristall auftretenden verschiedenen Schwingungsmoden zu untersuchen, wird der Kristall durch die Kippspannung einer Kathodenstrahlröhre frequenzmoduliert und die gleichgerichtete Hochfrequenz dem Vertikalsystem der Kathodenstrahlröhre zugeführt. Man kann dann die Haupt- und Nebenresonanzen unmittelbar ablesen und ein Urteil über die Güte des Quarzschnittes gewinnen.

Von Bergmann[6] wurde die bei Ultraschallschwingungen in Flüssigkeiten auftretende Lichtbeugung zur Untersuchung der Grund- und Oberschwingungen herangezogen.

---

[1] Günther, R.: Hochfrequenztechn. u. Elektroak. **45**, 185 (1935).

[2] Einfg. S. 418.

[3] Butler, F.: Wireless Engr. **23**, 157 (1946).

[4] Giebe, E. u. A. Scheibe: Z. Phys. **33**, 760 (1935).

[5] Hund, A.: High Frequency Measurements, 2. Aufl., S. 573 (1951).

[6] Bergmann, L.: Hochfrequenztechn. u. Elektroak. **43**, 83 (1934).

Von Saic[1] wird für die Reihenprüfung von Quarzkristallen die Verwendung eines Dämpfungsschreibers vorgeschlagen. Der zu untersuchende Kristall stellt das kapazitive Verbindungsglied des Anodenkreises einer vorgeschalteten Verstärkerstufe mit dem Gitterkreis der nächsten dar. Ändert man langsam die erregende Frequenz, so beobachtet man an Resonanzstellen eine Verringerung der Verstärkung der z. B. modulierten Hochfrequenz.

VII. Untersuchung von Röhren[2]

A. Untersuchung von Empfangs- und Verstärkerröhren

Die vielseitigen Meßmöglichkeiten an Elektronenröhren können im folgenden nicht erschöpfend behandelt werden. Es kann nur ein Überblick über die wichtigsten Untersuchungen gegeben werden.

1. Elektroden- und Heizfadenprüfung

a) Elektrodenprüfung bei bekannten Anschlüssen. Vor Inbetriebnahme einer Röhre empfiehlt es sich oft zunächst zu prüfen, ob die einzelnen Elektroden nicht gegenseitig kurzgeschlossen sind. Hiezu eignet sich das in Abb. 260 gezeigte Prüfgerät. Man verbindet jeden Anschlußpunkt der Röhre über ein Glühlämpchen mit einem mehrfach angezapften Transformator. In die eine der beiden Heizleitungen wird an Stelle des Glühlämpchens eine Glimmlampe *Gl* bei entsprechend höherer Transformatorspannung geschaltet, um den Heizfaden bei Röhren mit hohem Heizfadenwiderstand nicht zu überlasten. Leuchten zwei der Glühlämpchen auf, so liegt ein Elektrodenschluß zwischen den beiden durch die Lämpchen gekennzeichneten Elektroden vor. Leuchtet das Glimmlämpchen nicht auf, so ist der Heizfaden unterbrochen.

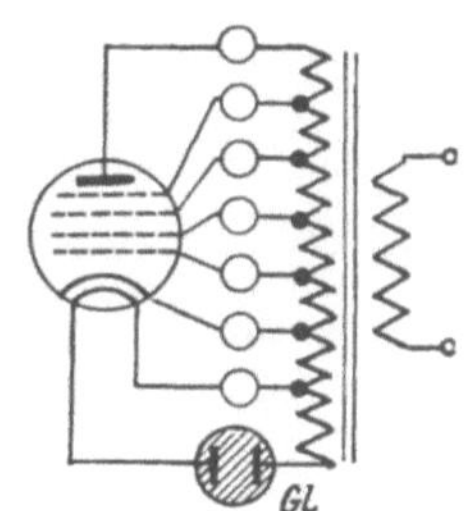

Abb. 260. Schaltung zur Elektrodenprüfung einer Glühkathodenröhre

b) Bestimmung der Elektrodenfolge bei unbekannten Röhrenfassungen. Sind die Elektrodenanschlüsse nicht bekannt, so empfiehlt sich folgendes Verfahren zur Prüfung. Es ist zunächst nicht schwer auf Grund einer Widerstandsmessung die Heizfadenanschlüsse zu ermitteln. Die dem Heizfaden nächste Elektrode ist bei indirekt geheizten Röhren die Kathode. Sie ist durch ihre verhältnismäßig große Kapazität zum Heizfaden leicht erkennbar. Eine Isolationsmessung gibt zwischen Heizfaden und Kathode den geringsten Isolationswiderstand. Die nächste Elektrode, die nun gegen Kathode die größte Kapazität aufweist, ist im allgemeinen die folgende (erstes Gitter) usw. Bei Mehrfachröhren ist bei jedem System in der gleichen Weise vorzugehen.

[1] Saic, F.: E. u. M. **67**, 44 (1950).

[2] Untersuchungsmethoden werden auch angegeben in: IRE Standards on Electron Tubes, Proc IRE **38**, 1081 (1950).

Ist die Heizfadenspannung bekannt, so ist die Elektrodenfolge leichter noch durch eine Emissionsprüfung zu finden. Wird die Röhre geheizt und die Kathode an den Minuspol einer Gleichspannungsquelle angeschlossen, so erhält man den größten Gleichstrom, wenn man (abgesehen von den mit der Kathode etwa in Verbindung stehenden Elektroden) den Pluspol mit der nächsten Elektrode verbindet. Ist nun diese gefunden, so wird sie ebenfalls mit der Kathode verbunden oder nötigenfalls an ein kleines positives Potential gebracht, dann zeichnet sich die nächste Elektrode durch den größten Elektronenstrom aus usw. Der Grund für die gute Brauchbarkeit dieses Verfahrens ist, daß offene Gitter infolge des Elektronenstromes sich negativ aufladen und den Strom in Richtung weiterer Gitter sperren.

Die Kathode ist als jene Elektrode zu erkennen, die mit den übrigen Elektroden insbesondere der nächstgelegenen einen Elektronenstrom aufweist.

c) Isolationsprüfung. Die oben geschilderte Elektrodenschlußprüfung genügt nicht immer, um den guten Betriebszustand der kalten Röhre zu überprüfen. Es empfiehlt sich nun den Isolationswiderstand möglichst bei den Betriebsspannungen zu überprüfen. Hiezu eignen sich die im dritten Abschn., V, angegebenen Meßmethoden. Besonders wichtig für die Brauchbarkeit als Allstromempfängerröhre ist die Isolation zwischen Heizfaden und Kathode. Der Isolationswiderstand ist bei den angegebenen Betriebsdaten mit Gleichstrom zu messen. Die Messung erfolgt im geheizten Zustand.

Zur Isolationsprüfung gehört auch die Untersuchung der Elektronenemission der nicht geheizten Elektroden. Sie kann bei den zur Kathode am nächsten gelegenen Gittern zufolge ihrer hohen Temperatur und Resten von Oxyden als Primäremission (s. 2 d) und bei den anderen als Sekundäremission (s. B., 4) auftreten.

d) Feststellung der Heizspannung. Ist die Heizspannung einer Röhre nicht bekannt, so ist es, wenn auch nicht mit großer Genauigkeit, möglich, sie aus den zu erwartenden Röhrendaten zu ermitteln. Sie kann aber auch aus einer Temperaturmessung ermittelt werden. Ist der Heizfaden sichtbar, so läßt sich das Einstellen der richtigen Glühtemperatur aus der Glühfarbe (bei Oxydfaden schwach rot) schätzen, mit Pyrometer aber auch genauer messen. Ist der Heizfaden jedoch nicht sichtbar, so kann sie aus der Widerstandzunahme gefolgert werden. Genaue Ergebnisse erhält man nur, wenn der Temperaturkoeffizient des Heizfadenmaterials bekannt ist. Das Einsetzen des Glühens ist mit einer Verringerung der Zunahme des spezifischen Widerstandes verbunden. Bei indirekt geheizten Röhren gibt die Heizfadentemperatur keine genauen Anhaltspunkte für die Temperatur der Kathode.

Mit einiger Genauigkeit läßt sich auch die Glühfadentemperatur bzw. Kathodentemperatur aus dem Anlaufstrom messen. Es ist[1]

---

[1] Schottky, W.: Ann. Phys. **44**, 1011 (1914).

$$J_a = J_{a0} \cdot e^{-\frac{U_a}{U_{Tm}}}, \quad (4, 55)$$

wobei J_a der Anodenstrom bei der Anodenspannung U_a, J_{a0} der Anodenstrom bei der Anodenspannung 0 Volt und $U_{Tm} = 8{,}61 \cdot 10^{-5}$. T die mittlere Temperaturspannung in Volt und T die absolute Temperatur in ^0K ist.

Durch Logarithmieren erhält man

$$\ln J_a - \ln J_{a0} = -\frac{U_a}{U_{Tm}}. \quad (4, 56)$$

Man findet hieraus als Abhängigkeit zwischen $\ln J_a$ und U_a eine Gerade (s. Abb. 261). Die Neigung der Geraden (tg α) ist proportional $1/U_{Tm}$, woraus sich somit die absolute Temperatur T bestimmen läßt. Es genügt die Aufnahme einiger Stromwerte bei negativen Anodenspannungen U_a, um tg α mit genügender Genauigkeit zu bestimmen. Wegen der Kleinheit der Anlaufströme (einige μA) ist ein empfindliches Instrument erforderlich. Bei Dreipolröhren verbindet man das Gitter mit der Anode. Gl. (4, 55) und (4, 56) gelten streng nur für ebene Elektrodenformen. Man erhält für zylinderförmige Anordnung um etwa 10 Prozent zu hohe Werte für T.

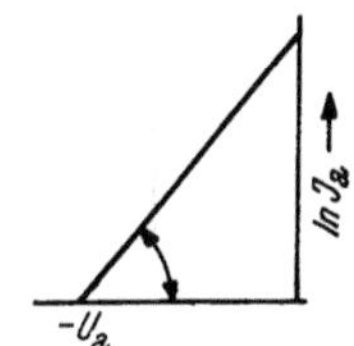

Abb. 261. Verlauf der Abhängigkeit des Anlaufstromes von der Spannung

2. Aufnahme der Röhrenkennlinien

a) Aufnahme der Emissionskennlinie. Es wird die Abhängigkeit des Elektronenstromes von der Heizspannung, bzw. Heizleistung aufgenommen. Bei Trioden und Mehrpolröhren werden Gitter und Anode miteinander verbunden und erhalten gegenüber der Kathode ein positives Potential. Es wird so weit erhöht, bis der Anodenstrom bei konstanter Heizspannung nicht mehr zunimmt, dann ist der Sättigungsstrom erreicht. Sodann wird bei abnehmender Heizspannung die Abnahme des Gesamtelektronenstromes gemessen.

Die Bestimmung des *Sättigungsstromes* ist indes nur bei Wolframröhren kleiner Leistung bei voller Heizung möglich. Insbesondere Oxydröhren gestatten keine statische Messung des Sättigungsstromes, da dieser so hoch ist, daß eine unzulässig große Erwärmung der Röhre erhalten würde. Diese würde durch Rückheizung eine weitere Emissionserhöhung und in Kürze eine Zerstörung der Röhre zur Folge haben.

Bei diesen Röhren erfolgt daher die Aufnahme der Emissionskennlinie, bzw. Bestimmung des Sättigungsstromes im normalen Betriebszustand mit Hilfe von Stromimpulsen. Wird die Spannungsquelle in Form von rechteckförmigen periodischen Schaltstößen mit einer Impulsdauer τ und einer Impulsfolgefrequenz $f = 1/T$ angeschaltet, so ergibt sich für den Sättigungsstrom J_s, wenn ein mittlerer Anodenstrom J gemessen wird,

$$J_s = \frac{J \cdot T}{\tau}. \quad (4, 57)$$

Das Tastverhältnis τ/T soll kleiner als 1/100 sein, als Impulsfolgefrequenz dient meist 50-per. Wechselstrom. Eine zu hohe Impulsfolge und daher zu kurze Impulsdauer täuscht einen höheren Sättigungsstrom vor (Speicherwirkung der Kathode).

Die Bestimmung des Sättigungsstromes J_s ist auch auf Grund einer Messung der Konstanten der Richardsonschen Formel[1]

$$J_s = F\,A\,T^2\,e^{-B/T}, \qquad B = Q_0 \frac{U_a}{k} \qquad (4,\ 58)$$

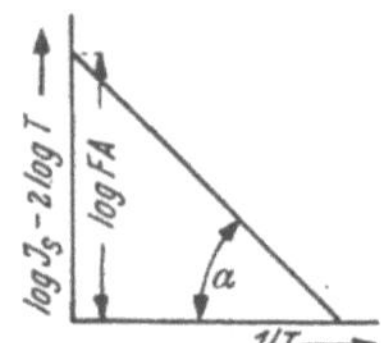

Abb. 262. Ermittlung der Konstanten der Richardsonschen Formel

möglich[2]. Dabei ist A die Kathodenoberfläche, F eine Konstante, T die absolute Temperatur, $Q_0 = 1{,}565 \cdot 10^{-19}$ Cb die Ladung eines Elektrons und $k = 1{,}372 \cdot 10^{-23}$ Joule/°K die Boltzmannsche Konstante.

Durch Umformung erhält man aus Gl. (4, 58)

$$\log J_s - 2 \log T = \log F\,A - \frac{1}{T}\,B \cdot \log e. \qquad (4,\ 59)$$

Trägt man in der Abszisse $1/T$ und in der Ordinate $\log J_s - 2 \log T$ auf, so erhält man infolge Gl. (4, 59) die in Abb. 262 gezeigte Gerade ($\log e = 0{,}4342$). Man bestimmt somit für verschiedene Temperaturen den Sättigungsstrom J_s und konstruiert aus den erhaltenen Werten die Gerade. Die durch den Schnitt mit der Ordinate erhaltene Strecke hat die Länge $\log FA$, die Tangente des Neigungswinkels α gibt den Wert $B \log e$. Aus den so ermittelten Konstanten kann der Sättigungsstrom auch für höhere der unmittelbaren Messung schwerer zugängliche Werte bestimmt werden.

b) Aufnahme der statischen Röhrenkennlinien. Die am häufigsten aufgenommenen Kennlinien sind die J_a/U_a-Kennlinie (U_g als Parameter) und die J_a/U_g (U_a als Parameter). Eine Schaltung der Kennlinienaufnahme einer Triode zeigt Abb. 263 *a*. Die veränderbare Anodenspannung wird ebenso wie die Gitterspannung einem Spannungsteiler entnommen. Es besteht die Möglichkeit, dem Gitter sowohl negative wie auch positive Spannungen zu geben.

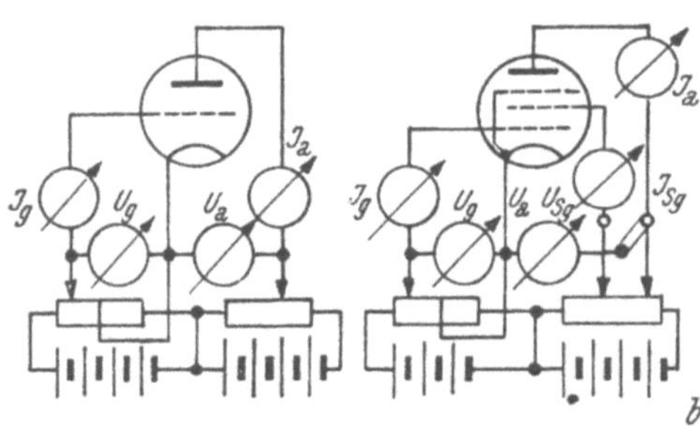

Abb. 263. Aufnahme der statischen Röhrenkennlinie, *a* einer Triode, *b* einer Pentode

Vielfach wird auch die Abhängigkeit des Gitterstromes J_g von der Gitterspannung U_g (Gitterstromkennlinie) bestimmt. Sie wird bei positiven wie negativen Gitterspannungen gemessen. Im letzteren Fall ist zur Messung des Gitterstromes ein empfindliches Galvanometer zu verwenden.

[1] Richardson, O. W.: Phil. Mag. **18**, 695 (1909); **28**, 633 (1914).

[2] Knoll, M.: Anleitungen zum Arbeiten im Röhrenlaboratorium, S. 39 (1937).

Abb. 263 *b* zeigt eine Anordnung zur Aufnahme der Kennlinien einer Pentode. Außer den genannten Kennlinien werden gelegentlich auch der Zusammenhang von Schirmgitterstrom J_{sg} und Schirmgitterspannung und andere aufgenommen.

Nimmt man den Zusammenhang J_a/U_a bei positiven Gitterspannungswerten oder J_a/U_g bei positiven Anodenspannungswerten auf, so erhält man die Dynatronkennlinie[1].

c) Der Kennlinienschreiber. Auch die statische Kennlinie kann wegen Gefahr der Überbeanspruchung der Röhre nicht allzuweit in das Gebiet positiver Gitterspannungen ausgesteuert werden. Weiter wird bei der Pentode bei hohen positiven Gitterspannungen und niederen Anodenspannungen das Schirmgitter überlastet. Es ist daher notwendig, die Kennlinie nur kurzzeitig auszusteuern. Hiezu eignet sich bei gleichzeitiger Sichtbarmachung des gesamten Kennlinienverlaufes der Kennlinienschreiber. In der Regel wird die Kennlinie auf einer Kathodenstrahlröhre aufgezeichnet. Das vertikale Plattenpaar erhält bei der Aufnahme der J_a/U_a-Kennlinie eine dem Anodenstrom, das horizontale eine der Anodenspannung proportionale Ablenkspannung. Der Anodengleichspannung ist eine Wechselspannung überlagert. Die Gittergleichspannung kann verändert werden. Nachteil der Kathodenstrahlröhre ist, daß die Größe der Spannungs-, bzw. Stromwerte nicht unmittelbar abgelesen werden kann. Die Empfindlichkeit der Kathodenstrahlröhre hängt insbesondere auch von ihrer Anodenspannung ab. Deshalb wird vielfach an ihrer Stelle bei einfachen Geräten ein Koordinatenschreiber verwendet, der einen in Spannungs-, bzw. Stromwerten geeichten Schirm erhalten kann.

Will man auch an der Kathodenstrahlröhre geeichte Werte ablesen, so kann mit der Kennlinie ein zweifaches Koordinatensystem aufgezeichnet werden, ein solches mit dem Koordinatenursprung bei 0 Volt und 0 Ampere, das zweite mit einem beliebig einstellbaren Nullpunkt, dessen Spannungswerte und Stromwerte aber durch Einstellen mit einem geeichten Potentiometer oder an Meßgeräten abgelesen werden können. Ein solches Meßgerät arbeitet somit beispielsweise folgendermaßen[2]: Die Röhre wird mit einer Anodengleichspannung, der ein 500-per. Wechselstrom überlagert ist, gespeist. Ein rotierender Umschalter legt nun zuerst während kurzer Zeit die genannte Anodenspannung an die Röhre (Kennlinienaufzeichnung). Dann wird nach kurzer Pause die Wechselspannung allein an das eine Plattensystem gelegt (vertikale Achse), dann an das andere noch eine einstellbare Gleichspannung angeschlossen (verschobene Achse), in einem dritten Schaltvorgang wird die Wechselspannung an das andere Plattensystem gelegt (horizontale Achse) und schließlich dem ersten Plattenpaar noch eine Gleichspannung zugefügt (verschobene horizontale Achse). Die Wiederholung der Aufzeichnungen erfolgt so rasch, daß noch gerade kein störendes Flimmern entsteht (etwa 20 1/s). Infolge der Umschaltpausen und der Aufzeichnung der Koordinaten ist die Röhre nur während

---

[1] Einfg. S. 556.

[2] Wolf, P.: Telefunkenröhre, 1938, S. 64.

etwa 1/15 der Zeit belastet. Dies ermöglicht starke Übersteuerung, so daß auch Arbeitsgebiete, die für Dauerbetrieb nicht in Frage kommen, untersucht werden können. Durch Verwendung eines automatischen Stufenschalters lassen sich auch Kennlinienscharen aufnehmen.[1]

d) Messung des Gitterstromes. Die Messung des Gitterstromes erfolgt gewöhnlich mit einem hochempfindlichen Mikrometer, für Ströme von 10^{-6} bis 10^{-7} A. Da jedoch die Messung sehr kleiner Ströme mit hochempfindlichen, direkt zeigenden Meßgeräten Mühe macht, wurde vorgeschlagen, an Stelle des Meßinstrumentes J_g einen Widerstand R in den Gitterkreis zu schalten[2]. Dieser verursacht einen Spannungsabfall des Gitterstromes, der sich in einer Änderung des Anodenstromes gegenüber dem bei Kurzschluß zeigt. Um wieder den gleichen Anodenstrom zu erhalten, muß die Gitterspannung U_g um einen bestimmten Wert ΔU_g erhöht werden. Es ist dann der gesuchte Gitterstrom

$$J_g = \frac{\Delta U_g}{R}. \qquad (4, 60)$$

Bei Röhren mit sehr geringem Gitterstrom, z. B. Elektrometerröhren, muß R in der Größenordnung von 10^{12} Ohm liegen. So hohe Widerstände sind aber schwer herstellbar. Läßt man R weg, unterbricht also die Verbindung zum Gitter, so ändert sich allmählich infolge der Unterbrechung des Gitterstromes das Gitterpotential, dies kann auf Grund vorangegangener Eichung aus dem Anodenstromverlauf gefunden werden. Ursache der Änderung des Gitterpotentials ist die Aufladung des Gitters durch den Gitterstrom über die Gitterkapazität C_g. Es ist

$$J_g = C_g \cdot \frac{\Delta U_g}{\Delta t}. \qquad (4, 61)$$

ΔU_g ist die Gitterspannungsänderung in der kurzen Zeit Δt [3].

Zur Untersuchung, inwieweit der Gitterstrom durch Primäremission von Elektronen bedingt ist, wird empfohlen, an das Gitter negative Spannungsimpulse zu legen[4].

3. Messung von Steilheit, Durchgriff, Verstärkungsfaktor und innerem Widerstand

Die angeführten Röhrendaten können aus den oben angegebenen Kennlinien leicht ermittelt werden[5], die Steilheit z. B. indem bei den Betriebsspannungen eine kleine Änderung der Gitterspannung vorgenommen wird und die Zu- oder Abnahme des Anodenstromes gemessen wird. Es sind aber auch Meßmethoden angegeben worden, um die Röhrendaten in einfacher Weise durch direkte Messung zu bestimmen:

---

[1] Dammers, B. G., P. D. von der Knaap u. A. G. W. Uitjens: Philips T. R. **12**, 287 (1951).

[2] Ardenne, M. v.: Z. f. Hochfrequenztechn. **29**, 88 (1927).

[3] Metcalf, G. F. u. B. J. Thompson: Phys. Rev. **36**, 1489 (1930).

[4] Hooke, A. H.: Electronic Engrg. **18**, H. 217, S. 75 (1946).

[5] Schottky, W.: Telegr. u. Fernsprechtechn. **9**, 31 (1920).

a) Messung der Steilheit. Hiezu eignet sich die Schaltung der Abb. 264[1]. Die Röhre erhält die betriebsmäßigen Gleichspannungen, die Gittervorspannung U_{gGl}, die Anodenspannung U_{Gl} und bei Pentoden die Schirmgitterspannung U_{sgGl}. Weiter wird an das Gitter eine tonfrequente Wechselspannung U_{gw} gelegt. Die Messung erfolgt in der Weise, daß der Widerstand R solange verändert wird, bis der Ton im Kopfhörer verschwindet. Dann ist, wenn der innere Widerstand der Batterie R_{ib} vernachlässigbar ist,

$$S = \frac{1}{R}. \tag{4, 62}$$

Ist jedoch R_{ib} nicht vernachlässigbar, so gilt

$$S = \frac{1 + R_{ib}/R_i}{R}. \tag{4, 63}$$

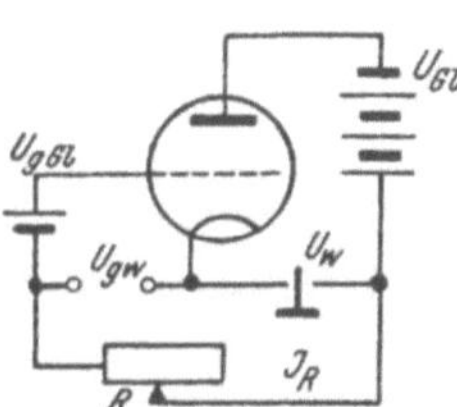

Abb. 264. Messung der Steilheit nach Schottky

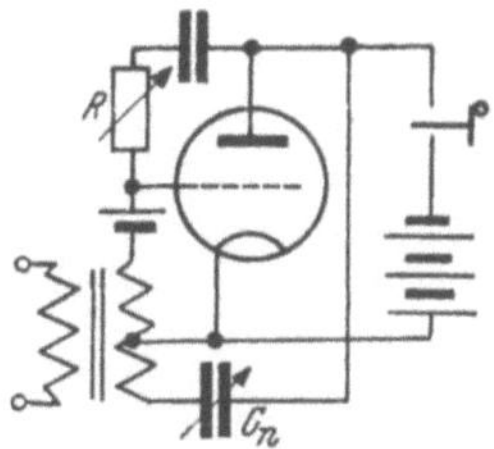

Abb. 265. Kompensation der Röhrenkapazität bei Steilheitsmessung

Man erhält jedoch mit der hier gezeigten Schaltung infolge der Gitterkathodenkapazität kein scharfes Minimum. Besonders zur Messung an Trioden ist daher die in Abb. 265 gezeigte Abänderung zu empfehlen. Mit Hilfe des Neutralisationskondensators C_n erreicht man eine genaue Einstellung[2].

Zur raschen aber weniger genauen Messung eignet sich auch die in Abb. 266 dargestellte direkt zeigende Schaltung. Der Anodenwechselstrom verursacht an dem mit Transformator angekoppeltem Gleichrichterinstrument einen der Steilheit proportionalen Ausschlag bei festliegender Gitterwechselspannung, die aus dem Wechselstromnetz gewonnen werden kann. Es ist eine direkte Eichung des Meßinstrumentes in mA/V möglich.

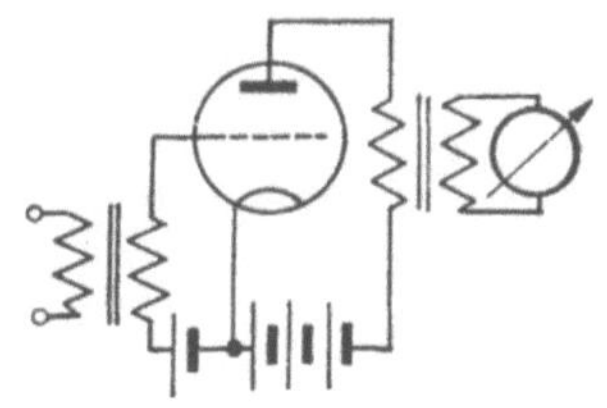

Abb. 266. Steilheitsmessung mit Wechselstrom

Weitere Meßgeräte arbeiten in Brückenschaltungen[3].

b) Messung der Arbeitssteilheit. Sie wird gemessen, indem an das Gitter bei einer bestimmten Gittervorspannung eine kleine bekannte

[1] Aiken, C. B. u. J. F. Bell: Commun. **18**, 19, Sept. 1938.
[2] Terman, F. E.: Rad. Engrs. Handb. S. 963 (1943).
[3] Schottky, W.: Telegr. und Fernsprecht. **9** 31, (1920).

Wechselspannung angeschlossen wird und der dadurch am äußeren Widerstand R_a verursachte Anodenwechselstrom gemessen wird.

Von besonderem Interesse ist auch die Aufnahme des Verlaufes der Arbeitssteilheit über den gesamten Kennlinienbereich. Er kann mit Hilfe einer Kathodenstrahlröhre in einfacher Weise aufgenommen werden. An das Gitter wird eine hohe niederfrequente Wechselspannung gelegt, die den ganzen Kennlinienbereich überstreicht. Diese Wechselspannung dient auch als Ablenkspannung für das Horizontalablenksystem der Kathodenstrahlröhre. Überdies wird dem Gitter eine zweite Wechselspannung wesentlich höherer Frequenz, aber kleiner Amplitude zugeführt. Sie erzeugt am äußeren Widerstand einen Wechselspannungsabfall, der nach Verstärkung dem Vertikalplattenpaar der Kathodenstrahlröhre zugeführt wird. Auf ihrem Schirm erhält man eine Schwingungsaufzeichnung, deren Umhüllende unmittelbar die Steilheit der Arbeitskennlinie in Abhängigkeit von der Gitterspannung angibt[1] (s. Abb. 267). S_{-1} bis S_1 = Steilheiten für verschiedene Gitterspannungen.

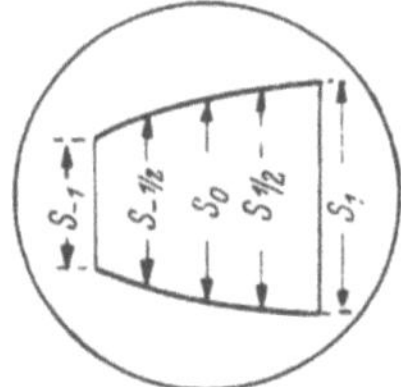

Abb. 267. Messung der Arbeitssteilheit mittels Kathodenstrahlröhre

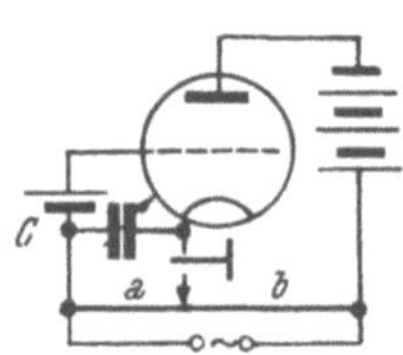

Abb. 268. Messung des Verstärkungsfaktors

c) Messung des Verstärkungsfaktors. Abb. 268 zeigt eine einfache Brückenschaltung zur Messung des Verstärkungsfaktors[2]. Die Brücke wird mit einer Tonfrequenzspannung gespeist und der Abgriff am Schleifdrahtwiderstand so eingestellt, daß im Kopfhörer ein Tonminimum erhalten wird. Die Streureaktanz kann eine Verflachung des Tonminimums hervorrufen, kann aber durch die Kapazität C (nötigenfalls auch parallel zu b) wirkungslos gemacht werden[3]. Man findet für den Verstärkungsfaktor

$$V = \frac{b}{a}. \tag{4, 64}$$

Bei Trioden ist der Durchgriff gleich dem reziproken Wert des Verstärkungsfaktors. Er kann daher nach Abb. 268, aber auch aus der Messung der Röhrenkapazitäten bestimmt werden. Weitere Verfahren zur Messung des Verstärkungsfaktors wurden unter anderem von Eccles angegeben[4].

---

[1] Wilhelm, K. u. E. Kettel: Telefunkenröhre, H. 6, S. 24 (1936).

[2] Miller, I. M.: Proc. I. R. E. **6**, 141 (1918). — Martens, F.: Z. Phys. **4**, 437 (1921).

[3] Terman, F. E.: Rad. Engrs. Handb. S. 962 (1943).

[4] Eccles, W. H.: Proc. Phys. Soc. London **32**, 92 (1920).

d) Messung des inneren Widerstandes. Hiefür eignet sich die in Abb. 269 gezeigte Brückenmethode[1]. Der unbekannte innere Widerstand R_i wird mit dem bekannten Vergleichswiderstand R verglichen. Es ist

$$R_i = \frac{R \cdot a}{b}. \quad (4, 65)$$

Die Genauigkeit der Brückenmethode beträgt etwa 3 bis 4%.

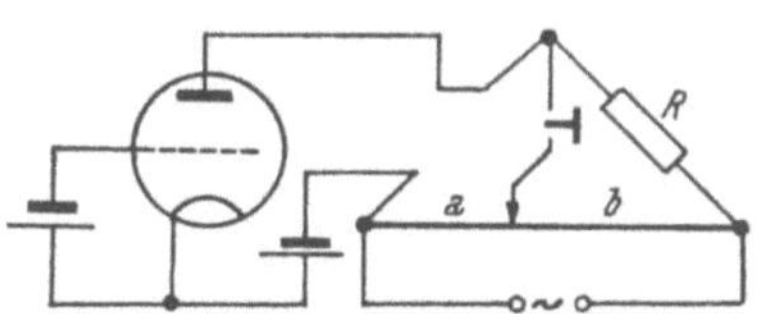

Abb. 269. Messung des inneren Widerstandes

Da die Röhre als Wechselstromwiderstand zu betrachten ist, kann der innere Widerstand auch durch eine Strom-Spannungsmessung bestimmt werden. Wird der Anodengleichspannung eine Wechselspannung überlagert, so kann ein in den Anodenkreis geschaltetes Wechselstrommilliamperemeter zur direkten Anzeige des inneren Widerstandes benützt werden. Weitere Meßmethoden sind unter anderem von Feussner[2] und Martens[3] angegeben worden.

4. Untersuchung des Vakuums[4]

Von Elektronen getroffene Gasmoleküle werden bei genügender Elektronengeschwindigkeit gespalten. Die positiven Ionen fließen zu der negativen Elektrode. Aus diesem Ionenstrom kann auf den Gasgehalt von Elektronenröhren geschlossen werden. Es kann das Gitter positiv und die Anode negativ geladen werden, dann fließen die positiven Ionen zur Anode. Zweckmäßiger aber ist es, das Gitter negativ zu laden. Der Gasdruck der Röhre ist dann gegeben durch

$$p = k \cdot \frac{1}{d} \frac{J_g}{J_a}. \quad (4, 66)$$

Dabei ist k eine Konstante (für Oxydkathoden 4 bis $20 \cdot 10^{-2}$ Torr · mm), d ist der Abstand Gitter-Anode in mm und J_g/J_a das Verhältnis des negativen Gitterstromes zum positiven Anodenstrom, auch Vakuumfaktor v genannt,

$$v = \frac{J_g}{J_a}. \quad (4, 67)$$

---

1 Barkhausen, H.: Jahrb. d. drahtl. T. **14**, 36 (1919). — Helmholtz, H. v.: Phys. Z. **40**, 201 (1939).

2 Feussner, O.: Z. f. Fernmeldet. **4**, 74 (1923).

3 Martens, F.: Z. f. Phys. **4**, 437 (1921).

4 Möller, H. G.: Arch. Elektrot. **8**, 46 (1919). — Barkhausen, H.: Jahrb. d. drahtl. Tel. **14**, 27 (1919); **16**, 82 (1920). — Herrmann, G. u. J. Runge: Z. techn. Phys. **19**, 12 (1938).

Man erhält ihn durch Aufnahme des in Abb. 270 gezeigten Kennlinienstückes. Das Verhältnis J_g/J_a ist innerhalb eines Bereiches, in dem am Gitter der Ionenstrom überwiegt, das ist etwa unterhalb —2 Volt Gitterspannung konstant, und zwar etwa in Abb. 270 1/2500. Messungen bei den meisten Röhren ergaben Werte[1] unter 10^{-3}. Die Methode eignet sich auch zur Druckmessung mit Hilfe von eigenen Meßröhren, sogenannten Ionisationsmeterröhren[2], d. s. Röhren mit langen Ionisationswegen. Solche werden auch mit kalter Kathode ausgeführt[3].

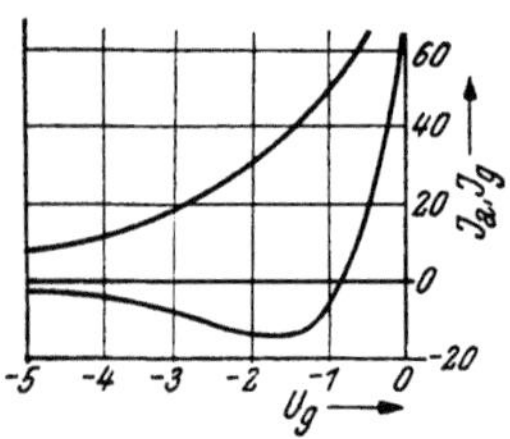

Abb. 270. Gitter- und Anodenstromkennlinie zur Bestimmung des Vakuumfaktors. Gitterstrom in μA, Anodenstrom in mA

Da der Gitterstrom bei guten Röhren sehr klein ist, sind zur Messung hochempfindliche Galvanometer zu verwenden. Das Vakuum bessert sich oft in den Betriebspausen infolge Absorption und verschlechtert sich oft während des Betriebes infolge Gasabgabe von seiten der Elektroden. Sollen die ungünstigsten Betriebsverhältnisse geprüft werden, so soll die Vakuumprüfung bei starker Erwärmung der Anode, z. B. durch Elektronenbombardement, vorgenommen werden.

Eine oberflächliche Prüfung bezüglich Gasfreiheit erhält man bei der Aufnahme der J_a/U_g-Kennlinie. Wenn sich die bei zunehmender Gitterspannung erhaltene Kennlinie mit der bei abnehmender deckt, so hat die Röhre gutes Vakuum, anderenfalls erhält man eine Kennlinienschleife[4].

Bei Entladungsgefäßen und höherem Gasdruck eignet sich zur oberflächlichen Überprüfung auch folgendes Verfahren: Man berührt die Glaswand des zu untersuchenden Gefäßes mit der Elektrode eines Hochfrequenzheilgerätes. Bei Leuchterscheinungen ist das Vakuum mangelhaft[5]. Wichtig ist, daß auf die Gefäßwandung nicht Funken überspringen. Sie könnten zu feinen Rissen führen.

5. Messung der Lebensdauer[6]

Die Lebensdauer einer Röhre ist, abgesehen von verschiedenen äußeren Einflüssen, wie Zerbrechen des Kolbens, Durchbrennen des Heizfadens (Unfalltod), durch allmähliche Abnahme ihrer elektrischen Eigenschaften bedingt (Alterstod). Je nach Verwendungszweck ist die Lebensdauer bei Erreichen eines bestimmten Betriebsstromes oder einer bestimmten Steil-

[1] Herrmann, G. u. O. Krieg: Telefunkenröhre, H. 21/22, S. 222 (1941).

[2] Morse, R. S. u. R. M. Bowie: Rev. Sci. Instr. **11**, 91 (1940).

[3] Penning, F. M.: Philips T. R. **2**, 201 (1937); **11**, 116 (1949). — Greene, F. M. Proc. I. R. E. **38**, 651 (1950).

[4] Rein, H. u. K. Wirtz: Radiotel. Praktikum, S. 400 (1922).

[5] Angerer, E.: Techn. Kunstgriffe bei physik. Untersuchungen, 4. Aufl., S. 30 (1939).

[6] Dosse, J.: ENT **21**, 1 (1944).

heit als beendet zu bezeichnen. Zweckmäßig erscheint die Bezugnahme auf eine festgelegte unterste Grenze der Steilheit, z. B. 80%. Die zu prüfende Röhre wird mit den normalen Spannungen beaufschlagt und arbeitet bei der mittleren Betriebsstromstärke. Die Steilheit wird in bestimmten Zeiträumen, etwa 100 Stunden gemessen. Im Durchschnitt ist von handelsüblichen Empfängerröhren eine Lebensdauer von 3000 bis 6000 Brennstunden zu erwarten.

Intermittierende Belastungen werden, da sie zu große Zeit in Anspruch nehmen, im allgemeinen nicht durchgeführt. Röhren für tragbare Geräte oder Flugzeuganlagen werden vielfach Rüttel- und auch Schaltproben unterworfen. Es wird dadurch vor allem der Heizfaden gegen mechanische und Wärmeschwankung geprüft.

6. Messung der Röhrenimpedanzen

Die Röhre kann, wie Abb. 271 zeigt, als aktiver Vierpol betrachtet werden. Sie hat einen Eingangswiderstand $\mathfrak{R}_e$, einen Ausgangswiderstand $\mathfrak{R}_a$ und einen Koppelwiderstand $\mathfrak{R}_{ag}$. Bei niederen Frequenzen weisen diese vor allem neben den Ohmschen auch kapazitive Komponenten auf.

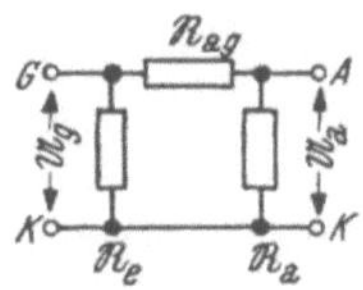

Abb. 271. Elektronenröhre als Vierpol

a) Messung der Röhrenkapazitäten[1]. Sie können zum Teil im kalten Zustand gemessen werden. Es eignet sich die Strom-Spannungsmessung, vor allem ist aber die Brückenmethode üblich. Die drei Kapazitäten einer Triode, Gitterkathodenkapazität C_{gk}, Anodenkathodenkapazität C_{ak} und Gitteranodenkapazität C_{ga} können mit Hilfe von drei Kapazitätsmessungen ermittelt werden. Man benützt hiezu die im zweiten Abschn., V, angegebenen Formeln (2, 33) und (2, 34). Da jedoch im allgemeinen die Anoden-Kathodenkapazität klein gegen die beiden anderen ist, erhält man damit nur eine geringe Genauigkeit. Es ist daher eine Messung nach dem Verfahren der Messung der abgeschirmten Kapazitäten, s. dritter Abschn., VIII, C, zu empfehlen. Eine hiezu geeignete Brückenschaltung zeigt Abb. 272. Die unbekannte Anodenkathodenkapazität wird mit der eines abgeschirmten Vergleichskondensators C_1 verglichen. Es ist

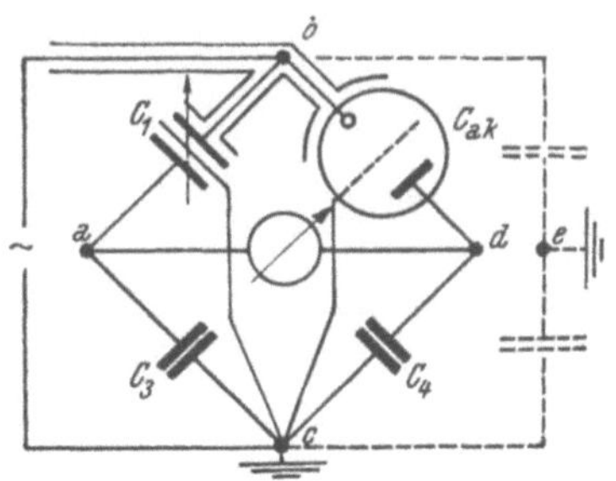

Abb. 272. Bestimmung der Anoden-Kathodenkapazität

$$C_{ak} = \frac{C_1 \cdot C_4}{C_3}. \qquad (4, 68)$$

[1] Steimel, K. u. C. Zickermann: Telefunkenröhre, H. 9, S. 1 (1937); H. 10, S. 115 (1937).

Die Meßbrücke muß die Kapazitäten von 10^{-3} bis etwa 10 pF überstreichen. Der Betrieb erfolgt im allgemeinen mit Hochfrequenz von etwa 10^6 Hz. Größere Frequenzen auf Meßbrücken zu verwenden, bereitet Schwierigkeiten, bei kleineren Frequenzen erhält man zu große kapazitive Widerstände. An Stelle der Kondensatoren C_3 und C_4 können auch Vergleichswiderstände verwendet werden. Eine Fehlerquelle bildet oft die Kapazität gegen Erde. Man hilft sich, wie Abb. 272 zeigt, durch Erdung und Abschirmung oder durch Verwendung einer Hilfsbrücke, wobei e statt c geerdet ist. Zuerst wird die Brücke abgeglichen, soweit dies möglich ist, dann das Meßinstrument zwischen die Klemmen d und e gelegt und die Hilfsbrücke abgeglichen, worauf die endgültige Abgleichung der eigentlichen Brücke folgt.

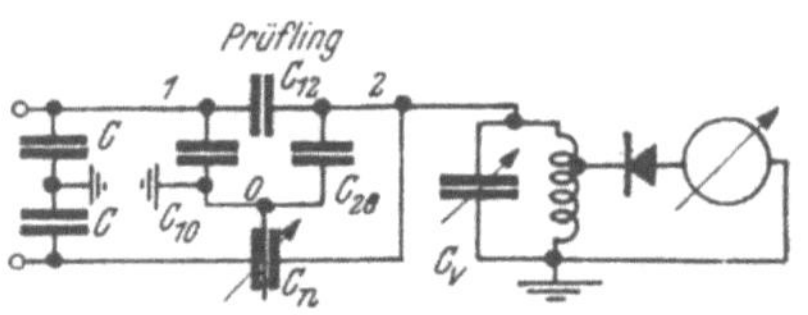

Abb. 273. Schaltung zur Messung der Gitter-Anodenkapazität von Schirmgitterröhren

Die gleiche Meßbrücke dient vor allem auch zur Messung der Gitteranodenkapazität bei Schirmgitterröhren. Schirm- und Bremsgitter sind dabei mit der Kathode verbunden. Die Brücken gestatten meist bereits 10^{-4} pF zu messen.

Eine andere Schaltung zur Messung der Durchgriffskapazität zeigt Abb. 273 [1]. Die Generatorspannung wird durch die zwei Kondensatoren C in zwei gleiche Spannungen gegen Erde geteilt. Zu ihnen parallel liegen zwar die Kapazitäten C_{10} der zu prüfenden Röhre und die Kapazität des abgeschirmten Kondensators C_n, doch seien die Kapazitäten C so groß, daß diese keinen Einfluß auf die Spannungsteilung haben. Ebenso liegen die Kapazitäten C_{20} und die des abgeschirmten Kondensators C_n parallel zu dem Abstimmkondensator C_v und sind damit ein Bestandteil des Schwingkreises. Dem Meßgerät wird über die unbekannte Kapazität C_{12} eine Hochfrequenzspannung zugeführt, die aber durch eine über C_n gelieferte Hochfrequenzspannung wieder aufgehoben wird, wenn die abgeschirmte Kapazität von C_n ebenso groß ist wie C_{12}. Die Größe von C_{12} kann dann unmittelbar am geeichten Kondensator C_n abgelesen werden.

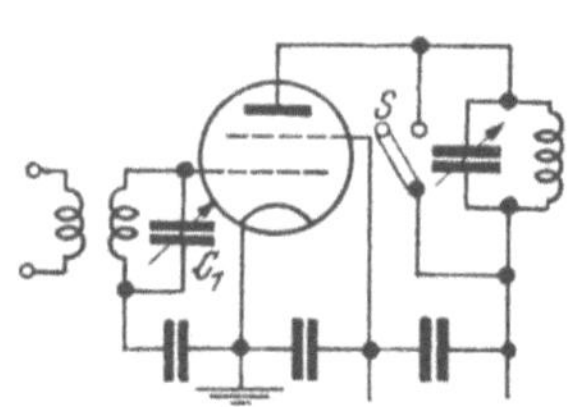

Abb. 274. Messung der wirksamen Gitterkapazität

b) Messung der wirksamen Gitterkapazität. Durch den Einfluß der an der Anode auftretenden Wechselspannung erhöht sich im Betriebe die wirksame Gitter-Kathodenkapazität. Auch sie wird bei Hochfrequenz, möglichst bei der Betriebsfrequenz, gemessen. Am besten eignet sich hiezu eine Resonanzmethode, s. Abb. 274. Es wird zunächst der Gitterkreis auf Resonanz abgestimmt. Der Schalter S ist dabei geschlossen. Nach Öffnen wird auch der Anodenkreis auf Resonanz abgestimmt. Dann

[1] Rohde, L. u. R. Leonhardt: ATM V 3532—4 (1939).

muß der Gitterkreis durch Verändern der Kapazität C_1 nachgestimmt werden, um die Resonanz wiederherzustellen. Die Kapazitätsänderung ΔC gibt die Zunahme der wirksamen Gitterkapazität gegenüber der statischen an. Letztere kann mit der gleichen Schaltung durch Abklemmen der Röhre und nochmalige Resonanzeinstellung oder durch eine Brückenmessung bestimmt werden.

Die Kapazitätsänderung ΔC kann auch aus der Gitter-Anodenkapazität ermittelt werden[1]. Es ist nämlich:

$$C_{ag} = \frac{\Delta C}{(1 + V)}, \qquad (4, 69)$$

wenn V der Verstärkungsfaktor der Röhre ist.

Gegenüber der statischen Kapazität im kalten Zustand zeigt die Gitterkapazität noch eine Erhöhung durch Einwirkung der Raumladung[2]. Die beschriebene Meßanordnung gestattet auch die Durchführung dieser Messung, indem die Kapazitätsänderung bei kurzgeschlossenem Schalter bei Ein-, bzw. Ausschalten der Heizung bestimmt wird.

Die Änderung der Gitterkathoden- und Gitteranodenkapazität mit den Betriebsspannungen kann auch mit einer Meßbrücke gemessen werden, indem die zu bestimmende Röhrenkapazität zu einem geeichten veränderbaren Kondensator parallelgeschaltet wird, den man so lange verändert, bis wieder Brückengleichgewicht erhalten wird[3].

c) Messung der Ein- und Ausgangsimpedanz. Bei höheren Frequenzen ergibt sich infolge der Induktivität der Kathodenzuleitung sowie auch infolge der Elektronenlaufzeiten neben der kapazitiven eine Ohmsche Widerstandskomponente[4]. Sie wird am besten aus der Verbreiterung der Resonanzkurve des Gitterkreises gemessen. Es kann dazu die zur Kapazitätsmessung verwendete Schaltung der Abb. 274 benützt werden. Zuerst wird die Röhre im kalten Zustand angeschlossen und die Kapazitätsänderung ermittelt, dann wird im geheizten Zustand die neue Gesamtkapazität und Gesamtdämpfung gemessen[5]. Man bedient sich dazu der Formel

$$R = \frac{530 \cdot \lambda}{\Delta C}. \qquad (4, 70)$$

Hiebei ist R der Widerstand der Parallelschaltung aus dem Schwingkreisresonanzwiderstand und dem Parallelwiderstand in Ohm, den man sich infolge der Röhrendämpfung zur Eingangskapazität parallelliegend vorstellen muß, λ die Wellenlänge in m und ΔC die Kapazitätsänderung in pF, die zur Einstellung auf Halbwertsbreite erforderlich ist (Verstimmung vom Resonanzwert auf den $1/\sqrt{2}$-fachen Spannungswert am Schwing-

[1] Einfg. S. 222.

[2] Rothe, H.: Telefunkenröhre, H. 9, S. 33 (1937). — Strutt, M. J. O. u. A. van der Ziel: Philips Techn. Rdsch. **3**, 104 (1938).

[3] Zepler, E. E. u. J. Hekner: Wireless Engr. **26**, 53 (1949). — Zepler, E. E. u. S. S. Srivastava: Wireless Engr. **28**, 146 (1951).

[4] Einfg. S. 226.

[5] Rothe, H.: Telefunkenröhre, H. 9, S. 33 (1937).

kreis). Die Messungen werden bis herab zu einer Wellenlänge von 1 m durchgeführt.

In ähnlicher Weise läßt sich auch die *Ausgangsimpedanz* der Röhren messen.

7. Leistungsmessung an Röhren

Die aus einer Röhre erhältliche Leistung ist durch ihre Anodenverlustleistung P_v begrenzt. Letztere kann aus einer Gleichstrom- und Gleichspannungsmessung leicht ermittelt werden. Sie ist, wenn aus der Röhre keine Wechselstromleistung entnommen wird, gleich der Gleichstromleistungsaufnahme P_{Gl}. Bei Wechselstromleistungsabgabe P_w läßt sich die Anodenverlustleistung aus der Gleichung

$$P_v = P_{Gl} - P_w \tag{4. 1}$$

bestimmen.

Die Verlustenergieabgabe und ihre Verteilung auf der Röhrenoberfläche ist für die Frage des Raumbedarfes der Röhren in den Geräten maßgebend. Ihre Ermittlung erfolgt beispielsweise mit dem Kalorimeter[1].

Die Wechselstromleistung kann bei bekannter Ohmscher Last R_a aus der Messung des Wechselstromes oder der Wechselspannung erhalten werden. Die größtmögliche Leistung wird an einem bestimmten Außenwiderstand R_a erhalten.

Die Messung der Wechselstromleistungsabgabe ist vor allem bei Niederfrequenzverstärkerendstufenröhren von Interesse. Es wird in der Regel die *unverzerrte* Ausgangsleistung ermittelt. Sie läßt sich am einfachsten aus einer Klirrfaktormessung bestimmen (s. dritter Abschn., XI). Für rasche Messungen eignet sich besonders ein Kompensationsverfahren[2].

8. Verzerrungsmessung an Röhren

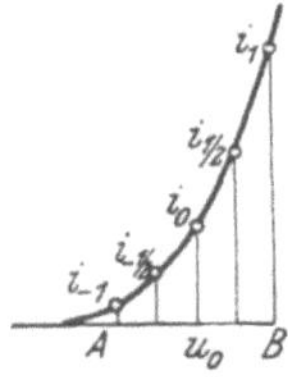

Abb. 275. Bestimmung der nichtlinearen Verzerrungen durch Aufnahme der Röhrenkennlinie

a) Messungen an Niederfrequenzverstärkerröhren. Lineare Verzerrungen entstehen durch Röhrenimpedanzen und Laufzeiterscheinungen. Sie machen sich jedoch erst bei hohen Frequenzen bemerkbar. Im allgemeinen werden Frequenzkurven nur im Zusammenhang mit bestimmten Schaltungen gemessen.

Nichtlineare Verzerrungen entstehen infolge Krümmung der Arbeitskennlinie. Sie werden durch Aufnahme derselben oder der Steilheitskurve der Arbeitskennlinie ermittelt[3].

Man findet die Größe des mittleren Anodengleichstromes, der Grundwelle und der Oberwellen mit genügender Genauigkeit meist bereits aus fünf gemessenen Anodenströmen, und zwar bei der Gitterspannung u_0 (i_0), bei der vollen Aussteuerung (i_1, i_{-1}) und der halben Aussteuerung ($i_{1/2}$, $i_{-1/2}$), s. Abb. 275.

---

[1] Mie, K.: Telefunkenröhre, H. 12, S. 18 (1938).

[2] Wolf, Ph. u. T. Tillmann: Telefunkenröhre, H. 11, S. 278 (1937).

[3] Wilhelm, K. u. E. Kettel: Telefunkenröhre, H. 6, S. 24 (1936).

Es ist

$$\left.\begin{aligned} J_{Gl} &= \frac{1}{6} i_1 + \frac{1}{3} i_{1/2} + \frac{1}{3} i_{-1/2} + \frac{1}{6} i_{-1}, \\ J_{w1} &= \frac{1}{3} i_1 + \frac{1}{3} i_{1/2} - \frac{1}{3} i_{-1/2} - \frac{1}{3} i_{-1}, \\ J_{w2} &= \frac{1}{2} i_0 - \frac{1}{4} i_1 - \frac{1}{4} i_{-1}, \\ J_{w3} &= \frac{1}{6} i_1 - \frac{1}{3} i_{1/2} + \frac{1}{3} i_{-1/2} - \frac{1}{6} i_{-1}, \\ J_{w4} &= \frac{1}{12} i_1 - \frac{1}{3} i_{1/2} + \frac{1}{2} i_0 - \frac{1}{3} i_{-1/2} + \frac{1}{12} i_{-1}. \end{aligned}\right\} \quad (4,72)$$

Hierbei bedeutet J_{Gl} = Gleichstrom, J_{w1} = Amplitude der ersten Harmonischen (Grundwelle), J_{w2} = Amplitude der zweiten Harmonischen usw.

Die Genauigkeit der Meßergebnisse ist bei kleinen Verzerrungen gering, da dieselben durch Differenzbildung der Meßwerte erhalten werden. Eine größere Genauigkeit erhält man, wenn man die im Anodenkreis auftretenden Oberwellenspannungen über Filter mißt und ihre Größe mit Hilfe einer Eichleitung mit der Grundwelle im Anodenkreis sowie auch mit der sinusförmigen Gitterspannung vergleicht[1].

Die Gesamtverzerrung ist durch den Klirrfaktor gekennzeichnet (s. dritter Abschn., XI). Zu seiner Messung dient vor allem die Klirrfaktormeßbrücke oder eine Kompensationsmethode, bei der die Grundwelle im Anodenkreis kompensiert wird und die Oberwellenspannungen allein gemessen werden. Die Ordnung der größeren Oberwellen läßt sich durch Aufzeichnen der Lissajous-Figuren mittels Kathodenstrahlröhre oft leicht erkennen[2].

Die Einstellung der Kompensationsspannung auf Spannungsminimum am Indikator kann zur raschen Prüfung bei größeren Stückzahlen auch selbsttätig mit Hilfe eines amplitudenabhängigen Widerstandes vorgenommen werden[3].

b) Messung an Hochfrequenzverstärkerröhren[4]. α) *Modulationsvertiefung.* Die Röhre wird an die Betriebsspannungen angeschlossen. Die Gittervorspannung ist veränderbar. Der Eingangskreis erhält eine tonfrequent modulierte Hochfrequenzspannung. Der Modulationsgrad wird am Eingang und am Ausgang der Röhre gemessen und als Funktion der Gittervorspannung aufgetragen. Die Messungen werden für verschiedene konstant gehaltene Eingangswechselspannungen wiederholt.

β) *Modulationsverzerrung.* Die zu prüfende Röhre wird ebenfalls mit modulierter Hochfrequenzspannung beschickt und nach möglichst ver-

---

[1] Hässler, G.: ATM J 036—6 (1937).

[2] Graffunder, W., W. Kleen u. W. Wehnert: Telefunkenröhre, H. 4, 142 (1935).

[3] Wolf, P. u. T. Tillmann: Telefunkenröhre, H. 11, S. 278 (1937).

[4] Einfg. S. 512.

zerrungsarmer Gleichrichtung und Niederfrequenzverstärkung der Klirrfaktor gemessen. Die Modulationsverzerrungen werden als Funktion der Gittervorspannung, bzw. Steilheit und der Signalamplitude untersucht.

Größere Modulationsverzerrungen können auch mit Hilfe einer Kathodenstrahlröhre untersucht werden, indem an das eine Plattensystem die Modulationsspannung, an das andere die modulierte Hochfrequenz angelegt wird. Die Anordnung hat den Vorteil, daß Gleichrichter vermieden werden (s. XI, B dieses Abschn.).

γ) *Modulationsbrummen.* Die Röhre erhält eingangsseitig eine unmodulierte Hochfrequenz und eine niederfrequente Spannung von z. B. 500 Hz. Im Ausgang wird die Hochfrequenzspannung und nach Filterung der Hochfrequenz und Demodulation die Niederfrequenzspannung gemessen. Es wird zumeist die Modulationsamplitude bei konstanter Hochfrequenzamplitude als Funktion der Gittervorspannung, bzw. Steilheit gemessen. Es kann aber auch die für einen bestimmten Brummodulationsgrad (meist 1%) erforderliche Störspannung gemessen werden. Es empfiehlt sich dann eine automatische Regelspannung vom niederfrequenten Ausgang abzuzweigen und zur Regelung der Störspannung zu benutzen, wodurch die Aufnahme der Abhängigkeit vom Arbeitspunkt vereinfacht wird.

Auch zur Untersuchung des Modulationsbrummens eignet sich die Kathodenstrahlröhre. An das eine Plattensystem wird die Brummspannung, an das andere die Ausgangsspannung gelegt.

δ) *Quermodulation.* Die zu prüfende Röhre erhält eingangsseitig eine unmodulierte Signalspannung ω_1 und eine Störspannung ω_{st}, die mit einem Modulationsgrad $m_{st} = 30\%$ moduliert ist. An den Ausgangskreis ist eine auf die Signalfrequenz abgestimmte Hochfrequenzverstärkung angeschlossen. Auf diese folgt eine Demodulationsstufe und Niederfrequenzverstärkung für die Störmodulation, die in einem Meßgerät angezeigt wird. Man kann das Gerät aber auch so konstruieren, daß jene Störspannung gemessen wird, die für einen bestimmten Quermodulationsgrad (meist 1%) erforderlich ist, indem wieder eine von der niederfrequenten Ausgangsspannung abgezweigte Regelspannung zur Regelung der modulierten Störspannung benützt wird.

9. Untersuchung der Brumm- und Klingfreiheit von Röhren

a) Untersuchung des Röhrenbrummens. Bei Wechselstromheizung treten vielfach Brummerscheinungen in Empfangsröhren auf. Die wichtigsten Ursachen sind: statische Wirkung der Heizspannung auf Gitter oder Anode, elektromagnetische Spannungsinduktion des Heizstromes in den Elektrodenzuleitungen, Einfluß des Magnetfeldes auf den Elektronenstrom und mangelhafte Isolation zwischen Heizfaden und Kathode.

Zur Vermeidung des Röhrenbrummens ist für den Röhrenkonstrukteur die Kenntnis der Ursache des Brummens notwendig. Aufgabe des Meßverfahrens ist die Trennung der Störquellen und Bestimmung ihres Störanteils. Hiezu dient das in Abb. 276 gezeigte Meßgerät[1]. Die Störspannung wird nicht nur mit einem Meßgerät U gemessen, sondern auch auf einer Kathodenstrahlröhre aufgezeichnet. Das eine Plattenpaar erhält die Brummspannung, das andere einen von der Heizspannung abgezweigten Spannungswert.

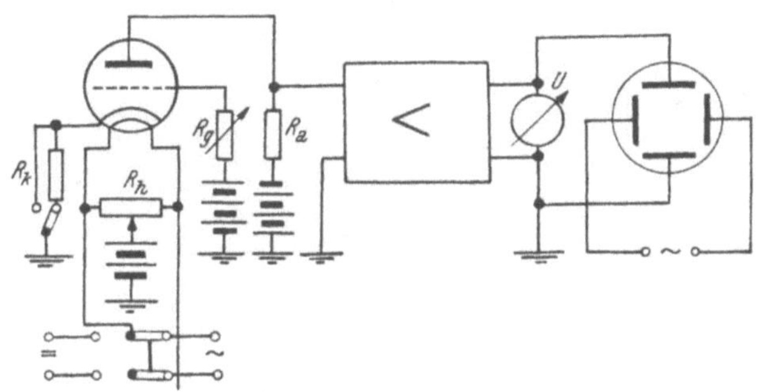

Abb. 276. Schaltung zur Untersuchung des Röhrenbrummens

Die gemessenen Brummspannungen werden im allgemeinen auf das Gitter bezogen (in Gitterspannungen umgerechnet). Man erhält daher die Brummspannung U_b aus der gemessenen Spannung U wie folgt

$$U_b = U \cdot \frac{1}{V_0} \cdot \frac{R_i + R_a}{R_a}. \tag{4, 73}$$

Hiebei ist V_0 der Verstärkungsfaktor, R_i der innere Röhrenwiderstand und R_a der Außenwiderstand.

Einen Anhaltspunkt für das statische Röhrenbrummen erhält man durch Ermittlung des statischen Anodenbrummens, zu dessen Messung das Gitter eine so hohe negative Vorspannung bekommt, daß kein Anodenstrom fließt. Es fallen dann alle übrigen Brummeinflüsse weg. Infolge der Phasenverschiebung erhält man auf der Kathodenstrahlröhre eine Ellipse mit horizontaler Achse. Nur bei mangelhafter Isolation erhält man eine schräge Ellipse. Stellt man die Gittervorspannung so ein, daß der normale Betriebsstrom fließt, so kommt noch das Brummen infolge elektromagnetischer Induktion, mangelhafter Isolation Heizfaden-Kathode und magnetischer Elektronenbeeinflussung hinzu. Das Isolationsbrummen ist meist durch eine recht ungleichmäßige Aufzeichnung auf der Kathodenstrahlröhre gekennzeichnet. Es läßt sich durch Kurzschluß des Kathodenwiderstandes R_k und Einschalten einer Gleichspannung zwischen Heizfaden und Kathode meist ausschalten. Das magnetische Brummen infolge Elektronenbeeinflussung zeigt in der Regel die doppelte Netzfrequenz und ist daher auf der Kathodenstrahlröhre leicht erkennbar und jedenfalls von dem nur die Grundwelle enthaltenden Induktionsbrummen leicht zu unterscheiden. Sie sind beide im Gegensatz zu dem statischen Brummen durch Verstellen des Heizfadenpotentiometers R_h nicht zu beeinflussen.

[1] Graffunder, W.: Telefunkenröhre, H. 12, S. 46 (1938).

Den Hauptbrummeinfluß zeigt bei vielen Röhren die magnetische Einwirkung auf die Elektronenbewegung und das Induktionsbrummen. Verwendet man Gleichstromheizung, legt aber zwischen Heizfaden und Kathode eine Wechselspannung, so sind die Voraussetzungen für das Entstehen der übrigen Brummspannungen gegeben, dagegen das magnetische Brummen ausgeschaltet. Man erhält dann meist nur geringe Brummspannungen[1].

Die in einer Röhre auftretenden Brummspannungen sollen nach Möglichkeit einige μV nicht übersteigen.

Zweckmäßigerweise ist auch die Untersuchung auf die Einwirkung äußerer magnetischer Felder zu erstrecken. Man mißt die auf das Gitter bezogene Brummspannung in Abhängigkeit von der äußeren magnetischen Wechselfeldstärke[2]. Die geringste Brummanfälligkeit zeigen Metallröhren, etwa 5 μV/Gauß, während Glasröhren oft über 100 μV/Gauß erreichen können. Die Zunahme der Brummspannung mit der Feldstärke ist nicht linear.

Bei Oszillatorröhren läßt sich auch eine Brumm-Frequenzmodulation durch äußere magnetische Felder nachweisen.

b) Untersuchung der Klingempfindlichkeit. Die Klingempfindlichkeit wird zumeist gemessen, indem man die Röhre in ein von einem Lautsprecher erzeugtes Schallfeld bringt. Es wird die Schallstärke ermittelt und die dadurch erhaltene Spannung (auf das Gitter bezogen) bestimmt. Als *Klingempfindlichkeit* K [3] wird das Verhältnis der ermittelten Gitterspannung zum Schalldruck (in μbar) bezeichnet. Meist liegt K zwischen 10^{-5} und 10^{-2} mV/μbar. Die Klingempfindlichkeitsmessung ist bei Aufbau der Röhre auf schallisolierendem Sockel und bei verschiedenen Tonfrequenzen vorzunehmen. Die Wechselspannung am Gitter erzeugt bei einem Niederfrequenzverstärker ihrerseits im Lautsprecher eine Wechselspannung und der Lautsprecher an der Röhre einen bestimmten Schalldruck. Das Verhältnis von Schalldruck zu erregender Spannung wird akustische Rückwirkung R_k genannt. Selbsterregung tritt ein, wenn $R_k \cdot K > 1$. Man bezeichnet dieses Produkt als „*Klingmaß*“ M_k.

Zur Untersuchung der Klingursachen wird empfohlen, an Stelle der Ausgangsspannung die Kapazitätsänderung zwischen den einzelnen Elektroden zu messen. Hiezu bedient man sich am besten der oben beschriebenen Meßbrücken zur Messung der Röhrenkapazitäten. Das Auftreten mechanischer Resonanzerscheinungen kommt einer Brückenverstimmung gleich. Die Spannung des Brückenmeßgerätes wird in Abhängigkeit von der Eingangsfrequenz aufgezeichnet oder registriert. Es entstehen meist zahlreiche Resonanzstellen. Bei der Vielzahl an möglichen Schwingungsursachen ist es auch zweckmäßig, die Klingerscheinungen durch Lissajous-Figuren auf einer Kathodenstrahlröhre darzustellen, indem dem einen Plattenpaar die Ausgangsspannung des Ver-

---

[1] Zakarias, I.: Electronics **21**, H. 11, S. 170 (1948).

[2] Whitman, M. R.: Electronics **21**, H. 12, S. 112 (1948).

[3] Graffunder, W. u. H. Rothe: Telefunkenröhre, H. 8, S. 147 (1936).

stärkers und dem anderen die Ausgangsspannung der Brücke zugeführt wird.

Das Klingmaß eines Empfangs- oder Verstärkergerätes kann durch Bestimmung der Klingempfindlichkeit und der akustischen Rückkopplung bestimmt werden. Einfacher ist jedoch folgendes Verfahren:

Der im Gerät befindliche Lautsprecher L_1 wird abgeklemmt und an seiner Stelle ein gleichartiger außerhalb des Gerätes befindlicher Lautsprecher L_2 angeschlossen. Dem Lautsprecher L_1 wird sodann eine Wechselspannung U_1 zugeführt und die an L_2 infolge des Röhrenklingens erhaltene Ausgangsspannung U_2 gemessen. Es ist dann:

$$M_k = \frac{U_2}{U_1}. \qquad (4, 74)$$

Störungen der Wiedergabe, wie erhöhte nichtlineare Verzerrungen und verschlechterte Frequenzkurve, insbesondere aber vergrößerte An- und Nachhallzeit treten bereits bei $M_k \geqq 0{,}5$ auf[1].

Außer der akustischen Rückkopplung durch Luftschall tritt vielfach auch eine Rückwirkung durch Körperschall auf, deren Messung indes nicht einfach ist. Auch das Klingen infolge mechanischer Erschütterungen ist oft störend. Ein Vergleich der Klingempfindlichkeiten verschiedener Röhren ist oft bei Einführung einer bestimmten Fallprüfung möglich[2]. Abb. 277 zeigt die der Messung der Klingempfindlichkeit meist zugrunde gelegte Schaltung. Es wird die Ausgangsspannung gemessen, die durch die mechanischen Erschütterungen erhalten wird. Sodann wird ohne mechanische Erschütterungen eine so große Gitterwechselspannung angelegt, daß wieder die gleiche Ausgangsspannung erhalten wird.

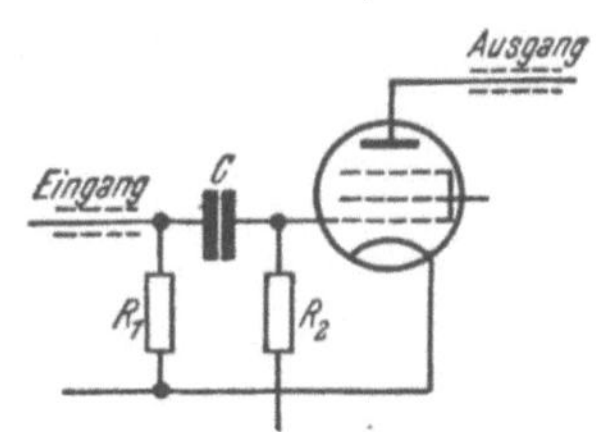

Abb. 277. Schaltung zur Untersuchung des Röhrenklingens

Zur Untersuchung der Klingempfindlichkeit durch Körperschall wurde in neuerer Zeit auch folgendes Verfahren vorgeschlagen:

Die zu untersuchende Röhre wird auf einen Lautsprecherkonus, und zwar mit Hilfe eines Schwenksockels aufgebaut, der die Anordnung in den drei Achsenrichtungen ermöglicht. Der Lautsprecher kann mit Hilfe eines Tongenerators bei verschiedenen Amplituden mit Frequenzen zwischen 7 und 7000 Hz erregt werden. Die Gleichspannungen werden der Röhre mit Hilfe eines flexiblen Kabels zugeführt. Die Ausgangsspannung wird verstärkt und mit einem Meßgerät oder einer Kathodenstrahlröhre gemessen. Die Schallbeschleunigung wird mit Hilfe eines aufgekitteten Spiegels durch Amplitudenmessung bestimmt.

Die mechanische Schwingung wird sodann abgeschaltet und eine Wechselspannung gleicher Frequenz an den Eingangskreis, der zur Ver-

[1] Brück, L.: Telefunken-Zeitung **18**, H. 77, S. 23 (1937).

[2] Graffunder, W. u. H. Rothe: Telefunkenröhre, H. 6, S. 36 (1936).

meidung des störenden Funkeleffektes niederohmig ist, gelegt. Sie wird so groß gemacht, daß nach dem Verstärker wieder die gleiche Spannung am Meßgerät erhalten wird. Die hiezu erforderliche Eingangsspannung wird gemessen. Sie gilt als die gitterseitige effektive Klingspannung und dient als Vergleich für die Klingempfindlichkeit der untersuchten Röhren.

10. Messung des Röhrenrauschens

a) Rauschen von Verstärkerröhren. Es kann gemessen werden durch einen Vergleich der äquivalenten Rauschspannung mit der Rauschspannung eines Ohmschen Widerstandes. Hiezu eignet sich die in Abb. 278 gezeigte Schaltung[1]. Zunächst ist der Widerstand R kurzgeschlossen, dann wird in dem Meßgerät nur der äquivalente Rauschwiderstand der Röhre einen Ausschlag verursachen. Nun wird R eingeschaltet und so lange vergrößert, bis die vom Meßgerät gezeigte Spannung sich auf das $\sqrt{2}$-fache erhöht hat. Dann ist der äquivalente Rauschwiderstand der Röhre gleich R. Der Parallelschwingkreis wird nur dazu benötigt, um die Röhrenkapazität unwirksam zu machen. Es ist aber nicht zu übersehen, daß an Stelle von R die Parallelschaltung des Resonanzwiderstandes zu R zu setzen ist.

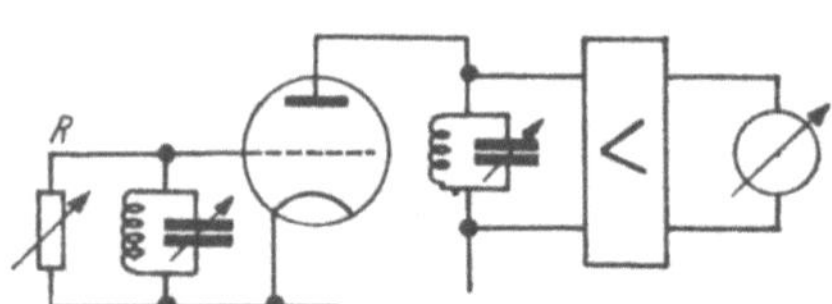

Abb. 278. Untersuchung des Röhrenrauschens

Man kann auch die von einer Röhre abgegebene Rauschleistung mit der einer gesättigten Diode, deren Rauschleistung bekanntlich berechnet werden kann, vergleichen. Beide, die zu untersuchende Röhre und die Rauschdiode werden einander kathoden- und anodenseitig parallelgeschaltet (s. Abb. 279). Dazu parallel liegt der äußere Widerstand R_a, zu dem ebenfalls ein Resonanzkreis parallelgeschaltet ist. Ein Meßverstärker dient als Indikator. Wegen des unendlich hohen inneren Widerstandes der gesättigten Diode bleibt ihr Rauschstrom dadurch unbeeinflußt. Beide Rauschquellen sind mit dem gleichen Widerstand, nämlich der Parallelschaltung von R_i der zu messenden Röhre und R_a (einschließlich der Meßeinrichtung) belastet. Zunächst wird nur die zu untersuchende Röhre geheizt und dann auch die Rauschdiode, und zwar so weit, daß wieder die Rauschspannung auf das $\sqrt{2}$-fache steigt. Die Rauschleistung der zu untersuchenden Röhre ist dann gleich der der Diode[2].

Es ist also

$$J_{R}^{2}{}_{Diode} = J_{R}^{2}, \tag{4, 75}$$

wobei der Diodenrauschstrom $J_{R\,Diode}$ (in A) aus

$$J_R = 0{,}564 \cdot 10^{-9} \sqrt{J_s \cdot \Delta f} \tag{4, 76}$$

erhalten wird. J_s ist der Sättigungsstrom in A und Δf die Frequenzbandbreite in Hz.

---

[1] Kleen, W.: ATM J 8333—3 (1939).

[2] Ziegler, M.: Physica 2, 413 (1935).

Die Messung eignet sich auch zur Bestimmung des Raumladeschwächungsfaktors F. Es ist

$$F^2 = \frac{J_s}{J_a}, \qquad (4, 77)$$

wenn J_s der Sättigungsstrom der Diode und J_a der Anodenstrom der zu prüfenden Röhre ist.

Die Rauschdiode kann auch in den Gitterkreis der zu untersuchenden Röhre gelegt werden. Sie liegt dann parallel zu dem Widerstand R der Abb. 278, der nun meist klein gemacht wird. Die gesättigte Diode wird so stark geheizt, daß die Rauschleistung sich im Meßgerät verdoppelt. Dann ist die auf das Gitter bezogene Rauschspannung nach Gl. (4, 76) gegeben durch

$$U_{gR} = J_R \cdot R = 0{,}564 \cdot 10^{-9} \sqrt{J_s \Delta f} \cdot R \text{ Volt}, \qquad (4, 78)$$

wenn R in Ohm eingesetzt wird.

Den äquivalenten Rauschwiderstand $R_ä$ erhält man daraus zu

$$R_ä = 19\, R^2 \cdot J_s \qquad (4, 79)$$

($R_ä$ und R in Ohm, J_s in A).

Natürlich läßt sich auch der Rauschstrom unmittelbar durch Messung des Spannungsabfalles U_R am äußeren Widerstand R_a mit Hilfe eines Meßverstärkers bestimmen.

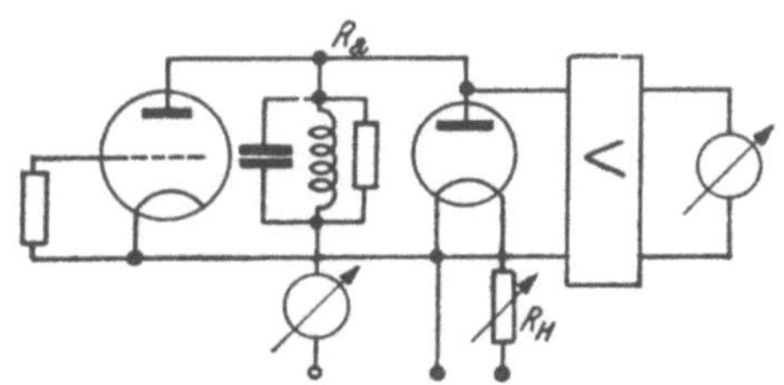

Abb. 279. Messung des Röhrenrauschens durch Vergleich mit einer Rauschdiode

Man erhält für den Rauschstrom der (kurzgeschlossenen) Röhre dann

$$J_R = U_R \frac{R_a + R_i}{R_a \cdot R_i}, \qquad (4, 80)$$

wobei R_i der innere Widerstand der Röhre ist.

Die Diode kann auch lediglich zur Eichung der Meßeinrichtung verwendet werden, der äquivalente Rauschwiderstand aber nach Abb. 278 gemessen werden[1].

Ein anderes Meßverfahren geht von folgenden Überlegungen aus: Der Schwingungseinsatz eines rückgekoppelten Röhrenkreises wird bekanntlich bei Abwesenheit anderer äußerer Wechselspannungsquellen durch das Röhrenrauschen bedingt. Je größer die Rauschspannung, desto früher wird nach Einsetzen der Rückkopplung der Schwingungszustand erreicht. Von Hässler[2] wird diese Erscheinung zur Messung des Röhrenrauschens benützt. Es wird eine Art Pendelrückkopplung durch periodisches Ein- und Ausschalten eines Dämpfungskreises vorgesehen. Zur Eichung wird eine Schwingungsanfachung mit bekannter Spannung durch einen geladenen Kondensator benützt.

[1] Rothe, H. u. W. Engbert: Telefunkenröhre, H. 11, S. 183 (1937).

[2] Hässler, G.: Hochfrequenztechn. u. Elektroak. **42**, 42 (1933).

b) Rauschen von Mischröhren[1]. Zur Messung kann im Prinzip die in Abb. 279 gezeigte Schaltung verwendet werden, bei der die Rauschleistung der Rauschdiode bis zur Verdopplung der Ausgangsleistung gesteigert wird. Dem Oszillatorgitter der Mischröhre wird jedoch eine Oszillatorspannung zugeführt. Der Anodenkreis ist auf die Zwischenfrequenz abgestimmt. Wichtig ist, eine Fälschung des Meßergebnisses durch eine restliche Oszillatorspannung im Zwischenfrequenzverstärker zu vermeiden, weshalb Bandfilterankopplung empfohlen wird.

11. Röhrenprüfgeräte

Praktisch ausgeführte Röhrenprüfgeräte[2] gestatten im allgemeinen folgende Prüfungen:

a) Vorprüfung. Die Röhre wird zunächst einer Elektrodenschluß- und Heizfadenunterbrechungsprüfung unterworfen. Man benützt dazu die in Abb. 260 gezeigte Schaltung.

b) Emissionsprüfung. Es folgt nun die Messung des Elektronenstromes möglichst bei normalen Betriebsbedingungen. Es werden an sämtliche Elektroden die Betriebsspannungen gelegt und der Anodenstrom gemessen. Der ermittelte Wert wird mit dem angegebenen verglichen. Erreicht er mindestens 90 Prozent, so kann die Röhre als noch vollwertig angesehen werden, bei Werten bis zu 70 Prozent ist sie als gut und bei Werten über 50 Prozent als noch brauchbar zu bezeichnen, für manche Zwecke sind indes auch noch Röhren mit Werten bis 30 Prozent verwendbar.

Voraussetzung für eine genaue Messung ist die genaue Einstellung der Spannungen. Ausgeführte Röhrenprüfgeräte gestatten die Erzeugung aller Heizspannungen und enthalten die Fassungen für die verschiedenen Röhrentypen. Um eine Röhrenprüfung rasch durchführen zu können, sind eine Reihe von Schaltgriffen zu betätigen. Am besten haben sich Prüfgeräte mit einem Lochkartensystem bewährt: Auf einem Kartonblatt ist die Typenbezeichnung der zu prüfenden Röhre aufgedruckt und sind eine Anzahl von Lochungen vorhanden. Das der gewünschten Röhrentype entsprechende Blatt wird auf das Prüfgerät aufgelegt und nun werden in die noch vom Kartonblatt freigelassenen Öffnungen Verbindungsstöpsel eingesteckt, wodurch die erforderliche Prüfschaltung hergestellt ist; so werden Fehlschaltungen vermieden.

c) Steilheitsprüfung. Sie erfolgt durch Gitterspannungsänderung um einen bestimmten Wert. Man entnimmt sie aus der angezeigten Anodenstromänderung.

Die Röhrenprüfgeräte sind meist für Wechselstromnetzanschluß gebaut und bei größeren Geräten mit eingebautem Gleichrichter ausgerüstet.

---

[1] Rothe, H. u. W. Engbert: Telefunkenröhre, H. 11, S. 183 (1937).

[2] Wigand, R.: Prüfen und Messen von Röhren und Einzelteilen, 3. Aufl., S. 50 (1943). — Limann, O.: Prüffeldmeßtechnik, 3. Aufl., S. 202 (1947).

Bauanleitungen für den Selbstbau von Röhrenprüfgeräten finden sich beispielsweise bei Wigand und Limann[1].

d) Einfaches Prüfgerät. Bei den einfachsten Geräten werden die Gitter- und Anodenanschlüsse miteinander verbunden und über ein Gleichstrominstrument an den einen Pol einer Wechselspannungsquelle angeschlossen. Der andere ist mit der Kathode verbunden. Das Meßgerät zeigt einen der Emissionsfähigkeit der Röhre entsprechenden Ausschlag[2].

B. Untersuchung von Röhren für bestimmte Zwecke

1. Untersuchung an Dioden

Zur Untersuchung der Gleichrichterwirkung bei niederen Frequenzen dient die Aufnahme der statischen Kennlinie und der dynamischen Gleichrichterkennlinie, das ist die Abhängigkeit des Gleichstromes von der angeschlossenen Wechselspannung. Sie wird entweder bei $R_a = 0$ (Kurzschlußkennlinie) oder bei bestimmtem äußeren Widerstand R_a aufgenommen (Belastungskennlinie).

Die Gleichrichterwirkung von Dioden wird durch ihre Kapazität C_d und ihre Zuleitungsinduktivität L_d sowie durch die Elektronenlaufzeit begrenzt.

L_d und C_d lassen sich aus der Frequenzabhängigkeit des Röhrenwiderstandes $X = \omega L_d - 1/(\omega C_d)$ bestimmen. Es ist

$$X = \frac{2\pi c L_d}{\lambda}\left(1 - \frac{\lambda^2}{\lambda_{res}^2}\right), \tag{4, 81}$$

wobei λ_{res} die Resonanzwelle ist. Zweckmäßigerweise trägt man $-X\,\lambda/(2\pi c)$ in Abhängigkeit von λ^2 in einem Diagramm auf. Man erhält eine Gerade, deren Schnittpunkt mit der X-Achse λ_{res}^2 ergibt, während L_d als Schnittpunkt auf der Y-Achse erhalten wird. Aus λ_{res} und L_d findet man C_d. Bei Spezialröhren für UKW empfiehlt sich die Messung mit Hilfe einer Lecher-Leitung (s. fünfter Abschn., IV)[3].

2. Untersuchung von Regelröhren

Diese sollen innerhalb eines möglichst großen Gebietes der J_a/U_g-Kennlinie Exponentialverlauf besitzen. Um dies nachzuprüfen, wird für verschiedene Anodenspannungen als Parameter die J_a/U_g-Kennlinie aufgenommen, wobei J_a auf der Ordinatenachse in logarithmischem Maßstab aufgetragen wird. Man erkennt dann sofort den Bereich, innerhalb dessen die Kennlinie dem logarithmischen Gesetz tatsächlich folgt, sie verläuft dort gradlinig.

[1] Wigand, R.: Prüfen und Messen von Röhren und Einzelteilen, 3. Aufl., S. 50 (1943). — Limann, O.: Prüffeldmeßtechnik, 3. Aufl., S. 202 (1947).

[2] Das Elektron 1947, S. 97. — Radiotechnik 1948, S. 77.

[3] Nergaard, L. S.: RCA. Rev. **3**, 156 (1938).

3. Untersuchung von Mischröhren

Es wird verlangt, daß innerhalb eines möglichst großen Bereiches Proportionalität zwischen hochfrequenter Eingangswechselspannung und zwischenfrequentem Ausgangsstrom vorhanden ist. Man untersucht bei konstanten Oszillatorspannungen (etwa 10 Volt) die Abhängigkeit dieser beiden Größen, die sogenannte Misch- oder Konversionssteilheit. Es empfiehlt sich die Konversionssteilheit als Funktion von der Eingangsspannung in einem Diagramm aufzutragen.

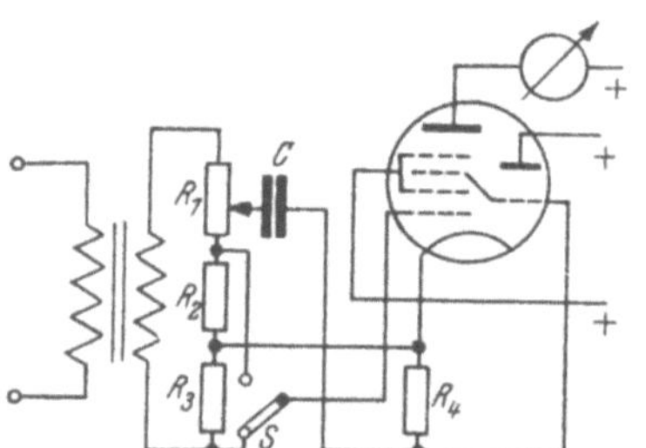

Abb. 280. Messung der Mischsteilheit

Eine einfache Methode zur Messung der Mischsteilheit ist in Abb. 280 angegeben[1]. Sie eignet sich besonders für Mischhexoden, kann aber auch für Oktoden und Pentagridröhren benützt werden. Die Röhre erhält die betriebsmäßigen Gleichspannungen. Zur Steuerung der Gitter wird eine 50-per. Wechselspannung, die an den Transformator angeschlossen ist, verwendet. Die Sekundärspannung beträgt 25 Volt. Eine entsprechende Teilspannung, einstellbar mit Hilfe des veränderlichen Widerstandes R_1 wird über den Kondensator C dem Oszillatorgitter zugeführt. Das Eingangsgitter erhält durch Umschaltung des Schalters S eine gleich- oder gegenphasige Spannung von 1 Volt. Als Mischsteilheit erhält man dann

$$S_{konv} = \frac{\Delta J_a}{2{,}8 \cdot U_{gw}}, \tag{4, 82}$$

wobei ΔJ_a die beim Umschalten auftretende Anodenstromänderung und U_{gw} die Gitterwechselspannung am Eingangsgitter (1 Volt) ist.

Man kann indes die Konversionssteilheit auch unter Verwendung der betriebsmäßigen Oszillator- und Eingangsfrequenz messen[2]. Der Außenwiderstand wird durch einen niedrigen Ohmschen Widerstand R_a gebildet. Die an ihm liegende Zwischenfrequenzspannung wird über ein Bandfilter und eine geeichte Verstärkeranordnung durch ein Röhrenvoltmeter gemessen. Es ist dann

$$S_{konv} = \frac{1}{R_a} \cdot \frac{U_z}{U_g}, \tag{4, 83}$$

wenn U_g die Eingangsspannung und U_z die Zwischenfrequenzspannung ist.

Die bei Mischröhren auftretenden nichtlinearen Verzerrungen können bei Empfang einer modulierten Schwingung und Überlagerung mit der Oszillatorfrequenz durch Grund- und Oberwellenaussiebung gemessen werden. Einfacher ist es, die Röhre nur mit der Zwischenfrequenz f_z und

[1] Benjamin, M., C. W. Cosgrove u. G. W. Warren: Jour. I. E. E. (Wireless Proc.) **12**, 65 (1937).

[2] Steimel, K.: Telefunkenröhre, H. 3, S. 85 (1934/35).

tonfrequenten Modulationsfrequenz f_n zu beaufschlagen. Sie werden getrennt den beiden Gittern zugeführt. Im Ausgang entsteht dann außer f_z und $f_z \pm f_n$ auch $f_z \pm 2 f_n$ usw. Diese werden sodann einem Demodulator zugeführt und hierauf die Niederfrequenzen f_n, $2 f_n$ usw. gemessen, bzw. miteinander verglichen[1].

Von großem Interesse ist auch die Bestimmung der Quermodulation Q, der Modulationsvertiefung T und Modulationsverzerrung Z. Die Messung erfolgt in der Weise, daß dem Eingangsgitter der Mischröhre sowohl ein konstantes Hochfrequenzsignal bestimmter Modulation, z. B. 30% (eingeregelt mittels Signalgenerators) als auch eine veränderbare Störspannung zugeführt wird und die am Ausgangswiderstand der Mischröhre (nötigenfalls nach entsprechender Verstärkung) auftretende Zwischenfrequenz bezüglich Änderung des Modulationsgrades oder der Modulationsverzerrung untersucht wird. Man mißt bei verschiedenen Gittervorspannungen und konstanter Oszillatorspannung. Die Ergebnisse werden in Abhängigkeit von der Gittervorspannung aufgetragen. Die Messung erfolgt entsprechend A, 8 b dieses Abschnittes.

4. Untersuchung von Sekundärelektronenröhren

Maßgebend für die Wirkungsweise einer Sekundärelektronenröhre ist die Ausbeute. Dies ist das Verhältnis der Sekundärelektronen zu den sie erzeugenden Primärelektronen. Man mißt den zur Sekundärelektronen-Kathode fließenden Primärelektronenstrom und den an der Sekundärelektronenanode auftretenden Strom, das Verhältnis wird als „Ausbeute" bezeichnet. Die Messung des Primärelektronenstromes erfolgt unter Hintanhaltung der Sekundärelektronen (negative Spannung), die Messung ist daher nur unter gewissen Voraussetzungen möglich.

In vielen Fällen genügt die Messung der Gesamtsteilheit, das ist des Verhältnisses des Anodenausgangsstromes zur Steuerspannung.

5. Untersuchung von Großleistungs- und Senderöhren

Die Aufnahme der Röhrenkennlinie erfolgt, um eine Überlastung zu vermeiden, mittels kurzzeitiger Spannungsstöße. Hiezu eignet sich z. B. die in Abb. 281 gezeigte Schaltung. Durch Drücken der Taste T erhält das Gitter einen positiven Spannungsstoß, der den Kondensator C auflädt, worauf sich dieser nach Öffnen der Taste über R_2 und R_3 entlädt. Zur Aufnahme der J_a/U_g-Kennlinie legt man den Spannungsabfall an R_3 an das Horizontal- und den von R_5 an das Vertikalsystem einer Kathodenstrahlröhre. Weiter lassen sich in gleicher Weise auch das J_a/U_a- und J_g/U_g-Diagramm aufzeichnen. Besser noch ist es, an Stelle der Taste T einen Unter-

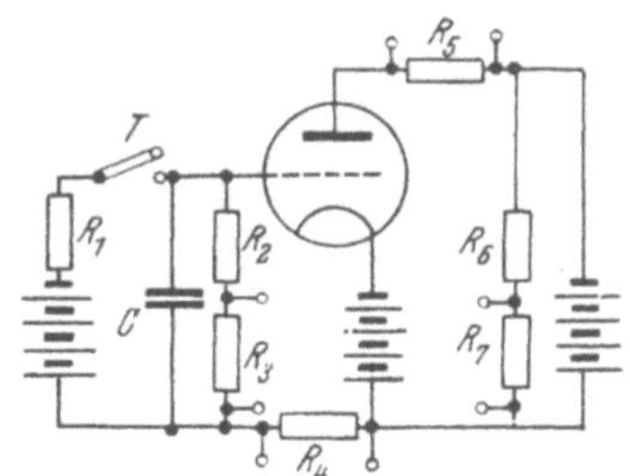

Abb. 281. Aufnahme der Kennlinie von Senderöhren

[1] Venn, H. van der: Radio News 17, 29 (1934).

brecher zu verwenden, mit dessen Unterbrecherfolge die Kippspannung des Oszillographen gesteuert ist.

Außer den bereits oben erwähnten Untersuchungen werden bei Senderöhren insbesondere noch die von der Röhre abgegebene Anodenverlustleistung P_v und die von ihr abgegebene Hochfrequenzleistung gemessen.

Die Anodenverlustleistung wird aus der Erwärmung der Röhre ermittelt. Bei wassergekühlten Senderöhren bereitet eine kalorimetrische Messung keine Schwierigkeiten[1]. Es ist

$$P = 4{,}16\,(\vartheta_2 - \vartheta_1)\,Q, \tag{4, 84}$$

wenn P die Leistung in kW, ϑ_2 die Ausgangs-, ϑ_1 die Eingangstemperatur des Wassers in °C und Q die sekundlich durchfließende Wassermenge in l/s ist. Bei luftgekühlten Röhren ist eine Messung mittels Kalorimeters möglich. Die Senderöhre wird in einem Kalorimetergefäß untergebracht und die Leistung in gleicher Weise aus der Erwärmung eines durchfließenden Ölstromes oder durchgeblasener Luft gemessen.

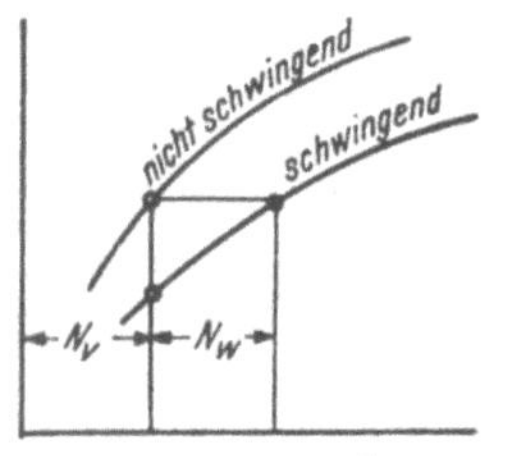

Abb. 282. Abhängigkeit der Röhrentemperatur von der Leistungsaufnahme bei Senderöhren

Zur Bestimmung der Anodenverlustleistung werden gelegentlich auch Pyrometer verwendet. Sie kann auch durch Messung der Erwärmung des Glaskolbens mit Hilfe von Thermoelementen, die an verschiedenen Stellen der Glasoberfläche untergebracht sind, gewonnen werden[2]. Der Röhre wird dann im nicht schwingenden Zustand so viel Gleichstromleistung zugeführt, daß die gleiche Erwärmung der Thermoelemente auftritt. Zweckmäßig ist es, die Abhängigkeit des Thermoinstrumentenausschlages α von der zugeführten Gleichstromleistung im schwingenden und nicht schwingenden Zustand aufzuzeichnen, s. Abb. 282. Der horizontale Abstand der Kurven gibt die Wechselstromleistung an. Es zeigt sich indes nicht mehr die gleiche Wärmeverteilung wie im schwingenden Zustand (vor allem auch wegen der dielektrischen Verluste des Glases), wodurch Meßfehler entstehen können.

Die Bestimmung der Gitterleistung geschieht in der Regel durch Aufnahme des Strom- und Spannungsverlaufes mittels Kathodenstrahlröhre.

C. Untersuchung von gasgefüllten Röhren

a) Bei *Gleichrichterröhren* erstreckt sich die Messung auf Aufnahme der Kennlinie, auf Bestimmung der Zünd- und Löschspannung, des inneren Widerstandes sowie Untersuchung der Lebensdauer. Die Bestimmung der Gaszusammensetzung kann durch Spektralanalyse erfolgen.

---

[1] Mouromtseff, I. E. u. H. V. Noble: Proc. I. R. E. **20**, 1328 (1932).

[2] Crossley, A. u. R. M. Page: Proc. I. R. E. **16**, 1375 (1928). — Wolff, J., E. G. Linder u. R. A. Braden: Proc. I. R. E. **23**, 11 (1935).

b) Bei *Thyratrons* erstreckt sich die Prüfung auf Aufnahme der Kennlinien und der Röhrendaten sowie der Bestimmung der Zünd- und Löschspannung. Bei der Durchführung der Messungen sind Schutzwiderstände vorzuschalten.

c) Die Prüfung von *Glimmlampen* erstreckt sich vor allem auf Feststellung der Zünd- und Löschspannung sowie der Strom- und Spannungscharakteristiken für verschiedene Polung.

Bei *Glättungsröhren* wird die Stromspannungskennlinie aufgenommen. Unter Vorschalten des zur Glättung erforderlichen Widerstandes kann auch die Belastungscharakteristik (Abhängigkeit der abgegebenen Spannung vom Belastungsstrom), wie auch die Spannungscharakteristik (Abhängigkeit der bei konstanter Belastung abgegebenen Spannung bei verschiedenen Eingangsspannungen vor dem Widerstand) aufgenommen werden, s. zweiter Abschn., III.

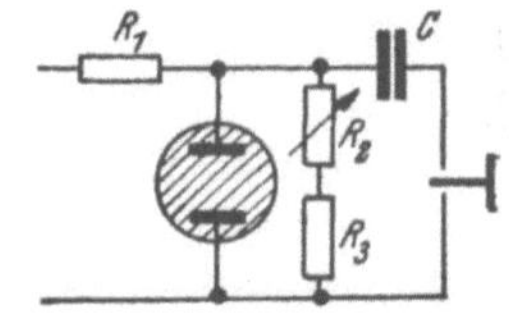

Abb. 283. Untersuchung der Welligkeit nach Stabilisatoren

Zur einfachen Prüfung der Arbeitsweise von *Stabilisatoren* ist die in Abb. 283 gezeigte Schaltung zu empfehlen[1]. Der Stabilisator erhält eine schlecht gefilterte Gleichrichterspannung (10 bis 30% Welligkeit). Bei richtiger Einstellung der Belastung muß der Ton im Kopfhörer verschwinden.

Bei *Abstimmröhren* (Resonanzröhren und dergleichen) ist die Länge der Glimmbedeckung der Kathode und eventuell die Größe des Hauptanodenstromes in Abhängigkeit von der Anodenspannung zu untersuchen. Die Hilfsanodenspannung ist hiebei konstant zu halten. Der maximale Aussteuerbereich ist anzugeben.

d) Bei der Prüfung von *Eisenwasserstoffwiderständen* ist die Stromspannungscharakteristik und der Regelbereich zu bestimmen. Von Interesse ist auch der zeitliche Verlauf des Einschaltstromes und der Spannung.

D. Untersuchung von Kathodenstrahlröhren

1. Bestimmung der Ablenkempfindlichkeit

Es wird die Spannungsempfindlichkeit des Kathodenstrahles geprüft, indem einem Plattenpaar verschiedene Gleichspannungswerte zugeführt werden und die Ablenkung des Kathodenstrahles gemessen wird. Es wird eine Kennlinie gezeichnet. In gleicher Weise wird auch die Empfindlichkeit des anderen Plattenpaares ermittelt. An Stelle einer Gleichspannung kann auch eine Messung mit Wechselspannung vorgenommen werden. Man erhält eine Gerade, deren Länge gleich der doppelten Spitzenspannung ist. Zur Eichung ist daher sinusförmiger Wechselstrom zu verwenden. Die Ablenkempfindlichkeit ist von der Anodenspannung der Kathodenstrahlröhre abhängig. Sie ist gegeben durch

---

[1] Peschel, S. S.: Electronics **22**, H. 4, S. 148 (1949).

$$x = U \cdot \frac{l_{op} \cdot l_s}{2\, U_a\, d}, \tag{4, 85}$$

wobei x die Ablenkung des Kathodenstrahls am Schirm, U die Ablenkspannung, U_a die Beschleunigungsspannung (Anodenspannung), l_{op} die achsiale Länge der Ablenkplatten, d ihre Entfernung und l_s den Abstand Ablenkplattenmitte-Schirm bedeuten.

2. Untersuchung der Frequenzabhängigkeit der Ablenkempfindlichkeit

Es wird bei konstanter Ablenkspannung deren Frequenz geändert und die Änderung der Ablenkung gemessen. Die Messung wird bei verschiedenen Ablenkspannungen wiederholt. Bei Vakuumröhren zeigt sich innerhalb eines großen Frequenzgebietes keine Frequenzabhängigkeit. Die Ablenkempfindlichkeit nimmt lediglich bei Ultrakurzwellen infolge Einwirkung der Elektronenlaufzeit ab. Bei gasgefüllten Röhren ist eine Abnahme der Empfindlichkeit bereits bei Frequenzen der Größenordnung von einigen 100 kHz zu erwarten.

Die Elektronenlaufzeit verursacht auch bei hohen Frequenzen einen Phasenfehler zwischen den beiden Plattenpaaren. Er läßt sich bestimmen, indem beiden Plattenpaaren phasengleiche Wechselspannungen zugeführt werden. Man erhält an Stelle einer Geraden eine Ellipse. Aus ihr läßt sich nach drittem Abschn., IV, der Phasenwinkel bestimmen.

3. Ermittlung der Kapazität des Ablenkplattensystems

Bei Hochvakuumröhren genügt eine Kapazitätsmessung im kalten Zustand. Bei gasgefüllten Röhren erhöht sich die Kapazität im Betrieb, außerdem tritt ein zusätzlicher Ohmscher Widerstand durch Ionenströme auf.

4. Ermittlung der Schirmhelligkeit und Nachleuchtezeit

Die Schirmhelligkeit hängt von der Größe des Anodenstromes und der Elektronengeschwindigkeit ab. Sie kann durch die Spannung des Wehnelt-Zylinders beeinflußt werden. Die Messung erfolgt mit Hilfe von Photozellen, deren Strom als Funktion des Lichtstromes geeicht ist oder mittels Photometers, vor das geeichte lichtabsorbierende Körper gegeben werden[1].

Man legt an die beiden Ablenksysteme Wechselspannungen verschiedener Frequenz, wobei das Frequenzverhältnis durch eine irrationale Zahl gegeben sein soll. Man erhält dann eine nahezu gleichmäßig ausgeleuchtete Rechteckfläche, die auf eine bestimmte konstante Größe eingestellt werden kann.

Diese Methode hat, obwohl sie im allgemeinen nicht den praktischen Betriebsverhältnissen entspricht, den Vorteil reproduzierbare Ergebnisse zu liefern. Denn für die Helligkeit des Lichtfleckes ist auch die Dauer der Kathodenstrahleinwirkung maßgebend. Die Zeit bis zum nächsten Auf-

[1] Baldwin, M. W.: Electronics **22**, H. 11, S. 105 (1949).

treffen des Kathodenstrahles an der gleichen Stelle ist so größer als die Abklingzeit. Die Flächenausleuchtung ist auch zweckmäßig um etwaige Ungleichmäßigkeiten der Empfindlichkeit des Schirmmaterials auszugleichen.

Als Nachleuchtezeit bezeichnet man die Zeit des Nachleuchtens des Schirmes nach Abschalten der Anodenspannung. Sie ist je nach Schirmmaterial verschieden und liegt zwischen 10^{-6} und einigen Sekunden. Große Nachleuchtezeiten können, wenn auch ungenau, mit der Stoppuhr bestimmt werden. Eine genaue Messung ist mit Hilfe von Photozellen möglich. Die Photozellenspannung wird verstärkt und selbst wieder oszillographisch aufgenommen. Auch eine Messung mit ballistischem Galvanometer ist möglich.

Die Nachleuchtezeit kann auch aus der Verringerung des Modulationsgrades des Schirmleuchtens mit zunehmender Frequenz gefunden werden. Er nimmt bei 100 prozentiger Strahlmodulation bei einer bestimmten Frequenz auf einen sodann konstant bleibenden Wert ab, der als Fluoreszenzanteil zu betrachten ist[1].

5. Bestimmung der maximalen Schreibgeschwindigkeit

Mit zunehmender Schreibgeschwindigkeit nimmt die Helligkeit der Aufzeichnung nichtperiodischer Vorgänge immer weiter ab. Die Grenze des Auflösungsvermögens kennzeichnet die Schreibgeschwindigkeit. Insbesondere ist aber auch die Schreibgeschwindigkeit durch die Elektronenlaufzeit begrenzt, indem die Aufzeichnungen bei hoher Geschwindigkeit unscharf werden. Die Schreibgeschwindigkeit wird experimentell durch Aufzeichnungen bestimmter bekannter Geschwindigkeit ermittelt.

6. Untersuchung der Lebensdauer

Sie erfolgt durch eine Dauerbelastung. Als Lebensdauer wird jene Zahl von Betriebsstunden angegeben, nach der selbst bei einer 10-prozentigen Überheizung eine ausreichende Schärfe und Helligkeit des Lichtfleckes nicht mehr erreicht wird.

E. Untersuchung von Photozellen

1. Messung der Strom-Spannungskennlinie

Es wird bei konstanter Beleuchtung die Zunahme des Photozellenstromes mit der Spannung untersucht. Bei Vakuumröhren erhält man bei einer bestimmten Photozellenspannung Sättigungsstrom. Bei gasgefüllten nimmt der Strom mit ansteigender Spannung stets zu.

2. Messung der Empfindlichkeit

Es wird bei gleichbleibender Anodenspannung die Zunahme des Elektronenstromes mit dem auf die Photozelle einfallenden Lichtstrom unter-

[1] Ardenne, M. v.: Z. techn. Phys. **16**, 61 (1935).

sucht und eine Kennlinie gezeichnet. Zur Aufnahme dieser Kennlinie ist die Kenntnis der Größe des Lichtstromes erforderlich. Die Messung erfolgt mit Photometer. Auch geeichte Photozellen werden als Photometer verwendet. Die Empfindlichkeit wird in μA/Lumen gemessen.

3. Messung der Farbenempfindlichkeit

Anodenspannung und Lichtstrom werden konstant gehalten. Es wird die Frequenz der Strahlung geändert und die Änderung des Photozellenstromes gemessen. Photozellen zeigen im allgemeinen eine starke Abhängigkeit der Empfindlichkeit von der Wellenlänge des Lichtes.

Zur Messung der Farbenempfindlichkeit werden Lichtquellen schmaler Frequenzspektren benötigt. Man erhält sie, indem z. B. vor eine Glühlampe verschiedene Farbfilter angeordnet werden. Die Größe des hindurchgehenden Lichtstromes wird mittels geeichter Photometer bestimmt.

4. Untersuchung der Modulationswiedergabe

Photozellen haben vielfach die Aufgabe Lichtschwankungen als Wechselströme wiederzugeben, so z. B. beim Tonfilm, beim Fernsehen und der Bildtelegraphie. Zu diesem Zweck wird das ihnen zugeführte Licht bestimmten Intensitätsschwankungen unterworfen, so daß ein dem konstanten Lichtstrom überlagerter Wechselstrom erhalten wird (Modulation). Die Photozelle hat die Aufgabe, die Modulation amplituden-, frequenz- und formgetreu zu übertragen. Die Amplituden- und Formgetreuheit ist unmittelbar aus dem Verlauf der unter Pkt. 2. gemessenen Empfindlichkeitskennlinie zu entnehmen. Für die Frequenzgetreuheit ist die Trägheitslosigkeit der Photozelle maßgebend. Es wird eine Frequenzkurve aufgenommen, indem die Modulationsfrequenz bei gleichbleibender Modulationsamplitude geändert und der Verlauf der erhaltenen elektrischen Wechselspannung gemessen wird. Vakuumzellen sind bis einige 100 MHz, gasgefüllte bis einige 100 kHz, als trägheitslos anzusehen.

VIII. Untersuchung von Niederfrequenzverstärkern

1. Untersuchung der Verstärkung

Als Spannungsverstärkung bezeichnet man das Verhältnis der Ausgangsspannung zur Eingangsspannung eines Verstärkers, als Leistungsverstärkung das Verhältnis der Leistungen. Zur einwandfreien Definition des Begriffes Spannungsverstärkung ist noch die Festlegung des Ein- und Ausgangswiderstandes des Verstärkers notwendig. Es ist üblich, ihm eine Größe von 600 Ohm zu geben. Die Verstärkung kann dann auch in Dezibel (db) angegeben werden[1], wobei als Bezugspunkt 0 db mit 1 mW festgelegt ist. Man erhält demnach bei einem Ein- und Ausgangswiderstand von 600 Ohm folgenden Zusammenhang zwischen den genannten Einheiten:

---

[1] Einfg. S. 295.

Zahlentafel 11

db	Leistung	Spannung bei 600 Ohm
—60	10^{-6} mW	0,77 mV
—50	10^{-5} mW	2,45 mV
—40	10^{-4} mW	7,7 mV
—30	10^{-3} mW	24,5 mV
—20	10^{-2} mW	77 mV
—10	0,1 mW	0,245 V
0	1 mW	0,77 V
10	10 mW	2,45 V
20	100 mW	7,7 V
30	1 W	24,5 V
40	10 W	77 V
50	100 W	245 V
60	1000 W	777 V

Die Messung der Verstärkung erfolgt durch Bestimmung der Eingangsspannung am Eingangswiderstand und Ausgangsspannung am Ausgangswiderstand. Ist die Eingangsspannung sehr klein, so macht die Messung oft Schwierigkeiten. Die Verstärkung läßt sich dann leichter durch das in Abb. 284 gezeigte Spannungsteilerverfahren messen[1]. Die Eingangsspannung bestimmt sich aus dem Widerstandsverhältnis des durch R_2 und R_3 gebildeten Spannungsteilers. Es wird so eingestellt, daß bei Umschalten des Instrumentes J sich der Ausschlag nicht ändert. Das Instrument hat einen veränderbaren Widerstand, so daß der gewünschte Außenwiderstand eingestellt werden kann. Der Eingangswiderstand wird nötigenfalls mit Hilfe eines Widerstandes R_4 geregelt. Dann ist die dadurch bedingte Änderung des Spannungsteilerverhältnisses zu berücksichtigen. Da R_3 klein gegen R_4 ist, bleibt die Eichung auch bei Einstellung verschiedener Eingangsspannungen erhalten.

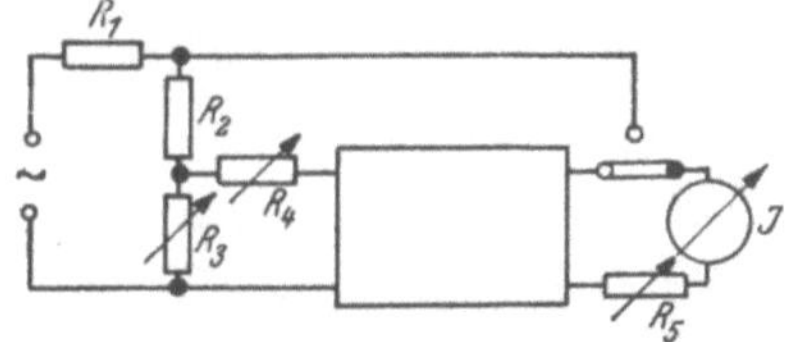

Abb. 284. Verstärkungsmessung mittels Spannungsteilers

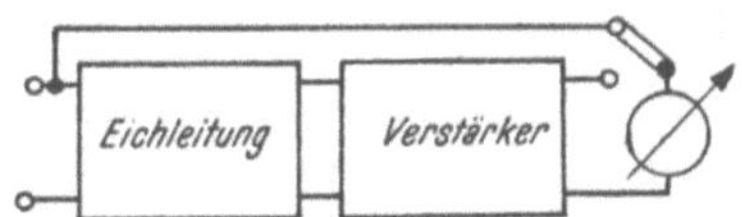

Abb. 285. Verstärkungsmessung mit Hilfe einer Eichleitung

Besser ist es an Stelle des Spannungsteilers eine veränderbare Eichleitung mit konstantem Wellenwiderstand zu verwenden. Sie wird entweder zwischen Verstärker und Last geschaltet oder besser noch, wie Abb. 285 zeigt, vor den Verstärker geschaltet. Die Eichleitung ist auf

[1] Pirani, M.: Jahrb. d. drahtl. T. **16**, 2 (1920).

bestimmte Dämpfungswerte in db einstellbar. Sie wird so eingestellt, daß bei Umstellung des Schalters keine Änderung des Ausschlages auftritt, also die Dämpfung der Eichleitung gerade gleich der negativen Dämpfung des Verstärkers ist.

2. Untersuchung der Güte von Verstärkern

a) Untersuchung der Amplitudengetreuheit. Es wird die Ausgangsspannung in Abhängigkeit von der Eingangsspannung aufgenommen. Sie ist innerhalb eines gewissen Bereiches linear. Die Aufnahme erfolgt im allgemeinen punktweise, das Ergebnis wird in einem Diagramm aufgetragen. Der Verstärker soll nur innerhalb des geradlinigen Kennlinienteiles arbeiten.

b) Untersuchung der Frequenzgetreuheit. Der Verstärker erhält eine konstante Eingangsspannung, jedoch bei verschiedenen Frequenzen und es wird die Größe der Ausgangsspannung, bzw. Verstärkung dabei gemessen. Die Verstärkung wird dann in Abhängigkeit von der Frequenz in einem Diagramm aufgetragen. Die Untersuchung erfolgt am einfachsten, wie unter Pkt. 1. beschrieben, mit Hilfe eines Potentiometers oder einer veränderlichen Eichleitung.

Es sind auch Geräte zur selbsttätigen Frequenzkurvenaufzeichnung unter Verwendung von Kathodenstrahlröhren gebaut worden[1]. Mit der Änderung der Eingangsfrequenz verläuft synchron die Ablenkspannung der Kathodenstrahlröhre. Es darf hiezu bei Tonfrequenzverstärkern nur eine Abtastfrequenz von wenigen Zehntel Hz verwendet werden. Es ist daher im allgemeinen eine mechanische Kippspannungserzeugung üblich. Durch eine besondere Vierpolanordnung gelingt es auch, eine dem Logarithmus der Tonfrequenz proportionale Ablenkspannung zu erreichen[2].

c) Untersuchung der Formgetreuheit. Die durch einen Verstärker verursachten Formverzerrungen können aus der Kurvenform der erhaltenen Wechselspannung entnommen werden, insbesondere ist aber eine Klirrfaktormessung üblich (s. dritter Abschn., XI). Dem Verstärker wird eine bestimmte Eingangsspannung aufgedrückt und der Klirrfaktor bestimmt. Er ist von der Frequenz und insbesondere von der Eingangsamplitude abhängig. Bei dieser Messung ist eine sinusförmige Eingangsspannung zu verwenden.

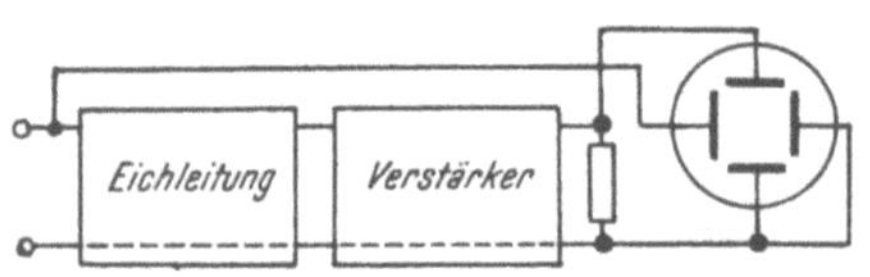

Abb. 286. Untersuchung der Verzerrung eines Verstärkers mit Hilfe einer Kathodenstrahlröhre

In verhältnismäßig einfacher Weise lassen sich die durch einen Verstärker verursachten Verzerrungen auch mit Hilfe einer Kathodenstrahlröhre nach der in Abb. 286 gezeigten Schaltung ermitteln. An das eine

---

[1] Weeden, W. N.: Wireless World **43**, 137 (1937).

[2] Sherman, J. B.: Proc. I. R. E. **26**, 700 (1938). — Terman, F. E.: Radio Engineers Handbook, S. 966 (1943).

Plattenpaar wird die tonfrequente Wechselspannung vor der Eichleitung, an das andere die durch den Verstärker verzerrte Wechselspannung gelegt. An Stelle der Eichleitung kann auch ein Spannungsteiler verwendet werden. Infolge der Verzerrungen des Verstärkers erhält man als Aufzeichnung auf der Kathodenstrahlröhre eine gekrümmte Linie, wie sie z. B. in Abb. 287 dargestellt ist. Bei kleineren Eingangsspannungen, so etwa, daß nur das Kurvenstück *bd* erhalten wurde, ist die Kurve nahezu eine Gerade und es sind daher die Verzerrungen sehr gering. Wertvoll ist, daß die zur Messung verwendete Eingangsspannung nicht rein sinusförmig sein muß. Zweckmäßig ist die Verwendung eines Phasenschiebers in Reihe mit der Eichleitung um die Wirkung der Laufzeit im Verstärker aufzuheben. Die Länge des geradlinigen Teiles des Kurvenstückes gibt ein Maß für die unverzerrt aussteuerbare Wechselspannung.

Es lassen sich jedoch auch aus dem Verlauf der Kurve die Amplituden der Oberwellen bestimmen, und zwar nach den gleichen Gedankengängen, nach denen die Oberwellen aus einer gekrümmten Röhrenkennlinie ermittelt werden können[1]. Man bedient sich hiezu zweckmäßigerweise folgenden Verfahrens[2]:

Man verbindet die beiden Endpunkte der Kurve durch eine Gerade. Sie wird, wie Abb. 287 zeigt, von der Mitte aus in je einen Abschnitt von 0,5 und 0,707 des Abstandes zu den Endpunkten geteilt. Die Höhenunterschiede a, b, c, d, e der Kurve gegenüber der Geraden sind nun abzumessen und mit positivem oder negativem Vorzeichen in die untenstehenden Gleichungen einzusetzen.

Zahlentafel 12

	Gleichung	Anmerkung
1. Grundwelle	$U_1 = \frac{h}{2} + U_3 - U_5 + U_7$	U_3, und U_5 sind aus untenstehenden Gl. zu entnehmen.
2. Harmonische	$U_2 = \frac{d+b}{3} + \frac{c-a-e}{4}$	
3. Harmonische	$U_3 = \frac{d-b}{3}$	
4. Harmonische	$U_4 = \frac{c-a-e}{4}$	
5. Harmonische	$U_5 = \frac{d-b}{3} + 0{,}354\,(a-e)$	
6. Harmonische	$U_6 = \frac{c}{2} - U_2$	

[1] Einfg. S. 299.

[2] Hutcheson, J. A.: Electronics **9**, H. 1, S. 16 (1936).

Die Amplituden U_1 bis U_6 werden in Volt erhalten, wenn man dem Schirm eine Teilung in Volt gibt. Aus den ermittelten Oberwellen läßt sich der Klirrfaktor bestimmen.

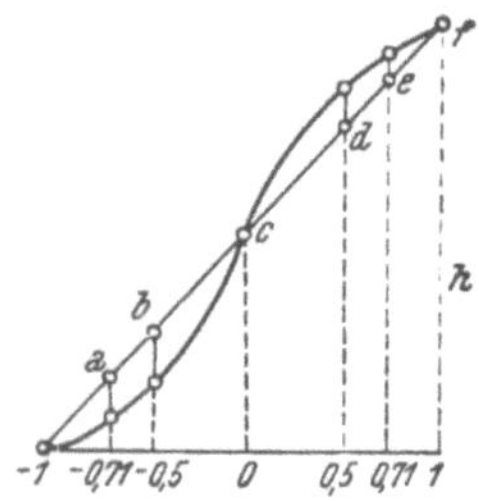

Abb. 287. Untersuchung der nichtlinearen Verzerrungen mit Hilfe der Kennlinie des Verstärkers

Neben der Klirrfaktormessung mit einer Frequenz ist auch die Zweitonklirrfaktormessung (s. dritter Abschn., XI) zur Bestimmung der durch Kombinationsschwingungen erhaltenen zusätzlichen Verzerrungen üblich. Die Zweitonklirrfaktormessung ist indes etwas umständlich. Es läßt sich aber auch hier mit Erfolg die oben beschriebene Messung mit Hilfe einer Kathodenstrahlröhre anwenden[1]. Der zu untersuchende Verstärker erhält, wie Abb. 288 zeigt, zwei Wechselspannungen stark verschiedener Frequenzen, z. B. 1000 Hz und 50 Hz. Ein daran angeschlossenes Hochpaßfilter gestattet nur der Wechselspannung der höheren Frequenz den Durchtritt. Da infolge der nichtlinearen Verstärkung eine Zwischenmodulation entsteht (s. dritter Abschn., XI), ist diese mit der niederen Frequenz moduliert. Die Modulation wird auf einer Kathodenstrahlröhre sichtbar gemacht, indem die Ausgangsspannung des Verstärkers an das vertikale Ablenksystem und die niedrige Tonfrequenz direkt von der Spannungsquelle an das horizontale System angeschlossen wird. Liegt eine nichtlineare Verzerrung vor, so erhält man beispielsweise die in Abb. 289 *b* gezeigte Aufzeichnung, anderenfalls die Form der Abb. 289 *a*. Die erhaltene Zwischenmodulation ist auch ein Maß für den Differenztonfaktor (s. dritter Abschn., XI).

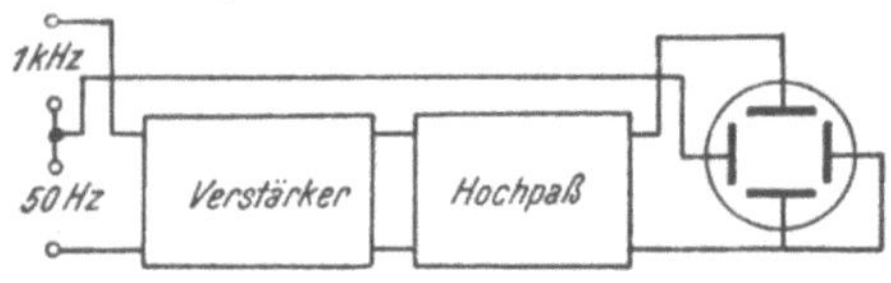

Abb. 288. Zweiton-Klirrfaktormessung

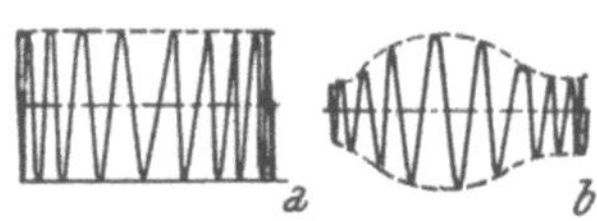

Abb. 289. Untersuchung der Zwischenmodulation nach Abb. 288. *a* Kathodenstrahlaufzeichnung bei linearer, *b* bei nichtlinearer Verstärkung

d) Untersuchung der Phasengetreuheit. Da jeder Verstärker Phasenwinkel aufweisende Widerstände besitzt, entsteht auch meist zwischen Ein- und Ausgangsspannung des Verstärkers eine Phasenverschiebung. Ein Verstärker arbeitet phasengetreu, wenn der Phasenwinkel der Frequenz direkt proportional ist[2]. Auch für die Messung des Phasenwinkels kann die in Abb. 286 gezeigte Anordnung verwendet werden[3]. Man erhält bei linearer Verstärkung an Stelle der Geraden eine Ellipse, aus der nach drittem Abschn., IV, der Phasenwinkel bestimmt werden kann.

[1] Hilliard, J. K.: Electronics **19**, H. 7, S. 123 (1946).
[2] Einfg. S. 304.
[3] Barco, A. A.: RCA. Rev. April 1939, S. 441.

Unter Verwendung einer dem Verstärker vorgeschalteten phasenwinkelfreien Eichleitung läßt sich der Phasenwinkel auch durch eine Dreivoltmeter-Methode bestimmen[1]. Es sei $\mathfrak{U}_E$ die gemessene Eingangsspannung der Eichleitung, $\mathfrak{U}_A$ die Ausgangsspannung des Verstärkers. Weiter wird die Differenz beider Spannungen gemessen: $\Delta\,\mathfrak{U} = \mathfrak{U}_E - \mathfrak{U}_A$. Macht man $|\mathfrak{U}_E| = |\mathfrak{U}_A|$, so ist

$$\sin\frac{\varphi}{2} = \left|\frac{\Delta\,\mathfrak{U}}{2\,\mathfrak{U}_A}\right|, \tag{4, 86}$$

wobei φ der gesuchte Phasenwinkel ist.

Die Phasenverschiebung eines Verstärkers bei einer bestimmten Frequenz kann auch in der Weise ermittelt werden, daß ein einstellbarer Teil der Ausgangsspannung über einen Phasenschieber wieder dem Eingangskreis zugeführt wird. Größe und Phase der rückgeführten Wechselspannung werden so eingestellt, daß durch sie die von außen ankommende Eingangswechselspannung kompensiert wird, was am Verschwinden des Tones im Ausgangskreis erkennbar ist. Aus der Einstellung des Phasenschiebers kann der Phasenwinkel des Verstärkers bestimmt werden.

Da es indes mühsam ist, für jede in Frage kommende Frequenz den im Verstärker erzeugten Phasenwinkel zu messen, ist es vorteilhafter, die Phasengetreuheit durch Vergleich mit einem phasengetreu arbeitenden Vierpol veränderbarer Laufzeit, z. B. einer künstlichen Leitung, zu prüfen. Man kann dann wieder nach der Schaltung der Abb. 286 vorgehen, verwendet aber an Stelle eines Sinustones eine oberwellenreiche Schwingung und schaltet in die Verbindung des Generators zur Horizontalablenkung den genannten Vierpol. Bei phasengetreuer Wiedergabe entsteht am Schirm wieder eine Gerade.

e) Prüfung mit Rechteckwellen[2]. Werden an einen Verstärker periodische Rechtecksschwingungen gelegt, so werden diese nur so weit formrichtig wiedergegeben, als über den Frequenzbereich phasen-, frequenz- und formgetreue Wiedergabe beim Verstärker erfüllt ist. Diese eignen sich daher gut zur raschen Überprüfung von Verstärkern.

Die Prüfung mit Rechteckwellen kann aber auch zum Vergleich zweier Verstärker bezüglich der Gleichartigkeit ihrer gesamten Frequenz- und Phasenwiedergabe dienen. Beide Verstärker erhalten die gleiche Rechteckwellenspannung, die Ausgangsspannung des ersten Verstärkers wird dem einen, die des zweiten dem anderen Plattenpaar einer Kathodenstrahlröhre zugeführt. Sie sind in ihrer Arbeitsweise gleich, wenn man am Schirm eine Gerade erhält.

3. Messung der Ausgangsleistung

Als unverzerrte Ausgangsleistung eines Verstärkers wird jene an einen Ohmschen Widerstand abgegebene Ausgangsleistung bezeichnet, bei der der Klirrfaktor eine bestimmte Größe nicht überschreitet. Denn mit zu-

[1] Agricola, A.: ENT **14**, 162 (1935).

[2] Hewlett, W. R.: Communications **19**, 22 (1939).

nehmender Schwingungsamplitude werden gewisse Teile des Verstärkers, z. B. Röhren, übersteuert und erzeugen Oberwellen. Im allgemeinen liegt der maxinal zulässige Klirrfaktor bei richtiger Anpassung bei 5%.

Ist der günstigste Ausgangswiderstand nicht bekannt, so muß auch dieser durch den Versuch bestimmt werden. Es wird daher zunächst bei verschiedenen Belastungswiderständen Leistung und Klirrfaktor bei steigender Eingangsspannung bei etwa 1000 Hz gemessen und die maximale unverzerrte Leistung ermittelt. Der günstigste Ausgangswiderstand ist jener, an dem die größte unverzerrte Leistung erzielt wird. Empfehlenswert ist die Messung auch bei anderen Frequenzen zu wiederholen. Der Ausgangswiderstand darf nicht unmittelbar in den Anodenkreis geschaltet sein. Es ist Drosselkopplung oder Transformatorkopplung vorzuziehen.

4. Messung der Störspannungen

a) Messung der Brummspannung. Der Verstärker wird eingangsseitig an einen Widerstand gleich dem normalen Eingangswiderstand angeschlossen, nachdem vorher die Verstärkung auf die normale Größe eingeregelt wurde. Es wird die erhaltene Brummspannung gemessen. Es ist zu empfehlen, die Messung über ein Meßgerät mit einer dem Ohr angepaßten Frequenzempfindlichkeit durchzuführen[1].

b) Messung der Brummodulation. Auch bei Niederfrequenzverstärkern kann infolge nichtlinearer Röhrenkennlinien Brummodulation entstehen, ohne daß im unbesprochenen Zustand ein Brummen auftreten würde. Sie wird gemessen, indem der Verstärker mit einem Ton von z. B. 1000 Hz beschickt wird, die verstärkte Spannung an das Vertikalplattensystem und die Netzspannung an das Horizontalplattensystem angeschlossen wird. Der Brummodulationsfaktor bestimmt sich aus

$$m_b = \frac{J_{max} - J_{min}}{J_{max} + J_{min}}, \tag{4. 87}$$

wobei J_{max} die auf der Kathodenstrahlröhre ersichtliche größte und J_{min} die kleinste Schwingungsamplitude ist.

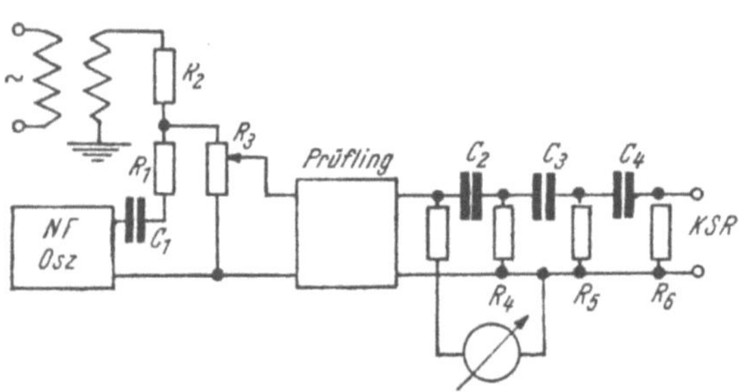

Abb. 290. Schaltung zur Messung der Brummodulation

Abb. 290 zeigt eine einfache Schaltanordnung zur Messung der Brummodulation[2]. An den zu prüfenden Verstärker wird die Netzwechselspannung von 50 Hz (60 Hz) und eine tonfrequente Wechselspannung (*NF Osz*) von 1000 Hz mit der vierfachen Amplitude angeschlossen. Die Ausgangsspannung des Verstärkers wird über ein Netzfrequenzfilter dem

[1] Scroggie, M. G.: Radio Laboratory Handbook, 4. Aufl., S. 312 (1948).
[2] van Buinen, J. M.: Audio Engrg. **34**, 24 (1950).

mit der Netzfrequenz synchronisierten Kathodenstrahloszillographen *KSR* zugeführt und der Modulationsgrad gemessen. Zur Bestimmung der Höhe der Ausgangsspannung dient ein Voltmeter.

5. Untersuchung der Dynamikregelung

Bei dynamikgeregelten Verstärkern wird die Regelkennlinie aufgenommen, indem bei verschiedenen Eingangsspannungen die erhaltene Ausgangsspannung ermittelt wird.

Wünschenswert ist es auch manchmal, die Regelgeschwindigkeit aufzunehmen. Die Eingangsamplitude wird im bestimmten Rhythmus plötzlich erhöht und auf den ursprünglichen Wert wieder verringert. Die erhaltene Ausgangsspannung wird am Vertikalsystem einer Kathodenstrahlröhre aufgezeichnet. An das Horizontalplattensystem wird eine Kippspannung bestimmter Frequenz (z. B. Impulsfolge des Tones) angelegt. Aus der erhaltenen Kurve kann die Zeitkonstante der Regelung in μs bestimmt werden[1].

IX. Untersuchung von elektroakustischen Geräten

A. Untersuchung von Lautsprechern

Bei den akustischen Messungen der Schallamplitude ist zu beachten, daß der Raum, in dem die Untersuchungen durchgeführt werden, infolge seiner schallabsorbierenden und reflektierenden Eigenschaften durch Ausbildung von stehenden Wellen und Benachteiligung bestimmter Frequenzen die Messung stark fälschen kann. Am vorteilhaftesten ist es, die Messung im Freien oder in besonderen Räumen, in denen die Schallreflexion durch Auskleiden mit Asbestwolle weitestgehend hintangehalten wurde, durchzuführen. Sollen die Messungen jedoch in anderen Räumen vorgenommen werden, so ist es empfehlenswert zur Vermeidung von Fehlern durch stehende Wellen mit Heultönen zu arbeiten. Dies sind tonfrequente Schwingungen, deren Frequenzen mit einem Frequenzhub von meist 50 Hz und einer Modulationsfrequenz von etwa 5 Hz moduliert sind.

1. Untersuchung der Güte der Schallwiedergabe

a) Untersuchung der Amplitudengetreuheit. Der Lautsprecher erhält eine Wechselspannung bestimmter Tonfrequenz und es wird die Abhängigkeit des Schalldruckes von der Größe der Wechselspannung gemessen. Zur Schalldruckmessung wird ein geeichtes Mikrophon verwendet (s. dritter Abschn., XII). Das Mikrophon befindet sich in einigen Metern Entfernung in Achsenrichtung vom zu untersuchenden Lautsprecher.

b) Untersuchung der Frequenzgetreuheit. Bei konstant bleibender Wechselspannung wird nun die Frequenz geändert, und zwar im allgemeinen innerhalb eines Frequenzgebietes von 20 bis 10 000 Hz, und der mit Hilfe des geeichten Mikrophons gemessene Schalldruck ermittelt.

---

[1] Einfg. S. 467.

Er wird in einem Diagramm, der sogenannten Frequenzkurve des Lautsprechers, aufgetragen.

Zur Untersuchung der Frequenzabhängigkeit der Membranschwingungen von Lautsprechern befestigt Backhaus[1] eine Kondensatorbelegung und mißt die Kapazitätsänderung nach dem Prinzip des Rieggerschen Kondensatormikrophons mit Hilfe einer Hochfrequenzmodulation[2].

c) Untersuchung der Formgetreuheit. Die Untersuchung der Formgetreuheit erfolgt wie bei Verstärkern durch eine Klirrfaktormessung, allerdings unter Zwischenschaltung eines Mikrophons und Verstärkers mit vernachlässigbaren oder bekannten Formverzerrungen.

Es wird zunächst eine Eintonklirrfaktormessung durchgeführt und der Klirrfaktor sowie die maximale unverzerrte Ausgangsleistung des Lautsprechers bestimmt. Die Durchführung einer Suchtonmessung (s. dritter Abschn., XI) ist jedoch wegen der dabei auftretenden großen Anschwing- und Abklingzeiten nicht zu empfehlen.

Von besonderer Wichtigkeit ist auch beim Lautsprecher die Durchführung einer Zweitonklirrfaktormessung, insbesondere zur Untersuchung der Zwischenmodulation, bzw. der Differenztöne.

Da die Zweitonklirrfaktormessung etwas umständlich ist, kann an ihrer Stelle der Zwischenmodulationsfaktor auch wie folgt bestimmt werden: Dem Lautsprecher wird eine tonfrequente Wechselspannung von etwa 50 bis 100 Hz und eine solche von etwa 1000 Hz zugeführt. Die Schallschwingung wird von einem geeichten Mikrophon aufgenommen und über einen Hochpaß und einen Verstärker dem Vertikalsystem einer Kathodenstrahlröhre zugeführt. Als Horizontalspannung wird die niedrige Tonfrequenz verwendet. Die Messung ist damit auf eine Modulationsgradmessung zurückgeführt, mit deren Hilfe aus dem Verhältnis der Modulationsamplitude zur höherfrequenten Tonfrequenzspannung unmittelbar der Zwischenmodulationsfaktor entnommen werden kann.

Ist die durch die tiefere Tonfrequenz verursachte Membranbewegung groß, so entsteht infolge des Doppler-Effektes auch eine Frequenzmodulation der höherfrequenten Schwingung[3]. Die Modulationsfrequenz ist gleich der der tieferfrequenten. Die Bestimmung des Frequenzhubes erfolgt mit Hilfe der bei der Demodulation der Frequenzmodulation bekannten Maßnahmen[4].

d) Untersuchung der Anschwing- und Nachhallzeit. Stark beeinflußt wird die Verständlichkeit der Sprache durch Lautsprecher mit großen Anschwing- und Nachhallzeiten. Zu ihrer Untersuchung werden dem Lautsprecher Wechselspannungen in Form von periodischen Rechteckimpulsen zugeführt. Diese werden wieder von einem geeichten Mikrophon aufgenommen und nach Verstärkung mittels Gleichstromverstärkers von einem Oszillographen aufgezeichnet[5].

[1] Backhaus, H.: Z. techn. Phys. **9**, 491 (1928).

[2] Riegger, H.: Wiss. Veröff. Siemens III, 2, 84 (1924).

[3] Beers, G. L. u. H. Belar: Proc. I. R. E. **31**, 132 (1943).

[4] Einfg. S. 505.

[5] Schaffstein, G.: Hochfrequenztechn. u. Elektroak. **45**, 204 (1935).

Nimmt man an, daß Anschwing- und Abklingzeiten gleich groß sind, was wohl zumeist zutrifft, so läßt sich ein einfacheres Verfahren zu ihrer Bestimmung verwenden[1]. Man legt an den Lautsprecher eine sinusförmig modulierte Tonfrequenzspannung und mißt die Verringerung des Modulationsgrades der modulierten Tonfrequenz, die an dem an das Mikrophon angeschlossenen Verstärker erhalten wird. Aus der Modulationsgradverringerung läßt sich die Anschwing-, bzw. Nachhallzeit unmittelbar berechnen (vgl. dritter Abschn., XII).

e) Untersuchung der Sekundärschwingungen. Bei bestimmten Membranformen können im Lautsprecher stark ausgeprägte Schwingungen der halben zugeführten Tonfrequenz erregt werden[2]. Zu ihrer Untersuchung eignet sich die Kathodenstrahlröhre. Die verstärkte Mikrophonspannung wird dem Vertikalablenksystem, die erregende Tonfrequenzspannung des Lautsprechers dem Horizontalplattensystem zugeführt. Man erhält eine Lissajous-Figur, aus der die Größe der Störspannung bestimmt werden kann.

Auch die Bewegung der Lautsprechermembran gibt Anhaltspunkte für den Verlauf der Schalldruckamplitude. Sie kann entweder direkt betrachtet oder indirekt durch die Ablenkung des Lichtstrahles mit Hilfe eines aufgekitteten kleinen Spiegels gemessen werden. Ist die Lichtquelle eine Glimmlampe, die mit einer gegenüber dem Lautsprecher wenig verschiedenen Frequenz betrieben wird, so lassen sich die Bewegungen der Membran mit dem Auge verfolgen oder langsam aufzeichnen.

2. Messung der Lautsprecherimpedanz

Der Lautsprecher zeigt einen von der Frequenz stark abhängigen Scheinwiderstand. Zur Messung eignet sich insbesondere die Wechselstrommeßbrücke oder die Dreivoltmetermethode[3]. Bei der Messung ist die betriebsmäßige Vormagnetisierung (Lautsprechererregung) einzuschalten. Die Impedanz wird bei festgehaltener und freischwingender Membran gemessen. Die Frequenzabhängigkeit wird in der Regel in Form einer Ortskurve aufgezeichnet.

Schließt man an den Lautsprecher ein Rohr, an dessen Ende ein verschiebbarer Kolben sich befindet, so erhält man bei konstanter Frequenz als Zusammenhang zwischen Kolbenabstand und elektrischem Scheinwiderstand einen Kreis. Hieraus lassen sich die wesentlichen Daten der Lautsprecherersatzschaltung[4] bestimmen[5], wenn der Scheinwiderstand bei der gleichen Frequenz auch im unbelasteten Zustand gemessen wurde.

3. Untersuchung der Richtwirkung

Der vom Lautsprecher erzeugte Schalldruck ist in der Regel ein Maximum in Richtung der Membranachse. Zur Untersuchung der Richtwirkung

[1] Benz, F.: Hochfrequenztechn. u. Elektroak. **48**, 98 (1936).
[2] Einfg. S. 360.
[3] Gordon, M. u. A. Türkel: Hochfrequenztechn. u. Elektroak. **51**, 99 (1938).
[4] Einfg. S. 353.
[5] Fay, R. D.: J. Acoust. Soc. Amer. **18**, 155 (1946).

wird in stets gleichbleibender Entfernung vom Lautsprecher in verschiedenen räumlichen Winkeln zur Membranachse immer mit zum Lautsprecher gerichtetem Mikrophon der Schalldruck aufgenommen. Die Ergebnisse werden als Polarkurvendiagramme verschiedener Ebenen aufgetragen.

Von großem Interesse ist die Aufnahme der sich bei verschiedenen Frequenzen ergebenden Unterschiede der Richtwirkung, ebenso auch der Einfluß von Schallwand und Gehäuse.

4. Untersuchung der Leistung und des Wirkungsgrades

Die Bestimmung der maximalen unverzerrten Schalleistung eines Lautsprechers erfolgt auf Grund einer Messung seiner nichtlinearen Verzerrungen. Es ist die Abhängigkeit des Klirrfaktors oder besser des Zweitonklirrfaktors von der zugeführten elektrischen Leistung aufzunehmen. Als maximale unverzerrte Leistungsaufnahme wird im allgemeinen jene angegeben, bei der der Klirrfaktor einen Wert von 5 bis 10 Prozent gerade erreicht hat. Die Leistungsaufnahme erfolgt mit Hilfe eines Wattmeters oder durch eine Strom- oder Spannungsmessung auf Grund der bekannten Wirkwiderstandskomponente.

Die Schallausgangsleistung bestimmt man aus der Richtcharakteristik des Lautsprechers, indem man die in den verschiedenen Richtungen erhaltene Schallstärke über die gesamte Kugeloberfläche integriert. Die Schallstärke S ist die Leistungsdichte je Flächeneinheit (Erg. $s^{-1} \cdot cm^{-2}$) und wird aus dem Schalldruck wie folgt erhalten:

$$S = \frac{p_{max}^2}{2 \varrho c}, \tag{4, 88}$$

hiebei ist p_{max} der Maximalwert des sinusförmigen Schalldruckes in dyn/cm², ϱ die Dichte der Luft (bei 20° C und 760 mm Hg $1{,}2 \cdot 10^{-3}$ g/cm³) und c die Schallgeschwindigkeit ($3{,}44 \cdot 10^4$ cm/s).

Einfacher ist es, die Schallquelle in einem Raum geringerer Absorption unterzubringen (Nachhalldauer mehrere s). Ist die Gesamtabsorption F_a des Raumes bekannt, so läßt sich die Schalleistung durch Messung des Schalldruckes bestimmen[1]:

$$P = 6{,}1\, p^2 F_a \mu W. \tag{4, 89}$$

(p in dyn/cm².)

In besonders einfacher Weise wird die Schalleistung eines Lautsprechers aus dem Unterschied der Leistungsaufnahme P_f bei festgehaltener und bei freischwingender Membran P_s gemessen. Die Messung liefert jedoch etwas zu große Werte, da die Leistungsverluste durch die Membranbewegung mitenthalten sind. Besser noch ist es, die Schallabstrahlung durch Unterbringen im Vakuum zu unterbinden[2]. Es ist

$$\eta = \frac{P_s - P_f}{P_s}. \tag{4, 90}$$

[1] Jaeger, W.: Wien. Akad. Ber. Math. natw. Kl. (2a) 120 (1911).

[2] Hahnemann, W. u. H. Hecht: Phys. Z. **20**, 104 (1919). — Barkhausen, H. u. H. Lichte: Ann. Phys. **62**, 485 (1920).

Die Leistungen P_f und P_s erhält man z. B. durch Impedanzmessung bei strahlender und nichtstrahlender Membran. Hiezu eignet sich eine Dreivoltmetermethode (s. dritter Abschn., VI), bei der die Spannungen am Lautsprecher an einen reihengeschalteten Widerstand und die Gesamtspannung gemessen werden. Da der Unterschied der Impedanzen im strahlenden Zustand sehr gering ist, ist es vorteilhaft, an Stelle der Spannungsänderung am Lautsprecher die Änderung der Differenzspannung gegenüber einem möglichst gleichartigen Scheinwiderstand zu messen. Hiezu eignet sich eine Art Brückenmethode[1].

5. Störungsmessungen

Lautsprecher mit elektrodynamischer Erregung weisen oft einen durch mangelhafte Aussiebung des Erregerstromes bedingten Brummton auf. Man erhält eine bestimmte meßbare Schallamplitude. Oft tritt an Stelle der Brummspannung eine Brummodulation, die die gleiche Ursache wie die unter 1 besprochene Zwischenmodulation hat und daher auch in der gleichen Weise gemessen wird. Dasselbe betrifft auch die etwa auftretende Brumm-Frequenzmodulation.

6. Lautsprecher-Vergleichsprüfung

Die meisten hier angeführten Messungen erfordern größeren Aufwand an Zeit. Sie kommen daher für die laufende Betriebskontrolle und Fabrikationskontrolle weniger in Frage. Als einfachste Prüfmethode hat sich bisher folgendes Verfahren bewährt: Die Prüfung erfolgt durch Vergleich mit einem einwandfrei arbeitenden Muster. Muster und Prüfling befinden sich in einer schalldichten Prüfkabine, wo zunächst der Prüfling an einen Tongenerator mit langsam sich ändernder Tonfrequenzspannung beaufschlagt wird. Hiebei werden etwaiges Klirren und sonstige krasse Verzerrungen sofort festgestellt und der Prüfling nötigenfalls ausgeschieden. Dann wird bei verschiedenen Tonfrequenzen die vom Prüfling abgegebene Schallstärke durch Abhören mit dem des Musters verglichen.

B. Untersuchung von Kopfhörern

An Kopfhörern können im wesentlichen die gleichen Untersuchungen wie an Lautsprechern durchgeführt werden. Im allgemeinen werden jedoch nur Empfindlichkeitsmessungen vorgenommen.

Vor allem interessiert die Reizschwelle des Kopfhörers. Man ermittelt jene Spannung, bei der gerade noch ein wahrnehmbarer Ton erhalten wird. Am einfachsten läßt sich dies mit Hilfe eines geeichten Potentiometers erreichen, an dessen Eingang eine bestimmte bekannte Tonfrequenzspannung liegt. Die Potentiometeranzapfung wird bis zum Erreichen der Reizschwelle verändert. Aus dem Spannungsteilerverhältnis ergibt sich unmittelbar die Reizschwellenempfindlichkeit[1].

Die größte Empfindlichkeit hat jener Kopfhörer, der die Reizschwelle des menschlichen Ohres bei der geringsten Eingangsspannung erreicht.

---

[1] Schäfer, O.: Hochfrequenztechn. u. Elektroak. **44**, 101 (1934).

Vielfach wird auch die Empfindlichkeit durch Vergleich mit einer zweiten bekannten Empfindlichkeit gemessen. Hiezu eignen sich zwei in Reihe geschaltete Potentiometer, die vom gleichen Tonfrequenzstrom durchflossen sind. Die Empfindlichkeiten verhalten sich umgekehrt wie die entsprechenden Widerstandswerte[1], wenn zu ihnen parallel die zu untersuchenden Köpfhörer liegen.

Weiter wird die Verwendung künstlicher Leitungen zum Vergleich zweier Kopfhörer vorgeschlagen. Jedem der beiden zu vergleichenden Kopfhörer wird eine solche vorgeschaltet. Sie werden so lange verändert, bis an beiden Kopfhörern gleiche Lautstärken wahrgenommen werden[2].

Zur Messung des Wirkungsgrades wird ein Kopfhörer als Schallquelle und ein zweiter als Mikrophon verwendet. Das Verhältnis der abgegebenen elektrischen Leistung zur zugeführten ist gleich dem Produkt der beiden Wirkungsgrade. Bei verschiedenartigen Kopfhörern genügen drei Messungen mit insgesamt drei Hörern.

C. Untersuchung von Mikrophonen

1. Untersuchung der Empfindlichkeit

Die Empfindlichkeit eines Mikrophons ist durch sein „*Übertragungsmaß*" bestimmt. Es ist das Verhältnis der vom Mikrophon abgegebenen EMK zum Schalldruck am Mikrophonort, der dort herrschen würde, wenn die Schallwelle ungestört fortschreiten könnte. Es wird in mV/μbar angegeben (1 μbar = 1 dyn/cm^2) [3].

Am einfachsten ist es im schallgedämpften Raum durch Vergleich mit einem Kondensatormikrophon zu messen[4]. Beide Mikrophone werden in etwa 0,5 bis 1 m Entfernung vom Lautsprecher aufgestellt.

Bei der Untersuchung von Kohlemikrophonen wird empfohlen zur Vermeidung von „Ermüdungserscheinungen" die Schallamplitude mit etwa 5 Hz hundertprozentig durchzumodulieren[5].

Außer durch Messung im geeichten Schallfeld kann ein Mikrophon auch in der sogenannten *Druckkammer*[6] (in der man Druckschwankungen durch Kolbenbewegungen im luftdicht abgeschlossenen Raum erzeugt) geeicht werden. Diese Messung ist vor allem bei niederen Frequenzen ($<$ 100 Hz) zu empfehlen. Außerdem ist auch eine Eichung durch Sonden möglich (s. dritter Abschn., XII).

Zur Empfindlichkeitsprüfung von einfachen Mikrophonen wurde eine Normalschallquelle entwickelt[7]. In einem Kästchen mit einer Schallabstrahlöffnung fallen Stahlkugeln aus festgelegter Höhe auf eine lotrechte Glimmermembran und erzeugen so ein konstantes Geräusch.

---

[1] Pirani, M. u. P. Paschen: Verh. Phys. Ges. **21**, 43 (1919).

[2] Wagner, K. W.: ETZ **82**, 110 (1911).

[3] Kluge, M.: Akust. Z. **4**, H. 1, S. 1 (1939).

[4] Hehlgans, U. u. O. Mattiat: Hochfrequenztechn. u. Elektroak. **45**, 37 (1935). — Gausewinkel, M. u. F. Spandöck: ATM V 53—5 (1940).

[5] Bedell, R. H.: J. Acoust. Soc. Amer. **8**, S. 69, 118 (1936).

[6] Wente, E. C.: Phys. Rev. **10**, 39 (1917).

[7] Domsch, G. H. u. O. Böhm: TFT **26**, 49 (1937).

2. Untersuchung der Richtempfindlichkeit

Es wird ebenso wie bei Lautsprechern die Abhängigkeit des Übertragungsmaßes von der Richtung des einfallenden Schalles untersucht. Über die Ergebnisse werden Richtdiagramme gezeichnet.

Die Richtempfindlichkeit soll bei verschiedenen Frequenzen untersucht werden, da sie sich insbesondere bei hohen Frequenzen meist erhöht. Die Messungen werden im eingebauten Zustand vorgenommen, da das Mikrophongehäuse die Richtempfindlichkeit wesentlich beeinflußt.

3. Untersuchung des Rauschens von Kohlemikrophonen[1]

Die Messung erfolgt unter den normalen Betriebsbedingungen. Der Batteriestrom wird dem Mikrophon über eine Drossel zugeführt, um den Kurzschluß der Rauschspannung über die Stromquelle zu verhindern. Parallel zum Mikrophon liegt der äußere Widerstand, dem ein großer Kondensator vorgeschaltet ist. Die Rauschspannung wird über einen geeichten Verstärker mit bestimmter, dem Ohr angepaßter Frequenzbandbreite dem Anzeigeinstrument zugeführt.

4. Untersuchung der Wiedergabsgüte

Wie bei Lautsprechern ist die Aufnahme einer Amplitudenkurve (Abhängigkeit der vom Mikrophon abgegebenen Spannung vom Schalldruck), einer Frequenzkurve (Abhängigkeit der bei konstantem Schalldruck abgegebenen Spannung von der Frequenz) und Aufnahme einer Klirrfaktorkurve (Abhängigkeit des Klirrfaktors vom Schalldruck) vorzunehmen. Es eignet sich hiezu eine Klirrfaktormessung mit Klirrfaktormeßbrücke und Kompensationsmethode sowie auch eine Messung mit Tonfrequenzspektrometer, nicht jedoch das Suchtonverfahren.

Besonders einfach ist eine Messung durch Vergleich mit Kondensatormikrophon mittels Kathodenstrahlröhre. Das eine Plattenpaar erhält die verstärkte Mikrophonspannung des Prüflings, das andere die verstärkte Vergleichsspannung des Kondensatormikrophons[2]. Man erhält Lissajous-Figuren, die Anhaltspunkte über Amplituden- und Formverzerrungen geben.

In vielen Fällen, insbesondere zur raschen Beurteilung der Güte von Mikrophonen ist die Prüfung durch Besprechen und Vergleich mit einem Normalmikrophon zu empfehlen. Bei genaueren Untersuchungen ist der Vergleich über ein Tonfrequenzspektrometer vorzunehmen. Eine solche Prüfung ist z. B. bei Kehlkopfmikrophonen die einzig mögliche.

5. Messung der Impedanz

Bei Kohlenmikrophonen wird die Impedanz durch eine Strom-Spannungsmessung mit Gleichstrom bestimmt, da der Widerstand ein rein Ohmscher ist. Man mißt bei dem Betriebsstrom. Gleichzeitig wird das Mikrophon besprochen, da der Widerstand im schwingenden Zustand vom

---

[1] Otto, R.: Hochfrequenztechn. u. Elektroak. **45**, 187 (1935).

[2] Braun, K.: TFT **28**, 104 (1939).

Ruhezustand oft erheblich abweicht. Es genügt auch die Mikrophonkapsel mechanisch zu erschüttern, um das Haften der Kohlenkörner bei Gleichstrommessung zu verhindern[1].

Das dynamische Mikrophon zeigt neben einem Ohmschen auch einen induktiven, das Kondensatormikrophon und das piezoelektrische Mikrophon einen kapazitiven inneren Widerstand. Die Werte lassen sich aus mehreren Belastungsmessungen bestimmen.

Eine genaue Untersuchung des Scheinwiderstandes von Mikrophonen wurde von Fay[2] angegeben. Zunächst wird der Scheinwiderstand im unbelasteten Zustand gemessen und dann das Mikrophon an ein Rohr angelegt, das durch einen verschiebbaren Kolben abgeschlossen ist. Das Verfahren gestattet die Ermittlung der wesentlichen elektroakustischen Eigenschaften, wie beim Lautsprecher.

X. Untersuchung an Empfängern

A. Untersuchung an Rundfunkempfängern

1. Untersuchung der Empfindlichkeit

Ein Rundfunkempfänger erhält eine modulierte Hochfrequenzspannung und gibt eine Tonfrequenzspannung ab. Er ist um so empfindlicher, je kleiner die für eine bestimmte niederfrequente Ausgangsleistung erforderliche modulierte Hochfrequenzspannung ist. Um einheitliche Vergleiche zwischen den einzelnen Rundfunkempfängern bilden zu können, sind in einigen Ländern bestimmte Normen festgelegt worden, die jedoch zumeist im wesentlichen einander gleichen[3]. Zum Vergleich der Empfindlichkeiten wurde eine Ausgangsleistung von 50 mW an einem Ohmschen Belastungswiderstand, der an Stelle des Lautsprechers gesetzt wird, festgelegt. Als Empfindlichkeit des Empfängers wird nun jene mit 400 Hz und 30% modulierte Hochfrequenzspannung bezeichnet, die ein Prüfsender über eine Normalantenne abgeben muß, damit die genannte Tonfrequenzleistung am Widerstand erhalten wird. Voraussetzung ist dabei allerdings, daß die Nutzausgangsleistung die Leistung des Eigenstörspiegels des Empfängers um wenigstens 26 db übersteigt (s. Untersuchung des Eigenstörspiegels). Ist dies nicht der Fall, so ist die Eingangsspannung so weit zu erhöhen, bis dieses Verhältnis erreicht ist. Diese gibt dann die Empfindlichkeit an. Ist eine Empfindlichkeitsregelung vorhanden, so wird diese (sowie die Eingangsspannung) so geregelt, daß bei 50 mW der oben angegebene höchstzulässige Störspiegel auftritt.

Bei Empfängern mit selbsttätiger Lautstärkeregelung wird die Empfindlichkeit in gleicher Weise gemessen und die Eingangsspannung so

---

[1] Pfisterer, R.: Schweiz. P. T. T. Mitt. **28**, H. 9, S. 356 (1950).

[2] Fay, R. D.: J. Acoust. Soc. Amer. **18**, 155 (1946).

[3] s. z. B.: I. R. E. Standards on Radio Receivers 1938.

weit gesteigert, bis bei einer Störausgangsleistung von 0,125 mW ein Verhältnis von Nutzsignal zu Rauschen von 26 db erhalten wird[1].

Die Schaltung der Normalantenne und der Anschluß des Prüfsenders an den Empfänger ist aus Abb. 291 ersichtlich. Die Normalantenne zeigt bei Frequenzen von 540 bis 1600 kHz ähnliche Eigenschaften wie eine kleine offene Antenne mit etwa 200 pF. Bei größeren Frequenzen nähert sich ihr Widerstand dem Wert von 400 Ohm.

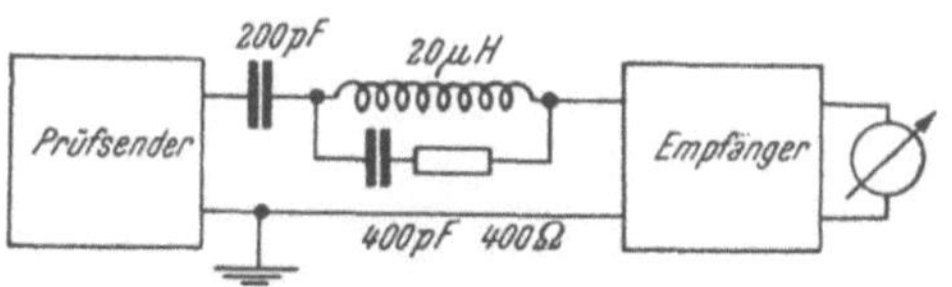

Abb. 291. Empfängerprüfung mittels Prüfsenders bei Anschluß über eine Normalantenne

In manchen Fällen wird die Empfängerempfindlichkeit bei Zusammenbau mit einer bestimmten Antenne auch in Feldstärkeneinheiten angegeben, die erforderlich sind, um die genannte niederfrequente Bezugsleistung bei dem gleichen Modulationsgrad und der gleichen Modulationsfrequenz zu erzielen, so z. B. bei Rahmenempfängern. Es wird am Empfangsort eine geeichte veränderbare elektrische Feldstärke erzeugt. Bei Rahmenantennen wird diese zumeist durch eine Spannungsinduktion seitens eines induktiv gekoppelten Prüfsenders ersetzt. Die Prüfsenderspannung U_1 entspricht einer bestimmten Feldstärke E. Es ist[2]

$$E = 2\,\mu_0\, c \frac{w_1\, d_1^2}{a^3 \sqrt{\omega^2 L_1^2 + R_1^2}}\, U_1$$

$$E = \frac{75{,}4\, w_1\, d_1^2}{a^3 \sqrt{\omega^2 L_1^2 + R_1^2}}\, U_1 \qquad (d_1 \ll a). \tag{4, 91}$$

Man erhält die Feldstärke E in mV/m, wenn w_1 die Windungszahl der Kopplungsspule, d_1 ihr Durchmesser in cm, a der achsiale Abstand der parallel zur Rahmenachse achsial gelegenen Kopplungsspule in m, L_1 ihre Induktivität, R_1 ihr Ohmscher Widerstand und U_1 die Signalgeneratorspannung in Volt ist.

Die Empfängerempfindlichkeit wird bei verschiedenen Hochfrequenzen gemessen. Man nimmt sogenannte Empfindlichkeitskurven auf (Empfindlichkeit abhängig von der Frequenz). Als wesentliche Eichpunkte werden angegeben: 160, 200, 300 kHz, 600, 1000, 1400 kHz, 6,1, 7,5, 10, 12, 15, 17, 21 MHz. Wird nur ein Meßwert angegeben, so bezieht er sich meist auf eine Frequenz von 1000 kHz. Die Messungen werden bei abgeschalteter automatischer Lautstärkeregelung vorgenommen.

Sehr gute Empfänger sollen eine Empfindlichkeit von 10 μV aufweisen; bei schwächeren Empfängern ist mit einer Empfindlichkeit von 100 μV zu rechnen, bei stärkeren Ortssendern genügt eine solche von 1000 μV zu deren Empfang.

---

[1] Fromy, E.: Mesures en Radiotechnique, S. 586 (1948).

[2] Swinyard, W. O.: Proc. I. R. E. **29**, 382 (1941).

Die Empfindlichkeitsmessung bei Gradausempfängern mit Rückkopplung soll am besten bei fester Rückkopplung, bis nahezu die Grenze des Selbstschwingens erreicht ist, aber dennoch ein stabiler Zustand vorhanden ist, erfolgen.

Die Empfindlichkeit eines Empfängers ist jedoch begrenzt durch von außen kommende oder in ihm selbst erzeugte Störspannungen. Manche dieser Störquellen lassen sich nicht vermeiden (Antennenrauschen, Widerstands- und Röhrenrauschen) und sind die Ursache der sogenannten Grenzempfindlichkeit (maximal erreichbare Empfängerempfindlichkeit)[1]. Sie liegt bei Rundfunkempfängern in der Größe von wenigen μV, liegt also meist weit außerhalb der geforderten Empfindlichkeitsgrenze. Bei Ultrakurzwellen und breiten zu übertragenden Frequenzbändern ist die Empfängerempfindlichkeit jedoch durch sie bedingt und daher ihr gleich.

2. Untersuchung der Trennschärfe (Selektivität)

Die Untersuchung der Trennschärfe soll einen Anhaltspunkt darüber geben, inwieweit ein von der Empfangsfrequenz um weniges abweichender Störsender vom Nutzempfänger getrennt werden kann. Es ist üblich, die Trennschärfe eines Empfängers durch die Aufnahme der Trennschärfenkurve zu ermitteln, s. Abb. 292. Der Empfänger wird auf eine bestimmte Frequenz abgestimmt und zunächst bei abgeschalteter selbsttätiger Lautstärkeregelung die Empfindlichkeit in oben beschriebener Weise gemessen (Modulation mit 400 Hz und 30%). Hierauf wird die Prüfsenderspannung etwas gegen die Empfängereinstellung verstimmt und die Eingangsspannung bestimmt, die nun zur Erzielung der tonfrequenten Ausgangsleistung von 50 mW erforderlich ist; die gleiche Messung wird hierauf bei immer größerer Verstimmung durchgeführt und die erhaltenen Werte werden in einer Kurve aufgetragen. Vielfach wird als Trennschärfe das Verhältnis der bei einer Verstimmung um 9 kHz zu der bei der Abstimmfrequenz gefundenen Spannung bezeichnet, bei unsymmetrischen Kurven der Mittelwert aus den Ergebnissen bei Verstimmung um $\pm$ 9 kHz (in Abb. 292 ist die Trennschärfe ungefähr 32, bzw. 30 db). Die Trennschärfenkurve muß bei abgeschalteter Regelung aufgenommen werden.

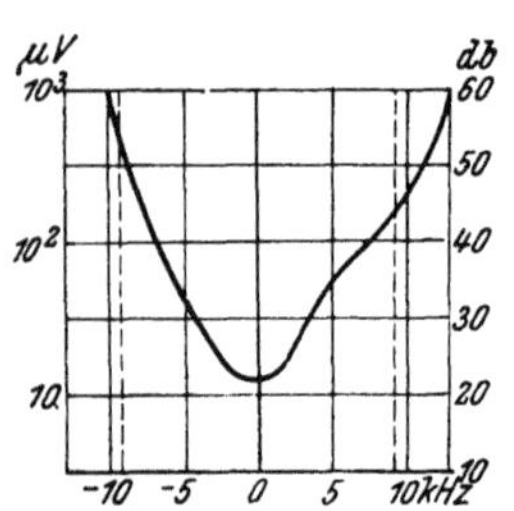

Abb. 292. Trennschärfenkurve eines Empfängers

Die Verstimmung des Prüfsenders gegen die Empfangsfrequenz kann elektrisch durch Parallelschalten eines kleinen Zusatzkondensators oder mechanisch durch geringfügiges Verstellen des Abstimmkondensators erfolgen. Beide Verfahren bereiten jedoch bei kurzen Wellen gewisse Schwierigkeiten, da sehr geringe perzentuelle Verstimmungen gefordert werden, außerdem ist die Größe der geforderten Kapazitätsänderung von der Abstimmfrequenz abhängig. Es wurde daher auch vorgeschlagen, die

[1] Einfg. S. 487.

Senderfrequenz mit einer zweiten langwelligen Hochfrequenz zu modulieren und ein Seitenband als Prüffrequenz zu verwenden, dessen Frequenz innerhalb der gewünschten Bandbreite verändert wird[1].

Die Aufnahme der Trennschärfenkurve kann auch durch einen Resonanzkurvenschreiber vorgenommen werden[2]. Es wird z. B. die nicht modulierte Hochfrequenz im langsamen Rhythmus automatisch geändert und die zwischenfrequente Ausgangsspannung an das vertikale Ablenksystem einer Kathodenstrahlröhre gelegt. Das Horizontalablenksystem erhält eine der Frequenz proportionale Spannung. Es kann aber auch die gleichgerichtete Zwischenfrequenzspannung zur Aufzeichnung gebracht werden.

Die beschriebene mit einem Meßsender aufgenommene Trennschärfenkurve gibt aber keinen genauen Anhaltspunkt über das Verhalten des Empfängers im Betrieb[3]. Da in der Regel beim Empfang ein Nutz- und ein Störsignal vorhanden ist, müssen diese auch zur Prüfung verwendet werden. Der Empfänger wird auf die Frequenz eines Prüfgenerators eingestellt. Die mit 400 Hz und 30 Prozent modulierte hochfrequente Eingangsspannung wird auf 5 mV gebracht und der Empfänger so eingestellt, daß 50 mW Ausgangsleistung erhalten werden. Nun wird bei gleicher Eingangsspannung die Modulation des ersten Prüfsenders abgestellt und es wird ein zweiter zu 30 Prozent mit 400 Hz modulierter Prüfsender (als Störsender) bei schwach abweichenden Frequenzen mit solchen Eingangsspannungen betrieben, daß wieder eine Ausgangsleistung von 50 mW erhalten wird. Seine Spannungswerte ergeben nun die Trennschärfenkurve. Die Messung soll auch bei anderen Nutzsignalen, z. B. 0,5 mV wiederholt werden. Die Prüfung ergibt vor allem bei niederen Differenzfrequenzen eine weit geringere Trennschärfe, da insbesondere die Interferenzfrequenz der beiden Träger im Ausgang erscheint. Man kann aber auch den Interferenzstrom durch eine niederfrequente Siebkette ausschalten. Die Messung berücksichtigt auch die Kreuzmodulationsanfälligkeit des Empfängers. Als Trennschärfe ist wieder das Verhältnis der Störspannung bei 9 kHz Verstimmung zur Nutzspannung im Resonanzfall anzusehen.

Zuweilen ist auch eine Prüfung der Kreuzmodulationsanfälligkeit zweckmäßig, bei der ein unmodulierter Nutzsender auf der Empfangsfrequenz und ein modulierter Störsender auf einer Nachbarfrequenz verwendet werden. Die Prüfung ist insbesondere bei wenig trennscharfem Eingangskreis zu empfehlen, z. B. bei fester Antennenankopplung.

Wie oben gezeigt, ist bei der Messung der Trennschärfe mitunter die Verwendung von zwei Prüfgeneratoren erforderlich. Sie sind einpolig zu erden und daher parallelzuschalten. Ist der Empfänger wie üblich hochohmig gegenüber dem inneren Widerstand eines jeden Signalgenerators, so verringert sich die Empfängereingangsspannung zu

$$U_e' = U_e \frac{R_{i2}}{R_{i1} + R_{i2}}, \qquad (4, 92)$$

[1] Nitsche, H.: ENT 17, 262 (1940).

[2] Proctor, R. F. u. O. C. Horgan: Wireless Engr. 12, Juli 1935.

[3] Jungfer, H. u. H. Köpfe: ATM V 373—1 (1936).

wenn U_e die Spannung eines Signalgenerators, R_{i1} sein innerer Widerstand und R_{i2} der des anderen ist.

Die Berechnung ist mühsam, wenn die inneren Widerstände sich mit der Prüfsendereinstellung ändern. Es ist dann besser, jeden Generator über eine künstliche Antenne mit der doppelten Eingangsimpedanz ($2\,L$, $C/2$) an den Empfänger anzuschließen. Als Signalgeneratorspannung ist aber dann die Hälfte des von den Prüfsendern angegebenen Wertes anzunehmen.

Erhält man aus der Trennschärfenmessung für diese einen bestimmten Wert Tr, so bedeutet dies indes nicht, daß die Störfeldstärke des um 9 kHz verstimmten Störsenders Tr – mal so groß als die Nutzfeldstärke sein darf, denn in diesem Falle würden Stör- und Nutzsender im Empfänger die gleiche Lautstärke ergeben, es muß vielmehr ein gewisser Störabstand, etwa 40 db eingehalten werden. Dieser wird gelegentlich auch bei der Aufnahme der Trennschärfenkurve berücksichtigt und anstatt auf die Normalausgangsleistung, auf eine um 40 db niedrigere Leistung durch den Störsender eingestellt.

Bei Überlagerungsempfängern spielt oft auch die sogenannte „Spiegelfrequenztrennschärfe" eine große Rolle. Die Spiegelfrequenz[1] unterscheidet sich von der Nutzfrequenz um die doppelte Zwischenfrequenz, und bildet ebenfalls mit der Oszillatorfrequenz die Zwischenfrequenz. Man mißt die Spiegelfrequenzempfindlichkeit am besten in der gleichen Weise wie die Nutzwellenempfindlichkeit. Der Empfänger ist auf eine bestimmte Frequenz eingestellt, der Prüfsender wird auf dieselbe Frequenz gebracht und mit seiner Hilfe die Empfindlichkeit gemessen. Nun wird die Prüfsenderfrequenz erhöht, bis die Spiegelfrequenz erreicht ist, was sich wieder durch einen Maximalausschlag des Ausgangsleistungsmessers zeigt. Die Prüfsenderspannung wird erhöht bis wieder eine Ausgangsleistung von 50 mW erreicht ist. Man erhält so die Spiegelfrequenzempfindlichkeit, ε_s. Das Verhältnis von Spiegelfrequenzempfindlichkeit zu Nutzfrequenzempfindlichkeit ε_N wird als Spiegelfrequenztrennschärfe Tr_{sp} bezeichnet

$$Tr_{sp} = \frac{\varepsilon_s}{\varepsilon_N}. \qquad (4,\ 93)$$

Sie ist besonders klein bei Kurzwellen, wo sie oft unter 40 db liegt.

Diese Messung berücksichtigt indes nicht jene Störungen, die auftreten, wenn Nutz- und Spiegelfrequenz gleichzeitig vorhanden sind. Hat die Nutzfrequenz die Amplitude A_1 und die Frequenz ω_1, die Spiegelfrequenz die Amplitude A_2 und die Frequenz ω_2, so treten unter dem Einfluß der Oszillatorfrequenz ω_0 mit der Amplitude A_0 durch die Mischung unter anderem folgende Kombinationsschwingungen auf

$$f(t) = A_0 A_1 \cos(\omega_0 - \omega_1)\,t + A_0 A_2 \cos(\omega_0 - \omega_2)\,t + \ldots \qquad (4,\ 94)$$

Die erste Schwingung in Gl. (4, 94) stellt die Nutzschwingung mit der Zwischenfrequenz $f_0 - f_1 = f_z$ dar, die zweite ergibt eine starke Störung, wenn $f_z' = f_2 - f_0$ nur wenig von f_z verschieden ist. Man erhält

[1] Einfg. S. 428.

dann einen Schwebungston mit der Differenzfrequenz beider Schwingungen $\pm (f_z - f_z')$.

Die Messung erfolgt mit Hilfe von zwei Prüfsendern. Der erste erzeugt die Nutzschwingung, er wird auf eine solche Ausgangsspannung gebracht, daß bei 30%iger Modulation eine Empfängerausgangsleistung von 50 mW erhalten wird. Nun wird die Modulation des ersten Prüfsenders abgeschaltet und der zweite Prüfsender ohne Modulation eingeschaltet. Seine Spannung wird bei verschiedenen, nur wenig sich von $f_0 + f_z$ unterscheidenden Frequenzen (so daß ein hörbarer Schwebungston von 500 bis 1000 Hz entsteht) so groß gemacht, daß wieder eine niederfrequente Ausgangsleistung von 50 mW erhalten wird.

Über die Untersuchung von Breitbandempfängern bezüglich ihrer Frequenzkurve s. fünfter Abschn., X.

Schließlich ist auch noch die *Trennschärfe* gegen Signale mit der Frequenz der *Zwischenfrequenz* zu untersuchen. Der Prüfsender wird auf diese Frequenz eingestellt und wieder mit 30-prozentiger Modulation von 400 Hz eine so große Eingangsspannung erzeugt, daß am Empfänger eine Ausgangsleistung von 50 mW erhalten wird. Zweckmäßig ist die oben beschriebene Prüfung mit zwei Prüfsendern (Nutz- und Störsignal) vorzunehmen.

Über die Untersuchung der Frequenzkurve und Untersuchung der Bandbreite der Hochfrequenzkreise s. VI. dieses Abschn.

3. Untersuchung der Frequenzkonstanz

Empfänger ändern während des Betriebes insbesondere wegen Spannungs- und Temperaturänderungen ihre Frequenzeinstellung. Sie kann durch Nachstellen der Prüfsenderfrequenz mit Hilfe gut geeichter Geräte gemessen werden.

4. Untersuchung der selbsttätigen Lautstärkeregelung

Es besteht bei dieser Messung wegen des großen Amplitudenbereiches, den ein Empfänger umfaßt, die Gefahr, daß bei bestimmter Einstellung der Verstärkung des Niederfrequenzteiles bei großen Amplituden das Ergebnis durch Übersteuerung zu groß und bei kleinen Amplituden die Ausgangsspannung zu nieder wird. Es ist daher folgendes Verfahren am meisten zu empfehlen: Die Niederfrequenzverstärkung wird auf größte Empfindlichkeit eingestellt, dann wird ein Prüfsender mit 30-prozentiger Modulation von 400 Hz angeschlossen, auf eine Signalspannung von etwa 1 μV eingestellt und sodann die Ausgangsleistung gemessen. Die Signalspannung wird dann ständig gesteigert und die Zunahme der Ausgangsleistung laufend abgelesen. Sobald diese einen Wert von etwa 500 mW erreicht hat, wird der Lautstärkenregler ohne Veränderung der Signalspannung so weit zurückgedreht, daß die Ausgangsleistung auf den hundertsten Teil zurückgeht. Die im folgenden erhaltenen Werte werden aber mit Hundert multipliziert. Die Signalspannung wird nun wieder weiter erhöht und die Zunahme der Ausgangsleistung weiter gemessen.

Sollte die Ausgangsleistung nochmals 500 mW erreichen, so wird neuerdings die Lautstärkeregelung in der gleichen Weise betätigt. Man kann so die gesamte Regelkurve aufnehmen, die oft eingangsseitig einen Umfang von 120 db aufweist.

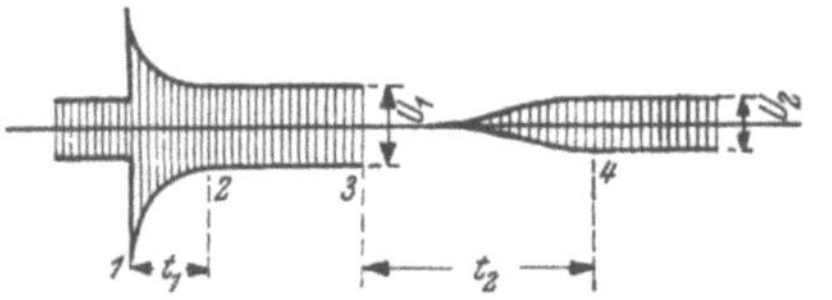

Abb. 293. Untersuchung der Zeitkonstante der selbsttätigen Lautstärkeregelung mittels Kathodenstrahlröhre

Die *Zeitkonstante* der selbsttätigen Lautstärkeregelung kann durch Oszillographieren bestimmt werden. Die Eingangsamplitude wird moduliert und mit Hilfe eines umschaltbaren Potentiometers laufend auf einen niedrigen Wert U_2 und dann wieder zurück auf den ursprünglichen Wert U_1 erhöht usw. Man erhält dann den in Abb. 293 gezeigten zeitlichen Amplitudenverlauf. Bei 1 wird das Signal auf seine volle Stärke U_1 gebracht. Nach der kurzen Regelzeit t_1 (Hinabregelzeit) wird die erhöhte Amplitude und nach deren Abschaltung bei 3 nach einer Zeit t_2 (Hinaufregelzeit) die verminderte Amplitude U_2 ihren Endwert erreichen. Diese Zeiten werden am Oszillographen abgelesen.

5. Untersuchung der Tonfrequenzverstärkung

Es wird das Verhältnis der Ausgangsspannung zur niederfrequenten Eingangsspannung nach dem Demodulator gemessen. Die Durchführung der Messung erfolgt nach dem unter VIII dieses Abschnittes Gesagten.

6. Messung der unverzerrten Ausgangsleistung

Auch diese Messung findet sich bereits unter VIII dieses Abschnittes beschrieben.

7. Untersuchung der klanggetreuen Wiedergabe[1]

Die niederfrequente Wechselspannung im Ausgang soll ein klanggetreues Bild der Modulation der im Eingang herrschenden Hochfrequenzspannung geben. Es ist Amplitudengetreuheit, Frequenzgetreuheit und Formgetreuheit zu untersuchen. Phasengetreue Wiedergabe ist nicht gefordert.

Zur Untersuchung der Amplitudengetreuheit wird der Modulationsgrad des Prüfsenders allmählich geändert und die Änderung der tonfrequenten Ausgangsspannung gemessen. Die Untersuchung kann punktweise erfolgen und der Zusammenhang zwischen Modulationsspannung und Ausgangsspannung wird in Kennlinienform aufgetragen. Es wird eine Gerade gefordert. Man kann aber auch die Modulationsspannung an das eine und die niederfrequente Ausgangsspannung an das andere Plattenpaar einer Kathodenstrahlröhre legen und den Zusammenhang zwischen den beiden Plattenspannungen untersuchen. Die Messung ist bei verschiedenen Hochfrequenzamplituden durchzuführen.

[1] Tamm, R.: Siemens, Veröff. Geb. Nachr. Techn. **1**, 243 (1931).

Amplitudenverzerrungen können im Hochfrequenzteil, insbesondere aber auch im Niederfrequenzteil auftreten. Um letztere auszuschalten, empfiehlt es sich, die Lautstärkeregelung auf niedere Ausgangsleistungswerte einzustellen.

Zu empfehlen ist auch eine Messung der Amplitudengetreuheit im Niederfrequenzverstärker allein.

Zur Aufnahme der Frequenzkurve werden der konstanten Trägeramplitude des Prüfsenders verschiedene Modulationsfrequenzen bei gleichbleibendem Modulationsgrad aufgedrückt. Man erhält die Gesamtfrequenzkurve des Empfängers. Sie kann mit oder ohne angeschlossenen Lautsprecher, der diese oft wesentlich beeinflußt, aufgenommen werden.

Zur Untersuchung der Formverzerrungen benützt man, wie bereits beschrieben, die Kathodenstrahlröhre. Erhält man eine ellipsenförmige Kurve, so ist die Anordnung eines Phasenschiebers notwendig. Er wird so eingestellt, daß möglichst eine Linie entsteht. Formgetreuheit ist vorhanden, wenn man eine Gerade erhält. Es kann auch eine Klirrfaktorkurve aufgenommen werden.

8. Untersuchung des Eigenstörspiegels

Bei Einstellung auf größte Lautstärke erhält man bei abgeschaltetem Signalgenerator im Lautsprecher ein Rauschen oder Brummen. Die Größe der Störleistung wird mittels Ausgangsleistungsmessers bestimmt. Die Größe des Brummspannungsanteiles kann an der Kathodenstrahlröhre abgelesen werden, wenn die Netzfrequenz als Ablenkspannung verwendet wird. Es kann dabei auch aus der Frequenz des Brummens auf die Ursache geschlossen werden. Mangelhafte Netzaussiebung ergibt bei Vollweggleichrichtern die doppelte Netzfrequenz. Eine Trennung von Brumm- und Rauschspannung ist auch durch Verwendung von Siebketten möglich.

Es wird nun dem Empfänger eine unmodulierte Signalspannung der Empfangsfrequenz zugeführt und die Brummspannung gemessen. Eine etwaige Erhöhung der Brummspannung ist auf Brummodulation im Hochfrequenzteil zurückzuführen. Auch im Niederfrequenzteil kann Brummmodulation auftreten, s. VIII dieses Abschnittes.

Der Eigenstörspiegel eines Empfängers kann seine Empfindlichkeit begrenzen. Man mißt die Störleistung mit einem Ausgangsleistungsmesser möglichst quadratischer Empfindlichkeit, legt an den Eingang des Empfängers eine auf die Eingangsfrequenz abgestimmte modulierte Hochfrequenzspannung und macht diese so groß, daß die Ausgangsleistung auf das Doppelte steigt. Diese Eingangsleistung kann der Störleistung gleichgesetzt werden. Sie stellt auch die Grenzempfindlichkeit dar.

Von Interesse ist auch die Bestimmung des Verhältnisses von Nutzspannung U_n zu Störspannung U_s bei verschiedenen Ausgangsleistungen. Es wird erst eine bestimmte Ausgangsleistung mit Hilfe eines modulierten Prüfsenders erzeugt und die erhaltene niederfrequente Ausgangsspannung U

gemessen. Sodann wird die Modulation abgeschaltet und die nun erhaltene niederfrequente Störspannung U_s gemessen. Es ist

$$\sqrt{\frac{P_n}{P_s}} = \frac{U_n}{U_s} = \frac{\sqrt{U^2 - U_s^2}}{U_s}. \qquad (4, 95)$$

Das Verhältnis P_n/P_s soll bei einer Modulation mit 400 Hz bei einer Ausgangsleistung von 50 mW größer als 26 db sein (Störausgangsleistung 0,125 mW).

Netzbrummen, Brummodulation und Eigenrauschen infolge fehlerhafter Kontakte sowie Störungen durch das Widerstands- und Röhrenrauschen nach der ersten Stufe lassen sich vermindern, nicht jedoch die der Antenne und der Eingangsstufe. Um zu untersuchen, inwieweit eine solche Verbesserung möglich ist, dient folgender einfacher Versuch: Es wird zunächst die Störspannung am Ausgang bei normaler Einstellung der Empfänger gemessen, sodann die Antenne abgeklemmt und der Eingangskreis verstimmt, beispielsweise durch Parallelschalten eines Kondensators von einigen hundert pF zum Abstimmkondensator, und nun die Störspannung im Ausgang gemessen.

9. Untersuchung der Störfestigkeit von Empfängern

Inwieweit auf benachbarten Frequenzen arbeitende Rundfunksender stören, läßt sich durch Untersuchung der Trennschärfe bestimmen.

Sogenannte *Pfeifstörungen* entstehen, wenn die Differenzfrequenz zum frequenzbenachbarten Sender in das Gebiet der hörbaren Frequenzen fällt. Man mißt sie, indem zuerst ein Signalgenerator (Nutzsender) auf der Empfangsfrequenz mit 400 Hz 30-prozentig moduliert wird und eine Spannung von 5 mV abgibt. Der Empfänger wird so eingestellt, daß eine Ausgangsleistung von 50 mW erhalten wird. Die Modulation wird nun abgeschaltet und ein zweiter Signalgenerator (Störsender) auf eine um 400 Hz verschiedene unmodulierte Frequenz in Betrieb gesetzt. Seine Ausgangsspannung wird so eingestellt, daß im Empfänger eine um 30 db niedrigere Ausgangsleistung entsteht. Man erhält so die Pfeifstörempfindlichkeit. Sie wird meist über den gesamten Frequenzbereich in Form einer Empfindlichkeitskurve aufgenommen.

Die *Empfindlichkeit gegen unmodulierte Störsignale* kann wie folgt gemessen werden: Der Nutzsender wird, wie oben beschrieben, betätigt und der Empfänger auf die beschriebene Empfindlichkeit eingestellt. Der zweite Prüfsender wird bei verschiedenen Frequenzen betrieben und die Änderung der Ausgangsleistung untersucht (vgl. Untersuchung der Trennschärfe). Von besonderem Interesse ist die Untersuchung der Störanfälligkeit gegen Störungen auf der Zwischenfrequenz.

Die Störfestigkeit von Rundfunksendern soll sich jedoch auch auf Breitbandstörungen, wie sie von den bekannten Rundfunkstörern verursacht werden, erstrecken. Da diese Störungen den Empfänger in seiner Eingangsfrequenz erregen, ist eine Verminderung der Störanfälligkeit der durch die Antenne eintreffenden Störwellen durch Schaltmittel im Empfänger gewöhnlich nicht zu erwarten.

Die Störanfälligkeit von Empfängern ist aber vielfach auch darauf zurückzuführen, daß *Störspannungen des Starkstromnetzes* über die Netzanschlußleitungen in den Empfänger gelangen.

Nach einem Vorschlag von *Stauß* und *Dennhardt*[1] kann die Messung der Störfestigkeit von Empfängern gegen hochfrequente Störspannungen wie folgt vorgenommen werden: An den abgestimmten Empfänger wird die Hochfrequenzspannung U_n eines mit 800 Hz 30-prozentig modulierten Meßsenders angeschlossen. Man erhält nun eine bestimmte tonfrequente Ausgangsleistung. Die Modulation des Meßsenders wird nun abgeschaltet und an die Netzklemmen des Empfängers ein zweiter um 800 Hz verstimmter unmodulierter Oszillator angeschlossen. Seine Ausgangsspannung U_{st} wird so eingeregelt, daß die um 30 db niedrigere Ausgangsleistung, die auf Schwebungsbildung zwischen Nutzspannung U_n und Störspannung U_{st} zurückzuführen ist, erhalten wird. Der Ausdruck

$$S = 100 \cdot \frac{U_{st}}{U_n} \qquad (4, 96)$$

wird als Störfestigkeit, der Kehrwert als Störempfindlichkeit bezeichnet.

Zur Untersuchung der Störfestigkeit von Empfängern können auch Normalstörquellen verwendet werden. Die Messung der bei verschiedenen Empfängern erzielten Störwirkungen bereitet keine Schwierigkeiten. Besteht jedoch die Störspannung aus sehr unregelmäßigen Folgen von Störimpulsen, so ist eine einheitliche Feststellung des Belästigungsgrades noch nicht möglich, da das Ohr je nach Intensität, Dauer und Folge der Impulse sehr verschieden reagiert. Man ist daher zunächst nur auf statistische Untersuchungen angewiesen[2].

Seltener wird der Empfang durch niederfrequente Störspannungen beeinflußt. Die Messung, die vor allem bei Allstromempfängern zu empfehlen ist, kann wie folgt erfolgen: Es wird dem Gleichstromnetz eine veränderbare Tonfrequenz von etwa 1000 Hz überlagert. Ihre Größe wird so lange verändert, bis der Störton in einem Abstand von 1 m vom Rundfunkempfänger eine Lautstärke von 30 Phon erzeugt[3]. Die Größe der hiezu erforderlichen Störspannung kennzeichnet die *Störfestigkeit.*

10. Messung der Rückstrahlung des Oszillators

Bei Überlagerungsempfängern läßt sich eine völlige Abschirmung der Oszillatorstrahlung nur schwer erreichen. Da hiedurch andere Empfänger gestört werden, ist eine Messung zweckmäßig.

Insbesondere wird die Störspannung zwischen Antenne und Erde gemessen. Um einheitliche Vergleichsmöglichkeiten zwischen verschiedenen Empfängern zu schaffen, wird zwischen Antenne und Erde ein Belastungswiderstand in Form einer künstlichen Antenne (s. Pkt. 1: Untersuchung der Empfindlichkeit) oder eines Ohmschen Widerstandes von z. B. 400 Ohm[4]

[1] Dennhardt, A. u. O. Stauß: Hochfrequenztechn. u. Elektroak. **53**, 45 (1939).

[2] Burill, C. M. u. E. T. Dickey: RMA Engr. **3**, 16 (1938).

[3] Dennhardt, A.: Hochfrequenztechn. u. Elektroak. **52**, 63 (1938).

[4] Fromy, E.: Mesures en Radiotechnique, S. 624 (1948).

geschaltet. Die dort auftretende Störspannung wird mittels eines hochempfindlichen Röhrenvoltmeters gemessen.

In der gleichen Weise läßt sich auch die an den Netzleitungen auftretende Störspannung messen, wobei diese mit einer künstlichen Netznachbildung[1] belastet sind, s. X, K dieses Abschnittes.

11. Überprüfung betreffend Sicherheitsvorschriften

Die Sicherheitsvorschriften erhalten zumeist folgende Bestimmungen: Rundfunkempfangsgeräte, die an das Starkstromnetz angeschlossen sind, müssen so gebaut sein, daß eine Berührung mit Netzspannung führenden Leitern ausgeschlossen ist. Alle der Berührung zugänglichen Metallteile müssen einer entsprechenden Prüfspannung von meist 1000 bis 1500 Volt Wechselspannung standhalten, und zwar in der Regel auch nach längerem Lagern im feuchtigkeitsgesättigten Raum. Kondensatoren, von denen ein Pol mit dem Netz verbunden und der andere der Berührung irgendwie zugänglich ist, dürfen keinen größeren Netzwechselstrom als 4 mA bei direktem Anschluß des Netzes führen. Im übrigen sind die jeweiligen Vorschriften für den Starkstromanschluß elektrischer Geräte einzuhalten. Die Messungen erstrecken sich daher vorwiegend auf Durchschlags-, Widerstands- und Isolationswiderstandsmessungen.

B. Empfängerprüfeinrichtungen

Eine moderne Empfängerprüfeinrichtung besteht aus folgenden Geräten: 1. einem Prüfsender (eventuell mit Tongenerator), 2. einer künstlichen Antenne, 3. einem Ausgangswiderstand mit Leistungsanzeiger, 4. einem Klirrfaktormesser und 5. einem Drahtkäfig oder abgeschirmtem Raum. Bei manchen Prüfungen wird noch ein zweiter Prüfsender als Störsender benötigt.

1. Der Prüfsender

Ausführung und Wirkungsweise der Prüfsender ist bereits im zweiten Abschn., IV, besprochen worden. Für Empfängerprüfzwecke hat das Gerät besonders folgende Aufgaben zu erfüllen:

1. Der Wellenbereich umfaßt die Frequenzen 150 bis 300, 500 bis 1600 und rund 3000 bis 20 000 kHz. Die Welle ist auf mindestens 1% genau einstellbar. Die Ausgangsspannung muß von etwa 0,5 μV bis 200 mV mit einer Genauigkeit von 5% regelbar sein.

2. Zur Aufnahme der Trennschärfenkurve ist eine feinstufige Änderung der Hochfrequenz im Bereich $\pm$ 25 kHz notwendig.

3. Der Prüfsender erhält eine Amplitudenmodulation von 400 Hz mit einer Genauigkeit von 2% und einem Klirrfaktor von weniger als 2%. Der Modulationsgrad beträgt dabei 30%. Außerdem besteht die Möglichkeit, eine Modulation innerhalb eines Frequenzbereiches von 200 bis 10 000 Hz durch Fremdmodulation vorzunehmen. Es sollen Modulations-

[1] Benz, F.: Grundlagen der Rundfunkstörung, S. 48 (1949).

gradwerte von 0 bis 90% einstellbar sein. Das Modulationsgerät muß konstante frequenzunabhängige oder einstellbare tonfrequente Spannungen mit einem Klirrfaktor von höchstens 1% liefern.

4. Empfehlenswert ist auch die Möglichkeit einer Frequenzmodulation zur selbsttätigen Aufzeichnung von Frequenzkurven.

Der zur Einstellung der Ausgangsspannung erforderliche Spannungsteiler soll einen niederohmigen konstanten Ausgangswiderstand besitzen. Das Gerät muß eine vorzügliche Abschirmung gegen magnetische und elektrische Felder aufweisen. Sämtliche Kathodenpotential führenden Leiter sind nur an einem Punkt mit dem Schirmgehäuse zu verbinden. Es ist zweifache Abschirmung notwendig. Abb. 294 zeigt die Prinzipschaltung eines einfachen Prüfgerätes.

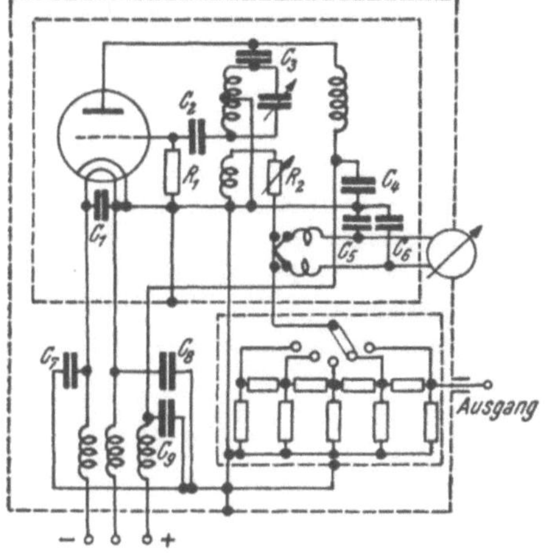

Abb. 294. Prinzipschaltung eines Prüfsenders

Die Spannungsveränderung erreicht man mittels Ohmscher und kapazitiver Spannungsteilung, aber auch durch veränderliche induktive Kopplung (s. Abb. 295). Eine feste und eine bewegliche Spule befinden sich in einem

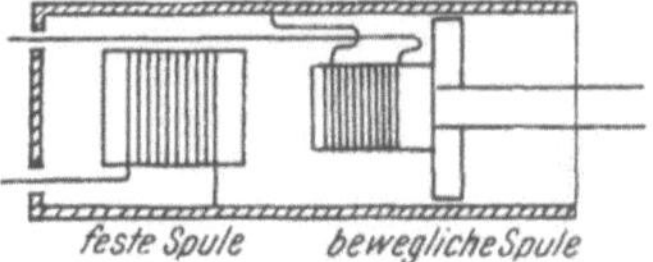

Abb. 295. Induktiver Spannungsteiler

Abschirmkasten. Durch Nähern oder Entfernen der beweglichen Spule wird die Kopplung verändert. Die induzierte Spannung nimmt bei größerem Abstand annähernd mit der dritten Potenz der Entfernung ab. Um kapazitive Störeinflüsse zu vermeiden, sind die einander zugekehrten Enden der Spulen mit dem Gehäuse verbunden.

Am häufigsten wird jedoch der Ohmsche Spannungsteiler verwendet, obzwar bei ihm die Ausgangsspannung infolge Frequenzabhängigkeit des Ohmschen Widerstandes, auftretender Leitungsinduktivitäten und kapazitiver Nebenschlüsse nicht immer genau gleich der aus dem Teilungsverhältnis errechneten ist. Es ist daher eine Eichung erforderlich, hiezu wird ein „Prüfempfänger" verwendet.

Ist der Prüfempfänger nach dem Überlagerungsprinzip, z. B. mit multiplikativer Mischstufe gebaut, so kann innerhalb eines gewissen Bereiches Proportionalität zwischen Eingangs- und Zwischenfrequenzspannung angenommen werden. Man geht dann etwa so vor, daß der Prüfsender auf eine Ausgangsspannung eingestellt wird, die noch unmittelbar gemessen werden kann. Der Prüfempfänger wird dann so angekoppelt, daß eine bestimmte Ausgangsspannung erhalten wird. Die Signalspannung wird nun auf etwa 1/10 ihres ursprünglichen Wertes verringert und der nun erhaltene Eichpunkt vermerkt. Nach neuerlicher Vergrößerung der Empfängerkopplung wird das Verfahren wiederholt. Bei genügender Empfindlichkeit läßt sich so die Eichung des Prüfsenders bis zu den kleinsten Ausgangsspannungswerten kontrollieren.

Gegenüber dem oben beschriebenen Prüfsender zeigt ein im folgenden beschriebener auf der zweiten Harmonischen eines Oszillators arbeitender Prüfsender[1] den Vorteil der unmittelbaren Eichbarkeit der von ihm abgegebenen Spannung.

Die Hochfrequenzleistung eines Oszillators wird einem Gleichrichter mit quadratischer Kennlinie zugeführt. Dadurch entsteht im Gleichrichterstromkreis eine zweite Harmonische, deren Amplitude ebenso groß ist wie die Erhöhung des durch den Gleichrichter fließenden Gleichstromes[2]. Dieser wird unmittelbar an einem Gleichstrominstrument abgelesen, wobei der Ruhestrom des Gleichrichters zweckmäßigerweise wegkompensiert wurde. Das Auftreten der Grundwelle im Gleichstromkreis kann durch eine Gegentaktanordnung der Gleichrichter verhindert werden. An Stelle eines Gleichrichters können auch Verstärkerröhren verwendet werden. Die Einstellung der Prüfspannung erfolgt durch Änderung der Ankopplung an den Oszillator. Der Modulationsgrad einer etwaigen Oszillatormodulation erhöht sich dabei allerdings auf

$$m' = \frac{4m}{2 + m^2}. \qquad (4, 97)$$

Man erhält dabei einen Klirrfaktor K von

$$K = \frac{m}{4}. \qquad (4, 98)$$

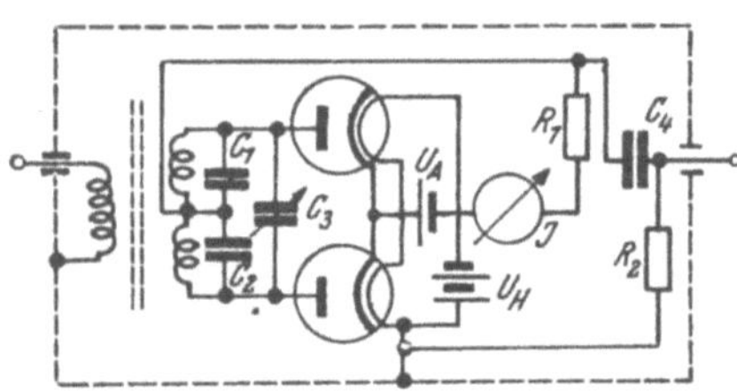

Abb. 296. Frequenzverdopplerschaltung als Prüfsender

Abb. 296 zeigt die Schaltung eines einfachen Zusatzgerätes, das bei Anschluß an einen Oszillator einen sehr genau eichbaren Prüfsender darstellt. Es kann auch zur Eichung anderer Prüfsender dienen. Ein Vorteil der Verwendung der zweiten Harmonischen ist auch, daß ein wesentlich geringerer Aufwand an Abschirmung genügt.

Werden vom Prüfsender sehr große Spannungsbereiche gefordert, so bereitet es oft Schwierigkeiten mit einem Spannungsteiler das Auslangen zu finden. Es wurde daher vorgeschlagen, den Prüfsender der Frequenz f_1 selbst mit einer niedrigeren Hochfrequenz f_2 zu modulieren und die Seitenbandfrequenz $f_1 - f_2$ (bzw. $f_1 + f_2$) zur Prüfung zu verwenden. Es erhalten nun sowohl der Prüfsender (f_1) als auch der Modulationssender (f_2) je einen Spannungsteiler, die beide die Seitenbandamplitude in gleicher

[1] Diehl, W. F.: Electronics 5, H. 7, S. 230 (1932).

[2] Einfg. S. 382, Gl. (22).

Weise beeinflussen[1]. Die Gesamtspannungsteilung ist gleich dem Produkt der Einstellung der beiden Spannungsteilungen. Die Trägerfrequenz f_1 und Spiegelfrequenz müssen genügend weit voneinander liegen, um die Meßergebnisse nicht zu beeinflussen.

Es sind auch einfache Prüfgeräte gebaut worden, die das gesamte Hochfrequenz- und Zwischenfrequenzspektrum etwa gleichmäßig überdecken. Bei ihnen erzeugt ein Kippgenerator oder Multivibrator[2] eine stark verzerrte Schwingung mit einer Grundfrequenz von etwa 400 Hz. Dieses Frequenzgemisch gelangt durch einen breitbandigen Hochfrequenzverstärker. An dessen Ausgang findet man ein breites Spektrum von Hochfrequenzen im Abstand von 400 Hz. Man kann so den Hochfrequenz- und Zwischenfrequenzteil eines Empfängers ohne Abstimmung rasch durchprüfen. Die Zunahme der Ausgangslautstärke, wenn auf eine Vorstufe gegangen wird, zeigt, daß die betreffende Stufe richtig verstärkt. Einstellbar ist bei diesen Geräten meist die Ausgangsspannung in einem Bereich von etwa 1 bis 200 μV. Schließlich läßt sich bei diesen Geräten auch die Grundwelle zur Prüfung des Niederfrequenzteiles verwenden.

2. Ausgangswiderstand und Leistungsanzeiger

An die Stelle des Lautsprechers tritt meist ein Ausgangsbelastungswiderstand. Seine Größe beträgt im allgemeinen 4000 Ohm, er soll innerhalb des gesamten Tonfrequenzgebietes ein rein Ohmscher Widerstand sein. Seine Belastbarkeit beträgt etwa 10 Watt.

Zur Messung der Ausgangsleistung genügt im Zusammenhang mit dem Ausgangswiderstand ein möglichst frequenzunabhängiges Voltmeter oder Amperemeter. Erwünscht ist eine quadratische Strom-, bzw. Spannungsempfindlichkeit.

3. Der Klirrfaktormesser

In der Regel wird eine Klirrfaktormeßbrücke verwendet. Einen noch besseren Überblick über die auftretenden Oberwellen gestattet das Tonfrequenzspektrometer (beides s. dritter Abschn., XI). Weniger zu empfehlen ist die Tonfrequenzanalyse nach dem Suchtonverfahren.

4. Drahtkäfig und abgeschirmter Raum

Die Empfängerprüfungen sollen in einem abgeschirmten Raum vorgenommen werden. Empfehlenswert ist es, diesen so groß zu wählen, daß die gesamte Apparatur einschließlich des Beobachters darin Platz findet. Für weniger genaue Messungen und bei weniger empfindlichen Empfangsgeräten genügt es, bloß den zu prüfenden Empfänger in einem Abschirmkasten kleinerer Dimension unterzubringen. Notwendig ist sorgfältige Abschirmung des Prüfsenders und der im Eingangskreis verwendeten Hilfsgeräte.

[1] Nitsche, H.: ENT **17**, 262 (1940).

[2] Funktechnik **2**, 77 (1949).

C. Weitere Untersuchungen an Empfängern

Die oben beschriebenen Untersuchungen an Empfängern betreffen vor allem die Funktion betriebsfähiger Geräte. Bei fehlerhaften Empfängern wird jedoch auch eine Untersuchung der Wirkungsweise der einzelnen Teile und Stufen notwendig sein.

1. Untersuchung der Leistungsaufnahme

Vor näherer Untersuchung eines Netzempfängers hat es sich oft als zweckmäßig erwiesen, die Leistungsaufnahme zu kontrollieren, indem ein Wattmeter, nötigenfalls auch nur ein Amperemeter vorgeschaltet wird. Die Leistungsaufnahme ist zunächst nur durch die Heizstromaufnahme bedingt und steigt erst nach einer gewissen Zeit, wenn auch der Anodenstrom zu fließen beginnt, auf seinen Endwert. Entfällt dieser Anstieg, so ist der Anodenstromkreis unterbrochen. Dagegen ist er bei durchgeschlagenen Netzkondensatoren oder anderen Kurzschlüssen unverhältnismäßig hoch. Im allgemeinen liegt die Endleistungsaufnahme von betriebsfähigen Rundfunkempfangsgeräten bei 40 bis 100 Watt, je nach Bauart und Röhrenzahl.

2. Messung der Röhrenspannungen

Die Messung der Röhrengleichspannungen erfolgt mit einem Drehspulinstrument hohen inneren Widerstandes, um durch den Eigenverbrauch die meist hochohmige Spannungsquelle nicht zu sehr zu belasten. Bei der Messung der über Gitterableitwiderstände erzeugten Gittervorspannungen und vielfach auch der Schirmgitterspannungen genügt aber auch das hochohmigste Instrument nicht. Es ist daher eine Messung durch Kompensation notwendig (s. Abb. 115).

3. Punktweise Überprüfung des Gerätes

Die Überprüfung der Wirkungsweise der einzelnen Empfängerstufen beginnt man zweckmäßigerweise von der letzten Stufe ausgehend. Diese wird von einem Tongenerator mit bestimmter Spannung gespeist und die am Lautsprecher erhaltene Lautstärke oder Spannung am Ersatzwiderstand gemessen. Sodann wird in gleicher Weise die Tonfrequenzspannung an die vorgehende Röhre gelegt und die Erhöhung der Verstärkung untersucht. Demodulator und vorhergehende Hochfrequenz-, bzw. Zwischenfrequenzverstärkerstufen werden von einem Signalgenerator aus gespeist. Die Empfindlichkeitserhöhung in jeder einzelnen Stufe wird durch Messung vom Demodulator aus in Richtung zur Antenne vorgehend bestimmt. Nötigenfalls werden die einzelnen Stufen mit Hilfe des Prüfsenders nachgestimmt. Die Ankopplung des Prüfsenders erfolgt über einen hohen Widerstand. Die Verstärkung jeder einzelnen Stufe wird bestimmt, indem die Prüfsenderspannung um einen so großen Betrag verkleinert wird, daß bei Anschluß an die vorhergehende Stufe wieder die gleiche Ausgangsleistung erhalten wird.

4. Abgleichen von Oszillator und Eingang

Üblich ist ein Dreipunktabgleich (Übereinstimmen zwischen Empfangsfrequenz und der um die Zwischenfrequenz verminderten Oszillatorfrequenz an drei verteilten Werten der Drehkondensatoreinstellung). Es wird zunächst mit Hilfe des Paralleltrimmers Gleichlauf im hohen und dann mit Hilfe des Reihenkondensators im niedrigen Frequenzgebiet hergestellt. Sonach wird der Bereich der hohen Frequenzen nochmals nachgestimmt usw., bis geringste Maximalabweichungen in den Zwischenbereichen erzielt werden.

Mit Vorteil bedient man sich auch der Sichtbarabstimmung mit Hilfe einer Kathodenstrahlröhre. Die Oszillatorfrequenz wird dabei über einen bestimmten Bereich mit einer niederen Frequenz (meist der Netzfrequenz) frequenzmoduliert. Mit der gleichen Frequenz erfolgt eine Zeitablenkung des Kathodenstrahles. Die Frequenzmodulation geschieht bei neueren Geräten mit Hilfe einer Reaktanzröhre. Meist erzeugt der Oszillator nur eine feste Frequenz; die zur Abstimmung auf die gewünschte Empfangsfrequenz erforderliche Frequenzänderung erreicht man durch Überlagerung mit einer veränderbaren Frequenz unter Verwendung einer Mischstufe. Das Prinzip einer solchen Einrichtung für Ultrakurzwellen zeigt Abb. 297 [1].

Auf der Kathodenstrahlröhre erhält man den Verlauf eines Stückes der Frequenzkurve. Die Abstimmung des Schwingkreises wird so vorgenommen, daß die Resonanzspitze bei der Mittelfrequenz auftritt.

Neben meßtechnischen Abgleichverfahren werden auch rechnerische Verfahren benützt[2].

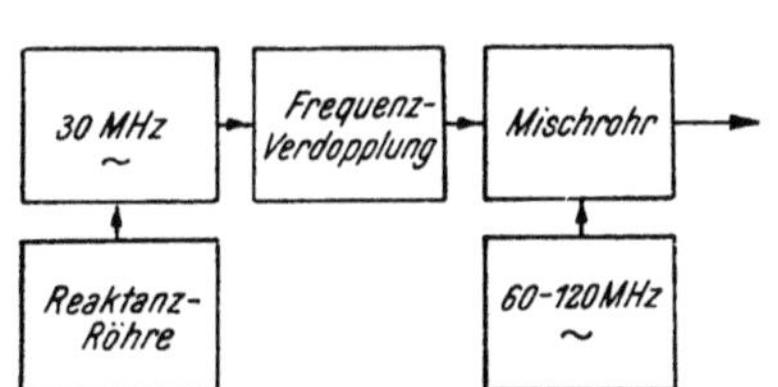

Abb. 297. Oszillatorabgleich für Sichtbarabstimmung bei Ultrakurzwellen

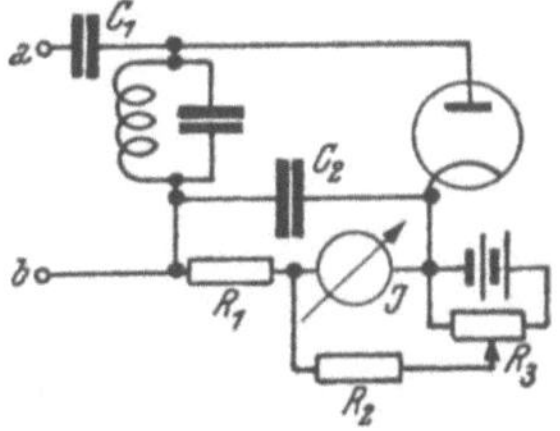

Abb. 298. Schaltung zur Aufnahme der Demodulationskennlinie

5. Untersuchung des Demodulatorteiles

Es wird vor allem die Demodulationskennlinie aufgenommen. Sie stellt die Abhängigkeit der am Diodenwiderstand erhaltenen Gleichspannung von der Hochfrequenzspannung dar. Es eignet sich hiezu die Schaltung der Abb. 298. Der auf die Hochfrequenz (Zwischenfrequenz) abgestimmte Prüfsender wird über den Kondensator C_1 an den Dioden-

[1] Mayer, H. F.: Electronics **13**, H. 4, S. 39 (1940).

[2] Fränz, K.: Hochfrequenztechn. u. Elektroak. **62**, 44 (1943). — Dammers, B. G., J. Haantjes, J. Otte u. H. van Suchtelen: Anwendungen der Elektronenröhre in Rundfunkempfängern und Verstärkern, 1. Bd. (1949). — Gardiner, R. C.: Electronics **15**, H. 11 (1942).

kreis angeschlossen. Es wird die Abhängigkeit des Gleichstromes J von der Prüfsenderspannung gemessen. Die gesuchte Gleichspannung wird als Spannungsabfall an R_1 erhalten. Zur Erhöhung der Empfindlichkeit wird, wie Abb. 298 zeigt, zweckmäßigerweise der Gleichstrom im Meßgerät bei abgeschalteter Hochfrequenz durch Einstellen des Widerstandes R_3 wegkompensiert. Dadurch läßt sich ein empfindlicheres Meßgerät J verwenden.

Die Anordnung eignet sich auch zur Messung des durch die Diodenschaltung im Schwingkreis verursachten Dämpfungswiderstandes. Die Frequenz des Prüfsenders wird so lange verstimmt, bis die Gleichspannung am Widerstand R_1 auf das $1/\sqrt{2}$-fache gesunken ist. Da indes bei dem verringerten Strom auch der Diodenwiderstand im allgemeinen geringer geworden ist, ist es zu empfehlen, die Signalspannung vorerst bei Resonanz auf das $\sqrt{2}$-fache zu erhöhen, so daß sie nun bei der Verstimmung wieder den ursprünglichen Wert wie bei Resonanz erreicht. Die Berechnung des Dämpfungswiderstandes erfolgt nach drittem Abschn., V, Gl. (3, 85).

6. Messung der Rückkopplung[1].

In einem Hochfrequenzverstärker bedingt die Rückkopplung eine Erhöhung der Hochfrequenzamplitude bereits im Eingang. Die Wirkung der Rückkopplung kann dann in einfacher Weise gemessen werden, indem parallel zu den Eingangsklemmen des Hochfrequenzverstärkers ein Röhrenvoltmeter gelegt wird. Ist der zu untersuchende Verstärker nicht geheizt, so erhält man eine bestimmte Eingangsspannung, die vom Röhrenvoltmeter gemessen wird. Wird nun die Heizung eingeschaltet, so erhöht sich die Eingangsspannung zufolge der Rückkopplungswirkung. Um wieder die gleiche Eingangsamplitude zu erhalten, wird in den Eingangsschwingkreis ein veränderbarer Widerstand R_z geschaltet. Ist R der Dämpfungswiderstand des Schwingkreises allein, so ergibt sich

$$V_0 k_r = \frac{R_z}{R_z + R}. \qquad (4, 99)$$

wenn k_r der Rückkopplungsfaktor und V_0 der Verstärkungsfaktor des Verstärkers ohne Rückkopplnng ist.

7. Weitere Untersuchungen

Weiter ist noch die Aufnahme folgender Kennlinien von Interesse:

1. Abhängigkeit der zwischenfrequenten Ausgangsspannung vom Hochfrequenzeingang beim ersten Demodulator. Diese Kennlinie gestattet einen Einblick über die Arbeitsweise dieser Röhre und zeigt vor allem eine etwaige Übersteuerung auf. Diese Messung macht indes Schwierigkeiten, weil es nicht leicht ist, die Hochfrequenz im Ausgang völlig zu eliminieren. Es ist daher einfacher, die Röhre einer Prüfung der Mischsteilheit zu unterwerfen (s. VII dieses Abschn.).

---

[1] Friis, H. T. u. A. G. Jensen: Bell Syst. T. J. 3, 181 (1924).

2. Abhängigkeit der Niederfrequenzspannung von der Zwischenfrequenzmodulation.
3. Abhängigkeit der Oszillatoramplitude von der Oszillatorfrequenz.

D. Messung der Grenzempfindlichkeit

Grundsätzlich könnte durch Hochfrequenz-, wie auch Zwischenfrequenzverstärkung die Empfindlichkeit von Empfängern beliebig gesteigert werden. Sie wird indes bei Empfängern von Lang-, Mittel- und Kurzwellen vorwiegend durch äußere Störeffekte, insbesondere atmosphärische Störungen begrenzt. Bei Wellenlängen unterhalb etwa 10 m überwiegen zumeist innere Störeffekte, die sich vor allem aus dem Röhren- und Widerstandsrauschen ergeben und daher auch als Empfängerrauschen bezeichnet werden. Sie bedingen die sogenannte *Grenzempfindlichkeit* des Empfängers. Ein Signal, das die Störspannung unterschreitet, kann nicht mehr empfangen werden. Als Grenzempfindlichkeit wird jene Nutzleistung P_N bezeichnet, die gerade gleich der Rauschleistung P_R des Empfängers ist. Zu einem einwandfreien Empfang ist jedoch ein größeres Verhältnis von Signal zu Rauschen P_N/P_R (Störabstand) als 1, meist etwa 100, verlangt. Den Messungen wird jedoch der Einheitlichkeit halber in der Regel ein Wert $P_N/P_R = 1$ zugrunde gelegt. Da die Größe der Rauschleistung mit steigender Frequenzbandbreite zunimmt, ist es weiterhin zweckmäßig zum Vergleich der Grenzempfindlichkeit von Empfängern verschiedener Bandbreiten diese auf eine einheitliche Größe, meist 1 Hz zu beziehen.

Die relativ geringste Rauschleistung würde ein Empfänger aufweisen, bei dem diese nur durch den Eingangswiderstand bestimmt wäre. Durch geeignete Transformation würde dieser Widerstand R dem Strahlungswiderstand R_s angepaßt sein.

Ist $U_N{}^2/R_{ges}$ die der Antenne durch die Strahlung zugeführte Leistung, so wird unter dieser Annahme von der Antenne die Leistung P_N abgegeben.

Es ist wegen $R_{ges} = 2\,R$

$$P_N = \frac{U_N{}^2}{4\,R}. \qquad (4,\ 100)$$

Die am Widerstand R auftretende Rauschspannung findet man indes zu[1]

$$U_R{}^2 = 4\,k\,T_0\,\Delta\,f\,R \qquad (4,\ 101)$$

(k = Boltzmannsche Konstante $1{,}38 \cdot 10^{-23}$ Ws/°C, T_0 die absolute Temperatur des Widerstandes in °K, $\Delta\,f$ die Frequenz in Hz und R in Ohm).

Soll nun die Nutzspannung gleich der Rauschspannung sein, so findet man für den Störabstand 1:

$$P_N = k\,T_0\,\Delta\,f. \qquad (4,\ 102)$$

Die größtmögliche Empfindlichkeit, die ein Empfänger somit erreichen könnte, wäre daher durch Gl. (4, 102) oder wenn man auf gemeinsame Bandbreite bezieht, durch

$$\frac{P_N}{\Delta\,f} = k\,T_0 \qquad (4,\ 103)$$

[1] Einfg. S. 30.

festgelegt. Als Empfindlichkeitseinheit wird demnach der Faktor $k\,T_0$ angegeben, wobei T_0 etwa 300° K (Zimmertemperatur) ist. Dann ist

$$k\,T_0 = 0{,}414 \cdot 10^{-20}\,\mathrm{Ws}. \tag{4, 104}$$

Die Grenzempfindlichkeit eines Empfängers wird nun durch den Rauschfaktor n (oder $k\,T_0$-Faktor) gekennzeichnet, der besagt, das Wievielfache des Wertes $k\,T_0$ die erforderliche Signalleistung P_N sein muß, um einen Störabstand 1 zu erhalten. Es ist also

$$n\,\Delta f = \frac{P_N}{k\,T_0} \quad (\geqq 1). \tag{4, 105}$$

Die Messung des Rauschfaktors kann mit Hilfe eines geeichten Prüfsenders vorgenommen werden. Der Empfänger wird mit einem die gesamte Bandbreite erfassenden Ausgangsleistungsmesser belastet und die Empfindlichkeit so eingestellt, daß ohne Signalempfang ein ausreichender Ausschlag durch die Rauschleistung erhalten wird. Nun wird ein auf die Empfangsfrequenz abgestimmter Prüfsender an den Empfängereingang angeschlossen und dessen Leistungsabgabe P_N so weit gesteigert, bis die Anzeige des Ausgangsleistungsmessers sich verdoppelt hat. Dann ist offenbar die zugeführte Nutzleistung P_N gleich der Rauschleistung P_R (Störabstand 1). Für den Rauschfaktor findet man dann:

$$n = \frac{P_N}{4{,}14 \cdot 10^{-12}\,\Delta f}, \tag{4, 106}$$

wenn P_N in mW und Δf in MHz gemessen wird.

Es bereitet aber oft Schwierigkeiten von einem Prüfsender so kleine Signalleistungen an den Empfänger abzuführen. Es wird daher meist mit höheren Nutzleistungen gearbeitet (z. B. auf die elffache Gesamtleistung eingestellt) und dann (von Störabstand 10) auf Störabstand 1 umgerechnet.

Es bleibt weiter der Nachteil, daß die Art der Modulation des Prüfsenders nicht den tatsächlichen Betriebsbedingungen entspricht.

Es wird daher als Prüfsender zumeist eine Rauschdiode vorgezogen. Sie hat den Vorteil, eine leicht eichbare Ausgangsleistung genügend kleiner Größe abzugeben und das Frequenzband des Empfängers voll auszufüllen. Die Rauschleistung P_R einer Diode ist gegeben durch

$$P_R = J_R^2 \cdot R = 3{,}18 \cdot 10^{-19}\,J_s\,\Delta f\,R. \tag{4, 107}$$

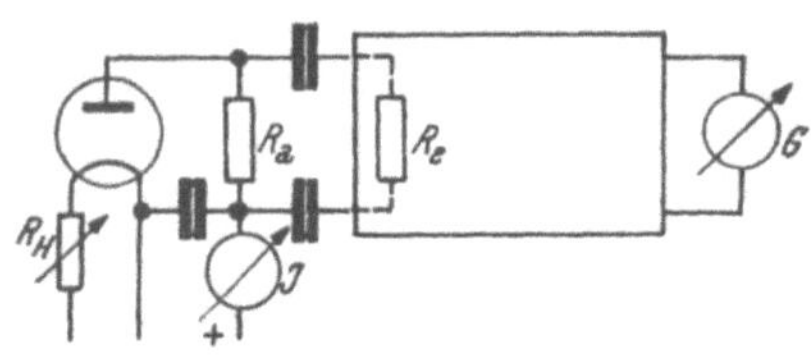

Abb. 299. Messung der Grenzempfindlichkeit mittels Rauschdiode

Man erhält P_R in Watt, wenn der Sättigungsstrom J_s der Diode in A, die Frequenzbandbreite des Empfängers in Hz und der Belastungswiderstand R in Ohm gemessen wird.

In der Regel benützt man zur Messung die in Abb. 299 gezeigte Schaltung. Die Diode erhält eine genügend hohe Anodenspannung, so daß stets Sättigungsstrom fließt. Dieser wird am Instrument J abgelesen und durch Betätigung des Heizwiderstandes R_H eingestellt. Als Dioden eignen sich vor allem Röhren mit Wolframkathode und Thoriumkathode, bei sehr kurzen Wellen sind besondere Rauschdioden zu verwenden. Um zu verhindern, daß Elektronen zur Glaswand gelangen, überragt bei ihnen der Anodenzylinder die Kathode[1]. Die Diode ist mit ihrem im Anodenkreis liegendem Widerstand R_a und dem Empfängereingangswiderstand R_e belastet. Die in letzterem auftretende Leistung ist (wegen Parallelschaltung und Stromteilung)

$$P_R = 3{,}18 \cdot 10^{-19} J_s \Delta f \frac{R_a^2 R_e}{(R_a + R_e)^2} \qquad (4, 108)$$

und bei Anpassung ($R_a = R_e$)

$$P_R = 0{,}795 \cdot 10^{-19} J_s \Delta f R_a. \qquad (4, 109)$$

In diesem Falle erhält man mit Gl. (4, 104)

$$n = 0{,}019 J_s R_a, \qquad (4, 110)$$

wenn J_s in mA und R_a in Ohm eingesetzt wird.

Die Messung erfolgt wieder nach Einstellen einer bestimmten Empfindlichkeit durch Einschalten der Diode und Steigerung der Emission bis Verdopplung der Rauschleistung erreicht ist.

E. Untersuchung an Superregenerativempfängern

Die Empfindlichkeit eines Superregenerativempfängers ist durch seinen Rauschpegel bestimmt. Man schließt an das Gerät einen Ausgangsleistungsmesser, der infolge des konstanten Rauschpegels eine bestimmte Leistung anzeigt. Nun wird eine so große Eingangsspannung der Abstimmfrequenz angeschaltet, daß das Rauschen auf einen bestimmten Bruchteil, etwa um 10 bis 20 db sinkt. Die angezeigte unmodulierte Spannung des Prüfsenders gibt die Empfindlichkeit des Empfängers an.

Von Interesse ist weiterhin der Zusammenhang zwischen Eingangsspannung und Ausgangsleistung bei zunehmenden Eingangsspannungswerten. Man erhält ähnliche Ergebnisse wie bei einem Empfänger mit selbsttätiger Lautstärkenregelung[2].

Zur Bestimmung der Trennschärfe eignen sich die üblichen Meßverfahren nicht. Es wird folgender Meßvorgang vorgeschlagen[3]: Der Empfänger erhält ein unmoduliertes Signal, auf das er abgestimmt wird und das so groß gemacht wird, daß das Rauschen auf einen bestimmten Wert, z. B. um 10 oder 20 db abfällt. Dann wird das Signal verstimmt und seine Größe so weit erhöht, daß das Rauschen wieder auf den gleichen Wert reduziert wird. Trägt man Verstimmung und Signalspannung in Abhängigkeit voneinander auf, so erhält man die gesuchte Trennschärfenkurve.

[1] Müller, J.: DRP 745 866 (1941).

[2] Einfg. S. 434.

[3] Hazeltine, A., D. Richman u. B. D. Loughin: Electronics **21**, H. 8, S. 99 (1948).

F. Untersuchung von Einseitenbandempfängern

Die oben beschriebenen Meßmethoden lassen sich zum größten Teil auch sinngemäß für die Untersuchung von Einseitenbandempfängern verwenden. Einer besonderen Überprüfung bedarf es bei diesen Empfängern bezüglich der Güte der Wiedergabe.

a) Einseitenbandempfänger mit geschwächtem Träger. Bei diesen Empfängern treten geringe Verzerrungen auf, wenn der Träger genügend verstärkt wird. Er soll ein Mehrfaches der größten Modulationsamplitude betragen. Die Messung erstreckt sich daher vor allem auf die Bestimmung der Erhöhung der Trägeramplitude und das Verhältnis zur maximalen und mittleren Modulationsamplitude. Sind diese Werte bekannt, so läßt sich die Güte der Wiedergabe im wesentlichen berechnen. Zur Messung des gesamten Empfängers ist die Verwendung eines eigenen Signalgenerators mit Einseitenbandabstrahlung erforderlich.

b) Einseitenbandempfänger ohne Träger. Bei diesem Gerät interessiert vor allem die Frequenzrichtigkeit des künstlich zugefügten Trägers. Die Kontrolle erfolgt am einfachsten durch Abhören des Empfanges und bei bekannten Modulationsfrequenzen durch Untersuchung der erhaltenen Niederfrequenzen.

G. Untersuchung von Empfängern für Frequenzmodulation

1. Prüfsender

Prüfsender für Frequenzmodulationsempfänger erzeugen ebenfalls eine einstellbare Hochfrequenz von einigen Zehntel μV bis etwa 100 mV bei veränderbarer Frequenz. Sie gestatten eine Frequenzmodulation mit

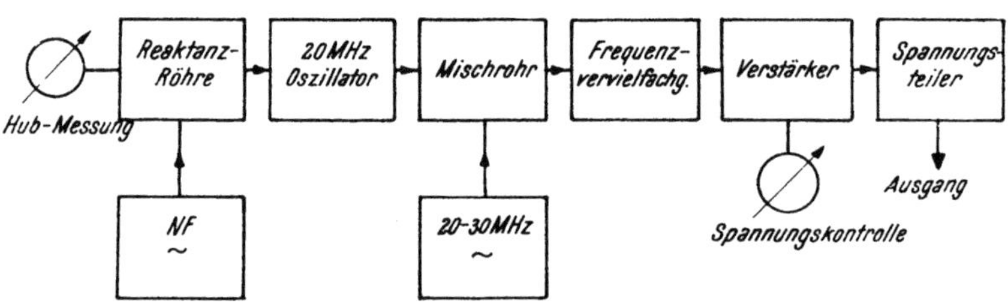

Abb. 300. Prinzipielle Anordnung eines Prüfsenders zur Prüfung von Empfängern für frequenzmodulierte Wellen

einem maximalen Hub von etwa 100 kHz und einer meist festen Modulationsfrequenz. Der Frequenzhub ist veränderbar und seine Größe ist unmittelbar ablesbar. Wichtig ist kleiner Amplitudenmodulationsgrad und phasenreine Modulation. Die Geräte sind meist auch zur Tonfrequenzmodulation mit Hilfe einer äußeren Spannungsquelle geeignet.

Abb. 300 zeigt das Prinzipschema eines Prüfsenders[1]. Die Modulation des Oszillators mit fester Frequenz erfolgt durch eine Reaktanzröhre. Ein

[1] Hill, D. M. u. M. G. Crosby: Electronics **19**, H. 2, S. 96 (1946).

zweiter Oszillator mit veränderbarer Frequenz erzeugt mit der festen eine Schwebung, die zur Erzeugung der Differenzfrequenz in einem Mischrohr benützt wird. Nach Frequenzvervielfachung und Verstärkung wird eine konstante regelbare Hochfrequenzsignalspannung erzeugt, die in einem Spannungsteiler auf die gewünschte Größe gebracht werden kann.

2. Untersuchung der Empfindlichkeit

Die Empfindlichkeit eines Empfängers für Frequenzmodulation ist durch die Eingangsrauschspannung begrenzt. Man kann daher als Empfindlichkeit jene Eingangsspannung angeben, die die gleiche Ausgangsleistung verursacht wie das Empfängerrauschen. Dabei ist ein mittlerer Frequenzhub von beispielsweise 25 kHz zugrunde zu legen. Die Messung wird dann so vorgenommen, daß der Empfänger auf eine derartige Niederfrequenzverstärkung eingestellt wird, daß ein Ausgangsleistungsmesser eine Rauschausgangsleistung bestimmter Größe (z. B. 50 mW) aufweist. Nun wird von dem Signalgenerator eine derartige Signalspannung der Empfangsfrequenz mit einem Frequenzhub von 25 kHz und einer Modulationsfrequenz von 1000 Hz abgegeben, daß die Ausgangsleistung auf das Doppelte steigt. Die vom Prüfsender abgegebene Leistung ergibt die Grenzempfindlichkeit.

Da indes eine dem Rauschpegel gleiche Signalgröße nicht mehr als brauchbarer Empfang angesehen werden kann, wird oft auch als Empfindlichkeit eine um 30 db höhere Eingangsspannung angegeben.

Der Empfänger gibt nur dann einen störungsarmen Empfang, wenn eine Amplitudenbegrenzung vorhanden ist. Diese kommt aber nur bei einer bestimmten Mindestgröße der Eingangsspannung zustande. Es kann daher auch die Empfindlichkeit des Empfängers durch jene Leistung als gegeben angesehen werden, bei der die Amplitudenbegrenzung einzusetzen beginnt. Eine solche Festsetzung hat natürlich nur bei jenen Empfängern einen Sinn, deren Amplitudenbegrenzung bei Leistungen einsetzt, die wesentlich oberhalb der durch das Rauschen bedingten Grenzempfindlichkeit liegen. Die Messung erfolgt dann in der Weise, daß bei schwachem Hub die Signalspannung allmählich gesteigert wird und die Zunahme der Ausgangsspannung gemessen wird. Das Ansprechen des Begrenzers wird durch eine Verringerung der Zunahme der Ausgangsspannung festgestellt.

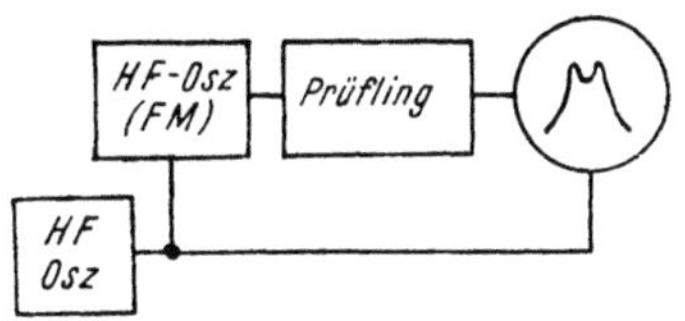

Abb. 301. Anordnung zur Untersuchung der Bandbreite

3. Untersuchung der Bandbreite

Die Untersuchung der Bandbreite des Hochfrequenzteiles des Empfängers wird mit Hilfe eines Kathodenstrahloszillographen vorgenommen. Eingangsseitig wird die Spannung eines gewobbelten (frequenzmodulierten) Oszillators dem Prüfling zugeführt, s. Abb. 301. Die Wobbelung wird durch einen Oszillator hervorgerufen, der auch gleichzeitig die Zeitablenkung der Kathodenstrahlröhre verursacht.

Zur Festsetzung des Frequenzverlaufes ist das Anbringen von Frequenzmarken bei der Aufzeichnung der Kathodenstrahlröhre zweckmäßig. *Passive* Frequenzmarken kommen durch angeschlossene Absorptionskreise zustande. Als *aktive* Marken werden die Seitenbänder eines amplitudenmodulierten Oszillators vorgeschlagen[1].

4. Untersuchung der Trennschärfe

Bei der Untersuchung der Trennschärfe ist es unerläßlich, mit zwei Hochfrequenzspannungsquellen, einem Nutz- und einem Störsender zu arbeiten. Zunächst wird vom Nutzsender ein Signal mit 1000 Hz Modulationsfrequenz und etwa 25 kHz Hub abgegeben, das die Rauschleistung genügend übersteigt und ein einwandfreies Arbeiten der Amplitudenbegrenzung ermöglicht. Die Modulation des Nutzsenders wird nun abgeschaltet und ein Störsender mit der gleichen Modulationsfrequenz aber 75 kHz Hub eingeschaltet und auf verschiedenen benachbarten Frequenzen mit einer solchen Amplitude betrieben, daß im Empfänger wieder die gleiche Ausgangsleistung erhalten wird. Die ermittelte Abhängigkeit des Verhältnisses von Störfeldstärke zu Nutzfeldstärke wird als Funktion der Verstimmungsfrequenz aufgetragen und ergibt die Trennschärfenkurve. Es empfiehlt sich dieselbe bei verschiedenen Nutzfeldstärken aufzunehmen.

5. Untersuchung der Wiedergabsgüte

Bei der Untersuchung der *Amplitudengetreuheit* der Wiedergabe wird bei konstanter Modulationsfrequenz und Eingangssignalspannung der Frequenzhub allmählich geändert und die Änderung der niederfrequenten Ausgangsspannung im Empfänger gemessen. Es soll bei verschiedenen Signalspannungen gemessen werden.

Die Untersuchung der *Frequenzgetreuheit* erfolgt in der Weise, daß bei konstanter Signalfrequenz und konstantem Hub die Modulationsfrequenz geändert wird und die Änderung der niederfrequenten Ausgangsspannung in Abhängigkeit der Frequenz aufgezeichnet wird.

Die *Formgetreuheit* wird in der Weise geprüft, daß bei sinusförmiger Modulationsspannung der Klirrfaktor der Ausgangsspannung gemessen wird. Es wird die Abhängigkeit des Klirrfaktors von dem Hub untersucht. Es kann auch die Modulationsspannung auf das eine und die niederfrequente Ausgangsspannung auf das andere Plattenpaar einer Kathodenstrahlröhre gelegt werden und die Linearität der Kurve untersucht werden. Diese Messung ist besonders geeignet, um den maximal zulässigen Hub des Empfängers zu bestimmen. Es soll meist unter Zuhilfenahme eines Phasenschiebers eine Gerade auf dem Schirm der Kathodenstrahlröhre erhalten werden.

6. Untersuchung der Frequenzkonstanz

Die Frequenzkonstanz eines Empfängers ist durch die Stabilität des Empfängeroszillators bestimmt. Bei Empfängern für frequenzmodulierte Wellen ist indes neben der statischen auch noch die dynamische Stabilität

[1] Sterling, H. T. u. A. Sobel: Audio Engrg. **35**, 18 (1951).

des Empfängers zu untersuchen. Vielfach weisen die Oszillatoren besonders bei sehr kurzen Wellen eine unerwünschte Frequenzmodulation auf. Ihre Ursache kann vor allem eine Restwechselspannung an der Anode oder das Wechselmagnetfeld des Heizfadens sein.

Die Messung erfolgt nach XI, D dieses Abschnittes.

7. Untersuchung der Störfestigkeit

Die Untersuchung der Störfestigkeit gegen frequenzmodulierte Sender ist durch die Messung der Trennschärfenkurve durchzuführen. Eine weitere Untersuchung hat sich auf die Störfestigkeit gegen amplitudenmodulierte Sender zu erstrecken. Sie wird in gleicher Weise durchgeführt, wie die Messung der Trennschärfe, doch tritt an Stelle des frequenzmodulierten Senders ein zu 90 Prozent amplitudenmodulierter. Es wird in gleicher Weise eine Störfestigkeitskurve aufgenommen (entsprechend der Trennschärfenkurve). Weiter ist die Störfestigkeit gegen Rauschstörungen zu bestimmen. An Stelle des zweiten modulierten Generators tritt ein geeichter Rauschgenerator (s. zweiter Abschn., IV). Es wird bei verschiedenen Nutzspannungen und verschiedenen Frequenzhüben jene Rauschspannung bestimmt, die eine Verdopplung der Ausgangsleistung hervorruft.

Die Störfestigkeit des Empfängers hängt wesentlich von der Güte der *Begrenzereinrichtung* ab. Zu ihrer Prüfung wird folgender Weg vorgeschlagen[1]:

Der Begrenzer erhält eine unmodulierte Hochfrequenzspannung U_1. Ihre Größe wird geändert und vor und nach dem Begrenzer gemessen. Sodann wird dieser eine zweite unmodulierte Hochfrequenzspannung U_2 überlagert. Sie wird auf den Wert $U_2 = 0{,}1$ V eingeregelt. Die an einem nach dem Begrenzer angeordneten Gleichrichter noch auftretende Differenzfrequenzspannung U_d wird gemessen. Sie ist ein Maß für die Wirkungsweise des Begrenzers.

H. Untersuchung an Empfängern für Impulsmodulation[2]

Da auch diese Empfänger mit Amplitudenbegrenzung und auf einem breiten Frequenzband arbeiten, ist die Messung der Empfindlichkeit in ähnlicher Weise wie bei Empfängern für Frequenzmodulation durchzuführen. Auch für die Untersuchung der Wiedergabsgüte gelten die gleichen Gesichtspunkte wie oben.

Die Messungen erfolgen mit Hilfe eines Prüfsenders mit Impulsmodulation. Je nach Art der Impulsmodulation (Impulsweite-, Impulseinsatz-, Impulskodemodulation) sind die Prüfsender dieser besonders angepaßt.

So wird z. B. vorgeschlagen, insbesondere zur Prüfung von Radargeräten mit einer Impulsdauer von 2 μs und einer Impulsfolgefrequenz des Signalgenerators von 1000 Hz zu arbeiten[3].

---

[1] Plump, E. H.: Hochfrequenztechn. u. Elektroak. **52**, 73 (1938).

[2] Prinzip der Impulsmodulation: s. Einfg. S. 171, 679.

[3] Petit, J. M.: Receiver General Considerations in „Very High Frequency Techniques", S. 627 (1947).

Bei der Untersuchung der Störfestigkeit ist zwischen Impulsstörungen, Störungen kontinuierlicher Wellen und Rauschspannungsstörungen zu unterscheiden. Bei Störungen mit veränderbaren Frequenzen sind insbesondere die benachbarten Störfrequenzen von Interesse. Es können Trennschärfenkurven aufgenommen werden, die angeben, wievielmal größer das Störsignal als das Nutzsignal sein muß, um eine Störwirkung zu verursachen. Zur Messung sind zwei Signalgeneratoren erforderlich. Bei der Messung der Rauschspannungsstörungen wird mit Hilfe eines impulsmodulierten Prüfsenders auf der Empfangswelle ein Nutzsignal ausgesendet und gleichzeitig mit Hilfe eines Rauschspannungssenders ein Störsignal abgegeben. Das Verhältnis von Rausch- zu Nutzsignal gibt die Störfestigkeit.

J. Untersuchung von Empfängern für Telegraphie

Die Empfindlichkeit eines Empfängers für Telegraphie wird bei *Amplitudentastung*[1] und Hörempfang bestimmt, indem jenes Hochfrequenzsignal ermittelt wird, bei dem eine Ausgangsleistung von beispielsweise 1 mW erhalten wird. Die Störleistung soll dabei einen Wert von 0,1 mW nicht übersteigen.

Die meisten Telegraphiesender arbeiten unmoduliert. Die Tastzeichen werden als Schwebung empfangen. Die Prüfung dieser Empfänger kann wie folgt vorgenommen werden:

Zunächst wird ein geeichter Prüfsender auf eine solche Frequenz eingestellt, daß im Empfängerausgang ein Schwebungston von 400 Hz erhalten wird. Nun wird der Sender abgeschaltet und der Empfänger auf eine solche Empfindlichkeit gebracht, daß eine Ausgangsstörleistung von 0,1 mW erhalten wird; wird diese nicht erreicht, so wird der Empfänger auf höchste Empfindlichkeit eingestellt. Nun wird der Prüfsender wieder eingeschaltet und seine Ausgangsleistung so groß gemacht, daß im Empfänger eine niederfrequente Ausgangsleistung von 1 mW erhalten wird. Diese Spannung bestimmt seine Empfindlichkeit.

Bei *Frequenztastung*[2] und Verwendung einer Amplitudenbegrenzung wird die Empfindlichkeit durch jene Eingangsspannung, die zur Betätigung der Amplitudenbegrenzung notwendig ist, bestimmt.

Bei Schreibempfang ist die Empfindlichkeit durch jene Eingangsspannung bestimmt, die die zur Auslösung des Schreibers erforderliche Leistung liefert.

Von großem Interesse ist bei Telegraphieempfängern auch die Messung der Zeichengeschwindigkeit. Sie wird in *Baud*[3] gemessen. Am einfachsten ist es als Zeichenfolge eine Impulsfolge zu verwenden. Die abgegebene und aufgenommene Impulszahl wird mit Hilfe eines Zählwerkes ermittelt. Die zulässige Zeichengeschwindigkeit ist durch eine bestimmte Fehlerzahl (Abweichung zwischen richtig aufgenommenen und abgegebenen Zeichen)

---

[1] Einfg. S. 654.

[2] Einfg. S. 656.

[3] Einfg. S. 654.

begrenzt. (Bei Hörempfang wird in der Regel noch das Verfahren der Zeichengruppensendung verwendet.)

Die Trennschärfe eines Empfängers wird bei ungedämpfter wie tonmodulierter Telegraphie sowie auch Frequenztastung durch Prüfung mittels eines zweiten Senders (Störsenders), der in Nachbarfrequenzgebieten arbeitet, untersucht. Es ist am einfachsten, einen unmodulierten Sender zu verwenden. Es wird das Störsignal gleich dem Zeichensignal bei Verwendung einer Tonselektion im zu prüfenden Empfänger gemacht.

K. Messung von Störspannungen[1]

Besonders auf dem Gebiete des Rundfunkempfanges auf Mittelwellen wird die Güte des Empfanges und seine Reichweite wesentlich beeinflußt durch das Vorhandensein von Störspannungsquellen. Die von ihnen erzeugten Störspannungen überstreichen meist das ganze in Frage kommende Frequenzspektrum gleichmäßig oder stellen aperiodische Entladungen dar, wodurch die Schwingkreise der Empfangsgeräte zu Schwingungen auf deren Eigenfrequenz angeregt werden.

Um einheitliche Meßergebnisse zu erhalten, ist der Störspannungsmessung ein Frequenzband ganz bestimmter Breite zugrunde zu legen. Ein *Störspannungsmeßgerät* zeigt daher im allgemeinen die Bauart eines Überlagerungsempfängers mit bestimmter zwischenstaatlich festgelegter Bandbreite (etwa 8 bis 10 kHz). An Stelle des Lautsprechers ist ein Geräuschwertanzeiger angeschlossen. Der Eingangswiderstand der Geräte beträgt meist einige hundert Ohm. Die Geräte werden zur Messung auf das Frequenzgebiet, das zu untersuchen ist, abgestimmt. Sie gestatten meist eine Einstellung innerhalb eines Frequenzgebietes von 0,1 bis 20 MHz. Die Eichung der Empfänger erfolgt mit Hilfe eines Meßsenders bekannter Ausgangsspannungen.

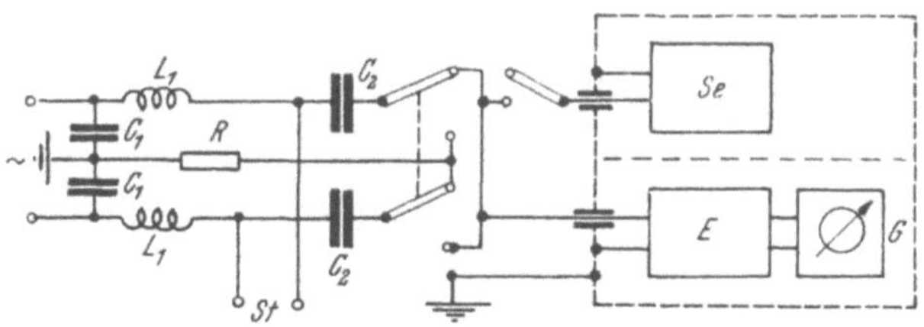

Abb. 302. Störspannungsmeßgerät

Die meisten Störspannungsquellen sind aus dem Netz betrieben. Dieses stellt aber auch gleichzeitig eine mehr oder minder große Belastung für die Störspannung selbst dar. Zur Vermeidung von Fehlresultaten durch die Verschiedenheit der Netzwiderstände ist daher das Netz von der Störspannungsquelle möglichst zu trennen. Dies geschieht mit Hilfe einer sogenannten Netznachbildung (s. Abb. 302), über die der Störer an das

[1] ETZ **62**, 989 (1941); **63**, 197 (1942); **64**, 226, 468 (1943). — Keinath, G.: ATM V 55—3 (1939). — Benz, F.: Grundlagen der Rundfunkentstörung (1949).

Netz angeschlossen ist und die Drosseln L_1 enthält. Um dem Störer selbst eine bestimmte Belastung zu geben, ist er netzseitig über die Kondensatoren C_2 durch den Widerstand R und den Empfänger E, der den gleichen Eingangswiderstand aufweist, belastet.

Nun erzeugt der Störer aber nicht nur eine Störspannung zwischen den Netzklemmen (*symmetrische Störspannung*), sondern auch eine Störspannung zwischen je einem Netzleiter und der Erde (*unsymmetrische Störspannung*). In der Praxis ist die symmetrische Störspannung, die durch den niederen Wellenwiderstand der Netzleitung stark belastet wird, sogar im allgemeinen gegenüber der unsymmetrischen Störspannung, die wesentlich weniger belastet wird, zu vernachlässigen. Es ist daher üblich, vor allem eine Messung dieser beiden unsymmetrischen Spannungen vorzunehmen. Abb. 302 zeigt eine dazu geeignete Einrichtung. Die Messung wird folgendermaßen vorgenommen: Erst wird das Meßgerät bezüglich seiner Empfindlichkeit mit Hilfe des Prüfsenders *Se* geeicht. Dann wird der Prüfsender abgeschaltet und die zu untersuchende Störquelle in Betrieb genommen. Der Empfänger zeigt einen bestimmten Eingangswiderstand von z. B. 150 Ohm. Mit diesem Wert ist der eine Anschluß des Störers durch den Empfänger und der andere Anschluß durch einen Ohmschen Widerstand belastet. Bei Betätigung des zweipoligen Umschalters werden Widerstand und Empfänger an die andere Netzleitung umgeschaltet.

Als Funkstörspannung wird der Effektivwert der Störspannung am Störspannungsmeßgerät bezeichnet (und zwar innerhalb des bestimmten Frequenzbandes), die den selben Ausschlag gibt wie die sinusförmige Spannung des Prüfsenders auf der Abstimmfrequenz.

Die Störspannungsmessung gibt indes nur einen Aufschluß über die Störspannung, die durch einen Störer den Netzanschlußklemmen eines Funkgerätes zugeführt werden. Störer, die nicht am Netz angeschlossen sind oder Störer, die vorwiegend durch hochfrequente Wellen im Raum strahlen, werden hiedurch nicht erfaßt. Ihre Störungsfähigkeit wird mit Hilfe eines Empfängers gemessen, an dessen Ausgang an Stelle eines Lautsprechers ein Geräuschwertzeiger angeschlossen ist. Man mißt jene Entfernung, in der in der Anzeigevorrichtung gerade keine Störung mehr festgestellt werden kann und bezeichnet diese als *Störweite*.

Die Funkenstörung eines Störgerätes wird durch die Größe der Störspannung und der Störweite angegeben.

XI. Untersuchung an Schwingungserzeugern

A. Allgemeine Untersuchungen an Schwingungserzeugern

1. Untersuchung der Frequenz

Sie erfolgt mit Hilfe eines Frequenzmessers. Zur Untersuchung der Frequenzkonstanz eignet sich vor allem eine Schwebungsmethode. Liegt die Differenzfrequenz im Niederfrequenzgebiet, so erfolgt ihre Messung nach einem im dritten Abschn., X, B, angegebenen Verfahren.

Ist der Frequenzunterschied gegenüber dem Vergleichssender so gering, daß die Differenzfrequenz unter 1 Hz liegt, so benützt man eine Phasenmessung.

Es wird z. B. die Spannung des einen Senders auf das eine und die des Vergleichssenders auf das andere Plattenpaar einer Kathodenstrahlröhre gelegt. Es kann aber auch erst eine Frequenztransformation vorgenommen werden, worauf die Differenzfrequenzen, die man durch Überlagerung mit einem Oszillator und nachfolgender Demodulation erhält, an die beiden Ablenksysteme gelegt werden. Die Vergleichsfrequenz wird so eingestellt, daß ein stehendes Bild entsteht[1].

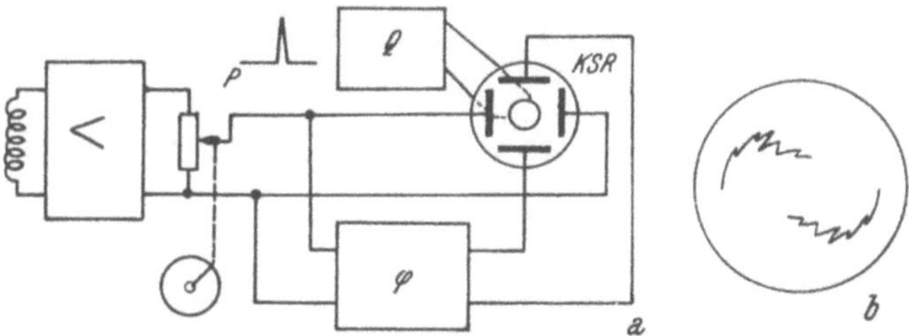

Abb. 303. Untersuchung der Frequenzabweichung eines Senders. *a* Prinzipschaltung, *P* Potentiometer durch Motor betrieben zur Erzeugung der Kreisaufzeichnung mit veränderlichem Durchmesser, *φ* Phasenschieber, *Q* Impulsgenerator, *b* Kathodenstrahlaufzeichnung

Eine Registrierung der Phasenverschiebung zweier Schwingungen mittels Kathodenstrahlröhre kann auch wie folgt vorgenommen werden:

Die zu untersuchende Frequenz wird nach Herstellung einer gleich großen Amplitude mit 90° Phasenverschiebung zur Kreisaufzeichnung auf einer Kathodenstrahlröhre benützt. Die Vergleichsfrequenz wird als Helligkeitssteuerung aufgedrückt. Es empfiehlt sich den Kreisdurchmesser laufend zu verändern. Abb. 303 *a* zeigt den prinzipiellen Aufbau der Anordnung. Man erhält dann bei geringer Frequenzdifferenz die in Abb. 303 *b* gezeigte Aufzeichnung auf der Kathodenstrahlröhre. In der Regel erfolgt der Anschluß der Schwingungserzeuger nach Heruntertransformation durch Frequenzteilung, wodurch sich die Phasenabweichungen verringern.

2. Untersuchung des Oberwellengehaltes

Die Messung der von der Sendeantenne abgestrahlten Oberwellen erfolgt mit Hilfe eines Feldstärkenmessers, indem die Feldstärken aller vom Sender abgestrahlten Wellen der Reihe nach gemessen werden.

Häufig will man jedoch auch den Oberwellengehalt des Senders vor der Antenne, dessen Kenntnis besonders bei beweglichen Sendern von Interesse ist, messen. Die Feldstärkenmessung gibt dann keine genauen Anhaltspunkte, denn die Meßergebnisse werden durch die Verschiedenheit der Richtdiagramme der einzelnen Wellen und die Frequenzabhängigkeit der Antennenimpedanz beeinflußt.

[1] Nüsslein, G.: Hochfrequenztechn. u. Elektroak. **53**, 89 (1939).

Es wird deshalb der Sender durch einen Ohmschen Widerstand belastet und die Hochfrequenzspannungen werden bei verschiedenen Frequenzen mit Hilfe eines durch Prüfsender geeichten Röhrenvoltmeters gemessen[1].

Bei großem Oberwellengehalt eignet sich zur Messung die Kathodenstrahlröhre. Das eine Plattenpaar erhält die zu untersuchende Frequenz, das andere eine vom gleichen Sender abgeleitete sinusförmige Wechselspannung meist einer anderen Frequenz, z. B. die Grundfrequenz des Senders. Man erhält eine Lissajous-Figur, aus der insbesondere sofort auch das Frequenzverhältnis entnommen werden kann.

Weiter läßt sich der Oberwellengehalt durch einen Hochfrequenzklirrfaktormesser oder mit Hilfe eines Suchtonverfahrens bestimmen, s. dritter Abschn., XI.

3. Bestimmung der Leistung und des Wirkungsgrades

Die Messung der von einem Schwingungserzeuger abgebbaren Hochfrequenznutzleistung P_{wn} erfolgt mit Hilfe eines Ohmschen Widerstandes, der an den Schwingkreis des Oszillators mit veränderbarer Kopplung angeschlossen wird. Die Kopplung wird so lange verändert, bis der geforderte Übertragungswiderstand erreicht ist. Die Leistung wird bei bekannten Widerständen mit Hilfe einer Strommessung bestimmt. Bei Verwendung von wassergekühlten Widerständen ist auch eine kalorische Messung möglich. Bei Belastung mit Glühlampen kann die Leistung aus der Temperatur, bzw. Glühfarbe des Leuchtfadens bestimmt werden, dessen Leistungsaufnahme mit Gleichstrom vorher geeicht wurde (Photowattmeter).

Zur Bestimmung der Leistungsabgabe an einen unbekannten Scheinwiderstand, z. B. die Antenne, bedient man sich zweckmäßigerweise der Dreivoltmetermethode sowie auch der Dreiamperemetermethode, s. dritter Abschn., IV.

Der Wirkungsgrad eines Schwingungserzeugers wird erhalten, wenn noch die Gleichstromleistungsaufnahme bestimmt wird. Die maximale Leistungsabgabe einer Senderöhre ist jene Leistung, die bei der höchstzulässigen Anodenverlustleistung erhalten wird. Die Anodenverlustleistung P_v ist die Differenz zwischen Gleichstromleistung P_{Gl} und Wechselstromleistung P_w,

$$P_v = P_{Gl} - P_w. \tag{4, 111}$$

Die Wechselstromleistung P_w setzt sich zusammen aus der Wechselstromnutzleistung P_{wn} und der im Schwingkreis verbrauchten Leistung P_{ws}:

$$P_w = P_{wn} + P_{ws}. \tag{4, 112}$$

Die Anodenverlustleistung kann insbesonders bei wassergekühlten Senderöhren auch durch eine kalorimetrische Messung bestimmt werden. Es wird die Temperaturerhöhung und die sekundliche Kühlwassermenge gemessen, s. VII dieses Abschn.

[1] Pinkerton, D. C. u. N. H. Shepherd: Electronics 23, H. 4, S. 97 (1950).

Der günstigste Ausgangswiderstand einer Senderöhre wird durch Parallelschalten eines Hochohmwiderstandes bekannter veränderbarer Größe zu dem im Anodenkreis liegenden Parallelresonanzkreis oder durch Reihenschalten eines kleinen veränderlichen Ohmschen Widerstandes bekannter Größe zur Induktivität oder Kapazität des Schwingkreises gemessen. Ist der Resonanzwiderstand R_{res} des Schwingkreises, bzw. sein Dämpfungswiderstand R_d bekannt, so ist, wenn R_p der parallel-, bzw. R_r der reihengeschaltete Widerstand ist, der gesuchte Außenwiderstand R_a gegeben durch

$$R_a = \frac{R_{res} \cdot R_p}{R_{res} + R_p} \quad \text{oder} \quad R_a = \frac{L}{C \cdot (R_d + R_r)}. \qquad (4, 113)$$

4. Untersuchung der Arbeitsweise von Senderstufen

Zur Untersuchung der Arbeitsweise einer Senderstufe ist es zweckmäßig, den zeitlichen Verlauf folgender Spannungen und Ströme mit Hilfe einer Kathodenstrahlröhre aufzunehmen:

1. Anodenspannung, 2. Gitterspannung, 3. Anodenstrom, 4. Gitterstrom.

Das Horizontalsystem erhält eine Kippspannung, die zu untersuchenden Größen werden an das Vertikalsystem gelegt. Wichtig ist die gleichzeitige Aufzeichnung der Nullinie durch periodisches Kurzschließen der zu messenden Größen. Wünschenswert ist die Verwendung von Mehrfachoszillographen zur gleichzeitigen Darstellung mehrerer Kurven.

Vielfach tritt bei stark ausgesteuerten Sendeverstärkern eine beträchtliche Gitteremission auf. Man mißt sie, indem die Röhre zuerst in gewohnter Weise betrieben wird, dann die Anodenspannungsquelle rasch zwischen Gitter und Anode geschaltet und der Elektronenstrom gemessen wird.

5. Untersuchung der Einschwing- und Abklingvorgänge

Sie werden durch oszillographische Aufnahme mit gleichmäßiger Impulsfolge getasteter kurzer Impulse bestimmt. Getastet wird die Anodenspannung oder Gitterspannung mit möglichst genau rechteckförmigen Impulsspannungen.

Bei Schwingungserzeugern mit veränderbarer Rückkopplung ist auch vielfach die Abhängigkeit des Einsatzpunktes und der Schwingungsamplitude von der Größe der Rückkopplung von Interesse. Man erhält vielfach bei zunehmender und abnehmender Rückkopplung an verschiedenen Punkten Einsetzen, bzw. Abreißen der Schwingungen. Eine ähnliche Kurve ergibt sich, wenn man die Schwingungsamplitude in Abhängigkeit der Gittervorspannung aufträgt (Reißdiagramm).

B. Untersuchung amplitudenmodulierter Sender

1. Messung des Modulationsgrades[1]

Die Bestimmung des Modulationsgrades erfolgt zumeist durch Messung der Größe der mittleren Trägerspannung und der nach Gleichrichtung erhaltenen Modulationsspannung. Abb. 304 zeigt eine solche Schaltung. Die modulierte Hochfrequenz des Senders gelangt über den veränderbaren Kopplungskondensator C_1 zu einem Abstimmkreis. Die Trägerspannung wird nach Gleichrichtung mit Hilfe des Drehspulinstrumentes J_1 gemessen. Ein Teil der erhaltenen Niederfrequenzspannung wird über den Kondensator C_3 einem Vollweggleichrichter und dem Meßinstrument J_2 zugeführt. Es ist zweckmäßig durch Verändern von C_1 den Ausschlag am Instrument J_1 auf einen bestimmten durch eine Marke festgelegten Wert einzustellen, dann kann J_2 in Prozenten des Modulationsgrades geeicht sein.

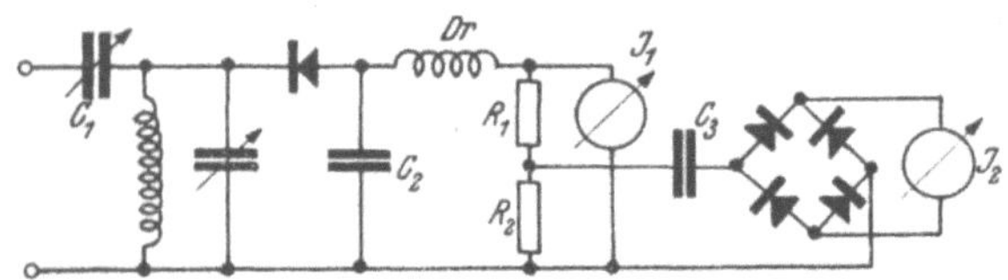

Abb. 304. Schaltung zur Messung des Modulationsgrades bei Amplitudenmodulation

Legt man die der Trägeramplitude proportionale Spannung an die eine Wicklung eines Kreuzspulinstrumentes und die der Modulationsamplitude proportionale an die zweite Wicklung, so kann dieses ebenfalls unmittelbar den Modulationsgrad in Prozenten angeben[2].

Bei sinusförmiger Modulationsamplitude läßt sich auch der Modulationsgrad mit Hilfe eines die mittlere Trägerspannung und eines zweiten die Spitzenspannung messenden Instrumentes bestimmen. Der Modulationsgrad ist das Verhältnis der Differenz von Spitzenspannung der modulierten Spannung und Spitzenspannung der Trägerspannung zu Spitzenspannung der Trägerspannung.

Der Modulationsgrad eines Senders kann auch aus der Erhöhung der Wechselstromleistung bei Modulation gegenüber dem unmodulierten Zustand bestimmt werden. Voraussetzung ist dabei, daß sich der Träger nicht durch Aufdrücken der Modulation ändert. Man findet

$$m = \sqrt{2\left(\frac{P_{ges}}{P_t} - 1\right)}. \qquad (4, 114)$$

Hiebei bedeutet m den Modulationsgrad, P_{ges} die Gesamtleistung bei Modulation und P_t die Trägerleistung allein.

In der Regel wird an Stelle der Leistung die Stromstärke an einem Ohmschen Widerstand oder in einem Schwingkreis gemessen. Statt P_{ges}/P_t ist dann das Verhältnis der Stromquadrate einzusetzen. Die Messung erfolgt in der Weise, daß am Meßgerät erst der Strom im unmodulierten und dann im modulierten Zustand gemessen wird.

[1] Henkler, O. u. R. Otto: ATM V 3718—2 (1941).

[2] DRP 585989.

Zur Messung des Modulationsgrades eignet sich auch der Kathodenstrahloszillograph. Man legt an das eine Plattenpaar die modulierte Hochfrequenzspannung, an das andere eine Kippspannung der Modulationsfrequenz oder diese direkt an. In Abb. 305 sind die dabei erhaltenen Aufzeichnungen angedeutet. Abb. 305 *a* zeigt die bei normaler Modulation und

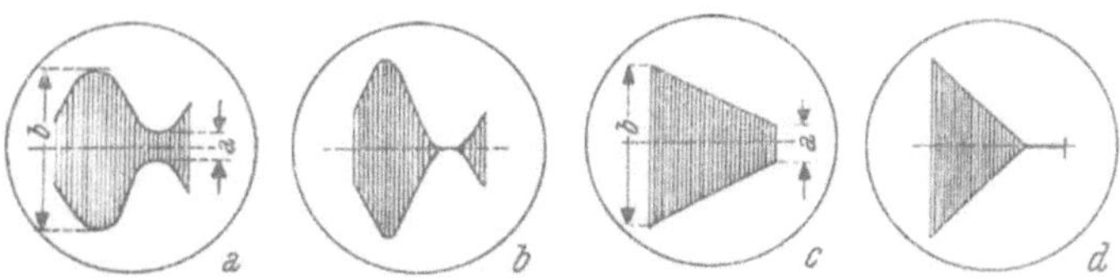

Abb. 305. Modulationsgradmessung mittels Kathodenstrahlröhre. *a* Kathodenstrahlaufzeichnung bei modulationssynchronisierter zeitproportionaler Ablenkung. *b* Gleiche Aufzeichnung wie bei *a*, jedoch bei Übermodulation. *c* Kathodenstrahlaufzeichnung bei unmittelbarer Steuerung des Horizontalsystems durch die Modulation. *d* Gleiche Aufzeichnung wie in *c*, jedoch bei Übermodulation

zeitproportionaler Auflösung mit der Modulationsfrequenz als Kippfrequenz erhaltene Aufzeichnung. Der Modulationsgrad bestimmt sich aus

$$m = \frac{b - a}{b + a}. \qquad (4, 115)$$

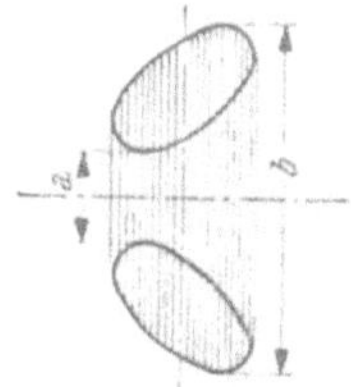

Abb. 306. Modulationsgradmessung mittels Kathodenstrahlröhre. Aufzeichnung wie in Abb. 305 *c*, jedoch bei Phasenverschiebung zwischen Zeitablenkung und Modulation

Abb. 305 *b* zeigt dieselbe Darstellung bei Übermodulation. Legt man an das Horizontalablenksystem unmittelbar die Modulationsspannung, so erhält man bei normaler Modulation eine Aufzeichnung von der in Abb. 305 *c* dargestellten Form und bei Übermodulation eine solche von der Form der Abb. 305 *d*. Der Modulationsgrad wird nach Gl. (4, 115) bestimmt.

Die in Abb. 305 *c* und 305 *d* gezeigten Kurven entstehen nur bei Gleichphasigkeit von Modulationsspannung und Ablenkspannung der Kathodenstrahlröhre. Bei Phasenverschiebung erhält man die in Abb. 306 dargestellte Aufzeichnung. Indes erhält man auch in diesem Fall den Modulationsgrad aus *a* und *b* nach Gl. (4, 115).

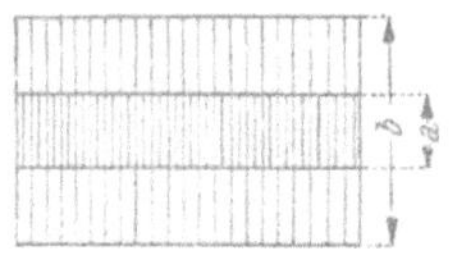

Abb. 307. Modulationsgradmessung bei Verschiedenheit zwischen Ablenk- und Modulationsspannung

Ist jedoch die Modulationsfrequenz von der Ablenkfrequenz verschieden, so erhält man eine rechteckförmige Kathodenstrahlaufzeichnung, bei der *b* die Höhe des Rechteckes ist, während *a* die Grenze einer Aufhellung der durch den Kathodenstrahl aufgezeichneten Rechteckfläche ist, s. Abb. 307.

Legt man die modulierte Hochfrequenz nach Aufspaltung in zwei gegeneinander um 90° phasenverschobene gleiche Spannungen an die beiden Ablenkplatten einer Kathodenstrahlröhre, so erhält man die in Abb. 308 gezeigte ringförmige Aufzeichnung, aus der wieder mit Hilfe a und b der Modulationsgrad m bestimmt werden kann.

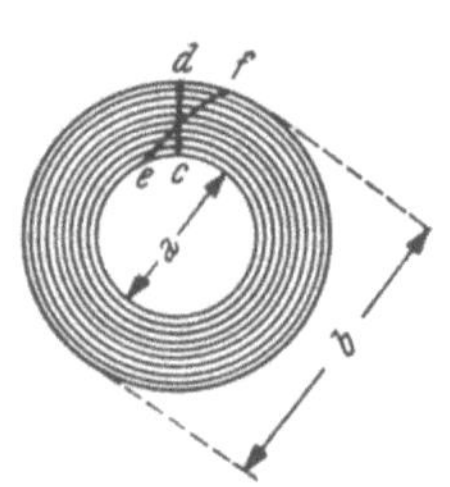

Abb. 308. Kathodenstrahlaufzeichnung amplitudenmodulierter Schwingungen bei Kreisaufzeichnung mit Radialsteuerung (Polarkoordinatenschreiber)

Die gleiche Aufzeichnung ergibt sich auch, wenn die Hochfrequenz durch Überlagerung in eine Zwischenfrequenz transformiert wird und diese nach Aufspaltung der Kathodenstrahlröhre zugeführt wird. Die Erzeugung der Phasenverschiebung von 90° wird dadurch einfacher, da stets die gleiche Zwischenfrequenz verwendet werden kann.

Die Modulation der im Betrieb befindlichen Sender wird in der Regel mit einem sogenannten *Aussteuerungsmesser*[1] kontrolliert. Er mißt die Tonfrequenzamplituden des Senders, ist aber meist in Prozenten geeicht. Die Empfindlichkeit ist so gewählt, daß beim üblichen Leistungspegel von 1,55 V volle Aussteuerung (100 Prozent) angezeigt wird. Die Einstellzeit muß so klein sein, daß auch noch Impulse bis herab zu 10 ms annähernd amplitudengetreu angezeigt werden. Man erreicht dies beispielsweise durch Parallelschalten einer Drossel, durch deren Ohmschen Widerstand länger andauernde Spannungsimpulse gedämpft, kurze dagegen nicht gedämpft werden.

2. Untersuchung der Güte der Modulation

Die Güte der Modulation ist durch ihre Amplituden-, Form- und Frequenzgetreuheit gekennzeichnet. Die Amplitudengetreuheit kann mit Hilfe eines Modulationsgradmessers bestimmt werden. Es wird die Abhängigkeit des Modulationsgrades von der Modulationsspannung bei konstant gehaltenem Träger untersucht.

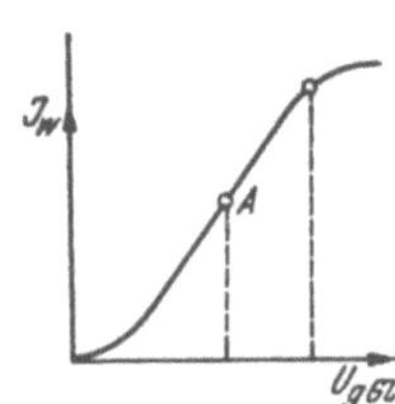

Abb. 309. Verlauf der Telephoniekennlinie

Einen gewissen Aufschluß über die Güte der Modulation erhält man durch Aufnahme der Telephoniekennlinie. An Stelle einer Modulationswechselspannung wird dem Sender eine allmählich geänderte Gleichspannung zugeführt und die Abhängigkeit der Hochfrequenzamplitude davon bestimmt. Abb. 309 zeigt den Verlauf einer *Telephoniekennlinie* (*Schwinglinie*)[2]. Es tritt sowohl bei stark negativen wie auch stark positiven Spannungswerten (von einem bestimm-

---

[1] Nestel, W. u. H. G. Thilo: ETZ 57, 197 (1936). — Rabe, H.: Siemens Austria-Z., 1. Jg. H. 2, 32 (1949).

[2] Möller, H. G.: Die Elektronenröhren und ihre techn. Anwendungen, 2. Aufl., S. 108 (1922).

ten Mittelwert ausgehend) eine Verzerrung auf. Die Telephoniekennlinie wird meist nur bei Gitterspannungs- und bei Anodenmodulation aufgenommen, in der Regel als Abhängigkeit des Hochfrequenzstromes von der Steuerspannung an der Modulationsröhre. Die Telephoniekennlinie eignet sich am besten zur Festlegung der günstigsten Gittervorspannung der Modulationsröhre, um einen möglichst amplituden- und formgetreuen Modulationsverlauf zu erhalten. Es kann auch aus ihr der Klirrfaktor für verschiedene Modulationsgrade bestimmt (vgl. dritter Abschn., XI) und daraus der maximal zulässige Modulationsgrad ermittelt werden.

Will man jedoch die Formgetreuheit der gesamten Modulationseinrichtung und die Sendermodulation untersuchen, so ist der Zusammenhang zwischen der Modulationswechselspannung und der demodulierten Hochfrequenzspannung zu ermitteln. Hiezu eignet sich die Kathodenstrahlröhre. Auf das eine Plattensystem wird die Modulationsspannung nach etwaiger Verstärkung und Phasenverschiebung, auf das andere die demodulierte Hochfrequenz angelegt. Man erhält dann eine Aufzeichnung ähnlich Abb. 287, aus der Amplituden- und Formgetreuheit in der gleichen Weise wie dort beschrieben, bestimmt werden, sofern phasengetreue Verstärkung vorliegt.

Die Formverzerrungen einer amplitudenmodulierten Schwingung lassen sich näherungsweise durch drei Spannungsmessungen ermitteln. Man mißt zunächst die mittlere Trägerspannung U_{mitt}, dann die maximale U_{max} und schließlich die minimale Spannung U_{min}. Die erste Harmonische U_1 und die zweite Harmonische U_2 der Modulation ergeben sich dann unter Vernachlässigung der Wirkung der höheren Harmonischen zu

$$U_1 = \frac{U_{max} - U_{min}}{2}, \qquad U_2 = \frac{U_{max} + U_{min} - 2\,U_{mitt}}{2}. \qquad (4, 116)$$

Daraus erhält man für den Klirrfaktor

$$K = \frac{U_{max} + U_{min} - 2\,U_{mitt}}{U_{max} - U_{min}}. \qquad (4, 117)$$

Für den Modulationsgrad findet man

$$m = \frac{U_{max} - U_{min}}{2\,U_{mitt}}. \qquad (4, 118)$$

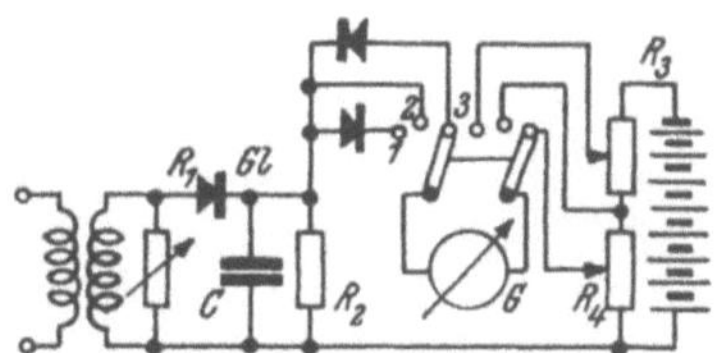

Abb. 310. Messung von Höchst- und Mindestamplitude sowie Trägeramplitude amplitudenmodulierter Schwingungen

Zur Messung eignet sich die in Abb. 310 gezeigte Schaltung. Ein linearer Gleichrichter *Gl* dient zur Demodulation. Der Widerstand R_1 wird so verändert, daß die erhaltene mittlere Gleichspannung gerade gleich ist dem Spannungsabfall einer Gleichspannungsquelle am Widerstand R_4. Die Einstellung erfolgt nach der Kompensationsmethode mittels Galvanometers *G*. Sodann wird das Potentiometer R_3 und R_4 so eingestellt, daß auch bei der Schalterstellung 1 und 3 das Galvanometer keinen Ausschlag zeigt. Das Potentiometer R_4 zeigt dann U_{min}/U_{mitt}, R_3 dagegen $(U_{max}/U_{mitt}) - 1$ an. Es ist zweckmäßig, den beiden Potentiometern eine

Teilung von je 100 Einheiten zu geben. Der Mittelwert der Ablesungen gibt dann den Modulationsgrad an.

Zur laufenden Kontrolle eines Rundfunksenders eignet sich auch eine Anordnung, bei der die Modulationsspannung der von einem Empfangsgerät erhaltenen Niederfrequenzspannung nach Einstellung auf gleiche Amplitude und Phase gegengeschaltet wird. Ein Indikator zeigt an, wenn der Sender Verzerrungen verursacht[1]. Sind keine Verzerrungen vorhanden, so erhält man keinen Ausschlag.

Von gewissem Interesse ist auch der *Frequenzmodulationsgrad* eines amplitudenmodulierten Senders. Ursache einer Frequenzmodulation ist vor allem unsymmetrische Modulation, das heißt größere Amplitude eines Seitenbandes infolge nicht völlig exakter Abstimmung. Da der Frequenzhub sehr gering ist, bereitet seine Messung gewisse Schwierigkeiten. Er wird als Phasenwinkel zwischen der zu untersuchenden und einer Vergleichsfrequenz gemessen.

Einfacher ist es, die zu untersuchende modulierte Schwingung einer zweiten unmodulierten Schwingung zu überlagern, so daß eine niederfrequente Schwebung entsteht. Diese stellt nach Gleichrichtung mittels eines linearen Detektors selbst eine frequenzmodulierte Niederfrequenz mit größerem Verhältnis von Frequenzhub zu Mittelfrequenz dar. Man kann den Frequenzhub durch Schwingungsaufzeichnung mittels Kathodenstrahlröhre und Abmessung der Schwingungsweiten bestimmen.

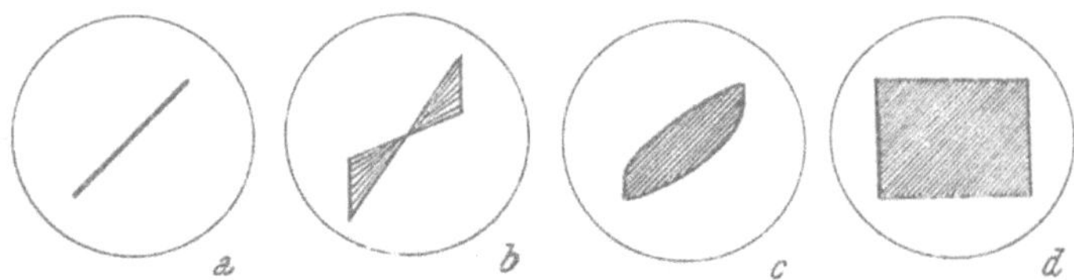

Abb. 311. Untersuchung der Frequenzmodulation mittels Kathodenstrahlröhre

Das Auftreten einer Frequenzmodulation kann auch mit Hilfe einer Kathodenstrahlröhre wie folgt nachgewiesen werden: Legt man beispielsweise an das Vertikalsystem die zu untersuchende Schwingung und an das Horizontalsystem eine unmodulierte Vergleichsschwingung gleicher Mittelfrequenz, so erhält man die in Abb. 311 gezeigten Figuren. *a*) zeigt eine unmodulierte Hochfrequenz, phasengleich mit der Vergleichsfrequenz. Die Figur *b*) erhält man bei reiner Amplitudenmodulation. Bei Frequenzmodulation ergeben sich Leuchtflächen von der Form der Figuren *c*) und *d*) und zwar *c*) bei geringem, *d*) bei großem Frequenzhub.

Benützt man die in Abb. 308 gezeigte Kreisaufzeichnung und verwendet die Vergleichsfrequenz (nach Umwandlung in eine Impulsfolge gleicher Frequenz) zur Helligkeitssteuerung, so erhält man durch die Kathodenstrahlaufzeichnung eine strichförmige Aufhellung oder Verdunkelung. Bei Abwesenheit einer Frequenzmodulation ergibt sich ein radialer Strich, bei Vorhandensein einer sinusförmigen Frequenz- oder

[1] Danzinger, R.: Wireless World **54**, 213 (1948).

Phasenmodulation eine schräge Gerade (bzw. genauer ein Ellipsenstück) oder bei nichtlinearer Modulation eine Kurve, z. B. *e f* in Abb. 308. Das Verfahren eignet sich jedoch nur zur Messung sehr kleiner Phasenhübe. Über die Messung größerer Phasenhübe s. XI, D dieses Abschnittes.

C. Untersuchung an Sendern für Einseitenbandmodulation

Bei der *Einseitenbandmodulation mit Träger* ist die Bestimmung der Größe von Träger und Seitenband von Interesse. Sie erfolgt, indem an einem Belastungswiderstand der Strom J_t ohne Modulation und sodann J_{ges} mit Modulation gemessen wird. Es ist die Seitenbandamplitude gegeben durch

$$J_m = \sqrt{J_{ges}^2 - J_t^2}. \qquad (4, 119)$$

Bei Einseitenbandmodulation mit verringertem Trägerwert kann J_t wesentlich geringer als J_m sein.

Zur Untersuchung, inwieweit Einseitenbandmodulation mit oder ohne Träger vorliegt, eignet sich eine Modulationsgradmessung, wenn der Sender mit nur einer Frequenz moduliert ist. Der Modulationsgradmesser zeigt im Falle als kein Träger vorhanden ist, den Modulationsgrad Null. Ist der Träger schwächer als das Seitenband, so zeigt das Meßgerät das Verhältnis von Träger zu Seitenband in Prozenten an, anderenfalls umgekehrt das Verhältnis von Seitenband zu Träger. Die Messung ist jedoch nur bei starker Verschiedenheit richtig. Etwas genauer ist

$$\frac{J_1}{J_2} = \frac{1}{2m} \pm \sqrt{\frac{1}{4m^2} - 1}, \qquad (4, 120)$$

wenn m der gemessene Modulationsgrad, J_1 und J_2 die Seitenband-, bzw. Trägeramplitude ist. Aber auch diese Gleichung gilt nur für kleine m.

Die Untersuchung des Anteiles des zweiten Seitenbandes (unsymmetrische Modulation) und des Anteiles des Trägers kann auch durch eine Frequenzanalyse mit sehr selektiven Kreisen vorgenommen werden.

Bei *trägerloser Einseitenbandmodulation* liegt eine frequenzgetreue Modulation vor, wenn bei gleichbleibender Modulationsamplitude aber verschiedenen Modulationsfrequenzen immer die gleiche Hochfrequenzamplitude am Sender erhalten wird.

Eine Untersuchung der Güte der Modulationswiedergabe der gesamten Sendeanlage ist nur mit Hilfe eines Prüfempfängers durchzuführen. Es macht jedoch Mühe, einen völlig verzerrungsfrei arbeitenden Empfänger für Einseitenbandmodulation zu bauen.

D. Untersuchung von frequenz- und phasenmodulierten Sendern

1. Messung des Frequenz- und Phasenhubes

Als Frequenzhub wird die bei der Frequenzmodulation infolge der Modulation auftretende Frequenzschwankung $\Delta\,\omega$ bezeichnet. Diese bedingt eine Phasenschwankung, deren Höchstwerte als Phasenhub Φ

bezeichnet werden. Der Zusammenhang ist durch die Modulationsfrequenz ω_M (Häufigkeit der Frequenz- und Phasenschwankung) bestimmt. Es ist

$$\Phi = \frac{\Delta \omega}{\omega_M}. \qquad (4, 121)$$

Zwischen Frequenz- und Phasenmodulation ist daher bei Modulation mit einer Frequenz kein Unterschied[1]. Es kann daher die Messung des Phasenwinkels zur Messung des Frequenzhubes benützt werden und umgekehrt.

Bei großen Frequenzhüben eignet sich am besten ein einwandfrei arbeitender Frequenzdemodulator, z. B. der Phasendiskriminator[2] mit vorangehender Amplitudenbegrenzung[3]. Bei diesem wird die frequenzmodulierte Hochfrequenz in eine amplitudenmodulierte umgewandelt und diese sodann demoduliert. Man erhält eine Gleichspannung, die der Frequenzabweichung gegenüber einer eingestellten Frequenz (der Mittelfrequenz) proportional ist. Der Frequenzdemodulator wird daher zunächst mit bekannten Frequenzen geeicht und eine Kennlinie der Umformung aufgenommen. Innerhalb eines gewissen Bereiches gilt

$$U = a \Delta \omega, \qquad (4, 122)$$

wobei a die Flankensteilheit der Umformerkennlinie ist.

Zur Bestimmung sehr kleiner Frequenzhübe eignet sich die Kathodenstrahlröhre. An das Vertikalsystem wird die zu untersuchende frequenzmodulierte Spannung gelegt, an das andere die unmodulierte Mittelfrequenz. Letztere kann in der Regel aus dem Sender unmittelbar entnommen werden, anderenfalls ist sie mit Hilfe selektiver oder frequenzgeregelter Kreise aus der modulierten Frequenz zu erzeugen. Man erhält auf der Kathodenstrahlröhre infolge der sich ständig ändernden Phasenverschiebung zwischen Momentan- und Mittelfrequenz eine Schar von Ellipsen, die im Augenblick der Gleichphasigkeit in eine Gerade übergehen. Die maximale Phasenabweichung ergibt sich nun nach dem im dritten Abschnitt, IV, Gesagten. Es wird z. B. der Schnittpunkt der größten Ellipse mit der X-Achse und die größte Strahlablenkung in Richtung der X-Achse bestimmt (x_0 und a_1 in Abb. 140), woraus sich nach Gl. (3, 48) der Phasenhub unmittelbar ergibt. Daraus läßt sich nach Gl. (4, 121) auch der Frequenzhub errechnen. Die Messung wird durch das gleichzeitige Vorhandensein einer Amplitudenmodulation nicht gefälscht, da durch diese lediglich die Länge der Ellipsen beeinflußt wird. Bei größeren Frequenz- bzw. Phasenhüben erhält man jedoch die in Abb. 311 *c*, *d* gezeigten Kurvenscharen.

Zur Bestimmung sehr kleiner Phasenhübe eignet sich auch folgendes Meßverfahren: Mit der phasen- oder frequenzmodulierten Spannung wird eine unmodulierte Schwingung in Reihe geschaltet, wobei ihre Größe und ihre Phasenlage so eingestellt wird, daß die Resultierende $\mathfrak{C}$ aus den beiden durch die Mittelfrequenzamplitude $\mathfrak{A}$ und der zusätzlichen Amplitude $\mathfrak{B}$

[1] Einfg. S. 170, 673.

[2] Kettel, E.: Telefunkenröhre, H. 11, S. 213 (1937).

[3] Einfg. S. 506.

gebildeten Zeigern zu $\mathfrak{A}$ senkrecht steht, s. Abb. 312. Dadurch wird die phasenmodulierte Schwingung in eine amplitudenmodulierte umgewandelt. Es ist

$$\Phi = m \frac{\sqrt{B^2 - A^2}}{A}. \qquad (4,\ 123)$$

Hiebei ist m der gemessene Modulationsgrad; B und A sind die Beträge der oben angegebenen Zeiger. Die Einstellung einer 90^0-Phasenverschiebung zwischen $\mathfrak{C}$ und $\mathfrak{A}$ erreicht man am einfachsten, indem man bei konstant gehaltener Amplitude $\mathfrak{B}$ deren Phasenverschiebung so lange ändert, bis der Modulationsgrad ein Maximum wird. Erhält $\mathfrak{B}$ eine Phasenverschiebung von 45^0 gegenüber $\mathfrak{A}$, dann ist $B = A\sqrt{2}$ zu machen.

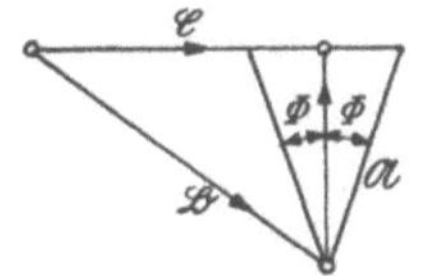

Abb. 312. Bestimmung kleiner Phasenhübe durch Umwandlung in amplitudenmodulierte Schwingung

Von besonderem Interesse ist die Einstellung des Frequenzhubes auf seinen maximalen Wert. Dieser ist im allgemeinen mit 75 kHz festgelegt. Seine Einstellung läßt sich durch die Tatsache erreichen, daß bei Frequenzmodulation der Träger bei bestimmten Modulationsfrequenzen verschwindet. Das Frequenzspektrum der frequenzmodulierten Schwingung findet man aus

$$u = U_{max} \left\{ J_0 \left(\frac{\Delta\omega}{\omega_M}\right) \cos\omega t - J_1 \left(\frac{\Delta\omega}{\omega_M}\right) [\cos(\omega - \omega_M)t - \cos(\omega + \omega_M)t] + \right.$$

$$\left. + J_2 \left(\frac{\Delta\omega}{\omega_M}\right) [\cos(\omega - 2\,\omega_M)t + \cos(\omega + 2\,\omega_M)t] - + \ldots \right\} \qquad (4,\ 124)$$

Hiebei ist U_{max} der Maximalwert der Schwingungsamplitude, J_0 die Bessel-Funktion nullter, J_1 erster Ordnung usw. Man sieht, daß die Trägeramplitude an den Nullstellen der Bessel-Funktion nullter Ordnung verschwindet. Diese sind bei $\Delta\omega/\omega_M = 2{,}405,\ 5{,}52$ usw. Die zum Verschwinden des Trägers erforderlichen Nullstellen sind in Zahlentafel 13 für einen Frequenzhub von 75 kHz angegeben.

Zahlentafel 13

Verschwinden des Trägers	Bei einer Modulationsfrequenz
1. Nullstelle	$f_m = 31\,180$
2. Nullstelle	$f_m = 13\,580$
3. Nullstelle	$f_m = 8\,660$
4. Nullstelle	$f_m = 6\,360$
5. Nullstelle	$f_m = 5\,020$
6. Nullstelle	$f_m = 4\,125$

Die Einstellung des gewünschten Frequenzhubes von 75 kHz erfolgt nun in der Weise, daß bei einer dieser Modulationsfrequenzen der Hub so lange geändert wird, bis der Träger verschwindet. Zur Bestimmung des

Verschwindens des Trägers ist ein Empfangskreis mit außerordentlich großer Trennschärfe erforderlich, derart, daß die nächsten Seitenbänder nicht mehr aufgenommen werden. Dazu ist im allgemeinen die Verwendung von Quarzfiltern notwendig.

Das Verfahren eignet sich natürlich auf Grund Gl. (4, 124) auch zur Einstellung anderer Frequenzhübe. Die zu verwendende Modulationsfrequenz der Zahlentafel 13 ist dann mit einem Faktor F zu multiplizieren, wenn an Stelle von 75 kHz ein anderer Frequenzhub von Δf kHz ($\Delta f = \Delta \omega / 2\pi$) eingestellt werden soll, wobei

$$F = \frac{\Delta f}{75}. \qquad (4, 125)$$

Der Frequenzhub Δf läßt sich auch aus dem Frequenzabstand des Seitenbandes f_s mit maximaler Amplitude bestimmen[1]. Es ist

$$\Delta f = \frac{f_s}{2} + 0{,}81 f_m \sqrt[3]{\frac{\Delta f}{f_m}}. \qquad (4, 126)$$

Hierbei ist f_m die Modulationsfrequenz.

Als *Modulationsgrad* eines Frequenzmodulationssenders wird vielfach das Verhältnis des eben vorhandenen Frequenzhubes zum maximalen (75 kHz) bezeichnet. Er ist also unmittelbar aus einer Frequenzhubmessung zu entnehmen.

2. Untersuchung der Güte von Frequenzmodulationssendern[2]

Zur Untersuchung der Güte eines Frequenzmodulationssenders ist die Verwendung eines besonderen Kontrollempfängers notwendig. Er muß eine über den geforderten Frequenzhub möglichst geradlinig verlaufende Demodulationskennlinie aufweisen, über einen einwandfrei arbeitenden Amplitudenbegrenzer verfügen, eine geradlinige oder die übliche Tonsenkung von 75 μs[3] aufweisende Niederfrequenzcharakteristik und einen möglichst kleinen Klirrfaktor besitzen. Ein Meßgerät gestattet in der Regel unmittelbar die Messung des Modulationsgrades.

Die Messung erstreckt sich vor allem auf folgende Untersuchungen:

a) Untersuchung der Güte der Modulation. Es wird die Amplitudengetreuheit untersucht, indem der Sender mit verschiedenen Modulationsgraden bei bestimmten Modulationsfrequenzen arbeitet. Weiter wird die Frequenzkurve der Modulation und schließlich die Klirrfaktorkurve aufgenommen.

b) Untersuchung des Frequenz-Störmodulationsgrades. Hiezu dient ein Prüfempfänger. Er besteht aus einem möglichst linear arbeitenden Frequenzdemodulator[4] und einem Hochtonsenkungskreis von meist 75 μs

---

[1] Bosse, H.: Hochfrequenztechn. u. Elektroak. **54**, 194 (1939).

[2] Leeds, H. P. T. u. L. M. Leeds: Electronics **21**, H. 2, S. 84 (1948).

[3] Einfg. S. 441.

[4] Einfg. S. 506.

zur Kompensation der bei Frequenzmodulation üblichen Hochtonanhebung. Daran angeschlossen ist ein Geräuschmesser. Der Sender wird zunächst 100-prozentig, das heißt mit maximalem Hub moduliert, und zwar bei einer Frequenz etwas unterhalb der Hochtonanhebung, meist 400 Hz. Der Empfänger soll so eingestellt sein, daß der Geräuschmesser einen Ausgangspegel von 30 db anzeigt. Es wird nun die Modulation abgeschaltet. Der verbleibende Ausschlag am Geräuschmesser zeigt dann die Störspannung an. Der Störspiegel soll kleiner als — 60 db sein.

c) Untersuchung des Amplituden-Störmodulationsgrades. Hiefür kann die in Abb. 313 gezeigte Schaltung dienen. Die zu untersuchende Spannung ist an die Punkte *a b* angeschlossen. Das Gerät besteht aus einem linearen Gleichrichter mit einer Drosselkette zur Aussiebung der Hochfrequenz und einem daran anschließenden Hochtonsenkungskreis, bestehend aus R_2 und C_5. An die Punkte *c d* ist ein Geräuschspannungsmesser angeschlossen. Da der Sender nicht amplitudenmoduliert ist, fehlt der Bezugspegel (100-prozentige Modulation). An seiner Stelle wird eine Wechselspannung von 400 Hz an die Punkte *e f* angeschlossen und mit Hilfe des Potentiometers R_1 so eingeregelt, daß das Instrument *J* das über den Gleichrichter *Gl* einen Gleichstrom erhält, Vollausschlag zeigt. Gleichzeitig wird der Geräuschmesser, der die 400 Hz über die Hochtonsenkung erhält, so eingestellt, daß + 30 db angezeigt werden. Nun wird die Tonfrequenzquelle abgeschaltet und der 100-prozentig frequenzmodulierte Sender mit einer solchen Spannung angeschlossen, daß im Instrument *J* wieder der gleiche Ausschlag erhalten wird. Die nun vom Geräuschmesser angezeigte Leistung gibt den Geräuschpegel an. Er soll niedriger als — 50 db sein.

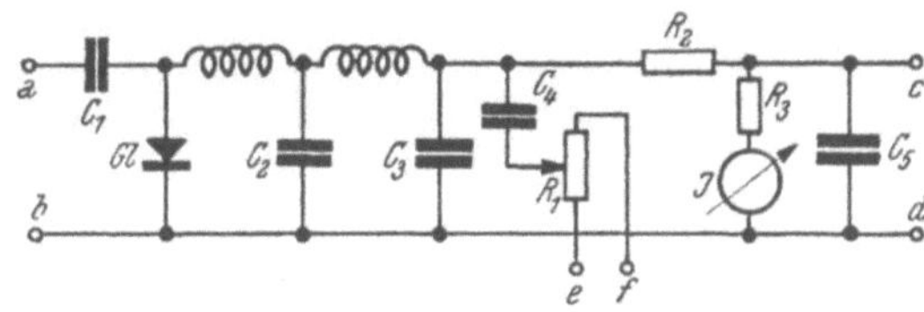

Abb. 313. Schaltung zur Untersuchung des Amplituden-Störmodulationsgrades bei frequenzmodulierten Schwingungen

E. Untersuchung an Sendern für Impulsmodulation

Die Untersuchung erstreckt sich vor allem auf die Qualität der verwendeten und ausgesendeten Impulse. Hiezu ist ein Indikator mit möglichst breitem Frequenzspektrum und geringsten Phasenfehlern erforderlich. Die Impulsform wird mit Hilfe einer Kathodenstrahlröhre aufgezeichnet. Sie gestattet unmittelbar die Flankensteilheit, die Form und die Gleichmäßigkeit der erzeugten Impulse zu beobachten. Zur Bestimmung des Tastverhältnisses eignet sich besonders eine Kathodenstrahlröhre mit Kreisaufzeichnung.

Zur Messung der Impulsdauer an impulsmodulierten Sendern wird folgendes Verfahren vorgeschlagen[1]: Sowohl durch den Einschaltvorgang

[1] Gerlach, A. u. O. S. Schover: Electronics **24**, H. 6, S. 195, (1951).

wie auch durch den Ausschaltvorgang des Impulses wird mit Hilfe je einer Differentiationsschaltung ein sehr kurzer Impuls erzeugt. Der Einschaltimpuls wird zur Auslösung eines Multivibrators benutzt. Der von diesem erzeugte Rechteckimpuls kann bezüglich seiner Dauer geeicht verändert werden. Der Abschaltevorgang dieses Impulses löst wieder einen Differentiationsimpuls aus. Bei geeigneter Einstellung des Multivibrators tritt er gleichzeitig wie der Abschaltevorgang des zu untersuchenden Impulses auf, was durch ein Koinzidenzschaltrohr nachgewiesen wird. Abb. 314 zeigt das Prinzipschema der Einrichtung.

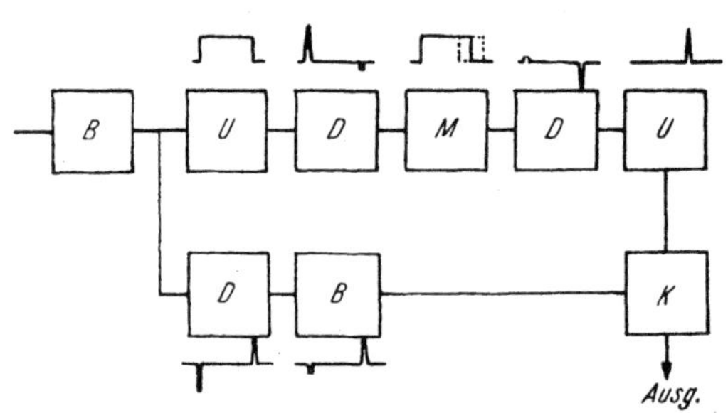

Abb. 314. Anordnung zur Messung der Impulsdauer. B = Begrenzer, U = Umkehrer, D = Differentiationsglied, M = Multivibrator, K = Koinzidenzschalter

Zur Untersuchung der Güte der Modulation ist ein besonderer Prüfempfänger der bestimmten verwendeten Modulationsart notwendig. Mit dessen Hilfe wird Amplituden-, Frequenz- und Formgetreuheit der Wiedergabe untersucht.

Zur Untersuchung von Breitbandsendern besonders geeignet ist auch der *Panoramaempfänger*, bei dem ein bestimmtes Frequenzband in rascher Folge immer wieder durchlaufen wird. Auf dem Schirm einer Kathodenstrahlröhre erhält man dann nebeneinander liegend die Amplituden der empfangenen Schwingungen nach ansteigenden Frequenzen geordnet, ähnlich einem Spektrometer.

Zwei Arten von Panoramaempfängern sind hiefür üblich: Erstens solche, bei denen nach einem Breitband-Zwischenfrequenzverstärker ein Engbandverstärker geschaltet ist, dessen Abstimmung proportional mit der Horizontalablenkung einer Kathodenstrahlröhre durch mechanische Mittel geändert wird. Zweitens dienen hiezu Panoramaempfänger, bei denen nach der Breitbandzwischenverstärkung eine Überlagerung mit einem über das darzustellende Band frequenzmodulierten Oszillator erfolgt. Nach der Differenzfrequenzbildung wird sodann in einem Engbandzwischenfrequenzverstärker mit fester Frequenz verstärkt. Der Oszillator ist meist durch eine Blindleistungsröhre moduliert. Die Kippspannung der Kathodenstrahlröhre kann direkt von dem Gitter der Blindleistungsröhre abgenommen oder noch besser aus der Oszillatorfrequenz mittels Diskriminators[1] gewonnen werden.

F. Untersuchung an Telegraphiesendern

Bei Telegraphiesendern mit Amplitudentastung wird vor allem die Zeichenform der ausgesendeten Telegraphiezeichen untersucht. Sie wird

[1] Einfg. S. 472, 507.

am besten vor und auch nach Gleichrichtung mit Hilfe einer Kathodenstrahlröhre kontrolliert. Es wird dabei die Zeichengeschwindigkeit der gleichmäßigen Folge von Punkten oder Strichen immer weiter erhöht.

Gemessen wird weiter die vom Sender während der Tastung sowie die während der Tastpause abgegebene Hochfrequenzleistung und deren Frequenzen. Weiter wird das Frequenzspektrum bei Aussendung einer Punktreihe untersucht. Das Frequenzspektrum darf nicht größer sein als es sich auf Grund der Zeichenform und Zeichenfolge ergibt.

Bei Telegraphiesendern mit Frequenztastung wird die ausgesendete Leistung und Frequenz bei Tastung und bei Tastpause gemessen. Weiter wird ebenfalls die Zeichenform auf einer Kathodenstrahlröhre unter Benützung einer Demodulationseinrichtung untersucht.

XII. Untersuchung an Vierpolen

1. Bestimmung der charakteristischen Größen

Die folgenden Untersuchungen erstrecken sich nur auf lineare Vierpole. Zur Bestimmung der charakteristischen Größen eines Vierpols ist vor allem die Messung der Eingangsspannung $\mathfrak{U}_{1l}$ und des Eingangsstromes $\mathfrak{J}_{1l}$ bei Leerlauf oder des Eingangsleerlaufwiderstandes $\mathfrak{R}_{1l}$ wichtig. Von ebensolchem Interesse ist die Bestimmung des Eingangskurzschlußstromes $\mathfrak{J}_{1k}$ und der Eingangskurzschlußspannung $\mathfrak{U}_{1k}$ oder des Eingangskurzschlußwiderstandes $\mathfrak{R}_{1k}$. Bei symmetrischen Vierpolen genügen diese Werte zur Ermittlung einiger wichtiger charakteristischer Größen.

Der Wellenwiderstand $\mathfrak{Z}$ bestimmt sich aus

$$\mathfrak{Z} = \sqrt{\mathfrak{R}_{1l}\,\mathfrak{R}_{1k}}. \tag{4, 127}$$

Weiter findet man das komplexe Übertragungsmaß $\mathfrak{g}$ aus

$$e^{-\mathfrak{g}} = \sqrt{\frac{\sqrt{\mathfrak{R}_{1l}} - \sqrt{\mathfrak{R}_{1k}}}{\sqrt{\mathfrak{R}_{1l}} + \sqrt{\mathfrak{R}_{1k}}}} = \sqrt{\frac{\mathfrak{R}_{1l} - \mathfrak{Z}}{\mathfrak{R}_{1l} + \mathfrak{Z}}}. \tag{4, 128}$$

Der Realteil von $\mathfrak{g}$ wird als Dämpfungsmaß b, der Imaginärteil als Winkelmaß a bezeichnet

$$-\mathfrak{g} = -b - j\,a, \tag{4, 129}$$

woraus sich ergibt

$$b = \frac{1}{2} \cdot \ln \frac{|\mathfrak{R}_{1l} + \mathfrak{Z}|}{|\mathfrak{R}_{1l} - \mathfrak{Z}|}. \tag{4, 130}$$

Die Bestimmung des Winkelmaßes erfolgt dann auf graphischem Wege, indem der Phasenwinkel φ_1 von $\mathfrak{R}_{1l} - \mathfrak{Z}$ und φ_2 von $\mathfrak{R}_{1l} + \mathfrak{Z}$ gemessen wird. Dann ist nach Gl. (4, 129)

$$a = \frac{1}{2}(\varphi_2 - \varphi_1). \tag{4, 131}$$

Ist der Wellenwiderstand des Vierpols bekannt, so läßt sich das Übertragungsmaß auch mit Hilfe von zwei Spannungs- oder Strommessungen bestimmen. Es wird der Vierpol mit einem Scheinwiderstand gleich dem ermittelten Wellenwiderstand belastet. Dann ist

$$e^{\mathfrak{g}} = \frac{\mathfrak{U}_1}{\mathfrak{U}_2} = \frac{\mathfrak{J}_1}{\mathfrak{J}_2}, \qquad (4, 132)$$

wenn $\mathfrak{U}_1$ die Eingangs-, $\mathfrak{U}_2$ die Ausgangsspannung, $\mathfrak{J}_1$ den Eingangs- und $\mathfrak{J}_2$ den Ausgangsstrom bedeuten.

Den Kernwiderstand $\mathfrak{R}_m$ findet man aus Wellenwiderstand und Übertragungsmaß nach

$$\mathfrak{R}_m = \frac{\mathfrak{Z}}{\mathfrak{Sin}\,\mathfrak{g}}. \qquad (4, 133)$$

Das *Dämpfungsmaß* läßt sich auch unmittelbar durch Vergleich mit der Dämpfung einer Eichleitung messen. Eingangsseitig sind Vierpol und Eichleitung an dieselbe Spannungsquelle angeschlossen. Beide sind mit je einem Widerstand der gleichen Größe $\mathfrak{Z}$ belastet. Der Spannungsabfall wird an beiden gemessen und die Eichleitung auf eine solche Dämpfung eingestellt, daß der gleiche Ausschlag erhalten wird.

Das *Winkelmaß* läßt sich messen, indem mit der Eichleitung noch ein geeichter Phasenschieber in Reihe geschaltet wird. Die Ausgangsspannung des Vierpoles wird an das eine, die der Eichleitung an das andere Plattenpaar einer Kathodenstrahlröhre gelegt. Der Phasenschieber wird dann so eingeregelt, daß die Aufzeichnung am Schirm der Röhre eine Gerade wird.

Bei *unsymmetrischen Vierpolen* unterscheidet man einen Wellenwiderstand vorwärts und einen rückwärts. Er ist mit Hilfe

$$\mathfrak{Z}_1 = \sqrt{\mathfrak{R}_{1l} \cdot \mathfrak{R}_{1k}}; \qquad \mathfrak{Z}_2 = \sqrt{\mathfrak{R}_{2l} \cdot \mathfrak{R}_{2k}} \qquad (4, 134)$$

zu bestimmen. Das Gleiche gilt auch für das Übertragungsmaß. Es ist bei Abschluß des Ausganges mit $\mathfrak{Z}_2$ zu berechnen aus

$$e^{2\mathfrak{g}} = \frac{\mathfrak{U}_1}{\mathfrak{U}_2} \frac{\mathfrak{J}_1}{\mathfrak{J}_2}. \qquad (4, 135)$$

2. Verzerrungsmessungen an Vierpolen

In linearen Vierpolen entstehen Frequenz- und Phasenverzerrungen, in nichtlinearen dagegen auch Amplituden- und Formverzerrungen.

Die Frequenzverzerrungen werden durch Aufnahme einer Frequenzkurve untersucht, die Phasenverzerrungen durch Aufnahme einer Phasenkurve. Der Vierpol wird dabei mit einem bestimmten Belastungswiderstand, meist mit seinem Wellenwiderstand abgeschlossen.

Es wird mit konstanter Eingangsspannung verschiedener Frequenzen gearbeitet und die Ausgangsspannung gemessen. Das Verhältnis der Beträge von Ausgangs- zu Eingangsspannung gibt bei Abschluß mit $\mathfrak{Z}$ die Frequenzabhängigkeit des Dämpfungsmaßes. Die Frequenzabhängigkeit des Winkelmaßes findet man, wenn Eingangs- und Ausgangsspannung auf die Ablenksysteme einer Kathodenstrahlröhre gelegt werden. Es ist dabei zu empfehlen, zur Angleichung der beiden Amplituden der höheren Spannung eine veränderbare winkelfreie Eichleitung vorzuschalten.

Die Untersuchung der Amplituden- und Formverzerrungen nichtlinearer Vierpole erfolgt bei bestimmten Frequenzen durch Aufnahme der Amplituden-, bzw. Klirrfaktorkennlinie oder auch mit Hilfe einer Kathodenstrahlröhre, indem die Eingangsspannung dem einen, die Ausgangsspannung dem anderen Plattenpaar zugeführt wird, wobei eine Schwächung der größeren Amplitude mittels winkelfreier und linearer Eichleitung erfolgt.

Neben der einfachen Klirrfaktormessung ist auch eine Zweitonklirrfaktormessung (s. dritter Abschn., XI) üblich. Man erhält auch die Verzerrungen durch Kombinationstöne. Vorgeschlagen wird ein veränderbarer Doppelton mit einer konstanten Frequenzdifferenz von 60 Hz[1].

3. Laufzeitmessung

An den zu untersuchenden Vierpol wird ein Spannungsimpuls gebracht und die Zeit gemessen, nach deren Ablauf er am Ausgang auftritt. Um Reflexionen zu vermeiden, ist der Vierpol möglichst mit dem Wellenwiderstand für den in Frage kommenden Frequenzbereich abzuschließen. Zur Laufzeitmessung eignet sich am besten eine Kathodenstrahlröhre mit Kreisaufzeichnung und Radialablenkung. Sie gibt dann den Laufzeitwinkel unmittelbar in Graden der Ablenkfrequenz, die am besten gleich der Impulsfolgefrequenz zu setzen ist, an.

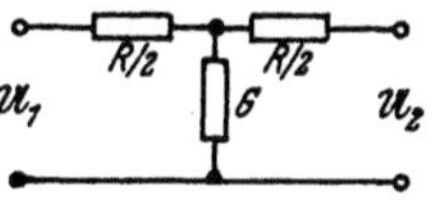

Abb. 315. T-Glied

4. Untersuchung von Eichleitungen

Besteht die Eichleitung aus einzelnen T-Gliedern, mit den Widerständen $R/2$ und der Ableitung G, s. Abb. 315, so lassen sich Z und b wie folgt berechnen:

$$Z = \sqrt{\frac{R}{G}}\sqrt{1 + \frac{RG}{4}} \quad \mathfrak{Cof}\, b = 1 + \frac{1}{2} RG, \qquad \mathfrak{Sin}\, b = \sqrt{RG}\sqrt{1 + \frac{RG}{4}}. \tag{4, 136}$$

b findet man aus (4, 130). Z erhält man ebenfalls aus einer Leerlauf- und einer Kurzschlußmessung. Es ist

$$Z = \sqrt{R_l \cdot R_k}. \tag{4, 137}$$

5. Untersuchung von Kettenleitern

Die Untersuchung einer Drosselkette erfolgt zuerst im Leerlauf. Es wird vor allem der Zusammenhang zwischen Aus- und Eingangsspannung gemessen, und zwar im allgemeinen für Frequenzen unterhalb der Grenzfrequenz.

Weiter wird eine Belastungsmessung vorgenommen, und zwar bei Abschluß mit dem mittleren Wellenwiderstand, der bei kleinen Frequenzen frequenzunabhängig ist. Es wird wieder die Abhängigkeit von Ausgangs- und Eingangsspannung gemessen.

[1] Braunmühl, H. J. v. u. W. Weber: ETZ **54**, 1068 (1933). — Tamm, R.: Z. techn. Phys. **19**, 134 (1938).

XIII. Messungen an Leitungen und Kabeln[1]

1. Messung der Kapazität und der dielektrischen Verluste

Hiezu eignet sich bei niederen Frequenzen am besten die Meßbrücke, z. B. die Wien-Wagner-Brücke[2]. Als Indikator dient meist ein Röhrenvoltmeter. Gemessen wird an einem kurzen Leitungsstück, so daß noch eine gleichmäßige Spannungsverteilung angenommen werden kann. Die Durchführung der Messung erfolgt nach drittem Abschn., VIII.

Zur Kapazitätsmessung bei Hochfrequenz wird eine Resonanzmethode bevorzugt. An den Hochfrequenzgenerator wird eine Induktivität angekoppelt, die zusammen mit der Kapazität des zu ihr parallelgeschalteten Kabelstückes einen Schwingkreis bildet. Es wird die Frequenz so eingestellt, daß Resonanz eintritt. Nun wird der Resonanzstrom, bzw. die Resonanzspannung oder ein ihr proportionaler Ausschlag an einem Meßgerät abgelesen. Sodann wird das Kabelstück durch einen Kondensator mit reihengeschaltetem Widerstand ersetzt und beide so lange geändert bis Resonanz und wieder der gleiche Meßinstrumentenausschlag erhalten wird. Die Kapazität des Kabels ist gleich der des Kondensators, während der Verlustwinkel gegeben ist durch

$$\operatorname{tg} \delta = R \omega C. \qquad (4, 138)$$

Bei sehr hohen Frequenzen wird die Dielektrizitätskonstante vorwiegend aus der Änderung der Fortpflanzungsgeschwindigkeit der elektrischen Welle im Kabel gemessen (s. fünfter Abschn., V).

2. Messung der Induktivität

Zur Messung der Induktivität eines Kabels wird ein kurzes Stück verwendet und dasselbe am Ende kurzgeschlossen. Die Messung selbst erfolgt mittels Meßbrücke[3] oder Differentialbrücke, s. dritter Abschn., VI. Bei höheren Frequenzen empfiehlt sich wieder ein Substitutionsverfahren. Die Induktivität des kurzgeschlossenen Kabels bildet einen Teil der Abstimminduktivität eines Schwingkreises, diese wird nach Resonanzabstimmung durch eine Reihenschaltung aus Induktivität und Ohmschem Widerstand ersetzt, so daß Resonanz und der gleiche Hochfrequenzstrom erhalten werden.

Bei bekanntem Wellenwiderstand läßt sich die Induktivität je Längeneinheit L' aus der gemessenen Kapazität berechnen:

$$L' = Z^2 C'. \qquad (4, 139)$$

Hiebei ist C' die Kapazität je Längeneinheit.

Bei Freileitungen, das heißt Leitungen mit $\mu_r = 1$ und $\varepsilon_r = 1$ ist, wenn die Leitungsdämpfung klein ist

$$L' = \frac{1}{c^2 \cdot C'}, \qquad c = 3 \cdot 10^{10}\,\text{cm/s}. \qquad (4, 140)$$

---

[1] Peters, H.: ATM V 376—1 (1937).

[2] Wagner, K. W.: ETZ **33**, 635 (1912).

[3] Meyer, V.: ENT **1**, 29 (1924). — Naumann, O.: ATM V 8253—7 (1940).

3. Messung des Wellenwiderstandes von Leitungen

Sind L' und C' bekannt, so läßt sich der Wellenwiderstand wie folgt berechnen:

$$Z = \sqrt{\frac{L'}{C'}}. \qquad (4, 141)$$

Bei Freileitungen ($\mu_r = 1$ und $\varepsilon_r = 1$) läßt sich Z auch nur mit Hilfe der leicht zu messenden Kapazität C' je Längeneinheit ermitteln

$$Z = \frac{1}{c \cdot C'}. \qquad (4, 142)$$

Bei Hochfrequenz läßt sich der Wellenwiderstand aus dem Auftreten stehender Wellen bestimmen. Der Abstand zweier Spannungsmaxima der stehenden Welle sei a (er ist insbesondere bei Kabeln nicht gleich $\lambda/2$), dann ist

$$Z = \frac{1}{2\,a\,f \cdot C'}. \qquad (4, 143)$$

Hiebei ist f die Betriebsfrequenz. Bei Paralleldrahtleitungen erfolgt die Messung des Abstandes der Spannungsmaxima z. B. mit Hilfe der in Abb. 369 gezeigten Anordnung, bei konzentrischen Kabeln wird das Meßgerät mittels einer Sonde in einem Spalt oder Schlitz angekoppelt.

Abb. 316. Spannungsverteilung längs einer Leitung

Der Wellenwiderstand läßt sich auch aus dem Verhältnis von höchster Spannung U_{max} zu kleinster Spannung U_{min} der stehenden Welle einer Leitung bestimmen, s. Abb. 316. Ist die Leitung mit dem bekannten Ohmschen Widerstand R_a abgeschlossen, so ist, wenn $R_a > Z$

$$Z = R_a \frac{U_{min}}{U_{max}} \qquad (4, 144)$$

und, wenn $R_a < Z$

$$Z = R_a \frac{U_{max}}{U_{min}}. \qquad (4, 145)$$

Der Wellenwiderstand einer Leitung läßt sich auch wie allgemein bei symmetrischen Vierpolen aus dem Leerlaufwiderstand $\mathfrak{R}_{1l}$ und dem Kurzschlußwiderstand $\mathfrak{R}_{1k}$, den sie am Eingang aufweist, bestimmen. Es ist wieder

$$\mathfrak{Z} = \sqrt{\mathfrak{R}_{1l} \cdot \mathfrak{R}_{1k}}. \qquad (4, 146)$$

$\mathfrak{Z}$ ist bei schwach gedämpften Leitungen reell $\mathfrak{Z} = Z$, nicht dagegen $\mathfrak{R}_{1l}$ und $\mathfrak{R}_{1k}$.

Weiter läßt sich der Wellenwiderstand einer dämpfungsfreien Leitung messen, indem diese am Ende mit einem veränderlichen Widerstand R abgeschlossen wird. Es wird die Spannung am Anfang und Ende der Leitung gemessen und R so lange geändert, bis beide Spannungen gleich sind, dann ist $Z = R$ [1].

[1] Roosenstein, H. O.: Hochfrequenztechn. u. Elektroak. **42**, 154 (1933).

Ist das leerlaufende Kabel auf ein ungeradzahliges Vielfaches von $\lambda/4$ abgestimmt, so läßt sich Z auch aus der Dämpfung b und dem Eingangswiderstand R_L bestimmen[1]. Es ist, da $\mathfrak{Tg}\, b \approx b$,

$$Z = \frac{R_L}{b} = \frac{U_1}{J_1 b}. \tag{4, 147}$$

4. Messung des Leistungsflusses

Die über eine Leitung geführte Leistung ist bei richtiger Anpassung $(R_a = Z)$ gegeben durch

$$P = J^2 Z; \qquad P = U^2/Z. \tag{4, 148}$$

Es genügt also die Messung des Stromes oder der Spannung sowie des Wellenwiderstandes.

Bei Fehlanpassung findet man den Leistungsfluß aus

$$P = \frac{U_{max} \cdot U_{min}}{Z}, \tag{4, 149}$$

Zur Messung ist ein wenigstens eine Wellenlänge langes Kabelstück mit einer verschiebbaren Sonde zur Messung der Werte der höchsten Spannung U_{max} und der niedersten U_{min} notwendig.

5. Messung der Dämpfung von Leitungen

Ist die Ableitung G' oder der Dämpfungswiderstand R' je Längeneinheit bekannt, so läßt sich die Dämpfung je Längeneinheit β wie folgt berechnen:

$$\beta = \frac{R'}{2}\sqrt{\frac{C'}{L'}} + \frac{G'}{2}\sqrt{\frac{L'}{C'}}. \tag{4, 150}$$

Häufig ist jedoch der Verlustwinkel der Kapazität $\operatorname{tg} \delta = G/(\omega C)$ und jener der Induktivität bekannt $R/(\omega L)$, dann ist

$$\beta = \frac{\pi}{\lambda}\left(\frac{R'}{\omega L'} + \frac{G'}{\omega C'}\right). \tag{4, 151}$$

Belastet man die Leitung an ihrem Ende mit einem Ohmschen Widerstand gleich ihrem Wellenwiderstand, so läßt sich die Dämpfung aus dem Verhältnis von Eingangsspannung U_1 zu Ausgangsspannung U_2 oder Eingangsstrom J_1 zu Ausgangsstrom J_2 bestimmen[2]. Es ist

$$b = \beta\, l = \ln\frac{U_1}{U_2} = \ln\frac{J_1}{J_2}. \tag{4, 152}$$

Dabei ist l die Länge des verwendeten Leitungsstückes. Bei genügend langen Leitungen oder sehr großen Dämpfungen ist die reflektierte Welle klein und es erübrigt sich der Abschluß mit Z.

---

[1] Smith, E. W. u. R. F. O. Neil: Marconi Rev. **70**, 32 (1938). Ref.: Hochfrequenztechn. u. Elektroak. **53**, 134 (1939).

[2] Sokolow, L.: Ann. Phys. **83**, 1136 (1927).

Die Leitungsdämpfung kann auch aus dem „Wellenverhältnis" (U_{max}/U_{min}) bestimmt werden. Die Leitung wird am Ende kurzgeschlossen und dann im Abstand l, der mehrere Wellenlängen betragen soll, das Wellenverhältnis bestimmt, indem am besten die Frequenz des Generators so geändert wird, daß die Spannung am Anfang des Kabels erst ein Maximum und dann ein Minimum wird. Es ist dann

$$\beta = \frac{1}{2\,l} \ln \frac{U_{max}/U_{min} + 1}{U_{max}/U_{min} - 1}. \tag{4, 153}$$

Statt die Welle zu ändern, kann auch das Wellenverhältnis mit Hilfe einer verschiebbaren Sonde oder einer verlustarmen, am Anfang angeschlossenen Meßleitung gleichen Wellenwiderstandes (um Reflexion zu vermeiden) gemessen werden.

Auch aus der Schärfe des Spannungs- oder Stromknotens einer am Ende kurzgeschlossenen Leitung läßt sich die Dämpfung berechnen[1]. Man schließt sie durch eine gut leitende Platte kurz. Dann wird mittels eines lose angekoppelten Indikators (z. B. nach Abb. 317) der Verlauf der Spannung im Spannungsknoten untersucht. Ist a der Abstand zweier gleich großer Spannungswerte U und U_{min} der Spannungswert im Spannungsknoten (s. Abb. 318), so gilt

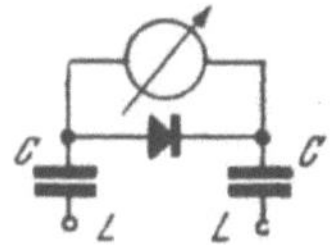

Abb. 317. Indikator zur Messung des Spannungsverlaufes längs einer Leitung. L = Leitung, C = Ankopplungskapazität (wenige Zehntel pF)

$$\beta = \frac{4\pi a}{\lambda^2} \cdot \frac{1}{2p} \sqrt{\frac{U_{min}^2}{U^2 - U_{min}^2}}. \tag{4, 154}$$

Hiebei ist p eine Zahl, die angibt, im wievielten Knoten vom Ende die Messung erfolgt. Macht man $U = \sqrt{2} \cdot U_{min}$, so vereinfacht sich Gl. (4, 154) zu

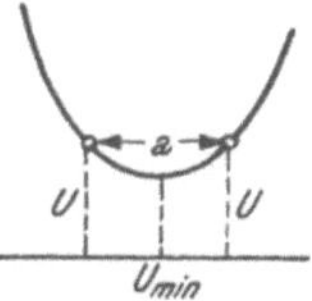

Abb. 318. Spannungsverlauf am Spannungsminimum einer Leitung

$$\beta = \frac{4\pi a}{\lambda^2} \frac{1}{2p}. \tag{4, 155}$$

Für den Stromknoten gilt in gleicher Weise

$$\beta = \frac{4\pi a}{\lambda^2} \cdot \frac{1}{2p+1} \sqrt{\frac{J_{min}^2}{J^2 - J_{min}^2}}. \tag{4, 156}$$

Da die Leitung Bohrungen zum Anbringen von Sonden erhalten müßte, ist es einfacher, die Kabellänge durch ein zusätzliches, veränderbares Kabel[2] oder die Wellenlänge zu verändern[3]. Dahne[4] mißt die Abhängigkeit des Stromes im kurzgeschlossenen Kabelende von der Frequenz.

---

[1] Roosenstein, H. O.: Hochfrequenztechn. u. Elektroak. **36**, 81, 121 (1930).
[2] Roessler, E.: ENT **4**, 281 (1927).
[3] Baumann, K. u. H. O. Roosenstein: Hochfrequenztechn. u. Elektroak. **38**, 73 (1931).
[4] Dahne, A.: Hochfrequenztechn. u. Elektroak. **52**, 1 (1938).

In den Resonanzstellen zeigt das leerlaufende oder kurzgeschlossene Kabel einen rein Ohmschen Widerstand. Daraus läßt sich R' bestimmen[1]. Stellt z. B. ein offenes Kabel von der Länge $\lambda/4$ einen Ohmschen Widerstand von der Größe R dar, so ist der Dämpfungswiderstand je Längeneinheit R', wenn die dielektrischen Verluste klein gegen die Ohmschen sind

$$R' = \frac{8 \cdot R}{\lambda}, \tag{4, 157}$$

während man für das kurzgeschlossene Kabel von der Länge $\lambda/4$ erhält:

$$R' = \frac{8 Z^2}{\lambda \cdot R_{res}}. \tag{4, 158}$$

In einfacher Weise läßt sich auch die Dämpfung messen, wenn die Spannung U_e am Ende und U_a am Anfang der leerlaufenden Leitung gemessen wird und die Frequenz so lange verändert wird, bis auch am Anfang ein Spannungsmaximum entsteht[2]. Es ist dann

$$\frac{U_e}{U_a} = \mathfrak{Cof}\,\beta l; \qquad \beta = \frac{1}{l}\,\mathfrak{ArCof}\,\frac{U_e}{U_a}. \tag{4, 159}$$

6. Messung des Koppelwiderstandes

Von Interesse ist oft auch die Kenntnis des Koppelwiderstandes eines koaxialen Kabels. Er ist definiert als der Spannungsabfall U_2, den ein auf der Außenseite des Mantels fließender Hochfrequenzstrom J_1 im

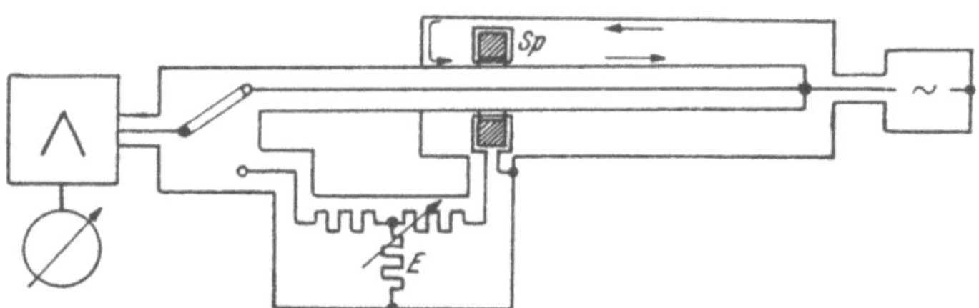

Abb. 319. Messung des Koppelwiderstandes einer abgeschirmten Leitung

Innenleiter des Kabels induziert. Zur Messung des Koppelwiderstandes schließt man das Kabelende kurz und mißt die Abhängigkeit der genannten Größen. Man bedient sich hiezu z. B. der in Abb. 319 gezeigten Schaltung[3]. Um Meßfehler zu vermeiden, wird die ganze Anordnung abgeschirmt. Der Strom J_1 auf der Außenseite des Kabelmantels wird mit Hilfe einer diesen umschließenden Toroidspule Sp gemessen, indem die induzierte Spannung U_1 über einen Eichleiter E einem Röhrenvoltmeter zugeführt wird. Die am Eichleiter erhaltene Spannung bestimmt sich aus

$$U_1 = J_1 \omega M. \tag{4, 160}$$

[1] Kaden, H.: Arch. f. Elektrot. **11**, 691 (1936).
[2] Strutt, M. J. O.: Hochfrequenztechn. u. Elektroak. **41**, 98 (1933).
[3] Ochem, H.: Hochfrequenztechn. u. Elektroak. **48**, 182 (1936).

Andererseits wird die im Kabel induzierte Spannung U_2 direkt dem Röhrenvoltmeter zugeführt. Der Eichleiter wird so eingestellt, daß das Röhrenvoltmeter bei beiden Schaltstellungen den gleichen Ausschlag zeigt, es braucht also nicht geeicht zu sein.

7. Messung der Laufzeit an Leitungen

Kleine Laufzeiten werden durch Phasenwinkelmessungen bestimmt. Man legt z. B. an den Eingang eine Sinusspannung und mißt den Phasenwinkel, den die am Ausgang auftretende Ausgangsspannung aufweist. Zur Messung eignet sich insbesondere die Kathodenstrahlröhre. Man erhöht beispielsweise von kleinen Frequenzen ausgehend die Betriebsfrequenz und mißt die Erhöhung des Phasenwinkels. Legt man die beiden Spannungen an die beiden Plattensysteme, so läßt sich der Phasenwinkel aus der zunehmenden Breite der Ellipse bestimmen. Bei Phasenwinkeln über 90^0 nimmt sie jedoch wieder ab, bei 180^0 erhält man wieder eine Gerade, worauf neuerdings eine Ellipse entsteht usw. So können auch größere Phasenwinkel gemessen werden[1]. Die Laufzeit findet man daraus mit Hilfe der Gleichung

$$\tau = \frac{\Delta\alpha}{\Delta\omega}, \qquad (4, 161)$$

wobei $\Delta\alpha$ = Phasenwinkeländerung, $\Delta\omega$ = Änderung der Kreisfrequenz ω.

Bei sehr großen Laufzeiten ist dieses Verfahren jedoch nicht mehr zu empfehlen. Man verwendet eine modulierte Hochfrequenz und mißt in gleicher Weise die Phasenverschiebung zwischen der Modulation im Eingang und im Ausgang[2]. Man erhält dann für die Laufzeit

$$\tau = \frac{\alpha}{2\pi f_m}, \qquad (4, 162)$$

wenn α der Laufzeitwinkel und f_m die Modulationsfrequenz ist. Die Aufzeichnung der Modulation erfolgt nach Gleichrichtung.

Die Messung der Laufzeit kann auch mit Hilfe von Impulsen vorgenommen werden (vgl. fünfter Abschn., VII).

8. Messung der Störspannungen

Zur Messung niederfrequenter Störspannungen an Fernsprech- und Rundfunkleitungen dienen Röhrenvoltmeter, deren Frequenzkurve dem gewünschten Frequenzbereich und deren Zeitkonstante der des menschlichen Ohres angepaßt ist, sogenannte Geräuschspannungszeiger, s. dritter Abschn., XII.

9. Untersuchung des Feldverlaufes im Inneren von Kabeln

Der elektrische Feldverlauf im Inneren des Kabels kann durch Nachbildung mittels elektrolytischen Troges gemessen werden. Eine Sonde

[1] Kallmann, H. E.: Proc. I. R. E. **34**, 646 (1946).

[2] Jaumann, A.: ATM V 3713—1 (1938).

tastet den Raum zwischen den Leitern ab. Ein Galvanometer verbindet z. B. die Sonde mit einem verschiebbaren Schleifdrahtkontakt, der so eingestellt wird, daß der Galvanometerausschlag verschwindet[1]. Gemessen wird bei einer Frequenz von etwa 500 Hz.

10. Fehlerortsbestimmung an Kabeln

a) Die *Fehlerortsbestimmung an Kabeln bei Erdschluß* wird im allgemeinen mit Hilfe einer Gleichstrom-Widerstandsmessung vorgenommen. Hiezu eignet sich z. B. die in Abb. 320 gezeigte Prüfmethode, bei der

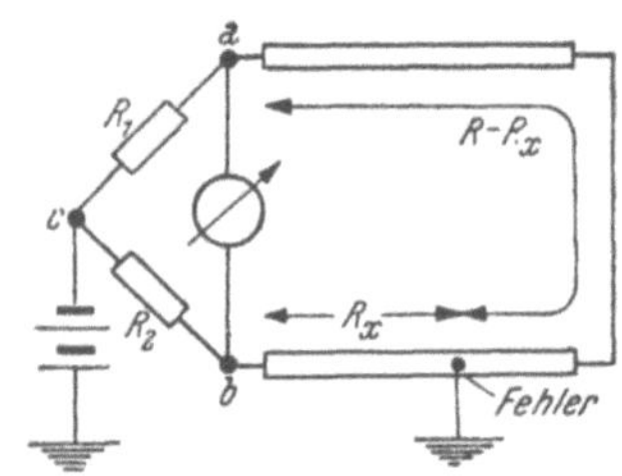

Abb. 320. Fehlerortsbestimmung am Kabel bei Erdschluß

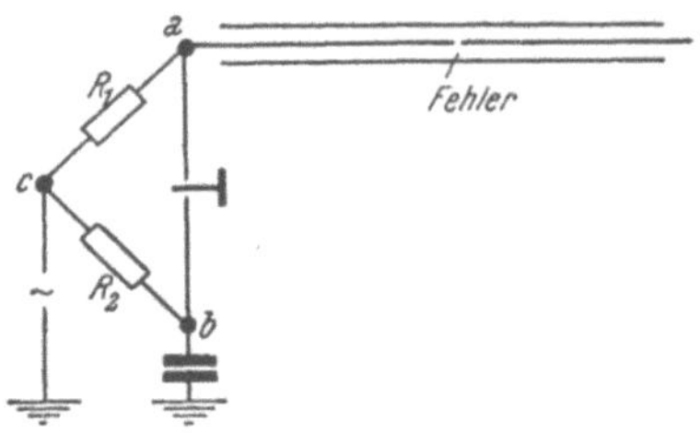

Abb. 321. Fehlerortsbestimmung am Kabel bei Unterbrechung

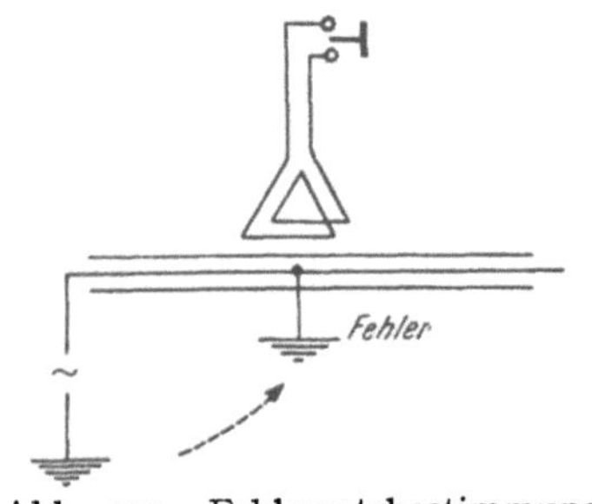

Abb. 322. Fehlerortsbestimmung, induktive Methode

das Kabelende über ein zweites Kabel mit dem Brückenanschlußpunkt verbunden ist. Aus der Brückengleichung

$$\frac{R_1}{R_2} = \frac{R}{R_x} - 1 \qquad (4, 163)$$

läßt sich der Fehler durch Ermittlung des Widerstandes des Kabels bis zum Fehlerort bestimmen.

Die gleiche Methode eignet sich auch, wenn statt eines Erdschlusses ein Schluß mit einer zweiten Kabelader vorliegt. Der Brückenpunkt *c* wird dann über die Batterie an diese angeschlossen.

b) Bei *Fehler durch Unterbrechen des Kabels* eignet sich eine Kapazitätsmessung, z. B. mit der in Abb. 321 gezeigten Wechselstrombrücke.

c) *Induktionsmethode.* In neuerer Zeit gewinnt auch die in Abb. 322 angedeutete induktive Methode an Bedeutung. Das mit Tonfrequenz oder zerhacktem Gleichstrom gespeiste Kabel wird mit Hilfe eines Rahmenempfängers abgetastet. Am Fehlerort tritt eine beträchtliche Verringerung des vom Kabel ausgehenden induktiven Streufeldes auf.

[1] Förster: Arch. Elektrot. **2**, 175, 245 (1908). — Estorff: ETZ **27**, 60, 76 1916).

Die Meßmethode eignet sich vor allem bei nicht oder nur schwach geschirmten Kabeln. Die Meßfrequenz muß dann so nieder sein, daß die Kabelmantelstärke klein gegen die Eindringungstiefe[1] der Welle ist.

Es können Fehlermessungen bei Erdschlüssen, aber auch bei Unterbrechungen durchgeführt werden.

d) Bei Hochfrequenzkabeln läßt sich die Fehlerortsbestimmung auch durch eine *Impulsmessung* durchführen[2]. Das Kabel wird mit dem Wellenwiderstand abgeschlossen und an den Kabelanfang ein Impulssender gelegt. Er erzeugt eine Hochfrequenz von 10 bis 100 MHz, eine Impulsfolgefrequenz von 2 bis 100 kHz und eine Impulsdauer von einigen Zehntel μs. Aus der Laufzeit des am Fehlerort reflektierten Impulses, die am Kabelanfang gemessen wird, kann der Fehler auf etwa 100 m genau ermittelt werden. Als Indikator dient eine Kathodenstrahlröhre, deren Zeitablenkung von der Impulsfolgefrequenz gesteuert wird. Als Fehler werden allerdings auch starke Unregelmäßigkeiten im Dielektrikum (Änderung des Wellenwiderstandes) angezeigt.

XIV. Untersuchung an Antennen

A. Untersuchung an Hochantennen

1. Bestimmung der Eigenwelle

Infolge ihrer Kapazität und Selbstinduktion besitzt eine Hochantenne eine bestimmte Eigenwelle. Man mißt sie, indem in den Antennenkreis eine Ankopplungsspule möglichst geringer Induktivität geschaltet wird, an die ein Oszillator angeschlossen wird. Dessen Eigenfrequenz wird so lange verändert, bis größter Antennenstrom auftritt.

Man kann den durch die Induktivität bedingten Fehler vermeiden, wenn man mit der Ankopplungsinduktivität, die nun etwa gleich der Antenneninduktivität gewählt wird, eine veränderbare Kapazität in Reihe schaltet, s. Abb. 323[3]. Sie wird so groß gemacht, daß bei der Resonanzfrequenz der Antenne der Widerstand der Reihenschaltung verschwindet. Die praktische Durchführung erfolgt in der Weise, daß jene Frequenz gesucht wird, bei der sich die Resonanzfrequenz des Antennenkreises (L_x und C_x) bei Schließen des Schalters nicht ändert. Es wird dies z. B. so durchgeführt, daß man die Resonanzfrequenz in Abhängigkeit von der Kondensatoreinstellung einmal bei geöffnetem und dann bei geschlossenem Schalter aufträgt. Der Schnittpunkt der beiden Kurven gibt die Antenneneigenresonanz.

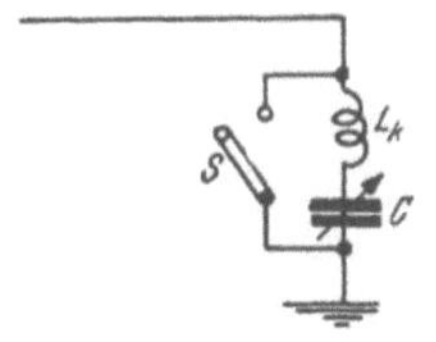

Abb. 323. Messung der Antennenresonanz

[1] Einfg. S. 28.

[2] Roberts, F.: Post Office El. Engr. J. **41**, H. 1 (1948). — Gouanault, G. u. P. Herreng: Cables et Transm. **2**, H. 3 (1948).

[3] Rein, H. u. K. Wirtz: Radiotelegraphisches Praktikum, S. 312 (1922).

Bei Strahlern, in denen keine Ankopplungsspule angeschlossen werden kann, wird das Meßgerät an den Antennenleiter selbst unmittelbar induktiv angekoppelt.

2. Messung der wirksamen Kapazität und Selbstinduktion

Wegen der Ungleichmäßigkeit der Spannungsverteilung einer Antenne tritt bei Hochfrequenz an Stelle der statischen die dynamische Kapazität. Eine Kapazitätsmessung bei niederen Frequenzen, bei denen die Spannungsverteilung als gleichmäßig angesehen werden kann, führt zur statischen Kapazität C_s.

Man erhält sie, indem die Verbindung der Antenne zum Erdungspunkt unterbrochen und die Kapazität zwischen den beiden Anschlüssen gemessen wird. An ihrer Stelle wird vielfach auch die *„Antennenersatzkapazität"* bestimmt: Man schaltet mit der Antenne eine Induktivität von 1 mH in Reihe, erregt die Reihenschaltung in ihrer Resonanzfrequenz und mißt die Spannung an der Induktivität. Hierauf wird die Antenne durch die Reihenschaltung aus einer veränderbaren Kapazität und einem veränderbaren Ohmschen Widerstand ersetzt. Die Kapazität wird so groß gemacht, daß wieder Resonanz entsteht. Sie ist dann gleich der Antennenersatzkapazität[1]. Sie ist bei den meisten Antennen etwa gleich der statischen Kapazität, wenn die Eigenresonanzfrequenz groß gegen die Meßfrequenz ist.

Für einen einfachen geraden Draht, bei dem sinusförmige Spannungsverteilung angenommen werden kann, läßt sich die wirksame Kapazität C_w wie folgt aus der statischen Kapazität C_s berechnen[2]:

$$C_w = C_s \frac{\sin(2\pi l/\lambda)}{2\pi l/\lambda}, \qquad (l \leqq \lambda/4), \tag{4, 164}$$

wenn l die Antennenlänge und λ die verwendete Wellenlänge ist. Für sehr große Wellenlängen nähert sich C_w dem Wert C_s, für $l = \lambda/4$ erhält man $C_w = C_s \cdot 2/\pi$.

Ist die Eigenwelle der Antenne bekannt, so läßt sich die *Antennenkapazität* aus der Änderung der Eigenwelle durch Reihenschaltung mit einer bekannten Kapazität C_s berechnen. Es ist

$$C_w = C_s \frac{\lambda_A{}^2 - \lambda_{AC}{}^2}{\lambda_{AC}{}^2}, \tag{4, 165}$$

wenn λ_A die Eigenwelle der Antenne ohne und λ_{AC} mit Kondensator ist. Ebenso läßt sich auch die wirksame Kapazität mittels Reihenschaltung einer bekannten Induktivität L bestimmen. Es ist

$$C_w = \frac{\lambda_{AL}{}^2 - \lambda_A{}^2}{4\pi^2 c^2 L}, \tag{4, 166}$$

wobei λ_{AL} die Eigenwelle mit reihengeschalteter Induktivität ist.

Besser noch ist es, mit der Antenne eine veränderbare Kapazität in Reihe zu schalten und diese auf einen Wert C_{s1} zu bringen, so daß mit

[1] Macek, O.: FTM 1940, H. 11.

[2] Behnken, H.: Jahrb. d. drahtl. Tel. 7, 425 (1913).

einer bestimmten Meßfrequenz f Resonanz erhalten wird. Nun wird die Meßfrequenz verdoppelt (2. Harmonische). Resonanz wird nun bei einer Kapazitätseinstellung C_{s2} erreicht[1]. Für die Antennenkapazität findet man dann

$$C_A = \frac{3 \cdot C_{s1} \cdot C_{s2}}{C_{s1} - 4 C_{s2}}. \tag{4, 167}$$

Vielfach ist es erwünscht, die Messung bei geringerem Unterschied der Meßfrequenzen vorzunehmen, z. B. die m-te und die n-te Harmonische eines Oszillators zu verwenden. Es ist dann

$$C_A = \frac{(m^2 - n^2)\, C_{s1} \cdot C_{s2}}{n^2 C_{s1} - m^2 C_{s2}}. \tag{4, 168}$$

Die wirksame *Selbstinduktion* einer Antenne läßt sich am besten aus der gemessenen Eigenwelle und wirksamen Antennenkapazität bestimmen. Es ist

$$L_w = \frac{\lambda_A{}^2}{4 \pi^2 c^2 C_w}. \tag{4, 169}$$

Die wirksame Antennenkapazität C_w und Antenneninduktivität L_w können aber auch aus der Eigenwelle der Antenne und zwei Antennendämpfungsmessungen bestimmt werden[2]. Es ist

$$L_w = 0{,}159 \frac{R}{d_{ges} - d_a} \cdot \frac{1}{f_{res}}, \tag{4, 170}$$

$$C_w = 0{,}159 \frac{d_{ges} - d_a}{R} \cdot \frac{1}{f_{res}}. \tag{4, 171}$$

Man erhält L_w in H, C_w in F, wenn f_{res} in Hz und R in Ohm eingesetzt wird. Hiebei ist f_{res} die Resonanzfrequenz der Antenne und d_a die Antennendämpfung ohne und d_{ges} die Antennendämpfung nach Zuschalten eines Ohmschen Widerstandes R im Strommaximum. Die Antennendämpfung erhält man am einfachsten aus einer Frequenzmessung:

$$d = \frac{2 \Delta f}{f_{res}}, \tag{4, 172}$$

wobei $2 \Delta f$ jener Frequenzbereich ist, innerhalb dessen der Antennenstrom nicht unter das $1/\sqrt{2}$-fache des Resonanzwertes gesunken ist.

3. Messung des Strahlungswiderstandes

Der Gesamtwiderstand der Antenne kann vor allem durch Aufnahme eines Stückes der Resonanzkurve bestimmt werden. Es genügt jedoch bereits die Feststellung der Resonanzfrequenz und jener beiden Frequenzen, bei denen der Antennenstrom auf das $1/\sqrt{2}$-fache des Resonanzstromes gesunken ist. Ist deren Frequenzdifferenz $2 \cdot \Delta f$, so ist die Dämpfung

[1] Schütte, O. u. G. Weiß: ENT **12**, 204 (1935).

[2] Fischer, C.: Ann. Phys. **32**, 979 (1910).

des Antennenkreises wieder durch Gl. (4, 172) bestimmt und man erhält den gesamten Antennenwiderstand aus

$$R_a = 4\pi \Delta f \cdot L_w = \frac{\Delta f}{\pi f^2 C_w}, \tag{4, 173}$$

dabei ist L_w die wirksame Antenneninduktivität und C_w die wirksame Antennenkapazität.

Ein anderes Verfahren bedient sich zur Messung des Antennenwiderstandes eines zusätzlichen Ohmschen Widerstandes R, der mit der auf Resonanz abgestimmten Antenne in Reihe geschaltet wird[1]. Es ist dann

$$R_a = R \cdot \frac{J_{AR}}{J_A - J_{AR}}, \tag{4, 174}$$

wenn J_A der Antennenstrom ohne und J_{AR} mit Zusatzwiderstand ist.

Schließlich kann auch die Antenne durch einen bekannten Widerstand ausgetauscht werden, der so groß ist, daß bei Resonanzeinstellung wieder der gleiche Strom fließt[2].

Bei all diesen Messungen ist jedoch der Leitungs- und Erdungswiderstand mitenthalten. Der Fehler kann besonders bei geringen Widerstandswerten groß sein. Will man ihn vermeiden, so ist eine Messung der Strahlungsdichte in verschiedenen Richtungen und eine Integration über eine Kugelfläche notwendig.

4. Messung des Erdungswiderstandes

Um den Erdungswiderstand einer Antenne zu messen, werden neben der zu messenden Erdplatte E_1 noch zwei Hilfserdungen E_2 und E_3 angeordnet. Es wird nun der Reihe nach der Widerstand zwischen den Punkten $E_1\,E_2$, dann $E_1\,E_3$ und schließlich $E_2\,E_3$ gemessen. Aus den drei Messungen können die drei unbekannten Widerstände der Erdplatten gegen Erde ermittelt werden. Zur Beseitigung der Blindwiderstände der Verbindungsleitungen werden veränderbare Blindwiderstände mit diesen in Reihe geschaltet, die so lange verändert werden, bis ein Strommaximum erhalten wird. Damit wird allerdings auch ein etwaiger Blindwiderstand der Erdung kompensiert, doch interessiert meist nur ihr Wirkwiderstand, den die Messung angibt.

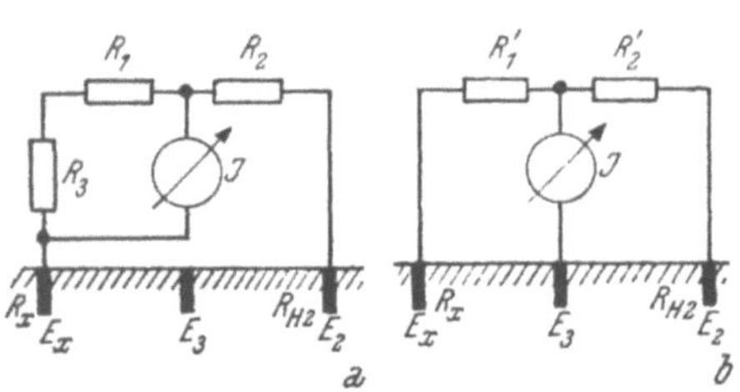

Abb. 324. Schaltungen zur Messung des Erdungswiderstandes

Die Messung kann auch in der in Abb. 324 gezeigten Brücke geschehen. Die Hilfserdung E_3 liegt etwa in der Mitte zwischen dem unbekannten

---

[1] Lindemann, R.: Verh. Phys. Ges. 11 (1909). — Pauli, H.: Z. Phys. **5**, 376 (1921).

[2] Fischer, C.: Phys. Z. **12**, 295 (1911).

Erder E_x und dem Hilfserder E_2, der einen möglichst kleinen Widerstand aufweisen soll.

Es werden zwei Messungen gemacht. Bei der ersten Messung, s. Abb. 324 *a*, ergibt sich ein Brückengleichgewicht, wenn

$$R_1 : R_2 = R_3 : (R_x + R_{H2}), \qquad (4, 175)$$

wenn R_x der Widerstand des unbekannten Erders und R_{H2} der des Hilfserders E_2 ist.

Bei der zweiten Messung, s. Abb. 324 *b* ergibt sich für Nullausschlag

$$R_1' : R_2' = R_x : R_{H2}. \qquad (4, 176)$$

Aus beiden Messungen kann R_x berechnet werden. Bei Hochfrequenz sind die Widerstände R_1 und R_2 auch mit veränderbaren Blindkomponenten auszurüsten, um einen Abgleich der Blindkomponenten von E_x und E_2 zu ermöglichen.

Die Wechselspannungsquelle liegt an der dem Anzeigegerät gegenüberliegenden Diagonale. Sie ist in den Schaltungen der Abb. 324 nicht eingezeichnet.

Außer Brückenmethoden zur Bestimmung des Erdungswiderstandes sind auch Kompensationsmethoden und Strom-Spannungsmessungen üblich.

5. Messung des Scheinwiderstandes von Antennen

Im vorhergehenden war angenommen, daß die Antenne durch geeignete Schaltmittel oder infolge ihrer bestimmten Länge auf Resonanz abgestimmt war. Der durch sie dargestellte Widerstand war daher in allen Fällen ein Ohmscher. Nach Abzug der Verlustwiderstandswerte bleibt der durch die Strahlung verursachte Rest übrig, der als „Strahlungswiderstand" bezeichnet wird.

Im allgemeinen Fall stellt jedoch die Antenne einen beliebigen Scheinwiderstand dar, den man aber stets als Reihenschaltung eines kapazitiven oder induktiven und Ohmschen Widerstandes darstellen kann[1]. Zur Messung des Scheinwiderstandes eignet sich der Großteil der im dritten Abschn., V, VI und VIII angegebenen Verfahren. Viel verwendet wird die Hochfrequenzmeßbrücke, insbesondere in der Form der Differentialmeßbrücke, wenn es sich um Frequenzen von weniger als etwa 10 MHz handelt.

Beim *Substitutionsverfahren* wird die zu untersuchende Antenne durch einen gleichartigen Scheinwiderstand aus bekannten geeichten Kapazitäts-, bzw. Induktivitätswerten, in Reihe mit einem Ohmschen Widerstand, ersetzt. Zunächst wird die Antenne mit Hilfe eines veränderbaren in Reihe geschalteten Blindwiderstandes auf Resonanz abgestimmt und der

[1] Als Strahlungswiderstand einer Antenne wird vielfach auch der auf den Spannungsknoten bezogene, durch die Strahlungsleistung verursachte Widerstand bezeichnet. Für Meßzwecke ist es jedoch, wie oben beschrieben, besser, als Strahlungswiderstand die Ohmsche Komponente des Scheinwiderstandes im Anschlußpunkt anzusehen.

Antennenstrom gemessen. Sodann wird die Antenne durch einen Vergleichsscheinwiderstand ersetzt, der so lange verändert wird, bis wieder Resonanz erzielt wird. Hierauf wird seine Ohmsche Komponente so weit geändert, daß in ihm der gleiche Strom fließt, wie vorher in der Antenne. Es gleicht dann der Substitutionswiderstand dem der Antenne in Betrag und Phase.

Zur Messung des Antennenscheinwiderstandes eignet sich auch eine Drei-Amperemetermethode, vgl. dritter Abschn., V. Es werden folgende Ströme gemessen: Der Antennenstrom $\mathfrak{J}_A$, der durch einen parallel zu den Antennenanschlußpunkten liegenden Widerstand (z. B. eine Kapazität) fließende Strom $\mathfrak{J}_C$ und der Gesamtstrom $\mathfrak{J} = \mathfrak{J}_A + \mathfrak{J}_C$.

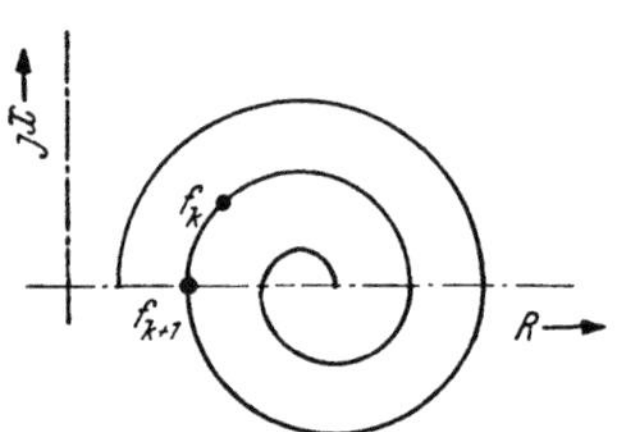

Abb. 325. Ortskurve einer Antenne

Es ist zweckmäßig, die Abhängigkeit des Scheinwiderstandes von der Frequenz in einem Diagramm aufzutragen. Eine gute Übersicht erhält man, wenn man diese in Form einer Ortskurve darstellt. Sie durchläuft dann z. B. die in Abb. 325 gezeigte Kurve. Bei Frequenzwert f_k liegt ein Ohmscher und induktiver, bei f_{k+1} ein rein Ohmscher Widerstand vor. Es ist hier ein Resonanzpunkt.

Der Scheinwiderstand der Antenne läßt sich auch mit Hilfe einer *Wechselstrombrücke* bestimmen. Es ist jedoch auf die störende Wirkung der Streukapazitäten achtzugeben. Die Brücke ist abzuschirmen. Von Fischer[1] wird eine abgeschirmte Meßbrücke mit Kompensation der Streukapazität der Antennenabgleichung und der Zuleitungen angegeben. Sie erfolgt durch Parallelschalten einer Drossel, derart, daß sie mit der Streukapazität Parallelresonanz ergibt.

6. Messung der wirksamen Antennenhöhe

Bei Antennen ohne Richtwirkung (Einzelantennen symmetrischer Bauart) läßt sich die wirksame Antennenhöhe aus der Feldstärke, die sie in bekannter Entfernung erzeugt, in der Hauptstrahlrichtung bestimmen. Es ist

$$h_w = \frac{E \cdot r \cdot \lambda}{Z_0 J_a \cdot F_a} \quad \text{oder} \quad h_w = \frac{E\,(\text{mV/m})\, r\,(\text{km}) \cdot \lambda\,(\text{m})}{377 \cdot J\,(\text{A}) \cdot F_a}\,(\text{m}) \qquad (4,\ 177)$$

Hiebei ist E die Feldstärke, r die Entfernung, J_a der Antennenstrom im Fußpunkt und F_a der Ausbreitungsfaktor, der die Bodenverhältnisse berücksichtigt. Er ist bei kleinen Entfernungen meist nahezu 1[2].

Die wirksame Antennenhöhe läßt sich auch bestimmen, wenn man die zu untersuchende Antenne als Empfangsantenne verwendet. Es ist, wenn die elektrischen Feldlinien die Richtung der Antennenachse haben

$$h_w = \frac{J_2 \cdot R \cdot \lambda \cdot r}{Z_0 \cdot h_{w1} \cdot J_1 \cdot F_a}. \qquad (4,\ 178)$$

[1] Fischer, K.: E. u. M. 68, 249 (1951).

[2] Berechnung von F_a s. Einfg. S. 612.

Hiebei ist h_w die effektive Antennenhöhe der zu untersuchenden Antenne, J_2 der Strom in dem als groß gegenüber dem Strahlungswiderstand anzusehenden Belastungswiderstand R, r die Entfernung, h_{w1} die effektive Antennenhöhe der Sendeantenne und J_1 der Antennenstrom der Sendeantenne. Es ist $J_2 \cdot R = U$ die Nutzspannung der Antenne.

Ist weder die effektive Antennenhöhe der Sende- noch der Empfangsantenne bekannt, so können diese mit Hilfe von 3 Antennen und drei Messungen bestimmt werden. Es wird z. B. zuerst mit Antenne 1 gesendet und mit Antenne 2 empfangen, dann mit 2 gesendet und 3 empfangen, schließlich mit 3 gesendet und 1 empfangen. Dann lassen sich die drei unbekannten Werte h_{w1}, h_{w2} und h_{w3} aus den drei Gleichungen entsprechend Gl. (4, 178) bestimmen (*Antennenvertauschungsverfahren*)[1].

Die wirksame Antennenhöhe läßt sich auch bei Verwendung als Empfangsantenne mit der einer Rahmenantenne vergleichen[2]. Es ist

$$h_w = h_{wR} \cdot \frac{U_{2A}}{U_{2R}}. \tag{4, 179}$$

Beide Antennen werden der gleichen Feldstärke ausgesetzt. h_{wR} ist die bekannte wirksame Antennenhöhe des Vergleichsrahmens, U_{2R} dessen Spannung am großen Belastungswiderstand bei Resonanzabstimmung.

7. Messung der Stromverteilung einer Antenne[3]

Von großem Interesse ist oft die Messung der Stromverteilung längs der gesamten Antenne. Hiefür sind eigene Stromabtastgeräte konstruiert, da ja die Antenne im allgemeinen nicht an verschiedenen Stellen unterbrochen werden kann. Diese Geräte bestehen aus einem Stromwandler mit einem den Antennenleiter umschließenden magnetischen Ringkern, der einige Sekundärwindungen trägt. An die Sekundärwicklung ist das geeichte Amperemeter angeschlossen. Um ein leichtes Anlegen zu ermöglichen, ist der Kern aufklappbar.

Die Stromverteilung kann auch mit Hilfe eines parallel zur Antenne in etwa 20 cm verlegten dünneren Leiters (Durchmesser höchstens etwa 1/10 des Antennenleiters), der in gleichmäßigen Entfernungen mit dem Antennenleiter verbunden ist, bestimmt werden. Der Hilfsleiter erhält am besten in bestimmten Abständen mit Kurzschlußverbindungen überbrückte Unterbrechungen, an die nach Öffnen des Kurzschlusses im Bedarfsfall das Meßgerät angeschaltet werden kann.

In vielen Fällen begnügt man sich auch mit Messungen an maßstäblich verkleinerten Modellen bei entsprechend verkürzter Wellenlänge[4].

---

[1] Hund, A.: Hochfrequenztechn. S. 208 (1922).
[2] Agricola, A.: ATM V 31—3 (1936).
[3] Brückmann, H.: Antennen, ihre Theorie und Technik, S. 314 (1939).
[4] Berndt, W. u. A. Gothe: Telefunkenztg. **17**, Nr. 72, S. 5 (1936).

8. Messung der Richtwirkung von Antennen

Zur Messung der Richtwirkung von Antennen ist die Ermittlung der Feldstärke in den verschiedenen in Frage kommenden Ausbreitungsrichtungen notwendig. Über die Messung der Feldstärke s. dritter Abschn., XIII. Es wird die Abhängigkeit der Feldstärke vom Strahlwinkel graphisch aufgetragen, insbesondere werden Horizontal- und Vertikalrichtdiagramme aufgezeichnet. Um wirklich nur die Fernstrahlung zu erhalten, muß die Entfernung wenigstens zehn Wellenlängen betragen[1]. In der Regel erfolgt die Aufnahme durch Feldstärkenmessungen vom Flugzeug aus[2].

Die Richtdiagramme dienen auch zur Bestimmung des Nullstrahlwinkels und der Bündelung. Nullstrahlwinkel ist der kleinste Winkel von der Hauptstrahlrichtung aus nach beiden Seiten gerechnet, bei dem die Feldstärke verschwindet, Bündelung ist jener Winkel, innerhalb dessen von der Hauptstrahlrichtung aus nach beiden Seiten gerechnet, die Feldstärke nicht weiter als auf das $1/\sqrt{2}$-fache der Feldstärke in der Hauptstrahlrichtung sinkt.

Aus der Feldstärke läßt sich die Strahlungsleistungsdichte S in den verschiedenen Richtungen bestimmen. Es ist

$$S = \frac{E^2}{Z_0} = \frac{E^2\,(\mathrm{V/m})}{377\,(\mathrm{Ohm})} \quad \mathrm{W/m^2}. \qquad (4, 180)$$

Durch Integration der Strahlungsdichte über eine Kugelfläche erhält man die gesamte von der Antenne ausgesendete Hochfrequenzleistung P_s. Dividiert man diese durch das Quadrat des Sendeantennenstromes, so erhält man den Strahlungswiderstand der Antenne.

$$R_s = \frac{P_s}{J_a^2}. \qquad (4, 181)$$

Aus der Messung der Feldstärke einer Antenne läßt sich auch ihr „*Gewinn*" G bestimmen. Er ist das Verhältnis der am Empfangsort durch die verwendete Antenne erzielte Leistungsdichte zu der eines Kugelstrahlers gleicher Gesamtleistungsabgabe. Man findet G mit Hilfe[3]

$$G = \frac{4\pi r^2 \cdot E^2}{Z_0 \cdot P_s} \qquad (4, 182)$$

Hiebei ist r der Abstand von der zu untersuchenden Antenne, E die Feldstärke in der Hauptstrahlrichtung, P_s die gesamte von der Antenne abgegebene Strahlungsleistung (zu berechnen aus Antennenstrom und Strahlungswiderstand) und $Z_0 = 377$ Ohm.

Aus dem Gewinn einer Antenne läßt sich ihre Absorptionsfläche A_a bestimmen. Es ist[3]

$$A_a = \frac{G \cdot \lambda^2}{4\pi}. \qquad (4, 183)$$

---

[1] Strutt, M. J. O.: Ann. Phys. **4**, 10 (1930).

[2] Krüger, K. u. H. Plendl: Telefunkenztg. **59**, 7 (1931).

[3] Einfg. S. 164.

Den Übertragungswirkungsgrad einer Antennenanlage findet man durch Bestimmung des Gewinnes, bzw. der Absorptionsflächen von Sende- und Empfangsantenne. Es ist

$$\eta_{ü} = \frac{G_s \cdot G_e \cdot \lambda^2}{16\pi^2 r^2} = \frac{A_s \cdot A_e}{r^2 \cdot \lambda^2}. \qquad (4, 184)$$

Hiebei bezieht sich der Index s auf den Sender und e auf den Empfänger. r ist der Abstand zwischen Sender und Empfänger.

9. Messung des Koppelwiderstandes von Antennen

Sind zwei gleichartige Antennen miteinander strahlungsgekoppelt, so erhält man einen gemeinsamen Koppelwiderstand $\mathfrak{R}_k = R_k + j X_k$, gleichgültig, welche der beiden Antennen gespeist und welche strahlungsgekoppelt ist. Es sei R_s der Strahlungswiderstand jeder der beiden Antennen, wenn sie nicht miteinander gekoppelt sind. Die Messung und Resonanzeinstellung erfolgt an jeder der beiden Antennen, wenn der Kreis der anderen unterbrochen ist (z. B. durch Lösen der Erdverbindung). Dann wird die zweite Antenne eingeschaltet, das Ersatzschema zeigt Abb. 326. Danach erhält man nun einen Scheinwiderstand $\mathfrak{R} = R + j X$ an Stelle von R_s. Man findet

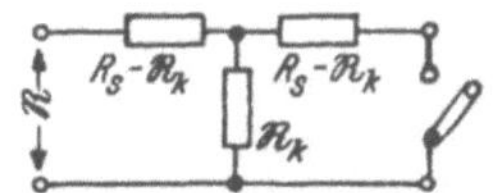

Abb. 326. Ersatzschaltung zur Messung des Koppelwiderstandes einer Antenne

$$\mathfrak{R} = R + j X = \frac{R_s^2 - R_k^2 + X_k^2}{R_s} - j \frac{2 R_k X_k}{R_s} \qquad (4, 185)$$

woraus man durch Trennen der reellen und imaginären Glieder R_k und X_k bestimmen kann.

Sind mehr gekoppelte Strahler vorhanden, so sind zur Bestimmung des Koppelwiderstandes jeweils die übrigen Kreise bis auf einen, dessen Koppelwiderstand gerade gemessen werden soll, zu unterbrechen.

Sind die beiden Antennen jedoch nicht gleich und nicht auf Resonanz abgestimmt, so muß von den Koppelwiderstandsgleichungen ausgegangen werden[1]. Es gilt für den Fall als die erste Antenne erregt, die zweite aber strahlungsgekoppelt ist,

$$\left.\begin{aligned} \mathfrak{U}_1 &= \mathfrak{J}_1 \mathfrak{R}_{11} - \mathfrak{J}_2 \mathfrak{R}_{12} \\ 0 &= -\mathfrak{J}_1 \mathfrak{R}_{12} + \mathfrak{J}_2 \mathfrak{R}_{22} \end{aligned}\right\}. \qquad (4, 186)$$

$\mathfrak{U}_1$ ist die Spannung, $\mathfrak{J}_1$ der Strom am Speisepunkt der ersten Antenne und $\mathfrak{R}_{11}$ ihr Scheinwiderstand, wenn die zweite Antenne abgeschaltet (im Fußpunkt unterbrochen) ist. $\mathfrak{R}_{12}$ ist der in der zweiten Antenne durch die Strahlung am Fußpunkt induzierte Strom, $\mathfrak{R}_{22}$ ihr Scheinwiderstand bei abgeschalteter Antenne (entsprechend $\mathfrak{R}_{11}$).

[1] Einfg. S. 74, 647.

Aus (4, 186) findet man

$$\frac{\mathfrak{U}_1}{\mathfrak{J}_1} = \mathfrak{R}_{11} - \frac{\mathfrak{R}_{12}^2}{\mathfrak{R}_{22}}. \tag{4, 187}$$

Für den Widerstand $\mathfrak{U}_1/\mathfrak{J}_1 = \mathfrak{R} = R + j\,X$ erhält man für den Fall $\mathfrak{R}_{11} = \mathfrak{R}_{22}$ Gl. (4, 185).

10. Untersuchung der Streustrahlung

Eine von einer Welle angestrahlte nicht gespeiste Antenne sendet selbst wieder eine sogenannte Streustrahlung aus. Ihre Größe und Phasenlage gegenüber der einfallenden Welle kann am besten durch Aufnahme der stehenden Wellen in ihrer Umgebung ermittelt werden[1].

11. Messung der Antennenankopplung

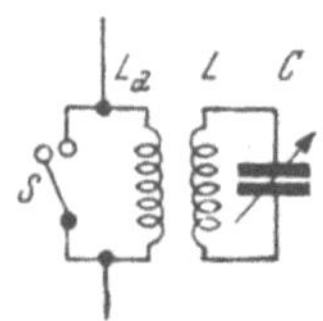

Abb. 327. Schaltung zur Messung der Antennenankopplung eines Schwingkreises

Zur Messung des bei induktiver Kopplung zwischen Schwingkreis und Antenne auftretenden Kopplungsfaktors eignet sich eine der im dritten Abschn., VII angegebenen Meßmethoden zur Bestimmung des Kopplungsgrades.

Besonders häufig wird indes die in Abb. 327 gezeigte Methode angewendet. Es wird die Resonanzfrequenz ω_r bei offenem und ω_s bei kurzgeschlossenem Schalter gemessen. Die Antenne selbst ist dabei abgeschaltet. Es ist dann

$$\omega_r = \frac{1}{\sqrt{L\,C}}, \qquad \omega_s = \frac{1}{\sqrt{C\,L\,(1 - k^2)}} \tag{4, 188}$$

und daraus

$$k = \sqrt{1 - \frac{\omega_r^2}{\omega_s^2}}. \tag{4, 189}$$

B. Untersuchung von Rahmenantennen

Der gesamte Hochfrequenzwiderstand einer Rahmenantenne im elektrischen Feld E wird durch eine Strommessung in dem auf Resonanz abgestimmten Rahmen gemessen, wobei der Rahmen so gerichtet ist, daß er Strommaximum ergibt. Es ist

$$J = \frac{2\,\pi\,w \cdot A \cdot E}{\lambda \cdot R}. \tag{4, 190}$$

Hiebei ist w die Windungszahl, A die Rahmenfläche, λ die Wellenlänge und R der gesamte Hochfrequenzwiderstand. Er setzt sich aus dem Verlustwiderstand R_v und dem Strahlungswiderstand R_s des Rahmens zusammen.

---

[1] King, D. D.: Proc. I. R. E. **37**, 770 (1949).

Der Strahlungswiderstand eines Rahmens läßt sich mit genügender Genauigkeit berechnen. Es ist bei ausreichender Entfernung vom Erdboden[1]

$$R_s = \frac{8}{3}\pi^3 Z_0 \frac{A^2 w^2}{\lambda^4} \quad \left(\frac{8}{3}\pi^3 Z_0 = 3{,}15 \cdot 10^4 \text{ Ohm}\right). \qquad (4, 191)$$

Im allgemeinen ist R_s gegen den Verlustwiderstand vernachlässigbar. Der Verlustwiderstand kann durch Erregung mit Oszillator und Aufnahme eines Stückes der Frequenzkurve des Rahmens bestimmt werden. Somit eignet sich die Rahmenantenne bei bekanntem Hochfrequenzwiderstand zur Bestimmung der Feldstärke E eines Senders nach Gl. (4, 190). An Stelle der Rahmenstromstärke kann auch die Resonanzspannung U_{res} gemessen werden (Spannung an den Rahmenklemmen). Es ist dann

$$U_{res} = \frac{4\pi^2 \cdot w \cdot A \cdot E \cdot f \cdot L}{\lambda \cdot R}. \qquad (4, 192)$$

Dabei ist f die Frequenz und L die Selbstinduktion des Rahmens.

Vergleicht man die von einer Rahmenantenne abgegebene Spannung mit der einer Dipolantenne, die die gleiche Spannung abgibt, so gelangt man zum Begriff der effektiven Antennenhöhe eines Rahmens. Sie ist gegeben durch

$$h_w = 2\pi \frac{A \cdot w}{\lambda}. \qquad (4, 193)$$

C. Untersuchung von Lichtnetzantennen

Die Lichtnetzantenne dient zur Verwendung des Lichtnetzes als Antenne. Die Untersuchung bezieht sich auf die Messung der Kapazitäten zwischen der Antennenanschlußbuchse und den Netzsteckerstiften. Sie liegen in der Regel zwischen 50 und 200 pF.

Von besonderer Wichtigkeit ist die Einhaltung der Sicherheitsvorschriften, welche im allgemeinen eine Prüfung mit 1000 bis 1500 Volt Wechselspannung nach längerer Lagerung im feuchtigkeitsgesättigten Raum vorsehen.

An Stelle der Messung der Durchschlagsfestigkeit empfiehlt sich die Prüfung des Anstieges der dielektrischen Verluste mit zunehmender Spannung, da in der Nähe des Durchschlages ein starker Anstieg des Verlustwinkels festzustellen ist (vgl. III dieses Abschn.).

XV. Untersuchung der Ausbreitung der elektrischen Welle

1. Bestimmung der Leitfähigkeit des Bodens

Die Messung der spezifischen Leitfähigkeit des Bodens läßt sich durch Herausnahme von Proben vornehmen; allerdings sind hiebei Fehler zu erwarten, die durch Auflockerung und Feuchtigkeitsänderung zu erklären

[1] Einfg. S. 638.

sind. Die Messung wird besonders bei kurzen Wellen vorgenommen. Die Probe wird im Kondensatorfeld untersucht und meist sowohl ε wie σ gemessen[1]. Die Methode eignet sich für Frequenzen bis etwa 100 MHz.

Eine Messung der spezifischen Leitfähigkeit im Erdboden selbst gelingt durch Eingraben von zwei parallelen Drähten in dem zu untersuchenden Boden[2]. An die Anschlüsse legt man eine hochfrequente Spannungsquelle. Infolge der Dämpfung nimmt der Strom längs der Doppelleitung exponentiell ab. Verwendet man eine nicht zu kurze Welle, so kann der Verschiebungsstrom gegenüber dem Leitungsstrom vernachlässigt werden und die Dämpfung β bestimmt sich aus[3]

$$\beta = 2\pi \sqrt{\frac{\mu_0}{4\pi}} \sqrt{\sigma \cdot f},$$

$$\beta\,(\mathrm{Np/cm}) = 1{,}99 \cdot 10^{-4} \sqrt{\sigma\,(\Omega^{-1}\,\mathrm{cm}^{-1})\, f\,(\mathrm{Hz})}. \qquad (4, 194)$$

Man sucht nun jene Strecke, nach der der Leitungsstrom auf das 1/2,72-fache gesunken ist, diese sei l_d. Dann findet man nach Gl. (4, 194)

$$\sigma = \frac{1}{l_d^2 \pi \mu_0 f} = \frac{2{,}52 \cdot 10^7}{l_d^2 f}. \qquad (4, 195)$$

Die Messung gestattet auch aus der Verringerung der Fortpflanzungsgeschwindigkeit die Dielektrizitätskonstante ε zu bestimmen.

Bei sehr kurzen Wellen kann an Stelle der Paralleldrahtleitung eine konzentrische Rohrleitung verwendet werden, in die das zu untersuchende Material gebracht wird. Man nimmt z. B. die Resonanzkurve der Rohrleitung auf, indem man bei konstanter Senderspannung am Anfang der Rohrleitung den Strom am kurzgeschlossenen Leitungsende in Abhängigkeit von der Senderfrequenz mißt[4].

Die Bodenleitfähigkeit kann auch durch Messung der Polarisation und Phasenverschiebung der am Empfangsort eintreffenden Welle bestimmt werden[5]. Man verwendet zwei zueinander senkrecht stehende Rahmenantennen oder Dipolantennen[6] und schaltet sie entweder direkt oder nach Frequenztransformation durch Überlagerung beider Hochfrequenzspannungen mit der gleichen Frequenz und Gleichrichtung an je ein Plattensystem einer Kathodenstrahlröhre. Statt das Verhältnis der Feldstärken und die Phasenverschiebung zu bestimmen, und daraus die

[1] Smith-Rose, R. L.: Proc. Roy. Soc. London (A) **140**, 359 (1933); Proc. Phys. Soc. **47**, 923 (1935).

[2] Abraham, M., J. Pusch u. H. Rausch v. Traubenberg: Phys. Z. **20**, 145 (1919).

[3] Einfg. S. 127.

[4] Löb, E.: Hochfrequenztechn. u. Elektroak. **61**, 35 (1943).

[5] Smith-Rose, R. L. u. R. H. Barfield: E. W. W. E. **2**, 737 (1925).

[6] Großkopf, J. u. K. Vogt: Hochfrequenztechn. u. Elektroak. **58**, 52 (1941); TFT **29**, 164 (1940); Hochfrequenztechn. u. Elektroak. **60**, 97 (1942).

Leitfähigkeit zu berechnen, ist es einfacher, diese unmittelbar aus dem Achsenverhältnis a/b der Drehfeldellipse zu ermitteln. Es ist

$$\sigma = \pi \varepsilon_0 f \left(\frac{a}{b}\right)^2. \quad (4, 196)$$

Gl. (4, 196) setzt voraus, daß $\varepsilon \ll 2\,\sigma/f$, was bei nicht allzugroßen Frequenzen und gut leitendem Boden der Fall ist. Bei Verwendung verschiedener Meßfrequenzen eignet sich die Methode auch zur Untersuchung geschichteten Bodens, wobei Kurzwellen vor allem die dielektrischen Eigenschaften, Mittel und Langwellen die Leitfähigkeit erkennen lassen.

Die Bodenleitfähigkeit kann auch weiter aus der Abnahme der Feldstärke der elektrischen Welle mit der Entfernung bestimmt werden. Die gemessene Feldstärke E_m unterscheidet sich gegenüber der für vollkommen leitende ebene Erdoberfläche E um den Schwächungsfaktor F_s

$$E_m = F_s \cdot E. \quad (4, 197)$$

Für den Schwächungsfaktor F_s findet man nach van der Pol und Niessen als Näherungswert[1]

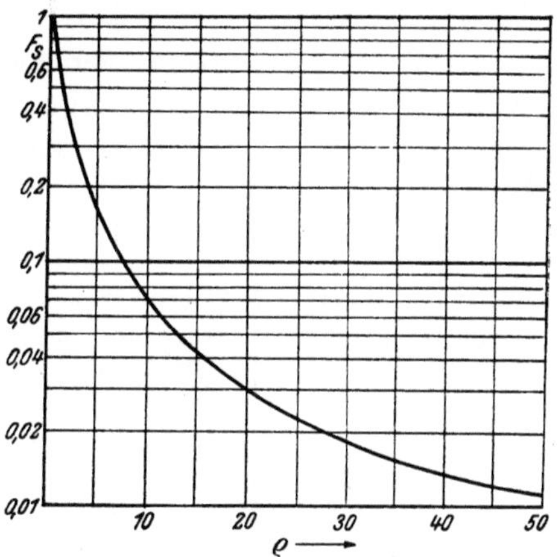

Abb. 328. Abhängigkeit des Schwächungsfaktors F_s von ϱ

$$F_s = \frac{2 + 0{,}3\,\varrho}{2 + \varrho + 0{,}6\,\varrho^2}. \quad (4, 198)$$

Der Zusammenhang zwischen F_s und ϱ kann unmittelbar aus Abb. 328 entnommen werden. Aus ϱ findet man für vertikale Polarisation

$$\sigma = 0{,}523 \cdot 10^{-15} \frac{r}{\varrho \cdot \lambda^2}. \quad (4, 199)$$

Man erhält σ in EME, ($= 10^9\,\Omega^{-1}\,\text{cm}^{-1}$), wenn λ und r in km eingesetzt wird.

Schließlich läßt sich auch die Bodenleitfähigkeit aus der Größe des Reflexionsfaktors der vom Boden reflektierten Welle bestimmen. Das Verfahren eignet sich mehr bei guter Bodenleitfähigkeit.

2. Messung der Ausbreitungsdämpfung

Für die Feldstärke einer elektrischen Welle in der Entfernung r vom Sender gilt

$$E = Z_0 \frac{h_w \cdot J}{\lambda \cdot r} F_r, \quad (4, 200)$$

[1] Pol, B. van der u. K. F. Niessen: Ann. Phys. **6**, 273 (1930).

wobei h_w die effektive Antennenhöhe, J der Antennenstrom, r die Entfernung, $Z_0 = 377$ Ohm und F_r der Schwächungsfaktor ist, der den Einfluß der Leitfähigkeit, die dielektrischen Eigenschaften des Bodens sowie seine Krümmung, nicht aber die Reflexion der Heavisideschicht berücksichtigt.

Die Messung der Feldstärke hat, um allgemeine Gesetze über die Ausbreitung der elektrischen Wellen zu bekommen, vor allem die Aufgabe, den Schwächungsfaktor F_r in Abhängigkeit von der Entfernung, der Bodenbeschaffenheit und Wellenlänge darzustellen.

3. Messung der Ausbreitungsrichtung

Hiezu bedient man sich vor allem der *Rahmenantenne*. Sie wird so eingestellt, daß der Empfang verschwindet. Dann verläuft die Ausbreitungsrichtung senkrecht zur Rahmenfläche[1]. Um auch den Richtungssinn zu bestimmen, schaltet man die Spannung einer Hochantenne in einer solchen Größe zu, daß die von ihr erhaltene Spannung gleich der von der Rahmenantenne gelieferten höchsten Spannung ist. Man erhält dadurch bei der gleichen Rahmeneinstellung eine Spannung, die bei Verdrehen der Rahmenantenne in bestimmter Richtung je nach dem Richtungssinn zu- oder abnimmt. Die drahtlose Richtungsbestimmung wird als Peilung bezeichnet.

An Stelle des drehbaren Rahmens werden vielfach auch zueinander senkrecht stehende feste Rahmen verwendet und deren Spannung mittels eines Drehkreuzvariometers (*Goniometeranordnung*) ausgekoppelt. Bei bestimmter Einstellung der Richtung der drehbaren Spule erhält man ebenfalls ein Verschwinden des Empfanges.

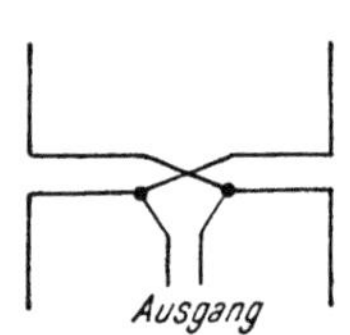

Abb. 329. Adcock-Antennenanordnung

Die Rahmenantenne zeigt auch starke Empfindlichkeit gegen Raumwellen, wodurch bei Peilung der Bodenwelle Fehlweisungen entstehen. Bei der „*Adcock-Antennenanordnung*“ wird dieser Übelstand vermieden. Eine einfache Form ist in Abb. 329 gezeigt. Zwei Dipolantennen befinden sich auf einer lotrechten, um eine lotrechte Achse drehbaren Ebene und sind einander entgegengeschaltet. Die Wirkungsweise entspricht etwa der einer rechteckförmigen Rahmenantenne, bei der die Spannungsinduktion in den horizontalen Leitungsstücken unterbunden ist. Diese Form der Adcock-Antenne eignet sich besonders zur Kurzwellenpeilung[2]. Für längere Wellen benützt man in der Regel vier feststehende Vertikalantennen, deren Fußpunkte in den Eckpunkten eines Quadrates auf der Bodenfläche gelegen sind. Die Wirkungsweise entspricht der von zwei zueinander senkrecht stehenden vertikalen Rahmen, wenn die Anschlußpunkte zu einer Goniometeranordnung geführt sind. Die Richtungsbestimmung erfolgt wie oben beschrieben.

[1] Smith-Rose, R. L.: Proc. I. R. E. **17**, 425 (1929).

[2] Barfield, R. H.: Exp. Wireless and Wireless Engr. **7**, 262 (1930); Jour. I. E. E. **76**, 423 (1935).

Um auch den Einfallswinkel in vertikaler Ebene zu bestimmen, eignet sich eine Anordnung mit zwei lotrecht übereinander befindlichen lotrechten parallelen Rahmenantennen. Die horizontal eintreffende Welle verursacht in ihnen keine Phasenverschiebung. Die erhaltenen Schwingungen werden mittels Überlagerung durch die gleiche Hochfrequenz in zwei Niederfrequenzen transformiert und diese den beiden Plattensystemen einer Kathodenstrahlröhre zugeführt[1]. Bei horizontalem Welleneinfall, also Phasengleichheit der Hochfrequenzen und somit auch der Niederfrequenzen ergibt sich auf dem Schirm der Röhre eine Gerade, anderenfalls eine Ellipse, aus deren Verlauf die Phasenverschiebung φ und daraus der Einfallswinkel (Winkel mit der Horizontalen) α bestimmt werden kann. Es ist, wenn l der Abstand der Rahmenmitten ist,

$$\alpha = \arc\sin \frac{\lambda \varphi}{2 \pi l}. \qquad (4, 201)$$

Eine andere Art der Aufzeichnung wird von Schüttlöffel und Vogt vorgeschlagen[2]. Die beiden Rahmenspannungen werden zunächst mit Hilfe eines gemeinsamen Oszillators in zwei gleiche Zwischenfrequenzen umgeformt. Die eine wird zur Drehfelderzeugung direkt und nach 90^0 Phasenverschiebung den beiden festen Spulen eines von einem Motor angetriebenen Goniometersystems[3] zugeführt. Die Spannung der rotierenden Spule, die somit eine sich ständig ändernde Phasenlage aufweist, wird der Zwischenfrequenz des zweiten Rahmens überlagert und nach Gleichrichtung dem Ablenksystem einer Kathodenstrahlröhre zugeführt. Die Kippspannung ist mit der Motorspannung synchronisiert. Man erhält auf dem Schirm der Kathodenstrahlröhre ein Minimum, dessen Lage den Einfallswinkel anzeigt. Empfehlenswert ist eine elektrische Richtkennlinienschwenkung[4].

Um den Einfallswinkel der Raumstrahlung bei Rundfunksendern zu finden, wurde von Eppen und Scheibe[5] folgendermaßen vorgegangen: Zunächst wurde die Einfallsrichtung der Welle bei Tage durch scharfe Nulleinstellung eines Rahmens bestimmt und sodann bei Nacht die Feldstärke unter Berücksichtigung des Einfallwinkels gemessen. Durch Wahl verschiedener Abstände vom Sender konnte die Abhängigkeit der Feldstärke vom Abstrahlwinkel bei etwa 90 bis 45^0 gemessen werden.

4. Untersuchung der Polarisationsrichtung

Die Polarisationsrichtung der elektrischen Welle wird mit zwei zueinander senkrecht stehenden Dipolen oder mit Rahmenantennen gemessen; man führt beispielsweise die beiden Antennenspannungen den beiden Plattenpaaren einer Kathodenstrahlröhre zu[6]. Schwierigkeiten be-

---

[1] Friis, H. T.: Proc. I. R. E. **16**, 658 (1928).

[2] Schüttlöffel, E. u. G. Vogt: VDE Fachber. **11**, 48 (1938); Ref. Hochfrequenztechn. u. Elektroak. **56**, 123 (1940).

[3] Einfg. S. 485.

[4] Kotowsky, P, E. Schüttlöffel u. G. Vogt: A. E Ü **4**, 325 (1950).

[5] Eppen, F. u. A. Scheibe: Hochfrequenztechn. u. Elektroak. **47**, 8 (1936).

[6] Agricola, A.: ATM V 31—4 (1937).

reitet jedoch die Messung bei gleichzeitigem Auftreten einer direkten und reflektierten Welle, z. B. Boden- und Raumwelle. In diesem Fall hilft man sich durch mehrere Messungen mit verschiedenen Wellen und Antennen.

5. Untersuchung der Ionosphäre

Zur Untersuchung der Reflexionseigenschaften der Ionosphäre wird ein Echolotverfahren benützt[1]. Ein Sender strahlt eine Welle in kurzen Impulsen von höchstens 0,1 ms Dauer und einer Impulsfolge von etwa 50 Hz aus. In geringer Entfernung von ihm befindet sich ein Empfänger, der die direkten, wie auch von der Ionosphäre reflektierten Impulse aufnimmt und diese auf einer Kathodenstrahlröhre zur Aufzeichnung bringt. Letztere erhält eine Kippspannung, gesteuert durch die Impulsfolgefrequenz. Bei genügend geringer Entfernung zwischen Sender und Empfänger besteht die einfache Beziehung zwischen Laufzeit t und Höhe h der reflektierten Schicht

$$t = 2\,\frac{h}{c}. \qquad (4, 202)$$

wobei c die Fortpflanzungsgeschwindigkeit der elektrischen Welle ist. Um eine fortlaufende Registrierung zu ermöglichen, werden auf der Kathodenstrahlröhre die Spitzen der Impulse abgedeckt und davor ein Registrierstreifen mit lichtempfindlicher Schicht vorbeibewegt. Man erhält dann beispielsweise die in Abb. 330 gezeigten Aufzeichnungen. An Stelle der Horizontalablenkung mittels Kippspannung kann auch eine Kreisaufzeichnung und Radialablenkung vorgesehen werden[2].

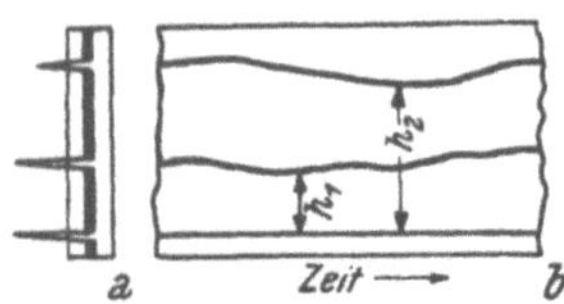

Abb. 330. Registrierung der Höhe der Ionosphäre. *a* Impulsverlauf auf der Kathodenstrahlröhre, *b* photographischer Registrierstreifen

Läßt man die Senderfrequenz konstant, so dient die Anordnung zur Aufzeichnung der zeitlichen Änderung der Höhe der Heavisideschicht.

Beim *Frequenzdurchdrehverfahren*[3] wird jedoch die Frequenz laufend nach einem bestimmten Gesetz geändert und der Empfänger selbsttätig auf die betreffenden Frequenzen eingestellt. Es wird so meist ein Bereich von 3 bis 30 MHz dauernd überstrichen. Manche Wellen durchdringen die unteren Ionisationsschichten und werden auch von den höheren reflektiert, so daß oft gleichzeitig mehrere Echozeichen erhalten werden. Das Frequenzdurchdrehverfahren eignet sich daher besonders zur Abtastung des gesamten Ionisationsgebietes und insbesondere zur Feststellung der Grenzwellen.

Eine vollautomatische Registriereinrichtung erhält man, wenn man zur Schwingungserzeugung eine Schwebungsmethode benützt[4]. Der feste

[1] Breit, G. u. M. A. Tuve: Phys. Rev. **28**, 554 (1926).
[2] Goubeau, G. u. J. Zenneck: Hochfrequenztechn. u. Elektroak. **40**, 77 (1932).
[3] Appleton, E. V.: Proc. Phys. Soc. **41**, 43 (1928).
[4] Sulzer, P. G.: Electronics **19**, H. 7 (1946).

Oszillator erhält eine Frequenz von 30 MHz, während eine veränderliche Oszillatorfrequenz den Bereich von 31 bis 55 MHz umfaßt. Es ergibt sich so eine veränderbare Senderfrequenz von 1 bis 25 MHz in einem Bereich. Es folgt eine aperiodische Hochfrequenzverstärkung. Die Ausgangsspannung wird einer Breitbandantenne zugeführt. Der Empfänger ist nach dem Überlagerungsprinzip gebaut. Die Eingangsspannung wird dem aperiodischen Eingang der Mischstufe zugeführt. Die Oszillatorspannung wird von dem veränderlichen Oszillator des Senders geliefert, so daß bei jeder Abstimmung stets die gleiche Zwischenfrequenz von 30 MHz erhalten wird.

Von Appleton[1] wird die Höhe der Ionosphäre mittels frequenzmodulierter Wellen bestimmt. Am besten eignet sich eine sägezahnförmige Modulation. Dadurch entsteht eine nahezu konstante Frequenzabweichung zwischen der ausgesendeten und der im selben Augenblick empfangenen reflektierten Frequenz. Sie ergeben zusammen eine Schwebung, deren Frequenz gemessen wird und ein Maß für die Höhe der Reflexionsschicht ist.

Wird die Wellenlänge langsam von λ_1 auf λ_2 geändert, so läßt sich die Höhe h der Ionosphäre aus der Zahl N der Schwebungsmaxima zwischen der direkten und der indirekten Welle bestimmen. Es ist

$$h = 0{,}5 \sqrt{l^2 + 2\, l\, l_1} \tag{4, 203}$$

und

$$l = \frac{N}{\left(\frac{1}{\lambda_1} - \frac{1}{\lambda_2}\right)}. \tag{4, 204}$$

Dabei ist l_1 die Entfernung zwischen Sender und Empfänger (Weg der direkten Welle) und l der Wegunterschied zwischen direkter und indirekter Welle.

Schließlich läßt sich die Höhe der Ionosphäre auch aus der Größe des Einfallwinkels der Welle beim Empfänger messen.

Die Meßergebnisse sind indes nicht genau, da die elektrische Welle in der Ionosphäre selbst eine gekrümmte Bahn durchläuft (statt sofort reflektiert zu werden), weshalb die Messung stets höhere Werte (größere scheinbare Höhe) ergibt. Die tatsächliche Höhe kann auf Grund mehrerer Messungen nur annähernd ermittelt werden. Schließlich ist auch zu berücksichtigen, daß an Stelle der Phasengeschwindigkeit die Gruppengeschwindigkeit der Welle in Rechnung gesetzt werden muß.

Der Reflexionsfaktor ϱ_i der Heavisideschicht läßt sich leicht bestimmen, wenn eine zweimalige Reflexion beobachtet wird[2]. Ist die Amplitude der nach der ersten Reflexion am Empfänger ankommenden Welle A_1 und die nach der zweiten A_2, so ist, wenn man, wie üblich, den Reflexionsfaktor des Bodens gleich 1 setzen kann,

$$\varrho_i = \frac{2\, A_2}{A_1}. \tag{4, 205}$$

[1] Appleton, E. V.: Proc. Phys. Soc. **42**, 321 (1930).

[2] White, F. W. C. u. L. W. Brown: Proc. Roy. Soc. Lond. **153**, 689 (1936).

Ist jedoch eine zweimalige Reflexion nicht zu beobachten, so ist die Kenntnis der Ausbreitungsdämpfung der Bodenwelle notwendig.

6. Untersuchung der Schwunderscheinungen

Schwunderscheinungen werden durch Feldstärkenmessungen ermittelt. Von Interesse ist vor allem die Abhängigkeit der Schwunderscheinungen von der Frequenz und vom Empfangsort sowie die Dauer des Schwundes. Bei selektivem (frequenzabhängigem) Schwund ist eine Untersuchung der Frequenzverzerrung der Übertragung von Interesse. Es wird eine frequenzmodulierte Welle abgestrahlt und die Feldstärkenänderung im Empfänger aufgenommen[1]. Weitere Messungen erstrecken sich auf den Einfluß der Tageszeit sowie den Einfluß der Jahreszeiten auf die Ausbreitung.

Zur Nachbildung des Fadings werden zwei Wellen gleicher Frequenz erzeugt, von denen die eine gegen die andere verzögert ist, auch wird das Amplitudenverhältnis geändert. Die zeitliche Verzögerung erfolgt durch Umwandlung in Ultraschall, der über eine Verzögerungsleitung geführt wird[2].

7. Untersuchung des Luxemburgeffektes

Als Luxemburgeffekt wird die Beeinflussung eines amplitudenmodulierten Senders durch die Modulation eines zweiten auf andere Welle abgestimmten Senders bezeichnet. Gemessen wird die Größe des Modulationsgrades der Nutzwelle durch die Störwelle. In der Regel wird ein Wert von wenigen Prozenten nicht überschritten, der bisher höchste gemessene Wert beträgt 6% [3].

8. Messung der Fortpflanzungsgeschwindigkeit der elektrischen Welle

Eine Anordnung zur Messung der Fortpflanzungsgeschwindigkeit der elektrischen Welle zeigt Abb. 331. Der Sender S_1 erzeugt eine Frequenz f_1. Diese wird einerseits von einer Antenne abgestrahlt, andererseits einem Kathodenstrahloszillographen O_1 zugeführt. Die ausgestrahlte Welle trifft einen in der Entfernung r befindlichen Empfänger E_2, der die Welle über einen Frequenzumformer U dem Sender S_2 zuführt, der die neue Welle ausstrahlt. Diese trifft die Antenne der Station 1. Sie wird über den Empfänger E_1 dem anderen Plattenpaar der Kathodenstrahlröhre zugeführt. Eine Frequenzumformung ist notwendig, damit

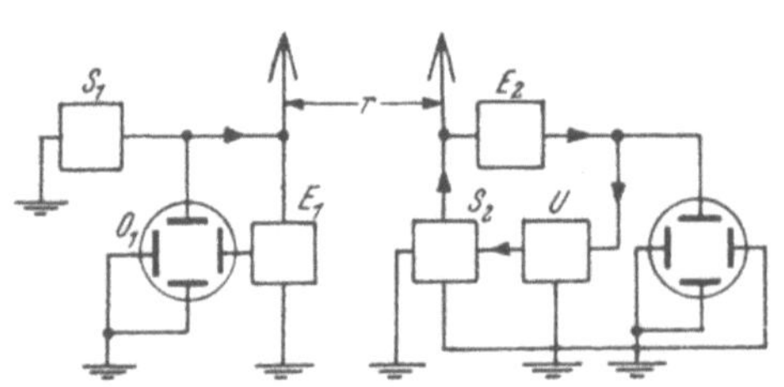

Abb. 331. Anordnung zur Messung der Fortpflanzungsgeschwindigkeit der elektrischen Welle

---

[1] Bown, R., K. M. de Loss u. R. K. Potter: Proc. I. R. E. **14**, 57 (1926).
[2] Arguimbau, L. B. u. J. Granlund: Electronics **22**, H. 12, S. 101 (1949).
[3] Bäumler, M. u. W. Pfitzer: Hochfrequenztechn. u. Elektroak. **46**, 181 (1928).

abgestrahlte Sendewelle und Empfangswelle sich nicht gegenseitig beeinflussen. Am günstigsten ist ein Schwingungsverhältnis von etwa 2 zu 3. Man erhält dann infolge der Phasenverschiebung am Schirm der Kathodenstrahlröhre ganz bestimmte Lissajous-Figuren, aus denen die Phasenverschiebung entnommen wird. Als Phasenverschiebung ist in diesem Falle die zeitliche auf den Phasenwinkel einer der beiden Schwingungen bezogene Verschiedenheit des Nulldurchganges anzusehen. Sie ist einerseits auf die Laufzeit der Welle zur Überbrückung der Entfernung, andererseits aber auch auf die Laufzeit im Sender und Empfänger zurückzuführen[1].

Um den Einfluß der Apparatelaufzeit auszuschalten, wird die Messung der Fortpflanzungsgeschwindigkeit der elektrischen Welle durch Verschieben eines der beiden Geräte vorgenommen. Durch die Entfernungsänderung ergibt sich eine Änderung der Phasenlage, die durch die Laufzeiten in den Geräten nicht beeinflußt wird. Am einfachsten ist es, die Entfernung so zu verändern, daß wieder die ursprüngliche Phasenlage hergestellt wird. Dabei kann auch ein ganzzahliges Vielfaches dieser Entfernung zurückgelegt werden.

Da die Fortpflanzungsgeschwindigkeit der elektrischen Welle gleich der des Lichtes ist, genügt auch die Messung der Lichtgeschwindigkeit. Genaue Messungen wurden in letzter Zeit von Bergstrand mit dem Geodimeter durchgeführt[2]. Eine Lichtwelle wird mit Hilfe einer Kerrzelle amplitudenmoduliert. Am Ziel befindet sich ein Reflektor, der das modulierte Licht wieder an den Sender zurückführt. Die dort aufgenommene Welle wird mittels einer Photozelle demoduliert und die Phasenverschiebung der Modulationsspannung vor der Modulation und nach der Demodulation verglichen. Hieraus und aus der bekannten Entfernung und Modulationsfrequenz erhält man die gesuchte Fortpflanzungsgeschwindigkeit.

Die Fortpflanzungsgeschwindigkeit der elektrischen Welle läßt sich schließlich auch aus der Resonanzwelle eines Hohlraumes, die sich aus den bekannten Abmessungen errechnen läßt, und der gemessenen Frequenz bestimmen[3].

9. Untersuchung der atmosphärischen Störungen

Es ist zweckmäßig, die atmosphärischen Störungen mit Hilfe einer Kathodenstrahlröhre aufzuzeichnen, wobei an das horizontale Plattenpaar eine Kippspannung gelegt wird. Man kann dann die Größe der Störspannung und ihren zeitlichen Verlauf darstellen. Mit Hilfe eines Kreuzrahmensystems, das über einen aperiodischen Verstärker die beiden Ablenksysteme einer Kathodenstrahlröhre speist, kann auch die Einfallsrichtung der Störungen angezeigt werden[4].

---

[1] Alpert, I. H., V. V. Migulin u. P. A. Ryasin: J. Phys. Acad. Sci. USSR. **4**, 13 (1941).

[2] Bergstrand, E.: Arkiv för Fysik **3**, 479 (1951).

[3] Essen, L. u. A. C. Gordon-Smith: Proc. Roy. Soc. 194 A, 348 (1948).

[4] Watson-Watt, R. A.: Jour. I. E. E. **64**, 11 (1926).

Fünfter Abschnitt

Messungen und Untersuchungen bei Mikrowellen

Als Mikrowellen sollen Wellen von 30 bis 1 cm Länge verstanden werden (1000 bis 30 000 MHz). Die Technik dieser Wellen unterscheidet sich wesentlich von der längerer Wellen. Als Abstimmittel und als Scheinwiderstände werden ausschließlich nicht quasistationäre Kreise, wie Kabel und Rohrleiter verwendet. Auch die Brauchbarkeit der Elektronenröhren ist durch das Auftreten der Elektronenlaufzeiten beeinflußt. Dadurch erwachsen auch der Mikrowellentechnik völlig geänderte Aufgaben, die eine gesonderte Behandlung der Mikrowellenmeßtechnik gerechtfertigt erscheinen lassen. Die folgenden Ausführungen können nur eine kurze Übersicht über dieses bereits außerordentlich angewachsene Gebiet geben. Die oben mit 1000 MHz angegebene untere Frequenzgrenze der Mikrowellentechnik schließt jedoch nicht aus, daß die im folgenden beschriebenen Meßmethoden gelegentlich auch bei niedrigeren Frequenzen mit Erfolg angewendet werden könnten. Es wird sich vielmehr in vielen Fällen empfehlen, diese sinngemäß auch auf längere Wellen, insbesondere auf den Frequenzbereich von 300 bis 1000 MHz auszudehnen.

I. Hilfsgeräte

A. Schwingungserzeuger

1. Oszillatoren für Frequenzen bis 1 000 MHz

Röhrenoszillatoren in gewöhnlicher Dreipunktschaltung oder mit induktiver Rückkopplung sind nur bis etwa 100 MHz brauchbar. Für größere Frequenzen, etwa bis 300 MHz können noch Röhren gewöhnlicher Bauart mit geringen Elektrodenabständen und kurzen Leitungszuführungen, z. B. sogenannte Eichelröhren verwendet werden. An Stelle der Hartley-Schaltung[1], die bei längeren Wellen üblich ist, wird die Colpitts-Schaltung[2] bevorzugt, bei der jedoch die kapazitive Spannungsteilung durch die Röhrenkapazitäten selbst erfolgt[3]. Als Schwingkreis wird eine Paralleldrahtleitung oder besser noch eine konzentrische Rohrleitung ver-

[1] Hartley, R. V. L.: USA Pat. 1, 356 763 (1915).

[2] Beck, R.: Hochfrequenztechn. u. Elektroak. **43**, 199 (1934).

[3] Einfg. S. 545.

wendet. In diesem Falle wird dann zur Vermeidung jeglicher Strahlungsstörungen die Schwingungserzeugerröhre zumeist in den Rohrleiter selbst eingebaut. Abb. 332 zeigt eine solche Anordnung unter Verwendung einer Eichelröhre, bei der Gitter und Anode auf gemeinsamem Sockel angeordnet sind. Die Abstimmung des Gitter- wie Anodenkreises erfolgt mittels konzentrischer Rohrleitung durch den Kolben K_1 für den Anodenkreis und K_2 für den Gitterkreis. Beide Kolben enthalten einen dünnen Glimmer-

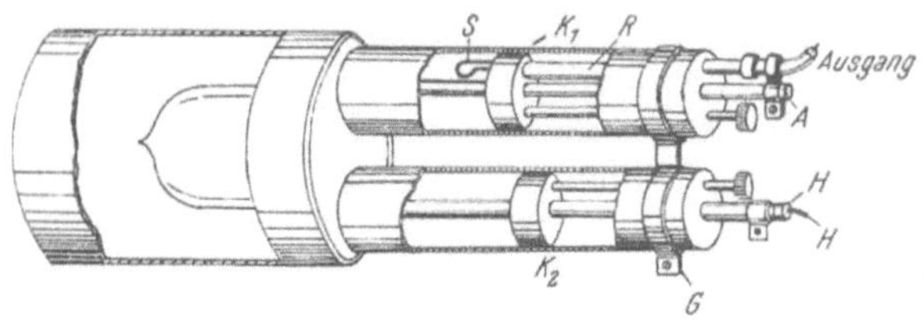

Abb. 332. Dezimeterwellenoszillator mit Eichelröhre. S = Koppelschleife, K = Abstimmkolben, R = konzentrische Rohrleitung, G = Gittervorspannungsanschluß, A = Anodenspannungsanschluß, H = Heizungsanschluß

ring, der die Isolation für die Gleichspannung zwischen Innen- und Außenleiter bewirkt, aber die Hochfrequenz kurzschließt. Die Abstimmung erfolgt durch Verschieben der Kolben. Die Hochfrequenz wird aus dem Anodenkreis mit Hilfe der Koppelschleife S und der konzentrischen Rohrleitung R entnommen. Auch die Röhre befindet sich in einem metallisch abgeschirmten Raum.

Abb. 333 zeigt die Ersatzschaltung. Die konzentrischen Rohrleitungen sind durch Schwingkreise ersetzt. Die Kondensatoren C_1 und C_2 werden durch die Glimmerringe gebildet. Das Gehäuse führt Gitterpotential (Gitterbasisschaltung). Man erreicht mit dieser Anordnung noch Frequenzen von etwa 300 bis 1000 MHz.

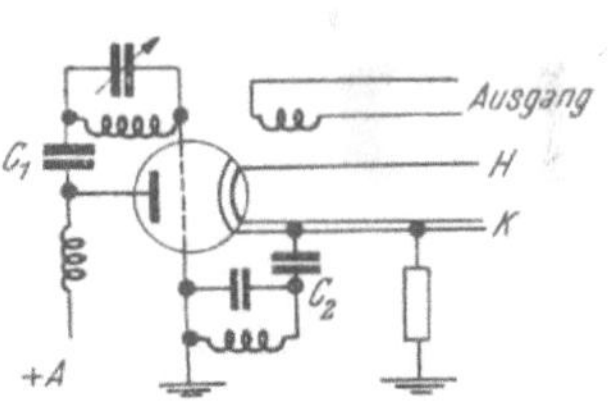

Abb. 333. Ersatzschaltung der Abb. 332

Von Ebert und Finke[1] wird ein Heultongenerator angegeben. Eine Scheibenröhre wird als Steuerrohr mit einer veränderlichen Kapazität (durch rotierenden Drehkondensator mit entsprechendem Plattenschnitt) verwendet. Der Frequenzbereich liegt zwischen etwa 500 und 900 MHz. Es wird ein Frequenzhub von 30 MHz erreicht.

Auch Gegentaktschaltungen mit gewöhnlichen Trioden werden zur Schwingungserzeugung verwendet[2]. Sollen hohe Frequenzen erreicht werden, so ist die Einkapselung der Röhren und Verwendung von konzentrischen Rohrleitungen als Schwingkreise notwendig. Es können Frequenzen bis zu etwa 600 MHz erzielt werden.

---

[1] Ebert, J. E. u. H. A. Finke: Electronics **23**, H. 6, S. 79 (1950).

[2] Mesny, R.: L'onde electr. **3**, 25 (1924). — Holborn, F.: Z. Phys. **6**, 328 (1921).

2. Oszillatoren für Frequenzen über 1 000 MHz

Frequenzen über 600 MHz bis etwa 3000 MHz können nach der gleichen Schaltung mit Hilfe von Scheibenröhren erzeugt werden[1]. Durch die scheibenförmige Anordnung des Steuergitters (s. Abb. 334) ist eine besonders günstige Leitungsanordnung möglich. Gitter- und Anodenkreis sind als doppeltkonzentrische Rohrleitungen ausgeführt und durch Verschieben von Kolben abstimmbar, s. Abb. 335. Bei einer Anodenspannung von etwa 300 Volt können einige Zehntel Watt erhalten werden. Die Abstimmfrequenz kann etwa innerhalb 10 bis 20 Prozent geändert werden.

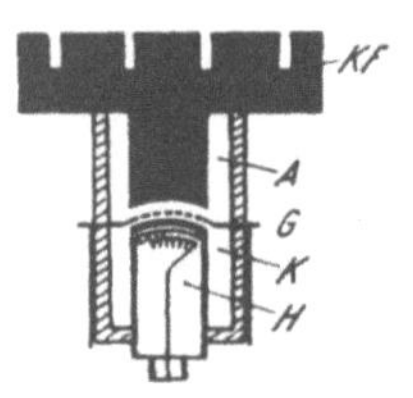

Abb. 334. Scheibenröhre. *KF* = Kühlfläche, *A* = Anode, *G* = Gitter, *K* = Kathode, *H* = Heizung

Eine Änderung der Anodenspannung hat auf die Frequenz nur verhältnismäßig geringen Einfluß. Die Röhre ist daher für Messungen, wenn mit einfachen Mitteln, das heißt, ohne besondere Spannungsstabilisation konstante Spannungen gewünscht werden, gut verwendbar. Sie eignet sich auch zur Impulsmodulation. Sie gestattet auch scharfe Rechteckimpulse zu erzeugen. Als Nachteil ist dagegen die komplizierte Einstellung durch Betätigung von zwei Abstimmkreisen anzusehen.

Größere Scheibenröhren erzeugen hundert Watt und mehr bei rund 1000 MHz[2].

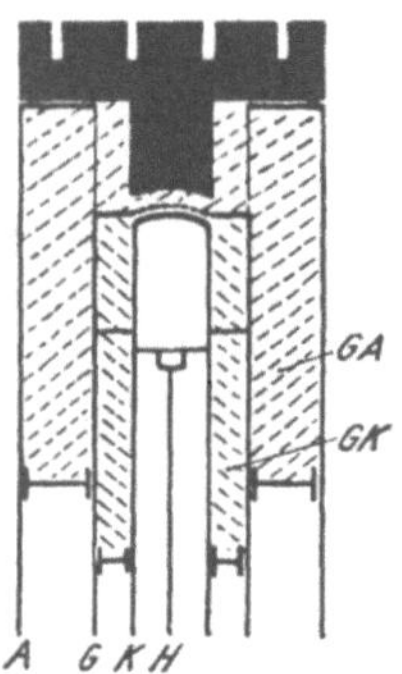

Abb. 335. Scheibenröhre mit doppeltkonzentrischer Rohrleitung. *GA* = Gitter-Anodenraum, *GK* = Gitter-Kathodenraum, *A* = Anodenspannungsanschluß, *G* = Gittervorspannungsanschluß, *K* = Kathodenanschluß, *H* = Heizfaden

Während das Magnetron in der Mikrowellen-Sendertechnik zur Schwingungserzeugung viel benützt wird[3], ist es in der Meßtechnik wegen der geringen Abstimmfähigkeit und der erforderlichen hohen Spannungen nur wenig in Verwendung. Auch Bremsfeldgeneratoren[4] sind in der Mikrowellenmeßtechnik zur Schwingungserzeugung wenig in Benützung.

3. Klystron für Meßzwecke[5]

Das Reflexklystron[6] eignet sich zur Schwingungserzeugung bei Frequenzen über 1000 MHz. Wegen seiner bequemen Handhabung findet es

[1] Devjatkov, N. D., E. N. Donilev u. V. K. Chachlow: Izv. Elektr. **9**, H. 2, S. 56 (1940).

[2] Law, R. R., D. G. Bwinside, R. Pitone u. W. B. Wholey: RCA Rev. Juni 1946.

[3] Einfg. S. 562.

[4] Barkhausen, H. u. K. Kurz: Phys. Z. **21**, 1 (1920). — Hollmann, H. E.: Phys. u. Technik d. ultrak. Wellen. I, S. 116 (1936).

[5] Harrison, A. E.: Klystron Tubes (1947).

[6] Ginzton, E. L. u. A. E. Harrison: Proc. I. R. E. **34**, 97 (1946).

in der Mikrowellenmeßtechnik weitgehende Anwendung. Eine Änderung der Anodenspannung hat einen großen Einfluß auf die erhaltene Frequenz. Die Röhre eignet sich daher zur Frequenzmodulation, die allerdings von einer geringfügigen Amplitudenmodulation begleitet ist. Bei Impulsmodulation werden die Steuerimpulse der Reflektorelektrode oder der Anode zugeführt. Man erhält gute Rechteckimpulse. Der Frequenzbereich des Reflexklystrons ist verschieden, er liegt meist bei 10 bis 20 Prozent, es sind aber auch Röhren mit bis zu 50 Prozent in Verwendung. Die Leistung beträgt meist nur einige Zehntel Watt.

Größere Leistungen erzielt man mit dem Zweikreis-Klystron, z. B. bei 10 000 MHz noch 15 bis 20 Watt. Die Abstimmung der beiden Abstimmkreise ist etwas mühsam. Frequenzmodulation erreicht man durch Beeinflussung der Bündelspannung. Zur Impulsmodulation eignet sich das Zweikreisklystron weniger. Durch die Einschwing- und Abklingzeiten der Schwingkreise werden die Impulse abgeflacht. Dagegen läßt sich diese Röhre insbesondere zur Frequenzvervielfachung verwenden.

Da die Regelung der Ausgangsamplitude nicht möglich ist, wird vorgeschlagen, die Größe der mittleren Ausgangsleistung durch Impulsmodulation und Änderung des Tastverhältnisses[1] bei gleichbleibender Impulsfolgefrequenz vorzunehmen[2]. Hiezu dient eine Sägezahnspannung.

4. Summer-Oszillator[3]

Auch der bekannte Summer kann als Zentimeterwellengenerator verwendet werden.

Die vom Summer S (s. Abb. 336) erzeugten Impulse erregen den Hohlraumkreis H in seiner Eigenschwingung, die durch einen verschiebbaren Kolben verändert werden kann. Die Ausgangsspannung kann durch Veränderung der Länge der Dämpfungsleitung d geändert werden. Um eine Abstrahlung durch den Summer zu vermeiden, befindet sich dieser in einem Abschirmgehäuse und die Batterie B ist über eine Drosselkette (Rohrleitung mit kapazitiven Durchführungen) angeschlossen. Ein ausgeführtes Gerät arbeitet über einen Frequenzbereich von 3000 bis 11 000 MHz [1].

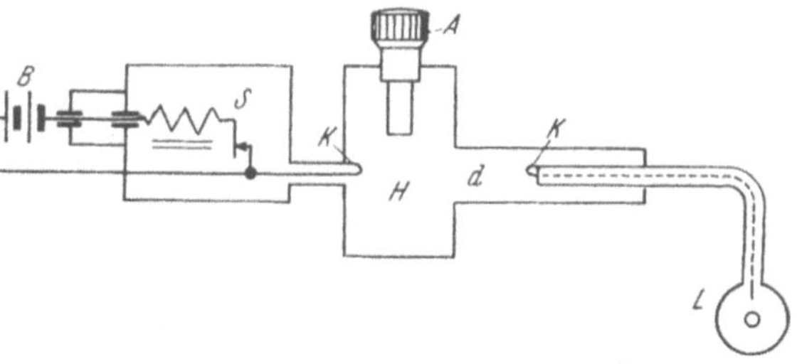

Abb. 336. Summer-Oszillator für Zentimeterwellen. B = Batterie, S = Summer, K = Koppelschleife, H = abstimmbarer Hohlraum, A = Abstimmung, d = Dämpfungsleistung, L = konzentrische Rohrleitung

[1] Einfg. S. 12.
[2] Eisner, W.: Electronics **22**, H. 7, S. 144 (1950).
[3] Davies, G. L., C. B. Pear u. P. E. P. White: Electronics **23**, H. 7, S. 96 (1950).

5. Frequenzstabilisation

Die bei kleineren Frequenzen erreichbare Frequenzstabilisierung durch Quarzsteuerung läßt sich auch auf höhere Frequenzen ausdehnen, wenn entsprechende Frequenzvervielfachung vorgenommen wird. Hiezu eignen sich besonders speziell konstruierte Klystronröhren unter Verwendung von zwei, nämlich auf die Eingangs- und Ausgangsfrequenz abgestimmten Resonanzkreisen.

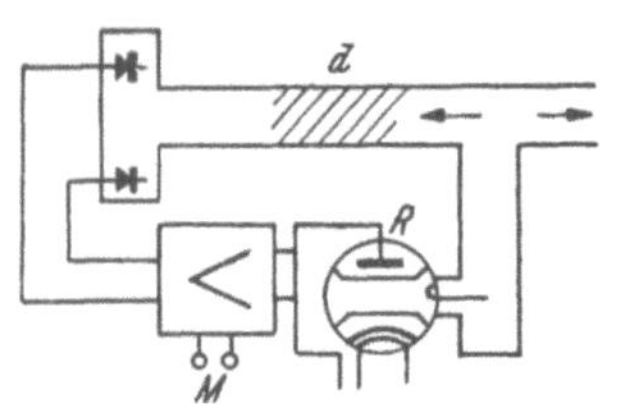

Abb. 337. Frequenzstabilisation eines Reflexklystrons. d = Dämpfung, R = Reflexklystron, M = Modulationsspannungsanschluß

Bei selbsterregten Mikrowellenoszillatoren ist eine Frequenzstabilisation durch Beeinflussung der Betriebsspannungen möglich. Eine selbsttätige Konstanthaltung der Betriebsfrequenz erreicht man mit Hilfe des bekannten Riegger-Kreises (Nachstimmsteurer oder Diskriminator)[1]. Dieser läßt sich auch auf Mikrowellen anwenden. Abb. 337 zeigt die prinzipielle Wirkungsweise zur Stabilisierung der von einem Reflexklystron erzeugten Frequenz[2], bei der durch den Nachstimmsteurer die Reflektorspannung über einen Verstärker beeinflußt wird.

6. Frequenzvervielfachung

Zur Frequenzvervielfachung verwendet man bei Frequenzen bis zu etwa 300 MHz gewöhnliche Verstärkerröhren. Es können Einröhrenschaltungen oder, wenn auf Unterdrückung bestimmter Oberwellen Wert gelegt wird, auch Zweiröhrenschaltungen in Gegentakt-Gleichtakt oder Gegentakt-Gegentakt verwendet werden.

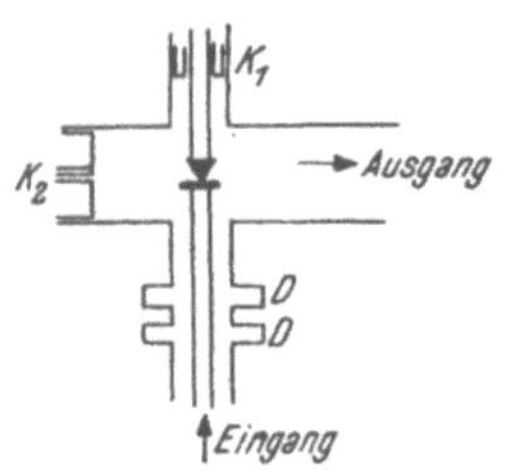

Abb. 338. Kristall-Frequenzvervielfacher. K = Abstimmkolben, D = Drosseln

Bei Frequenzen bis zu etwa 1000 MHz werden Scheibenröhren mit Vorteil benützt. Man bedient sich im allgemeinen der Einrohrschaltung und erreicht eine Vervielfachung auf das zwei- bis dreifache je Stufe.

Bei höheren Frequenzen eignet sich besonders das Zweikreisklystron[3]. Infolge des hohen Oberwellengehaltes des Bündelstromes kann mit einer Stufe eine Vervielfachung auf das zehn- und mehrfache erreicht werden.

Zur Frequenzvervielfachung dient auch infolge der von ihm verursachten Verzerrungen der Kristalldetektor. Er gestattet wegen seiner kleinen Abmessungen und der geringen Laufzeit die Erzeugung besonders hoher

[1] Foster, D. E. u. S. W. Seeley: Proc. I. R. E. **25**. 289 (1937).

[2] Hamilton, D. R. u. R. V. Pound in C. G. Montgomery: Techn. of Microw. Meas. S. 68 (1947).

[3] Harrison, A. E.: Klystron Tubes S. 62 (1947).

Frequenzen. Bei guter Ausführung, sorgfältiger Einstellung und Auswahl geeigneter Kristalle ist z. B. eine Frequenztransformation von 10 000 auf 20 000 MHz bei einem Umformungsverlust von nur 10 db möglich[1]. Abb. 338 zeigt die prinzipielle Wirkungsweise eines Kristall-Frequenzvervielfachers. Die Grundfrequenz wird über ein koaxiales Kabel zugeführt. Die Drosseln D (Ausnehmungen in der konzentrischen Rohrleitung = Sperrkreise) verhindern in ihm die Ausbreitung der Oberwelle. Sie wird in dem Kristall erzeugt und breitet sich als H-Welle im Rechteckrohrleiter aus. Die Kolben K_1 und K_2 dienen zur Abstimmung und Anpassung.

7. Impulserzeugung[2]

Hochfrequenzimpulse werden zu zahlreichen Prüfzwecken in der Mikrowellenmeßtechnik verwendet. Man benützt vor allem Rechteckimpulse, meist mit Impulsdauer von nur wenigen Zehntel Mikrosekunden. Die Impulse werden in der Regel durch Verzerrung sinusförmiger Spannungen gewonnen, z. B. durch Kondensatorladung und -entladung[3] und durch Übersteuerung von Röhren.

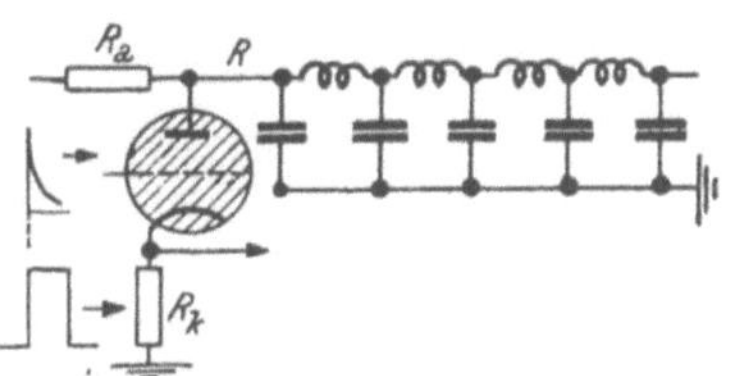

Abb. 339. Erzeugung von Rechteckimpulsen mittels Laufzeitkette. R_a = Anodenwiderstand, R = Gastriode, R_k = Kathodenwiderstand

Kurze Impulse erhält man mit Hilfe des sogenannten Sperrschwingers, und durch Pendelrückkopplungsgeneratoren[4].

Zur Umwandlung von Impulsen beliebiger Form in Rechteckimpulse bedient man sich mit Vorteil einer Laufzeitkette, wie in Abb. 339 dargestellt. Die gasgefüllte Röhre R wird von einem Impuls getroffen. Dadurch verwandelt sie sich plötzlich in einen niederen Ohmschen Widerstand und die Verzögerungskette entlädt sich über sie. Sobald dies geschehen ist, sinkt die Anodenspannung der Röhre, da der hohe Widerstand R_a (einige hundert Kiloohm) zu groß ist, um sie aufrecht zu erhalten, so daß die Röhre wieder sperrt. Der Anodenstrom und damit die Spannung an R_k sinkt wieder auf Null.

Zur Impulserzeugung dient schließlich auch der Multivibrator[5] (s. zweiter Abschn., II, B).

8. Prüfsender für Mikrowellen[6]

Die Prüfsender enthalten einen Oszillator zur Erzeugung der Mikrowelle. Es werden für längere Wellen Scheibenröhren und für kurze meist

[1] Hamilton, D. R. u. R. V. Pound in C. G. Montgomery: Techn. of Microwave Meas. S. 33 (1947).
[2] Einfg. S. 582.
[3] Sashoff, S. P. u. W. K. Roberts: Electronics **13**, H. 9, S. 40 (1940).
[4] Hughes, E.: Wireless World **49**, 52 (1943).
[5] Abraham, H. u. E. Bloch: Ann. Phys. **12**, 237 (1919).
[6] Haeff, A. V., T. E. Hanley u. C. B. Smith: Proc. I. R. E. **35**, 1137 (1947).

Klystrons verwendet. Abb. 340 zeigt das Prinzipschema eines mit Reflexklystron ausgestatteten Prüfsenders. Zur Konstanthaltung der Betriebsspannung und damit auch der Frequenz enthält das Gerät einen selbsttätigen Spannungsregler. Es ist Frequenz- und Impulsmodulation

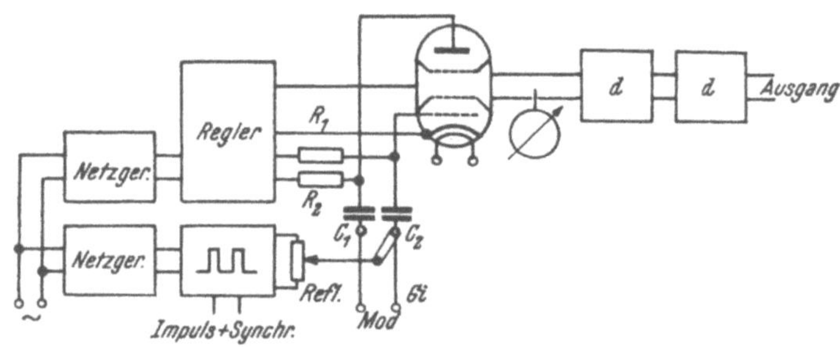

Abb. 340. Prinzipschema eines Mikrowellen-Prüfsenders. $R_1 = 10$ kOhm, $R_2 = 500$ kOhm, $C_1 = 0{,}2\,\mu$F, $C_2 = 0{,}01\,\mu$F, d = Dämpfungsglieder

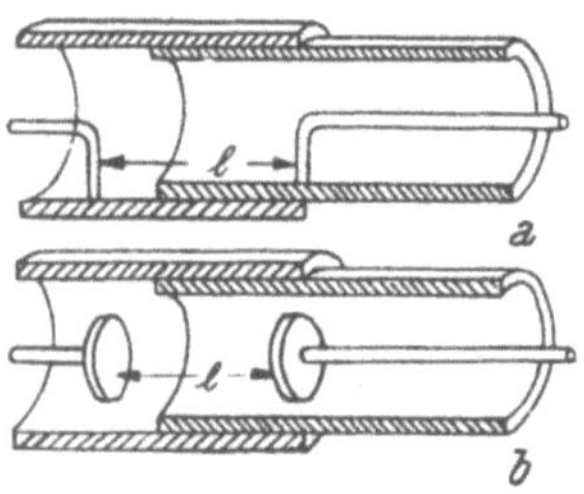

Abb. 341. Siebdämpfungsglieder. *a* induktive, *b* kapazitive Kopplung

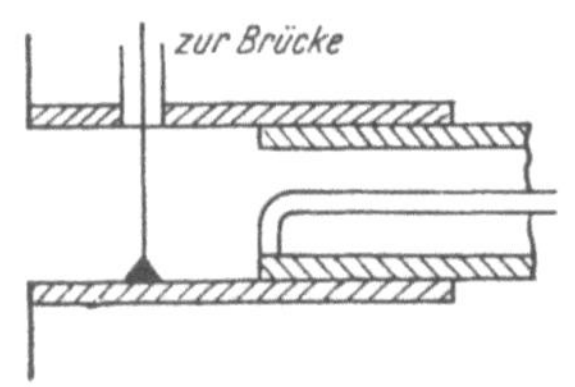

Abb. 342. Messung der Eingangsfeldstärke eines Rohrleiters mit Bolometer

vorgesehen. Sie kann als Reflektor- oder Gittermodulation (Bündelstrommodulation) vorgenommen werden, je nachdem an welche Klemmen die äußere Modulationsspannung (Mod) angeschlossen wird. Weiter enthält das Gerät einen Generator zur Erzeugung einer Rechteckimpulsspannung, die an den Reflektor oder das Gitter des Reflexklystrons gelegt werden kann.

Die Frequenzänderung des Klystrons erfolgt durch Veränderung der Reflektorspannung. Zur Kontrolle der Ausgangsleistung des Oszillators wird ein Galvanometer über einen Detektor oder eine thermische Meßeinrichtung mit Hilfe einer Sonde an die Ausgangsrohrleitung angeschlossen. Die Ausgangsleistung selbst kann mittels der geeichten Dämpfungsglieder d innerhalb weiter Grenzen geregelt werden. Meist verwendet man hiezu Hohlräume, die unterhalb der Grenzfrequenz arbeiten[1].

Zur Einstellung der Ausgangsleistung eignet sich eine Hohlraumdämpfungsleitung, s. Abb. 341. Zweckmäßig ist es, in eine solche Leitung an einer bestimmten Stelle eine Bolometeranordnung einzubauen, s. Abb. 342. Ist dadurch die Feldstärke an dieser Stelle festgelegt, so läßt sich nach Gl. (5, 6) die

[1] Linder, E. G.: Proc. I. R. E. **30**, 556 (1942).

Verminderung der Feldstärke bei Verschieben der konzentrischen Rohrleitung um einen bestimmten Betrag leicht messen[1].

Modulation des Prüfsenders. Amplitudenmodulation ist im allgemeinen nur bei Triodensendern kleinerer Frequenzen üblich, eine Frequenzmodulation ist dagegen nur unter größerem Aufwand möglich. Umgekehrt ist beim Klystronoszillator eine Frequenzmodulation verhältnismäßig einfach durchführbar, s. Abb. 340.

Wird eine Impulsmodulation vorgesehen, so muß die Impulsfolgefrequenz von etwa 50 bis 5000 Hz, die Impulsdauer von 0,5 bis 50 μs verändert werden können. Zur Prüfung von Radargeräten soll der Prüfgenerator auch noch die direkte Abnahme des um 3 bis 300 μs verzögerten Impulses ermöglichen.

9. Geeichte Rauschspannungsquellen

Wie bei längeren Wellen können auch bei extrem kurzen Wellen Rauschspannungsquellen weitgehend zur Messung verwendet werden. Sie besitzen ein breites gleichmäßiges Frequenzspektrum und eine geringe errechenbare Leistung, wodurch sie zur unmittelbaren Empfängerprüfung (ohne Verwendung von Dämpfungsgliedern) besonders geeignet sind.

a) Rauschwiderstände. Man verwendet heiße Widerstände, z. B. in Form von Glühdrähten. Diese werden in bestimmten Richtungen in einem Rohrleiter verlegt, meist parallel zur Rohrachse. Die Glühfäden sind mitunter in Glaskörpern untergebracht und arbeiten bei Temperaturen von 10 bis 100° C [2] oder mehr, gelegentlich bis zu 2000° C.

Die Rauschleistung ist gegeben durch

$$P_r = 4\,k\,T\,\Delta f. \tag{5, 1}$$

Hiebei ist $k = 1{,}38 \cdot 10^{-23}$ Joule/Grad, T die absolute Temperatur in °K und Δf die Frequenzbandbreite des Empfängers in Hz.

b) Die Sonne als Rauschquelle. Auch die Sonne ist als Rauschquelle anzusehen. Ihre Rauschleistung, die sie an eine Empfangsantenne abgibt, ist gegeben durch[3]

$$P_r = k \cdot T_s \frac{G \cdot \Omega_s}{4\pi} \Delta f. \tag{5, 2}$$

Dabei ist T_s die absolute Temperatur der Sonne (rund 6000° K), Ω_s ihr Raumwinkel (32′) und G der Gewinn der Empfangsantenne. Gl. (5, 2) gilt, soferne der Öffnungswinkel der Antenne groß ist gegen den Raumwinkel der Sonne, anderenfalls ist zu setzen:

$$P_r = k \cdot T_s \Delta f. \tag{5, 3}$$

---

[1] Wholey, W. B.: Measuring Equipment for receiver in „Very High Frequency Techniques", S. 108 (1947).

[2] Dicke, R. H.: R. L. Report 787 (1945). — Beringer, R., C. G. Montgomery, R. A. Howard u. S. Katz in C. G. Montgomery: Techn. of Microwave Meas., S. 270 (1947).

[3] Southworth, G. C.: J. Franklin Inst. 239, 285 (1945).

Messungen der Rauschleistung der Sonne wurden von Southworth und Dicke[1] vorgenommen. Es ergab sich recht gute Übereinstimmung mit der Theorie bei Frequenzen zwischen 3000 und 10 000 MHz, dagegen Abweichungen bei Frequenzen um 30 000 MHz.

c) Schroteffekt-Rauschquellen. Gewöhnliche Rauschdioden eignen sich für Mikrowellen nicht, da sie infolge ihrer Abmessungen und Zuleitungslängen Leitungsimpedanzen aufweisen. Gut bewährt hat sich dagegen ein von Waltz und Kuper konstruiertes *Rauschklystron*[2]. Es kann jedoch als Rauschquelle auch ein gewöhnliches Reflexklystron verwendet werden, bei dem Reflektor und Anode außen miteinander verbunden werden. Geregelt wird der Bündelstrom J durch Heiz- und Gitterspannungsregelung.

d) Kristall-Rauschquellen. Auch ein Kristalldetektor ist eine starke Rauschquelle, wie man z. B. von seiner Verwendung als Mischröhre im Überlagerungsempfänger her weiß. Die Ursache ist die Unregelmäßigkeit des Elektronenstromes in der Sperrichtung. Es entsteht ein Rauschstrom ähnlich dem Schrotrauschen der Röhren.

e) Gasentladungs-Rauschquelle, s. Abb. 343[3]. Als Rauschquelle kann eine gewöhnliche Fluoreszenzlampe verwendet werden. Sie ist quer durch einen Rohrleiter geführt, ist aber auch außerhalb desselben metallisch abgeschirmt. Die Rauschleistung ist innerhalb eines Bereiches unabhängig von der Lampenstromstärke. Dagegen nimmt ihr Wirkleitwert mit dem Strom zu, während der Blindleitwert sich im wesentlichen nicht ändert.

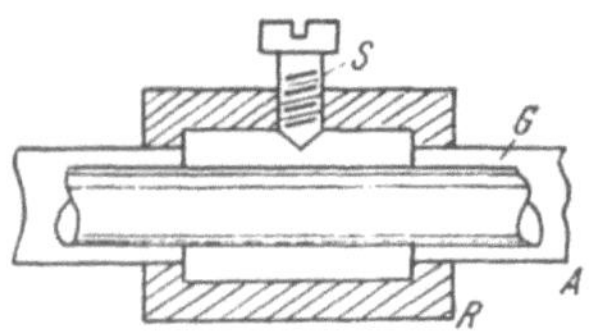

Abb. 343. Gasentladungsröhre als Rauschquelle. R = Rohrleiter, S = Abstimmschraube, G = Gasentladungsröhre, A = Abschirmung

Die Röhre kann als Standard-Rauschquelle verwendet werden.

f) Rauschdiode. Sie ist eine außerordentlich wertvolle Rauschquelle für Frequenzen bis etwa 300 MHz, da ihre Rauschleistung in einfacher Weise berechnet und durch Ändern des Sättigungsstromes verändert werden kann. Ihre unmittelbare Verwendung bei Mikrowellen ist durch die Röhrenimpedanz begrenzt. Durch ein von Moxon[4] vorgeschlagenes Überlagerungsverfahren läßt sich indes auch die Frequenz ihres Rauschspektrums transformieren. Es wird die Frequenz eines Klystronoszillators überlagert und durch eine Kristallstufe gemischt. Nach dem zu messenden Vierpol kann das Rauschspektrum in der gleichen Weise wieder rücktransformiert werden. Die Mischstufen erzeugen indes selbst ein Rauschspektrum. Die Rauschleistung kann aber leicht durch Vergleich der rücktransformierten Rauschleistung mit der direkt von einer Rauschdiode erzeugten ermittelt werden.

---

[1] Dicke, R. H. u. R. Beringer: Astrophys. J. **103**, 375 (1946).
[2] Waltz, M. C. u. J. B. H. Kuper: R. L. Report 443 (1943).
[3] Mumford, W. W.: Bell S. T. J. **28**, 608 (1949).
[4] Moxon, L. A.: Proc. I. R. E. **37**, 1433 (1949).

Das Verfahren ist insbesondere für die Untersuchung der Rauschleistung von Kristallmischern durchgebildet worden.

Durch koaxiale Anordnung einer Diode gelingt die Herstellung einer Rauschquelle für Frequenzen bis etwa 3000 MHz. Eine Ausführung, s. Abb. 344, gestattet bei einem maximalen Sättigungsstrom von 100 mA, einer Anodenspannung von 300 V, die Messung von Rauschfaktoren bis zu etwa 20 db. Bei 3000 MHz ist die Verringerung der Rauschamplitude infolge der Elektronenlaufzeiten etwa 3 db.[1] Die Rauschdiode ist für den Anschluß an eine 50 Ohm-Leitung ausgeführt.

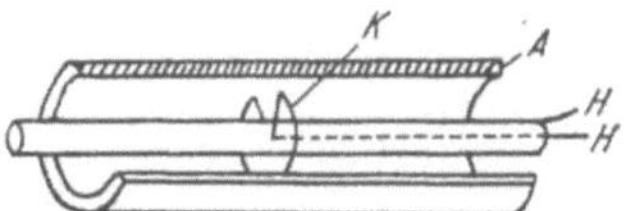

Abb. 344. Koaxiale Rauschdiode. K = Kathode, H, H = Heizfaden. A = Anode

B. Konzentrische Kabel und Rohrleiter

Bei Frequenzen unterhalb 300 MHz können auch Paralleldrahtleitungen zur Weiterleitung der Hochfrequenzenergie benützt werden, bei höheren Frequenzen genügen jedoch diese wegen der dabei auftretenden großen Verluste im allgemeinen nicht mehr. Es werden daher dann ausschließlich konzentrische Kabel und bei Frequenzen über 3000 MHz auch Hohlrohrleiter verwendet.

a) Konzentrisches Kabel. Dieses hat gegenüber der Paralleldrahtleitung den Vorteil, daß keine Strahlungsverluste auftreten, da die Hochfrequenzleistung nur im Innern übertragen wird und der Leitungsquerschnitt besser ausgenützt wird, weil der Strom gleichmäßig über den Leiterumfang verteilt ist. Werden zur Führung des Innenleiters Scheiben aus Trolitul oder Stiroflex verwendet, so können sowohl durch deren Verlustwinkel, wie auch durch Reflexion, beträchtliche Verluste auftreten. Recht geringe Verluste erhält man bei konzentrischen Rohrleitern, wenn zur Distanzierung des Mittelleiters mit Trolitullack überzogene Seidenfäden gespannt sind.

Um die konzentrische Rohrleitung als *Meßleitung* benützen zu können, erhält der Außenleiter einen axialen *Schlitz*, durch den eine Sonde in die Rohrleitung eingeführt ist. Sie ist axial verschiebbar und dadurch in der Lage den Feldverlauf an beliebiger Stelle abzutasten. Zur Untersuchung des Verlaufes des magnetischen Feldes oder des Stromes erhält sie die Form eines kleinen achsenparallelen Rahmens, zur Ermittlung des elektrischen Feldes, bzw. der Spannung dagegen die einer kleinen senkrecht zur Achse verlaufenden Antenne. Sie ragt dann im allgemeinen nur wenige mm in das Rohrinnere hinein. Die Hochfrequenz wird über einen Detektor oder einen Thermoumformer einem empfindlichen Gleichstromgalvanometer zugeführt vgl. Abb. 362.

Die Anordnung eines Schlitzes bewirkt indes in der Rohrleitung eine nicht unerhebliche Dämpfung. Um sie zu verringern, werden mitunter verschiebbare Rohre oder Rohrstücke so angeordnet, daß sie die Schlitze

[1] Johnson, H.: RCA Rev. 1948, S. 169.

verdecken, und gleichzeitig mit dem Außenleiter in gut leitender Verbindung sind. Ein weiterer Nachteil der konzentrischen Rohrleitung ist das Auftreten von Reflexionen an Unebenheiten der Rohrleitung und den Stützen des Innenleiters.

Bei Ersatz des Außenleiters durch zwei parallele breite Metallstreifen mit gleichem Abstand vom Innenleiter, der nun einen elliptischen Querschnitt erhält (große Achse parallel zu den Metallstreifen), wird die Dämpfung durch Strahlung bei geringer Streifenbreite gering. Auch die Reflexionen zufolge von Unebenheiten werden als klein angegeben[1].

Die Größe des Wellenwiderstandes, der Kapazität und Selbstinduktion der *konzentrischen Streifenleitung* wird auf Grund konformer Abbildung der konzentrischen Rohrleitung (mit Hilfe der Transformation $w = \operatorname{tg} z$) bestimmt.

Die Sonde wird parallel in die Mitte zwischen beiden Streifen eingeführt, wo die Feldstärke mit zunehmendem Abstand von der Achse stark abnimmt.

b) Hohlrohrleiter. Diese zeigen bei Frequenzen oberhalb der Grenzfrequenz noch geringere Verluste als das konzentrische Kabel. Bevorzugt werden Rechteckrohrleiter, die im allgemeinen mit einer H_{01}-Welle erregt werden. Dieser Wellentyp zeigt die niedrigste Grenzfrequenz und die geringste Dämpfung für einen bestimmten Rohrquerschnitt. Seltener wird zur Fortleitung der Wellen eine Rohrleitung mit kreisförmigem Querschnitt benützt.

Mit Dielektrikum ausgefüllte Rohre werden wegen der großen Verluste in der Regel nicht verwendet, obzwar die Grenzfrequenz sich auf das $1/\sqrt{\varepsilon_r}$-fache erniedrigt.

Auch Rohrleiter erhalten axiale Schlitze und induktive oder kapazitive Sonden, s. z. B. Abb. 362.

C. Wirk-, Schein- und Blindwiderstände

a) Wirkwiderstände. Während bei Frequenzen bis zu 1 MHz noch gewickelte Widerstände verwendet werden können, ist bei Frequenzen bis zu etwa 1000 MHz wegen der großen Stromverdrängung nur mehr die Benützung einfacher kurzer dünner Drähte oder geschichteter Widerstände, bzw. Widerstandsstäbe aus Materialien mit hohem spezifischen Widerstand möglich. So weist z. B. ein Konstantandraht bei 1000 MHz nur mehr eine Leitschichtdicke von 0,0035 mm auf, das heißt der Querschnitt des Leiters ist von der Oberfläche aus nur bis zu dieser Tiefe praktisch wirksam[2]. Bei Kohle beträgt indes die Leitschichtdicke bei dieser Frequenz noch 0,035 mm. Überdies stellt ein Leiter bei hohen Frequenzen neben dem Ohmschen einen beträchtlichen induktiven Widerstand dar. Er liegt bei einem Leiter von 1 cm Länge bei 1000 MHz bereits in der Größenordnung von einigen Ohm. Auch der kapazitive Nebenschluß ist meist nicht mehr zu ver-

[1] Wholey, W. B. u. W. N. Eldred: Proc. I. R. E. **38**, 244 (1950).

[2] Einfg. S. 28.

nachlässigen. Ein Leiter von 10 cm Länge und 1 cm Durchmesser weist gegen die unendlich ferne Erde bei 1000 MHz bereits einen kapazitiven Widerstand von nur mehr 90 Ohm auf.

Aus diesen Gründen werden Ohmsche Widerstände im Mikrowellengebiet weder zur Eichung noch als Vergleichswiderstände benützt. Dagegen können sie bei Frequenzen bis etwa 100 MHz in beschränktem Maß Verwendung finden. So zeigt z. B. ein Karbowidwiderstand bei einem Leitwert von 300 S/cm bei dieser Frequenz noch keinen merklichen Skineffekt[1]. Der induktive und kapazitive Widerstand muß jedoch bei der Messung berücksichtigt werden.

b) Schein- und Blindwiderstände. An Stelle von Spulen als induktive und Kondensatoren als kapazitive Widerstände treten bei Frequenzen oberhalb 100 MHz fast ausschließlich konzentrische Rohrleiter, seltener auch Paralleldrahtleitungen. Eine kurzgeschlossene Doppelleitung, kürzer als $\lambda/4$, stellt einen induktiven, länger als $\lambda/4$ und kürzer als $\lambda/2$ einen kapazitiven Widerstand dar. Es ist für die kurzgeschlossene Leitung[2]

$$\mathfrak{R} = j Z \operatorname{tg} \frac{2\pi}{\lambda} l. \tag{5, 4}$$

Hierbei ist Z der Wellenwiderstand und l die Länge des Leitungsstückes.

Ebenso erhält man für das offene Leitungsstück

$$\mathfrak{R} = -j Z \operatorname{ctg} \frac{2\pi}{\lambda} l. \tag{5, 5}$$

Dieses stellt somit für Leitungslängen kleiner als $\lambda/4$ einen kapazitiven, für solche von $\lambda/4$ bis $\lambda/2$ einen induktiven Widerstand dar.

Wie aus Gl. (5, 4) und (5, 5) zu entnehmen, steigt der Widerstand bei $l = \lambda/4$, bzw. $l = \lambda/2$ auf den Wert $R = \infty$. Dies setzt allerdings völlige Verlustfreiheit der Leitung voraus, doch kann bei konzentrischen Kabeln immerhin mit einem Widerstand von mehreren hundert kOhm gerechnet werden. Der Paralleldrahtleitung ist wegen des geringeren Verlustwiderstandes das koaxiale Kabel vorzuziehen.

D. Dämpfungsglieder[3]

a) Siebdämpfungsglieder. Dies sind Vierpole, bei denen bestimmte Frequenzen unterdrückt, andere jedoch ungedämpft hindurchgelassen werden.

In der Regel werden sie in der Form von Rohrleitern ausgeführt. Für Frequenzen unterhalb der Grenzfrequenz zeigt ein Rohrleiter eine sehr starke von der Frequenz unabhängige Dämpfung. Es ist

$$\beta = \frac{2\pi}{\lambda_{gr}} \sqrt{1 - \left(\frac{\lambda_{gr}}{\lambda}\right)^2}\ ^{4}, \tag{5, 6}$$

[1] Wien, M.: Z. Hochfrequenzt. **37**, 169 (1931).

[2] Einfg. S. 131.

[3] Einfg. S. 154.

[4] Einfg. S. 152 u. 156.

wobei β die Dämpfung in Np je Längeneinheit[1], λ_{gr} die Grenzwellenlänge[1] und λ die Wellenlänge ist. Gl. (5, 6) gilt nur, wenn $\lambda/\lambda_{gr} \geqq 1{,}05$.

Will man die Dämpfung in db angeben, so ist die rechte Seite von Gl. (5, 6) mit 8,69 zu multiplizieren.

Abb. 341 zeigt zwei Ausführungen von Siebdämpfungsgliedern mittels Rohrleitern. Die Welle wird über eine konzentrische Rohrleitung zugeführt und abgenommen. Die Kopplung in a ist induktiv, in b kapazitiv.

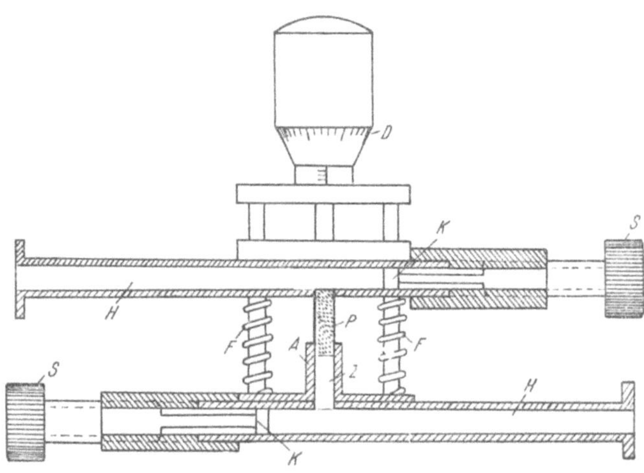

Abb. 345. Veränderbares Dämpfungsglied für Millimeterwellen (Gordon-Smith). H = Hohlrohrleiter, K = einstellbarer Kolben, Z = zylindrischer Hohlrohrleiter, P = Polystirolstab, A = Rohrleiterwand, F = Distanzfedern, S = Stellschraube zur Einstellung des Kolbens, D = Drehknopf zur Einstellung der Eintauchtiefe des Polystirolstabes

Abb. 345 zeigt den Schnitt durch eine Dämpfungsleitung für mm-Wellen[2]. Die elektrische Welle wird zuerst über eine Rechteckrohrleitung H geführt und gelangt sodann in eine zylindrische Rohrleitung geringen Innendurchmessers $2\,r$. Dieser ist so klein gewählt, daß die Rohrwellenlänge des mit Luft gefüllten Rohrleitungsstückes oberhalb der Grenzwellenlänge liegt. Die Welle erfährt daher eine Dämpfung, für die man bei der H_{11}-Welle findet

$$\beta = 8{,}69 \sqrt{\left(\frac{1{,}84}{r}\right)^2 - \left(\frac{2\,\pi}{\lambda}\right)^2}\,,\text{[3]}\ \text{db/cm}, \qquad (5,\,7)$$

r und λ in cm.

[1] Einfg. S. 152 u. 156.

[2] Gordon-Smith, A. C.: Wireless Engr. **26**, 322 (1949).

[3] s. Einfg. S. 154 u. 157. Dort folgt wegen Gl. (557) aus (563) und (564) unmittelbar obige Gleichung, wobei sich der Faktor 8,69 aus der Umrechnung von Np in db ergibt.

Durch Veränderung der Länge des zylindrischen Rohrleitungsstückes kann also nach Gl. (5, 7) die Dämpfung geändert werden. Dies wird, wie Abb. 345 zeigt, dadurch erreicht, daß ein Teil dieser Rohrleitung mit Polystirol ausgefüllt ist, wobei dieses Stück infolge der hohen Dielektrizitätskonstante nun eine unterhalb der Grenzwellenlänge liegende Rohrwelle aufweist. Seine Dämpfung ist daher gegenüber der des luftgefüllten Stückes vernachlässigbar klein. Durch Zusammenpressen der Feder F mit Hilfe des Knopfes D wird das Polystirolstück in den Rohrleiter mehr oder weniger tief eingetaucht. Dadurch ändert sich die Länge des mit Luft gefüllten Rohrstückes Z.

Für längere Wellen, etwa unterhalb 500 MHz, werden auch geeichte Dämpfungsnormalien von der Form konzentrischer Rohrleiter mit Längs- und Querwiderständen ausgeführt[1]. Als Längswiderstände dienen Kohlestifte, als Querwiderstände mit Kohle überzogene Keramikscheiben.

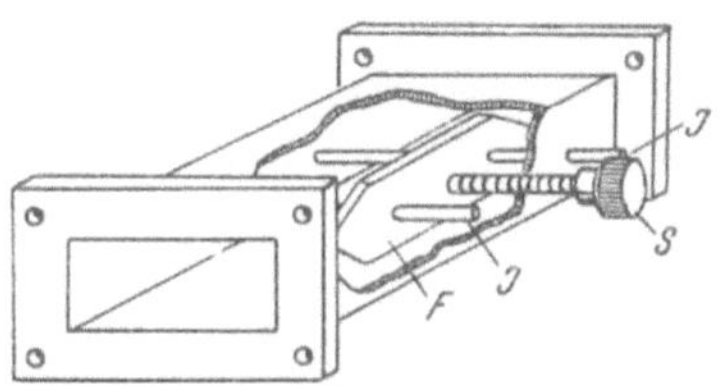

Abb. 346. Veränderbare Dämpfung im Rechteckrohr. F = Fahne aus schlecht leitendem Material, J = Isolierstäbe, S = Stellschraube zum Verschieben der Fahne

b) Widerstands-Dämpfungsglieder. Die Amplitude der fortschreitenden Welle wird durch Einschalten von Leiterstücken mit hohem spezifischen Widerstand verringert. Abb. 346 zeigt eine Ausführung. In einer Rechteckrohrleitung befindet sich eine parallel zur Rohrachse gelegene Fahne aus einem leitenden Material, z. B. einem Glimmerscheibchen mit aufgespritzter Leiterschicht. Es ruht auf den Isolierstäbchen J und läßt sich mit Hilfe der Schraube S in Richtung lotrecht zur Rohrachse bewegen. Sobald das Blättchen in der Mitte der Rohrleitung angelangt ist, ist die größte Dämpfung der H_{10}-Welle eingestellt. Bei anderen Ausführungen werden oberflächlich leitend gemachte Isolierplättchen in die Rohrleitung eingetaucht.

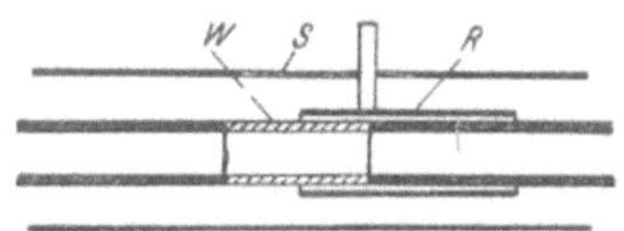

Abb. 347. Veränderbare Dämpfung im koaxialen Kabel. S = Schlitz, R = leitendes Rohr, W = Widerstandsmaterial

Beim koaxialen Kabel läßt sich eine Dämpfung durch Unterbrechen des Mittelleiters erreichen, wenn in die Unterbrechungsstelle ein Material mit hohem spezifischen Widerstand eingeschaltet wird. Abb. 347 zeigt eine derartige Anordnung. Sie kann veränderbar ausgeführt werden, indem ein Metallrohr R mehr oder weniger weit über das Widerstandsmaterial W geschoben wird. Die Bewegung erfolgt durch eine aus einem Schlitz S herausragende Führung.

---

[1] Elliot, J. S.: Bell Lab. Rec. **27**, 221 (1949).

E. Gerichtete Koppler[1]

Der gerichtete Koppler hat in der Mikrowellenmeßtechnik eine vielseitige Verwendung gefunden, weshalb die Wirkungsweise der wichtigsten Ausführungen kurz beschrieben werden soll. In Abb. 348 *a* ragt eine Schleife aus zwei koaxialen Kabeln in eine Rohrleitung. In der Schleife induziert sowohl das elektrische Feld der Rohrleitung wie auch das magnetische einen Strom. Während aber der des elektrischen Feldes in beiden Schleifenanschlüssen gleichphasig die beiden koaxialen Leiter speist, fließt der des magnetischen Feldes in den beiden Leitern gegenphasig. Bei gleicher Größe der beiden Ströme ergibt dann die im Rohrleiter sich von links nach rechts ausbreitende Welle nur im linken koaxialen Kabel einen Strom, wenn beide Kabel mit ihrem Wellenwiderstand abgeschlossen sind. Solche gerichtete Koppler können auch in Koaxialkabeln verwendet werden[2].

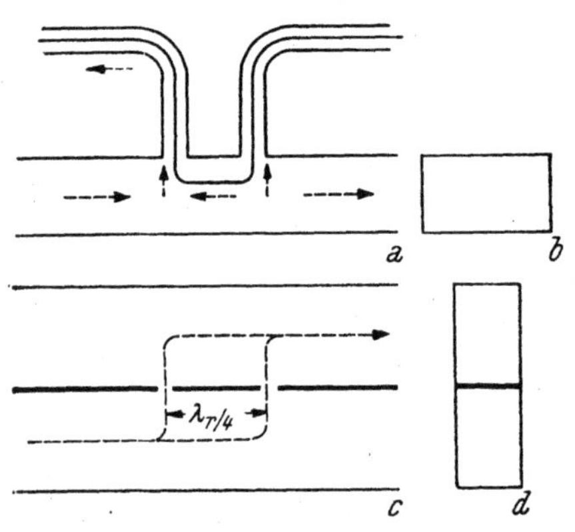

Abb. 348. Prinzip eines gerichteten Kopplers. *a* Schleifenkopplung, *b* Schnitt durch den Rohrleiter. *c* Spaltkopplung. *d* Schnitt durch die beiden Rohrleiter

Etwas anders arbeitet ein gerichteter Koppler, bei dem zwei Rohrleiter an ihren Schmalseiten durch zwei im Abstand $\lambda_r/4$ befindliche Löcher gekoppelt sind. Die beiden durch die Löcher hindurchgelangenden Feldkomponenten ergänzen sich nur, wenn die Welle sich in der gleichen Richtung fortbewegt, heben sich aber im entgegengesetzten Fall auf, s. Abb. 348 *c*.

Der gerichtete Koppler eignet sich vor allem zur Ermittlung des Reflexionsfaktors, der Größe des Leistungsstromes und bei Brückenmessungen.

F. Indikatoren, Gleichrichter und Demodulatoren

1. Bolometeranordnungen

Zum Nachweis von Hochfrequenzleistungen wird bei Mikrowellen vielfach die Bolometeranordnung verwendet, s. dritter Abschn., III. Als temperaturabhängige Widerstände benützt man den *Baretter* und in neuerer Zeit auch den *Thermistor*. Besondere Anordnungen sind zu treffen, um den Widerstand in Rohrleitungen und konzentrischen Kabeln wirksam unterzubringen.

[1] Early, H. C.: Proc. I. R. E. **34**, 883 (1946). — Mumford, W. W.: Proc. I. R. E. **35**, 160 (1947). — Ginzton, E. L. u. P. S. Goodwin: Proc. I. R. E. **38**, 305 (1950).

[2] Boff, A. F.: Wireless Engr. **28**, 278 (1951).

a) Baretter[1]. Ein dünner Platindraht von etwa 0,001 mm Stärke (Wollastondraht) befindet sich in einem Glasgefäß. Es ist in der Regel, um eine geringe Zeitkonstante der Widerstandseinstellung zu erreichen, nicht evakuiert, obwohl hiedurch die Empfindlichkeit steigen würde. Der Widerstand ist im kalten Zustand etwa 100 Ohm und steigt durch Vorbelastung mit Gleichstrom oder niederfrequentem Wechselstrom auf 200 Ohm oder mehr. Zwischen der Widerstandserhöhung und der zugeführten Leistung ist nahezu ein linearer Zusammenhang. Es ist

$$R - R_0 = k \cdot P^n. \tag{5, 8}$$

Hiebei ist R der Widerstand bei einer zugeführten Hochfrequenzleistung P, R_0 dagegen der ohne Leistungszufuhr, n liegt bei 0,9 bis 1,0, k ist eine Konstante von meist einigen Ohm/mW.

Der Baretter kann mit Niederfrequenz geeicht werden. Die Widerstandszunahme des überaus dünnen Platindrahtes infolge des Skineffektes ist für Frequenzen bis zu 10 000 MHz geringer als 1%. Die Wärmeträgheit des Widerstandes ist so gering, daß die Widerstandsänderung auch meist einer niederfrequenten Modulation der Hochfrequenz folgen kann. Als Zeitkonstante soll der Wert

$$t = \frac{1}{2\pi f_{gr}} \tag{5, 9}$$

angegeben werden, wenn f_{gr} jene Modulationsfrequenz ist, bei der die Demodulationsempfindlichkeit auf das 0,71-fache der bei 50 Hz gesunken ist. Man erhält meist Zeitkonstanten von einigen hundert bis tausend μs.

Für einen Platindraht von 0,005 mm Stärke in Luft wird eine Zeitkonstante von 0,006 s und für 0,003 mm in Luft eine solche von 0,002 s bei Rechteckimpulsen mit 50 Hz Impulsfolgefrequenz und 0,01 s Impulsdauer mittels Kathodenstrahloszillographen gemessen[2].

Die geringe Wärmeträgheit kann zu fehlerhafter Anzeige im Galvanometer (nach Aussiebung) führen, da der sich einstellende mittlere Widerstand nicht genau der zugeführten Leistung entspricht. Wenn nicht eine geeichte Wechselstromverstärkung vorgezogen wird, ist eine Erhöhung der Modulationsfrequenz zur Beseitigung des angeführten Fehlers zweckmäßig.

Bei Frequenzen über 10 000 MHz genügt die Unterbringung des Widerstandes in einer Glaspatrone nicht mehr. Er wird unmittelbar im Hohlraum angeordnet.

Die geringe Zeitkonstante gestattet die Verwendung in einer wechselstromgespeisten Brücke, so daß auch eine Wechselstromverstärkung unmodulierter Hochfrequenz möglich ist. Indes werden auch Gleichstromverstärker benützt. Die mit Verstärkern erzielten Empfindlichkeiten liegen bei 50 μW für Vollausschlag des Anzeigeinstrumentes.

---

[1] Schmidt, K. E. F.: Phys. Z. **7**, 642 (1906); **8**, 601 (1907). — Kempe, W.: Phys. Z. **11**, 331 (1910).

[2] Hickin, E. M.: Wireless Engr. **23**, 308 (1946).

b) Thermistor[1]. In neuerer Zeit werden an Stelle metallischer Widerstände auch Halbleiter verwendet. Sie bestehen aus einer Mischung verschiedener Metalloxyde, z. B. Nickel- und Manganoxyd. Eine Beimengung von fein verteiltem Kupfer erhöht die Leitfähigkeit. Der Halbleiter hat die Form einer kleinen Perle. Als Zuleitungen dienen, wie Abb. 349 zeigt, zwei dünne Metalldrähte, auf die der Halbleiter aufgepreßt ist. Die Anordnung in einer Glaspatrone schützt vor Einfluß von Luftströmen, die das Meßergebnis beeinträchtigen würden. Das Gefäß ist zur Vermeidung der Wärmeträgheit meist nicht evakuiert. Die Perle ist luftgetrocknet und bei höheren Temperaturen gesintert. Die Empfindlichkeit eines Thermistors ist etwas höher als die eines Baretters, die Zeitkonstante jedoch größer. Doch eignet sich auch der Thermistor zum Betrieb mit Wechselvorspannung. Bei Frequenzen über 10 000 MHz muß der Thermistor wie der Baretter im Rohrleiter unmittelbar ohne Glashülle eingebaut sein.

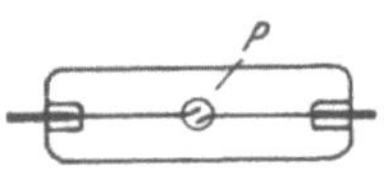

Abb. 349. Thermistor. P = Perle aus Halbleiter mit hohem negativen Temperaturkoeffizienten des Widerstandes

c) Bolometeranordnung im koaxialen Kabel und Rohrleiter. Es gibt zahlreiche Möglichkeiten der Anordnung des temperaturabhängigen Widerstandes. In Abb. 350 ist dieser als Abschluß eines koaxialen Kabels angeordnet. Der eine Anschluß ist unmittelbar herausgeführt, der andere über eine $\lambda/4$-Stichleitung mit dem Gehäuse verbunden.

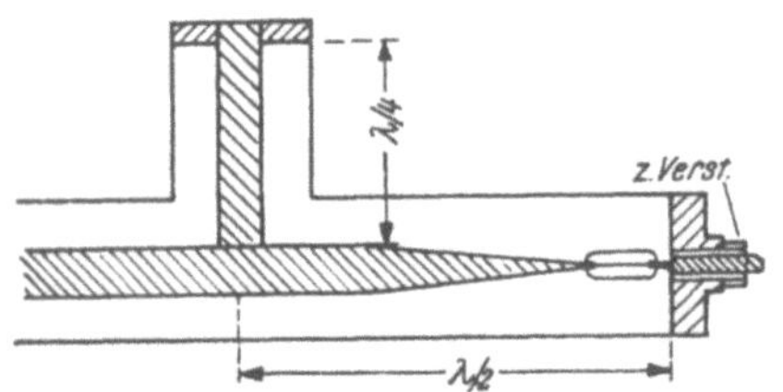

Abb. 350. Baretter-Anordnung im koaxialen Kabel

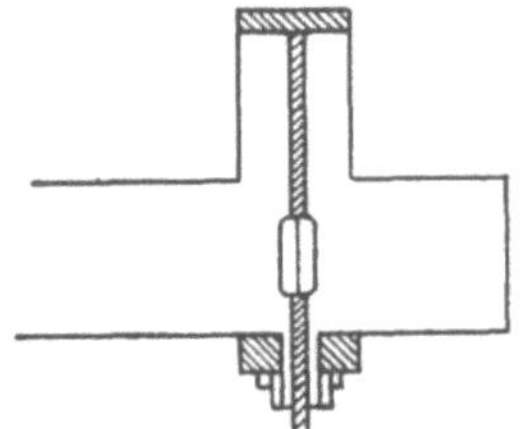

Abb. 351. Baretter-Anordnung im Rechteckrohr

Abb. 351 zeigt die Anordnung im Rechteckrohr. Die Widerstandsachse verläuft in Richtung des elektrischen Feldes der H-Welle. Eine konzentrische Rohrleitung gestattet die Verbindung des zweiten Anschlusses mit der Meßeinrichtung und dem Gehäuse.

2. Thermoelemente[2]

Thermoelemente werden in der Mikrowellenmeßtechnik vor allem in Form von Thermoumformern verwendet. Thermoelemente aus Konstantan und Eisen werden in Form von Vakuumthermoelementen hauptsächlich

[1] Griesheimer, R. N. in C. G. Montgomery: Techn. of Microwave Meas. S. 79 (1947).

[2] Brandes, H.: Phys. Z. 6, 503 (1905). — Voege, W.: ETZ 27, 467 (1906).

bei geringeren Frequenzen benützt. Für hohe Frequenzen eignet sich vor allem äußerst dünner Platindraht gegen Platinrhodium, doch sind in neuerer Zeit auch Thermoelemente für sehr hohe Frequenzen bei großer Empfindlichkeit mit Widerstandsperlen erzeugt worden. Der Heizkörper besteht bei ihnen aus einer sehr dünnen auf einer kleinen Glasperle aufgetragenen Widerstandsschicht, die von einem Thermoelement berührt wird. Zur Abtastung elektrischer Feldstärken eignet sich der Thermoumformer-Dipol, s. Abb. 352. Der Dipol enthält in der Mitte einen Heizfaden aus Konstantan. Dessen Mitte ist durch einen dünnen Eisendraht mit einem dickeren Zuleitungsdraht b aus Kupfer verbunden. Der Dipol wird von einer $\lambda/4$ langen, am Ende kurzgeschlossenen Doppelleitung getragen. Die Thermospannung erhält man zwischen den Punkten a und b. Die Empfindlichkeit des Thermoumformers beträgt einige Hundertstel mV je μW. Wegen seines hohen Strahlungswiderstandes ist die Resonanzschärfe des Dipols gering. Es ist daher eine Verwendung auf größerer Bandbreite möglich.

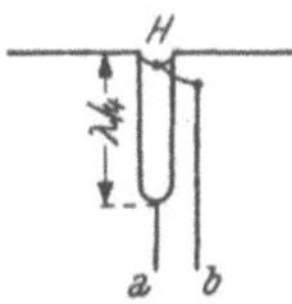

Abb. 352. Thermoumformer-Dipol. H = Heizfaden, a, b = Gleichspannungsanschluß

3. Glühlämpchen

Zum Nachweis von Mikrowellen können auch Glühlämpchen verwendet werden. Ein sehr dünner Wolframfaden befindet sich in einem Glasröhrchen in achsialer Richtung. Das Glasgefäß ist evakuiert. Man mißt die Temperaturerhöhung durch den Hochfrequenzstrom mittels Photozelle oder mißt die Widerstandsänderung in Bolometeranordnung. Die Empfindlichkeit hängt von der Stärke des Glühfadens ab. Man erreicht Empfindlichkeiten von einigen Hundertstel Watt.

4. Diodengleichrichtung

Für Frequenzen bis etwa 3000 MHz eignen sich spezielle Meßdioden mit sehr kleinen Kathoden-Anodenabständen und sehr geringen Elektrodenabmessungen. Bei höheren Frequenzen ist die Diode im allgemeinen infolge der Wirkung der Elektronenlaufzeit nicht verwendbar, indes wurde auch für Frequenzen von 10 000 MHz eine Meßdiode entwickelt, deren Abstand zwischen Kathode und Anode nur 0,05 mm beträgt. Sie hat eine Kapazität von rund 4 pF.

Meßdioden haben gegenüber dem Kristallgleichrichter den Vorteil größerer Konstanz. Sie benötigen jedoch wegen der Laufzeit zur Gleichrichtung höhere Spannungen und zeigen daher besonders bei Mikrowellen eine weit geringere Empfindlichkeit. Sie sind dann vorzuziehen, wenn größere Leistungen zu messen sind, zumal der Detektor gegen Überlastung sehr empfindlich ist. Es lassen sich mit einer Meßdiode Leistungen von einigen mW bis mehreren hundert Watt gleichrichten. Die erhaltene Gleichspannung ist annähernd der Wurzel der Hochfrequenzleistung proportional.

5. Kristallgleichrichtung[1]

Zur Gleichrichtung von Mikrowellen verwendet man hauptsächlich Kristallgleichrichter. Sie werden in Form von außerordentlich kleinen Patronen gebaut (etwa 10 mal 4 mm). In einer Hülle aus keramischem Material befindet sich ein Siliziumkristall, auf das eine feine Wolframdrahtspitze unter leichtem Druck aufliegt. Die Gleichrichtung ist bei kleinen Amplituden eine annähernd quadratische. Es lassen sich mit empfindlichen Meßgeräten noch Leistungen von einigen Zehntel μW nachweisen.

Der Kristallgleichrichter ist zur relativen Messung gut geeignet, eignet sich jedoch wegen seiner Inkonstanz nicht für genaue Absolutmessungen. Die Empfindlichkeit der Kristalle ist auch temperaturabhängig. Durch Überlastung wird das Kristall unempfindlich.

6. Meßempfänger

Zum Nachweis sehr kleiner Leistungen oder Feldstärken werden Meßempfänger verwendet. Man benützt dazu fast ausschließlich Überlagerungsgeräte.

Bei Frequenzen bis zu 1000 MHz wird zur Mischung meist eine Scheibenröhre verwendet. Zur Verringerung des Rauschens ist die Vorschaltung einer Scheibenröhre als Hochfrequenzverstärker zu empfehlen.

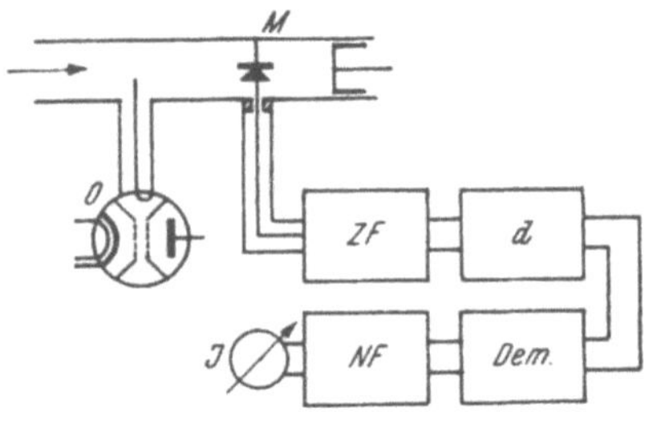

Abb. 353. Prinzipschaltung eines Prüfempfängers für Mikrowellen. O = Oszillator, M = Mischstufe, ZF = Zwischenfrequenzverstärker, d = einstellbare Dämpfung, d = Demodulator, NF = Niederfrequenzverstärker, J = Anzeigeinstrument

Für Frequenzen über 1000 MHz benützt man in der Regel zur Mischung nur den Kristallgleichrichter. Abb. 353 zeigt die prinzipielle Anordnung eines solchen Meßempfängers. Die ankommende Welle wird mit der eines Oszillators *O* überlagert und sodann durch die Kristallmischstufe *M* in eine Zwischenfrequenz verwandelt. Diese wird nun zunächst in einem Zwischenfrequenzverstärker *ZF* verstärkt und hierauf über eine Dämpfungskette *d* geführt. Es folgt nun die Demodulationsstufe *Dem* und anschließend eine Niederfrequenzverstärkung (*NF*). Die Ausgangsspannung wird einem Meßgerät *J* zugeführt. Zur Eichung des Empfängers dient ein Prüfsender.

An Stelle der Mischung mit Hilfe eines Kristallgleichrichters tritt in neuerer Zeit auch eine Gegentakt-Mischung unter Verwendung von zwei Kristallgleichrichtern. Dadurch wird die Oszillatorstrahlung vermindert und eine Mischung mit Oszillatoroberwellen erleichtert.

---

[1] Torrey, H. O. u. C. A. Whitmer: Crystal Rectifiers (1947).

7. Indikatoren für extrem kurze Wellen

Als Indikatoren für cm- und mm-Wellen verwendet man mitunter den Radiometerempfänger[1]. Er besteht aus einem einseitig geschwärzten Glimmerblättchen, vor dem sich ein sehr kleines Antennchen befindet. Das Glimmerblättchen ist an einem Faden aufgehängt. Die Anordnung befindet sich im luftverdünnten Raum einer Glasröhre. Durch die Radiometerkraft wird das in lotrechter Lage hängende Glimmerblättchen gedreht. Die Ablenkung wird an einem auf gleicher Achse befindlichen Spiegel beobachtet.

G. Einrichtungen zur Untersuchung von Kurvenform und Frequenzspektrum

a) Kathodenstrahlröhren bei Mikrowellen. Zur Aufzeichnung der Kurvenform von Schwingungsvorgängen kommt nur die Kathodenstrahlröhre in Frage. Gasgefüllte Röhren verlieren schon bei einigen hundert kHz ihre Bildschärfe. Es kann jedoch die Beobachtung gemacht werden, daß sich diese bei sehr hohen Frequenzen wieder einzustellen beginnt[2]. Dennoch wird auch bei Mikrowellen im allgemeinen die Vakuumröhre vorzuziehen sein. Die Bildschärfe ist von der Frequenz unbeeinflußt, dagegen nimmt die Empfindlichkeit mit zunehmender Frequenz gegenüber der bei Gleichspannung ab. Es ist[3]

$$e(f) = \frac{\sin \pi f \cdot t}{\pi f \cdot t}. \tag{5, 10}$$

Hiebei bedeutet $e(f)$ das Verhältnis der Empfindlichkeit bei der Frequenz f gegenüber der bei Gleichspannung, und t die Laufzeit der Elektronen innerhalb der Ablenkplatten. Für sie findet man[4]

$$t = 1{,}66 \cdot 10^{-8} \cdot s/\sqrt{U}, \tag{5, 11}$$

wenn s die Länge der Ablenkplatten in Richtung der Bewegung des Elektronenstrahles in cm und U die Beschleunigungsspannung in V ist. Bei einer Beschleunigungsspannung von 50 kV und einer Ablenkplattenlänge von 0,5 cm [5] konnte eine Laufzeit von etwa $4 \cdot 10^{-11}$ s erreicht werden. Nach Gl. (5, 10) ist dann die Grenzfrequenz, bei der die Ablenkempfindlichkeit verschwindet, rund 25 000 MHz.

Zur Kathodenstrahlaufzeichnung bei Mikrowellen kann auch folgender Gedankengang benützt werden: Wird ein Elektronenstrahl S durch eine

---

[1] Nichols, E. F. u. I. D. Tear: Phys. Rev. **21**, 587 (1923). — Zobel, W.: Hochfrequenztechn. u. Elektroak. **40**, 7 (1932).

[2] Piggott, L. S.: Jour. I. E. E. (Wirel. Sect.) Sept. 1946.

[3] Hollmann, H. E.: Hochfrequenztechn. u. Elektroak. **40**, 97 (1932).

[4] Einfg. S. 203.

[5] Lee, G. M.: Dissert. Inst. of Technology Massachusetts. — Montgomery, C. G.: Techn. of Microwave Measurements, S. 468 (1947).

Verzögerungsleitung geführt, s. Abb. 354 *a*, in der sich eine elektrische Welle mit transversalem Feldvektor *E* mit der gleichen Geschwindigkeit bewegt (was durch Verwendung eines teilweise mit Dielektrikum gefüllten Hohlraumes möglich ist), so wird er vertikal zu seiner Bewegung abgelenkt und beschreibt daher eine Parabel. Für einen Augenblick gesehen sieht der Verlauf des Kathodenstrahles wie in Abb. 354 *b* gezeigt aus. Dieses Prinzip kann zur Herstellung einer Kathodenstrahlröhre verwendet werden[1]. Die zu untersuchende Spannung wird dem Rohrleiter zugeführt. An seinem Anfang befindet sich ein zeitproportionales zur Papierebene senkrecht gerichtetes elektrisches Querfeld entsprechender Frequenz. Die Kathodenstrahlröhre zeigt eine wesentlich höhere Frequenzgrenze als normale Röhren. Die geschilderte Anordnung zeigt indes den Fehler der Abhängigkeit der Fortpflanzungsgeschwindigkeit von der zu untersuchenden Frequenz.

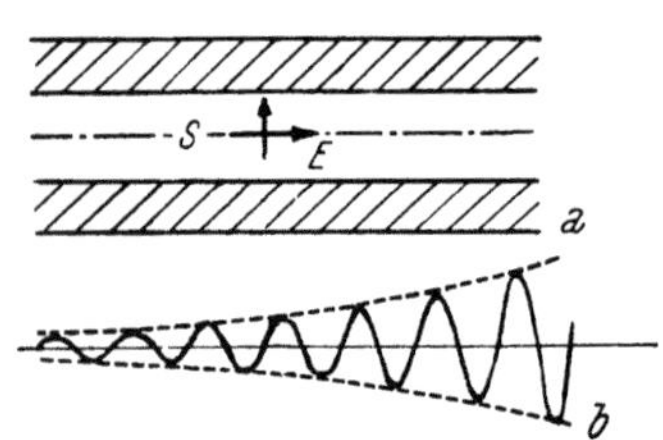

Abb. 354. Prinzip des Wanderwellen-Kathodenstrahloszillographen. *a*) *S* = Fortbewegungsrichtung des Elektronenstrahles, *E* = elektrischer Feldvektor, *b*) Elektronenbahn

Praktische Ausführungen von *Wanderwellenoszillographen* wurden von Haeff[2] und Pierce[3] angegeben. Letzterer verwendet ein Ablenksystem, bei dem die Verzögerung der axialen Fortpflanzung der Welle durch Drosseln erreicht wird, die zwischen den einzelnen Teilen der Ablenkelektroden angebracht sind. Er erreicht eine Empfindlichkeit von 0,01 mm/V und eine konstante Frequenzempfindlichkeit bis 500 MHz bei 1000 Volt Bündelspannung.

In einer von Owaki und anderen[4] entwickelten Röhre werden die plattenförmigen Elektroden durch mäanderförmig angeordnete Drähte auf zur Röhrenachse paralleler Ebene ersetzt, die so angeordnet sind, daß die mittlere Fortpflanzungsgeschwindigkeit der elektrischen Welle in axialer Richtung annähernd gleich der Elektronengeschwindigkeit ist. Bei 30 000 MHz wurde eine Ablenkempfindlichkeit von 10^{-1} mm/V erreicht. Bei 100 000 MHz und einer Beschleunigungsspannung von 2500 V sinkt die Empfindlichkeit auf etwa 30%.

b) Spektrumanalysatoren. Zur Untersuchung des Spektrums modulierter hochfrequenter Schwingungen eignet sich der Spektrumanalysator besser als die unmittelbare Schwingungsaufzeichnung mittels Kathodenstrahlröhre. Abb. 355 zeigt das Prinzipschaltbild eines solchen Gerätes.

---

[1] Kleen, W.: Das Elektron in W. u. T. **4**, 16 (1950).

[2] Haeff, A. V.: USA Pat. 2,064 469.

[3] Pierce, J. R.: Electronics **22**, H. 11, S. 97 (1949).

[4] Owaki, K., S. Terahata, T. Hada u. T. Nakamura: Proc. I. R. E. **38**, 1172 (1950).

Das hochfrequente Signal gelangt zunächst in eine Mischstufe. Ihre Oszillatorspannung ist frequenzmoduliert, und zwar mit Hilfe einer Sägezahnspannung, die auch gleichzeitig die Zeitablenkung der Kathodenstrahlröhre bewirkt. Die Modulationsfrequenz beträgt etwa 50 Hz. Gibt die momentane Oszillatorspannung mit einer der Frequenzen des zu untersuchenden Frequenzgemisches gerade jene Differenzfrequenz, auf die der schmalbandige Zwischenfrequenzverstärker abgestimmt ist, so erhält man ein Signal, das demoduliert und verstärkt eine Impulsaufzeichnung auf einer bestimmten Stelle der Kathodenstrahlröhre hervorruft. Der Hub der Frequenzmodulation ist so groß, daß das gesamte zu untersuchende Frequenzband überstrichen wird. Die Zwischenfrequenz muß so groß gewählt werden, daß die Spiegelfrequenz nicht Störungen verursacht. Es genügt meist eine solche von 5 bis 10 MHz. Anderseits muß die Bandbreite des Zwischenfrequenzverstärkers schmal gemacht werden, um eine möglichst exakte Aufzeichnung des Frequenzgemisches zu ermöglichen, sie soll etwa 20 bis 30 kHz betragen. Eine so große Trennschärfe zu erreichen, macht oft Schwierigkeiten. Es empfiehlt sich daher mitunter eine nochmalige Frequenztransformation auf eine niedrigere Zwischenfrequenz. Es werden Frequenzanalysatoren für Frequenzen bis zu 30 000 MHz gebaut.

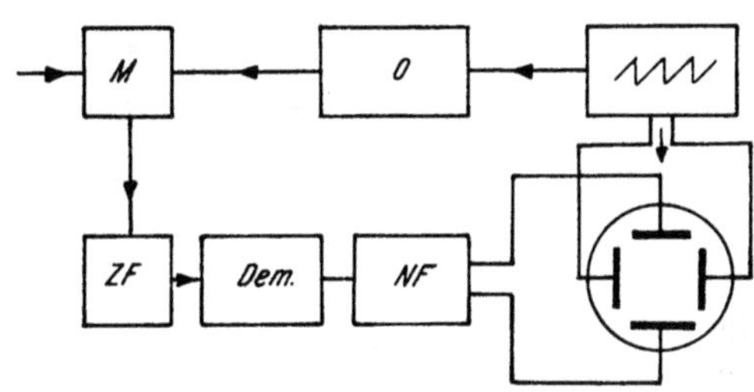

Abb. 355. Spektrum-Analysator. O = Oszillator mit Kippspannungs-Frequenzmodulation, ZF = Zwischenfrequenzverstärker, Dem = Demodulator, NF = Niederfrequenzverstärker

In einfacher Weise läßt sich eine Frequenzanalyse mit einem abstimmbaren Hohlraumkreis durchführen. Hiezu sind Hohlräume mit veränderbarer Frequenzeinstellung und außerordentlich hoher Resonanzschärfe erforderlich, etwa $Q = 50\,000$. Man erhält dann z. B. bei 3000 MHz noch ein Auflösungsvermögen von 60 kHz. Man dreht die Abstimmung durch und erhält so das gesuchte Frequenzspektrum. Solche einfache Frequenzanalysatoren werden vielfach in Radargeräten eingebaut.

Wegen der Resonanzschärfe ihres Absorptionsspektrums eignen sich auch mit absorbierenden Gasen gefüllte Rohrleiter zur Untersuchung des Frequenzspektrums von Mikrowellenoszillatoren. Da die Absorptionsfrequenz festliegt, wird die zu untersuchende Frequenz durch Überlagerung mit einer veränderbaren Frequenz in die Absorptionsfrequenz verwandelt.

Es läßt sich indes auch die Absorptionsfrequenz des Gases in geringen Grenzen ändern, indem ein starkes elektrisches Feld angeschlossen wird. Zufolge des Stark-Effektes[1] werden die Absorptionslinien des Gases auf-

[1] Stark, J.: Berl. Ber. 1913; Ann. Phys. **43** (1914).

gespalten. Wird eine Wechselspannung verwendet, so erfährt dadurch die Mikrowelle eine Absorptions-Amplitudenmodulation. Aus der Phasenverschiebung zwischen der Modulationsfrequenz und der nach der Demodulation erhaltenen Frequenz kann der Frequenzunterschied zwischen Schwingungs- und Absorptionsfrequenz ermittelt werden[1].

Frequenzanalysatoren dienen vor allem zur Untersuchung der Amplituden- und Frequenzmodulation von Sendern.

II. Strom-, Spannungs- und Leistungsmessung

1. Strom- und Spannungsmessung

Die Messung hochfrequenter Ströme und Spannungen läßt sich nur im Gebiet unterhalb etwa 2000 MHz praktisch durchführen. Bei höheren Frequenzen ist, da sich die Hochfrequenzleistung vorwiegend als Rohrwelle ausbreitet, der Bedarf nach Strom- und Spannungsmessung nur gering, an ihre Stelle tritt die Leistungsmessung.

a) Zur *Strommessung* bei Frequenzen zwischen etwa 100 und 1000 MHz verwendet man vor allem Thermoumformergeräte[2] und Bolometer (s. dritter Abschn., III).

Beim Thermoumformer treten Meßfehler durch Hochfrequenz im Thermoelement auf; um diese klein zu halten, ist es empfehlenswert, das Thermoelement senkrecht zum Heizdraht anzuordnen und Drosseln in seine Zuleitungen zu schalten. Hiedurch ist es möglich, bis $2 \cdot 10^8$ Hz die Fehlabweichung unter etwa 1,5% zu halten[3].

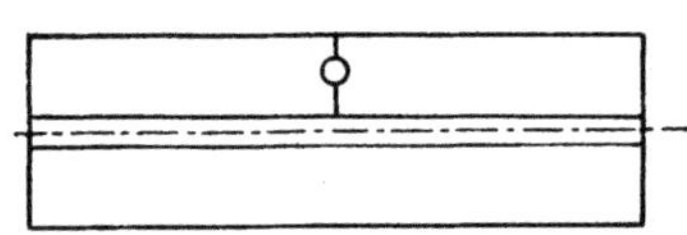

Abb. 356. Elektrodynamisches Amperemeter für Mikrowellen mit konzentrischem Rohrleiter

Weiter eignet sich noch zur Strommessung bei diesen Frequenzen das Hitzdrahtluftthermometer. Es konnten bei einer Ausführung von Scheibe[4] die Fehlabweichungen bis 500 MHz kleiner als 2% gehalten werden.

Mit Erfolg läßt sich auch das Photoamperemeter für Strommessungen bei Frequenzen zwischen 100 und 1000 MHz verwenden.

Vom National Bur. of Stand. wurde ein *elektrodynamisches Amperemeter* für Frequenzen bis etwa 300 MHz angegeben[5]. Es besteht aus einem kleinen kurzgeschlossenen Kupferring, der durch das zu messende Hochfrequenzfeld, in dem er sich befindet, gedreht wird. Wegen des schwachen Drehmomentes ist der Ring an einem feinen Quarzfaden aufgehängt. Der Ringdurchmesser beträgt 1 cm, die Drahtstärke 0,75 mm. Ein ähnliches Gerät wurde bereits von Gundlach angegeben[6].

[1] Electronics **23**, H. 12, S. 126 (1950).
[2] Rohde, L.: TFT **33**, 95 (1944).
[3] Schwarz, H.: Hochfrequenztechn. u. Elektroak. **39**, 160 (1932).
[4] Scheibe, A.: Jahrb. d. drahtl. Tel. **26**, 12 (1925).
[5] Electronics **23**, H. 9, S. 186 (1950).
[6] Gundlach, F. W.: Hochfrequenztechn. u. Elektroak. **55**, 169 (1940).

Die Kalibrierung der Meßeinrichtung erfolgt in der Mitte eines konzentrischen Rohrleiters von der Länge einer Wellenlänge, s. Abb. 356, bei einer Frequenz von 300 MHz. Um den Einfluß des kapazitiven Feldes zu untersuchen, wird eine Kontrollmessung bei 150 MHz vorgenommen, bei der an der Meßstelle der Strom gleich Null ist.

Soll ein Strommeßgerät mit Hilfe eines zweiten geeicht werden, so ist gewöhnlich eine Reihenschaltung beider Instrumente üblich. Bei sehr kurzen Wellen ist aber darauf zu achten, daß die Entfernungen der Meßstellen klein gegen die Wellenlänge sind.

Schließlich eignet sich auch zur Strommessung die *Baretterbrücke*[1].

b) Zur *Spannungsmessung* für Frequenzen bis etwa 2000 MHz eignet sich die Diode[2]. Die Wirkung der Elektronenlaufzeit kann bei diesen Frequenzen noch vernachlässigt werden. s. zweiter Abschn., XI. Immerhin ist die Spannungsempfindlichkeit gering, mit einer Röhre *SA* 100 erhält man bei einem ausgeführten Gerät erst bei 0,2 V Vollausschlag. Ursache für diese geringe Empfindlichkeit ist der niedrige Nebenschlußwiderstand, insbesondere infolge der hohen Röhrenkapazität.

Eine Erhöhung der Empfindlichkeit erreicht man durch Resonanzabstimmung der Diode mit Hilfe einer konzentrischen Rohrleitung. Der Voltmeterwiderstand läßt sich auf etwa 20 000 Ohm steigern. Abb. 357 zeigt die Prinzipschaltung des Meßgerätes[3]. Um einen großen Resonanzwiderstand zu erhalten, ist das Röhrenvoltmeter mit einem hohen Gleichstromkreiswiderstand belastet. Er wird z. B. durch den Gitterkreis der in Abb. 357 gezeigten Pentode dargestellt. Sie dient auch gleichzeitig als Verstärker für die nach der Demodulation erhaltene Wechselspannung, wodurch eine erhöhte Empfindlichkeit bei Amplituden- oder Impulsmodulation erreicht werden kann.

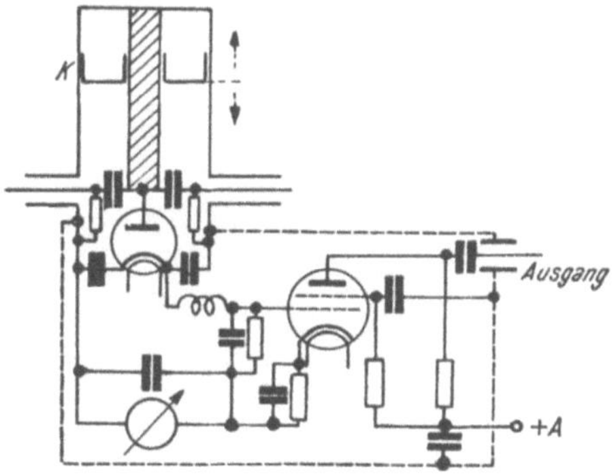

Von Ditl[4] wurde zur Messung kleiner Spannungen eine Bolometeranordnung in Form einer kurzgeschlossenen konzentrischen Rohrleitung angegeben.

Abb. 357. Abgestimmtes Diodenvoltmeter für 300 bis 2000 MHz

2. Leistungsmessung

Bei Frequenzen über 1000 MHz wird eine Leistungsmessung einer Spannungs- oder Strommessung vorgezogen. Vielfach ist es üblich, den Leistungsmesser selbst als Gesamtlast zu verwenden. Hiezu dienen vor

[1] Wien, M.: Phys. Z. **31**, 193 (1930).
[2] Rohde, L.: Z. techn. Phys. **12**, 5 (1931).
[3] Rohde, L.: Z. techn. Phys. **12**, 5 (1931).
[4] Ditl, A.: TFT **33**, 95 (1944).

allem die kalorimetrischen Methoden. Es werden aber auch Leistungsmesser gebaut, die den Leistungsstrom messen, der durch eine Rohrleitung oder ein koaxiales Kabel dem Verbraucher zugeführt wird, selbst aber nur einen Bruchteil der Gesamtleistung benötigen. Hiezu dienen empfindliche Meßgeräte, die aus der Leitung einen bestimmten der Gesamtleistung proportionalen Teil abzweigen. Zu diesen Geräten gehören das Bolometer und der Thermoumformer, mitunter bedient man sich auch einer Diode oder eines Detektors. Bei Doppelleitungen und Frequenzen unter 1000 MHz benützt man auch mitunter eine Spannungsmessung zur Bestimmung der übertragenen Leistung.

Weiter ist zwischen mittlerer Leistung und Impulsleistung zu unterscheiden. In der Regel zeigen die Meßgeräte unmittelbar die mittlere Leistung an. Man erhält die Impulsleistung bei Rechteckimpulsen, wenn die Impulsdauer t_i und Impulsfrequenz f_i bekannt sind, aus

$$P_i = \frac{P_{mitt}}{t_i \cdot f_i}. \qquad (5, 12)$$

a) Leistungsmessung mit Bolometer. Die Bolometeranordnungen werden wegen ihrer großen Empfindlichkeit vorwiegend zur Messung kleiner Leistungen benützt, s. dritter Abschn., III. Als temperaturabhängige Widerstände benützt man den Baretter und Thermistor, s. I, F dieses Abschn.

Die Empfindlichkeit einer Bolometeranordnung kann durch Verstärkung wesentlich erhöht werden. Man kann eine Gleichspannungsverstärkung vorsehen, vorzuziehen ist jedoch eine Wechselspannungsverstärkung, die bei amplitudenmodulierter oder impulsmodulierter Hochfrequenz oder, wenn als Vorspannung für das Bolometer eine Wechselspannung verwendet wird, ohne Schwierigkeiten möglich ist.

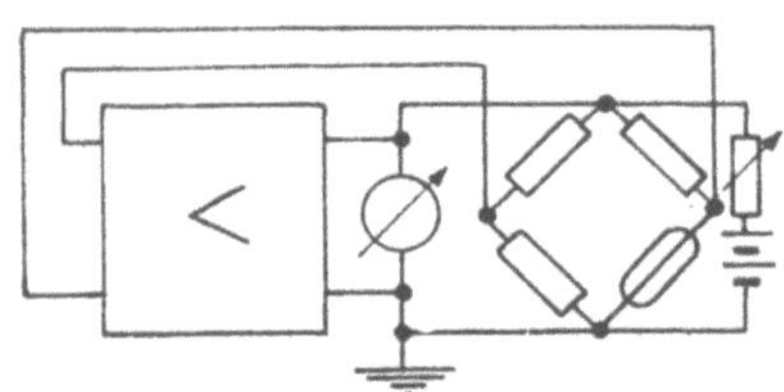

Abb. 358. Phasenbrückengenerator als Mikrowellenleistungsmesser

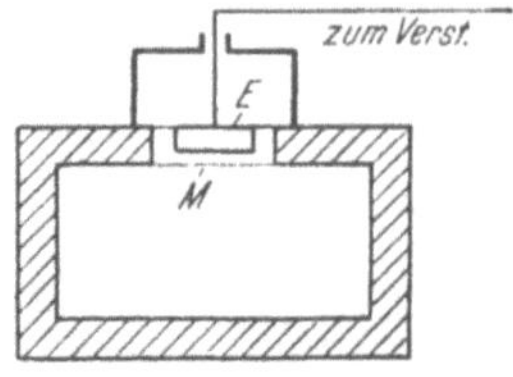

Abb. 359. Elektrostatischer Leistungsflußmesser. M Membran, E Gegenelektrode

Eine große Empfindlichkeit erreicht man auch, wenn man die Bolometereinrichtung als Rückkopplungsglied eines Phasenbrückengenerators[1] verwendet. Die Brücke ist so abgeglichen, daß eine große Schwingungsamplitude entsteht, wenn den temperaturabhängigen Widerstand keine Hochfrequenz trifft. Das in den Ausgang geschaltete Meßgerät (s. Abb. 358) zeigt dann Vollausschlag. Durch eine eintreffende Hochfrequenz wird die Brücke verstimmt und der Rückkopplungsfaktor verringert. Das Meß-

[1] Einfg. S. 554.

instrument zeigt einen geringeren Ausschlag. Es ist unmittelbar in μW Hochfrequenzleistung geeicht. Man erreicht eine Empfindlichkeit von etwa 50 μW für Vollausschlag.

b) Leistungsmessung mit Thermoelementen. Thermoumformer mit Vakuumthermoelementen zeigen nahezu die gleiche Empfindlichkeit wie das Bolometer. Wegen der größeren Leiterabmessungen lassen sie sich nur bis hinauf zu Frequenzen von etwa 3000 MHz verwenden. Der Kohlenfaden-Thermoumformer ist jedoch auch für höhere Frequenzen brauchbar.

c) Elektrostatischer Leistungsflußmesser[1]. Die Rohrwand eines Rechteckrohrleiters ist an einer Stelle durch eine dünne Metallmembran ersetzt. Ihr gegenüber befindet sich, wie Abb. 359 zeigt, außerhalb des Rohrleiters eine feste Elektrode E. Bei Auftreten hochfrequenter Felder im Innern des Rohrleiters wird die Membran durchgebogen und somit die Kapazität zwischen Membran und Elektrode vermindert. Die Kapazitätsänderung ist ein Maß für die Feldstärke im Rohrleiter und somit für den Leistungsfluß. Bei Amplitudenmodulation der Hochfrequenz kann eine ähnliche Schaltung wie beim Kondensatormikrophon zur Verstärkung verwendet werden. Es können noch Leistungen von der Größe von 1 mW gemessen werden. Die Anordnung hat den Vorteil, frequenzunabhängig zu arbeiten und einen sehr geringen Leistungsbedarf aufzuweisen.

Die unmittelbare Leistungsflußmessung setzt den reflexionsfreien Abschluß des Rohrleiters durch die Last voraus. Anderenfalls muß das Wellenverhältnis durch zwei Messungen bestimmt werden, vgl. vierter Abschn., XIII.

d) Messung großer Leistungen mit dem Kalorimeter. Das Kalorimeter stellt gleichzeitig die Last dar, die die Leistung verbraucht. Es wird daher im allgemeinen als Abschluß eines koaxialen Kabels oder eines Rohrleiters angeordnet. Wasser eignet sich gut als Kalorimeterflüssigkeit, denn infolge seiner hohen dielektrischen Verluste erwärmt es sich im elektrischen Feld. Abb. 360 zeigt die Leistungsmessung an einem koaxialen Kabel. Am Ende ist das Kabel von einem Wasserstrom durchflossen, der das Dielektrikum darstellt[2]. Seltener wird als Kalorimeterflüssigkeit eine Mischung von Öl und Kohlepulver verwendet. Ist m die Flüssigkeitsmenge je Sekunde in g/s, c_p die spezifische Wärme und Δt die Temperaturerhöhung, so ergibt sich die absorbierte Leistung zu

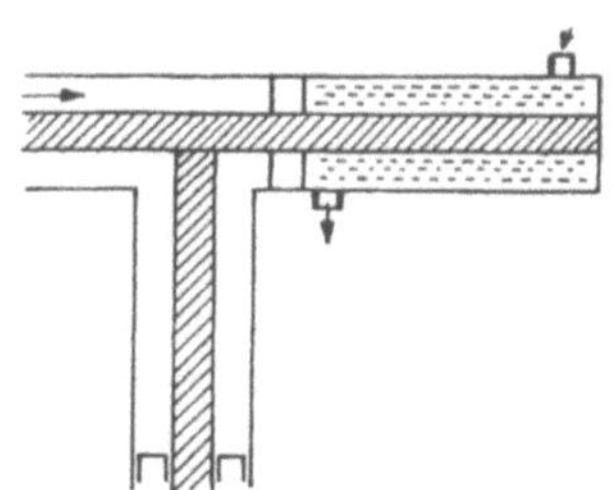

Abb. 360. Leistungsmessung am koaxialen Kabel mittels Wasser-Kalorimeters

$$P = 4{,}18\, m \cdot c_p \cdot \Delta t \text{ Watt.} \tag{5, 13}$$

[1] Norton, L. E.: Proc. I. R. E. **37**, 759 (1949). — Bomke, H. A u. T. Schmidt: A. E. Ü. **4**, 33 (1950).

[2] Leslie, F. M.: Wireless Engr. **24**, 105 (1947).

Die Temperaturdifferenz mißt man am besten mit Hilfe von Thermoelementen. Abb. 361 zeigt eine einfache Anordnung zur Leistungsmessung in einer Rohrleitung. Die Kalorimeterflüssigkeit fließt durch das Glasrohr *Gl*, das schräg zur Richtung des elektrischen Feldes angeordnet ist.

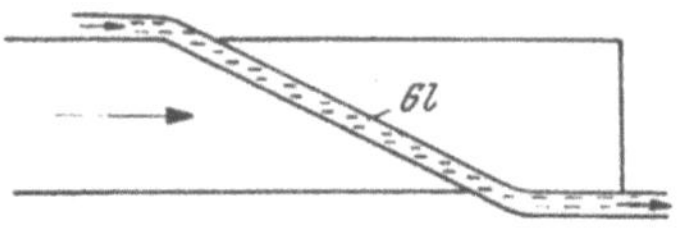

Abb. 361. Leistungsmesser an einem Rohrleiter mittels Wasser-Kalorimeters

Die Eichung des Kalorimeters kann auch in der Weise erfolgen, daß außerhalb der Rohrleitung in das Glasrohr ein Widerstand eingebaut ist. Er wird vor oder nach der Messung von einem Gleichstrom durchflossen, der so eingestellt wird, daß bei Durchfluß derselben sekundlichen Wassermenge die gleiche Temperaturerhöhung wie bei der Messung mit Hochfrequenz erhalten wird.

e) Leistungsmessung durch Temperaturerhöhung an Widerständen. Auch die Temperaturerhöhung Ohmscher Widerstände, die in koaxialen Kabeln oder Rohrleitungen untergebracht sind, wird zur Leistungsmessung herangezogen. Bei kleineren Leistungen wird die Temperaturerhöhung aus der Widerstandsänderung und mittels Thermoelementen oder bei Glühfäden mit Hilfe von Photozellen gemessen. Große Leistungen werden durch Wasserkühlung abgeführt, wobei die Leistung mittels Kalorimeters wieder nach Gl. (5, 13) bestimmt werden kann.

3. Messung des Leistungsflusses an einer Leitung

Bei Frequenzen unter 1000 MHz läßt sich die Messung des in einer Doppelleitung fließenden Leistungsstromes durch eine Spannungsmessung durchführen, wenn der Wellenwiderstand Z bekannt ist und die Leitung mit einer Last abgeschlossen ist, die diesem angepaßt ist, also keine stehenden Wellen auftreten. Es ist dann

$$P = \frac{U^2}{Z}. \tag{5, 14}$$

Zur Spannungsmessung verwendet man, wie oben beschrieben, eine Diode.

Ist die Last nicht angepaßt, so entstehen stehende Wellen. Man kann den Leistungsfluß bestimmen, wenn man die Spannung U_{max} im Spannungsbauch und U_{min} im Spannungsknoten mißt. Es ist

$$P = \frac{U_{max} \cdot U_{min}}{Z} \tag{5, 15}$$

Auch aus dem Strom J_{max} im Strombauch und J_{min} im Stromknoten läßt sich P wie folgt bestimmen:

$$P = J_{max} \cdot J_{min} \cdot Z. \tag{5, 16}$$

Bei höheren Frequenzen ist eine unmittelbare Messung der durchfließenden Leistung nicht mehr möglich, weil bei diesen Frequenzen eine genaue Spannungsmessung nicht durchführbar ist. Dennoch ist die Methode auch bei diesen Frequenzen brauchbar, wenn an Stelle der Spannung eine der Gesamtleistung proportionale Teilleistung abgezweigt und von einem Indikator angezeigt wird. Er wird mit Hilfe einer kurzen Sonde in die Rohrleitung oder in das koaxiale Kabel eingekoppelt. Um die Sonde verschieben zu können, erhält die Leitung einen Schlitz. Damit die Rohrleitung möglichst wenig belastet wird, ist eine Resonanzabstimmung des Sondenkreises zweckmäßig. Abb. 362 zeigt eine prinzipielle Anordnung.

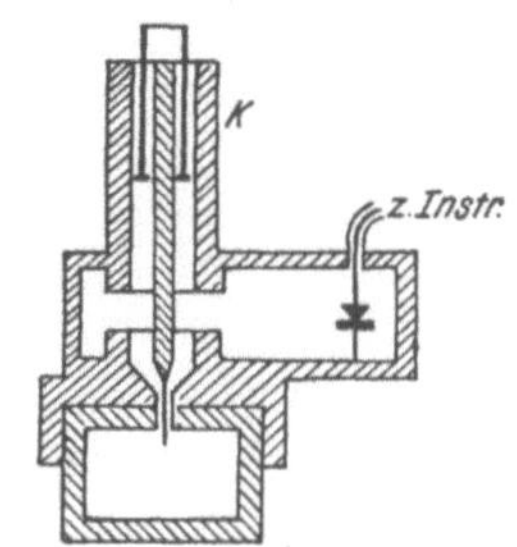

Abb. 362. Indikator zum Nachweis stehender Wellen im Hohlrohr. K = verschiebbarer Kolben zur Abstimmung

Zur Demodulation dient ein Detektor, als Indikator ein Drehspulinstrument. Die Sondenabstimmung erreicht man durch Verschieben des Kolbens K der koaxialen Leitung. Ist a_{max} der der Leistung proportionale Maximalausschlag, so erhält man

$$P = k \sqrt{\frac{a_{min} \cdot a_{max}}{Z}}. \qquad (5, 17)$$

wobei k eine durch Messung zu ermittelnde Konstante bedeutet.

III. Messung des Phasenwinkels

Zumeist wird die Phasenverschiebung zweier Spannungen in der Weise gemessen, daß von den zwei Spannungen mit Hilfe je einer Sonde Proben entnommen werden und diese über zwei getrennte Leitungen einem Gleichrichter zugeführt werden. In der einen Zuleitung befindet sich ein geeichter Phasenschieber. Dieser wird nun so lange verändert, bis ein Spannungsminimum am Gleichrichter erhalten wird. Das Minimum wird indes nur scharf, wenn die Amplituden einander annähernd gleich sind. Ist dies nicht der Fall, so erhält die eine Leitung noch ein Dämpfungsglied, dessen Phasendrehung bekannt ist.

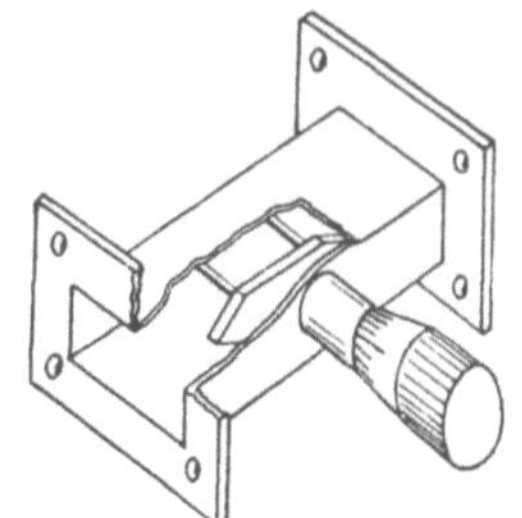

Abb. 363. Geeichter Phasenschieber. Polystirolfahne verschiebbar

Abb. 363 zeigt den prinzipiellen Aufbau eines eichbaren Phasenschiebers: Ein Rohrleiter enthält eine achsial gerichtete zu den E-Linien parallel laufende Fahne aus Polystirol. Sie ist quer zur Rohrachse verschiebbar. Je mehr sie sich der Mitte des Rohrleiters nähert, desto größer ist die erreichte Phasenverschiebung (infolge Verringerung der Fortpflanzungsgeschwindigkeit). Die Einstellung erfolgt mit Hilfe eines geeichten Feintriebes.

Um den Einfluß des Dämpfungsgliedes zu vermeiden, wird von Robertson[1] die in Abb. 364 gezeigte Anordnung zur Messung des Phasenwinkels angegeben. Ein Oszillator *HO* schickt eine Hochfrequenzspannung an eine Gegentaktmodulationseinrichtung *Mod*, die auch mit Niederfrequenz gespeist wird. Man erhält nun eine Zweiseitenbandmodulation mit unterdrücktem Träger. Diese wird dem Prüfling zugeführt. Eine Sonde vor und

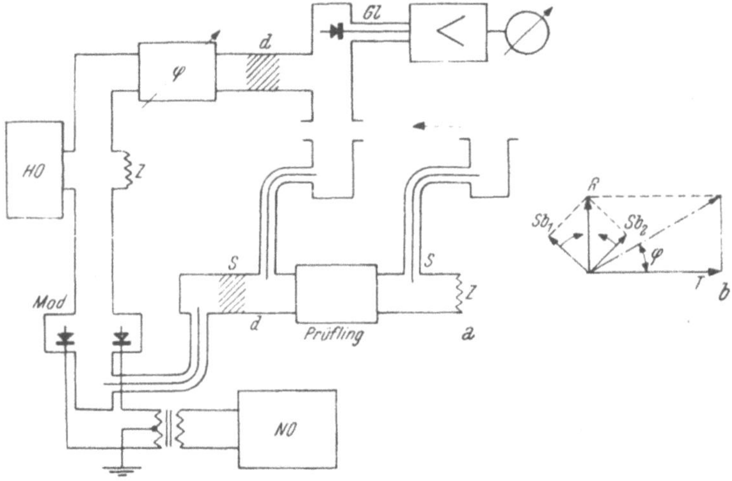

Abb. 364. Phasenmesser nach Robertson. *a*) prinzipielle Anordnung. *HO* = Hochfrequenzoszillator, *NO* = Niederfrequenzoszillator, *Mod* = Gegentaktmodulator, φ = geeichter Phasenschieber, *d* = Dämpfung, *S* = Sonde, *Z* = Abschluß mit Wellenwiderstand, *Gl* = Demodulator, *b*) Zeigerdiagramm. Sb_1 = erstes, Sb_2 = zweites Seitenband, *R* = Resultierende, *T* = unmodulierter Träger

eine nach dem Prüfling gestatten wahlweise die Spannung vor oder nach demselben einem Demodulator *Gl* zuzuführen. Außerdem erhält dieser noch den Träger direkt vom Oszillator über einen veränderbaren Phasenschieber φ und ein Dämpfungsglied *d*.

Je nach Phasenlage der Resultierenden *R* der beiden Seitenbandamplituden *Sb* 1 und *Sb* 2 (s. Abb. 364 *b*) gegenüber dem direkt übertragenen Träger *T* erhält man nun eine mehr oder minder stark amplitudenmodulierte Hochfrequenz als Resultierende. Nach der Demodulation ergibt sich eine mehr oder minder große Niederfrequenzspannung, die über einen Verstärker einem Meßgerät zugeführt wird. Sie wird ein Minimum, wenn *R* auf *T* senkrecht steht, s. Abb. 364 *b*, denn dann ergibt sich keine Amplitudenmodulation. Dieses Minimum wird nun mit Hilfe des geeichten Phasenschiebers eingestellt, an dem somit die Änderung der Phasenverschiebung abgelesen werden kann, die sich ergibt, wenn die Sonde *S* einmal vor und dann nach dem Prüfling, wie Abb. 364 *a* zeigt, angeschlossen wird.

[1] Robertson, S. D.: Bell Syst. Techn. J. **28**, 99 (1949).

IV. Wirk- und Scheinwiderstandsmessung

Widerstandsmessungen werden vor allem bei jenen Frequenzen vorgenommen, die noch mit Paralleldrahtleitungen oder koaxialen Kabeln weitergeleitet werden. Indes ergeben sich auch oft bei diesen wachsende Schwierigkeiten mit zunehmender Frequenz.

A. Messungen am Paralleldrahtsystem

1. Messung von Wirkwiderständen[1]

Um Meßfehler durch Kapazität und Induktivität von Zuleitungen zu vermeiden, wird bei Meter- und Dezimeterwellen ausschließlich unmittelbar an der Paralleldrahtleitung oder besser noch am koaxialen Kabel gemessen.

a) Resonanzverfahren. Man schließt den zu messenden Widerstand an das Ende einer offenen Paralleldrahtleitung (oder eines koaxialen Kabels). Das andere Ende wird kurzgeschlossen. Die Meßleitung wird mit einer Energieleitung eines Hochfrequenzgenerators gekoppelt. An die Meßleitung wird eine Meßeinrichtung angeschlossen, die eine der Spannung oder dem Strom proportionale Eichung erhält. Die Länge der Meßleitung wird nun so lange geändert, bis man Maximalausschlag erhält.

Sie hat dann eine durch die Größe des zu messenden Scheinwiderstandes bestimmte Länge l. Sie ist, wenn der zu untersuchende Widerstand R frei von Blindkomponenten ist und $R > Z$ gleich $\lambda/4$ (oder einem ungeradzahligen Vielfachen davon) und, wenn $R < Z$ gleich $\lambda/2$ (oder einem ganzzahligen Vielfachen davon). Nun wird der Kurzschluß so weit verschoben bis bei gleichbleibender Generatorspannung die Spannung am Indikator auf das $1/\sqrt{2}$-fache ihres ursprünglichen Wertes gesunken ist. Dies ist der Fall, wenn die Leitung, die als dämpfungsfrei angenommen werden kann, zufolge der Verstimmung einen Blindwiderstand gleich dem zu messenden Widerstand R aufweist. Es ist dann, weil der Blindwiderstand der Leitung gleich $j\,Z \operatorname{tg} \alpha\, x$, bzw. $-j\,Z \operatorname{ctg} \alpha\, x$ ist[2],

$$R = \frac{Z}{\operatorname{tg}\left(\pi \frac{\Delta l}{\lambda}\right)} \approx Z \frac{\lambda}{\pi \Delta l} \text{ (R im Stromknoten)}, \qquad (5,\ 18)$$

bzw.

$$R = Z \operatorname{tg}\left(\pi \frac{\Delta l}{\lambda}\right) \approx Z \frac{\pi \Delta l}{\lambda} \text{ (R im Spannungsknoten)}, \qquad (5,\ 19)$$

wenn Δl jene Strecke ist, innerhalb deren die Spannung gleich oder größer als das $1/\sqrt{2}$-fache des höchsten Wertes ist (Halbwertsbreite).

[1] Schmidt, O.: Hochfrequenztechn. u. Elektroak. **41**, 2 (1933).
[2] Einfg. S. 132.

Man kann aber auch die Einstellung des Kurzschlußbügels unverändert lassen und dafür die Frequenz des Generators so weit ändern bis die Spannung am Indikator den $1/\sqrt{2}$-fachen Wert zeigt. Man findet dann in der gleichen Weise ($l = \lambda/2$, Leitungsende kurzgeschlossen)

$$R = \frac{Z}{\operatorname{tg}\left(\frac{\pi}{4}\frac{\Delta\lambda}{\lambda}\right)} = \frac{Z}{\operatorname{tg}\left(\frac{\pi}{4}\frac{\Delta f}{f}\right)} \approx Z\frac{4}{\pi}\frac{f}{\Delta f} \quad (R \text{ im Stromknoten}) \tag{5, 20}$$

[1]

bzw. ($l = \lambda/4$, Leitungsende offen)

$$R = Z \operatorname{tg}\left(\frac{\pi}{4}\frac{\Delta\lambda}{\lambda}\right) = Z \operatorname{tg}\left(\frac{\pi}{4}\frac{\Delta f}{f}\right) \approx Z\frac{\pi\Delta f}{4f} \quad (R \text{ im Spannungsknoten}). \tag{5, 21}$$

Hiebei ist Δf der Frequenzbereich des Generators innerhalb dessen die Spannung am Indikator gleich oder größer ist als das $1/\sqrt{2}$-fache ihres höchsten Wertes.

Als Meßgerät kann ein lose angekoppelter Detektor- oder besser Diodenkreis verwendet werden. Besser ist es noch in den verschiebbaren Kurzschluß, der zweckmäßigerweise als Scheibe ausgeführt ist, ein Strommeßgerät einzubauen, s. Abb. 365. Die Kurzschlußscheibe erhält einen Zeiger, der auf einer parallel zur Lecherleitung liegenden Skala genaue Werte ihrer Lage abzulesen gestattet. Zweckmäßig ist die Unterbringung der Paralleldrahtleitung in einem Abschirmrohr. Führung, Zeigersystem und Zuleitungen zu dem außen befindlichen Galvanometer sind dann durch einen Schlitz herausgeführt.

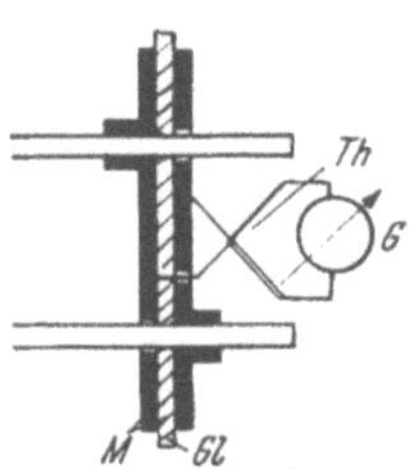

Abb. 365. Abschlußfläche einer Paralleldrahtleitung mit Meßgerät. M = Metallscheiben, Gl = Glimmerisolatoren, Th = Thermoelement, G = Galvanometer

Bei Mikrowellen wird der zu untersuchende Leiter als Mittelstück in einer auf Resonanz abgestimmten konzentrischen Rohrleitung untergebracht. Am einfachsten ist es diese mit einer frequenzmodulierten Welle zu erregen und die Resonanzkurve auf einer Kathodenstrahlröhre aufzuzeichnen. Die Bestimmung des Widerstandes erfolgt auf Grund der Ermittlung der Halbwertsbreite oder durch Vergleich mit der bekannten Dämpfung eines Hohlraumresonators[2].

b) Substitutionsmethode. Der zu messende Widerstand wird wieder an das Ende einer von einem Generator erregten Meßleitung angeschlossen und der Instrumentenausschlag des oben beschriebenen Meßgerätes nach Resonanzeinstellung abgelesen. Hierauf wird der zu messende Widerstand

[1] Zinke, O.: Hochfrequenzmeßtechnik, 2. Aufl., S. 167 (1946).
[2] Beatty, R. W.: Proc. I. R. E. **38**, 1190 (1950).

durch einen veränderlichen Widerstand bekannter Größe ersetzt, der nach neuerlicher Einstellung des Maximalausschlages so lange verändert wird, bis das Meßgerät wieder den gleichen Ausschlag zeigt, also der unbekannte Wirkwiderstand gleich dem geeichten ist.

Derartige geeichte Widerstände erhält man z. B. mittels Dioden, deren Gleichstrombelastung verändert werden kann[1]. Ist der innere Widerstand der Diode klein gegen den Belastungswiderstand R_{Gl} der Gleichstromseite, so ist bei Reihenschaltung von Gleichrichter und Widerstand der Hochfrequenzwechselwiderstand der Gleichrichteranordnung[2]

$$R_w = \frac{R_{Gl}}{2} \tag{5, 22}$$

und bei Parallelschaltung

$$R_w = \frac{R_{Gl}}{3}. \tag{5, 23}$$

Die Trennung zwischen Gleich- und Wechselstromkreis erfolgt beim reihengeschalteten Widerstand durch Parallelschalten eines Kondensators genügender Kapazität und bei der Parallelschaltung, indem der Kondensator in die Verbindung der Röhre mit der Wechselspannungsquelle geschaltet wird.

Die Meßmethode eignet sich daher vor allem für große Widerstandswerte. Sollen kleine Widerstände gemessen werden, so kann der Diodenwiderstand durch Verwendung eines zusätzlichen Leitungsstückes der Länge $\lambda/4$ heruntertransformiert werden. Bei Frequenzen, etwa oberhalb 100 MHz, ist es notwendig, die Lecher-Leitung abzuschirmen oder durch ein koaxiales Kabel zu ersetzen.

Ein praktisch ausgeführtes Gerät gestattet die Widerstandsmessung zwischen 20 Ohm und 20 kOhm mit einem Frequenzbereich von 100 bis 800 MHz[3].

c) Widerstandsbestimmung aus dem Wellenverhältnis[4]. Auch das Verhältnis der größten Amplitude U_{max} zur kleinsten U_{min} der in der Lecher-Leitung auftretenden stehenden Wellen kann zur Wirkwiderstandsmessung herangezogen werden. Es ist, wenn R größer als Z ist,

$$R = Z\, U_{max}/U_{min} \tag{5, 24}$$

anderenfalls ist

$$R = Z\, U_{min}/U_{max}. \tag{5, 25}$$

Die Messung erfolgt wieder mit Hilfe der in Abb. 365 gezeigten Anordnung. Bei großem Unterschied zwischen U_{max} und U_{min} wird die Messung jedoch nur wenig genau. Sie ist vor allem für Widerstände in der Nähe der Werte des Wellenwiderstandes der Leitung am besten zu brauchen.

---

[1] Rohde, L. u. G. Opitz: Hochfrequenztechn.. u. Elektroak. **54**, 116 (1939).

[2] Einfg. S. 381.

[3] Nergard, L. S.: RCA Rev. **3**, 156 (1938). — Ref.: Hochfrequenztechn. u. Elektroak. **55**, 187 (1940). — Brück, L.: Telefunkenröhre H. 24/25, S. 1 (1942).

[4] Schmidt, O.: Hochfrequenztechn. u. Elektroak. **41**, 2 (1933).

2. Messung von Blindwiderständen

Ist die Meßleitung mit einem Blindwiderstand X abgeschlossen, so entspricht dieser einer ganz bestimmten Länge eines Stückes der Lecher-Leitung mit dem Wellenwiderstand Z. Es ist für die am Anfang kurzgeschlossene Leitung[1]

$$X = j\,Z \cdot \operatorname{tg} \frac{2\,\pi}{\lambda}\, l_x. \tag{5, 26}$$

Aus Gl. (5, 26) folgt, daß der Blindwiderstand X durch eine kurzgeschlossene Leitung der Länge l_x mit dem Wellenwiderstand Z ersetzt werden kann. Die Messung des Blindwiderstandes kann daher auf eine Längenmessung zurückgeführt werden. Die Meßleitung wird zunächst an beiden Enden kurzgeschlossen und auf Resonanz, das heißt größten Strom im Strombauch eingestellt. Dann wird der eine Kurzschluß durch den zu messenden Blindwiderstand ersetzt und der andere bewegliche Kurzschlußbügel so lange verschoben, bis wieder Resonanz erhalten wird. Die Längenänderung l_x in Gl. (5, 26) eingesetzt, ergibt den gesuchten Blindwiderstand.

Ist der Längenzuwachs l_x kleiner als $\lambda/4$, so stellt das Leitungsstück einen induktiven, im Falle l_x größer als $\lambda/4$ und kleiner als $\lambda/2$ ist, einen kapazitiven Widerstand dar. Der zu messende Widerstand ist dann ein kapazitiver, bzw. induktiver von der gleichen Größe.

Um Fehler zu vermeiden, wird der Kurzschluß durch eine senkrecht zur Paralleldrahtleitung stehende Platte gebildet, denn eine Verbindung der beiden Leiter durch einen Drahtbügel würde einen Fehler durch dessen Induktivität verursachen. Der Abstand der beiden Leitungen wird sehr klein gewählt, etwa 0,5 cm. Besser noch ist es, die Paralleldrahtleitung durch ein koaxiales Kabel zu ersetzen. Der Kurzschluß wird dann durch einen verschiebbaren Kolben bewirkt.

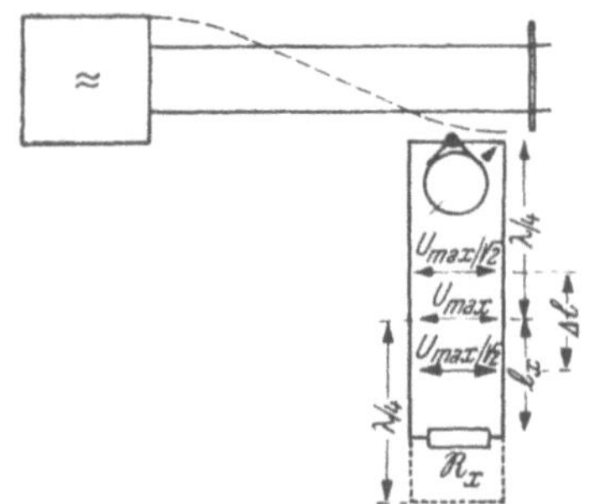

Abb. 366. Impedanzmessung mit abgestimmter Lecher-Leitung

3. Messung von Scheinwiderständen[2]

Die Doppelleitung ist auch zur Messung beliebiger Scheinwiderstände geeignet. Wirk- und Blindwiderstandskomponente erhält man aus der dadurch erzielten Dämpfung und Verstimmung.

a) Messung mit abgestimmter Lecher-leitung. Abb. 366 zeigt die prinzipielle Meßanordnung, die in gleicher Weise auch zur Messung von Wirk- und Blindwiderständen allein geeignet ist. Um Rück-

---

[1] Einfg. S. 132.

[2] Schmidt, O.: Hochfrequenztechn. u. Elektroak. **41**, 2 (1933). — Brück, L.: Telefunkenröhre H. 27/28, S. 60 (1943). — Hofweegen, J. M. van: Philips Techn. Rdsch. **8**, 16 (1946).

wirkungen auf den Sender zu vermeiden, ist die Meßleitung mit der Energieleitung des Senders lose induktiv gekoppelt. Die Meßleitung ist am Ende mit dem zu messenden Scheinwiderstand $\mathfrak{R}_x$ abgeschlossen. Durch Verschieben des Leitungsabschlusses, an dem sich das Meßgerät befindet, wird auf Resonanz abgestimmt. Das Spannungsmaximum wird mit Hilfe einer verschiebbaren Sonde festgestellt. Der Abstand des am oberen Ende der Leitung befindlichen zu messenden Scheinwiderstandes $\mathfrak{R}_x$ hat von ihm die Entfernung l_x. Er überträgt auf die Stelle des Spannungsmaximums einen Wirkwiderstand von der Größe R [1]. Es ist

$$\mathfrak{R}_x = R_x + j\,X = Z\frac{d}{\cos^2 \alpha\, l_x + d^2 \sin^2 \alpha\, l_x} + j\,Z\frac{\sin \alpha\, l_x \cos \alpha\, l_x\,(1 - d^2)}{\cos^2 \alpha\, l_x + d^2 \sin^2 \alpha\, l_x}, \tag{5, 27}$$

wobei $d = R/Z$ und $\alpha = 2\,\pi/\lambda$. Man findet d aus den Gl. (5, 18) bis (5, 21).

Im Falle $d \ll 1$ vereinfacht sich Gl. (5, 27) zu

$$\mathfrak{R}_x = \frac{d \cdot Z}{\cos^2 \alpha\, l_x} + j\,Z \operatorname{tg} \alpha\, l_x. \tag{5, 28}$$

Im Falle $d \gg 1$ vereinfacht sich dagegen Gl. (5, 28) zu

$$\mathfrak{R}_x = \frac{Z}{d \sin^2 \alpha\, l_x} - j\,Z \operatorname{ctg} \alpha\, l_x. \tag{5, 29}$$

In vielen Fällen ist es angenehm eine Schaltung zu verwenden, bei der Wirk- und Blindwiderstandskomponente getrennt voneinander aufgenommen werden können. Hiezu empfiehlt sich die Verwendung einer Hilfs-Paralleldrahtleitung, die zum unbekannten Widerstand $\mathfrak{R}_x$ parallelgeschaltet wird und deren Kurzschlußbügel so eingestellt wird, daß die Blindwiderstandskomponente X von $\mathfrak{R}_x$ durch sie wieder aufgehoben wird. X wird somit durch den sehr hohen Wirkwiderstand ersetzt, den die Leitung allein an der Stelle des Stromknotens aufweist[2].

Der Gesamtscheinwiderstand $\mathfrak{R}_x$ setzt sich dann aus der Parallelschaltung des durch die Strecke l_x sich nach Gl. (5, 26) zu $-X$ ergebenden Scheinwiderstandes und des aus Gln. (5, 18) bis (5, 21) durch Verstimmung berechenbaren Ohmschen Widerstandes zusammen. Gemessen wird, wie Abb. 367 zeigt, indem zuerst die Meßleitung ML im Kurzschluß auf Resonanz eingestellt wird (Meßleitungslänge etwa $\lambda/2$), dann der Kurzschluß (angedeutet durch K) geöffnet, an seiner Stelle der unbekannte Widerstand $\mathfrak{R}$ eingeschaltet wird und schließlich hiezu die Hilfsleitung parallelgeschaltet wird, die so lange verändert wird, bis wieder Resonanz eintritt. Die Länge des Leitungsstückes

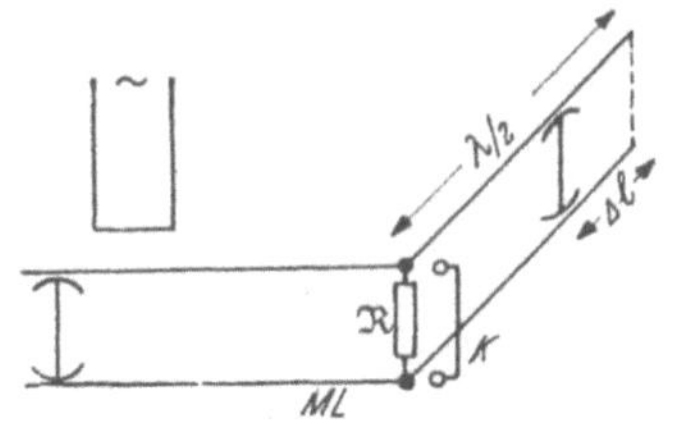

Abb. 367. Impedanzmessung mit Lecher-Leitung und Hilfsleitung

[1] Hofweegen, J. M. van: Philips Techn. Rdsch. 8, 16 (1946).
[2] Einfg. S. 131, Gl. (474).

$l_x = \lambda/2 - \Delta\, l$ gestattet die Bestimmung der Blindwiderstandskomponente nach Gl. (5, 26), während die Wirkwiderstandskomponente durch Verstimmung der Meßleitung nach Gln. (5, 18) bis (5, 21) ermittelt wird. Denn nach Wegkompensation der Blindkomponente bleibt die Wirkkomponente allein übrig.

b) Messung mit nichtabgestimmter Lecherleitung. Die Lecher-Leitung wird am Ende mit dem zu messenden Scheinwiderstand belastet. Es wird dann der Spannungsverlauf längs der Leitung aufgenommen, doch ist es auch bei dieser Messung nur notwendig, der Spannung proportionale Meßwerte zu erhalten. Es ist nicht notwendig, die Meßleitung auf Resonanz abzustimmen. Abb. 368 zeigt den Verlauf der Spannung längs der Lecher-Leitung. Man erkennt das Auftreten stehender Wellen. Die Bestimmung der Blindkomponente erfolgt in der gleichen Weise wie bei der abgestimmten Leitung, nämlich nach Gl. (5, 26), aus l_x.

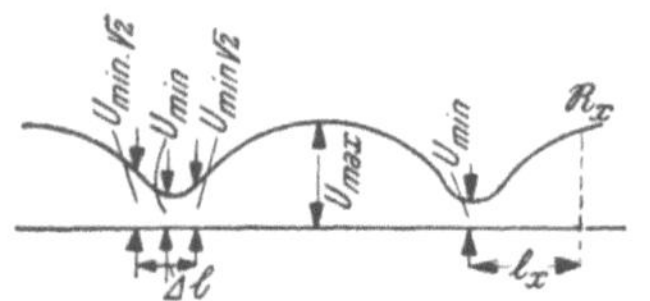

Abb. 368. Spannungsverlauf an der mit $\mathfrak{R}_x$ abgeschlossenen Lecher-Leitung

Den Wirkwiderstand findet man bei geringem Unterschied zwischen U_{max} und U_{min} aus dem Wellenverhältnis U_{max}/U_{min} nach Gl. (5, 24), bzw. Gl. (5, 25). Bei großen Werten des Wellenverhältnisses eignet sich besser die Bestimmung aus der sogenannten Knotenbreite, nämlich dem Abstand $\Delta\, l$ zwischen den Spannungswerten $U_{min} \cdot \sqrt{2}$. Die Spannungsknoten sind, wie Abb. 368 zeigt, schärfer und eignen sich daher zur Messung besser als die Werte in der Umgebung von U_{max}. Man findet, wenn $R_a > Z$

$$R_a \approx Z \sqrt{1 + \left(\frac{\lambda}{\pi\, \Delta\, l}\right)^2} \approx Z \frac{\lambda}{\pi\, \Delta\, l} \tag{5, 30}$$

und, wenn $Z < R_a$

$$R_a \approx Z \frac{1}{\sqrt{1 + \left(\frac{\lambda}{\pi\, \Delta\, l}\right)^2}} \approx Z \frac{\pi\, \Delta\, l}{\lambda}. \tag{5, 31}$$

Den Gesamtwiderstand erhält man durch Zusammensetzen aus parallelgeschalteter Blind- und Wirkkomponente.

Zur Spannungsabtastung eignet sich nur ein sehr lose angekoppeltes Meßgerät, dessen dämpfende und verstimmende Wirkung vernachlässigt werden kann. Für einfache Messungen verwendet man den in Abb. 369 a gezeigten Detektorkreis. Die Kapazitäten C betragen in der Regel nicht mehr als etwa 1 pF. Für genauere Messungen empfiehlt sich die Diodengleichrichtung. Abb. 369 b zeigt eine gebräuchliche Schaltung. Das Gerät besteht aus dem Gleichrichterteil und dem Meßgerät. Beide sind abgeschirmt und durch ein abgeschirmtes Kabel miteinander verbunden. Eine geringe Dämpfung wird erreicht, wenn die Ankopplung über eine annähernd $\lambda/4$ lange Paralleldrahtleitung vorgenommen wird. Die Einstellung auf möglichst geringen Leistungsentzug erfolgt durch eine verschiebbare Stichleitung S, die zum Diodenkreis parallel liegt und deren Länge ebenfalls verändert werden kann. Durch richtige Abstimmung kann dadurch der übertragene Diodenwiderstand auf etwa 100 kOhm hinauftransformiert werden, wenn die Kapazität in der Größenordnung von einigen pF und der Widerstand R mehrere kOhm beträgt. Die Paralleldrahtleitung zeigt jedoch auch eine gleiche Transformation bei einem ungeradzahligen Vielfachen von $\lambda/4$. Die daraus resultierende Oberwellenempfindlichkeit der Meßeinrichtung wird verringert, wenn die Kurzschlußleitung im ersten Drittel durch je einen kleinen Kondensator von wenigen pF unterbrochen wird[1].

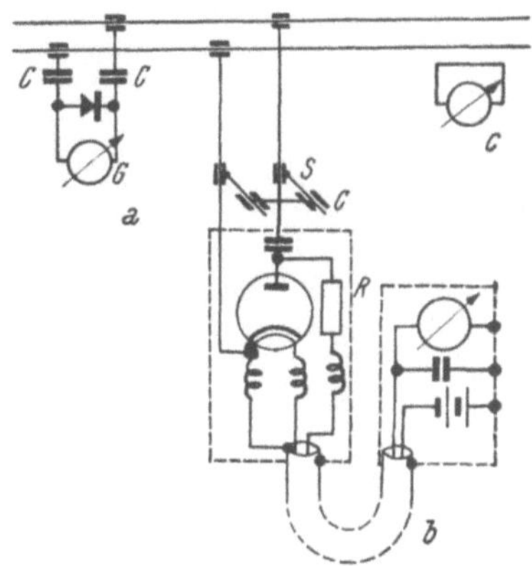

Abb. 369. Messung der stehenden Wellen an Lecher-Leitungen. *a* einfaches Gerät mit Detektor, *b* Gerät mit Diode, *c* Messung des Stromverlaufes mit Strommesser

B. Messungen im Hohlrohrleiter

Ist ein Hohlrohrleiter mit einer Last abgeschlossen, so interessiert auch die Kenntnis der durch sie dargestellten Belastung. Obwohl diese mangels zweier definierter Anschlußpunkte für die Energiequelle nicht mehr als eigentlicher Scheinwiderstand angesehen werden kann, ist es doch üblich, sie sich auf Grund des Auftretens stehender Wellen, wie ein Abschlußwiderstand einer Paralleldrahtleitung vorzustellen.

Es ergeben sich demnach auch gleichartige Meßmethoden, wie oben beschrieben. Als Indikator für das Auftreten der stehenden Wellen verwendet man eine längs der Rohrleitung achsial verschiebbare Sonde mit einem Bolometer oder Detektor als Meßgerät, beispielsweise nach Abb. 362. Es ist wichtig, die Sonde so lose anzukoppeln, daß keine Beeinflussung des Feldbildes der Rohrwellen entsteht. Die vom Detektor- oder Bolometer abgegebene Leistung wird daher vielfach noch verstärkt, besonders, wenn mit Impulsen gearbeitet wird.

1. Messung mittels stehender Wellen

Die Messung des Abschlußwiderstandes erfolgt bei geringem Wellenverhältnis (gute Anpassung) durch Bestimmung des Verhältnisses von P_{max}/P_{min}. Es ist, wenn der Leitwert der durch die Sonde bedingten Last vernachlässigt werden kann,

$$R = Z\sqrt{\frac{P_{max}}{P_{min}}}, \qquad \text{bzw.} \qquad R = Z\sqrt{\frac{P_{min}}{P_{max}}}, \tag{5, 32}$$

[1] Lees, R. J., C. H. Westcott u. F. Kay: Wireless Engr. **26**, 78 (1949).

wobei P_{max} die von dem Meßgerät angezeigte höchste und P_{min} die niederste Leistung längs der Rohrleitung ist.

Bei größerem Wellenverhältnis wird, wie bei der Paralleldrahtleitung die Messung der Knotenbreite vorgezogen. Ist Δl der Abstand zweier Punkte längs der stehenden Welle, die gerade die doppelte Leistung gegenüber dem Leistungsminimum P_{min} aufweisen, so ist

$$R = Z \cdot \frac{\lambda}{\pi \Delta l}, \qquad \text{bzw.} \qquad R = Z \cdot \frac{\pi \Delta l}{\lambda}. \tag{5, 33}$$

wenn $R \gg Z$, bzw. $R \ll Z$ ist.

2. Messung mit gerichteten Kopplern[1]

Ein Rohrleiter ist über ein Dämpfungsfilter d, Z, das den gleichen Wellenwiderstand wie dieser aufweist, an den Generator angeschlossen, s. Abb. 370. Den Abschluß des Rohrleiters bildet der zu messende Scheinwiderstand $\mathfrak{R}$.

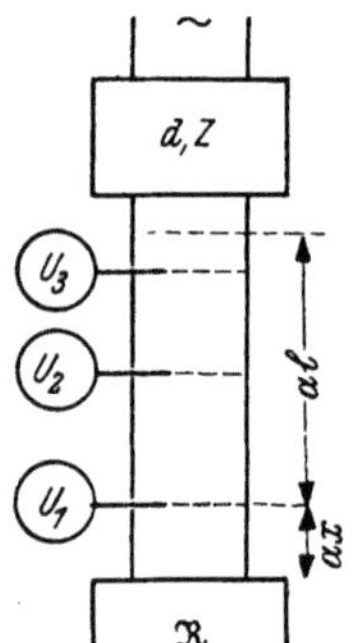

Abb. 370. Scheinwiderstandsmessung mit gerichteten Kopplern. d, Z = Dämpfungsfilter, $\mathfrak{R}_x$ = zu untersuchender Widerstand, U_1, U_2, U_3 = einstellbare Sonden

Der Indikator U_3 ist über einen gerichteten Koppler an den Rohrleiter angeschlossen und mißt die vom Generator abgegebene Amplitude, der Indikator U_2 mißt die von der zu messenden Impedanz $\mathfrak{R}$ reflektierte und der Indikator U_1 die resultierende Amplitude in der Entfernung αx von der Impedanz.

Die gerichteten Koppler gestatten nun die Bestimmung des Reflexionsfaktors r. Es ist

$$r = \frac{U_2}{U_3}. \tag{5, 34}$$

Man findet daraus die Dämpfung d zu[2]

$$d = \frac{1 - r}{1 + r}. \tag{5, 35}$$

Das Maximum der stehenden Welle im Rohrleiter liege in der Entfernung l vom Meßpunkt U_1 (s. Abb. 370). Dort ist $U_{ges} = U_2 + U_3$ und dort transformiert sich die Ohmsche Komponente des Abschlußwiderstandes in der Größe $R_{a\,max} = Z/d$. Allgemein ist in der Entfernung l von dort[3]

$$U_1^2 = U_2^2 + U_3^2 + 2\,U_2\,U_3 \cos 2\,\alpha\,l$$

und daher

$$\cos 2\,\alpha\,l = \frac{U_1^2 - U_2^2 - U_3^2}{2\,U_2\,U_3}. \tag{5, 36}$$

---

[1] Parzen, B.: Proc. I. R. E. **37**, 1208 (1949).

[2] Einfg. S. 135.

[3] Einfg. S. 130. Aus Gl. (468), U_3 und U_2 an Stelle von A_1 und A_2 genommen, folgt unmittelbar Gl. (5, 36).

An dieser Stelle transformiert sich der Abschlußwiderstand in der Größe

$$\Re_l = Z \frac{(Z/d) \cos \alpha l + j Z \sin \alpha l}{Z \cos \alpha l + j (Z/d) \sin \alpha l}. \qquad (5, 37)$$

Weiterhin ist daher die Größe des in der Entfernung $l + x$ befindlichen Abschlußwiderstandes gegeben durch

$$\Re = \frac{(Z/d) \cos \alpha (l + x) + j Z \sin \alpha (l + x)}{Z \cos \alpha (l + x) + j (Z/d) \sin \alpha (l + x)}. \qquad (5, 38)$$

Bei Abschluß mit dem Wellenwiderstand wird $U_1 = U_3$ und $U_2 = 0$, bei Kurzschluß wird $U_2 = U_3$.

Die Ausschläge der Instrumente sind nicht der Spannung, sondern der Feldstärke proportional. Vorteil des Meßverfahrens ist, daß keine verschiebbaren Sonden verwendet werden müssen.

V. Messung der Dielektrizitätskonstante und der dielektrischen Verluste

A. Messung mittels Doppelleitung

Bis hinauf etwa in das Gebiet von 100 MHz ist es üblich, das zu untersuchende Dielektrikum zwischen zwei Kondensatorplatten zu legen und nun den Scheinwiderstand des so erhaltenen Kondensators zu messen (s. dritter Abschn., VIII und vierter Abschn., III). Bei hohen Frequenzen versagt indes diese Methode wegen der unvermeidlichen Induktivität der Zuleitungen. Es kommen dann nur Messungen mittels Paralleldrahtleitungen, bzw. koaxialen Kabels, Rohrleitern oder Hohlraumkreisen in Frage. Ein Nachteil dieser Methode ist jedoch, daß der zu untersuchenden Probe eine ganz bestimmte Form gegeben werden muß, um einfache, rechnerisch leicht zu gewinnende Meßergebnisse zu erhalten.

1. Messung der Dielektrizitätskonstante

Zur Messung der Dielektrizitätskonstante von flüssigem Dielektrikum eignet sich die einfache Doppelleitung[1]. Die Fortpflanzungsgeschwindigkeit und damit die Wellenlänge wird im Dielektrikum verkürzt. Es ist

$$\varepsilon_r = \left(\frac{\lambda}{2\, l}\right)^2, \qquad (5, 39)$$

wenn $\lambda = c/f$ die Wellenlänge in der Luft und l der Abstand von zwei benachbarten Spannungsknoten ist. Zur Bestimmung der Dielektrizitätskonstante genügt somit die Messung des Abstandes zweier Spannungsknoten der stehenden Welle einer kurzgeschlossenen Lecher-Leitung, die im Dielektrikum geführt ist.

Die Paralleldrahtleitung oder konzentrische Rohrleitung kann auch zur Messung der Dielektrizitätskonstante eines festen Dielektrikums verwen-

[1] Drude, P.: Wied. Ann. **61**, 466 (1897).

det werden, wenn dieses gegossen werden kann[1]. Man verwendet, wie Abb. 371 zeigt, z. B. eine abgeschirmte, am Ende kurzgeschlossene Paralleldrahtleitung, in der das Dielektrikum bis zu einer bestimmten Höhe l_ε gegossen wird.

Am einfachsten ist es, die Länge der Paralleldrahtleitung ebenfalls gleich l_ε zu machen und mit der Resonanzfrequenz zu erregen, so daß ein Indikator Maximalausschlag zeigt. Dann ist, wenn ein Schwingungsknoten, und zwar am Leitungskurzschluß auftritt,

$$\varepsilon_r = \left(\frac{\lambda}{4\, l_\varepsilon}\right)^2. \qquad (5, 40)$$

Abb. 371. Messung der Dielektrizitätskonstante eines festen Dielektrikums. *a* abgeschirmtes Meßgefäß, *b* Spannungsverlauf

Man kann indes, wie Abb. 371 zeigt, auch nur einen Teil der Lecherleitung mit dem Dielektrikum umgeben. Befindet sich das Dielektrikum am offenen Ende, so findet man für ε_r, wenn $l_\varepsilon \ll \lambda$

$$\varepsilon_r = \frac{\frac{\lambda}{4} - l_l}{l_\varepsilon}. \qquad (5, 41)$$

l_ε ist das vom Dielektrikum überdeckte, l_l das daraus herausragende Stück der Doppelleitung.

An Stelle der Paralleldrahtleitung läßt sich auch eine konzentrische Rohrleitung zur Messung verwenden.

Weiter ist an Stelle einer Messung mit Sonde eine Resonanzmessung möglich. Es wird z. B. eine konzentrische Rohrleitung verwendet, deren Länge l geändert werden kann. Sie ist an einem Ende offen. Hier wird die zu untersuchende Probe von passender Ringform eingeschoben und die zur Resonanz erforderliche Länge der Rohrleitung ohne $(\lambda/4)$ und mit Dielektrikum (l) gemessen. Sie wird durch Einstellung auf maximalen Ausschlag des Galvanometers G gefunden. ε_r bestimmt sich mit Hilfe Gl. (5, 41), wobei die Länge ohne Dielektrikum gleich $\lambda/4$ und mit Dielektrikum gleich $l = l_l + l_\varepsilon$ ist, s. Abb. 372.

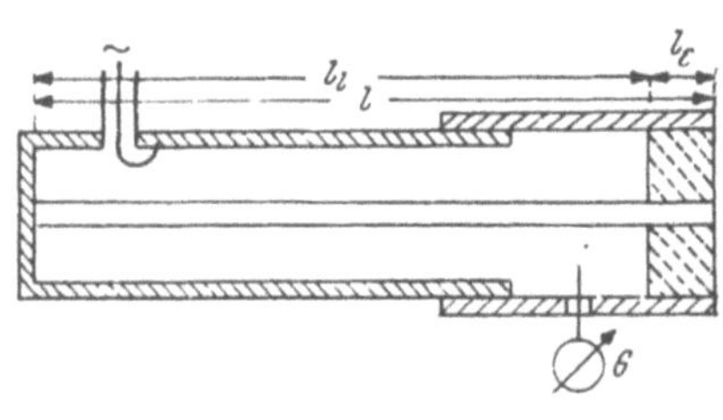

Abb. 372. Messung der Dielektrizitätskonstante mittels konzentrischer Rohrleitung. G = Galvanometer und Resonanzindikator

Man kann aber auch die Länge der Rohrleitung unverändert lassen und die Änderung der Resonanzwelle messen, die man erhält, wenn in das offene Ende das zu untersuchende Dielektrikum der geringen Stärke l_ε $(l_\varepsilon \ll \lambda)$ eingebracht wird (s. Abb. 372). Ist $\lambda_1 = c/f_1$ die Resonanz-

[1] Küsters, W.: Hochfrequenztechn. u. Elektroak. 59, 129 (1942).

wellenlänge ohne, $\lambda_2 = c/f_2$ die Resonanzwelle mit Dielektrikum, so erhält man für seine Dielektrizitätskonstante

$$\varepsilon = \frac{\lambda_2 - \lambda_1 + 4\,l_\varepsilon}{4\,l_\varepsilon}. \tag{5, 42}$$

Um Fehler durch das am Rande auftretende Streufeld zu vermeiden, ist es empfehlenswert die offene Leitung durch ein zweites gleichartiges Leitungsstück durchzuleiten, so daß der zu untersuchende Körper in der Mitte einer beiderseits kurzgeschlossenen Rohrleitung zu liegen kommt.

Ist das Dielektrikum nicht gießbar in der gewünschten Form herstellbar, so kann, wenn plattenförmige Proben geringer Stärke zur Verfügung stehen, eine Parallelbandleitung zur Prüfung verwendet werden. Sie ist am Ende durch eine Metallplatte abgeschlossen oder offen. Das zu untersuchende Dielektrikum wird, wie Abb. 373 zeigt, in die Bandleitung eingelegt. Die Dicke soll gering sein, um die Fehler durch die Randstreuung klein zu halten. Die Bandleitung muß das Dielektrikum berühren, es kann eine veränderbare Einstellung vorgesehen werden. Die Meßgenauigkeit ist wegen der Randstreuung jedoch nur gering.

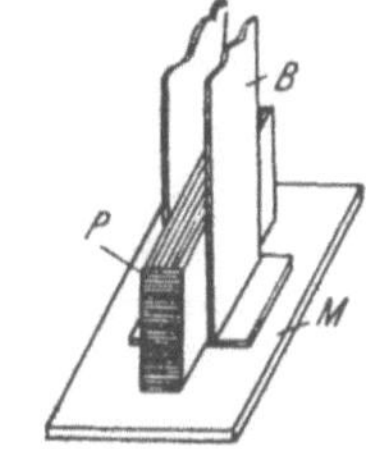

Abb. 373. Messung der Dielektrizitätskonstante eines plattenförmigen Dielektrikums mittels Bandleitung. P = Prüfling, B = Bandleitung, M = Grundplatte

Weiter läßt sich auch zur Bestimmung von ε_r die Phasenverschiebung messen, die eine durch das Dielektrikum geführte Welle gegenüber einer vom Luftraum umgebenen erfährt. Diese Methode wird im folgenden für Rohrwellen näher besprochen und kann sinngemäß auch für Doppelleitungen angewendet werden.

2. Messung der dielektrischen Verluste

Die Doppelleitung läßt sich auch zur Bestimmung der dielektrischen Verluste eines Dielektrikums verwenden. Der zu prüfende Isolierstoff wird entsprechend Abb. 372 als Dielektrikum am Ende der kurzgeschlossenen Leitung verwendet, doch ist besonders bei Stoffen mit geringem Verlustwinkel eine Länge gleich einem Vielfachen der Wellenlänge erforderlich. Die Dämpfung verursacht ein mehr oder minder großes Wellenverhältnis U_{max}/U_{min}, dessen Größe zur Bestimmung des Verlustwinkels herangezogen wird. Die Messung des Wellenverhältnisses erfolgt am besten bei unverändert gehaltener Lage des Meßgerätes, das noch innerhalb des Dielektrikums angeschlossen ist, durch Veränderung der Frequenz des Generators. Befindet sich der Meßanschluß außerhalb des Dielektrikums, so müssen Maßnahmen getroffen werden, den Einfluß der Reflexion an der Grenzfläche zu vermeiden, außerdem muß die Widerstandstransformation infolge der Wellenwiderstandsänderung berücksichtigt werden. Für den Fall der Messung im Dielektrikum gilt wegen

$\operatorname{tg}\delta = \frac{2c}{\omega\sqrt{\varepsilon_r}}\beta$ nach Gl. (4, 153)

$$\operatorname{tg}\delta = \frac{c}{\omega l \sqrt{\varepsilon_r}} \ln \frac{(U_{max}/U_{min}) + 1}{(U_{max}/U_{min}) - 1}, \qquad (5, 43)$$

wobei $c = 3 \cdot 10^{10}$ cm/s eine Konstante und l die Entfernung der Meßstelle vom Leitungsende ist.

Die beschriebene Meßmethode ist jedoch im allgemeinen nur bei kleinen Dielektrizitätskonstanten oder niedrigeren Frequenzen zu brauchen, da meist infolge Reflexion durch das Dielektrikum erhebliche Fehler entstehen würden. Es ist dann notwendig, längere Wellenwege im Dielektrikum vorzusehen und den Abstand zweier Spannungsknoten zu messen, was nur bei flüssigen Dielektrika und dem Bandleiter keine Schwierigkeiten bereitet.

Der Verlustwinkel läßt sich auch aus der Resonanzkurve der mit dem Dielektrikum gefüllten Leitung bestimmen[1].

B. Messung mittels Rohrleiter

1. Messung der Dielektrizitätskonstante

a) Messung mittels stehender Wellen. Es wird entsprechend obigen Ausführungen wie bei der Doppelleitung der Abstand der Schwingungsknoten gemessen. Die Dielektrizitätskonstante ε_r läßt sich aus der Verkürzung der Rohrwellenlänge ($\lambda_{r\varepsilon}$) bei Vorhandensein eines Dielektrikums gegenüber der Rohrwellenlänge (λ_{r0}) bei Luft bestimmen. Man findet

$$\varepsilon_r = \left[1 - \left(\frac{\lambda_0}{\lambda_{gr}}\right)^2\right]\left(\frac{\lambda_{r0}}{\lambda_{r\varepsilon}}\right)^2 + \left(\frac{\lambda_0}{\lambda_{gr}}\right)^2. \qquad (5, 44)$$

Hiebei bedeutet $\lambda_0 = c/f =$ Wellenlänge im leeren Raum und λ_{gr} die Grenzwellenlänge, gegeben aus den geometrischen Abmessungen des Rohrleiters[2]. Es ist für die meist verwendete H_{10}-Welle

$$\lambda_{gr} = 2a \qquad (5, 45)$$

wobei a die Rohrbreite senkrecht zu den transversalen E-Linien bedeutet.

Ist $\lambda_0 \ll \lambda_{gr}$, so vereinfacht sich Gl. (5, 44) zu

$$\varepsilon_r = \left(\frac{\lambda_{r0}}{\lambda_{r\varepsilon}}\right)^2. \qquad (5, 46)$$

Die Methode eignet sich besonders zur Messung bei flüssigem Dielektrikum.

b) Messung der Phasenverschiebung. Bequemer ist es, die Dielektrizitätskonstante aus einer Phasenverschiebung zu bestimmen, welche die fortschreitende elektrische Welle im Rohr bei Vorhandensein eines Dielektrikums an Stelle von Luft erleidet. Abb. 374 zeigt die prinzipielle

---

[1] Küsters, W.: Hochfrequenztechn. u. Elektroak. **59**, 123 (1942).

[2] Einfg. S. 149.

Anordnung einer solchen Meßeinrichtung[1]. Die von einem Generator erzeugte Hochfrequenz wird von zwei getrennten Rohrleitungen weitergeführt. In die eine der beiden Leitungen kann das zu untersuchende Dielektrikum D eingebracht werden. In der anderen Leitung ist ein veränderlicher Phasenschieber φ untergebracht. Die beiden Rohrwellen werden dann wieder in einem Rohrleiter vereinigt und einem Meßgerät J zugeführt. Durch Betätigen des Phasenschiebers läßt sich die vom Meßgerät gezeigte Amplitude verändern. Der geringste Ausschlag wird erhalten, wenn die Phasendifferenz 180° oder ein ganzzahliges Vielfaches davon beträgt. Um ein besonders scharfes Minimum zu erhalten, ist es notwendig, die Verschiedenheit der Dämpfung der beiden Rohrleiter auszugleichen, wofür geeignete Dämpfungsglieder d in den beiden Rohrleitern dienen.

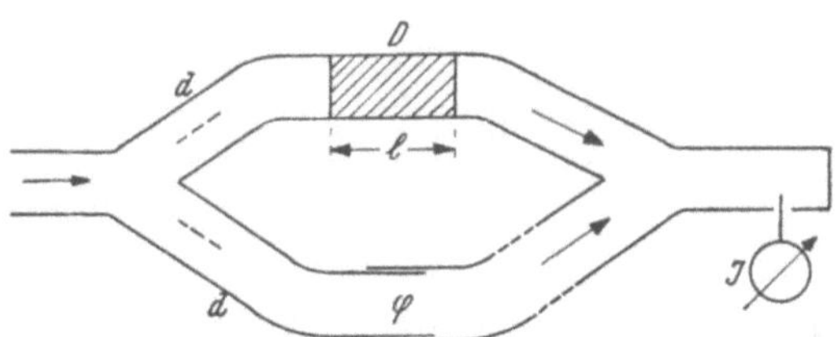

Abb. 374. Bestimmung der Dielektrizitätskonstante durch Phasenmessung. d = Dämpfung, D = zu untersuchendes Dielektrikum der Länge l, φ = Phasenschieber

Es wird zunächst auf Ausschlagsminimum ohne zu messendes Dielektrikum und dann mit demselben eingestellt und die dabei auftretende Phasenverschiebung gemessen. Man findet dann

$$\varepsilon_r = 1 + \left(\frac{\varphi \cdot \lambda_0}{2\pi l}\right)^2 + \frac{\varphi \lambda_0}{\pi l}\sqrt{1 - \left(\frac{\lambda_0}{\lambda_{gr}}\right)^2}. \qquad (5,\ 47)$$

Hiebei bedeutet φ die Phasenverschiebung, l die Länge des Dielektrikums, λ_0 die verwendete Wellenlänge (im freien Raum) und λ_{gr} die Grenzwellenlänge.

Meist wird die erforderliche Phasenverschiebung φ durch Längenänderung der Rohrleitung um die Strecke Δl erreicht. Man erhält dann aus Gl. (5, 47)

$$\varepsilon_r = 1 + \left(2\frac{\Delta l}{l} + \frac{\Delta l^2}{l^2}\right)\left[1 - \left(\frac{\lambda_0}{\lambda_{gr}}\right)^2\right]. \qquad (5,\ 48)$$

c) Messung der Reflexion. Die Dielektrizitätskonstante kann auch aus dem Reflexionsfaktor r der auf das Dielektrikum auftreffenden Welle bestimmt werden. Um weitere Reflexionen zu vermeiden, wird versucht, das Dielektrikum selbst reflexionsfrei abzuschließen. Man findet aus den Fresnelschen Gleichungen[2]

$$\varepsilon_r = \left(\frac{1 + r}{1 - r}\right)^2, \qquad (5,\ 49)$$

[1] Redhefer, R. N. in C. G. Montgomery: Techn. of Microwave Measurements S. 570 (1947).

[2] Einfg. S. 609, Gl. (133), $\alpha = \pi/2$.

Der Reflexionsfaktor r läßt sich aus dem Wellenverhältnis U_{max}/U_{min} wie bei der Doppelleitung finden[1]. Das Wellenverhältnis läßt sich mit Hilfe einer verschiebbaren Sonde im Rohr an einer Stelle vor dem Prüfling leicht bestimmen. Es ist dann

$$\varepsilon_r = \frac{1}{d^2}, \quad d = \frac{1 - r}{1 + r}. \tag{5, 50}$$

Schließlich läßt sich ε_r auch mit Hilfe einer kurzgeschlossenen Rohrleitung aus der stehenden Welle zwischen dem Kurzschluß und dem zu untersuchenden Dielektrikum bestimmen.

2. Messung des Verlustwinkels

a) Leistungsmessung. Das zu untersuchende Dielektrikum füllt wieder den Rohrleiter über eine Strecke der Länge l aus. Es wird die Leistung P_1, die der Probe zugeführt wird, und die Leistung P_2, die von ihr abgegeben wird, gemessen. Die Rohrleitung ist am Ende reflexionsfrei abgeschlossen. Die Leistungen P_1 und P_2 werden mit Hilfe von vor und hinter der Probe angeschlossenen Sonden gemessen, indem der Ausschlag vor der Probe (α_{A1}) und an der gleichen Stelle ohne Probe (α_{A2}) und dahinter mit Probe (α_{B1}) und ohne Probe (α_{B2}) gemessen wird. Dann ist

$$\frac{P_1}{P_2} = \frac{\alpha_{B1}}{\alpha_{B2}} \cdot \frac{\alpha_{A2}}{\alpha_{A1}}. \tag{5, 51}$$

Es ergibt sich dann der Verlustwinkel zu

$$\operatorname{tg} \delta = -\frac{\lambda \sqrt{\varepsilon_r - (\lambda_0/\lambda_{gr})} \cdot \ln \sqrt{P_1/P_2}}{\pi\, \varepsilon_r\, l}, \tag{5, 52}$$

wobei $\lambda_0 = c/f$ die Betriebswellenlänge des Senders ist.

Die Leistungen sollen, um den Einfluß stehender Wellen durch Reflexion zu vermeiden, an mehreren Stellen, insbesondere vor der Probe gemessen werden.

b) Erwärmungsmessungen. Die dielektrischen Verluste lassen sich auch aus einer Erwärmungsmessung des Dielektrikums bestimmen. Diese Methode ist insbesondere für flüssige Dielektrika in Verwendung.

C. Messung im Hohlraum

Die Dielektrizitätskonstante eines Dielektrikums kann gemessen werden, indem die Eigenwelle (Wellenlänge im freien Raum) des Hohlraumes gemessen wird, wenn einmal das Dielektrikum den Hohlraum zur Gänze ausfüllt (λ_ε) und dann der Hohlraum von Luft erfüllt ist (λ_0). Bei genügenden Hohlraumabmessungen kann angenommen werden

$$\varepsilon_r = \left(\frac{\lambda_\varepsilon}{\lambda_0}\right)^2. \tag{5, 53}$$

[1] Einfg. S. 135.

Die dielektrischen Verluste bestimmen sich aus[1], vgl. (5, 71)

$$\operatorname{tg} \delta = \frac{\Delta \lambda_\varepsilon}{\lambda_\varepsilon} - \sqrt{\varepsilon_r} \left(\frac{\Delta \lambda}{\lambda}\right), \tag{5, 54}$$

wobei $\Delta \lambda_\varepsilon$ der Abstand der beiden gleich hohen Punkte der Resonanzkurve für halbe Leistung und Probe im Hohlraum ist, $\Delta \lambda$ der Abstand für halbe Leistung ohne Probe und λ_z, bzw. λ die Resonanzwellen mit und ohne Probe sind. Sämtliche Werte sind auf den freien Raum bezogen.

Da Mikrowellenoszillatoren Frequenzänderungen über nur kleine Frequenzbereiche gestatten, ist es zweckmäßig, das Dielektrikum nur in Form eines schmalen axialen Stabes in den zylindrischen Hohlraum einzutauchen. Für eine E-Welle erhält man[2], wenn der Stabdurchmesser d_ε klein gegen den Hohlraumdurchmesser d ist

$$\varepsilon_r \approx 1 + 0{,}538 \left(\frac{d}{d_\varepsilon}\right)^2 \left(\frac{\lambda_\varepsilon}{\lambda} - 1\right), \tag{5, 55}$$

$$\operatorname{tg} \delta \approx 0{,}269 \left(\frac{d}{d_\varepsilon}\right)^2 \left(\frac{\Delta \lambda_\varepsilon}{\lambda_\varepsilon} - \frac{\Delta \lambda}{\lambda}\right), \tag{5, 56}$$

dabei sind λ_ε, λ die Wellenlängen im freien Raum mit und ohne Probe und $\Delta \lambda_\varepsilon$ und $\Delta \lambda$ die entsprechenden Verstimmungen.

An Stelle stabförmiger Proben können auch plattenförmige Proben verwendet werden. Für geringe Plattenstärken und Dielektrizitätskonstanten findet man[3]

$$\varepsilon_r = 1 + \frac{2 \Delta \lambda}{\lambda} \cdot \frac{l}{h}, \tag{5, 57}$$

wenn $\Delta \lambda$ die Verstimmung, λ die Resonanzwelle ohne Probe (bezogen auf den freien Raum), l die Höhe des zylindrischen Hohlraumes und h die Dicke der scheibenförmigen Probe (vom Durchmesser des Hohlraumes) ist. Berechnungen für größere Werte von ε_r und h wurden von Ledinegg angegeben[4].

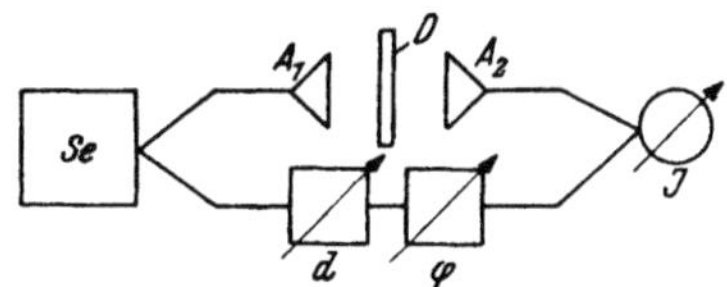

Abb. 375. Anordnung zur Messung der Dielektrizitätskonstante und des Verlustwinkels durch Ausbreitungsmessung im Raum. Se = Sender, A_1 = Sendeantenne, S_2 = Empfangsantenne, D = zu untersuchendes Dielektrikum in Plattenform, d = veränderbare Dämpfung, φ = veränderbare Phasenverschiebung, J = Indikator

D. Messung im freien Raum

Das in Abb. 374 angegebene Meßverfahren kann auch im freien Raum angewendet werden, s. Abb. 375. Die von einem Sender Se erzeugte Mikrowelle wird einerseits über eine Richtstrahlantenne A_1 ausgestrahlt, von einer Empfangsantenne A_2 aufgefangen und gelangt von dort in den Empfänger. Anderseits wird ein Mikrowellenanteil dem Empfänger direkt

[1] Hansen, W. W.: J. Appl. Phys. 9, 654 (1938).

[2] Borgnis, F.: Phys. Z. 43, 284 (1943). — M. Gevers: Philips Techn. Rdsch. 13, 61, (1951).

[3] Müller, J.: Hochfrequenztechn. u. Elektroak. 54, 157 (1939).

[4] Ledinegg, E.: Österr. Ing.-Arch. 3, 128 (1949).

über einen Rohrleiter zugeführt. Zwischen Sende- und Empfangsantenne wird nun das zu untersuchende plattenförmige Dielektrikum eingeführt und sodann die dadurch verursachte Phasenverschiebung wie in *B* I gemessen, wobei zur Nulleinstellung des Instrumentes *J* ein Dämpfungsglied *d* und ein Phasenschieber φ verwendet werden. Nach Gl. (5, 47), bzw. Gl. (5, 48) erhält man, da für den freien Raum die Grenzwelle λ_{gr} groß gegen die verwendete Welle λ_0 ist

$$\varepsilon_r = \left(1 + \frac{\varphi \lambda}{2\pi l}\right)^2, \qquad \text{bzw.} \qquad \varepsilon_r = \left(1 + \frac{\Delta l}{l}\right)^2. \qquad (5, 58)$$

Schließlich läßt sich auch die Dielektrizitätskonstante aus der Reflexion des Dielektrikums bestimmen, indem die Größen der stehenden Wellen vor der Probe gemessen werden oder bei Schrägstellung unmittelbar der Anteil der reflektierten bestimmt wird.

Auch aus dem Vergleich der bei schrägem Aufprall vom Prüfling reflektierten Welle mit der direkten Welle läßt sich die Dielektrizitätskonstante des Isolierstoffes bestimmen[1].

Dies ist besonders auch zweckmäßig, wenn das zu untersuchende Dielektrikum einen hohen Verlustwinkel aufweist[2].

Auch der Verlustwinkel läßt sich mit der gleichen Anordnung messen. Es wird der Dämpfungs- und Phasenmesser ohne Probe so eingestellt, daß der Ausschlag im Meßgerät ein Minimum zeigt. Dann wird die Probe zwischen die beiden Antennen gesetzt und neuerdings auf Ausschlagsminimum eingestellt. Aus der erforderlichen zusätzlichen Dämpfung in der Rohrleitung ergibt sich in gleicher Weise wie oben der Verlustwinkel des Dielektrikums.

Man kann aber auf den Dämpfungsmesser verzichten, indem man den Ausschlag des Meßgerätes vor Einbringen und nach Einbringen der Probe abliest.

Vorteil der Methoden mittels Ausbreitungsmessung ist, daß plattenförmige Proben mit nicht genau vorgegebenen Dimensionen verwendet werden können.

E. Messung der Permeabilität

Die Messung der Permeabilität ferromagnetischer Stoffe erfolgt bei sehr kurzen Wellen in der Regel auf Grund der Widerstandserhöhung dünner Drähte bei Hochfrequenz. Mit einem Hochfrequenzstrommeßinstrument wird ein Thermoinstrument in Reihe geschaltet, bei dem der Heizdraht aus dem zu untersuchenden Eisen gebildet ist, s. dritter Abschn., IX. D

Die Permeabilität kann aber auch aus der Änderung der Dämpfung und der Phasengeschwindigkeit im koaxialen Kabel bestimmt werden, wenn die Eisenprobe als Innenleiter eingefügt wird[3].

---

[1] Pfister, W. u. W. Roth: Hochfrequenztechn. u. Elektroak. **51**, 156 (1938).

[2] Horner, F., T. A. Taylor, R. S. Dunsmuir, J. Lamb u. W. Jackson: Jour. I. E. E. 93 III, 53 (1946).

[3] Johnson, M. H. u. G. T. Rado: Phys. Rev. **75**, 841 (1949).

VI. Frequenzmessung

1. Messung aus Oberwellen von Langwellen

Die große Genauigkeit, mit der es möglich ist, niedrigere Frequenzen zu messen, läßt es empfehlenswert erscheinen, diese durch Frequenzvervielfachung auch zur Eichung von sehr kurzen Wellen zu verwenden. Hiezu eignet sich vor allem der Quarzoszillator, bzw. die Quarzuhr. Nach entsprechender Frequenzvervielfachung wird die feststehende Normalfrequenz einem Verzerrer zugeführt, der ein Normalfrequenzspektrum erzeugt[1], das eine genügende Anzahl festliegender Eichpunkte für einen Oszillator mit veränderbarer Frequenz oder Frequenzmesser gibt.

Ein zweiter veränderbarer Oszillator erzeugt eine Frequenz, die mit den vom Kristalloszillator erhaltenen Oberwellen eine Schwebung ergibt. Sie wird einer Mischstufe zugeführt und die erhaltene Zwischenfrequenz in einem Verstärker geringer Bandbreite verstärkt. Schließlich gelangt sie zu einem Indikator, der eine Einstellung auf Minimum der Schwebungsfrequenz, also auf geringste Frequenzdifferenz zwischen Oberwellen- und Hilfsoszillatorfrequenz gestattet. Ist so der Hilfsoszillator punktweise geeicht, so können auch zwischenliegende Meßpunkte durch Interpolation gefunden werden. Der Quarzoszillator wird nun abgeschaltet und die zu messende Frequenz dem Mischrohr zugeführt. Der Hilfsoszillator wird nun mit Hilfe des Indikators J auf die gleiche Frequenz eingestellt und aus seiner eben gewonnenen Eichung die gesuchte Frequenz interpoliert. Dieses Meßprinzip ist in Abb. 376 dargestellt.

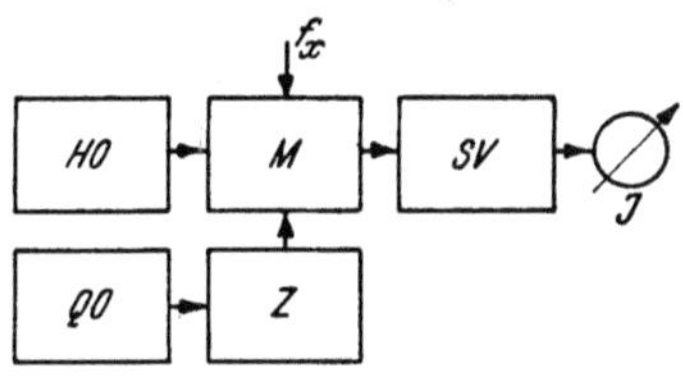

Abb. 376. Frequenzmesser für Dezimeterwellen, HO = Hilfsoszillator, M = Mischstufe, QO = Quarzoszillator, Z = Verzerrer zur Frequenzvervielfachung, SV = Schwebungsverstärker, J = Indikator

Bei einem nach diesem Prinzip ausgeführten Gerät[2] wird als Kristalloszillator ein 10 MHz-Generator verwendet. Der Verzerrer erzeugt ein Frequenzspektrum von 70 bis 270 MHz mit Eichpunkten im Abstand von 10 MHz. Durch Heranziehung der zweiten Harmonischen des Hilfsoszillators können aber auch Zwischenpunkte von 5 MHz gefunden werden. Die Grobmessung, das heißt der Nachweis der Ordnungszahl der Oberwellen geschieht durch Resonanzabstimmung des Ausgangskreises des Entzerrers. Der Schwebungsverstärker zeigt größte Verstärkung bei 100 kHz, so daß also beim Durchdrehen des Hilfsoszillators zwei Maxima im Instrument J erhalten werden, zwischen denen die Frequenzgleichheit als Minimumausschlag liegt. Durch schwache Dämpfung der Frequenzkurve des Schwebungsverstärkers kann dieses Minimum recht scharf gemacht werden. Durch Heranziehen von Kristalloberwellen läßt sich der Frequenzbereich bis etwa 810 MHz erweitern. Derartige Geräte lassen

---

[1] Rohde, L. u. H. M. Schmidt: TFT **32**, 211 (1943).

[2] Beattie, A. H. u. L. Knight: Wireless World **50**, 66 (1944).

sich aber auch noch für wesentlich höhere Frequenzen bauen. Vielfach benützt man als Indikator eine Kathodenstrahlröhre. Der Hilfsoszillator wird mit einer Sägezahnspannung frequenzmoduliert, die gleiche Sägezahnspannung erhält die Kathodenstrahlröhre als Zeitablenkungsspannung. Bei einem ausgeführten Gerät[1] werden drei Quarzoszillatoren benachbarter Frequenzen in der Nähe von 6,5 MHz verwendet. Deren Frequenz wird in mehreren Stufen auf das 24-fache erhöht und von diesen die 26-te, 27-te und 28-te Harmonische genommen. Man erhält nun eine Anzahl von nahe beisammen liegenden Eichpunkten von rund 4000 MHz. Der Frequenzhub des Hilfsoszillators beträgt nur wenige MHz und ist daher so gering, daß er den Frequenzabstand zweier benachbarter Oberwellen einer Quarzwelle nicht überstreicht. Die um 4000 MHz liegenden Kristalloberwellen werden nun mit dem Hilfsoszillator überlagert, demoduliert und in einem Zwischenfrequenzverstärker verstärkt. Die so erhaltenen Impulse werden dem Vertikalsystem der Kathodenstrahlröhre zugeführt, die sie in bestimmter Lage als Doppelzacke (wenn $f_1 = f_0 - f_z$, bzw. $f_1 = f_0 + f_z$) auf den Schirm aufzeichnet, z. B. A, A der Abb. 377. Mit der gleichen frequenzmodulierten Schwingung wird auch der zu eichende Oszillator überlagert. Die von ihm so erhaltene Schwebung wird demoduliert und im gleichen Verstärker verstärkt und ebenfalls dem Vertikalplattenpaar der Kathodenstrahlröhre zugeführt. Man erhält daher noch eine zweite Doppelzacke B, B in Abb. 377, die je nach Frequenzverstimmung zwischen Kristalloberwelle und Prüfoszillatorwelle mehr oder weniger weit von der des Eichoszillators entfernt ist. Man verändert nun die Prüfoszillatorwelle so lange bis sich die Zacken A, B decken. Dann ist die Prüfoszillatorfrequenz gleich der Oberwellenfrequenz des Kristalles. Die Genauigkeit der Frequenzeinstellung hängt von der Impulsschärfe der Kathodenstrahlröhre ab. Sie beträgt etwa 12 kHz und es ist daher eine Eichung mit einer Fehlabweichung von etwa $3 \cdot 10^{-6}$

Abb. 377. Schirmaufzeichnung des Frequenzmessers nach Abb. 378. A = Impulse des Kristalloszillators, B = Impulse des zu eichenden Oszillators

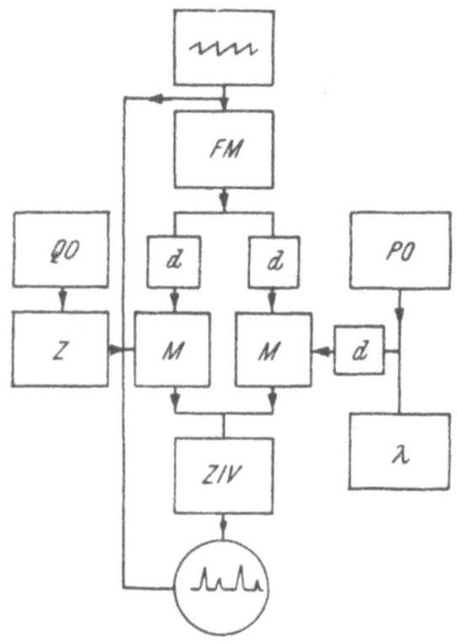

Abb. 378. Frequenzmesser mit Frequenzvergleich mittels Kathodenstrahlröhre. FM = Frequenzmodulator, QO = Quarzoszillator, Z = Verzerrer, M = Mischstufe, PO = Prüfoszillator, λ = Wellenmesser, ZIV = Zwischenfrequenz- und Impulsverstärker, d = Dämpfung

[1] Hunt, L. E.: Proc. I. R. E. **35**, 979 (1947).

möglich. Die prinzipielle Anordnung der Meßmethode ist in Abb. 378 gezeigt. Die drei Quarze gestatten die Bestimmung von neun Eichpunkten, aus denen eine Eichkurve für den Prüfoszillator gewonnen werden kann. Der Prüfoszillator dient nun unmittelbar dazu, einen Wellenmesser zu eichen oder in gleicher Weise mit Hilfe der Kathodenstrahlröhre die unbekannte Frequenz eines Senders zu bestimmen.

Die Frequenzvervielfachung der Quarzfrequenz erfolgt bei niedrigen Frequenzen mit Röhren, bei den höchsten Oberwellen mit Kristallgleichrichtern. Die Quarzkristalle können mittels Frequenzteilung und einer Quarzuhr geeicht werden, s. dritter Abschn., X.

2. Frequenzmessung mittels Doppelleitung

Die Resonanzverhältnisse einer Paralleldrahtleitung, die zu ihrer Verwendung als Frequenzmesser führten, wurden zuerst von Lecher angegeben[1]. Bei schwach gedämpften kurzgeschlossenen Paralleldrahtleitungen ist die Resonanzwelle gleich der doppelten Leitungslänge. Demnach zeigt Abb. 379 den einfachsten Kurzwellenmesser. Die Induktivität der Kurzschlußverbindungen verringert die Resonanzfrequenz, sie werden deshalb meist als Kurzschlußscheiben ausgebildet, deren induktiver Widerstand praktisch vernachlässigbar ist. Ein Frequenzmesser für Frequenzen von 2500 bis 1500 MHz wurde nach diesem Prinzip von Rohde und Schwarz gebaut[2]. Als Indikator wird eine Diode verwendet. An Stelle einer Doppelleitung kann auch eine konzentrische Rohrleitung zur Wellenmessung benützt werden. Da die Abstrahlungsverluste vermieden sind, erhält man eine größere Resonanzschärfe. Man

Abb. 379. Einfacher Frequenzmesser mit Doppelleitung veränderbarer Länge l, B = Kurzschlußbügel

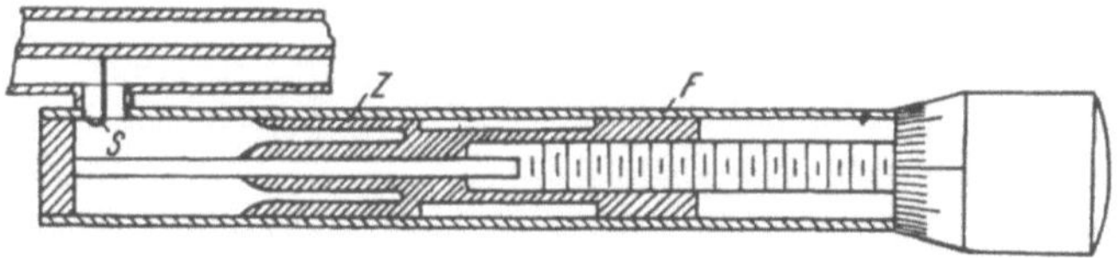

Abb. 380. Absorptionswellenmesser für Mikrowellen. Z = federnde Zunge, S = Ankopplungsschleife, F = Führung des Kolbens

kann solche Frequenzmesser bis zu Frequenzen von etwa 10 000 MHz bauen. Abb. 380 zeigt den prinzipiellen Aufbau eines solchen Gerätes. Er ist als Absorptionswellenmesser (s. dritter Abschn., X) gebaut.

Einen einfachen Wellenmesser mit ziemlich großer Genauigkeit erhält man, indem in ein Metallrohr, das am einen Ende metallisch abgeschlossen ist, ein Innenleiter (der dort mit dem Außenleiter verbunden ist) ver-

[1] Lecher, E.: Wied. Ann. **41**, 850 (1890).
[2] Opitz, G.: ATM V 3614—6 (1941).

änderbar weit eingetaucht wird. Man führt ihn so tief ein, bis am Indikator ein Resonanzmaximum erreicht ist. Nun schiebt man den Innenleiter noch weiter hinein, bis wieder ein Resonanzmaximum erhalten wird. Die hiezu erforderliche Längenänderung ist gleich einer halben Wellenlänge. Voraussetzung für eine richtige Anzeige ist, daß das Streufeld am offenen Ende des Innenleiters in beiden Resonanzstellungen gleich bleibt. Deshalb muß das Rohr wesentlich länger als der konzentrisch geführte Innenleiter sein. Speisung und Indikator werden am einfachsten durch je eine kleine Schleife in der Nähe des kurzgeschlossenen Anfangs der konzentrischen Rohrleitung angeschlossen.

Auch eine Meßleitung kann zur Frequenzmessung dienen. Man bestimmt den Abstand der Stromknoten, der gleich der halben Wellenlänge ist.

Die Genauigkeit der Frequenzmesser ist besonders bei sehr kurzen Wellen durch die mögliche Genauigkeit der mechanischen Einstellung begrenzt. Sie kann durch Einführung eines Widerstands-Transformationsstückes wesentlich erhöht werden. Ein solches Meßgerät wurde von Weißfloch[1] für ein Frequenzgebiet um 2130 MHz (14 cm) angegeben. Abb. 381 zeigt die prinzipielle Anordnung. Zwischen C und D liegt der eigentliche auf etwa $\lambda/2$ abgestimmte Schwingungskreis. Der Kolben III mit einer Länge von annähernd $\lambda/4$ dient zur Widerstandstransformation[2] von etwa 1 : 50, dann trägt eine Verschiebung des Kolbens IV zur Frequenzänderung nur wenig bei, sie dient somit zur Feineinstellung der durch C D bereits im wesentlichen festgelegten Frequenz. Die Verschiebung des Kolbens IV wird durch Drehen des Wellenmesserkopfes bewirkt. Um Fehler infolge schlechter Kontakte durch das Gewinde zu vermeiden, ist der Raum E F als Kurzschlußkreis angeordnet. Die Detektorsonde S taucht in den zwischen I und II liegenden Raum in der Nähe eines Spannungsknotens ein, wodurch der Wellenmesser nur wenig gedämpft wird. Der Koppelstift K ist über ein Transformatorstück I angekoppelt, um eine Einwirkung auf den Wellenmesser von außen möglichst zu vermeiden. Man erhält große Genauigkeiten, die Toleranz beträgt etwa $5 \cdot 10^{-6}$, sie könnte jedoch noch weiter gesenkt werden.

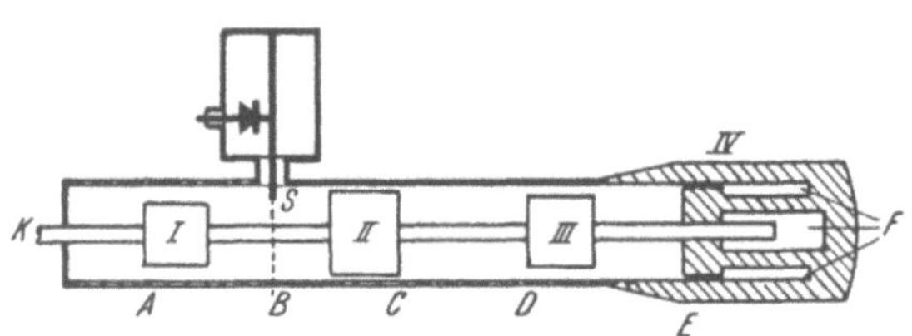

Abb. 381. Wellenmesser mit Transformator zur Erhöhung der Empfindlichkeit

Wegen seiner großen Empfindlichkeit eignet sich das Gerät auch zur Untersuchung des Frequenzspektrums und als Demodulator für Frequenzmodulation.

Bei genauen Frequenzmessungen mit konzentrischen Rohrleitern müssen folgende Fehlerquellen berücksichtigt werden:

[1] Weißfloch, A.: Zeitschr. techn. Phys. **24**, 22 (1943).

[2] Einfg. S. 601.

1. Durch die Wärmeausdehnung können Fehler in der Größe von einigen 10^{-4} auftreten.

2. Feuchtigkeit und Temperatur bedingen eine Veränderung der Dielektrizitätskonstante, wodurch Frequenzfehler von einigen 10^{-4} verursacht werden können. Es ist zweckmäßig das Rohr luftdicht abzuschließen auf.

3. Durch die endliche Leitfähigkeit des Außen- und Innenleiters tritt eine geringfügige, meist vernachlässigbare Verringerung der Wellenlänge gegenüber einem idealen Leiter mit der Leitfähigkeit unendlich auf.

Einfache Frequenzmesser erhält man durch Topfkreise mit veränderbarer Kapazität. Es sind Kreise bis zu etwa 3000 MHz in Verwendung.

3. Frequenzmessung mittels Rohrleiter und Hohlkreisen

Das Auftreten stehender Wellen in Rohrleitern kann in einfacher Weise zur Frequenzmessung herangezogen werden. Es wird der Abstand zweier Spannungsminima in einer Meßleitung bestimmt. Man erhält[1]

$$f = \frac{c}{2\,l}\sqrt{1 + \left(\frac{2\,l}{\lambda_{gr}}\right)^2}, \qquad (5,59)$$

wenn l der Knotenabstand in der Meßleitung bedeutet. Die Grenzwelle λ_{gr} ergibt sich aus den Rohrabmessungen. Die Messung ist jedoch nur bei großer Knotenschärfe, also bei einem großen Wellenverhältnis genau, deshalb wird die Indikatorkopplung mit einer nicht angepaßten Hilfsleitung vorgenommen.

Zur genauen Frequenzmessung eignen sich vor allem auch *Hohlraumkreise.* Es werden insbesondere zylindrische Hohlkreise verwendet. Ein Nachteil ist die Möglichkeit des Auftretens zahlreicher Schwingungsmoden[2]. Um Verwechslungen möglichst zu vermeiden, werden nur niedere Moden angestrebt. Der E_{101}-Modus hat den Vorteil, daß er leicht angeregt werden kann, hat aber den Nachteil größerer Dämpfung als der H_{101}-Modus. Zur Einstellung der Resonanzfrequenz dient meistens ein in den Hohlraum hineinragender verschiebbarer Kolben. Die E-Welle zeigt indessen noch den Nachteil, daß an den Grundflächen des Zylinders radiale Ströme auftreten. Diese machen sich besonders an der Einführungsstelle des Kolbens störend bemerkbar. Meist wird dort ein schmaler Zwischenraum zugelassen, um an Stelle einer schlecht leitenden Verbindung möglichst eine kapazitive vorzusehen. Eine weitere Besserung erreicht man durch Transformationsglieder, etwa wie in Abb. 381 angedeutet. Ein so ausgeführtes Gerät wird von Essen[3] beschrieben. Es zeigt einen Frequenzbereich von 200 bis 10 000 MHz mit vier verschiedenen Hohlräumen, abstimmbar in einem Frequenzverhältnis von 1 zu 2 bis 1 zu 3.

---

[1] Einfg. S. 152. Gl. (552).

[2] Einfg. S. 151.

[3] Essen, L.: Wireless Engr. **23**, 126 (1946).

Schärfere Resonanzeinstellungen erhält man mittels H_{101}-Wellen. Bei ihnen treten keine radialen Wandströme auf. Dagegen macht es Schwierigkeiten eine von anderen Moden freie Einspeisung zu erreichen. Es wird z. B. vorgeschlagen die Hochfrequenz durch zwei auf einer Grundfläche des Zylinders befindliche symmetrisch zur Achse gelegene kreisförmige Öffnungen durch zwei einander entgegengesetzt gerichtete radiale magnetische Feldvektoren einzuführen[1].

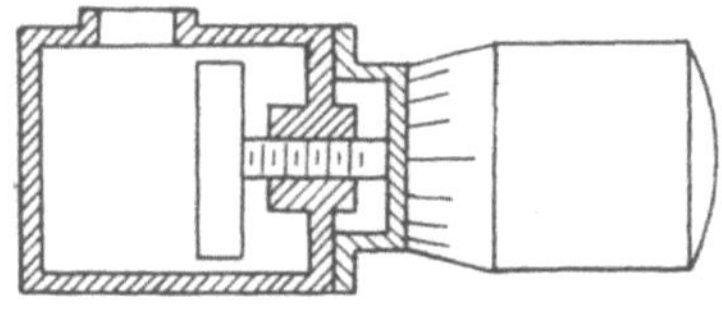

Abb. 382. Hohlraumwellenmesser

Einen Wellenmesser mit verschiebbarem Kolben zur Einstellung der H_{101}-Welle zeigt Abb. 382. Um das Auftreten unerwünschter Moden zu beseitigen, kann die Rückseite des Kolbens mit einem verlustbehafteten Leitungsmaterial überzogen werden (z. B. Polyiron)[2]. Da der H_{101}-Modus keine radialen Wandströme aufweist, erfährt die Schwingung hiedurch praktisch keine nennenswerte zusätzliche Dämpfung. Es bereitet keine Schwierigkeiten Hohlräume für Frequenzen bis zu 30 000 MHz und mit Q-Werten von über 50 000 zu bauen.

4. Messung mittels stehender Wellen im Raum

Aus dem Abstand der Spannungsknoten, der vor einer reflektierenden Fläche, metallischen Leitern oder Dielektrikum, auftretenden stehenden Wellen, kann die Wellenlänge, bzw. Frequenz eines Senders unmittelbar gemessen werden. Zur genauen Messung wird die Bewegung der Reflektorplatte mit einer genau geeichten Skala abgelesen.

Auch die durch die Abstandsänderung von Sende- und Empfangsantenne bedingten Phasenverschiebungen können zur Frequenzmessung herangezogen werden. So eignet sich z. B. die in V dieses Abschnittes beschriebene und in Abb. 375 angedeutete Anordnung hiefür.

Zur Messung extrem kurzer Wellenlängen, etwa über 30 000 MHz bedient man sich ebenfalls vielfach der Messung stehender Wellen, indem man das von Rubens und Hollnagel[3] angegebene Interferometer oder den *Boltzmannschen Spiegel*[4], der die Interferenz schräg einfallender Wellen benützt, verwendet. Einer solchen Meßanordnung bediente sich z. B. Glagoljewa-Arkadjewa[5] zur Wellenlängenmessung der vom Massenstrahler erzeugten Wellenlängen von 80 bis 900 Mikron und Zobel[6] zur Messung von cm- und mm-Wellen.

---

[1] Bleaney, B., J. H. N. Loubser u. R. P. Penrose: Proc. Soc. Phys. Lond. **59**, II, 185 (1947).

[2] Beringer, R. in C. G. Montgomery: Microwave Measurements, S. 323 (1947).

[3] Rubens und Hollnagel: Sitzber. d. Preuss. Akad. f. Wiss. IV, 26 (1910).

[4] Boltzmann, L.: Wied. Ann. **40**, 399 (1890).

[5] Glagoljewa-Arkadjewa: Z. f. Phys. **55**, 234 (1929).

[6] Zobel, W.: Hochfrequenztechn. u. Elektroak. **40**, 5 (1932).

5. Messung mittels Absorptionsspektren von Gasen

Auch die Absorptionsspektren von Gasen, die in das Gebiet der Mikrowellen reichen, lassen sich zur Frequenzmessung heranziehen. Bevorzugt wird Ammoniak, das eine Absorptionsfrequenz bei 23 870, 1 MHz aufweist. Es kann als Frequenzkontrolle für einen Oszillator mit einer Toleranz von 10^{-6} dienen[1]. Die Bandbreite des Absorptionsspektrums nimmt zu, wenn Druck und Temperatur abnehmen. Es darf jedoch die Zahl der Moleküle nicht zu gering gemacht werden. (Man verwendet etwa 0,01 Torr.) Es läßt sich eine Resonanzschärfe von $Q =$ $= 100\,000$ erreichen.

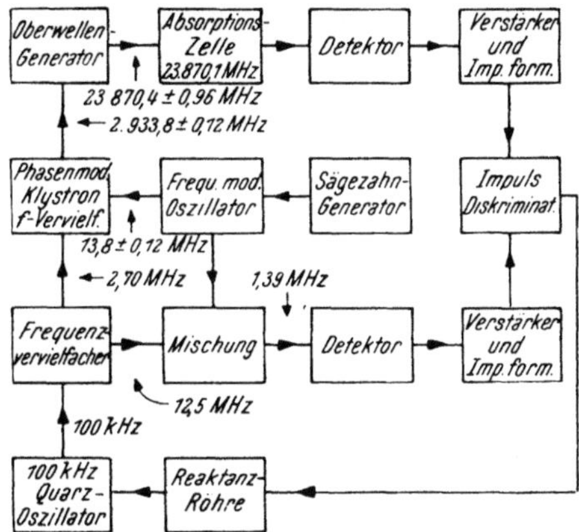

Abb. 383. Prinzipielle Anordnung eines Frequenzstandards mit Absorptionsgaszelle

Die Abstimmung eines Oszillators auf die Absorptionsfrequenz kann folgendermaßen vorgenommen werden: Ein Hilfsoszillator wird sägezahnförmig frequenzmoduliert und dessen Welle durch einen mit dem Gas gefüllten Rohrleiter geführt. Die Frequenzmodulationsspannung wird als Ablenkspannung einer Kathodenstrahlröhre zugeführt. Man erhält somit eine Impulsaufzeichnung im Augenblick des Erreichens der Absorptionsfrequenz. Dem gleichen Oszillator wird die Frequenz des zu messenden Oszillators aufgedrückt. Man erhält nach der Mischung ebenfalls Impulse, die ebenfalls der gleichen Kathodenstrahlröhre zugeführt werden. Man kann nun durch Verstimmen der Frequenz des zu messenden Oszillators die beiden Impulse zur Deckung bringen. Dann ist die Oszillatorfrequenz gleich der Absorptionsfrequenz.

Indes kann das Absorptionsspektrum auch zur automatischen Frequenzsteuerung eines Oszillators verwendet werden, indem die Phasendifferenz der beschriebenen Impulse in eine Gleichspannung verwandelt wird und diese als Steuerspannung des Oszillators verwendet wird. Es ist auch möglich, durch Überlagerung mit einer anderen geeichten Frequenz eine Frequenztransformation vorzunehmen und damit die Absorptionsfrequenz auch zur Steuerung auf anderen Frequenzen zu verwenden.

Die große Frequenzkonstanz des Absorptionsspektrums ermöglicht seine Verwendung als Frequenzstandard. Abb. 383 zeigt die prinzipielle Anordnung eines Frequenzstandards des Bureau of Standards[2]. Als Generator dient ein 100 kHz-Quarzoszillator. Dessen Frequenz wird auf 270 MHz vervielfacht. Diese wird einem Klystronverstärker zugeführt, der eine

---

[1] Hershberger, W. D. u. L. E. Norton: RCA Rev. März 1948.

[2] Electronics **22**, H. 4, S. 82 (1949).

weitere Frequenzvervielfachung auf das elffache (2970 MHz) erzielt. Gleichzeitig wird mit 13,8 ± 0,12 MHz frequenzmoduliert, so daß ein Frequenzband von 2983,8 ± 0,12 MHz erhalten wird. Die Frequenzmodulation erfolgt mit Hilfe eines Sägezahngenerators. Das Frequenzband wird nochmals vervielfacht (achtfach), so daß sich eine Frequenz von 23 870,4 ± 0,96 MHz ergibt. Sie wird nun der Absorptionszelle zugeführt. Diese unterdrückt nur immer im Augenblick der Resonanz die Hochfrequenz, so daß hinter dem Detektor (negative) Impulse mit der Impulsfrequenz des Sägezahngenerators entstehen. Nach Verstärkung und Formverbesserung werden sie einem Impulsdiskriminator zugeführt. Andererseits wird die Oszillatorfrequenz des Quarzoszillators nach Frequenzvervielfachung auf 12,5 MHz mit der sägezahnmodulierten Frequenz von 13,8 ± 0,12 MHz überlagert und einer Mischstufe zugeführt. Ein abgestimmter Zwischenfrequenzverstärker für 1,39 MHz bedingt, daß auch in ihm Impulse auftreten, nämlich dann, wenn die Frequenzdifferenz gleich der Zwischenfrequenz ist. Ein Detektor, Verstärker und Impulsformer sind der Zuführung zum Impulsdiskriminator, dem auch die Impulse der Zelle zugeleitet werden, vorgeschaltet. Der Diskriminator verändert so lange die Spannung, bis sich die Impulse decken. Dies wird erreicht, indem die Quarzfrequenz mit Hilfe einer Reaktanzröhre vom Diskriminator aus beeinflußt wird.

6. Messung der Fortpflanzungsgeschwindigkeit

Die Bestimmung der Frequenz aus der Wellenlänge setzt die genaue Kenntnis der Fortpflanzungsgeschwindigkeit der elektrischen Welle voraus. Sie läßt sich beispielsweise aus der Laufzeit von Impulsen bestimmen. Es wird eine Impulsfolge ausgesendet, von einem Empfänger aufgenommen und über einen Sender wieder ausgestrahlt und schließlich am Ort des ersten Senders empfangen. Aus der Phasendifferenz zwischen einlangendem und ausgestrahltem Impuls läßt sich bei bekannter Entfernung die Fortpflanzungsgeschwindigkeit berechnen. Die Laufzeiten in den Sendern und Empfängern werden mit Hilfe einer zweiten Ausbreitungsmessung bestimmt. Durchgeführte Messungen ergaben unter Berücksichtigung der Geschwindigkeitsverringerung infolge der Dielektrizitätskonstante der Luft ($\varepsilon_r = 1\,000\,594$) umgerechnet auf Vakuum $c = 299\,793{,}1$ km/s (gleich der des Lichtes), vgl. dritter Abschn. X.

VII. Messungen an Kabeln und Rohrleitern

1. Messung des Wellenwiderstandes

Der Wellenwiderstand von Kabeln wird ebenso wie der von Doppelleitungen vor allem berechnet. So findet man für die *Paralleldrahtleitung*[1]

[1] Einfg. S. 133.

$$Z = \frac{Z_0}{\pi} \ln \left(\frac{d}{2r} + \sqrt{\frac{d^2}{4r^2} - 1} \right); \quad \frac{Z_0}{\pi} = 120\,\Omega, \tag{5, 60}$$

wenn d den Drahtachsenabstand und r den Drahthalbmesser bedeuten. Für die *Parallelbandleitung* erhält man näherungsweise

$$Z = \frac{Z_0}{\pi} \left[\pi \frac{d/b}{1 + d/b} + \ln \left(1 + 4 \frac{d}{b} \right) \right]. \tag{5, 61}$$

Der Wellenwiderstand des *koaxialen Kabels* ist gegeben durch

$$Z = \frac{Z_0}{2\pi} \ln \frac{r_2}{r_1}, \quad \frac{Z_0}{2\pi} = 60\,\Omega. \tag{5, 62}$$

Hiebei ist r_2 der Halbmesser der Innenseite des Außenleiters und r_1 der Außenhalbmesser des Innenleiters.

Wegen

$$Z = \sqrt{\frac{L'}{C'}} \tag{5, 63}$$

kann der Wellenwiderstand auch aus der Messung der Induktivität je Längeneinheit L' und der Kapazität C' je Längeneinheit bestimmt werden, s. vierter Abschn., XIII.

Unmittelbar kann der Wellenwiderstand eines Kabels oder Doppelleiters durch Abschluß mit einem äußeren Widerstand, der gleich dem Wellenwiderstand ist, gemessen werden. Dies ist der Fall, wenn das Wellenverhältnis $U_{max}/U_{min} = 1$. Man kann aber auch mit einem Ohmschen Widerstand oder mit einem Kabel von einem anderen Wellenwiderstand Z_2 abschließen und findet dann

$$Z_1 = Z_2 \frac{U_{max}}{U_{min}}, \quad \text{bzw.} \quad Z_1 = Z_2 \frac{U_{min}}{U_{max}}, \tag{5, 64}$$

wenn Z_1 den unbekannten Wellenwiderstand des zu untersuchenden und Z_2 den bekannten Wellenwiderstand des Abschlußkabels, das selbst mit seinem Wellenwiderstand abgeschlossen oder genügend lang und gedämpft ist, bedeutet.

Auch bei Rohrleitern wird der Wellenwiderstand meistens berechnet, er kann aber auch wie in Gl. (5, 64) gegeben, durch das Wellenverhältnis unter Zuhilfenahme eines Abschlußkabels bestimmt werden.

2. Messung der Fehlanpassung

Fehlanpassungen ergeben sich vielfach nicht nur aus der Verschiedenheit aneinander anschließender Kabel, bzw. Rohrleiter, sondern insbesondere bei letzteren auch durch Reflexionen an den Anschlußstellen der Leitungen. Diese können daher nur durch Messungen ermittelt werden.

Die Größe der Fehlanpassung wird bestimmt durch das Wellenverhältnis U_{max}/U_{min} oder durch den Reflexionskoeffizienten r. Zwischen beiden besteht die Beziehung

$$r = \frac{U_{max}/U_{min} - 1}{U_{max}/U_{min} + 1}, \quad \frac{U_{min}}{U_{max}} = \frac{1 - r}{1 + r}. \tag{5, 65}$$

Es eignet sich also eine Messung des Verhältnisses der größten zur kleinsten Leistungsdichte, bzw. Feldstärke im Kabel oder Rohrleiter. Hiefür benützt man in der Regel eine Meßleitung mit verschiebbarer Sonde und Indikator, wie bereits in II dieses Abschnittes beschrieben.

Diese Methode genügt insbesondere für mittlere Fehlanpassungen (etwa für $U_{max}/U_{min} = 1{,}05$ bis 2), bei sehr großen Fehlanpassungen ist die Messung der Knotenbreite vorzuziehen, s. vierter Abschn., XIII.

Um auch sehr kleine Fehlanpassungen genau zu messen, ist es vorzuziehen, fortschreitende und reflektierte Welle voneinander zu trennen und die Größe beider getrennt zu messen. Wenn auch diese Methode einen gewissen Aufwand erfordert, so gestattet sie doch nahezu beliebig kleine reflektierte Leistungen zu messen. Zur Trennung der beiden Wellen verwendet man z. B. einen „*gerichteten Koppler*", bei dem durch Anordnung zweier gemeinsamer Öffnungen der beiden einander berührenden Kabel oder Rohrleiter im Abstand einer Viertelwellenlänge eine solche Trennung möglich ist[1] s, I., E dieses Abschn. oder eine Mehrfachverzweigung (Magisches T)[2].

3. Messung der Ausbreitungsgeschwindigkeit

Die Laufzeit der elektrischen Welle längs einer Leitung findet man, indem man die in ihr auftretende Phasenverschiebung zwischen ein- und austretender Welle bestimmt. Man vergleicht sie mit der durch eine

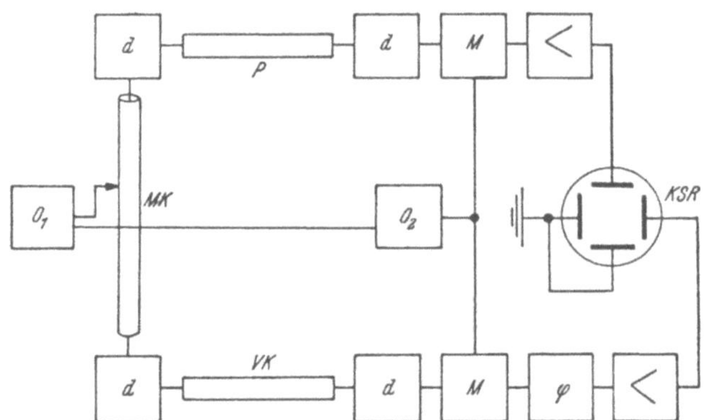

Abb. 384. Laufzeitmessung an Leitungen bei Mikrowellen. O_1 = Meßoszillator, O_2 = Schwebungsoszillator, d = Dämpfung, P = Prüfling, VK = Vergleichskabel, M = Mischstufe, φ = Phasenschieber, KSR = Kathodenstrahlröhre

Leitung veränderbarer Laufzeit verursachten. Zweckmäßig ist es, die beiden Hochfrequenzen nach Umformung in eine Zwischenfrequenz mit Hilfe eines zweiten Oszillators O_2 an die beiden Ablenksysteme einer Kathodenstrahlröhre zu legen, wie dies Abb. 384 zeigt[3]. Bei Phasen-

[1] Mumford, W. W.: Proc. I. R. E. **35**, Febr. 1947.

[2] Pomeroy, A. F.: Bell Syst. Tech. Jour. **26**, 446 (1947).

[3] Ring, D. H.: Bell Syst. Tech. Jour. **27**, 247 (1948).

gleichheit erhält man auf dem Schirm der Röhre eine Gerade. Die Einstellung der Phasengleichheit erfolgt mit Hilfe eines geeichten koaxialen Kabels *MK* oder eines Phasenschiebers φ. Zweckmäßig ist es, mit Hilfe von Dämpfungsgliedern *d* die Amplituden auf annähernd gleichen Wert einzustellen.

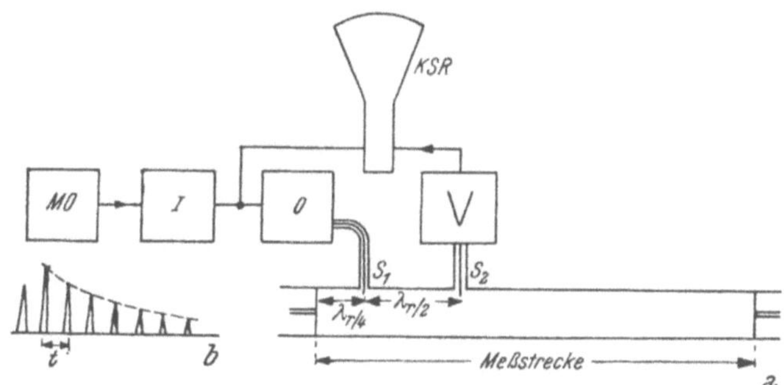

Abb. 385. Messung der Ausbreitungsgeschwindigkeit und Dämpfung in Rohrleitern. *a*) Prinzipielle Anordnung. *MO* = Meßoszillator, *I* = Impulsgeber, *MO* = Magnetron, *V* = Breitbandverstärker, *KSR* = Kathodenstrahlröhre, *S* = Sonde. *b*) Aufzeichnung auf der Kathodenstrahlröhre

Die Ausbreitungsgeschwindigkeit der elektrischen Welle in Rohren (Gruppengeschwindigkeit) läßt sich, wie Abb. 385 zeigt, mit Hilfe von Hochfrequenzimpulsen messen[1]. Diese werden mittels einer Sonde S_1 der Rohrleitung zugeführt. In einem Abstand $\lambda_r/2$ befindet sich eine Empfängersonde S_2. Die gleichgerichteten und verstärkten Impulse werden einer Kathodenstrahlröhre zugeführt, deren Kippspannung mit der Impulsfolgefrequenz synchronisiert ist. Man erhält nach jedem vom Generator erzeugten Impuls eine Impulsfolge, verursacht durch die Reflexionen der Wellen an den Wänden. Der Abstand der Teilimpulse ergibt die Laufzeit. Die Meßstrecke ist groß gegen λ. Der Abstand der Meßsonde S_2 vom linken Rohrende beträgt $3\,\lambda/4$, so daß die vom linken Rohrende reflektierte und dorthin fortschreitende Welle an der Stelle S_2 gleichphasig ist. Wegen des geringen Abstandes vom Rohrende tritt auch keine Aufspaltung des Impulses dadurch auf.

Weiter läßt sich die Ausbreitungsgeschwindigkeit, wie in V, B und C dieses Abschnittes gezeigt wird, durch Kompensation mit Hilfe einer über einen zweiten Weg übertragenen Welle bestimmen. Die Methode eignet sich auch für koaxiale Kabel.

4. Messung der Dämpfung

Zur Dämpfungsmessung bei Kabeln und Rohrleitern eignen sich folgende Methoden:

---

[1] Riedinger, A.: Hochfrequenztechn. u. Elektroak. 58, 21 (1941).

a) Ausschlagsmethode. Man benützt am besten hiezu die in Abb. 386 im Prinzip gezeigte Meßanordnung. Es wird die Spannung, bzw. Leistungsdichte vor und hinter dem Prüfling gemessen, woraus sich die Dämpfung b unmittelbar ergibt. Es ist

$$b = \beta \cdot l = \frac{l}{2} \cdot \ln \frac{P_1}{P_2} \text{ Neper} \qquad (5, 66)$$

oder bei kleinen Dämpfungen

$$b = \beta \cdot l = \frac{l}{2} \cdot \left(\frac{P_1}{P_2} - 1\right); \qquad (5, 67)$$

hiebei ist β die Dämpfung je Längeneinheit.

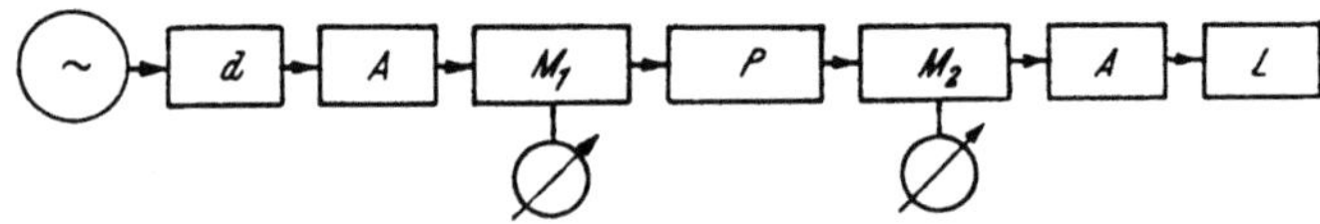

Abb. 386. Dämpfungsmessung, Ausschlagsmethode. d = einstellbare Dämpfung, A = Anpassung, P = Prüfling, M_1, M_2 = Meßleitungen, L = Last

Die Ermittlung der Spannung, bzw. Leistungsdichte erfolgt an den beiden Meßleitungen M_1, bzw. M_2.

Die Dämpfung einer Leitung läßt sich auch bei einem nicht angepaßten Leitungsabschluß berechnen. Man findet sie aus dem Wellenverhältnis im Abstand l der kurzgeschlossenen Leitung zu

$$\beta = \frac{1}{2 \cdot l} \ln \frac{U_{max}/U_{min} + 1}{U_{max}/U_{min} - 1}. \qquad (5, 68)$$

Das Wellenverhältnis U_{max}/U_{min} läßt sich mit Hilfe einer Meßsonde, an der durch Änderung der Meßfrequenz U_{max} und U_{min} leicht abgelesen werden können, bestimmen.

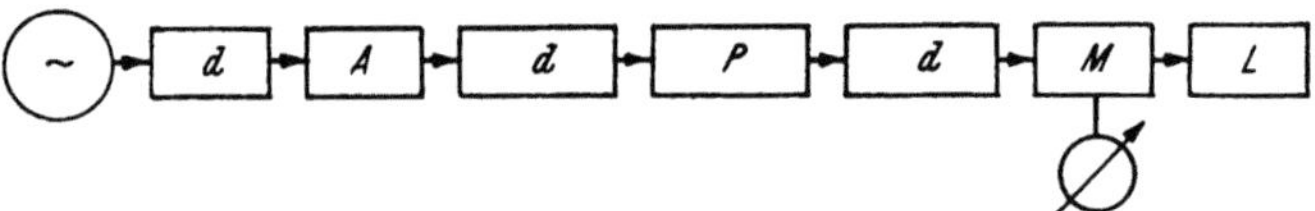

Abb. 387. Dämpfungsmessung, Substitutionsmethode. Bezeichnungen wie in Abb. 386

b) Substitutionsmethode, s. Abb. 387. Der Prüfling P ist hier zwischen zwei einstellbare geeichte Dämpfungsglieder geschaltet. Die Dämpfung d der beiden Glieder wird so geändert, daß nach Einschalten des Prüflings an der Meßleitung M wieder der gleiche Ausschlag wie ohne Prüfling erhalten wird. Aus der Einstellungsänderung der beiden geeichten Dämpfungsglieder kann die Dämpfung des Prüflings unmittelbar bestimmt werden.

Als geeichte Dämpfungsglieder können bis Frequenzen von etwa 3000 MHz in koaxialen Kabeln eingebaute Widerstände verwendet werden.

Sie können zusammensteckbar ausgeführt werden[1] und können so beliebige Spannungsteilungen, bzw. Dämpfungen erzeugen.

Bei höheren Frequenzen und Rohrleitern verwendet man vorwiegend veränderliche Dämpfungsglieder nach I, D, dieses Abschnittes.

Auch die in Abb. 385 gezeigte Anordnung kann zur Messung der Dämpfung in Rohren herangezogen werden. Sie läßt sich aus dem Verhältnis der Amplituden aufeinanderfolgender Teilimpulse berechnen.

VIII. Untersuchung von Resonanzkreisen

In der Mikrowellentechnik werden konzentrische Rohrleiter, Topfkreise und Hohlraumkreise als Resonanzkreise verwendet. Sie sind zum Großteil mit einer veränderbaren Abstimmung versehen, die durch Verschieben eines Kolbens, bei Topfkreisen auch durch Kapazitätsänderung vorgenommen wird.

1. Messung der Resonanzfrequenz

Im allgemeinen wird die Resonanzfrequenz durch Aufnahme der Resonanzkurve bestimmt. Sie wird bei diesen Kreisen durch die Abhängigkeit der elektrischen oder magnetischen Feldstärke von der Frequenz gebildet. Der Generator wird z. B. an den in Abb. 388 dargestellten Topfkreis durch die Schleife der konzentrischen Rohrleitung A_1 und der Indikator durch die der Leitung A_2 oder mit Hilfe einer kapazitiven Sonde S angekoppelt. Wichtig ist, daß Generator und Indikator genügend gegeneinander entkoppelt sind. Als Indikator wird meist eine Detektoranordnung benützt.

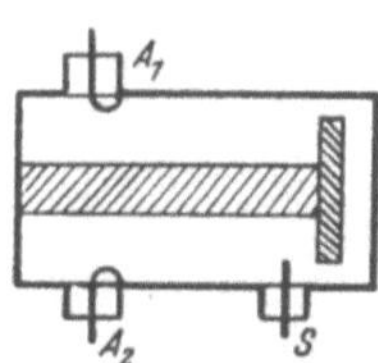

Abb. 388. Ankopplung an Topfkreis. A_1 = Generatorankopplung, A_2 = induktive, S = kapazitive Ankopplung

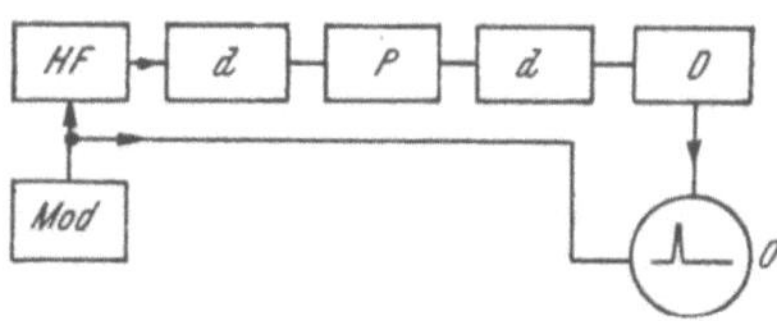

Abb. 389. Resonanzkurvenaufnahme. HF = Hochfrequenzgenerator, d = angepaßte Dämpfung, P = Prüfling, Mod = Modulationsspannung, D = Demodulator

Die Aufnahme der Resonanzkurve erfolgt durch Änderung der Generatorfrequenz. Die Aufnahme kann punktweise erfolgen oder mit Hilfe eines Resonanzkurvenschreibers oder Frequenzanalysators.

Ist ein frequenzgeeichter Oszillator vorhanden, so geht man folgendermaßen vor (s. Abb. 389): Der Oszillator wird frequenzmoduliert. Seine Frequenz wird nun dem zu untersuchenden Resonanzkreis zugeführt und die hochfrequente Ausgangsleistung nach Gleichrichtung und Verstärkung auf das Vertikalsystem eines Kathodenstrahloszillographen gelegt. Gleich-

[1] Rohde, L.: TFT. **33**, 95 (1944).

zeitig erhält die Kathodenstrahlröhre als Zeitablenkspannung eine der Modulation proportionale Spannung. Am einfachsten ist es, die gleiche sinusförmige Wechselspannung beim Oszillographen zur Ablenkung wie auch zur Erzeugung der Frequenzmodulation des Oszillators zu verwenden. Man erhält dann am Oszillographen unmittelbar die Aufzeichnung der sogenannten Resonanzkurve des Schwingkreises. Sie liegt, wenn sie der Mittelfrequenz des Oszillators gleicht, in der Mitte und die Resonanzspitze auf der Y-Achse (die durch periodisches Abschalten der Horizontalablenkspannung leicht mitaufgezeichnet werden kann). Man kann so z. B. Oszillator und Schwingkreis aufeinander abstimmen.

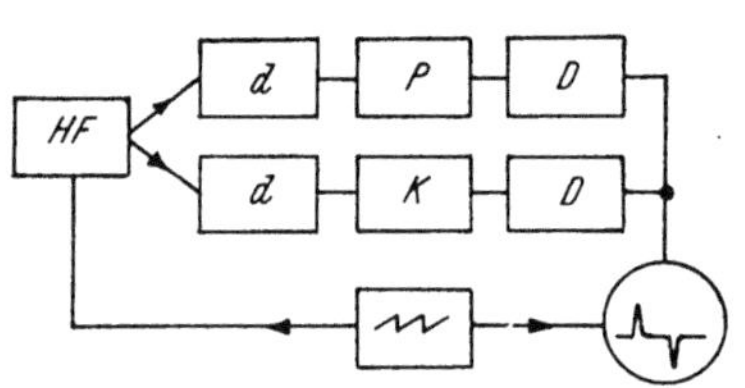

Abb. 390. Resonanzkurvenaufnahme, Vergleichsmethode. HF = Hochfrequenzgenerator, d = angepaßte Dämpfung, P = Prüfling, D = Demodulator

Soll jedoch der zu untersuchende Resonanzkreis mit Hilfe eines zweiten geeichten Resonanzkreises abgestimmt werden, so geht man folgendermaßen vor: Es wird wieder ein frequenzmodulierter Oszillator verwendet, der ebenfalls durch dieselbe Wechselspannung moduliert wird, die auch die Zeitablenkung der Oszillographenröhre erzeugt. Zweckmäßig ist es, eine sägezahnförmige Wechselspannung zu verwenden, wie sie von den meisten Oszillographen erzeugt wird. Dieser Oszillator schickt, wie Abb. 390 zeigt, seine Hochfrequenz über je eine angepaßte Dämpfung d in den Prüfling und in einen geeichten Vergleichs-Resonanzkreis K. Nach der Demodulation durch D werden die erhaltenen Impulse eventuell mit entgegengesetztem Vorzeichen auf die Kathodenstrahlröhre gebracht. Man verändert nun die Abstimmung des Prüflings oder des Vergleichs-Resonanzkreises so lange bis sich die beiden Impulse decken oder bei Gegenschaltung der demodulierten Spannungen einander entgegenwirken, wie in Abb. 390 gezeigt.

Nach dieser Methode läßt sich auch der gesamte Abstimmbereich eines veränderbaren Resonanzkreises bestimmen. Sie eignet sich auch, um die Oberwellenempfindlichkeit der Kreise zu untersuchen.

2. Messung des Gütefaktors und des Resonanzwiderstandes

Bei quasistationären Kreisen ist der Resonanzwiderstand eines Schwingungskreises als der im Resonanzfall an den Klemmen des Parallelresonanzkreises auftretende Gesamtwiderstand definiert. Bei Topfkreisen, die mit konzentrierter Kapazität arbeiten, s. Abb. 388, kann diese Definition aufrechterhalten werden. Er ist dann der am Kondensator auftretende Widerstand. Bei längeren Wellen gelingt es auch in der Tat, diesen Widerstand mit Hilfe einer Impedanzmessung zu bestimmen. Bei höheren Frequenzen und insbesondere bei Hohlraumkreisen verliert jedoch diese Definition ihren Sinn und es erübrigt sich daher auch der Versuch einer meßtechnischen Ermittlung dieser Größe.

Der Gütefaktor (Resonanzüberhöhung) eines Resonanzkreises ist bei quasistationären Kreisen durch das Verhältnis des Resonanzwiderstandes zum induktiven oder kapazitiven Blindwiderstand allein des Schwingkreises gegeben:

$$Q = \frac{R_{res}}{\omega L} = R_{res}\,\omega\,C. \tag{5, 69}$$

Diese Definition ist aus den erwähnten Gründen bei Mikrowellen nicht zu brauchen. An ihre Stelle tritt die Definition

$$Q = 2 \cdot \pi \frac{\text{aufgespeicherte Energie}}{\text{Verlustenergie je Periode}}. \tag{5, 70}$$

Sie entspricht bei quasistationären Kreisen völlig der durch Gl. (5, 69) gegebenen und ermöglicht auch bei nichtquasistationären Kreisen die Durchführung einer Messung.

Am einfachsten ist es jedoch, den Gütefaktor auch bei Mikrowellenresonanzkreisen durch Aufnahme der Resonanzkurve, wie sie oben angegeben wurde, zu bestimmen. Die Resonanzkurve läßt sich, wie erwähnt, punktweise aufnehmen. In diesem Fall ist die jeweilige Verstimmung gegenüber der Resonanzfrequenz bekannt und es kann auch die zur Gütefaktormessung benötigte Halbwertsbreite, das ist der Frequenzabstand $2\,\Delta\,f$ jener Punkte, bei denen die angezeigte Leistung am Indikator auf die Hälfte des Resonanzwertes gesunken ist, gemessen werden. Aus ihr bestimmt sich der Gütefaktor zu

$$Q = \frac{f_{res}}{2\,\Delta\,f}, \tag{5, 71}$$

wenn f_{res} die Resonanzfrequenz des Kreises ist.

Will man die Resonanzkurve mittels Resonanzkurvenschreibers aufnehmen, so ist noch die Kenntnis des Maßstabes der Zeitablenkung in Einheiten der Frequenzänderung notwendig, was gewisse Schwierigkeiten bereitet.

Sie werden vermieden, wenn man die Frequenzkurve eines zweiten Resonanzkreises mit bekanntem Gütefaktor zum Vergleich heranzieht. Die gleiche frequenzmodulierte Spannung wird daher auch dem Vergleichsresonanzkreis zugeführt und dessen Frequenzkurve mit Hilfe eines Zweistrahloszillographen auf dem gleichen Schirm aufgezeichnet oder aber ein mit der halben Zeitablenkungsfrequenz gesteuerter Elektronenschalter betätigt, der somit die Aufzeichnung beider Resonanzkurven in abwechselnder Aufeinanderfolge gestattet.

Es wurde aber auch noch ein anderes Verfahren vorgeschlagen, bei dem aus der gesamten Resonanzkurve des Schwingkreises die beiden besonders interessanten Punkte im Abstand der Halbwertsbreite besonders hervorgehoben werden:

Die Ablenkung und Aufzeichnung der Resonanzkurve erfolgt bei diesem Verfahren mit Hilfe eines mit Sägezahnspannung frequenzmodulierten Oszillators. Überdies erzeugt ein zweiter unmodulierter Oszillator eine Frequenz gleich der Resonanzfrequenz des Prüflings. Diese Frequenz wird mit einem abgezweigten Teil der frequenzmodulierten Oszillatorwelle überlagert und einer Mischstufe zugeführt. Das durch Demodulation erhaltene Frequenzgemisch von der Bandbreite des Frequenzhubes wird einem Zwischenfrequenzverstärker mit veränderbarer Frequenzeinstellung zugeführt. Bei jedesmaligem Durchlaufen des ansteigenden Teiles der Sägezahnmodulation wird nun zweimal die eingestellte Zwischenfrequenz erhalten und es werden daher stets zwei Impulse erzeugt. Diese werden der Kathodenstrahlröhre als Intensitätssteuerspannung zugeführt. Ist die Mittelfrequenz des unmodulierten Oszillators gleich der Resonanzfrequenz des zu untersuchenden Schwingkreises, so sind die beiden durch die Intensitätssteuerung am Oszillographen erhaltenen Leuchtpunkte in gleicher Höhe. Durch Verändern der Zwischenfrequenz ändern sie ihren Abstand. Dieser kann dadurch auf der Resonanzkurve so groß gemacht werden, daß die Impulse die Resonanzkurve gerade an der Stelle schneiden, wo diese die halbe Höhe (bei Aufnahme einer dem Quadrat der Spannung, bzw. des Stromes proportionalen Kurve), bzw. die $1/\sqrt{2}$-fache Höhe (bei spannungsproportionalem Verlauf) der Resonanzspitze erreicht. Der Abstand der Punkte zeigt dann, wenn die Vertikalablenkung der Indikatorleistung proportional ist, die Halbwertsbreite unmittelbar an. Sie ist dann gerade gleich der doppelten Zwischenfrequenz f_z

$$2 f_z = 2 \Delta f. \qquad (5, 72)$$

Der Zwischenfrequenzverstärker erhält eine geeichte Abstimmung, die somit die Halbwertsbreite des Resonanzkreises unmittelbar angibt[1].

IX. Messungen an Schwingungserzeugern

A. Untersuchungen am Magnetron

Zur Mikrowellenerzeugung mit größerer Leistung wird heute vor allem das Magnetron verwendet. Von den zahlreichen in Frage kommenden Messungen sollen im folgenden nur die wichtigsten aufgezählt werden.

1. Untersuchungen am Zweischlitzmagnetron

Obzwar heute Zweischlitzmagnetrons zur Erzeugung von größeren Leistungen bei Mikrowellen nicht mehr verwendet werden, so interessiert dennoch eine Aufstellung der wichtigsten Meßverfahren, da viele davon in entsprechender Weise auch auf das moderne Mehrschlitzmagnetron angewendet werden können.

a) Gleichstrommessungen. Bei der Aufnahme der magnetischen Kennlinie werden die beiden Anodenhälften miteinander verbunden und an den positiven Pol der Anodenspannungsquelle gelegt. Es wird nun die Abhängigkeit des Anodenstromes von der magnetischen Feldstärke untersucht. Die Messungen werden bei verschiedenen Anodenspannungen wiederholt. Bei der Kennlinienaufnahme muß darauf geachtet werden,

[1] Young, L. B. in C. G. Montgomery: Microwave Meas. S. 396 (1947).

daß kein Selbstschwingen entsteht. Es wird vermieden, wenn das angeschlossene Paralleldrahtsystem auf ungünstigste Schwingungsbedingungen eingestellt wird, die Anoden werden über Kondensatoren mit der Kathode verbunden, das Lecher-System wird überdies gedämpft.

Für die Erzeugung von *Habannschwingungen*[1] ist auch der Einfluß der Spannungsänderung des einen Anodensystems auf den Anodenstrom des anderen von Interesse. Dies geschieht mit Hilfe der in Abb. 391 gezeigten Schaltung. Der Anodenspannung, die an beiden Anodensystemen liegt, wird eine veränderbare Zusatzspannung ΔU überlagert und die Abhängigkeit des Anodenstromes J_1 und J_2 davon gemessen.

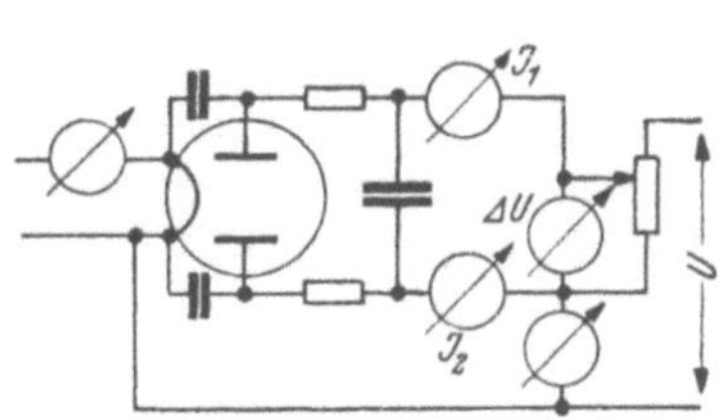

Abb. 391. Anordnung zur Aufnahme der statischen Magnetronkennlinie

b) Messungen am schwingenden Magnetron. Das Lecher-System wird zunächst so eingestellt, daß günstige Schwingungsbedingungen auftreten. Sodann wird die Abhängigkeit der Schwingungsfrequenz von der Anodenspannung und der magnetischen Feldstärke (eine der beiden Größen als Parameter) untersucht.

Eine weitere Untersuchung erstreckt sich auf den Frequenzbereich der möglichen Schwingungen.

Die Leistungsabgabe des Magnetrons wird mit Hilfe eines an das Lecher-Drahtsystem angekoppelten zweiten Paralleldrahtsystems gemessen. Dieses wird mit dem Wellenwiderstand abgeschlossen und die Leistungsabgabe nach den in II dieses Abschnittes angegebenen Methoden gemessen.

Läßt man nun die Betriebsspannungen und die magnetische Feldstärke der Röhre sowie auch die Ankopplung der Last-Leitung unverändert, verändert aber den Abschlußwiderstand der Last, so ändert sich sowohl die Frequenz der erzeugten Schwingung wie auch die abgegebene Hochfrequenzleistung. Man kann weiter bei einer bestimmten Fehlanpassung die Länge der Lastleitung verändern und erhält ebenfalls eine Änderung von Schwingungsfrequenz und Leistung. Trägt man die erhaltenen Werte für Frequenzabweichung und Leistungsabgabe in das Smith-Diagramm der Lastleitung[2], so erhält man das Rieke-Diagramm des Magnetrons, ein Diagramm, das auch das Verhalten moderner Magnetrons wie auch der übrigen Mikrowellengeneratoren aufs beste charakterisiert.

Die Leistungsabgabe von Magnetrons kann auch aus der Differenz zwischen Gleichstromaufnahme und Anodenverlustleistung bestimmt werden. Letztere läßt sich bei wassergekühlten Röhren leicht mittels

[1] Habann, E.: Hochfrequenztechn. u. Elektroak. **24**, 115 (1924).

[2] Smith, P. H.: Electronics **12**, H. 1, S. 29 (1939). — Jan. 1944. — März 1945.

Kalorimeters messen[1]. Die Verlustleistung aus der Erwärmung des Glaskolbens einer Röhre zu bestimmen, wie gelegentlich vorgeschlagen wurde[2], ist jedoch nicht zu empfehlen, weil bei sehr hohen Frequenzen an diesem meist hohe dielektrische Verluste entstehen, die das Meßergebnis fälschen[3], weil sie einen Vergleich mit der durch einen (direkt meßbaren) Gleichstrom erfolgten Erwärmung nicht möglich machen.

Die Wirkungsweise des modernen Mehrschlitzmagnetrons beruht auf einer Beeinflussung des die Kathode umkreisenden Elektronenringstromes[4]. Die Größe dieses Stromes wurde von Möller[5] durch eine ballistische Methode gemessen. Das Elektrodensystem erhält beiderseitig eine koaxiale Spule, die an das ballistische Galvanometer angeschlossen ist. Bei Abschalten der Anodenspannung verschwindet auch der Anodenringstrom und es entsteht ein von seiner Größe abhängiger ballistischer Ausschlag. Das axiale magnetische Gleichfeld ist während der Messung sorgfältig konstant zu halten, da geringste Änderungen im ballistischen Galvanometer große Ausschläge und damit Fehlmessungen verursachen würden.

2. Untersuchungen am modernen Laufzeitmagnetron

a) Gleichstrommessungen. Die magnetische Feldstärke kann man der Größenordnung nach durch die Messung des Magnetstromes bestimmen. Zur genaueren Messung und zur Feldstärkenbestimmung bei permanenten Magneten dienen die im dritten Abschnitt, IX, angegebenen Meßmethoden. Moderne Magnetrons werden zumeist als Impulsröhren gebaut. Die Anodenspannung wie auch der Anodenstrom haben demnach Impulsform. Die Größe der Spitzenspannung sowie auch die des Spitzenstromes werden mit Hilfe eines Gleichstrominstrumentes bestimmt. Die Impulsdauer kann am Oszillographen abgelesen werden. Durch Messung der Impulsfrequenz erhält man auch das Tastverhältnis. In einfacher Weise findet man hieraus auch die Eingangsspitzenleistung sowie mittlere Eingangsleistung.

b) Wechselstrommessungen am nichtschwingenden Magnetron. Die Messung der Impedanz des nichterregten Magnetrons erfolgt unter Verwendung einer Meßleitung, die an den Ausgangskreis des Magnetrons angeschlossen wird. Durch Änderung der Prüffrequenz kann das Auftreten der verschiedenen Schwingungsmoden des Hohlraumsystems und deren Resonanzfrequenzen bestimmt werden. Die Untersuchung, welche Moden jeweils auftreten, kann nur durch Abtastung des Systems durch Sonden erfolgen. Hiezu bedient man sich am besten eines Models.

c) Wechselstrommessungen am schwingenden Magnetron. Die dynamische Strom-Spannungskennlinie wird mittels Oszillographen aufge-

---

[1] Pfetscher, O. u. W. Puhlmann: Hochfrequenztechn. u. Elektroak. **47**, 105 (1936).

[2] Wolff, J., E. G. Linder u. R. A. Braden: Proc. I. R. E. **23**, 11 (1935).

[3] Gundlach, F. W.: Hochfrequenztechn. u. Elektroak. **48**, 201 (1936).

[4] Einfg. S. 566.

[5] Möller, J.: Hochfrequenztechn. u. Elektroak. **48**, 141 (1936).

nommen. Eine der Anodenspannung proportionale Ablenkspannung wird auf das eine Ablenksystem und eine dem Hochfrequenzstrom proportionale an das andere Plattensystem einer Kathodenstrahlröhre gelegt. Die Anordnung zeigt dann vor allem die Einschwing- und Abklingvorgänge bei Impulsen. Es kann auch die Impulsform der Hochfrequenzimpulse aufgenommen werden.

Die Anlaufzeit eines Magnetrons beträgt meist weniger als 0,1 μs. Um solche rasche Anschwingzeiten bei so kurzen Impulsen und großen Amplituden, wie sie Kathodenstrahlröhren benötigen, noch verzerrungsfrei zu demodulieren, verwendet man Spezialröhren der Scheibenröhrentype mit einer Bandbreite von bis zu 30 MHz.

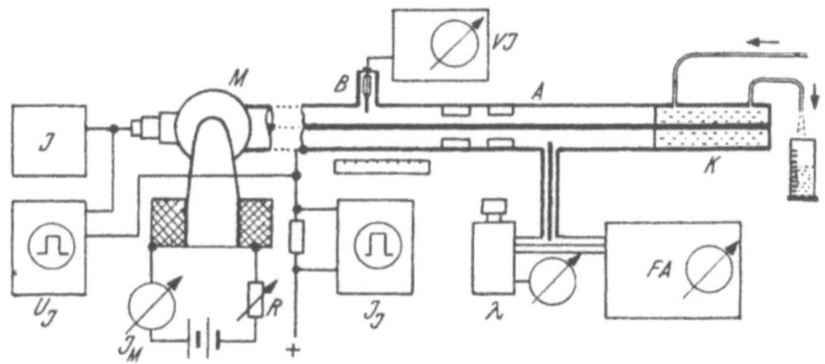

Abb. 392. Untersuchung eines Magnetrons. J = Impulsgerät, M = Magnetron, B = Bolometer, A = Anpassung, VJ = Verstärker und Indikator, J_M = Magnetron, U_J = Impulsspannungsgerät, J_J = Impulsstrom, λ = Wellenmesser, FA = Frequenzanalysator, K = Kalorimeter

Die mittlere Ausgangsleistung wird nach II dieses Abschnittes gemessen, die Spitzenleistung errechnet sich aus dem Tastverhältnis. Das schwingende Magnetron wird an eine Lastleitung angeschlossen. Der Einfluß der Leitungsimpedanz auf Leistung und Schwingungsfrequenz wird bestimmt und wie bereits in 1 beschrieben, das Rieke-Diagramm gezeichnet.

Das Frequenzspektrum der erzeugten Schwingungen wird mit dem in I, G dieses Abschnittes angegebenen Frequenzanalysator untersucht.

Von besonderem Interesse ist der Einfluß der Anodenspannungsänderung auf die Schwingungsfrequenz. Die Spannungsänderung muß genügend rasch erfolgen, um den durch Temperaturänderung bedingten Einfluß auf die Frequenz auszuschalten.

Zur Durchführung der meisten oben beschriebenen Messungen eignet sich die in Abb. 392 gezeigte Meßanordnung[1]. Ein Impulsgenerator J erzeugt die gewünschten Impulse. Der Feldstrom wird durch einen Widerstand R eingeregelt und mittels Instrumentes J_M gemessen. Der Verlauf der Anodenspannung und des Anodenstromes wird durch den Kathodenstrahloszillographen U_J, bzw. J_J aufgezeichnet. Die Hochfrequenzleistung

[1] Fisk, J. B., H. D. Hagström u. P. L. Hartmann: Bell Syst. Tech. Jour. **25**, 167 (1946).

gelangt über eine Meßleitung zum Kalorimeter *K*, das die Messung der Leistungsabgabe ermöglicht. Zur Bestimmung des Wellenverhältnisses dient das Bolometer *B* mit axial verschiebbarer Sonde und der Verstärker sowie Indikator *VJ*. Weiter wird ein Teil der Hochfrequenzleistung einem Wellenmesser λ und einem Frequenzanalysator *FA* zugeführt.

B. Untersuchungen am Klystron

1. Untersuchungen am Reflexklystron

a) Messungen am nichtschwingenden Klystron. Die Untersuchung erstreckt sich vor allem auf die Bestimmung des Abstimmbereiches und der Abstimmbarkeit des Tankkreises. Bei mechanisch abstimmbaren Kreisen wird die Frequenzänderung meist durch Schraubeinstellung, bei thermisch einstellbaren durch elektrische Heizung vorgenommen. Es wird die Abhängigkeit der Frequenzänderung von der Einstellung aufgenommen. Eine weitere Messung gilt der Güte des Tankkreises, s. VIII dieses Abschnittes.

Die Schwingungen eines Klystrons können unterbunden werden, wenn man die Reflektorelektrode mit der Anode verbindet. In diesem Fall fließt durch den Spalt des Schwingkreises der normale Bündelstrom, der in dem Ankoppelkreis eine Rauschleistung entsprechend der Resonanzkurve des Schwingkreises induziert. Es kann daraus der Rauschanteil der Röhre bestimmt werden. Die Feststellung der Resonanzfrequenz erfolgt auf Grund des Leistungsentzuges der von einem Generator erregten Meßleitung.

b) Messungen am schwingenden Klystron. Vor allem ist eine Untersuchung der verschiedenen Schwingbereiche von Interesse. Man untersucht bei feststehender Tankkreiseinstellung die Abhängigkeit der Ausgangsleistung von der Reflektorspannung bei konstant gehaltener Anodenspannung als Parameter. Gleichzeitig wird auch die in jedem Schwingbereich erhaltene Abhängigkeit der Frequenzänderung von der Spannungsänderung ebenfalls bestimmt.

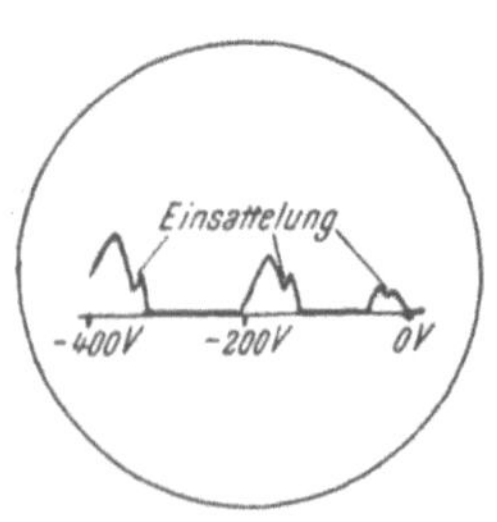

Abb. 393. Untersuchung der Schwingbereiche eines Klystrons

Zur Untersuchung der Schwingbereiche bedient man sich zweckmäßigerweise einer Kathodenstrahlröhre. Der Reflektorspannung wird eine Wechselspannung überlagert und diese als Horizontalablenkung der Kathodenstrahlröhre zugeführt. An das Vertikalsystem wird die gleichgerichtete Hochfrequenzspannung angeschlossen. Man erhält dann z. B. die in Abb. 393 gezeigte Aufzeichnung mit drei Schwingungsbereichen. Wird an den Tankkreis ein Absorptionskreis lose angekoppelt, so entstehen die ebenfalls in Abb. 393 gezeigten Einsattelungen. Sie können als Frequenzmarken dienen. Durch Verändern der Abstimmung des Absorptionskreises läßt sich der Frequenzumfang der Schwingbereiche ermitteln. Dies für verschiedene Tankkreisabstimmungen durchgeführt, ermöglicht die Untersuchung der Schwingbereiche des Oszillators.

Weiter wird, wie oben bereits beim Magnetron beschrieben, der Einfluß der Impedanz der Last auf Leistung und Frequenz der Röhre untersucht, um einen möglichst stabilen Arbeitsbereich ausfindig zu machen. Es werden hiezu wieder Rieke-Diagramme aufgenommen.

Auch die Einschwing- und Abklingzeiten des Klystrons werden in gleicher Weise wie beim Magnetron mit Hilfe eines Kathodenstrahloszillographen untersucht.

Zur Leistungsmessung werden im allgemeinen Bolometer verwendet. Große Empfindlichkeit ist erforderlich, wenn Impulsleistungen gemessen werden sollen.

Frequenzmodulationskurven werden für Reflektor- wie auch Anodenmodulation aufgenommen.

2. Untersuchungen am Zweikreisklystron

a) Untersuchungen am nichtabgestimmten Klystron. Es wird wieder der Abstimmbereich beider Schwingkreise und ihre Güte wie oben beschrieben gemessen. Auch die Untersuchung des Bündelstromes und des Rauschanteils erfolgt wie oben angegeben.

b) Messungen bei Wechselstromerregung. Es wird nun der erste Kreis erregt und die vom zweiten Kreis abgegebene Leistung mit Hilfe einer angepaßten Lastleitung gemessen. Sie wird bei fest eingestellter Anodenspannung in Abhängigkeit von der Kreisabstimmung untersucht. Auch wird der Zusammenhang zwischen Eingangs- und Ausgangswechselleistung bei verschiedenen Eingangswechselleistungen ermittelt.

Bei Frequenzvervielfacherröhren wird in gleicher Weise vorgegangen, ebenso auch bei Röhren mit äußeren auswechselbaren Resonanzkreisen. Ebenso läßt sich auch der Wirkungsgrad der Wechselleistungsabgabe bestimmen.

Von besonderem Interesse ist auch die Untersuchung der Einschwing- und Abklingvorgänge, die in gleicher Weise wie oben beschrieben gemessen werden, obwohl wegen des Vorhandenseins von zwei Resonanzkreisen ihre Zeitkonstante wesentlich größer ist und daher leichter bereits aus der Impulsform ermittelt werden kann.

Wird ein Teil der Ausgangsleistung wieder dem Eingangskreis zurückgeführt, so erhält man das selbsterregte Zweikreisklystron. Die Untersuchungen werden in gleicher Weise wie oben für das Reflexklystron angegeben durchgeführt. Insbesondere interessiert der Einfluß der Lastimpedanz auf die Schwingungsfrequenz.

C. Untersuchung der Scheibenröhre

Die Scheibenröhre wird am koaxialen Kabel untersucht. Aus dem Wellenverhältnis im Eingangs- und Ausgangskreis wird die Eingangs- und Ausgangsimpedanz gemessen (vgl. IV dieses Abschnittes)[1].

---

[1] Robertson, D.: Bell S. T. J. 28, 99 (1949).

Die Rückwirkungsimpedanz läßt sich bei eingangs- oder ausgangsseitiger Erregung der Röhre und Messung der Dämpfung und des Phasenwinkels zwischen Ein- und Ausgang mit Hilfe der in Abb. 364 gezeigten Anordnung bestimmen[1].

D. Aufnahme des Rieke-Diagramms

Das Rieke-Diagramm gibt, wie bereits in A, I angegeben, den Zusammenhang zwischen der Schwingungsfrequenz, der Ausgangsleistung und der Lastimpedanzen an. Die Lastimpedanz wird in Form eines Smith-Diagramms graphisch dargestellt[2]. Die bei diesen Impedanzwerten auftretenden Leistungen und Oszillatorfrequenzen werden nach durchgeführten Messungen Punkt für Punkt in das Diagramm eingetragen. Es werden dann die Punkte gleicher Leistung (mitunter statt dessen die Punkte gleichen Wirkungsgrades) zu Kurvenscharen und ebenso die Punkte gleicher Frequenz durch gemeinsame Kurven verbunden. Diese Zusammenstellung von Kurvenscharen wird als Rieke-Diagramm bezeichnet.

Zur Aufnahme des Rieke-Diagramms ist somit eine veränderbare Lastimpedanz erforderlich. Als solche eignet sich eine Lecher-Leitung, bzw. ein koaxiales Kabel und bei sehr kurzen Wellen ein Rohrleiter. Da nur ein kleines Teilgebiet des Smith-Diagramms in Frage kommt (etwa nur das Gebiet innerhalb der mittleren konzentrischen Kreise bis hinaus zum Wellenverhältnis 5)[3], ist es zweckmäßig die Lastleitung so zu bauen, daß nur annähernd dieser Bereich eingestellt werden kann. Die Rohrleitung wird bei größeren Sendern mit einer reflexionsfreien Last in Form eines Kalorimeters abgeschlossen. Die Impedanzänderung kann man durch einen in die Rohrleitung mehr oder weniger tief eintauchenden Quarzstab erreichen, der axial verschiebbar angeordnet ist. Zuerst wird der Reflexionskoeffizient des Stabes durch Messung ermittelt, wodurch dann für die verschiedenen Stellungen die Punkte auf dem Smith-Diagramm festgelegt sind.

Ein Wellenmesser gibt die Frequenz bei jeder Quarzstabeinstellung an, während gleichzeitig am Kalorimeter die Leistung ermittelt wird. Bei kleinen Sendern wird das Kalorimeter durch andere Leistungsmeßeinrichtungen ersetzt (s. II dieses Abschn.).

E. Untersuchung der Modulation

Zur Untersuchung der Modulationseigenschaften der Mikrowellenschwingungserzeuger und Verstärker wird meist an Stelle der sonst üblichen sinusförmigen Modulationsspannungen eine rechteckförmige verwendet. Sie wird der konstanten Spannung überlagert. Die hochfrequente Ausgangsleistung wird nun einer zweifachen Untersuchung unterworfen. Einerseits wird die Hochfrequenzamplitude demoduliert, verstärkt und

---

[1] Robertson, D.: Bell S. T. J. **28**, 619 (1949).
[2] Smith, P. H.: Electronics **12**, H. 1. S. 29 (1939).
[3] Einfg. S. 138, S. 713, Abb. 705.

auf einer Kathodenstrahlröhre, die mit einer Zeitablenkung von der Modulationsfrequenz versehen ist, aufgezeichnet, andererseits wird sie einem Frequenzanalysator zugeführt, durch den auch eine Untersuchung der Frequenzmodulation erfolgt.

Bei Impulsmodulation ist die mittlere Zeichenamplitude beim Klystron oft sehr nieder und es ist daher die Leistungsmessung oft nicht leicht. Am einfachsten ist wohl die Messung mit Hilfe einer Kathodenstrahlröhre, doch ist oft die Eichung nicht sehr genau. Eine genauere Messung erreicht man, wenn man die impulsmodulierte Schwingung einer unmodulierten Schwingung möglichst gleicher Frequenz überlagert und die Summenspannung nach Demodulation auf einer Kathodenstrahlröhre aufzeichnet. Die beiden Schwingungen bilden dann im Augenblick der Impulsleistung jeweils eine Resultierende, die je nach Phasenlage einmal größer, dann zumeist aber auch kleiner als die der unmodulierten ist. Man erhält daher auf dem Schirm bei Synchronisation mit der Impulsfrequenz die in Abb. 394 gezeigte Aufzeichnung. Der Impuls verursacht hier sowohl eine Erhöhung wie auch Einsattelung. Macht man dagegen die unmodulierte Hochfrequenzamplitude gleich der halben Impulsamplitude, so erhält man gerade keine Einsattelung mehr und als untere Kontur der Aufzeichnung eine durchlaufende Gerade, s. Abb. 394 *b*. Die Leistung der konstanten (nicht impulsmodulierten) Hochfrequenzamplitude ist aber wesentlich größer als die mittlere Leistung der impulsmodulierten und kann daher leicht mittels Bolometers angezeigt werden. Es lassen sich demnach Impulsleistungen bei sehr kleinen Tastverhältnissen messen.

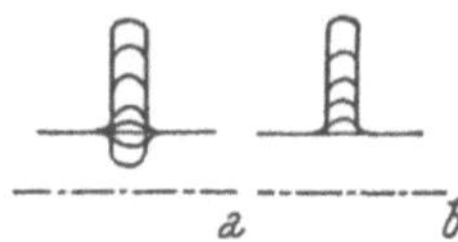

Abb. 394. Summenspannung aus impulsmodulierter und unmodulierter Hochfrequenz nach der Demodulation. *a* Impulsamplitude kleiner, *b* Impulsamplitude gleich der doppelten unmodulierten Hochfrequenzamplitude

X. Untersuchung an Indikatoren und Empfängern

1. Untersuchung an Indikatoren

a) Detektor. Als empfindliches Demodulationsgerät ist in der Mikrowellentechnik der Detektor in vielseitiger Verwendung. Als Empfindlichkeit wird die Abhängigkeit der Ausgangsgleichspannung von der Eingangshochfrequenzleistung bezeichnet. Sie wird bei verschiedenen Hochfrequenzleistungen gemessen. Man erhält im wesentlichen bei kleinen Amplituden einen linearen Zusammenhang zwischen Hochfrequenzleistung und Ausgangsspannung. Bei größeren Amplituden zeigt sich eine geringere Spannungszunahme, bei sehr großen Leistungen nimmt sie nur mehr mit der Wurzel aus der Leistung zu.

Die aufgenommene Hochfrequenzleistung wird im allgemeinen aus der durch den Detektor bedingten Fehlanpassung ermittelt.

Der Detektor eignet sich zur Demodulation beliebig hoher Modulationsfrequenzen. Er wird demnach auch zur Demodulation breiter Frequenzbänder benützt. Wegen seines verhältnismäßig hohen Rauschwiderstandes ist allerdings die von ihm erzeugte Rauschleistung meist groß. Er bestimmt die Grenzempfindlichkeit des Detektors, ihre Messung wird weiter unten besprochen.

b) Thermoumformer und Bolometer. Die Geräte haben fast linearen Zusammenhang zwischen Eingangsleistung und Ausgangsspannung. Die Empfindlichkeitseichung kann mit Gleichstrom oder bekanntem, niederfrequentem Wechselstrom vorgenommen werden. Thermoumformer sind wegen ihrer größeren Wärmeträgheit zur Demodulation nicht geeignet, dagegen zeigen Bolometer eine wesentlich geringere Zeitkonstante. Sie läßt sich durch Aufnahme der Frequenzcharakteristik der Demodulation bestimmen. Es wird bei konstant gehaltenem Träger und konstanter Modulationsamplitude die Modulationsfrequenz geändert. Aus der Abnahme der demodulierten Modulationsamplitude erhält man die Zeitkonstante. An Stelle einer Modulation kann auch eine Impulsfolge veränderlicher Impulsfrequenz verwendet werden.

c) Diodengleichrichtung. Diodengleichrichter zeigen infolge der Induktivität der Zuleitung, der Kapazität der Diodenstrecke und der Elektronenlaufzeit eine beträchtliche Abnahme der Demodulationsempfindlichkeit mit zunehmender Frequenz. Diese ist daher vor allem Gegenstand der Untersuchungen, indem die Diode bei verschiedenen Frequenzen zur Demodulation herangezogen wird.

Das Rauschen der Diode bestimmt wie die des Detektors ihre Grenzempfindlichkeit. Es läßt sich berechnen. Der von einer Diode erzeugte Rauschstrom ist gegeben durch

$$i_r^2 = F^2 \cdot 2 Q_0 \cdot J_a \cdot \Delta f \qquad (Q_0 = 1{,}6 \cdot 10^{-19}\,\mathrm{Cb}). \qquad (5, 73)$$

Hiebei ist F der sogenannte Raumladeschwächungsfaktor. Im Sättigungsfall ist er gleich 1, im normalen Betrieb liegt er meist zwischen 0,1 bis 0,4. Die Rauschleistung einer Diode läßt sich auch durch Messung ermitteln, s. unten.

2. Untersuchung von Empfängern

Empfänger für kleinere Frequenzen werden zahlreichen Messungen unterworfen, sie sind im vierten Abschn., X, bereits besprochen. Ein Großteil der dort angeführten Untersuchungen eignet sich auch für den Mikrowellenempfänger. Es sollen daher im folgenden nur solche Messungen angeführt werden, für die sich ein wesentlicher Unterschied ergibt.

a) Messung der Empfindlichkeit. Die Empfindlichkeit von Empfängern für längere Wellen und geringere Frequenzbandbreite ist (s. vierter Abschn., X) durch jene Eingangsspannung oder Eingangsfeldstärke in der Antenne definiert, die notwendig ist, um eine bestimmte demodulierte Ausgangsleistung zu ergeben. Es besteht keine Schwierigkeit, auch die Empfindlichkeit eines Mikrowellenempfängers nach dem gleichen Gesichtspunkt festzulegen. Bei den meisten Empfängertypen ist es jedoch ohne weiteres möglich, diese beliebig zu steigern. Eine solche Empfindlichkeitssteigerung hat jedoch deswegen keinen Sinn, weil gleichzeitig auch die von einzelnen Teilen des Empfängers erzeugte störende „Rauschleistung" in gleicher Weise mitverstärkt wird. An Stelle der Empfindlichkeitsmessung tritt daher bei den Mikrowellenempfängern die Messung der Grenzempfindlichkeit. Sie wird durch den Rauschfaktor n ($k T_0$-Faktor) gekennzeichnet (s. vierter Abschn., X).

Die Messung des Rauschfaktors eines Empfängers erfolgt in der Weise, daß der Empfänger zunächst auf seine betriebsmäßige Empfindlichkeit eingestellt und an den Ausgang ein die Bandbreite umfassender Ausgangsleistungsmesser angeschlossen wird. An diesem erhält man die durch das Eigenrauschen bedingte Leistung. Nun wird mit Hilfe eines Prüfsenders eine so große Nutzsignalleistung an den Empfänger abgegeben, daß sich die erhaltene Gesamtausgangsleistung (Nutzsignal plus Störsignal) auf das Doppelte erhöht.

Für den Rauschfaktor n ($k T_0$-Faktor) eines Empfängers findet man dann, wenn P die dem Empfänger der Bandbreite Δf zugeführte Leistung ist, s. vierter Abschn. X.

$$n = \frac{P}{4{,}14 \cdot 10^{-12} \Delta f} \tag{5, 74}$$

(P in mW, Δf in MHz).

Zur Prüfung eignen sich die in I dieses Abschnittes besprochenen Prüfsender und Rauschgeneratoren.

Eine andere Prüfung der Grenzempfindlichkeit, die insbesondere bei Empfängern für Wiedergabe impulsförmiger Signale üblich ist, besteht darin, Nutzimpuls mit Störspannung auf einer Kathodenstrahlröhre zu vergleichen. Zu diesem Zweck wird zunächst wieder ohne Signal gearbeitet und die Störspannung auf einer Kathodenstrahlröhre durch entsprechende Verstärkungsregelung auf eine so große Amplitude gebracht, daß sie deutlich zu erkennen ist. Nun wird mit Hilfe eines Prüfsenders eine veränderbare geeichte Impulsspannung von der Signalfrequenz dem Empfänger zugeführt und diese so groß gemacht, daß die Impulshöhe etwa gleich der von der Kathodenstrahlröhre gezeigten mittleren Rauschleistung ist. Ist die Impulsfolge gleich der Ablenkfrequenz, so erhält man die in Abb. 395 gezeichnete Form der Kathodenstrahlaufzeichnung, aus der die mittlere Höhe der Impulse und des Signals geschätzt werden kann. Die erforderliche Impulsleistung gilt als Maß für die Grenzempfindlichkeit. Die Messung wird dabei am besten so durchgeführt, daß die Signalamplitude mit den mittleren Spitzen des signalfreien Rauschens übereinstimmt[1], s. Abb. 395.

Abb. 395. Abschätzung der Grenzempfindlichkeit von Impulsempfang mittels Kathodenstrahlröhre

[1] Williams, D.: Wireless Engr. 24, 100 (1947).

Durch Messung und Versuche läßt sich zeigen, daß die Größe der mittleren Rauschspannungsspitzen etwa das Zwei- bis Dreifache der mittleren Rauschspannung beträgt[1].

b) Anschluß des Signalgenerators an den Empfänger. Bei längeren Wellen wird der Prüfsender bekanntlich über eine Normalantenne an den zu prüfenden Empfänger gelegt. Bei Mikrowellen wird die Verbindung durch ein koaxiales Kabel oder bei Frequenzen über 6000 MHz mit Hilfe einer Rohrleitung vorgenommen. In die bereits vorhandene Antennenzuleitung kann die Prüfsendeenergie auch mit Hilfe einer „gerichteten Kopplung" (s. I., E. dieses Abschnittes) eingespeist werden.

Da Mikrowellenempfänger meist an bestimmte Antennen angeschlossen sind, wird bei diesen Wellen die Empfängerempfindlichkeitsmessung unter Einbeziehung der Antenne vorgenommen. Es wird daher oft der Prüfsender ebenfalls an eine Richtstrahlantenne (Hornstrahler) von bekanntem Gewinn G_e angeschlossen und ein Teil ihrer Leistung der Empfangsantenne mit dem Gewinn G_s zugeführt. Das Verhältnis der, der Empfangsantenne zugeführten Leistung P_2, zu der bekannten vom Sender abgegebenen Leistung P_1, ist dann gegeben durch

$$\frac{P_2}{P_1} = \frac{G_s \cdot G_e \lambda^2}{16 \pi^2 \cdot r^2}, \qquad (5, 75)$$

wobei r die Entfernung und λ die Wellenlänge (in gleichen Einheiten) ist.

c) Untersuchung der Frequenzcharakteristik von Breitbandempfängern. Der Breitbandverstärkerteil eines Empfängers kann unter Verwendung eines Panoramazusatzes (vgl. vierter Abschn., XI, E) untersucht werden. Ein Breitbandsender dient als Signalgenerator. Das von ihm unmittelbar abgegebene Frequenzspektrum wird mit dem auf dem Schirm der Kathodenstrahlröhre aufscheinenden verglichen.

Da sich aber die Bandbreite eines Empfängers vorwiegend aus dem Zwischenfrequenzverstärkerteil bestimmt, da die Bandbreite der Hochfrequenzkreise im allgemeinen viel größer ist, genügt eine Untersuchung des Verlaufes der Frequenzkurve dieses Empfängerteiles (vgl. vierter Abschn., X). Als Bandbreite wird wieder das Frequenzgebiet angesehen, innerhalb dessen die Frequenzkurve nicht weiter als um 3 db abnimmt.

d) Untersuchung der Mischstufe. Sie ist von besonderem Interesse, da die Empfindlichkeit des Empfängers von ihr besonders abhängig ist. Gemessen wird vor allem die *Konversionsdämpfung*, das ist das Verhältnis der Zwischenfrequenzleistung zur hochfrequenten Eingangsleistung (meist in db angegeben). Gemessen wird bei richtiger Anpassung. Die hochfrequente Eingangsleistung wird an dem sie erzeugenden Signalgenerator abgelesen, die zwischenfrequente Ausgangsleistung wird dagegen mit der von einem Signalgenerator gleicher Frequenz abgegebenen verglichen.

---

[1] Rice, S. O: Bell S. T. J. **24**, 46 (1945). — Williams, D.: Wireless Engr. **24**, 100 (1947).

XI. Untersuchung von Antennen und der Wellenausbreitung[1]

1. Messung der elektrischen Feldstärke

Große Feldstärken können mit Hilfe eines kleinen Plattenkondensators, dessen Achse in die Richtung des elektrischen Feldvektors fällt, gemessen werden. Man verbindet die beiden Platten über einen so hohen Widerstand, daß keine Veränderung der Potentialdifferenz durch die Belastung entsteht. Der Strom im Widerstand ist proportional der Feldstärke E. Es ist

$$E = J \frac{R}{d}, \tag{5, 76}$$

wobei d = Plattenabstand, R = Widerstand. Der Widerstand ist als Thermoumformer gebaut, so daß das Meßinstrument in Feldstärkeeinheiten geeicht werden kann. Gemessen wurde bei 2000 MHz das Feld in der Nähe einer Bremsfeldröhre[2].

Für Feldstärkenmessungen bei geringer Intensität unterhalb 1000 MHz werden vorzugsweise Dipolantennen verwendet. Man schließt an den Dipol ein abgeschirmtes Kabel mit einem Wellenwiderstand von 73 Ohm an und schließt dieses wieder mit einer Last von 73 Ohm ab. Die Spannung bzw. Stromstärke der Last ist ein Maß für die Feldstärke. Es ist

$$E = \frac{2 \cdot U}{l_w} = \frac{2 \cdot J \cdot R_a}{l_w}. \tag{5, 77}$$

Hiebei ist l_w die wirksame Antennenlänge und R der Abschlußwiderstand von 300 Ohm. Als Meßgerät findet meistens ein Meßempfänger, der nach dem Überlagerungsprinzip arbeitet, Verwendung.

Ein nach diesem Prinzip arbeitendes Gerät wurde von Rohde angegeben[3]. Es gestattet Feldstärken von 10 μV/m bis 1 mV/m zu messen. Der Frequenzbereich ist 100 bis 800 MHz. Nach Multiplikation mit dem Formfaktor der Antenne kann die Feldstärke direkt am Meßgerät abgelesen werden.

Nachteil der Dipolmessung ist, daß nicht nur die direkte Welle, sondern auch die reflektierte gemessen wird. Bei der starken Reflexionsfähigkeit der kurzen Wellen ist dies oft ein großer Nachteil. Man ist daher gezwungen, durch Anbringen eines Reflektors die direkte und reflektierte Welle zu trennen.

Bei Frequenzen über 1000 MHz wird im allgemeinen ein Hornstrahler als Feldstärkenmeßantenne bevorzugt. Die Antenne ist an eine Rohrleitung angeschlossen und diese mit ihrem Wellenwiderstand abgeschlossen. Bei größeren Feldstärken genügt ein Bolometer mit Meßverstärker, bei geringen Feldstärken ist ein nach dem Überlagerungsprinzip gebauter Meßempfänger angeschlossen. Er ist durch einen unmittelbar angekoppelten Prüfsender geeicht.

---

[1] Cutler, C. C., A. P. King u. E. Kock: Proc. I. R. E. **35**, 1462 (1947).

[2] Allerding, A.: Lab. Ber. 1942.

[3] Rohde, L.: TFT. **33**, 95 (1944).

Abb. 396 zeigt die prinzipielle Anordnung eines Feldstärkenmeßgerätes unter Verwendung eines Hornstrahlers mit einem Bolometer als Indikator[1]. Die Abstimmung erfolgt mit Hilfe der Scheiben S und K. Bei richtiger Anpassung gilt[2]

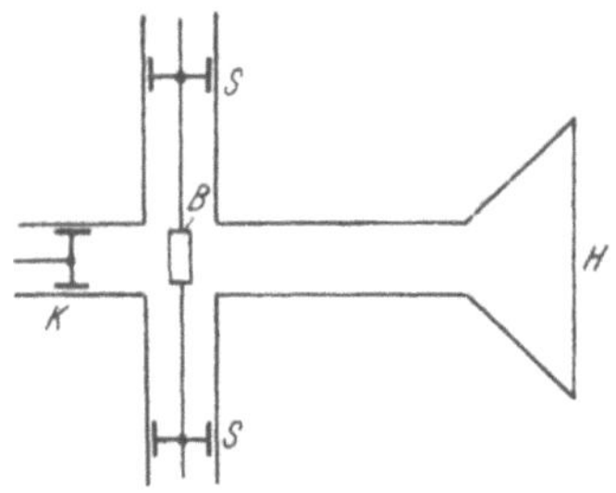

Abb. 396. Feldstärkenmeßgerät mit Hornstrahler H und Bolometer B; S und K dienen zur Abstimmung

$$E^2 = \frac{P_e}{A_a} Z_0, \qquad (5, 78)$$

wenn E die Feldstärke, P_e die Bolometerleistung, A_a die Absorptionsfläche und Z_0 den Wellenwiderstand des leeren Raumes, 377 Ohm, bedeutet.

Als Indikatoren zum Nachweis von elektrischen Feldstärken bei Frequenzen von mehr als 10 000 MHz dient insbesondere der Radiometerempfänger[3]. Ein kleines Antennchen aus Wollastondraht ist vor einem teilweise geschwärzten Glimmerplättchen angeordnet. Die ankommende Welle erzeugt eine Radiometerkraft, die eine Torsion des im luftverdünnten Rohr aufgehängten Systems verursacht. Ein kleiner Spiegel gestattet die Ablesung.

Als Feldstärkenindikator kann auch ein Bolometerempfänger verwendet werden[4].

2. Messung der Einfallsrichtung der elektrischen Welle

Sie wird mittels scharf gebündelter Empfangsantennen gemessen. Besonders eignet sich nach einem Vorschlag von Sharpless[5] ein Verfahren, nach dem die Antenne mittels eines bestimmten Antriebssystemes sowohl in vertikaler Richtung als auch in horizontaler Richtung geschwenkt wird. Die Frequenz der Schwenkung in horizontaler Richtung ist wesentlich kleiner als die in vertikaler Richtung. Der zeitliche Feldstärkenverlauf wird registriert, ebenso wie die Schwenkbewegung.

3. Messung der Antennenimpedanz

Sie erfolgt nach den in IV dieses Abschnittes besprochenen Methoden. Insbesondere wird sie als Abschluß eines konzentrischen Rohrleiters oder eines Hohlrohrleiters verwendet und aus dem Wellenverhältnis oder der Knotenbreite[6] sowie des Abstandes vom Minimum Wirk- und Blindkomponente ermittelt.

---

[1] Saxton, J. A. u. A. C. Grace: J. Inst. Electr. Engr. **93**, III, A 1426 (1946).
[2] Einfg. S. 162.
[3] Nichols, E. F. u. I. D. Tear: Phys. Rev. **21**, 587 (1923).
[4] Danzer, H.: Ann. Phys. (5), **2**, 30 (1929).
[5] Sharpless, W. M.: Proc. I. R. E. **34**, 837 (1946).
[6] Meier, A. S. u. W. P. Summers: Proc. I. R. E. **37**, 609 (1949).

4. Untersuchung der Richtwirkung von Antennen[1]

Die zu untersuchende Antennenabstrahlung wird von einem Feldstärkenmeßgerät abgetastet. Die Einstellung der Empfangsantenne des Gerätes erfolgt dabei so, daß man bei dem gewünschten Polarisationswinkel die größte Antennenaufnahme erhält. Außerdem wird die Antenne noch in die dazu senkrechten Richtungen eingestellt. Die bei gleichbleibender Entfernung erhaltenen Feldstärken werden auf einem Diagramm aufgetragen.

Manche moderne Geräte gestatten eine automatische Richtkennlinienaufzeichnung bei sich selbsttätig bewegender Empfangsantenne.

5. Messung der Antennenleistung

Die einer Sendeantenne zugeführte Leistung wird durch Bestimmung des in der Antennenspeiseleitung fließenden Leistungsstromes gemessen. Dies geschieht mit Hilfe geeichter Sonden. Die Verwendung einer Meßleitung ist notwendig, um eine etwaige Fehlanpassung festzustellen.

Es kann auch die Antenne durch eine Absorptionslast ersetzt werden. Die von ihr verbrauchte Leistung wird wie unter II dieses Abschnittes angegeben gemessen. Wenn es sich um größere Leistungen handelt, empfiehlt sich die kalorimetrische Messung.

Die angegebenen Messungen sind durch die Leitungsverluste der Zuleitung zur Antenne und der Antenne selbst gefälscht. Um diesen Fehler zu vermeiden, ist es notwendig, über die von der Antenne abgestrahlten Feldstärken längs einer Kugeloberfläche zu integrieren. Ist indes der Gewinn der verwendeten Sende- und Empfangsantenne bekannt, so läßt sich die abgestrahlte Sendeleistung aus der von der Empfangsantenne, z. B. von einem Feldstärkenmesser aufgenommenen Empfangsleistung P_e, bestimmen. Es ist

$$P_s = P_e \frac{16\pi^2 r^2}{G_s G_e \lambda^2}, \tag{5, 79}$$

wenn G_s der Gewinn der Sende- und G_e der der Empfangsantenne sowie r die Entfernung zwischen den beiden Antennen ist.

6. Untersuchung der Feldverteilung in der Antennenöffnung

Zur Untersuchung des Richtstrahldiagramms einer Antenne ist bei Hornantennen und Reflektorantennen mit geschlossenem Reflektorspiegel die Kenntnis der Feldverteilung in der Antennenöffnung von großem Interesse. Man benützt zur Abtastung des zu untersuchenden Feldes eine kleine Dipolantenne, deren Leitungsanschluß als konzentrisches Kabel oder als geschirmte Paralleldrahtleitung ausgeführt ist. Um Fehler durch Wellen längs der Außenseite der Schirmleitung zu vermeiden, ist diese durch einen $\lambda/4$-Sperrtopf geschützt.

Es ist nicht nur die Größe und Richtung sondern auch die Phasenverteilung längs der Öffnungsfläche von Interesse. Man findet sie durch Kompensation mit einer durch eine Leitung vom Oszillator abgezweigten Welle mittels einstellbarer Dämpfungs- und Phasenänderung.

[1] Kiely, D. G. u. A. E. Collins: Wireless Engr. **28**, 23 (1951).

7. Messung des Gewinnes

Der von einem Empfänger aufgenommene Anteil P_{12} der Sendeleistung P_1 ist gegeben durch[1]

$$P_{12} = P_1 \frac{G_1 A_2}{4\pi r^2}, \tag{5, 80}$$

wobei G_1 der Gewinn der Sendeantenne und A_2 die Absorptionsfläche der Empfangsantenne ist, r ist die Entfernung beider Antennen voneinander. Ist die Absorptionsfläche der Empfangsantenne bekannt, so läßt sich der Gewinn G_1 der Sendeantenne unmittelbar berechnen. Es genügt auch die Kenntnis der Absorptionsfläche, denn zwischen Gewinn G und Absorptionsfläche A besteht die Beziehung[1]

$$G = \frac{4\pi A}{\lambda^2}. \tag{5, 81}$$

Es läßt sich auch mit Hilfe von drei Messungen durch ein „Vertauschungsverfahren" unter Zuhilfenahme von drei Antennen der unbekannte Gewinn der drei Antennen bestimmen. Zunächst wird an den Sender die Antenne *I* mit dem Gewinn G_1 angeschlossen und die Antenne *II* mit dem Gewinn G_2 als Empfangsantenne verwendet. Es ist dann, wie aus Gl. (5, 79) und (5, 80) folgt,

$$G_1 \cdot G_2 = \left(\frac{4\pi r}{\lambda}\right)^2 \frac{P_{12}}{P_s}, \tag{5, 82}$$

wenn P_{12} die aufgenommene Empfangsleistung und P_s die Sendeleistung, die zu messen ist, bedeuten.

Weiter wird nun die Empfangsantenne *II* durch die Antenne *III* vertauscht. Man erhält sodann

$$G_1 \cdot G_3 = \left(\frac{4\pi r}{\lambda}\right)^2 \frac{P_{13}}{P_s}, \tag{5, 83}$$

wenn P_{13} die bei Übertragung der Sendeleistung P_s mittels der Antenne *I* von der Antenne *III* aufgenommene Leistung bedeuten.

Schließlich wird beispielsweise die Antenne *II* zur Sendung und die Antenne *III* als Empfangsantenne verwendet. Dann ist

$$G_2 \cdot G_3 = \left(\frac{4\pi r}{\lambda}\right)^2 \frac{P_{23}}{P_s}, \tag{5, 84}$$

wobei nun P_{23} die bei der beschriebenen Übertragung erhaltene Empfangsleistung ist. Die Sendeleistung wurde in allen drei Fällen gleich gelassen. Aus diesen drei Gleichungen läßt sich der Gewinn jeder der drei Antennen berechnen. So erhält man beispielsweise

$$G_1 = \frac{4\pi r}{\lambda} \sqrt{\frac{P_{12} \cdot P_{13}}{P_{23} \cdot P_s}}. \tag{5, 85}$$

[1] Einfg. S. 164.

Gl. (5, 85) vereinfacht sich, wenn die Antennen gleichartig sind und daher den gleichen Gewinn aufweisen. Es genügt dann eine Messung mit zwei gleichartigen Antennen, wobei

$$G = \frac{4\pi r}{\lambda} \sqrt{\frac{P_{11}}{P_s}}. \qquad (5, 86)$$

Hiebei bedeutet P_{11} die Empfangsleistung.

Eine Meßanordnung für eine Wellenlänge von 1,25 cm wird von Jakes beschrieben[1].

Man kann auf die zweite Antenne zur Messung verzichten, wenn man an ihrer Stelle einen reflektierenden Schirm aufstellt[2]. Die Wirkung des Schirmes ist die gleiche, wie wenn in einer Entfernung $2r$, s. Abb. 397, eine gleichartige Empfangsantenne sich befinden würde. Es ist daher gemäß Gl. (5, 86)

$$G = \frac{8\pi r}{\lambda} \sqrt{\frac{P_1}{P_s}}. \qquad (5, 87)$$

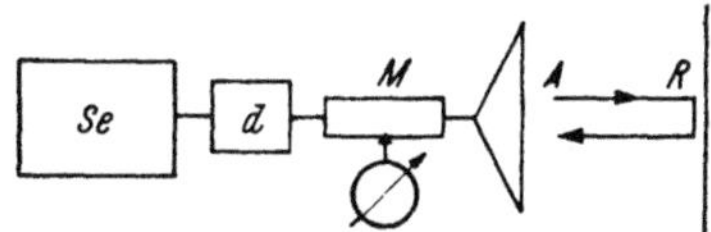

Abb. 397. Messung des Gewinnes einer Antenne. Se = Sender, d = Dämpfung, M = Meßleitung, A = Antenne, R = Reflektor

Die Größe der reflektierten Leistung bestimmt man aus dem Wellenverhältnis, das man z. B. durch geringe Veränderung des Schirmabstandes gewinnt. Natürlich nimmt das Wellenverhältnis mit zunehmendem Abstand etwa linear ab. Kleine, etwa sinusförmige Schwankungen, die dieser linearen Abnahme überlagert sind, rühren von einer Rückstrahlung der reflektierten Welle durch die Antenne her[3].

Steht eine Vergleichsantenne mit bekanntem Gewinn G zur Verfügung, so kann der zu messende Gewinn, der als Empfangsantenne geschalteten zu untersuchenden Antenne nach Ersatz durch die Vergleichsantenne, gemessen werden. Es ist nach Gl. (5, 82)

$$G_x : G_1 = P_{ex} : P_{e1}, \qquad (5, 88)$$

wenn G_x der Gewinn der unbekannten Antenne, G_1 der der Vergleichsantenne, P_{ex} die Leistung der unbekannten Antenne und P_{e1} die der Vergleichsantenne als Empfangsantenne ist.

Die Gewinne verhalten sich somit wie die Empfangsleistungen der betreffenden Antennen.

Schließlich läßt sich auch der Gewinn aus der Bestimmung der Gesamtleistung durch Integration über die gesamte Richtstrahlkurve ermitteln.

8. Messung der Phase von Antennen

Zur Untersuchung der Zusammenwirkung von Antennen und Erzielung einer bestimmten Bündelwirkung ist die Messung der Phasenlage

---

[1] Jakes, W. C.: Proc. I. R. E. **39**, 160 (1951).

[2] Purcell, E. M.: RL Rep. 168, Jan. 1943.

[3] Pippard, A. B., O. J. Burrell u. E. E. Cromie: Jour. I. E. E. **93**, III, A, 720 (1946).

der von einer Antenne ausgestrahlten Welle von großer Wichtigkeit. Sie wird am einfachsten wie folgt gemessen:

Durch eine Sonde von der Form eines Dipols, der an ein koaxiales Kabel angeschlossen ist, wird der zu untersuchende Raum vor dem Strahler abgetastet. Weiter wird ein Teil der Sendeenergie abgezweigt und einer Prüfleitung zugeführt. In dieselbe Leitung wird unter Zwischenschaltung eines einstellbaren Phasenschiebers die von der Sonde aufgenommene Hochfrequenzleistung eingekoppelt. Die Prüfleitung erhält eine veränderbare Dämpfung. Dämpfung und Phasenschieber werden so eingestellt, daß der an der Prüfleitung angebrachte Indikator ein Leistungsminimum zeigt. Der Dipol ist verschiebbar angeordnet, so daß die Phasenlagen der Antennenstrahlung an verschiedenen Stellen geprüft werden können. Die Ergebnisse werden in Abhängigkeit von der Dipollage in einem Diagramm eingetragen. Abb. 398 zeigt die prinzipielle Wirkungsweise.

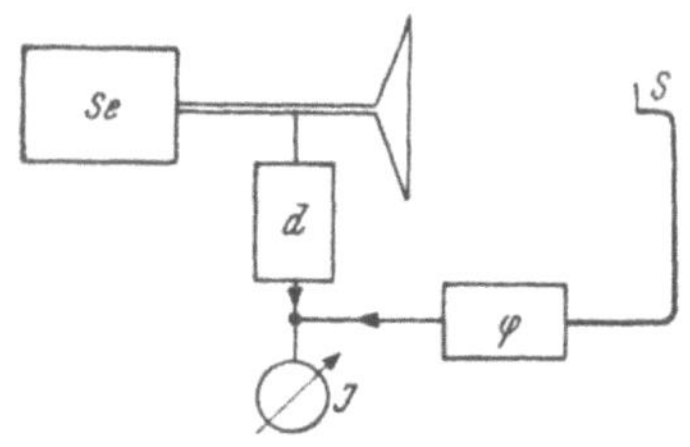

Abb. 398. Messung der Phasenverschiebung von Antennen. *Se* = Sender, *d* = Dämpfung, *φ* = Phasenschieber, *S* = Sonde, *J* = Indikator

9. Antennenprüfeinrichtung

Die meisten oben angegebenen Messungen können mit der in Abb. 399 gezeigten Antennenprüfeinrichtung vorgenommen werden[1]. Die von einem geeichten Prüfsender *Se* erzeugte Mikrowelle gelangt über eine einstellbare geeichte Dämpfung *d* und eine Meßleitung *M* zu der zu prüfenden Antenne *P*. Eine Empfangsantenne *EA* nimmt die ausgestrahlte Welle auf und führt sie über einen Entpolarisator *EP* den geeichten Empfängern *E*, die umgeschaltet werden können, zu. Hier wird die Welle demoduliert und sodann einem Niederfrequenzverstärker *NF* zugeführt. Von dort gelangt das Signal zu einem Meßgerät *J* und einem Registriergerät *R*. Dieses ist zur automatischen Feldstärkenaufzeichnung über einen Antrieb *A* mit der zu prüfenden Antenne gekoppelt. Wahlweise kann an Stelle des Prüflings auch eine geeichte Sendeantenne *SA* geschaltet werden.

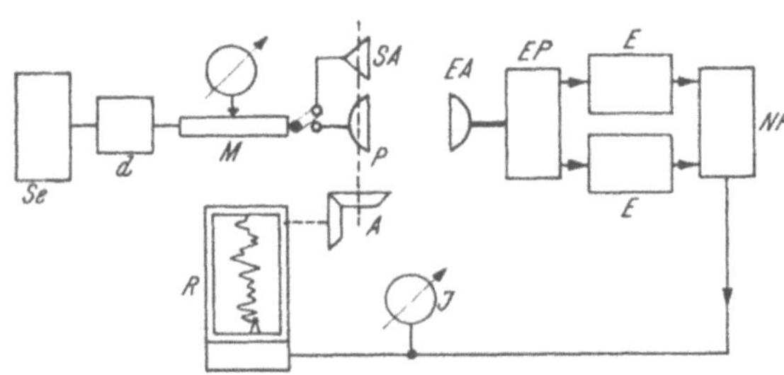

Abb. 399. Antennenprüfeinrichtung. *Se* = Sender, *d* = Dämpfung, *M* = Meßleitung, *P* = Prüfling, *SA* = Vergleichsantenne, *EA* = Empfangsantenne *EP* = Entpolarisator, *E* = Empfänger, *NF* = Niederfrequenzverstärker, *R* = Registriergerät, *A* = Antrieb, *J* = Indikator

[1] Cutler, C. C., A. P. King u. E. Kock: Proc. I. R. E. **35**, 1462 (1947).

10. Untersuchung des Antennenrauschens

Das Antennenrauschen wird, abgesehen von dem meist geringfügigen Verlustwiderstand der Antenne durch Energieeinstrahlung aus dem Weltraum, insbesondere aus dem Milchstraßensystem und der Sonne bedingt[1].

Die Messung des Antennenrauschens erfolgt mit Hilfe eines Meßempfängers. Seine Eichung kann durch das Rauschen eines Widerstandes oder einer Rauschdiode, aber auch mit Hilfe eines geeichten Meßsenders erfolgen. Ein hochempfindlicher Meßempfänger nach dem Überlagerungsprinzip für eine Wellenlänge von 1,5 m wird von Röschlau beschrieben[2].

---

[1] Einfg. S. 166.

[2] Röschlau, H.: A. E. Ue. **4**, 427 (1950).

Namen- und Sachverzeichnis

Einführung in die Funktechnik

Verstärkung, Empfang, Sendung

Von

Prof. Dipl.-Ing. Dr. techn. **Friedrich Benz**

Vierte, stark vermehrte Auflage

Mit 705 Textabbildungen. XX, 736 Seiten. 1950

Steif geheftet S 172.—, DM 42.—, Doll. 10.—, sfr. 43.50
Halbleinen S 186.—, DM 45.60, Doll. 10.80, sfr. 47.—

Aus den Besprechungen:

„... Das beliebte Buch erfuhr die durch die Fortschritte der vergangenen Jahre notwendig gewordene Überarbeitung, wobei besonders der Technik der extrem kurzen Wellen der gebührende Platz eingeräumt wurde. Unter Beschränkung auf das Wesentliche ist es dem Verfasser wieder gelungen, dem Studierenden ein Lehrbuch und dem in der Praxis stehenden Ingenieur ein Nachschlagewerk in die Hand zu geben, das ihm rasche und zuverlässige Information gibt und durch sorgfältig ausgewählte Literaturhinweise ein selbständiges Weiterarbeiten ermöglicht. ... Man kann die Neuauflage nur empfehlen und ihr den gleichen Erfolg wünschen, der schon den früheren Auflagen beschieden war."

Das Elektron in Wissenschaft und Technik

„.. Diese Neuauflage des bestens bekannten „Benz" zeichnet sich durch sehr umfangreiche Ergänzungen aus, die das Buch auf den allerneuesten Stand der Technik bringen. Es ist das Ziel des Verfassers geblieben, den Studierenden technischer Lehranstalten eine möglichst klare Einführung in die Hochfrequenztechnik zu geben und gleichzeitig dem in der Praxis stehenden Ingenieur ein schnell verständliches, die neuesten Probleme umfassendes Nachschlagewerk zu bieten. Auf die mathematische Fassung der für die Anwendung besonders wichtigen Ergebnisse wird nicht verzichtet; die Ableitungen sind jedoch so, daß auch Leser ohne mathematische Sonderausbildung die Zusammenhänge sicher erkennen. ... Die vorzügliche Ausstattung des Buches wird mit zu dessen Weiterverbreitung beitragen."

FTZ Fernmeldetechnische Zeitschrift

„... Das Buch zeichnet sich durch anschauliche und klare Darstellung aus; mathematische Ableitungen werden ausführlich gebracht und erfordern keine großen Vorkenntnisse. Das Buch scheint vorwiegend auf die Studierenden von technischen Mittelschulen zugeschnitten zu sein, ist jedoch auch für den Unterricht an Hochschulen und zum Selbststudium gut zu verwenden. Erwähnenswert ist, daß die sehr ausführlichen vorhandenen Schrifttumsangaben immer auf die Originalarbeiten zurückgehen, was von einer sehr gründlichen Durcharbeitung des Stoffes von seiten des Verfassers zeugt. ..." *VDI-Zeitschrift*

„... Der Verfasser ist einen mittleren Weg gegangen, indem er das Arbeitsgebiet ziemlich weit faßte und die Darstellung in einem einzigen Buch durch knappe Form ermöglichte. Ein solches Verfahren ist in bezug auf Stoffauswahl und Stoffbegrenzung nicht ganz einfach, doch kann dem Verfasser bestätigt werden, daß ihm die Durchführung im wesentlichen gut gelungen ist. ..." *ETZ*

Laufzeittheorie der Elektronenröhren. Von Dr. phil. **Herbert W. König,** Wien. Erster Teil: **Ein- und Mehrkreissysteme.** Mit 72 Textabbildungen. XII, Seite 1 bis 210. 1948. Zweiter Teil: **Kathodeneigenschaften, Vierpole.** Mit 47 Textabbildungen. IV, Seite 211 bis 354. 1948. *Die beiden Teile werden nur zusammen abgegeben.*

S 220.—, DM 48.—, Doll. 11.40, sfr. 49.—

Das Trockengleichrichter-Vielfachmeßgerät. Von Dipl.-Ing., Dr. techn. **Theodor Walcher,** Wien. Mit 97 Textabbildungen. X, 144 Seiten. 1950.

Steif geheftet S 52.—, DM 13.40, Doll. 3.20, sfr. 13.80
Halbleinen S 64.—, DM 16.—, Doll. 3.80, sfr. 16.50

Elektroakustik, Musik und Sprache. Von Dr.-Ing. **Friedrich C. Saic,** Wien. Mit 89 Textabbildungen. Etwa 160 Seiten.

Erscheint im Mai 1952

Kurzgefaßtes Lehrbuch der Elektrotechnik. Von **Günther Oberdorfer,** Dipl.-Ing., Dr. techn., Professor der Technischen Hochschule Graz. Mit etwa 240 Textabbildungen. Etwa 320 Seiten. Lex.-8⁰.

Erscheint im Mai 1952

Lexikon der Elektrotechnik. Von **Günther Oberdorfer,** Dipl.-Ing., Dr. techn., Professor der Technischen Hochschule Graz. Mit 371 Textabbildungen. VII, 488 Seiten. 1951.

Ganzleinen S 96.—, DM 20.—, Doll. 4.80, sfr. 20.60

Elektrizität. Von Prof. Dr. **K. W. Fritz Kohlrausch,** Graz. Mit 115 Textabbildungen. VIII, 253 Seiten. 1948. (**Ausgewählte Kapitel aus der Physik.** Nach Vorlesungen an der Technischen Hochschule in Graz. IV. Teil.)

Steif geheftet S 46.—, DM 9.60, Doll. 2.30, sfr. 9.90

Einführung in die höhere Mathematik. Ein Lehr- und Übungsbuch für technische und gewerbliche Lehranstalten und für die technische Praxis. Von Dr. techn. **Anton Hossner,** Professor am Technologischen Gewerbe-Museum in Wien. Mit 251 Textabbildungen. X, 359 Seiten. 1949.

Steif geheftet S 72.—, DM 20.—, Doll. 4.80, sfr. 20.90

ÖTF Österreichische Zeitschrift für Telegraphen-, Telephon-, Funk- und Fernsehtechnik. Organ der Post- und Telegraphenverwaltung. Schriftleitung: Dr. techn. **V. Petroni,** Wien. *Jährlich erscheinen 6 Doppelhefte.* (1952: 6. Jahrgang.)

Halbjährlich S 64.—, DM 16.80, Doll. 4.—, sfr. 17.20

Berichtigungen

S. 27, Zeile 2 von unten lies: $1/m_T$ statt: $1/m_1$.
S. 113, Zeile 3 von unten lies: Wirkung statt: Wicklung.
S. 159, Unterschrift zu Abb. 156 lies: R statt: R_1, R_2.
S. 165, Zeile 2 und 3 von unten lies: $\mathfrak{R}_x$ statt: R_x, R statt: $\mathfrak{R}_x$
S. 213, Zeile 13 von oben lies: strobotuner statt: strobotimer.
S. 257, Fußnote 3, lies: Watson-Watt statt: Wattson-Watt.
S. 304, Zeile 6 von oben lies: Mikroamperemeter statt: Mikrometer.
S. 305, Fußnote 3 ist an erste Stelle zu setzen.
S. 380, Zeile 9 von oben lies: π statt: τ.
S. 443, Fußnote 3, und S. 504 lies: Nergaard statt: Nergard.

Benz, Meßtechnik

MIX
Papier aus verantwortungsvollen Quellen
Paper from responsible sources
FSC® C105338

If you have any concerns about our products,
you can contact us on
ProductSafety@springernature.com

In case Publisher is established outside the EU,
the EU authorized representative is:
Springer Nature Customer Service Center GmbH
Europaplatz 3, 69115 Heidelberg, Germany

Printed by Libri Plureos GmbH
in Hamburg, Germany